현대물리학

Concepts of
MODERN PHYSICS

International Edition

2025년 수정판

Concepts of

MODERN PHYSICS

현대물리학

| 이석주 · 이강영 · 장준성 옮김 |

Arthur Beiser

Kok Wai Cheah

CONCEPTS OF MODERN PHYSICS : International Edition, 1st Edition

1 2 3 4 5 6 7 8 9 0 MHE-KOREA 20 25

Original: Concepts of Modern Physics: International Edition, 1st Editon © 2020
          By Arthur Beiser and Kok Wai Cheah
          ISBN 979-11-321-0226-7

Korean ISBN   **979-11-321-1875-6**   **93530**

Printed in Korea

현대물리학 2025년 수정판 *International Edition*

발 행 일	|	2025년 1월 3일 발행
저　　자	|	Arthur Beiser and Kok Wai Cheah
역　　자	|	이석주, 이강영, 장준성
발 행 인	|	SHARALYH YAP LUYING(샤랄린얍루잉)
발 행 처	|	맥그로힐에듀케이션코리아 유한회사
주　　소	|	서울시 마포구 양화로 45, 8층 801호
		(서교동, 메세나폴리스)
전　　화	|	(02) 325-2351
등록번호	|	제 2013-000122호(2012.12.28)

ISBN: 979-11-321-1875-6

판 매 처	|	(주)교문사
문　　의	|	031) 955-6111
정　　가	|	40,000원

저자 서문

현대물리는 Max Planck가 흑체 복사에서 에너지 양자화의 역할을 발견한 1900년부터 시작되었으며, 이 획기적인 아이디어는 곧이어서 또 다른 획기적인 이론들인 Einstein 의 특수 상대성 이론과 빛의 양자 이론으로 이어졌다. 오늘날의 학생들은 왜 아직도 이러한 물리 분야에 "현대"라는 명칭이 계속 붙어 다니는가에 대한 의문을 가질 것이다. 하지만 아직 이런 분야가 그렇게 오래된 것이라고만은 할 수 없다. 예를 들면 본 저자의 선친께서 태어나신 해가 바로 1900년이었으며, 저자가 현대물리를 배우고 있던 때는 아인슈타인을 포함하여 이러한 이론들의 창시자들이 아직 생존해 있었고, 심지어 Heisenberg, Pauli, Dirac을 비롯하여 이들 중 몇 명을 직접 만나보는 특권까지도 누릴 수 있었다. 현대물리에서 나타난 물질과 에너지에 대한 통찰력은 현재의 과학, 나아가 현재 인간의 삶 전반에 걸쳐 영향을 끼쳤고, 두 번째 세기에 접어든 후에도 중심이 되는 원리들로 그 지위를 유지하고 있다.

이 책은 기초물리와 미적분학을 수강한 학생들을 대상으로 하는 한 학기 분량의 현대물리학 강의를 염두에 두고 썼다. 원자와 핵을 이해하는 데 필요한 기본적인 틀을 제공하기 위해서 첫 부분에서 상대성 이론과 양자물리를 다루었고, 그 다음에는 양자 역학적인 관점을 강조하면서 원자에 대한 이론을 발전시켰다. 이후에는 통계역학에 대한 고찰을 포함하여 원자들의 집합에 대한 성질에 대해 논의하였으며, 마지막으로 원자핵과 기본 입자들을 살펴보고 있다.

현대물리를 처음 접하는 학생들이 각각의 구체적인 내용을 습득하는 것보다는 개념적인 틀을 먼저 갖는 것이 더 좋다고 생각하여, 이 책에서는 실험적 방법이나 실용적인 응용보다는 아이디어를 가지게 하는 데 더 역점을 두었다. 비슷한 생각에서 이 책의 순서가 시대순을 그대로 따르기보다는 논리적인 흐름을 따르도록 하였다. 이러한 접근방식의 장점 때문에, 본저 *Concepts of Modern Physics*는 40여 년 전 초판이 발간된 이래, 지난 다섯 번째 개정판까지 몇 개 나라의 말로 번역이 되는 등, 세계적으로 널리 쓰이는 교재로 자리매김하게 되었다.

필요할 때마다 중요한 주제들을 기초적인 수준에서부터 소개하여, 상대적으로 사전지식이 부족한 학생들도 처음부터 시작하여 어떤 내용인지를 알 수 있도록 하였고, (그렇게 어려운 수학은 아니지만) 수학에 두려움이 없는 독자들에게는 물리학적 직관력을 기를 수 있도록 하였다. 수록된 내용도 한 학기에 쉽게 다룰 수 있는 분량보다는 많다. 이 두 가지는 강의하는 사람이 모든 내용을 개괄하는 방식이나 몇몇의 내용만을 선택하여 깊게 다루는 방식을 취하거나, 아니면 이러한 두 가지 방식을 혼합한 형태로 강의를 구성할 수 있는 재량을 줄 수 있을 것이다.

본문과 마찬가지로 수록된 문제들의 난이도는 아주 쉬운 것(연습과 확인을 위한)에서부터 깊은 생각을 요하는 것(발견의 기쁨을 위한)까지 다양하다. 문제들은 각 절의 내용에 관계된 것끼리 묶었고, 책 뒷부분에 홀수 번호 문제의 답을 게재해 놓았다. 그리고 문제풀이를 더 원하는 독자는 홀수 번호 문제들의 풀이를 실은 Craig Watkins가 지은 Student Solution을 참고하기를 바란다.

현대물리의 내용들이 처음 제안되었을 때, 이 제안들은 고전물리의 연장선상에서가 아니라 완전히 새로운 사고방식을 제시하였기 때문에, 현대물리가 발전해 나가는 과정에 대한 이야기를 읽어보는 것은 흥미진진한 일이 아닐 수 없다. 하지만 여기에 모든 것을 다 싣는 데에는 지면을 할애할 수가 없어서, 관련된 내용이 나오는 부분에 적절하게 단편적이나마 이러한 이야기를 실어 놓았다. 한편, 현대물리 발전에 지대한 공이 있는 서른아홉 명의 짤막한 전기를 책 전반에 걸쳐 실어, 그들의 인간적인 면을 엿보는 데 도움을 주고자 했다. 이러한 분야에 관심이 있는 독자는 시중에 나와 있는 여러 종류의 현대물리 역사 관련 서적들을 참고하기 바란다. 그중에서 본인들도 훌륭한 물리학자이기도 한 Abraham Paris와 Emilio Segré가 쓴 책을 특별히 추천한다.

이번 *Concepts of Modern Physics*의 개정판에서는 특수 상대성 이론, 양자역학, 그리고 기본 입자 부분의 개정에 중점을 두었다. 그 외에도, 책 전반에 걸쳐 많은 부분에서 조금씩 개정하거나 최신 정보로 경신하였다. 또한, Einstein에 의한 Planck 복사 법칙의 유도와 같은 내용들도 새로이 추가하였다. 천체물리에 관한 내용을 더 많이 취급하였으나, 현대물리의 중요한 요소들을 설명하는 데 아주 유용한 면들이 다른 것에 비해 더 많기 때문에 독립된 장으로 할애하지 않고, 관련된 내용이 나올 때마다 천체물리에 대한 내용을 삽입하였다.

학생들 중에는 본문의 내용을 따라갈 수 있다 하더라도, 습득한 지식을 응용하는 데 어려움을 느끼는 학생들이 있을 것이다. 이러한 학생들에게 도움을 주기 위해, 각 장마다 풀이가 있는 예제들을 수록하였다. *Solutions Manual*에 있는 문제풀이까지 합하면, 350개 이상의 다양한 난이도의 문제풀이를 접하게 되는 셈이다. 답이 나와 있지 않은 짝수 번호 문제를 푸는 데도 이는 큰 도움이 될 것이다.

*Concepts of Modern Physics*의 제6판을 내놓는 과정에서 *Widener University*의 Steven Adams, *The University of Iowa*의 Amitava Bhattacharjee, *California University of Pennsylvania*의 William E. Dieterle, *Denison University*의 Nevin D. Gibson, Millsaps College의 Asif Khand Ker, *American University*의 Teresa Larkin-Hein, *University of Texas at EI Paso*의 Jorge A. López, *West Virginia University*의 Carl A. Rotter, 그리고 *Texas A&M University-Kingsvills*의 Daniel Susan과 같은 여러분들의 건설적인 조언을 듣는 행운을 얻을 수 있었고 크나큰 도움이 되었다. 그리고 제5판을 꼼꼼하게 봐주시고 조언을 아끼지 않으신 *Michigan Technological University*의 Donald R. Beck, *University of Missouri-Rolla*의 Ronald J. *Sonoma State University*의 Lynn R. Cominsky, *United States Military Academy*의 Brent Cornstubble, *University of Cincinnati*의 Richard Gass, *Arizona State University*의 Nicole Herbot, *Clarkson University*의 Vladimir Privman, *State University of New York-Stony Brook*의 Arnold Strassenberg, *Clarkson*과 나름대로의 관점으로 이전 판을 평가해 주었던 *Arizona State University*의 학생들에게도 감사한다. 또한, *Pennsylvania State University*의 Paul Sokol이 다수의 훌륭한 연습문제들을 제공해 주었다. 그리고 원고를 꼼꼼하고 냉철하게 살펴봐 주고 모든 연습문제의 해답을 점검해준 *Massachusetts Institute of Technology*의 Craig Watkins에

게도 큰 빚을 졌다. 마지막으로 전반에 걸쳐서 전문적으로 자기 일같이 도움을 아끼지 않은 McGraw-Hill Education의 친구들에게게도 감사의 말을·전하고 싶다.

Arthur Beiser

Concepts of Modern Physic의 개정의 주 목적은 현대물리의 흐름에 맞추어 본문의 일부를 최신의 것으로 새롭게 하는 것이다. 개정판에는 학생들에게 주제에 대한 더 나은 기초를 주기 위해 본문에 더욱 기본적인 토픽들을 첨가하고 최신 사례들을 포함시켰으며 본문의 재배치가 이루어졌다. 예로서, 1장이 개편되었다—로렌츠 변환(Lorentz transformation)과 시공간(spacetime)을 부록에서 본문으로 옮겼다. 도플러 효과(Doppler effect)와 운동량과 에너지를 차례에 맞게 정렬하여 더욱 조화롭게 하였다.

이론 및 실험물리 결과들로부터 유발된 현대물리의 발전과정과 이 발전과정에 수반된 일들을 강조하는 서론 장을 첨가하였다. 서론 장은 현대물리의 시작점에 대한 역사적 인식을 제공한다; 파동 입자에 대한 인식, 보존법칙들과 힘들, 그리고 물질의 원자이론과 함께 1890년대 고전물리로부터 시작한다.

이 책을 개정하는 데 참가하는 기회를 가지게 되어 기쁘다. 현대물리는 젊은 학부학생들이 20세기 물리로 건너가는 교량역할을 한다. 이 개정판을 준비하면서, 계산물리에 전문가적인 조언을 하여준 Anthony Tzu Liang Chan에 감사하고, 모든 정보를 수집하고 새로운 개정판의 초안을 준비하는 데 도움을 준 Suet Ying Ching, Kin Long Chan과 Shumet Chen에게 감사한다.

Prof. Kok Wai Cheah

Head and Chair Professor in Department of Physics,
Director of Institute of Advanced Materials,
Hong Kong Baptist University;
Fellow of Institute of Physics, UK;
Visiting Professor at Fudan University, Shanghai, People's Republic of China;
National Sun Yat-sen University, Kaohsiung, Taiwan, Republic of China;
Jinan University, Guangzhou, People's Republic of China

역자 소개

이석주 한국외국어대학교 교수

이강영 경상국립대학교 교수

장준성 서울대학교 명예교수

역자 서문

Arthur Beiser의 Concepts of Modern Physics는 6판까지 출판된 현대물리학의 대표적인 교재로, 전 세계에 많은 독자를 가지고 있습니다. 뉴턴역학을 고전역학으로 만들어버리며 시공간이라는 새로운 개념을 밝혀낸 상대성이론을 첫 장에서 다루고, 이후 내용에서는 흑체복사에서 출발하여 광전효과, 드브로이 파를 거쳐 슈뢰딩거 방정식으로 발전되는 양자역학의 시작을 기술하고 있습니다. 이어서 양자역학으로 수소 원자를 설명하고 이후 원자들이 모여 분자 및 고체를 형성할 때의 현상을 다루며, 마지막 부분에서는 원자를 이루고 있는 성분으로 들어가 원자핵과 소립자에 대해 소개합니다. 저자가 서문에서 기술한 대로, 논리적으로 현대물리학을 개괄하기 쉽도록 구성되어 있습니다.

국내에는 20여 년 전 "현대물리학"으로 번역되어 처음 소개된 후, 대학 교재로 널리 쓰이며 물리학 전공자뿐만 아니라 이공계 관련 전공자들에게 필요한 개념 및 이론들을 배울 수 있게 해 주었을 것으로 자부합니다. 또한, 현대물리학에 관심이 있는 일반 독자들에게도 일부의 어려운 수학적인 수식을 정확히 이해하지 못하더라도, 현대물리학의 발전과정과 개념적 이해에 많은 도움이 되고 있으리라 생각합니다.

Beiser와 Kok Wai Cheah의 공저로 출간된 6판의 International Edition을 번역하여 제6판 개정판으로 출판하였고, 이후 사진 자료들의 전면 교체와 번역 및 원문에서의 오류를 대폭 수정한 번역본 수정판을 5년 전에 출판하였습니다. 하지만, 실험과 이론이 발전하면서 바뀌어야만 하는 소립자 내용이나 정확한 의미를 전달하기에 미진했던 표현들은 미뤄 둔 숙제처럼 생각되어 왔었습니다. 이를 보완하고자 이번 2025년 수정판에서는 입자물리학을 전공하고 활발한 저술 활동을 하는 경상국립대학교 이강영 교수가 참여하여 원자핵과 소립자 부분을 광범위하게 수정할 기회를 가지게 되었습니다. 최신 연구 결과를 반영하여 일부 새로 쓰인 해당 부분 외에도 서론 부분의 일부와 상위과정인 고체물리에서 다루는 것이 적합한 "에너지 띠의 또 다른 해석" 부분을 삭제하였습니다. 또한, 번역본의 취지에 맞추어 모든 용어 및 인명들을 한국물리학회의 물리학 용어집에 따라 한글로 표기하였으며, 본문에 처음에 언급될 때 괄호 안에 영어를 함께 적었습니다. 어색한 번역 표현들 혹은 틀리지는 않았으나 오해가 있을 수 있는 표현들은 좀 더 이해하기 쉽게 수정하였습니다.

더 좋은 책을 만들려고 노력하였으나 아직도 미흡한 점이 많으리라 생각합니다. 이 책을 교재로 사용하실 교수님들과 독자 여러분께서는 미비한 점을 많이 지적하여 주셔서 앞으로 수정 작업을 통해 더 좋은 책이 될 수 있도록 협조하여 주시기를 부탁드립니다.

끝으로, 이 책을 출판하는 데 적극적으로 협조하여 주신 McGraw-Hill Education Korea와 수고를 아끼지 않으신 편집부 여러분께 고마움을 표하며, 또 우리말로 옮기는 과정에 많은 도움을 주신 여러분께 감사의 마음을 전합니다.

2024년 11월
역자 일동

차례

1. 19세기 물리학

19세기에 즈음하여 현대 과학과 기술이 그 모습을 나타내기 시작하였다. 이 세기에는 우리가 현대 과학과 기술의 개척자들이라 알고 있는 패러데이(Michael Faraday), 앙페르(Andre-Marie Ampere), 헤르츠(Heinrich Hertz) 그리고 와트(James Watt) 같은 많은 유명한 물리학자들이 나타났다. 19세기 말쯤에는 톰슨(J. J. Thomson), 마리 퀴리(Marie Curie)와 맥스웰(James Clerk Maxwell) 같은 물리학의 거인들이 있어 현대물리로 향하는 길을 열어 놓았고, 나아가 아인슈타인(Albert Einstein), 보어(Niels Bohr), 러더퍼드(Ernest Rutherford) 그리고 플랑크(Max Planck) 등과 같은 많은 현대물리학 개척자들에게 영감을 불어 넣어 주었다. 현대물리학은 사실 이들에 대한 이야기로, 물리적 방식으로 물리적 세계가 어떻게 동작하는지 이해하도록 설명해 준다. 현재로서는 최선의 이해로 더 좋은 실험방법과 더 강력한 계산력으로 물리학의 최전선을 더욱 밀어붙이고 있다. 따라서 지금 여기서 서술하고 있는 물리는 최종 버전이 아니라 최신 버전인 셈이다.

1.1 산업혁명

유럽에서 일어난 산업혁명은 대량생산을 위해 인류가 기계를 광범위하게 사용하기 시작한 시기라 언급되고 있다. 그때까지는 기계를 돌리기 위한 에너지 전환과 이 에너지를 효율적으로 얻는 기술이 매우 부족하였다. 와트가 최초로 증기의 힘과 이 힘을 생산기계를 돌리는 데 동력화하는 것에 대한 착상을 하였다. 에너지 전환과 기계공학 기술 분야에서 훨씬 더 나은 과학적 이해가 필요해졌다. 사실은 자연의 과정에 대한 공들인 연구, 즉 이에 대한 물리의 깊은 이해가 산업혁명을 시작하게 하였다.

물리학 발전 중 가장 중요한 것 중의 하나는 에너지를 공식적으로 정량화한 것으로, 줄 (James Joule: 1818~1889)이 일련의 역학과 전기적 실험을 통해 열의 역학적 동등성을 증명하였다. 그 결과는 1845년에 출간되었고, 이 근본적인 기여로 인해 에너지의 SI(국제 도량형) 단위는 줄(joule)이다. 줄이 한 업적을 바탕으로 헬름홀츠(Hermann Helmholtz: 1821~1894)가 에너지 보존을 제안하였다. 이 제안은 막대한 영향력을 끼쳐왔으며 모든 에너지 보존 과정, 단순한 당구공 사이의 충돌 같은 역학 과정에서부터 핵융합 그리고 소립자 생성 (creation) 과정에까지 모두 적용되고 있다. 사실 빛이 입자성을 가진다는 것을 증명하는 데도 에너지 보존법칙이 사용된다.

물리의 각 다른 분야에서 유도된 에너지들은 다음과 같다.

열에너지: $E = k_B T$ [k_B는 볼츠만 상수(Boltzmann constant)이고, T는 절대 온도]

운동에너지: $E = \dfrac{1}{2}mv^2$ (m은 대상 물체의 질량, v는 속력)

질량/에너지: $E = m_0 c^2$ (m_0는 정지질량, c는 빛의 속력)

1.2 전기와 자기의 통일

19세기가 되기 전까지 전기와 자기는 별개의 물리력이라고 여겨졌다. 1873년에 맥스웰이 이 두 별개의 힘이 사실은 하나의 힘이라는 것을 정확히 밝혀 보였다. 사실 이것은 맥스웰이 패러데이, 앙페르 그리고 다른 여러 연구자들이 제안한 아이디어와 연구 결과를 확장하여 얻은 결론이다. 흥미롭게도, 맥스웰은 전자기파를 전파하는 매질이 존재한다는 가정 아래 모델을 세웠다. 에테르(ether)라 불렀던 매질은 나중에 존재하지 않음이 밝혀졌다. 그는 과정을 역학적으로 다루었음에도 불구하고 전자기파의 특성을 완전히 기술할 수 있는 네 개의 방정식을 유도할 수 있었고, 이로부터 광속까지도 이끌어 낼 수 있었다. 게다가 빛이 실제로는 별개의 실체가 아니라 전자기파 스펙트럼의 일부라는 것도 보였다. 맥스웰 방정식(Maxwell equation)으로 알려진 이 네 방정식은 다음을 보여 준다.

 (i) 도선의 전류가 원형의 자기장을 발생시킨다.
 (ii) 자기장을 끊고 지나가는 원형고리 도선에 전류가 유도된다.
(iii) 전하(electric charge)와 자극(magnetic pole)은 같은 전하/자극 사이는 서로 밀치고 반대 전하/자극 사이는 서로 잡아당긴다.
(iv) 두 전하/자극 사이의 힘은 서로간의 간격에 대한 거리의 역제곱(inverse square) 법칙을 따른다.

맥스웰 방정식들의 미분 형태는 다음과 같다.

변위전류(displacement current): $div\ D = 4\pi\rho$; ρ는 전하밀도

자기유도(magnetic induction): $div\ B = 0$

자기세기(magnetic intensity): $curl\ H = 4\pi\ j + \dfrac{1}{c}\dfrac{\partial D}{\partial t}$; j는 전류 밀도

전기세기(electric intensity): $curl\ E = -\dfrac{1}{c}\dfrac{\partial B}{\partial t}$; c는 광속

이 네 개의 식은 1861~1862년에 *Philosophical Magazine*에 게재된 그의 논문 「On physical lines of force」에 처음 소개되었고, 논문은 http://ow.ly/scEDk에서 찾아볼 수 있다.

다른 연구자들에 의한 발견들도 간단하게나마 요약할 가치가 있다. 패러데이(Michael Faraday: 1791~1867)가 몇 가지 중대한 발견을 하였다. 그중 가장 중요한 것이 전기유도 (electric induction)인데, 뒤에 가서 자기유도(magnetic induction)로까지 확장되었다. 전기 유도는 패러데이 법칙(Faraday Law)으로 잘 알려져 있고, 맥스웰 방정식(Maxwell Equation) 에 수학적으로 묘사되어 있다. 다른 두 개의 주목할 만한 발견으로는 패러데이 효과(Faraday effect)와 패러데이 케이지(Faraday Cage)가 있다. 패러데이 효과는 빛의 편광이 외부에 서 걸어 준 자기장에 의해 회전할 수 있다는 것이고, 패러데이 케이지는 외부에 있는 전하 는 도체 내에 있는 물체에 아무런 영향도 미치지 못한다는 것을 보이는 것으로, 전자기 차폐 (electromagnetic shielding)를 말한다.

앙페르(Andre-Marie Ampere: 1775~1836)는 외르스테드(Hans Christian Ørsted)가 한 일을 설명하는 수학적 모델을 만들었다. 앙페르 법칙(Ampere's law)은 전류가 흐르는 도선 사이에 작용하는 상호작용은 도선들의 길이와 흐르는 전류의 세기에 비례하고, 역제곱 법칙 에 따른다는 것이다.

전기와 자기가 근본적으로 하나의 힘—전자기—이라는 중요한 결론은 자연의 기본힘들에 대한 이해가 한 걸음 더 나아간 것이다.

1.3 뉴턴(Newton) 물리학

뉴턴 경(Sir Isaac Newton: 1642~1727)은 아마도 20세기 초까지는 가장 영향력 있는 물리 학자였을 것이다. 엄밀히 말해 18세기 사람이지만, 그의 고전물리학에 대한 영향력은 지금 까지도 미치고 있다. 고전 역학의 기초를 세웠으며, 이러한 이유로 고전 역학을 뉴턴 역학 (Newton Mechanics)이라 부르기도 한다. 천체에서와 마찬가지로 지구에서의 물체들에도 적 용되는 동적 운동(kinetic motion)에 대한 공식을 그의 중력법칙과 운동법칙에서 종합·확장 하였다. 이 법칙들은 공이 나는 현상에서부터 지구와 다른 행성들 사이를 여행하는 우주 탐 색 로켓(space probe)들의 궤도를 결정하는 데까지 지금도 일상적으로 사용되고 있다. 사실 외행성계(exo-planetary systems)를 탐색하는 데도 이 네 법칙에 상당히 의존하고 있으므로 300년이 지난 지금도 우리 태양계가 우주에서 독특한 존재가 아니라는 것을 보이는 데 뉴턴 이 도움을 주고 있다고 할 수 있겠다. 운동법칙들 외에도 광학 그리고 미적분학과 멱급수의 발명에서도 두드러진 기여를 하였다. 그의 중요한 몇 가지 업적에 대해 간단하게 설명한다.

1.3.1 운동법칙

뉴턴은 1687년에 그의 주요 업적인 『프린시피아 매스매티카(*Pincipia Mathematica*)』를 출간하

였고, 여기에서 운동에 대한 세 법칙을 기술하였다.

(i) 제1법칙: 외력이 작용하지 않는 한 물체의 운동상태는 변화하지 않는다. 이는 외력이 작용할 때까지 정지한 물체는 계속 정지 상태로, 그리고 일정운동(uniform motion)을 하는 물체는 일정운동 상태를 그대로 유지한다는 것을 의미한다. 이 법칙은 (관성계라 불리는) 기준계(reference frame)가 있음을 암시한다.

(ii) 제2법칙: 물체에 작용하는 힘 F는 물체 운동량 p의 시간당 변화율과 같다. 아래와 같은 수식으로 나타낸다.

$$F = \frac{dp}{dt} = \frac{d(mv)}{dt}$$

고전물리에서 질량은 상수이므로 m은 미분기호 바깥으로 나올 수 있다. 따라서 미분은 속도에만 작용하여 가속도가 되고, 위 식은 익숙한 식인 아래와 같은 모양이 된다.

$$F = ma$$

제2법칙으로 단순조화운동의 동역학을 기술할 수 있다. 단순조화운동은 결정 내에서의 원자진동, 응축상태에서의 전자진동인 플라스몬(plasmon)에 대한 고전 모델을 기술하는 데 사용되고 있다. 또한 다른 문제와 관련해서는 수정된 형태로 사용되기는 하지만, 금속의 응축상태를 기술하는 드루드 모델(Drude model)을 기술하는 데도 사용하고 있다.

(iii) 제3법칙: 모든 작용(action)에는 세기가 같고 방향이 반대인 반작용(reaction)이 존재한다. 이는 어떤 물체에 힘이 작용하면 세기가 같고 방향이 반대인 되돌려주는 힘이 존재한다는 것을 의미한다.

예로서 소총의 반동이 있다. 총알이 발사될 때 총알을 앞으로 나아가게 밀어내는 힘이 있고, 동시에 세기가 같고 방향이 반대인 힘이 소총에 되돌려 작용한다. 이 되돌려진 힘을 총을 쏘는 사람이 느끼게 된다.

이 법칙은 또한 연료 연소에 의한 반작용이 로켓을 위로 추진시킨다는 로켓 추진의 배후 원리이기도 하다.

1.3.2 중력법칙

코페르니쿠스, 갈릴레오, 케플러 그리고 또 다른 사람들의 발견에 의해, 17세기경에는 지구가 태양 주위를, 달이 지구 주위를, 그리고 다른 행성인 화성, 금성 그리고 목성 등도 태양 주위를 돈다는 사실이 상당히 분명해졌다. 케플러의 세 법칙으로부터 궤도비행체(orbiter)의 특성들이 상당히 명백하게 기술되었다. 그러나 이 법칙은 행성들의 궤도운동을 기술하는 관측법칙에 불과하다. 천체 물체들이 왜 서로를 끌어당기고 어떤 힘(들)이 이들을 함께하게 하는지는 설명하지 않는다. 두 물체 사이를 서로 끌어당기는 인력인 중력을 기술한 것은 뉴턴의 만유인력법칙이다. 중력이 왜 생기는지에 대한 근본적인 이유는 모르는 채 남겨져 있었지만 어쨌든 해왕성의 궤도운동으로부터 천왕성의 존재를 성공적으로 예측함으로써 뉴턴의 이론은 전적인 지지를 받았다. 이후 변칙적인 수성궤도가 관측되어 이론의 유효성에 대

델타(Delta) 로켓 발사
출처: © McGraw-Hill Education/ SuperStock

태양의 무거운 질량은 시공간을 휘어지게 하고, 지구는 휘어진 시공간에서 가능한 한 직선궤도를 따라 움직인다.
출처: © McGraw-Hill Education/T. Pyle/Caltech/MIT/LIGO Lab

해 얼마간의 의문이 있었지만, 일반적으로 만유인력 이론은 대부분의 경우에 잘 맞으며, 특히 천체 물체의 움직임에는 중력이 매우 효과적으로 사용되고 있다. 예로서 지구-달 그리고 목성-유로파(Europa)계에서의 조수(tidal) 효과는 거시 세계에서의 중력의 힘을 충분히 보여 준다.

수성궤도 불일치성에 대한 완전한 설명은 아인슈타인의 일반 상대성 이론이 나올 때까지 기다려야 했다. 일반 상대성 이론에 의하면, 중력은 시공간(spacetime)의 휘어짐에 의한 것이다. 질량이 시공간을 휘어지게 하고, 휘어진 시공간이 물체들을 서로에게로 '낙하'하게 한다.

2. 새로운 이해와 발견들

19세기 말경에는 정밀도가 크게 향상된, 더 넓은 온도의 영역에서 더 나은 계산으로 물리실험들이 더욱 정교해지고 있었다. 이런 정교한 실험들은 자연법칙을 더욱 깊이 탐구하게 하였고, 이 탐구는 현대물리학의 기초가 되었다.

2.1 고전물리학의 세계

고전물리학을 뉴턴 물리학(Newtonian Physics)이라 부르기도 한다. 이는 뉴턴이 제안한 세 개의 운동법칙과 만유인력법칙의 중요성을 반영한 것이다. 이 법칙들은 기본적으로 우리가 살고 있는 거시 세계에서의 동역학 기본 원리를 요약한 것이다. 사실 물리세계에서 살펴보아야 할 다른 두 현상인 열 및 파동이 또한 존재한다. 에너지 전달과 분명히 관련이 있는 열의 동역학 혹은 열역학이 활발하게 연구되었으나 그 관련이 명확히 밝혀지지는 않았다. 탐구된 현상 중의 하나는 흑체복사 현상이었고, 궁극적으로 에너지 양자화의 발견을 이끈 연구 분야였다.

파동 연구는 전자기파를 전파하는 매질 찾기로 이어졌다. 맥스웰 방정식은 전자기파의 특성을 기술하였고, 20세기에 들어오면서 파동의 속력, 전파매질 등 전자기파의 여러 특성들이 많이 연구되었다. 전자기파를 전파하기 위한 매질의 불필요성과 실제적으로 좌표변환의 비불변성(non-invariant)이라는 발견은 결국 특수 상대성 이론의 발전으로 이어졌다.

또한, 그 밖에도 새로운 발견과 이해로 이끄는 많은 실험들이 수행되었다.

2.2 새로운 실험들

흥미 있는 몇 가지 새로운 물리 현상들의 관측에 대한 이야기를 간략하게 정리한다. 수은의 전기저항을 조사하는 과정에서 오너스(H. K. Onnes)는 매우 낮은 온도(4.2K)에서 저항이 급격하게 떨어지는 현상을 관측하였다. 이 관측으로 초전도(superconductivity)와 초유체 전이(superfluid transition)를 발견하게 되었다. 마리 퀴리는 타르(tar)에서 추출한 우라늄으로 방사능(성) 특성들을 연구하였다. 그들의 연구로 방사능(성)과 원소의 방사능 붕괴(radio-active decay)를 발견하게 되었다. 기체방전을 이용하여 기체 형태 원소들의 특성연구가 이루어졌고, 이로부터 X-선과 음극선이 발견되었다. 방전기체들의 흡수분광에서의 불연속적인 분광선들은 원자 구조에서 양자화된 에너지 준위가 존재한다는 것을 알아차릴 수 있게 해주었다.

　　이러한 모든 발견들과 새로운 이론들이 근본적으로 현대물리의 토대를 이룬다. 다음 절들에서 이러한 발견 몇 가지를 소개하겠다.

2.3 흑체복사

18세기 말에 열복사를 설명하는 몇 가지 식들과 법칙들이 존재하였다. 예로서, 흑체복사의 총 에너지를 얻을 수 있는 슈테판-볼츠만 법칙(Stefan-Boltzmann law)이 있었고, 뜨거운 정도에 따라 복사 스펙트럼 변화 모양을 설명하는 빈의 변위법칙(Wien's displacement law)도 존재하였다. 그러나 어느 것도 온도 스펙트럼에서 완전한 복사 특성들을 충분히 기술하지는 못하였다. 플랑크가 열복사의 기본 원리에서 다시 시작하고 복사에너지를 양자화한 플랑크의 흑체복사 법칙으로 알려진 법칙을 제안하여 복사 스펙트럼을 정확히 설명하였고, 후에 가장 적은 양자화된 복사에너지를 광자(photon)라 부르게 되었다. 플랑크의 제안은 아인슈타인, 드브로이(de Broglie), 하이젠베르크(Heisenberg) 등에 의해 원자와 소립자 세계를 새롭게 바라보는 데 곧바로 적용되었다.

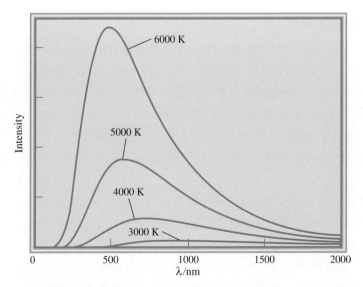

복사 곡선; 물체 온도의 함수로 꼭짓점이 이동한다.
출처: © McGraw-Hill Education

2.4 원자의 안정성

돌턴(John Dalton)이 1808년에 원자 이론에서 물질의 구성에 대한 아이디어를 제안하였다. 그의 이론에서 나눌 수 있는 (물질의) 최소 단위를 원자라 하였고, 원자는 불변이고 안정하다고 하였다. 이는 사실 천상의 물질은 불변이고 안정하다고 선언한 소크라테스의 가르침을 따른 것이다. 1896년에 베크렐(Henri Becquerel)이 우라늄염(Uranium salt)으로부터 자연 방사선을 발견하였고, 이 방사선은 바로 1년 전에 발견된 X-선과 비슷한 투과력을 가졌다. 마리 퀴리가 남편 피에르 퀴리(Pierre Curie)와 함께 이에 대해 더 탐구하였고, 그들의 연구 결과는 원자가 안정할 필요가 없다는 것을 보여 주었다. 원자로부터 나오는 방사선은 원자의 변성변화(transmutation change)를 가져왔다. 몇 년 후에 톰슨이 음극선을 연구하는 중에 전자를 발견하였고, 러더퍼드 등이 원자 구조를 풀어냈다. 이리하여 새로운 물리학 분야(입자물리학)가 탄생하였다.

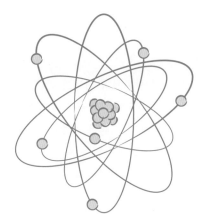

원자 구조
출처: © McGraw-Hill Education

2.5 좌표변환의 불변성

모든 물리법칙은 어떤 기준계에 있는지에 상관 없이 완전히 동일하게 적용될 것으로 기대된다. 따라서 맥스웰 방정식도 같은 방식으로 적용되기를 기대되는 것이 자연스러웠다. 그러나 갈릴레이 변환(Galilean transformation)으로는 명백한 비불변성(non-invariance)으로 나타났다. 같은 종류의 전하들은 정지 기준계(rest frame)에서는 서로 밀어내는 척력이 작용하나, 갈릴레이 변환을 적용한 운동 기준계(moving frame)에서 바라보면 서로를 잡아당기게 된다. 이는 명백히 옳지 않다. 아인슈타인은 속력이 광속에 가까워지면 좌표변환에 보정하는 항이 요구된다는 것을 보였고, 보정항을 로런츠 변환(Lorentz transformation)에 결합시켰다. 또한, 아인슈타인은 물질의 시공간 관계를 기술하는 자신의 특수 상대성 이론에 로런츠 변환을 포함시켰다. 이에 대해서는 3.1절에서 그리고 제1장에서 더욱 자세하게 논의할 것이다.

3. 원자 세계

원자 세계, 좀 더 정확하게는 아원자(sub-atomic) 세계에서의 여러 행동을 기술하는 데 고전 물리가 불충분하다는 것을 알게 되었다. 불충분한 명백한 예들로, 갈릴레이 변환이 여러 물리법칙에서 불변성을 유지하는 데 실패하였으며, 명백한 원자의 불안정성을 알맞게 설명할 수도 없었고, 시공간 현상이 거시 세계와는 다르다는 것 등이다.

3.1 상대론

아인슈타인은 로런츠 변환을 사용하여 모든 기준계(frame of reference)에서 모든 물리법칙이 불변성을 유지한다는 것을 보일 수 있었다. 특수 상대성 이론에서 광속은 모든 기준계에 무관하며 어떤 물체의 속도도 광속에 상대적이라고 제안하였다. 이는 로런츠 변환을 하는 모든 변환에서 성립하며, 로런츠 변환은 물체의 속력이 광속보다 현저히 낮을 때는 갈릴레이 변환으로 근사된다. 시간과 공간 개념 또한 다르다(비상대론에 비해). 물체의 속력이 광속에 가까워지면 시간은 느려지고 거리는 줄어든다. GPS (Global Position System)를 이용하여 언제 어디에 있는지를 계산할 때 일상적으로 사용되고 있고, 인공위성에 실린 원자시계로 중력의 변화를 계산할 때에도 사용한다.

아인슈타인은 일반 상대성 이론에서 행성과 별들과 같은 질량에 의해 공간이 어떻게 휘어지는지를 제안하는 것으로 중력을 이론에 도입하였다. 휘어진 공간은 빛이 질량의 영역을 가로지를 때 '구부러지게' 한다. 일반 상대성 이론은 우주동역학, 즉 우주가 어떻게 진화하는지를 예측하게 한다. 최근에 우주론 학자들이 아직은 확인된 바 없는 암흑물질(dark matter)과 암흑에너지(dark energy)를 연구하는 데도 사용하고 있다.

지구 주위를 도는 GPS 인공위성
출처: © McGraw-Hill Education/Shutterstock/Andrey Armyagov

3.2 원자의 특성

19세기 말과 20세기 초반에 원자가 전혀 안정하지 않다는 것을 알게 되었다. 약간의 원소들은 방사선을 방출하여 붕괴하며, 결국에 가서는 다른 원소로 바뀌게 된다. 사실 각 원소들은 몇몇 동위원소, 즉 같은 양성자 수를 가지나 다른 수의 중성자를 가짐으로써 원자량(atomic weight) 이 서로 다른 원소를 가질 수 있다. 같은 수의 양성자를 가짐으로써 같은 수의 전자를 가진다. 원소의 원자 및 화학 특성들이 전자의 수에 의해 지배되므로 동위원소들은 원자량이 다른 같은 원소들이다.

원소들의 방사성과 핵에 대한 연구로 원자 구조와 원자핵의 특성을 발견하게 되었다.

보어의 원자 모형에 의해 더욱 중요해진 러더퍼드의 대단히 중요한 실험은 원자와 아원자 세계가 특성상 양자 세계임을 보여 주었다. 원자 수가 점점 더 많아지면 양자 특성은 거시 세계의 연속적 특성으로 흐릿해져 간다. 이후에 원자 세계의 양자 특성은 물리학 이외의 다른 과학 분야까지 가지를 쳐 나갔다. 몇몇 노벨상 수상자를 배출한 양자화학, 그리고 사스 (SARS) 및 조류독감 같은 새로 나타나는 바이러스의 특성 이해에 매우 중요한 생체분자(bio-molecule) 간의 상호작용에 새로운 통찰력을 주는 이론생물학 및 생물물리학 등이 있다.

3.3 원자 구조-핵물리학

20세기로 바뀔 즈음에 러더퍼드가 (그때까지) 알고 있던 원자 구조는 잘못임을 보였다. 원자의 핵은 조밀하고 밀도가 높으며, 전자들은 핵으로부터 비교적 멀리 떨어져 핵 주위를 돌고, 불연속적인 궤도를 가지고 있다.

원소가 무거워질수록 핵들은 점차 더 복잡해지고 보기에도 덜 안정해진다. 이에 대한 연구는 두 중요한 기본힘(fundamental force)을 발견하게 한 핵물리학의 시작이 되었다. 핵의 강력(strong force)과 약력(weak force)은 핵융합, 핵분열 및 방사능의 원인이 된다. 두 힘의

핵발전소
출처: © McGraw-Hill Education/Rodrigo A Torres/Glow Images

고온 플라스마의 실험을 위한 토카막(Tokamak) 장치
출처: © NFRI

이해로 원자폭탄과 수소폭탄을 개발할 수 있게 되었다. 그러나 핵분열의 평화적 이용으로 핵 발전소도 발전해 오고 있다. 핵융합에너지를 이용할 수 있게 제어하는 일은 매우 도전적인 일임이, 특히 핵융합 플라스마를 가두는 것이 도전적인 일임이 드러났다. 기본힘들을 이해하려는 노력으로 살람(Salam), 글래쇼(Glashow) 그리고 와인버그(Weinberg)가 전자기력을 핵의 약력과 통합하는 이론을 내세웠으며, 그 공로로 1979년 노벨상을 수상하였다. 이 이론으로 네 개의 기본힘 중 세 개의 힘인 핵의 강력, 약력 그리고 전자기력이 통합되었다. 중력만 나머지 세 기본힘들과 분명한 '관련'을 보여 주지 않는 힘으로 남아 있다.

3.4 입자물리학과 우주론

원자핵을 연구함으로써 입자물리학이라는 또 다른 새로운 물리학 분야가 나타나게 되었다. 아원자(sub-atom) 입자 그 자체만의 속성, 즉 생성, 소멸 그리고 상호작용 등에 대한 연구 분야이다. 같은 시기에 아인슈타인의 일반 상대성 이론 그리고 우주 배경복사(cosmic background radiation)의 발견으로 우주가 빅뱅(Big Bang)으로부터 생성되었다는 강한 믿음을 갖게 되었다. 빅뱅으로부터 만들어진 최초의 생성물이 아원자 입자들이다. 그래서 '고대(ancient)' 입자와 이들 입자가 만드는 방출(emission)에 대한 탐구는 오늘날 우주 연구의 한 분야가 되고 있다.

거대 가속기와 사이클로트론(cyclotron)들이 이들 입자 연구를 위해 건조되었다. 고속 입자의 운동에너지가 증가함에 따라 충돌 순간의 총 에너지가 증가하고, 따라서 더욱 별난(exotic) 소립자(elementary particle)들이 생성된다. 이와 같은 별난 입자들은 빅뱅이 일어나자마자 나타났을 입자들이다. 빅뱅 이론을 검증하기 위해 빅뱅 순간의 추정 에너지에 근접하는 충돌에너지를 얻기 위해 더 높은 에너지의 가속기들이 건조되고 있다. 2013년 3월에 표준모형(standard model)에서 예측된 한 기본입자인 힉스 보손(Higgs boson)이 발견되었다. 이 실증은 물리적 세계에 대한 우리의 이론과 이해를 더욱 발전하게 한다.

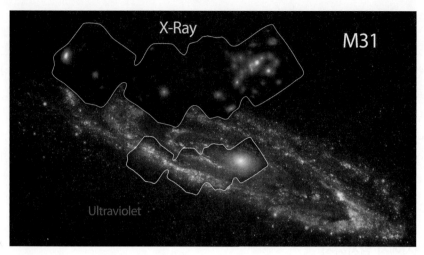

이 합성 이미지는 GALEX 우주 망원경으로 찍은 안드로메다 은하(M31)의 자외선 사진 위에 NuSTAR 망원경의 x-선 이미지를 결합한 것이다.
출처: NASA/JPL-Caltech/GSFC

우주의 상태와 진화를 연구하기 위해 막대한 에너지를 가지고 우주를 가로질러 날고 있는 아원자 입자—우주선(cosmic ray)—를 연구하기 위한 다양한 망원경들이 지상뿐만 아니라 우주 공간에도 배치되고 있다. 망원경들은 이 우주에서 지금도 일어나고 있는 각종 물리 과정들을 실증하기 위해 전파(radio wave)와 X-선도 탐지한다.

4. 양자로의 연결

플랑크가 에너지가 불연속적으로 나타남을 보이고, 가능한 최소 불연속 에너지 단위를 양자 (quantum)라고 불렀을 때부터 양자라는 낱말과 양자 세계가 시작되었다. 그 당시의 많은 물리학자들에게는 경이로운 발견이었다. 가장 잘 알려진 몇몇 예는 다음과 같다.

(i) 아인슈타인은 광전자(photo-electric) 효과를 설명하는 데 양자화 에너지를 사용하였다. 고체로부터 관측된 광전자 방출은 불연속적인 광자 에너지가 원인이었고, 고체 원소마다 고유의 문턱(threshold) 광자 에너지가 있음은 각 원소가 특유의 전자 구조를 가짐을 나타낸다. 이런 이해로부터 얻은 기본 특성들 중 일함수(work-function)가 아마도 가장 익숙할 것이다. 반도체 소자, 전자현미경/분광에서 쓰이고 있다. 아인슈타인은 광전자 효과의 설명으로 1921년에 노벨상을 수상하였다.

(ii) 보어는 러더퍼드가 수행한 원자 구조에 대한 산란 실험을 설명하기 위해 양자 에너지 개념을 사용하였다. 러더퍼드가 보인 원자 구조는 단단하고 밀도가 높은 양전하의 핵이 상대적으로 먼 거리에서 회전하는 전자들로 둘러싸여 있는 구조였다. 그렇다면 고려해야 할 사항 중 하나는 핵 주위를 돌고 있는 전자는 양전하를 띤 핵 중심으로 통제할 수 없이 끌려가 붕괴하여야 하나, 전자는 분명히 안정하다는 것이었다. 보어는 핵

주위로 각운동량 $L = n\dfrac{h}{2\pi}$를 가지는 안전/정상(stationary) 궤도가 존재한다고 제안하였다. 여기서 h는 플랑크상수(Planck constant)이고, n은 궤도를 특정 지워주는 수로 양자수(quantum number)라 부른다. 가장 낮은 궤도는 $n = 1$이다. 보어는 원자 모형으로 기체 방전으로부터 나오는 불연속 방출선(emission line)을 설명할 수 있었고, 1922년에 노벨상을 받았다.

(iii) 에너지 양자화는 빛의 입자성에 주목하게 하였고, 콤프턴(1927년 노벨상)이 입증하였다. 그러나 모든 기본 입자들이 파동/입자성 둘 모두를 가진다는 것을 보인 것은 드브로이(1929년 노벨상)였다. 이는 의미심장하고 흥미로운 사실로, 기본입자들이 왜 이중성(duality)을 가져야 하는지에 대한 만족할 만한 설명은 아직까지 없다.

4.1 원자에서 양자까지

러더퍼드가 원자 구조가 어떻게 되어 있는지를 보였을 때, 보어가 그 당시는 새로운 지식인 에너지 양자화에 기반을 두고 전자가 어떻게 불연속 에너지 준위를 가지는 고정된 궤도로 핵 주위를 도는지에 대해 제안하였다. 이로부터 기본입자들의 동역학을 기술하는 양자역학이 시작되었다. 지금과 같은 형태의 양자역학의 발전은 하이젠베르크, 디랙(Dirac) 그리고 슈뢰딩거(Schrödinger)로부터 시작되었다. 지금 우리에게 익숙한 형식은 보어가 처음 제시한 구 양자역학(old quantum mechanics)과는 다르다[코펜하겐 해석(Copenhagen interpretation)]. 근본 원리의 본질은 변화가 없으나 그 해석과 수학적 포맷은 다르다.

이러한 몇 가지 중요한 것들에 다시 주목할 만하다. 초기 양자역학에서의 수학은 행렬 형식이었고, 실제 물리와 연관시키거나 이해하기가 어려웠다. 슈뢰딩거가 조화진동운동을 나타내는 것과 매우 비슷한 새 공식을 가지고 나왔다. 이는 다른 물리학자로부터 대단한 환영을 받았고 곧 채택되었다. 지금은 슈뢰딩거 방정식으로 알려져 있으며, 이 업적으로 1933년도 노벨상을 받았다.

4.2 양자역학의 결과

양자역학에서 기본입자에 대한 서술은 직관적으로 우리의 일상적인 감각과 연결되지는 않는다. 이론은 입자를 분리될 수 없는 파동/입자 특성을 가지는 것으로 기술한다. 이론은 또한 위치와 운동량이 본질적으로 관련되어 있다고 한다. 하이젠베르크의 불확정성 원리(uncertainty principle)로, 그 예로 핵 주위를 도는 전자의 위치는 확률적으로만 결정된다.

이러한 해석은 모든 과학자들에게 전적으로 받아들여지지는 않았다. 예로서, 아인슈타인은 이 이론의 비결정론적 본질성에 대해 매우 회의적이었다. 이에 따른 그의 유명한 비평이 있다. "신은 주사위 놀이를 하지 않는다."

잇따르는 양자 현상들에 대한 연구가 양자역학의 완전한 개발로 이어졌다. 방출 혹은 흡수선의 자연 선폭(natural line width)이 하이젠베르크의 불확정성 원리로 설명되는 것처럼 여태까지 알려지지 않았거나 이해되지 않았던 물질의 많은 특성들이 설명된다. 도체와 부도체 사이에 위치해 있는, 지금은 반도체로 알려진 물질에 대한 인식은 전자공학(electronics), 광전자공학(optoelectronics) 그리고 포토닉스(photonics) 분야를 개척할 수 있도록 하였다.

또한 빛의 양자화는 서술하는 특성이 양자광학(quantum optics)의 출현으로 이끄는 새로운 물리가 탄생하도록 하였다[로이 글라우버(Roy Glauber), 2005년 노벨상].

　　원자 크기 세계에서의 상호작용은 양자역학을 필요로 하므로 원자 수준에서의 이론 모형을 세우기 위해서는 적극적으로 양자적인 취급이 필연적으로 요구된다. 디랙은 1929년에 "대부분의 물리학 그리고 모든 화학의 밑바탕을 흐르는 수학은 알려져 있지만 그 해를 얻기 위해 적용하기에는 너무 복잡하다."라고 지적하였다. 그럼에도 불구하고 계산력이 증가함에 따라 양자역학을 사용하는 분자 모형을 세우는 것이 가능해졌다. 몇몇 물리 모형을 수행하기 위해 하트리-폭 방법(Hartree-Fock method)이 1930년대에 처음 도입되었으며, 분자계에서도 채택되었다. 디랙이 "물리세계의 모형화는 도전적인 일로 계속 남아 있겠지만, 양자역학의 이익을 최초로 받는 분야는 화학일 것"이라고 상당히 정확하게 지적하였다. 1998년과 2013년 양자화학에 두 번의 노벨상이 주어졌다. 원자 수준에서 화학을 이해하는 데 양자역학이 얼마나 중요한지를 보여 주는 증거이다.

제 1 장   상대성 이론

상대성 이론에 의하면 그 어떤 것도 빛보다 빠르게 움직일 수는 없다. 오늘날의 우주선 속력이 10 km/s가 넘는다고 해도 이 궁극적인 속력(빛의 속력)에는 훨씬 못 미친다.

스 물여섯 살의 젊은 물리학자 아인슈타인(Einstein)은 1905년에 관측자와 관측하고자 하는 대상 사이의 운동에 의해 시간과 공간의 측정이 어떻게 영향을 받는지 보였다. 아인슈타인의 상대성 이론이 과학을 혁신하였다고 말하는 것은 과장된 표현이 아니다. 상대론은 공간과 시간, 물질과 에너지, 전기와 자기를 연결지어 준다. 이 연결은 물리적 우주를 이해하는 데 결정적 역할을 하였다. 상대론은 놀랄 만한 예측들을 하였고, 이 모든 예측들은 실험으로 검증되었다. 상대론의 많은 결론들을 가장 단순한 수학만으로도 이끌어 낼 수 있다는 점이 더욱 심오하게 느껴진다.

1.1 특수 상대성 이론

모든 운동은 상대적이다. 자유 공간에서 빛의 속력은 모든 관측자에게 동일하다.

기본적으로 물리에서는 거리나 시간 간격, 질량 같은 양들을 어떤 방법으로 측정하는가 하는 것은 문제가 되지 않는다. 각각의 양들에 대한 기본 단위가 있으므로 누가 측정하든 상관없이 모든 사람은 같은 결과를 얻어야 한다. 예를 들면, 비행기 안에 타고 비행기의 길이를 측정하는 방법은 원리적으로는 문제가 되지 않는다. 비행기의 앞 끝에 줄자의 한 끝을 대고 비행기의 꼬리에서 줄자의 눈금을 읽기만 하면 된다.

그러나 만약 우리가 지상에 서 있고 비행기는 날아간다면 어떻게 되겠는가? 멀리 떨어진 정지된 물체의 길이는 기준선을 잡고 각도를 측정하면 삼각법을 통해 쉽게 알아낼 수 있을 것이다. 하지만 날아가는 비행기를 지상에서 길이를 측정하면 비행기를 타고 움직이는 사람이 측정한 길이보다 짧게 측정된다. 예상을 벗어나는 이러한 차이의 근원을 이해하기 위해서는 움직이는 물체에 대한 측정 과정을 자세히 분석해야 한다.

기준계

첫째 단계로, 운동이란 무엇인가를 명확하게 해야 한다. 어떤 물체가 움직인다는 것은 그 위치가 다른 물체에 대하여 상대적으로 변하는 것을 말한다. 승객은 비행기에 대하여, 비행기는 지구에 대하여, 지구는 태양에 대하여, 태양은 은하계에 대하여 상대적으로 운동한다. 각각의 경우에 있어서 운동을 기술하기 위하여 **기준계**(frame of reference)가 필요하며, 물체가 움직인다는 것은 항상 특정의 기준계가 있음을 암시한다.

관성기준계(inertial frames of reference)는 뉴턴(Newton)의 운동 제1법칙이 성립하는 계를 말한다. 관성기준계에서는 물체에 힘이 작용하지 않는다면 정지해 있는 물체는 계속 정지해 있고 움직이는 물체는 일정한 속도(일정한 속력과 방향)를 가지고 계속 운동한다. 한 관성계에 대해 일정한 속도로 움직이는 모든 기준계는 관성기준계이다.

모든 관성기준계는 동등하다. 우리에 대해 일정한 속도로 위치를 변경하는 어떤 물체를 본다고 하자. 그 물체가 움직이는 것인가, 우리가 움직이는 것인가? 뉴턴의 운동 제1법칙이 성립하는 닫힌 실험실 안에 있다고 가정하자. 실험실이 움직이고 있는가, 혹은 정지하고 있는가? 이런 질문은 아무 의미가 없다. 왜냐하면 모든 일정-속도의 운동은 상대적이기 때문이다. 어디에서나 사용 가능한 전 우주를 지배하는 기준계는 존재하지 않으며, '절대운동'도 존재하지 않는다.

상대성 이론은 보편적인 기준계가 존재하지 않음으로써 생긴 결과와 관련된다. 1905년 아인슈타인이 발표한 **특수 상대성 이론**은 관성기준계에 관련된 문제를 다룬 것이다. 10년 후 아인슈타인이 발표한 **일반 상대성 이론**은 중력과 시공간의 기하학적 구조 사이의 관계를 다룬 이론이다. 특수 상대성 이론은 물리학에 지대한 영향을 미쳤으므로 이 책에서는 특수 상대성 이론을 집중하여 다룬다.

특수 상대성 이론의 가설

특수 상대성 이론은 두 개의 가설에 기초하고 있다. 첫째는 **상대성의 원리**(principle of relativity)로,

> 상대적으로 일정한 속도로 움직이는 기준계에서는 모든 물리 법칙이 동일하다.

라는 것이다. 이 가설은 보편적인 기준계가 없음을 의미한다. 만약 상대적으로 움직이는 관측자들에게 물리 법칙이 서로 다르다면, 이 차이를 이용해서 누가 '정지해' 있고 누가 '움직이는'지 알 수 있을 것이다. 그러나 이러한 구별은 없고, 상대성 원리는 이런 사실을 나타내는 원리이다.

두 번째 가설은 많은 실험 결과를 바탕으로 하는 가설이다.

> 자유 공간에서의 빛의 속력은 모든 관성기준계에서 같은 값을 가진다.

이고, 그 값은 유효숫자 4자리로 2.998×10^8 m/s이다.

이 가정이 얼마나 놀라운 것인지 음미하기 위해 실제로 이루어진 여러 실험들과 근본적인 차이가 없는 하나의 가상실험을 고찰해 보기로 하자. 당신이 속력 2×10^8 m/s로 날고 있는 우주선을 타고 지나가는 순간에 내가 탐조등을 켰다고 생각하자(그림 1.1). 우리 둘 모두 똑같은 측정기구로 탐조등으로부터 나오는 빛 파동의 속력을 잰다. 지상에서의 나는 보통대로 빛의 속력이 3×10^8 m/s임을 알게 된다. '상식'적으로 당신은 같은 빛의 속력을 $(3 - 2) \times 10^8$ m/s, 즉 단지 1×10^8 m/s밖에 되지 않게 측정해야 할 것이다. 그러나 나에게는 빛과 나란하게 2×10^8 m/s로 움직이는 것처럼 보이는 당신도 빛의 속력을 3×10^8 m/s로 측정하게 된다.

이 실험 결과를 상대성의 원리를 위배하지 않고 설명할 수 있는 방법은 오직 한 가지뿐이다. 공간과 시간의 측정은 절대적이지 않고, 관측자와 관측대상 간의 상대운동에 의존한다는 것이 진리가 되어야 한다. 만약 내가 지상에서 당신이 갖고 있는 시계의 시간 간격과 미터자의 길이를 잰다면, 지상에 정지해 있을 때보다 시간 간격은 더 느려지고 미터자는 우주선이 움직이는 방향으로 더 짧아질 것이다. 당신의 시계나 미터자는 당신이 이륙하기 전인 지상에서의 그것과 동일할 것이나, 나에게는 상대운동 때문에 달라진다. 당신이 측정한 빛의 속력이 내가 측정한 값 3×10^8 m/s와 같아지도록 달라진다. 시간 간격이나 길이는 상대적인 양이지만, 자유 공간에서의 빛의 속력은 모든 관측자에 대해 동일하다.

아인슈타인 이전에는 뉴턴의 운동법칙을 근간으로 하는 역학 원리들과 맥스웰(Maxwell)

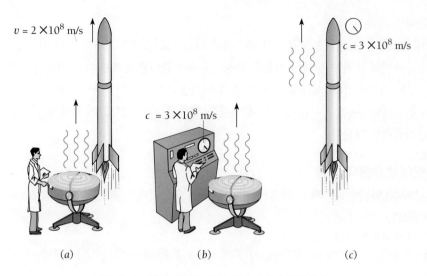

그림 1.1   빛의 속력은 모든 관측자에게 동일하다.

에 의해 통합 이론으로 발전된 전기와 자기에 대한 원리 사이에 상반되는 점이 있었다. 뉴턴 역학은 200년 넘게 잘 적용되어 왔고, 맥스웰 이론은 그때까지 알려진 전기와 자기 현상을 모두 포함할 뿐만 아니라 전자기파의 존재를 예측하고, 빛이 그러한 전자기파의 한 종류임을 보였다. 그러나 뉴턴의 역학 방정식과 맥스웰의 전자기 방정식은 한 관성계에서의 측정과 다른 관성계에서의 측정 사이를 연결지어 주는 방식에 있어서 서로 다르다.

아인슈타인은 맥스웰의 이론이 특수 상대성 이론과는 서로 맞으나, 뉴턴의 역학은 맞지 않음을 보였다. 그 후 역학을 수정하여 역학도 서로 맞게 만들었다. 앞으로 보게 되겠지만, 상대 속력이 빛의 속력에 비해 매우 낮으면 상대론적 역학과 뉴턴의 역학은 서로 일치한다. 이것이 뉴턴 역학이 그토록 오랫동안 정확한 것으로 여겨져 온 이유가 된다. 높은 속력에서 뉴턴 역학은 맞지 않게 되고, 상대론적 역학으로 대체하여야 한다.

1.2 로런츠(Lorentz) 변환

기준계들 사이 좌표값들의 관계식

기준계 S에서 시간 t일 때 좌표 x, y, z에서 한 사건이 일어났다고 하자. S에 대해 일정한 속도 $\mathbf{v}$로 움직이는 기준계 S'에서 같은 사건을 보았을 때는 시간 t'일 때 좌표 x', y', z'에서 일어난다(문제를 간단하게 하기 위해 $\mathbf{v}$는 그림 1.3에서처럼 $+x$ 방향을 가진다). x, y, z, t는 x', y', z', t'과 어떤 관계가 있는가?

갈릴레이 변환

특수 상대성 이론을 고려하지 않으면 한 관성계에서 다른 관성계로 변환하는 것은 아주 간단하고 뻔한 일이다. 계 S와 S'의 원점이 일치하는 순간부터 시간을 재기 시작하였다고 가정하고, S에서 측정한 x 방향으로의 값은 S'에서 측정한 값보다 S'이 x 방향으로 움직인 값인 vt만큼

앨버트 A. 마이컬슨(Albert A. Michelson: 1852~1931)은 독일에서 태어나 두 살 때 아버지와 함께 미국으로 건너가 네바다에 정착하였다. 아나폴리스(Annapolis)에 있는 미국 해군사관학교(Naval Academy)에서 수학하고 2년 간의 해상 근무를 마친 후 과학 강사가 되었다. 그는 전공으로 선택한 광학에 대한 지식을 넓히기 위해 유럽으로 가서 베를린과 파리에서 공부했다. 그 후 해군을 떠나 오하이오주에 있는 케이스 응용과학대학(Case School of Applied Science)과 매사추세츠주에 있는 클라크 대학을 거쳐 1892년부터 1929년까지 시카고 대학에서 물리학과를 이끌었다. 마이컬슨의 전공은 초정밀 측정이었으며, 수십 년 동안 빛의 속도에 관한 정밀도는 최고 수준이었다. 그는 특별한 분광선의 파장으로 미터를 다시 정의하고, 별의 지름까지 잴 수 있는 간섭계를 고안하였다(가장 정밀한 망원경으로도 별들은 빛을 내는 점들로 보일 뿐이다).

마이컬슨의 가장 뛰어난 업적은 1887년에 몰리(Edward Morley)와 공동으로 수행한 연구인데, '에테르' 속에서의 지구의 운동을 측정하는 실험이었다. 에테르는 우주 공간에 퍼져 있는 빛이 진행하는 가상적인 매질로 가정된 물질이다. 에테르는 빛 파동이 전자기파라고 알려지기 전부터 계속 쓰여 왔으며, 그때가 되어도 대부분의 사람들은 빛이 우주에 존재하는 어떤 좌표축을 기준으로 전파된다는 아이디어를 버리려고 하지 않았다.

마이컬슨과 몰리는 에테르를 통과하는 지구의 운동을 보기 위해 그림 1.2와 같은 반거울을 통해 만든 광선쌍을 이용하였다. 하나의 광선은 에테르의 흐름과 수직인 경로에 있는 거울로, 다른 광선은 나란한 경로에 있는 거울로 향하게 한다. 두 광선 모두 마지막에는 같은 스크린에서 모이도록 한다. 투명한 유리판은 두 광선이 같은 길이의 공기와 유리를 지나가도록 삽입하였다. 만약 두 광선의 통과시간이 같다면, 스크린에 같은 위상으로 도달하여 보강 간섭을 일으킬 것이다. 그러나 지구 운동으로 인한 에테르 흐름의 방향이 한 광선의 진행 방향과 나란하다면 이 광선은 다른 통과시간을 가질 것이고, 그 결과로 스크린에 상쇄 간섭이 일어날 수 있을 것이다. 이것이 실험 내용의 본질이다.

실험은 예측되는 에테르 흐름을 검출할 만큼 충분히 민감하였으나, 놀랍게도 아무것도 발견되지 않았다. 이 부정적인 실험 결과는 두 가지를 의미한다. 첫째, 에테르는 존재하지 않고, 따라서 에테르에 대한 '절대적인 운동'은 없다는 것을 의미한다. 모든 운동은 한 특정한 기준계에 대해 상대적인 것일 뿐 모든 기준계에 대한 것이 아니다. 두 번째로, 실험 결과는 빛의 속력이 모든 관측자에 대해 같다는 것을 보여 주고 있고, 이는 매질이 있어야 진행하는 다른 파동들(음파와 물결파 같은)에서는 성립하지 않는 성질이다.

마이컬슨 자신은 받아들이기를 꺼려하였지만, 마이컬슨–몰리 실험은 1905년 아인슈타인이 특수 상대론을 전개하는 데 밑받침이 되었다. 물리에 혁명을 일으킨 상대성 이론과 양자역학이 꽃피기 얼마 전에 마이컬슨은 심지어 "미래의 물리 발견은 여섯째 자리 정밀도에 달려 있다."라고 말하였고, 이는 그 시대 공통의 견해이기도 하였다. 마이컬슨은 미국인으로서는 최초로 1907년에 노벨 물리학상을 수상하였다.

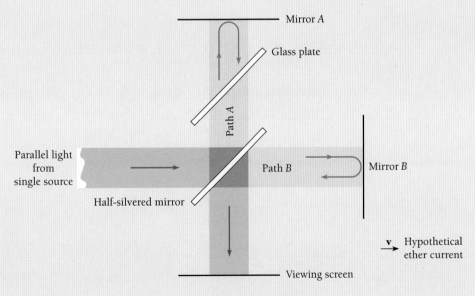

그림 1.2 마이컬슨–몰리 실험

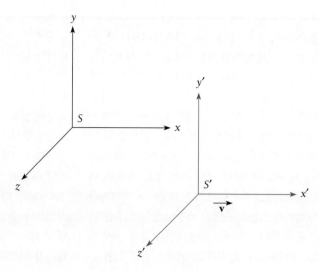

그림 1.3   계 S'은 계 S에 대해 속도 v로, $+x$ 방향으로 움직인다. 한 좌표계에서의 측정을 다른 좌표계의 측정으로 바꾸기 위해서는 로런츠 변환이 필요하다.

더 클 것이다. 즉,

$$x' = x - vt \tag{1.1}$$

이고, y와 z 방향으로는 상대적인 운동이 없기 때문에

$$y' = y \tag{1.2}$$

$$z' = z \tag{1.3}$$

이다. 일상적인 경험으로부터

$$t' = t \tag{1.4}$$

라고 가정할 수 있다. 식 (1.1)에서 (1.4)까지는 **갈릴레이 변환**(Galilean transformation)으로 알려져 있다.

갈릴레이 변환에 의해 S에서의 속도 성분을 S'에서의 속도 성분으로 변환하려면 단순히 x', y', z'을 시간에 관하여 미분하면 된다.

$$v'_x = \frac{dx'}{dt'} = v_x - v \tag{1.5}$$

$$v'_y = \frac{dy'}{dt'} = v_y \tag{1.6}$$

$$v'_z = \frac{dz'}{dt'} = v_z \tag{1.7}$$

비록 갈릴레이 변환과 그에 따른 속도 변환은 우리의 직관에 의한 예상과 일치하지만, 특수 상대성 이론의 두 개의 가설 모두에 위배된다. 첫 번째 가설에 따르면, 물리 법칙에 대한 모든 공식은 기준계 S와 S'에서 그 모양이 서로 같아야 한다. 그러나 한 기준계에서 측정된 양을 다른 기준계에서 측정한 값으로 전환하는 데 갈릴레이 변환을 이용하면, 전기와 자기에 대한 기본 공식들은 매우 다른 모양을 갖게 된다. 두 번째 가설에 따르면, 광속 c는 S와 S'에서 똑같다. S에서 x 방향으로 광속을 측정했을 때 c이면, S'에서는 식 (1.5)에 따라

$$c' = c - v$$

가 된다. 그러므로 특수 상대성 이론의 가설들을 만족시키려면 아주 다른 변환을 사용하여야 한다. 그리고 이 새로운 변환에서부터 시간 늘어남과 길이 수축이 자연스럽게 예측되어야 할 것이다.

로런츠 변환

예상할 수 있는 x와 x' 사이의 타당하고 올바른 변환 관계는 다음과 같다.

$$x' = k(x - vt) \tag{1.8}$$

여기서 k는 x와 t에는 무관하지만 v의 함수일 수 있다. 식 (1.8)의 선택은 다음과 같은 몇 가지 이유에서이다.

1. x와 x'은 선형의 관계가 있어야 한다. 그래야만 S에서 일어나는 사건과 S'에서 일어나는 사건이 1:1 대응이 된다.
2. 단순한 모양이어야 한다. 어떤 문제에 대한 해는 단순한 것부터 조사해 보아야 한다.
3. 보통의 역학에서는 옳다는 것이 알려져 있으므로 식 (1.1)으로 근사시킬 수 있어야 한다.

물리 공식들은 기준계 S와 S'에서 같은 모양이어야 하므로 x를 x'와 t'으로 나타내려면 v의 부호만 바꿔 주면 된다(상대 운동의 방향이 바뀌므로).

$$x = k(x' + vt') \tag{1.9}$$

기준계 S와 S' 사이에는 v의 부호가 다른 것 이외에는 아무런 차이가 없기 때문에 두 기준계에서 k는 같아야 한다.

갈릴레이 변환에서와 같이 v의 방향에 수직인 성분인 y와 y' 사이, 그리고 z와 z' 사이는 특별히 다를 이유가 없다. 그러므로 다시

$$y' = y \tag{1.10}$$

$$z' = z \tag{1.11}$$

로 놓는다.

그러나 시간 좌표 t와 t'은 같지 않다. 식 (1.8)으로 주어진 x'을 식 (1.9)에 대입하면 다음과 같은 결과를 얻는다.

$$x = k^2(x - vt) + kvt'$$

그러므로

$$t' = kt + \left(\frac{1 - k^2}{kv}\right)x \tag{1.12}$$

가 성립한다. 식 (1.8)과 (1.10)에서 (1.12)까지는 특수 상대성 이론의 첫 번째 가설을 만족시키는 좌표변환이다.

상대론의 두 번째 가설을 이용하면 k의 값을 계산할 수 있다. $t = 0$일 때 기준계 S와 S'의 원점이 같은 장소에 있었다고 하자. 이 초기 조건에 따라 역시 $t' = 0$이다. $t = t' = 0$일 때 S와 S'의 공통원점에서 섬광이 번쩍거렸다고 하고, 각 기준계에 있는 관측자들이 이 퍼져 나가는 빛의 속력을 측정한다고 하자. 두 기준계에서 광속은 c로 같아야 하므로(그림 1.4) 기준계 S에서는

$$x = ct \tag{1.13}$$

이고, 기준계 S'에서는

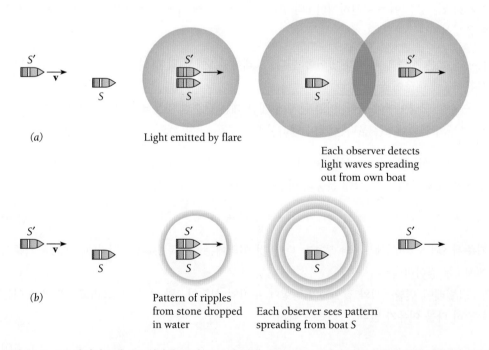

(a)

Light emitted by flare

Each observer detects
light waves spreading
out from own boat

(b)

Pattern of ripples
from stone dropped
in water

Each observer sees pattern
spreading from boat S

그림 1.4 (a) 관성기준계 S로 생각하는 한 보트에 대해 속도 v로 $+x$ 방향으로 움직이는 또 다른 한 보트의 관성기준계를 S'이라 하자. $t = t' = 0$일 때, S'은 S를 바로 옆으로 지나가고 있고 이 순간에 한 보트로부터 섬광이 일어났다. 이때 $x = x' = 0$이었다. 보트에 있는 관측자는 불빛이 속력 c로 자기 보트를 중심으로 사방으로 퍼져 나가는 것을 본다. S'이 S에 대해 오른쪽으로 움직이고 있음에도 불구하고 계 S' 보트에 있는 관측자도 마찬가지로 불빛이 속력 c로 자기 보트를 중심으로 사방으로 퍼져 나가는 것을 본다. (b) 섬광 대신 $t = t' = 0$일 때 돌을 떨어뜨린다면, 각 관측자는 S를 중심으로 다른 속력으로 퍼져 나가는 물결 모양을 볼 것이다. (a)와 (b)의 차이점은 물결파에서는 물 자신이 기준계이고, 빛의 경우는 빛이 진행하는 공간이 기준계가 아니라는 차이점이다.

$$x' = ct' \tag{1.14}$$

이다. 식 (1.8)과 식 (1.12)를 이용하여 식 (1.14)의 x와 t를 치환하면

$$k(x - vt) = ckt + \left(\frac{1 - k^2}{kv}\right)cx$$

가 된다. 이 식을 x에 대해 풀면

$$x = \frac{ckt + vkt}{k - \left(\frac{1 - k^2}{kv}\right)c} = ct\left[\frac{k + \frac{v}{c}k}{k - \left(\frac{1 - k^2}{kv}\right)c}\right] = ct\left[\frac{1 + \frac{v}{c}}{1 - \left(\frac{1}{k^2} - 1\right)\frac{c}{v}}\right]$$

가 된다. 괄호 안의 값이 1이면 $x = ct$가 되어 식은 식 (1.13)과 같아진다. 그러므로

$$\frac{1 + \frac{v}{c}}{1 - \left(\frac{1}{k^2} - 1\right)\frac{c}{v}} = 1$$

이 되고, 따라서

$$k = \frac{1}{\sqrt{1 - v^2/c^2}} \tag{1.15}$$

이다.

이 k 값을 식 (1.11)과 (1.15)에 대입하면 최종적으로 기준계 S로부터 기준계 S'으로의 변환식을 얻는다.

로런츠 변환
$$x' = \frac{x - vt}{\sqrt{1 - v^2/c^2}} \tag{1.16}$$

$$y' = y \tag{1.17}$$

$$z' = z \tag{1.18}$$

$$t' = \frac{t - \frac{vx}{c^2}}{\sqrt{1 - v^2/c^2}} \tag{1.19}$$

이 식들이 **로런츠 변환**(Lorentz transformation)이다. 이 식들은 네덜란드의 물리학자 로런츠(H. A. Lorentz)에 의해 처음으로 얻어졌는데, 그는 식 (1.16)에서 식 (1.19)까지 사용할 때 모든 관성기준계에서 전자기의 기본 공식들이 같아짐을 보였다. 몇 년이 지난 후 아인슈타인에 의해 이 식들의 중요성이 완전히 인식되었다. 속력 v가 광속 c에 비해 작을 때는 로런츠 변환이 갈릴레이 변환으로 환원되는 것은 명백하다.

예제 1.1

상대론적 길이 수축을 로런츠 변환을 이용하여 유도하라.

풀이

움직이는 기준계 S'에서 x' 방향으로 놓인 막대를 생각하자. 이 기준계에 있는 관측자가 볼 때, 막대 양 끝의 좌표는 x_1'과 x_2'이며, 그 막대의 고유 길이는

$$L_0 = x_2' - x_1'$$

이다. 정지한 기준계 S에서 시간 t일 때 막대의 길이 $L = x_2 - x_1$을 알려면 식 (1.16)을 이용해야 한다. 그러면

$$x_1' = \frac{x_1 - vt}{\sqrt{1 - v^2/c^2}} \quad x_2' = \frac{x_2 - vt}{\sqrt{1 - v^2/c^2}}$$

따라서
$$L = x_2 - x_1 = (x_2' - x_1')\sqrt{1 - v^2/c^2} = L_0\sqrt{1 - v^2/c^2}$$

이 결과는 식 (1.27)과 같다.

역 로런츠 변환

예제 1.1에서 움직이는 막대 양 끝의 좌표를 같은 시간 t일 때 막대가 정지한 계 S에서 측정하였고, 식 (1.16)을 사용하여 L을 L_0와 v의 함수로 쉽게 구하였다. 만약 시간 늘어남을 고찰해 보기 원한다면 식 (1.19)를 사용하는 것은 편리하지 않다. 왜냐하면 시간 간격의 시작 시각 t_1과 끝나는 시각 t_2를 각각 해당하는 x_1과 x_2의 다른 위치에서 측정해야 하는 문제가 있기 때

헨드릭 A. 로런츠(Hendrik A. Lorentz: 1853~1928)는 네덜란드의 아른험(Arnhem)에서 태어나 레이덴(Leyden) 대학에서 공부하였다. 19세에 아른험으로 돌아가 빛의 반사와 굴절을 설명하기 위해 맥스웰의 전자기 이론을 확장시키는 내용의 박사 학위 논문을 준비하면서 고등학교에서 물리를 가르쳤다. 1878년에 네덜란드에서는 처음으로 레이덴 대학에서 뽑은 이론 물리학 교수 자리를 차지하게 되었고, 하를럼(Haarlem)으로 옮길 때까지 34년 동안 머물렀다. 로런츠는 맥스웰 이론을 간략히 하고, 전자기장이 원자 준위의 전하에 의해 생성된다는 개념을 도입하였다. 그는 원자에 의한 빛의 방출과 다양한 광학적 현상들이 원자 속에 있는 전자들의 운동과 상호작용으로 설명될 수 있다고 주장했다. 자기장 안에서 원자들이 스펙트럼선을 낼 때 미세한 주파수 차이를 가지는 선들로 갈라진다는 사실을 로런츠의 제자였던 피터르 제이만(Pieter Zeeman)이 발견하였는데, 이는 로런츠의 연구를 입증하는 것이었다. 그 결과 1902년에 두 사람에 대해 노벨 물리학상이 주어졌다.

한 좌표계에서의 전자기적인 양들이 그 좌표계에 대해 움직이고 있는 또 다른 좌표계로 어떻게 변환되는지를 보여 주는 식들이 1895년 로런츠(아일랜드 물리학자 G. F. Fitzgerald와 독립적으로)에 의해 발견되었다. 물론 그 식의 정확한 의미와 중요성은 1905년 아인슈타인이 상대성 이론을 발표하기 전까지는 완전하게 인식되지 못하였다. 로런츠는 어떤 관측자에 대한 운동 방향으로의 길이가 수축된다면 마이컬슨-몰리의 부정적인 실험 결과가 이해될 수 있을 것이라고 제안하였다. 잇따른 실험들에서 실제로 이러한 길이의 수축이 일어났지만, 절대적인 좌표계로 작용할 수 있는 '에테르'가 존재하지 않기 때문에 생긴 마이컬슨-몰리 실험 결과의 진정한 원인은 되지 못하였다.

문이다. 이런 경우에는 움직이는 계 S'에서의 측정을 계 S의 측정으로 변환시키는 **역 로런츠 변환**(inverse Lorentz transformation)을 사용하면 편리하다.

역변환을 얻기 위해서는 식 (1.16)에서 식 (1.19)까지의 프라임이 붙은 양과 붙지 않은 양을 서로 교환하고 v를 $-v$로 대체하면 된다.

역 로런츠
변환

$$x = \frac{x' + vt'}{\sqrt{1 - v^2/c^2}} \tag{1.20}$$

$$y = y' \tag{1.21}$$

$$z = z' \tag{1.22}$$

$$t = \frac{t' + \dfrac{vx'}{c^2}}{\sqrt{1 - v^2/c^2}} \tag{1.23}$$

예제 1.2

역 로런츠 변환을 이용해서 시간 늘어남을 유도하라.

풀이

움직이는 기준계 S'에서 x'에 있는 시계를 생각하자. 이 시계의 시간을 S'에 있는 관측자가 t'_1으로 읽을 때, S에서의 관측자는 t_1으로 읽는다고 하자. 그러면 t_1은 식 (1.23)에 의해

$$t_1 = \frac{t'_1 + \dfrac{vx'}{c^2}}{\sqrt{1 - v^2/c^2}}$$

이 되고, 움직이는 기준계에 있는 관측자가 시간 간격 t_0 후의 시각을 그의 시계로 t'_2로 읽었다고 하면

$$t_0 = t'_2 - t'_1$$

이다. 그러나 S에 있는 관측자에게는 시간 간격의 끝이

$$t_2 = \frac{t'_2 + \dfrac{vx'}{c^2}}{\sqrt{1 - v^2/c^2}}$$

이며, 따라서 그에게는 시간 간격이

$$t = t_2 - t_1 = \frac{t'_2 - t'_1}{\sqrt{1 - v^2/c^2}} = \frac{t_0}{\sqrt{1 - v^2/c^2}}$$

이 되고, 이 결과는 뒤에(1.5절) 빛 펄스 시계를 사용하여 논의한 결과와 동일하다.

속도 더하기

특수 상대성 이론의 가설에 따르면, 자유 공간에서의 광속 c는 관측자들의 상대적인 운동에 관계없이 모든 관측자에게 동일하다. 그러나 상식적(갈릴레이 변환이 성립하는)으로 30 m/s의 속력으로 움직이는 차에서 10 m/s의 속력으로 공을 앞으로 던지면 그 공의 도로에 대한 속력은 두 속력의 합인 40 m/s가 될 것이다. 차의 속력이 v일 때 전조등을 켰다고 하면 어떻게 될까? 같은 추론에 의하면, 기준계 S'(차)은 기준계 S(길)에 대해 상대적으로 움직이고, 전조등 빛은 기준계 S'이 움직이는 방향으로 진행하기 때문에 기준계 S(길)에서의 전조등 빛의 속력은 $c + v$가 되어야 할 것이다. 그러나 이는 실험적으로 검증을 마친 앞의 가설에 위배된다. 이제 일상에서 통하는 상식은 과학에서는 더 이상 통하지 않는다. 올바른 속도 덧셈 공식을 얻기 위해서는 로런츠 변환을 이용해야 한다.

　　S와 S' 모두에 대해 움직이는 어떤 것을 생각하자. S에서 측정한 세 방향의 속도 성분들은

$$V_x = \frac{dx}{dt} \qquad V_y = \frac{dy}{dt} \qquad V_z = \frac{dz}{dt}$$

이고, S'에서 측정한 속도 성분들은

$$V'_x = \frac{dx'}{dt'} \qquad V'_y = \frac{dy'}{dt'} \qquad V'_z = \frac{dz'}{dt'}$$

이다. 역 로런츠 변환을 x, y, z, t에 대해 미분하면 다음과 같은 결과를 얻는다.

$$dx = \frac{dx' + v\,dt'}{\sqrt{1 - v^2/c^2}} \quad dy = dy' \quad dz = dz' \quad dt = \frac{dt' + \dfrac{v\,dx'}{c^2}}{\sqrt{1 - v^2/c^2}}$$

그러므로

$$V_x = \frac{dx}{dt} = \frac{dx' + v\,dt'}{dt' + \dfrac{v\,dx'}{c^2}} = \frac{\dfrac{dx'}{dt'} + v}{1 + \dfrac{v}{c^2}\dfrac{dx'}{dt'}}$$

가 된다. 따라서

상대론적 속도 변환
$$V_x = \frac{V'_x + v}{1 + \dfrac{vV'_x}{c^2}} \tag{1.24}$$

같은 방법으로 다음과 같이 된다.

$$V_y = \frac{V'_y\sqrt{1 - v^2/c^2}}{1 + \dfrac{vV'_x}{c^2}} \tag{1.25}$$

$$V_z = \frac{V'_z \sqrt{1 - v^2/c^2}}{1 + \dfrac{vV'_x}{c^2}} \qquad (1.26)$$

만약 $V'_x = c$이면, 즉 기준계 S에 대해 S'이 움직이는 방향으로 S'에서 빛을 내보낼 때, 기준계 S에 있는 관측자에게도

$$V_x = \frac{V'_x + v}{1 + \dfrac{vV'_x}{c^2}} = \frac{c + v}{1 + \dfrac{vc}{c^2}} = \frac{c(c + v)}{c + v} = c$$

가 된다. 그러므로 차에 있는 관측자와 길에 있는 관측자 모두에게 광속은 같은 값을 갖는다.

예제 1.3

우주선 알파가 지구에 대하여 $0.90c$의 속도를 갖는다. 우주선 베타가 알파에 대하여 $0.50c$의 상대 속도로 알파를 지나친다. 베타는 지구에 대하여 얼마의 속도를 갖는가?

풀이

갈릴레이 변환에 의하면 지구에 대한 베타의 상대 속도는 $0.90c + 0.50c = 1.40c$가 되어야 하나, 불가능하다는 것을 우리는 이미 알고 있다. 그러나 식 (1.24)에서 $V'_x = 0.50c$, $v = 0.90c$로 놓으면,

$$V_x = \frac{V'_x + v}{1 + \dfrac{vV'_x}{c^2}} = \frac{0.50c + 0.90c}{1 + \dfrac{(0.90c)(0.50c)}{c^2}} = 0.97c$$

이 값은 c보다 작다. $0.90c$로 움직이는 우주선을 $0.50c$의 상대 속력으로 지나치려면, 이 우주선보다 약 8% 정도만 더 빨라도 된다.

동시성

공간과 함께 시간의 상대성은 많은 암시를 내포하고 있다. 강조하고자 하는 점은 한 관측자에게 동시에 일어난 사건이 상대운동을 하고 있는 다른 관측자에게는 동시에 일어나는 사건이 아니고, 그 역 또한 마찬가지라는 사실이다.

　지구에서 보는 사람에게는 불꽃이 치솟는 것과 같은 두 사건이 같은 시간 t_0일 때, 그러나 두 다른 위치 x_1과 x_2에서 동시에 일어났다고 하자. 비행하고 있는 우주선의 조종사에게는 어떻게 보일까? 그녀에게는 x_1에서 t_0일 때 일어난 사건은 식 (1.19)에 의해 시간

$$t'_1 = \frac{t_0 - vx_1/c^2}{\sqrt{1 - v^2/c^2}}$$

에서 일어난 것이 된다. 한편 x_2에서 t_0일 때 일어난 사건은

$$t_2' = \frac{t_0 - vx_2/c^2}{\sqrt{1 - v^2/c^2}}$$

일 때 일어나게 된다. 따라서 한 관측자에게 동시에 일어났던 사건이 상대 속도 v로 운동하는 관측자에게는 시간 간격

$$t_2' - t_1' = \frac{v(x_1 - x_2)/c^2}{\sqrt{1 - v^2/c^2}}$$

의 간격을 두고 일어난다. 누가 올바른가? 물론 이 질문은 의미 없는 질문이다. 그 혹은 그녀가 본 것을 그대로 관측한 결과이므로 두 사람 모두 '옳다'.

동시성은 절대적인 것이 아니고 상대적인 개념이므로 다른 위치에서 일어나는 사건에 동시성이 요구되는 물리 법칙은 성립하지 않는다. 예를 들어, 고립된 계에서 에너지가 보존된다고 말할 때에는 실제적인 에너지 전달 없이도 한 곳에서 ΔE만큼의 에너지가 소멸되고 다른 곳에서는 같은 크기 ΔE만큼의 에너지가 생성되는 과정을 배제할 수 없다. 동시성이 상대적이므로 이런 과정을 보고 있는 어떤 관측자에게는 에너지가 보존되지 않을 수도 있다. 따라서 특수 상대성 이론에서도 에너지 보존이 성립하기 위해서는 에너지가 한 곳에서 없어지고 다른 곳에서 나타날 때에는 처음 위치에서 두 번째 위치로 실제적인 에너지 흐름이 있다고 말해야 한다. 그러므로 에너지는 모든 곳에서 국소적(locally)으로 성립하여야 하며 단순히 고립계를 고려하면 성립되지 않는다. 에너지 보존법칙에 대한 더 강한 조건이 요구된다.

1.3 전기와 자기

상대론이 연결해 준다.

아인슈타인에게 특수 상대성 이론의 단서를 제공해 준 또 하나의 수수께끼는 전기와 자기의 관계인데, 그의 이론이 전기와 자기 사이의 관계를 규명할 수 있었던 것은 상대론이 올린 또 하나의 개가이다.

움직이는 전하들(대개는 전자들) 사이의 상호작용은 우리에게 잘 알려진 자기력을 발생시킨다. 이 전하들의 속력이 c보다는 매우 작기 때문에 전기 모터의 작용이 상대론적 효과에 의한 것임은 한눈에 명백하게 보이지 않는다. 그럼에도 불구하고 이런 작용에 상대론 효과가 있다는 생각은 전기력의 크기를 생각해 보면 훨씬 덜 어색해질 것이다. 예를 들면, 수소 원자 내의 전자와 양성자 사이의 전기적 인력은 둘 사이의 중력보다 10^{39}배만큼 크다. 그러므로 상대적인 운동에 의해 이 힘의 성격이 조금이라도 바뀌면, 커다란 결과를 가져올 수 있다. 이 상대적 운동의 결과가 바로 자기력이다. 이외에도 전류가 흐르는 도선에 있는 각 전자의 유효 속력(< 1 mm/s)은 비록 굼벵이의 속력보다도 느리지만, 도선에 cm당 10^{20}개 혹은 이보다 더 많은 전도성 전자들이 있으므로 전체 효과는 무시할 수 없게 된다.

상대론이 어떻게 전기와 자기를 연결하는가를 완전히 다루려면 수학적으로 매우 복잡해지지만, 그중에서 몇 개의 현상들은 직관적으로 쉽게 이해할 수 있다. 한 예가 평행한 전류 사이에 작용하는 자기력의 기원이다. 중요한 점은 빛의 속력과 마찬가지로

라는 점이다. 한 기준계에서 전하의 크기가 Q인 전하는 다른 기준계에서도 그 값이 Q이다.

　　그림 1.5(a)에 나타낸 두 개의 이상적인 도체를 검토해 보자. 정지해 있었을 때 같은 간격으로 분포된 같은 수의 양전하와 음전하를 가진다. 따라서 도체는 전기적으로 중성이므로 그들 사이에는 전기적 힘이 작용하지 않는다.

　　같은 방향으로 전류 i_I과 i_II가 흐르는 도선을 그림 1.5(b)에 나타내었다. 양전하는 오른쪽으로, 음의 전하는 왼쪽으로 움직인다. 모든 전하는 실험실의 기준계에 대해 똑같은 속력 v로 움직인다(실제 금속에서는 음전하만 움직이지만 여기서의 이 모델이 분석하기가 쉽다. 결과는 음전하만 움직이는 경우와 같다). 전하들이 움직이므로 각각의 간격은 이전에 비해 $\sqrt{1 - v^2/c^2}$만큼 좁아진다. v는 모든 양전하 및 음전하에 대해 똑같으므로 각각의 간격은 똑같은 비율만큼 줄어들고, 실험실의 관측자에게는 두 도체 모두 중성이다. 그러나 이제 두 도선은 서로 끌어당긴다. 왜 그럴까?

　　도체 I에 있는 음전하의 기준계에서 도체 II를 보자. 이 기준계에서 도체 II의 음전하는 정지해 있으므로 그림 1.5(c)에서 보는 바와 같이 음전하의 간격은 줄어들지 않는다. 반면에 도체 II에 있는 양전하는 $2v$의 속력으로 움직이므로 실험실의 기준계에서 볼 때보다 간격이 줄어든다. 그러므로 도체 II는 전체적으로 양전하를 띠게 되고, 따라서 도체 I에 있는 음전하에 인력을 작용한다.

　　이제 도체 I에 있는 양전하의 기준계에서 도체 II를 보자. 도체 II에 있는 양전하는 정지해 있고, 음전하는 왼쪽으로 $2v$로 움직인다. 그러므로 그림 1.5(d)처럼 양전하에 비해 음전하는 더 가까워지고, 전체 도체는 음전하를 띤다. 그러므로 도체 I에 있는 양전하에도 인력이 작용한다.

　　같은 논리로 도체 II에 있는 양전하와 음전하에도 도체 I로부터 인력이 작용한다는 것을 보일 수 있다. 그러므로 각 도체에 있는 모든 전하는 서로 상대편 도선으로부터 인력을 받는다. 각각의 전하들이 볼 때 상대편 도선은 같은 극의 전하보다 반대극의 전하 사이가 더 가까워지고, 따라서 상대편 도선은 전체적으로 반대 전하를 띠게 되어 '통상의(ordinary)' 전기적 힘을 받는다. 실험실 기준계에서의 해석은 위의 경우처럼 그렇게 명백하지는 않다. 실험실 기준계에서는 두 도체 모두가 전기적으로 중성이고, 상호 간의 인력은 전류에 의한 '자기적(magnetic)'인 상호작용으로 해석하는 것이 더 자연스럽다.

　　같은 방법으로, 전류의 방향이 서로 반대일 때 척력이 작용하는 것도 설명할 수 있다. 자기력을 전기력과 구별하는 것이 편리하기는 하지만, 전기력과 자기력은 별개의 것이 아니고 전하를 띤 입자들 사이에 나타나는 하나의 작용, 즉 전자기적 상호작용에 의한 것이다.

　　한 기준계에서 볼 때 전기적으로 중성이며 전류가 흐르는 도체는 다른 기준계에서 보면 중성이 아닐 수 있음이 명백하다. 이러한 관측 결과와 전하량 불변을 어떻게 일치시킬 수 있는가? 답은 그 도체가 이루고 있는 전체 회로를 생각해야 한다는 것이다. 전류가 흐르려면 회로가 닫혀 있어야 하기 때문이다. 움직이는 관측자에게 회로의 한 부분이 양전하를 띠게 되면 회로의 다른 한 부분에서는 전류가 반대로 흘러서 음전하를 띤다. 그러므로 비록 모든 관측자에게 전체 회로는 중성이지만, 같은 회로의 서로 다른 부분 사이에서는 항상 자기력이 작용한다.

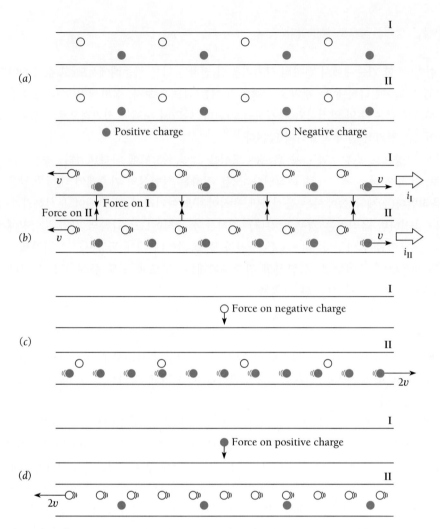

그림 1.5 평행한 전류 사이에 자기적 인력이 생기는 방법. (*a*) 같은 수의 양전하와 음전하를 포함하는 이 상적인 평행한 두 도체. (*b*) 도체에 전류가 흐를 때 움직이는 전하 사이의 간격이 실험실에서 볼 때 상대론 적으로 수축된다. i_{I}과 i_{II}가 같은 방향일 때, 두 도체는 서로 끌어당긴다. (*c*) I의 음전하가 볼 때 II의 양전하 는 움직이고, 음전하는 정지해 있는 것처럼 보인다. 양전하 사이 간격의 수축은 II에 알짜 양전하를 띠게 하 고 I의 음전하를 잡아당긴다. (*d*) I의 양전하가 볼 때 II의 음전하는 움직이고, 양전하는 정지해 있는 것처럼 보인다. 도체 II에서의 음전하 사이의 간격 수축은 II에 알짜 음전하를 띠게 하여 I의 양전하를 잡아당긴다. (*b*)(*c*)(*d*)에서 간격 수축은 지나치게 과장되게 그려져 있다.

앞에서는 특정한 자기적 효과에 대해서만 논의하였지만, 모든 자기적 현상들도 비록 그 과 정이 복잡해지지만 쿨롱(Coulomb)의 법칙, 전하량 불변, 특수 상대론의 기초 위에서 이해할 수 있다.

1.4 길이의 수축

빠를수록 짧아진다.

시간 간격과 마찬가지로 거리의 측정도 상대적인 운동에 의해 영향을 받는다. 관측자에 대해 상대적으로 움직이는 물체의 길이 L은 그 물체가 정지했을 때의 길이 L_0보다 짧아지는데, 수축은 상대운동을 하는 방향으로만 일어난다. 물체가 정지해 있는 계에서의 물체 길이 L_0를 그 물체의 **고유 길이**(proper length)라 한다(그림 1.10에 있는 시계는 **v**에 대해 수직 방향으로 운동하고 있으므로 $L = L_0$이다).

길이 수축은 여러 가지 방법으로 유도할 수 있다. 아마도 시간 늘어남과 상대성 원리를 기초로 하는 방법이 가장 간단할 것이다. 빠른 우주선 입자(주로 양성자)들이 대기권 상층부에서 원자핵과 충돌했을 때 생성되는 불안정한 입자인 뮤온(muon)에서 일어나는 현상에 대해 생각해 보자. 뮤온의 질량은 전자의 207배이고 $-e$나 $+e$의 전하를 띠고 있으며, 평균수명인 약 2.2 μs(2.2×10^{-6} s) 이후에 전자나 양전자로 붕괴한다.

우주선 뮤온의 속력은 약 2.994×10^8 m/s($0.998c$)이고, 많은 양이 지면까지 도달한다. 지표면의 1 cm²당 평균적으로 1분에 한 개보다 조금 더 많은 뮤온이 지나간다. 그러나 뮤온의 평균수명이 $t_0 = 2.2$ μs이므로 붕괴하기 전까지 뮤온이 갈 수 있는 거리는 단지

$$vt_0 = (2.994 \times 10^8 \text{ m/s})(2.2 \times 10^{-6} \text{ s}) = 6.6 \times 10^2 \text{ m} = 0.66 \text{ km}$$

인 데 반하여 뮤온이 발생하는 고도는 6 km 이상이다.

이러한 모순을 해결하기 위해 뮤온의 수명 $t_0 = 2.2$ μs는 뮤온에 대해 정지한 관측자가 측정한 결과라는 것을 알아야 한다. 뮤온은 우리를 향해 굉장히 빠른 속력인 $0.998c$로 달려오고 있으므로 우리의 기준계에서 보면 뮤온의 수명은 시간 늘어남에 의해

$$t = \frac{t_0}{\sqrt{1 - v^2/c^2}} = \frac{2.2 \times 10^{-6} \text{ s}}{\sqrt{1 - (0.998c)^2/c^2}} = 34.8 \times 10^{-6} \text{ s} = 34.8 \text{ } \mu\text{s}$$

로 증가한다. 움직이는 뮤온은 정지했을 때보다 약 16배의 긴 수명을 가진다. 34.8 μs의 시간 동안 뮤온이 $0.998c$의 속력으로 진행할 수 있는 거리는 다음과 같다.

$$vt = (2.994 \times 10^8 \text{ m/s})(34.8 \times 10^{-6} \text{ s}) = 1.04 \times 10^4 \text{ m} = 10.4 \text{ km}$$

비록 자신의 기준계에서 보면 뮤온의 수명 $t_0 = 2.2$ μs밖에 되지 않지만, 뮤온은 10.4 km의 고도에서도 지상에 도착할 수 있다. 왜냐하면 그러한 고도를 측정한 기준계에서 뮤온의 수명은 $t = 34.8$ μs이기 때문이다.

뮤온과 같은 속력인 $v = 0.998c$로 하강해서 뮤온이 정지한 것처럼 보이는 관측자가 볼 때는 어떻게 되는가? 그 관측자와 뮤온은 같은 기준계에 있다. 이 기준계에서 뮤온의 수명은 겨우 2.2 μs이다. 그 관측자에게는 뮤온이 0.66 km를 진행한 후 붕괴된다. 이 사람에게 뮤온이 지상에 도달하는 것을 설명하는 유일한 방법은 움직이는 기준계에 있는 관측자가 볼 때 뮤온이 진행한 거리가 그의 운동 때문에 짧아진다는 것이다(그림 1.6). 상대성 원리에 의하면 그 짧아지는 정도를 알 수 있다. 짧아지는 정도는 정지한 관측자가 보았을 때 뮤온의 수명이 길

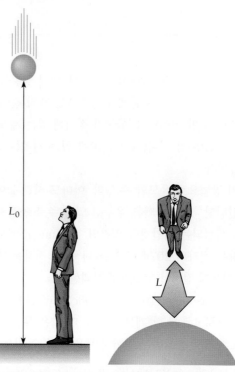

As found by observer on the ground, the muon altitude is L_0.

As found by an observer moving with the muon, the ground is L below it, which is a shorter distance than L_0.

그림 1.6 다른 관측자들에 의해 관측된 뮤온 붕괴. 여기서는 뮤온의 크기가 굉장히 과장되어 있다. 사실상 뮤온은 공간에 부피를 갖지 않는 점 입자로 보인다.

어지는 정도를 나타내는 측도인 $\sqrt{1 - v^2/c^2}$과 같아야 한다.

그러므로 지상에서 보았을 때 h_0인 고도는 뮤온의 기준계에서 보면 더 짧아진다.

$$h = h_0 \sqrt{1 - v^2/c^2}$$

이 된다고 결론지을 수 있다. 우리의 기준계에서 보면 시간 늘어남 때문에 뮤온은 $h_0 = 10.4$ km를 움직일 수 있다. 뮤온의 기준계에서 보면 시간 늘어남은 생기지 않지만 거리가 수축되어

$$h = (10.4 \text{ km}) \sqrt{1 - (0.998c)^2/c^2} = 0.66 \text{ km}$$

로 수축된다. 이미 아는 바와 같이 $0.998c$의 속력을 가진 뮤온은 2.2 μs 동안 이 정도 거리밖에 갈 수 없다.

상대론적 거리 수축은 운동 방향으로의 일반적인 길이 수축의 한 예이다.

로런츠 수축　　　　　$$L = L_0 \sqrt{1 - v^2/c^2} \qquad (1.27)$$

그림 1.7은 L/L_0의 v/c에 대한 그래프이다. 길이 수축은 속력이 빛의 속력에 가까워질 때에만 그 효과가 중요해짐이 명백하다. 속력 1,000 km/s는 매우 빠르게 보이지만, 이 속력에서 움

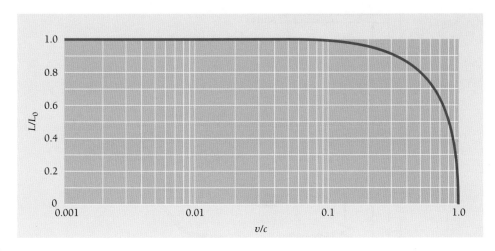

그림 1.7 상대론적 길이 수축. 운동방향으로의 길이만 영향을 받는다. 수평축은 로그 단위이다.

직이는 방향으로의 길이 수축 정도는 고유 길이의 99.9994% 정도밖에 되지 않는다. 다른 한편, 광속의 9/10의 속력으로 움직이는 물체의 길이는 고유 길이의 44%까지 짧아져서 심각한 변화가 일어난다.

시간 팽창과 마찬가지로 거리 수축도 상호적인 효과이다. 우주선에 탄 사람이 보는 물체의 길이는 그들이 지상에서 보았을 때보다 약 $\sqrt{1 - v^2/c^2}$만큼 짧아진다. 정지한 기준계에서 측정한 고유 길이 L_0는 어떤 다른 관측자가 측정하는 길이보다 길어서 최대가 된다. 앞에서도 언급하였지만 길이 수축은 운동 방향으로만 일어난다. 그러므로 우주선 외부에서 보면 나는 우주선의 길이는 지상에 있을 때에 비해 짧아지지만 너비는 좁아지지 않는다.

1.5 시간의 늘어남

움직이는 시계는 정지한 시계보다 느리게 간다.

시간 간격의 측정은 관측자와 관측대상 사이의 상대운동에 의해 영향을 받는다. 그 결과로, 관측자에 대해 움직이는 시계는 움직이지 않는 시계에 비해 느리게 간다. 모든 과정(수명까지 포함하여)은 관측자에 비해 다른 관성계에 있는 사람들에게 더 느리게 진행된다.

만약, 우주선 안에서 일어난 두 사건 사이의 시간 간격이 우주선에 타고 있는 사람에게 t_0라면 지구에 있는 사람에게는 t_0보다 긴 t로 보인다. 관측자의 기준계에 있는 동일 장소에서 일어난 사건 사이의 시간 간격 t_0를 사건 사이 간격의 **고유 시간**(proper time) t_0라고 한다. 이 시간 간격의 시작과 끝을 이루는 사건들은 지구상에서 볼 때 서로 다른 장소에서 일어난다. 그 결과로 간격의 지속 시간은 고유 시간보다 더 길어진다. 이 효과를 **시간의 늘어남**(time dilation)이라고 한다.

시간의 팽창이 어떻게 일어나는지를 알아보기 위해 그림 1.8과 같은 간단한 시계를 생각하자. 각각의 시계에서는 L_0만큼 떨어져 있는 두 거울에서 빛 펄스가 반사하여 거울 사이를 왕복한다. 펄스가 아래 거울에 도착할 때마다 전기적 신호가 발생하여 기록지에 마크를 남긴

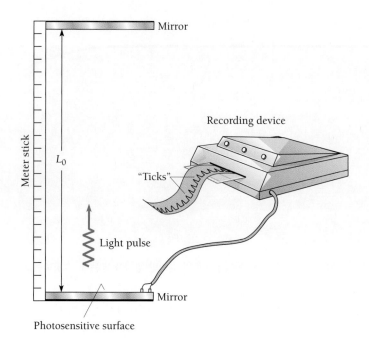

그림 1.8 간단한 시계. 각각의 '똑딱'거림은 빛 펄스의 아래 거울에서 위 거울까지의 왕복시간에 해당한다.

다. 각각의 마크는 보통시계의 '똑딱' 소리에 해당한다.

시계 하나는 지상의 실험실에 있고, 다른 하나는 지구에 대해 상대 속도 v로 움직이는 우주선에 있다. 실험실에 있는 관측자가 두 개의 시계를 관측할 때, 이 두 시계는 같은 간격으로 똑딱거리겠는가?

그림 1.9는 실험실에 있는 시계의 동작 상태를 나타내었다. 펄스가 왕복하는 시간 간격은 고유 시간 t_0이다. 펄스가 한쪽 거울에서 다른 쪽 거울까지 가는 시간은 $t_0/2$이므로 빛의 속력을 c라고 하면 $t_0/2 = L_0/c$이다. 그러므로 고유 시간은 다음과 같다.

$$t_0 = \frac{2L_0}{c} \tag{1.28}$$

지구에 대해 시계가 움직이는 방향과 수직으로 설치된 거울 배치에서, 움직이는 시계의 동작 상태를 그림 1.10에 나타내었다. 펄스가 왕복하는 시간 간격을 t라고 하자. 지상에서 보면 시계가 움직이고 있기 때문에 펄스는 지그재그 형태로 움직인다. 펄스가 한쪽 거울에서 다른 쪽 거울까지 가는 데 걸리는 시간은 $t/2$이므로 그동안 거울은 수평으로 $v(t/2)$만큼 움직이고, 펄스가 지나간 전체 거리는 $c(t/2)$이다. 거울 사이의 거리가 L_0이므로

$$\left(\frac{ct}{2}\right)^2 = L_0^2 + \left(\frac{vt}{2}\right)^2$$

$$\frac{t^2}{4}(c^2 - v^2) = L_0^2$$

$$t^2 = \frac{4L_0^2}{c^2 - v^2} = \frac{(2L_0)^2}{c^2(1 - v^2/c^2)}$$

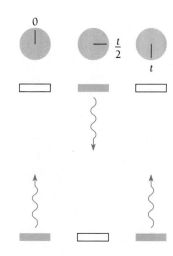

그림 1.9 지상의 관측자가 보는 지상에 정지해 있는 빛 펄스 시계. 각 다이얼은 지상에서의 일반 시계를 나타낸다.

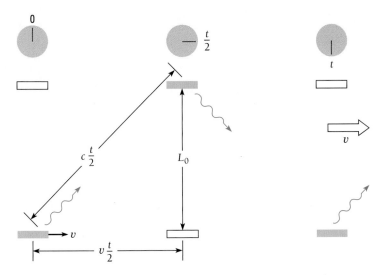

그림 1.10 지상의 관측자가 보는 우주선 안에 있는 빛 펄스 시계. 거울들은 우주선의 운동 방향에 나란하다. 각 다이얼은 지상에서의 일반 시계를 나타낸다.

이다. 그러므로

$$t = \frac{2L_0/c}{\sqrt{1 - v^2/c^2}} \tag{1.29}$$

그런데 $2L_0/c$는 식 (1.28)에서 본 것처럼 지구상에서 정지한 시계에서 빛이 왕복하는 시간 간격 t_0이므로

시간의 늘어남
$$t = \frac{t_0}{\sqrt{1 - v^2/c^2}} \tag{1.30}$$

이다. 식 (1.30)에서

$t_0 =$ 관측자에 대해 정지한 시계로 측정한 시간 간격

$t =$ 관측자에 대해 움직이는 시계로 측정한 시간 간격

$v =$ 상대적인 운동 속력

$c =$ 빛의 속력

이다. 움직이는 물체에 대하여 $\sqrt{1 - v^2/c^2}$은 항상 1보다 작으므로 t는 항상 t_0보다 크다. 지구상에 있는 관측자가 보면 움직이는 우주선에 있는 시계는 지상에 정지한 시계에 비해 느리게 가는 것처럼 보인다.

우주선에 탄 조종사가 지상의 시계를 보았을 때도 똑같은 해석을 할 수 있다. 조종사에게는 지상의 시계에 있는 빛 펄스가 지그재그로 움직이면서 왕복하는 데 t라는 시간이 걸리는 것처럼 보인다. 자신의 시계는 우주선 안에 정지해 있으므로 왕복하는 데 t_0라는 시간이 걸린다. 따라서 역시

$$t = \frac{t_0}{\sqrt{1 - v^2/c^2}}$$

가 성립한다. 그러므로 이 효과는 역과정이다. 즉, 모든 관측자에게는 자신에 대해 상대적으로 움직이는 시계가 정지한 시계보다 느리게 간다.

앞의 논의는 일상적인 시계를 가지고 전개한 것은 아니다. 스프링 진자, 소리굽쇠, 수정 진동자 등으로 된 일정한 간격으로 똑딱거리는 시계에 대해서도 같은 말을 할 수 있는가? 물론 할 수 있다. 왜냐하면 지구상에 있을 때는 거울로 된 시계와 일반적인 시계가 일치하다가 우주선을 타고 날아갈 때는 일치하지 않는다면, 이러한 차이를 이용해서 어떠한 외부 기준계 없이도 우주선의 속력을 측정할 수 있을 것이며, 이는 모든 운동이 상대적이라는 원리에 어긋난다.

속력의 궁극적 한계

지구와 태양계의 다른 행성들은 태양이 진화하면서 자연스럽게 생긴 생성물로 여겨진다. 태양은 매우 평범한 별에 해당하므로 주위에 행성 시스템을 가진 또 다른 별들이 발견된다 해도 놀라운 일은 아니다. 여기 지구에서의 생명체 발생과 같은 일들이 다른 별의 행성 시스템에서 마찬가지로 일어나지 말라는 이유는 알려져 있지 않다. 그들을 방문하여 우주 친구들을 만날 가능성을 기대할 수 있을까? 문제는 거의 모든 별이 수천 혹은 수백만 광년이나 멀리 떨어져 있다는 점이다(1광년은 빛이 1년 동안 여행하는 거리로 9.46×10^{15} m이다). 그러나 만약 광속 c보다 수천 혹은 수백만 배 더 빠른 우주선을 만들 수만 있다면 이런 거리가 방해되지 않을 것이다.

그러나 아인슈타인의 가정에 근거를 둔 논의에 의하면, 그 무엇도 광속 c보다 더 빠르게 움직일 수는 없다. 당신이 지구에 대해 광속 c보다 빠른 일정한 속력 v를 가진 우주선을 타고 여행을 한다고

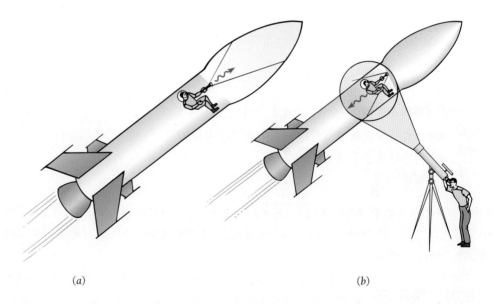

(a)   (b)

그림 1.11   지구에 대해 빛보다 더 빠르게 나는 우주선 안에서 손전등을 켰다. (a) 우주선 기준계에서는 손전등이 우주선 앞을 비춘다. (b) 지구 기준계에서는 불빛이 우주선 뒤를 향한다. 우주선과 지구에서 서로 다른 현상으로 보게 되므로 상대성의 원리에 위배된다. 결론은 우주선이 지구에 대해(혹은 다른 모든 것에 대해) 광속보다 더 빠르게 움직일 수 없다.

가정하자. 내가 지구에서 보고 있는 동안 우주선 안의 램프가 갑자기 꺼졌다. 당신이 손전등을 켜서 우주선 앞쪽에 있는 퓨즈박스를 찾아 끊어진 퓨즈를 교체한 후[그림 1.11(a)] 램프가 다시 들어왔다.

지상에 있는 나는 매우 다르게 본다. 당신의 속력 v가 c보다 크므로 나에게는 당신의 손전등 불빛이 우주선의 뒤쪽을 비춘다[그림 1.11(b)]. 나는 당신의 관성계에서의 물리 법칙과 나의 관성계에서의 법칙이 서로 다르다고 결론지을 수밖에 없다. 이는 상대성 원리에 위배된다. 이런 모순을 벗어나는 유일한 길은 그 무엇도 빛의 속력보다 더 빠를 수 없다고 가정하는 것이다. 이 가정은 많은 실험적 검증에서 옳다고 판정되었다.

상대성 이론에서 빛의 속력 c는 자유 공간에서 항상 3.00×10^8 m/s이다. 공기, 물, 유리 같은 모든 자연적인 물질 내에서의 빛은 c보다 느리게 움직이고, 원자 입자는 이런 매질 안에서 빛보다 빠르게 움직일 수도 있다. 매질에서의 빛 속력보다 더 빠르게 투명한 매질 안에서 움직이는 대전된 입자는 원뿔 모양의 파면을 만드는 빛을 방출하고, 이는 보트가 물결파의 속력보다 더 빠르게 항해할 때 만들어 내는 원뿔 모양의 선수파 물결 모양과 유사하다. 이런 파를 **체렌코프(Cerenkov) 복사**라 하고, 이런 입자들의 속력을 측정하는 방법의 기본이 된다. 체렌코프 복사를 내는 입자의 최저 속력은 n을 매

앨버트 아인슈타인(Albert Einstein: 1879~1955)은 조국인 독일 학교들의 엄격한 교육에 적응하지 못하여 교육을 마치기 위해 16세 때 스위스로 갔다. 나중에는 스위스 특허청에서 특허 신청을 검토하는 직업을 가졌다. 1905년, 다른 일에 정신을 뺏기면서도(수학교사 중 한 사람은 그를 '게으름뱅이'라 부르기도 하였다) 수년 동안 그의 마음속에 싹트고 있던 생각들을 정리하여 세 편의 논문으로 꽃을 피웠으며, 이 세 편의 논문은 물리학뿐만 아니라 현대문명의 방향을 결정적으로 바꾸어 놓았다.

빛의 성질과 관계된 첫 번째 논문은 빛이 파동의 성질뿐만 아니라 입자로서의 성질도 가지고 있음을 제안하였다. 두 번째 논문의 주제는 꽃가루와 같이 물속에서 떠다니는 작은 입자들의 불규칙한 운동을 설명하는 브라운운동에 대한 것이었다. 아인슈타인은 브라운운동이 꽃가루 입자와 제멋대로 움직이는 물 분자와의 충돌에 의한 결과임을 보였다. 이 이론은 오랫동안 기다렸던 실험적 사실들과 확실한 연결을 지워 주었고, 의심을 가졌던 기존의 분자 이론가들을 납득시켰다. 세 번째 논문은 특수 상대성 이론에 관한 것이었다.

처음에는 많은 사람들이 아인슈타인의 생각에 무관심하였고 회의적이었지만, 얼마 지나지 않아 예측이 가장 불가능하였던 아인슈타인의 결론들조차 곧 검증되었고, 소위 현대물리학이 본격적으로 발전하기 시작하였다. 스위스와 체코슬로바키아의 대학에 있다가 1913년에 베를린에 있는 카이저 빌헬름(Kaiser Wilhelm) 연구소에서 일상적인 잡일이나 경제적인 어려움 없이 연구에 전념할 수 있게 되었다. 그때 아인슈타인의 관심은 중력에 있었기 때문에 그는 2세기나 전인 뉴턴의 연구 결과 이후부터 다시 시작하였다.

1915년에 발표된 아인슈타인의 일반 상대성 이론은 중력을 시간과 공간의 구조에 연관시켰다. 이 이론에서 중력은 어떤 물체 주변의 공간이 휘어짐으로 인해 가까이 있는 물체가 이끌려 들어간다고 생각하였다. 즉, 움푹 파인 받침접시 밑바닥으로 구슬이 굴러가는 형태와 유사하게 이끌려 들어간다고 생각하였다. 일반 상대성 이론은 놀랄 만한 예측들을 하였다. 예로서, 빛이 중력에 의해 영향을 받는다는 사실도 일반 상대론으로부터 나온 결과이며, 실험적으로 확인되었다. 우주가 팽창한다는 가설도 이 이론과 잘 들어맞는다는 사실이 나중에 밝혀졌다. 1917년에 아인슈타인은 플랑크(Planck)의 흑체복사에 관한 새로운 식을 유도하여 빛의 유도방출에 관한 개념을 도입하였고, 40년 후에 레이저의 발명이라는 열매를 가져왔다.

1920년대의 양자역학의 발전은 아인슈타인을 혼란에 빠지게 만들었다. 그는 결코 원자 단위의 현상들을 결정론적인 관점이 아닌 확률적 관점으로 바라보는 것을 받아들이지 않았다. "신은 세계를 가지고 주사위놀음을 하지 않는다."라고 말하였지만, 이는 그의 물리적 직관이 그를 잘못된 방향으로 이끈 것으로 생각된다.

그는 세계적인 저명인사가 되었지만, 히틀러 이후인 1933년에 수백만의 유럽 유태인들이 독일을 벗어나야 했던 때에 맞추어 독일을 떠나 뉴저지에 있는 프린스턴의 고등과학원(Institute of Advanced Study)에서 여생의 대부분을 보냈다. 그는 말년의 대부분을 중력과 전자기력을 하나로 묶을 수 있는 통일장 이론의 연구에 바쳤지만, 성공하지 못하였다. 이 문제는 그의 재능으로 도전할 만한 문제였으나, 지금까지도 풀리지 않고 있다.

예제 1.4

지구에 대해 날고 있는 우주선이 있다. 지구에서의 관측자가 자신의 시계로 오후 1시에서 오후 2시가 되었을 때 우주선 안에 있는 시계로 지난 시간을 측정하니 3,601초였다. 지구에 대한 우주선의 속력은 얼마인가?

풀이

이 경우 지상에서의 고유 시간 간격은 $t_0 = 3{,}600$초이다. 그리고 움직이는 기준계에서의 시간 간격은 $t = 3{,}601$초이다.

그러면

$$t = \frac{t_0}{\sqrt{1 - v^2/c^2}}$$

$$1 - \frac{v^2}{c^2} = \left(\frac{t_0}{t}\right)^2$$

$$v = c\sqrt{1 - \left(\frac{t_0}{t}\right)^2} = (2.998 \times 10^8 \text{ m/s})\sqrt{1 - \left(\frac{3{,}600 \text{ s}}{3{,}601 \text{ s}}\right)^2}$$

$$= 7.1 \times 10^6 \text{ m/s}$$

오늘날의 우주선은 이보다 훨씬 더 느리다. 예를 들면, 아폴로 11호가 달까지 갈 때의 최대 속력은 10,840 m/s였으며, 이 경우 지구에서의 시계와는 약 $1/10^9$ 정도밖에 차이가 나지 않는다. 시간의 팽창에 관한 대부분의 실험은 그 속력이 광속에 아주 가까운 불안정한 원자핵이나 소립자를 이용해서 행해진다.

질의 굴절률이라 할 때 c/n이다. 많은 입자 빔이 내는 체렌코프 복사는 푸른색의 빛으로, 눈으로도 보인다. ■

비록 시간이 상대적인 양이기는 하지만, 일상적인 경험에서 얻어진 시간에 대한 개념 모두가 틀린 것은 아니다. 예를 들면, 어떠한 관측자에게도 시간은 거꾸로 가지 않는다. 어떤 특정한 위치에서 t_1, t_2, t_3, …순으로 일어나는 일련의 사건들은 두 사건들 사이의 시간 간격 $t_2 - t_1$, $t_3 - t_2$, …가 반드시 같을 필요는 없지만 어디에 있건 상관없이 모든 관측자들에게 같은 순서대로 일어난다. 비슷하게, 멀리 떨어져 있는 관측자가 운동 상태에 관계없이 사건이 발생하기 전에 그 사건을 볼 수 없다. 좀 더 정확하게 말하면 보다 가까이 있는 관측자보다 멀리 있는 관측자가 먼저 볼 수는 없다. 왜냐하면 빛의 속력은 유한하므로 신호가 L이라는 거리를 진행하기 위해서는 최소한 L/c이라는 시간이 필요하기 때문이다. 관측자들에 따라 과거의 사건들이 시간적으로(그리고 나중에 보겠지만 공간적으로도) 비록 다르게 인식될 수 있지만, 미래를 들여다볼 수는 없다.

아폴로 11호 우주선이 인류역사상 처음으로 달을 향해 발사대에서 발사되고 있다. 지구에 대한 최대 속력이 10.8 km/s 였으며, 이 속력에서는 지구 시계와의 차이가 10억분의 1보다 더 작다.

1.6 쌍둥이 역설

수명은 길어지지만 길게 느껴지지는 않는다.

이제 쌍둥이 역설로 알려진 유명한 상대론적 효과를 이해할 단계가 되었다. 이 역설은 똑같은 두 개의 시계 중 하나는 지구에 있고, 다른 하나는 속력 v로 우주로 여행한 후 다시 지구로 돌아왔을 때의 문제를 다룬다. 관습적으로 이런 문제에서는 시계를 쌍둥이 딕(Dick)과 제인 (Jane)으로 바꾼다.[주] 사람의 신체적 작용(심장 박동, 호흡 등)은 상당히 규칙적인 생물학적 시계이기 때문에 이렇게 시계를 사람으로 대체해도 상관이 없다.

Dick은 20세가 되는 해에 $v = 0.8c$로 20광년 떨어진 별로 여행을 시작한다. 그러고는 다시 집으로 돌아온다. 지구에 있는 Jane이 보기에 Dick은 여행하는 동안

$$\sqrt{1 - v^2/c^2} = \sqrt{1 - (0.80c)^2/c^2} = 0.60 = 60\%$$

의 비율로 자신에 비해 나이를 늦게 먹는다.

Jane이 보기에는 자신의 심장이 5회 박동하는 동안 Dick은 3회만 박동하고, 5회 숨 쉬는 동안 3회만 숨을 쉬고 있으며, 자신이 5회 생각하는 동안 Dick은 3회만 생각한다. 최종적으로 Jane의 달력으로는 50년이 지난 후에 Dick이 되돌아왔으나, Dick에게는 단지 30년만 여행한 후 되돌아온 것이 된다. 여행에서 돌아왔을 때, Dick의 나이는 50세이나 지구에 남아 있던 Jane의 나이는 70세가 된다(그림 1.12).

어디에 역설이 있는가? 우주선에 탄 Dick의 입장에서 보면, 지구에서의 Jane이 자기에 대

역자주: 이 절에서는 명확한 구분을 위해 Dick과 Jane을 영어로 그대로 이용하였음.

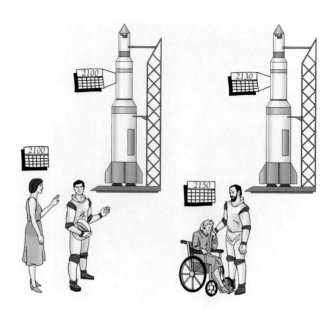

그림 1.12   우주여행을 하는 우주인은 지구에 남아 있는 쌍둥이보다 더 젊어진다. 이런 현상이 눈에 띄게 나타나기 위해서는 속력이 광속에 가까워져야 한다(책의 예에서는 $v = 0.8c$).

한 상대 속력 $0.8c$로 움직인다. 그러므로 우주선이 되돌아왔을 때 Dick의 입장에서는 Dick이 70세가 되고 Jane이 50세가 된다. 즉, 앞의 결론에 정반대되는 결론을 얻지 않는가?

그러나 상황은 동등하지 않다. Dick이 여행을 시작하여 별로 여행할 때의 관성기준계와 별을 지나 지구로 되돌아올 때의 관성기준계는 서로 다른 기준계여서 기준계를 바꾸어야 한다. 그러나 지구에 남아 있던 Jane은 Dick의 전 여정 동안 같은 한 관성기준계에 계속 남아 있었다. Jane이 Dick을 관찰할 때는 시간 늘어남 공식을 적용할 수 있으나, Dick은 Jane에 대해 적용할 수 없다.

이 여행을 Dick의 입장에서 보려면 여행하는 거리가 짧아져서

$$L = L_0 \sqrt{1 - v^2/c^2} = (20광년) \sqrt{1 - (0.80c)^2/c^2} = 12광년$$

이 된다는 것을 고려하여야 한다. 시간이 일상적인 빠르기로 가는 Dick에게는 그 별까지 여행하는 데 $L/v = 15$년, 그리고 되돌아오는 데 15년이 걸린다. 그래서 전체 여행은 30년이 소요된다. 물론, Dick에게는 그 자신의 수명이 연장된 것이 아니다. 왜냐하면 Jane이 50년을 기다렸다고 하지만 Dick은 왕복여행에서 실제로 30년밖에 걸리지 않았기 때문이다.

앞에서 본 쌍둥이 역설에 대한 결론은 아주 정확한 시계를 비행기에 싣고 지구를 돌고 난 다음 지상에 남아 있던 똑같은 시계와 비교하는 실험을 통해 증명되었다. 한 관성계를 떠나 이 관성계에 대한 상대운동을 한 후 다시 같은 관성계로 되돌아온 관측자는 항상 그의 시계가 그 관성계에 계속 남아 있던 시계에 비해 느리게 간다는 것을 발견할 것이다.

예제 1.5

Dick과 Jane은 Dick이 여행하는 동안 자기들 각자 기준으로 1년마다 한 번씩 라디오파를 상대방에게 발사한다. Dick과 Jane은 각각 얼마나 많은 신호를 받겠는가?

풀이

지구 밖으로 향하는 동안 $0.80c$로 서로 멀어진다. 1.11절의 도플러 효과에 대한 논의로부터 두 쌍둥이 각각은 모두

$$T_1 = t_0 \sqrt{\frac{1 + v/c}{1 - v/c}} = (1년) \sqrt{\frac{1 + 0.80}{1 - 0.80}} = 3년$$

간격으로 신호를 받는다. 지구로 돌아오는 여행 동안은 같은 속력으로 서로 가까워지므로 더 자주 신호를 받는다. 즉, 이 경우에는 각자 모두

$$T_2 = t_0 \sqrt{\frac{1 - v/c}{1 + v/c}} = (1년) \sqrt{\frac{1 - 0.80}{1 + 0.80}} = \frac{1}{3}년$$

마다 신호를 받는다.

    Dick의 입장에서는 별로 향하는 여행 동안 15년이 걸리므로 Jane으로부터 15/3 = 5회의 신호를 받는다. 같은 15년이 걸리는 지구로 되돌아오는 여행 동안은 Jane으로부터 15/(1/3) = 45회의 신호를 받아서 도합 50회의 신호를 받는다. 따라서 Dick은 그가 여행을 떠나 없는 동안 Jane이 50세의 나이를 더 먹었다고 결론을 짓는다. Dick과 Jane 모두 Dick이 여행으로부터 돌아왔을 때 Jane이 70세임에 동의한다.

    Jane의 입장에서는 별이 20광년 떨어져 있으므로 Dick이 별까지 여행하는 데 L_0/v = 25년이 소요되는 것으로 본다. Jane은 Dick이 별에 도달한 20년 이후까지도 같은 3년에 한 번 비율로 신호를 계속 받게 되어 25년 + 20년 = 45년 동안 받는다. 즉, 3년마다의 신호를 45/3 = 15회 받는다. (이 15회의 신호는 Dick이 별을 향해 밖으로 여행하는 동안 내는 신호에 해당한다.) Jane에게는 총 50년의 여정이었던 나머지 5년 동안 Dick으로부터 1/3년에 한 번씩의 짧은 신호를 받게 되며 5/(1/3) = 15회의 신호를 더 받게 되고, 따라서 모두 30회의 신호를 받는다. Jane은 Dick이 전 여정 동안 30세의 나이를 더 먹었다고 결론 짓게 되고, Dick 자신이 30세를 더 먹었다는 것과 일치한다. 여행에서 되돌아온 Dick은 실제로 Jane보다 20세 더 젊다.

1.7 상대론적 운동량

중요한 물리량의 재정의

고전 역학에서 선형운동량 $\mathbf{p} = m\mathbf{v}$는 외력이 작용하지 않은 입자들 계에서 보존되므로 유용한 물리량이 된다. 고립된 계 내에서 충돌이나 폭발이 일어날 때, 일어나기 전의 입자들 운동량의 벡터합은 일어난 후의 벡터합과 같다. 이제, 상대운동을 하는 관성계에서도 운동량의 정의로 $\mathbf{p} = m\mathbf{v}$가 그대로 성립하는지에 대해 물어야 한다. 만약 그렇지 못하다면 상대론적으로 옳은 정의는 무엇인가?

논의를 시작하기 위해 일정한 속도로 상대운동을 하는 모든 관측자들에 대해 충돌에서 $\mathbf{p}$가 보존되는 것이 필요하다. 또한, 우리는 $v \ll c$ 영역인 고전 역학에서는 $\mathbf{p} = m\mathbf{v}$가 성립함을 알고 있다. 상대론적으로 $\mathbf{p}$의 모양이 어떠하든 이런 느린 속력에서는 $m\mathbf{v}$가 되어야 한다.

두 입자 A와 B 사이의 탄성 충돌(운동에너지가 보존되는 충돌)을 일정한 상대운동을 하는 두 기준계 S와 S'에서의 관측자가 관찰하는 경우를 생각하자. 정지한 기준계에서 A와 B의 특성들은 동일하다. 기준계 S와 S'은 그림 1.13과 같고 S'은 S에 대해 $+x$ 방향으로 상대 속도 $\mathbf{v}$로 움직인다.

충돌이 일어나기 전에 입자 A는 기준계 S에, 입자 B는 기준계 S'에 정지해 있다가 동시에 A는 $+y$ 방향으로 V_A의 속력으로 움직이고, B는 $-y$ 방향으로 V_B'의 속력으로 움직인다고 하자. 그리고

$$V_A = V_B' \tag{1.31}$$

이다. 따라서 S에서 본 A의 움직임은 S'에서 본 B의 움직임과 정확히 일치한다. 두 입자가 충돌하였을 때 A는 $-y$ 방향으로 V_A의 속력으로 튕기고, B는 $+y'$ 방향으로 V_B'의 속력으로 튕긴다. 처음에 두 입자가 Y만큼 떨어져 있다가 움직이기 시작하였다면, S에 있는 관측자에게는 $y = \frac{1}{2}Y$에서, S'에 있는 관측자가 보면 $y' = y = \frac{1}{2}Y$에서 충돌이 일어난다. 기준계 S에서 측정했을 때 A가 원래 자리로 되돌아오는 시간 T_0는

$$T_0 = \frac{Y}{V_A} \tag{1.32}$$

이고, 이 시간은 B를 S'에서 측정하였을 때도 마찬가지이다.

$$T_0 = \frac{Y}{V_B'}$$

기준계 S에서 B의 속력 V_B는

$$V_B = \frac{Y}{T} \tag{1.33}$$

가 될 것이고, 여기서 T는 기준계 S에서 측정했을 때의 B가 원래 위치로 되돌아가는 시간이 되어야 한다. 기준계 S'에서 B가 원래의 자리로 되돌아오는 시간은 T_0이므로 앞 절의 결과에 의하면

$$T = \frac{T_0}{\sqrt{1 - v^2/c^2}} \tag{1.34}$$

이다. 두 기준계에 있는 각각의 관측자들은 비록 같은 사건을 보고 있지만, 상대편 기준계에서의 입자가 충돌한 후 되돌아가는 데 걸리는 시간은 서로 다르게 본다.

식 (1.33)에 있는 T를 식 (1.34)를 이용해서 T_0로 바꾸어 나타내면

$$V_B = \frac{Y \sqrt{1 - v^2/c^2}}{T_0}$$

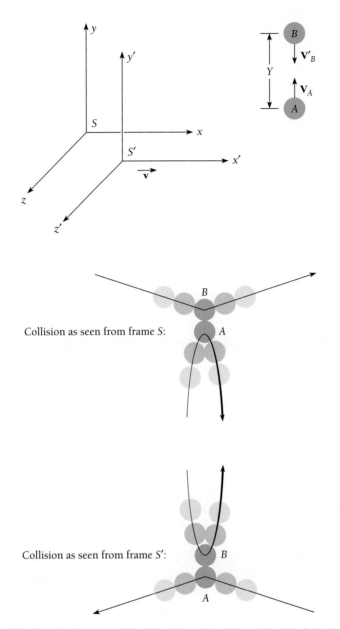

그림 1.13 두 개의 다른 좌표계에서 바라볼 때의 충돌. S'이 x 방향으로만 움직이기 때문에 초기의 두 구슬 사이의 거리는 두 좌표계 모두에서 똑같이 Y이다.

이 된다. 식 (1.32)에서 V_A는

$$V_A = \frac{Y}{T_0}$$

이다. 만약 고전적 운동량의 정의 $\mathbf{p} = m\mathbf{v}$를 쓴다면, 기준계 S에서의 운동량은 아래와 같이 된다.

$$p_A = m_A V_A = m_A \left(\frac{Y}{T_0} \right)$$

$$p_B = m_B V_B = m_B \sqrt{1 - v^2/c^2} \left(\frac{Y}{T_0} \right)$$

이 결과는 계 S에서 측정한 두 입자의 질량 m_A와 m_B가 만약 $m_A = m_B$이면 운동량이 보존되지 않는다는 것을 의미한다. 그러나

$$m_B = \frac{m_A}{\sqrt{1 - v^2/c^2}} \tag{1.35}$$

이면 운동량은 보존될 것이다.

　　그림 1.13의 충돌에서 A와 B 모두는 양쪽 계 모두에 대해 움직인다. 이제 V_A와 V_B'가 두 계 사이의 상대 속도인 v에 비해 매우 느리다고 하자. 이 경우, 계 S에서의 관측자는 B가 A에 속력 v로 접근하여 스침각 충돌(왜냐하면 $V_B' \ll v$이므로)을 하는 것을 본다. 만약 질량 m을 A가 정지해 있을 때의 질량이라 하면, $V_A = 0$인 극한에서 $m_A = m$이다. $V_B' = 0$인 극한에서 만약 $m(v)$을 속력 v로 움직이는 B의 계 S에서의 질량이라 하면 $m_B = m(v)$이 된다. 그러므로 식(1.35)는

$$m(v) = \frac{m}{\sqrt{1 - v^2/c^2}} \tag{1.36}$$

이 된다.

　　만약 선운동량을

상대론적 운동량　　　　　　　$$\mathbf{p} = \frac{m\mathbf{v}}{\sqrt{1 - v^2/c^2}} \tag{1.37}$$

로 정의하면 특수 상대성 이론에서도 선운동량이 보존됨을 볼 수 있다. $v \ll c$일 때 식 (1.37)은 요구되는 대로 고전적 운동량 $\mathbf{p} = m\mathbf{v}$로 환원된다. 식 (1.37)은 아래와 같이

상대론적 운동량　　　　　　　$$\mathbf{p} = \gamma m \mathbf{v} \tag{1.38}$$

로 표기하고, 여기서 γ는

$$\gamma = \frac{1}{\sqrt{1 - v^2/c^2}} \tag{1.39}$$

이다. 이 정의에서의 m은 한 대상물질의 **고유질량**(혹은 **정지질량**)이고, 관측자에 대해 정지해 있을 때 잰 질량이다. 그림 1.14에 p가 v/c에 대해 어떻게 변하는지 $\gamma m v$와 $m v$ 두 경우에 대해 나타내었다. v/c가 작을 때는 $\gamma m v$와 $m v$ 경우에서의 변화는 거의 같다(예로 $v = 0.01c$일 때, 차이는 단지 0.005%밖에 되지 않고, $v = 0.1c$일 때도 0.5%밖에 되지 않아서 역시 차이는 적다). 그러나 v가 c에 접근할수록 $\gamma m v$ 곡선은 매우 급하게 상승한다($v = 0.9c$일 때는 229%

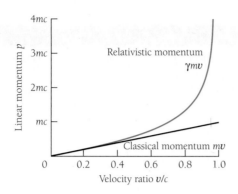

그림 1.14 관측자에 대해 속도 v로 움직이는 물체의 운동량. 질량 m은 관측자에 대해 정지해 있을 때의 질량이다. 물체의 속력은 절대로 c에 이를 수 없다. 왜냐하면 운동량이 무한대가 될 것이고 이는 불가능한 일이기 때문이다. 상대론적 운동량 $\gamma m v$는 항상 옳은 표현이고, 고전적 운동량 mv는 광속 c보다 훨씬 느린 속력에서만 근사적으로 성립한다.

임). 만약 $v = c$이면 $p = \gamma m v = \infty$가 되어 불가능한 일이 되고, 우리는 어떠한 물질이라도 빛과 같이 빠르게 움직일 수는 없다고 결론짓는다.

그러나 지구에 대해 $v_1 = 0.5c$로 날고 있는 우주선에서 $v_2 = 0.5c$인 발사체를 같은 방향으로 발사하였다면 어떻게 될까? 지구에 있는 우리는 발사체의 속력을 $v_1 + v_2 = c$로 예측할 것이다. 그러나 실제로는 앞에서 다룬 것 처럼 상대론에서의 속도의 합은 그렇게 간단한 과정이 아니다. 이 경우 발사체의 속력은 $0.8c$밖에 되지 않음을 발견할 수 있을 것이다.

상대론적 질량

다른 한편으로는 대상의 운동량 값이 고전적인 값에 비해 증가됨을 질량의 증가에 기인한 것으로 생각할 수도 있다. 그렇게 생각하면 $m_0 = m$을 대상의 정지질량으로, 식 (1.36)의 $m = m(v)$을 관측자에 대해 상대적으로 움직일 때의 질량인 상대론적 질량으로 부를 수 있다. 그러면 $\mathbf{p} = m\mathbf{v}$이다. 이와 같은 관점은 과거에 자주 쓰였던 것으로 아인슈타인도 한때 이렇게 생각하였다. 그러나 뒤에 가서 아인슈타인은 "명백한 정의를 내릴 수 없으므로" 상대론적 질량의 아이디어는 "좋지 않은" 생각이고, "질량 개념으로 '정지질량' m 이외의 개념은 도입하지 않는 것이 좋다."라고 썼다. 이 책에서 질량과 그 표기 m은 항상 고유(혹은 정지)질량을 의미하고, 상대론적으로 불변이라고 생각한다. ∎

상대론적 제2법칙
상대론에서의 뉴턴의 제2법칙은

상대론적
제2법칙
$$\mathbf{F} = \frac{d\mathbf{p}}{dt} = \frac{d}{dt}(\gamma m\mathbf{v}) \tag{1.40}$$

로 주어지고, 이 관계는 γ가 v의 함수이므로 고전적인 식 $\mathbf{F} = m\mathbf{a}$보다 더 복잡하다. $v \ll c$일 때는 γ 값이 거의 1이 되어 그렇게 되어야 하는 것처럼 $\mathbf{F}$는 거의 $m\mathbf{a}$와 동일하게 된다.

예제 1.6

속도 **v**와 나란한 일정한 힘 **F**를 받고 있는 질량이 m이고 속도 **v**인 물체의 가속도를 구하라.

풀이

식 (1.40)으로부터 $a = dv/dt$이므로

$$F = \frac{d}{dt}(\gamma m v) = m \frac{d}{dt} \left(\frac{v}{\sqrt{1 - v^2/c^2}} \right)$$

$$= m \left[\frac{1}{\sqrt{1 - v^2/c^2}} + \frac{v^2/c^2}{(1 - v^2/c^2)^{3/2}} \right] \frac{dv}{dt}$$

$$= \frac{ma}{(1 - v^2/c^2)^{3/2}}$$

이다. 힘 F가 γma가 아니고 $\gamma^3 ma$임에 유의하라. 단지 m을 γm으로 대체한다고 해서 고전적인 공식이 옳은 상대론적인 공식이 되지는 않는다.

따라서 입자의 가속도는

$$a = \frac{F}{m}(1 - v^2/c^2)^{3/2}$$

이 된다. 힘이 일정할지라도 속도가 증가하면 가속도는 감소한다. $v \rightarrow c$이면 $a \rightarrow 0$이 되어 입자는 결코 광속도에 도달하지 못하며, 예상한 대로의 결과이다.

1.8 질량과 에너지

$E_0 = mc^2$은 어디에서 연유하는가?

특수 상대성 이론의 가설을 이용하여 아인슈타인이 얻은 것 중에서 가장 유명한 관계는 질량과 에너지에 관한 것이다(그것은 매우 강력한 영향을 미쳤다). 우리가 이미 알고 있는 지식으로부터 이 관계가 어떻게 유도되는지 보도록 하자.

일반 물리에서 거리 s만큼 일정한 크기의 힘 F를 가해 물체에 하여 준 일 W는 $W = Fs$임을 배웠다. 여기서 F의 방향은 s와 같은 방향이다. 다른 힘이 작용하지 않고 처음 정지상태에서부터 출발하였다고 하면, 하여 준 일은 모두 운동에너지 KE가 된다. 따라서 KE = Fs이다. 일반적인 경우에는 F가 일정하지 않으므로 운동에너지는 적분으로 표현된다.

$$KE = \int_0^s F \, ds$$

비상대론적인 물리에서 질량이 m이고 속력이 v인 물체의 운동에너지 KE = $\frac{1}{2}mv^2$이다. KE에 대해 올바른 상대론적 공식을 얻기 위해 식 (1.40)의 상대론적 운동 제2법칙으로부터 시작한다.

$$\text{KE} = \int_0^s \frac{d(\gamma m \boldsymbol{v})}{dt} ds = \int_0^{m\boldsymbol{v}} \boldsymbol{v} \, d(\gamma m \boldsymbol{v}) = \int_0^{\boldsymbol{v}} \boldsymbol{v} \, d\left(\frac{m\boldsymbol{v}}{\sqrt{1 - \boldsymbol{v}^2/c^2}} \right)$$

가 된다. 부분 적분을 하면($\int x \, dy = xy - \int y \, dx$)

$$\text{KE} = \frac{m\boldsymbol{v}^2}{\sqrt{1 - \boldsymbol{v}^2/c^2}} - m \int_0^{\boldsymbol{v}} \frac{\boldsymbol{v} \, d\boldsymbol{v}}{\sqrt{1 - \boldsymbol{v}^2/c^2}}$$

$$= \frac{m\boldsymbol{v}^2}{\sqrt{1 - \boldsymbol{v}^2/c^2}} + \left[mc^2 \sqrt{1 - \boldsymbol{v}^2/c^2} \right]_0^{\boldsymbol{v}}$$

$$= \frac{mc^2}{\sqrt{1 - \boldsymbol{v}^2/c^2}} - mc^2$$

운동에너지
$$\text{KE} = \gamma mc^2 - mc^2 = (\gamma - 1)mc^2 \tag{1.41}$$

이 된다. 이 결과는 어떤 물체의 운동에너지가 γmc^2과 mc^2과의 차이임을 나타낸다. 식 (1.41)은 아래와 같이 다시 쓸 수 있다.

총 에너지
$$E = \gamma mc^2 = mc^2 + \text{KE} \tag{1.42}$$

γmc^2을 그 물체의 **총 에너지** E라고 하면 그 물체가 정지해서 $\text{KE} = 0$인 경우에도 그 물체는 에너지 mc^2을 가짐을 알 수 있다. 이에 따라 mc^2은 질량이 m인 물체의 **정지에너지**(rest energy)라고 한다. 그러므로

$$E = E_0 + \text{KE}$$

이고, 여기서

정지에너지
$$E_0 = mc^2 \tag{1.43}$$

만약 물체가 움직이면 총 에너지는 다음과 같다.

총 에너지
$$E = \gamma mc^2 = \frac{mc^2}{\sqrt{1 - \boldsymbol{v}^2/c^2}} \tag{1.44}$$

   질량과 에너지는 독립된 실체가 아니므로 이들 각각의 독립된 보존 원리는 당연히 하나의 보존 원리—질량 에너지 보존 원리—로 통합되어야 한다. 질량은 생성될 수도 있고 파괴될 수도 있다. 그러나 그와 동시에 등가의 에너지가 사라지거나 생성된다. 그 역도 성립한다. 질량과 에너지는 같은 실체의 서로 다른 형태이다.
   총 에너지처럼 보존되는 물리량과 고유질량 같은 불변의 물리량 사이의 차이점에 대해 강조할 필요가 있다. E의 보존은 주어진 기준계에서 한 고립된 계의 총 에너지는 그 고립된 계 안에서 어떠한 일이 일어난다 할지라도 그 크기를 똑같이 그대로 유지한다는 의미이다. 그러나 다른 기준계에서 그 총 에너지를 측정한다면 다른 값으로 측정될 수 있다. 한편, m이 불변

예제 1.7

정지한 물체가 폭발하여 각각의 질량이 1 kg인 두 조각으로 쪼개지는데, 각각은 원래 물체에 대해 $0.6c$의 속력으로 움직인다. 원래 물체의 정지질량을 구하라.

풀이

원래 물체의 총 에너지는 각 조각들의 전체 에너지의 합과 같으므로

$$E_0 = mc^2 = \gamma m_1 c^2 + \gamma m_2 c^2 = \frac{m_1 c^2}{\sqrt{1 - v_1^2/c^2}} + \frac{m_2 c^2}{\sqrt{1 - v_2^2/c^2}}$$

이고, m은 다음과 같다.

$$m = \frac{E_0}{c^2} = \frac{(2)(1.0 \text{ kg})}{\sqrt{1 - (0.60)^2}} = 2.5 \text{ kg}$$

이라는 말은 m이 모든 기준계에서 같은 값을 가짐을 의미한다.

질량의 단위(kg)와 에너지의 단위(J)의 전환 인자는 c^2이다. 그러므로 1 kg(이 책의 무게 정도)의 물체가 가지는 에너지는 $mc^2 = (1 \text{ kg})(3 \times 10^8 \text{ m/s})^2 = 9 \times 10^{16}$ J이다. 이 값은 100만 톤의 화물을 달까지 보내기에 충분하다. 아인슈타인의 업적이 아니었다면, 그렇게 많은 에너지가 아무에게도 알려지지 않고 이 정도의 작은 물체에 들어 있다는 것을 어떻게 알 수 있었겠는가?

사실 정지에너지가 방출되는 과정은 매우 잘 알려져 있다. 단지 우리는 일반적으로 이러한 과정들을 상대성 이론의 용어로 이해하고 있지 않을 뿐이다. 에너지를 방출하는 모든 화학 반응에서는 얼마간의 물체가 없어지지만, 반응에 참가하는 물체의 전체 질량에 비해 너무 낮은 비율이기 때문에 감지가 불가능하다. 그러므로 화학에서는 질량 보존 '법칙(law)'이 성립한다. 예를 들면, 1 kg의 다이너마이트가 폭발할 때 6×10^{-11} kg의 질량이 사라지지만, 그 값은 너무 작아서 직접 측정할 수는 없다. 그러나 그때 방출되는 500만 J의 에너지는 감지할 수 없다고 하기엔 너무 크다.

운동에너지의 저속 근사

상대 속력 v가 c에 비해 아주 작을 때의 운동에너지에 대한 식은 실험을 통해서도 검증된 것처럼 이미 잘 알고 있는 식 $\frac{1}{2}mv^2$이 되어야 한다. 과연 그런지 확인해 보자. 상대론적 운동에너지에 대한 식은

운동에너지 $$KE = \gamma mc^2 - mc^2 = \frac{mc^2}{\sqrt{1 - v^2/c^2}} - mc^2 \qquad (1.45)$$

이다. $v^2/c^2 \ll 1$이므로 $|x| \ll 1$일 때 이항 근사 $(1 + x)^n \approx 1 + nx$를 이용하면

예제 1.8

태양에너지는 태양 방향으로 수직인 지표면적 1 m^2당 1.4 kW의 비율로 지구에 도달한다(그림 1.15). 이런 에너지의 상실로 인해 태양 질량은 1초 동안 얼마나 감소하는가? 지구 궤도의 평균 반지름은 1.5×10^{11} m이다.

풀이

반지름이 r인 공의 표면적은 $A = 4\pi r^2$이다. 반지름이 지구 궤도의 크기와 같은 공의 전체 표면이 받는 태양에너지 일률과 태양이 방출하는 일률은 같다.

$$P = \frac{P}{A}A = \frac{P}{A}(4\pi r^2) = (1.4 \times 10^3 \text{ W/m}^2)(4\pi)(1.5 \times 10^{11} \text{ m})^2 = 4.0 \times 10^{26} \text{ W}$$

따라서 태양은 1초 동안 $E_0 = 4.0 \times 10^{26}$ J의 정지에너지를 잃게 된다. 이는 태양의 정지질량이 1초 동안

$$m = \frac{E_0}{c^2} = \frac{4.0 \times 10^{26} \text{ J}}{(3.0 \times 10^8 \text{ m/s})^2} = 4.4 \times 10^9 \text{ kg}$$

만큼 감소함을 의미한다. 태양 질량은 2.0×10^{30} kg이므로 태양 질량이 모두 소진되는 것을 당장 걱정할 필요는 없다. 태양과 대부분 별들의 주된 에너지 생성 과정은 내부에서의 수소가 헬륨으로 전환되는 과정이다. 헬륨핵을 하나 생성할 때 4.0×10^{-11} J의 에너지가 방출되므로 태양에서는 초당 10^{37}개의 헬륨이 만들어진다.

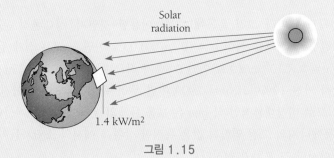

Solar radiation

1.4 kW/m^2

그림 1.15

$$\frac{1}{\sqrt{1 - v^2/c^2}} \approx 1 + \frac{1}{2}\frac{v^2}{c^2} \qquad v \ll c$$

이므로

$$\text{KE} \approx \left(1 + \frac{1}{2}\frac{v^2}{c^2}\right)mc^2 - mc^2 \approx \frac{1}{2}mv^2 \qquad v \ll c$$

가 된다. 운동에너지에 대한 상대론적 표현은 속력이 느릴 때는 고전적인 표현으로 바뀜이 확인된다. 지금까지 알려진 결과에 의하면 모든 정확한 역학적인 공식은 상대론에 기초를 두고 있으며, 고전 역학의 표현은 $v \ll c$일 때의 근사식이다. 그림 1.16은 속력에 따른 고전적 운동에너지와 상대론적 운동에너지를 나타내었다.

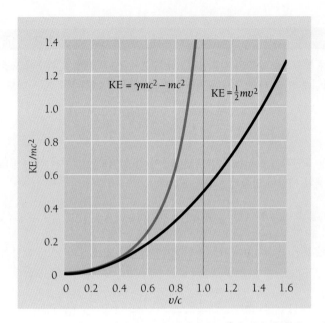

그림 1.16 어떤 움직이는 물체의 운동에너지 KE와 정지질량 mc^2의 비율에 대한 고전적인 식과 상대론적인 식의 비교. 낮은 속력에서는 두 식이 같은 결과를 나타내지만, 빛의 속력으로 접근하면서 두 식의 결과는 차이가 생긴다. 상대론적인 역학에 따르면 물체가 빛의 속력으로 움직이기 위해서는 무한한 운동에너지가 필요하지만, 고전 역학에서는 운동에너지가 정지질량의 절반만 되면 그 물체는 빛의 속력으로 움직이는 것이 된다.

요구되는 정확도에 따라 고전 운동에너지를 이용할 것인지, 상대론적 운동에너지를 이용할 것인지가 결정된다. 예를 들어 $v = 10^7$ m/s$(0.033c)$이면 $\frac{1}{2}mv^2$는 실제 운동에너지보다 0.08%가 작고, $v = 3 \times 10^7$ m/s$(0.1c)$이면 0.8%가 작으며, $v = 1.5 \times 10^8$ m/s$(0.5c)$이면 감소 정도가 상당히 커진 19%이고, $v = 0.999c$이면 무려 4,300%가 더 작아진다. 10^7 m/s는 약 6,310 mi/s이므로 비상대론적인 식 $\frac{1}{2}mv^2$은 보통 물체의 운동에너지를 계산하는 데는 아주 만족스럽다. 운동에너지의 고전 역학적 값은 특정한 상황 하에서의 소립자들이나 가질 수 있는 매우 큰 속력에서만 그 오차가 커진다.

1.9 에너지와 운동량

상대론에서 어떻게 서로 연결되는가?

총 에너지와 운동량은 고립계에서 보존되고, 입자의 정지에너지는 불변이다. 따라서 보존되거나 불변이 아닌 속도나 운동에너지보다 입자의 총 에너지, 정지에너지 그리고 운동량들이 더 근본적인 물리량이라고 볼 수 있다. 이들 사이에 어떤 관계가 있는지 알아보자.

총 에너지를 나타내는 식 (1.46)으로부터 시작한다.

총 에너지
$$E = \frac{mc^2}{\sqrt{1 - v^2/c^2}}$$
(1.46)

을 제곱하면

$$E^2 = \frac{m^2 c^4}{1 - v^2/c^2}$$

이고, 운동량은 식 (1.47)로부터

운동량 $$p = \frac{mv}{\sqrt{1 - v^2/c^2}}$$ (1.47)

이므로

$$p^2 c^2 = \frac{m^2 v^2 c^2}{1 - v^2/c^2}$$

이 된다. E^2에서 p^2c^2을 빼면

$$E^2 - p^2 c^2 = \frac{m^2 c^4 - m^2 v^2 c^2}{1 - v^2/c^2} = \frac{m^2 c^4 (1 - v^2/c^2)}{1 - v^2/c^2}$$

$$= (mc^2)^2$$

이다. 그러므로

**에너지와
운동량** $$E^2 = (mc^2)^2 + p^2 c^2$$ (1.48)

이고, 우리가 원하였던 식이다. 한 입자에 대해 mc^2이 불변이므로 $E^2 - p^2c^2$도 불변이며, 모든 기준계에서 같은 값을 가짐에 주목하라.

　단일 입자가 아니고 입자들로 이루어진 입자계일 때의 식 (1.48)은 정지에너지 mc^2, 즉 질량 m을 계 전체의 것으로 생각할 때 성립한다. 만약 계 안에서의 입자들이 서로에 대해 움직인다면, 입자 각각의 정지에너지를 합한 값이 계의 정지에너지와 같지 않을 수 있다. 이런 상황을 예제 1.7에서 볼 수 있다. 정지하고 있던 2.5 kg의 질량 덩어리가 질량이 각각 1.0 kg인 두 개의 작은 조각으로 폭발하여 서로 떨어져 나가고 있다. 만약 우리가 같은 계 안에 있다면, 질량 차이 0.5 kg은 작은 두 조각의 운동에너지로 전환되었다고 말할 것이다. 그러나 계 전체로 보면 계는 폭발 전이나 후 모두에 정지해 있고, 따라서 계는 운동에너지를 얻지 않는다. 그러므로 계의 정지질량은 내부 운동에너지를 포함하여 폭발 전이나 후 모두에 대해 2.5 kg 이다.

　상황에 따라 계의 정지에너지는 구성 입자들의 정지에너지 합보다 클 수도, 같을 수도 혹은 적을 수도 있다. 중요한 경우는 핵에서의 양성자와 중성자들과 같이 인력에 의해 결합되어 계를 이루는 구성입자들의 정지에너지 총합보다 계의 정지에너지가 적을 경우이다. 원자핵의 정지질량(하나의 양성자만으로 되어 있는 보통의 수소핵은 제외)은 구성 입자들 각각의 정지질량 총합보다 적다. 이 질량의 차이를 핵의 결합에너지라 부른다. 핵을 완전히 분리시키기 위해서는 최소한 결합에너지만큼의 에너지가 요구된다. 이 주제에 대해서는 11.4절에서 더욱 자세히 논의하겠다. 그러나 여기서 핵의 결합에너지가 얼마나 큰지에 대해 아는 것은 흥미로울 것이며, 전형적으로 핵 1 kg당 약 10^{12} kJ이 된다. 물분자의 결합에너지와 비교하여 보면 100°C 물 1 kg이 같은 온도의 수증기가 되는 데 필요한 에너지로 2,260 kJ/kg에 불과하다.

질량이 없는 입자

질량이 없는 입자의 존재가 가능할까? 좀 더 엄밀하게 말하면, 에너지와 운동량 같은 입자적인 특성은 가지면서도 정지질량이 없는 입자가 존재할 수 있는가? 고전 역학에서는 에너지와 운동량을 가지기 위해 정지질량이 반드시 필요하지만, 상대론적 역학에서는 이 조건이 필수적이지 않다.

식 (1.47)과 식 (1.46)에 의하면, $m = 0$, $v \ll c$일 때는 명백하게 $E = p = 0$이다. 광속보다 느리면서 질량이 없는 입자는 에너지나 운동량을 가질 수 없다. 그러나 $m = 0$이고 $v = c$이면 $E = 0/0$, $p = 0/0$인 부정형이 되고, 이는 E와 p가 아무 값이나 가질 수 있다는 것을 의미한다. 따라서 광속으로 움직인다는 조건 아래에서 에너지와 운동량을 가지는 질량이 없는 입자의 존재와 식 (1.47) 및 식 (1.46) 사이에 모순이 없다.

식 (1.48)에 의하면, $m = 0$일 때 E와 p 사이의 관계는 다음과 같다.

질량이 없는 입자 $$E = pc \qquad\qquad\qquad (1.49)$$

결론은 질량이 없는 입자가 꼭 존재해야 한다는 것은 아니고, 물리 법칙은 단지 $v = c$이고 $E = pc$인 입자의 존재 가능성을 배제하지 않는다. 실제로 광자는 질량이 없는 입자이고, 그 특성은 제2장에서 보듯이 예측하는 그대로이다.

전자볼트

원자물리에서의 일반적인 에너지단위는 **전자볼트**(eV)이고, 1 eV는 전자 하나가 1볼트(V)의 전위차에 의해 가속될 때 얻는 에너지에 해당한다. $W = QV$이므로

$$1 \text{ eV} = (1.602 \times 10^{-19}\text{ C})(1.000\text{ V}) = 1.602 \times 10^{-19}\text{ J}$$

이며, 원자의 이온화 에너지(전자 하나를 떼어내는 데 드는 일)와 분자의 결합에너지(분자를 원자들로 쪼개는 데 필요한 에너지)는 일반적으로 전자볼트로 나타낸다. 질소의 이온화 에너지는 14.5 eV, 수소 분자 H_2의 결합에너지는 4.5 eV로 표기한다. 원자물리 분야에서의 높은 에너지 영역은 **킬로전자볼트**(kiloelectronvolts; keV)를 사용하고 1 keV $= 10^3$ eV이다.

핵 및 소립자 물리에서는 많은 경우 keV 단위도 너무 작아서 **메가전자볼트**(megaelectronvolts; MeV)나 **기가전자볼트**(gigaelectronvolts; GeV) 단위가 더 적합하다.

$$1 \text{ MeV} = 10^6 \text{ eV} \qquad 1 \text{ GeV} = 10^9 \text{ eV}$$

이다. MeV를 사용하는 예로는 어떤 종류의 우라늄 원자의 핵이 두 조각으로 분리될 때 내놓는 에너지를 나타낼 때이다. 이와 같은 핵분열의 각각마다 200 MeV의 에너지가 나오고, 핵발전소나 핵폭탄의 작동 과정이 된다.

소립자의 정지에너지는 MeV나 GeV로, 해당하는 정지질량은 MeV/c^2나 GeV/c^2를 사용한다. 뒷부분 단위의 이점은 정지에너지를 정지질량과 동등하게 나타내수 있다는 점이다. 즉,

0.938 GeV/c^2(양성자의 정지질량)는 $E_0 = mc^2 = 0.938$ GeV임을 나타낸다. 만약 양성자의 운동에너지가 5.000 GeV이면, 총 에너지는 간단하게 아래와 같이 계산된다.

$$E = E_0 + KE = (0.938 + 5.000) \text{ GeV} = 5.938 \text{ GeV}$$

비슷한 방법으로, 선운동량의 단위로 MeV/c나 GeV/c가 편리하게 쓰이기도 한다. 속력이 0.800c인 한 양성자의 운동량을 알고 싶다면, 식 (1.47)로부터 아래와 같이 계산된다.

$$p = \frac{mv}{\sqrt{1 - v^2/c^2}} = \frac{(0.938 \text{ GeV}/c^2)(0.800c)}{\sqrt{1 - (0.800c)^2/c^2}}$$

$$= \frac{0.750 \text{ GeV}/c}{0.600} = 1.25 \text{ GeV}/c$$

예제 1.9

전자($m = 0.511$ MeV/c^2)와 광자($m = 0$) 둘 모두 각각 2.000 MeV/c의 운동량을 가지고 있다. 각각의 총 에너지를 구하라.

풀이

(a) 식 (1.48)로부터 전자의 총 에너지는 다음과 같다.

$$E = \sqrt{m^2c^4 + p^2c^2} = \sqrt{(0.511 \text{ MeV}/c^2)^2c^4 + (2.000 \text{ MeV}/c)^2c^2}$$
$$= \sqrt{(0.511 \text{ MeV})^2 + (2.000 \text{ MeV})^2} = 2.064 \text{ MeV}$$

(b) 식 (1.49)로부터 광자의 총 에너지는 아래와 같다.

$$E = pc = (2.000 \text{ MeV}/c)c = 2.000 \text{ MeV}$$

1.10 시공간

공간과 시간은 어떻게 연관되는가?

앞에서 보아왔듯이, 자연에서의 공간과 시간 개념은 불가분의 관계로 서로 뒤섞여 있다. 한 관측자에게는 측정용 자만 가지고 측정할 수 있는 길이를 다른 관측자는 자와 시계 두 가지 모두를 가지고 측정해야 할 수도 있다.

특수 상대성 이론의 결과를 편리하고도 세련되게 표시할 수 있는 방법은 사건들이 4차원 **시공간**(spacetime)에서 일어난다고 생각하는 방법이며, 보통의 3차원 x, y, z좌표는 공간을 나타내고 네 번째 좌표인 ict가 시간을 나타낸다. 여기서 $i = \sqrt{-1}$이다. 시공간이 비록 가시적이지는 않지만, 수학적으로 취급하기에 3차원 공간을 취급할 때보다 더 힘들지는 않다.

시간좌표로 t를 바로 쓰는 대신에 ict를 쓰는 이유는 물리량

$$s^2 = x^2 + y^2 + z^2 - (ct)^2 \tag{1.50}$$

이 로런츠 변환에서 **불변**이기 때문이다. 즉, 만약 하나의 사건이 관성기준계 S에서는 x, y, z, t에서 그리고 또 다른 관성기준계 S'에서는 x', y', z', t'에서 발생하였다면,

$$s^2 = x^2 + y^2 + z^2 - (ct)^2 = x'^2 + y'^2 + z'^2 - (ct')^2$$

이다. s^2이 불변이므로 로런츠 변환을 좌표축 x, y, z, ict 시공간에서의 회전으로 간단하게 생각할 수 있다(그림 1.17).

네 좌표 x, y, z, ict는 시공간에서의 벡터를 정의하고, 이 4-벡터는 어떠한 좌표계 회전에 대해, 즉 한 기준계 S에서 다른 기준계 S'으로 관점을 바꾸더라도 고정되어 변하지 않는다.

로런츠 변환에서 그 크기가 변하지 않는 또 다른 4-벡터 중 하나는 성분 p_x, p_y, p_z, iE/c를 가지는 벡터이고, 성분 p_x, p_y, p_z는 총 에너지 E를 가지는 한 물체의 일상적인 선운동량 성분이다. 비록 성분 p_x, p_y, p_z와 E가 각각 독립적으로는 달라질 수 있다고 해도

$$p_x^2 + p_y^2 + p_z^2 - \frac{E^2}{c}$$

은 모든 관성기준계에서 같은 값을 가진다. 식 (1.48)과 관련시키면, 이 불변의 성질은 앞에서 이미 이야기된 편이고, $p^2 = p_x^2 + p_y^2 + p_z^2$이었음에 유의하라.

좀 더 정교한 수학을 사용하면 전기장 **E**와 자기장 **B**를 통합하여 텐서라 부르는 한 불변의 공식으로 나타낼 수 있다. 물리에 특수 상대성 이론을 접합시키는 이런 접근법을 쓰면, 자연 법칙을 좀 더 깊이 이해할 수 있을 뿐만 아니라 새로운 현상과 새로운 관계식들도 발견할 수 있다.

시공간 간격

시공간 아이디어를 사용하면 1.5절 마지막 부분에서 논의한 사실들을 쉽게 확인할 수 있다. 그림 1.18에 두 사건을 x와 ct축을 이용하여 나타내었다. 사건 1은 $x = 0$, $t = 0$에서 발생하고 사건 2는 $x = \Delta x$, $t = \Delta t$에서 일어난다. 이 두 사건 사이의 시공간 간격 Δs를 다음과 같이 정의한다.

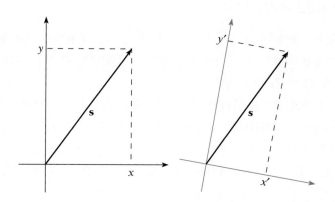

그림 1.17   벡터 s의 길이 s에 대해 ($s^2 = x^2 + y^2 = x'^2 + y'^2$)은 2차원 기준계의 회전에서 불변이다. 이 결과는 4차원 시공간 x, y, z, ict로 일반화할 수 있다.

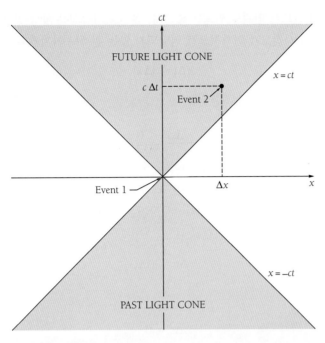

그림 1.18   사건 1에 대한 과거 빛원뿔(past light cone)과 미래 빛원뿔(future light cone)

사건 사이의
시공간 간격
$$(\Delta s)^2 = (c\Delta t)^2 - (\Delta x)^2 \tag{1.51}$$

이 정의의 장점은 식 (1.50)의 s^2과 마찬가지로 $(\Delta s)^2$도 로런츠 변환에서 불변이라는 점이다. 만약 Δx와 Δt가 계 S에서 측정한 두 사건 사이의 공간과 시간 간격이고 $\Delta x'$과 $\Delta t'$이 계 S'에서 측정한 두 사건 사이의 간격들이라면,

$$(\Delta s)^2 = (c\Delta t)^2 - (\Delta x)^2 = (c\Delta t')^2 - (\Delta x')^2$$

이다. 그러므로 사건 1이 원점인 계 S에서 얻은 어떠한 결론도 일정한 속력으로 상대운동을 하는 모든 계에서 마찬가지로 성립한다.

　사건 1과 사건 2 사이의 가능한 관계들을 살펴보기로 하자. 이 두 사건을 연결시키는 신호가 빛의 속력보다 느릴 때 사건 2는 사건 1과 인과적으로 연결된다. 즉,

$$c\Delta t > |\Delta x|$$

혹은

시간꼴 간격
$$(\Delta s)^2 > 0 \tag{1.52}$$

일 때이며, $(\Delta s)^2 > 0$인 간격을 **시간꼴**(timelike)이라 부른다. 사건 1과 시간꼴 간격으로 연결되는 모든 사건들은 $x = \pm ct$가 경계인 그림 1.18에서의 **빛원뿔**(light cone) 안에 놓여 있다. 사건 1에 영향을 줄 수 있는 사건들은 모두 과거의 빛원뿔 안에 포함되어 있고, 사건 1이 영향을 미칠 수 있는 모든 사건들은 미래의 빛원뿔 안에 놓여 있을 사건들이다(시간꼴 간격으로

연결되는 사건들이 반드시 연관될 필요는 없으나, 연관될 가능성은 항상 있다).

반대로, 사건 1과 사건 2가 인과적으로 연결되지 않는 관계를 가지기 위한 조건은

$$c\Delta t < |\Delta x|$$

혹은

공간꼴 간격 $$(\Delta s)^2 < 0 \qquad\qquad (1.53)$$

이다. $(\Delta s)^2 < 0$인 간격을 **공간꼴**(spacelike)이라 한다. 공간꼴 간격으로 사건 1과 연결되는 모든 사건들은 사건 1의 빛원뿔 바깥에 있으며, 과거가 사건 1에 영향을 미칠 수 없을 뿐만 아니라 사건 1이 미래에 영향을 줄 수도 없다. 두 사건은 완전하게 단절되어 있다.

사건 1과 사건 2가 빛신호로만 연결될 때,

$$c\Delta t = |\Delta x|$$

혹은

빛꼴 간격 $$\Delta s = 0 \qquad\qquad (1.54)$$

이다. $\Delta s = 0$인 간격을 **빛꼴**(lightlike)이라 부른다. 빛꼴 간격으로 사건 1과 연결되는 사건은 빛원뿔의 가장자리에 자리한다.

앞의 결론들은 $(\Delta s)^2$이 불변이므로 사건 2의 빛원뿔에서도 그대로 적용된다. 예를 들어 사건 2가 사건 1의 과거 빛원뿔에 속한다면, 사건 1은 사건 2의 미래원뿔에 속한다. 일반적으로, 한 기준계 S에서 보는 한 사건의 미래에 속하는 사건들은 다른 모든 기준계 S'에서도 미래에 속하고, S에서 과거에 속하는 사건들은 다른 모든 계 S'에서도 모두 과거에 속한다. 따라서 '과거'와 '미래'는 불변의 의미를 가진다. 그러나 '동시성'은 애매모호한 개념이다. 왜냐하면 사건 1의 과거원뿔 및 미래원뿔에 벗어나 있는 사건들(즉, 사건 1과 공간꼴 간격으로 연결되는 모든 사건들)은 특별한 기준계에서 사건 1과 동시에 일어날 수 있기 때문이다.

시공간에서의 입자 궤적을 **세계선**(world line)이라 하고(그림 1.19), 특정 입자의 세계선은 빛원뿔 안에서만 존재해야 한다.

1.11 도플러 효과

왜 우주는 팽창한다고 믿어지는가?

관측자와 음원의 상대운동은 진동수를 변화시키며, 우리는 음원이 가까워질 때(우리가 음원으로 다가갈 때) 소리가 고음으로 변하고, 음원이 멀어질 때(우리가 음원으로부터 멀어질 때) 소리가 저음으로 변하는 현상을 흔히 접한다. 이러한 진동수의 변화를 **도플러 효과**(Doppler effect)라 하는데, 그 원리는 아주 간단하다. 예를 들면, 관측자에게 접근하는 음원으로부터 연속적으로 나오는 음파는 음원이 진행하기 때문에 음원이 정지한 경우에 비해 더 조밀해진다. 각 파 사이의 간격이 파장이므로 소리의 진동수는 커진다. 음원의 진동수 ν_0와 관측하는 진동

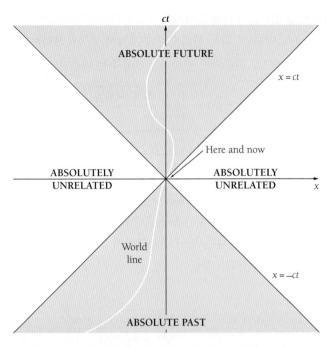

그림 1.19 한 입자에 대한 시공간에서의 세계선(world line)

수 ν 사이의 관계는 다음과 같다.

**소리의
도플러 효과**
$$\nu = \nu_0 \left(\frac{1 + v/c}{1 - V/c} \right) \tag{1.55}$$

여기서　c = 음속
　　　v = 관측자의 속력(+: 음원으로 접근할 때, −: 음원에서 멀어질 때)
　　　V = 음원의 속력(+: 관측자에게 접근할 때, −: 관측자에게서 멀어질 때)

이다. 만약 관측자가 정지해 있으면 $v = 0$이고, 음원이 정지해 있으면 $V = 0$이다.

　　음파에서의 도플러 효과는 관측자가 움직이는지, 음원이 움직이는지, 혹은 둘 다 움직이는지에 따라 명백히 그 효과가 다르다. 그런데 이 결과는 상대성 원리에 위배되는 것처럼 보인다. 즉, 음원과 관측자 사이의 상대운동의 상태를 고려해야 하는 결과이기 때문이다. 그러나 음파는 공기나 물 등 같은 물질로 된 전파 매질이 있어야 하며, 이 매질이 기준계가 되기 때문에 매질에 대한 음원이나 관측자의 상대운동을 측정할 수 있다. 그러므로 상대운동을 고려해야 하며, 이 결과는 아무런 모순이 없다. 그러나 빛의 경우는 전파 매질이 없으므로 광원과 관측자 사이의 상대운동 자체만 의미를 가진다. 그러므로 빛에서의 도플러 효과는 소리에서와는 달라야 한다.

　　1초에 ν_0만큼 똑딱거리면서 그때마다 빛을 내는 광원을 시계로 생각하고 빛의 도플러 효과를 분석해 보자. 그림 1.20에 나타낸 세 가지 경우에 대해 생각하자.

1. 광원과 관측자를 연결하는 선에 대해 관측자가 수직 방향으로 움직이는 경우 똑딱거리는 간격의 고유 시간은 $t_0 = 1/\nu_0$이다. 따라서 관측자 기준계에서의 똑딱거리는 시간 간격은 $t = t_0/\sqrt{1 - v^2/c^2}$이 된다. 그러므로 관측자가 관측하는 진동수는 다음과 같다.

$$\nu(\text{가로}) = \frac{1}{t} = \frac{\sqrt{1 - v^2/c^2}}{t_0}$$

빛의 가로 도플러 효과 $\qquad\qquad \nu = \nu_0\sqrt{1 - v^2/c^2} \qquad\qquad\qquad$ (1.56)

관측된 진동수 ν는 항상 광원의 진동수 ν_0보다 작다.

2. **관측자가 광원에서 멀어지는 경우** 이제 관측자는 광원이 한 번 똑딱거리는 사이에 광원에서 vt만큼 멀어진다. 이것은 광원에서 나온 빛이 관측자에게 도달하는 데는 바로 전에 나온 빛에 비해 vt/c만큼의 시간이 더 걸린다는 것을 의미한다. 따라서 연속된 인접한 파가 도달하는 시간 간격은

$$T = t + \frac{vt}{c} = t_0 \frac{1 + v/c}{\sqrt{1 - v^2/c^2}} = t_0 \frac{\sqrt{1 + v/c}\sqrt{1 + v/c}}{\sqrt{1 + v/c}\sqrt{1 - v/c}} = t_0 \sqrt{\frac{1 + v/c}{1 - v/c}}$$

이다. 따라서 진동수는

$$\nu(\text{멀어질 때}) = \frac{1}{T} = \frac{1}{t_0}\sqrt{\frac{1 - v/c}{1 + v/c}} = \nu_0\sqrt{\frac{1 - v/c}{1 + v/c}} \qquad (1.57)$$

가 된다. 관측된 진동수 ν는 광원의 진동수 ν_0보다 항상 작다. 매질에 대해 상대적으로 전파되는 음파와는 달리, 빛의 경우는 광원이 멀어지든 관측자가 멀어지든 같은 결과를 나타낸다.

3. **관측자가 광원에 접근하는 경우** 관측자는 광원이 똑딱거리는 사이 동안 vt만큼 광원에 가까워진다. 따라서 광원에서 나온 빛이 관측자에게 도달하는 데는 바로 전에 나온 빛에 비해 vt/c만큼의 시간이 적게 걸린다. 이 경우 $T = t - vt/c$이며

$$\nu(\text{가까워질 때}) = \nu_0\sqrt{\frac{1 + v/c}{1 - v/c}} \qquad\qquad (1.58)$$

이다. 관측된 진동수는 광원의 진동수보다 커진다. 역시 광원이 관측자에게 접근할 경우에도 똑같은 식이 성립한다.

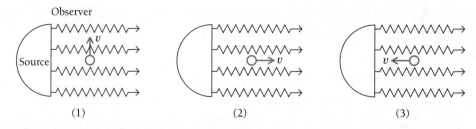

그림 1.20   관측자가 측정하는 빛의 진동수는 광원에 대한 관측자의 운동 방향과 속력에 의존한다.

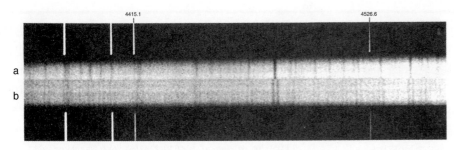

2일 주기로 질량 중심으로 원운동을 하는 쌍별 미자르(Mizar)의 스펙트럼. a는 별들이 지구에 대해 가까워지거나 멀어짐이 없는 위치에 있을 때의 것으로, 스펙트럼선들이 중첩되어 있다. b는 한 별이 지구 쪽으로, 다른 한 별은 지구에서 멀어지는 쪽으로 움직이는 위치에 있을 때의 것으로, 가까워지는 별은 청색 도플러 편이, 멀어지는 별은 적색편이를 일으키고 있다.

식 (1.57)과 (1.58)을 하나로 통합할 수 있다.

빛의 세로
도플러 효과
$$\nu = \nu_0 \sqrt{\frac{1 + v/c}{1 - v/c}}$$
(1.59)

여기서 v는 광원과 관찰자가 가까워질 때는 + 값을, 멀어질 때는 − 값을 가진다.

예제 1.10

적색 신호등을 지나친 운전자가 적발되어 재판을 받았다. 운전자는 판사에게 도플러 효과로 인해 적색($\nu_0 = 4.80 \times 10^{14}$ Hz) 대신에 녹색($\nu = 5.60 \times 10^{14}$ Hz)으로 보였다고 억지를 부렸다. 판사는 운전자의 항의를 받아들이는 대신 제한속도 80 km/h를 벗어난 속력 매 1 km/h당 1달러의 벌금을 매겼다. 벌금은 얼마였겠는가?

풀이

식 (1.59)를 풀면, 운전자가 주장하는 속력은

$$v = c\left(\frac{\nu^2 - \nu_0^2}{\nu^2 + \nu_0^2}\right) = (3.00 \times 10^8 \text{ m/s})\left[\frac{(5.60)^2 - (4.80)^2}{(5.60)^2 + (4.80)^2}\right]$$

$$= 4.59 \times 10^7 \text{ m/s} = 1.65 \times 10^8 \text{ km/h}$$

따라서 벌금은 $(1.65 \times 10^8 - 80) = \$164,999,920$이다(1 m/s = 3.6 km/h).

가시광선은 눈에 민감한 주파수 대역의 전자기파이다. 레이더나 라디오 통신에 사용되는 다른 주파수 대역의 전자기파도 식 (1.59)에 따르는 도플러 효과를 나타낸다. 레이더파에서의 도플러 편이는 교통경관이 자동차 속력을 측정하는 데 응용되고, 인공위성들에 의해 내보내지는 라디오파들의 도플러 편이는 해상 항법에서의 매우 정밀한 트랜싯(Transit) 시스템의 바탕이 된다.

에드윈 허블(Edwin Hubble: 1889~1953)은 미주리 주에서 태어났으며, 항상 천문학에 흥미를 가지고 있었으나, 시카고 대학에서 다양한 학문을 공부하였다. 옥스퍼드 대학의 로즈 장학생으로 영국으로 건너갔으며, 그곳에서는 법학, 스페인어 그리고 중량급 권투에 열중하였다. 인디애나 고등학교에서 2년간 가르친 후, 자신의 진정한 적성이 천문학에 있다는 것을 깨닫고 천문학을 공부하기 위해 시카고 대학으로 되돌아갔다.

캘리포니아에 있는 윌슨산 천문대에서 나선은하(spiral galaxy)들까지의 거리를 처음으로 정확하게 측정하였으며, 우리 자신의 은하(Milk Way)와는 공간적으로 매우 멀리 떨어져 있다는 것을 보였다. 이런 은하들의 분광선은 적색편이함이 알

려졌고, 이는 이런 은하들이 우리 은하로부터 멀어지고 있다는 것을 나타낸다. 허블은 자신이 측정한 거리와 측정된 적색편이 값들을 결합하여 멀어지는 속력이 거리에 비례한다는 결론을 내렸다. 이 결론은 우주가 팽창하고 있음을 의미하고, 현대의 우주관으로 이끄는 대단한 발견이었다. 그는 1949년부터 상당한 기간 동안 세계에서 가장 큰 망원경이었던 캘리포니아 팔로마산의 200인치짜리 망원경을 처음 사용한 사람이기도 하다. 말년에 허블은 멀리 있는 은하들이 거리에 따라 어떻게 분포되어 있는지를 봄으로써 우주 구조를 결정하려고 노력하였다. 이는 매우 어려운, 지금에 와서야 달성할 수 있었던 작업이었다.

팽창하는 우주

빛의 도플러 효과는 천문학에서 매우 중요한 연구 방법 중의 하나이다. 별은 분광선이라 부르는 특정한 진동수의 빛을 내고, 별이 지구에 가까워지거나 멀어지면 이들 진동수에 도플러 편이가 나타난다. 멀리 떨어진 은하계에서 나오는 분광선은 모두 진동수가 낮은 쪽(적색)으로 치우쳐 있어 '적색편이'라 한다. 이러한 편이는 은하계들이 우리에게서, 그리고 은하계 간에 서로 사이가 멀어지고 있음을 나타낸다. 서로 멀어지는 속력은 서로 간의 거리에 비례하는 것으로 관측되어 전체 우주가 팽창하고 있다고 생각하게 한다(그림 1.21). 이 비례 관계를 **허블(Hubble)의 법칙**이라 한다.

이러한 팽창은 약 130억 년 전 태초의 응축되고 매우 뜨거운 원시 물질의 질량이 폭발함으로부터 시작되었고, **대폭발**(Big Bang)이라 부른다. 제13장에서 보이는 바와 같이 이러한 원시 물질은 곧 현재의 우주를 구성하고 있는 전자, 양성자, 중성자들로 바뀌었다. 폭발 때의 개별적인 모임들은 오늘날의 은하계를 구성하게 되었다. 현재까지의 실험 결과들은 팽창이 영원히 계속될 것으로 보인다.

예제 1.11

바다뱀자리(Hydra)에 있는 한 은하계는 지구에서부터 6.12×10^7 m/s의 속력으로 멀어지고 있다. 이 은하계에서 나오는 파장이 500 nm(1 nm = 10^{-9} m)인 초록색 스펙트럼선은 빨간색 쪽으로 얼마나 편이가 생기는가?

풀이

$\lambda = c/\nu$이고 $\lambda_0 = c/\nu_0$이므로 식 (1.57)에서

$$\lambda = \lambda_0 \sqrt{\frac{1 + \nu/c}{1 - \nu/c}}$$

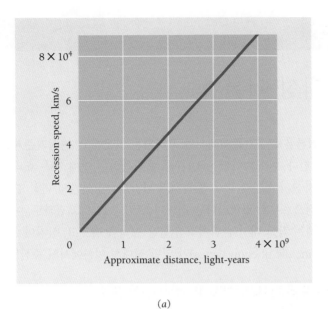

(a)

(b)

그림 1.21 (a) 여러 은하의 거리 대 후퇴 속도의 그래프. 평균적으로 후퇴 속도는 100만 광년당 약 21 km/s이다. (b) 우주 팽창의 2차원적인 유추. 풍선이 부풀면서 풍선 위에 표시된 각 점들 간의 거리는 멀어진다. 풍선 위의 어떤 벌레는 그 벌레가 놓인 지점으로부터 점이 멀어질수록 그 점의 속도가 증가함을 본다. 이 사실은 벌레가 어느 지점에 놓여 있든 항상 옳다. 우주의 경우 어떤 은하가 멀리 떨어져 있을수록 후퇴 속도는 증가한다. 이것은 우주가 균일하게 팽창하고 있다는 증거이다.

이다. 여기서 $v = 0.204c$이고 $\lambda_0 = 500$ nm이므로

$$\lambda = 500 \text{ nm} \sqrt{\frac{1 + 0.204}{1 - 0.204}} = 615 \text{ nm}$$

이며, 이는 스펙트럼의 주황색 부분에 해당한다. 편이는 $\lambda - \lambda_0 = 115$ nm이다. 이 은하계는 29억 광년 떨어져 있는 것으로 믿어진다.

부록

일반 상대성 이론

특수 상대성 이론은 관성기준계에서만 고려되는 이론이고, 관성기준계는 가속되지 않는 기준계를 말한다. 아인슈타인은 1916년에 관측하는 것에 가속 효과를 포함하는 **일반 상대성 이론**으로 자신의 이론을 더욱 발전시켜 나갔다. 이 이론의 핵심 결론은 중력이 물체 주위의 공간 휘어짐으로부터 일어난다는 점이다(그림 1.22). 그 결과로, 이런 휘어진 공간영역을 통과하는 물체는 직선 대신에 휘어져서 굽은 궤적을 따르고, 심지어 포획되기도 한다.

　　등가의 원리(principle of equivalence)가 일반 상대성 이론에서의 중심원리이다.

　　닫힌 실험실에서의 관측자는 중력장에 의한 효과와 그 실험실이 가속하기 때문에 나타나는 효과를 구분할 수 없다.

이 원리는 실험 관측 결과(10^{12}분의 1보다 더 좋은 정밀도로)에 바탕을 둔 원리로서, 실험결과는 힘이 한 물체에 가해질 때 물체의 가속을 좌우하는 관성질량과 다른 물체에 의해 가해지는 중력의 정도를 좌우하는 같은 물체의 중력질량은 항상 서로 같다는 것이다(실제로 이 두 질량은 서로 비례하고, 중력상수 G를 적당히 선택함으로써 비례상수가 1이 되도록 만들 수 있다.).

중력과 빛

등가성의 원리에 의하면 빛도 중력의 지배를 받는다. 그림 1.23에서와 같이 빛이 가속을 받고 있는 실험실을 가로지른다면 실험실에 대한 빛의 궤적은 휘어질 것이다. 이는 빛이 그 실험실의 가속과 동등한 정도의 중력장의 영향을 받는다면 광선은 또한 같은 휘어진 궤적을 따를 것

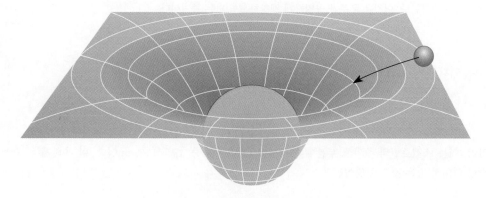

그림 1.22　일반 상대성 이론은 중력을 '질량을 가진 물체의 존재에 의한 시공간의 휘어짐'으로 묘사한다. 이 물체에 가까이 있는 다른 물체들은 마치 푹 꺼진 고무판의 밑바닥으로 굴러 떨어지는 구슬처럼 이 찌그러짐으로 인해 인력을 느낀다. 휠러(J. A. Wheeler)의 풀이에 의하면, 시공간은 질량이 어떻게 운동하는지, 질량은 시공간이 어떻게 휘어졌는지를 말해 준다.

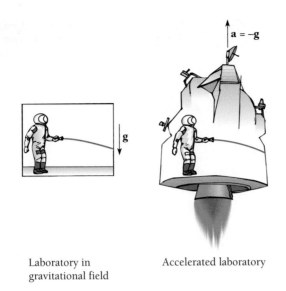

Laboratory in
gravitational field

Accelerated laboratory

그림 1.23 등가의 원리에 의하면, 가속을 받고 있는 실험실에서 일어나는 사건들은 중력장의 영향을 받고 일어나는 사건들과 구분할 수 없다. 가속되는 실험실 안에서의 관측자에게 빛이 휘어진다면, 중력장 영향 안에서도 빛은 비슷하게 휘어진다는 것을 의미한다.

임을 나타낸다.

　일반 상대성 이론에 의하면, 태양을 스쳐 지나는 광선은 태양을 향해 0.005°(1마일 떨어진 곳에서 10센트짜리 동전을 바라보는 정도의 각도)로 휘어지는 것이 예측된다. 이 예측은 1919년의 일식 때 달이 태양을 가려주어 태양 가까이 나타난 별의 사진을 찍을 수 있음으로 해서 확인되었다. 이 사진을 태양이 멀리 떨어져 있을 때 같은 부분의 하늘 사진과 비교 분석하였다(그림 1.24). 이 결과로 아인슈타인은 세계적인 명사가 되었다.

　중력장 안에서 빛이 휘어짐으로 인해 은하와 같이 밀집된 질량은 렌즈 같은 역할을 하며, 이 질량 뒤에 존재하는 광원에 대해 복수의 상을 만든다(그림 1.25). 젊은 은하의 핵인 **퀘이서**는 태양계보다 크지는 않지만 수천억의 별들을 모은 것보다 더 밝다. 1979년에 빛이 무거운 질량을 지날 때의 휘어짐으로 인해 실제로는 하나인 퀘이서가 인접한 두 개의 퀘이서처럼 보이는 중력렌즈 현상이 처음 발견되었다. 이후에 빛 파동에서뿐만 아니라 라디오파의 전자기파를 방출하는 천체에서도 여러 중력렌즈 현상이 발견되었다.

　중력과 빛의 상호작용은 제2장에서 고려할 중력 적색편이와 블랙홀 현상을 일으키기도 한다.

일반 상대성 이론의 다른 결과들

일반 상대성 이론은 오랫동안 천문학에서 남아 있던 수수께끼를 깨끗하게 해결하며 계속 인정받았다. 근일점은 행성 궤도상의 태양에서 가장 가까운 점을 말한다. 수성 궤도는 근일점이 1세기 동안 1.6°만큼 이동(세차)하는 이상한 성질을 가지고 있다(그림 1.26). 이 중 43″(1″ = 1 아크초 = $\frac{1}{3600}$도)를 뺀 나머지 각도의 이동은 다른 행성들의 인력에 의한 것이다. 설명되지 않는 43″의 이동은 상당한 기간 동안 벌컨(Vulcan)이라는 수성 안쪽에 존재하면서 발견되지 않은 행성의 존재 증거에 사용되어 왔다. 중력이 약할 때의 일반 상대성 이론은 뉴턴 역학의 식 $F = Gm_1m_2/r^2$와 거의 같은 결과를 나타낸다. 그러나 아인슈타인은 일반 상대성 이론으로

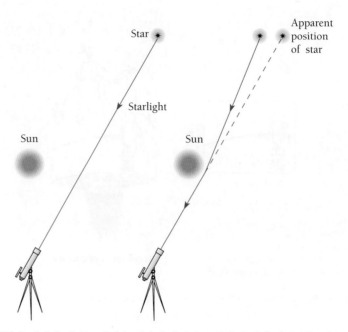

그림 1.24   태양을 가깝게 지나는 별빛은 태양의 강력한 중력장에 의해 휘어진다. 태양이 달에 의해 가려지는 일식 동안 이 휘어짐을 측정할 수 있다.

부터 수성은 태양에 가까워 강한 중력장 안에서 운동함으로 인해 수성 궤도에서 1세기 동안 43″ 이동이 예상된다는 것을 보일 수 있었다.

일반 상대성 이론에 의해 광속으로 운동하는 **중력파**의 존재가 예측되고 있으나, 그 검증은 오랫동안 확인되지 못하고 있다. 중력파를 가시화하기 위해 그림 1.22에서의 모델을 생각하자. 2차원 공간을 그 속에 들어 있는 질량에 의해 변형된 얇은 고무판으로 생각하자. 만약 이 질량이 진동하면 다른 부분을 떨게 하여 고무판에 파동을 전달할 것이다. 비슷하게, 진동하는 전기를 가진 전하는 전자기파를 내보내고 전자기파는 다른 전하를 떨게 한다.

위의 두 종류 파동과 중력파 사이의 큰 차이점은 중력파가 매우 약하다는 점이고, 많은 노력에도 불구하고 아직까지 아무도 직접적으로 중력파를 검출하지는 못하였다. 그러나 1974년

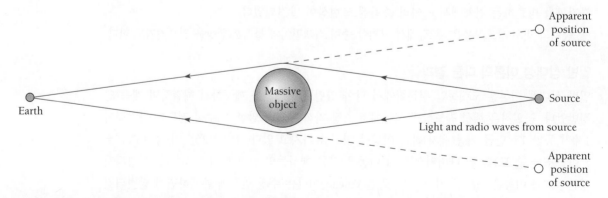

그림 1.25   중력렌즈. 퀘이서와 같은 광원에서 나오는 빛과 라디오파는 은하와 같은 무거운 물체를 지날 때 휘어져서 두 개 이상의 동일한 광원에서 나오는 것처럼 보인다. 이와 같은 중력렌즈 현상을 여러 개 확인하였다.

에 한 펄서가 다른 펄서 주위를 도는 두 인접한 별 시스템의 움직임으로부터 강력한 중력파의 증거가 포착되었다. **펄서**는 주로 중성자로 구성되어 있는 매우 작고 밀도가 높은 별로서 빠르게 자전하고, 등대가 하는 것처럼 일정한 시간 간격으로 빛과 라디오파의 섬광을 내보낸다 (9.11절 참조). 이 특별한 짝별계는 매 59밀리초(ms)마다 펄스를 내보내고, 펄서와 동반 펄서 (아마 또 다른 중성자별)는 약 8시간의 궤도 주기를 가지고 있다. 일반 상대성 이론에 의하면 이런 짝별계는 중력파를 내보내야 하고, 그 결과로 에너지가 감소하게 되어 서로를 향해 소용돌이 모양으로 돌아들어 가며 궤도 주기가 감소하게 된다. 궤도 주기의 변화는 섬광 도착시간에 변화를 주고, 관측한 짝별계의 경우에는 궤도 주기가 매년 75 ms씩 감소하는 것이 발견되었다. 이 결과는 일반 상대성 이론에 의해 예측되는 결과와 너무나 가까워서 중력파의 존재 확신에 의문의 여지가 없을 정도이다. 이 일로 인해 테일러(Taylor)와 헐스(Hulse)가 1993년도 노벨 물리학상을 수상하였다.

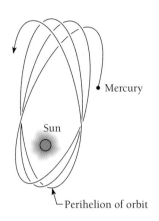

그림 1.26 수성 궤도 근일점의 세차운동

훨씬 더 강력한 중력파원은 두 블랙홀이 충돌하거나 초신성이 폭발하여 중심부가 중성자별로 붕괴하는 사건이 일어날 때 생길 것이다(다시 9.11절 참조). 중력파가 물체를 지나가면 중력장에 요동을 일으켜서 전 물체에 대해 잔물결 모양의 변형을 줄 것이다. 중력은 너무나 미약해서(양성자와 중성자 사이의 전기적 인력은 중력보다 10^{39}배나 더 강력하다) 우리 은하계 내에서의 초신성 폭발(30년 정도마다 1회씩 발생)에 의한 중력파는 지구에 10^{18}분의 1 정도밖에 되지 않는 변형을 일으키고, 더 멀리 떨어져 있는 초신성에 의한 것은 더욱 미미하다. 이런 변형의 정도는 사람의 키 높이 정도에서 원자핵의 지름보다 더 작다. 최신기술로도 측정이 거의 가능해질 정도밖에 되지 않는다.

한 방법으로, 구성원자의 마구잡이 열운동을 최저화하기 위해 저온으로 냉각된 큰 금속막대에 여러 탐지장치를 설치하여 중력파에 의한 진동을 감지하는 방법이 있다. 다른 방법으로는 광원으로 레이저를 사용한 그림 1.2와 비슷한 간섭계에서 거울이 붙어 있는 간섭계 팔의 길이 변화를 측정하는 방법이다. 이 두 방법의 실험장치들로 실험이 진행되고 있으나 아직 성공적이지는 못하다.[주]

진정으로 야심에 찬 계획으로는 태양 궤도 주위로 한 변이 500만 킬로미터(km)인 삼각형의 세 꼭짓점에 두 개씩 배치된 6개의 우주선을 이용하는 계획이다. 우주선에 장착된 레이저, 거울 및 감지기들이 중력파가 통과함으로써 생기는 우주선 사이의 거리 변화를 측정한다. 가장 큰 규모에서 중력파에 의해 각종 우주적 교란에 대한 정보를 얻는 것은 오직 시간상의 문제뿐일 것이다.

글로벌 위치 파악 시스템(Global Positioning System; GPS)

글로벌 위치 파악 시스템(GPS)은 인공위성-기반 운항(내비게이션; navigation) 시스템으로, 매 12시간마다 지구 주위를 한 바퀴씩 도는 24개의 궤도 인공위성으로 구성되어 있다(다음 페이지의 이미지를 보라). 이 인공위성들은 모두 고도 11,000마일의 궤도에 있다. 위성들로부터 보내오는 신호를 GPS 수신기 시스템이 수집한다. 신호에는 GPS 수신자(receiver)가 위성들 사이의 거

역자주: 두번째의 방식으로 2015년 LIGO 검출기에서 두 블랙홀이 합쳐지며 발생한 중력파가 검출되었으며, 관련 연구자들이 2017년 노벨물리학상을 받았다.

궤도상의 GPS 인공위성들
출처: © McGraw-Hill Education/shutterstock/Andrey Armyagov

리를 계산할 수 있는 중요한 위치 정보와 시간 정보가 포함되어 있다. 지상의 GPS 수신자가 경도 (longitude)와 위도(latitude)에 삼각법을 쓸 수 있는 정보를 얻기 위해서는 이들 위성 중 단지 세 개의 위성만 사용한다. 만약 네 개나 네 개 이상의 GPS 위성을 이용하면 높이 위치(고도; altitude)까지도 알 수 있다. GPS 시스템은 실시간으로 전 세계에 걸쳐 3차원 위치를 지정할 수 있는 기능을 가졌고, 지도 제작, 경찰, 과학 분야 등에서 널리 사용되고 있다.

위성들은 육상-기지의 레이더 시스템으로부터 조정된다. 따라서 위성의 정확한 위치와 궤도를 사전에 미리 알아야 한다. 수신자와 위성들은 원자시계로 확정된 정확히 같은 시각에 코드(code)를 만들고, 그런 다음 만든 코드를 서로 수집한다. 이로써 위성이 코드를 만든 시간과 수신자가 그 코드를 수신한 시간 차이를 결정할 수 있게 된다. 이 시간 차이가 수신자와 위성 사이의 거리를 계산하는 데 사용되는 코드가 여행한 시간이 된다.

그러나 상대성 효과 때문에 GPS에 약간의 오차가 생긴다. 시간 늘어남(time dilation), 중력진동수 이동(gravitational frequency shift) 등과 같은 상대성 효과이다. 상대성 이론에 의하면, 위성에 있는 시계들은 그들의 속력에 영향을 받는다. 전형적으로 위성시계는 정지지구에 있는 시계보다 느리게 간다. 특수 상대성 이론을 사용하면, GPS 위성의 궤도 속력과 약 4 km/s 같은 속력의 원자시계는 하루에 대략 7 μs/일의 지체가 생긴다. 이 시간 늘어남으로 생기는 거리 오차가 GPS에서 입증되었다.

2차 오차 효과는 중력진동수 이동이다. 일반 상대성 이론에 의하면, 원자시계가 거대한 물체 가까이 가면 느려져야 한다. 대부분의 GPS 수신자는 GPS 위성보다는 지구에 매우 근접해 있으므로 위성시계가 더 빠르게 갈 것이다. 일반적으로, 이 이동으로 위성시계는 하루에 45.9 μs/일 더 빠르게 간다. 사간 늘어남 효과와 함께 총 오차는 약 38 μs/일이고, 상대성 이론의 교정 없이는 하루에 거리 오차 10 km/일이 쌓이게 된다. 그래서 진동수 이동을 피하기 위하여 위성 발사 전, 각 위성에 탑재된 진동수 기준에 지구에서 원하는 진동수보다 조금 늦어지게 비율 오프셋(rate offset)을 준다. ∎

연습문제

1.1 특수 상대성 이론

1. 빛의 속도가 지금보다 느려진다면 상대론적인 현상들이 좀 더 잘 관찰될 수 있겠는가?

2. TV 브라운관에서의 전자빔이 스크린을 가로질러 빛보다 빠른 속도로 움직이는 것은 가능하다. 이것은 왜 특수 상대성 이론과 모순되지 않는가?

1.2 로런츠 변환

3. 한 관측자가 두 개의 폭발을 탐지하였다. 하나의 폭발은 그가 있는 자리에서 어떤 특정한 시각에 발생한 것이고, 다른 하나의 폭발은 100 km 밖에서 2.00 ms 후에 발생한 것이다. 또 다른 한 관측자는 두 폭발이 그의 위치를 기준으로 같은 장소에서 발생한 것으로 관측하였다고 하면, 이 두 번째 관측자가 느끼는 두 폭발 사이의 시간 간격은 얼마가 되는가?

4. 한 관측자가 같은 시각에 두 개의 폭발을 탐지하였다. 하나의 폭발은 그가 있는 자리에서 발생한 것이고, 다른 하나의 폭발은 100 km 밖에서 발생한 것이다. 또 다른 한 관측자는 두 폭발이 서로 160 km 떨어진 곳에서 발생하였다고 관측하였다고 하면, 이 두 번째 관측자가 느끼는 두 폭발 사이의 시간 간격은 얼마가 되는가?

5. +x 방향으로 움직이는 우주선이 xy 평면상에 있는 광원으로부터 광신호를 받고 있다. 위치가 고정된 별들의 기준계 내에서는 우주선의 속력은 v이고, 광신호가 우주선의 축과 θ의 각도를 이루며 도달한다고 한다. (a) 로런츠 변환을 사용하여 우주선의 기준계 내에서 광신호가 도달하는 각 θ'을 구하여라. (b) 위의 결과를 토대로 우주선의 측면에 난 창문에서 바라보는 별들의 모습이 어떨지를 예측해 보아라.

6. 관측자에 대해 0.500c의 속력으로 움직이는 어떤 물체가 두 조각으로 쪼개진 후, 쪼개지기 전의 물체가 운동하던 방향의 선을 따라 서로 반대 방향으로 움직이고 있다. 한 조각은 질량 중심으로부터 후퇴하는 방향으로 0.600c의 속력으로 움직이고, 다른 조각은 질량 중심에 대해 전진하는 방향으로 0.500c의 속력으로 움직인다고 할 때 관측자가 볼 때 그 조각들의 속도는 얼마인가?

7. 달에 있는 어떤 사람이 서로 반대 방향에서 0.800c, 0.900c의 속력으로 다가오는 두 개의 우주선 A, B를 바라보고 있다. (a) 우주선 A를 타고 있는 사람이 측정하는 자신의 달 접근 속력은 얼마가 되겠는가? 또한 우주선 B에 접근하는 속력은 얼마가 되겠는가? (b) 우주선 B를 타고 있는 사람이 측정하는 자신의 달 접근 속력은 얼마가 되겠는가? A에 접근하는 속력은 얼마인가?

8. 실험실에 있는 관측자가 자신에 대해 0.800c의 속력을 갖는 전자를 연구하고 있다. 또한 전자와 같은 방향으로 실험실에 대해 0.500c의 속도로 움직이는 관측자도 이 전자를 연구하고 있다. 각각의 관측자에게 이 전자의 운동에너지는 각각 몇 MeV로 측정될까?

1.4 길이의 수축

9. 지구에서 키가 정확하게 6 ft인 우주비행사가 지구에 대해 0.90c로 움직이는 비행선 안에서 비행선이 움직이는 축 방향으로 평행하게 누워 있다. 같은 비행선 안에 있는 관측자가 측정할 때 그의 키는 얼마인가? 지구 위에 있는 관측자가 측정할 때 그의 키는 얼마인가?

10. 우주비행사가 운동 방향과 평행하게 서 있다. 지구에 있는 관측자는 우주선의 속도가 0.60c라는 것을 알고 있고, 우주비행사의 키가 1.3 m라고 측정했다. 우주선 안에서 측정할 때 그의 키는 얼마인가?

11. 관측자에 대해 0.100c의 속도로 움직이는 1 m 짜리의 자가 관측자를 완전히 지나가는 데 걸리는 시간은 얼마인가? 이 자는 진행 방향과 평행하다.

12. 1 m 짜리의 막대자가 관측자에게는 500 mm로 보인다. 상대 속도는 얼마인가? 그 막대자가 관측자를 지나는 데 얼마의 시간이 걸리는가? 미터자는 운동 방향과 나란하다.

13. 우주선에 달려 있는 안테나는 우주선 몸체의 축과 10°의 각을 이루고 있다. 우주선이 지구로부터 0.70c의 속도로 멀어진다면, 지구에서 볼 때 우주선과 안테나의 각은 얼마가 되겠는가?

1.5 시간의 늘어남

14. 지구에 대한 상대 속도 0.700c로 이동하는 우주선에 탄 사람이 지구상에 있는 자동차가 40분 동안 이동하는 것을 측정했다. 운전자가 보기에 자동차가 이동한 시간은 얼마나 될까?

15. 어떤 운동선수가 움직이는 우주선 내에서의 시간 간격을 지구상에서 측정할 때 자신이 얻게 되는 결과는 우주선에 탄 사람이 측정해서 얻게 되는 결과보다 더 큰 값이라는 것을 알 정도의 물리 지식을 습득하였다. 따라서 그는 우주선에 탄 관찰자에 의해 측정되는 시간을 이용하여 100 m 달리기 신기록을 작성하자는 제안을 내놓았다. 이것은 쓸만한 아이디어일까?

16. 비행기가 300 m/s(672 mi/h)로 날고 있다. 땅에서의 시간과 비행기에서의 시간이 1.00초가 차이 나려면 얼마만큼의 시간이 경과해야 하는가?

17. 지구에 있는 관찰자 A와 2.00×10^8 m/s로 움직이는 우주선 속에 있는 관찰자 B가 우주선이 지구를 통과할 때 서로 시계를

맞춘다. (a) 각각의 시계로 잰 시간이 1.00 s만큼 차이난다고 A가 측정했을 때 A의 시계로는 얼마가 지났는가? (b) A에게는 B의 시계가 느리게 움직이는 것처럼 보인다. B에게는 A의 시계가 느리게 움직이는가, 빠르게 움직이는가? 아니면 똑같이 움직이는가?

18. 1969년에 달에 착륙한 아폴로 11호 우주선이 지구에 대해 1.08 × 10⁴ m/s의 상대속력으로 달로 여행하였다. 지구에서의 관측자에게 우주선의 하루보다 자신의 하루가 얼마나 더 길겠는가?

19. 우주선에서의 하루가 지구상에서의 이틀에 해당되려면 우주선은 얼마나 빨리 여행해야 하는가?

20. 어떤 입자가 정지하고 있을 때 1.00×10^{-7}초의 수명을 가진다. 그 입자가 만들어졌을 때의 속력이 $0.99c$였다면 소멸하기 전까지 얼마나 멀리 나아가는가?

1.6 쌍둥이 역설

21. 어떤 여성이 $0.9c$의 속도로 움직이는 우주선을 타고 4광년 떨어진 별까지 왕복 여행을 한다. 그녀가 지구에 돌아왔을 때 지구에 남아 있던 쌍둥이 동생보다 얼마나 더 젊어지는가?

22. B가 지구에 머무르는 동안 B의 쌍둥이 형제 A가 12광년 떨어진 별까지 $0.6c$의 속도로 왕복 여행을 하고, 각각은 다른 쌍둥이에게 자기 시간을 기준으로 1년에 한 번씩 신호를 보낸다. (a) A는 여행하는 동안 신호를 몇 번 보내는가? B는 몇 번 보내는가? (b) A와 B는 각각 몇 번의 신호를 받는지 예제 1.5의 논의를 이용하여 보여라.

1.7 상대론적 운동량

23. 모든 정의는 임의성을 띠고 있지만 어떤 정의들은 다른 정의들에 비해 쓸모가 있다. 더 복잡한 형태인 $\mathbf{p} = \gamma m\mathbf{v}$ 대신에 $\mathbf{p} = m\mathbf{v}$로 선운동량을 정의했을 때 부딪히게 될 반대의견은 무엇인가?

24. (a) 전자의 속도가 $0.2c$에서 $0.4c$로 두 배가 된다면 운동량은 얼마만큼의 비율로 증가하게 되는가? (b) 전자의 속도가 다시 $0.4c$에서 $0.8c$로 두 배가 된다면, 운동량의 비율은 어떻게 될까?

25. 다음을 증명하라.

$$\left(\frac{1}{\sqrt{1 - v^2/c^2}} \right)^2 = 1 + \frac{p^2}{m^2 c^2}$$

1.8 질량과 에너지

26. 일정량의 0°C 얼음이 0°C 물로 되면서 1.00 kg의 질량 이득을 얻는다. 얼음의 초기 질량은 얼마인가?

27. 다이너마이트가 폭발할 때 5.4×10^6 J/kg의 에너지를 방출한다. 이 에너지는 총 에너지에 대하여 비율이 얼마나 되는가?

28. 어떤 우주선을 정지 상태에서 $0.9c$의 속력으로 움직이게 하려면 정지질량 1 kg당 몇 J의 에너지가 필요한가?

29. 입자의 운동에너지와 정지에너지의 크기가 같아질 때 입자의 속력은 얼마인가?

30. $E \gg E_0$일 때, 다음을 증명하라.

$$\frac{v}{c} \approx 1 - \frac{1}{2} \left(\frac{E_0}{E} \right)^2$$

31. 전자가 0.100 MeV의 운동에너지를 가지고 있다. 고전 역학을 따를 때와 상대론적 역학을 따를 때의 전자의 속력은 각각 얼마인가?

32. (a) 양성자의 속력이 $0.20c$에서 $0.40c$로 증가한다. 이 양성자의 운동에너지는 몇 배로 증가하는가? (b) 양성자의 속도가 다시 한번 두 배가 되어 $0.80c$가 된다면, 운동에너지는 이번에는 몇 배로 증가하는가?

33. 한 입자가 정지에너지보다 20배 큰 운동에너지를 갖고 있다. 이 입자의 속력을 c로 구하여라.

34. (a) 굴절률이 n인 매질에서 정지질량이 m인 입자가 체렌코프 방출을 하는 데 필요한 최소 운동에너지에 대한 공식을 유도하여라. [힌트: 식 (1.42)과 식 (1.46)으로부터 출발하여라.] (b) 이 식을 사용하여 $n = 1.5$인 매질 내에서의 전자에 대한 KE_{min}을 구하여라.

35. 전자의 속력을 1.2×10^8 m/s에서 2.4×10^8 m/s로 증가시키기 위해서는 외부에서 전자에 얼마만한 일(MeV로)을 해 주어야 하는가?

36. $\frac{1}{2}\gamma m v^2$이 상대론적인 속력으로 운동하는 입자의 운동에너지와 같지 않다는 것을 보여라.

37. 움직이고 있는 전자가 정지하고 있는 전자와 충돌하여 전자-양전자 쌍을 만든다(양전자는 양전하를 가진 전자이다). 충돌 후 네 개의 입자가 똑같은 속도를 가질 때, 이 과정을 위해 필요한 운동에너지는 최소가 된다. 상대론적인 계산을 이용하여 $KE_{min} = 6mc^2$임을 보여라. (m은 전자의 정지질량이다.)

38. 아인슈타인은 질량-에너지 공식 $E_0 = mc^2$의 또 다른 유도법을 고안해 냈으며, 이는 고립된 계의 질량 중심(center of mass; CM)의 위치는 계 내부에서 일어나는 어떤 과정에 의해서도 영향을 받지 않는다는 원리에 기반을 둔 것이다. 그림 1.27은 마찰이 없는 표면 위에 움직이지 않고 놓여 있는 길이가 L인 강체 상자를 나타내고 있다. 이 상자의 질량 M은 상자 전체에 골고루 분배되어 있고, 상자의 한쪽 끝으로부터 에너지가 E_0인 전자기파가 방출된다. 고전물리에 따르면, 이 전자기파 복사는 $p = E_0/c$의 운동량을 가지고 있고, 이 파가 방출될 때 상자는 $v \approx E_0/Mc$의 속력으로 되튕기기 때문에 계의 총 운동량은 여전히 0으로 유지된다. $t \approx L/c$만큼 시간이 흐른 후 복사하는 전자기파는 상자의 맞은편 끝쪽에 도달하게 되고, 거기에서 흡수되며, 상자는 S만큼 이동한 후 정지한다. 만약 상자의 질량 중심이 제자리에

머물러 있게 되면, 전자기파 복사는 질량을 한쪽 끝에서 다른 끝으로 이동시켰을 것이 분명하다. 이 질량의 크기가 $m = E_0/c^2$임을 보여라.

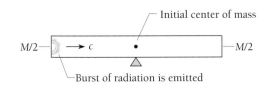

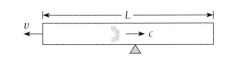

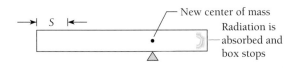

그림 1.27 상자가 정지할 때 상자는 왼쪽으로 거리 S만큼 움직였다.

1.9 에너지와 운동량

39. 자신의 고유 기준계 내에서 양성자가 지름이 10^5 광년인 은하수를 가로지르는 데 걸리는 시간은 5분이다. (a) 은하의 기준계 내에 있는 관측자가 측정할 때 양성자의 근사적 에너지는 eV 단위로 얼마인가? (b) 은하의 기준계 내에 있는 관측자가 측정할 때 양성자가 은하수를 가로지르는 시간은 어느 정도나 될까?

40. 질량 단위 MeV/c^2와 운동량 단위 MeV/c를 SI 단위계로 바꾸어 보라.

41. 속력이 $0.600c$인 전자의 운동량을 구하여라. (MeV/c 단위로 나타내어라.)

42. 운동에너지가 10.0 MeV인 양성자가 가지는 운동량과 같은 운동량을 갖는 광자의 에너지는 얼마인가?

43. 정지에너지가 511 keV이고 운동에너지가 정지에너지와 같은 전자의 운동량을 구하여라.

44. 속력이 $0.900c$인 양성자의 총 에너지와 운동에너지, 그리고 운동량을 구하여라(에너지는 GeV 단위로, 운동량은 GeV/c 단위로 나타내어라). 양성자의 질량은 0.938 GeV/c^2이다.

45. 총 에너지가 3.500 GeV인 양성자의 속력과 운동량을 구하여라. (운동량은 GeV/c 단위로 나타내어라.)

46. 다음을 증명하여라. $v/c = pc/E$

47. 운동에너지가 62 MeV이고 운동량이 335 MeV/c인 한 입자가 있다. 이 입자의 속력과 질량을 구하여라. (속력은 c에 대한 속력으로, 질량은 MeV/c^2 단위로 나타내어라.)

48. 운동량이 1.200 GeV/c인 중성자($m = 0.940$ GeV/c^2)의 총 에너지를 구하여라.

49. (a) 총 에너지가 4.00 GeV이고 운동량이 1.45 GeV/c인 입자의 질량을 구하여라. (GeV/c^2 단위로 나타내어라.) (b) 운동량이 2.00 GeV/c인 기준계에서 이 입자의 총 에너지를 구하여라.

1.11 도플러 효과

50. $0.97c$로 지구로부터 멀어지는 우주선이 1.00×10^4 pulses/s의 비율로 데이터를 전송하고 있다. 지구에서는 얼마의 비율로 이 데이터를 받아들일까?

51. 큰곰자리 성운 내의 은하는 지구로부터 15,000 km/s의 속도로 멀어지고 있다. 이 은하가 방출하는 빛의 특성 파장들 중 하나가 550 nm일 때, 지구에 있는 천문학자는 이 특성 파장을 얼마로 측정하겠는가?

52. 먼 은하로부터 지구에 도달하는 스펙트럼선의 진동수들이 가까운 별들로부터 도달하는 같은 종류의 스펙트럼선의 진동수들의 2/3였다. 먼 은하의 후퇴 속도를 구하여라.

53. 지구로부터 멀어지는 우주선이 10^9 Hz의 진동수를 가진 라디오파를 보내고 있다. 지구에 있는 수신자가 Hz 단위까지 진동수를 측정하는 것이 가능하다면, 우주선이 얼마의 속도로 움직일 때 고전적인 도플러 효과와 상대론적인 도플러 효과의 차이를 탐지할 수 있는가? 고전적인 도플러 효과를 고려할 때는 지구가 정지하고 있다고 가정하라.

54. 150 km/h(93 mi/h)의 속도로 달리는 어떤 차가 정지해 있는 경찰차로 접근하고 있다. 경찰차에 있는 스피드건이 15 GHz의 진동수로 작동한다고 할 때, 접근하는 차에 대해 스피드건이 포착하는 진동수의 변화는 얼마인가?

55. 진동수 ν_0인 광원의 운동 방향과 광원으로부터 관측자에 이르는 방향과의 각도가 θ라면 관측자가 감지하는 진동수 ν는 다음과 같이 주어진다.

$$\nu = \nu_0 \frac{\sqrt{1 - v^2/c^2}}{1 - (v/c)\cos\theta}$$

위 식에서 v는 광원의 상대론 속도를 의미한다. 이때, 이 식은 특별한 경우로서 식 (1.56)과 식 (1.58)를 포함하고 있음을 증명하라.

56. (a) $v \ll c$일 때, 광원에 다가가는 관측자가 느끼는 도플러 효과에 대한 식과 음원에 다가가는 관측자가 느끼는 도플러 효과에 대한 식과 광원·음원이 다가가는 경우에 대한 식이 모두 $\nu \approx \nu_0(1 + v/c)$로 근사되는 것과 그에 따라 $\Delta\nu/\nu \approx v/c$가 됨을 증명하라[힌트: $x \ll 1$일 때 $1/(1 + x) \approx 1 - x$]. (b) 그러면 $v \ll c$일 때 광원·음원에서 멀어지는 관측자에 대해, 그리고 관측자가 광원·음원에서 멀어지는 경우 위의 식들이 어떻게 달라지는가?

제 2장 파동의 입자성

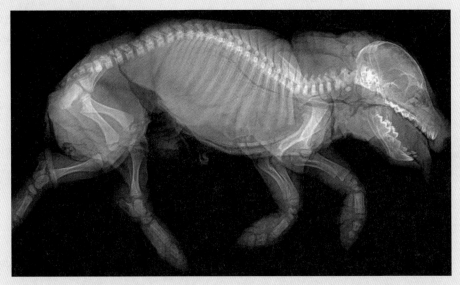

X-선의 투과 능력은 태아 상태 돼지의 골격을 보여줄 수 있다. X-선은 고에너지 광자로 이루어져 있다.

우리의 일상생활에서는 **입자**와 **파동**의 개념에 혼란을 일으킬 만큼 이상한 일은 벌어지지 않는다. 호수에 떨어진 돌과 그로 인해 퍼져 나가는 물결은 한 곳에서 다른 곳으로 에너지와 운동량을 전할 수 있다는 점에서만 공통점을 갖는다. 우리가 감각적으로 느끼는 '물리적 현실'을 그대로 반영한 고전물리에서는 서로 다른 실체로 다룬다. 전통적으로는 입자를 다루는 역학과 파동을 다루는 광학을 서로 다른 분야로 취급하였으며, 각각은 일련의 실험과 그 결과에 따른 원리를 독립적으로 갖고 있다.

우리가 보는 물리적 실체는 원자, 분자, 전자, 핵 등으로 구성된 미시적 세계로부터 나온 것이며, 이러한 작은 세계에서는 통상적인 의미에서의 입자나 파동은 없다. 우리는 전자가 전하와 질량을 갖고 있으며 텔레비전 브라운관 같은 흔한 장치 안에서 역학 법칙에 따라 움직이므로 전자를 입자로 간주한다. 그러나 움직이는 전자를 입자로 간주할 수 있는 한편 파동으로도 해석할 수 있다는 것을 알게 될 것이다. 우리는 전자기파가 적당한 조건 아래서 회절, 간섭, 편광 현상 등을 보이므로 이를 파동으로 간주한다. 그러나 때로는 전자기파가 마치 입자들의 연속적인 흐름처럼 보이는 경우가 있다. 특수 상대론과 함께 입자-파동의 이중성을 이해하는 것이 현대물리를 이해하는 핵심이 된다. 이 책에서는 그 기본적인 개념에 관하여 논의한다.

2.1 전자기파

전기장과 자기장 진동은 결합되어 빛의 속도로 전파되고, 전형적인 파동의 성질을 갖는다.

1864년, 영국의 물리학자 맥스웰(James Clerk Maxwell)은 "가속도를 받는 전하는 무한공간으로 전파되는 전자기적 교란을 만들어낸다."는 중요한 제안을 하였다. 전하들이 주기적으로 진동하면 이 교란은 파동이 되고, 이 경우 그림 2.1에서와 같이 전자기파의 전기적 성분과 자기적 성분은 서로 수직이며, 이들 성분은 모두 파의 진행 방향에 수직이다.

맥스웰은 패러데이(Faraday)의 앞선 실험 결과로부터 자기장의 변화가 닫힘 회로의 도선에 전류를 유도할 수 있다는 사실을 알았다. 그러므로 자기장의 변화는 그 효과로 볼 때 전기장과 같다. 맥스웰은 "변하는 전기장은 자기장을 수반한다"는 그 역과정을 제안하였다. 금속은 전하 흐름을 방해하는 저항이 적으므로 전자기 유도에 의해 생성되는 전기장을 확인하는 것은 그리 어렵지 않다. 약한 전기장에 의해서도 금속에 측정 가능한 정도의 전류가 흐른다. 그러나 약한 자기장은 측정하기가 매우 어렵기 때문에 맥스웰의 가설은 실험에 의해 발견된 것이 아니라 대칭성에 대한 논의에서 나온 것이다.

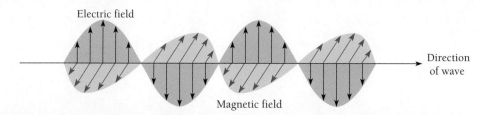

그림 2.1   전자기파의 전기장과 자기장은 같이 변하고, 서로 수직이며, 파의 진행 방향에 대해서도 수직이다.

제임스 클러크 맥스웰(James Clerk Maxwell: 1831~1879)은 패러데이가 전자기 유도 현상을 발견하기 직전에 스코틀랜드에서 태어났다. 19세에 케임브리지 대학에 입학하여 물리학과 수학을 전공하였다. 아직 학생일 때 색채 시각 물리에 대해 탐구하였고, 나중에 최초의 천연색 카메라를 만들 때 패러데이의 아이디어를 사용하였다. 맥스웰은 24세 때 토성의 테가 고체나 액체가 아닌 분리된 작은 물체들로 구성되어 있음을 증명함으로써 과학계에 알려지기 시작하였다. 이와 비슷한 시기에 맥스웰은 전기와 자기에 흥미를 가지기 시작하였고, 패러데이와 다른 사람들에 의해 발견된 많은 현상들은 각각 고립된 현상이 아니라 저변에 흐르는 어떤 종류의 통일성이 있을 것이라는 믿음을 키워 나갔다. 통일성의 확립을 위한 맥스웰의 첫 단계는 1856년에 전기장과 자기장의 수학적 기술 방법을 개발한 「패러데이의 역선에 대하여(On Faraday's Lines of Force)」라는 논문에서 시작되었다.

맥스웰은 1856년 스코틀랜드에 있는 대학에서, 뒤에 가서는 런던의 킹스 칼리지에서 학생들을 가르치기 위해 케임브리지를 떠났다. 이 시기 동안 그는 전기와 자기에 대한 생각을 확장하여 '전자기'라는 하나의 포괄적인 이론 체계를 창시하였다. 그가 도달한 기본 식들은 오늘날도 전자기학의 기초로 남아 있다. 이 식들로부터 빛의 속력으로 전파되는 전자기파가 존재해야 한다고 예측하였고, 전자기파가 가져야 하는 특성들을 묘사하였으며, 빛이 전자기파와 일치한다고 추측하였다. 애석하게도 그의 작업이 독일 실험물리학자 헤르츠(Heinrich Hertz)에 의해 증명되는 것을 볼 때까지 살지 못하였다.

맥스웰의 기체운동학과 통계역학에 대한 기여도도 그의 전자기학 이론의 기여도에 못지 않게 심대하다. 그의 계산에 의하면 기체의 점성은 압력에 무관하였는데, 이 결론에 놀란 맥스웰은 아내의 도움을 얻어 실험으로 검증하였다. 그들은 또한 점성이 기체의 절대온도에 비례한다는 것도 발견하였다. 비례성에 대한 그의 해석은 그때까지 추측으로만 그칠 수밖에 없던 분자의 크기와 질량을 어림잡는 방법을 알려주었다. 맥스웰은 기체 분자에너지 분포를 나타내는 식을 발견한 영예를 볼츠만(Boltzmann)과 함께 나누어 가진다.

맥스웰은 1865년에 고향인 스코틀랜드로 돌아왔다. 거기서 연구를 계속하였고, 수십 년 동안 표준 교과서로 사용된 전자기학의 논문을 작성하였다. 이 논문은 한 세기가 지난 후에도 계속 출판되고 있다. 1871년에는 선구적인 물리학자였던 캐번디시(Henry Cavendish)의 영예를 기리기 위한 캐번디시 연구소를 창설하고 이끌기 위해 케임브리지로 다시 돌아왔다. 맥스웰은 아인슈타인이 탄생한 해인 1879년에 48세의 나이에 암으로 사망하였다. 맥스웰은 19세기의 가장 위대한 이론물리학자였고, 아인슈타인은 20세기의 가장 위대한 이론물리학자가 되었다. [뉴턴이 갈릴레오(Galileo)가 죽은 해에 탄생한 우연의 일치와 대비된다.]

만약 맥스웰이 옳다면, 전자기 유도와 그가 제안한 역과정에 의해 연속적으로 변하는 전기장과 자기장은 서로 결합되어 전자기파를 만들 수밖에 없다. 맥스웰은 진공에서의 전자기파의 전파 속력 c가 다음과 같이 된다는 것을 보일 수 있었다.

$$c = \frac{1}{\sqrt{\epsilon_0 \mu_0}} = 2.998 \times 10^8 \text{ m/s}$$

여기서 ϵ_0는 자유공간에서의 전기 유전율이고, μ_0는 자기 투자율이다. 그리고 속력 c는 빛의 속력과 같다. 이러한 일치가 우연이라고 하기에는 너무 절묘하므로 맥스웰은 빛이 전자기파라고 결론지었다.

맥스웰의 생전에는 전자파라는 개념이 실험적으로 직접 증명되지는 못하였다. 마침내 1888년 독일의 물리학자 헤르츠(Heinrich Hertz)는 전자기파가 실제로 존재하며, 맥스웰이 예측한 그대로의 행동을 보인다는 것을 실험적으로 확인하였다. 헤르츠는 사이에 공기 틈이 있는 두 개의 금속구에 교류 전류를 걸어줌으로써 전자기파를 발생시켰다. 이 틈은 전류가 최고값에 도달했을 때 방전이 일어날 수 있을 정도의 폭을 가졌다. 측정 장치로는 작은 틈을 가

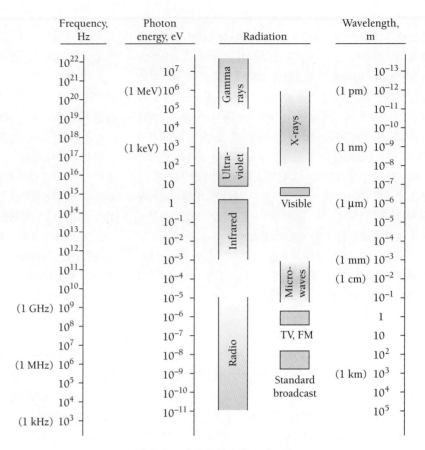

그림 2.2   전자기 복사의 스펙트럼

진 전선 고리를 사용하였다. 전자기파는 이 고리에 교류를 발생시키고, 이 교류는 고리의 틈 사이에서 방전을 일으켰다. 헤르츠는 자신이 만든 전자기파의 파장과 속력을 측정하였으며, 또한 이 파는 전기적 성분과 자기적 성분을 모두 갖는다는 것을 확인하였다. 그리고 이 파는 반사되기도 하고 굴절되기도 하며 회절도 된다는 것을 알았다.

빛만이 전자기파의 예는 아니다. 모든 전자기파는 근본적으로 같은 성질을 갖고 있지만, 그들과 물질 사이의 상호작용에서 볼 수 있는 많은 특징들은 전자기파의 주파수에 따라 달라 진다. 눈으로 감지할 수 있는 전자기파인 빛은 주파수가 약 4.3×10^{14} Hz 정도인 빨간색부터 약 7.5×10^{14} Hz 정도인 보라색까지 아주 좁은 주파수 범위를 갖는다. 무선 통신에 사용되는 낮은 주파수부터 X-선이나 γ-선의 높은 주파수까지 넓게 분포된 전자기파의 스펙트럼을 그림 2.2에 나타내었다.

파동의 한 특성은 **중첩의 원리**(principle of superposition)를 따른다는 점이다.

같은 성질을 지닌 두 개 이상의 파동이 동시에 한 점을 지날 때, 그 점에서의 순간적인 진 폭은 그 순간의 각각의 파동들의 진폭을 합한 것과 같다.

순간 진폭이라 함은 어떤 점에서 특정 순간에 파를 이루는 그 무엇의 변위 값이다(특별한

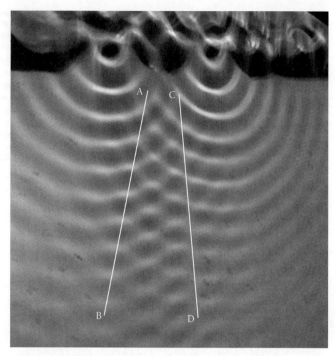

물결파의 간섭. 선분 *AB*를 끼고 보강 간섭이 일어나고, 상쇄 간섭은 선분 *CD*
에 따라 일어난다.

조건 없이 '진폭'이라고 할 때에는 파의 변위의 최댓값을 말한다). 그러므로 현에서 파의 순간
진폭은 정상 위치에서부터 현의 변위를 말하며, 물결파의 순간 진폭은 정상 수면에서부터 물
결의 높이를 말하고, 음파에서의 순간 진폭은 정상 압력에 대한 압력의 변화를 말한다. 빛에
서는 $E = cB$이므로 순간 진폭을 E나 B 어느 것으로 잡아도 된다. 보통은 E를 이용하는데, 빛
과 물질의 상호작용인 일상적인 광학 현상의 대부분을 빛의 전기장이 일으키기 때문이다.

두 개 이상의 파열(wave train)이 한 위치에서 만나면 **간섭**(interference)을 일으켜 순
간 진폭이 원래 파들의 순간 진폭의 합인 새로운 파를 만든다. 보강 간섭(constructive inter-
ference)이라 함은 같은 위상을 가진 빛이 만나 진폭이 더 커지는 것을 말하고, 상쇄 간섭
(destructive interference)이라 함은 위상이 서로 다른 파가 만나 파가 약해지거나 완전히 없
어지는 것을 말한다(그림 2.3). 그림 3.4에서와 같이 원래 파들이 서로 다른 진동수를 가졌다
면 간섭 현상의 결과는 보강 간섭과 상쇄 간섭이 서로 섞여서 일어난다.

(a)   (b)

그림 2.3   (a) 보강 간섭: 위상 일치로 중첩되는 파는 강도가 세어진다. (b) 상쇄 간섭: 위상 엇갈림으로 중첩
되는 파는 일부 혹은 전부가 서로를 상쇄한다.

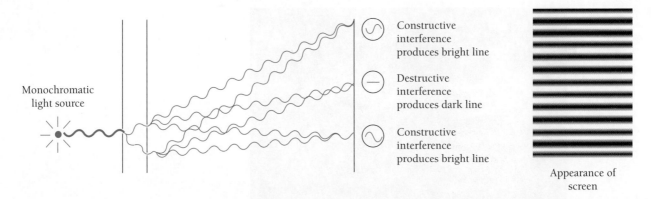

그림 2.4 Young의 이중 슬릿 실험에서의 간섭 원인. 슬릿에서 스크린까지의 광로차가 0, λ, 2λ, …일 때 보강 간섭이 일어난다. 상쇄 간섭은 λ/2, 3λ/2, 5λ/2, …에서 일어난다.

빛의 간섭 현상은 1801년 영(Thomas Young)에 의해 처음으로 증명되었다. 그는 단일 광원으로부터 나온 단색광을 한 쌍의 슬릿에 비추었다(그림 2.4). 각 슬릿으로부터의 2차 파가 슬릿을 광원으로 하는 빛처럼 퍼져 나오며, **회절**(diffraction)의 한 예이다. 회절 현상 역시 간섭처럼 파동만이 갖는 특성이다. 간섭 현상 때문에 스크린은 균일한 밝기를 띠지 못하고 밝고 어두운 선이 번갈아 나타난다. 경로차가 반파장의 홀수배(λ/2, 3λ/2, 5λ/2, …)가 되는 스크린상의 점에서는 상쇄 간섭이 일어나 어두운 선이 생긴다. 경로차가 없거나 파장의 정수배(λ, 2λ, 3λ, …)가 되는 점에서는 보강 간섭이 일어나 밝은 선이 생긴다. 중간 위치에서는 부분적인 간섭이 일어나기 때문에 스크린 위에 어둡고 밝은 선 사이에서 점차적으로 빛의 세기가 변하게 된다.

간섭과 회절은 파동만이 가지는 독특한 성질이다. 우리가 흔히 아는 입자는 이러한 현상을 일으키지 않는다. 만약 빛이 고전적 입자들의 흐름으로 되어 있다면, 스크린 모두에서 어두울 것이다. 그러므로 영의 실험은 빛이 파동으로 이루어졌다는 증거가 된다. 또한 맥스웰의 이론에 의하면 이들이 어떤 종류의 파동인지를, 즉 전자기파임을 말해 준다. 19세기 말엽까지는 빛의 성질이 모두 알려진 것처럼 보였다.

2.2 흑체복사

빛의 양자 이론만이 그 기원을 설명할 수 있다.

헤르츠의 실험 이후 빛의 근본적인 성질에 대한 질문은 모두 해소된 것처럼 보였다. 빛은 맥스웰의 이론을 따르는 전자기파와 그 모든 것이 일치하였다. 하지만 이런 확신은 단지 수십년밖에 가지 못하였다. 처음으로 심각한 잘못이 있다는 것이 나타난 건 물체에서 내는 복사의 원인에 대한 이해를 시도하였을 때였다.

우리 모두는 뜨거운 금속 조각이 빛을 낸다는 것을 잘 알고 있다. 색깔은 금속 온도에 따라 다르며, 뜨거워질수록 붉은색에서 노란색으로 그리고 백색으로 변하여 간다. 실제로는 우리 눈이 감지하지 못하는 주파수도 포함하고 있다. 물체가 전자기파 에너지를 복사하여 빛을 내기 위해서는 그렇게 뜨거울 필요도 없다. 온도가 어떠하든 관계없이 모든 물체는 계속적으로 전자기파 에너지를 내보낸다. 그러나 내보내는 주된 주파수는 온도에 의존한다. 실온의 물체에서는 적외선 영역에 있고, 눈에 보이지 않는다.

한 물체가 복사를 내보내는 능력은 흡수할 수 있는 능력과 깊게 연결되어 있다. 이는 예상되는 바이기도 하다. 왜냐하면 일정한 온도의 물체는 주위와 열적 평형 상태에 있으므로 흡수하는 에너지를 같은 비율로 모두 다시 내놓아야 하기 때문이다. 따라서 입사하여 들어오는 모든 복사를 주파수에 상관없이 모두 흡수하는 **흑체**(blackbody)라는 이상적인 물체를 생각하는 것이 편리하다.

열복사 논의에서 이상적인 흑체를 도입하는 요점은 "흑체는 모두 똑같이 행동하므로 어떤 물질로 만들어졌는지 등의 특성들을 일일이 고려할 필요가 없다."는 데 있다. 실험실에서는 외부와 작은 구멍으로 연결되어 있는 속이 빈 공동으로 흑체를 근사한다(그림 2.5). 구멍으로 통과하는 모든 복사는 공동 내부로 들어와 갇혀서 흡수될 때까지 반사를 계속한다. 공동의 벽은 계속하여 복사를 흡수하고 내보내며, 우리가 흥미를 가지는 **흑체복사**(blackbody radiation) 특성을 가진다.

실험적으로는 간단하게, 공동의 구멍을 통해 무엇이 나오는지를 조사함으로써 흑체복사를 조사할 수 있다. 그 결과는 일상의 경험적 사실과 일치한다. 흑체는 차가울 때보다 뜨거울 때 더 많은 복사를 내놓으며, 뜨거운 흑체 스펙트럼 봉우리는 차가운 흑체보다 더 높은 주파수 쪽에 치우쳐 있다. 쇠막대를 점차 높은 온도로 가열하면, 처음은 흐릿한 붉은색, 밝은 주황색 그리고 마지막으로 '뜨거운 백색'으로 변함을 알고 있다. 두 온도에서의 흑체복사 스펙트럼을 그림 2.6에 나타내었다.

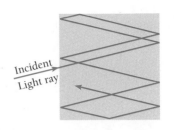

그림 2.5 속이 빈 물체 벽의 구멍은 흑체의 매우 좋은 근사가 된다.

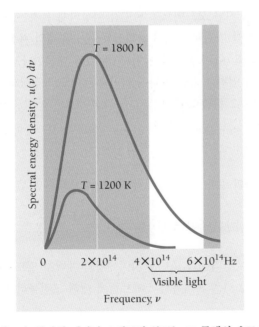

전구의 필라멘트처럼 작열할 때까지 가열되는 물체의 색이나 밝기는 그의 온도에 따라 달라진다. 여기에서 필라멘트의 온도는 약 3,000 K 이다. 흰색을 내는 물체는 붉은색을 내는 물체보다 뜨겁고, 더 많은 빛을 내보낸다.

그림 2.6 흑체복사 스펙트럼. 복사의 에너지 스펙트럼 분포는 그 물체의 온도에만 의존한다. 온도가 높을수록 더 많은 양의 복사를 내고, 최대 방출이 일어나는 주파수도 높아진다. 최대 방출이 일어나는 주파수의 온도 의존성은 9.6절에서 다시 논의할 빈(Wien)의 변위법칙을 따른다.

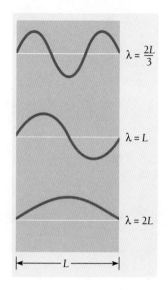

$\lambda = \dfrac{2L}{3}$

$\lambda = L$

$\lambda = 2L$

$\longleftarrow L \longrightarrow$

그림 2.7   존재 가능한 파장을 한정시켜 주는 완전 반사체로 되어 있는 벽을 가진 공동에서의 전자기파는 정상파이다. 벽 간의 간격이 L일 때의 세 개의 가능한 파장을 보여 주고 있다.

자외선 파탄

흑체복사 스펙트럼은 왜 그림 2.6과 같은 모양을 하고 있을까? 19세기 말쯤에 레일리(Rayleigh) 경과 진스(James Jeans)가 이 문제에 대해 연구하였다. 이들의 상세한 계산은 9장에서 보여 줄 것이다.

그들은 완전 반사하는 벽으로 인해 일련의 정상파들로 이루어진 전자기파를 포함하고 있는 절대온도 T인 공동 내부에서의 복사를 생각하는 것으로부터 시작하였다(그림 2.7). 이는 당겨진 줄에서의 정상파를 3차원으로 일반화시킨 것에 대응된다. 이런 공동에서의 정상파 조건은 방향에 관계없이 벽과 벽 사이의 거리가 반 파장의 정수배여서 반사면인 벽에서 파동의 마디가 형성되어야 한다는 것이다. 공동에서 주파수 ν와 간격 $d\nu$ 사이의 단위 부피당 독립적인 정상파의 개수 $G(\nu)\,d\nu$는 다음과 같이 알려져 있다.

공동 안에서의
정상파 밀도
$$G(\nu)\,d\nu = \frac{8\pi\nu^2 d\nu}{c^3} \tag{2.1}$$

이 공식은 공동의 모양과 무관하다. 예상한 대로 높은 주파수 ν, 즉 짧은 파장일수록 존재 가능한 정상파의 수가 많아진다.

다음 단계는 정상파 하나당 평균 에너지를 알아내는 일이다. 고전물리의 대들보격인 **에너지등분배 정리**(theorem of equipartition of energy)에 의하면, 온도 T로 열평형에 있는 시스템을 이루는 구성인자(이상기체에서의 분자들과 같은)의 자유도당 평균 에너지는 $\frac{1}{2}kT$이다. 여기서 k는 **볼츠만(Boltzmann) 상수**로,

볼츠만 상수
$$k = 1.381 \times 10^{-23}\ \text{J/K}$$

이다. 자유도는 에너지를 지닌 모드이므로 단원자 이상기체 분자는 세 방향의 운동에너지에 해당하는 세 개의 자유도를 가진다. 1차원 조화진동자는 두 개의 자유도를 가지는데, 그 하나는 운동에너지에 대응하고, 나머지 하나는 위치에너지에 대응한다. 공동에서 각각의 정상파들은 공동 벽에서의 전자 전하의 진동 하나에 기인한 것이므로 정상파 하나당 두 개의 자유도를 가지고, 평균 에너지는 $2(\frac{1}{2})kT$이다.

정상파당 고전적
평균 에너지
$$\bar{\epsilon} = kT \tag{2.2}$$

그러므로 공동 안에서의 주파수 간격 ν에서 $\nu + d\nu$ 사이의 단위 부피당 총 에너지 $u(\nu)\,d\nu$는

레일리–진스
공식
$$u(\nu)\,d\nu = \bar{\epsilon} G(\nu)\,d\nu = \frac{8\pi kT}{c^3}\,\nu^2\,d\nu \tag{2.3}$$

가 된다. 복사율은 주파수 간격 ν와 $\nu + d\nu$ 사이에서의 에너지 밀도에 비례한다. **레일리–진스 공식**으로 알려진 식 (2.3)은 흑체복사 스펙트럼에 대해 고전물리가 말해 줄 수 있는 모든 것을 포함한 식이다.

식 (2.3)을 조금만 들여다보아도 옳지 않다는 것을 금방 알아챌 수 있다. 이 식은 주파수 ν가 자외선 쪽으로 증가함에 따라 ν^2에 비례하여 에너지 밀도가 증가한다. 마찬가지로 무한대 주파

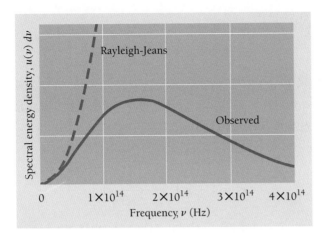

그림 2.8 1,500 K 흑체에서 나오는 실제 흑체복사 스펙트럼과 레일리–진스 공식의 비교. 주파수가 증가하면 그 차이가 더욱 두드러지므로 이 둘 사이의 차이를 '자외선 파탄'이라 한다. 이러한 고전물리의 실패가 플랑크로 하여금 복사는 에너지 $h\nu$의 양자로 방출된다는 것을 발견하게 하였다.

수 극한에서 $u(\nu)\,d\nu$도 무한대로 간다. 실제로는 물론 $\nu \to \infty$일 때 에너지 밀도(그리고 복사율)는 0으로 수렴한다(그림 2.8). 이 불일치는 고전물리의 **자외선 파탄**(ultraviolet catastrophy)으로 알려지기 시작하였다. 레일리와 진스의 공식에는 어디에 잘못이 있을까?

플랑크의 복사 공식

1900년에 독일 물리학자 플랑크(Max Planck)의 "행운의 추측작업"(후에 본인이 이렇게 말함) 끝에 흑체복사의 에너지 밀도 스펙트럼은 다음과 같이 되어야 함이 발표되었다.

플랑크의
복사 공식
$$u(\nu)\,d\nu = \frac{8\pi h}{c^3}\frac{\nu^3\,d\nu}{e^{h\nu/kT}-1} \qquad (2.4)$$

막스 플랑크(Max Planck: 1858~1947)는 킬(Kiel)에서 태어나 뮌헨과 베를린에서 교육을 받았다. 베를린 대학에서는 앞서 헤르츠가 그랬던 것처럼 키르히호프(Kirchhoff)와 헬름홀츠(Helmholtz) 밑에서 공부하였다. 플랑크는 흑체복사가 원자 구조와 무관한 근본적인 현상이었기 때문에 그 중요성을 인식하였다. 흑체복사는 19세기 후반까지도 신비에 싸여 있었으며, 복사가 따라야 하는 공식을 발견하기까지 6년 동안이나 이에 대해 이해하기 위해 힘썼다. 그는 "공식을 발견한 바로 그날부터 이에 대한 진정한 물리적 해석을 위해 애쓰기 시작하였다." 그 결과로 복사는 $h\nu$의 에너지 단위로만 방출된다는 것을 발견하였다. 플랑크 자신은 오랫동안 에너지 양자(quanta)의 물리적 실체에 대해 회의적이었으나, 이 발견으로 1918년에 노벨상을 수상하였고, 지금은 현대물리학의 출발점이라고 생각되고 있다. 플랑크는 말년에 "기초적인 양자(quantum)와 고전물리학을 조화시키려는 나의 가망 없는 노력은 수년 동안이나 계속되었고, 많은 노력을 쏟아 부었다. 지금은 작용의 양자가 내가 처음 생각한 것보다 훨씬 더 근본적인 중요성을 가지고 있다고 확신한다"라고 썼다.

다른 많은 물리학자와 같이 그는 재능 있는 음악가(가끔 아인슈타인과 함께 연주하곤 하였다)였으며, 등산도 즐겼다. 플랑크는 히틀러 시대의 독일에 머물렀지만, 유태인 과학자에 대한 나치의 탄압에 반대하였다는 이유로 카이저 빌헬름 연구소 소장 지위를 잃었다. 1945년에는 그의 아들 중 하나가 히틀러의 암살 계획에 연루되어 사형을 당하였다. 제2차 세계대전 후에 그 연구소는 그의 이름을 본떠서 다시 이름 지어졌고, 그는 죽을 때까지 그 연구소에서 책임자로 일하였다.

여기서 h는 상수로서 그 값은

플랑크 상수 $h = 6.626 \times 10^{-34} \text{ J} \cdot \text{s}$

이다. 높은 주파수, 즉 $h\nu \gg kT$에서 $e^{h\nu/kT} \to \infty$가 되고, $u(\nu) \, d\nu \to 0$이 되어 측정 사실과 일치한다. 이로써 자외선 파탄이 해결된다. 낮은 주파수, $h\nu \ll kT$ 그리고 $h\nu/kT \ll 1$인 영역에서는 레일리–진스의 공식이 실험 데이터(그림 2.8)를 만족시키는 좋은 근사식이 된다. 일반적으로,

$$e^x = 1 + x + \frac{x^2}{2!} + \frac{x^3}{3!} + \cdots$$

이다. 만약 x가 작다면, $e^x \approx 1 + x$로 근사되고, $h\nu/kT \ll 1$이므로

$$\frac{1}{e^{h\nu/kT}-1} \approx \frac{1}{1 + \dfrac{h\nu}{kT} - 1} \approx \frac{kT}{h\nu} \qquad h\nu \ll kT$$

가 된다. 따라서 낮은 주파수에서의 플랑크의 공식은

$$u(\nu) \, d\nu \approx \frac{8\pi h}{c^3} \nu^3 \left(\frac{kT}{h\nu} \right) d\nu \approx \frac{8\pi kT}{c^3} \nu^2 \, d\nu$$

가 되어 레일리–진스 공식으로 환원된다. 플랑크 공식은 최소한 올바른 길을 따르는 것으로 명백해졌으며, 실제로 완전히 옳다는 것이 밝혀졌다.

다음으로 플랑크에게는 식 (2.4)를 물리 원리로부터 정당화하는 문제가 남아 있었다. 이 식을 설명하기 위해 새로운 원리가 필요한 것처럼 보였으나, 그것이 무엇인지는 알지 못하였다. 플랑크는 몇 주간의 "생애에서 가장 고된 작업" 끝에 답을 찾았다. 공동 벽에 있는 진동자들은 가능한 에너지로 연속적인 에너지 ϵ을 가지는 대신에 특정한 에너지만 가져야 한다.

진동자 에너지 $\epsilon_n = nh\nu \qquad n = 0, 1, 2, \cdots$ (2.5)

진동자는 한 에너지 상태에서 다음의 낮은 에너지 상태로 떨어질 때 주파수 ν의 복사파를 방출하고, 주파수 ν의 복사파를 흡수하면 다음의 높은 에너지 상태로 뛰어오른다. 각각의 불연속적인 에너지 덩어리를 **양자**(quantum: 복수는 quanta)라 부르고, 라틴어의 '얼마나 많이'라는 의미를 가진다.

진동자 에너지가 $nh\nu$로 제한되면, 공동에 있는 진동자의 진동자 하나당 평균 에너지, 즉 정상파 하나당 평균 에너지는 연속적으로 분포할 때의 $\bar{\epsilon} = kT$ 대신에 아래와 같이 된다.

실제의 정상파 하나당
평균 에너지 $\bar{\epsilon} = \dfrac{h\nu}{e^{h\nu/kT} - 1}$ (2.6)

이 평균 에너지를 사용하면 식 (2.4)가 얻어진다. 흑체복사에 대해서는 9장에서 다시 논의하겠다.

예제 2.1

어떤 660 Hz짜리 소리굽쇠를 진동에너지가 0.04 J인 하나의 조화진동자라고 생각할 수 있다. 이 소리굽쇠의 에너지 양자(quanta)를 5.00×10^{14} Hz의 빛을 방출하거나 흡수하는 원자진동자의 에너지 양자와 비교하라.

풀이

(a) 소리굽쇠는

$$h\nu_1 = (6.63 \times 10^{-34} \text{ J} \cdot \text{s}) (660 \text{ s}^{-1}) = 4.38 \times 10^{-31} \text{ J}$$

그러므로 진동하는 소리굽쇠 떨개들의 총 에너지는 양자에너지 $h\nu$보다 약 10^{29}배 더 크다. 명백하게, 소리굽쇠에서의 에너지 양자화는 측정할 수 없을 정도로 작고, 소리굽쇠가 고전물리를 따른다는 생각을 정당화시킨다.

(b) 원자진동자는

$$h\nu_2 = (6.63 \times 10^{-34} \text{ J} \cdot \text{s}) (5.00 \times 10^{14} \text{ s}^{-1}) = 3.32 \times 10^{-19} \text{ J}$$

이며, 원자 물리에서 통용되는 전자볼트(eV) 단위로는

$$h\nu_2 = \frac{3.32 \times 10^{-19} \text{ J}}{1.60 \times 10^{-19} \text{ J/eV}} = 2.08 \text{ eV}$$

이다. 원자 크기 정도에서는 의미 있는 에너지이고, 원자 규모 크기에서의 현상을 설명하는 데 고전물리가 실패하는 것은 놀라운 일이 아니다.

　　공동 벽의 진동자들이 공동 내의 정상파와 에너지를 교환할 때, 단지 양자 $h\nu$로만 서로 교환할 수 있다는 개념은 고전물리의 관점에서는 이해가 불가능한 것이었다. 플랑크는 자신의 양자가설을 "자포자기적인 어이없는 소행"이라고 치부하였고, 그 시대의 다른 물리학자들과 마찬가지로 그 자신도 이 개념을 물리적 실체로 얼마만큼 진지하게 고려해야 할지에 대해 확신이 없었다. 그 후 오랫동안 그는 전기진동자와 전자기파 사이에서의 에너지 전달은 명백히 양자화되어 있기는 하지만, 전자기파는 연속적인 에너지를 가지며 완전히 고전적으로 행동한다는 입장을 계속 견지하였다.

2.3 광전 효과

빛에 의해 방출되는 전자에너지는 빛의 진동수에 따라 다르다.

헤르츠는 실험 도중 전자파 발생기의 한쪽 금속 공에 자외선을 쪼여주면 방전이 훨씬 잘 일어난다는 것을 알아내었다. 그는 자신이 발견한 이 사실에 대해 더 이상 연구하지 않았지만, 다른 사람들이 그 현상을 계속 연구하였다. 그들은 빛의 주파수가 충분히 큰 경우 전자가 방출

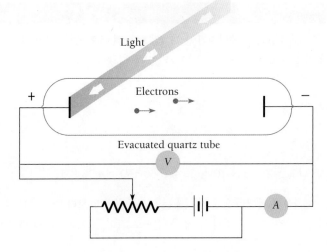

그림 2.9   광전 효과의 실험적 관찰

되기 때문이라는 것을 발견하였다. 이 현상은 **광전 효과**(photoelectric effect)로, 그리고 방출되는 전자는 **광전자**(photoelectron)로 알려지게 되었다. 빛이 전자기파라는 것을 증명하려는 실험 결과의 일부가 빛을 전자기파만으로 생각하기에는 어려움이 있다는 사실의 증거를 제공하는 첫 단서가 된 것은 역사적인 역설이다.

광전 효과에 대한 간단한 실험 장치를 그림 2.9에 나타내었다. 그림에서처럼 진공관 안에는 빛을 쪼여주는 금속판으로 된 양극을 포함하여 가변 전원에 연결된 두 개의 전극이 있다. 빛을 받아 양극에서 나온 광전자들 중 일부는 충분한 에너지를 가져서 음극판이 음으로 극성화되어 있음에도 불구하고 음극판에 도달하게 된다. 이로 인해 전류가 흐르게 되고, 전류계로 측정된다. 느린 전자들은 음극에 도달하기 전에 저지를 당한다. 양 전극 사이에 걸려있는 저지전압을 몇 볼트 정도인 어떤 특정한 전압 V_0까지 높이면, 어떤 전자도 음극에 도달할 수 없게 되어 전류가 0이 된다. 이때의 저지전압 값을 소멸 전압이라 하며, 이는 최대 광전자 운동에너지와 대응된다.

광전 효과가 존재하는 것은 그렇게 놀라운 일이 아니다. 결국 빛은 에너지를 가지고 있으며, 금속에 흡수되는 일부 에너지는 어떤 방법으로든 각각의 전자에 모이게 되고, 전자의 운동에너지로 다시 나타나는 것이다. 물결파가 해안의 조각돌을 움직이게 하는 것과 유사하다고 생각할 수 있으나, 광전 효과에 대한 다음 세 가지 실험 결과에 의하면 그렇게 간단하게만 해석되지는 않는다.

1. 실험 오차 한계 내에서(약 10^{-9} s) 빛이 금속 표면에 도달하는 시간과 광전자가 방출되는 시간 사이에 어떤 시간적 지연도 없다. 그러나 전자기파 에너지는 전 파면에 걸쳐 퍼져 있으므로 각 전자 하나하나가 금속을 벗어날 만큼의 에너지(몇 eV)를 축적하기까지는 상당한 시간이 지나야 한다. 나트륨 표면에서 10^{-6} W/m^2 세기의 빛이 흡수되면 측정 가능할 정도의 광전류가 흐른다. 단일 원자층 깊이의 1 m^{2}의 나트륨 표면에는 10^{19}개의 원자가 포함되어 있다. 그러므로 입사한 빛이 제일 위층에 있는 나트륨 원자에 의해 흡수된다면, 원자 하나하나는

평균 10^{-25} W의 에너지를 받는다. 이런 비율로 나트륨 표면으로부터 전자를 끌어 내는 데 필요한 에너지를 축적하기까지는 한 달이 넘는 기간이 필요하다.

2. 같은 주파수에서 밝은 빛은 어두운 빛보다 더 많은 광전자를 만들어 내기는 하나, 전자에너지는 모두 같다(그림 2.10). 그러나 빛의 전자기파 이론에서는 빛이 강할수록 더 큰 광전자에너지를 가지게 한다는 반대되는 예측을 하고 있다.

3. 주파수가 높을수록 광전자는 더 큰 에너지를 가진다(그림 2.11). 푸른빛이 붉은빛보다 더 빠른 전자를 생성시킨다. 각 금속마다의 특성인 특정한 임계 주파수 ν_0 이하의 주파수에서는 전자가 아예 방출되지 않는다. ν_0 이상에서의 광전자에너지는 0에서부터 최대 에너지까지의 값을 가지고, 최대 에너지는 주파수에 비례하여 증가한다(그림 2.12). 이 현상 또한 전자기파 이론으로는 설명되지 않는다.

빛의 양자론

플랑크 공식의 도출이 발표되었을 때, 진동자에너지의 양자화 가설이 얼마나 혁명적인지를 이해한 초기 몇 사람 중의 한 사람, 아니 최초의 사람은 아인슈타인이었을 것이다. "그것은 마치 사람이 땅을 끌어당긴다는 것과 같았다." 몇 년 후인 1905년에 아인슈타인은 빛에너지가 전 파면에 퍼져 있지 않고 작은 **광자**(photon: '광자'라는 용어는 1926년에 화학자 길버트 루이스에 의해 처음으로 표현되었음)에 집중되어 있으면 광전 효과를 이해할 수 있을 것으로 인식하였다. 주파수 ν인 빛의 광자는 플랑크의 양자에너지와 동일한 $h\nu$의 에너지를 가진다. 플랑크는 전기진동자가 독립된 양자 $h\nu$ 각각으로 전자기파에 에너지를 주기는 하지만, 전자기파 자체는 정확하게 고전적 파동 이론을 따라 행동한다고 생각하였다. 아인슈타인은 고전물리에서 좀 더 과감히 벗어났다. 에너지가 독립된 양자 형태로 전자기파에 전달될 뿐만 아니라, 전자기파 자신도 독립된 양자로 에너지를 실어 나른다.

앞에서 열거한 세 개의 실험 결과는 아인슈타인의 가설과 직접적으로 연관된다. (1) 전자기파 에너지가 퍼져 있지 않고 광자에 집중되어 있으므로 광전자 방출이 지연될 이유가 없다.

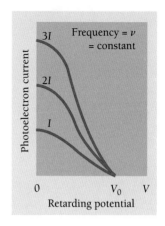

그림 2.10　모든 저지전압에서 광전자 전류는 빛의 강도 I에 비례한다. 같은 주파수 ν에서는 최대 광전자에너지에 해당하는 소멸전압 V_0는 빛의 세기에 상관없이 항상 일정하다.

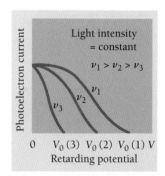

그림 2.11　소멸전압 V_0가 빛의 주파수에 의존하므로 최대 광전자에너지도 빛의 주파수에 의존한다. 저지전압 $V = 0$일 때의 광전자 전류는 주어진 빛의 세기에서 주파수에 관계없이 항상 일정하다.

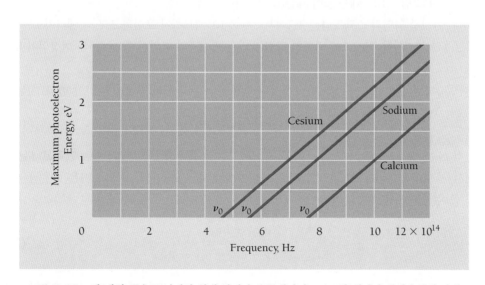

그림 2.12　세 개의 금속 표면에서 최대 광전자 운동에너지 KE_{max}와 입사파 주파수와의 관계

표 2.1   광전자 일함수 값들

금속	원자기호	일함수, eV
세슘	Cs	1.9
칼륨	K	2.2
나트륨	Na	2.3
리튬	Li	2.5
칼슘	Ca	3.2
구리	Cu	4.7
은	Ag	4.7
백금	Pt	6.4

(2) 주파수가 ν인 모든 광자는 같은 에너지를 가지므로 단색광의 세기를 증가시키면 광전자의 수는 증가하나 그 에너지는 증가하지 않는다. (3) 주파수 ν가 높을수록 광자에너지 $h\nu$는 커지고, 그에 따라 광전자에너지도 커진다.

그보다 작은 주파수에서 광전자가 방출되지 않는 임계 주파수 ν_0는 무엇을 의미하는가? 전자가 특정 금속 표면을 벗어나기 위한 최소 에너지 ϕ가 존재함에 틀림없다. 왜냐하면, 그렇지 않다면 전자가 시도 때도 없이 항상 흘러나올 것이기 때문이다. 이 최소 에너지를 금속의 **일함수**(work function)라 부르며, ν_0와는

일함수
$$\phi = h\nu_0 \tag{2.7}$$

관계가 있다. 금속의 일함수가 클수록 전자가 표면을 벗어나는 데 더 많은 에너지가 필요하고, 광전자 방출이 일어나는 임계 주파수는 높아진다.

광전자 일함수의 몇몇 예를 표 2.1에 나타내었다. 전자를 고체 금속 표면에서 떼어내는 데 필요한 에너지는 일반적으로 해당 금속 원자에서 전자 하나를 떼어내는 데 필요한 에너지의 절반 정도이다(그림 7.10). 예를 들어 세슘(Cs)의 이온화 에너지는 3.9 eV인 데 반해 일함수는 1.9 eV이다. 가시광 영역의 스펙트럼은 4.3에서 7.5×10^{14} Hz까지 포함하고, 양자에너지로는 1.7에서 3.3 eV까지이다. 표 2.1에 의하면 광전 효과는 가시광과 자외선 영역에서의 현상임이 명백하다.

아인슈타인에 의하면 주어진 금속에서의 광전 효과는 다음의 공식을 따라야 한다.

광전 효과
$$h\nu = KE_{max} + \phi \tag{2.8}$$

여기서 $h\nu$는 광자에너지, KE_{max}는 최대 광전자에너지(소멸전압에 비례하는), 그리고 ϕ는 금속에서 전자가 벗어나는 데 필요한 최소 에너지이다. $\phi = h\nu_0$이므로 식 (2.8)은 다음과 같이 다시 쓸 수 있다(그림 2.13).

$$h\nu = KE_{max} + h\nu_0$$
$$KE_{max} = h\nu - h\nu_0 = h(\nu - \nu_0) \tag{2.9}$$

KE_{max}와 ν의 관계를 나타내는 이 식은 실험을 통해서도 얻어지며 그림 2.12의 그래프로 나타

눈을 포함하여 위의 비디오카메라와 같은 모든 광 검출기는 빛이 쪼이는 원자 안의 전자에 의한 빛에너지 흡수를 그 출발점으로 한다.

나게 된다. 만약 아인슈타인이 옳다면, 직선의 기울기는 플랑크 상수 h와 같아야 할 것이고, 실제로 같다.

전자볼트 단위로 $E = h\nu$인 광자에너지는 아래와 같다.

광자
에너지
$$E = \left(\frac{6.626 \times 10^{-34}\ \text{J} \cdot \text{s}}{1.602 \times 10^{-19}\ \text{J/eV}}\right)\nu = (4.136 \times 10^{-15})\nu\ \text{eV} \qquad (2.10)$$

파장 λ로 나타내면, $\nu = c/\lambda$이므로

광자
에너지
$$E = \frac{(4.136 \times 10^{-15}\ \text{eV} \cdot \text{s})(2.998 \times 10^8\ \text{m/s})}{\lambda} = \frac{1.240 \times 10^{-6}\ \text{eV} \cdot \text{m}}{\lambda} \qquad (2.11)$$

으로 표현된다.

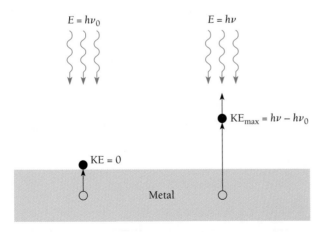

그림 2.13 금속 표면으로부터 하나의 전자를 튀어나오게 하는 데 $h\nu_0$(표면의 일함수)의 에너지가 필요하다면, 주파수가 ν인 빛이 그 표면에 입사하면 전자의 최대 운동에너지는 $h\nu - h\nu_0$가 된다.

예제 2.2

파장이 350 nm이고 세기가 1.00 W/m^{2}인 자외선이 칼륨(K) 금속의 표면에 입사한다. (a) 최대 광전자에너지 KE를 구하라. (b) 입사한 광자의 0.50%가 광전자를 만든다면, 칼륨의 표면이 1.00 cm^{2}일 때 단위 시간당 얼마나 많은 수의 광전자가 발생하겠는가?

풀이

(a) 1 nm는 10^{-9} m이므로 식 (2.11)에 의하면 광자에너지는

$$E_p = \frac{1.24 \times 10^{-6} \text{ eV} \cdot \text{m}}{(350 \text{ nm})(10^{-9} \text{ m/nm})} = 3.5 \text{ eV}$$

표 2.1에서 칼륨의 일함수가 2.2 eV이므로

$$\text{KE}_{max} = h\nu - \phi = 3.5 \text{ eV} - 2.2 \text{ eV} = 1.3 \text{ eV}$$

(b) 광자에너지를 J로 환산하면, 5.68×10^{-19} J이다. 그러므로 매초 금속 표면에 도달하는 광자 수는

$$n_p = \frac{E/t}{E_p} = \frac{(P/A)(A)}{E_p} = \frac{(1.00 \text{ W/m}^2) (1.00 \times 10^{-4} \text{ m}^2)}{5.68 \times 10^{-19} \text{ J/광자}} = 1.76 \times 10^{14} \text{ 광자/s}$$

가 된다. 그러므로 매 초당 방출되는 광전자 수는 아래와 같다.

$$n_e = (0.0050)n_p = 8.8 \times 10^{11} \text{ 광전자/s}$$

응용– X-선 광전자 분광학(X-ray Photoelectron Spectroscopy)

X-선 광전자 분광학(XPS)은 표면에 민감한 분광 기법으로, 물질에 포함된 원소들을 검출하고 정량화(quantify)할 수 있다(H와 He는 제외). XPS는 1960년대에 스웨덴의 웁살라대학교 (University of Uppsala)의 카이 시그반(Kai Siegbahn)과 그의 연구그룹이 처음 개발하기 시작하였다.[1] 도체, 부도체 그리고 화학결합을 분석할 능력을 가졌으므로 XPS는 물질의 표면화학 분석, 변형(stain)과 어긋나기(dislocation)의 확인, 물질 구성 성분의 해석 그리고 오염 원인의 확인 등 폭넓고 다양한 분야에 응용되는 기술 중의 하나이다.

XPS는 표면에서부터 5~10 nm 깊이 범위까지를 분석하는 초고진공(ultra-high vacuum) 표면분석 기법이다. 기본원리는 시료에 단색 X-선을 쪼아주면 시료가 여기(excited)되어 광전자를 방출하는 것이다. 전형적인 XPS의 결과는 전자의 결합에너지에 대한 전자의 수를 나타내는 XPS 스펙트럼으로 주어진다. 각 원소들은 특정 결합에너지 값에서 각각 다른 XPS 봉우리(peak)들을 만드므로 물질의 표면 혹은 안에 존재하는 각 원소들을 확인할 수 있다. ∎

---

1   K. Siegbahn, Et. Al., Nova Acta Regiae Soc.Sci., Ser. IV, Vol. 20 (1967)

열이온 방출

광전 효과에 대한 아인슈타인의 해석의 타당성은 열이온 방출 연구에 의해 다시 입증되었다. 매우 뜨거운 물체가 있으면 주변 공기의 전기 전도율이 좋아진다는 것은 오래전에 발견되었다. 마침내 이 현상이 일어나는 이유가 뜨거운 물체로부터의 전자 방출 때문이라는 것이 밝혀졌다. 열이온의 방출은 고온의 금속 필라멘트에서부터 고밀도의 열전자가 튀어나와 이용되는 텔레비전 브라운관 같은 장치의 동작을 가능하게 한다.

　　방출되는 전자들은 금속을 이루는 입자들의 열적 요동으로부터 에너지를 얻는다. 우리는 이미 전자들이 탈출하기 위해서는 어떤 최소한의 에너지를 얻어야 한다는 것을 알고 있다. 이 최소 에너지를 많은 종류의 표면에 대해 측정할 수 있었으며, 같은 표면에 대해서는 항상 광전 효과의 일함수에 가까운 값을 가진다. 광전자의 방출에서는 빛의 광자가 전자의 탈출에 필요한 에너지를 공급하고, 열이온 방출에서는 열이 공급한다. ■

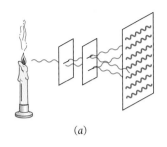

(a)

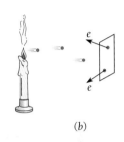

(b)

그림 2.14 (a) 파동설은 양자 이론으로는 설명할 수 없는 빛의 간섭과 회절을 설명한다. (b) 양자 이론은 파동설로는 설명할 수 없는 광전 효과를 설명한다.

2.4 빛이란 무엇인가?

입자와 파동의 이중성을 동시에 갖는다.

빛이 일련의 작은 에너지 덩어리로 전파된다는 관점은 빛의 파동 이론에 정면으로 위배된다 (그림 2.14). 하지만, 이미 살펴본 바와 같이 이 두 관점 모두 실험적으로 증명이 되었다. 파동 이론에 의하면, 빛은 파동 형태의 에너지를 연속적으로 퍼뜨리면서 파원으로부터 나온다. 양자 이론에 의하면 빛은 독립된 광자로 되어 있고, 광자는 단일 전자에 의해서도 흡수될 정도로 작다. 빛의 입자적 묘사에도 불구하고 양자 이론에서도 광자에너지를 기술하기 위해 여전히 주파수가 필요하다.

　　어느 이론을 믿어야 하는가? 새로운 데이터와 맞지 않음이 발견될 때마다 수많은 과학적 아이디어가 수정되거나 버려졌다. 여기에서 처음으로 하나의 현상을 설명하기 위해 두 개의 다른 이론이 필요한 경우가 생겼다. 여기에서의 경우는 하나의 이론이 다른 이론의 근사가 되는 상대성 이론과 뉴턴 역학 사이의 관계와는 다르다. 빛의 파동 이론과 양자 이론 사이의 연결은 완전히 다른 그 무엇이다.

　　이 관계를 헤아리기 위해 스크린상에서의 이중-슬릿 간섭무늬 형성을 생각해 보자. 파동 모형에서는 스크린상의 각 점에서 빛의 세기는 $\overline{E^2}$에 비례한다. 즉, 전자기파의 전기장 E 제곱의 한 주기 평균에 비례한다. 입자모형에서의 세기는 $Nh\nu$에 의존한다. 여기에서 N은 스크린의 같은 장소에 단위 시간당, 단위 면적당 도달하는 광자의 수이다. 세기에 대한 두 기술은 같은 값을 주어야 하므로 N과 $\overline{E^2}$는 비례하여야 한다. 만약, N이 충분히 크면 스크린에 보통의 이중-슬릿 간섭무늬가 보일 것이고, 파동모형을 의심할 이유가 없을 것이다. 만약 N이 적으면—충분히 적어서 순간마다 하나의 광자만 도달할 정도이면—관측자는 일련의 무질서한 번쩍임만 볼 것이고 양자 현상을 본다고 할 것이다.

　　그러나 관측자가 이 번쩍임을 오랫동안 계속 관찰한다면 번쩍임이 만드는 모양은 N이 클 때 만드는 것과 같은 모양이 된다. 따라서 관측자가 어떤 특정한 위치와 시간에서 광자를 발견할 확률은 그곳에서 그때의 $\overline{E^2}$에 비례한다고 결론 내릴 수 있을 것이다. 만약 각각의 광자가 파동과 연관되어 있다고 생각한다면, 스크린 위의 한 위치에서 파동의 세기는 광자가 거기에 도달할 가능성을 결정한다. 슬릿을 통과할 때는 파동같이 행동하고, 스크린과 부딪칠 때는 입자처럼 행동한다. 명백하게 빛은 파동처럼 나아가고, 일련의 입자처럼 에너지를 흡수하거나 내놓는다.

빛은 이중의 특성을 가진다고 할 수 있다. **파동 이론과 양자 이론은 서로 상보적**(The wave theory and the quantum theory complement each other)이다. 각각의 이론만으로는 완전하지 않아서 단지 특정 효과만 설명할 수 있다. 빛이 파동과 입자 흐름일 수 있다는 것을 이해하지 못하는 사람들이 많이 있었다. 아인슈타인은 죽기 직전에 "50년 동안의 심사숙고에도 불구하고 '빛 양자는 무엇인가?'에 대한 해답에는 근처에도 가지 못하였다."라고 논평하였다. 어떠한 일상 경험으로도 표현할 수는 없지만, 빛의 '진정한 본질'은 파동과 입자적 특성 모두를 포함한다.

2.5 X-선

고에너지 광자로 이루어져 있다.

광전 효과는 광자가 전자에게 에너지를 줄 수 있다는 것을 확실하게 입증한다. 그 역과정은 가능한가? 즉, 움직이는 전자의 운동에너지의 전부 혹은 일부가 광자로 바뀔 수 있는가? 공교롭게도 이러한 역광전 효과는 실제로 생길 뿐만 아니라, 플랑크와 아인슈타인의 업적이 있기 전에 이미 발견되었다(비록 이해하지는 못하였지만).

1895년, 뢴트겐(Wilhelm Roentgen)은 빠른 전자를 물체에 충돌시킬 때 투과력이 강하고 그 성질이 잘 알려지지 않은 복사선이 방출된다는 것을 발견하였다. 이 **X-선**(X-ray)은 직진하고, 전기장이나 자기장의 영향을 받지 않으며, 불투명한 물체를 쉽게 투과하고, 인광성의 물질에 빛을 내게 하며, 사진 건판을 감광시킨다는 것이 곧 알려지기 시작하였다. 원래의 전자가 빠르면 빠를수록 발생하는 X-선의 투과력은 커지고, 전자의 수가 많으면 많을수록 X-선의 세기는 커진다.

발견된 지 얼마 안 되어 X-선은 전자기파라는 것이 명백해졌다. 전자기 이론에 따르면 가

빌헬름 콘라트 뢴트겐(Wilhelm Konrad Roentgen: 1845~ 1923)은 독일의 렌네프(Lennep)에서 태어나 네덜란드와 스위스에서 공부하였다. 몇몇 독일 대학들을 거친 후에 뷔르츠부르크(Würzburg)에서 물리학 교수가 되었고, 여기에서 1895년 11월 8일에 검은 판지로 완전히 차단되어 있는 음극선관(cathode-ray tube)을 켰을 때 근처의 바륨시안화백금을 입힌 종이가 빛을 발한다는 사실을 알아차렸다. 음극선관 안에서는 진공 중에서 전자가 전기장에 의해 가속되고, 이 가속 전자가 관 다른 끝의 유리를 때려서 투과성이 있는 'X-선'(그때는 특성을 모르고 있었기 때문에)을 발생시켰고, 이 X-선이 감광지를

반짝이게 하였다. 뢴트겐은 본인의 발견에 대해 사람들이 알게 된다면 사람들은 "아마 뢴트겐의 정신이 돌았을 것이다"라고 말할 것이라 생각하였다. 그러나 실제로는 곧바로 센세이션을 일으켰고, 두 달이 지난 후에 곧바로 의료분야에서 쓰이게 되었다. 또한 새로운 분야의 연구를 자극하여, 베크렐(Becquerel)이 1년도 채 못 되어서 방사능을 발견하기도 하였다. 뢴트겐은 1902년에 첫 번째 노벨 물리학상을 수상하였으나, 자신의 업적으로 인해 경제적인 이득을 보는 것을 거절하였고, 제1차 세계대전 후 독일에 인플레이션이 왔을 때 가난 속에서 숨을 거두었다.

속이나 감속되는 전자는 전자기파를 발생하며, 빠른 속도로 움직이던 전자가 갑자기 정지하면 명백히 감속된다. 이러한 상황에서의 복사를 **제동복사**(braking radiation: 독일어로 bremsstrahlung)라고 한다. 제동복사에 의한 에너지 손실은 무거운 입자보다 전자에서 더 중요하다. 왜냐하면 그들이 지나는 길에 핵이 가까이 있다면 전자가 보다 더 심하게 감속되기 때문이다. 전자의 에너지가 크거나 마주치는 핵의 원자번호가 높을수록 더 강력한 제동복사가 일어난다.

1912년, X-선의 파장을 측정할 수 있는 방법이 고안되었다. 회절 실험이 가장 이상적인 것으로 여겨졌다. 그러나 물리 광학적으로 생각해보면, 회절격자의 격자 사이의 간격이 빛의 파장과 비슷한 크기를 가져야 만족스러운 결과를 얻을 수 있다. 그런데 X-선의 파장만큼 미세한 간격을 갖는 격자는 만들 수 없다. 폰라우에(Max von Laue)는 X-선의 파장이 결정체 내의 인접 원자 사이의 간격과 비슷하다는 것을 깨달았다. 그래서 그는 결정체의 격자를 3차원 회절격자로 생각하고 X-선 회절 실험을 하자는 제안을 하였다. 그다음 해에 수행된 실험에서 사용한 X-선의 파장이 0.013~0.048 nm 사이라는 것이 밝혀졌다. 이는 가시광선의 10^{-4}배 정도이며, 따라서 그 광자는 10^4만큼 더 에너지가 크다.

파장이 0.01~10 nm 사이인 전자기파가 X-선의 범주에 속한다. 그러나 그 경계는 뚜렷하지 않다. 파장이 짧은 쪽으로는 감마선과 겹치고, 파장이 긴 쪽으로는 자외선과 겹친다(그림 2.2).

그림 2.15에 X-선 관의 모형도를 나타내었다. 전류가 흐르는 필라멘트에 의해 가열된 음극은 열이온 방출에 의해 전자를 공급한다. 음극과 금속 표적 사이에 유지되는 큰 전위차 V는 표적을 향해 전자를 가속시킨다. 표적의 면은 전자선에 대해 약간 기울어져 있으며, 표적에서부터 발생된 X-선은 관 옆으로 방사된다. 관은 전자가 방해받지 않고 표적에 도달할 수 있도록 진공으로 만든다.

앞서 말했듯이 고전 전자기 이론에 따르면, 전자가 감속할 때 제동복사가 예측된다. 그리고 이 제동복사가 X-선 관에서 X-선이 발생하는 일반적인 이유이다. 그러나 어떤 중요한 점에서 고전 전자기 이론과 실험은 만족스럽게 일치하지 못한다. 그림 2.16과 2.17에 텅스텐과 몰리브덴을 표적으로 이용했을 때의 가속 전위차에 따른 X-선의 스펙트럼 변화를 나타내었다. 그림은 고전 전자기 이론이 설명할 수 없는 두 가지 모습을 보여 준다.

사진과 같은 현대식 X-선 관에서는 표적에서 발생하는 열을 열 교환기를 통해 외부 공기로 내보내기 위해 열을 운반하기 위한 기름이 순환하고 있다. 의료 진단용으로서의 X-선 사용은 조직들에서의 X-선 흡수가 조직에 따라 다른 것에 그 기초를 둔다. 칼슘이 포함되어 있는 뼈는 지방질보다 더 불투명하며, 근육보다는 더욱더 불투명하다. 명암의 대조를 뚜렷하게 하여 소화기 계통을 좀 더 잘 나타내기 위해 환자에게 바륨(barium)이 포함된 '식사'를 제공하기도 한다. 또한 혈관 상태를 조사하기 위해서는 다른 화합물을 혈관에 주사하기도 한다.

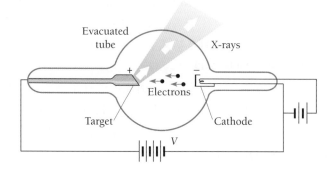

그림 2.15 X-선 관. 가속전압 V가 클수록 전자가 빨라지고, X-선 파장은 짧아진다.

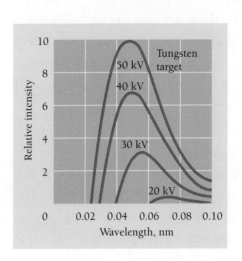

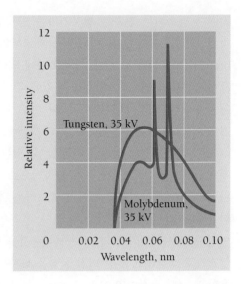

그림 2.16   다양한 가속전압에서 텅스텐의
X-선 스펙트럼

그림 2.17   35 kV의 가속전압에서 텅스텐과
몰리브덴의 X-선 스펙트럼

1. 몰리브덴의 경우, 어떤 파장에서는 X-선의 발생이 증폭되었음을 나타내는 세기의 봉우리들이 있다. 이러한 봉우리들은 표적 물질에 따라 특정한 파장에서만 생기며, 이는 날아온 전자들과 충돌한 후 표적 물질 원자들의 전자가 재배치되기 때문에 생기는 봉우리이다. 이러한 현상은 7.9절에서 다시 논의하기로 한다. 여기서 주목해야 할 점은 연속적인 X-선 스펙트럼의 발생보다는 확실하게 비고전적 효과인 특정 파장의 X-선이 발생한다는 것이다.

2. 가속 전위차 V에 따라 X-선의 파장이 변하기는 하지만, 어떤 특정 λ_{min}보다 더 짧은 파장의 X-선은 나오지 않는다. V를 크게 하면 λ_{min}은 작아진다. 특정한 V에 대해 λ_{min}은 표적이 텅스텐이거나 몰리브덴이거나 관계없이 똑같다. 듀에인(Duane)과 헌트(Hunt)는 실험적으로 λ_{min}이 V에 반비례한다는 것을 알아내었고, 그들이 알아낸 정확한 관계는 다음과 같다.

X-선 발생
$$\lambda_{min} = \frac{1.24 \times 10^{-6}}{V} \text{ V} \cdot \text{m}$$
(2.12)

두 번째 관측 결과는 복사에 대한 양자 이론과 일치한다. 표적에 충돌하는 대부분의 전자는 에너지를 단순히 열로 방출하면서 큰 입사각을 가지고 여러 번 충돌한다(그 때문에 X-선 관의 표적은 녹는점이 높은 텅스텐 같은 금속을 이용하며, 표적을 냉각시켜야 한다). 그러나 몇 개의 전자는 그들이 가진 에너지의 대부분 혹은 전부를 단 한 번의 표적 원자와의 충돌로 상실한다. 이 에너지가 X-선으로 방출된다.

따라서 앞의 관측 1에서 언급된 봉우리들을 제외하고 X-선의 발생은 역광전 효과임을 나타낸다. 광자의 에너지가 전자의 운동에너지로 전환되는 대신에 전자의 운동에너지가 광자의 에너지로 바뀐다. 파장이 짧다는 것은 진동수가 크다는 것을 의미하며, 진동수가 크다는 것은 광자의 에너지 $h\nu$가 크다는 것을 뜻한다.

일함수는 겨우 몇 전자볼트인 데 반해 X-선 관의 가속 전위차는 일반적으로 수만에서 수십만 볼트이므로 일함수를 무시할 수 있다. 파장의 최저 한계식인 식 (2.12)는 충돌하는 전자의 전체

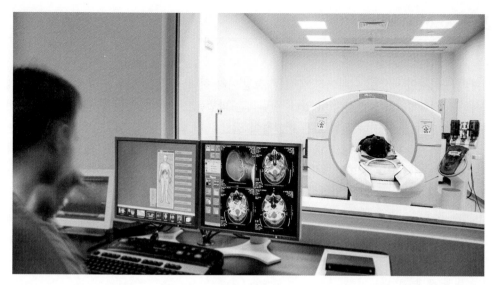

CT (Computerized Tomography; 컴퓨터화한 단층 촬영법) 스캐너는 여러 방향에서 찍은 환자의 X-선 사진들로부터 컴퓨터를 이용하여 검사하고자 하는 신체부위의 단층상을 얻는다. X-선 노출을 기초로 하여 컴퓨터로 조직을 박편(얇은 조각)화한다. 또, 원하면 어떠한 박편도 나타내 보일 수 있다. 이 기술로서 비정상 부분을 찾아낼 수 있고, 보통의 X-선 사진으로는 불가능한 그 정확한 위치도 확정할 수 있다. (tomography의 어원은 'cut'을 의미하는 그리스어 tomos에서 왔다.)

운동에너지 KE = Ve가 단일 광자의 에너지 $h\nu_{max}$로 전환되는 경우로 해석할 수 있다. 그러므로

$$Ve = h\nu_{max} = \frac{hc}{\lambda_{min}}$$

$$\lambda_{min} = \frac{hc}{Ve} = \frac{1.240 \times 10^{-6}}{V} \text{ V} \cdot \text{m}$$

이고, 듀에인–헌트 공식인 식 (2.12)가 된다. 사실 이 식은 식 (2.11)과 단위만 다르고 똑같다. 그러므로 X-선의 발생을 광전 효과의 역과정으로 생각하는 것은 타당하다.

예제 2.3

가속 전위차가 50,000 V인 X-선 발생장치에서 나오는 복사의 가장 짧은 파장을 구하라.

풀이

식 (2.12)로부터

$$\lambda_{min} = \frac{1.24 \times 10^{-6} \text{ V} \cdot \text{m}}{5.00 \times 10^4 \text{ V}} = 2.48 \times 10^{-11} \text{ m} = 0.0248 \text{ nm}$$

이고, 여기에 해당하는 진동수는

$$\nu_{max} = \frac{c}{\lambda_{min}} = \frac{3.00 \times 10^8 \text{ m/s}}{2.48 \times 10^{-11} \text{ m}} = 1.21 \times 10^{19} \text{ Hz}$$

이다.

2.6 X-선 회절

X-선의 파장은 어떻게 알 수 있는가?

원자의 규칙적인 배열로 이루어진 물질을 '결정'이라 하며, 결정을 이루는 각 원자는 그들에 입사하는 전자기파를 산란시킬 수 있다. 산란하는 방법은 간단하다. 원자를 구성하는 음의 전하를 띤 전자와 양의 전하를 띤 핵은 전기장이 걸렸을 때 받는 힘이 서로 반대이므로 일정한 전기장 안에 있는 원자는 편극된다. 이 힘은 원자들을 결합시키는 힘보다 작으므로 전기 쌍극자의 변형된 전하 분포를 일으킨다. 진동수 ν인 교류 전기장이 걸리면 편극은 같은 진동수 ν를 갖고 진동한다. 따라서 입사파의 에너지 일부를 흡수하여 진동하는 전기 쌍극자가 생성된다. 이제 진동하는 전기 쌍극자는 진동수 ν인 전자기파를 재방출한다. 이렇게 2차적으로 발생한 전자기파는 쌍극자의 축 방향을 제외한 모든 방향으로 내보내진다(원자의 집단에 편광 되지 않은 복사선을 쪼이면 각 원자들에 의한 기여도가 무질서하므로 제약조건 없이 모든 방향으로 빛을 재방출한다).

파동의 용어로, 입사파는 평면파인 데 반해 2차파는 구면파이다(그림 2.18). 그러므로 산란과정은 원자들이 평면파를 흡수하여 다시 같은 진동수의 구면파를 방출하는 과정이다.

단일 주파수를 갖는 X-선이 결정에 입사하면 결정 내부에서 모든 방향으로 산란될 것이나, 원자들의 규칙적인 배열 때문에 어떤 방향으로 산란된 파들은 보강 간섭을 일으키고, 다른 방향에서는 상쇄 간섭을 일으킬 것이다. 그림 2.19에서처럼 결정 내의 원자들을 나란한 평행면들의 모임으로 생각할 수 있으며, 이 나란한 평행면들은 특정한 간격을 가진다. 이러한 해석은 1913년 브래그(W. L. Bragg)가 제안하였으며, 그의 이름을 따서 위에서 말한 면들을 **브래그 평면**(Bragg Plane)이라 한다.

결정 원자들에 의해 산란된 파가 보강 간섭을 일으키는 조건은 그림 2.20과 같은 그림을 통해 얻을 수 있다. 파장이 λ인 X-선 선속이 면 사이 간격이 d인 브래그 평면들에 θ의 각으로 입사한다. 선속은 첫째 면에 있는 원자 A와 둘째 면에 있는 원자 B를 지난다. 그리고 이 원자들은 각각 선속의 일부를 임의의 방향으로 산란시킨다. 이 두 산란광 사이에서 보강 간섭이 일어날 조건은 산란광들의 방향이 서로 평행하고, 광선들 사이의 광로차가 정확하게 λ, 2λ, 3λ, …일 때뿐이다. 즉, 광로차가 $n\lambda$이어야 하고, n은 정수이다. A와 B에 의해 산란된 광선들 중에 이와 같은 조건을 만족시키는 광선은 그림 2.20에서 I과 II로 표시된 것들뿐이다.

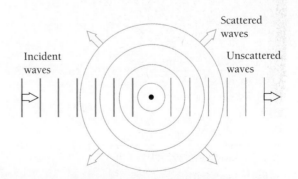

그림 2.18　원자군에 의한 전자기파의 산란. 입사한 평면파는 구면파로 재방출된다.

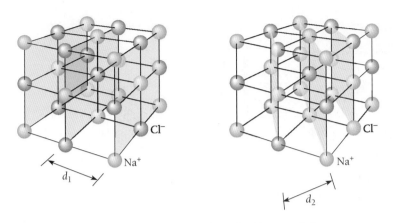

그림 2.19   NaCl 결정에서 두 세트의 Bragg 평면

NaCl 결정에 있는 이온에 의한 X-선 산란이 만든 간섭 모양. 밝은 점은 X-선이 결정의 여러 층에 의하여 보강 간섭하여 만들어진 점이며, X-선의 4중 대칭 사진으로부터 NaCl 격자는 정육면체 모양을 가짐을 알 수 있다.

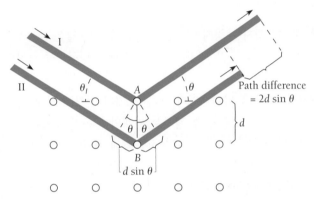

그림 2.20   입방체 결정에서의 X-선 산란

I과 II가 만족해야 할 첫 번째 조건은 그들의 공통 산란각이 입사 선속의 입사각 θ와 같아야 한다(파장에 관계없이 성립하는 이 조건은 광학에서 말하는 일반적인 반사 조건과 같다. 입사각 = 반사각). 두 번째 조건은 다음과 같다.

$$2d \sin \theta = n\lambda \qquad n = 1, 2, 3, \cdots \tag{2.13}$$

왜냐하면 광선 II는 광선 I보다 $2d \sin \theta$만큼 더 많이 진행해야 하기 때문이다. 정수 n은 산란 선속의 **차수**(order)를 말한다.

브래그의 해석에 의한 X-선 분광기의 개략적인 모형도를 그림 2.21에 나타내었다. 좁은 선속의 X-선이 입사각 θ로 결정에 입사한다. 산란각이 같은 θ가 되는 위치에 측정기를 두면 검출기에 도달하는 모든 X-선은 첫 번째 브래그 조건을 만족시킨다. 결정을 회전시켜 θ를 변화시키면 측정기의 위치도 알맞게 바뀌게 되고, 식 (2.13)을 만족하는 각도에서만 측정기에 X-선이 도달하게 된다. 이 각도들과 결정의 인접한 브래그 평면들 사이의 간격 d를 알면, X-선의 파장 λ를 계산할 수 있다.

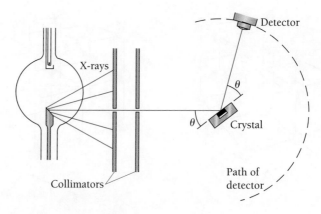

그림 2.21   X-선 분광기

2.7 콤프턴 효과

광자모형의 더 좋은 뒷받침

빛의 양자 이론에 따르면 광자는 정지질량만 없을 뿐 입자와 같은 행동을 한다. 어디까지 이 유사성이 유지될 것인가? 예를 들면, 광자와 전자의 충돌을 당구공들 사이의 충돌처럼 생각할 수 있을까?

그림 2.22에 이러한 충돌을 나타내었다. X-선 광자가 전자(초기에 실험실 좌표계에서 정지하고 있었다고 가정한다.)와 충돌한 후 광자는 원래의 운동 방향으로부터 산란되고, 전자는 충격을 받아서 움직이기 시작한다. 광자는 충돌에 의해 전자가 얻는 운동에너지만큼의 에너지를 상실할 것으로 생각할 수 있으나, 실제로는 충돌 전과 후의 광자는 서로 다른 광자이다. 초기 광자의 주파수가 ν라면 산란된 광자는 낮은 주파수 ν'을 가지는 다른 광자이다. 여기서

$$광자가 잃은 에너지 = 전자가 얻은 에너지$$
$$h\nu - h\nu' = \text{KE} \tag{2.14}$$

질량이 없는 입자의 에너지와 운동량은 1장에서 다음의 관계가 있었음을 상기하라.

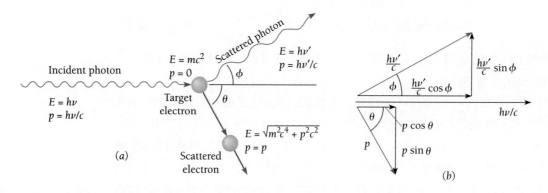

그림 2.22   (*a*) 전자에 의한 광자의 산란을 콤프턴 효과라 부른다. 이런 과정에서는 에너지와 운동량이 보존되므로 산란된 광자는 입사한 광자보다 낮은 에너지(긴 파장)를 가진다. (*b*) 입사한 광자, 산란된 광자 그리고 전자 운동량의 벡터 그림과 그 성분들

$$E = pc \qquad (1.25)$$

광자의 에너지는 $h\nu$이므로 운동량은 다음과 같다.

광자의 운동량
$$p = \frac{E}{c} = \frac{h\nu}{c} \qquad (2.15)$$

운동량은 에너지와 달리 크기뿐만 아니라 방향도 포함하는 벡터량이다. 충돌에 있어서 운동량은 서로 수직인 두 방향에 대해 각기 따로 보존되어야 한다(세 개 이상의 입자가 충돌에 참가하면 서로 수직인 세 방향에 대한 운동량은 각각 보존되어야 한다). 여기서 우리가 선택하는 두 방향은 원래 광자의 운동 방향과 전자와 산란된 광자가 포함된 평면 내에서 원래 광자의 운동 방향과 수직인 방향이다(그림 2.22).

광자의 충돌 전 운동량은 $h\nu/c$이고 산란된 광자의 운동량은 $h\nu'/c$이다. 그리고 전자의 충돌 전과 충돌 후의 운동량은 각각 0과 p이다. 원래 광자의 방향에 대해서는

$$\text{충돌 전 운동량} = \text{충돌 후 운동량}$$

$$\frac{h\nu}{c} + 0 = \frac{h\nu'}{c} \cos \phi + p \cos \theta \qquad (2.16)$$

이에 수직한 방향에 대해

$$\text{충돌 전 운동량} = \text{충돌 후 운동량}$$

$$0 = \frac{h\nu'}{c} \sin \phi - p \sin \theta \qquad (2.17)$$

각 ϕ는 충돌 전과 충돌 후의 광자 진행 방향 사이의 각이며, θ는 원래 광자 방향과 튕겨나가는 전자 방향의 사잇각이다. 식 (2.14), (2.16)과 (2.17)에서 충돌 전 광자와 산란된 광자 사이의 파장 차이를 그들 사이의 각 ϕ의 함수로 얻을 수 있다. 이 두 양은 쉽게 측정할 수 있는 양들이다(튕겨진 되튐 전자의 에너지와 운동량은 쉽게 측정되는 양이 아니다).

첫째 단계는 식 (2.16)과 식 (2.17)에 c를 곱하여 다시 쓴다.

$$pc \cos \theta = h\nu - h\nu' \cos \phi$$

$$pc \sin \theta = h\nu' \sin \phi$$

양변을 제곱해서 더하면 θ가 소거된다.

$$p^2 c^2 = (h\nu)^2 - 2(h\nu)(h\nu') \cos \phi + (h\nu')^2 \qquad (2.18)$$

다음은 입자의 전체 에너지에 대한 식들

$$E = KE + mc^2 \qquad (1.42)$$

$$E = \sqrt{m^2 c^4 + p^2 c^2} \qquad (1.48)$$

을 같게 놓는다. 그러면 1장으로부터

$$(KE + mc^2)^2 = m^2c^4 + p^2c^2$$
$$p^2c^2 = KE^2 + 2mc^2\,KE$$

그런데

$$KE = h\nu - h\nu'$$

이므로

$$p^2c^2 = (h\nu)^2 - 2(h\nu)(h\nu') + (h\nu')^2 + 2mc^2(h\nu - h\nu') \tag{2.19}$$

를 얻는다. p^2c^2을 식 (2.18)에 대입하면,

$$2mc^2(h\nu - h\nu') = 2(h\nu)(h\nu')(1 - \cos\phi) \tag{2.20}$$

를 최종적으로 얻는다.

이 관계식을 파장 λ에 대해 나타내면 더욱 간단하다. 식 (2.20)을 $2h^2\,c^2$으로 나누면

$$\frac{mc}{h}\left(\frac{\nu}{c} - \frac{\nu'}{c}\right) = \frac{\nu}{c}\frac{\nu'}{c}(1 - \cos\phi)$$

가 되고, $\nu/c = 1/\lambda$이고 $\nu'/c = 1/\lambda'$이므로

$$\frac{mc}{h}\left(\frac{1}{\lambda} - \frac{1}{\lambda'}\right) = \frac{1 - \cos\phi}{\lambda\lambda'}$$

콤프턴 효과
$$\lambda' - \lambda = \frac{h}{mc}(1 - \cos\phi) \tag{2.21}$$

를 얻는다.

식 (2.21)은 1920년대 초 콤프턴(Arthur H. Compton)에 의해 유도되었다. 이 식에 의해 설명되는 현상을 그가 처음 관측하였는데, **콤프턴 효과**(Compton effect)라고 알려져 있다. 이 현상은 복사에 대한 양자 이론을 뒷받침하는 아주 좋은 근거가 된다.

식 (2.21)은 정지질량이 m인 입자에 의해 각도 ϕ 방향으로 산란되는 광자의 파장 변화를 나타낸다. 이 파장 변화는 입사한 광자의 파장과는 무관하다.

콤프턴 파장
$$\lambda_C = \frac{h}{mc} \tag{2.22}$$

를 산란 입자의 **콤프턴 파장**(Compton wavelength)이라고 부른다. 전자에 대해서는 $\lambda_C = 2.426 \times 10^{-12}$ m, 즉 2.426 pm(1 pm = 1 picometer = 10^{-12} m)이 된다. 식 (2.21)을 λ_C로 나타내면 다음과 같다.

콤프턴 효과
$$\lambda' - \lambda = \lambda_C(1 - \cos\phi) \tag{2.23}$$

콤프턴 파장은 입사 광자의 파장 변화가 어느 정도인지를 보여 준다. 식 (2.23)에서 보면 $\phi = 180°$일 때 파장의 변화가 최대임을 알 수 있다. 그때는 파장 변화가 콤프턴 파장의 2배

가 된다. 전자의 경우 λ_C = 2.426 pm이므로 파장 변화는 4.852 pm이고, 콤프턴 효과에 의한 파장 변화 중 최대가 된다. 왜냐하면 다른 입자들과 산란에서는 일반적으로 산란 입자의 질량이 전자보다 더 큰 것을 감안하면 파장 변화가 이보다 더 적어지기 때문이다. 이 정도 혹은 이보다 더 적은 파장 변화는 X-선을 사용하여야 쉽게 관측할 수 있다. 가시광선에 대해서는 입사파의 파장에 비해 파장 변화가 겨우 0.01% 정도이지만 파장이 0.1 nm인 X-선에 대해서는 몇 % 정도 되기 때문이다. X-선이 물질을 지날 때 에너지를 잃는 주된 이유는 콤프턴 효과에 의한 것이다.

예제 2.4

파장이 10.0 pm인 X-선이 표적에 의해 산란되었다. (*a*) 45° 방향으로 산란된 X-선의 파장을 구하라. (*b*) 산란된 X-선의 최대 파장을 구하라. (*c*) 되튐 전자의 최대 운동에너지를 구하라.

풀이

(*a*) 식 (2.23)에서 $\lambda' - \lambda = \lambda_C(1 - \cos\phi)$이므로

$$\begin{aligned}\lambda' &= \lambda + \lambda_C(1 - \cos 45°)\\ &= 10.0\ \text{pm} + 0.293\lambda_C\\ &= 10.7\ \text{pm}\end{aligned}$$

(*b*) $\lambda' - \lambda$는 $(1 - \cos\phi) = 2$일 때 최대이므로

$$\lambda' = \lambda + 2\lambda_C = 10.0\ \text{pm} + 4.9\ \text{pm} = 14.9\ \text{pm}$$

(*c*) 전자의 최대 되튐 운동에너지는 입사한 광자와 산란된 광자의 에너지의 차이므로

$$\text{KE}_{\text{max}} = h(\nu - \nu') = hc\left(\frac{1}{\lambda} - \frac{1}{\lambda'}\right)$$

여기서 λ'은 (*b*)에서 주어졌으므로

$$\begin{aligned}\text{KE}_{\text{max}} &= \frac{(6.626 \times 10^{-34}\ \text{J·s})(3.00 \times 10^8\ \text{m/s})}{10^{-12}\ \text{m/pm}}\left(\frac{1}{10.0\ \text{pm}} - \frac{1}{14.9\ \text{pm}}\right)\\ &= 6.54 \times 10^{-15}\ \text{J}\end{aligned}$$

이고, 40.8 keV에 해당한다.

콤프턴 효과의 실험은 아주 간단명료하다. 그림 2.23에서 보는 것처럼 파장이 알려진 X-선속을 표적을 향해 쪼여준다. 그리고 산란된 X-선의 파장분포(스펙트럼)를 여러 각도 ϕ에 대하여 측정한다. 그림 2.24에 나타난 실험 결과를 보면, 식 (2.21)에 의해 예측된 파장의 변화가 잘 나타난다. 그러나 각각의 각도마다 산란된 X-선과 함께 원래 입사 X-선의 파장도 많이 포함되어 있다. 이것은 이해하기 힘든 것이 아니다. 식 (2.21)을 유도할 때 산란 입자는 자

아서 콤프턴(Arthur Holly Compton: 1892~1962) 오하이오주 토박이인 콤프턴은 우스터 대학(Wooster College)과 프린스턴에서 공부하였다. 세인트루이스에 있는 워싱턴 대학에서 X-선의 파장이 산란 후에 길어진다는 사실을 발견하였으며, 1923년에 빛의 양자 이론에 근거하여 이 현상을 설명해 내었다. 이로써 그때까지도 광자가 실제로 존재하는지를 의심하던 이들에게 광자의 존재를 납득할 수 있게 해주었다.

1927년 노벨상을 받은 후, 시카고 대학에서 우주선을 연구하여 그때까지 많은 사람들이 믿고 있던 고에너지의 γ-선이 아니라 우주를 떠도는 빠른 대전입자(오늘날 주로 양성자로 이루어진 원자핵이라는 것을 알고 있다.)라는 것을 밝히는 데 도움을 주었다. 우주선의 세기가 지구 위도에 따라 달라지는 현상이 우주선이 이온들로 되어 있어서 지구 자기장의 영향을 받을 때에만 가능한 변화라는 것을 보임으로써 우주선이 대전된 입자라는 것을 밝혔다. 제2차 세계대전 중에는 원자탄 개발의 지도자 중 하나로 활약하기도 하였다.

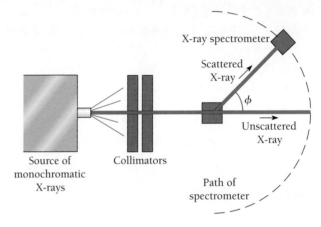

그림 2.23   콤프턴 효과의 실험 장치

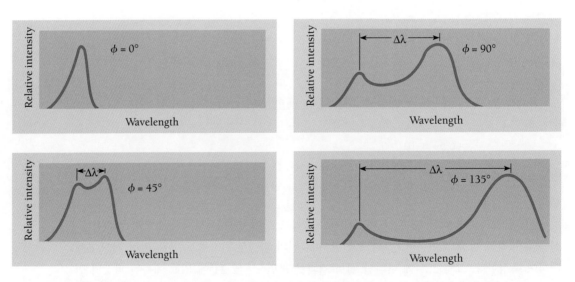

그림 2.24   콤프턴 산란의 실험적 검증. 식 (2.21)에 따라 산란각이 클수록 파장 차이가 벌어진다.

유롭게 움직일 수 있다고 가정하였다. 이 가정은 타당하다. 왜냐하면 물체 안에 있는 많은 전자들은 그들이 속한 원자에 의해 움직이지 못할 정도로 꽉 묶여 있는 것은 아니기 때문이다. 하지만 일부 다른 전자들은 원자에 너무 단단히 묶여 있어서 광자와 충돌할 때 전자만 움직이는 것이 아니라 원자 전체와 같이 움직인다. 이 경우 식 (2.21)에 있는 m의 값은 원자 전체의 값이 되며, 이 값은 전자의 질량에 비해 수만 배 더 크므로 콤프턴 편이는 측정이 불가능할 만큼 작다.

2.8 쌍생성

에너지가 물질로

앞에서 살펴본 것과 같이 광자는 충돌을 통해 자신의 에너지 전부(광전자 효과) 혹은 일부(콤프턴 효과)를 전자에게 줄 수 있다. 또한, 광자가 전자와 양으로 대전된 전자인 양전자로 물질화되는 것도 가능하다. 이 과정을 **쌍생성**(pair production)이라 하며, 이때 전자기적 에너지가 물질로 전환된다.

원자핵 근방에서 일어날 때에는 어떠한 보존법칙에도 위배됨이 없이 전자-양전자 쌍이 생성된다(그림 2.25). 전자($q = -e$)와 양전자($q = +e$)의 전하 합은 0으로, 광자의 전하와 같다. 정지에너지를 포함한 전자와 양전자의 총 에너지 합은 광자의 에너지와 같다. 그리고 선형 운동량은 원자핵의 도움으로 보존된다. 원자핵은 광자의 운동량 중 이런 반응이 생기기에 충분한 양의 운동량은 가져가지만, 에너지는 상대적으로 질량이 매우 커서 광자의 에너지 중 무시할 만한 정도만 가져간다(자유공간에서는 에너지와 운동량을 동시에 보존시킬 수 없으므로 쌍생성이 일어나지 않는다. 예제 2.5 참고).

전자와 양전자의 정지에너지 mc^2은 모두 0.51 MeV이다. 그러므로 쌍생성이 일어나기 위해서는 광자의 에너지가 최소한 1.02 MeV가 되어야 한다. 이 이상의 광자에너지는 전자와 양전자의 운동에너지가 된다. 이에 상응하는 광자의 최대 파장은 1.2 pm이다. 이정도 파장을 가지는 전자기파를 **γ-선**(gamma ray)이라 하고, 자연 상태로는 방사성 핵 방출의 하나로서 혹은 우주선에서 발견된다.

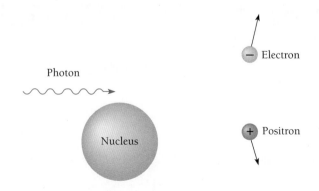

그림 2.25 쌍생성 과정으로 충분한 에너지의 광자가 전자와 양전자로 물질화한다.

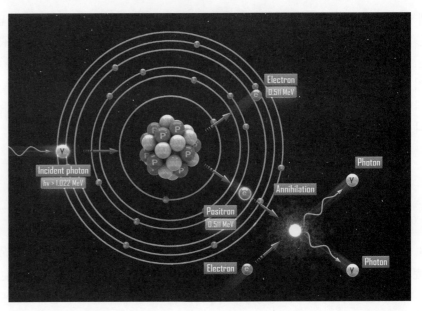

쌍생성에서의 입자들과 그 에너지들. 쌍생성이나 방사성 표지물질에서 만들어진 양전자는 전자와 만나자마자 소멸하여 감마선을 만들게 된다. 쌍소멸에서 발생한 감마선을 검출하는 방법으로 양전자 단층 촬영법(PET)에서는 환자 몸 내부의 3차원 이미지를 구성한다.

쌍생성의 역반응은 양전자가 전자에 가까이 있고 그들의 반대 전하 때문에 서로 접근할 때 일어난다. 두 입자는 동시에 소멸되고, 사라진 질량은 에너지가 되어 두 개의 γ-선 광자를 발생시킨다.

$$e^+ + e^- \rightarrow \gamma + \gamma$$

양전자와 전자의 총 질량의 합은 1.02 MeV이므로 각각의 광자에너지 $h\nu$는 0.51 MeV와 질량 중심계에서의 각 입자 운동에너지의 절반을 더한 값이다. 에너지와 선형 운동량을 동시에 보존시킬 수 있는 방향으로 자연스럽게 광자가 생성되므로 **쌍소멸**(pair annihilation)이 일어나는 데는 핵이나 다른 입자의 도움이 전혀 필요 없다.

예제 2.5

자유공간에서 쌍생성이 일어날 수 없음을 보여라.

풀이

에너지 보존법칙으로부터

$$h\nu = 2\gamma mc^2$$

이며, $h\nu$는 광자에너지이고, γmc^2은 쌍생성의 구성원인 전자나 양전자 각각의 총 에너지이다. 그림 2.26

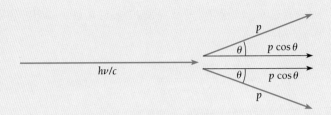

그림 2.26 자유공간에서 광자가 전자와 양전자로 물질화할 때의 운동량 벡터 그림. 물론, 이 과정에서는 운동량과 에너지 보존을 동시에 만족시키지 못하므로 이런 사건은 일어날 수 없다. 쌍생성은 처음의 운동량 일부를 가져가는 원자핵이 항상 관여한다.

은 광자, 전자 그리고 양전자 선형 운동량의 벡터 그림이다. 각 θ는 가로 방향 운동량이 보존되는 방향으로의 각이다. 광자가 진행하는 방향으로도 운동량이 보존되어야 하므로 아래 관계가 성립해야 한다.

$$\frac{h\nu}{c} = 2p \cos \theta$$

$$h\nu = 2pc \cos \theta$$

전자와 양전자에서는 $p = \gamma m\upsilon$이므로

$$h\nu = 2\gamma mc^2 \left(\frac{\upsilon}{c}\right) \cos \theta$$

가 되며, $\upsilon/c < 1$이고 $\cos \theta \leq 1$이므로

$$h\nu < 2\gamma mc^2$$

이어야 한다. 그러나 에너지 보존법칙은 $h\nu = 2\gamma mc^2$이 될 것을 요구한다. 따라서 쌍생성 과정에서 광자의 초기 운동량 일부를 가져가는 어떤 다른 그 무엇의 도움 없이는 운동량과 에너지 보존법칙을 동시에 만족시키는 것이 불가능하다.

예제 2.6

$+x$ 방향으로 $0.500c$ 속력을 가지고 나란히 움직이고 있었던 하나의 전자와 하나의 양성자가 소멸되고, x축 방향을 따라 진행하는 두 광자가 생성되었다. (a) 두 광자 모두 $+x$ 방향으로 진행할 수 있는가? (b) 광자 각각의 에너지는 얼마인가?

풀이

(a) 운동량이 보존되기 위해서는 처음 입자들이 정지되어 있는 질량 중심 기준계(CM)에서의 광자는 서로 반대 방향으로 진행해야 한다. CM계의 속력이 광자 속력 c보다 적으므로 실험실에서도 서로 반대 방향으로 나아가야 한다.

(b) +x 방향의 광자 운동량을 p_1, −x 방향의 광자 운동량을 p_2라고 하자. 그러면 운동량 보존(실험실계에서)은 다음의 관계를 나타낸다.

$$p_1 - p_2 = 2\gamma mv = \frac{2(mc^2)(v/c^2)}{\sqrt{1 - v/c^2}}$$

$$= \frac{2(0.511\ \text{MeV}/c^2)(c^2)(0.500c)/c^2}{\sqrt{1 - (0.500)^2}} = 0.590\ \text{MeV}/c$$

에너지 보존은

$$p_1 c + p_2 c = 2\gamma mc^2 = \frac{2mc^2}{\sqrt{1 - v^2/c^2}} = \frac{2(0.511\ \text{MeV})}{\sqrt{1 - (0.500)^2}} = 1.180\ \text{MeV}$$

를 나타내며, 따라서 $p_1 + p_2 = 1.180\ \text{MeV}/c$이다.

운동량에 대한 두 식을 더하여 풀면,

$$(p_1 - p_2) + (p_1 + p_2) = 2p_1 = (0.590 + 1.180)\ \text{MeV}/c$$

$$p_1 = 0.885\ \text{MeV}/c$$

$$p_2 = (p_1 + p_2) - p_1 = 0.295\ \text{MeV}/c$$

이므로 광자에너지는 아래와 같다.

$$E_1 = p_1 c = 0.885\ \text{MeV} \qquad E_2 = p_2 c = 0.295\ \text{MeV}$$

광자 흡수

빛 광자인 X-선과 γ-선이 물질과 상호작용하는 세 가지 주된 방법을 그림 2.27에 나타내었다. 이 세 경우 모두에서 광자에너지는 전자에게 전달되고, 전자는 다시 흡수물질의 원자에게 에너지를 잃어버린다.

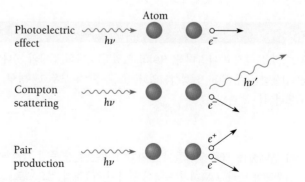

그림 2.27 X-선과 γ-선은 주로 광전자 효과, 콤프턴 효과, 그리고 쌍생성으로 물질과 상호작용을 한다. 쌍생성은 최소한 1.02 MeV 이상의 에너지가 요구된다.

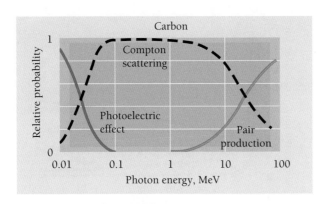

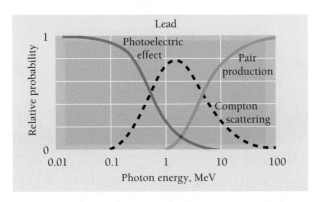

그림 2.28　탄소(가벼운 원소)와 납(무거운 원소)에서의 에너지에 따르는 광전자 효과, 콤프턴 효과, 그리고 쌍생성에 대한 상대적인 확률

　　광자에너지가 낮을 때는 광전자 효과가 에너지 손실의 주된 방법이다. 에너지가 높아질수록 광전자 효과는 덜 중요해지고, 콤프턴 산란이 중요해지기 시작한다. 원자번호가 높을수록 광전자 효과의 중요성이 늦게까지 남는다. 무거운 원자에서는 광자에너지가 약 1 MeV 가까이 되어야 콤프턴 산란이 지배적이 되는 데 반해, 가벼운 원자에서는 수십 KeV에서도 지배적이 된다(그림 2.28).

　　광자에너지가 경계 값인 1.02 MeV를 넘어서면 점차 쌍생성이 증가한다. 흡수체의 원자번호가 증가할수록 낮은 에너지에서부터 γ-선의 주된 에너지 손실 원인은 쌍생성이 된다. 가장 무거운 원자에서는 약 4 MeV에서 그 중요도가 콤프턴 산란과 교차되나, 가벼운 원자에서는 10 MeV가 넘어가야 교차된다. 따라서 전형적인 방사능 붕괴에 의한 에너지 범위에서의 γ-선은 주로 콤프턴 산란으로 물질과 상호작용한다.

　　X-선이나 γ-선의 세기 I는 빔의 단위 단면적당 에너지 전달률과 같다. 두께 dx의 흡수체를 지나면서 빔의 에너지를 잃어버리는 에너지 손실률 $-dI/I$는 dx에 비례한다.

$$-\frac{dI}{I} = \mu \, dx \qquad (2.24)$$

μ는 **선형감쇠계수**(linear attenuation coefficient)라 불리며, 그 값은 광자에너지와 흡수체의 성질에 따라 달라진다. 식 (2.24)를 적분하면,

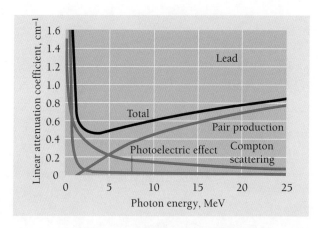

그림 2.29   납의 광자에 대한 선형감쇠계수

복사 세기
$$I = I_0 e^{-\mu x} \tag{2.25}$$

를 얻는다. 복사 세기는 흡수체 두께 x에 따라 지수적으로 감소한다. 그림 2.29에 광자에너지에 따르는 납의 선형감쇠계수를 나타내었다. 광전자 효과, 콤프턴 산란 그리고 쌍생성에 의한 기여 정도도 함께 보여 주고 있다.

식 (2.25)는 X-선이나 γ-선의 세기를 필요한 만큼 감쇠시키는 데 필요한 흡수체의 두께 x와 감쇠계수 μ를 서로 연관시키는 데 사용된다.

만약 처음과 마지막의 세기 비가 I/I_0라면,

$$\frac{I}{I_0} = e^{-\mu x} \qquad \frac{I_0}{I} = e^{\mu x} \qquad \ln \frac{I_0}{I} = \mu x$$

흡수체
두께
$$x = \frac{\ln (I_0/I)}{\mu} \tag{2.26}$$

가 된다.

예제 2.7

에너지 2.0 MeV인 γ-선의 물에서의 선형감쇠계수는 4.9 m^{-1}이다. (a) 물을 10 cm 지난 후, 2.0 MeV인 γ-선의 상대비를 구하라. (b) 처음 세기의 1%만의 세기가 투과되기 위해서는 빔은 물을 얼마나 지나가야 하는가?

풀이

(a) $\mu x = (4.9 \text{ m}^{-1})(0.10 \text{ m}) = 0.49$이므로 식 (2.25)으로부터

$$\frac{I}{I_0} = e^{-\mu x} = e^{-0.49} = 0.61$$

이 된다. 10 cm 물을 통과한 후 처음 세기의 61%로 감쇠한다.

(b) $I_0/I = 100$이므로 식 (2.26)에서

$$x = \frac{\ln(I_0/I)}{\mu} = \frac{\ln 100}{4.9 \text{ m}^{-1}} = 0.94 \text{ m}$$

이다.

2.9 광자와 중력

광자는 비록 정지질량을 가지고 있지는 않지만 중력질량을 가진 것처럼 행동한다.

1장 부록에서 질량 주위에서의 시공간의 휨의 효력으로 인해 빛이 중력의 영향을 받는다는 것을 배웠다. 빛의 중력에 대한 또 다른 한 접근 방법은 광자가 정지질량은 가지고 있지 않지만, 관성질량을 가진 것처럼 전자와 상호작용을 한다는 관측 사실로부터 시작하는 방법이다.

광자 '질량'
$$m = \frac{p}{v} = \frac{h\nu}{c^2} \tag{2.27}$$

(광자는 $p = h\nu/c$ 그리고 $v = c$임을 참조함) 등가 원리에 의하면, 중력질량은 관성질량과 항상 같다. 따라서 주파수 ν인 광자는 질량 $h\nu/c^2$을 가진 입자처럼 중력에 반응해야 할 것이다.

실험실에서도 빛의 중력 특성을 보일 수 있다. 지표면에서부터의 높이가 H인 곳에서 질량 m인 돌을 떨어뜨리면 지구 중력의 인력에 의해 돌은 가속되고, 지표면에 도달하는 동안 mgH의 에너지를 얻는다. 돌의 마지막 운동에너지 $\frac{1}{2}mv^2$은 mgH와 같고, 따라서 마지막 속력은 $\sqrt{2gH}$가 된다.

모든 광자는 빛의 속력으로 움직이므로 더 이상은 빨라질 수 없다. 그러나 높이 H만큼 떨어지는 광자는 주파수를 ν에서 ν'로 증가시킴으로써 에너지 증가 mgH를 드러낸다(그림 2.30). 실험실 크기에서는 이 주파수 변화가 극히 적으므로 상응하는 광자 '질량' $h\nu/c^2$의 변화는 무시할 수 있다. 그러면,

광자의 마지막 에너지 = 광자의 처음 에너지 + 에너지 증가

$$h\nu' = h\nu + mgH$$

이다. 따라서 광자에너지는 다음과 같이 변한다.

$$h\nu' = h\nu + \left(\frac{h\nu}{c^2}\right)gH$$

높이 H만큼 떨어진 후의 광자에너지
$$h\nu' = h\nu\left(1 + \frac{gH}{c^2}\right) \tag{2.28}$$

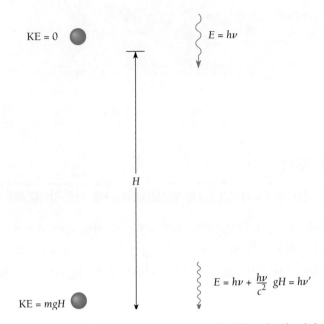

그림 2.30   중력장 내에서 떨어지는 광자는 돌이 얻는 것처럼 에너지를 얻는다. 에너지 이득은 진동수가 ν에서 ν'로 변하는 것으로 나타난다.

예제 2.8

떨어지는 광자에너지의 증가는 1960년에 하버드 대학의 파운드(Pound)와 레브카(Rebka)가 처음 실험적으로 증명해 보였다. 그들의 실험에서 H는 22.5 m였다. 원래의 주파수가 7.3×10^{14} Hz인 붉은색 광자의 22.5 m 떨어진 후의 주파수 변화를 구하라.

풀이

식 (2.28)에서 주파수 변화는

$$\nu' - \nu = \left(\frac{gH}{c^2} \right) \nu$$

$$= \frac{(9.8 \text{ m/s}^2)(22.5 \text{ m})(7.3 \times 10^{14} \text{ Hz})}{(3.0 \times 10^8 \text{ m/s})^2} = 1.8 \text{ Hz}$$

이다. 연습문제 53에서 설명하는 것처럼 파운드와 레브카의 실제 실험에서는 훨씬 큰 주파수의 γ-선을 사용하였다.

중력 적색편이

빛에 대한 중력의 영향은 천문학적으로 흥미 있는 효과를 제안한다. 지구를 향하는 광자의 진동수가 증가한다면 지구로부터 멀어지는 광자의 진동수는 줄어들어야 할 것이다.

지구의 중력장은 그렇게 강하지 않지만, 별들의 중력장은 매우 강하다. 그림 2.31과 같이 처음 진동수가 ν인 광자의 질량이 M이고 반경이 R인 별에서 나온다고 하자. 그 별의 표면에

그림 2.31 별의 표면에서 방출되는 광자는 별에서 멀어질수록 진동수가 낮아진다.

있는 질량 m인 물체의 퍼텐셜에너지는 다음과 같다.

$$\text{PE} = -\frac{GMm}{R}$$

여기서 음의 부호는 인력을 나타낸다. 그러므로 별 표면에 있는 '질량'이 $h\nu/c^2$인 광자의 위치에너지는

$$\text{PE} = -\frac{GMh\nu}{c^2R}$$

이고, 총 에너지 E는 PE와 양자에너지 $h\nu$의 합이므로

$$E = h\nu - \frac{GMh\nu}{c^2R} = h\nu\left(1 - \frac{GM}{c^2R}\right)$$

이다.

지구처럼 그 별로부터 멀리 떨어져 있는 곳에서의 광자는 별의 중력장의 영향을 벗어나 있으나 총 에너지는 보존되어 그대로이다.

$$E = h\nu'$$

여기서 ν'는 지구에 도착하는 광자의 주파수이다(지구 중력장에서의 광자의 퍼텐셜에너지는 별의 중력장에서의 퍼텐셜에너지에 비하면 무시할 만하다). 그러므로

$$h\nu' = h\nu\left(1 - \frac{GM}{c^2R}\right)$$

$$\frac{\nu'}{\nu} = 1 - \frac{GM}{c^2R}$$

이고, 상대적인 진동수의 변화는

중력에 의한
적색편이
$$\frac{\Delta\nu}{\nu} = \frac{\nu - \nu'}{\nu} = 1 - \frac{\nu'}{\nu} = \frac{GM}{c^2R} \qquad (2.29)$$

이다. 지구에서의 광자의 주파수는 광자가 그 별의 중력장을 떠남으로써 잃는 에너지에 해당하는 만큼 낮아진다.

그러므로 스펙트럼이 가시광선 영역에 있는 광자는 붉은색 쪽으로 편이 된다. 따라서 이 **중력 적색편이**(gravitational red shift)는 멀리 떨어진 은하계가 지구로부터 후퇴함으로써 생기는 도플러 적색편이와는 구별되어야 한다. 도플러 적색편이는 우주의 팽창에 기인한 것이다.

4장에서 다시 배우겠지만, 적당히 여기된 모든 원소의 원자들은 어떤 특정한 주파수만 가지는 광자를 방출한다. 그러므로 식 (2.29)의 정당성은 천체의 스펙트럼과 실험실에서 얻은 스펙트럼을 비교함으로써 확인할 수 있다. 태양을 포함한 대부분의 별들에서는 M/R의 비율이 너무 낮아 중력에 의한 적색편이가 명확히 나타나지 않는다. 그러나 **백색왜성**(white dwarf)이라고 알려진 종류의 별들에서 이 편이는 겨우 측정 가능한 정도이지만 명백히 나타나며, 이미 관측되었다. 백색왜성은 늙은 별로서, 그 내부는 전자구조가 붕괴된 원자들로 이루어져 있어서 그 크기가 매우 작다. 전형적인 백색왜성의 크기는 지구만 하고 질량은 태양만 하다.

블랙홀

재미있는 문제는 "별의 밀도가 너무 커져서 $GM/c^2R \geq 1$이 되면 어떻게 되는가?" 하는 질문이다. 식 (2.29)에 의하면, 이런 경우에는 광자가 별을 떠나기 위해 초기 에너지 $h\nu$보다 더 많은 에너지를 필요로 하기 때문에 별을 떠날 수 있는 광자가 하나도 없게 된다. 이 효과는 적색편이로 광자의 파장을 무한대로 늘려놓는 것과 같다. 이러한 종류의 별은 복사선을 낼 수 없기 때문에 보이지도 않는다. 이것이 '검은 구멍'이라 번역함직도 한 우주의 **블랙홀**(black hole)이다.

블랙홀에 있는 광자처럼 중력 에너지가 그의 총 에너지와 비슷한 경우는 일반 상대성 이론을 정확히 적용해야 하며, 이때 별이 블랙홀이 되는 정확한 기준은 $GM/c^2R \geq \frac{1}{2}$임이 밝혀졌다. 질량 M인 물체의 **슈바르츠실트 반지름**(Schwarzschild radius) R_S는 다음과 같이 정의된다.

퀘이사와 은하

가장 강력한 망원경으로도 **퀘이사**(quasar)는 일반 별과 마찬가지로 한 점으로 보인다. 다른 별과는 달리, 퀘이사는 강력한 라디오파를 방출하는 라디오 파원이며, 퀘이사라는 이름은 *quast-stellar radio source*를 줄여서 부르는 이름이다. 수백 개의 퀘이사가 발견되었으며, 더 많은 퀘이사가 존재하는 것처럼 보인다. 전형적인 퀘이사는 태양계보다 작지만, 밖으로 방출하는 에너지는 우리 은하수 은하계 전체가 내보내는 것보다 수천 배 더 많다.

대부분의 천문학자들은 모든 퀘이사의 중심부에 질량이 태양보다 최소한 1억 배 이상인 블랙홀이 있다고 믿는다. 가까이 있는 별들이 블랙홀로 끌려들어 갈 때 그들의 물질들이 압축되고 가열되면서 관측되는 복사를 만든다. 삼켜지는 동안 별은 일상적으로 살았을 경우에 방출하는 에너지보다 10배 이상 더 내놓는다. 1년에 몇몇 별들을 끌어들이는 것만으로도 관측될 정도의 퀘이사 방출률을 유지할 수 있는 것처럼 보인다. 새로 형성되는 은하 중심부가 퀘이사일 가능성은 있는가? 모든 은하는 모두 한 번은 퀘이사 단계를 거쳤는가? 아직 아무도 그렇다고 답할 수는 없다. 그러나 은하수 은하를 포함하는 모든 은하들은 중심부에 무거운 블랙홀을 가지고 있다는 흔적이 있다. ■

Schwarzschild 반지름

$$R_S = \frac{2GM}{c^2} \tag{2.30}$$

어떤 물체의 질량 전부가 반지름이 R_S인 구 안에 있으면, 그 물체는 블랙홀이 된다. 블랙홀의 경계를 **사건 지평선**(event horizon)이라 부른다. 블랙홀로부터의 탈출 속도는 슈바르츠실트 반지름에서 광속 c와 같으므로 그 무엇도 블랙홀로부터 절대로 벗어날 수 없다. 태양 질량과 같은 별의 R_S는 3 km이고 태양의 현재 반지름보다 25만 배 더 작다. 블랙홀 근방을 지나는 모든 것들은 블랙홀 안으로 빨려 들어가서 바깥으로는 다시 나올 수 없다.

　　보이지 않는 블랙홀을 어떻게 측정할 수 있을까? 블랙홀이 쌍둥이별(double star: 흔히 볼 수 있다)의 일원이라면 서로의 주위를 돌고 있는 다른 구성별을 잡아당기는 중력 효과로 그 존재를 알 수 있다. 이에 더해, 블랙홀의 강력한 중력은 그 다른 별로부터 물질을 끌어당기고, 이 물질은 빨려 들어가는 동안 압축되고 아주 높은 온도로 가열되어 많은 양의 X-선을 방출한다. 많은 천문학자들이 블랙홀이라 믿는, 보이지 않는 하나의 천문학적 대상은 시그너스(Cygnus) X-1로 알려져 있다. 그 질량은 태양의 약 8배이며, 그의 반지름은 겨우 10 km 정도로 여겨지고 있다. 블랙홀이 X-선을 방출하는 범위는 수백 km 밖으로 펼쳐져 있을 것이다.

　　매우 무거운 별만 종국에 가서 블랙홀이 된다. 가벼운 별은 백색왜성으로, 또 이름 그대로 주로 중성자로 구성되어 있는 중성자별로 진화한다(9.11절을 보라). 하지만 시간이 지나갈수록 백색왜성이나 중성자별의 강한 중력장은 우주먼지나 가스를 더욱더 끌어들인다. 충분한 질량을 끌어모으면 그들 역시 블랙홀로 변할 것이다. 만약 우주가 충분히 오래 존재한다면, 우주 안에 존재하는 모든 것은 블랙홀이 될 것이다.

　　은하 중심부에도 블랙홀이 존재할 것으로 믿어지고 있다. 다시 그 실마리는 가까운 곳에 있는 물체의 운동 상태나 방출하는 복사의 종류와 양에 의해 알 수 있다. 어떤 은하계 중심부에 가까이 있는 별들은 막대한 질량에 의한 인력이 그 궤도에 잡아 놓지 않으면 날아가 버릴 정도로 매우 빠르게 움직이는 것이 관측된다. 그 질량은 태양의 10억 배나 되어야 한다. 또한 은하계 중심부에서는 블랙홀만이 내놓을 만한 대단히 많은 복사를 방출하는 것이 관측되고 있다.

연습문제

2.2 흑체복사

1. 만약 플랑크 상수가 현재의 것보다 작았더라면, 양자역학적 현상들은 지금보다 강하게 나타날까 아니면 더 약하게 나타날까?

2. 파장의 함수로 플랑크의 복사 공식을 나타내 보아라.

2.3 광전 효과

3. 광전자의 최대 에너지 KE_{max}가 입사하는 빛의 주파수 ν에 비례한다고 할 수 있는가? 만약 그렇지 않다면, KE_{max}와 ν의 올바른 관계는 어떻게 말할 수 있는가?

4. 입자의 성질을 파의 성질과 비교해 보아라. 왜 빛의 파동성이 입자성보다 더 일찍 발견되었을까?

5. 700 nm 광자 한 개의 에너지를 구하여라.

6. 100 MeV의 에너지를 갖는 광자의 파장과 진동수를 구하여라.

7. 1.00 kW의 라디오 송신기가 880 kHz의 주파수로 작동한다고 할 때 초당 몇 개의 광자가 방출되는가?

8. 인간의 눈은 최적의 조건하에서 1.0×10^{-18} J의 전자기적 에너지까지 감지할 수 있다. 이 에너지는 600 nm인 광자 몇 개에 해당하는가?

9. 지구에서 평균 1.5×10^{11} m 떨어진 태양에서 방출되는 빛은 그 경로에 수직한 평면 기준 1.4×10^3 W/m^{2}의 비율로 지구에 도달한다. 태양 빛이 5.0×10^{14} Hz의 진동수를 갖는 단색광이라고 가정하자. (a) 태양을 바로 바라보고 있는 지구 표면의 1 m^{2}에 초당 몇 개의 광자가 도달하는가? (b) 태양의 출력은 얼마인가? 초당 몇 개의 광자가 방출되는가? (c) 지구 근처에는 1 m^{3}당 몇 개의 광자가 있는가?

10. 632 nm의 파장에서 동작하는 출력이 0.5 W인 레이저가 발사하는 20 ms인 펄스를 사용하면, 떨어진 망막을 다시 안구에 '접합'시킬 수 있다. 각 펄스당 몇 개의 광자가 존재하는가?

11. 텅스텐에서 광전 효과 방출을 일으키는 최대 파장은 230 nm이다. 최대 에너지가 1.5 eV인 전자가 방출되기 위해서는 빛의 파장이 얼마여야 하는가?

12. 구리에서 광전 효과 방출을 일으키기 위해 필요한 최소 진동수는 1.1×10^{15} Hz이다. 구리의 표면에 진동수가 1.5×10^{15} Hz인 빛이 입사할 때 광전자의 최대 운동에너지(eV)를 구하라.

13. 나트륨에서 광전 효과를 방출시킬 수 있는 빛의 최대 파장을 구하라. 나트륨 표면에 200 nm의 빛을 비춘다면 방출되는 광전자의 최대 운동에너지는 얼마가 되겠는가?

14. 은구슬을 진공상태인 상자 안에서 줄로 매달고 파장이 200 nm인 자외선 빛을 비춘다면 구슬은 얼마만큼의 전기적 포텐셜을 갖게 될까?

15. 출력이 1.5 mW이고 파장이 400 nm인 빛이 광전지를 비추고 있다. 입사하는 광자들 중 0.10%가 광전자를 만든다고 할 때, 전지에 흐르는 전류는 얼마가 되겠는가?

16. 파장이 400 nm인 빛이 그림 2.9와 같은 장치 안에 들어 있는 어떤 금속 표면을 비추고 있다. 금속의 일함수를 2.50 eV라고 할 때 (a) 소멸 전압(extinction voltage)은 얼마인가? 소멸 전압이란 광전 효과에 의한 전류가 사라지는 저지 전압(retarding voltage)을 의미한다. (b) 가장 빠른 광전자들의 속력을 구하라.

17. 주파수 8.5×10^{14} Hz인 빛이 비추고 있는 금속 표면에서 최대 에너지가 0.52 eV인 전자들이 방출되고 있다. 같은 금속 표면에 12.0×10^{14} Hz인 빛을 비추면 최대 에너지가 1.97 eV인 전자들이 방출된다. 위의 자료들을 토대로 표면의 일함수와 플랑크 상수를 구하여라.

18. 텅스텐 표면의 일함수는 5.4 eV이다. 파장이 175 nm인 빛이 이 표면을 비출 때 광전자의 최대 에너지는 1.7 eV이다. 이를 토대로 플랑크 상수를 구하여라.

19. 어떤 광자가 가지고 있는 모든 에너지와 운동량을 자유 전자에게 줄 수 없음을 증명하라. 이러한 이유 때문에 광전 효과는 광자가 속박된 전자에 부딪힐 때만 일어난다.

2.5 X-선

20. X-선 관 양 끝에 얼마의 전압이 걸려야 이 관은 최소 파장이 30 pm인 X-선을 방출하겠는가?

21. 전자가 텔레비전 브라운관 내에서 10 kV의 전위차에 의해 가속된다. 이 전자가 스크린에 부딪힐 때 방출되는 전자기파의 최대 진동수를 구하라. 이것은 어떤 종류의 파인가?

2.6 X-선 회절

22. 파장이 0.30 nm인 X-선에 대해 염화칼륨(KCl) 내에서 최소 브래그산란각은 28.4°이다. 염화칼륨 내의 원자면 사이의 거리를 구하라.

23. 방해석(CaCO$_3$) 내에서 이웃한 원자면 사이의 거리는 0.300 nm이다. 파장이 0.030 nm인 X-선이 입사할 때 최소 브래그산란각을 구하여라.

24. 그림 2.19에 나타나 있는 소금결정(NaCl)의 원자 간격을 구하여라. 소금의 밀도는 2.16×10^3 kg/m^{3}이고, Na와 Cl의 평균 질량은 각각 3.82×10^{-26} kg과 5.89×10^{-26} kg이다.

2.7 콤프턴 효과

25. 운동량이 1.1×10^{-23} kg · m/s인 X-선 광자의 진동수는 얼마인가?

26. 10 MeV의 에너지를 가진 양성자가 갖는 만큼의 운동량을 갖기 위해 어떤 광자가 가져야 할 에너지는?

27. 2.7절에서 어떤 결정에 의해 산란된 X-선은 파장의 변화를 겪지 않는다고 가정하였다. 나트륨 원자의 콤프턴 파장을 계산하고, 그 결과를 전형적인 X-선 파장 0.1 nm와 비교하여 위 가정이 합당함을 보여라.

28. 파장이 55.8 pm인 단색 X-선이 46°로 산란된다. 이 산란 빔의 파장을 구하라.

29. X-선 빔이 표적 물질에서 산란된다. 입사하는 빛의 경로에 대해 45°로 산란된 X-선의 파장이 2.2 pm이라고 할 때, 입사한 X-선의 파장은 얼마인가?

30. 초기 진동수 1.5×10^{19} Hz인 X-선 광자가 전자와 충돌하여 진동수가 1.2×10^{19} Hz로 튀어나오고 있다. 전자에 전달된 운동에너지는 얼마인가?

31. 초기 진동수가 3.0×10^{19} Hz인 X-선 광자가 전자와 충돌하여 90° 방향으로 산란된다. 광자의 새로운 진동수를 구하여라.

32. 전자에게 최대 50 keV의 에너지를 줄 수 있는 X-선 광자의 에너지를 구하라.

33. 입사할 때 100 keV의 에너지를 가진 X-선이 산란 후 90 keV의 에너지를 갖게 되었다. 이때 산란각은 얼마인가?

34. (a) 파장이 80 pm인 X-선이 어떤 물체에 의해 120°로 산란된 후 겪는 파장의 변화는 얼마인가? (b) 되튀는 전자의 방향과 광자가 입사하는 방향 사이의 각은 얼마인가? (c) 되튀는 전자의 운동 에너지를 구하여라.

35. 초기 진동수 ν인 광자가 정지하고 있던 전자에 의해 산란된다. 되튀는 전자의 최대 운동 에너지가 $KE_{max} = (2h^2\nu^2/mc^2)/(1 + 2h\nu/mc^2)$이 됨을 보여라.

36. 입사하는 X-선의 파장이 10.0 pm인 콤프턴 효과 실험에서, 어떤 특정한 각으로 산란된 X-선의 파장이 10.5 pm이었다. 이 때 되튀는 전자의 운동량(크기와 방향)은 얼마인가?

37. 전자의 정지에너지와 같은 크기의 에너지를 가진 광자가 전자와 콤프턴 충돌을 하였다. 전자가 입사하던 광자의 경로와 40°의 각을 이루며 튕겨져 나갔다면, 산란한 광자의 에너지는 얼마가 되겠는가?

38. 에너지가 E인 광자가 정지에너지가 E_0인 입자에 의해 산란되었다. E와 E_0에 대한 식으로 되튀는 입자의 최대 운동 에너지를 나타내어라.

2.8 쌍생성

39. 어떤 양전자가 전자와 정면으로 충돌한 후 두 입자가 모두 다 사라졌다. 각 입자가 1.00 MeV의 운동 에너지를 가지고 있었다고 하면 생성된 광자들의 파장은 얼마인가?

40. 운동 에너지가 2.000 MeV인 양전자가 정지해 있던 전자와 충돌한 후 두 입자는 모두 사라졌다. 그 후 두 개의 광자가 생성되어 그중 하나는 입사하던 양전자와 같은 방향으로 움직이고, 다른 하나는 그 반대 방향으로 움직인다. 이 광자들의 에너지를 구하여라.

41. 초기 에너지와 관계없이 60° 이상의 각으로 콤프턴 산란된 광자는 산란 이후 양전자-전자쌍을 생성할 수 없음을 증명하여라. (**힌트**: 전자의 콤프턴 파장을 쌍생성이 가능한 광자의 최대 파장으로 기술하는 것에서부터 풀이를 시작하여라.)

42. (a) 질량이 M인 정지해 있는 핵이 있을 때, 광자가 양전자-전자쌍을 생성하기 위해 필요한 최소 에너지는 $2mc^2(1 + m/M)$임을 증명하라. 여기서 m은 전자의 정지질량이다. (b) 양성자가 정지한 핵일 때 쌍생성을 위해 필요한 광자의 최소 에너지를 구하여라.

43. (a) 복사하는 빔의 세기(intensity)를 절반으로 줄이기 위해 요구되는 흡수체의 두께 $x_{1/2}$가 $x_{1/2} = 0.693/\mu$로 주어짐을 증명하라. (b) 세기를 10분의 1로 줄이기 위해 필요한 흡수체의 두께를 구하여라.

44. (a) 두께가 x인 흡수체에 의해 흡수된 복사의 세기는 $\mu x \ll 1$일 때 $I_0\mu x$가 됨을 보여라. (b) $\mu x = 0.100$이면, 식 (2.25) 대신 위의 공식을 사용할 때 오차를 백분율로 나타내면 얼마가 되겠는가?

45. 납에서 1 MeV의 에너지를 갖는 γ-선에 대한 선형흡수계수는 78 m^{-1}이다. 이러한 γ-선의 세기를 절반으로 줄이기 위해 필요한 납의 두께를 구하여라.

46. 해수면 높이의 공기에서 50 keV의 에너지를 갖는 X-선에 대한 선형흡수계수는 5.0×10^{-3} m^{-1}이다. 이러한 X-선이 공기를 0.50 m만큼 통과하면 그 세기는 몇 퍼센트 줄어드는가? 5.0 m를 통과한다면 몇 퍼센트 줄어들겠는가?

47. 2.0 MeV의 에너지를 갖는 γ-선에 대한 선형흡수계수는 수중에서는 4.9 m^{-1}이고 납에서는 52 m^{-1}이다. 두께가 10 mm인 납이 이러한 γ-선에 대해 갖는 차폐 효과와 동일한 수준이 되기 위한 물의 두께는?

48. 80 keV의 에너지를 갖는 X-선에 대한 구리의 선형흡수계수는 4.7×10^4 m^{-1}이다. 80 keV X-선의 0.10 mm 두께의 구리막을 통과한 후의 상대적 세기를 구하여라.

49. 문제 48의 광선의 세기를 절반으로 줄이기 위해 필요한 구리의 두께는?

50. 0.05 nm의 파장을 갖는 X-선에 대한 납과 철의 선형흡수계수는 각각 5.8×10^4 m^{-1}, 1.1×10^4 m^{-1}이다. 10 mm의 두께를 갖는 납과 같은 수준의 X-선 차폐 효과를 위해 필요한 철 차폐막의 두께는?

2.9 광자와 중력

51. 태양의 질량은 2.0×10^{30} kg이고 반지름은 7.0×10^8 m이다. 태양에서 방출되고 파장이 500 nm인 빛의 중력 적색편이는 근사적으로 얼마인가?

52. 질량은 태양과 같은 2.0×10^{30} kg이고, 반지름은 지구와 같은 6.4×10^6 m인 백색왜성에서 방출되는 파장이 500 nm인 빛의 근사적인 중력 적색편이를 구하여라.

53. 12장에서 논의되겠지만, 특정한 원자핵은 들뜬 에너지 상태에서 바닥 에너지 상태로 전이하면서 γ-선에 해당하는 광자들을 방출한다. 핵은 하나의 광자를 방출할 때 방출된 광자의 반대 방향으로 되튄다. (a) $^{57}_{27}Co$ 원자핵이 K-포착에 의해 $^{57}_{26}Fe$로 붕괴한 후 바닥상태에 도달하기 위해 14.4 keV의 에너지를 잃고, 광자 한 개를 방출한다. $^{57}_{26}Fe$의 질량은 9.5×10^{-26} kg이다. 광자는 총 14.4 keV를 확보하였으나, 되튀는 원자와 에너지와 운동량을 공유하므로 이 확보된 에너지를 전부 갖지는 못한다. 이 결손분의 에너지는 얼마가 될까? (b) 어떤 결정에서는 원자들이 강하게 속박되어 있어서 γ-선 광자 한 개가 방출될 때, 하나하나의 원자가 아니라 전체 결정이 되튀게 된다. 이 현상은 **뫼스바우어 효과** (Mössbauer effect)로 알려져 있다. 들뜬 $^{57}_{26}Fe$ 핵이 1.0 g인 결정

의 일부분이라면 이 상황에서 광자의 에너지는 얼마나 줄어드는 가? (c) (b)와 같이 실제적으로 되튐이 없는 γ-선의 방출은 에너지가 일정한, 즉 단색 광자의 광원을 만드는 것이 가능함을 의미한다. 이러한 광원이 2.9절에서 설명한 실험에서 사용된다. 지구 표면 근처에서 20 m 떨어진 후에 14.4 keV인 γ-선 광자가 겪는 진동수 변화와 떨어지기 전의 진동수는 얼마인가?

54. 지구의 슈바르츠실트 반지름을 구하여라. 지구의 질량은 5.98×10^{24} kg이다.

55. 질량 M의 물체 중심으로부터 거리 R만큼 떨어진 곳에 위치한 질량 m인 물체의 중력 포텐셜에너지 $U = -GmM/R$이다(거리가 무한대만큼 떨어진 곳에서의 포텐셜에너지를 0으로 고려할 때). (a) R이 질량 M인 물체의 반지름이라면, 질량 m인 물체의 탈출속도(탈출 속도는 물체가 영구히 탈출하기 위한 최소 속도이다) v_e는 얼마인가? (b) $v_e = c$(빛의 속도)를 대입한 후 R에 관해 풀어 그 물체의 슈바르츠실트 반지름에 관한 식을 유도하라(물론 여기에서는 상대론적인 계산이 옳지만 고전적인 계산 결과를 살피는 것도 흥미로운 일이다).

제3장 입자의 파동성

주사 전자현미경(scanning electron microscope)에서는 시편을 주사하는 전자 하나는 표면의 각도에 따라 그 개수를 달리하는 몇 개의 2차 전자를 튀어나오게 한다. 적당한 데이터를 나타냄으로써 시편의 3차원 모습이 인식되게 한다. 여기에서 개미 사진의 해상도가 매우 높은 것은 움직이는 전자의 파동 특성에 의한 결과이다.

돌아보면 1905년 파동의 입자성이 발견되고 난 후 20년이나 지난 1924년에야 입자도 파동성을 띨 수 있다는 생각을 하게 되었다는 것은 이상하게 여겨질 것이다. 그러나 불가사의한 실험 결과를 설명하기 위해 획기적인 가설을 세우는 것과 실험적인 근거조차 없이 그러한 획기적인 가설을 세우는 것은 전혀 다른 문제이다. 드브로이(Louis de Broglie)가 1924년에 발표한 "움직이는 입자는 입자로서의 성질뿐만 아니라 파동의 성질도 가진다"는 제안은 후자에 해당한다. 그 당시는 20세기 초반에 비해 지적인 분위기가 아주 달랐으므로 앞서 플랑크와 아인슈타인의 빛에 대한 양자 이론이 실험적인 근거가 아주 확실하였음에도 불구하고 거의 무시당하였음에 반해, 드브로이의 주장은 곧바로 상당한 관심을 끌었다. 드브로이 파의 존재는 1927년에야 실험적으로 증명되었으나, 이들 이중성의 원리는 이미 슈뢰딩거(Schrödinger)가 그 전해에 양자역학을 성공적으로 개발하는 데 그 출발점이 되었다.

3.1 드브로이 파

움직이는 물체는 경우에 따라 파동성을 띤 것처럼 행동한다.

진동수 ν인 광자는 운동량

$$p = \frac{h\nu}{c} = \frac{h}{\lambda}$$

를 가진다. $\lambda\nu = c$를 사용하였다. 그러므로 다음과 같은 관계식으로 빛의 파장을 운동량으로 표시할 수 있다.

광자의 파장 $\qquad\qquad\qquad\qquad \lambda = \frac{h}{p}$ $\qquad\qquad\qquad\qquad$ (3.1)

드브로이는 식 (3.1)이 완전히 일반적인 것이어서 광자에 대해서뿐만 아니라 물질 입자에 대해서도 성립한다고 제안하였다. 질량이 m이고 속력이 ν인 입자의 운동량 $p = \gamma m\nu$이다. 따라서 입자의 **드브로이 파장**(de Broglie wavelength)은

드브로이 파장 $\qquad\qquad\qquad\qquad \lambda = \frac{h}{\gamma m\nu}$ $\qquad\qquad\qquad\qquad$ (3.2)

이다. 입자의 운동량이 커지면 커질수록 드브로이 파장은 짧아진다. 식 (3.2)에서 γ는 상대론적 인자로서

$$\gamma = \frac{1}{\sqrt{1 - \nu^2/c^2}}$$

이다.

전자기파의 경우에서와 마찬가지로, 물체에서도 입자성과 파동성이 절대로 동시에 관측

루이 드 브로이(Louis de Broglie: 1892~1987)는 오랫동안 외교가와 군인 가족으로 알려진 한 프랑스 가문 태생이었으나, 처음에는 역사학 학도였고 나중에 가서는 결국 물리학자가 된 형 모리스(Maurice)의 뒤를 따르게 되었다. 1924년 그의 박사 학위 논문에는 "움직이는 물체는 입자로서의 성질과 상보적인 파동으로서의 성질도 가진다"는 제안이 포함되어 있다. 이 "겉보기에 상반되어 보이는 개념 각각은 각자 나름대로 진리의 한 면을 나타낸다. …각자 직접적인 모순 없이 사실을 나타내는데 교대로 이용될 것이다." 드브로이의 영감의 일부는 "전자는 핵 주위의 특정 궤도만 따른다."는 보어(Bohr)의 수소 원자 이론으로부터 받았다. "이 사실은 나로 하여금 전자… 단순히 입자로 생각하기보다는 그들에게 주기성이 부여되어야 한다는 착상을 하도록 하였다." 2년 후에 슈뢰딩거는 폭넓은 원자 세계의 현상을 설명하는 데 적용되는 보편적인 이론을 발전시키기 위해 드브로이의 개념을 사용하였다. 1927년에 전자 선속의 회절 실험으로 드브로이 파의 존재가 확인되었으며, 이러한 공로로 드브로이는 1929년에 노벨상을 받았다.

되지 않는다. 그러므로 어느 쪽이 '정확한' 기술인가 하는 질문은 의미가 없다. 단지 우리가 말할 수 있는 것은 움직이는 물체가 어떤 경우에는 파동 같고, 어떤 경우에는 입자 같다고 말할 수밖에 없다. 어떤 성질이 더 잘 나타나는가 하는 것은 드브로이 파장과 그 물체의 크기 그리고 그 물체가 상호작용하는 것들의 크기와의 비교에 의해 결정된다.

예제 3.1

다음 각 경우의 드브로이 파장을 구하라. (a) 질량이 46 g이고 속력이 30 m/s인 골프공 (b) 속력이 10^7 m/s인 전자

풀이

(a) $v \ll c$이므로 $\gamma = 1$로 놓을 수 있다. 그러므로

$$\lambda = \frac{h}{mv} = \frac{6.63 \times 10^{-34}\,\text{J}\cdot\text{s}}{(0.046\,\text{kg})(30\,\text{m/s})} = 4.8 \times 10^{-34}\,\text{m}$$

이다. 골프공의 파장은 그 크기에 비해 너무 작으므로 파동성을 볼 수 있을 것이라고는 기대할 수 없다.

(b) $v \ll c$이므로 $m = 9.1 \times 10^{-31}$ kg이다. 따라서

$$\lambda = \frac{h}{mv} = \frac{6.63 \times 10^{-34}\,\text{J}\cdot\text{s}}{(9.1 \times 10^{-31}\,\text{kg})(10^7\,\text{m/s})} = 7.3 \times 10^{-11}\,\text{m}$$

이다. 원자의 크기는 이 값과 비슷하고, 예를 들어 수소 원자의 반지름은 5.3×10^{-11} m이다. 그러므로 움직이는 전자의 파동성이 원자의 구조와 움직임을 이해하는 데 열쇠가 된다는 것은 놀라운 일이 아니다.

예제 3.2

양성자의 드브로이 파장은 양성자의 지름 정도인 $1.000 \text{ fm} = 1.000 \times 10^{-15}$ m이다. 양성자의 운동에너지를 구하라.

풀이

양성자의 pc가 양성자의 정지에너지 $E_0 = 0.938$ GeV보다 매우 적지 않은 이상 상대성 이론적 계산을 하여야 한다. 이를 알기 위해 식 (3.2)로부터 pc를 구하자.

$$pc = (\gamma m v)c = \frac{hc}{\lambda} = \frac{(4.136 \times 10^{-15} \text{ eV} \cdot \text{s})(2.998 \times 10^8 \text{ m/s})}{1.000 \times 10^{-15} \text{ m}} = 1.240 \times 10^9 \text{ eV}$$
$$= 1.240 \text{ GeV}$$

이므로 $pc > E_0$이어서 상대성 이론적 계산이 필요하고, 식 (1.24)로부터 양성자의 총 에너지는

$$E = \sqrt{E_0^2 + p^2 c^2} = \sqrt{(0.938 \text{ GeV})^2 + (1.240 \text{ GeV})^2} = 1.555 \text{ GeV}$$

이며, 이때의 운동에너지는

$$\text{KE} = E - E_0 = (1.555 - 0.938) \text{ GeV} = 0.617 \text{ GeV} = 617 \text{ MeV}$$

가 된다.

드브로이는 자신의 추측을 지지하는 직접적인 실험적 근거를 가지지는 못하였으나, 1913년 보어(Bohr)가 수소 원자 모델에서 가정하였던 에너지가 특정한 값들로만 제한되는 에너지의 양자화 가설을 그의 이론을 통해 자연스럽게 설명할 수 있음을 보일 수 있었다(이 모델은 4장에서 다룬다). 몇 년 지나지 않아서 식 (3.2)는 결정에 의한 전자의 회절 실험으로부터 증명되었다. 이 실험들 중 하나를 고찰하기 전에 우선 드브로이의 물질파에는 어떤 종류의 파동 현상이 연관되어 있는가 하는 문제를 살펴보도록 하자.

3.2 무슨 파인가?

확률파

물결파에서 주기적으로 변하는 것은 수면의 높이이고, 음파에서는 압력이다. 빛에서는 전자기장이 변한다. 물질파의 경우에 이와 같이 변하는 것은 무엇인가?

물질파의 경우 변하는 양을 **파동함수**(wave function)라 하며, 기호 Ψ로 나타낸다. 공간의 한 점 x, y, z에서 시간 t일 때의 파동함수 값은 그 시간에 그 장소에서 그 물체를 발견할 가능성에 관계된다.

그러나 파동함수 Ψ 자체만으로는 아무런 물리적 의미도 없다. 실험으로 Ψ를 해석할 수 없는 것은 단순한 이유에서이다. 어떤 시간, 어떤 장소에서 어떤 물체를 발견할 확률 P는 두 한계값 0(물체가 확실히 거기에 없는 경우)과 1(물체가 확실히 거기에 존재하는 경우) 사이의

막스 보른(Max Born: 1882~1970)은 옛날에는 독일이었으나 지금은 폴란드 영토인 브로츠와프(Breslau)에서 성장하였고, 1907년 괴팅겐(Göttingen) 대학에서 응용수학으로 박사 학위를 받았다. 곧바로 물리학에 전념하여야겠다고 결심하였으며, 1907년에 강사 자격으로 괴팅겐으로 돌아왔다. 거기에서 그의 '주요 관심거리'였고 뒤에 가서도 자주 되돌아왔던 결정격자 이론의 여러 면에 대해 연구하였다. 1915년에 플랑크의 추천으로 베를린에서 물리학 교수가 되었으며, 베를린에서 많은 활동과 더불어 아인슈타인의 바이올린 연주회에서 피아노 반주도 하였다. 제1차 세계대전에 참전하였고 프랑크푸르트 대학 시기를 거친 후 물리학 교수가 되어 괴팅겐으로 되돌아왔다. 그곳은 그의 지도로 이론물리학의 놀랄 만한 중심지가 되었다. 그의 연구보조원 중에는 하이젠베르크(Heisenberg)와 파울리(Pauli)가 포함되어 있었고, 페르미(Fermi), 디랙(Dirac), 위그너(Wigner) 그리고 괴퍼트(Goeppert) 등이 그와 함께 연구하였으며, 이들 모두 미래 노벨상 수상자들의 이름이었다. 이때를 회상하며 보른은 다음과 같이 썼다. "독일 대학에서는 강의와 수업에 완벽한 자유가 보장되어 있었다. 시험도 없었으며, 학생들을 통제하지도 않았다. 대학은 단지 강의를 개설하고 학생들은 자신이 어떤 과목을 수강할지를 결정하기만 하면 되었다."

보른은 "밝은 고전물리의 영역에서 아직은 어둡고 탐험되지 않은 지하세계인 새로운 양자역학"으로 나아가는 데 선구자적인 역할을 하였고, 양자역학이라는 용어를 처음 사용한 사람이다. 입자의 파동함수 Ψ가 그 입자를 발견할 확률과 연관을 가진다는 기본 개념은 보른으로부터 처음 나왔다. 그는 아인슈타인의 아이디어로부터 시작하였는데, "빛 파동의 진폭의 제곱을 광자가 존재할 확률밀도로 해석함으로써 입자(빛 양자 혹은 광자)와 파동의 이중성이 이해 가능하게 되도록 한 시도"를 하였던 아이디어였다. 이 아이디어를 곧바로 Ψ-함수로 확장할 수 있었다. $|\Psi|^2$이 전자(혹은 다른 입자들)의 확률밀도를 나타냄에 틀림없을 것이다. 이렇게 주장하는 것은 쉬운 일이나 이를 어떻게 증명할 수 있을 것인가? 이 증명을 위해 원자 산란과정을 제안하였다. 보른의 원자산란(원자와 여러 종류의 입자들과의 충돌)에 대한 양자 이론의 개발은 '자연현상에 대한 새로운 사고 방법'을 입증하는 것뿐만 아니라 이론물리의 중요한 한 분야의 토대를 세웠다.

보른은 다른 많은 과학자들이 그랬던 것처럼 나치 시대가 시작되는 1933년에 독일을 떠났다. 영국 국민이 되었고, 케임브리지, 그다음에는 에든버러(Edinburgh) 대학에 몸담았으며, 1953년에 퇴임하였다. 스코틀랜드의 기후가 거칠다는 것을 알고, 또 전후 독일의 민주화에 기여하고자 보른은 여생을 괴팅겐 근방의 바트 퓌르몬트(Bad Pyrmont)에서 보냈다. 그의 현대물리와 광학 교과서는 오랫동안 이 분야의 표준 교과서 역할을 하였다.

임의의 값을 가질 수 있다. 확률이 0.2이면 그 물체를 발견할 가능성이 20%임을 의미한다. 그러나 모든 파동의 진폭은 양수는 물론 음수일 수도 있으며, 확률이 음수, 예를 들면 -0.2라는 것은 의미가 없다. 따라서 Ψ 자체는 관측 가능한 양이 아니다.

그러나 **확률밀도**(probability density)로 알려진 파동함수의 절댓값의 제곱인 $|\Psi|^2$은 위와 같은 반론이 적용되지 않는다.

> 위치 x, y, z에서 시간 t일 때 파동함수 Ψ로 기술되는 물체를 실험적으로 발견할 확률은 거기에서 그 시간 t일 때의 $|\Psi|^2$ 값에 비례한다.

$|\Psi|^2$이 큰 값이면 물체가 존재할 확률이 높다는 것을 의미하며, 반대로 그 값이 작으면 존재할 가능성이 낮음을 의미한다. 그러나 어떤 곳에서 $|\Psi|^2$이 완전히 0이 아니기만 하면 확률이 비록 낮기는 하지만, 그곳에서 그것을 발견할 가능성이 명백히 있다는 것이다. 1926년에 보른(Max Born)이 처음으로 이러한 해석을 하였다.

사건의 가능성과 사건 자체와는 커다란 차이가 있다. 비록 어떤 입자를 기술하는 파동함수 Ψ가 공간적으로 펼쳐져 있다고 하더라도 이것이 입자 자체가 펼쳐져 있다는 것을 의미하는

것은 아니다. 예를 들어 전자의 측정 실험을 할 때, 어떤 시간 어떤 장소에서 완전한 전자 하나가 있든가 없든가 한다. 전자 하나의 20% 같은 것은 존재하지 않는다. 그러나 그 시간, 그 장소에서 전자를 발견할 확률이 20%라는 것은 가능하다. 이것이 바로 $|\Psi|^2$이 나타내는 가능성이다.

X-선 회절의 선구자인 브래그가 느슨하기는 하지만 아주 생생한 해석을 하였다. "물체와 복사의 파동성과 입자성을 구분하는 선은 순간인 '지금'이다. 이 순간이 시간을 꿰뚫고 꾸준히 나아감에 따라 파동적인 미래가 입자적인 과거로 굳어진다. …미래의 모든 것은 파동이고, 과거의 모든 것은 입자이다." 만약 "'지금'의 순간"을 측정을 행하는 시간으로 이해한다면 이렇게 보는 방법도 온당한 방법이 될 것이다. [철학자 키르케고르(Søren Kierkegaard)가 "삶은 뒤로만 이해 가능하나, 앞으로 향해서만 살아나갈 수밖에 없다."라고 썼을 때 현대물리학의 이런 모습을 예견하였을지도 모른다.]

다른 방식으로 $|\Psi|^2$의 의미를 보면, 같은 파동함수 Ψ로 기술되는 동일한 수많은 대상물들에 대한 실험에서 시간 t일 때 x, y, z에서 그 대상물들의 **실제 밀도**(*actual density*: 단위 부피당 개수)가 그에 상응하는 $|\Psi|^2$ 값에 비례한다는 것이다. Ψ와 입자들의 밀도와의 관계를 2.4절에서 다룬 전자기파의 전기장 E와 광자 밀도 N과의 관계와 비교하면 이해에 도움이 될 것이다.

움직이는 물체에 관계된 드브로이 파의 파장은 단순한 식 $\lambda = h/\gamma mv$에 의해 주어지지만, 그의 진폭 Ψ를 위치와 시간의 함수로 구하는 것은 일반적으로 매우 힘든 문제이다. Ψ의 계산은 5장에서 다룰 것이며, 거기에서 발전된 개념들을 6장에서 원자의 구조에 적용할 것이다. 그때까지는 주어진 문제에서 요구되는 Ψ에 대한 모든 지식을 다 알고 있다고 가정한다.

3.3 파동의 기술

일반적인 파동방정식

드브로이 파는 얼마나 빠르게 진행하는가? 드브로이 파를 움직이는 물체와 연관시켰으므로 그 물체와 같은 속력 v로 움직인다고 예상하는 것도 무리는 아닐 것이다. 사실인지 알아보자.

드브로이 파의 속력을 v_p라 하면, 일반적인 식

$$v_p = \nu\lambda$$

로부터 v_p를 구할 수 있다. 파장 λ는 단순히 드브로이 파장으로, $\lambda = h/\gamma mv$이다. 진동수를 알기 위해서는 양자적인 표현 $E = h\nu$와 총 에너지에 대한 상대론적 식 $E = \gamma mc^2$을 같다고 놓으면 된다.

$$h\nu = \gamma mc^2$$

$$\nu = \frac{\gamma mc^2}{h}$$

그러므로 드브로이 파의 속력은

드브로이
파의 속력

$$v_p = \nu\lambda = \left(\frac{\gamma mc^2}{h}\right)\left(\frac{h}{\gamma mv}\right) = \frac{c^2}{v} \qquad (3.3)$$

이 된다. 입자의 속력은 항상 광속 c보다 작아야 하므로 이 식에 의하면 드브로이 파는 항상 빛보다 빠르게 진행하는 예기치 못한 결과를 얻게 된다. 이러한 예기치 못한 결과를 이해하기 위해서는 **위상속도**(phase velocity)와 **군속도**(group velocity)의 차이를 고찰해야 한다(위상속도는 지금까지 '파동의 속도'라 부르던 것이다).

파동을 수학적으로 어떻게 기술하는가를 재검토하는 데서부터 시작하자. 간단하게 하기 위해 그림 3.1에서와 같은 x축 방향으로 잡아당겨진 줄을 생각하자. 그 진동은 y축 방향이며 단조화운동을 한다. $x = 0$에서 현의 변위 y가 최대가 되는 시간을 $t = 0$이라고 하면, 그 후 시간 t의 같은 위치에서의 변위는 다음 식에 의해 주어진다.

$$y = A \cos 2\pi\nu t \qquad (3.4)$$

여기서 A는 진동의 진폭(즉, x축을 기준으로 위, 아래로의 최대 변위)이며 ν는 진동수이다.

식 (3.4)는 줄의 한 점의 변위가 시간에 따라 어떻게 되는지를 말해 준다. 그러나 현의 파동운동에 대해 완전한 기술을 하려면 줄 위에서의 임의의 점에서 임의의 시간에 y가 어떤지를 알아야 한다. 우리가 원하는 것은 y를 x와 t의 함수로 나타내는 식이다.

그런 식을 얻기 위해, $t = 0$일 때 $x = 0$에서 줄을 흔들어 파가 $+x$ 방향으로 진행하기 시작했다고 생각하자(그림 3.2). 이 파는 줄의 특성에 의존하는 어떤 속력 v_p를 가진다. 파는 시간 t 동안에 $x = v_p t$만큼의 거리를 진행한다. 그러므로 $x = 0$에서 파가 형성되어 어떤 점 x에 도달하는 사이의 시간 간격은 x/v_p이다. 따라서 어떤 시간 t일 때 x에서의 줄의 변위 y는 $x = 0$

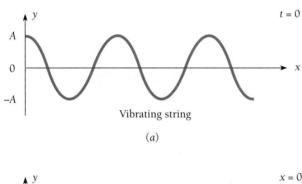

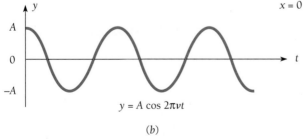

그림 3.1 (*a*) 어떤 특정한 순간의 잡아당겨진 줄에서의 파동의 모양 (*b*) 줄 위 한 점에서의 변위가 시간에 따라 변하는 모양

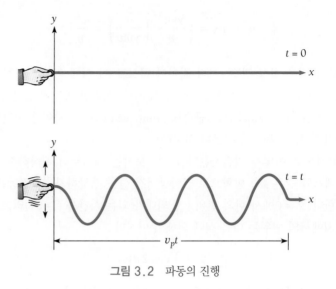

그림 3.2 파동의 진행

에서 앞선 시간 $t - x/v_p$일 때의 y 값과 완전히 같다. 그러면, 단순히 식 (3.4)에서 t를 $t - x/v_p$로 치환함으로써 우리가 바라던 y를 x의 함수로 표현하는 식을 얻을 수 있다.

파동 공식 $$y = A \cos 2\pi\nu\left(t - \frac{x}{v_p}\right) \qquad (3.5)$$

식 (3.5)의 $x = 0$일 때는 식 (3.4)로 되돌아감을 확인할 수 있다.

식 (3.5)를 바꿔 쓰면

$$y = A \cos 2\pi\left(\nu t - \frac{\nu x}{v_p}\right)$$

가 되고, 파의 속력 $v_p = \nu\lambda$이므로

파동 공식 $$y = A \cos 2\pi\left(\nu t - \frac{x}{\lambda}\right) \qquad (3.6)$$

를 얻는다. 식 (3.6)이 식 (3.5)보다 사용하기가 편하다.

그러나 파동에 대해 가장 널리 이용되는 기술 방법은 식 (3.5)의 또 다른 형태이다. **각진동수**(angular frequency) ω와 **파수**(wave number) k를 다음 식에 의해 정의한다.

각진동수 $$\omega = 2\pi\nu \qquad (3.7)$$

파수 $$k = \frac{2\pi}{\lambda} = \frac{\omega}{v_p} \qquad (3.8)$$

ω의 단위는 초당 라디안(radian)이며, k의 단위는 미터당 라디안이다. 각진동수라는 이름은 균일한 원운동에서 유래되었는데, 1초에 ν회 원 주위를 도는 입자는 $2\pi\nu$ rad/s로 원 주위를 쓸고 지나간다. 하나의 완전한 파(한 주기)는 2π 라디안에 해당하므로 파수는 1 m의 파열에 포함된 라디안 수이다.

식 (3.5)를 ω와 k로 표현하면 다음과 같이 된다.

파동 공식 $$y = A \cos (\omega t - kx) \tag{3.9}$$

3차원에서는 k가 파면에 수직한 방향을 가지는 **k**가 되고, x는 위치벡터 **r**로 대체된다. 그때는 식 (3.9)에서의 kx 대신에 스칼라곱 **k · r**을 쓰면 된다.

3.4 위상속도와 군속도

파군의 속도는 파군을 이루는 개개 파의 속도와 같을 필요가 없다.

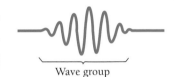

그림 3.3 파군

움직이는 물체에 상응하는 드브로이 파의 진폭은 특정한 시간에 특정한 장소에서 그 물체를 발견할 확률을 나타낸다. 드브로이 물질파가 식 (3.9)와 같은 간단한 식으로 나타낼 수 없다는 것은 명백하다. 왜냐하면 이 식은 모두 같은 진폭 A를 가진 무한히 연속되는 파를 나타내기 때문이다. 반면에 움직이는 물체에 대한 파동적 표현은 그림 3.3에 보인 것과 같은 **파속**(wave packet)이나 **파군**(wave group)에 해당할 것이라고 기대되며, 이를 구성하는 파들의 진폭이 그 물체를 발견할 가능성에 관계된다.

파군이 어떻게 생기는가에 대한 잘 알려진 예로 **맥놀이**(beat)가 있다. 진폭이 같고 진동수가 조금 다른 두 개의 음파가 동시에 발생하면 들리는 소리의 진동수는 원래의 두 진동수의 평균이며 진폭은 주기적으로 오르내린다. 진폭은 1초 동안 원래의 두 진동수의 차이만큼 진동한다. 예를 들어, 원래 소리의 진동수가 440 Hz와 442 Hz라면 진동수가 441 Hz인 소리가 1초에 두 번씩 세기의 정점에 도달하는 맥놀이로 들린다. 이 맥놀이의 발생을 그림 3.4에 나타내었다.

파군은 수학적으로 서로 다른 파장을 가지는 파들의 중첩으로 기술할 수 있다. 이 중첩되는 파들 사이의 간섭으로 인해 진폭이 변화되어 파군의 모습을 결정한다. 각기 파들의 속도가 같다면, 파군이 전파하는 속도도 공동의 위상속도와 같다. 그러나 파장에 따라 위상속도가 변한다면 서로 다른 파들은 같은 속도로 진행하지 않으며, 이런 경우를 **분산**(dispersion)이라

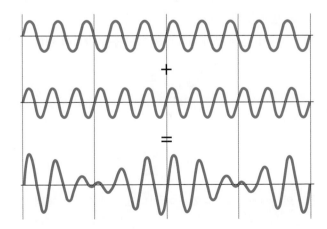

그림 3.4 맥놀이는 다른 진동수를 가진 두 파동의 중첩에 의해 발생한다.

부른다. 이 결과로 파군의 속도는 파군을 구성하는 각기 파들의 위상속력과 다르게 되고, 드 브로이 파가 이 경우에 해당한다.

파군이 진행하는 속력인 v_g를 계산하는 것은 그리 어렵지 않다. 진폭 A는 같고 각진동수가 $\Delta\omega$만큼, 파수가 Δk만큼 다른 두 파에 의해 만들어진 파군을 생각하자. 원래의 파들을 다음 식으로 나타낼 수 있다.

$$y_1 = A \cos (\omega t - kx)$$
$$y_2 = A \cos [(\omega + \Delta\omega)t - (k + \Delta k)x]$$

임의의 시간 t일 때 임의의 위치 x에서의 합성 변위 y는 y_1과 y_2의 합이다.

$$\cos \alpha + \cos \beta = 2 \cos \tfrac{1}{2}(\alpha + \beta) \cos \tfrac{1}{2}(\alpha - \beta)$$

인 관계와

$$\cos(-\theta) = \cos \theta$$

를 사용하면,

$$y = y_1 + y_2$$
$$= 2A \cos \tfrac{1}{2}[(2\omega + \Delta\omega)t - (2k + \Delta k)x] \cos \tfrac{1}{2}(\Delta\omega\, t - \Delta k\, x)$$

를 얻는다.

$\Delta\omega$와 Δk는 각각 ω와 k에 비해 작으므로

$$2\omega + \Delta\omega \approx 2\omega$$
$$2k + \Delta k \approx 2k$$

로 근사되고, 따라서

맥놀이 $$y = 2A \cos (\omega t - kx) \cos \left(\frac{\Delta\omega}{2} t - \frac{\Delta k}{2} x \right)$$ (3.10)

가 된다. 식 (3.10)은 각진동수가 ω이고 파수가 k인 파가 각진동수가 $\tfrac{1}{2}\Delta\omega$로 그리고 파수가 $\tfrac{1}{2}\Delta k$로 변조된 파에 실려 있음을 나타낸다.

변조의 결과 그림 3.4에서 보는 것처럼 일련의 파군들을 만들어 낸다. 위상속도 v_p는

위상속도 $$v_p = \frac{\omega}{k}$$ (3.11)

이며, 파군의 속도 v_g는

군속도 $$v_g = \frac{\Delta\omega}{\Delta k}$$ (3.12)

이다. ω와 k가 앞의 논의에서와 같이 두 값만이 아니고 연속적으로 퍼져 있다면, 군속도는 다음과 같이 된다.

$$v_g = \frac{d\omega}{dk} \qquad (3.13)$$

군속도

위상속도와 파수 간의 관계에 따라 특정한 매질에서의 군속도는 위상속도에 비해 커질 수도 혹은 작아질 수도 있다. 진공에서의 빛처럼 모든 파장에서 위상속도가 같다면 군속도와 위상속도는 같다.

정지질량이 m이고 속력이 v인 물체의 드브로이 파의 각진동수와 파수는 다음과 같다.

$$\omega = 2\pi\nu = \frac{2\pi\gamma mc^2}{h}$$

**드브로이 파의
각진동수**
$$= \frac{2\pi mc^2}{h\sqrt{1 - v^2/c^2}} \qquad (3.14)$$

$$k = \frac{2\pi}{\lambda} = \frac{2\pi\gamma mv}{h}$$

**드브로이 파의
파수**
$$= \frac{2\pi mv}{h\sqrt{1 - v^2/c^2}} \qquad (3.15)$$

ω와 k 둘 다 물체의 속도 v의 함수이다.

이 물체의 드브로이 파의 군속도 v_g는 다음과 같이 된다.

$$v_g = \frac{d\omega}{dk} = \frac{d\omega/dv}{dk/dv}$$

$$\frac{d\omega}{dv} = \frac{2\pi mv}{h(1 - v^2/c^2)^{3/2}}$$

$$\frac{dk}{dv} = \frac{2\pi m}{h(1 - v^2/c^2)^{3/2}}$$

따라서

**드브로이
군속도**
$$v_g = v \qquad (3.16)$$

> 움직이는 물체의 드브로이 파군의 속도는 그 물체의 속도와 같다.

드브로이 파의 위상속도 v_p는 앞에서 이미 계산한 것처럼

**드브로이 파의
위상속도**
$$v_p = \frac{\omega}{k} = \frac{c^2}{v} \qquad (3.3)$$

이다. $v < c$이므로 이 속도는 물체의 속도 v나 빛의 속도 c보다 빠르다. 그러나 물체의 운동은 파군을 이루는 각기 파들의 운동이 아닌 파군의 운동에 대응되므로 v_p는 물리적 의미가 없다. 그리고 생각한 대로 $v_g < c$이다. 그러므로 드브로이 파에서의 $v_p > c$는 특수 상대성 이론을 위배하는 것이 아니다.

예제 3.3

한 전자의 드브로이 파장이 2.00 pm = 2.00 × 10⁻¹² m이다. 이 전자의 운동에너지, 그리고 이 드브로이 파의 위상 및 군속도를 구하라.

풀이

(a) 첫 단계로 전자의 pc를 구한다.

$$pc = \frac{hc}{\lambda} = \frac{(4.136 \times 10^{-15} \text{ eV} \cdot \text{s})(3.00 \times 10^8 \text{ m/s})}{2.00 \times 10^{-12} \text{ m}} = 6.20 \times 10^5 \text{ eV}$$
$$= 620 \text{ keV}$$

전자의 정지에너지가 $E_0 = 511$ keV이므로

$$KE = E - E_0 = \sqrt{E_0^2 + (pc)^2} - E_0 = \sqrt{(511 \text{ keV})^2 + (620 \text{ keV})^2} - 511 \text{ keV}$$
$$= 803 \text{ keV} - 511 \text{ keV} = 292 \text{ keV}$$

(b) 전자속도는 다음과 같이 구한다.

$$E = \frac{E_0}{\sqrt{1 - v^2/c^2}}$$

$$v = c\sqrt{1 - \frac{E_0^2}{E^2}} = c\sqrt{1 - \left(\frac{511 \text{ keV}}{803 \text{ keV}}\right)^2}$$

따라서 위상과 군속도는 각각 아래와 같다.

$$v_p = \frac{c^2}{v} = \frac{c^2}{0.771c} = 1.30c$$

$$v_g = v = 0.771c$$

전자현미경

전자현미경의 기본 원리는 움직이는 전자의 파동성이며, 1932년에 최초로 제작되었다. 모든 광학 기구의 분해능은 회절에 의해 제한되며, 시료를 비추는 데 사용하는 빛의 파장에 비례한다. 가시광선을 사용하는 좋은 현미경의 경우 사용 가능한 최대 배율은 500×이다. 배율을 크게 하면 상은 커지지만 더 이상 자세히 보이지는 않는다. 그러나 빠른 전자는 가시광선의 파장보다 훨씬 더 짧은 파장을 가지고 있을 뿐만 아니라 전하를 가지고 있기 때문에 전기장과 자기장을 이용해서 쉽게 다룰 수 있다. X-선도 물론 짧은 파장을 가지고 있다. 그러나 그들을 충분할 정도로 한곳에 집속하는 것은 아직은 불가능하다.

전자현미경에서는 전류가 흐르는 코일이 만드는 자기장이 렌즈 같은 역할을 하여 전자 선속을 시료에 집속시키고, 형광판이나 사진 건판 위에 확대된 영상을 만든다(그림 3.5). 선속이 산란되어 상이 흐려지는 것을 막기 위해 얇은 시료를 사용하며, 전체 장치는 모두 진공 속에 장치한다.

전자현미경

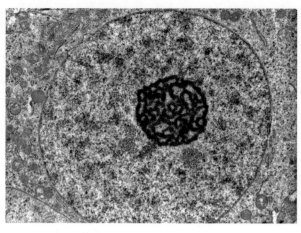

세포핵의 초미세구조를 보여주는 투과 전자 현미경 사진으로, 선명한 핵소체와 세포핵의 막을 관측할 수 있다.

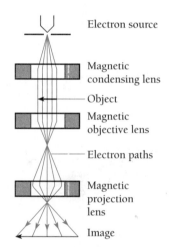

그림 3.5 전자현미경에서의 빠른 전자의 파장이 광학현미경에서의 빛의 파장보다 짧으므로 전자현미경은 고배율에서도 날카로운상을 만들 수 있다. 전자현미경에서의 전자빔은 자기장으로 집속시킨다.

실제 사용에서 자기 '렌즈'의 기술로는 전자의 파동을 기초로 하는 이론적인 분해능을 완전히 실현시키지 못한다. 한 예로 100 KeV의 전자들은 그 파장이 0.037 nm이나, 실제 전자현미경에서의 분해능은 겨우 약 0.1 nm이다. 그러나 이 분해능도 광학현미경의 ~200 nm 분해능에 비하면 상당히 개선된 것이고, 배율도 이미 1,000,000×을 넘는 것을 얻고 있다.

3.5 입자 회절

드브로이 파의 존재를 확인하는 실험

뉴턴적인 입자가 전혀 보여줄 수 없는 파동의 특성은 회절 현상이다. 1927년에 데이비슨(Davisson)과 거머(Germer)는 미국에서, 톰슨(G. P. Thomson)은 영국에서 각자 서로 독자적으로 결정의 규칙적인 원자 배열에 의해 산란된 전자 선속이 회절한다는 것을 보임으로써 드브로이의 가설을 확인하였다. (이 세 사람 모두 이 업적으로 노벨상을 받았다. G. P. 톰슨의 아버지 J. J. 톰슨 역시 이들보다 앞서 전자의 입자성을 입증하는 것으로 노벨상을 받았다. 파동-

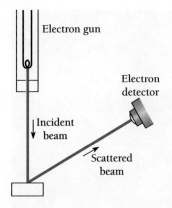

그림 3.6 데이비슨–거머 실험

입자 이중성은 톰슨 가족의 일이 되어 버린 듯하다.) 데이비슨과 거머의 해석이 좀 더 직접적이므로 그들의 실험을 고찰해 보자.

데이비슨과 거머는 그림 3.6에 나타낸 것과 같은 장치를 통해 고체에 의한 전자의 산란을 연구하고 있었다. 1차 선속 전자의 에너지, 표적에 입사하는 각도, 그리고 측정기의 위치를 모두 변화시킬 수 있었다. 고전물리에 의하면, 모든 방향으로 산란될 뿐만 아니라 산란의 세기는 산란각도에 조금만 의존하고, 1차 전자에너지에는 거의 무관해야 한다. 데이비슨과 거머는 니켈 토막을 표적으로 하여 이런 예측을 증명하려는 연구를 하고 있었다.

그들이 실험하는 중간에 사고로 공기가 실험 장치 안으로 들어가 니켈의 표면을 산화시켜 버렸다. 산화된 니켈을 순수한 니켈로 환원시키기 위해 표적을 아주 고온의 가마에서 구웠다. 이렇게 한 후, 표적을 실험 장치 안에 넣고 다시 측정하였다.

그러자 결과는 사고가 일어나기 전과 아주 달랐다. 산란된 전자의 세기가 각도에 따라 연속적으로 변하지 않고 명백한 최댓값과 최솟값을 가짐이 관측되었을 뿐 아니라 최대와 최소가 되는 위치가 1차 전자의 에너지에 관계되었다! 사고가 있은 후 산란된 전자 세기의 전형적인 극좌표 그래프를 그림 3.7에 나타내었다. 어떤 각도에서의 산란 세기를 산란 점에서부터 해당 각도 방향 곡선까지의 거리에 비례하여 표시하는 방법으로 그려진 그림이다. 모든 산란각에 대하여 세기가 같다면, 곡선은 산란되는 점을 중심으로 하는 원이 될 것이다.

즉각 두 가지 의문점이 생긴다. 이 새로운 효과의 원인은 무엇이며, 니켈 표적을 굽기 전에는 왜 나타나지 않았는가?

드브로이의 가설에 의하여 X-선이 결정의 원자 면들에 의해 회절되는 것처럼 전자도 표적에 의해 회절된다는 해석을 할 수 있을 것이다. 이러한 생각은 가열 전의 보통의 니켈 토막을 형성하는 수많은 작은 개별 니켈 결정들이 가열에 의해 원자가 모두 일정한 격자로 배열되는 큰 단결정이 된다는 것이 알려져 있었기 때문에 그 타당성을 인정받았다.

드브로이 파가 데이비슨과 거머가 발견한 실험 사실을 설명할 수 있는지 살펴보자. 한 특별한 경우로서 54 eV의 전자빔이 니켈 표적에 수직으로 입사했을 때 입사 빔의 방향에 대해 50°의 각도에서 뚜렷한 전자 산란 최댓값이 생겼다. 그림 3.8에 나타낸 브래그 평면에

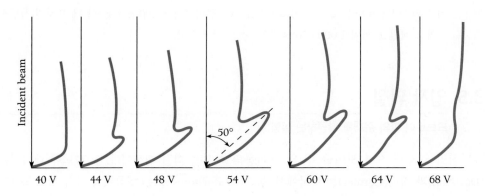

그림 3.7 데이비슨–거머 실험의 결과. 산란된 전자의 개수가 입사 빔과의 각도에 따라 어떻게 변하는지를 보여 주고 있다. 결정 내에서 원자들의 면과 결정 표면과는 나란하지 않다. 한 브래그 평면 군에 대한 입사각과 산란각은 둘 모두 65°였다(그림 3.8을 보라).

대한 입사각과 산란각은 다 같이 65°이다. X-선 회절 실험 측정에 의하면 이 평면들 간의 간격은 0.091 nm였다. 회절 무늬의 최댓값에 대한 브래그 공식은

$$n\lambda = 2d \sin\theta \tag{2.13}$$

이고, d = 0.091 nm이며 θ = 65°이다. n = 1일 때 회절된 전자의 드브로이 파장은 아래와 같다.

$$\lambda = 2d \sin\theta = (2)(0.091\ \text{nm})(\sin 65°) = 0.165\ \text{nm}$$

한편 드브로이 공식 $\lambda = h/\gamma m\upsilon$를 이용하여 전자의 예상되는 파장을 계산한다. 운동에너지 54 eV는 전자의 정지에너지 0.51 MeV에 비해 작으므로 γ = 1로 어림한다.

$$\text{KE} = \tfrac{1}{2}m\upsilon^2$$

이므로 전자의 운동량 $m\upsilon$는

$$\begin{aligned} m\upsilon &= \sqrt{2m\text{KE}} \\ &= \sqrt{(2)(9.1 \times 10^{-31}\ \text{kg})(54\ \text{eV})(1.6 \times 10^{-19}\ \text{J/eV})} \\ &= 4.0 \times 10^{-24}\ \text{kg} \cdot \text{m/s} \end{aligned}$$

이다. 그러므로 전자의 파장은

$$\lambda = \frac{h}{m\upsilon} = \frac{6.63 \times 10^{-34}\ \text{J} \cdot \text{s}}{4.0 \times 10^{-24}\ \text{kg} \cdot \text{m/s}} = 1.66 \times 10^{-10}\ \text{m} = 0.166\ \text{nm}$$

가 된다. 이 값은 위의 관측된 파장 0.165 nm와 매우 잘 일치한다. 그러므로 데이비슨–거머의 실험으로 움직이는 물체의 파동성에 대한 드브로이의 가설이 직접적으로 증명되었다.
　　실제 데이비슨–거머의 실험에 대한 분석은 위에서 설명한 것과 같이 그렇게 간단하지는

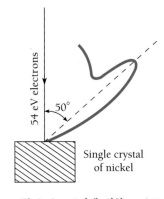

그림 3.8　표적에 의한 드브로이 파의 회절이 데이비슨–거머 실험 결과가 도출된 원인이다.

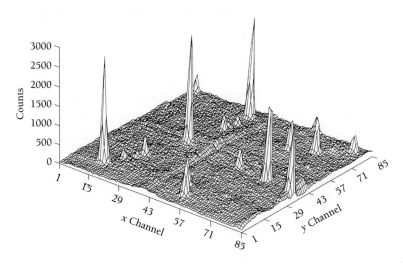

석영(quartz)에 의한 중성자 산란. 신호의 봉우리들은 보강 간섭이 일어나는 방향을 나타낸다. [아르곤(Argonne) 국립 연구소의 Frank J. Rotella와 Arthur J. Scultz의 호의에 의함.]

않다. 왜냐하면 전자가 결정 안으로 들어가게 되면 그 표면의 일함수만큼 전자의 에너지가 증가하기 때문이다. 그러므로 실제 실험에서는 전자의 속력이 결정 안에서 더 빨라지므로 전자의 드브로이 파장은 바깥에 있을 때보다 더 짧아진다. 더욱이 서로 다른 종류의 브래그 평면에 의해 산란된 파들이 간섭을 일으키므로 산란 모양은 더욱 복잡해진다. 이렇게 되면 단순히 브래그 조건을 만족시키는 전자의 에너지와 입사각에서 최댓값이 나타나는 것이 아니라, 전자의 입사각과 에너지의 특정 조합에서만 최댓값이 나타나게 된다.

전자만이 파동성을 실험적으로 보일 수 있는 것은 아니고, 적당한 결정을 이용하여 중성자나 원자 전체의 회절도 관찰되었다. 사실 중성자 회절은 X-선 회절이나 전자의 회절처럼 결정 구조를 연구하는 데 사용되고 있다.

중성자 산란(Neutron Scattering)

입자의 파동성은 몇몇 유용한 분석기법을 개발하도록 하였다. 일례로 전자주사현미경(Scanning Electron Microscope)을 사용한 표면, 혹은 투과전자현미경(Transmission Electron Microscopy)에 의한 표면 바로 아래(sub-surface)에 대한 검사, 혹은 중성자 산란으로 알려진 과정을 통하여 물질들의 미세 구조를 조사할 수 있게 되었다. 중성자는 전하를 띠지 않으므로 산란에서 전자나 양성자의 전하에 영향을 받지 않아 중성자 산란은 전자현미경에 비해 장점을 가지고 있다. 중성자는 전기적으로 중성이므로 비슷한 운동에너지를 가진 전하를 띤 입자들보다 물질에 더 깊게 파고들 수 있다. 그래서 물질의 덩어리(bulk) 특성을 알아내는 데 쓰인다. 중성자 산란은 탄성(elastic)과 비탄성(inelastic) 성분들을 거의 항상 동시에 가지며, 실험연구의 성질에 따라 탄성 혹은 비탄성 성분 중 하나에 초점을 맞춘다.

중성자는 전기적으로 중성이긴 하지만 원자핵과, 또한 쌍을 이루지 않은 전자들이 만드는 자기장과는 상호작용을 한다. 이 상호작용은 산란 실험에서 뚜렷한 간섭과 에너지 전달의 원인이 된다. 더 나아가 중성자 산란과 흡수단면적은 동위원소와 동위원소 사이에서 폭넓게 변동한다. 동위원소에 따라 산란은 결맞음(coherent)이나 결맞지 않음(incoherent)이 되기도 한다.

'단색(단일 에너지)' 중성자 빔을 얻기 위해 중성자 빔의 명확한 에너지와 드브로이 파장(de Broglie wavelength)이 중요하고, 이는 명확한 속도로부터 얻어진다. 단색성은 결정단색기(crystal monochromator) 혹은 비행시간분석계(time-of-flight spectrometer)로부터 얻는다. 비행시간분석계에서는 중성자를 회전하는 두 개의 슬릿을 순차적으로 지나가게 하여 특정한 속도를 가지는 중성자들만 선택되게 한다.

중성자 산란은 X-선 회절에 비해서도 장점을 가지고 있다. X-선 회절에서는 원자번호가 커질수록 순차적으로 산란단면적도 커진다. 이는 수소, 헬륨 같은 원자번호가 작은 원소들은 검출하기가 어렵다는 것을 의미한다. 중성자 산란에서는 수소가 가장 높은 중성자 산란단면적을 가지고, 탄소나 산소 같은 중요한 원소들도 매우 잘 검출된다. 이 특성으로 중성자 산란은 물질 분석에 매우 유용한 수단이 되고, 결정학(crystallography), 생물물리, 물리화학 그리고 재료과학에서 많은 응용이 되고 있다. 그림 3.9에 전형적인 중성자 산란 시설을 나타내었다.   ■

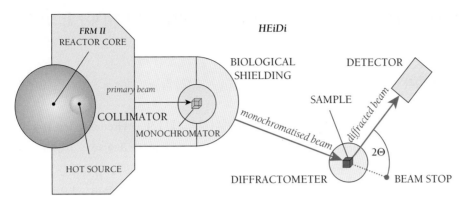

그림 3.9   물질의 원자 그리고/혹은 자성 구조를 결정하는 데 사용하는 중성자 산란의 개략도

3.6 상자 안의 입자

왜 갇힌 입자의 에너지는 양자화되는가?

자유롭게 움직일 수 있는 대신 공간상의 어떤 범위에만 국한되어 움직이게 되면 움직이는 입자의 파동성은 몇 가지 놀라운 결과를 나타낸다.

가장 단순한 경우가 그림 3.10에서 보는 것처럼 상자의 벽 사이에서 좌우로만 움직이는 입자의 경우이다. 상자의 벽은 입자가 벽에 충돌할 때 에너지를 잃지 않을 정도로 단단하다고 가정한다. 그리고 입자의 속력은 충분히 작아서 상대론적 고찰은 하지 않기로 한다. 비록 간단하기는 하지만 이 모델의 상황을 정확하게 다루기 위해서는 5장에서 다룰 상당히 정교한 수학이 필요하다. 그러나 좀 조잡하지만 아래와 같은 설명만으로도 문제의 핵심은 파악할 수 있다.

파동의 관점에서 보면, 상자 속에 갇힌 입자는 상자의 벽 사이에 잡아당겨진 줄에서의 정상파와 같다. 두 경우 모두에서 파동 변수[줄의 경우는 가로방향(줄의 수직인 방향)으로의 변위이며, 움직이는 입자의 경우에는 파동함수 Ψ이다]는 벽에서 0이다. 왜냐하면 벽에서는 파가 정지하기 때문이다. 그러므로 그림 3.11에서처럼 입자의 가능한 드브로이 파장은 상자의 길이 L에 의해 결정된다. 가장 긴 파장은 $\lambda = 2L$이며, 그다음은 $\lambda = L$, 다음은 $\lambda = 2L/3$ 등이다. 이 경우에 허용되는 파장의 일반적인 식은 다음과 같다.

구속된 입자의
드브로이 파장
$$\lambda_n = \frac{2L}{n} \qquad n = 1, 2, 3, \cdots \qquad (3.17)$$

$mv = h/\lambda$이므로 상자의 너비에 의해 가해진 드브로이 파장 λ에 대한 제한은 운동량에 대한 제한과 같은 것이며, 입자의 운동에너지에 대한 제한과 같다. 운동량이 mv인 입자의 운동에너지는

$$KE = \tfrac{1}{2}mv^2 = \frac{(mv)^2}{2m} = \frac{h^2}{2m\lambda^2}$$

이다.

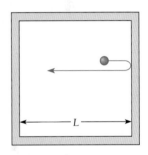

그림 3.10   너비 L인 상자 안에 갇힌 입자. 입자는 상자 벽 사이에서 직선을 따라 좌우로만 움직인다고 가정한다.

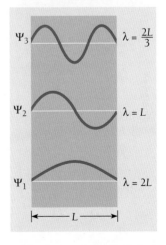

그림 3.11   너비 L인 상자 안에 갇힌 입자의 파동함수들

허용되는 파장은 $\lambda_n = 2L/n$이고, 이 모델에서는 입자의 퍼텐셜에너지가 없으므로 입자가 가지는 에너지는

상자 안의 입자
$$E_n = \frac{n^2h^2}{8mL^2} \qquad n = 1, 2, 3, \cdots \tag{3.18}$$

이 된다. 이처럼 입자가 가질 수 있는 각각의 에너지를 **에너지 준위**(energy level)라고 하며, 에너지 준위 E_n을 지정하는 정수 n을 **양자수**(quantum number)라고 한다.

식 (3.18)로부터 세 가지 일반적인 결론을 이끌어 낼 수 있다. 이 결론들은 공간에서 일정 영역에 국한되어 있는 임의의 입자에 대해 모두 적용된다. 예를 들면, 양으로 대전된 원자핵의 인력에 의해 원자에서의 전자가 잡혀 있는 경우와 같은 경계 벽이 없는 경우에도 적용된다.

1. 갇혀 있는 입자는 자유 입자가 가지는 것과 같은 임의의 에너지를 가질 수 없다. 공간에서의 입자의 제한은 파동함수에 제한을 주어 입자가 어떤 특정한 에너지 값들만 가질 수 있고 다른 값들은 가질 수 없도록 한다. 이 값들이 정확히 어떻게 되는지는 입자의 질량과 갇혀 있는 상세한 조건들에 따른다.

2. 갇혀 있는 입자는 0의 에너지(zero energy)를 가질 수 없다. 입자의 드브로이 파장은 $\lambda = h/mv$이므로 속력 $v = 0$은 파장이 무한대임을 말한다. 무한대 파장을 가지는 입자가 갇혀 있다고는 볼 수 없다. 따라서 갇힌 입자는 최소한 약간의 운동에너지는 가져야 한다. 갇힌 입자에서 E가 띄엄띄엄한 값만 가져야 하는 제한 조건과 함께 $E = 0$이 제외되어야 하는 사실은 고전물리에서 대응되는 것이 없다. 고전물리에서의 에너지는 0을 포함해서 음이 아닌 모든 에너지 값이 허용된다.

3. 플랑크 상수가 단지 6.63×10^{-34} J·s로 너무나 작아서 m과 L이 작을 때에만 에너지 양자화가 눈에 띈다. 이 때문에 일상의 경험에서는 에너지 양자화를 걱정하지 않아도 된다. 다음 두 예제를 통해 이 사실을 명백하게 할 수 있을 것이다.

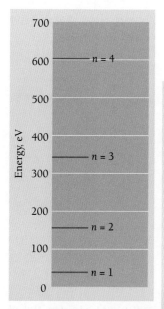

그림 3.12 너비 0.1 nm인 상자 안에 갇힌 입자의 에너지 준위

예제 3.4

원자 크기 정도인 너비가 0.1 nm인 상자에 갇혀 있는 전자의 허용되는 에너지들을 구하라.

풀이

$m = 9.1 \times 10^{-31}$ kg이고 $L = 0.10$ nm $= 1.0 \times 10^{-10}$ m이므로 전자의 허용된 에너지들은

$$E_n = \frac{(n^2)(6.63 \times 10^{-34} \text{ J·s})^2}{(8)(9.1 \times 10^{-31} \text{ kg})(1.0 \times 10^{-10} \text{ m})^2} = 6.0 \times 10^{-18}n^2 \text{ J}$$
$$= 38n^2 \text{ eV}$$

이다. 전자가 가질 수 있는 최소 에너지는 $n = 1$일 때로, 38 eV이다. 다음의 에너지들은 $E_2 = 152$ eV, $E_3 = 342$ eV, $E_4 = 608$ eV 등의 순서로 나타난다(그림 3.12). 만약 이런 상자가 실제로 존재한다면, 갇힌 전자에너지의 양자화는 두드러진 특색이 될 것이다. (실제로 원자내의 전자의 경우 에너지 양자화는 두드러진다.)

예제 3.5

너비 10 cm인 상자에 들어 있는 10 g 공깃돌의 에너지를 구하라.

풀이

$m = 10 \text{ g} = 1.0 \times 10^{-2}$ kg이고, $L = 10 \text{ cm} = 1.0 \times 10^{-1}$ m이므로

$$E_n = \frac{(n^2)(6.63 \times 10^{-34} \text{ J} \cdot \text{s})^2}{(8)(1.0 \times 10^{-2} \text{ kg})(1.0 \times 10^{-1} \text{ m})^2}$$
$$= 5.5 \times 10^{-64} n^2 \text{ J}$$

$n = 1$일 때의 최소 에너지는 5.5×10^{-64} J이다. 이만한 운동에너지를 가지는 공깃돌의 속력은 단지 3.3×10^{-31} m/s로, 정지한 공깃돌과 구별할 수 없다. 공깃돌이 어느 정도 감지할 수 있는 정도의 속력(예를 들어 $\frac{1}{3}$ m/s의 속력)을 가지려면, 에너지 준위의 양자수가 10^{30}이어야 한다! 그리고 허용되는 에너지 준위들 사이의 간격이 너무 조밀해서 공깃돌이 식 (3.18)로 주어진 에너지 준위들만 가지고 있는지 또 다른 어떤 에너지를 가지고 있는지를 구별할 수 있는 방법이 없다. 그러므로 우리의 일상 경험에서는 양자 효과를 감지할 수 없으며, 이러한 의미로 이런 영역에서는 뉴턴 역학이 성공적이라 할 수 있다.

3.7 불확정성 원리 I

> 우리는 현재를 모르기 때문에 미래도 알 수 없다.

움직이는 입자를 파군으로 여긴다는 것은 위치나 운동량 같은 '입자성'을 나타내는 물리량을 측정하는 데 있어서 그 정확도에 원리적인 한계가 있다는 것을 암시한다.

문제를 명확히 하기 위해 그림 3.3과 같은 파군을 생각하자. 이 파군에 해당하는 입자는 주어진 시간에 파군 안의 어디에서든 있을 수 있다. 물론 확률밀도 $|\Psi|^2$은 군의 중심에서 최대가 되므로 군의 중심에서 입자가 발견될 가능성이 가장 클 것이다. 그렇지만 $|\Psi|^2$이 실제로 0이 아닌 어디에서든 입자를 발견할 수는 있다.

파군이 좁아지면 좁아질수록 그 입자의 위치를 더욱 정밀하게 나타낼 수 있다[그림 3.13 (a)]. 그러나 좁은 파 속에 있는 파의 파장은 명확히 정의되지 않는다. 왜냐하면 λ를 정확히 측정할 만큼의 충분한 파가 없기 때문이다. 이는 $\lambda = h/\gamma mv$이므로 입자의 운동량 γmv가 정밀한 양이 아니라는 것을 의미한다. 일련의 운동량을 측정하면 넓은 범위의 값을 얻게 된다.

한편, 그림 3.13(b)와 같은 넓은 파군은 꽤 명확하게 정의된 파장을 가진다. 그러므로 이 명확한 파장에 대응되는 운동량은 꽤 정밀한 양이 되며, 일련의 측정한 값들은 매우 좁은 범위의 값들이 된다. 그러나 입자는 어디에 위치하는가? 파군의 너비가 너무 커서 주어진 시간에 입자가 정확히 어디에 있는지를 알 수 없게 된다.

이제 우리는 **불확정성 원리**(uncertainty principle)를 얻게 되었다.

> 한 물체에 대해 위치와 운동량을 동시에 정확하게 아는 것은 불가능하다.

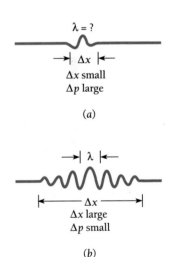

그림 3.13 (a) 좁은 드브로이 파군. 입자의 위치는 정확히 결정될 수 있지만 파장, 즉 운동량은 그렇지 못하다. 왜냐하면 파장을 측정할 만한 충분한 파가 없기 때문이다. (b) 넓은 파군. 파장은 정확히 측정할 수 있지만 위치는 그렇지 못하다.

이 원리는 1927년에 하이젠베르크(Werner Heisenberg)에 의해 발견되었는데, 가장 중요한 물리법칙 중의 하나이다.

정식 분석을 통해 위의 결론을 확인할 수 있을 뿐 아니라 정량적인 관계도 얻을 수 있다. 가장 단순한 파군 형성의 예는 3.4절에서 설명한 것으로, 각진동수 ω와 파수 k가 약간 다른 두 파열을 중첩시키면 그림 3.4에서 보였던 것과 같은 일련의 파군이 형성된다. 하지만 실제 움직이는 물체는 일련의 파군이 아닌 하나의 파군에 대응해야 하며, 이 하나의 파군 또한 조화파 파열들의 중첩으로 생각할 수 있다. 그러나 그림 3.14에서와 같이 임의의 모양을 가진 고립된 한 파군을 형성하기 위해서는 진동수, 파수 그리고 진폭이 서로 다른 무한개의 파열들의 중첩이 필요하다.

어떤 주어진 시간 t에서의 파군 $\Psi(x)$를 **푸리에 적분**(Fourier integral)으로 나타낼 수 있다.

$$\Psi(x) = \int_0^\infty g(k) \cos kx \, dk \tag{3.19}$$

여기에서 함수 $g(k)$는 k가 변함에 따라 $\Psi(x)$에 기여하는 파들의 진폭이 어떻게 변하는지를 나타내는 함수로, $\Psi(x)$의 **푸리에 변환**이라 부른다. $\Psi(x)$가 주어진 파군을 기술하는 것처럼 $g(k)$도 파군을 완전히 기술한다. 그림 3.15에 펄스와 파군의 푸리에 변환 모양을 나타내었다. 비교하기 위해 조화파인 무한히 긴 파열에 대한 푸리에 변환도 함께 나타내었다. 이 경우에는 물론 단일 파수만 존재한다.

엄밀하게 말하면, 한 파군을 기술하기 위해서는 $k = 0$에서부터 $k = \infty$까지 걸쳐 퍼져 있는 파수 모두가 필요하다. 그러나 길이 Δx가 유한한 파군에 대해서는 진폭이 $g(k)$로 분포된 파들 중 의미 있는 파는 유한한 간격 Δk 안에 들어 있는 파들이다. 그림 3.15에 나타낸 것처럼 군의 폭이 좁으면 좁을수록 그것을 기술하기 위해 필요한 파수의 범위는 더 넓어지며, 그 역도 성립한다.

길이의 폭 Δx와 파수의 폭 Δk 사이의 관계는 파군의 모양과 Δx와 Δk를 어떻게 정의하는가에 따라 다르다. 파군의 포락선이 익숙한 모양인 서양 종 모양의 가우스(Gauss) 함수 형태를 취할 때 그의 푸리에 변환도 가우스 함수이며, 곱 $\Delta x \, \Delta k$가 최솟값을 가진다. Δx와 Δk를 각각 $\Psi(x)$와 $g(k)$의 표준편차로 정의하면, 이 최솟값은 $\Delta x \, \Delta k = \frac{1}{2}$이다. 파군은 일반적으로 가우스 형태를 취하지 않으므로 Δx와 Δk의 관계를 다음과 같이 표현하는 것이 좀 더 현실적이다.

$$\Delta x \, \Delta k \geq \tfrac{1}{2} \tag{3.20}$$

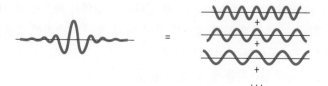

그림 3.14   고립된 파군은 다른 파장을 가진 무한개 파동들이 중첩된 결과이다. 파군이 좁으면 좁을수록 관계되는 파장 영역은 넓어진다. 좁은 드브로이 파군에서는 입자의 위치는 잘 정의되지만(Δx가 적음), 파장은 잘 정의되지 않는다. 따라서 좁은 파군이 나타내는 입자의 운동량 Δp에는 많은 불확정성이 포함되어 있음을 의미한다. 넓은 파군은 정확한 운동량을, 그러나 정밀하지 않은 위치를 의미한다.

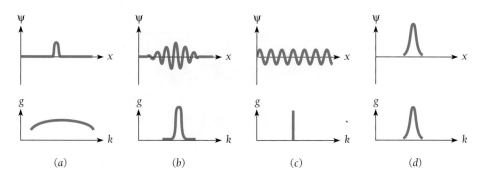

그림 3.15　(a) 펄스 (b) 파군 (c) 파동열(wave train) (d) 가우스 분포의 파동함수와 푸리에 변환. 짧은 구간의 교란을 나타내기 위해서는 긴 구간의 교란을 나타내는 것보다 더 넓은 영역의 주파수가 필요하다. 가우스 함수의 푸리에 변환 역시 가우스 함수이다.

가우스 함수

무작위한 실험오차를 가지는 어떤 양 x에 대한 일련의 측정을 하면, 그 결과는 많은 경우에 그림 3.16과 같은 서양 종 모양의 **가우스 분포**(Gaussian distribution)를 따른다. 측정에서의 **표준편차**(standard deviation) σ는 평균값 x_0를 중심으로 벗어나는 정도를 나타내며, 평균값 x_0로부터 벗어난 값의 제곱의 평균의 제곱근이다. N번을 측정하였다고 하면,

표준편차
$$\sigma = \sqrt{\frac{1}{N}\sum_{i=1}^{N}(x_i - x_0)^2}$$

이다. 가우스 곡선의 반치폭은 $2.35\,\sigma$이다.

　가우스 함수 $f(x)$는

가우스 함수
$$f(x) = \frac{1}{\sigma\sqrt{2\pi}}e^{-(x-x_0)^2/2\sigma^2}$$

으로 기술되며, $f(x)$는 어떤 특정한 측정에서 값 x를 측정할 확률이 된다. 가우스 함수는 수학에서뿐만 아니라 물리학에서도 자주 나타난다. [리프만(Gabriel Lippmann)은 가우스 함수에 대해 다음과 같이 말하였다. "수학자들은 실험적 사실이라고 믿는 한편 실험학자들은 수학의 한 정리라고 생각한다."]

　　측정값이 x의 어떤 특정한 범위 안에 있을, 예를 들어 x_1과 x_2 사이에 있을 확률은 $f(x)$의 이 두 값 사이의 면적이 된다. 이 면적은 적분

$$P_{x_1x_2} = \int_{x_1}^{x_2} f(x)\,dx$$

로 나타난다. 흥미 있는 질문 하나는 "일련의 측정에서 측정값들이 평균값 x_0의 표준편차 내에 있을 확률은 얼마인가?" 하는 것이다. 이 경우 $x_1 = x_0 - \sigma$, $x_2 = x_0 + \sigma$이다.

$$P_{x_0\pm\sigma} = \int_{x_0-\sigma}^{x_0+\sigma} f(x)\,dx = 0.683$$

따라서 측정의 68.3%가 이 구간 안에 들어 있고, 그림 3.16에 음영으로 나타내었다. 비슷한 계산으로 $\pm2\sigma$ 내에 있을 확률은 95.4%이다.

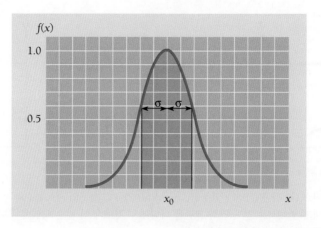

그림 3.16   가우스 분포. x 값을 얻을 확률이 가우스 함수 $f(x)$로 주어졌다. 평균값은 x_0이고 반치폭은 2.35 σ이며, σ는 이 분포의 표준편차이다. 평균 x_0의 표준편차 내에서 발견될 확률은 그림에서 음영으로 나타내었고, 68.3%이다.   ■

운동량 p인 입자의 드브로이 파장은 $\lambda = h/p$이고, 대응하는 파수는

$$k = \frac{2\pi}{\lambda} = \frac{2\pi p}{h}$$

이다. 따라서 파수로 나타낸 입자의 운동량은

$$p = \frac{hk}{2\pi}$$

이다. 그러므로 드브로이 파의 파수의 불확정성 Δk는 결과적으로 다음과 같은 식에 의해 입자 운동량에 불확정성 Δp를 준다.

$$\Delta p = \frac{h\,\Delta k}{2\pi}$$

$\Delta x\,\Delta k \geq \frac{1}{2}$이므로 $\Delta k \geq 1/(2\Delta x)$이고

불확정성 원리 $$\Delta x\,\Delta p \geq \frac{h}{4\pi}$$ (3.21)

이다. 이 식의 뜻은 어떤 주어진 순간에 어떤 물체의 위치에 대한 불확정성 Δx와 그 물체의 같은 순간의 운동량의 x 성분의 불확정성 Δp와의 곱은 $h/4\pi$보다 크거나 같다는 것이다.

파군을 좁게 만들어 Δx를 작게 하면 Δp는 커진다. 역으로 Δp를 줄이면 파군이 넓어지는 것을 피할 수 없으므로 Δx는 커진다.

이 불확정성은 측정 장비의 부정확함에 기인하는 것이 아니라 관계된 양들의 본질적인 부정확한 성질에 기인한다. 실제로 측정하는 동안 생기는 기계적인 혹은 통계적인 불확정성은 $\Delta x\,\Delta p$를 더욱 크게 할 뿐이다. 현재의 물체 위치와 운동량을 함께 정확하게 알 수 없으므로

베르너 하이젠베르크(Werner Heisenberg: 1901~1976)는 독일의 뷔르츠부르크(Würzburg)에서 태어나 뮌헨에서 이론물리를 전공했으며, 그곳에서 그는 열렬한 스키인이자 등산가였다. 1924년에 괴팅겐에서 보른의 조교였던 그는 원자의 수학적 모델에 불만을 느꼈다. "우리의 상상력을 동원하여 만들 수 있었던 모든 원자에 대한 생각들은 어떤 이유로든 결점들을 가지고 있다"라고 뒤에 가서 평가하였다. 대신에 행렬을 이용한 추상적 접근방법을 생각하게 되었다. 하이젠베르크는 1925년에 보른, 파스쿠알 요르단(Pascual Jordan)과 함께 이 접근방법을 앞뒤 모순이 없는 양자역학 이론으로 발전시켰으나, 이해와 적용이 너무 어려워서 당시에는 큰 영향력을 끼치지 못했다. 일 년 뒤늦게 나온 슈뢰딩거의 파동공식으로서의 양자역학이 훨씬 더 성공적이었다. 슈뢰딩거와 또 다른 사람들은 곧바로 파동과 행렬 양자역학이 수학적으로 서로 동등하다는 것을 보였다.

코펜하겐의 보어 연구소에서 일하고 있던 때인 1927년에 파울리의 제안으로부터 불확정성 원리를 발전시켰다. 처음에는 이 원리가 모든 측정에서 불가피하게 생기는 교란의 결과 나오는 것으로 생각하였다. 반면 보어는 불확정성은 파동·입자의 이중성으로부터 자연에 존재하는 피할 수 없는 현상이고 측정에 의한 부정확도와는 다르다고 생각했다. 많은 토론 끝에 하이젠베르크는 보어의 관점으로 입장을 바꾸었다. (아인슈타인은 내내 양자역학에 대해 회의적이었고, 하이젠베르크의 불확정성 원리에 대한 강연이 끝난 후에 "놀랍군. 요즈음 젊은이들이 가지고 있는 생각이라는 것은! 그러나 나는 한마디도 믿지 못하겠어."라고 말하였다.) 하이젠베르크는 1932년에 노벨상을 수상하였다.

하이젠베르크는 나치 지배하의 독일에 그대로 남아 있었던 몇 안 되는 출중한 과학자들 중의 하나였다. 제2차 세계대전 중에 독일에서 원자폭탄 연구를 이끌었으나, 전쟁이 끝날 때까지 별 진전이 없었다. 뒤에 가서 그는 그런 무기를 창조하는 데 도덕적인 가책을 느꼈으며 연구를 고의로 늦추었다고 하였지만, 정확한 증거가 있지는 않다. 하이젠베르크는 "상상하지 못할 결과를 가져올 폭발물"이 개발 가능하다는 것을 일찍부터 인식하고 있었으며, 그와 동료들은 자신들이 이룩한 진전보다는 더 앞서 나아갈 수 있었음에 틀림없다. 사실, 하이젠베르크가 원자폭탄을 개발하고 있다는 뉴스에 위협을 느낀 미국 정부는 1944년에 중립국 스위스에서 강연을 하는 하이젠베르크를 암살하기 위해 프로 야구단 보스턴 레드삭스의 포수였던 버그(Moe Berg)를 파견하였다. 두 번째 줄에 앉아 있던 버그는 하이젠베르크의 강연으로 독일의 원자폭탄 프로그램이 얼마나 진척되어 있는지가 불확실하여 총을 자신의 호주머니에 그대로 간직하였다.

미래에 그 물체가 어디에 있을지 또는 그 속력이 얼마일지 확실하게 말할 수 없다. **현재를 확실하게 알 수 없기 때문에 미래를 확실하게 알 수 없는 것이다.** 그러나 모든 것을 모르는 것은 아니다. 우리는 입자가 다른 곳에 비해 어느 곳에 있을 확률이 더 크다고는 말할 수 있고, 운동량이 다른 값보다 어떤 특정한 값을 가질 확률이 더 크다는 말은 할 수 있다.

H-Bar

$h/2\pi$가 현대물리에서 자주 나타나고, 결국 각운동량의 기본단위로 판명된다. 그러므로 관습적으로 $h/2\pi$를 $\hbar$('h-bar' '에이치-바')로 축약해서 나타낸다.

$$\hbar = \frac{h}{2\pi} = 1.054 \times 10^{-34}\,\text{J}\cdot\text{s}$$

앞으로는 $h/2\pi$ 대신 $\hbar$를 사용하겠다. 불확정성 원리를 $\hbar$로 나타내면 다음과 같다.

불확정성 원리 $$\Delta x\,\Delta p \geq \frac{\hbar}{2}$$ (3.22)

예제 3.6

양성자의 위치를 $\pm 1.00 \times 10^{-11}$ m의 정확도로 측정하였다. 1.00초 후의 양성자 위치의 불확정성을 구하라. $v \ll c$이다.

풀이

$t = 0$일 때의 양성자 위치의 불확정성을 Δx_0라 하자. 그러면, 이때 운동량의 불확정성은 식 (3.22)에 의해

$$\Delta p \geq \frac{\hbar}{2\Delta x_0}$$

이다. $v \ll c$이므로 운동량의 불확정성은 $\Delta p = \Delta(mv) = m\Delta v$이다. 그러므로 양성자 속력의 불확정성은

$$\Delta v = \frac{\Delta p}{m} \geq \frac{\hbar}{2m \,\Delta x_0}$$

이다. 시간 t 동안 양성자가 지나가는 거리 x는 다음보다 더 정확하게 알 수는 없다.

$$\Delta x = t \,\Delta v \geq \frac{\hbar t}{2m \,\Delta x_0}$$

그러므로 Δx는 Δx_0에 반비례한다. $t = 0$일 때 양성자의 위치를 정확하게 알면 알수록 그 후 $t > 0$일 때의 위치는 더욱더 부정확해진다. $t = 1.00$ s일 때 Δx의 값은

$$\Delta x \geq \frac{(1.054 \times 10^{-34} \text{ J} \cdot \text{s})(1.00 \text{ s})}{(2)(1.672 \times 10^{-27} \text{ kg})(1.00 \times 10^{-11} \text{ m})}$$

$$\geq 3.15 \times 10^3 \text{ m}$$

이다. 이 값은 3.15 km(거의 2마일)이다! 무슨 일이 일어났는가 하면, 처음에 좁았던 파군이 아주 넓어졌다(그림 3.17). 이러한 일이 일어나는 이유는 각 성분파의 위상속도가 파수에 따라 다르며, 처음에 좁은 파군을 만들기 위해서는 넓은 범위의 파수가 필요하기 때문이다. 그림 3.15를 보라.

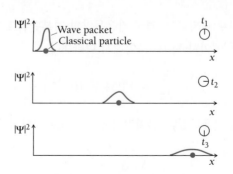

그림 3.17   그림 3.14와 마찬가지로 움직이는 파동묶음도 많은 독립된 파들로 구성되어 있다. 각 독립된 파들의 위상속도는 파장에 따라 서로 다르게 변한다. 그 결과로 파동묶음은 입자가 움직임에 따라 공간에서 퍼진다. 처음의 파동묶음이 좁을수록, 즉 처음의 위치를 정확하게 알면 알수록 더 넓게 퍼진다. 왜냐하면 위상속도가 서로 다른 더 많은 파들로 구성되어 있었기 때문이다.

3.8 불확정성 원리 II

입자적인 접근방법도 같은 결과를 가져온다.

불확정성 원리는 입자의 파동성 관점에서와 마찬가지로 파동의 입자성 관점으로부터도 얻을 수 있다.

어느 순간 어떤 물체의 위치와 운동량을 측정한다고 가정하자. 물체가 지니고 있는 원하는 정보를 얻으려면 이 물체에 어떤 작용을 가하여야 한다. 즉, 막대로 찔러보거나 빛을 비추거나 또는 다른 비슷한 방법으로 이 물체에 작용을 가하여야 한다.

그림 3.18에서처럼 파장이 λ인 빛으로 전자를 보도록 해 보자. 각각의 광자는 운동량으로 h/λ를 가진다. 광자 중의 하나가 전자와 부딪혀 되튕겨나올 때(전자를 '보았다'면 그럴 수밖에 없다), 전자의 원래 운동량 p는 변하게 될 것이다. 변화량 Δp를 정확하게 예측할 수는 없으나, 광자의 운동량 h/λ와 같은 정도일 것이다. 그러므로

$$\Delta p \approx \frac{h}{\lambda} \tag{3.23}$$

이다. 측정에 사용하는 광자의 파장이 길면 길수록 전자 운동량의 불확정성은 작아진다.

빛은 입자성과 함께 파동성도 가지므로 어떠한 측정 기구를 사용하더라도 전자의 위치를 완벽한 정확도로 측정할 수는 없다. 측정에서의 최소 불확실성을 파장 정도라고 어림잡는 것은 타당할 것이다. 따라서

$$\Delta x \geq \lambda \tag{3.24}$$

일 것이며, 파장이 짧아지면 짧아질수록 전자 위치의 불확정성은 작아진다. 전자 위치 측정의 정확도를 높이기 위해 짧은 파장의 빛을 사용하면, 대응하는 운동량 측정의 정확도가 떨어질 것이다. 왜냐하면 더 큰 운동량을 가진 광자는 전자의 운동을 더 많이 교란시킬 것이기 때문이다. 파장이 긴 빛을 이용하면 운동량의 측정은 더 정확해지지만, 위치의 측정은 더욱 부정확해진다.

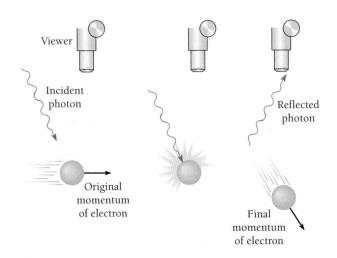

그림 3.18 운동량을 변화시키지 않고는 전자를 관측할 수 없다.

식 (3.23)과 식 (3.24)로부터

$$\Delta x\,\Delta p \geq h \qquad (3.25)$$

가 된다. 이 결과는 식 (3.22) $\Delta x\,\Delta p \geq \hbar/2$와 일치한다.

앞서와 같은 논의는 외견상 매력적이지만 상당한 주의가 필요하다. 위의 논의에서 전자는 항상 정확한 위치와 운동량을 가지지만, 불확실성 $\Delta x\,\Delta p$를 주는 것은 측정과정이라는 것이 암시되어 있다. 그러나 불확실성은 움직이는 물체가 본질적으로 가지고 있는 성질이다. 이러한 종류의 '유도'의 정당성은 첫째로 불확정성 원리를 회피하는 것이 불가능하다는 것을 증명하는 데 있고, 둘째는 파군의 경우보다 좀 더 친근한 방법으로 이 원리를 바라볼 수 있다는 관점을 제공하는 데 있다.

3.9 불확정성 원리의 적용

단지 부정적인 말이 아니라 유용한 도구이다.

플랑크 상수 h가 너무나 작아서 불확정성 원리에 의해 가해지는 제약은 원자의 영역에서만 그 중요성을 띤다. 그러나 이러한 영역에서는 불확정성 원리가 많은 현상들을 이해하는 데 큰 도움을 준다. $\Delta x\,\Delta p$의 최소 한계인 $\hbar/2$를 얻기는 매우 힘들다는 것을 항상 염두에 두는 것이 좋다. 좀 더 일반적으로 $\Delta x\,\Delta p \geq \hbar$ 혹은(방금 보았듯이) $\Delta x\,\Delta p \geq h$이다.

예제 3.7

전형적인 원자핵의 반경은 5.0×10^{-15} m 정도이다. 불확정성 원리를 이용해서 전자가 원자핵의 일부가 되기 위해 필요한 에너지의 최솟값을 구하라.

풀이

$\Delta x = 5.0 \times 10^{-15}$ m라 하면

$$\Delta p \geq \frac{\hbar}{2\Delta x} \geq \frac{1.054 \times 10^{-34}\,\text{J}\cdot\text{s}}{(2)(5.0 \times 10^{-15}\,\text{m})} \geq 1.1 \times 10^{-20}\,\text{kg}\cdot\text{m/s}$$

의 값이 핵 내에서 전자 운동량의 불확정성이라면 운동량 자체도 최소한 이만한 크기를 가져야 한다. 이만한 운동량을 가지는 전자의 운동에너지 KE는 전자의 정지에너지 mc^2보다 몇 배나 더 크다. 식 (1.48)로부터 우리는 충분한 정확도를 가지고 KE $=pc$라 할 수 있다. 그러므로

$$\text{KE} = pc \geq (1.1 \times 10^{-20}\,\text{kg}\cdot\text{m/s})(3.0 \times 10^8\,\text{m/s}) \geq 3.3 \times 10^{-12}\,\text{J}$$

이다. 1 eV $=1.6 \times 10^{-19}$ J이므로 전자가 원자핵의 구성원이 되려면 그 운동에너지가 20 MeV 이상이 되어야 한다. 실험에 의하면 불안정한 원자핵으로부터 나오는 전자의 에너지는 이 값의 몇 분의 1에도 미치지 않는다. 그래서 원자핵 안에서는 전자가 존재하지 않는다는 결론을 내릴 수 있다. 불안정한 핵에서의 전자 방출은 핵의 붕괴 순간에 나온다(11.3절 및 12.5절을 보라).

예제 3.8

수소 원자의 반경은 5.3×10^{-11} m이다. 불확정성 원리를 이용하여 이 원자에 들어 있는 전자의 최소 에너지를 구하라.

풀이

$\Delta x = 5.3 \times 10^{-11}$ m 이므로

$$\Delta p \geq \frac{\hbar}{2\Delta x} \geq 9.9 \times 10^{-25} \text{ kg} \cdot \text{m/s}$$

이 정도 크기의 운동량을 가지는 전자는 고전적인 입자이다. 그러므로 그 운동에너지는

$$\text{KE} = \frac{p^2}{2m} \geq \frac{(9.9 \times 10^{-25} \text{ kg} \cdot \text{m/s})^2}{(2)(9.1 \times 10^{-31} \text{ kg})} \geq 5.4 \times 10^{-19} \text{ J}$$

이며, 3.4 eV에 해당한다. 수소 원자에서 가장 낮은 에너지 준위에 있는 전자의 실제 운동에너지는 13.6 eV이다.

에너지와 시간

또 다른 형태의 불확정성 원리는 에너지와 시간 사이의 불확정성이다. 어떤 한 원자 과정에서 시간 간격 Δt 동안에 방출되는 에너지 E를 측정하려 한다. 전자기파 형태의 에너지라면 측정할 수 있는 시간의 제약 때문에 진동수 측정의 정확도가 제한을 받는다. 한 파동에서 진동의 개수를 셀 때 셀 수 있는 최소의 불확정성은 진동 하나라고 가정하자. 파동의 진동수는 측정한 진동의 수를 시간 간격으로 나눈 것이므로 진동수 측정에서 불확정성 $\Delta \nu$는 다음과 같다.

$$\Delta \nu \geq \frac{1}{\Delta t}$$

상응하는 에너지의 불확정성은

$$\Delta E = h \, \Delta \nu$$

이다. 그러므로

$$\Delta E \geq \frac{h}{\Delta t} \qquad \text{혹은} \qquad \Delta E \, \Delta t \geq h$$

이다. 파군의 성질에 기초해서 좀 더 정확한 계산을 하면 결과는 다음과 같이 된다.

에너지와 시간의
불확정성
$$\Delta E \, \Delta t \geq \frac{\hbar}{2} \tag{3.26}$$

식 (3.26)의 뜻은 에너지 측정의 불확정성 ΔE와 시간 측정의 불확정성 Δt의 곱은 $\hbar/2$보다 크거나 같다는 것이다. 이 결과는 다른 방법으로도 유도가 가능하며, 전자기파에만 국한된 것이 아니라 일반적인 결과이다.

예제 3.9

4장에서 설명하는 바와 같이, '여기된' 원자는 여분의 에너지를 특정한 진동수의 광자 형태로 방출하고 바닥상태로 되돌아간다. 원자가 여기 상태에서 광자를 방출하는 데는 평균 1.0×10^{-8}초가 걸린다. 광자 진동수의 본질적인 불확정성은 얼마인가?

풀이

광자에너지의 불확정성은

$$\Delta E \geq \frac{\hbar}{2\Delta t} \geq \frac{1.054 \times 10^{-34} \text{ J} \cdot \text{s}}{2(1.0 \times 10^{-8} \text{ s})} \geq 5.3 \times 10^{-27} \text{ J}$$

이며, 따라서 빛의 진동수의 불확정성은

$$\Delta \nu = \frac{\Delta E}{h} \geq 8 \times 10^{6} \text{ Hz}$$

이다. 이 불확정성이 원자에서 방출되는 복사선의 진동수를 측정하는 데 있어서 정확도의 최소 한계가 된다. 이 결과로 일단의 여기된 원자에서의 복사선은 정확한 진동수 ν를 가지지 않는다. 예를 들면, 진동수가 5.0×10^{14} Hz이고 $\Delta \nu / \nu = 1.6 \times 10^{-8}$이라고 말해야 한다. 실제에 있어서는 이 현상보다 도플러 효과와 같은 다른 현상들이 스펙트럼선의 선폭 확장에 더 많은 기여를 한다.

연습문제

3.1 드브로이 파

1. 어떤 광자와 어떤 입자가 같은 파장을 가진다. 이들의 선운동량이 어떻게 비교되는가? 또한 광자의 총 에너지와 입자의 총 에너지는 어떻게 비교되는가? 그리고 광자의 총 에너지와 입자의 운동에너지는 어떻게 비교되는가?

2. (a) 전자의 속력이 1.0×10^{8} m/s일 때 전자의 드브로이 파장을 구하여라. (b) 전자의 속력이 2.0×10^{8} m/s일 때 전자의 드브로이 파장을 구하여라.

3. 20 m/s의 속력을 갖는 바람에 의해 날린 1.0 mg의 모래 알갱이의 드브로이 파장을 구하여라.

4. 어떤 전자현미경에서 사용된 40 keV 전자의 드브로이 파장은 얼마인가?

5. 100 keV의 에너지를 갖는 전자의 드브로이 파장을 비상대론적으로 계산할 경우 얼마만큼의 오차가 생기는가? 백분율로 오차를 나타내어라.

6. 1.00 MeV의 에너지를 갖는 양성자의 드브로이 파장을 구하여라. 여기에서 상대론을 고려한 계산이 필요한가?

7. 소금(NaCl) 내의 원자 간격은 0.282 nm이다. 드브로이 파장이 0.282 nm인 중성자들의 운동에너지를 eV 단위로 구하여라. 여기서 상대론을 고려한 계산이 필요한가? 이러한 중성자들은 결정 구조를 연구하는 데 사용될 수도 있다.

8. 100 keV X-선과 같은 파장의 드브로이 파장을 가지는 전자의 운동에너지를 구하여라.

9. 녹색광은 약 550 nm의 파장을 갖는다. 전자가 이 파장을 갖기 위해서는 몇 V의 전위차로 가속되어야 하는가?

10. 정지질량이 m이고 운동에너지가 KE인 입자의 드브로이 파장이 다음과 같이 주어짐을 보여라.

$$\lambda = \frac{hc}{\sqrt{\text{KE}(\text{KE} + 2mc^2)}}$$

11. 움직이고 있는 어떤 입자의 총 에너지가 정지에너지보다 훨씬 더 크다면, 그 입자의 드브로이 파장이 동일한 크기의 총 에너지를 가지는 광자의 파장과 거의 같음을 보여라.

12. (a) 가속되는 전위차 V를 이용하여 질량 m, 전하량 q인 입자의 드브로이 파장을 도출하는 상대론적으로 올바른 공식을 유도하라. (b) 앞에서 구한 공식을 비상대론적으로 구하면 어떻게 되는가? 이 비상대론적인 근사는 $qV \ll mc^2$인 조건에서 유효한가?

3.4 위상속도와 군속도

13. 속도가 서로 같은 전자와 양성자에 대하여, 이 두 입자의 파장, 드브로이 파의 위상속도와 군속도를 서로 비교하여 보아라.

14. 서로 같은 운동에너지를 갖고 있는 전자와 양성자에 대하여, 이 두 입자의 파장, 드브로이 파의 위상속도와 군속도를 서로 비교하여 보아라.

15. 본문에서 "만약 어떤 파동 현상에서 모든 파장들에 대한 위상속도들이 모두 같다면(즉, 분산이 없음을 의미) 군속도와 위상속도는 같다"라는 구절이 나온다. 이를 증명하라.

16. 액체의 표면에서 물결의 위상속도는 $\sqrt{2\pi S/\lambda\rho}$이다. 여기서 S는 표면장력을, ρ는 액체의 밀도를 의미한다. 물결의 군속도를 구하여라.

17. 바다에서 치는 파도의 위상속도는 $\sqrt{g\lambda/2\pi}$로 나타낼 수 있다. 여기서 g는 중력 가속도이다. 이때 파도의 군속도를 구하여라.

18. 속력이 $0.900c$인 전자의 드브로이 파의 위상속도와 군속도를 구하여라.

19. 운동에너지가 500 keV인 전자의 드브로이 파의 위상속도와 군속도를 구하여라.

20. 파동의 군속도가 $v_g = d\nu/d(1/\lambda)$로 주어짐을 보여라.

21. (a) 드브로이 파장이 λ이고 질량이 m인 입자의 드브로이 파의 위상속도가

$$v_p = c\sqrt{1 + \left(\frac{mc\lambda}{h}\right)^2}$$

으로 주어짐을 보여라. (b) 드브로이 파장이 정확하게 1×10^{-13} m인 전자의 위상속도와 군속도를 서로 비교하여 보아라.

22. 그의 논문 원본을 보면, 드브로이는 전자기파에 대해 성립하는 $E = h\nu$, $p = h/\lambda$ 식이 움직이는 입자에도 그대로 적용됨을 제안하였다. 이러한 관계식들을 이용하여 드브로이 파군의 군속도 v_g가 dE/dp로 주어짐을 보이고, 식 (1.48)를 이용하여 속도가 v인 입자의 군속도 v_g가 속도 v와 같음을 보여라.

3.5 입자 회절

23. 데이비슨–거머 실험에서 전자의 에너지를 증가시키는 것은 산란각에 어떤 영향을 미치는가?

24. 핵반응로에서 발생하는 중성자로 이루어진 빔은 다양한 에너지를 가진 중성자들을 포함하고 있다. 에너지가 0.050 eV인 중성자를 획득하기 위해서는 원자면의 간격이 0.20 nm인 결정에 이 중성자 빔을 통과시켜야 한다. 획득하려고 하는 중성자는 입사하는 중성자 빔의 경로에 대해 몇 도의 각도로 회절을 일으킬까?

25. 3.5절에서는 어떤 결정에 입사하는 전자의 에너지가 증가하면 드브로이 파장이 작아진다고 언급되어 있다. 니켈에 입사하는 54 eV의 전자빔을 고려하자. 니켈 속에 들어간 전자는 26 eV만큼 퍼텐셜에너지가 변한다. (a) 니켈의 내부와 외부에서의 전자 속력을 비교하라. (b) 각각에서 드브로이 파장을 비교하라.

26. 50 keV의 운동 에너지를 갖는 전자들로 이루어진 빔이 결정을 향해 입사하였고 빔의 입사경로와 50도를 이루는 각도에서 회절된 전자들이 발견되었다. 결정의 원자면 사이의 거리는 얼마인가? λ를 위해 상대론적인 계산이 필요하다.

3.6 상자 안의 입자

27. 너비가 1.00×10^{-14} m인 1차원 상자 안에 구속된 중성자의 에너지 준위(MeV)를 나타내는 식을 구하여라. 중성자의 최소 에너지는 얼마인가? (원자핵 지름은 크기가 이와 같은 정도이다.)

28. 어떤 1차원 상자 안에 갇힌 입자가 가질 수 있는 가장 낮은 에너지는 1.00 eV이다. (a) 그 입자가 가질 수 있는 두 번째로 낮은 에너지와 세 번째로 낮은 에너지는 얼마인가? (b) 만약 입자가 전자라면, 상자의 너비는 얼마가 되겠는가?

29. 1차원 상자 안에 있는 양성자는 첫 번째 들뜬상태에서 400 keV의 에너지를 갖는다. 이때 상자의 녀비는 얼마인가?

3.9 불확정성 원리의 적용

30. 길이가 L인 1차원 상자 안에 갇힌 입자의 에너지가 0이 될 수 없음을 불확정성 원리의 관점에서 논하라. $\Delta x = L$이라면 그 입자의 최소 운동량과 불확정성 원리에 의해 요구되는 운동량의 불확정성의 크기를 비교하면 어떻게 되는가?

31. 고체 안의 원자들은 이상기체와 달리 0 K에서조차 **최소 영점 에너지**를 갖는다. 이를 불확정성 원리를 이용하여 설명하라.

32. 1.00 nm의 1차원 상자 안에 갇힌 전자와 양성자의 속도 불확정성을 비교하라.

33. 1.00 keV 전자의 위치와 운동량이 동시에 결정된다. $\Delta x = 0.100$ nm라면 운동량 불확정성은 몇 %가 되겠는가?

34. (a) 10 m/s의 속력을 가진 전자의 운동에너지를 0.100%의 불확정성 이내로 측정하려면 걸리는 시간은? 전자는 그 시간 동안 얼마나 움직이는가? (b) 같은 속력을 갖는 무게 1.00 g인 곤충에 대해 위의 계산을 반복하라. 도출된 수치들은 무엇을 의미하는가?

35. 1.00 keV 이상의 운동에너지를 가하지 않는 상황에서 $v \ll c$인 양성자의 위치는 얼마나 정확하게 측정할 수 있는가?

36. (a) n번째 준위에 있는 1차원 상자 안 입자의 운동량의 크기를 구하여라. (b) 측정 때문에 일어나는 입자의 운동량의 최소 변화는 양자수 n이 1만큼 변하는 것과 대응된다. 만약 $\Delta x = L$이면, $\Delta p \, \Delta x \geq \hbar/2$임을 보여라.

37. 9,400 MHz의 진동수에서 동작하는 해양 레이더가 0.0800 μs 동안 전자기 파군을 방출한다. 이 파군의 반사파가 되돌아오는 데 걸리는 시간으로 어떤 물체에 대한 거리를 나타낼 수 있다. (a) 파군의 길이와 포함하고 있는 파의 수는 얼마인가? (b) 레이더 수신기가 처리하여야 하는 근사적인 최소 대역폭(진동수의 범위)은 얼마인가?

38. 에타 중간자(η meson)라고 불리는 불안정한 기본 입자의 정지질량은 549 MeV/c^2이고, 평균수명은 7.00×10^{-19} s이다. 이 입자의 정지질량의 불확정성은 얼마인가?

39. 질량이 m, 스프링상수가 C인 조화진동자의 진동수는 $\nu = \sqrt{C/\mathrm{m}}/2\pi$이다. 진동자의 에너지는 $E = p^2/2m + Cx^2/2$이다. 여기서 p는 운동량이고, x는 평형 위치로부터의 변위이다. 고전물리에서 진동자의 최소 에너지 $E_{\min} = 0$이다. 불확정성 원리를 이용하여 E를 x에 관한 식만으로 표시하고, $dE/dx = 0$을 이용하여 최소 에너지 $E_{\min} = h\nu/2$가 됨을 보여라.

40. (a) ΔL이 어떤 입자의 각운동량의 불확정성이고 $\Delta\theta$가 각위치의 불확정성양이라면, 불확정성의 원리가 $\Delta L \, \Delta\theta \geq \hbar/2$ 꼴로 표현될 수 있음을 보여라(힌트: 질량이 m, 속도가 v, 반지름이 r인 원 위에서 움직이는, 즉 각운동량 $L = mvr$인 입자를 고려하라). (b) 입자의 각위치를 전혀 결정할 수 없을 때 L의 불확정성은 얼마인가?

제4장 원자 구조

여러 과학 분야에서 이용되고 있는 타이타늄 사파이어(Ti:sapphire) 레이저는 근적외선 영역의 파장을 바꿀 수 있는 레이저이다. 냉각 핀의 아래쪽에 타이타늄이 불순물로 첨가된 사파이어(Al_2O_3) 결정이 있고, 왼쪽 실린더에서 나오는 녹색 레이저가 거울들을 이용하여 결정에 보내진다. 이 녹색 레이저 빛으로 타이타늄 원자가 펌핑되며, 이는 매우 효율적인 펌핑 방법이다.

래전부터 사람들은 물질이 연속적인 것처럼 보이지만 우리의 감각으로는 직접 접할 수 없는 미시의 수준에서 어떤 명확한 구조를 가지고 있을 것이라는 생각을 가지고 있었다. 하지만 한 세기 반쯤 전까지도 이러한 생각을 구체화하지는 못하였다. 그 후 물질을 이루고 있는 입자의 일반적인 형태인 원자와 분자의 존재가 많은 방법으로 확인되었으며, 또 그들을 구성하고 있는 전자, 양성자, 중성자들이 밝혀졌고, 많은 연구가 진행되었다. 이 장에서부터의 주된 관심사는 원자의 구조에 대해서이다. 왜냐하면 우리 주변의 세계를 만드는 물질의 거의 모든 성질은 이 원자 구조에 기인하기 때문이다.

　모든 원자는 양성자와 중성자로 이루어진 핵과 핵에서부터 거리를 두고 있는 전자들로 구성된다. 전자는 행성이 태양 주변을 도는 것처럼 핵 주위를 돈다고 생각하기 쉽다. 그러나 고전 전자기 이론에 의하면 이렇게 도는 전자는 안정된 궤도를 가질 수 없다. 이러한 역설을 해결하기 위해 1913년 보어(Niels Bohr)는 양자의 개념을 원자 구조에 적용하여 하나의 모델을 세웠다. 비록 이 모델은 부적절하여 뒤에 가서 더 정확하고 유용한 양자역학적 기술로 대체되었지만, 아직까지 원자를 직관적으로 이해하는 데 편리한 도움을 준다. 수소 원자에 대한 보어 이론은 이러한 이유에서, 또한 원자에 대한 보다 추상적인 양자 이론으로 의미 있는 전환을 가능하게 하였다는 데서 검토해 볼 가치가 있다.

4.1 핵 원자

원자는 대부분이 빈 공간이다.

19세기 말경 과학자들은 화학 원소들이 원자로 구성되어 있다는 것은 알고 있었지만, 원자 자체에 대해서는 거의 아무것도 모르고 있었다. 모든 원자가 전자를 갖고 있다는 발견은 하나의 실마리를 주었다. 전자는 음의 전하를 띤 반면 원자는 중성이므로 원자에는 어떤 종류의 양의 전하를 띤 물질이 있어야 한다. 그러나 어떤 종류의 것이 어떻게 구성되어 있을까?

　1898년에 영국의 물리학자 톰슨(J. J. Thomson)은 케이크에 박혀 있는 건포도처럼 원자는 양의 전하를 띤 물질의 덩어리에 전자가 박혀 있을 것이라는 제안을 하였다(그림 4.1). 톰슨은 전자를 발견하는 데 중요한 역할을 하였으므로 그의 이러한 생각은 매우 진지하게 받아들여졌으나, 실제의 원자는 이와 매우 다르다는 것이 밝혀졌다.

　케이크 속에 무엇이 들어 있는지 가장 직접적으로 알 수 있는 방법은 그 속에 손가락을 집어 넣어보는 것이다. 근본적으로는 이와 같은 방법에 해당하는 방법을 1911년 가이거(Geiger)와 마스덴(Marsden)이 사용하였다. 러더퍼드(Ernest Rutherford)의 제안에 따라 그들은 방사성 원소에서 나오는 빠른 **α 입자**(α particles)를 탐침으로 이용하였다. α 입자는 헬륨 원자에서 두 개의 전자를 떼어낸 것으로, $+2e$의 전하를 띠고 있다.

　가이거와 마스덴은 그림 4.2에서처럼 α 입자를 방출하는 물질을 작은 구멍에 있는 납판 뒤에 놓아 α 입자의 좁은 선속을 만들었다. 그리고 이 좁은 선속을 금박에 입사시켰다. 박막판의 반대쪽 면에는 α 입자가 닿으면 가시광선을 내는 황화아연 스크린을 장치하였다.

　α 입자는 박막에서 거의 굴절되지 않고 통과할 것이라고 예상하였다. 이 예상은 원자 내에서 전하가 원자의 부피에 골고루 분포되어 있다는 톰슨의 모델에 근거를 둔 것이다. 이 모

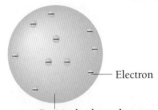

그림 4.1   원자의 톰슨 모형. 러더퍼드 산란 실험은 이 모형이 틀렸음을 보였다.

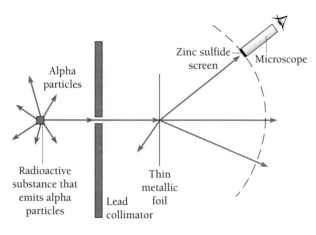

그림 4.2　산란 실험

델에 의하면 α 입자들은 약한 전기력만 받으므로 얇은 박막을 통과한 α 입자는 약 1° 정도 혹은 그 이하로만 굴절되어야 할 것이다.

　가이거와 마스덴이 실제로 발견한 것은 대부분의 α 입자는 예상한 대로 크게 굴절되지 않지만, 몇 개는 아주 큰 각도로 산란될 뿐 아니라 그중 몇 개는 심지어 반대 방향으로 산란되기도 하였다는 것이다. 러더퍼드는 "그것은 마치 15인치 포탄을 휴지에 대고 쏘았을 때, 그 포탄이 튕겨 나와서 자신을 맞히는 것처럼 믿을 수 없는 현상이다."라고 평하였다.

어니스트 러더퍼드(Ernest Rutherford: 1871~1937)는 뉴질랜드 토박이로서, 대학원 공부를 위해 영국 케임브리지 대학의 장학생으로 선발되었다는 소식을 들었을 때 가족 농장에서 감자를 캐고 있었다. 그는 "내가 캐는 마지막 감자이다."라고 말하면서 삽을 집어던졌다. 13년 후, 그는 노벨 화학상을 받았다.

　케임브리지에서 곧 전자 발견을 발표할 J. J. 톰슨의 연구생이 되었다. 그곳에서 그는 막 발견된 방사능 현상에 대해 연구하기 시작하였고, 곧바로 방사능 물질의 두 방출물인 α선과 β선을 구분하였다. 1898년에는 캐나다의 맥길(McGill) 대학으로 갔는데, 여기에서 α선이 헬륨핵이라는 것과 하나의 원소가 방사성 붕괴를 하면 다른 원소가 된다는 사실을 발견하였다. 화학자인 소디(Frederick Soddy) 등 다른 과학자와 협동으로 우라늄(uranium)이나 라듐(radium) 같은 방사성 원소가 안정된 원소인 납이 되기까지의 연속적인 변환 과정을 추적하기도 하였다.

　1907년에 맨체스터 대학의 물리학 교수로 부임하면서 영국으로 되돌아왔고, 1911년에 원자의 핵 모델만이 유일하게 얇은 금속 막에서의 α 입자 산란의 관측 결과를 설명할 수 있다는

것을 보였다. 러더퍼드의 마지막 중대 발견은 α선으로 때렸을 때 질소 원자핵이 분해된다는 1919년의 보고인데, 이는 인공적으로 한 원소를 다른 원소로 변환하게 하는 첫 번째 인공 변환의 예이다. 비슷한 다른 실험들 후에 러더퍼드는 모든 핵은 그가 양성자라고 불렀던 수소핵을 포함하고 있다고 제안하였다. 그는 또한 핵 속에는 중성의 입자도 존재한다고 제안하였다.

　1919년 러더퍼드는 캐번디시 연구소 소장으로 케임브리지로 돌아왔고, 여기에서는 그의 격려로 계속하여 원자핵의 이해에 대한 큰 발전들이 이루어졌다. 캐번디시 연구소는 고에너지 입자를 만드는 최초의 가속기가 설치된 곳이기도 하다. 가속기를 이용하여 가벼운 핵이 결합하여 무거운 핵을 만드는 핵융합 반응을 최초로 관측하기도 하였다.

　러더퍼드에게도 과오가 없는 것은 아니다. 핵분열이 발견되기 전 그리고 최초의 원자 반응로가 건설되기 불과 몇 년 전까지만 해도 핵에너지는 실용화되지 못할 것으로 생각했다. 그는 탈장의 후유증으로 1937년에 사망하였으며, 웨스트민스터 성당(Westminster Abbey)의 뉴턴 가까이 묻혔다.

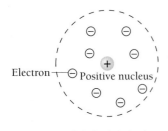

그림 4.3   원자의 러더퍼드 모형

α 입자는 비교적 무겁고(거의 전자 질량의 8,000배), 이 실험에서는 속력이 매우 빠른 α 입자를(전형적으로 2×10^7 m/s) 사용하였으므로 그렇게 두드러지게 크게 굴절하기 위해서는 강력한 힘이 작용해야 한다는 것이 명백하였다. 러더퍼드는 이 결과를 설명할 수 있는 유일한 길은 원자가 핵과 그로부터 얼마간은 떨어져 있는 전자로 이루어져 있고, 핵은 원자의 양전하 모두와 질량의 거의 대부분을 갖는 작은 알갱이어야 한다는 것을 알아내었다(그림 4.3). 이런 원자는 대부분이 빈 공간으로 되어 있으므로 대부분의 α 입자가 박막을 곧장 통과한다는 것은 쉽게 이해할 수 있다. 그러나 α 입자가 원자핵 근처를 지나가게 되면, 그곳에 있는 강한 전기장이 α 입자를 큰 각도로 산란하게 만든다. 원자 전자들은 너무 가벼워서 α 입자에 거의 영향을 미치지 못한다.

가이거와 마스덴의 실험과 그 후 이와 비슷한 실험들은 표적 박막을 이루고 있는 여러 다른 종류의 원자핵에 대한 정보를 제공해 주었다. α 입자가 핵 근처를 지날 때의 휘어짐 정도는 핵의 전하량에 의존한다. 따라서 여러 박막들에서 α 입자의 상대적인 휘어짐 정도를 비교함으로써 박막 원자핵의 전하량을 구할 수 있게 되었다.

같은 원소 원자들의 핵의 전하량은 언제나 같다는 것이 발견되었으며, 이 전하량은 주기율표에 따라 규칙적으로 증가한다는 것도 밝혀졌다. 핵의 전하량은 항상 +e의 정수배임이 밝혀졌고, 오늘날 한 원소의 핵에 들어 있는 단위 양전하의 수 Z를 그 원소의 **원자번호**(atomic number)라고 부른다. 지금은 전하량 +e를 가진 양성자가 핵의 전하를 주고, 따라서 그 원소의 원자번호와 그 원자핵 내의 양성자의 수가 같다는 것을 알고 있다.

그러므로 통상적인 물질은 대부분 빈 공간으로 이루어져 있다. 탁자를 만드는 단단한 나무, 다리를 받치는 쇠, 발밑에 있는 딱딱한 바위 등 이러한 모든 것들은 태양과 행성 간의 간격보다 상대적으로 훨씬 더 멀리 떨어진 전하를 띤 조그마한 입자들의 단순한 집합체로 이루어져 있다. 우리 몸속의 실질적인 물질들인 이 모든 전자와 핵들이 한 덩어리로 뭉칠 수만 있다면, 우리 몸은 겨우 현미경으로나 볼 수 있는 작은 점으로 줄어들어 버릴 것이다.

러더퍼드의 산란공식

러더퍼드가 원자의 핵 모형을 기초로 하여 얻은 박막에서 산란되는 α 입자의 산란공식은 다음과 같다.

러더퍼드
산란공식

$$N(\theta) = \frac{N_i n t Z^2 e^4}{(8\pi\epsilon_0)^2 r^2 \, \mathrm{KE}^2 \, \sin^4(\theta/2)} \qquad (4.1)$$

이 공식은 이 장의 부록에서 유도할 것이며, 식 (4.1)에 나타나는 기호들은 다음과 같은 의미를 가진다.

$N(\theta)$ = 산란각 θ로 스크린에 도달하는 α 입자의 단위 면적당 개수

N_i = 스크린에 도달하는 α 입자의 총 개수

n = 박막에 들어 있는 단위 부피당 원자의 수

Z = 박막 원자의 원자번호

r = 박막에서 스크린까지의 거리

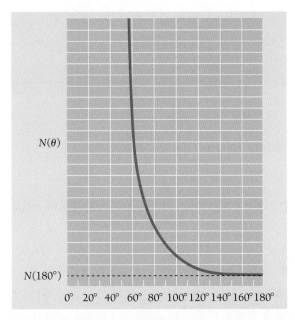

$N(\theta)$

$N(180°)$

0° 20° 40° 60° 80° 100° 120° 140° 160° 180°

그림 4.4 러더퍼드 산란. $N(\theta)$은 산란각 θ로 산란하여 스크린에 도달하는 α 입자의 단위 면적당 수이며, $N(180°)$은 뒤쪽 산란을 하는 입자의 수이다. 실험 결과는 원자의 핵 모델에 기초를 둔 이 곡선을 잘 따른다.

KE = α 입자의 운동에너지

t = 박막의 두께

식 (4.1)의 예측은 가이거와 마스덴의 측정 결과와 일치하여 핵 원자 가설이 증명되었다. 이로써 러더퍼드는 핵을 '발견하였다'는 명예를 얻었다. $N(\theta)$이 $\sin^4(\theta/2)$에 반비례하므로 θ에 대한 $N(\theta)$의 변화는 매우 두드러지며(그림 4.4), 단지 입사하는 α 입자의 0.14%만 1° 이상으로 산란한다.

핵의 크기

러더퍼드는 식 (4.1)을 유도하면서, 핵의 크기는 입사하는 α 입자가 산란에 의해 휘어져 나가기 전까지 핵에 접근하는 최소거리 R에 비해 작다고 가정하였다. 그러므로 러더퍼드 산란은 핵 크기의 최대 한계를 결정할 수 있게 해 준다.

앞선 실험에서 사용한 α 입자 중 에너지가 가장 큰 α 입자가 핵에 가장 가까이 도달할 수 있는 거리 R에 대해 알아보도록 하자. α 입자는 핵과 정면충돌을 할 때 최소거리 R을 가질 것이고, 정면충돌 후에는 180° 산란할 것이다. 가장 가까이 접근하는 순간 입자의 초기 운동에너지 KE는 전부 전기적 위치에너지로 바뀐다. α 입자의 전하가 $2e$이고 핵의 전하는 Ze이므로 따라서 그 순간에는

$$\text{KE}_{\text{initial}} = \text{PE} = \frac{1}{4\pi\epsilon_0}\frac{2Ze^2}{R}$$

이다. 그러므로

가장 가까이
접근하는 거리

$$R = \frac{2Ze^2}{4\pi\epsilon_0 \text{KE}_{\text{initial}}} \tag{4.2}$$

이 된다. 자연 상태에서 발견되는 α 입자의 운동에너지 KE의 최댓값은 7.7 MeV인데, 이는 1.2×10^{-12} J이다. $1/4\pi\epsilon_0 = 9.0 \times 10^9$ N · m²/C²이므로

$$R = \frac{(2)(9.0 \times 10^9 \text{ N} \cdot \text{m}^2/\text{C}^2)(1.6 \times 10^{-19} \text{ C})^2 Z}{1.2 \times 10^{-12} \text{ J}}$$

$$= 3.8 \times 10^{-16} Z \text{ m}$$

이다. 대표적인 박막 물질인 금의 원자번호는 $Z = 79$이므로

$$R(\text{Au}) = 3.0 \times 10^{-14} \text{ m}$$

이다. 그러므로 금 핵의 반지름은 3.0×10^{-14} m보다 작을 것이며, 이는 원자 반지름의 10^{-4} 배 보다 훨씬 더 작다.

　　최근에는 인공적으로 7.7 MeV보다 훨씬 큰 에너지를 가지는 입자도 가속이 되고, 러더퍼드의 산란공식은 이런 고에너지 입자에 의한 실험 결과와 결국에 가서는 잘 맞지 않는다는 것이 밝혀졌다. 이런 실험들과 이들이 제공하는 실제 핵의 크기에 대한 정보는 11장에서 논의하겠다. 금 핵의 반지름은 앞에서 알았던 $R(\text{Au})$의 약 1/5임이 밝혀졌다.

중성자 별

핵 물질의 밀도는 약 2.4×10^{17} kg/m³이다. 9.11절에서 토의할 것이지만, 중성자별은 원자들의 압축으로 인해 거의 대부분의 양성자와 전자가 융합하여, 거대한 압력 아래에서는 가장 안정된 물질의 모습인 중성자가 된 별이다. 중성자별의 밀도는 핵의 밀도에 필적하고, 중성자별은 반지름이 단지 10 km인 구 안에 태양 하나 혹은 둘에 해당하는 질량이 채워져 있다. 만약 지구가 이처럼 밀도가 높다면, 아파트 하나 정도의 크기에 채워질 것이다.　■

4.2 전자 궤도

원자의 행성 모델과 이 모델이 실패한 이유

실험으로도 확실히 검증된 러더퍼드의 원자 모델은 작고 무거우며 양전하를 띤 핵과 핵에서 상대적으로 먼 거리에 있는 원자 전체를 중성으로 만들기에 충분한 수의 전자가 핵을 감싸고 있다는 것으로 그려진다. 핵이 전자를 끌어당기는 전기력에 대항하여 전자를 정해진 위치에 가만히 둘 수 있는 다른 힘이 없기 때문에 이 모델에서 전자는 정지해 있을 수는 없다. 그러나 전자들이 움직인다고 가정하면 태양 주위를 도는 행성처럼 동역학적 안정궤도가 가능하다(그림 4.5).

　　한 개의 전자만 가지고 있어서 원자들 중 가장 간단한 원자인 수소 원자의 고전적 동역학을 검토해 보기로 하자. 전자의 궤도를 타원 궤도로 가정하는 것이 타당하기는 하지만 간단히 하기 위해 원형 궤도로 가정하자. 전자를 핵으로부터 r만큼 떨어진 궤도에 있게 하는 구심력

$$F_c = \frac{mv^2}{r}$$

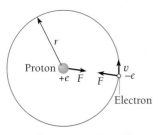

그림 4.5　수소 원자에서의 힘의 평형

은 핵과 전자 사이의 전기적인 힘

$$F_e = \frac{1}{4\pi\epsilon_0} \frac{e^2}{r^2}$$

에 의해 제공된다. 역학적으로 안정한 궤도가 되는 조건은

$$F_c = F_e$$

$$\frac{m\upsilon^2}{r} = \frac{1}{4\pi\epsilon_0} \frac{e^2}{r^2} \tag{4.3}$$

이다. 그러므로 궤도 반지름 r과 전자 속도와의 관계식은 다음과 같이 된다.

전자 속도 $$\upsilon = \frac{e}{\sqrt{4\pi\epsilon_0 mr}} \tag{4.4}$$

　수소 원자 안에서의 전자의 총 에너지 E는 운동에너지와 퍼텐셜(잠재적)에너지

$$\text{KE} = \frac{1}{2}m\upsilon^2 \qquad \text{PE} = -\frac{e^2}{4\pi\epsilon_0 r}$$

의 합이다[음($-$)의 부호는 $r = \infty$일 때, 즉 전자와 핵이 무한히 떨어져 있을 때 PE = 0이 되도록 선택한 결과이다]. 그러므로

$$E = \text{KE} + \text{PE} = \frac{m\upsilon^2}{2} - \frac{e^2}{4\pi\epsilon_0 r}$$

이고, 식 (4.4)로부터 υ를 치환하면 아래와 같이 된다.

$$E = \frac{e^2}{8\pi\epsilon_0 r} - \frac{e^2}{4\pi\epsilon_0 r}$$

수소 원자의
총 에너지 $$E = -\frac{e^2}{8\pi\epsilon_0 r} \tag{4.5}$$

전자의 총 에너지는 음의 값을 가진다. 이는 원자를 형성하는 모든 전자들, 즉 원자 전자들에 대해 성립하며, 전자가 핵에 얽매여 있다는 사실을 반영한다. 만약 E가 0보다 크면 전자는 핵 주위를 도는 닫혀진 궤도를 따르지 않는다.

　물론, 실제에 있어서 에너지 E는 전자만의 성질이 아니며, 전자 + 핵으로 이루어진 계의 성질이다. E를 전자와 핵이 공유하는 효과는 4.7절에서 생각할 것이다.

예제 4.1

실험에 의하면 수소 원자를 양성자와 전자로 분리하는 데는 13.6 eV가 필요하다. 즉, 수소 원자의 총 에너지는 $E = -13.6$ eV이다. 수소 원자에서 전자의 궤도 반지름과 속력을 구하라.

풀이

13.6 eV = 2.2×10^{-18} J이므로 식 (4.5)로부터

$$r = -\frac{e^2}{8\pi\epsilon_0 E} = -\frac{(1.6 \times 10^{-19} \text{ C})^2}{(8\pi)(8.85 \times 10^{-12} \text{ F/m})(-2.2 \times 10^{-18} \text{ J})}$$
$$= 5.3 \times 10^{-11} \text{ m}$$

이다. 이 크기의 원자 반지름은 다른 방법으로 유추한 값과 일치한다. 전자의 속력은 식 (4.4)로부터 계산할 수 있다.

$$v = \frac{e}{\sqrt{4\pi\epsilon_0 mr}} = \frac{1.6 \times 10^{-19} \text{ C}}{\sqrt{(4\pi)(8.85 \times 10^{-12} \text{ F/m})(9.1 \times 10^{-31} \text{ kg})(5.3 \times 10^{-11} \text{ m})}}$$
$$= 2.2 \times 10^6 \text{ m/s}$$

$v \ll c$이므로 수소 원자를 생각할 때 특수 상대론적 효과는 무시할 수 있다.

고전물리의 실패

위의 해석은 단순히 고전물리학의 기둥들인 뉴턴의 운동 법칙과 전기력에 대한 쿨롱 법칙을 적용한 것에 불과하며, 원자가 안정하다는 실험적 관찰 결과와 일치한다. 그러나 고전물리학의 또 다른 기둥인 전자기 이론과는 맞지 않는다. 이 이론에 따르면, 가속되는 전하는 전자기파의 형태로 에너지를 방출해야 한다. 곡선 궤도를 따르는 전자의 운동은 가속을 받는 운동에 해당하며, 전자는 계속해서 에너지를 잃어야 하고, 따라서 1초도 안 되어 핵 속으로 빨려 들어가야 한다(그림 4.6).

그러나 원자는 붕괴하지 않는다. 이러한 모순은 앞의 두 장에서 보았던 사실들을 더욱 예증한다. 즉, 거시 세계에서 성립하는 물리 법칙은 미시 세계의 원자에서 항상 맞는 것은 아니다.

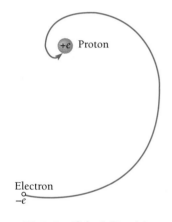

그림 4.6   원자 전자는 가속도에 의해 에너지를 방출하면서 나선형 모양으로 핵에 빠르게 접근해야 한다.

러더퍼드의 해석은 정당한가?

이 시점에서 재미있는 문제 하나가 발생한다. 러더퍼드는 자신의 산란공식을 유도할 때, 원자의 안정성을 설명하는 데는 참담하게 실패한 물리 법칙을 사용하였다. 그러므로 그의 공식이 틀린 것은 아닌지, 또 실제의 원자는 작은 핵 중심부 주위를 멀리 떨어져 있는 전자들이 둘러싸고 있다는 러더퍼드 모델과 닮지 않았다고 생각해야 하는 것은 아닌지? 간단한 문제는 아니다. 참으로 묘한 우연의 일치이기는 하지만, 박막에 의한 α 입자의 산란에 대한 양자역학적 해석은 러더퍼드의 공식과 조금도 다르지 않은 똑같은 공식이 주어진다.

고전적인 계산이 최소한 근사적으로라도 맞아야 한다는 것을 증명하기 위해 속력이 2.0×10^7 m/s인 α 입자의 드브로이 파장을 계산해 보면

$$\lambda = \frac{h}{mv} = \frac{6.63 \times 10^{-34} \text{ J} \cdot \text{s}}{(6.6 \times 10^{-27} \text{ kg})(2.0 \times 10^7 \text{ m/s})}$$
$$= 5.0 \times 10^{-15} \text{ m}$$

이다. 4.1절에서 살펴보았듯이, 이런 파장을 가질 수 있는 α 입자가 금의 핵에 다가갈 수 있는 최단 거리는 3.0×10^{-14} m이며 드브로이 파장의 6배이다. 그러므로 상호작용에서 α 입자를 고전적인 입자로 취급하는 것은 그런대로 타당하고, 원자는 러더퍼드 모델로 생각하여도 좋을 것이다. 물론 원자 전자의 동역학을 다루는 것은 다른 문제로, 비고전적인 접근이 요구된다.   ■

고전물리학이 원자 구조에 대한 의미 있는 해석을 하는 데 실패하는 이유는 고전물리학이 '순수한' 입자와 '순수한' 파동의 시각으로 자연에 접근하기 때문이다. 실제로 거시 세계에서는 비록 플랑크 상수가 작아서 파동-입자의 이중성 감지가 불가능하지만, 입자와 파동은 여러 가지 성질을 공유하고 있다. 연구하는 현상의 크기가 작아짐에 따라 고전물리학의 정당성은 감소한다. 원자를 이해하기 위해서는 파동의 입자적인 행동과 입자의 파동적인 행동을 전적으로 인정해야 한다. 이 장의 나머지에서는 고전적인 개념과 현대적인 개념의 결합인 보어 원자 모델로부터 입자의 파동성이 어떻게 이용되는지를 일부 볼 수 있을 것이다. 우리의 일상 생활에서 얻어지는 직관적인 개념으로는 받아들일 수 없는 양자역학의 관점으로 원자를 취급하기 전까지는 원자에 대한 완전한 이론을 이끌어낼 수 없다.

4.3 원자 스펙트럼

각각의 원소는 모두 독특한 선스펙트럼 특성을 갖는다.

성공적인 원자 이론에서 마땅히 고려하여야 할 것으로 원자의 안정성만 문제가 되는 것은 아니다. 고전물리로는 설명할 수 없는 또 다른 원자의 하나의 중요한 모습으로 스펙트럼선(분광선)의 존재가 있다.

2장에서 살펴보았듯이, 응집 물질(고체와 액체)은 어떤 온도에 있던지 비록 세기는 다르지만 모든 파장의 복사선을 방출한다. 플랑크는 물질로부터의 자세한 복사 과정이나 물질의 특징에 근거하지 않고도 이런 복사의 측정된 특징들을 설명하였다. 이로부터 응집 물질에서의 복사는 특정 원소의 원자들의 특징적인 행동을 보이는 것이 아니라 굉장히 많은 (수의) 상호작용을 하는 원자들의 집합적인 행동을 보이는 것임을 알 수 있다.

또 다른 극단적인 예로서, 희박한 기체에 들어 있는 원자나 분자들은 평균적으로 멀리 떨어져 있어서 가끔씩 서로 충돌할 때에만 상호작용을 한다. 이러한 상황에서 방출되는 복사는 각 원자나 분자의 특성을 나타내리라고 예측할 수 있으며, 실제로 그렇다.

원자 가스나 증기에 전류를 흘려주는 등의 적당한 방법으로 대기압보다 약간 낮은 기압에서 '여기'시키면, 어떤 특정한 파장만을 갖는 복사선이 방출된다. 실제 분광계에서는 회절격자를 사용하지만, 원자 스펙트럼을 관측하는 이상적인 장치를 그림 4.7에 나타내었다. 몇몇 원소의 **방출 선스펙트럼**(emission line spectrum)을 그림 4.8에 나타내었다. 모든 원소는 증기 상태에서 여기되면 독특한 선스펙트럼 특성을 나타낸다. 그러므로 분광학은 미지 물질의 구성을 분석하는 데 유용한 도구가 된다.

백색광이 기체를 지날 때는 방출 스펙트럼에 나타나는 일부 파장과 같은 파장을 갖는 빛을 흡수하는 것이 발견되었다. 결과적으로, 밝은 배경 위에 흡수로 인해 잃어버린 파장에 해당하는 검은 선으로 된 **흡수 선스펙트럼**(absorption line spectrum)이 나타나며(그림 4.9), 방

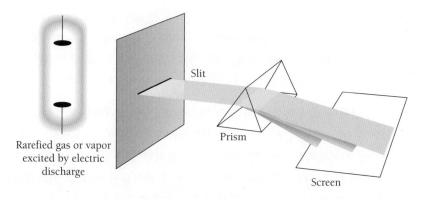

그림 4.7   이상적인 분광기

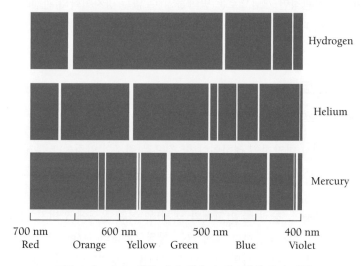

그림 4.8   수소, 헬륨, 수은 방출 스펙트럼의 주된 선들

전류에 의해 여기된 관 속에 들어 있는 가스 원자는 가스의 특성 파장에서 빛을 낸다.

그림 4.9 한 원소의 흡수 스펙트럼에서의 어두운 선은 그 원소의 방출 스펙트럼에서의 밝은 선에 대응한다.

출 스펙트럼은 검은 배경 위에 밝은 선으로 나타난다. 태양빛의 스펙트럼은 검은 선들을 갖고 있는데, 이는 5,800 K로 가열된 거의 흑체복사처럼 빛을 내는 태양의 발광 부분을 특정 파장만 흡수하는 차가운 기체들이 감싸고 있기 때문에 나타난다. 대부분의 다른 별들에서도 이런 종류의 스펙트럼을 보인다.

한 원소의 스펙트럼에 나타난 선의 수, 세기 그리고 정확한 위치는 온도, 압력, 전기장과 자기장의 존재, 광원의 움직임 등에 영향을 받는다. 그 스펙트럼을 분석함으로써 광원에는 어떤 원소들이 들어 있는지 뿐만 아니라 그들의 물리적 상태에 대한 많은 것을 알 수 있다. 예를 들면, 천문학자는 별의 스펙트럼을 조사함으로써 그 별의 대기에는 무엇이 있는가? 이온화되어 있는가? 그 별은 지구에 접근하고 있는가? 그렇지 않으면 멀어지고 있는가? 등에 대한 것을 알아낼 수 있다.

분광 계열

1세기 전쯤에 원소 분광에서의 파장들이 **분광 계열**(spectral series)이라 부르는 일련의 분광선 무리들에 포함됨을 발견하였다. 발머(J. J. Balmer)가 1885년에 수소 스펙트럼의 가시광선 부분을 연구하던 중 이러한 계열을 처음 발견하였고, 그림 4.10에 **발머 계열**(Balmer series)을 나타내었다. 가장 긴 파장인 656.3 nm는 H_α로, 다음의 486.3 nm는 H_β로 표시되고, 나머지도 같은 방법으로 표시된다. **계열의 한계**인 364.6 nm에 도달할 때까지 파장이 짧아짐에 따라 선들의 간격은 좁아지며, 그 세기는 약해진다. 계열 한계 이상에서는 더 이상 분리된 선이 나타나지 않고 희미한 연속 스펙트럼만 나타난다. 이 계열의 파장에 대한 발머 공식은

발머 계열
$$\frac{1}{\lambda} = R\left(\frac{1}{2^2} - \frac{1}{n^2}\right) \quad n = 3, 4, 5, \cdots \tag{4.6}$$

이고,

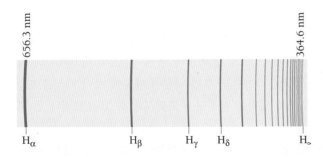

그림 4.10 수소의 발머 계열. H_α 선은 붉은색, H_β 선은 푸른색, H_γ와 H_δ 선은 보라색이며, 다른 선들은 근 자외선이다.

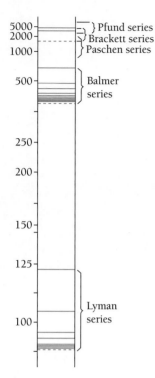

그림 4.11 수소의 스펙트럼 계열, 각 계열의 파장은 간단한 식과 연관된다.

뤼드베리 상수(Rydberg constant)로 알려진 R의 값은

뤼드베리 상수 $$R = 1.097 \times 10^7 \text{ m}^{-1} = 0.01097 \text{ nm}^{-1}$$

이다. H_α 선은 이 식에서 $n = 3$에 해당하며, H_β는 $n = 4$에 해당하고, 그다음도 차례대로이다. 계열의 한계는 $n = \infty$일 때이며, 그때의 파장은 $4/R$인데, 이는 실험값과 일치한다.

발머 계열은 수소 스펙트럼의 가시광 영역의 파장을 포함한다. 자외선과 적외선 영역에 속하는 수소의 스펙트럼선은 몇 개의 다른 계열들에 속한다. 자외선 영역인 **라이먼 계열**(Lyman series)은 다음 식으로 나타나는 파장들을 포함한다.

라이먼 계열 $$\frac{1}{\lambda} = R\left(\frac{1}{1^2} - \frac{1}{n^2}\right) \qquad n = 2, 3, 4, \cdots \qquad (4.7)$$

적외선 영역에서는 세 개의 스펙트럼 계열이 발견되었는데, 이들을 구성하고 있는 분광선들은 다음 식에 의해 표시되는 파장들을 갖는다.

파셴(Paschen) 계열 $$\frac{1}{\lambda} = R\left(\frac{1}{3^2} - \frac{1}{n^2}\right) \qquad n = 4, 5, 6, \cdots \qquad (4.8)$$

브래킷
(Brackett) 계열 $$\frac{1}{\lambda} = R\left(\frac{1}{4^2} - \frac{1}{n^2}\right) \qquad n = 5, 6, 7, \cdots \qquad (4.9)$$

푼트(Pfund) 계열 $$\frac{1}{\lambda} = R\left(\frac{1}{5^2} - \frac{1}{n^2}\right) \qquad n = 6, 7, 8, \cdots \qquad (4.10)$$

이와 같은 수소의 스펙트럼 계열들을 그림 4.11에서 파장에 대한 그림으로 나타내었다. 브래킷 계열은 파셴 계열, 푼트 계열과 겹친다. R의 값은 식 (4.6)에서 (4.10)까지 모두 똑같다.

좀 더 복잡한 원소들의 분광에서 나타나는 비슷한 규칙성과 함께 수소 분광에서 관측되는 이러한 규칙성은 원자 구조를 설명하려는 모든 이론의 타당성 여부를 검증하는 확실한 기준을 제공한다.

4.4 보어 원자

원자 안에서의 전자파동

보어는 1913년 성공에 가까운 최초의 원자 이론을 제창하였다. 드브로이가 발견하였던 물질파의 개념으로 이 이론을 자연스럽게 이끌어 낼 수 있으며, 여기에서도 이 접근 방법을 따라가겠다. 드브로이의 업적은 10여 년 후에 나왔기 때문에 보어 자신은 다른 방법으로 접근하였으며, 이 사실은 보어의 업적을 더욱더 두드러지게 하였다. 그러나 두 접근 방법에 의한 결과는 정확하게 똑같다.

수소핵 주위의 궤도를 돌고 있는 전자의 파동성을 조사하는 데서부터 시작한다(이 장에서

는 전자의 속력이 c보다 훨씬 작으므로 $\gamma = 1$로 가정하고, 간단화하기 위하여 여러 식들에서 γ를 생략한다). 전자의 드브로이 파장은

$$\lambda = \frac{h}{mv}$$

이며, 전자의 속력 v는 식 (4.4)로 주어진다.

$$v = \frac{e}{\sqrt{4\pi\epsilon_0 mr}}$$

그러므로

궤도 전자의 파장 $$\lambda = \frac{h}{e}\sqrt{\frac{4\pi\epsilon_0 r}{m}}$$ (4.11)

이다. 전자 궤도의 반지름 r에 5.3×10^{-11} m를 대입하면(예제 4.1을 보라), 전자의 파장은

$$\lambda = \frac{6.63 \times 10^{-34}\,\text{J} \cdot \text{s}}{1.6 \times 10^{-19}\text{C}}\sqrt{\frac{(4\pi)(8.85 \times 10^{-12}\,\text{C}^2/\text{N} \cdot \text{m}^2)(5.3 \times 10^{-11}\,\text{m})}{9.1 \times 10^{-31}\,\text{kg}}}$$
$$= 33 \times 10^{-11}\,\text{m}$$

가 되고, 이 파장은 전자 궤도의 원주 길이

$$2\pi r = 33 \times 10^{-11}\,\text{m}$$

와 정확히 일치한다. 수소 원자의 전자 궤도는 양 끝에서 자신이 서로 이어진 완전한 한 파장의 전자파에 해당한다(그림 4.12)!

　수소 원자의 전자 궤도의 원주 길이가 그 전자파의 한 파장이라는 사실은 원자에 대한 이론을 세우는 데 필요한 단서를 제공한다. 줄로 된 원형 고리의 진동을 생각하면(그림 4.13), 그 줄에서 파의 파장의 정수배는 항상 원주 길이와 일치하고, 그렇게 됨으로써 각 파는 자연

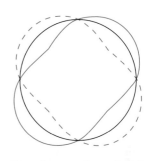
Circumference = 2 wavelengths

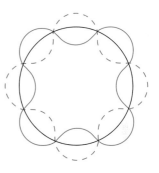
Circumference = 4 wavelengths

Circumference = 8 wavelengths

그림 4.13 원형 고리 줄에서의 진동 모드들. 각각의 경우 파장의 정수배는 원주 길이와 꼭 맞는다.

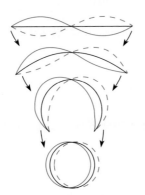

—— Electron path
—— De Broglie electron wave

그림 4.12 수소 원자의 전자 궤도는 양 끝점이 연결된 전자의 완전한 하나의 드브로이 파동에 해당한다.

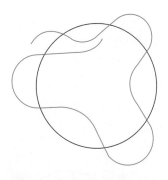

그림 4.14 원주 길이가 파장의 정수배가 아닌 경우 상쇄 간섭이 일어나므로 오래 지속될 수 없게 된다.

스럽게 다음 파로 이어진다. 이 줄이 완전한 탄성체라면, 진동은 영원히 지속될 것이다. 줄의 고리에서는 왜 이런 진동만 가능한가? 그림 4.14처럼 고리의 원주 길이가 파장의 정수배가 아니면, 파가 고리를 따라 진행하면서 다음의 파와 상쇄 간섭을 일으킬 것이고, 진동은 곧 사라질 것이다.

수소 원자에서의 전자파의 행동을 줄로 된 원형 고리에서의 진동과 같이 생각하면, 아래와 같이 말할 수 있다.

전자는 궤도가 드브로이 파장의 정수배에 해당하는 경우에만 핵 주위를 움직일 수 있다.

전자의 파장이 핵의 인력과 균형을 이루기 위한 궤도 속력에 의존하므로 이 말 속에는 전자의 입자성과 파동성이 다 같이 포함되어 있다. 확실히 말하면, 원자 전자와 그림 4.13의 정상파 사이의 유사성은 이런 문제에서 최종적인 결론이 아니고, 원자에 대한 좀 더 심오하고 포괄적이며, 그러나 좀 더 추상적인 양자역학 이론에 이르는 길을 밝히는 하나의 단계에 불과하다.

전자 궤도가 드브로이 파장의 정수배가 되어야 한다는 조건을 표현하는 것은 간단하다. 반지름이 r인 전자 궤도의 원주 길이가 $2\pi r$이므로 궤도가 안정되기 위한 조건은

궤도 안정화 조건 $\qquad n\lambda = 2\pi r_n \qquad n = 1, 2, 3, \cdots$ (4.12)

이다. 여기서 r_n은 n개의 파장을 가지는 궤도의 반지름을 나타낸다. 정수 n을 궤도의 **양자수**(quantum number)라고 한다. λ에 식 (4.11)에서의 전자 파장을 대입하면

$$\frac{nh}{e}\sqrt{\frac{4\pi\epsilon_0 r_n}{m}} = 2\pi r_n$$

이다. 따라서 가능한 전자 궤도는 아래와 같은 반지름만 가지는 궤도들이다.

보어 원자의 궤도 반지름 $\qquad r_n = \dfrac{n^2 h^2 \epsilon_0}{\pi m e^2} \qquad n = 1, 2, 3, \cdots$ (4.13)

관습적으로 가장 안쪽 궤도의 반지름을 수소 원자의 **보어 반지름**(Bohr radius)이라 하며, 기호 a_0로 표시한다.

보어 반지름 $\qquad a_0 = r_1 = 5.292 \times 10^{-11}$ m

다른 반지름들을 a_0로 표현하면 아래와 같다.

$$r_n = n^2 a_0$$ (4.14)

닐스 보어(Niels Bohr: 1885~1962)는 덴마크의 수도 코펜하겐에서 태어나 일생의 대부분을 그곳에서 보냈다. 1911년에 그곳 대학에서 박사학위를 받은 후 과학적 시야를 넓히기 위해 영국으로 갔다. 맨체스터의 러더퍼드 연구실에서 그때 막 발견된, 그때까지의 물리 원리에는 벗어나는 원자의 핵 모델을 접하게 되었다. 원자를 고전물리만을 뼈대로 하는 이론 체계로 이해하는 것은 "희망이 없다"고 인식하였다. 그리고 빛의 양자 이론이 어떤 방법으로든 원자 구조를 이해하는 데 중요한 역할을 할 것으로 느꼈다.

1913년 코펜하겐으로 돌아온 보어에게 한 친구가 수소 원자 스펙트럼의 한 계열을 설명해 주는 발머 공식이 그의 탐색에 적절한 주제일 것이라고 제안하였다. 뒤에 가서 보어는 "발머 공식을 보자마자 모든 것이 명백해졌다"라고 말했다. 자신의 이론을 정립하기 위하여 보어는 두 개의 혁명적인 아이디어로부터 시작하였다. 첫 번째 아이디어는 원자 전자가 핵 주위로 특정하게 허용되는 궤도만 따라서 돈다는 것이었다. 또 다른 하나는, 원자는 전자가 허용되는 하나의 궤도에서 또 다른 허용되는 궤도로 옮겨갈 때 하나의 광자를 흡수하거나 방출한다는 생각이었다.

허용되는 궤도의 조건은 무엇인가? 이를 알아내기 위해 보어는 대응원리라고 알려지게 되는 원리를 길잡이로 삼았다. 양자수가 매우 큰 경우에는 양자 효과가 나타나지 않아야 하며, 양자 이론은 고전물리에서 결과를 주어야 한다는 원리이다. 이 원리를 적용하여 허용된 궤도에 있는 전자는 $\hbar = h/2\pi$의 정수배인 각운동량만 가질 수 있음을 보였다. 10여 년이 지난 후에야 드브로이가 움직이는 전자의 파동적 특성으로부터 이 각운동량의 양자화를 설명하였다.

보어는 발머 계열뿐만 아니라 수소 원자의 모든 분광선 계열에 대해 설명할 수 있었으나, 그의 이론이 출판되는 데는 많은 논쟁이 따랐다. 이 이론의 열렬한 지지자였던(몇 년 후 "나에게는 기적처럼 보였고 지금도 기적같다"라고 썼던) 아인슈타인도 그의 과감한 고전 개념과 양자 개념의 혼합에 대해서는 "'오른손이 한 일을 왼손이 알지 못하게 할지어다'라는 예수회의 격언에 따라 얻어진 것처럼 보이므로, 이 이론의 성공에는 당혹스러운 면이 있다"라고 하기도 하였다. 다른 저명한 물리학자들은 더욱 크게 동요되었는데, 슈테른(Otto Stern)과 라우에(Max von Laue)는 만약 보어가 옳다면 물리를 그만두어야 할 것이라(뒤에 가서 마음을 바꾸었지만)고까지 말하기도 하였다. 보어와 또 다른 사람들에 의해 그의 모델을 다전자 원자에 적용하려는 시도들을 하였으나 그렇게 성공적이지는 못하였다. 예를 들면, 그때까지 알려져 있지 않았던 원소인 하프늄(hafnium)을 적절하게 예측할 수 있었으나, 다전자 원자에 대한 진정한 진보는 1925년 파울리의 배타원리가 나올 때까지 기다려야 하였다.

보어는 1916년에 러더퍼드 연구소로 되돌아와서 1919년까지 머물렀다. 그때 그를 위해 한 이론물리학 연구소가 코펜하겐에 세워졌고, 죽을 때까지 이 연구소를 이끌었다. 이 연구소는 국제적으로 양자 이론가들을 이끄는 구심점이 되었고, 거기에서의 정기적인 모임을 통해 아이디어들이 교환되고 자극과 고무를 받았다. 보어는 1922년에 노벨상을 받았다. 1939년에 거대 핵과 물방울(liquid drop)과의 유사성으로부터 그때 바로 발견된 핵분열이 어떤 핵에서는 일어나지 않고 왜 특정한 핵들에서만 일어나는가를 설명한 것이 보어의 마지막 중요한 업적이 되었다. 제2차 세계대전 동안 뉴멕시코주의 로스앨러모스에서 핵폭탄의 개발에 기여하였고, 세계대전 후에 코펜하겐으로 돌아와 1962년에 사망하였다.

4.5 에너지 준위와 스펙트럼

광자는 전자가 높은 에너지 준위에서 낮은 에너지 준위로 떨어질 때 방출된다.

허용되는 여러 궤도들은 서로 다른 전자에너지를 가진다. 식 (4.5)에서의 전자에너지를 궤도 반지름 r_n으로 표시하면, E_n은

$$E_n = -\frac{e^2}{8\pi\epsilon_0 r_n}$$

이다. 식 (4.13)의 r_n을 대입하면

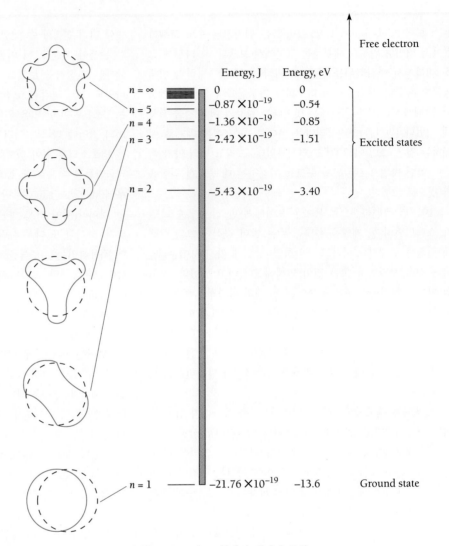

그림 4.15   수소 원자의 에너지 준위

에너지 준위
$$E_n = -\frac{me^4}{8\epsilon_0^2 h^2}\left(\frac{1}{n^2}\right) = \frac{E_1}{n^2} \qquad n = 1, 2, 3, \cdots \qquad (4.15)$$

$$E_1 = -2.18 \times 10^{-18}\,\text{J} = -13.6\,\text{eV}$$

가 된다. 식 (4.15)로 주어지는 에너지를 수소 원자의 **에너지 준위**(energy level)라 하며, 그림 4.15에 나타내었다. 이 준위들은 모두 음의 값을 가지는데, 이는 전자가 핵으로부터 벗어날 수 있는 충분한 에너지를 갖지 못함을 나타낸다. 원자 전자들은 이 에너지들만 가질 수 있으며, 다른 에너지는 가질 수 없다. 사다리 위에 있는 사람은 사다리 계단 위에만 설 수 있고, 계단 사이에는 설 수 없는 것과 유사하다.

가장 낮은 에너지 E_1을 원자의 **바닥상태**(ground state)라 부르며, 그보다 높은 준위들인 $E_2, E_3, E_4, \cdots$ 등을 **들뜬상태**(excited state)라 한다. 양자수 n이 증가함에 따라 그에 해당하는 에너지 E_n은 0에 가까워진다. $n = \infty$인 극한에서는 $E_n = 0$이고, 이때의 전자는 더 이상 원자를 이루도록 핵에 속박되지 않는다. 양의 에너지를 갖는 핵-전자계에서의 전자는 자유 전자이며, 만족시켜야 할 양자 조건도 없다. 물론 이런 핵-전자계는 원자를 만들지 않는다.

바닥상태 원자에서의 전자를 핵으로부터 떼어내는 데 필요한 일을 그 원자의 **이온화 에너지**(ionization energy)라 한다. 따라서 이온화 에너지는 $-E_1$이며, 바닥상태의 전자를 $E = 0$인 상태로 끌어올려 핵으로부터 자유롭게 만드는 데는 이만한 에너지가 공급되어야 한다. 수소 원자의 경우 바닥상태의 에너지가 -13.6 eV이므로 이온화 에너지는 13.6 eV이다. 여러 원소들의 이온화 에너지를 그림 7.10에서 보여 주고 있다.

예제 4.2

한 전자가 수소 원자와 충돌하여 바닥상태 에너지를 $n = 3$의 상태로 여기시켰다. 이 비탄성충돌(KE가 보존되지 않는 충돌)에서 얼마만한 에너지가 수소 원자에게 주어졌는가?

풀이

식 (4.15)로부터 수소 원자가 양자수 n_i인 초기상태에서 양자수 n_f인 최종상태가 되는 데 필요한 에너지는

$$\Delta E = E_f - E_i = \frac{E_1}{n_f^2} - \frac{E_1}{n_i^2} = E_1 \left(\frac{1}{n_f^2} - \frac{1}{n_i^2} \right)$$

이다. $n_i = 1$, $n_f = 3$ 그리고 $E_1 = -13.6$ eV이므로

$$\Delta E = -13.6 \left(\frac{1}{3^2} - \frac{1}{1^2} \right) \text{eV} = 12.1 \text{ eV}$$

이다.

예제 4.3

높은 양자수를 가지는 상태에 있는 수소 원자는 실험실에서 만들어지거나 우주공간에서 관측된다. 이런 높은 양자 상태에 있는 원자를 **뤼드베리 원자**(Rydberg atom)라 부른다. (a) 수소 원자에서 반지름이 0.0100 mm인 보어 궤도의 양자수를 구하라. (b) 이 상태의 수소 원자의 에너지는 얼마가 되는가?

풀이

(a) 식 (4.14)로부터 $r_n = 1.00 \times 10^{-5}$ m이면, 양자수는 다음과 같다.

$$n = \sqrt{\frac{r_n}{a_0}} = \sqrt{\frac{1.00 \times 10^{-5} \text{ m}}{5.29 \times 10^{-11} \text{ m}}} = 435$$

(b) 식 (4.15)로부터

$$E_n = \frac{E_1}{n^2} = \frac{-13.6 \text{ eV}}{(435)^2} = -7.19 \times 10^{-5} \text{ eV}$$

이다. 물론, 뤼드베리 원자는 매우 깨지기 쉽고 쉽게 이온화한다. 이 때문에 자연적으로는 거의 진공상태인 우주공간에서만 발견된다. 뤼드베리 원자의 스펙트럼 영역은 라디오파 영역까지 내려오며, 라디오파 망원경으로 그들의 존재가 확인되었다.

선스펙트럼의 원인

위에서 발전시킨 식들을 실험과 대조해 보아야 할 때가 되었다. 특별히 두드러진 관측 사실은 원자가 방출과 흡수 둘 모두에서 선스펙트럼을 나타낸다는 점이다. 이런 선스펙트럼들은 우리 모델을 따르는가?

수소 원자에 띄엄띄엄한 에너지 준위가 있다는 것은 이들 간의 연결을 암시한다. 전자가 들뜬상태에서 낮은 상태로 떨어질 때 잃는 에너지가 하나의 광자로 방출된다고 가정하자. 우리의 모델에 따르면, 전자는 원자 내에서 어떤 특정한 에너지 준위 이외에는 존재할 수 없다. 전자가 한 준위에서 다른 준위로 전이할 때 두 준위 사이의 에너지 차를 어떤 점진적인 방법이 아닌 한 번에 하나의 광자로 방출한다는 것은 이 모델과 잘 맞는다.

초기(높은 에너지)상태의 양자수를 n_i라 하고 최종(낮은 에너지)상태의 양자수를 n_f라 하면, 다음과 같은 주장을 할 수 있다.

초기 에너지 − 최종 에너지 = 광자에너지

$$E_i - E_f = h\nu \tag{4.16}$$

여기서 ν는 방출된 광자의 진동수이다. 식 (4.15)로부터

$$E_i - E_f = E_1\left(\frac{1}{n_i^2} - \frac{1}{n_f^2}\right) = -E_1\left(\frac{1}{n_f^2} - \frac{1}{n_i^2}\right)$$

원자세계에서의 양자화

일련의 에너지 준위들은 수소 원자만의 성질이 아니라 모든 원자가 갖는 공통된 특징이다. 상자 안의 입자의 경우처럼 전자의 공간상에서의 한 영역으로의 제한은 가질 수 있는 가능한 파동함수에 제한을 가져오고, 이는 다시 에너지를 명확히 정의된 특정한 값들만 가지도록 제한한다. 원자에너지 준위의 존재는 미시세계의 물리량에 대한 양자화, 즉 알갱이화의 또 다른 한 예이다.

우리가 생활하는 일상세계에서의 물체, 전하 및 에너지 등은 연속적으로 나타난다. 이와 달리, 원자세계에서의 물질은 특정한 정지질량을 갖는 기본 입자들로 구성되어 있다. 전하는 항상 $+e$와 $-e$의 정수배로만 나타나며, 진동수가 ν인 전자기파는 각자의 에너지가 $h\nu$인 광자들의 흐름으로 나타난다. 또한, 원자와 같이 기본 입자들의 안정된 계로 이루어진 물질들은 특정한 에너지만 가질 수 있다. 나중에 알게 되겠지만 자연계의 다른 양들도 모두 양자화된다. 전자와 양성자, 중성자들의 모든 상호작용 방법에도 이 양자화가 관여하여 우리 주변에 있는 물질(우리도 구성되어 있는)들의 익숙한 특성들을 가지게 한다. ∎

을 얻는다. E_1이 음(실제 값은 -13.6 eV)임을 기억하면, $-E_1$은 양이다. 그러므로 이 전이로부터 방출되는 광자의 진동수는

$$\nu = \frac{E_i - E_f}{h} = -\frac{E_1}{h}\left(\frac{1}{n_f^2} - \frac{1}{n_i^2}\right) \tag{4.17}$$

이 된다. $\lambda = c/\nu$이므로 $1/\lambda = \nu/c$이고

수소 스펙트럼
$$\frac{1}{\lambda} = -\frac{E_1}{ch}\left(\frac{1}{n_f^2} - \frac{1}{n_i^2}\right) \tag{4.18}$$

이다.

식 (4.18)에 의하면 여기된 수소 원자에서 방출되는 복사들은 특정한 파장들만 존재해야 한다. 더욱이 이 파장들은 전자의 최종 에너지 준위의 양자수 n_f에 따른 일련의 명백한 계열 속에 포함된다(그림 4.16). 남는 에너지를 광자로 방출하기 위해서는 $n_i > n_f$여야 하므로 처음 다섯 개의 계열을 계산하는 식은 다음과 같이 된다.

라이먼 계열 $n_f = 1$: $\dfrac{1}{\lambda} = -\dfrac{E_1}{ch}\left(\dfrac{1}{1^2} - \dfrac{1}{n^2}\right)$ $n = 2, 3, 4, \cdots$

발머 계열 $n_f = 2$: $\dfrac{1}{\lambda} = -\dfrac{E_1}{ch}\left(\dfrac{1}{2^2} - \dfrac{1}{n^2}\right)$ $n = 3, 4, 5, \cdots$

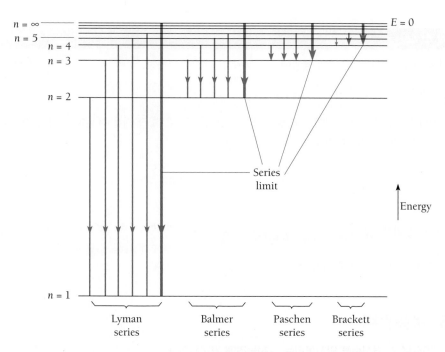

그림 4.16 스펙트럼선들은 에너지 준위들 사이의 전이로부터 기인한다. 그림은 수소의 스펙트럼선들이다. $n = \infty$일 때 전자는 속박 상태에서 벗어나 자유 전자가 된다.

파셴 계열 $n_f = 3$: $\dfrac{1}{\lambda} = -\dfrac{E_1}{ch}\left(\dfrac{1}{3^2} - \dfrac{1}{n^2}\right)$ $n = 4, 5, 6, \cdots$

브래킷 계열 $n_f = 4$: $\dfrac{1}{\lambda} = -\dfrac{E_1}{ch}\left(\dfrac{1}{4^2} - \dfrac{1}{n^2}\right)$ $n = 5, 6, 7, \cdots$

푼트 계열 $n_f = 5$: $\dfrac{1}{\lambda} = -\dfrac{E_1}{ch}\left(\dfrac{1}{5^2} - \dfrac{1}{n^2}\right)$ $n = 6, 7, 8, \cdots$

이들은 앞서 논의한 스펙트럼 계열의 실험식과 그 모양이 똑같다. 라이먼 계열은 $n_f = 1$에 대응하고, 발머 계열은 $n_f = 2$에 대응하며, 파셴 계열은 $n_f = 3$에 대응하고, 브래킷 계열은 $n_f = 4$에 대응한다. 또, 푼트 계열은 $n_f = 5$에 대응한다.

마지막 단계로 위 식들에 있는 상수항을 실험식들[(4.6)에서 (4.10)까지]에 있는 뤼드베리 상수 R과 비교해야 한다. 이 상수항의 값은

$$-\frac{E_1}{ch} = \frac{me^4}{8\epsilon_0^2 ch^3}$$

$$= \frac{(9.109 \times 10^{-31}\ \text{kg})(1.602 \times 10^{-19}\ \text{C})^4}{(8)(8.854 \times 10^{-12}\ \text{C}^2/\text{N} \cdot \text{m}^2)(2.998 \times 10^8\ \text{m/s})(6.626 \times 10^{-34}\ \text{J} \cdot \text{s})^3}$$

$$= 1.097 \times 10^7\ \text{m}^{-1}$$

으로 계산되고, 역시 R과 동일하다. 그러므로 보어의 수소 원자 모델은 스펙트럼 실험 결과와 일치한다.

예제 4.4

H_α 선에 해당하는, 수소의 발머 계열에서의 제일 긴 파장을 구하라.

풀이

발머 계열에서 최종상태의 양자수 $n_f = 2$이다. 가장 긴 파장은 가장 작은 에너지 차이에 해당하므로 $n_i = 3$이어야 할 것이다. 따라서

$$\frac{1}{\lambda} = R\left(\frac{1}{n_f^2} - \frac{1}{n_i^2}\right) = R\left(\frac{1}{2^2} - \frac{1}{3^2}\right) = 0.139R$$

$$\lambda = \frac{1}{0.139R} = \frac{1}{0.139(1.097 \times 10^7 \text{m}^{-1})} = 6.56 \times 10^{-7}\text{m} = 656\ \text{nm}$$

이고, 가시광의 붉은색에 가깝다.

4.6 대응원리

양자수가 커질수록 양자물리는 고전물리에 가까워진다.

우리의 감각이 미치지 못하는 미시의 세계에서는 고전물리와 아주 다른 양자물리이기는 하지만,

고전물리가 실험과 잘 맞는 거시 세계에서의 양자물리는 고전물리와 같은 결과를 보여야 한다. 우리는 이미 이러한 근본적인 요구가 움직이는 물체의 파동 이론에서 사실이었음을 보아왔다. 이제 보어의 수소 원자 모델에서도 사실임을 발견할 수 있을 것이다.

전자기 이론에 따르면, 원 궤도를 따라 도는 전자는 그 회전 진동수와 같거나 그 진동수의 고조파(즉, 그 진동수의 정수배가 되는)와 같은 진동수의 전자기파를 방출해야 한다. 식 (4.4)에 따르면, r을 궤도 반지름이라고 할 때 수소 원자 전자의 속력은

$$v = \frac{e}{\sqrt{4\pi\epsilon_o mr}}$$

이다. 그러므로 전자의 회전 진동수 f는

$$f = \frac{전자의 속력}{궤도의 원주} = \frac{v}{2\pi r} = \frac{e}{2\pi\sqrt{4\pi\epsilon_0 mr^3}}$$

이다. 안정된 궤도의 반지름 r_n을 식 (4.13)에 따라 양자수 n으로 나타내면

$$r_n = \frac{n^2 h^2 \epsilon_0}{\pi me^2}$$

이다. 그러므로 회전 진동수는 다음과 같이 된다.

회전 진동수 $$f = \frac{me^4}{8\epsilon_0^2 h^3}\left(\frac{2}{n^3}\right) = \frac{-E_1}{h}\left(\frac{2}{n^3}\right) \tag{4.19}$$

예제 4.5

(a) $n = 1$과 $n = 2$인 보어 궤도에 있는 전자의 회전 진동수를 각각 구하라. (b) 전자가 $n = 2$인 궤도에서 $n = 1$인 궤도로 내려오면서 내놓는 광자의 진동수는 얼마인가? (c) 광자를 내놓고 낮은 상태로 내려오기 전까지 전자는 들뜬상태에 전형적으로 10^{-8}초 정도 머문다. 전자는 $n = 2$인 상태에 10^{-8}초 동안 머물면서 몇 번을 회전하는가?

풀이

(a) 식 (4.19)로부터 아래와 같다.

$$f_1 = \frac{-E_1}{h}\left(\frac{2}{1^3}\right) = \left(\frac{2.18\times10^{-18}\,\text{J}}{6.63\times10^{-34}\,\text{J}\cdot\text{s}}\right)(2) = 6.58\times10^{15}\,\text{rev/s}$$

$$f_2 = \frac{-E_1}{h}\left(\frac{2}{2^3}\right) = \frac{f_1}{8} = 0.823\times10^{15}\,\text{rev/s}$$

(b) 식 (4.17)에 의해

$$v = \frac{-E_1}{h}\left(\frac{1}{n_f^2} - \frac{1}{n_i^2}\right) = \left(\frac{2.18\times10^{-18}\,\text{J}}{6.63\times10^{-34}\,\text{J}\cdot\text{s}}\right)\left(\frac{1}{1^2} - \frac{1}{2^2}\right) = 2.47\times10^{15}\,\text{Hz}$$

이며, f_1과 f_2의 사잇값이다.

(c) 전자의 회전 수는

$$N = f_2\,\Delta t = (8.23 \times 10^{14}\ \text{rev/s})(1.00 \times 10^{-8}\ \text{s}) = 8.23 \times 10^6\ \text{rev}$$

이며, 지구가 태양 주위를 이만한 수만큼 회전하기 위해서는 823만 년이 걸린다.

보어 원자는 어떤 상황에서 고전적으로 행동해야 하는가? 전자의 궤도가 충분히 커서 직접적으로 측정할 수 있다면 양자 효과는 크게 나타나지 않을 것이다. 예를 들면, 직경이 0.01 mm인 궤도는 이런 조건을 만족시킬 것이다. 예제 4.3으로부터 이 경우의 양자수는 $n = 435$ 이다.

보어 이론은 이런 원자가 어떤 복사선을 방출할 것으로 예측하고 있을까? 식 (4.17)에 따르면, 수소 원자가 n_i번째 에너지 준위에서 n_f번째 에너지 준위로 떨어질 때 방출하는 전자의 진동수는

$$\nu = \frac{-E_1}{h}\left(\frac{1}{n_f^2} - \frac{1}{n_i^2}\right)$$

이다. 초기 양자수 n_i를 n이라 하고, 마지막 양자수 n_f를 $n - p\,(p = 1, 2, 3, \cdots)$라 하자. 이렇게 하면

$$\nu = \frac{-E_1}{h}\left[\frac{1}{(n-p)^2} - \frac{1}{n^2}\right] = \frac{-E_1}{h}\left[\frac{2np - p^2}{n^2(n-p)^2}\right]$$

이다. 그런데 n_i와 n_f가 둘 다 매우 크다면 n은 p보다 매우 크다. 그러면

$$2np - p^2 \approx 2np$$
$$(n-p)^2 \approx n^2$$

이므로 광자의 진동수는 아래와 같이 근사된다.

**광자의
진동수** $$\nu = \frac{-E_1}{h}\left(\frac{2p}{n^3}\right) \qquad\qquad (4.20)$$

$p = 1$일 때, 복사선의 진동수 ν는 식 (4.19)로 주어진 궤도 전자의 회전 진동수 f와 정확히 일치한다. 이 진동수의 고조파는 $p = 2, 3, 4, \cdots$일 때에 해당한다. 그러므로 수소 원자에 대한 양자적인 표현과 고전적인 표현은 양자수가 매우 커지는 극한에서는 같은 예측을 한다. $n = 2$일 때, 식 (4.19)가 예측하는 복사선의 진동수는 식 (4.17)에 의해 주어진 결과와 거의 300% 차이가 난다. $n = 10{,}000$일 때의 그 차이는 겨우 약 0.01%이다.

양자수가 커지는 극한에서 양자물리학이 고전물리학과 같은 결과를 보여야 한다는 조건은 보어에 의해 **대응원리**(correspondence principle)라고 불렸다. 이 원리는 물질에 대한 양자 이론의 발전에 중요한 역할을 하였다.

보어 자신은 대응원리를 반대로 이용하였다. 말하자면, 궤도 안정성의 조건을 찾는 데 이

원리를 이용하였다. 그는 식 (4.19)로부터 시작하여 안정한 궤도는 아래와 같은 전자의 궤도 각운동량을 가져야 함을 보일 수 있었다.

궤도 안정성의
조건
$$mvr = \frac{nh}{2\pi} \qquad n = 1, 2, 3, \cdots \tag{4.21}$$

드브로이 전자 파장이 $\lambda = h/mv$이므로 식 (4.21)은 $n\lambda = 2\pi r$로 주어지는 식 (4.12)와 같고, 이는 전자 궤도가 파장의 정수배만 포함해야 한다는 것을 말하고 있다.

4.7 핵의 운동

핵의 질량은 스펙트럼선의 파장에 영향을 미친다.

지금까지 수소의 핵(양성자)은 정지해 있고, 궤도 전자는 그 주위를 돈다는 가정을 하였다. 물론 실제에서는 핵과 전자 둘 다 질량 중심을 공통 중심으로 하여 그 주위를 돈다. 그러나 이 질량 중심은 핵의 질량이 전자의 질량보다 매우 크므로 핵과 매우 가깝다(그림 4.17). 이러한 종류의 계는 질량 m'인 단일 입자가 정지된 무거운 입자의 주위를 회전하는 것과 동등한 운동을 한다 (이러한 동등성은 8.6절에서 보일 것이다). 만약, 전자의 질량이 m, 핵의 질량이 M이라면 m'는

환산질량
$$m' = \frac{mM}{m + M} \tag{4.22}$$

과 같으며, m'가 m보다 작기 때문에 전자의 **환산질량**(reduced mass)이라 한다.

수소 원자에서 핵의 운동을 고려하기 위해서는 전자를 질량이 m'인 입자로 바꾸기만 하면 된다. 이때 원자의 에너지 준위는 다음과 같이 된다.

핵의 운동을 보정한
에너지 준위
$$E'_n = -\frac{m'e^4}{8\epsilon_0^2 h^2}\left(\frac{1}{n^2}\right) = \left(\frac{m'}{m}\right)\left(\frac{E_1}{n^2}\right) \tag{4.23}$$

핵 운동의 영향으로 수소의 모든 에너지 준위는

$$\frac{m'}{m} = \frac{M}{M + m} = 0.99945$$

의 비율만큼 변한다. 음수인 E_n의 절댓값이 작아진다는 것은 E_n의 증가를 의미하므로 이는 에

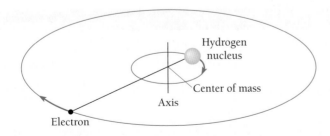

그림 4.17 수소 원자의 전자와 핵 둘 모두가 그들의 공통 질량 중심 주위를 돈다(실제 척도가 아님!).

너지가 0.055% 증가하였음을 나타낸다.

식 (4.15) 대신에 식 (4.23)을 사용하면, 수소의 여러 스펙트럼 계열에서 나타나는 이 모델로 예측된 파장과 실제 실험에서 측정한 파장 사이의 작지만 명백한 차이를 없앨 수 있다. 핵의 운동에 대한 보정이 없으면 뤼드베리 상수 R은 8자리 유효숫자로 1.0973731×10^7 m^{-1}이나, 보정을 하면 1.0967758×10^7 m^{-1}로 약간 줄어든다.

환산질량의 개념은 **중수소**(deuterium)를 발견하는 데 중요한 역할을 하였다. 중수소는 핵에 양성자 외에 중성자가 하나 더 있으므로 질량이 보통 수소의 거의 정확히 두 배가 되는 수소의 변종, 즉 동위원소이다. 약 6,000개의 수소 원자 중 한 개가 중수소 원자이다. 중수소의 스펙트럼선들은 모두 보통 수소의 해당하는 선들에 비해 짧은 파장 쪽으로 약간 치우쳐 있다. 예를 들면, $n = 3$에서 $n = 2$의 에너지 준위로의 전이로 생기는 중수소의 H_α 선은 파장이 656.1 nm인 반면에 수소의 H_α 선의 파장은 656.3 nm이다. 이러한 미세한 파장 차이가 1932년에 미국 화학자 유리(Harold Urey)로 하여금 중수소를 발견하게 하였다.

예제 4.6

포지트로늄(positronium) '원자'는 양전자(positron)와 전자가 궤도를 그리며 서로의 주위를 도는 입자계이다. 포지트로늄 스펙트럼선들의 파장과 보통 수소 원자 스펙트럼선들의 파장을 비교하여라.

풀이

여기서는 두 입자의 질량이 같다. 그러므로 환산질량은

$$m' = \frac{mM}{m + M} = \frac{m^2}{2m} = \frac{m}{2}$$

이며, m은 전자의 질량이다. 식 (4.23)으로부터 포지트로늄 '원자'의 에너지 준위는

$$E_n' = \left(\frac{m'}{m}\right)\frac{E_1}{n^2} = \frac{E_1}{2n^2}$$

이 된다. 이 식은 포지트로늄의 뤼드베리 상수, 즉 식 (4.18)에서의 상수항은 보통 수소에서의 값의 절반이 된다는 것을 의미한다. 이 결과로 포지트로늄 스펙트럼선의 모든 파장들은 대응하는 수소 스펙트럼선의 파장보다 모두 두 배 더 길다.

예제 4.7

뮤온(muon)은 질량이 $207m_e$(m_e 전자의 질량)이고, 전하량은 $+e$ 혹은 $-e$ 둘 중 하나를 갖는 소립자이다. 음 뮤온(μ^-)은 핵에 잡힐 수 있어서 뮤온 원자를 만든다. (a) 한 양성자가 μ^-을 포획하였다. 이 뮤온 원자의 첫 번째 보어 궤도 반지름을 구하라. (b) 이 뮤온 원자의 이온화 에너지를 구하라.

풀이

(a) 여기서 $m = 207\ m_e$이고 $M = 1836\ m_e$이다. 따라서 환산질량은

$$m' = \frac{mM}{m + M} = \frac{(207m_e)(1{,}836m_e)}{207m_e + 1{,}836m_e} = 186m_e$$

가 된다. 식 (4.13)에 의해 $n = 1$인 궤도 반지름은

$$r_1 = \frac{h^2 \epsilon_0}{\pi m_e e^2}$$

이며, $r_1 = a_0 = 5.29 \times 10^{-11}$ m이다. 그러므로 환산질량이 m'인 경우 대응하는 반지름 r'는

$$r_1' = \left(\frac{m}{m'} \right) r_1 = \left(\frac{m_e}{186m_e} \right) a_0 = 2.85 \times 10^{-13} \text{ m}$$

이다. 뮤온은 전자보다 양성자에 186배 더 가깝게 다가간다. 따라서 뮤온 수소 원자는 보통 수소 원자보다 훨씬 더 작다.

(b) 식 (4.23)으로부터 $n = 1$ 그리고 $E_1 = -13.6$ eV일 때

$$E_1' = \left(\frac{m'}{m} \right) E_1 = 186E_1 = -2.53 \times 10^3 \text{ eV} = -2.53 \text{ keV}$$

를 얻는다. 따라서 이온화 에너지는 2.53 keV이고, 보통 수소보다 186배 더 크다.

4.8 원자 들뜸

원자는 어떻게 에너지를 흡수하고 방출하는가?

원자를 바닥상태보다 높은 에너지 상태로 여기시켜 복사선을 방출할 수 있게 하는 데는 두 가지 주된 방법이 있다. 한 방법은 다른 입자와 충돌시키는 것으로, 충돌이 일어나는 동안 그들의 운동에너지 중 일부가 원자에 의해 흡수되어 들뜨게 된다. 이렇게 들뜬 원자가 한 개 또는 그 이상의 광자를 방출하면서 바닥상태로 되돌아오는 데는 평균 10^{-8}초 걸린다(그림 4.18).

    희박한 기체에서 형광 방전을 일으키기 위해서는 전자나 원자 이온이 충돌하는 원자를 여기시킬 만큼 충분한 운동에너지를 갖도록 가속시키기 위한 강한 전기장을 가해야 한다. 충돌하는 입자들의 질량이 서로 같을 때 에너지의 전달이 최대가 되므로(그림 12.22 참조) 이와 같은 방전에서 원자 내의 전자에 에너지를 공급하기 위해서는 전자가 이온보다 더 효율적이다. 네온사인과 수은등 들이, 가스가 들어 있는 관 안에 있는 두 전극 사이에 강한 전기장을 걸었을 때 특징적인 스펙트럼 복사가 방출되는 친근한 예이다. 네온인 경우는 불그스름한 색을 띠고, 수은 증기인 경우는 푸르스름한 색을 띤다.

    높은 에너지 준위로 올라가는 데에는 딱 알맞은 에너지의 광자를 흡수하여 원자가 여기되는 형태의 또 다른 여기방법도 존재한다. 예를 들면, 수소 원자가 $n = 2$인 들뜬상태에서 $n = 1$인 바닥상태로 떨어질 때 121.7 nm의 광자를 방출하므로 역으로 처음 $n = 1$ 상태에 있던 수소 원자가 파장이 121.7 nm인 광자를 흡수하면 $n = 2$ 상태로 여기될 것이다(그림 4.19). 이 과정으로 흡수 스펙트럼의 기원을 설명할 수 있다.

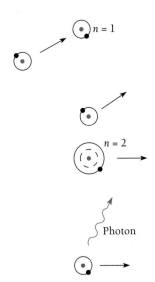

그림 4.18 충돌에 의한 여기. 한 원자가 유효한 에너지를 흡수하여 들뜬상태로 전이된다. 그 원자가 바닥상태(정상상태)로 돌아오면서 광자 한 개를 방출한다.

오로라(aurora)는 성층권에서 태양으로부터 오는 빠른 양성자와 전자에 의해 원자가 여기되어 생긴다. 오로라에서의 푸른색 색조는 산소에 의한 것이며, 붉은색은 산소와 질소 양쪽으로부터 온다.

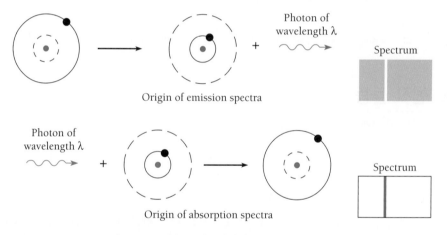

그림 4.19   방출 스펙트럼과 흡수 스펙트럼의 기원

　　모든 파장을 다 포함하는 백색광이 수소 가스를 지나갈 때, 에너지 준위들 사이의 전이에 해당하는 파장을 갖는 광자는 흡수된다. 이렇게 들뜬 수소 원자는 그 여기 에너지를 거의 동시에 재방출한다. 그러나 이 광자들은 방향성 없이 방출되어 원래의 백색광과 같은 방향으로 방출되는 광자는 조금밖에 되지 않는다(그림 4.20). 이렇게 하여 흡수 스펙트럼에 있는 검은 선은 완전히 검은 선이 아니라 밝은 주위 배경에 비해 어둡게 보인다. 임의의 원소의 흡수 스펙트럼은 그 원소의 방출 스펙트럼 중 바닥상태로의 전이에 해당하는 스펙트럼과 일치하리라는 예상을 할 수 있으며, 이는 관찰 결과와 일치한다(그림 4.9를 보라).

프랑크-헤르츠(Franck-Hertz) 실험

원자의 스펙트럼만이 원자 내의 에너지 준위를 조사하는 유일한 방법은 아니다. 1914년부터 시작하여 프랑크(James Franck)와 헤르츠(Gustav Hertz: Heinrich Hertz의 조카)는 충돌에

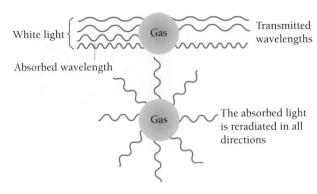

그림 4.20   흡수 스펙트럼에서의 어두운 선은 완전히 깜깜한 것만은 결코 아니다.

의한 여기에 기초를 둔 일련의 실험들을 수행하기 시작하였다. 이 실험들은 원자에너지 준위가 존재할 뿐만 아니라, 이렇게 얻어진 준위들은 선스펙트럼에서 나타나는 것들과 같다는 것을 보였다.

프랑크와 헤르츠는 그림 4.21과 같은 장치를 이용하여 여러 원소의 증기들에 에너지가 알려진 전자를 충돌시켰다. 그리드와 집속판 사이의 약간의 전위차 V_0는 어떤 최솟값보다 더 큰 에너지를 갖는 전자들만 통과하여 전류계를 통해 전류 I를 흐르게 한다. 가속 전압 V를 크게 함에 따라 점점 더 많은 전자들이 판에 도달하게 되고, I는 증가한다(그림 4.22).

전자가 증기에 있는 한 원자와 충돌할 때 운동에너지가 보존된다면, 전자는 단지 원래의 방향에 대해 다른 방향으로 튕겨나가기만 할 것이다. 원자는 전자에 비해 무척 무겁기 때문에 전자는 거의 운동에너지를 잃지 않는다. 그러나 전자가 어떤 특정한 임계 에너지에 도달하고 난 후는 전류가 갑자기 줄어든다. 이 현상은 한 원자와 충돌한 전자가 운동에너지의 일부 또는 전부를 그 원자에게 주고 원자를 바닥상태보다 높은 에너지 준위로 여기시키는 것으로 해석할 수 있다. 이런 충돌을 운동에너지가 보존되는 탄성(elastic) 충돌과 비교하여 비탄성(inelastic) 충돌이라고 한다. 전자의 임계 에너지는 원자를 가장 낮은 들뜬상태로 올리는 데 필요한 에너지와 같다.

그리고 나서 가속 전압 V를 더욱 증가시키면 전류는 다시 증가한다. 왜냐하면 전자들이 도중에서 비탄성 충돌을 하고 난 후에도 판에 도달할 수 있는 충분히 큰 여분의 에너지를 가지게 되기 때문이다. 마침내 또 다른 전류가 급격히 떨어지는 현상이 일어나는데, 이는 전자들에 의해 다른 원자들이 똑같은 에너지 준위로 여기되기 때문에 생기는 것으로 해석된다.

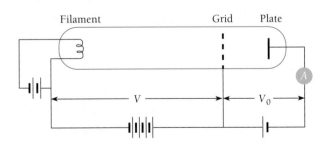

그림 4.21   프랑크-헤르츠의 실험 장치

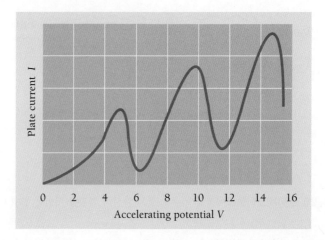

그림 4.22   수은 기체에서의 임계 퍼텐셜을 보여주는 프랑크−헤르츠 실험의 결과

그림 4.22에서 볼 수 있는 것처럼 주어진 원자에 대해 일련의 임계 전위차가 얻어진다. 가장 높은 전위차는 두 번 혹은 두 번 이상의 비탄성 충돌로 인해 생긴 것으로 가장 낮은 전위차의 정수배이다.

임계 전위차들이 원자의 에너지 준위에 기인한다는 해석을 확인하기 위해 프랑크와 헤르츠는 전자와 충돌하는 동안 증기의 방출 스펙트럼을 관측하였다. 예를 들면, 수은인 경우 253.6 nm의 스펙트럼선을 여기시키기 위해 필요한 최소 전자의 에너지는 4.9 eV임을 발견하였으며, 파장이 253.6 nm인 광자의 에너지는 정확히 4.9 eV이다. 프랑크와 헤르츠의 실험은 보어가 수소 원자에 대한 이론을 발표한 직후에 수행되었고, 보어의 기본적인 개념을 독립적으로 확인한 실험이었다.

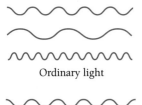

Ordinary light

Monochromatic,
incoherent light

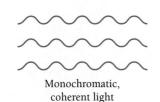

Monochromatic,
coherent light

그림 4.23   레이저는 모든 광파들이 같은 진동수를 가지고 (단색광) 서로 위상이 같은(결맞음) 빛을 발생시킨다. 또한, 레이저 빔은 매우 평행하게 줄맞춤된 빔이어서 먼 거리를 지나가도 잘 퍼지지 않는다.

4.9 레이저

보조를 맞춘 광파를 발생시키는 방법

레이저(laser)는 몇 가지 놀랄 만한 특징을 지니는 광선 빔을 발생시키는 장치이다.

1. 레이저 빛은 거의 단색성인 빛이다.
2. 레이저 빛은 파들이 모두 서로 맞음위상(in phase) 상태에 있는 결맞는(coherent) 빛이다 (그림 4.23).
3. 레이저 빔은 거의 퍼지지 않는다. 아폴로 11호 우주 탐사선이 달에 가져다놓은 거울에 쪼인 레이저 빔이 반사되어 지구로 되돌아왔을 때 퍼지지 않고 측정 가능할 정도로 좁게 남아 있었다. 이 거리는 75만 km가 넘는다. 레이저 이외의 모든 다른 방법으로 발생된 빛은 너무 많이 퍼져서 이러한 실험을 수행할 수 없다.
4. 레이저 빔은 다른 어떤 광원에서 발생되는 빛보다 그 세기가 월등히 세다. 어떤 레이저에서는 온도가 약 10^{30} K 정도인 물체에서만 얻을 수 있는 정도의 높은 에너지 밀도의 빛을 낸다.

마지막 두 가지 특성은 두 번째 특성으로부터 야기되는 특성들이다.

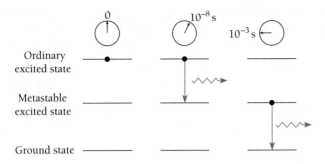

그림 4.24 어떤 원자는 빛을 방출하기 전까지 보통의 에너지 준위보다 더 오래 머무는 준안정 에너지 준위를 가질 수 있다.

레이저(laser)라는 말은 복사의 유도방출에 의한 빛의 증폭(*light amplification by stimulated emission of radiation*)이라는 뜻의 영어로부터 왔다. 레이저의 비결은 많은 원자들에서 수명이 보통의 10^{-8}초 대신에 10^{-3}초 혹은 그 이상인 들뜬상태가 하나 혹은 그 이상 존재한다는 사실에 있다. 이렇게 상대적으로 수명이 긴 상태를 **준안정**(metastable; 일시적으로 안정한) 상태라 한다(그림 4.24).

원자의 두 에너지 준위 E_0와 E_1 사이에 전자기파가 관여하는 전이는 세 종류가 가능하다 (그림 4.25). 원자가 처음에 낮은 상태 E_0에 있었다면, 에너지가 $E_1 - E_0 = h\nu$인 광자를 흡수하여 E_1으로 올라갈 수 있다. 이 과정을 **유도흡수**(stimulated absorption)라고 한다. 원자가 처음에 높은 상태 E_1에 있었다면, 에너지 $h\nu$인 광자를 방출하고 E_0로 떨어질 수 있으며, **자발방출**(spontaneous emission)이라 한다.

1917년에 아인슈타인이 처음으로 세 번째 가능성인 **유도방출**(stimulated emission)을 제안하였으며, 이는 에너지가 $h\nu$인 입사 광자에 의해 E_1에서 E_0로의 전이가 유도되는 방출이다. 유도방출에서 방출되는 빛은 입사하는 빛과 그 위상이 완전히 일치하며, 따라서 결맞는 빛의 증폭을 의미한다. 아인슈타인은 유도방출의 확률이 유도흡수와 같음을 보였다(9.7절 참조). 즉, 에너지가 $h\nu$인 광자가 높은 상태 E_1인 원자에 입사하여 에너지가 $h\nu$인 또 다른 광자를 방출할 확률은 그 광자가 낮은 상태 E_0에 있는 원자에 입사하여 흡수될 확률과 같다는 것이다.

유도방출은 새로운 개념을 포함하는 것은 아니다. 예를 들어, 진자와 같은 조화진동자에서 비슷한 문제를 찾아볼 수 있다. 진동자에 진자 진동의 자연 주기와 같은 주기를 가지는 사인(sine) 곡선형의 힘을 가하는 경우를 생각해 보자. 가해진 힘이 진자의 진동과 정확하게 위상이 일치하면 진동의 진폭은 커진다. 이것은 유도흡수에 해당한다. 그러나 가해진 힘이 진자

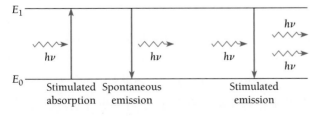

그림 4.25 두 원자에너지 준위 사이의 전이는 유도흡수, 자발방출, 유도방출에 의해 일어난다.

찰스 타운스(Charles H. Townes: 1915~2015)는 사우스캐롤라이나주의 그린빌(Greenville)에서 태어나 그곳에 있는 퍼먼(Furman) 대학교를 다녔다. 듀크(Duke) 대학교와 캘리포니아공과대학교(Caltech)에서 대학원 공부를 마친 후, 1939년부터 1947년까지 레이더로 제어하는 폭격 시스템을 연구하면서 벨연구소(Bell Telephone Laboratory)에서 지냈다. 그러고 나서 컬럼비아대학 물리학과에 합류하였다. 1951년에 공원 벤치에 앉아 있을 때, 강력한 마이크로파(microwave)를 만들어 내는 한 방법으로 **메이저**(maser; microwave amplification by stimulated emission of radiation)라는 아이디어를 떠올렸고, 1953년에는 첫 메이저가 작동되기 시작하였다. 메이저에서는 암모니아(NH_3) 분자를 들뜬 진동 상태로 만들어 공명통(resonant cavity)에 넣음으로써 레이저(laser)에서처럼 마이크로파 영역에 속하는 파장 1.25 cm의 광자를 유도방출시킨다. '원자시계'의 굉장한 정밀도는 이 개념에 기초하고 있으며, 고체 메이저 증폭기는 라디오천문학 등에 응용된다. 1958년에 타운스와 숄로(Arthur Schawlow)는 가시광선 영역에서도 같은 방법이 응용될 수 있다는 내용의 논문을 써서 주목을 받았

다. 그보다 조금 앞서서 컬럼비아대학의 대학원생이었던 굴드(Gordon Gould)도 같은 결론을 얻었지만, 특허상의 안전을 위해 자신의 계산 결과를 즉시 발표하지는 않았다. 굴드는 레이저라는 이름을 지었고, 민간 기업에서 이를 개발하려고 시도하였으나, 미 국방성은 그 계획(그리고 그의 연구 공책까지도)을 비밀로 분류하고, 그 연구를 계속하지 못하게 하였다. 그러나 20년 후에 결국 굴드는 우선권을 인정받는 데 성공하였으며, 레이저에 대한 두 개의 특허권을, 그리고 뒤에 가서 세 번째 특허권을 획득하였다. 메이먼(Theodore Mainman)이 1960년에 실제로 작동하는 레이저를 휴즈 연구소(Hughes Research Lab.)에서 처음으로 제작하였다. 1964년에 타운스는 러시아의 레이저 선구자인 프로호로프(Alexander Prokhorov), 바소프(Nikolay Basov)와 함께 노벨상을 받았다. 1981년도에는 숄로가 레이저를 이용한 정밀분광학에 대한 업적으로 노벨상을 공동 수상하였다.

발명 직후의 레이저는 그 응용성이 매우 희박하게 보여서 "문제를 위한 문제"라는 소리를 들었다. 그러나 물론 오늘날 레이저는 수많은 목적으로 수많은 분야에 응용되고 있다.

의 진동과 180°의 위상차가 난다면 진동의 진폭은 작아지며, 유도방출에 해당한다.

가장 간단한 **3-준위 레이저**(three-level laser)는 바닥상태에서 $h\nu$만큼 높은 에너지를 가지는 준안정 상태와 준안정 상태로 붕괴하는 더 높은 들뜬상태를 가진 원자(혹은 분자)의 모임을 이용한다(그림 4.26). 우리가 원하는 것은 바닥상태보다 준안정 상태에 더 많은 원자들이 있기를 바란다. 이렇게 준비된 원자 모임에 주파수가 ν인 빛을 쪼이면, 낮은 상태 원자로부터의 유도흡수보다 준안정 상태 원자로부터의 유도방출이 더 많이 일어날 것이다. 결과적으로 처음의 빛이 증폭되며, 레이저 작동의 근간을 이루는 개념이 된다.

바닥상태보다 들뜬상태에 더 많은 원자들이 있는 원자들의 모임을 나타내기 위해 **밀도 반전**(population inversion)이라는 용어를 쓴다. 정상적인 경우에는 가장 많은 원자들이 바닥상태를 차지하고 있다.

밀도 반전을 이루기 위해서는 여러 가지 방법이 쓰인다. 그중 하나인 **광 펌핑**(optical pumping)을 그림 4.27에 나타내었다. 여기에서는 바닥상태의 원자를 원하는 준안정 상태로 자발방출에 의해 붕괴하는 들뜬상태로 올리는 데 알맞은 주파수를 가진 광자들을 갖는 외부 광원을 사용한다.

왜 3-준위가 필요한가? 바닥상태와 바닥상태 위로 $h\nu$인 위치에 있는 준안정 상태의 2-준위만 생각하자. 진동수 ν인 광자로 많이 펌핑할수록 원자 모임을 바닥상태에서 준안정 상태로 위쪽 방향 전이가 더 많이 일어날 것이나, 동시에 펌핑은 준안정 상태에서 바닥상태로의 아래 방향 전이도 유도할 것이다. 각각의 상태에 원자들이 반반씩 나누어 들어가 있게 되면, 유도방출 비율과 유도흡수 비율이 같아질 것이며, 따라서 원자 모임들에서 절반 이상의 원자들이

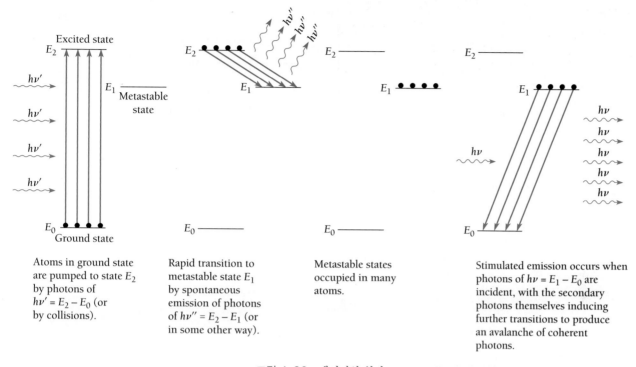

그림 4.26 레이저의 원리

준안정 상태에 들어가 있을 수 없게 된다. 이런 상황에서는 레이저 증폭이 일어날 수 없다. 밀도 반전은 유도흡수가 바닥 상태로부터 유도방출이 시작되는 준안정 상태로가 아니라 더 높은 에너지 준위로 일어나서 펌핑이 준안정 상태의 밀도를 빼앗아가지 않을 때에만 일어날 수 있다.

3-준위 레이저에서는 유도방출이 우세하기 위해 반수 이상의 원자들이 준안정 상태를 차지하고 있어야 하나, **4-준위 레이저**(four-level laser)에서는 그럴 필요가 없다. 그림 4.28에서처럼 레이저 전이는 준안정 상태에서 시작하여 바닥상태에서 끝나는 것이 아니라 불안정한 중간상태에서 끝난다. 이 중간상태는 매우 빠르게 바닥상태로 붕괴함으로써 매우 적은 수의 원자들만 중간상태에 남아 있게 된다. 따라서 그렇게 세지 않은 펌핑으로도 중간상태에 비해 대부분의 원자들이 준안정 상태에 들어 있게 할 수 있고, 레이저 증폭에 필요한 조건을 만족

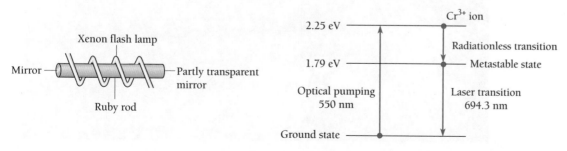

그림 4.27 루비 레이저. 유도방출이 유도흡수보다 많이 일어나기 위해서는 루비 막대에 있는 Cr^{3+} 이온들의 절반 이상이 준안정 상태에 있어야 한다. 레이저는 램프가 번쩍거릴 때마다 붉은색 빛의 펄스를 발생시킨다.

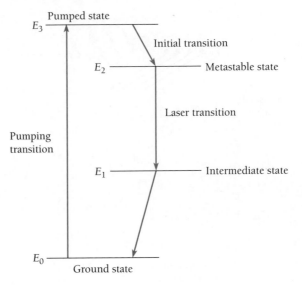

그림 4.28   4-준위 레이저

시키게 된다.

실용적인 레이저

레이저로서 최초로 성공한 **루비 레이저**(ruby laser)는 그림 4.27에서 보인 Cr^{3+} 이온의 3-에너지 준위에 그 기반을 둔다. 루비는 알루미늄 산화물인 Al_2O_3의 결정에서 Al^{3+} 이온 일부가 크롬 이온인 Cr^{3+}로 교체된 것인데, 이 이온 때문에 붉은색을 띠게 된다. Cr^{3+} 이온은 수명이 약 0.003초인 준안정 준위를 갖는다. 제논(xenon) 섬광 램프는 Cr^{3+} 이온들을 높은 에너지 준위로 여기시키고, 이들은 결정 내의 다른 이온들에 에너지를 잃으면서 준안정 준위로 떨어진다. 몇몇 Cr^{3+} 이온들로부터 자발방출에 의해 나온 광자들은 거울처럼 된 루비 막대의 양끝에서 반사되어 왔다 갔다 하면서 다른 Cr^{3+} 이온들을 유도방출하게 한다. 몇 마이크로초가

금속판을 정밀 절단하는 레이저

지나면 단색광이고 결맞는 상태의 붉은 빛의 센 펄스가 어느 정도 투명하게 만든 막대의 끝으로부터 나온다. 막대의 길이는 정확하게 빛의 반 파장의 정수배에 해당하여 막대 안에 갇힌 파는 광학적인 정상파를 이룬다. 유도방출이 이러한 정상파에 의해 유도되므로 방출파들은 모두 이 정상파와 보조를 맞추게 된다.

흔한 레이저인 **헬륨-네온 기체 레이저**(helium-neon gas laser)는 다른 방법으로 밀도 반전을 이룬다. 헬륨과 네온을 10 대 1 정도로 혼합하여 낮은 압력(~1 torr) 상태로 양 끝에 평행한 거울이 달린 유리관에 넣는다. 그 거울 중 하나는 약간 투명하다. 거울 사이의 거리는 역시(모든 레이저에서 마찬가지임) 레이저 빛의 반 파장의 정수배이다. 고주파 교류 전원에 연결된 관 바깥에 있는 전극에 의해 기체에 전기 방전이 일어난다. 방전에 의해 생긴 전자와의 충돌로 He와 Ne 원자들은 바닥상태로부터 각각 20.61 eV와 20.66 eV 위에 있는 준안정 상태로 여기된다(그림 4.29). 여기된 He 원자들 중 일부는 바닥상태의 Ne 원자와의 충돌에 의해 그들의 에너지를 Ne 원자에 전해 준다. 이때 모자라는 0.05 eV의 에너지는 원자의 운동에너지로부터 보충된다. 그러므로 He 원자의 목적은 Ne 원자의 밀도 반전을 도와주는 데 있다.

Ne 원자에서의 레이저 전이는 632.8 nm의 광자를 방출하는 20.66 eV인 준안정 상태로부터 18.70 eV의 들뜬상태로의 전이이다. 그런 후에 또 하나의 광자가 더 낮은 준안정 상태로 자발방출 전이를 하면서 결맞지 않은 빛을 방출한다. 여기 에너지의 나머지는 관의 벽과의 충돌에 의해 잃게 된다. 루비 레이저에서의 제논 섬광 램프에 의한 펄스 형태의 여기와는 달리 전자의 충돌에 의한 He와 Ne 원자의 여기는 지속적으로 일어나므로 He-Ne 레이저는 연속적으로 작동한다. 붉은색의 좁은 빔을 가진 헬륨-네온 레이저는 슈퍼마켓에서 바코드를 읽는 데 사용되고 있다. He-Ne 레이저에서는 단지 어떠한 순간에서도 극히 일부분(수백만분의 1)의 원자들만 레이저 과정에 관여한다.

다른 많은 종류의 레이저들이 고안되었다. 그들 중 일부는 원자 대신에 분자를 사용하기도 한다. **화학 레이저**(chemical laser)는 준안정 들뜬상태에서 분자들의 화학반응으로 인한 생성

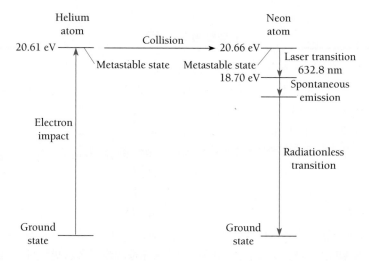

그림 4.29 헬륨-네온 레이저. 이와 같은 4-준위 레이저에서는 연속적인 레이저 발진이 가능하다. 헬륨-네온 레이저는 바코드를 읽는 데 흔하게 쓰이고 있다.

물에 그 기반을 둔다. 화학 레이저는 매우 효율적이고 세기가 매우 강력한 레이저가 될 수 있다. 수소와 플루오르(불소)가 결합하여 불화수소를 만드는 화학 레이저는 2 MW 이상의 적외선 빔을 만든다. 에너지 준위 간격이 매우 좁은 색소 분자를 사용하는 **색소 레이저**(dye laser)는 거의 연속적인 파장으로 '레이저 발진'을 할 수 있다(8.7절을 보라). 따라서 색소 레이저는 원하는 파장으로 파장을 변화시킬 수 있다. 유리질 고체인 야그(YAG: yttrium aluminium garnet)에 네오디뮴(neodymium)이 불순물로 들어 있는 **Nd:YAG 레이저**는 조직을 자를 때 레이저 빔이 지나가는 통로에 있는 수분을 증발시킴으로써 작은 혈관들을 막아주기 때문에 외과 수술에 도움이 된다. 세기가 몇 kW 이상인 강력한 **CO$_2$ 레이저**(carbon dioxide gas laser)는 산업체에서 강철을 포함하여 대부분의 물질을 정확하게 절단 또는 용접하는 등에 사용되고 있다.

　반도체 레이저(semiconductor laser)는 오늘날 대용량의 정보를 빠른 속도로 처리하고 전달한다(이러한 레이저가 어떻게 작동하는지에 대해서는 10장에서 기술한다). 콤팩트디스크 플레이어에서는 지름이 12 cm인 반사 디스크에 검은 점들의 구멍으로 나타나는 데이터 코드를 읽기 위해 반도체 레이저 빔이 마이크로미터(10^{-6} m) 크기의 점으로 집속된다. 콤팩트디스크에는 개인 컴퓨터의 플로피디스크보다 1,000배나 더 많은 600 메가바이트의 디지털 데이터를 저장할 수 있다. 저장된 데이터가 디지털 음악이라면, 연주시간이 1시간이 넘는다.

　반도체 레이저는 광섬유 통신의 전송선로에도 이상적이다. 여기에서는 일반적으로 구리선을 따라 보내야 하는 전기 신호를 표준 코드에 따라 일련의 펄스로 먼저 바꾼다. 그런 다음 레이저가 이 펄스를 적외선의 빛 섬광으로 전환시키고, 이 섬광은 가는(5~50 μm 지름의) 유리섬유를 통하여 전송된다. 광 유리섬유의 다른 끝에서 다시 전기 신호로 바뀐다. 동시에 32 통화만 전달할 수 있는 두 전선으로 된 전송선과는 달리, 백만 이상의 전화 통화가 하나의 광섬유를 통해 전달될 수 있다. 오늘날 광섬유 전화선 시스템은 많은 도시들을 연결시켜 어디에서나 도시 간 통화를 가능하게 한다. 또, 광섬유 케이블은 전 세계의 바다와 대양을 가로지르고 있다.

첩된 펄스의 증폭

　가장 강력한 레이저는 펄스 레이저로, 매우 짧은 시간 동안에 놀랄 만한 출력을 낸다. 1996년에 1조분의 1초보다 짧은 펄스로 페타와트(petawatt; 10^{15} W) 한계 출력을 넘어섰다. 이것은 펄스당 총 에너지가 아니라 에너지 전송률로서, 미국의 모든 고압 송전선망이 보낼 수 있는 전송률의 1,000배가 넘는 것이다. 첩된 펄스 증폭(chirped pulse amplification)이라 부르는 독창적인 방법으로 증폭 과정 동안 레이저 장치에 손실을 입히지 않고도 이만한 출력을 얻을 수 있었다. 처음에는 0.1피코초(picosecond; 10^{-13} s)로 펄스폭은 상당히 짧으나 세기가 약한 펄스로부터 시작한다. 3.7절에서 논의한 것처럼(그림 3.14와 3.15를 보라) 펄스가 짧으므로 주파수는 넓은 영역에 퍼져 있다. 회절격자가 파장에 따라 빛이 다른 경로를 가도록 펼친다. 이렇게 하여 펄스폭을 3나노초(3×10^{-9} s)로, 즉 30,000배로 잡아 늘인다. 펄스폭이 늘어남에 따라 피크 출력은 감소하므로 증폭기는 각 빔의 에너지를 높일 수 있게 된다. 마지막으로, 각각 조금씩 다른 주파수를 가진 증폭된 빔을 다른 회절격자로 재결합하여 출력이 1.3페타와트인 0.5피코초의 펄스를 만들게 된다. ■

러더퍼드 산란

러더퍼드의 원자 모델은 그가 이 모델에 기초해서 유도한 공식이 얇은 박막에서의 α 입자 산란 실험 결과와 잘 맞았기 때문에 공인되었다. 러더퍼드는 α 입자, 그리고 그것과 상호 작용을 하는 원자핵은 둘 다 충분히 작아서 점 질량과 점 전하로 볼 수 있다는 가정에서부터 시 작하였다. 또 α 입자와 핵(둘 다 양전하를 띤다) 사이에 작용하는 힘은 전기적 척력뿐이고, 핵 은 α 입자에 비해 매우 무거우므로 그들이 상호작용을 하는 동안 움직이지 않는다고 가정하였 다. 이런 가정들이 어떻게 식 (4.1)을 이끌어 내는지 보도록 하자.

산란각

전기력은 α 입자와 핵 사이의 거리인 r에 대해 $1/r^2$에 따라 변하므로 α 입자의 궤도는 핵을 외부 초점으로 하는 쌍곡선이다(그림 4.30). **충격 매개 변수**(impact parameter) b는 그들 사이에 힘이 작용하지 않는다고 하였을 때 α 입자가 핵에 접근하는 최소거리에 해당하며, **산란각**(scattering angle) θ는 α 입자가 핵에 접근하는 점근선 방향과 α 입자가 핵에서 멀어지는 점근선 방향 사이의 각도이다. 먼저 b와 θ 사이의 관계식을 찾아야 한다.

핵에 의해 주어진 충격 $\int \mathbf{F}\,dt$의 결과로 α 입자의 운동량은 초깃값 $\mathbf{p}_1$에서 마지막 값 $\mathbf{p}_2$로 $\Delta\mathbf{p}$만큼 변한다. 즉,

$$\Delta p = p_2 - p_1 = \int \mathbf{F}\,dt \tag{4.24}$$

이다. 가정에 의해 핵은 α 입자가 지나가는 동안 움직이지 않으므로 α 입자의 운동에너지는 충돌 전후에 변하지 않는다. 그러므로 충돌 전후에는 운동량의 크기도 변하지 않고 일정하다. 그래서

$$p_1 = p_2 = mv$$

이다. 여기서 v는 핵으로부터 멀리 떨어져 있을 때의 α 입자의 속력이다.

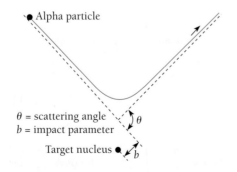

그림 4.30 러더퍼드 산란

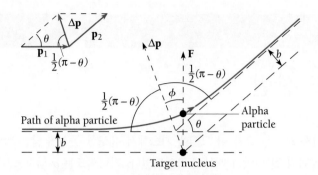

그림 4.31   러더퍼드 산란에서의 기하학적 관계

그림 4.31로부터 사인(sine) 공식에 따르면

$$\frac{\Delta p}{\sin \theta} = \frac{mv}{\sin \dfrac{\pi - \theta}{2}}$$

이고,

$$\sin \frac{1}{2}(\pi - \theta) = \cos \frac{\theta}{2}$$

그리고

$$\sin \theta = 2 \sin \frac{\theta}{2} \cos \frac{\theta}{2}$$

이므로 운동량 변화의 크기는

$$\Delta p = 2mv \sin \frac{\theta}{2} \tag{4.25}$$

이다.

충격량 $\int \mathbf{F}\, dt$와 운동량 변화 $\Delta \mathbf{p}$는 같은 방향이므로 충격량의 크기는

$$\left| \int \mathbf{F}\, dt \right| = \int F \cos \phi \, dt \tag{4.26}$$

이고, ϕ는 α 입자의 궤적상에서 $\mathbf{F}$와 Δp 사이의 순간 각도이다. 식 (4.25)와 (4.26)을 식 (4.24)에 대입하면,

$$2mv \sin \frac{\theta}{2} = \int_{-\infty}^{\infty} F \cos \phi \, dt$$

이고, 식 오른쪽의 변수를 t에서 ϕ로 바꾸기 위해서는 적분 구간 $t = -\infty$와 $t = \infty$를 각각 이에 해당하는 ϕ의 구간 $-\frac{1}{2}(\pi - \theta)$와 $+\frac{1}{2}(\pi - \theta)$로 바꾸어야 한다는 사실에 유의해야 한다. 그래서

$$2mv \sin \frac{\theta}{2} = \int_{-(\pi-\theta)/2}^{+(\pi-\theta)/2} F \cos \phi \, \frac{dt}{d\phi}\, d\phi \tag{4.27}$$

가 된다. $d\phi/dt$는 핵에 대한 α 입자의 각운동량 ω이다(이것은 그림 4.31로부터 명확하다).

핵이 α 입자에 가하는 전기적 힘은 핵에서 α 입자를 잇는 반지름 벡터의 방향이므로 α 입자에는 토크가 작용하지 않는다. 따라서 각운동량 $m\omega r^2$은 상수이다. 그러므로

$$m\omega r^2 = (\text{상수}) = mr^2 \frac{d\phi}{dt} = mvb$$

이고, 이로부터

$$\frac{dt}{d\phi} = \frac{r^2}{vb}$$

을 얻고, 이를 식 (4.27)에 대입하면 다음을 얻는다.

$$2mv^2 b \sin\frac{\theta}{2} = \int_{-(\pi-\theta)/2}^{+(\pi-\theta)/2} Fr^2 \cos\phi \, d\phi \tag{4.28}$$

알다시피 F는 핵이 α 입자에 작용하는 전기력이다. 원자번호 Z에 해당하는 핵의 전하는 Ze이고 α 입자의 전하는 $2e$이므로

$$F = \frac{1}{4\pi\epsilon_0} \frac{2Ze^2}{r^2}$$

이다. 그래서

$$\frac{4\pi\epsilon_0 mv^2 b}{Ze^2} \sin\frac{\theta}{2} = \int_{-(\pi-\theta)/2}^{+(\pi-\theta)/2} \cos\phi \, d\phi = 2\cos\frac{\theta}{2}$$

가 된다. 산란각 θ와 충돌 매개 변수 b와의 관계식은 다음과 같다.

$$\cot\frac{\theta}{2} = \frac{2\pi\epsilon_0 mv^2}{Ze^2} b$$

α 입자의 질량과 속력을 분리하여 나타내는 것보다 α 입자의 운동에너지로 나타내는 것이 더 편리하다. 그러면

산란각
$$\cot\frac{\theta}{2} = \frac{4\pi\epsilon_0 \text{KE}}{Ze^2} b \tag{4.29}$$

가 된다. 그림 4.32는 식 (4.29)를 도식적으로 나타낸 그림이다. b가 커짐에 따라 θ가 급속히 줄어드는 것이 명백히 나타나 있다. 크게 굴절되기 위해서는 아주 가까이 입사해야 한다.

러더퍼드 산란공식

식 (4.29)를 실험과 직접적으로 비교할 수는 없다. 왜냐하면 특정 산란각에 해당하는 충돌 매개 변수를 측정할 방법이 없기 때문이다. 따라서 간접적인 전략이 필요하다.

첫 번째 단계는 충돌 매개 변수가 0에서 b 사이의 값을 가지고 표적 핵으로 접근하는 모든 α 입자는 산란각이 한 특정한 각 θ보다 크거나 같다는 사실에 주목하는 것이다. 여기에

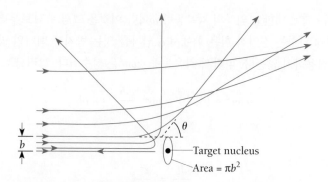

그림 4.32   산란각은 충돌 매개 변수가 증가함에 따라 감소한다.

서의 θ는 식 (4.29)에 의해 b의 함수로 주어진다. 이 사실은 핵을 중심으로 면적 πb^2인 원의 영역 안으로 입사한 α 입자는 모두 각 θ이거나 그 이상의 각으로 산란된다는 것을 의미한다 (그림 4.32). 따라서 면적 πb^2을 상호작용의 **단면적**(cross section)이라 부른다. 단면적의 일 반적인 기호는 σ이며, 여기서는

단면적 $$\sigma = \pi b^2 \tag{4.30}$$

이다. 물론 입사하는 α 입자는 실제로 핵의 바로 가장자리에 도달하기 전에 산란되기 시작하 므로 핵으로부터 b의 거리 안을 꼭 지날 필요는 없다.

　이제 단위 부피당 n개의 원자를 갖고 있는 두께 t의 박막을 생각한다. 단위 면적당 표적 핵의 숫자는 nt이므로 면적 A에 입사하는 α 입자 선속은 ntA개의 핵을 만난다. 각 θ나 그보다 더 큰 각도로 산란되기 위한 전체 단면적은 표적 핵의 수 ntA에 한 핵당 그런 산란이 생기기 위한 단면적 σ를 곱한 값, 즉 $ntA\sigma$가 된다. 그러므로 단면적 A에 입사한 α 입자 전체 수와 그 중에서 각 θ 이상의 각도로 산란되는 입자의 비율 f는 그와 같은 산란이 생기게 하기 위한 단 면적의 총합 $ntA\sigma$와 표적의 전체 면적 A의 비와 같다. 즉,

$$f = \frac{\theta \text{ 이상의 각으로 산란되는 } \alpha \text{ 입자}}{\text{입사한 } \alpha \text{ 입자}}$$
$$= \frac{\text{단면적의 총합}}{\text{표적 면적}} = \frac{ntA\sigma}{A}$$
$$= nt\pi b^2$$

　식 (4.29)를 이용해서 b를 치환하면

$$f = \pi nt \left(\frac{Ze^2}{4\pi\epsilon_0 KE} \right)^2 \cot^2 \frac{\theta}{2} \tag{4.31}$$

이다. 위의 계산에서는 박막이 충분히 얇아서 인접한 핵의 단면적이 서로 겹치지 않고, 또 산 란된 α 입자는 하나의 핵에 의해 휘어질 만큼 완전히 휘어진다는 가정을 하였다.

예제 4.8

7.7 MeV의 α 입자 선속이 3×10^{-7} m 두께의 금 박막에 입사했을 때 45° 이상의 각도로 산란되는 비율을 구하라. 이 α 입자 에너지는 전형적인 α 입자의 에너지이고, 금 박막의 두께는 가이거와 마스덴이 사용한 박막의 두께이다. 비교하기 위해 말하자면, 사람 머리카락의 지름은 10^{-4} m이다.

풀이

다음의 관계로부터 먼저 박막의 단위 부피당 금 원자의 개수 n을 계산한다.

$$n = \frac{\text{원자}}{\text{m}^3} = \frac{\text{질량/m}^3}{\text{질량/원자}}$$

금의 밀도는 1.93×10^4 kg/m³이고, 금의 원자질량은 197 u이며, 1 u = 1.66×10^{-27} kg이므로

$$n = \frac{1.93 \times 10^4 \text{ kg/m}^3}{(197 \text{ u/원자})(1.66 \times 10^{-27} \text{ kg/u})}$$
$$= 5.90 \times 10^{28} \text{ 원자/m}^3$$

이다. 금의 원자번호 Z는 79이고, 7.7 MeV의 운동에너지는 1.23×10^{-12} J에 해당하며, $\theta = 45°$이다. 이 숫자들로부터 45° 이상의 각도로 산란되는 α 입자의 비율은

$$f = 7 \times 10^{-5}$$

이며, 입사 입자의 0.007% 정도만 45° 이상으로 산란한다. 이 정도의 얇은 박막은 α 입자를 거의 모두 투과시킨다.

그림 4.33에서처럼 실제 실험에서는 측정기로 θ와 $\theta + d\theta$ 사이로 산란되는 α 입자를 측정하게 된다. 이 각 사이로 산란되는 α 입자의 비율은 식 (4.31)을 θ에 대해 미분하면 얻을 수 있다.

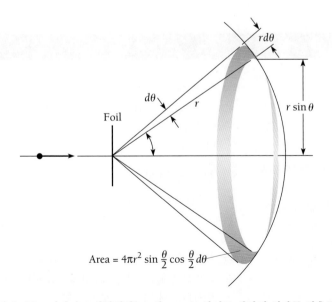

그림 4.33 러더퍼드 실험에서는 θ와 $\theta + d\theta$ 사이로 산란된 입자를 검출한다.

$$df = -\pi nt \left(\frac{Ze^2}{4\pi\epsilon_0 KE} \right)^2 \cot\frac{\theta}{2} \csc^2\frac{\theta}{2} d\theta \tag{4.32}$$

음의 부호는 θ가 증가함에 따라 f가 감소함을 나타낸다.

그림 4.2에서 보는 바와 같이 가이거와 마스덴은 박막에서부터 r만큼 떨어진 곳에 형광 스크린을 놓았으며, 산란된 α 입자는 형광 스크린에 섬광을 발생시킨다. θ와 $\theta + d\theta$ 사이로 산란된 α 입자들은 반경 r인 구 표면의 한 영역, 즉 폭이 $rd\theta$인 띠에 도달한다. 이 띠 자신의 반지름은 $r\sin\theta$이므로 이 입자들이 도달하는 스크린의 면적 dS는 다음과 같다.

$$dS = (2\pi r \sin\theta)(r\, d\theta) = 2\pi r^2 \sin\theta\, d\theta$$

$$= 4\pi r^2 \sin\frac{\theta}{2} \cos\frac{\theta}{2} d\theta$$

실험 과정 중 N_i개의 α 입자가 박막으로 입사한다면, θ 방향으로 $d\theta$의 폭을 가지고 산란되는 수는 $N_i df$이다. 실제로 측정하는 양인 θ 방향의 스크린에 도달하는 단위 면적당 입자 수 $N(\theta)$은

$$N(\theta) = \frac{N_i|df|}{dS} = \frac{N_i \pi nt \left(\dfrac{Ze^2}{4\pi\epsilon_0 KE} \right)^2 \cot\dfrac{\theta}{2} \csc^2\dfrac{\theta}{2} d\theta}{4\pi r^2 \sin\dfrac{\theta}{2} \cos\dfrac{\theta}{2} d\theta}$$

러더퍼드
산란공식

$$N(\theta) = \frac{N_i nt Z^2 e^4}{(8\pi\epsilon_0)^2 r^2\, KE^2 \sin^4(\theta/2)} \tag{4.1}$$

이다. 식 (4.1)을 러더퍼드 산란공식(Rutherford scattering formula)이라 한다. 그림 4.4에 $N(\theta)$이 θ에 대해 어떻게 변하는지를 보여 주고 있다.

연습문제

4.1 핵 원자

1. 대부분의 α 입자가 굴절 없이 기체층이나 얇은 금속막을 통과한다. 이 관찰로부터 원자 구조에 관하여 무엇을 말할 수 있겠는가?

2. 총 전하 Q가 균일하게 분포한 반지름 R인 공의 중심으로부터 r만큼 떨어진 지점에서의 전기장의 세기는 $r < R$일 때, $Qr/4\pi\epsilon_0 R^3$이다. 이러한 공은 톰슨의 원자 모형에 해당한다. 이런 공 안에서의 전자는 중심에 대하여 조화진동운동함을 보이고, 진동수에 대한 공식을 구하라. 수소 원자에서의 전자 진동의 진동수를 구하고, 그 결과를 수소의 스펙트럼선 위의 진동수들과 비교하라.

3. 금의 원자핵으로 입사한 1.00 MeV의 양성자가 금의 원자핵에 다가갈 수 있는 가장 가까운 거리를 구하여라.

4.2 전자 궤도

4. 고전적인 수소 원자 모델에서 전자의 회전 진동수를 구하여라. 이와 같은 진동수를 갖는 전자기파는 스펙트럼에서 어느 부분에 해당하는가?

4.3 원자 스펙트럼

5. 브래킷 계열의 스펙트럼선들 중에서 가장 짧은 파장은 얼마인가?

6. 파셴 계열의 스펙트럼선들 중에서 가장 짧은 파장은 얼마인가?

4.4 보어 원자

7. 보어 모델에서 전자는 일정한 운동을 한다. 그러한 전자가 어떻게 음의 에너지를 가질 수 있는가?

8. 보어는 드브로이의 가설을 모르고 있었으므로 궤도 전자의 각운

동량이 $\hbar$의 정수배가 되어야 함을 가정하여 자신의 모델을 세웠다. 이 가정에 따라 식 (4.13)이 유도됨을 보여라.

9. **미세구조상수**(fine structure constant)는 $\alpha = e^2/2\epsilon_0 hc$으로 정의된다. 이 값은 독일의 물리학자 조머펠트(Arnold Sommerfeld)가 보어 모델에서 원형 궤도뿐만 아니라 타원 궤도도 가능하다는 가정하에 스펙트럼선들 내의 미세 구조(단일선 대신에 다중선들이 가까이 모여 있는 것)를 설명하려고 시도한 이론에서 처음 등장하였기 때문에 이런 이름을 갖고 있는 것이다. 조머펠트의 접근 방식은 잘못된 것이었다. 그럼에도 불구하고 α는 원자물리학에서 유용한 값으로 받아들여지고 있다. (a) $\alpha = v_1/c$임을 보여라. 여기서 v_1은 보어 원자의 바닥상태에 있는 전자의 속도이다. (b) α는 1/137에 아주 가까운 값이며, 차원이 없는 순수한 수라는 것을 보여라. 움직이는 전하의 자기적 행동은 속도에 의존하므로 α라는 작은 값은 원자 내에 있는 전자 행동의 전기적인 측면과 자기적인 측면의 상대적인 크기를 의미한다. (c) $\alpha a_0 = \lambda_C/2\pi$임을 보여라. a_0은 바닥상태의 보어 궤도의 반지름이고, λ_C는 전자의 콤프턴 파장이다.

10. 양성자와 멀리 떨어져 있는 곳에 정지해 있던 전자를, 자유롭게 움직이도록 하면 양성자 쪽으로 이동하게 된다. (a) 전자의 드브로이 파장은 $\sqrt{r}$에 비례함을 보여라. 여기서 r은 전자와 양성자 사이의 거리이다. (b) 전자가 양성자로부터 a_0만큼 떨어져 있을 때, 전자의 드브로이 파장을 구하여라. 여기서 구한 파장과 바닥상태의 보어 궤도상에 있는 전자의 파장을 비교하면 어떻게 되는가? (c) 전자가 양성자에게 포획되어 바닥상태의 수소 원자가 되기 위해서는 반드시 계에 의한 에너지 손실이 있어야 한다. 얼마만큼의 에너지 손실이 있어야 하는가?

11. 태양 둘레를 도는 지구 궤도를 나타내는 양자수는 얼마인가? 지구의 질량은 6.0×10^{24} kg이고, 궤도 반지름은 1.5×10^{11} m이며, 공전 속도는 3.0×10^4 m/s이다.

12. 양성자와 전자가 오로지 중력에 의해서만 수소 원자 내에 같이 붙잡혀 있다고 가정하자. 이러한 원자의 에너지 준위들을 나타내는 공식과 바닥상태의 보어 궤도의 반지름, 그리고 이온화 에너지(eV 단위로)를 구하여라.

13. 길이가 a_0인 영역에 속박되어 있는 전자의 운동량의 불확정성을 바닥상태의 보어 궤도에 있는 전자의 운동량과 비교하라.

4.5 에너지 준위와 스펙트럼

14. 연속 스펙트럼을 가지는 빛이 모든 원자가 바닥상태에 있는 수소 기체를 통과한다. 그 결과 흡수 스펙트럼에서는 어떤 스펙트럼 계열들이 나타나겠는가?

15. 들뜬 기체의 원자들은 급격한 무질서한 운동을 한다. 이 무질서 운동이 그들이 만들어 내는 스펙트럼선에 어떤 영향을 미친다고

예상되는가?

16. 13.0 eV의 에너지를 가진 전자들로 이루어진 빔이 기체 상태의 수소에 충격을 가하는 데 사용되었다면 이로부터 어떤 계열의 파장들이 방출될까?

17. 초기에 정지하고 있던 양성자와 전자가 바닥상태의 수소 원자를 만들기 위해 결합한다. 이 과정에서 한 개의 광자가 방출되는데, 그 파장은 얼마인가?

18. 초기에 $n = 5$번째 상태에 있던 수소 원자의 스펙트럼에서는 서로 다른 몇 가지 파장이 나타나는가?

19. 수소 원자의 $n = 10$인 상태에서 바닥상태로의 전이에 해당하는 파장은 얼마인가? 이것은 스펙트럼의 어떤 영역에 속하는가?

20. 수소 원자의 $n = 6$인 상태에서 $n = 3$인 상태로의 전이에 해당하는 파장은 얼마인가? 이것은 스펙트럼의 어떤 영역에 속하는가?

21. 전자빔이 수소와 충돌한다. 발머 계열의 첫 번째 스펙트럼선이 방출되려면 전자들은 얼마의 전위차로 가속되어야 하는가?

22. 수소 원자에서 $n = 2$인 상태에 있는 전자를 떼어내려면 얼마나 많은 에너지가 필요한가?

23. 라이먼 계열 중에서 가장 긴 파장은 121.5 nm이고, 발머 계열 중 가장 짧은 파장은 364.6 nm이다. 이 수치들을 이용하여 수소를 이온화시킬 수 있는 빛의 파장 중 가장 긴 파장을 구하여라.

24. 라이먼 계열 중에서 가장 긴 파장은 121.5 nm이다. 이 파장의 값과 c와 h 값을 함께 이용하여 수소의 이온화 에너지를 구하여라.

25. 들뜬 수소 원자가 바닥상태로 돌아가는 과정에서 파장이 λ인 광자 하나를 내놓았다. (a) λ와 R에 대한 식으로 초기의 들뜬상태의 양자수를 나타내는 공식을 유도하여라. (b) 위의 공식을 사용하여 파장이 102.55 nm인 광자에 대한 n_i를 구하여라.

26. 질량이 m이고 초기속도가 v인 들뜬 원자가 자신이 운동하는 방향으로 광자 한 개를 방출한다. $v \ll c$이면, 선운동량과 에너지가 보존되어야 한다는 조건을 이용하여 원자가 정지해 있을 때보다 그 광자의 진동수가 $\Delta v/v \approx v/c$만큼 높음을 증명하라(1장 연습문제 56 참고).

27. 들뜬 원자가 광자를 방출할 때 광자의 선운동량은 원자의 되튀는 운동량과 균형을 이루어야 한다. 이 결과로 원자의 여기 에너지 중 일정량이 되튀는 데 필요한 운동에너지로 이용된다. (a) 이 효과를 포함하여 식 (4.16)을 수정하라. (b) 수소 원자가 $E_i - E_f = 1.9$ eV인 $n = 3 \rightarrow n = 2$ 전이를 할 때 되튐 에너지와 광자에너지 사이의 비율을 구하여라. 이 효과는 주된 효과인가? 여기서는 비상대론적인 계산을 해도 충분하다.

4.6 대응원리

28. 다음 값들 중에서 n 값이 증가함에 따라 보어 모델 내에서 증가하는 것과 감소하는 것을 찾아보아라. 각진동수, 전자의 속력, 전자의 파장, 각운동량, 포텐셜에너지, 운동에너지, 총 에너지

29. 수소 원자가 $n + 1$ 상태에서 n 상태로 전이할 때 방출되는 광자의 진동수는 항상 n과 $n + 1$에 해당하는 궤도에서의 전자 회전 진동수의 사잇값이 됨을 보여라.

4.7 핵의 운동

30. 반양성자의 질량은 양성자와 같으나 전하가 $-e$이다. 양성자와 반양성자가 서로의 주위를 도는 궤도운동을 한다고 하면, 이러한 계의 바닥상태에서 이 두 입자는 서로 얼마만큼 멀리 떨어져 있는가? 왜 이러한 계는 실제로는 존재하지 못한다고 생각할 수 있는가?

31. μ^- 뮤온이 양성자를 핵으로 갖는 뮤온 원자의 $n = 2$ 상태에 있다. 뮤온 원자가 바닥상태로 떨어질 때 방출되는 광자의 파장을 구하여라. 이 파장은 스펙트럼선의 어느 부분에 해당하는가?

32. 수소의 이온화 에너지와 포지트로늄(positronium)의 이온화 에너지를 비교하여라.

33. 수소와 삼중수소(수소의 동위원소로서 핵의 질량이 수소의 3배)의 혼합물을 여기시키고 그 스펙트럼을 관측하였다. 수소와 삼중수소의 H_α 선들은 파장으로 볼 때 서로 얼마나 멀리 떨어져 있는가?

34. 이중으로 이온화된 리튬의 바닥상태에 있는 전자의 속력과 반지름을 구하여라. 그리고 이 값들을 수소 원자의 바닥상태에 있는 전자의 속력과 반지름과 비교하여라. (Li^{++}는 $3e$의 핵전하를 가진다.)

35. (a) **수소형 원자**(hydrogenic atom), 즉 He^+이나 Li^{2+}과 같은 형태의 이온으로 핵전하가 $+Ze$이고 하나의 전자만 가지고 있는 원자들의 에너지 준위를 표현하는 공식을 유도하여라. (b) He^+ 이온의 에너지 준위를 간략히 그리고, 이를 H 원자의 에너지 준위의 경우와 비교하라. (c) 한 전자가 완전히 이온화된 He의 순수 원자핵과 결합하여 He^+ 이온을 만든다. 전자가 핵과 결합할 때 운동에너지를 가지고 있지 않았다고 가정하고, 이 이온화 과정에서 방출되는 광자의 파장을 구하여라.

4.9 레이저

36. 레이저라는 현상이 일어나기 위해서는 사용되는 매질이 적어도 세 개 이상의 준위를 가져야 한다. 각 에너지 준위들의 본질은 어떻게 되어야 하는가? 왜 적어도 세 개 이상의 에너지 준위가 필요한가?

37. 어떤 루비 레이저가 파장이 694 nm인 빛으로 된 1.00 J의 에너지를 갖는 펄스를 방출한다. 루비 안에 들어 있는 Cr^{3+}의 개수는 최소한 몇 개 이상이어야 하는가?

38. 100°C 수증기는 100°C인 물의 들뜬상태라고 생각할 수 있다. 수증기에서 물로 전이할 때 수증기의 분자당 손실 에너지에 하나의 광자가 대응되는 것을 기반으로 하는 레이저를 가정하자. 이러한 광자의 진동수는 얼마인가? 이는 스펙트럼의 어떤 영역에 속하는가? 물의 기화열은 2,260 kJ/kg이고, mole 질량은 18.02 kg/kmol이다.

부록: 러더퍼드 산란

39. 러더퍼드 산란식이 아주 작은 산란각에서는 실험과 일치하지 않는다. 그 이유는 무엇인가?

40. 2.0 MeV 양성자가 얇은 막을 통과할 때 어떤 주어진 각보다 더 큰 각으로 산란될 확률이 같은 경우에서의 4.0 MeV α 입자의 확률과 같음을 보여라.

41. 5.0 MeV α 입자가 2.6×10^{-13} m의 충돌 파라미터(impact parameter)를 가지고 금 원자핵에 접근한다. 산란각은 얼마인가?

42. 5.0 MeV α 입자가 금 원자핵에 접근하여 10°로 산란되었다면 충돌 파라미터는 얼마인가?

43. 3.0×10^{-7} m 두께의 금박에 입사하는 7.7 MeV α 입자로 이루어진 빔이 1°보다 작은 각으로 산란되는 비율은?

44. 3.0×10^{-7} m 두께의 금박에 입사하는 7.7 MeV α 입자로 이루어진 빔이 90°나 90°보다 큰 각으로 산란되는 비율은?

45. 박막에 의해 산란된 α 입자수가 60°와 90° 사이로 산란된 것이 90°보다 큰 각으로 산란된 것보다 2배임을 보여라.

46. 8.3 MeV α 입자빔이 알루미늄박으로 입사한다. 이때 러더퍼드 산란식이 60°보다 큰 산란각의 경우에는 적용할 수 없음이 밝혀졌다. α 입자의 반지름이 무시할 만큼 충분히 작다고 가정하고 알루미늄 핵의 반지름을 구하여라.

47. 상대성 이론에 따르면, 광자는 $m = E_v/c^2$의 '질량'으로 간주된다. 이는 핵 근처를 통과하는 α 입자를 다루는 것과 마찬가지인 방식으로 전기적 척력을 중력에 의한 인력으로 대체하여 태양 근처를 통과하는 광자를 다룰 수 있다는 것을 의미한다. 식 (4.29)를 이러한 상황에 적용하여 태양 중심으로부터 $b = R_{sun}$만큼 떨어진 곳으로 통과하는 광자의 산란각 θ를 구하여라. 태양의 질량과 반지름은 각각 2.0×10^{30} kg, 7.0×10^8 m이다. 사실, 일반 상대성 이론에 의하면 위에서 얻어지는 산란각은 실제 산란각의 절반이 된다. 1장 부록에서 다룬 바와 같이, 이러한 결론은 일식 현상이 일어날 때의 관측을 통해 확인되었다.

제5장 양자역학

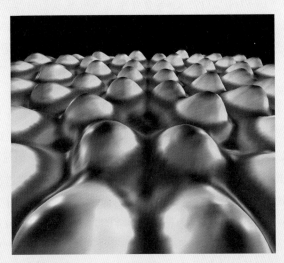

실리콘 칩 표면의 주사 터널링 현미경(STM) 사진. 각 봉우리는 실리콘 원자를 나타내며, 원자들 간의 거리는 0.7nm 정도이다. 양자 역학적 터널링 효과가 STM에 이용된다.

원자에 대한 보어 이론은 앞장에서 취급한 것보다 더 확장시킬 수 있어서 원자 현상의 많은 부분을 설명할 수 있지만, 여러 가지 심각한 한계를 가지고 있다. 무엇보다도 수소 원자와 He^+나 Li^{2+}와 같은 단전자 원자에만 적용할 수 있으며, 보통의 헬륨에도 맞지 않는 이론이다. 보어 이론은 어떤 스펙트럼선이 다른 선들보다 왜 강한가 하는 문제를 설명하지 못한다(즉, 어떤 에너지 준위들 사이에서 일어날 전이 확률이 다른 에너지 준위 사이들에 비해 큰 이유). 또한, 많은 스펙트럼선이 실제로는 파장 차이가 아주 작은 몇 개의 분리된 선들로 이루어져 있다는 관측 결과를 설명하지 못한다. 그리고 아마 가장 중요한 것으로는 정말로 성공적인 원자 이론이었다면 설명할 수 있어야 하는 것을 설명할 수 없었다. 각각의 원자들이 다른 원자들과 어떻게 상호작용을 해서 우리가 관측하는 물리적 그리고 화학적인 성질을 띠는 물질이라는 거시적인 집합체를 형성하는가에 대하여 설명할 수 없었다.

보어 이론은 과학적인 사고를 전환시키는 데 맹아가 되는 업적들 중의 하나였으므로 보어 이론에 대한 앞서의 반론은 우호적으로 진행되어 원자 현상에 대한 좀 더 일반적인 접근이 필요하다는 방식으로 이루어졌다. 그러한 접근은 1925~1926년 사이에 슈뢰딩거, 하이젠베르크, 보른, 디랙(Paul Dirac) 그리고 여러 사람들에 의해 적절한 이름인 **양자역학**(quantum mechanics)이란 이름으로 발전되었다. "양자역학의 발견은 전적으로 놀라운 일이다. 물리적 세계를 근본적으로 다른 방법으로 기술한다. 우리 모두에게는 기적같이 보인다."라고 이 분야에서 초기에 일한 사람 중 하나인 위그너(Eugene Wigner)가 말하였다. 1930년대 초까지의 핵, 원자, 분자 그리고 고체 상태 물질에 관련되는 문제들(디랙에 의하면 "물리의 많은 부분과 화학의 모든 부분")에 양자역학을 적용함으로써 많은 실험 결과들이 이해 가능하게 되었다. 또한 놀랄 만한 정확도를 가지는 예측들을 이끌어 내었다. 양자역학은 일반적인 예상을 벗어나는 어떠한 결과들도 현재까지는 모두 실험적으로 증명하며 검증된 이론이다.

5.1 양자역학

고전역학은 양자역학의 근사이다.

고전역학(혹은 뉴턴 역학)과 양자역학의 근본적인 차이는 무엇을 기술하는가에 있다. 고전역학에서는 입자의 초기 위치와 운동량이 그것에 작용하는 힘과 함께 주어지면 한 입자의 미래가 정확하게 결정된다. 일상 세계에서의 이러한 양들은 뉴턴 역학에 의한 예측이 관측 결과와 일치할 수 있을 정도로 정확히 결정된다.

양자역학 또한 궁극적으로는 관측 가능한 양들 사이의 관계를 다루게 된다. 그러나 불확정성 원리에 의하면 원자 영역에서의 관측 가능한 양들의 성질은 고전역학과 다르다. 원인과 결과는 양자역학에서도 여전히 관련이 있으나, 이를 해석할 때는 상당한 주의가 필요하다. 양자역학에서는 고전역학의 특징인 미래에 대한 확실성은 있을 수 없다. 왜냐하면 입자의 초기 상태를 충분한 정확도를 가지고 설정할 수 없기 때문이다. 3.7절에서 보았던 것처럼 현재 입자의 위치를 정확하게 알면 알수록 그의 운동량에 대해서는 잘 모르게 되고, 따라서 그의 나중 위치는 더 잘 모르게 된다.

양자역학에서 양들의 관계를 나타내는 것은 **확률**이다. 예를 들면, 보어 이론에서 주장하는 것처럼 바닥상태에서 수소 원자의 전자 궤도의 반지름은 항상 정확하게 5.3×10^{-11} m가 아니고, 양자역학에서는 이 값이 가장 가능성 높은 반지름이라고 말한다. 우리가 반지름 측정 실험들을 한다면 보통은 조금은 크거나 조금은 작거나 하는 서로 다른 값들을 얻을 것이다. 그러나 가장 자주 측정되는 값은 5.3×10^{-11} m일 것이다.

얼핏 보기에 양자역학은 고전역학을 대신하기에는 엉성해 보인다. 그러나 자세히 조사해 보면, 고전역학은 양자역학의 근사치에 불과하다는 것이 드러난다. 고전역학에 의해 나타나는 확실성은 환상이다. 그리고 일견 이들이 실험과 일치하는 것처럼 보이는 것은 보통의 물체가 너무 많은 개개의 원자들로 이루어져 있어서 평균적인 행동에서 벗어나는 것이 눈에 띄지 않기 때문이다. 거시 세계와 미시 세계를 기술하는 두 종류의 물리적 원리가 따로 존재하는 것이 아니라 양자역학에 포함되는 단 한 종류의 원리만 존재한다.

파동함수

3장에서 언급한 것처럼 양자역학에서 관심을 가지고 있는 양은 그 물체의 **파동함수**(wave function) Ψ이다. Ψ 그 자체로는 아무런 물리적인 의미가 없지만, 특정한 장소에서 특정한 시간에 구한 그 절댓값의 제곱 $|\Psi|^2$은 그 순간 그곳에서 물체를 발견할 확률에 비례한다. 물체의 운동량, 각운동량 그리고 에너지 등도 Ψ로부터 알아낼 수 있는 양들이다. 양자역학에서 문제를 푼다는 것은 외부의 힘에 의해 물체 운동의 자유가 제한될 때 Ψ를 구하는 것이다.

파동함수 Ψ는 일반적으로 실수와 허수 부분을 가지는 복소수 함수이다. 그러나 확률은 실수이며 양수여야 한다. 그러므로 확률밀도 $|\Psi|^2$은 Ψ와 Ψ의 **복소공액**(complex conjugate) Ψ^*와의 곱 $\Psi^*\Psi$로 주어진다. 임의의 함수의 복소공액은 그 함수에서 $i(=\sqrt{-1})$가 나올 때마다 이를 $-i$로 바꾸면 얻을 수 있다. 모든 복소함수 Ψ는 다음과 같은 형태로 쓸 수 있다.

파동함수 $$\Psi = A + iB$$

여기서 A와 B는 실함수이다. Ψ의 복소공액 Ψ^*는

복소공액 $$\Psi^* = A - iB$$

이다. $i_2 = -1$이므로

$$|\Psi|^2 = \Psi^*\Psi = A^2 - i^2B^2 = A^2 + B^2$$

이다. 그러므로 $|\Psi|^2 = \Psi^*\Psi$는 우리가 기대하는 대로 양의 실수이다.

규격화

Ψ를 실제적으로 생각하기 이전에라도 Ψ가 항상 만족해야 하는 특정한 조건들을 설정할 수 있다. 그 한 가지로, $|\Psi|^2$은 Ψ에 의해 기술되는 물체를 발견할 확률 P에 비례하므로 $|\Psi|^2$을 모든 공간에 대해 적분한 값은 유한해야 한다. 어쨌든 물체는 어딘가에는 있어야 하기 때문이다. 만약

$$\int_{-\infty}^{\infty} |\Psi|^2 \, dV = 0$$

이면 입자는 존재하지 않고, 확률의 의미를 가지려면 이 적분은 ∞일 수는 없다. 나아가 $|\Psi|^2$ 은 정의에 의해 음수이거나 복소수가 될 수 없다. 그러므로 Ψ가 실제의 물체를 기술하기 위한 유일한 방법은 앞의 적분값이 유한한 양이어야 한다.

일반적으로 $|\Psi|^2$이 Ψ에 의해 기술되는 입자를 발견할 확률밀도 P에 비례하게 하는 것보다 P와 같게 하는 것이 더 편하다. 만약 $|\Psi|^2$이 P와 같다면 다음이 성립한다. 모든 시간에서 입자는 어디엔가는 존재해야 하므로

$$\int_{-\infty}^{\infty} P \, dV = 1$$

이며, 따라서

규격화 $$\int_{-\infty}^{\infty} |\Psi|^2 \, dV = 1 \qquad (5.1)$$

이다.

식 (5.1)을 만족시키는 파동함수는 **규격화**(normalized)되었다고 한다. 모든 의미 있는 파동함수는 적당한 상수를 곱함으로써 항상 규격화시킬 수 있으며, 규격화를 어떻게 하는지는 곧 알게 될 것이다.

행실이 좋은 파동함수

Ψ는 규격화할 수 있어야 할 뿐만 아니라 일가함수여야 한다. 왜냐하면 특정한 시간과 장소에서 P는 하나의 값만 가져야 하기 때문이다. 또한, 연속이어야 한다. 운동량을 고려하면(5.6절을 보라.) 편미분 $\partial\Psi/\partial x$, $\partial\Psi/\partial y$, $\partial\Psi/\partial z$도 유한하고, 연속이어야 하며, 일가함수여야 한다. 이러한 성질을 모두 갖춘 파동함수만이 실제 계산에 사용되었을 때 물리적으로 의미 있는 결과를 도출한다. 그러므로 이런 '행실이 좋은' 함수들만 실제 물체에 대한 수학적 표현으로 받아들여질 수 있는 자격이 있다. 요약하면,

1. Ψ는 모든 곳에서 연속이고 일가함수이다.
2. $\partial\Psi/\partial x$, $\partial\Psi/\partial y$, $\partial\Psi/\partial z$는 모든 곳에서 연속이고 일가함수이다.
3. Ψ는 규격화가 가능해야 한다. 이는 모든 공간에 걸쳐 $\int|\Psi|^2 \, dV$가 유한하기 위해 $x \to \pm\infty$, $y \to \pm\infty$, $z \to \pm\infty$인 극한에서 Ψ는 0으로 수렴해야 한다는 것을 의미한다.

이 규칙들은 실제를 정확히 대변하지 않는 모델적인 상황의 입자 파동함수에서는 항상 성립하지 않을 수도 있다. 예를 들어, 상자 밖에서 $\Psi = 0$이므로 무한히 딱딱한 벽에서는 파동함수의 미분이 연속적이지 않다(그림 5.5를 보라). 그러나 현실에서는 무한히 딱딱한 벽이 존재하지 않으며, 벽에서 Ψ가 급격하게 변하지 않고(그림 5.8을 보라), 따라서 미분은 연속적이다. 연습문제 7에서 행실이 좋지 않은 파동함수의 또 다른 예를 다룰 예정이다.

규격화되고 또 다른 면에서도 문제가 없는 파동함수 Ψ가 주어졌다면, 이 파동함수로 기술되는 입자를 어떤 구간에서 발견할 확률은 단순히 확률밀도 $|\Psi|^2$을 그 구간에서 적분한 값이다. 그러므로 x 방향으로만 움직이는 입자를 x_1과 x_2 사이에서 발견할 확률은 다음과 같다.

확률

$$P_{x_1 x_2} = \int_{x_1}^{x_2} |\Psi|^2 \, dx \tag{5.2}$$

이 장의 뒷부분과 6장에서 이런 확률 계산들의 예를 볼 수 있을 것이다.

5.2 파동방정식

파동방정식은 복소수 해를 포함한 여러 종류의 해들이 가능하다.

뉴턴 역학에서 운동의 제2법칙이 근본적인 방정식이었듯이 양자역학에서 가장 근본적인 방정식인 **슈뢰딩거 방정식**(Schrödinger's equation)은 Ψ를 변수로 하는 파동방정식이다.

슈뢰딩거 방정식을 다루기 전에 변수가 y이고 속력 v로 x 방향으로 진행하는 파동을 나타내는 파동방정식에 대해 다시 공부해 보자.

파동방정식

$$\frac{\partial^2 y}{\partial x^2} = \frac{1}{v^2} \frac{\partial^2 y}{\partial t^2} \tag{5.3}$$

잡아당겨진 줄에서의 파동인 경우 y는 x축으로부터의 줄의 변위이며, 음파의 경우 y는 압력의 차이이고, 광파인 경우 y는 전기장이나 자기장의 크기이다. 역학적인 파동일 때는 뉴턴의 운동 제2법칙으로부터, 전자기파인 경우에는 맥스웰의 방정식으로부터 식 (5.3)이 유도된다.

편미분도함수

함수 $f(x, y)$가 x와 y의 두 변수를 가지고 있고 f가 변수 하나에 대해 어떻게 변하는지를 알고 싶어 한다고 하자. x를 그 변수라 하면, 다른 변수 y를 고정시키고 f를 x에 대해 미분하면 된다. 그 결과를 x에 대한 f의 **편미분도함수**(partial derivative)라 하고, $\partial f/\partial x$로 쓴다.

$$\frac{\partial f}{\partial x} = \left(\frac{df}{dx} \right)_{y = 상수}$$

상미분에 대한 규칙들이 편미분에서도 적용된다. 예를 들어 $f = cx^2$이라면,

$$\frac{df}{dx} = 2cx$$

이다. 따라서 만약 $f = yx^2$이라면,

$$\frac{\partial f}{\partial x} = \left(\frac{df}{dx} \right)_{y = 상수} = 2yx$$

가 된다. $f = yx^2$의 다른 변수 y에 대한 편미분은 아래와 같다.

$$\frac{\partial f}{\partial y} = \left(\frac{df}{dy} \right)_{x = 상수} = x^2$$

파동함수의 예에서와 같이 물리에서는 2계 편미분이 자주 나타난다. $\partial^2 f/\partial x^2$을 구하기 위해서는 먼저 $\partial f/\partial x$를 계산한 후 계속 y를 상수로 두고 다시 미분을 한다.

$$\frac{\partial^2 f}{\partial x^2} = \frac{\partial}{\partial x}\left(\frac{\partial f}{\partial x}\right)$$

$f = yx^2$에 대해서는

$$\frac{\partial^2 f}{\partial x^2} = \frac{\partial}{\partial x}(2yx) = 2y$$

비슷하게 하여

$$\frac{\partial^2 f}{\partial y^2} = \frac{\partial}{\partial y}(x^2) = 0$$

이다.   ∎

　　파동함수의 해는 여러 종류일 수 있다. 이것은 실제 생길 수 있는 파동의 다양함을 반영한 것이다. 단일 진행 펄스, 일정한 진폭과 파장을 가진 파열, 같은 진폭과 파장을 가진 파동들의 중첩으로 된 파열, 다른 진폭과 파장을 가진 파동의 중첩으로 된 파열, 양 끝이 고정된 현에서의 정상파 등. 그러나 모든 해는 다음과 같은 모양이어야 한다.

$$y = F\left(t \pm \frac{x}{v}\right) \tag{5.4}$$

여기서 F는 미분 가능한 임의의 함수이다. 해 $F(t - x/v)$는 $+x$ 방향으로 진행하는 파를 나타내고, 해 $F(t + x/v)$는 $-x$ 방향으로 진행하는 파를 나타낸다.

　　'자유입자(free particle)', 즉 어떠한 힘의 영향도 받지 않으므로 일정한 속력으로 직선을 따라 진행하는 입자에 해당하는 파동을 생각하자. 이에 해당하는 파동은 식 (5.3)의 일반해 중에서 감쇠 진동하지 않고(즉, 일정한 진폭 A), 단일 진동수를 가지는(일정한 각진동수 ω) $+x$ 방향으로 진행하는 조화파를 의미하며, 다음과 같이 표현된다.

$$y = Ae^{-i\omega(t-x/v)} \tag{5.5}$$

이 식에서 y는 실수부와 허수부를 가지는 복소량이다.

$$e^{-i\theta} = \cos\theta - i\sin\theta$$

이므로 식 (5.5)는 다음과 같은 형태로 쓸 수 있다.

$$y = A\cos\omega\left(t - \frac{x}{v}\right) - iA\sin\omega\left(t - \frac{x}{v}\right) \tag{5.6}$$

줄에서의 파동에서는 식 (5.6)에서 실수부만 중요한 의미를 가진다[실수부만 택하면 식 (3.5)와 동일하다]. 줄의 파동에서 y는 정상 위치로부터의 줄의 변위를 나타내며(그림 5.1), 식 (5.6)의 허수부는 물리적으로 적절하지 못하므로 버린다.

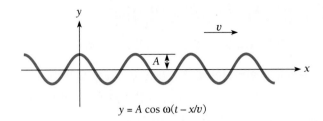

$$y = A \cos \omega(t - x/v)$$

그림 5.1 x축 위에 놓인 잡아당겨진 줄을 따라 $+x$ 방향으로 진행하는 xy 평면에서의 파

예제 5.1

식 (5.5)가 파동방정식의 해가 됨을 보여라.

풀이

지수함수 e^u의 미분은

$$\frac{d}{dx}(e^u) = e^u \frac{du}{dx}$$

이다. 그러므로 식 (5.5)의 x에 대한 y의 편미분(t를 상수로 취급함을 의미)은

$$\frac{\partial y}{\partial x} = \frac{i\omega}{v} y$$

이고, 2차 편미분은 $i^2 = -1$이므로

$$\frac{\partial^2 y}{\partial x^2} = \frac{i^2 \omega^2}{v^2} y = -\frac{\omega^2}{v^2} y$$

이다. t에 대한 y의 편미분(이제 x를 상수로 취급)은

$$\frac{\partial y}{\partial t} = -i\omega y$$

이고, 2차 편미분은

$$\frac{\partial^2 y}{\partial t^2} = i^2 \omega^2 y = -\omega^2 y$$

가 된다. 위 두 결과를 결합하면,

$$\frac{\partial^2 y}{\partial x^2} = \frac{1}{v^2} \frac{\partial^2 y}{\partial t^2}$$

가 되고, 이 식은 식 (5.3)이다. 따라서 식 (5.5)는 파동방정식 (5.3)의 해이다.

5.3 슈뢰딩거 방정식: 시간의존의 형태

다른 어떤 것으로부터도 유도될 수 없는 기본적인 물리 원리

양자역학에서 파동함수 Ψ는 일반적인 파동 운동의 변수 y에 해당한다. 그러나 Ψ는 y와는 달리 그 자체로는 측정 가능한 양이 아니므로 복소수일 수도 있다. 이러한 이유 때문에 $+x$ 방향으로 자유롭게 진행하는 입자의 Ψ는 다음과 같이 기술된다고 가정한다.

$$\Psi = Ae^{-i\omega(t-x/v)} \tag{5.7}$$

위 식에서 ω를 $2\pi\nu$로 바꾸고 v를 $\lambda\nu$로 바꾸면 다음과 같이 된다.

$$\Psi = Ae^{-2\pi i(\nu t - x/\lambda)} \tag{5.8}$$

이렇게 기술하는 것이 더 편하다. 왜냐하면 우리는 Ψ에 의해 기술되는 입자의 총 에너지 E와 운동량 p의 함수로 ν와 λ를 이미 알고 있기 때문이다.

$$E = h\nu = 2\pi\hbar\nu \qquad \text{및} \qquad \lambda = \frac{h}{p} = \frac{2\pi\hbar}{p}$$

이므로

자유입자
$$\Psi = Ae^{-(i/\hbar)(Et-px)} \tag{5.9}$$

가 된다.

식 (5.5)가 줄을 따라 자유롭게 진행하는 조화파에 대한 수학적 기술인 것과 마찬가지로 식 (5.9)는 총 에너지가 E이고, 운동량이 p이며, $+x$ 방향으로 진행하는 자유입자에 해당하는 파동의 수학적 기술이다.

식 (5.9)로 주어지는 파동함수 Ψ에 대한 표현은 자유롭게 움직이는 입자에만 해당된다. 그러나 우리는 주로 입자의 운동이 여러 가지 제약을 받는 상황에 관심이 더 있다. 예를 들면, 원자핵의 전기장에 의해 원자에 속박된 전자에 대한 문제가 우리의 중요한 고려 대상 중의 하나이다. 이제 우리가 해야 할 일은 Ψ에 대한 근본적인 미분방정식을 구하는 것이고, 특정한 상황에서 이 미분방정식을 풀어 Ψ를 구할 수 있을 것이다. 이 방정식이 슈뢰딩거 방정식이다. 슈뢰딩거 방정식은 여러 가지 방법으로 얻을 수 있으나, 현존하는 물리 원리로부터 엄밀하게 유도할 수는 없다. 이 방정식은 어떤 새로운 것을 상징한다. 여기서 할 수 있는 일은 Ψ에 대한 파동방정식에 이르는 한 방법을 소개하고, 그리고 나서 그 결과의 중요성을 논의하는 일이다.

식 (5.9)를 x에 대해 두 번 미분하는 것으로부터 시작하자. 그러면

$$\frac{\partial^2 \Psi}{\partial x^2} = -\frac{p^2}{\hbar^2}\Psi$$

$$p^2\Psi = -\hbar^2\frac{\partial^2 \Psi}{\partial x^2} \tag{5.10}$$

이고, 시간에 대해 한 번 미분하면 아래와 같다.

$$\frac{\partial \Psi}{\partial t} = -\frac{iE}{\hbar}\Psi$$

$$E\Psi = -\frac{\hbar}{i}\frac{\partial \Psi}{\partial t} \tag{5.11}$$

광속에 비해 작은 속력에서의 입자의 총 에너지는 운동에너지 $p^2/2m$과 위치에너지 U를 합한 것과 같다. 여기서 U는 일반적으로 위치 x와 시간 t의 함수이다.

$$E = \frac{p^2}{2m} + U(x,\ t) \tag{5.12}$$

함수 U는 입자에 대한 우주 나머지 부분의 영향을 나타낸다. 물론 기껏해야 우주의 작은 부분만이 이 입자와 상호작용을 한다. 예를 들면, 수소 원자 내의 전자인 경우에는 핵의 전기장만 고려의 대상일 뿐이다.

식 (5.12)의 양변에 파동함수 Ψ를 곱하면

$$E\Psi = \frac{p^2\Psi}{2m} + U\Psi \tag{5.13}$$

에르빈 슈뢰딩거(Erwin Schrödinger: 1887~1961)는 빈(Vienna)에서 오스트리아계 아버지와 절반이 영국계인 어머니 사이에서 태어나 거기에서 박사학위를 받았다. 포병장교로 복무했던 제1차 세계대전이 끝나자, 독일의 여러 대학을 거친 후에 스위스 취리히(Zurich)에서 물리학 교수가 되었다. 1925년 11월에 움직이는 물체는 파동적 성질을 가진다는 드브로이의 생각에 대해 강연을 하였다. 강연 후에 동료 한 사람이 파동을 올바르게 다루기 위해서는 파동방정식이 필요하다고 말하자 슈뢰딩거는 이 말을 심각하게 받아들였다. 몇 주 후에 그는 새로운 원자 이론과 씨름하면서, "수학을 좀 더 많이 안다면! 이 문제는 분명히 풀리는데, 내가... 풀어내게 된다면 정말 아름다운 이론이 될텐데"라고 하였다(슈뢰딩거만 필요한 수학에 애를 먹은 물리학자는 아니었다. 그 시대의 탁월한 수학자였던 힐베르트(David Hilbert)는 "물리학자들에게 물리학은 너무 어렵다"라고 말하였다).

그의 노력은 성공하여 1926년 1월에 네 개의 논문 중 첫 번째 논문인 「고윳값 문제에서의 양자화(Quantization as an Eigenvalue Problem)」가 완성되었다. 이 신기원적인 논문에서 슈뢰딩거는 자신의 이름이 붙는 식을 도입하였고, 수소 원자에 대해 그 식을 풀었다. 이로 인해 다른 학자들이 조금씩 열어 놓았던 원자에 대한 현대적인 관점의 문이 활짝 열리게 되었다. 6월까지 슈뢰딩거는 파동역학을 조화진동자, 2원자 분자, 전기장 안에서의 수소 원자, 복사의 흡수와 방출, 원자 및 분자에 의한 복사의 산란에 적용하였다. 그는 또한 자신의 파동방정식이 좀 더 추상적인 하이젠베르크-보른-요르단의 행렬역학과 수학적으로 동등함을 보였다.

슈뢰딩거가 한 일의 중요성은 곧바로 인식되었다. 슈뢰딩거는 1927년에 베를린 대학에서 플랑크의 뒤를 이었는데, 나치가 권력을 잡자 노벨상을 수상하던 해인 1933년에 독일을 떠났다. 그는 1939년부터 1956년에 오스트리아로 되돌아올 때까지 더블린(Dublin)의 고등연구원(Institute for Advanced Study)에 있었다. 더블린에서의 슈뢰딩거는 생물학, 특히 유전의 발현법에 대해 흥미를 느끼기 시작하였다. 그는 유전암호(genetic code)에 대한 아이디어를 명확하게 하고, 또 원자배열을 달리함으로써 암호를 지니는 긴 분자들로 유전자를 정의한 최초의 사람으로 보인다. 슈뢰딩거의 1944년도 책 『생명이란 무엇인가?(What is Life?)』는 책의 내용뿐만 아니라 생물학자들이 그들의 주제를 새로운 방법—물리학자들의 방법—으로 볼 수 있도록 이끄는 데 막대한 영향을 미쳤다. 『생명이란 무엇인가?』는 왓슨(James Watson)으로 하여금 '유전자의 비밀'에 대해 연구를 시작하도록 하였고, 1953년에 물리학자인 크릭(Francis Crick)과 함께 DNA 분자 구조를 발견하게 하였다.

가 된다. 식 (5.13)에 식 (5.10)과 (5.11)에서의 $E\Psi$와 $p^2\Psi$에 대한 표현을 대입하면 **시간에 의존하는 슈뢰딩거 방정식**(time-dependent form of Schrödinger's equation)을 얻을 수 있다.

시간의존 슈뢰딩거
방정식(1차원)
$$i\hbar\frac{\partial\Psi}{\partial t} = -\frac{\hbar^2}{2m}\frac{\partial^2\Psi}{\partial x^2} + U\Psi \qquad (5.14)$$

3차원에서 시간에 의존하는 슈뢰딩거 방정식의 형태는 다음과 같다.

$$i\hbar\frac{\partial\Psi}{\partial t} = -\frac{\hbar^2}{2m}\left(\frac{\partial^2\Psi}{\partial x^2} + \frac{\partial^2\Psi}{\partial y^2} + \frac{\partial^2\Psi}{\partial z^2}\right) + U\Psi \qquad (5.15)$$

여기서 입자의 위치에너지 U는 x, y, z와 t의 함수이다.

입자운동에 주어지는 제약은 모두 위치에너지 함수 U에 영향을 준다. U를 안다면 슈뢰딩거 방정식을 입자의 파동함수 Ψ에 대해 풀고, 이로부터 특정한 x, y, z, t에서의 확률밀도 $|\Psi|^2$을 구할 수 있을 것이다.

슈뢰딩거 방정식의 타당성

여기에서는 슈뢰딩거 방정식을 자유입자(퍼텐셜에너지 U = 일정)의 파동함수로부터 시작하여 얻었다. 입자가 시간과 위치에 따라 변하는 임의의 힘$[U = U(x, y, z, t)]$에 의해 영향을 받는 일반적인 경우로 확장할 수 있다고 어떻게 확신할 수 있는가? 식 (5.10)과 식 (5.11)을 식 (5.13)에 대입한다는 것은 정식 검증이 없는 정말로 엉터리같이 보이는 비약이다. 이런 비약은 슈뢰딩거 자신의 접근방법을 포함한 슈뢰딩거 방정식을 이끌어 내는 모든 방법에서도 마찬가지로 나타난다.

단지 우리가 할 수 있는 일은 슈뢰딩거 방정식을 가설로 받아들여 여러 가지 물리적 상황에 대해 이 방정식을 풀고, 그 계산 결과를 실험 결과와 비교하는 것뿐이다. 만약 이들이 서로 일치한다면 슈뢰딩거 방정식이 담고 있는 가설은 타당한 것이 될 것이다. 만약 이들이 서로 일치하지 않으면 이 가설은 버려야 하고, 어떤 다른 접근방법이 연구되어야 할 것이다. 다른 표현으로는,

> 슈뢰딩거 방정식은 물리의 다른 기본원리로부터 유도할 수 있는 것이 아니고, 그 자체가 기본원리이다.

실제에 있어서 슈뢰딩거 방정식은 실험 결과를 놀라울 정도로 정확하게 예측할 수 있음이 밝혀졌다. 정확하게 하기 위해 식 (5.15)는 비상대론적인 문제에만 적용될 수 있음을 명심해야 하며, 입자의 속력이 광속과 비슷한 경우에는 좀 더 정교한 공식이 필요하다. 하지만 적용 가능한 범위에서 실험 결과들과 잘 맞으므로 슈뢰딩거 방정식은 물리세계의 특정한 면을 잘 기술하고 있다고 보여진다.

슈뢰딩거 방정식이 물리적 세계를 기술하는 데 필요한 원리의 수를 증가시키지는 않는다는 것을 짚고 넘어가는 것은 의미가 있다. 고전역학의 기본원리인 뉴턴의 운동의 제2법칙 F

= ma는 연관된 양들이 명확한 값이 아니라 평균값이라는 것이 이해되면 슈뢰딩거 방정식으로부터 유도할 수 있다. (뉴턴의 운동법칙 역시 다른 원리로부터 유도되는 법칙은 아니다. 슈뢰딩거 방정식과 마찬가지로, 이 법칙도 실험과의 적합성에 의해 적용 범위 내에서는 그 타당성을 가진다고 생각해야 한다.)

5.4 선형성 및 중첩

확률이 아닌 파동함수를 더한다.

슈뢰딩거 방정식의 중요한 성질 하나는 파동함수 Ψ에 대해 선형이라는 점이다. 선형이란 방정식이 Ψ와 Ψ의 미분은 포함하고 있지만, Ψ에 무관하거나 Ψ에 대한 고차항, 그리고 고차항의 미분 항은 포함하지 않는 식임을 의미한다. 선형성으로 인해 슈뢰딩거 방정식의 주어진 계에서의 해들의 선형결합 또한 그 해가 된다. Ψ_1과 Ψ_2를 두 해라고 하면(즉, 방정식을 만족시키는 두 파동함수),

$$\Psi = a_1\Psi_1 + a_2\Psi_2$$

역시 해이다. 여기서 a_1과 a_2는 상수이다(연습문제 8을 보라). 따라서 다른 파동들(2.1절을 보라)이 그랬던 것처럼 Ψ_1과 Ψ_2는 중첩 원리를 따른다. 광파, 음파, 수면파 그리고 전자기파에서 일어났던 것과 마찬가지로 파동함수에서도 간섭현상이 일어난다고 결론지을 수 있다. 사실 3.4절과 3.5절에서의 논의는 드브로이 파가 중첩 원리를 만족시킨다고 가정하고 한 논의들이었다.

이제, 전자회절에 중첩 원리를 적용하자. 그림 5.2(*a*)에 스크린으로 향하는 평행하게 입사한 단색의 전자들이 두 개의 슬릿을 지나가는 것을 보여 주고 있다. 그림 5.2(*b*)는 슬릿 1만 열렸을 때의 스크린에서의 전자 세기 분포로서, 다음의 확률밀도에 대응한다.

$$P_1 = |\Psi_1|^2 = \Psi_1^*\Psi_1$$

만약 슬릿 2만 열렸을 경우라면, 대응하는 확률밀도는 그림 5.2(*c*)에서와 같이

$$P_2 = |\Psi_2|^2 = \Psi_2^*\Psi_2$$

이다. 만약 두 개의 슬릿이 모두 열렸다고 하면 전자의 세기 분포가 그림 5.2(*d*)에서와 같은 $P_1 + P_2$가 될 것으로 예상할 수도 있을 것이다. 그러나 이 경우에는 그렇지 않다. 왜냐하면 양자역학에서는 확률이 아니라 파동함수를 더해야 하기 때문이다. 대신에 두 개의 슬릿이 모두 열렸을 때의 전자 세기 분포는 그림 5.2(*e*)와 같이 단색광이 두 개의 슬릿을 통과했을 때 보여 주었던 최대 및 최소 세기가 번갈아 나타나는 그림 2.4와 똑같은 모양을 가진다.

그림 5.2(*e*)의 회절무늬는 Ψ가 슬릿 1과 2를 통과하는 전자의 파동함수들인 Ψ_1과 Ψ_2의 중첩으로 만들어져 있기 때문에 생긴다.

$$\Psi = \Psi_1 + \Psi_2$$

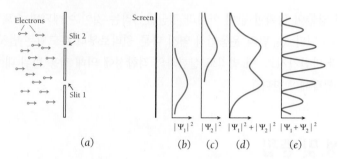

그림 5.2   (a) 이중 슬릿 실험의 실험 배치 (b) 슬릿 1만 열렸을 때의 스크린에서의 전자 세기 (c) 슬릿 2만 열렸을 때의 스크린에서의 전자 세기 (d) 세기 (b)와 세기 (c)의 합 (e) 슬릿 1과 슬릿 2가 함께 열렸을 때의 실제 세기. 확률밀도 $|\Psi_1|^2$과 $|\Psi_2|^2$이 아닌 파동함수 Ψ_1과 Ψ_2의 합이 스크린에서의 세기를 나타낸다.

그러므로 스크린에서의 확률밀도는

$$P = |\Psi|^2 = |\Psi_1 + \Psi_2|^2 = (\Psi_1^* + \Psi_2^*)(\Psi_1 + \Psi_2)$$
$$= \Psi_1^*\Psi_1 + \Psi_2^*\Psi_2 + \Psi_1^*\Psi_2 + \Psi_2^*\Psi_1$$
$$= P_1 + P_2 + \Psi_1^*\Psi_2 + \Psi_2^*\Psi_1$$

이다. 오른쪽의 두 개 항이 스크린 상에서의 전자 세기를 진동하게 만들어 그림 5.2(d)와 그림 5.2(e) 사이에 차이가 나게 한다. 6.8절에서 수소 원자가 한 양자 상태에서 다른 낮은 상태로 전이하면서 빛을 내는 것을 조사할 때 비슷한 계산을 할 것이다.

5.5   기댓값

파동함수로부터 정보를 추출해 내는 방법

주어진 물리적 상황에서 한 입자에 대한 슈뢰딩거 방정식이 풀리면, 그 결과로부터 얻은 파동함수 $\Psi(x, y, z, t)$는 불확정성 원리가 허용하는 범위 내에서 입자에 대한 모든 정보를 포함하고 있다. 양자화된 변수들을 제외한 모든 정보는 확률의 형태로만 나타나고 특정한 숫자로는 나타나지 않는다.

예를 들어, 운동이 x축 상에 제한된 파동함수 $\Psi(x, t)$에 의해 기술되는 입자의 위치에 대한 **기댓값**(expectation value) $\langle x \rangle$를 구해 보자. 이 기댓값은 동일한 파동함수에 의해 기술되는 아주 많은 입자들의 위치를 어떤 한순간 t에서 측정하고 그 측정값을 평균한 것과 같다.

과정을 명백하게 하기 위해 약간만 다른 질문에 답해 보기로 하자. x_1에 N_1개, x_2에 N_2개가 위치하는 등 x축을 따라 분포되어 있는 동일한 입자들의 평균위치 $\bar{x}$는 어디인가? 이 경우의 평균위치는 같은 분포의 질량중심과 같다. 그러므로 아래와 같다.

$$\bar{x} = \frac{N_1 x_1 + N_2 x_2 + N_3 x_3 + \cdots}{N_1 + N_2 + N_3 + \cdots} = \frac{\sum N_i x_i}{\sum N_i} \tag{5.16}$$

단일 입자를 다룰 때에는 x_i에 있는 입자의 수 N_i를 x_i로부터 시작되는 구간 dx 안에서 입자

를 발견할 확률 P_i로 바꾸어야 한다. 이 확률은

$$P_i = |\Psi_i|^2 \, dx \tag{5.17}$$

이다. 여기서 Ψ_i는 $x = x_i$에서 계산한 파동함수이다. N_i를 확률로 대체하고 합을 적분으로 바꾸면, 단일 입자의 위치에 대한 기댓값은 다음과 같다.

$$\langle x \rangle = \frac{\displaystyle\int_{-\infty}^{\infty} x|\Psi|^2 \, dx}{\displaystyle\int_{-\infty}^{\infty} |\Psi|^2 \, dx} \tag{5.18}$$

만약 Ψ가 규격화된 파동함수이면, 식 (5.18)의 분모는 입자가 $x = -\infty$와 $x = \infty$ 사이의 어딘가에 있을 확률이므로 그 값은 1이다. 이런 경우에는 아래와 같이 간단화된다.

위치 기댓값
$$\langle x \rangle = \int_{-\infty}^{\infty} x|\Psi|^2 \, dx \tag{5.19}$$

예제 5.2

x 방향으로만 움직이는 입자의 파동함수 Ψ는 $x = 0$과 $x = 1$ 사이에서는 $\Psi = ax$이고, 그 외의 위치에서는 $\Psi = 0$이다. (a) $x = 0.45$와 $x = 0.55$ 사이에서 입자를 발견할 확률을 구하라. (b) 입자의 위치 기댓값 $\langle x \rangle$를 구하라.

풀이

(a) 확률은

$$\int_{x_1}^{x_2} |\Psi|^2 \, dx = a^2 \int_{0.45}^{0.55} x^2 dx = a^2 \left[\frac{x^3}{3} \right]_{0.45}^{0.55} = 0.0251 a^2$$

(b) 기댓값은

$$\langle x \rangle = \int_0^1 x|\Psi|^2 \, dx = a^2 \int_0^1 x^3 dx = a^2 \left[\frac{x^4}{4} \right]_0^1 = \frac{a^2}{4}$$

이다.

앞에서와 똑같은 과정을 밟으면 파동함수 Ψ로 기술되는 입자에 대한 위치 x의 함수인 임의의 양[예를 들면, 퍼텐셜에너지 $U(x)$]들에 대한 기댓값 $\langle G(x) \rangle$를 얻을 수 있다. 그 결과는 다음과 같다.

기댓값
$$\langle G(x) \rangle = \int_{-\infty}^{\infty} G(x)|\Psi|^2 \, dx \tag{5.20}$$

이런 방법으로는 운동량에 대한 기댓값 $\langle p \rangle$를 구할 수 없다. 왜냐하면 불확정성 원리에 의해 $p(x)$와 같은 함수가 존재하지 않기 때문이다. 만약 x를 확실하게 지정하여 $\Delta x = 0$이 되면, $\Delta x\, \Delta p \geq \hbar/2$이므로 x에 대응하는 p를 나타낼 수 없다. 똑같은 문제가 에너지에 대한 기댓값 $\langle E \rangle$에 대해서도 나타난다. $\Delta E \Delta t \geq \hbar/2$이므로 시간 t를 확정시키는 함수 $E(t)$의 존재는 불가능하다. 5.6절에서 어떻게 $\langle p \rangle$와 $\langle E \rangle$를 구할 수 있는가에 대해 논의한다.

거시적 세계에서는 불확정성 원리가 무시되어도 좋으므로 고전물리에서는 위와 같은 제약이 일어나지 않는다. 다양한 힘을 받고 있는 물체의 운동에 운동의 제2법칙을 적용할 때에는 그 해로부터 $x(t)$와 마찬가지로 $p(x, t)$와 $E(x, t)$도 얻을 수 있을 것으로 기대한다. 고전역학에서의 문제풀이는 입자 운동의 모든 미래 행로를 보여 준다. 반면 양자역학에서 입자의 운동에 슈뢰딩거 방정식을 적용하여 직접적으로 얻는 것은 파동함수 Ψ이다. 그리고 초기 상태와 마찬가지로 입자 운동의 미래 행로는 확정적인 것이 아니고 확률의 문제이다.

5.6 연산자

기댓값을 얻기 위한 또 다른 방법

$\langle p \rangle$와 $\langle E \rangle$를 구하는 적당한 방법의 암시로 자유입자의 파동함수 $\Psi = Ae^{-(i/\hbar)(Et-px)}$를 x와 t에 대해 미분을 하는 것으로 시작할 수 있다.

$$\frac{\partial \Psi}{\partial x} = \frac{i}{\hbar} p \Psi$$

$$\frac{\partial \Psi}{\partial t} = -\frac{i}{\hbar} E \Psi$$

이 식들은 아래와 같이 필요할 것으로 생각되는 모양으로 다시 쓸 수 있다.

$$p\Psi = \frac{\hbar}{i}\frac{\partial}{\partial x}\Psi \tag{5.21}$$

$$E\Psi = i\hbar\frac{\partial}{\partial t}\Psi \tag{5.22}$$

분명히 어떤 면에서 동역학적 양 p는 미분 연산자 $(\hbar/i)\,\partial/\partial x$에 대응하고, 비슷하게 동역학적 양 E는 미분 연산자 $i\hbar\,\partial/\partial t$에 대응한다.

연산자(operator)는 자신의 뒤에 따라오는 양에 어떤 연산을 해 줄 것인가를 알려준다. 따라서 연산자 $i\hbar\,\partial/\partial t$는 연산자 뒤에 따라오는 t에 대해 편미분을 시행하고, $i\hbar$를 곱하라는 뜻이 된다. 식 (5.22)는 슈뢰딩거 탄생 100주년을 기념하기 위한 오스트리아 우표 소인에 새겨져 있다.

연산자라는 것을 표시하기 위해 관습적으로 캐럿 기호를 사용하기 때문에 운동량 p에 대응하는 연산자는 $\hat{p}$로 쓰고 총 에너지 E에 대응하는 연산자는 $\hat{E}$를 쓴다. 식 (5.21)과 식 (5.22)로부터 이 연산자들은 다음과 같다.

운동량 연산자 $\qquad\qquad\qquad \hat{p} = \dfrac{\hbar}{i}\dfrac{\partial}{\partial x}$ $\qquad\qquad\qquad$ (5.23)

총 에너지 연산자 $\qquad\qquad \hat{E} = i\hbar\dfrac{\partial}{\partial t}$ $\qquad\qquad\qquad$ (5.24)

비록 식 (5.23)과 식 (5.24)로 표시되는 대응관계가 자유입자에서 성립한다는 것만 보였지만, 이 관계는 슈뢰딩거 방정식 수준의 타당성을 가지는 완전히 일반적인 결과이다. 이를 보이기 위해 총 에너지에 관한 방정식 $E = KE + U$를 아래와 같은 연산자방정식으로 바꾸어서 쓴다.

$$\hat{E} = \hat{KE} + \hat{U} \qquad\qquad (5.25)$$

여기서 연산자 $\hat{U}$는 그냥 $U(x, t)$이고, 운동에너지 KE는 다음과 같이 운동량 p를 사용한 식

$$KE = \frac{p^2}{2m}$$

으로 주어지므로 다음과 같은 관계를 얻는다.

운동에너지 연산자 $\qquad \hat{KE} = \dfrac{\hat{p}^2}{2m} = \dfrac{1}{2m}\left(\dfrac{\hbar}{i}\dfrac{\partial}{\partial x}\right)^2 = -\dfrac{\hbar^2}{2m}\dfrac{\partial^2}{\partial x^2}$ $\qquad$ (5.26)

따라서 식 (5.25)를 다음과 같이 쓸 수 있다.

$$i\hbar\frac{\partial}{\partial t} = -\frac{\hbar^2}{2m}\frac{\partial^2}{\partial x^2} + U \qquad\qquad (5.27)$$

식 (5.27) 양변에 $\Psi = \Psi$를 적용하면,

$$i\hbar\frac{\partial\Psi}{\partial t} = -\frac{\hbar^2}{2m}\frac{\partial^2\Psi}{\partial x^2} + U\Psi$$

라는 슈뢰딩거 방정식을 얻는다. 식 (5.23)과 식 (5.24)를 가정하는 것은 슈뢰딩거 방정식을 가정하는 것과 대등하다.

연산자와 기댓값

방정식 내에서 p와 E를 각각에 대응되는 연산자로 바꾸어 쓸 수 있기 때문에 이러한 연산자들을 p와 E의 기댓값을 구하는 데 사용할 수 있다. p에 대한 기댓값은 다음과 같다.

$$\langle p\rangle = \int_{-\infty}^{\infty}\Psi^{*}\hat{p}\Psi\,dx = \int_{-\infty}^{\infty}\Psi^{*}\left(\frac{\hbar}{i}\frac{\partial}{\partial x}\right)\Psi\,dx = \frac{\hbar}{i}\int_{-\infty}^{\infty}\Psi^{*}\frac{\partial\Psi}{\partial x}\,dx \qquad (5.28)$$

또한 E에 대한 기댓값은 아래와 같다.

$$\langle E\rangle = \int_{-\infty}^{\infty}\Psi^{*}\hat{E}\Psi\,dx = \int_{-\infty}^{\infty}\Psi^{*}\left(i\hbar\frac{\partial}{\partial t}\right)\Psi\,dx = i\hbar\int_{-\infty}^{\infty}\Psi^{*}\frac{\partial\Psi}{\partial t}\,dx \qquad (5.29)$$

식 (5.28)과 (5.29)는 행실이 좋은 모든 파동함수 $\Psi(x, t)$에 대해 적용할 수 있다.

그러면 연산자들을 사용하여 구하는 기댓값들이 왜 아래와 같은 형태의 식으로 되어야 하는지를 알아보기로 하자.

$$\langle p \rangle = \int_{-\infty}^{\infty} \Psi^* \hat{p} \Psi \, dx$$

또 혹시 가능했던 표현은 다음과 같으나, 계산하면

$$\int_{-\infty}^{\infty} \hat{p} \Psi^* \Psi \, dx = \frac{\hbar}{i} \int_{-\infty}^{\infty} \frac{\partial}{\partial x} (\Psi^* \Psi) \, dx = \frac{\hbar}{i} \left[\Psi^* \Psi \right]_{-\infty}^{\infty} = 0$$

이다. 왜냐하면 Ψ^*와 Ψ는 $x = \pm\infty$에서 0이 되어야 하기 때문이다. 또 다른 가능했던 표현은

$$\int_{-\infty}^{\infty} \Psi^* \Psi \hat{p} \, dx = \frac{\hbar}{i} \int_{-\infty}^{\infty} \Psi^* \Psi \frac{\partial}{\partial x} \, dx$$

이며, 이는 의미가 없는 식이다. x 및 $V(x)$와 같은 대수적인 양들은 적분에서 인자의 순서는 중요하지 않다. 그러나 미분 연산자가 포함될 때에는 올바른 인자의 순서를 맞추어야 한다.

물리계를 특징지어주는 모든 측정 가능한 양 G는 모두 적당한 양자역학 연산자 $\hat{G}$로 나타낼 수 있다. 연산자를 얻기 위해서는 G를 x와 p로 나타낸 후, p를 $(\hbar/i)\partial/\partial x$로 대체하면 된다. 만약 계의 파동함수 Ψ가 알려져 있다면, $G(x, p)$의 기댓값은

연산자의 기댓값 $$\langle G(x, p) \rangle = \int_{-\infty}^{\infty} \Psi^* \hat{G} \Psi \, dx \tag{5.30}$$

이다. 이런 방법으로 불확정성 원리에 어긋나지 않는 계의 모든 정보를 파동함수 Ψ로부터 얻어낼 수 있다.

5.7 슈뢰딩거 방정식: 정상상태의 형태

고윳값과 고유함수

상당히 많은 경우에 있어서 입자의 위치에너지는 시간에 대해 직접적으로 의존하지 않는다. 즉, 입자에 작용하는 힘(따라서 U도)은 입자의 위치에 따라서만 변한다. 이것이 사실일 경우에는 시간 t에 대한 모든 상황을 제거함으로써 슈뢰딩거 방정식을 간단하게 할 수 있다.

자유입자의 1차원 파동함수가 다음과 같이 쓰인다는 것으로부터 시작하자.

$$\Psi = Ae^{-(i/\hbar)(Et - px)} = Ae^{-(iE/\hbar)t} e^{+(ip/\hbar)x} = \psi e^{-(iE/\hbar)t} \tag{5.31}$$

명백하게 Ψ는 시간의존함수 $e^{-(iE/\hbar)t}$와 위치의존함수 ψ의 곱으로 되어 있다. 공교롭게도 시간에 무관한 힘을 받는 입자에 대한 모든 파동함수의 시간에 대한 의존성은 자유입자에서와 똑같은 모양의 의존성을 가진다. 식 (5.31)에서의 Ψ를 시간의존 슈뢰딩거 방정식에 대입하면 다음을 얻는다.

$$E\psi e^{-(iE/\hbar)t} = -\frac{\hbar^2}{2m}\, e^{-(iE/\hbar)t}\, \frac{\partial^2 \psi}{\partial x^2} + U\psi e^{-(iE/\hbar)t}$$

공통되는 지수 인자로 양변을 나누면 다음과 같이 된다.

**1차원 상태에서 정상상태의
슈뢰딩거 방정식**
$$\frac{\partial^2 \psi}{\partial x^2} + \frac{2m}{\hbar^2}\,(E - U)\psi = 0 \tag{5.32}$$

식 (5.32)가 **정상상태 슈뢰딩거 방정식**(steady-state form of Schrödinger equation)이다. 3차원에서는 다음과 같다.

**3차원 상태에서 정상상태의
슈뢰딩거 방정식**
$$\frac{\partial^2 \psi}{\partial x^2} + \frac{\partial^2 \psi}{\partial y^2} + \frac{\partial^2 \psi}{\partial z^2} + \frac{2m}{\hbar^2}\,(E - U)\psi = 0 \tag{5.33}$$

정상상태 슈뢰딩거 방정식의 중요한 특성 중 하나는 다음과 같다. 주어진 계에서 하나 혹은 하나 이상의 파동함수 해를 가진다면, 각 파동함수는 E의 특정한 값들에 각각 대응된다. 따라서 에너지 양자화는 파동역학에서 이론의 한 요소로 자연스럽게 따라 나오고, 물리세계에서의 에너지 양자화는 **모든 안정된 계의 보편적 현상**의 특성으로 드러난다.

슈뢰딩거 방정식의 해에서 나타나는 에너지의 양자화 방식과 아주 유사하고 친근한 한 가지 예는 양 끝이 고정된 길이 L로 잡아당겨진 줄에서의 정상파에 대한 것이다. 여기에서는 하나의 파동이 한 방향으로 무한히 전파하여 나아가는 대신에 $+x$ 방향과 $-x$ 방향의 양 방향으로 동시에 진행한다. 이 파들은 변위 y가 양 끝에서 항상 0이 되어야 하는 조건(**경계조건**: boundary condition)을 만족해야 한다. 수용 가능한 변위함수 $y(x, t)$와 그의 미분(끝에서는 제외)은 ψ와 그의 미분처럼 소위 '좋게 행동하는' 함수로서 유한하며 연속이고 일가함수여야 한다. 줄의 경우 y는 직접적으로 측정 가능한 양이므로 복소수가 아니고 실수여야 한다. 이러한 제한 조건들을 만족시키는 해들은 파장이 다음과 같이 주어지는 해들뿐이다.

$$\lambda_n = \frac{2L}{n+1} \qquad n = 0, 1, 2, 3, \cdots$$

이에 해당하는 정상파들을 그림 5.3에 나타내었다. $y(x, t)$가 어떤 특정 파장 λ_n을 가지는 것들만 존재할 수 있다는 결론은 파동방정식과 그 해의 성질에 가해지는 제한 조건들을 결합하는 것으로부터 나온다.

고윳값과 고유함수

정상상태 슈뢰딩거 방정식이 풀릴 수 있는 에너지의 값 E_n을 **고윳값**(eigenvalue)이라고 하며, 그에 대응하는 파동함수 ψ_n을 **고유함수**(eigenfunction)라고 한다(이 용어들은 '고윳값' 혹은 '특성값'을 의미하는 독일어 *Eigenwert*와 '고유함수' 혹은 '특성함수'를 의미하는 독일어 *Eigenfunktion*에서 왔다). 수소 원자의 띄엄띄엄한 에너지 준위

$$E_n = -\frac{me^4}{32\pi^2\epsilon_0^2\hbar^2}\left(\frac{1}{n^2}\right) \qquad n = 1, 2, 3, \cdots$$

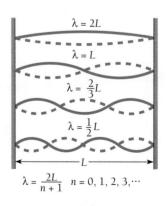

$$\lambda = \frac{2L}{n+1} \quad n = 0, 1, 2, 3, \cdots$$

그림 5.3 양 끝이 고정된 잡아당겨진 줄에서의 정상파

은 고윳값 모임의 한 예이다. 우리는 6장에서 왜 이런 특정한 E의 값들만 수소 원자에서의 전자에 대한 수용 가능한 파동함수를 주는지에 대해 알게 될 것이다.

총 에너지 이외에 양자화된 것으로 알려진 중요한 동역학적 변수의 예는 안정한 계에서의 각운동량 L이다. 수소 원자의 경우, 총 각운동량 크기의 고윳값은 다음과 같이 표현됨을 알게 될 것이다.

$$L = \sqrt{l(l + 1)}\,\hbar \qquad l = 0, 1, 2, \cdots, (n - 1)$$

물론, 어떤 동역학적 변수 G는 양자화되지 않을 수도 있을 것이다. 이런 경우에는 동일한 계들에 대한 G의 측정들이 유일한 하나의 값을 주지 않는 대신 측정값들은 흩어져 있고 그들의 평균은 기댓값

$$\langle G \rangle = \int_{-\infty}^{\infty} G|\psi|^2 \; dx$$

가 된다. 예를 들면, 수소 원자의 경우에 전자의 위치는 양자화되지 않는다. 따라서 전자는 고전적 의미의 예측 가능한 위치에 있거나 심지어 궤도를 이루는 것이 아니라, 핵의 근처에서 단위 부피당 $|\psi|^2$의 확률을 가지고 존재하는 것으로 생각해야 한다. 이러한 확률론적인 해석은 하나의 전자가 나누어져서 27%는 한 곳에 있고 나머지 73%는 다른 곳에 있다는 것이 아니라 항상 전자 전체가 하나의 전자로 존재한다는 실험적 사실과도 상충되지 않는다. 비록 이 확률은 공간적으로 퍼져 있지만, 전자를 발견할 확률이지 전자 자체의 확률은 아니다.

연산자와 고윳값

어떤 동역학적 변수 G가 띄엄띄엄한 값들 G_n만 가진다는 조건(다른 말로 G가 양자화될 조건)은 계의 파동함수 ψ_n이 다음과 같이 되는 조건이다.

고윳값 방정식 $\qquad\qquad\qquad\qquad \hat{G}\psi_n = G_n\psi_n \qquad\qquad\qquad\qquad$ (5.34)

여기서 $\hat{G}$는 G에 대응하는 연산자이고, G_n은 실수이다. 한 계의 파동함수에 대해 식 (5.34)가 성립할 때, G의 어떠한 측정도 G_n 중 하나의 값만 가져온다는 것이 양자역학의 근본적인 가정 중 하나이다. 모두 특정 고유함수 ψ_k로 기술되는 상태에 있는 동일한 계들에 측정 G를 행하면, 각 측정에서는 단일값 G_k를 얻게될 것이다.

예제 5.3

연산자 d^2/dx^2의 고유함수는 $\psi = e^{2x}$이다. 상응하는 고윳값을 구하라.

풀이

$\hat{G} = d^2/dx^2$이므로

$$\hat{G}\psi = \frac{d^2}{dx^2}(e^{2x}) = \frac{d}{dx}\left[\frac{d}{dx}(e^{2x})\right] = \frac{d}{dx}(2e^{2x}) = 4e^{2x}$$

이다. $e^{2x} = \psi$이므로

$$\hat{G}\psi = 4\psi$$

이다. 식 (5.34)에 의하면, G의 고윳값은 $G = 4$임을 알 수 있다.

식 (5.25)와 식 (5.26)의 관점으로부터 식 (5.24)의 총 에너지를 다음과 같이 다시 쓸 수 있고,

해밀토니언 연산자 $$\hat{H} = -\frac{\hbar^2}{2m}\frac{\partial^2}{\partial x^2} + U \qquad (5.35)$$

이를 고급 고전역학에서 계의 총 에너지를 좌표와 운동량만으로 표현하는 해밀턴(Hamilon)의 함수를 참조하여 **해밀토니언 연산자**(Hamiltonian operator)라고 부른다. 이를 이용, 정상 상태 슈뢰딩거 방정식을 아래와 같이 더욱 간단하게 표현할 수 있음이 명백하고,

슈뢰딩거 방정식 $$\hat{H}\psi_n = E_n\psi_n \qquad (5.36)$$

따라서 E_n을 해밀토니언 연산자의 고윳값들이라고 할 수 있다. 고윳값과 양자역학 연산자 사이의 이런 종류의 관련은 아주 일반적인 관계이다. 표 5.1에 몇 가지 관측 가능량에 상응하는 연산자들의 목록을 실었다.

5.8 상자 안의 입자

경계 조건과 규격화가 어떻게 파동함수를 결정하는가?

단순한 정상상태의 형태라도 슈뢰딩거 방정식을 풀기 위해서는 보통 정교한 수학적 테크닉이 필요하다. 이러한 이유 때문에 전통적으로 양자역학에 대한 공부는 필요한 수학에 숙달된 학생들만이 할 수 있었다. 그러나 양자역학은 실험적 실체와 가장 가까운 결과를 제공하는 이론

표 5.1 몇 가지 관측 가능량에 대한 연산자

물리량	연산자
위치, x	x
선운동량, p	$\frac{\hbar}{i}\frac{\partial}{\partial x}$
퍼텐셜에너지, $U(x)$	$U(x)$
운동에너지, $KE = \frac{p^2}{2m}$	$-\frac{\hbar^2}{2m}\frac{\partial^2}{\partial x^2}$
총 에너지, E	$i\hbar\frac{\partial}{\partial t}$
총 에너지(해밀토니언 모양), H	$-\frac{\hbar^2}{2m}\frac{\partial^2}{\partial x^2} + U(x)$

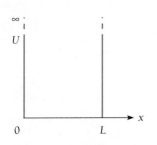

그림 5.4   무한히 딱딱한 벽을 가진 상자에 해당하는, 양 끝에 무한히 높은 장벽을 가진 네모 퍼텐션 우물

이기 때문에 현대물리에 대해 조금이라도 이해하려고 한다면 양자역학의 방법들과 그 응용성을 살펴보기는 해야 한다. 곧 보다시피 보통의 수학적 배경을 갖고 있다 하더라도 양자역학이 최고의 성취를 보이게 되는 사고의 과정을 따라가는 데는 충분하다.

가장 단순한 양자역학적 문제는 무한히 단단한 벽으로 된 상자 안에 갇힌 입자의 문제이다. 3.6절에서 아주 단순한 논의로부터 그 계의 에너지 준위를 어떻게 얻을 수 있는지에 대해 살펴보았다. 이제 같은 문제를 좀 더 공식화된 방법으로 풀어보자. 이렇게 하면 우리는 각 에너지 준위에 해당하는 파동함수 ψ_n을 구할 수 있다.

우리는 입자가 무한히 단단한 벽에 의해 제한되어 x축을 따라 $x = 0$과 $x = L$ 사이에서만 운동할 수 있다고 이 입자의 운동을 규정할 수 있다. 입자는 이러한 벽과 충돌할 때 에너지를 잃지 않아서 총 에너지는 변하지 않는다. 이 상황을 입자의 위치에너지 U가 상자의 양 끝에서 무한대이며, 상자 안에서는 일정하고 편의상 0으로 잡은 것으로 표현한다(그림 5.4). 입자가 무한대의 에너지를 가질 수 없으므로 상자 바깥에서는 존재할 수 없어 파동함수 ψ는 $x \leq 0$과 $x \geq L$에서만 의미가 있다. 따라서 우리가 할 일은 $x = 0$과 $x = L$ 사이에서 ψ가 어떻게 되는가를 찾는 일이다.

상자 안에서는 $U = 0$이므로 슈뢰딩거 방정식은 다음과 같이 된다.

$$\frac{d^2\psi}{dx^2} + \frac{2m}{\hbar^2} E\psi = 0 \tag{5.37}$$

(이 문제에서는 ψ가 x만의 함수이므로 전미분 $d^2\psi/dx^2$은 편미분 $\partial^2\psi/\partial x^2$과 같다.) 식 (5.37)은 다음과 같은 해를 갖는다.

$$\psi = A \sin \frac{\sqrt{2mE}}{\hbar} x + B \cos \frac{\sqrt{2mE}}{\hbar} x \tag{5.38}$$

이 해가 맞다는 것은 식 (5.37)에 다시 대입함으로써 증명할 수 있다. A와 B는 그 값을 앞으로 구해야 할 상수이다.

이 해는 $x = 0$과 $x = L$에서 $\psi = 0$이라는 경계 조건을 만족해야 한다. $\cos 0 = 1$이어서 $x = 0$일 때 ψ가 0의 값을 가지지 않으므로 두 번째 항은 이 입자를 기술할 수 없는 항이 된다. 따라서 $B = 0$이라는 결론을 내릴 수 있다. $\sin 0$은 0이므로 사인항은 $x = 0$에서 항상 $\psi = 0$으로 경계 조건을 만족한다. 그러나 각도 π, 2π, 3π, …에서만 사인값들이 0이 되기 때문에 $x = L$에서는

$$\frac{\sqrt{2mE}}{\hbar} L = n\pi \qquad n = 1, 2, 3, \cdots \tag{5.39}$$

인 경우에만 ψ가 0이 된다.

식 (5.39)에서 이 입자의 에너지는 특정한 값들만 취할 수 있다는 것을 알 수 있다. 이 값들이 앞 절에서 언급한 고윳값들이고, 계의 **에너지 준위**(energy level)를 구성한다. 식 (5.39)를 E에 대해 풀어서

상자 안의 입자　　　　$E_n = \dfrac{n^2\pi^2\hbar^2}{2mL^2}$　　　$n = 1, 2, 3, \cdots$　　　(5.40)

의 고윳값들을 얻는다. 식 (5.40)은 식 (3.18)과 같고, 같은 해석을 할 수 있다[3.6절 식 (3.18) 이후의 논의를 보라].

파동함수

에너지 E_n인 상자 안에 있는 입자의 파동함수는 식 (5.38)에서 $B = 0$으로 하여 얻는다.

$$\psi_n = A \sin \frac{\sqrt{2mE_n}}{\hbar} x \qquad (5.41)$$

여기에 식 (5.40)의 E_n을 대입하여 에너지 고윳값 E_n에 상응하는 고유함수를 얻는다.

$$\psi_n = A \sin \frac{n\pi x}{L} \qquad (5.42)$$

이 고유함수들이 5.1절에서 논의한 모든 조건을 만족시킨다는 것을 입증하는 것은 쉽다. 각각의 양자수 n에 대해 ψ_n은 유한하고, x의 일가(single-valued)함수이며, ψ_n과 $\partial\psi_n/\partial x$(양 끝을 제외하고)은 연속이다. 더 나아가 전 공간에 대한 $|\psi_n|^2$의 적분은 유한하며, 이는 $|\psi_n|^2\, dx$를 $x = 0$에서 $x = L$까지만 적분하여 쉽게 볼 수 있다(입자가 이 구간 안에 제한되어 있으므로). 삼각함수 항등식 $\sin^2\theta = \frac{1}{2}(1 - \cos 2\theta)$를 사용하면, 아래를 얻는다.

$$\int_{-\infty}^{\infty} |\psi_n|^2\, dx = \int_0^L |\psi_n|^2\, dx = A^2 \int_0^L \sin^2\left(\frac{n\pi x}{L}\right) dx$$

$$= \frac{A^2}{2}\left[\int_0^L dx - \int_0^L \cos\left(\frac{2n\pi x}{L}\right) dx\right]$$

$$= \frac{A^2}{2}\left[x - \left(\frac{L}{2n\pi}\right)\sin\frac{2n\pi x}{L}\right]_0^L = A^2\left(\frac{L}{2}\right) \qquad (5.43)$$

ψ를 규격화하기 위해서는 $|\psi_n|^2\, dx$가 단순히 x와 $x + dx$ 사이에서 입자를 발견할 확률 $P\, dx$에 비례하는 것이 아니라 일치하도록 A의 값을 정해야 한다. 그러면 다음과 같이 되어야 할 것이다.

$$\int_{-\infty}^{\infty} |\psi_n|^2\, dx = 1 \qquad (5.44)$$

식 (5.43)과 식 (5.44)를 비교하여 상자 안에 갇혀 있는 입자의 파동함수가 규격화되려면

$$A = \sqrt{\frac{2}{L}} \qquad (5.45)$$

여야 함을 알 수 있다. 그러므로 상자 안 입자의 규격화된 파동함수는 다음과 같다.

상자 안의 입자　　　　$\psi_n = \sqrt{\dfrac{2}{L}} \sin \dfrac{n\pi x}{L}$　　　$n = 1, 2, 3, \cdots$　　　(5.46)

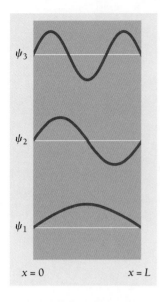

규격화된 파동함수 ψ_1, ψ_2, ψ_3과 확률밀도 $|\psi_1|^2$, $|\psi_2|^2$, $|\psi_3|^2$을 그림 5.5에 나타내었다. ψ_n은 양수는 물론 음수일 수도 있지만, $|\psi_n|^2$은 항상 양수이다. 그리고 ψ_n이 규격화되어 있으므로 주어진 x에서 $|\psi_n|^2$의 값은 그곳에서 입자를 발견한 확률밀도 P와 같다. 모든 경우에 있어서 상자 경계인 $x = 0$과 $x = L$에서 $|\psi_n|^2 = 0$이다.

상자 안의 특정한 곳에 입자가 있을 확률은 양자수가 다르면 크게 달라질 수 있다. 예를 들면, $|\psi_1|^2$은 상자의 중앙에서 $2/L$인 최댓값을 갖는 데 반해, 그곳에서 $|\psi_2|^2 = 0$이다. $n = 1$인 가장 낮은 에너지 준위에 있는 입자는 대부분 상자의 중앙에 위치해 있는 반면에, 그다음 높은 상태인 $n = 2$의 상태에 있는 입자는 중심에는 절대로 존재하지 않는다! 물론, 고전물리에서의 입자가 상자 안 어느 곳에 있을 확률은 위치에 관계없이 일정하다.

그림 5.5에 나타난 파동함수는 그림 5.2에서 보여 준 것과 같은, 양 끝이 고정된 줄에서의 가능한 진동 형태와 그 모양이 비슷하다. 이는 줄에서의 파동과 움직이는 입자를 나타내는 파동이 같은 형태의 수식에 의해 기술되므로 똑같은 제한이 각각의 파동에 가해졌을 때는 형태적인 결과가 같아지기 때문에 생기는 결과이다.

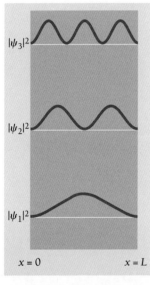

그림 5.5 단단한 벽을 가진 상자에 갇힌 입자의 파동함수와 확률밀도

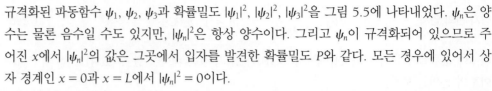

예제 5.4

폭이 L인 상자에 갇힌 입자가 $0.45L$과 $0.55L$ 사이에서 발견될 확률을 바닥상태와 첫 번째 들뜬상태에 대해 구하라.

풀이

상자의 이 부분 너비는 폭의 10분의 1이고, 상자의 중심과 이 구간의 중심이 일치한다(그림 5.6). 고전적으로는 입자가 어느 순간에 이 구간에 있을 가능성은 10%일 것으로 예측된다. 양자역학에서는 입자 상태의 양자수에 따라 매우 다른 결과를 예측한다. 식 (5.2)와 식 (5.46)으로부터 n번째 상태의 입자를 x_1과 x_2 사이에서 발견할 확률은 다음과 같다.

$$P_{x_1, x_2} = \int_{x_1}^{x_2} |\psi_n|^2 \, dx = \frac{2}{L} \int_{x_1}^{x_2} \sin^2 \frac{n\pi x}{L} \, dx$$

$$= \left[\frac{x}{L} - \frac{1}{2n\pi} \sin \frac{2n\pi x}{L} \right]_{x_1}^{x_2}$$

여기서 $x_1 = 0.45L$이고 $x_2 = 0.55L$이다. $n = 1$인 바닥상태에 대해서는

$$P_{x_1, x_2} = 0.198 = 19.8\%$$

이며, 고전적인 확률의 약 2배이다. $n = 2$에 해당하는 첫 번째 들뜬상태에 대해서는

$$P_{x_1, x_2} = 0.0065 = 0.65\%$$

이다. 이렇게 작은 값이 나오는 것은 $x = 0.5L$에서 $|\psi_2|^2 = 0$인 것과 일치한다.

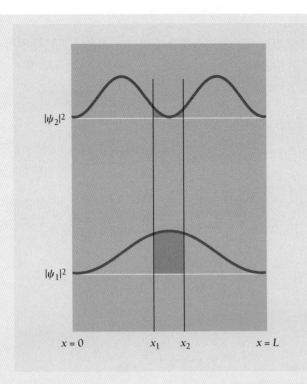

그림 5.6   그림 5.5의 상자에서 $x_1 = 0.45L$과 $x_2 = 0.55L$ 사이에서 입자를 발견할 확률 P_{x_1, x_2}는 이 두 경계 사이의 $|\psi|^2$ 곡선 아래 면적과 같다.

예제 5.5

폭이 L인 상자에 갇힌 입자의 위치 기댓값 $\langle x \rangle$를 구하라.

풀이

식 (5.19)와 (5.46)에 의하면

$$\langle x \rangle = \int_{-\infty}^{\infty} x|\psi|^2 \, dx = \frac{2}{L} \int_0^L x \sin^2 \frac{n\pi x}{L} \, dx$$

$$= \frac{2}{L} \left[\frac{x^2}{4} - \frac{x \sin(2n\pi x/L)}{4n\pi/L} - \frac{\cos(2n\pi x/L)}{8(n\pi/L)^2} \right]_0^L$$

이다. $\sin n\pi = 0$이고, $\cos 2n\pi = 1$, $\cos 0 = 1$이므로 모든 n 값에 대한 x의 기댓값은

$$\langle x \rangle = \frac{2}{L} \left(\frac{L^2}{4} \right) = \frac{L}{2}$$

이다. 이 결과는 입자의 평균 위치가 모든 양자 상태에서 상자의 중심이라는 것을 뜻한다. 이 결과는 $n = 2, 4, 6, \cdots$인 상태들이 $L/2$에서 $|\psi|^2 = 0$이라는 사실과 모순되지 않는다. 왜냐하면 $\langle x \rangle$는 확률이 아니라 평균이기 때문이며, $|\psi|^2$이 상자 중심에 대해 대칭이라는 점을 반영한다.

운동량

1차원 상자 안에 갇혀 있는 입자의 운동량을 찾아내는 것은 $\langle x \rangle$를 찾아내는 것처럼 그렇게 직접적이지는 않다. 여기에서

$$\psi^* = \psi_n = \sqrt{\frac{2}{L}} \, \sin \frac{n\pi x}{L}$$

$$\frac{d\psi}{dx} = \sqrt{\frac{2}{L}} \, \frac{n\pi}{L} \, \cos \frac{n\pi x}{L}$$

이고, 또 식 (5.30)으로부터

$$\langle p \rangle = \int_{-\infty}^{\infty} \psi^* \hat{p} \psi \, dx = \int_{-\infty}^{\infty} \psi^* \left(\frac{\hbar}{i} \frac{d}{dx} \right) \psi \, dx$$

$$= \frac{\hbar}{i} \frac{2}{L} \frac{n\pi}{L} \int_0^L \sin \frac{n\pi x}{L} \, \cos \frac{n\pi x}{L} \, dx$$

이다.

$$\int \sin ax \cos ax \, dx = \frac{1}{2a} \sin^2 ax$$

를 사용하면 $a = n\pi/L$이고, $\sin^2 0 = \sin^2 n\pi = 0$ $n = 1, 2, 3, \cdots$이므로

$$\langle p \rangle = \frac{\hbar}{iL} \left[\sin^2 \frac{n\pi x}{L} \right]_0^L = 0$$

이 되어 입자 운동량의 기댓값 $\langle p \rangle$는 0이다.

언뜻 이 결과는 이상하게 보인다. 하지만 $E = p^2/2m$이므로 운동량이 다음과 같이 될 것으로 예상할 수는 있을 것이다.

**갇혀 있는 입자의
운동량 고윳값**
$$p_n = \pm \sqrt{2mE_n} = \pm \frac{n\pi\hbar}{L} \tag{5.47}$$

$\pm$ 부호가 운동량 기댓값이 0인 것을 설명해 준다. 입자는 앞으로도 그리고 뒤로도 움직이고, 그래서 어떠한 n에 대해서도 운동량 평균은

$$p_{\text{av}} = \frac{(+n\pi\hbar/L) + (-n\pi\hbar/L)}{2} = 0$$

이며, 기댓값이다.

식 (5.47)에 의하면, 하나의 에너지 고유함수마다 두 가능한 운동 방향에 대응하는 두 개의 운동량 고유함수가 있어야 한다. 양자역학 연산자로부터 고윳값을 얻는 일반적인 절차는 고윳값 문제로부터 시작한다.

$$\hat{p}\psi_n = p_n\psi_n \tag{5.48}$$

여기서 p_n은 실수이다. 이 방정식은 ψ_n이 운동량 연산자 $\hat{p}$의 고유함수일 때에만 성립하고,

$$\hat{p} = \frac{\hbar}{i}\frac{d}{dx}$$

이다. 이로써 곧바로 에너지 고유함수

$$\psi_n = \sqrt{\frac{2}{L}}\sin\frac{n\pi x}{L}$$

가 운동량 고유함수가 아님을 알 수 있다. 왜냐하면

$$\frac{\hbar}{i}\frac{d}{dx}\left(\sqrt{\frac{2}{L}}\sin\frac{n\pi x}{L}\right) = \frac{\hbar}{i}\frac{n\pi}{L}\sqrt{\frac{2}{L}}\cos\frac{n\pi x}{L} \neq p_n\psi_n$$

이기 때문이다.

올바른 운동량 고유함수를 찾기 위해

$$\sin\theta = \frac{e^{i\theta} - e^{-i\theta}}{2i} = \frac{1}{2i}e^{i\theta} - \frac{1}{2i}e^{-i\theta}$$

임에 주목한다. 그러므로 각 에너지 고유함수는 아래 두 파동함수의 선형결합으로 나타낼 수 있다.

갇혀 있는 입자의 운동량 고유함수들

$$\psi_n^+ = \frac{1}{2i}\sqrt{\frac{2}{L}}\;e^{in\pi x/L} \tag{5.49}$$

$$\psi_n^- = \frac{1}{2i}\sqrt{\frac{2}{L}}\;e^{-in\pi x/L} \tag{5.50}$$

위의 두 식 중에 첫 번째 파동방정식을 고윳값 방정식인 식 (5.48)에 대입하면 아래를 얻는다.

$$\hat{p}\psi_n^+ = p_n^+\psi_n^+$$

$$\frac{\hbar}{i}\frac{d}{dx}\psi_n^+ = \frac{\hbar}{i}\frac{1}{2i}\sqrt{\frac{2}{L}}\frac{in\pi}{L}e^{in\pi x/L} = \frac{n\pi\hbar}{L}\psi_n^+ = p_n^+\psi_n^+$$

따라서

$$p_n^+ = +\frac{n\pi\hbar}{L} \tag{5.51}$$

이다. 같은 방법으로 파동함수 ψ_n^-는 아래 운동량 고윳값을 이끈다.

$$p_n^- = -\frac{n\pi\hbar}{L} \tag{5.52}$$

우리는 ψ_n^+과 ψ_n^-이 상자 안 입자의 운동량 고유함수이며, 또한 식 (5.47)이 운동량 고윳값을 바르게 나타낸다고 확실하게 결론지을 수 있다.

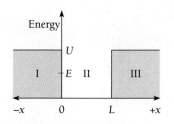

그림 5.7 유한한 장벽을 가진 네모 퍼텐셜 우물. 갇혀 있는 입자의 에너지 E가 장벽 높이 U보다 작다.

5.9 유한한 퍼텐셜 우물

파동함수가 벽을 뚫고 지나가며, 이에 따라 에너지 준위는 낮아진다.

실제 세상에서 퍼텐셜에너지는 무한대가 될 수 없으며, 앞 절에서의 무한대로 딱딱한 벽을 가진 상자는 물리적인 대상이 될 수 없다. 그러나 유한한 높이를 가진 퍼텐셜 우물은 확실히 존재한다. 이런 퍼텐셜 우물에서의 입자의 파동함수와 에너지 준위가 어떻게 되는지를 알아보도록 하자.

그림 5.7에 높이가 U이고 너비가 L인 퍼텐셜 우물과 이 우물에 퍼텐셜에너지보다 적은 에너지 E를 가진 입자가 속박되어 있는 것을 보여 주고 있다. 고전역학에 의하면, 입자가 우물 옆면에 부딪치면 영역 I과 III으로 들어가지 않고 되튀어 나온다. 양자역학에서는 입자 역시 앞뒤로 움직이지만, 여기에서는 $E < U$일지라도 영역 I과 III으로 꿰뚫고 들어갈 확률이 있다.

영역 I과 III에서의 정상상태 슈뢰딩거 방정식은

$$\frac{d^2\psi}{dx^2} + \frac{2m}{\hbar^2}(E - U)\psi = 0$$

이고, 좀 더 편리한 형태로 다시 쓸 수 있다.

$$\frac{d^2\psi}{dx^2} - a^2\psi = 0 \qquad \begin{matrix} x < 0 \\ x > L \end{matrix} \tag{5.53}$$

여기서

$$a = \frac{\sqrt{2m(U - E)}}{\hbar} \tag{5.54}$$

이다. 식 (5.53)의 해는 실수 지수함수로

$$\psi_{\text{I}} = Ce^{ax} + De^{-ax} \tag{5.55}$$

$$\psi_{\text{III}} = Fe^{ax} + Ge^{-ax} \tag{5.56}$$

이다. 두 함수 ψ_{I}과 ψ_{III} 둘 다 모든 곳에서 유한해야 한다. $x \rightarrow -\infty$일 때 $e^{-ax} \rightarrow \infty$이고, $x \rightarrow \infty$일 때 $e^{ax} \rightarrow \infty$이므로 계수 D와 F는 0이 되어야 한다. 따라서

$$\psi_{\text{I}} = Ce^{ax} \tag{5.57}$$

$$\psi_{\text{III}} = Ge^{-ax} \tag{5.58}$$

를 얻는다. 이 파동함수들은 우물 측면에 있는 장벽 안에서는 지수적으로 감소한다.

우물 안에서의 슈뢰딩거 방정식은 식 (5.37)과 같고, 해 역시

$$\psi_{\text{II}} = A \sin\frac{\sqrt{2mE}}{\hbar}x + B \cos\frac{\sqrt{2mE}}{\hbar}x \tag{5.59}$$

로 같다. 무한대 높이의 장벽을 가진 우물의 경우에서는 $x = 0$과 $x = L$에서 $\psi = 0$이 되기 위해 $B = 0$이었다. 그러나 여기에서는 $x = 0$에서 $\psi_{II} = C$, 그리고 $x = L$에서 $\psi_{II} = G$이므로 식 (5.59)의 sine과 cosine 두 해 모두가 가능하다.

두 해 모두에 대해 $x = 0$에서와 $x = L$에서 ψ와 $d\psi/dx$ 모두가 연속이어야 한다. 즉, 우물 양쪽 벽 모두의 안쪽과 바깥쪽에서 파동함수가 같은 값을 가져야 할 뿐만 아니라 같은 기울기로 매끄럽게 연결되어 완벽하게 맞추어져야 한다. 이런 경계 조건을 고려하면, 입자에너지가 특정한 값들 E_n을 가질 때에만 완벽한 맞춤이 가능해진다는 결론을 얻게 된다. 그림 5.8에 완전한 파동함수와 확률밀도를 보여 준다.

우물에 알맞게 맞추어지는 파장은 같은 너비를 가진 무한 우물에서의 파장(그림 5.5)보다 길므로 상응하는 운동량이 더 낮아진다($\lambda = h/p$임을 상기하라). 따라서 에너지 준위 E_n들은 각각의 n에 대하여 무한 우물에서보다 더 낮아진다.

5.10 터널 효과

퍼텐셜 벽을 타고 넘을 충분한 에너지를 가지지 못한 입자도 장벽을 꿰뚫고 지나갈 수 있다.

그림 5.7의 퍼텐셜 우물이 유한한 높이를 가진다고 해도 그 두께는 무한히 두껍다고 가정하였다. 이 가정으로 입자가 벽을 투과할 수 있다고 해도 영원히 우물에 갇혀 있게 된다. 다음으로, $E < U$인 에너지 E를 가지는 한 입자가 높이 U이고 유한한 너비를 가지는 장벽에 부딪히는 경우를 고찰해 보기로 하자(그림 5.9). 우리가 알 수 있는 것은 입자가 장벽을 뚫고 지나가서 다른 쪽으로 나올 확률이 어떤 값을, 클 필요는 없지만 0도 아닌 값을 가진다는 사실이다. 말하자면 입자가 장벽을 타고 넘을 만한 충분한 크기의 에너지를 가지고 있지 않음에도 불구하고 장벽을 뚫고 지나갈(tunnel through) 수 있다. 예상하는 대로 장벽이 높을수록, 너비가 넓을수록 장벽을 뚫고 지나갈 기회는 줄어든다.

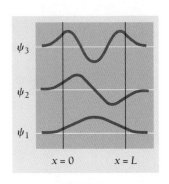
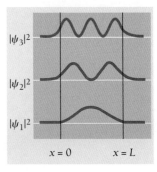

그림 5.8 유한 퍼텐셜 우물에서의 파동함수와 확률밀도. 입자는 우물 바깥에서 발견될 어느 정도의 확률을 가진다.

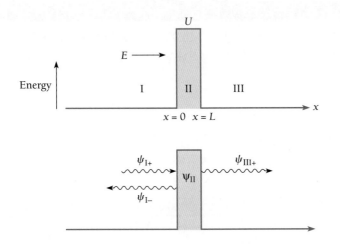

그림 5.9 에너지 $E < U$인 입자가 퍼텐셜 장벽에 접근할 때, 고전역학에서는 그 입자가 반사되어야 한다. 양자역학에서는 그 입자에 대응하는 드브로이 파의 일부가 반사하고 나머지는 투과한다. 그렇기 때문에 입자가 장벽을 투과할 수 있는 어느 정도의 확률을 가진다.

터널 효과(tunnel effect)는 실제로 일어나고, 어떤 방사성 핵에서의 α 입자 방출이 중요한 한 예이다. 12장에서 배우게 되겠지만, 운동에너지가 겨우 몇 MeV밖에 되지 않는 α 입자가 퍼텐셜 장벽 높이가 약 25 MeV인 핵으로부터 탈출할 수 있다. 탈출 확률이 너무나 작기 때문에 α 입자가 벽과 10^{38}회 혹은 그 이상 충돌한 후에야 밖으로 나올 수 있다. 그러나 언젠가는 밖으로 나오게 된다. 터널링은 어떤 반도체 다이오드의 동작에서도 일어나서(10.7절), 퍼텐셜 장벽의 높이보다 운동에너지가 더 작은 전자들이 장벽을 투과한다.

운동에너지가 모두 E인 동일한 입자로 된 입자 빔을 생각하자. 이런 입자 빔이 높이가 U이고 너비가 L인 장벽을 향해 왼쪽으로부터 입사하는 것을 그림 5.9에 나타내었다. 장벽 양 끝에서 바깥쪽으로는 모두 $U = 0$이며, 거기에서는 입자에 아무런 힘도 작용하지 않는다는 것을 의미한다. 파동함수 ψ_{I+}는 오른쪽으로 움직이는 입사하는 빔을 나타내고, ψ_{I-}는 반사하는 빔을 나타내며 왼쪽으로 움직인다. 파동함수 ψ_{III}는 오른쪽으로 투과해 나간 빔을 기술한다. 파동함수 ψ_{II}는 장벽 안에 있는 입자의 파동함수이며, 결국에 가서 일부는 영역 III으로 빠져나가고 나머지는 영역 I로 되돌아온다. 장벽을 뚫고 지나가는 투과 확률 T는 입사 빔의 입자 수에 대한 장벽을 투과하는 빔의 입자 수의 비율과 같다. 이 장의 부록에서 투과 확률 계산에 대한 논의를 할 것이며, 아래와 같이 확률의 근삿값이 주어진다.

근사적인
투과 확률

$$T = e^{-2k_2 L} \tag{5.60}$$

여기서

$$k_2 = \frac{\sqrt{2m(U - E)}}{\hbar} \tag{5.61}$$

이며, L은 장벽의 너비이다.

예제 5.6

에너지가 1.0 eV 및 2.0 eV인 전자들이 높이 10.0 eV, 그리고 너비 0.50 nm인 장벽을 향해 입사한다. (*a*) 각각 전자에너지에 대한 투과 확률을 계산하라. (*b*) 장벽 너비를 2배로 넓히면 그 효과는 어떻게 되는가?

풀이

(*a*) 1.0 eV 전자에 대해

$$k_2 = \frac{\sqrt{2m(U - E)}}{\hbar}$$

$$= \frac{\sqrt{(2)(9.1 \times 10^{-31} \text{ kg})[(10.0 - 1.0) \text{ eV}](1.6 \times 10^{-19} \text{ J/eV})}}{1.054 \times 10^{-34} \text{ J} \cdot \text{s}}$$

$$= 1.6 \times 10^{10} \text{ m}^{-1}$$

이다. $L = 0.50$ nm $= 5.0 \times 10^{-10}$ m, $2k_2 L = (2)(1.6 \times 10^{10} \text{ m}^{-1})(5.0 \times 10^{-10} \text{ m}) = 16$이므로 근사

적인 투과 확률은

$$T_1 = e^{-2k_2L} = e^{-16} = 1.1 \times 10^{-7}$$

이다. 평균적으로 890만 개의 1 eV 전자 중 하나만 10 eV 장벽을 뚫고 지나간다. 2.0 eV 전자에 대해 비슷한 계산을 하면, $T_2 = 2.4 \times 10^{-7}$이 된다. 두 배보다 조금 많이 장벽을 뚫고 지나간다.

(b) 만약 너비가 두 배로 되어 1.0 nm라면, 투과 확률은

$$T_1' = 1.3 \times 10^{-14} \qquad T_2' = 5.1 \times 10^{-14}$$

가 된다. 명백하게 T는 입자에너지보다 장벽 너비에 훨씬 더 민감하게 반응한다.

주사 터널링 현미경

퍼텐셜 장벽을 투과할 수 있는 전자의 능력은 원자 크기의 표면 연구에 쓰이는 **주사 터널링 현미경**(Scanning Tunneling Microscope: STM)에 독창적인 방법으로 이용되고 있다. STM은 1981년에 비니히(Gerd Binnig)과 로러(Heinrich Rohrer)에 의해 발명되었고, 이 두 사람은 전자현미경을 발명한 루스카(Ernst Ruska)와 함께 1986년도 노벨상을 수상하였다. STM에서는 그 끝이 매우 날카로워서 단일 원자로 된 금속 탐침을 도체나 반도체 물질의 표면으로 가까이 가져간다. 보통으로는 표면에 있는 원자에 가장 느슨하게 결합된 전자들조차 표면을 탈출하기 위해 몇 eV의 에너지가 필요하다. 이 에너지는 2장의 광전자 효과를 논의할 때 나온 일함수이다. 그러나 탐침과 표면 사이의 틈새 간격이 1 nm 혹은 2 nm 정도로 충분히 작기만 하면, 탐침과 표면 사이에 단지 몇십 meV 정도의 전압만 걸려도 전자가 틈새 간격을 뚫고 지나갈 수 있다.

식 (5.60)에 의하면, 틈새 간격이 L일 때 투과 확률은 e^{-L}에 비례한다. 따라서 L의 작은 변화(대부분 원자 지름의 1/20보다 작은 0.01 nm보다 더 작은 변화)에도 투과 전류에 측정 가능한 변화를 준다. 어떻게 하느냐 하면, TV 브라운관에서 전자빔으로 영상을 그려내듯이 표면을 가로질러 탐침을 조밀한 줄 간격으로 앞뒤로 주사한다. 일정한 투과 전류가 흐르도록 탐침의 높이를 연속적으로 조정하고, 조정되는 정도를 기록하여 표면 위치에 따라 높이의 지도를 만든다. 이렇게 만든 지도에서는 각기 원자들을 구분할 정도가 된다.

개별 원자들의 윤곽이 드러날 수 있을 정도의 정밀도로 어떻게 탐침을 조정할 수 있는가? 어떤 세라믹 물질은 **압전성**(piezoelectricity)을 가지고 있다. 이런 물질을 가로질러 전압을 가하면 물질의 길이가 변하고, 길이 변화는 볼트당 몇십분의 1 nm 정도이다. STM에서는 압전성이 탐침의 시본 표면 위에서의 x, y 방향 운동과 시본 표면과 수직인 z 방향 운동을 제어한다.

실제로, STM의 주사로 얻어진 결과는 표면의 높낮이 모습을 보여 주는 진정한 지형도(topographic map)가 아니고, 표면에서의 일정한 전자밀도를 등고선 형태로 나타낸 지도이다. 이는 다른 원소에서의 원자는 다르게 나타남을 의미하며, 연구 장비로서의 가치를 매우 증대시킨다.

그러나 많은 생물학적 물질은 전자 대신에 이온을 흐르게 하여 전기를 전도하므로 STM으로 연구될 수 없다. 좀 더 최신의 개발품인 **원자힘 현미경**(atomic force microscope)은 분해능 면에서 STM보다 뒤떨어지지만, 어떤 표면에서도 이용할 수 있다. AFM에서는 탐침 끝에 가해지는 압력을 일정하게 하고 끝이 표면을 따라 움직일 때 탐침의 휘어짐을 기록한다. 이 기록은 탐침 전자와

주사 터널링 현미경의 텅스텐 탐침

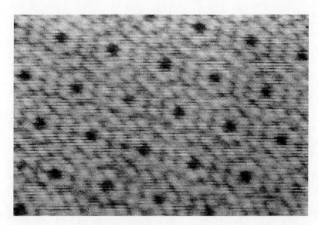

STM으로 만든 실리콘 결정의 표면에 있는 규칙적이고 반복적인 실리콘 원자들의 영상

표면 원자 전자 사이의 밀어내기 힘의 일정한 세기 등고선 기록이다. AFM으로는 비교적 부드러운 생물학적 물질도 검사할 수 있고, 그들의 변화도 감시할 수 있다. 예를 들어, 혈액이 응고할 때 혈액 단백질 섬유소의 분자들 간의 결합을 AFM으로 지켜본 바 있다. ∎

5.11 조화진동자

에너지 준위의 간격은 균일하다.

조화운동은 어떤 종류의 계가 평형상태를 중심으로 진동할 때 생기는 운동이다. 그 계는 용수철에 매달려 있거나 액체 위에 떠 있는 물체일 수도 있고, 이원자 분자일 수도 있으며, 결정격자 안의 원자일 수도 있다. 모든 크기 범위에서 무한히 많은 예들이 있다. 조화운동이 생길 수 있는 조건은 계가 평형상태에서 벗어났을 때, 그 계를 평형상태로 되돌려 놓으려는 복원력이 존재해야 한다. 움직이는 질량의 관성이 이 계로 하여금 평형상태를 다시 지나치게 함으로써 에너지의 손실이 없을 경우 계가 계속하여 진동하게 한다.

특별한 경우인 단순 조화운동에서는 질량 m인 입자에 작용하는 복원력 F가 선형의 힘이다. 즉, F는 평형 위치로부터의 입자의 변위인 x에 비례하며 방향은 반대이다. 따라서

훅의 법칙 $$F = -kx$$

이다. 이러한 관계를 관습적으로 훅(Hooke)의 법칙이라 한다. 운동의 제2법칙 $F = m\mathbf{a}$로부터

$$-kx = m\frac{d^2x}{dt^2}$$

조화진동자 $$\frac{d^2x}{dt^2} + \frac{k}{m}x = 0 \tag{5.62}$$

을 얻는다.

식 (5.62)의 해를 나타내는 방법은 여러 가지가 있다. 통상의 방법은 다음과 같다.

$$x = A \cos (2\pi\nu t + \phi) \tag{5.63}$$

여기서 ν는 진동수로

조화진동자의 진동수
$$\nu = \frac{1}{2\pi} \sqrt{\frac{k}{m}} \tag{5.64}$$

이며, A는 진폭이다. 위상각인 ϕ의 값은 $t = 0$에서의 x의 값과 운동 방향에 따른다.

　　고전물리나 현대물리에서의 단순 조화진동자의 중요성은 실제 복원력이 훅의 법칙을 엄격히 만족해야 한다는 데 있는 것은 아니다. 실제로 훅의 법칙을 완전히 만족시키는 경우는 매우 드물다. 오히려 중요한 것은 복원력들이 변위 x가 작은 경우에 대부분 훅의 법칙으로 근사될 수 있다는 데 있다. 결과적으로 어떤 계이든지 관계없이 평형 위치에 대해 미소 진동을 하는 계는 단순 조화진동자와 매우 비슷한 움직임을 보인다.

　　이 중요한 점을 증명하기 위해 x의 함수인 임의의 복원력을 평형 위치인 $x = 0$ 주위로 매클로린(Maclaurin) 급수 전개를 할 수 있다는 것에 주목하자.

$$F(x) = F_{x=0} + \left(\frac{dF}{dx}\right)_{x=0} x + \frac{1}{2}\left(\frac{d^2F}{dx^2}\right)_{x=0} x^2 + \frac{1}{6}\left(\frac{d^3F}{dx^3}\right)_{x=0} x^3 + \cdots$$

$x = 0$이 평형 위치이므로 $F_{x=0} = 0$이다. 또 x가 작은 경우에는 x^2, x^3, $\cdots$의 값들이 x와 비교해 매우 작으므로 급수에서 세 번째 이상의 항들은 무시할 수 있다. 그러므로 x가 작은 경우에 중요한 항은 두 번째 항뿐이다. 따라서

$$F(x) = \left(\frac{dF}{dx}\right)_{x=0} x$$

이고, $(dF/dx)_{x=0}$의 값이 모든 복원력에서와 마찬가지로 음이면 훅의 법칙이 성립된다. 결론적으로 말하면 모든 진동은 진폭이 충분히 작을 때에는 단순 조화운동의 특성을 가진다.

　　훅 법칙의 힘에 해당하는 퍼텐셜에너지 함수 $U(x)$는 이 힘을 거슬러서 입자를 $x = 0$에서 $x = x$까지 움직이게 할 때 필요한 일을 계산함으로써 얻을 수 있다.

$$U(x) = -\int_0^x F(x)\, dx = k\int_0^x x\, dx = \frac{1}{2}kx^2 \tag{5.65}$$

이를 그림 5.10에 나타내었다. x에 대한 $U(x)$의 곡선은 포물선이다. 만약 진동자의 에너지가 E이면 입자는 $x = -A$와 $x = A$ 사이에서 진동하게 되는데, 이때 A와 E는 $E = \frac{1}{2}kA^2$인 관계가 있다. 그림 8.18에는 퍼텐셜에너지 곡선이 포물선 형태가 아닌 경우, 작은 변위에 대해 어떻게 포물선으로 근사할 수 있는지가 나타나 있다.

　　자세한 계산을 하기 전일지라도 이런 고전적인 관점에 대해 세 가지 양자역학적 수정을 예상할 수 있다.

1. 허용된 에너지는 연속적인 스펙트럼으로 나타나지 않는 대신에 어떤 특정한 값들만 갖는 띄엄띄엄한 스펙트럼으로 나타난다.

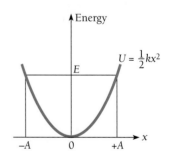

그림 5.10 조화진동자의 퍼텐셜에너지는 평형위치로부터의 변위인 x의 제곱, 즉 x^2에 비례한다. 운동의 진폭 A는 고전적으로는 어떤 값이라도 다 가질 수 있는 진동자의 총 에너지 E에 의해 결정된다.

2. 허용되는 에너지 중 가장 낮은 에너지는 $E = 0$이 아니라, 어떤 분명한 최솟값 $E = E_0$을 갖는다.

3. 입자가 퍼텐셜 우물을 뚫고 $-A$와 $+A$의 한계를 넘어갈 수 있는 어떤 확률이 있다.

에너지 준위

$U = \frac{1}{2}kx^2$인 조화진동자에 대한 슈뢰딩거 방정식은 다음과 같다.

$$\frac{d^2\psi}{dx^2} + \frac{2m}{\hbar^2}\left(E - \frac{1}{2}kx^2\right)\psi = 0 \tag{5.66}$$

무차원의 아래와 같은 양을 도입해서 식 (5.66)을 간단화하는 것이 편리하다.

$$y = \left(\frac{1}{\hbar}\sqrt{km}\right)^{1/2}x = \sqrt{\frac{2\pi m\nu}{\hbar}}x \tag{5.67}$$

그리고

$$\alpha = \frac{2E}{\hbar}\sqrt{\frac{m}{k}} = \frac{2E}{h\nu} \tag{5.68}$$

여기서 ν는 식 (5.64)로 주어지는 진동의 고전적 주기이다. 이러한 치환을 통해 미터와 J로 나타낸 x와 E를 무차원의 양으로 바꾸었다.

　y와 α를 이용해서 슈뢰딩거 방정식을 쓰면 다음과 같다.

$$\frac{d^2\psi}{dy^2} + (\alpha - y^2)\psi = 0 \tag{5.69}$$

여기에서 기준에 맞는 이 식의 해는

$$\int_{-\infty}^{\infty} |\psi|^2\, dy = 1$$

이 되어야 하므로 $y \to \infty$일 때 $\psi \to 0$인 조건이 성립하여야 한다. 그렇지 않으면 그 파동함수는 실제의 입자를 나타낼 수 없다. 식 (5.69)의 수학적 성질 때문에 다음과 같은 경우에만 이러한 조건을 만족시킨다는 것이 알려져 있다.

$$\alpha = 2n + 1 \qquad n = 0, 1, 2, 3, \cdots$$

　식 (5.68)에 의하면 $\alpha = 2E/h\nu$이므로 고전적으로 진동수 ν를 가지는 조화진동자의 에너지 준위는 다음과 같이 주어진다.

**조화진동자의
에너지 준위**
$$E_n = (n + \tfrac{1}{2})h\nu \qquad n = 0, 1, 2, 3, \cdots \tag{5.70}$$

그러므로 조화진동자의 에너지는 $h\nu$의 단위로 양자화되어 있다.

　$n = 0$일 때의 에너지가 진동자가 가질 수 있는 에너지값 중 가장 낮은 값이 된다.

영점에너지　　　　　　　　　　$$E_0 = \tfrac{1}{2}h\nu \tag{5.71}$$

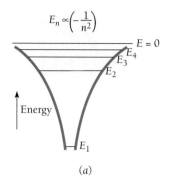

온도가 0 K에 접근함에 따라 주위와 평형을 이룬 진동자는 $E = 0$에 가까워지는 것이 아니라 $E = E_0$에 가까워지므로 이 값을 **영점에너지**(zero-point energy)라고 한다.

　　그림 5.11에서 조화진동자의 에너지 준위를 수소 원자 및 무한히 단단히 벽으로 된 상자 안에 있는 입자의 에너지 준위들과 비교하였다. 각각의 퍼텐셜에너지 곡선의 모양도 나타내었다. 조화진동자의 경우에만 에너지 준위의 간격이 일정하다.

파동함수

매개 변수 α_n을 선택함에 따라 각기 다른 ψ_n을 얻을 수 있다. 각각의 함수는 y의 짝수차 항 혹은 홀수차 항으로 된 다항식 $H_n(y)$[**에르미트 다항식**(Hermite polynomial)이라고 한다.]과 지수함수 $e^{-y^2/2}$ 그리고 ψ_n의 규격화 조건

$$\int_{-\infty}^{\infty} |\psi_n|^2 \, dy = 1 \qquad n = 0, 1, 2, \cdots$$

를 만족시키기 위해 필요한 계수로 이루어졌다. n번째 파동함수의 일반적인 형태는 다음과 같다.

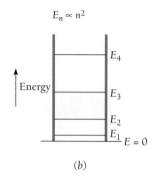

조화진동자　　　　$$\psi_n = \left(\frac{2m\nu}{\hbar} \right)^{1/4} (2^n n!)^{-1/2} H_n(y) e^{-y^2/2} \tag{5.72}$$

처음 여섯 개의 에르미트 다항식 $H_n(y)$는 표 5.2에 나타나 있다.

　　조화진동자의 처음 여섯 개 에너지 준위에 해당하는 파동함수를 그림 5.12에 나타내었다. 각 경우에 입자가 전체 에너지 E_n을 갖고 있을 때 고전적으로 진동할 수 있는 범위도 함께 나타내었다. 명백히 입자는 고전적으로 금지된 구간으로도 투과할 수 있음을 보이고 있다. 다시 말하면, 진폭이 에너지에 의해 규정되는 진폭 A보다 크다. 이 경우 유한한 네모 퍼텐셜 우물에서와 마찬가지로 확률은 지수적으로 감소한다.

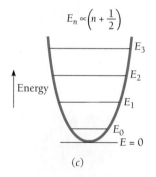

　　같은 에너지를 갖는 고전적 조화진동자와 양자역학적 조화진동자의 확률밀도를 비교하는 것은 재미있으며 의미가 있다. 그림 5.13에서 위쪽 곡선은 고전 진동자의 확률밀도를 나타낸다. 주어진 위치에서 입자를 발견할 고전적인 확률은 운동이 느려지는 운동의 양 끝점에서 최대가 되고, 가장 빠르게 움직이는 평형위치($x = 0$)에서 최소가 된다.

그림 5.11　퍼텐셜 우물과 에너지 준위 (a) 수소 원자 (b) 상자 안의 입자 (c) 조화진동자. 각 경우에서 에너지 준위는 서로 다른 방법으로 양자수 n에 의존한다. 조화진동자만 일정한 간격의 에너지 준위를 가진다. 기호 $\propto$는 '비례한다'를 의미한다.

표 5.2　몇 개의 에르미트 다항식

n	$H_n(y)$	α_n	E_n
0	1	1	$\tfrac{1}{2}h\nu$
1	$2y$	3	$\tfrac{3}{2}h\nu$
2	$4y^2 - 2$	5	$\tfrac{5}{2}h\nu$
3	$8y^3 - 12y$	7	$\tfrac{7}{2}h\nu$
4	$16y^4 - 48y^2 + 12$	9	$\tfrac{9}{2}h\nu$
5	$32y^5 - 160y^3 + 120y$	11	$\tfrac{11}{2}h\nu$

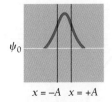

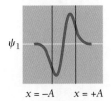

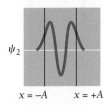

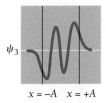

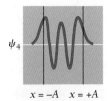

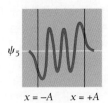

그림 5.12 처음부터 여섯 번째까지의 조화진동자 파동함수. 수직선은 같은 에너지를 가진 고전 진동자가 진동할 수 있는 경계인 $-A$와 $+A$를 나타낸다.

가장 낮은 에너지 준위인 $n = 0$의 상태에 있는 양자역학적 조화진동자는 고전진동자와 정확히 반대가 되는 움직임을 보인다. 그림에 나타낸 것처럼 확률밀도 $|\psi_0|^2$은 $x = 0$에서 최댓값을 가지며 양쪽으로 갈수록 작아진다. 그러나 n이 커질수록 이러한 차이는 점점 줄어든다. 그림 5.13의 아래쪽 그래프는 $n = 10$인 경우인데, $|\psi_{10}|^2$을 x에 대해 평균해서 보면 고전적 확률 P의 일반적인 성질과 근사적으로 비슷해짐을 알 수 있다. 이것이 4장에서 언급한, 양자역학은 양자수가 커지면 고전물리와 같은 결과를 도출한다는 대응원리의 또 다른 한 예이다.

$|\psi_{10}|^2$을 평균하여 부드럽게 연결하면 P와 같아질지는 몰라도 P와는 달리 $|\psi_{10}|^2$은 x가 변함에 따라 아주 빠르게 요동친다고 반론을 제기할지도 모른다. 그러나 이러한 반론은 빠른 요동이 관측 가능할 때만 의미가 있다. 그리고 골과 마루의 간격이 좁아질수록 실험적으로 이들을 측정하는 것은 더욱 어려워진다. 또한, $x = \pm A$를 넘어서는 $|\psi_{10}|^2$의 지수적인 꼬리는 역시 n이 커짐에 따라 그 크기가 작아진다. 그러므로 고전적인 관점과 양자역학적인 관점은 n이 커지면 커질수록 서로 닮아간다. 비록 n이 작은 경우에는 서로 아주 다르기는 하지만, 이는 대응원리와 일치하는 결과이다.

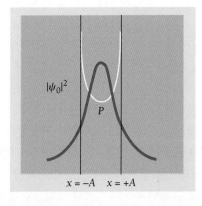

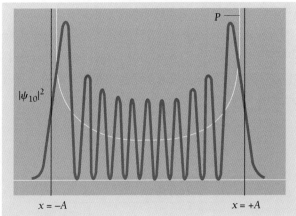

그림 5.13 양자역학적 조화진동자의 $n = 0$과 $n = 10$ 상태에서의 확률밀도. 같은 에너지를 가지는 고전 조화진동자의 확률밀도는 흰색으로 그려져 있다. $n = 10$인 상태에서는 $x = 0$에서 파장이 가장 짧고, $x = -A$에서 가장 길다.

예제 5.7

조화진동자의 처음 두 번째 상태까지의 기댓값 $\langle x \rangle$를 구하라.

풀이

$\langle x \rangle$의 일반적인 식은 다음과 같다.

$$\langle x \rangle = \int_{-\infty}^{\infty} x|\psi|^2 \, dx$$

이런 계산은 x 대신에 y로 시작하는 것이 쉬우며, 식 (5.67)을 사용하여 x를 y로 바꾼다. 식 (5.72)와 표 5.2로부터

$$\psi_0 = \left(\frac{2m\nu}{\hbar}\right)^{1/4} e^{-y^2/2}$$

$$\psi_1 = \left(\frac{2m\nu}{\hbar}\right)^{1/4}\left(\frac{1}{2}\right)^{1/2}(2y)\, e^{-y^2/2}$$

이다. $n = 0$과 $n = 1$에 대한 $\langle x \rangle$ 값은 각각 아래 적분과 비례한다.

$$n = 0: \int_{-\infty}^{\infty} y|\psi_0|^2 \, dy = \int_{-\infty}^{\infty} ye^{-y^2} \, dy = -\left[\frac{1}{2}e^{-y^2}\right]_{-\infty}^{\infty} = 0$$

$$n = 1: \int_{-\infty}^{\infty} y|\psi_1|^2 \, dy = \int_{-\infty}^{\infty} y^3 e^{-y^2} \, dy = -\left[\left(\frac{1}{4} + \frac{y^2}{2}\right)e^{-y^2}\right]_{-\infty}^{\infty} = 0$$

따라서 두 경우 모두 기댓값 $\langle x \rangle$는 0이다. 사실은 조화진동자의 모든 상태들에서 $\langle x \rangle = 0$이다. $x = 0$이 퍼텐셜에너지가 최소가 되는 평형점이므로 기대되는 결과이다.

부록

터널 효과

에 너지 $E < U$인 입자가 높이 U이고 너비 L인 퍼텐셜 장벽으로 입사하는 그림 5.9에서의 상황을 생각하자. 장벽의 바깥쪽 영역인 I과 III에서 입자의 슈뢰딩거 방정식은 다음과 같다.

$$\frac{d^2\psi_{\mathrm{I}}}{dx^2} + \frac{2m}{\hbar^2}E\psi_{\mathrm{I}} = 0 \tag{5.73}$$

$$\frac{d^2\psi_{\mathrm{III}}}{dx^2} + \frac{2m}{\hbar^2}E\psi_{\mathrm{III}} = 0 \tag{5.74}$$

이 경우에 방정식들에 적합한 해는 다음과 같다.

$$\psi_{\mathrm{I}} = Ae^{ik_1x} + Be^{-ik_1x} \tag{5.75}$$

$$\psi_{\mathrm{III}} = Fe^{ik_1x} + Ge^{-ik_1x} \tag{5.76}$$

여기서

장벽 밖에서의 파수
$$k_1 = \frac{\sqrt{2mE}}{\hbar} = \frac{p}{\hbar} = \frac{2\pi}{\lambda} \tag{5.77}$$

는 장벽 밖에 있는 입자를 나타내는 드브로이 파의 파수이다.

아래와 같은 관계가 있으므로 물론 각 경우에 있어서 계수들의 값은 서로 다르지만, 위의 해들은 식 (5.38)과 동등하다.

$$e^{i\theta} = \cos\theta + i\sin\theta$$
$$e^{-i\theta} = \cos\theta - i\sin\theta$$

그렇지만, 갇혀 있지 않은 입자들을 기술하는 데는 위 식의 해들 모양이 더 적당하다.

식 (5.75)과 (5.76)에 나타나 있는 여러 항들을 해석하는 것은 그리 어렵지 않다. 그림 5.9에서 도식적으로서 나타낸 것처럼 Ae^{ik_1x}는 장벽의 왼쪽에서 오른쪽으로 입사하는 진폭이 A인 파동이다. 그러므로 다음과 같이 쓸 수 있다.

입사파
$$\psi_{\mathrm{I}+} = Ae^{ik_1x} \tag{5.78}$$

$|\psi_{\mathrm{I}+}|^2$이 입사하는 입자들의 확률밀도를 나타낸다는 의미에서 이 파는 입자들의 입사 빔에 대응된다. $v_{\mathrm{I}+}$가 입사 입자의 속력과도 같은 입사파의 군속도라고 하면, 장벽에 도달하는 입자들의 선속 S는

$$S = |\psi_{I+}|^2 v_{I+}$$

이다. 즉, S는 장벽에 도달하는 입자의 단위 시간당, 단위 면적당 개수가 된다.

입사파는 $x = 0$에서 장벽과 충돌하고 난 후에 일부는 반사된다.

반사파
$$\psi_{I-} = Be^{-ik_1 x} \tag{5.79}$$

는 반사파를 나타낸다. 그러므로 영역 I에서의 파동함수는

$$\psi_I = \psi_{I+} + \psi_{I-} \tag{5.80}$$

이다.

영역 III에는 파를 반사시킬 수 있는 것은 아무것도 존재하지 않으므로 장벽의 건너편($x > L$)에서는 $+x$ 방향으로 속도 v_{III+}로 진행하는 파만 존재한다. 그러므로

투과파
$$\psi_{III+} = Fe^{ik_1 x} \tag{5.81}$$

이고, 따라서 $G = 0$이며,

$$\psi_{III} = \psi_{III+} = Fe^{ik_1 x} \tag{5.82}$$

이다.

입자가 장벽을 뚫고 지나갈 투과 확률은 장벽에 도달하는 입자 선속과 장벽을 빠져나가는 입자 선속 사이의 비율로,

투과 확률
$$T = \frac{|\psi_{III+}|^2 v_{III+}}{|\psi_{I+}|^2 v_{I+}} = \frac{FF^* v_{III+}}{AA^* v_{I+}} \tag{5.83}$$

이다. 다른 말로 T는 입사파 중 장벽을 뚫고 성공적으로 터널링을 하는 입자의 비율이다. 고전적으로는 $E < U$인 입자가 장벽 안에 존재할 수 없으므로 $T = 0$이다. 양자역학적 결과를 보도록 하자.

영역 II에서 입자의 슈뢰딩거 방정식은 다음과 같다.

$$\frac{d^2\psi_{II}}{dx^2} + \frac{2m}{\hbar^2}(E - U)\psi_{II} = \frac{d^2\psi_{II}}{dx^2} - \frac{2m}{\hbar^2}(U - E)\psi_{II} = 0 \tag{5.84}$$

$U > E$이므로 해는

**장벽 안에서의
파동방정식**
$$\psi_{II} = Ce^{-k_2 x} + De^{k_2 x} \tag{5.85}$$

이다. 여기에서

**장벽 안에서의
파수**
$$k_2 = \frac{\sqrt{2m(U - E)}}{\hbar} \tag{5.86}$$

는 장벽 안에서의 파수이다. 지수가 실수이므로 ψ_{II}는 진동하지 않으며, 따라서 움직이는 입자

를 나타내지 않는다. 그러나 확률밀도 $|\psi_{III}|^2$이 0이 아니므로 장벽 안에서도 입자를 발견할 일정한 확률이 존재한다. 여기에서의 입자는 구간 III으로 나올 수도 있고, 구간 I로 되돌아갈 수도 있다.

경계 조건의 적용

투과 확률 T를 계산하기 위해서는 ψ_I, ψ_{II}, ψ_{III}에 적당한 경계 조건을 적용시켜야 한다. 구간 I, II, III에서의 파동함수를 그림 5.14에 나타내었다. 앞에서 논의한 것처럼 ψ와 그의 도함수 $\partial\psi/\partial x$는 모든 곳에서 연속이어야 한다. 그림 5.14를 참고하면, 이 조건들은 장벽의 벽들 모두에서 안과 밖의 파동함수가 같은 값을 가질 뿐만 아니라 같은 기울기를 가져서 파동함수들이 완벽하게 일치해야 함을 의미한다. 그러므로 장벽의 왼쪽 벽에서는

$x = 0$에서
경계 조건

$$\left.\begin{array}{c} \psi_I = \psi_{II} \\ \dfrac{d\psi_I}{dx} = \dfrac{d\psi_{II}}{dx} \end{array}\right\} x = 0$$

(5.87)

(5.88)

이어야 하고, 오른쪽 벽에서는

$x = L$에서
경계 조건

$$\left.\begin{array}{c} \psi_{II} = \psi_{III} \\ \dfrac{d\psi_{II}}{dx} = \dfrac{d\psi_{III}}{dx} \end{array}\right\} x = L$$

(5.89)

(5.90)

이어야 한다.

이제 ψ_I, ψ_{II}, ψ_{III}으로 식 (5.75), (5.81), (5.85)를 위 식에 대입한다. 그러면 다음과 같은 식들이 성립하고, 순서대로

$$A + B = C + D \tag{5.91}$$

$$ik_1A - ik_1B = -k_2C + k_2D \tag{5.92}$$

$$Ce^{-k_2L} + De^{k_2L} = Fe^{ik_1L} \tag{5.93}$$

$$-k_2Ce^{-k_2L} + k_2De^{k_2L} = ik_1Fe^{ik_1L} \tag{5.94}$$

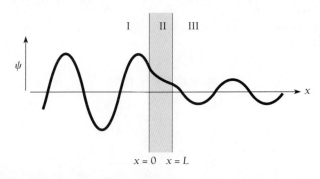

그림 5.14 장벽의 각 벽에서는 장벽 안과 밖의 파동함수가 완벽하게 연결되어야 한다. 이는 벽 양쪽에서의 파동함수의 값과 기울기가 서로 같아야 함을 의미한다.

이 된다. 식 (5.91)에서 (5.94)까지 (A/F)에 대해 풀면 다음과 같이 된다.

$$\left(\frac{A}{F}\right) = \left[\frac{1}{2} + \frac{i}{4}\left(\frac{k_2}{k_1} - \frac{k_1}{k_2}\right)\right]e^{(ik_1+k_2)L} + \left[\frac{1}{2} - \frac{i}{4}\left(\frac{k_2}{k_1} - \frac{k_1}{k_2}\right)\right]e^{(ik_1-k_2)L} \quad (5.95)$$

퍼텐셜 장벽 U가 입사 입자의 에너지 E에 비해 상대적으로 높다고 가정하는 경우에는 $k_2/k_1 > k_1/k_2$이고

$$\frac{k_2}{k_1} - \frac{k_1}{k_2} \approx \frac{k_2}{k_1} \quad (5.96)$$

가 된다. 또한 장벽이 충분히 넓어서 ψ_{II}가 $x = 0$과 $x = L$ 사이에서 상당히 약해진다고 가정하면 $k_2L \gg 1$이고

$$e^{k_2L} \gg e^{-k_2L}$$

이다. 그러므로 식 (5.95)는 다음과 같이 근사할 수 있다.

$$\left(\frac{A}{F}\right) = \left(\frac{1}{2} + \frac{ik_2}{4k_1}\right)e^{(ik_1+k_2)L} \quad (5.97)$$

투과 확률 T를 계산하는 데 필요한 (A/F)의 복소공액은 (A/F)에서의 i를 모두 $-i$로 바꾸면 얻을 수 있다.

$$\left(\frac{A}{F}\right)^* = \left(\frac{1}{2} - \frac{ik_2}{4k_1}\right)e^{(-ik_1+k_2)L} \quad (5.98)$$

이제 (A/F)와 $(A/F)^*$를 곱하면 다음과 같이 된다.

$$\frac{AA^*}{FF^*} = \left(\frac{1}{4} + \frac{k_2^2}{16k_1^2}\right)e^{2k_2L}$$

여기에서는 식 (5.83)에서 $v_{III+} = v_{I+}$이므로 $v_{III+} / v_{I+} = 1$이다. 따라서 투과 확률은 다음과 같이 된다.

투과 확률 $$T = \frac{FF^*v_{III+}}{AA^*v_{I+}} = \left(\frac{AA^*}{FF^*}\right)^{-1} = \left[\frac{16}{4 + (k_2/k_1)^2}\right]e^{-2k_2L} \quad (5.99)$$

식 (5.77)에서의 k_1 정의와 식 (5.86)에서의 k_2 정의로부터 다음과 같은 결과를 얻는다.

$$\left(\frac{k_2}{k_1}\right)^2 = \frac{2m(U-E)/\hbar^2}{2mE/\hbar^2} = \frac{U}{E} - 1 \quad (5.100)$$

이는 식 (5.99)에서 대괄호 안 값의 E와 U에 따르는 변화가 지수에 따르는 변화보다 훨씬 작음을 의미한다. 더욱이 대괄호 안의 값은 1에서 크게 벗어나지 않는다. 그러므로 5.10절에서 논의한 것처럼 투과 확률을 다음과 같이 근사하는 것은 타당하다.

근사적인 투과 확률 $$T = e^{-2k_2L} \quad (5.101)$$

연습문제

5.1 양자역학

1. 그림 5.15에서 물리적 의미를 가질 수 없는 파동함수들은 어떤 것들인가? 그리고 그 이유는?

2. 그림 5.16에서 물리적 의미를 가질 수 없는 파동함수들은 어떤 것들인가? 그리고 그 이유는?

3. 다음과 같은 파동함수 중에서 x의 모든 값에 대해 슈뢰딩거 방정식의 해가 될 수 없는 것은 어느 것인가? 이유는 무엇인가? (a) $\psi = A \sec x$ (b) $\psi = A \tan x$ (c) $\psi = Ae^{x^2}$ (d) $\psi = Ae^{-x^2}$

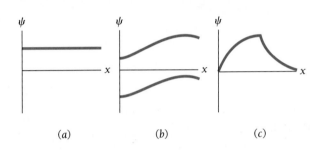

그림 5.15

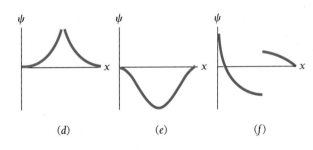

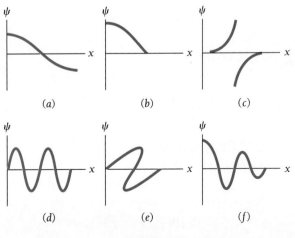

그림 5.16

4. 파동함수 $\psi = Axe^{-x^2/2}$의 규격화 상수 A를 구하여라.

5. 어떤 입자의 파동함수가 $-\pi/2 < x < \pi/2$ 구간에서 $\psi = A \cos^2 x$로 주어져 있다. (a) A의 값을 구하여라. (b) 입자가 $x = 0$과 $x = \pi/4$ 사이에서 발견될 확률을 구하여라.

5.2 파동방정식

6. 3.3절에서 언급하였던 식 $y = A \cos \omega (t - x/v)$는 잡아당겨진 줄을 따라 $+x$ 방향으로 이동하는 파동을 기술하는 식이다. 위의 식이 식 (5.3)의 파동방정식의 해가 됨을 보여라.

7. 5.1절에서 언급하였듯이, 계산과정에서 물리적으로 의미 있는 결과를 나타내기 위해서는 파동함수와 이 파동함수의 편미분도 함수는 반드시 유한하여야 하고, 연속적이어야 하며, 단일값을 가져야 한다. 또한 규격화가 가능하여야 한다. 식 (5.9)는 $+x$ 방향으로 자유로이 움직이는 입자의 파동함수를 다음과 같이 나타내고 있다.

$$\Psi = Ae^{-(i/\hbar)(Et-px)}$$

여기서 E는 입자의 총 에너지, p는 입자의 운동량이다. 파동함수가 위에서 언급한 모든 조건을 만족하는가? 만약 만족하지 못한다면, 이러한 파동함수들의 선형결합은 이 조건들을 만족하는가? 파동함수들의 이러한 선형결합의 중요성은 무엇인가?

5.4 선형성 및 중첩

8. Ψ_1과 Ψ_2가 식 (5.14)의 해일 때 아래의 Ψ도 식 (5.14)의 해가 됨을 보임으로써 슈뢰딩거 방정식이 선형적임을 증명하여라.

$$\Psi = a_1\Psi_1(x, t) + a_2\Psi_2(x, t)$$

5.6 연산자

9. 기댓값 $\langle px \rangle$와 $\langle xp \rangle$ 사이에 다음과 같은 관계가 있음을 증명하여라.

$$\langle px \rangle - \langle xp \rangle = \frac{\hbar}{i}$$

위와 같은 결과를 두고 p와 x가 서로 **교환**(commute)이 불가능하다고 말하고, 불확정성 원리와 직접적인 연관이 있다.

10. 연산자 d^2/dx^2의 하나의 고유함수는 $\sin nx$이고, 여기서 $n = 1, 2, 3, \cdots$이다. 이 고유함수에 대응되는 고윳값을 구하여라.

5.7 슈뢰딩거 방정식: 정상상태의 형태

11. $y = \psi$라 놓고, 드브로이의 관계식 $\lambda = h/mv$의 도움을 받아 $\partial^2\psi/\partial x^2$을 구하여 식 (3.5)로부터 슈뢰딩거의 정상상태 방정식을 구하여라.

5.8 상자 안의 입자

12. 대응 원리에 따르면 양자론은 큰 양자수에서 고전물리와 같은 결과를 나타내어야 한다. $n \to \infty$로 갈 때, 5.8절에서 언급한 구속된 입자의 x와 $x + \Delta x$ 구간에서의 발견 확률이 $\Delta x / L$임을 보여라. 이는 x와 무관한 고전적인 예측을 따름을 보여라.

13. 그림 5.17과 같은 퍼텐셜 우물에 갇혀 있는 어떤 입자를 표현할 수 있는 파동함수 하나가 아래와 같이 그려져 있다. ψ의 파장과 진폭이 왜 그림처럼 변하는지 설명하라.

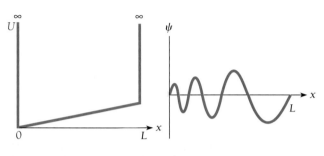

그림 5.17

14. 5.8절에서 $x = 0$부터 $x = L$의 구간에 걸쳐 있는 상자를 고려하였다. 이 구간 대신에 $x = x_0$에서 $x = x_0 + L$까지($x_0 \neq 0$) 걸쳐 있는 상자를 가정하자. 이 상자 안에 있는 입자를 기술하는 파동함수는 $x = 0$에서 $x = L$의 구간에 걸쳐 있는 상자 안에 있는 입자의 파동함수와 같지 않은 점이 있을까? 에너지 준위들도 서로 다를까?

15. 어떤 계의 고유함수들의 중요한 성질은 그들이 서로 **직교**(orthogonal)한다는 사실이다. 즉, 아래와 같은 관계가 성립한다.

$$\int_{-\infty}^{\infty} \psi_n^* \psi_m \, dV = 0 \qquad n \neq m$$

식 (5.46)으로 주어진 1차원 상자 안에 있는 입자의 고유함수들에 대해 위의 관계를 검증하라.

16. $-L$부터 L의 구간에 걸쳐 있는 견고한 우물 모양의 상자가 $-x$와 x 지점에 있는 견고한 칸막이에 의해 3 부분으로 나뉘어져 있다 ($x < L$). 각각의 칸에는 바닥상태에 있는 입자가 하나씩 들어 있다. (a) 계의 총 에너지를 x의 함수로 나타내어라. (b) $E(x)$와 x의 관계 그래프를 그려라. (c) $E(x)$가 최소가 되는 x는?

17. 교재에 나온 것처럼 너비가 L인 상자 안에 갇힌 입자의 기댓값 $\langle x \rangle$는 상자의 중간 지점인 $L/2$이고, 이는 평균 위치가 상자의 중간 지점에 해당함을 의미한다. 이때 기댓값 $\langle x^2 \rangle$을 구하여라.

18. 연습문제 8에 의하면 어떤 계의 두 파동함수들이 선형결합하여 만든 함수 또한 그 계의 파동함수가 된다는 것을 알 수 있다. 상자 안 입자의 $n = 1$인 상태와 $n = 2$인 상태의 파동함수의 선형결합인 아래 파동함수의 규격화 상수 B를 구하라.

$$\psi = B \left(\sin \frac{\pi x}{L} + \sin \frac{2\pi x}{L} \right)$$

19. 너비가 L인 상자 안에 있는 입자가 n번째 상태에 있을 때, $x = 0$과 $x = L/n$ 사이에서 발견될 확률을 구하여라.

20. 3.7절에서, 어떤 집합에 대해 어떤 값 x를 N번 측정했을 때의 표준편차를 다음과 같이 정의하였다.

$$\sigma = \sqrt{\frac{1}{N} \sum_{i=1}^{N} (x_i - x_0)^2}$$

(a) 위 식이 아래와 같이 기댓값에 대한 식으로 나타낼 수 있음을 보여라.

$$\sigma = \sqrt{\langle (x - \langle x \rangle)^2 \rangle} = \sqrt{\langle x^2 \rangle - \langle x \rangle^2}$$

(b) 상자 안에서의 입자의 위치 불확정성을 표준편차와 같게 잡았다고 하면, $n = 1$일 때 그 값은 얼마인가?

(c) n 값이 증가함에 따른 Δx의 극한값은 얼마가 되는가?

21. 아주 단단한 벽으로 만들어져 있으며, 각 변의 길이가 L인 정육면체 상자 안에 입자가 하나 있다(그림 5.18). 이 입자의 파동함수는 다음과 같이 주어진다.

$$\psi = A \sin \frac{n_x \pi x}{L} \sin \frac{n_y \pi y}{L} \sin \frac{n_z \pi z}{L} \qquad \begin{array}{l} n_x = 1, 2, 3, \cdots \\ n_y = 1, 2, 3, \cdots \\ n_z = 1, 2, 3, \cdots \end{array}$$

위 파동함수의 규격화 상수 A를 구하여라.

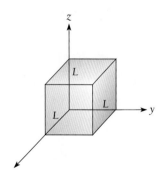

그림 5.18 정육면체 상자

22. 연습문제 21의 상자 안에 있는 입자가 바닥상태인 $n_x = n_y = n_z = 1$에 있다. (a) 입자가 $0 \leq x \leq L/4$, $0 \leq y \leq L/4$, $0 \leq z \leq L/4$ 구간의 부피 내에 있을 확률을 구하여라. (b) $L/4$ 대신 $L/2$로 범위를 바꿨을 때 입자의 확률을 구하여라.

23. (a) 슈뢰딩거 방정식에 연습문제 21의 파동함수를 대입하여 E에 대해 풀어서 연습문제 21의 상자 안에 있는 입자가 가질 수 있는 에너지들을 구하여라. (힌트: 상자 내부에서 $U = 0$이다.) (b) 길이가 L인 1차원 상자 안에 있는 바닥상태의 입자의 에너지를 같은 길이의 3차원 상자 안에 있는 바닥상태의 입자의 에너지와 비교하여라.

5.10 터널 효과

24. 0.400 eV의 에너지를 가지는 전자들이 높이가 3.00 eV이고 너비가 0.100 nm인 장벽으로 입사한다. 이러한 전자들이 장벽을 투과할 근사적 확률은 얼마인가?

25. 전자들로 이루어진 빔이 높이가 6.00 eV이고 너비가 0.200 nm인 장벽에 입사한다. 식 (5.60)을 사용하여, 입사하는 전자들 가운데 1.00%가 이 장벽을 투과하였을 때 전자들이 가져야 하는 에너지를 구하여라.

5.11 조화진동자

26. 조화 진동자에서 이웃하는 에너지 준위 사이의 $\Delta E_n / E_n$ 비율을 계산하고, $n \rightarrow \infty$ 일 때 이 비율의 변화를 살펴봄으로써 에너지 준위 사이의 간격은 대응 원리와 일치한다는 것을 보여라.

27. 조화진동자의 영점에너지 존재에 대해 불확정성 원리가 가지는 의미는 무엇인가?

28. 한 조화진동자에서 입자의 위치는 $-A$에서 $+A$까지 변하고, 운동량이 $-p_0$에서 p_0까지 변한다. 이러한 진동자에서 x와 p의 표준편차는 각각 $\Delta x = A/\sqrt{2}$, $\Delta p = p_0/\sqrt{2}$가 된다. 이로부터 조화진동자의 최소 에너지가 $\frac{1}{2}h\nu$ 됨을 보여라.

29. 고전적인 운동 진폭이 A인 조화진동자가 $n = 0$ 상태에 있을 때, $x = A$이면 $y = 1$임을 보여라. 여기서 y는 식 (5.67)에서 정의된 양이다.

30. $n = 0$인 상태(그림 5.13을 보라)에 있는 조화진동자의 $x = 0$과 $x = \pm A$에서의 확률밀도 $|\psi_0|^2 \, dx$를 구하여라.

31. 조화진동자의 $n = 0$과 $n = 1$ 상태에서의 기댓값 $\langle x \rangle$와 $\langle x^2 \rangle$을 각각 구하여라.

32. 조화진동자의 포텐셜에너지는 $U = \frac{1}{2}kx^2$으로 주어진다. $n = 0$인 상태일 때 U의 기댓값 $\langle U \rangle$는 $E_0/2$이 됨을 보여라(실제로 이 결과는 조화진동자의 모든 상태에서 참이 된다). 이 진동자의 운동에너지의 기댓값은 얼마인가? 이 결과를 $\bar{U}$와 $\overline{KE}$의 고전적인 값들과 비교하라.

33. 추의 질량이 1.00 g이고, 질량이 없는 끈의 길이가 250 mm인 진자가 있다. 진자의 주기는 1.00 s이다. (a) 이 진자의 영점에너지는 얼마인가? 영점 진동을 탐지할 수 있겠는가? (b) 추가 평형점으로부터 최대 1.00 mm 높이로 올라갈 수 있는 정도의 아주 작은 진폭을 갖는 진자운동을 고려하자. 이에 해당되는 양자수는 얼마인가?

34. 조화진동자의 파동함수 ψ_1이 슈뢰딩거 방정식의 해가 됨을 보여라.

35. ψ_2에 대해 연습문제 34를 반복하라.

36. ψ_3에 대해 연습문제 34를 반복하라.

부록: 터널 효과

37. $x = 0$에서 시작하는 높이가 U에 위치한 포텐셜 계단으로 운동에너지 E를 가진 입자 빔이 입사한다고 하자. $E > U$이다(그림 5.19). (a) 해 $De^{-ik'x}$(부록의 표기법을 응용)는 물리적 의미를 가질 수 없어서 $D = 0$이 됨을 설명하라. (b) 투과 확률 T가 $T = CC^*v'/AA^*v_1$을 이용, $T = 4k_1^2/(k_1 + k')^2$가 됨을 보여라. (c) 2.00×10^6 m/s의 속력으로 움직이는 1.00 mA의 전자들로 이루어진 빔이 포텐셜 차이에 의해 속력이 1.00×10^6 m/s로 줄어드는 지역으로 입사한다. 단, 지역은 그림 5.19처럼 $x = 0$에서 명확한 경계를 가지고 있다고 하자. 이때 투과 전류와 반사 전류를 구하여라.

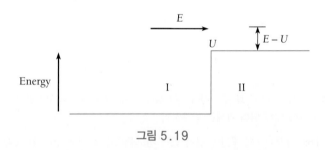

그림 5.19

38. 같은 에너지 E를 가지는 전자와 양성자가 U가 E보다 훨씬 큰 포텐셜 장벽으로 접근하고 있다. 두 입자의 투과 확률은 같은가? 만약 그렇지 않다면 더 큰 확률을 가지는 입자는 어떤 것인가?

제6장 수소 원자에 대한 양자론

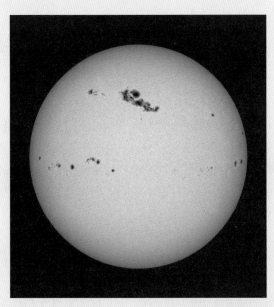

태양의 흑점에 연관되는 강력한 자기장을 제이만(Zeeman) 효과 방법으로 탐지한다. 태양의 흑점은 매우 뜨겁기는 하지만, 나머지 태양 표면보다는 차가우므로 어둡게 보인다. 흑점의 개수는 11년 주기로 변하고, 지구상의 몇몇 현상들은 이 주기를 따른다.

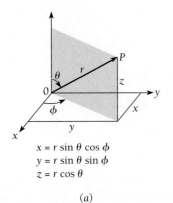

$x = r \sin\theta \cos\phi$
$y = r \sin\theta \sin\phi$
$z = r \cos\theta$

(a)

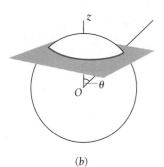

(b)

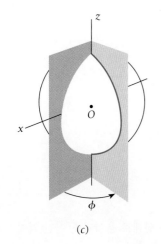

(c)

그림 6.1 *(a)* 구면 극좌표 *(b)* 구 위에서 같은 천정각 θ를 가진 점들을 연결한 곡선은 z축에 수직인 원이 된다. *(c)* 같은 방위각 ϕ를 가진 점들을 연결한 곡선은 z축을 포함하는 반원이 된다.

슈 뢰딩거가 자신의 새로운 파동 방정식으로 처음 씨름한 문제는 수소 원자에 대한 문제였다. 그는 과중한 수학이 필요하다는 것을 알았으나, 파동역학에서 어떻게 양자화가 자연스럽게 나타나는지를 발견함으로써 그 보상을 받았다. 그는 "양자화는 어떠한 공간함수도 유한하고 일가함수여야 한다는 필요성에 그 기반을 두고 있다."는 것을 알아내었다. 이 장에서는 수소 원자에 대한 슈뢰딩거의 양자 이론이 어떻게 그 결론들을 이끌어 내는지를 보고, 이 결과들을 어떻게 익숙한 개념으로 해석할 수 있는지도 알아본다.

6.1 수소 원자에 대한 슈뢰딩거 방정식

대칭성 때문에 구면 극좌표를 이용하는 것이 좋다.

수소 원자는 전하량이 $+e$인 양성자와 양성자에 비해 1,836배 가볍고 전하량이 $-e$인 전자로 이루어져 있다. 편의상 양성자는 정지하고 있으며, 전자는 양성자의 전기장에 붙잡혀서 그 주위를 돌고 있는 것으로 생각한다. 양성자 운동에 대한 수정은 보어 이론에서와 마찬가지로, 단순히 전자의 질량 m을 식 (4.22)로 주어진 환산질량 m'로 바꾸기만 하면 된다.

수소 원자에서는 3차원의 전자에 대한 슈뢰딩거 방정식을 적용시켜야 하는데, 이는 다음과 같다.

$$\frac{\partial^2\psi}{\partial x^2} + \frac{\partial^2\psi}{\partial y^2} + \frac{\partial^2\psi}{\partial z^2} + \frac{2m}{\hbar^2}(E - U)\psi = 0 \qquad (6.1)$$

여기서 퍼텐셜에너지 U는 다른 전하 $+e$에서 거리 r만큼 떨어져 있는 전하 $-e$의 전기 퍼텐셜에너지이다.

전기 퍼텐셜
에너지
$$U = -\frac{e^2}{4\pi\epsilon_0 r} \qquad (6.2)$$

U가 x, y, z의 함수가 아니라 r의 함수이므로 식 (6.2)를 식 (6.1)에 직접 대입할 수는 없다. 두 가지 다른 방법이 있다. 그 하나는 r을 $\sqrt{x^2 + y^2 + z^2}$로 바꾸어서 U를 직교좌표 x, y, z로 나타내는 방법이고, 또 다른 하나는 슈뢰딩거 방정식을 그림 6.1에서 정의한 구면 극좌표 r, θ, ϕ로 나타내는 방법이다. 물리적 상황에 대칭성을 고려하면 여기에서는 후자를 선택하는 것이 더 타당하다는 것을 6.2절에서 보게 될 것이다.

그림 6.1에 나타난 점 P에 대한 구면 극좌표 r, θ, ϕ는 다음과 같이 해석된다.

구면
극좌표
$r =$ 원점 O에서 점 P까지의 반지름 벡터의 길이
$\qquad = \sqrt{x^2 + y^2 + z^2}$

$\theta =$ 반지름 벡터와 $+z$축 사이의 각도
$\qquad =$ 천정각

$$= \cos^{-1}\frac{z}{\sqrt{x^2 + y^2 + z^2}}$$

$$= \cos^{-1}\frac{z}{r}$$

ϕ = 그림에서 표시된 방향으로 측정한, 반지름 벡터의 xy

   평면에 대한 정사영과 $+x$축과의 각도

= 방위각

$$= \tan^{-1}\frac{y}{x}$$

원점이 O인 구 표면에서 보면 일정한 천정각 θ가 이루는 선들은 지구상의 평행한 위선들과 같다(그러나 주어진 점에서의 θ 값은 그 점의 위도 값과는 같지 않다는 것에 주의한다. 예를 들면, 적도에서는 $\theta = 90°$이지만 위도는 0이다). 일정한 방위각 ϕ가 만드는 선은 경도를 나타내는 자오선과 같다(이 경우에는 지구축을 $+z$축으로 잡고 $+x$축을 $\phi = 0°$로 잡으면 두 정의는 일치한다).

구면 극좌표에서 슈뢰딩거 방정식은 다음과 같다.

$$\frac{1}{r^2}\frac{\partial}{\partial r}\left(r^2\frac{\partial\psi}{\partial r}\right) + \frac{1}{r^2\sin\theta}\frac{\partial}{\partial\theta}\left(\sin\theta\frac{\partial\psi}{\partial\theta}\right)$$
$$+ \frac{1}{r^2\sin^2\theta}\frac{\partial^2\psi}{\partial\phi^2} + \frac{2m}{\hbar^2}(E - U)\psi = 0 \tag{6.3}$$

퍼텐셜에너지 U에 식 (6.2)를 대입하고, 전체 방정식에 $r^2\sin^2\theta$를 곱하면 다음과 같이 된다.

수소 원자
$$\sin^2\theta\frac{\partial}{\partial r}\left(r^2\frac{\partial\psi}{\partial r}\right) + \sin\theta\frac{\partial}{\partial\theta}\left(\sin\theta\frac{\partial\psi}{\partial\theta}\right)$$
$$+ \frac{\partial^2\psi}{\partial\phi^2} + \frac{2mr^2\sin^2\theta}{\hbar^2}\left(\frac{e^2}{4\pi\epsilon_0 r} + E\right)\psi = 0 \tag{6.4}$$

식 (6.4)는 수소 원자에 있는 전자의 파동함수에 대한 편미분방정식이다. 5장에서 논의한 ψ가 만족시켜야 할 여러 가지 조건들, 즉 ψ는 규격화가 가능해야 하고, ψ와 그 미분은 각 점 r, θ, ϕ에서 연속함수이고 또 일가함수여야 한다는 조건들을 함께 고려하면 이 방정식은 전자의 움직임을 완전하게 기술한다. 전자의 정확한 움직임을 알기 위해서는 식 (6.4)를 풀어서 ψ를 구해야 한다.

식 (6.4)를 풀어보면, 보어 이론에서 한 개의 양자수만 필요했던 것과는 달리 수소 원자 내의 전자를 기술하기 위해서는 세 개의 양자수가 필요함을 알게 된다(7장에서 전자스핀을 기술하기 위해 네 번째 양자수가 필요함을 알게 될 것이다). 보어 모델에서 전자의 운동에 따라 변하는 양은 특정한 궤도 위에서의 위치뿐이다. 그러므로 보어 모델에서의 전자운동은 근본적으로 1차원 운동과 같다. 1차원 상자 안의 입자 상태를 기술하는 데 하나의 양자수만 있으면 충분하였듯이 이런 1차원 운동의 전자 상태를 기술하는 데에도 하나의 양자수만 있으면 충분하다.

3차원 상자 안에 있는 입자를 기술하기 위해서는 세 개의 양자수가 필요하다. 왜냐하면 3차원에서는 그 입자의 파동함수가 만족시켜야 할 경계 조건이 세 종류가 되기 때문이다. ψ는 x와 y, z 방향의 벽들에서 각기 독립적으로 0이 되어야 한다. 수소 원자에서의 전자운동은 상자의 벽들 대신에 거리의 제곱에 반비례하는 핵의 전기장에 의해 제한되어 있다. 그러나 어떻든 3차원에서 움직이며, 이에 따라 전자의 파동함수가 세 개의 양자수에 의해 지배된다는 것은 놀라운 일이 아니다.

6.2 변수 분리

각각의 변수에 대한 미분방정식

수소 원자 문제에서 슈뢰딩거 방정식을 구면 극좌표로 나타내면, 각각 하나의 좌표만을 포함하는 세 개의 서로 독립적인 방정식으로 분리할 수 있다는 이점이 있다. 이러한 분리가 가능한 것은 파동함수 $\psi(r, \theta, \phi)$가 다음과 같은 세 개의 서로 다른 함수들의 곱의 형태를 가지기 때문이다. r에만 의존하는 $R(r)$, θ에만 의존하는 $\Theta(\theta)$, ϕ에만 의존하는 $\Phi(\phi)$의 함수들의 곱으로 나타낼 수 있다. 변수 분리가 가능한지 아직까지는 정확히 잘 모르나, 다음과 같이 가정하고 문제를 계속 다루어 볼 수는 있을 것이다.

**수소 원자의
파동함수**
$$\psi(r, \theta, \phi) = R(r)\Theta(\theta)\Phi(\phi) \tag{6.5}$$

그런 후에 분리가 가능한지 아닌지를 알아볼 수 있을 것이다. 함수 $R(r)$은 θ와 ϕ를 일정하게 놓고 전자의 파동함수 ψ가 핵으로부터의 반지름 벡터 방향으로 어떻게 변하는가를 기술한다. 함수 $\Theta(\theta)$는 일정한 r과 ϕ에 대해 ψ가 핵에 중심을 둔 구면 위의 자오선을 따라 천정각 θ에 대해 어떻게 변하는가를 기술한다[그림 6.1(c)]. 함수 $\Phi(\phi)$는 r과 θ를 일정하게 하고 ψ가 핵에 중심을 둔 구면 위의 위선을 따른 방위각 ϕ에 대해 어떻게 변하는가를 기술한다[그림 6.1(b)].

식 (6.5)를 다음과 같이 간단히 쓰자.

$$\psi = R\Theta\Phi$$

그러면 다음과 같은 결과를 얻는다.

$$\frac{\partial \psi}{\partial r} = \Theta\Phi \frac{\partial R}{\partial r} = \Theta\Phi \frac{dR}{dr}$$

$$\frac{\partial \psi}{\partial \theta} = R\Phi \frac{\partial \Theta}{\partial \theta} = R\Phi \frac{d\Theta}{d\theta}$$

$$\frac{\partial^2 \psi}{\partial \phi^2} = R\Theta \frac{\partial^2 \Phi}{\partial \phi^2} = R\Theta \frac{d^2\Phi}{d\phi^2}$$

R과 Θ, Φ는 각각 r, θ, ϕ만의 함수이므로 편미분도함수에서 상미분도함수로 바꿀 수 있다.

수소 원자의 슈뢰딩거 방정식에 ψ를 $R\Theta\Phi$로 치환하고, 전체 식을 $R\Theta\Phi$로 나누면 다음과 같이 된다.

$$\frac{\sin^2\theta}{R}\frac{d}{dr}\left(r^2\frac{dR}{dr}\right) + \frac{\sin\theta}{\Theta}\frac{d}{d\theta}\left(\sin\theta\frac{d\Theta}{d\theta}\right) + \frac{1}{\Phi}\frac{d^2\Phi}{d\phi^2}$$
$$+ \frac{2mr^2\sin^2\theta}{\hbar^2}\left(\frac{e^2}{4\pi\epsilon_0 r} + E\right) = 0 \tag{6.6}$$

식 (6.6)에서 세 번째 항은 방위각 ϕ만의 함수이며, 나머지 항들은 r과 θ만의 함수이다.

식 (6.6)을 다음과 같이 바꿔 쓰자.

$$\frac{\sin^2\theta}{R}\frac{d}{dr}\left(r^2\frac{dR}{dr}\right) + \frac{\sin\theta}{\Theta}\frac{d}{d\theta}\left(\sin\theta\frac{d\Theta}{d\theta}\right)$$
$$+ \frac{2mr^2\sin^2\theta}{\hbar^2}\left(\frac{e^2}{4\pi\epsilon_0 r} + E\right) = -\frac{1}{\Phi}\frac{d^2\Phi}{d\phi^2} \tag{6.7}$$

등호 양변의 함수들이 각각 서로 다른 변수에 대한 함수이므로 이 방정식은 양변이 모두 같은 상숫값을 가질 때에만 성립한다. 곧 그 이유를 알게 되겠지만, 이 상수를 m_l^2이라고 놓는 것이 편리하다. 그러면 ϕ에 대한 미분방정식은

$$-\frac{1}{\Phi}\frac{d^2\Phi}{d\phi^2} = m_l^2 \tag{6.8}$$

이 된다.

다음 m_l^2을 식 (6.7)의 오른쪽에 대입하고, 전체를 $\sin^2\theta$로 나누고 난 후 다시 고쳐 쓰면 다음과 같이 된다.

$$\frac{1}{R}\frac{d}{dr}\left(r^2\frac{dR}{dr}\right) + \frac{2mr^2}{\hbar^2}\left(\frac{e^2}{4\pi\epsilon_0 r} + E\right) = \frac{m_l^2}{\sin^2\theta} - \frac{1}{\Theta\sin\theta}\frac{d}{d\theta}\left(\sin\theta\frac{d\Theta}{d\theta}\right) \tag{6.9}$$

다시 양변은 각각 서로 다른 변수에 대한 함수가 되고, 양변은 같은 상숫값을 가져야 한다. 다시 이 상수를 뒤에 나오는 이유 때문에 $l(l+1)$이라 둔다. 그러면 함수 Θ와 R에 대한 식은 다음과 같이 된다.

$$\frac{m_l^2}{\sin^2\theta} - \frac{1}{\Theta\sin\theta}\frac{d}{d\theta}\left(\sin\theta\frac{d\Theta}{d\theta}\right) = l(l+1) \tag{6.10}$$

$$\frac{1}{R}\frac{d}{dr}\left(r^2\frac{dR}{dr}\right) + \frac{2mr^2}{\hbar^2}\left(\frac{e^2}{4\pi\epsilon_0 r} + E\right) = l(l+1) \tag{6.11}$$

식 (6.8), (6.10) 그리고 (6.11)은 정리하여 보통 다음과 같이 쓴다.

Φ에 대한 식
$$\frac{d^2\Phi}{d\phi^2} + m_l^2\Phi = 0 \tag{6.12}$$

Θ에 대한 식

$$\frac{1}{\sin\theta}\frac{d}{d\theta}\left(\sin\theta\frac{d\Theta}{d\theta}\right) + \left[l(l+1) - \frac{m_l^2}{\sin^2\theta}\right]\Theta = 0 \qquad (6.13)$$

R에 대한 식

$$\frac{1}{r^2}\frac{d}{dr}\left(r^2\frac{dR}{dr}\right) + \left[\frac{2m}{\hbar^2}\left(\frac{e^2}{4\pi\epsilon_0 r} + E\right) - \frac{l(l+1)}{r^2}\right]R = 0 \qquad (6.14)$$

이 식들은 각각 단일 변수에 대한 단일 함수의 상미분방정식이다. R에 대한 방정식만 퍼텐셜 에너지 $U(r)$와 관계된다.

그러므로 처음에 세 개의 변수가 포함된 함수 ψ의 편미분방정식으로 시작한 수소 원자의 슈뢰딩거 방정식을 단순화시키는 데 성공하였다. 따라서 식 (6.5)에 포함된 가정들은 정당한 것임이 명백하다.

6.3 양자수

3차원, 세 개의 양자수

앞의 방정식 중 식 (6.12)는 금방 풀려서 결과는 다음과 같다.

$$\Phi(\phi) = Ae^{im_l\phi} \qquad (6.15)$$

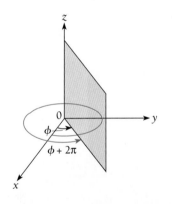

우리가 알고 있는 것처럼 파동함수, 또한 파동함수 ψ의 한 성분인 Φ는 파동함수가 만족해야 하는 조건들 중의 하나인 "주어진 공간의 한 점에서 하나의 값만을 가져야 한다."는 조건을 만족하여야 한다. 그림 6.2에 의하면 ϕ와 $\phi + 2\pi$는 명백하게 동일한 자오선 평면을 결정한 다. 그러므로 $\Phi(\phi) = \Phi(\phi + 2\pi)$여야 한다. 즉,

$$Ae^{im_l\phi} = Ae^{im_l(\phi + 2\pi)}$$

여야 한다. 이 관계는 m_l이 0이나 양 혹은 음의 정수(± 1, ± 2, ± 3, $\cdots$)인 경우에만 성립한다. 상수 m_l은 수소 원자의 **자기양자수**(magnetic quantum number)로 알려져 있다.

$\Theta(\theta)$에 대한 미분방정식인 식 (6.13)은 상수 l이 m_l의 절댓값인 $|m_l|$보다 같거나 더 큰 정 수일 때에만 그 해를 가진다. 이 요구조건을 감안하면 m_l에 대한 조건을 다음과 같이 나타낼 수 있다.

$$m_l = 0, \pm 1, \pm 2, \cdots, \pm l$$

그림 6.2 각 ϕ와 $\phi + 2\pi$는 같은 자오선 평면을 나타낸다.

상수 l은 **궤도양자수**(orbital quantum number)로 알려져 있다.

수소 원자의 파동함수 ψ의 마지막 식인 반지름 부분 $R(r)$에 대한 방정식 (6.14)의 해도 어 떤 조건을 만족하여야 구할 수 있다. 조건은 E가 양수이거나 다음 식으로 표현되는 음의 값들 E_n(전자가 원자에 속박되어 있음을 의미한다) 중의 하나를 가져야 한다는 것이다.

$$E_n = -\frac{me^4}{32\pi^2\epsilon_0^2\hbar^2}\left(\frac{1}{n^2}\right) = \frac{E_1}{n^2} \qquad n = 1, 2, 3, \cdots \qquad (6.16)$$

이 식은 보어가 얻은 수소 원자의 에너지 준위에 대한 식과 정확히 일치함을 알 수 있다.

식 (6.14)를 풀기 위해 만족시켜야 하는 또 하나의 조건은 **주양자수**(principal quantum number)로 알려진 n이 $l + 1$보다 크거나 같아야 한다는 것이다. 이 조건을 고려한 l에 대한 조건은 다음과 같이 된다.

$$l = 0, 1, 2, \cdots, (n - 1)$$

따라서 세 개의 양자수 n, l, m의 가능한 값들을 다 함께 다음과 같이 표로 만들 수 있다.

주양자수 $\qquad\qquad\qquad\qquad n = 1, 2, 3, \cdots$

궤도양자수 $\qquad\qquad\qquad\quad l = 0, 1, 2, \cdots, (n - 1)$ $\qquad\qquad\qquad$ (6.17)

자기양자수 $\qquad\qquad\qquad\quad m_l = 0, \pm1, \pm2, \cdots, \pm l$

공간에서 특정한 범위 안에 갇혀 있는 입자에 대한 양자역학적 이론에서는 양자수가 자연스럽게 나타난다는 사실을 다시 한 번 언급하고 넘어가자.

양자수 n, l, m에 대한 R, Θ, Φ의 의존성을 나타내기 위해 수소 원자의 전자에 대한 파동방정식을 다음과 같이 쓸 수 있다.

$$\psi = R_{nl}\Theta_{lm_l}\Phi_{m_l}$$ $\qquad\qquad\qquad$ (6.18)

$n = 1, 2, 3$일 때의 파동함수 R과 Θ, Φ 그리고 ψ를 표 6.1에 나타내었다.

예제 6.1

식 (6.14)에 $n = 1, l = 0$에 해당하는 지름 파동함수 R을 대입하여 바닥상태의 전자에너지 E_1을 구하라.

풀이

표 6.1에 의하면 $R = (2/a_0^{3/2})e^{-r/a_0}$이다. 따라서

$$\frac{dR}{dr} = \left(\frac{2}{a_0^{5/2}}\right)e^{-r/a_0}$$

이고,

$$\frac{1}{r^2}\frac{d}{dr}\left(r^2\frac{dR}{dr}\right) = \left(\frac{2}{a_0^{7/2}} - \frac{4}{a_0^{5/2}r}\right)e^{-r/a_0}$$

이다. 이를 식 (6.14)에 대입하고, $E = E_1$ 그리고 $l = 0$이라 하면

$$\left[\left(\frac{2}{a_0^{7/2}} + \frac{4mE_1}{\hbar^2 a_0^{3/2}}\right) + \left(\frac{me^2}{\pi\epsilon_0\hbar a_0^{3/2}} - \frac{4}{a_0^{5/2}}\right)\frac{1}{r}\right]e^{-r/a_0} = 0$$

이 된다. 전체가 0이 되기 위해서는 소괄호 안의 값들이 각각 따로 0이 되어야 한다. 두 번째 소괄호 안이 0이 되는 조건은

표 6.1   수소 원자의 규격화된 파동함수($n = 1, 2, 3^*$)

n	l	m_l	$\Phi(\phi)$	$\Theta(\theta)$	$R(r)$	$\psi(r, \theta, \phi)$
1	0	0	$\dfrac{1}{\sqrt{2\pi}}$	$\dfrac{1}{\sqrt{2}}$	$\dfrac{2}{a_0^{3/2}} e^{-r/a_0}$	$\dfrac{1}{\sqrt{\pi}\, a_0^{3/2}} e^{-r/a_0}$
2	0	0	$\dfrac{1}{\sqrt{2\pi}}$	$\dfrac{1}{\sqrt{2}}$	$\dfrac{1}{2\sqrt{2}\, a_0^{3/2}}\left(2 - \dfrac{r}{a_0}\right)e^{-r/2a_0}$	$\dfrac{1}{4\sqrt{2\pi}\, a_0^{3/2}}\left(2 - \dfrac{r}{a_0}\right)e^{-r/2a_0}$
2	1	0	$\dfrac{1}{\sqrt{2\pi}}$	$\dfrac{\sqrt{6}}{2}\cos\theta$	$\dfrac{1}{2\sqrt{6}\, a_0^{3/2}}\dfrac{r}{a_0} e^{-r/2a_0}$	$\dfrac{1}{4\sqrt{2\pi}\, a_0^{3/2}}\dfrac{r}{a_0} e^{-r/2a_0}\cos\theta$
2	1	±1	$\dfrac{1}{\sqrt{2\pi}} e^{\pm i\phi}$	$\dfrac{\sqrt{3}}{2}\sin\theta$	$\dfrac{1}{2\sqrt{6}\, a_0^{3/2}}\dfrac{r}{a_0} e^{-r/2a_0}$	$\dfrac{1}{8\sqrt{\pi}\, a_0^{3/2}}\dfrac{r}{a_0} e^{-r/2a_0}\sin\theta\, e^{\pm i\phi}$
3	0	0	$\dfrac{1}{\sqrt{2\pi}}$	$\dfrac{1}{\sqrt{2}}$	$\dfrac{2}{81\sqrt{3}\, a_0^{3/2}}\left(27 - 18\dfrac{r}{a_0} + 2\dfrac{r^2}{a_0^2}\right)e^{-r/3a_0}$	$\dfrac{1}{81\sqrt{3\pi}\, a_0^{3/2}}\left(27 - 18\dfrac{r}{a_0} + 2\dfrac{r^2}{a_0^2}\right)e^{-r/3a_0}$
3	1	0	$\dfrac{1}{\sqrt{2\pi}}$	$\dfrac{\sqrt{6}}{2}\cos\theta$	$\dfrac{4}{81\sqrt{6}\, a_0^{3/2}}\left(6 - \dfrac{r}{a_0}\right)\dfrac{r}{a_0} e^{-r/3a_0}$	$\dfrac{\sqrt{2}}{81\sqrt{\pi}\, a_0^{3/2}}\left(6 - \dfrac{r}{a_0}\right)\dfrac{r}{a_0} e^{-r/3a_0}\cos\theta$
3	1	±1	$\dfrac{1}{\sqrt{2\pi}} e^{\pm i\phi}$	$\dfrac{\sqrt{3}}{2}\sin\theta$	$\dfrac{4}{81\sqrt{6}\, a_0^{3/2}}\left(6 - \dfrac{r}{a_0}\right)\dfrac{r}{a_0} e^{-r/3a_0}$	$\dfrac{1}{81\sqrt{\pi}\, a_0^{3/2}}\left(6 - \dfrac{r}{a_0}\right)\dfrac{r}{a_0} e^{-r/3a_0}\sin\theta\, e^{\pm i\phi}$
3	2	0	$\dfrac{1}{\sqrt{2\pi}}$	$\dfrac{\sqrt{10}}{4}(3\cos^2\theta - 1)$	$\dfrac{4}{81\sqrt{30}\, a_0^{3/2}}\dfrac{r^2}{a_0^2} e^{-r/3a_0}$	$\dfrac{1}{81\sqrt{6\pi}\, a_0^{3/2}}\dfrac{r^2}{a_0^2} e^{-r/3a_0}(3\cos^2\theta - 1)$
3	2	±1	$\dfrac{1}{\sqrt{2\pi}} e^{\pm i\phi}$	$\dfrac{\sqrt{15}}{2}\sin\theta\cos\theta$	$\dfrac{4}{81\sqrt{30}\, a_0^{3/2}}\dfrac{r^2}{a_0^2} e^{-r/3a_0}$	$\dfrac{1}{81\sqrt{\pi}\, a_0^{3/2}}\dfrac{r^2}{a_0^2} e^{-r/3a_0}\sin\theta\cos\theta\, e^{\pm i\phi}$
3	2	±2	$\dfrac{1}{\sqrt{2\pi}} e^{\pm 2i\phi}$	$\dfrac{\sqrt{15}}{4}\sin^2\theta$	$\dfrac{4}{81\sqrt{30}\, a_0^{3/2}}\dfrac{r^2}{a_0^2} e^{-r/3a_0}$	$\dfrac{1}{162\sqrt{\pi}\, a_0^{3/2}}\dfrac{r^2}{a_0^2} e^{-r/3a_0}\sin^2\theta\, e^{\pm 2i\phi}$

$^*a_0 = 4\pi\epsilon_0\hbar^2/me^2 = 5.292 \times 10^{-11}$ m는 보어 궤도 맨 안쪽 반지름과 같다.

$$\frac{me^2}{\pi\epsilon_0\hbar^2 a_0^{3/2}} - \frac{4}{a_0^{5/2}} = 0$$

$$a_0 = \frac{4\pi\epsilon_0\hbar^2}{me^2}$$

이다. $\hbar = h/2\pi$임을 상기하면, a_0는 식 (4.13)에서의 보어 반지름 $a_0 = r_1$과 같다. 첫 번째 소괄호가 0이 되기 위해서는

$$\frac{2}{a_0^{7/2}} + \frac{4mE_1}{\hbar^2 a_0^{3/2}} = 0$$

$$E_1 = -\frac{\hbar^2}{2ma_0^2} = -\frac{me^4}{32\pi^2\epsilon_0^2\hbar^2}$$

이고, 식 (6.16)과 일치한다.

6.4 주양자수

에너지의 양자화

고전적 원자 모델의 관점에서 수소 원자의 양자수가 어떤 의미를 가지는지를 생각해보는 것은 흥미롭다. 4장에서 보았듯이, 이 모델은 전자를 핵에 붙잡아 두는 거리의 제곱에 반비례하는 힘이 중력이 아니라 전기력이라는 것만을 제외하고는 태양계에서의 행성운동과 정확히 일치한다. 행성의 운동에서는 두 가지 양이 보존, 즉 항상 같은 값을 유지한다. 스칼라량인 각 행성의 총 에너지와 벡터량인 각운동량이 보존된다.

고전적으로 총 에너지는 임의의 값을 가질 수 있다. 그러나 물론 행성이 영구히 태양계에 갇혀 있으려면 에너지는 음이어야 한다. 수소 원자에 대한 양자역학적 이론에서도 전자의 에너지는 일정하다. 전자는 양의 에너지(이온화된 원자에 해당)로는 임의의 값을 가질 수 있으나, 음의 값인 경우에는 $E_n = E_1/n^2$에 의해 결정되는 값만 가질 수 있다. 따라서 수소 원자 전자에너지의 양자화는 주양자수 n에 의해 기술된다.

행성의 운동에 대한 이론도 슈뢰딩거 방정식으로부터 시작할 수 있으며, 이 경우에도 에너지에 대해 비슷한 형태의 제한이 가해진다. 그러나 모든 행성에 대한 주양자수 n이 너무나 크기 때문에(4장의 연습문제 11 참고) 허용된 준위들 간의 간격은 관측하기에는 너무나 작다. 이런 이유 때문에 고전물리가 행성의 운동을 기술하기에는 적당하지만, 원자에서는 그렇지 못하다.

6.5 궤도양자수

각운동량 크기의 양자화

궤도양자수 l에 대한 해석은 약간 불명확하다. 파동함수 ψ의 지름함수 부분 $R(r)$에 대한 미분방정식을 검토하기로 하자.

$$\frac{1}{r^2}\frac{d}{dr}\left(r^2\frac{dR}{dr}\right) + \left[\frac{2m}{\hbar^2}\left(\frac{e^2}{4\pi\epsilon_0 r} + E\right) - \frac{l(l+1)}{r^2}\right]R = 0 \qquad (6.14)$$

이 방정식은 전자운동의 반지름 방향, 즉 핵으로부터 멀어지거나 핵에 가까워지는 운동에만 관계한다. 그럼에도 불구하고 이 식 안에 전자의 총 에너지 E가 들어 있다는 사실에 주목하자. 총 에너지 E에는 반지름 방향의 운동과는 전혀 무관한 궤도운동에 대한 운동에너지도 포함되어 있다.

이러한 모순점은 다음과 같은 논의에 의해 제거할 수 있다. 전자의 운동에너지 KE는 두 부분으로 되어 있는데, 핵에서 멀어지고 핵에 가까워지는 운동에 의한 KE_{radial}과 핵 주위를 도는 운동에 의한 $KE_{orbital}$이다. 전자의 퍼텐셜에너지 U는 전기적 에너지이다.

$$U = -\frac{e^2}{4\pi\epsilon_0 r} \qquad (6.2)$$

따라서 전자의 총 에너지는

$$E = \text{KE}_{\text{radial}} + \text{KE}_{\text{orbital}} + U = \text{KE}_{\text{radial}} + \text{KE}_{\text{orbital}} - \frac{e^2}{4\pi\epsilon_0 r}$$

이다. 이 식을 (6.14)의 E 대신에 대입하고 조금 고쳐 쓰면 다음과 같이 된다.

$$\frac{1}{r^2}\frac{d}{dr}\left(r^2\frac{dR}{dr}\right) + \frac{2m}{\hbar^2}\left[\text{KE}_{\text{radial}} + \text{KE}_{\text{orbital}} - \frac{\hbar^2 l(l+1)}{2mr^2}\right]R = 0 \qquad (6.19)$$

만약 이 방정식의 꺾쇠괄호 안에 있는 마지막 두 항이 서로 상쇄되어 없어진다면, 우리가 필요로 하는 지름 벡터 r만의 함수로 된 $R(r)$에 대한 미분방정식을 얻게 된다. 따라서

$$\text{KE}_{\text{orbital}} = \frac{\hbar^2 l(l+1)}{2mr^2} \qquad (6.20)$$

이 되어야 할 것이다. 또, 전자의 궤도 운동에너지와 각운동량의 크기가 각각

$$\text{KE}_{\text{orbital}} = \frac{1}{2}mv_{\text{orbital}}^2 \qquad L = mv_{\text{orbital}}r$$

이므로 궤도 운동에너지를 다음과 같이 쓸 수 있다.

$$\text{KE}_{\text{orbital}} = \frac{L^2}{2mr^2}$$

따라서 식 (6.20)으로부터

$$\frac{L^2}{2mr^2} = \frac{\hbar^2 l(l+1)}{2mr^2}$$

전자의 각운동량 $$L = \sqrt{l(l+1)}\,\hbar \qquad (6.21)$$

이다. 궤도양자수 l의 값은 다음의 값들만으로 한정된다는 것이 알려져 있다.

$$l = 0, 1, 2, \cdots, (n-1)$$

전자들은 식 (6.21)로 주어지는 특정한 각운동량 L만 가질 수 있다. 총 에너지 E처럼 각운동량도 보존되고 양자화되어 있다. 그러므로

$$\hbar = \frac{h}{2\pi} = 1.054 \times 10^{-34}\,\text{J}\cdot\text{s}$$

가 자연스러운 각운동량 단위가 된다.

에너지에서의 경우와 마찬가지로, 거시적인 행성운동에서의 각운동량을 기술하는 양자수는 너무나 커서 띄엄띄엄한 각운동량을 실험적으로 분리 관측한다는 것은 불가능하다. 예를 들면, 궤도양자수가 2인 전자(혹은 어떤 것이라도)의 각운동량은

$$L = \sqrt{2(2+1)}\,\hbar = \sqrt{6}\,\hbar$$
$$= 2.6 \times 10^{-34}\,\text{J}\cdot\text{s}$$

이다. 반면에 지구의 궤도 각운동량은 2.7×10^{40} J·s이다!

표 6.2 원자 전자 상태

	$l = 0$	$l = 1$	$l = 2$	$l = 3$	$l = 4$	$l = 5$
$n = 1$	$1s$					
$n = 2$	$2s$	$2p$				
$n = 3$	$3s$	$3p$	$3d$			
$n = 4$	$4s$	$4p$	$4d$	$4f$		
$n = 5$	$5s$	$5p$	$5d$	$5f$	$5g$	
$n = 6$	$6s$	$6p$	$6d$	$6f$	$6g$	$6h$

각운동량 상태의 명명법

관습적으로 전자의 각운동량 상태들을 문자로 나타내는데, $l = 0$일 때는 s, $l = 1$일 때는 p 등으로 나타낸다. 나머지는 다음과 같은 표시 방법을 따른다.

각운동량
상태

$$l = 0 \quad 1 \quad 2 \quad 3 \quad 4 \quad 5 \quad 6 \cdots$$
$$s \quad p \quad d \quad f \quad g \quad h \quad i \cdots$$

이 독특한 부호들은 원자에 대한 이론이 발전되기 전에 실험적으로 발견된 원자 스펙트럼들을 날카로운(sharp), 주요한(principal), 퍼진(diffuse), 기본적인(fundamental) 등의 계열로 현상적으로 구분하던 것에 기인한다. 따라서 s 상태는 각운동량이 없는 상태이며, p 상태는 각운동량이 $\sqrt{2}\hbar$인 상태 등이다.

전체 양자수는 궤도 각운동량을 나타내는 문자와 결합하여 나타내는 것이 편리하며, 원자 전자의 상태를 나타내는 표기법으로 널리 쓰인다. 이 표기법으로 $n = 2$, $l = 0$인 상태는 $2s$ 상태이며, $n = 4$, $l = 2$인 상태는 $4d$ 상태이다. 표 6.2에 $n = 6$, $l = 5$까지의 원자 전자 상태에 대한 표기를 실었다.

6.6 자기양자수

각운동량의 방향에 대한 양자화

궤도양자수 l은 전자 각운동량 $\mathbf{L}$의 크기를 결정한다. 그러나 각운동량은 선운동량처럼 벡터량이다. 그러므로 각운동량을 완전하게 기술하려면 그 크기뿐만 아니라 방향도 기술되어야 한다(벡터 $\mathbf{L}$은 회전 운동이 일어나는 평면에 대해 수직이며, 그 방향은 오른손 법칙에 따른다. 오른손의 손가락들이 운동 방향을 향하면 엄지손가락은 $\mathbf{L}$의 방향을 향한다. 이 규칙을 그림 6.3에 나타내었다).

수소 원자가 공간에 있어서 방향성이 있다는 것은 무슨 의미를 가질까? 이에 대한 해답은 핵 주위를 도는 전자는 미세한 전류 고리이며, 이와 같은 미세 전류 고리는 자기 쌍극자가 만드는 것과 같은 자기장을 만든다는 사실을 생각하면 명백해질 것이다. 그러므로 각운동량을 갖는 원자의 전자는 외부 자기장 $\mathbf{B}$와 상호작용을 한다. 자기양자수 m_l은 외부 자기장 방향으로의 $\mathbf{L}$의 성분을 확정함으로써 $\mathbf{L}$의 방향을 지정한다. 이 현상을 **공간 양자화**(space quantization)라고 하기도 한다.

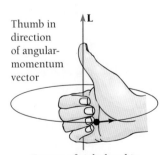

Thumb in direction of angular-momentum vector

Fingers of right hand in direction of rotational motion

그림 6.3 각운동량에 대한 오른손 법칙

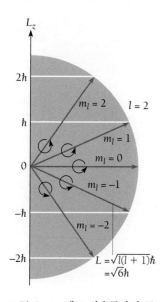

그림 6.4 궤도 각운동량의 공간 양자화. 궤도양자수 l이 2인 경우이며, $2l + 1 = 5$에 의해 다섯 개의 가능한 자기양자수 m_l을 가진다. 각각의 m_l 값들은 z축에 대한 서로 다른 방향에 각각 대응된다.

자기장의 방향을 z축과 나란한 방향으로 잡으면, **L**의 이 방향의 성분인 L_z는

공간의 양자화 $\qquad L_z = m_l \hbar \qquad m_l = 0, \pm1, \pm2, \cdots, \pm l$ (6.22)

이다. 주어진 l의 값에 대해 m_l이 가질 수 있는 가능한 값들은 $+l$에서부터 0을 거쳐 $-l$까지이다. 그러므로 자기장 안에서 각운동량 벡터 **L**이 가질 수 있는 가능한 방향은 $2l + 1$까지이다. $l = 0$이면 L_z는 0의 단 하나의 값만 가지며, $l = 1$이면 L_z는 $\hbar$이거나 0, $-\hbar$일 것이고, $l = 2$이면 L_z는 $2\hbar, \hbar, 0, -\hbar, -2\hbar$일 것이다.

수소 원자의 궤도 각운동량에 대한 공간 양자화를 그림 6.4에 나타내었다. 외부 자기장 안에서 m_l이 측정된다면, 외부 자기장에 대한 원자 각운동량 **L**의 방향은 특정 m_l에 상응하는 방향으로 결정된다. L_z의 크기는 총 각운동량의 크기 $\sqrt{l(l+1)}\hbar$보다 항상 작기 때문에 **L**이 **B**에 정확히 나란하게 혹은 정확히 그 반대로는 정렬할 수 없다는 것을 알 수 있다.

외부 자기장이 없는 경우에는 z축을 임의로 잡아도 좋다. 그러나 우리가 잡는 어떤 방향으로도 그 방향으로의 **L**의 성분은 $m_l\hbar$임은 사실이다. 따라서 외부 자기장이 하는 일은 실험적으로 의미 있는 기준 방향을 제공해 주는 데 있다. 자기장만이 이러한 기준 방향을 설정해 주는 것은 아니다. 예를 들면, 수소 분자 H_2에서 수소 원자 H들을 잇는 선은 실험적으로 자기장의 방향과 같은 정도의 의미를 지닌다. 이 선에 대한 수소 원자의 각운동량 성분은 원자의 m_l 값으로 결정된다.

불확정성 원리와 공간 양자화

왜 **L**의 하나의 성분만 양자화되는가? 이에 대한 대답은 **L**이 어떤 특정한 고정된 방향으로는 결코 향할 수 없고, 대신에 공간상에서 z축의 투영인 L_z가 $m_l\hbar$가 되는 원뿔 위의 어딘가에 있어야 하기 때문이다. 그렇지 않다면 불확정성 원리를 위배하게 될 것이다. 만약 **L**이 공간상에 고정되어 있다면, L_z와 마찬가지로 L_x, L_y도 특정한 값을 가지게 되어 전자의 운동은 한 특정한 평면상에 한정되게 된다. 예를 들어, 만약 **L**이 z 방향으로 향한다면, 전자는 항상 xy 평면에 있을 것이다[그림 6.5(a)]. 이는 전자의 z 방향의 운동량 성분 p_z가 무한대로 불확실할 때에만 일어날 수 있는데, 수소 원자를 이루는 전자라면 물론 이러한 일은 불가능하다.

실제로는 **L**의 크기와 그의 성분 중 하나인 L_z만 특정한 값을 가지며, 또 $|L| > |L_z|$이므로 전자의 운동은 한 평면 위에 한정되지 않는다[그림 6.5(b)]. 따라서 전자의 z축 좌표에는 불확정성이 항상 내재한다. **L**의 방향은 그림 6.6에서와 같이 끊임없이 변하고, 따라서 L_z는 항상 $m_l\hbar$의 특정한 값을 가지지만 L_x와 L_y의 평균값은 0이다.

6.7 전자의 확률밀도

특정한 궤도는 없다.

보어 모델에서는 수소 원자를 전자가 핵 주위의 원 궤도를 도는 것으로 묘사한다. 그림 6.7에서와 같이, 이 모델을 구면 극좌표계로 표현할 수 있다. 만약 적당한 실험을 수행할 수 있다

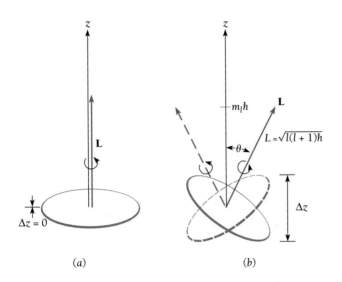

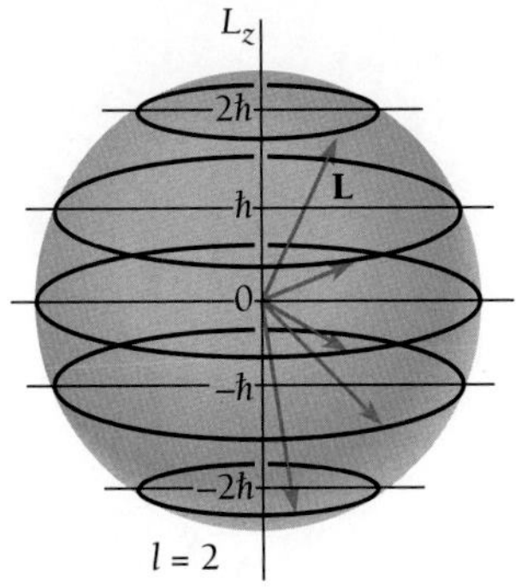

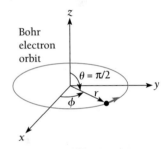

그림 6.6 각운동량 벡터 **L**은 z축 주위로 계속하여 세차운동을 한다.

(a) (b)

그림 6.5 불확정성 원리에 의해 각운동량 벡터 **L**은 공간에서 확정된 방향을 가질 수 없다.

면, 전자는 항상 핵으로부터 거리 $r = n^2 a_0$(여기서 n은 그 궤도의 주양자수이고, a_0는 가장 안쪽 궤도의 반지름이다.)이며, 방위각 ϕ는 시간에 따라 변하는 반면 θ는 $\theta = 90°$인 적도면에서 발견된다는 것을 의미한다.

수소 원자에 대한 양자 이론은 두 가지 면에서 보어 모델을 수정시켜 준다.

1. r, θ, ϕ에 대해 특정한 값이 주어지는 것이 아니라, 단지 여러 위치에서 전자를 찾을 수 있는 상대적인 확률만 주어진다. 이러한 부정확성은 물론 전자의 파동적 성질에 의한 것이다.
2. 확률밀도 $|\psi|^2$이 시간에 무관하고 위치에 따라 변하므로 전통적인 생각인 전자가 핵 주위를 돈다는 생각은 해서도 안 된다.

그림 6.7 구면 극좌표계에서의 수소 원자의 보어 모형

수소 원자에서 파동함수 $\psi = R\Theta\Phi$에 상응하는 확률밀도 $|\psi|^2$은

$$|\psi|^2 = |R|^2|\Theta|^2|\Phi|^2 \tag{6.23}$$

이다. 여느 때처럼 어떤 복소함수의 제곱은 그 함수와 그 함수의 복소켤레[혹은 복소공액(complex conjugate)]의 곱이 된다(어떤 함수의 복소켤레는 함수에 나타나는 모든 i를 $-i$로 바꾼 함수임을 기억하라).

식(6.15)로부터 방위 파동함수는

$$\Phi(\phi) = Ae^{im_l\phi}$$

이다. 그러므로 방위확률밀도 $|\Phi|^2$은 다음과 같다.

$$|\Phi|^2 = \Phi^*\Phi = A^2 e^{-im_l\phi}e^{im_l\phi} = A^2 e^0 = A^2$$

따라서 어떤 특정한 방위각 ϕ에서 전자를 찾을 확률은 상수로서 각도 ϕ와는 전혀 무관하다. 어떠한 양자 상태에 있는 전자라도 확률밀도는 z축에 대해 대칭이며, 따라서 전자는 어떤 각 ϕ에서나 똑같은 확률로 발견된다.

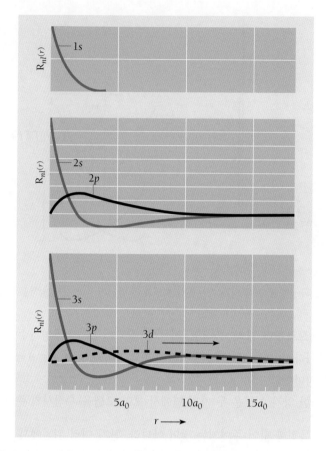

그림 6.8   다양한 양자 상태에서의 수소 원자 지름 파동함수의 핵으로부터의 거리에 따른 변화. $a_0 = 4\pi\epsilon_0 \hbar^2/me^2 = 0.053$ nm는 첫 번째 보어 궤도의 반지름이다.

Φ와 대조적으로, 파동함수의 지름함수 R은 r에 따라 변화할 뿐만 아니라 양자수 n과 l의 조합에 따라서도 달라진다. 그림 6.8은 수소 원자의 $1s$, $2s$, $2p$, $3s$, $3p$ 그리고 $3d$ 상태에서의 R과 r의 관계를 나타낸 그래프이다. $L = 0$, 즉 $l = 0$인 모든 s 상태에서는 $r = 0$, 즉 핵 자체가 있는 곳에서 명백하게 R이 최대이다. 각운동량을 가지는 상태들의 $r = 0$에서의 R의 값은 0이다.

전자를 발견할 확률

한 점 r, θ, ϕ에서의 전자 **확률밀도**(*probability density*)는 그 점에서의 $|\psi|^2$에 비례하며, 미소 부피 요소 dV 내에서 전자를 찾을 **실제 확률**(*actual probability*)은 $|\psi|^2 dV$이다. 구면 극좌표계에서(그림 6.9)

$$dV = (dr)\,(r\,d\theta)\,(r\sin\theta\,d\phi)$$

부피 요소
$$= r^2 \sin\theta\,dr\,d\theta\,d\phi \tag{6.24}$$

이다. Θ와 Φ가 규격화된 함수이므로 수소 원자에서 핵으로부터의 거리 r과 $r + dr$ 사이인 공 껍질에서 전자를 발견할 실제 확률 $P(r)\,dr$은

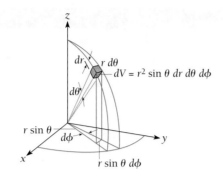

그림 6.9 구면 극좌표계에서의 부피 요소 dV

$$P(r)\ dr = r^2|R|^2\ dr \int_0^\pi |\Theta|^2\ \sin\theta\ d\theta \int_0^{2\pi} |\Phi|^2\ d\phi$$
$$= r^2|R|^2\ dr \qquad\qquad (6.25)$$

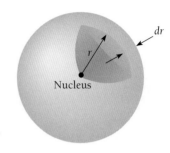

그림 6.10 핵으로부터의 거리가 r과 $r + dr$ 사이인 공 껍질에서 수소 원자의 전자를 발견할 확률은 $P(r)\ dr$이다.

이다(그림 6.10).

지름함수 R이 그림 6.8에서 나타난 것과 같은 상태들의 식 (6.25)에 대한 결과를 그림 6.11에서 보여 주고 있다. 일반적으로, 이 곡선들은 상당히 다르다. R과는 달리 s 상태들의 P가 핵의 위치에서가 아니라 핵으로부터 얼마간 떨어진 거리에서 최대가 된다는 사실을 즉각적으로 알 수 있다.

$1s$ 전자를 발견할 확률이 최대인 위치는 보어 원자 모델에서의 바닥상태 전자 궤도 반지름인 a_0에서 정확히 나타난다. 그러나 $1s$ 전자 r의 평균값은 $1.5a_0$이다. 이것은 양자역학적 모델이나 보어 원자 모델에서의 에너지 준위가 같기 때문에 언뜻 모순인 것처럼 보인다. 이 겉보기 모순은 전자의 에너지가 r에 직접 비례하는 것이 아니라 $1/r$에 비례한다는 것을 기억해 내면 해결할 수 있으며, $1s$ 전자의 $1/r$의 평균값은 정확히 $1/a_0$이다.

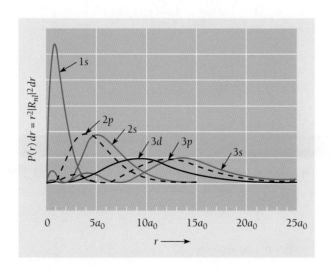

그림 6.11 그림 6.8에서 나타낸 상태들에 대한, 핵으로부터의 거리 r과 $r + dr$ 사이에서 수소 원자의 전자를 발견할 확률

예제 6.2

수소 원자에서 $1s$ 전자의 $1/r$의 평균값이 $1/a_0$임을 증명하라.

풀이

표 6.1에서 $1s$ 전자의 파동함수는

$$\psi = \frac{e^{-r/a_0}}{\sqrt{\pi}a_0^{3/2}}$$

이다. $dV = r^2 \sin\theta\, dr\, d\theta\, d\phi$이므로 $1/r$의 기댓값은

$$\left\langle \frac{1}{r} \right\rangle = \int_0^\infty \left(\frac{1}{r}\right) |\psi|^2\, dV$$

$$= \frac{1}{\pi a_0^3} \int_0^\infty r e^{-2r/a_0}\, dr \int_0^\pi \sin\theta\, d\theta \int_0^{2\pi} d\phi$$

이고, 각 적분값들은

$$\int_0^\infty r e^{-2r/a_0}\, dr = \left[\frac{a_0^2}{4} e^{-2r/a_0} - \frac{r}{2} e^{-2r/a_0} \right]_0^\infty = \frac{a_0^2}{4}$$

$$\int_0^\pi \sin\theta\, d\theta = [-\cos\theta]_0^\pi = 2$$

$$\int_0^{2\pi} d\phi = [\phi]_0^{2\pi} = 2\pi$$

이므로

$$\left\langle \frac{1}{r} \right\rangle = \left(\frac{1}{\pi a_0^3}\right)\left(\frac{a_0^2}{4}\right)(2)(2\pi) = \frac{1}{a_0}$$

이다.

예제 6.3

수소 원자에서 $1s$ 전자가 핵으로부터 거리 $a_0/2$만큼 떨어져 있기보다는 a_0만큼 떨어져 있을 가능성은 얼마나 더 되는가?

풀이

표 6.1에 의하면, $1s$ 전자의 지름 파동함수는

$$R = \frac{2}{a_0^{3/2}} e^{-r/a_0}$$

이며, 식 (6.25)에 의해 수소 원자의 전자가 핵에서부터의 거리 r_1과 r_2에 있을 확률의 비율은 다음과 같다.

$$\frac{P_1}{P_2} = \frac{r_1^2 |R_1|^2}{r_2^2 |R_2|^2} = \frac{r_1^2 \, e^{-2r_1/a_0}}{r_2^2 \, e^{-2r_2/a_0}}$$

여기서 $r_1 = a_0$ 그리고 $r_2 = a_0/2$이므로

$$\frac{P_{a_0}}{P_{a_0/2}} = \frac{(a_0)^2 e^{-2}}{(a_0/2)^2 e^{-1}} = 4e^{-1} = 1.47$$

이다. 전자는 핵으로부터의 거리가 $a_0/2$인 곳에 비해 a_0인 곳에서 47% 더 자주 존재한다(그림 6.11).

확률밀도의 각 변화

함수 Θ는 s 상태인 $l = m_l = 0$을 제외한 모든 양자수 l과 m_l에서 천정각(zenith angle) θ에 따라 변한다. s 상태에서의 확률밀도 $|\Theta|^2$은 실제로 $\frac{1}{2}$이며 상수이다. 이는 $|\Phi|^2$도 상수이므로 전자 확률밀도 $|\psi|^2$이 s 상태에서는 구면대칭을 가진다는 것을 의미한다. 즉, 주어진 r에서는 모두 같은 확률밀도를 가진다. 그러나 다른 상태들에 있는 전자는 방향에 대한 선호를 가지고 있으며, 때로는 상당히 복잡한 모습을 한다. 몇 개의 원자 상태에 대해 전자 확률밀도를 r과 θ의 함수로 나타낸 그림 6.12에서 이런 사실을 볼 수 있다(그림에서 나타낸 양은 $|\psi|^2 dV$가 아니라 $|\psi|^2$이다). $|\psi|^2$이 ϕ에 무관하므로 그림 6.12의 그림들을 수직축에 대해 회전시킴으로써 $|\psi|^2$의 3차원적인 모습을 얻을 수 있다. 이런 3차원 모습에 의하면 s 상태에서는 확률밀도가 분명히 구면대칭이지만, 다른 상태에서는 그렇지 않다는 것을 볼 수 있다. 많은 상태에서 나타나는 특징적인 둥근 돌출부는 화학에서 매우 중요하다는 것이 알려졌다. 왜냐하면 분자 상호작용에서 인접 원자들이 어떻게 상호작용하는지를 말해 주기 때문이다.

그림 6.12를 들여다보면 양자역학적인 상태들과 보어 모델 상태들 사이에 뚜렷한 유사점이 있음을 알 수 있다. 예를 들어, $m_l = \pm 1$인 $2p$ 상태의 전자 확률밀도 분포는 핵을 중심으로 하는 적도면에 있는 도넛 모양과 같다. 계산을 해 보면, 이 상태에 있는 전자를 발견할 확률이 가장 큰 곳은 핵으로부터의 거리가 $4a_0$인 곳인데, 이 값은 같은 주양자수를 가지는 보어 궤도의 반지름과 정확하게 일치한다. $m_l = \pm 2$인 $3d$ 상태와 $m_l = \pm 3$인 $4f$ 상태, 그 밖의 여러 상태에서도 이러한 일치가 존재한다. 위의 경우들은 모두 주어진 에너지 준위에서 가질 수 있는 가장 큰 각운동량을 가지는 상태들이며, 각운동량 벡터는 z축에 가장 가까워지는 상태이므로 전자를 발견할 확률밀도가 가능한 한 적도면에 가까이 몰리게 된다. 그러므로 보어 모델은 각 에너지 준위에 있을 가능한 여러 상태들 중 이 상태들에서 전자가 가장 많이 발견될 위치를 예측해 준다.

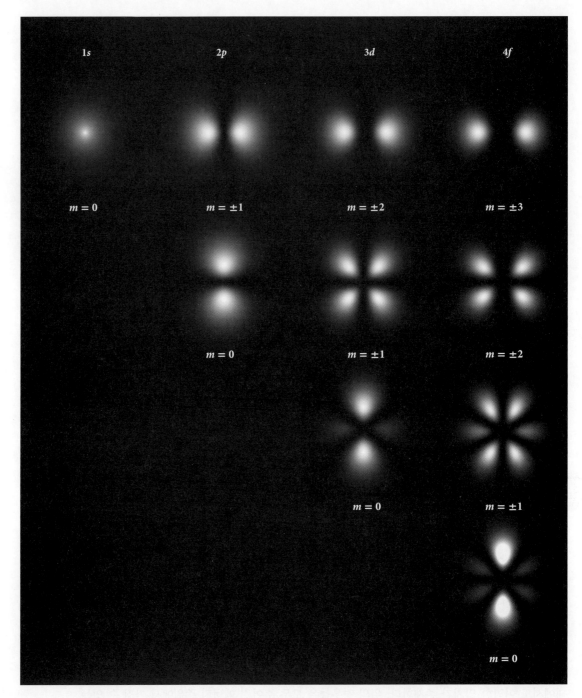

그림 6.12   몇 개의 에너지 상태에 대한 전자 확률밀도 분포 $|\psi|^2$의 사진 표현. 극축(polar axis)을 포함하는 평면 위의 단면도라 생각할 수 있다. 극축은 지면에 포함되고 위쪽 방향이다. 척도는 그림마다 다르다.

6.8 복사전이

전자가 한 상태에서 다른 상태로 옮아가면 어떤 일이 생기는가?

보어는 수소 원자에 대한 자신의 이론을 공식화할 때, 한 원자가 어떤 에너지 준위 E_m에서 그

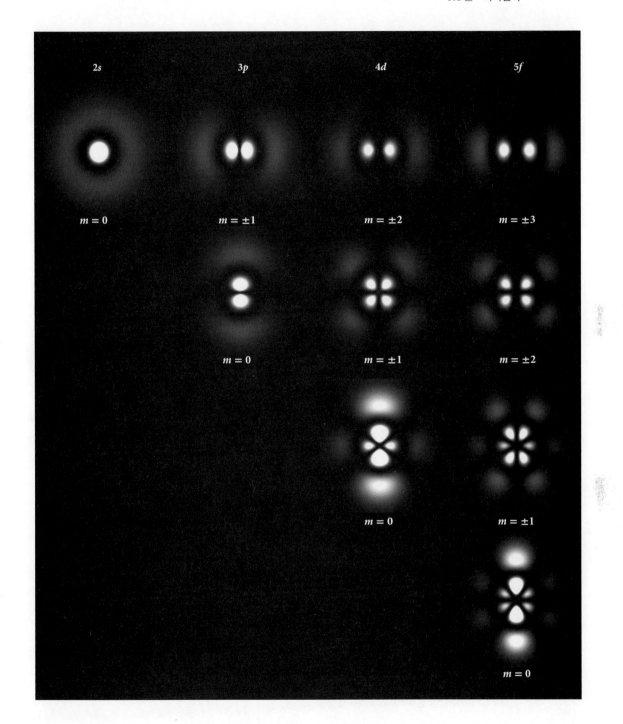

보다 더 낮은 준위 E_n으로 떨어지면서 방출하는 복사선의 진동수 ν는

$$\nu = \frac{E_m - E_n}{h}$$

과 같아야 한다는 가정에 의존하였다. 양자 이론에서는 이러한 관계가 자연스럽게 도출된다는 것을 보이는 것은 그렇게 어렵지 않다. 문제를 간단하게 하기 위해 전자가 x 방향으로만 움직인다고 생각하자.

5.7절에서 양자수가 n이고 에너지가 E_n인 상태에 있는 전자의 시간에 의존하는 파동함수 Ψ_n은 시간에 무관한 파동함수 ψ_n과 주파수가

$$\nu_n = \frac{E_n}{h}$$

인 시간 의존함수의 곱임을 알았다. 그러므로

$$\Psi_n = \psi_n e^{-(iE_n/h)t} \qquad \Psi_n^* = \psi_n^* e^{+(iE_n/\hbar)t} \tag{6.26}$$

이다. 이러한 전자의 위치 기댓값 $\langle x \rangle$는

$$\langle x \rangle = \int_{-\infty}^{\infty} x\Psi_n^*\Psi_n \, dx = \int_{-\infty}^{\infty} x\psi_n^*\psi_n e^{[(iE_n/\hbar)-(iE_n/\hbar)]t} \, dx$$

$$= \int_{-\infty}^{\infty} x\psi_n^*\psi_n \, dx \tag{6.27}$$

가 된다. ψ_n과 ψ_n^*이 위치만의 함수로 정의되어 있기 때문에 기댓값 $\langle x \rangle$는 시간에 따라 변하지 않는 상수이며, 전자가 진동하지 않으므로 어떠한 복사(radiation)도 일어나지 않는다. 따라서 양자역학은 특정한 양자 상태에 있는 원자는 복사선을 방출하지 않는다는 것을 예측해 주고 있고 관측 사실과도 일치한다.

이제 다음으로 한 에너지 상태에서 다른 에너지 상태로 이동하는 전자를 생각하자. $t = 0$일 때 바닥상태 n에 있는 전자에 어떤 종류의 여기 과정(예를 들면, 복사선이나 다른 입자와의 충돌)이 작용하기 시작한다고 하자. 곧이어 원자가 에너지 E_m인 들뜬상태에서 바닥상태로의 전이(transition)에 해당하는 복사선을 방출하는 것을 발견한다. 따라서 원자가 중간 과정 중의 어느 순간은 m 상태에 존재해야 한다고 결론지을 수 있다. 이 복사선의 진동수는 얼마일까?

전자가 n 상태와 m 상태의 두 곳 모두에 존재하는 파동함수 Ψ는

$$\Psi = a\Psi_n + b\Psi_m \tag{6.28}$$

이며, 여기서 a^*a는 전자가 n 상태에 있을 확률이고, b^*b는 전자가 m 상태에 있을 확률이며, 물론 항상 $a^*a + b^*b = 1$이다. 초기에는 $a = 1$, $b = 0$이고, 전자가 들뜬상태에 있을 때는 $a = 0$, $b = 1$이며, 마지막에는 다시 $a = 1$, $b = 0$이 된다. 전자가 둘 중의 어느 한 상태에 있을 동안에는 아무런 복사도 일어나지 않지만, m에서 n으로 전이하는 중(즉, a와 b 둘 모두가 0이 아닌 값을 가질 때)에는 전자기파가 발생한다.

식 (6.28)의 합성 파동함수의 기댓값 $\langle x \rangle$는

$$\langle x \rangle = \int_{-\infty}^{\infty} x(a^*\Psi_n^* + b^*\Psi_m^*)(a\Psi_n + b\Psi_m) \, dx$$

$$= \int_{-\infty}^{\infty} x(a^2\Psi_n^*\Psi_n + b^*a\Psi_m^*\Psi_n + a^*b\Psi_n^*\Psi_m + b^2\Psi_m^*\Psi_m) \, dx \tag{6.29}$$

이다. 여기서도 앞에서와 같이 $a^*a = a^2$, $b^*b = b^2$으로 두었다. 적분의 첫째 항과 마지막 항은

시간에 무관하다. 따라서 적분의 둘째 항과 셋째 항만 $\langle x \rangle$의 시간에 따른 변화에 기여할 수 있다.

식 (6.26)을 사용하여 식 (6.29)를 전개하면 다음과 같다.

$$\langle x \rangle = a^2 \int_{-\infty}^{\infty} x\psi_n^*\psi_n\, dx + b^*a \int_{-\infty}^{\infty} x\psi_m^* e^{+(iE_m/\hbar)t}\, \psi_n e^{-(iE_n/\hbar)t}\, dx$$
$$+ a^*b \int_{-\infty}^{\infty} x\psi_n^* e^{+(iE_n/\hbar)t}\, \psi_m e^{-(iE_m/\hbar)t}\, dx + b^2 \int_{-\infty}^{\infty} x\psi_m^*\psi_m\, dx \tag{6.30}$$

그리고

$$e^{i\theta} = \cos\theta + i\sin\theta \qquad \text{및} \qquad e^{-i\theta} = \cos\theta - i\sin\theta$$

이므로 시간의 함수인 식 (6.30)의 중간 두 항은 다음과 같이 계산된다.

$$\cos\left(\frac{E_m - E_n}{\hbar}\right)t \int_{-\infty}^{\infty} x[b^*a\psi_m^*\psi_n + a^*b\psi_n^*\psi_m]\, dx$$
$$+ i\sin\left(\frac{E_m - E_n}{\hbar}\right)t \int_{-\infty}^{\infty} x[b^*a\psi_m^*\psi_n - a^*b\psi_n^*\psi_m)\, dx \tag{6.31}$$

이 결과의 실수부는 시간에 따라 아래와 같이 변한다.

$$\cos\left(\frac{E_m - E_n}{\hbar}\right)t = \cos 2\pi\left(\frac{E_m - E_n}{h}\right)t = \cos 2\pi\nu t \tag{6.32}$$

따라서 전자의 위치는 삼각함수 모양으로 진동하며, 그 진동수는

$$\nu = \frac{E_m - E_n}{h} \tag{6.33}$$

이다.

전자가 상태 n이나 상태 m에 있을 때에는 전자 위치의 기댓값이 상수이다. 전자가 이 두 상태 사이에서 전이가 일어날 때에는 전자 위치가 진동수 ν로 진동한다. 물론 이러한 전자는 전기 쌍극자와 닮았고, 같은 진동수의 전자기파를 복사한다. 이 결과는 보어가 가정했던 것과 같으며, 실험에 의하여 증명되었다. 지금까지 살펴보았듯이 양자역학에서는 어떤 특별한 가정 없이도 식 (6.33)을 이끌어 낼 수 있다.

6.9 선택 규칙

어떤 전이들은 다른 전이들보다 더 잘 일어난다.

진동수 ν를 알아내기 위해서는 확률 a와 b의 값을 시간의 함수로 알거나, 전자 파동함수 ψ_n과 ψ_m을 꼭 알아야 할 필요는 없다. 그러나 주어진 전이가 일어날 확률을 계산하기 위해서는 이 양들을 알아야 한다. 들뜬상태에 있는 원자가 복사를 내기 위해 필요한 일반적인 조건은 적분값

$$\int_{-\infty}^{\infty} x\psi_n\psi_m^* \, dx \tag{6.34}$$

가 0이 아니어야 하는데, 복사의 강도가 이 적분값에 비례하기 때문이다. 이 적분값을 가지는 전이를 **허용된 전이**(allowed transition)라 하고, 이 적분값이 0인 전이를 **금지된 전이**(forbidden transition)라 부른다.

수소 원자에서 복사전이가 일어나는 처음 상태와 나중 상태를 특정 짓기 위해서는 세 개씩의 양자수가 필요하다. 만약 처음 상태의 주, 궤도, 자기양자수를 각각 n, l, m_l이라 하고, 나중 상태의 주, 궤도, 자기양자수를 각각 n', l', m_l', 그리고 u를 x, y, z 좌표 중의 하나라고 한다면, 허용된 전이의 조건은 다음과 같다.

허용된 전이
$$\int_{-\infty}^{\infty} u\psi_{n,\,l,\,m_l}\psi_{n',\,l',\,m_l}^* \, dV \neq 0 \tag{6.35}$$

여기에서의 적분은 전 공간에 걸친 적분이다. 예를 들어, u를 x라 하면, 이 복사는 x축으로 놓여 있는 쌍극자 안테나에 의해 발생되는 복사에 대응된다.

수소 원자의 파동함수 $\psi_{n,\,l,\,m_l}$을 알고 있으므로 $u = x$, $u = y$ 그리고 $u = z$인 경우, 하나 혹은 그 이상의 서로 다른 양자수를 가지는 상태들 쌍에 대하여 식 (6.35)를 풀 수 있다. 이 식을 적분하여 보면 궤도양자수 l이 +1 또는 −1만큼 바뀌고, 자기양자수 m_l이 바뀌지 않거나 +1 또는 −1만큼 바뀌는 전이만 일어날 수 있다는 것을 알 수 있다. 즉, 허용된 전이의 조건은 다음과 같다.

선택 규칙
$$\Delta l = \pm 1 \tag{6.36}$$
$$\Delta m_l = 0,\ \pm 1 \tag{6.37}$$

주양자수 n의 변화는 제한받지 않는다. 식 (6.36)과 식 (6.37)이 허용된 전이에 대한 **선택 규칙**(selection rule)으로 알려져 있다(그림 6.13).

원자가 복사하기 위해 l의 변화가 ±1이 되어야 한다는 선택 규칙은 방출된 광자가 각운동량 $\pm\hbar$를 가진다는 것을 의미하며, 이 값은 처음과 나중 상태 원자의 각운동량 차이와 같다. 각운동량 $\pm\hbar$를 가지고 있는 광자의 고전적 유사는 좌 혹은 우로 원편광된 전자기파이며, 따라서 광자가 각운동량을 가진다는 개념은 양자 이론에만 있는 독특한 것은 아니다.

양자전기역학

앞서 원자에서의 복사전이에 대한 논의는 고전 개념과 양자 개념이 혼합되어 있다. 초기 고유 상태에서 에너지가 더 낮은 고유 상태로 전이하는 동안 원자 전자의 위치에 대한 기댓값은 식 (6.33)으로 주어지는 진동수 ν로 진동한다. 고전적으로 이처럼 진동하는 전하는 같은 진동수 ν를 가지는 전자기파를 발생시키며, 관찰되는 복사도 실제로 이와 같은 진동수를 가진다. 그러나 고전적 개념으로 원자 내의 과정들을 항상 신뢰성 있게 설명할 수 있는 것은 아니며, 보다 심도 깊은 취급 방법이 요구된다. **양자전기역학**(quantum electrodynamics)이라는 방법은 m 상태에서 n 상태로 전이할 때 광자 한 개를 내보내는 방식을 취함을 보여 준다.

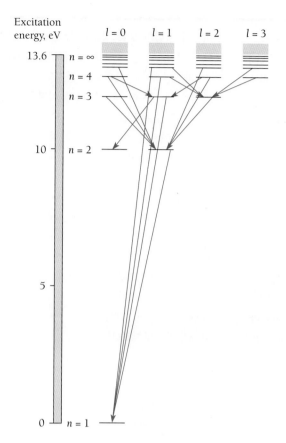

그림 6.13 선택 규칙 $\Delta l = \pm 1$에 의해 허용되는 전이를 보여 주는 수소 원자의 에너지 준위 그림. 그림에서 수직 축은 바닥상태 기준 여기에너지를 나타낸다. 허용된 전이가 모두 표시되어 있지는 않다.

    더욱이 양자전기역학은 원자가 한 에너지 상태에서 그보다 더 낮은 에너지 상태로의 '자발적인(spontaneous)' 전이를 일으키는 메커니즘에 대해 설명해 준다. 모든 전자기파는 순수하게 고전적인 입장에서의 **E**와 **B**의 값을 중심으로 끊임없이 요동함이 밝혀졌다. 이러한 요동은 전자기파가 없을 때, 즉 고전적으로 **E** = **B** = 0일 때에도 일어난다[보통 '진공요동(vacuum fluctuation)'이라고 하며, 조화진동자의 영점 진동(zero-point vibration)과 유사하다]. 들뜬상태에 있는 원자가 광자를 자발적으로 방출하는 것처럼 보이는 겉보기 자발방출은 실은 진공요동이 유도하는 유도방출이다.

    진공요동은 '가상(virtual)' 광자의 바다라고도 생각할 수 있다. 불확정성 원리가 $\Delta E \, \Delta t \geq \hbar/2$이므로 매우 짧게 존재하는 가상 광자는 에너지 보존법칙을 위배하지 않는다. 이런 가상 광자는 다른 것들과 함께 1948년에 네덜란드 물리학자 카시미르(Hendrik Casimir)가 제안한 **캐시미어 효과**(Casimir effect)도 나타낸다(그림 6.14). 두 평행한 금속판 사이에서는 오직 특정한 파장을 가진 가상 광자들만 앞뒤로 반사하고, 한편으로 판의 바깥쪽에서는 모든 파장의 가상 광자들이 판으로부터 반사된다. 이 결과는 판을 서로 밀려는 매우 미약하지만 측정 가능한 힘으로 나타난다.

    캐시미어 효과를 에너지원으로는 사용할 수 없을까? 평행판을 놓아주면 두 판은 함께 움직이면서 진공요동으로부터 운동에너지를 얻고, 두 판이 충돌하면서 열로 변할 것이다. 불행하게도 이런 방법으로는 그렇게 많은 에너지를 얻을 수 없다. 판 넓이 m²당 약 1/2 나노줄(0.5×10^{-9} J)만의 에너지를 얻을 수 있을 뿐이다.   ■

리차드 파인만(Richard P. Feynman: 1918~1988)은 뉴욕 근교인 파 라커웨이(Far Rockaway)에서 태어나 MIT와 프린스턴에서 공부하였다. 1942년에 박사학위를 받은 후 그는 다른 많은 젊은 물리학자들과 함께 뉴멕시코주의 로스앨러모스에서 원자탄 개발에 참여하였다. 종전 직후에는 코넬(Cornell) 대학에 있다가 1951년에 캘리포니아 공과대학교(Cal. Tech.)로 옮겼다.

1940년 후반에 그는 양자전기역학에 큰 공헌을 하였는데, 양자전기역학이란 전기를 띠는 물체 사이의 전자기적 상호작용을 기술하는 상대론적 양자 이론이다. 이 이론에서의 심각한 문제점은 결과에 무한대의 양이 포함되어 있는 것이었는데, 재규격화라고 불리는 과정을 통해 다른 무한대의 양을 빼줌으로써 제거할 수 있었다. 이 과정이 수학적으로 좀 의심스럽고 지금도 많은 물리학자들을 불편하게 만들고 있지만, 최종 이론이 예측한 예언이 모두 대단히 정확하다는 것이 증명되었다. 의심에 개의치 않던 파인만은 "우리가 추구하는 것은 철학이 아니라 실재하는 그 무엇의 행동 모습이다."라고 말하였고, 양자전기역학

이론과 실험의 오차 정도가 뉴욕에서 로스앤젤레스 사이 거리에서 머리카락 한 올의 차이 정도임에 비유하기도 했다.

파인만은 "우리는 항상 양자역학이 나타내고자 하는 세계관을 이해하는 데 대단히 많은 어려움을 겪고 있다. …나는 실재의 문제를 정의할 수도 없다. 따라서 실재의 문제가 존재하지 않는 게 아닐까 하는 의심이 간다. 그러나 실재 문제가 존재하지 않는다고도 확신할 수 없다."라고 씀으로써 많은 물리학자들의 생각을 분명하게 대변하였다.

파인만은 1965년에 양자전기역학의 또 다른 선구자들인 미국인 슈윙거(Julian Schwinger)와 일본인 도모나가 신이치로(Shinichiro Tomonaga)와 함께 노벨상을 수상하였다. 그는 다른 여러 물리 분야에서도 중요한 기여를 하였다. 특히, 절대온도 근처에서의 액체 헬륨의 행태, 그리고 입자물리 이론에서 중요한 기여를 하였다. 그의 세 권짜리 『물리학 강의(Lectures on Physics)』는 1963년에 출판된 이래로 학생과 교수 양쪽 모두를 자극하고 계발시켰다.

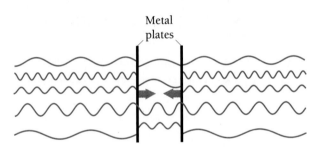

그림 6.14   빈 공간에서도 두 평행한 금속판에 캐시미어 효과가 일어난다. 판의 바깥쪽에서는 모든 파장의 가상 광자들이 판과 충돌하나, 두 평행한 금속판 사이에 갇혀 있는 광자들은 오직 특정한 파장들만 가질 수 있다. 이 결과로 생기는 불균형은 판의 안쪽으로 향하는 힘을 만든다.

6.10 제이만(Zeeman) 효과

원자는 자기장과 어떻게 상호작용을 하는가?

외부 자기장 **B** 안에 있는 자기 쌍극자는 퍼텐셜에너지 U_m을 가지게 되는데, 자기 쌍극자의 자기모멘트 μ의 크기 및 자기장에 대한 방향 모두에 의존한다(그림 6.15).

자속 밀도가 **B**인 자기장 내에 있는 자기 쌍극자가 받은 토크 τ는

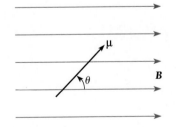

그림 6.15   자기장 B에 대해 각 θ인 자기 쌍극자 모멘트 μ

$$\tau = \mu B \sin \theta$$

이며, 각 θ는 μ와 **B** 사이의 각도이다. 토크는 쌍극자의 방향이 자기장에 대하여 수직일 때 최대이고, 평행하거나 반대 방향으로 평행할 때 0이다. 퍼텐셜에너지 U_m을 계산하기 위해서는 먼저 U_m이 0이 되는 기준점을 정의하여야 한다(실험적으로 퍼텐셜에너지의 변화만 관측되므로 기준점의 선택은 임의로 할 수 있다). $\theta = \pi/2 = 90°$, 즉 μ가 **B**에 수직일 때 $U_m = 0$으로 놓는 것이 편리하다. 임의의 방향에서의 μ의 퍼텐셜에너지는 쌍극자를 $\theta_0 = 90°$로부터 그 방향에서의 각 θ까지 돌리기 위해 외부에서 해 주어야 하는 일의 양과 같다. 그러므로

$$U_m = \int_{\pi/2}^{\theta} \tau \, d\theta = \mu B \int_{\pi/2}^{\theta} \sin \theta \, d\theta$$
$$= -\mu B \cos \theta$$

(6.38)

이다. μ가 **B**와 같은 방향을 가리키면, $U_m = -\mu B$로 최솟값을 갖는다. 이는 자기 쌍극자가 외부 자기장의 방향과 나란하게 배열하려는 경향이 있다는 사실을 따른다.

수소 원자의 궤도 전자의 자기모멘트는 전자의 각운동량 **L**과 관계된다. 그러므로 자기장 안에 있는 원자의 총 에너지에 대한 자기적 에너지의 기여도는 각운동량 **L**의 크기와 방향 모두에 의해 결정된다. 전류루프의 자기모멘트는 다음과 같다.

$$\mu = IA$$

여기서 I는 전류이고, A는 전류루프가 둘러싸고 있는 면적이다. 반지름이 r인 원형 궤도를 f 회전/s로 돌고 있는 전자는 $-ef$의 전류와 같고(전자의 전하가 $-e$이므로), 따라서 자기모멘트는

$$\mu = -ef\pi r^2$$

이다. 전자의 선속도 v가 $2\pi fr$이므로 전자의 각운동량은 아래와 같다.

$$L = mvr = 2\pi mfr^2$$

자기모멘트 μ와 각운동량 L에 대한 공식을 서로 비교해 보면, 궤도 전자의 자기모멘트는

전자의
자기모멘트 $$\mu = -\left(\frac{e}{2m}\right)\mathbf{L}$$ (6.39)

이 됨을 볼 수 있다(그림 6.16). 전자의 질량과 전하만 포함되어 있는 양 $-e/2m$을 **자기회전비율**(gyromagnetic ratio)이라 부른다. 음의 부호는 μ와 **L**의 방향이 반대임을 의미하며, 전자가 음전하를 가지고 있기 때문이다. 위에서 궤도 전자에 대한 자기모멘트는 고전적 계산에 의하여 얻어진 양이지만, 양자역학에서도 같은 결과를 나타낸다. 그러므로 자기장 안에 있는 원자의 자기 퍼텐셜에너지는

$$U_m = \left(\frac{e}{2m}\right)LB \cos \theta$$

(6.40)

이고, B와 θ 모두의 함수이다.

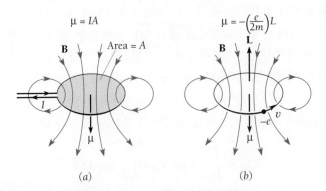

그림 6.16   (a) 면적 A를 둘러싼 전류루프의 자기모멘트 (b) 각운동량 **L**을 가진 궤도 전자의 자기모멘트

자기에너지

그림 6.4로부터 **L**과 z 방향 사이의 각도 θ는 다음과 같은 θ만 가질 수 있다.

$$\cos\theta = \frac{m_l}{\sqrt{l(l+1)}}$$

또한, 허용된 L의 값은

$$L = \sqrt{l(l+1)}\,\hbar$$

로 주어진다. 자기장 **B** 안에 있는 자기양자수 m_l인 원자 전자의 에너지를 구하기 위하여 $\cos\theta$와 L에 관한 위의 관계를 식 (6.40)에 대입한다.

자기에너지 $$U_m = m_l\left(\frac{e\hbar}{2m}\right)B \tag{6.41}$$

물리량 $e\hbar/2m$를 **보어 마그네톤**(Bohr magneton)이라 한다.

보어 마그네톤 $$\mu_B = \frac{e\hbar}{2m} = 9.274 \times 10^{-24} \text{ J/T} = 5.788 \times 10^{-5} \text{ eV/T} \tag{6.42}$$

결국 자기장 안에 있는 원자의 특정한 상태에너지는 n의 값뿐만 아니라 m_l의 값에도 의존한다. 원자가 자기장 안에 있을 때, 주양자수가 n인 상태는 몇 개의 버금상태(substates)로 쪼개져 갈라지며, 이 버금상태의 에너지는 자기장이 없을 때의 에너지보다 약간 크거나 약간 작아진다. 이러한 현상은 자기장 안에 있는 원자가 복사선을 방출할 때 각각의 스펙트럼선을 몇 개의 선들로 갈라지게 하는데, 이 갈라진 선들 사이의 간격은 자기장의 세기에 관계된다.

1896년 처음으로 이 현상을 발견한 독일의 물리학자 제이만(Pieter Zeeman)의 이름을 따서 자기장에 의해 스펙트럼선이 갈라지는 현상을 **제이만 효과**(Zeeman effect)라 한다. 제이만 효과는 공간 양자화의 생생한 한 증거이다.

m_l은 $+l$에서 0, 그리고 $-l$까지의 $2l + 1$개의 값들을 가지므로 자기양자수가 l인 상태는 원자가 자기장 안에 있을 때 에너지 간격이 $\mu_B B$인 $2l + 1$개의 버금상태로 갈라진다. 그러나 전이에 있어서 m_l의 변화는 $\Delta m_l = 0, \pm 1$로 제한되어 있으므로 다른 l을 가지는 두 상태 사이의

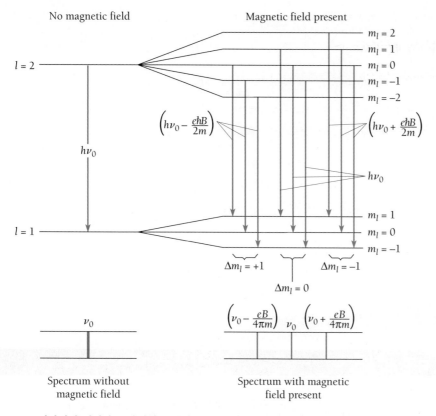

그림 6.17   정상적인 제이만 효과에서는 복사를 내는 원자가 자기장 B 안에 있을 때, 진동수 ν_0인 스펙트럼선이 세 개의 성분으로 분리된다. 한 성분의 진동수는 ν_0이고, 다른 두 성분은 ν_0보다 $eB/4\pi m$만큼 작거나 크다. 단지 세 개의 성분만이 나타나는 이유는 선택 규칙 $\Delta m_l = 0, \pm 1$ 때문이다.

전이에서 생기는 스펙트럼선은 그림 6.17과 같이 단지 세 개로만 나누어진다. 진동수가 ν_0인 스펙트럼선이 다음과 같은 진동수들을 가지는 세 개의 스펙트럼선으로 분리되는 현상을 **정상 제이만 효과**(normal Zeeman effect)라 한다.

$$\nu_1 = \nu_0 - \mu_B \frac{B}{h} = \nu_0 - \frac{e}{4\pi m}B$$

정상
제이만 효과
$$\nu_2 = \nu_0 \tag{6.43}$$

$$\nu_3 = \nu_0 + \mu_B \frac{B}{h} = \nu_0 + \frac{e}{4\pi m}B$$

7장에서 정상 제이만 효과만 제이만 효과의 전부가 아니라는 것을 알게 될 것이다.

예제 6.4

어떤 원소의 시료가 0.300 T인 자기장 안에 놓여 있고, 적당한 방법으로 여기된다. 이 원소의 450 nm 스펙트럼선의 제이만 성분들은 서로 얼마나 분리되어 있는가?

풀이

제이만 성분의 분리는

$$\Delta\nu = \frac{eB}{4\pi m}$$

이다. $\nu = c/\lambda$, $d\nu = -c\,d\lambda/\lambda^2$이므로 음의 부호를 고려하지 않으면

$$\Delta\lambda = \frac{\lambda^2\,\Delta\nu}{c} = \frac{eB\lambda^2}{4\pi mc}$$

$$= \frac{(1.60 \times 10^{-19}\text{ C})(0.300\text{ T})(4.50 \times 10^{-7}\text{ m})^2}{(4\pi)(9.11 \times 10^{-31}\text{ kg})(3.00 \times 10^8\text{ m/s})}$$

$$= 2.83 \times 10^{-12}\text{ m} = 0.00283\text{ nm}$$

이다.

연습문제

6.3 양자수

1. 원자 속의 전자를 기술하는 데 세 개의 양자수를 필요로 하는 것이 왜 자연스러운가? (전자의 스핀 양자수는 제외하고 생각할 것)

2. 아래의 식이 식 (6.13)의 해임을 보이고, 규격화되었음을 보여라.

$$\Theta_{20}(\theta) = \frac{\sqrt{10}}{4}(3\cos^2\theta - 1)$$

3. 아래의 식이 식 (6.14)의 해임을 보이고, 규격화되었음을 보여라.

$$R_{10}(r) = \frac{2}{a_0^{3/2}}e^{-r/a_0}$$

4. 아래의 식이 식 (6.14)의 해임을 보이고, 규격화되었음을 보여라.

$$R_{21}(r) = \frac{1}{2\sqrt{6}a_0^{3/2}}\frac{r}{a_0}e^{-r/2a_0}$$

5. 5장의 연습문제 15에서 서로 직교한다는 것이 계의 고유함수들의 중요한 특성이라고 언급한 바 있다. 이는 아래와 같이 됨을 의미한다.

$$\int_{-\infty}^{\infty}\psi_n^*\psi_m\,dV = 0 \qquad n \neq m$$

$m_l \neq m_l{}'$일 때, 아래의 계산을 통해 위와 같은 관계가 수소 원자의 방위각 파동함수 Φ_{m_l}에 대해서도 성립함을 증명하여라.

$$\int_0^{2\pi}\Phi_{m_l}^*\Phi_{m_l{}'}\,d\phi$$

6. 수소 원자의 방위각 파동함수는 다음과 같다.

$$\Phi(\phi) = Ae^{im_l\phi}$$

$|\Phi|^2$을 0부터 2π에 걸친 모든 각에 대해 적분하여 규격화 상수 A의 값이 $1/\sqrt{2\pi}$임을 증명하여라.

6.5 궤도양자수

7. 수소 원자에 관한 보어 모형에서의 바닥상태에 있는 전자의 각운동량과 양자론에서의 각운동량을 비교하라.

8. (a) ψ가 단지 ϕ에만 의존되도록 반지름 R인 원의 원주에 구속되어 움직이는 질량 m인 입자의 슈뢰딩거 방정식은 무엇인가? (b) 이 방정식을 풀어 ψ를 구하고, 규격화 상수를 계산하라(힌트: 수소 원자에 관한 슈뢰딩거 방정식의 해를 살펴보라). (c) 입자가 가지도록 허용되는 에너지들을 구하라. (d) 입자가 가질 수 있는 각운동량들을 구하라.

6.6 자기양자수

9. 만약 가능하다면, 어떤 상황에서 L_z가 L과 같아지는가?

10. $l = 1$, $l = 2$일 때 L과 z축 사이의 각은 각각 얼마인가?

11. 궤도양자수가 4인 원자 전자의 가능한 자기양자수 m_l의 값은?

12. $n = 4$인 수소 원자의 가능한 양자수의 집합을 열거하라.

13. p, d, f 상태에 있는 원자 전자의 L과 L_z의 최댓값 사이의 차를 L에 대한 퍼센트 비율로 구하여라.

6.7 전자의 확률밀도

14. 어떤 상황일 때 전자의 확률밀도 분포가 구대칭이 되는가? 그 이유는 무엇인가?

15. 6.7절에서 수소 원자 $1s$ 전자의 가장 높은 확률을 갖는 r 값은 보어 반지름 a_0라고 언급하였다. 이 사실을 증명하여라.

16. 6.7절의 끝부분에서 수소 원자의 $2p$ 전자의 가장 높은 확률을 갖는 r 값은 $n = 2$인 보어 궤도의 반지름과 같은 $4a_0$라고 언급하였다. 이 사실을 증명하여라.

17. 수소 원자의 $3d$ 전자의 가장 높은 확률을 갖는 r 값을 구하여라.

18. 그림 6.11에 따르면, $2s$ 전자에 대해 $P\,dr$은 두 개의 극댓값을 갖는다는 것을 알 수 있다. $P\,dr$이 극댓값이 되는 r 값들은 각각 얼마인가?

19. 바닥상태에 있는 수소 원자 전자가 핵으로부터 a_0만큼 떨어진 지점에서 발견될 확률이 $2a_0$에서 발견될 확률보다 몇 배 높은가?

20. 6.7절을 보면, 수소 원자 $1s$ 전자의 r의 평균값은 $1.5a_0$라고 나와 있다. r의 기댓값 $\langle r \rangle = \int r|\psi|^2\,dV$를 계산하여 이를 증명하여라.

21. 핵으로 되어 있는 지름이 r_0인 공 외부에서의 지름파동방정식이 $R(r)$로 기술되는 전자를 발견할 확률은 다음과 같다.

$$\int_{r_0}^{\infty} |R(r)|^2 r^2\,dr$$

(a) $1s$ 수소 원자에서, 핵으로부터 a_0보다 먼 지점에서 전자를 발견할 확률을 계산하라. (b) 수소 원자의 $1s$ 전자가 핵으로부터 $2a_0$만큼 떨어져 있을 때 전자가 갖는 모든 에너지는 포텐셜에너지이다. 따라서 고전물리의 관점에서는 전자는 핵으로부터 $2a_0$보다 더 멀리 떨어져 나갈 수 없다. 수소 원자의 $1s$ 전자의 r 값이 $2a_0$보다 클 확률을 계산하라.

22. 그림 6.11에 따르면, 수소 원자의 $2s$ 전자가 $r = a_0$의 위치보다 핵에 더 가까이 있을(즉, $r = 0$과 $r = a_0$ 사이의 위치에 있을) 확률이 $2p$의 전자가 그러할 확률보다 크다. 실제로 이에 대한 확률들을 계산하여 이를 증명하여라.

23. **언솔드(Unsöld) 이론**에 의하면 어떠한 궤도양자수 l에 대해서도 $m_l = -l$부터 $m_l = +l$ 사이의 모든 가능한 상태들에 해당하는 확률밀도를 모두 더한 값은 θ와 ϕ에 관계없이 상수이다. 이를 식으로 쓰면 다음과 같다.

$$\sum_{m_l=-l}^{+l} |\Theta|^2 |\Phi|^2 = \text{상수}$$

이 이론은 모든 닫힌 버금껍질 원자나 이온은 구대칭으로 분포된 전하를 갖는다는 것을 의미한다(7.6절). 표 6.1을 이용하여 $l = 0$, $l = 1$, $l = 2$일 때에 대하여 언솔드의 이론을 각각 증명하여라.

6.9 선택 규칙

24. 어떤 수소 원자가 $4p$ 상태에 있다. 허용된 전이로 하나의 광자를 방출할 때, 이 원자가 갈 수 있는 상태 혹은 상태들은? (상태가 여러 개라면 여러 개를 따로 써라.)

25. 표 6.1을 이용하여 수소 원자에서의 $n = 2 \rightarrow n = 1$ 전이에 대하여 $\Delta l = \pm 1$임을 검증하라.

26. 조화진동자 상태 간의 전이 선택 규칙은 $\Delta n = \pm 1$이다. (a) 고전적인 견지에서 이 규칙이 정당함을 보여라. (b) 조화진동자에서 $n = 1 \rightarrow n = 0$ 전이와 $n = 1 \rightarrow n = 2$ 전이는 허용되나, $n = 1 \rightarrow n = 3$는 금지되었음을 파동함수를 이용하여 검증하라.

27. 5.8절의 상자 안의 입자에 대하여 $n = 3 \rightarrow n = 2$ 전이와 $n = 2 \rightarrow n = 1$ 전이는 가능하나, $n = 3 \rightarrow n = 1$ 전이는 금지되었음을 검증하라.

6.10 제이만 효과

28. 수소 원자의 보어 모델에서, n번째 준위에 있는 전자의 궤도 자기모멘트의 크기는 얼마인가?

29. 반지름이 r_n인 보어 궤도 내에 있는 전자의 자기모멘트가 $\sqrt{r_n}$에 비례함을 보여라.

30. 예제 4.7에서, 수소 원자에서 음 뮤온($m = 207\,m_e$)으로 전자를 대체하는 뮤온 원자에 대해 생각해 보았다. 이러한 뮤온 원자와 보통의 수소 원자에서의 제이만 효과의 차이가 존재한다면 그것은 무엇일까?

31. 분해능이 0.010 nm인 분광기를 사용할 경우, 400 nm 파장의 스펙트럼선에서의 제이만 효과를 관찰하기 위해 필요한 최소 자기장을 구하여라.

32. 자기장의 세기가 1.00 T일 때, 500 nm 스펙트럼선의 제이만 성분들은 서로 0.0116 nm만큼 떨어진다. 이 데이터로부터 전자의 e/m를 계산하여라.

제7장 다전자 원자

닫힌 껍질만 가진 원자인 헬륨은 화학적으로 불활성이고, 화재가 나거나 폭발하지 않는다. 또한, 공기보다 가벼우므로 비행선에서 사용한다.

양자역학은 수소 원자의 여러 성질들을 정확히, 직설적으로 그리고 아름답게 설명한다. 그러나 전자의 스핀과 배타원리를 고려하지 않고는 수소 원자나 어떤 다른 원자를 완전히 기술할 수 없다. 이 장에서는 원자 현상에서의 전자스핀의 역할을 조사하고, 또한 한 개 이상의 전자를 가진 원자의 구조를 이해하는 데 배타원리가 왜 중요한 열쇠가 되는지 그 이유에 대해 논의한다.

7.1 전자스핀

계속 도는 전자

앞장에서 전개하였던 원자 이론만으로는 잘 알려져 있는 많은 수의 실험적 관측들을 설명하지 못한다. 그중 하나는 많은 스펙트럼선들이 실제로는 간격이 아주 작은 이중선으로 되어 있다는 사실이다. 이 **미세구조**(fine structure)의 한 예는 수소 발머 계열의 첫 번째 선인데, 이 선은 수소 원자의 $n = 3$ 준위와 $n = 2$ 준위 사이의 전이에 의한 선이다. 이론적 예측에 의하면 파장이 656.3 nm인 한 개의 선으로 존재하여야 하지만, 실제로는 서로 0.14 nm 떨어진 두 선으로 이루어져 있다. 효과는 매우 작지만 이론이 실패하였음을 뚜렷이 나타낸다.

단순한 양자역학 이론이 실패하는 또 하나의 예는 6.10절에서 논의하였던 제이만 효과에서도 나타난다. 거기에서 우리는 자기장 내에 있는 원자의 스펙트럼선 각각은 식 (6.43)으로 규정되는 세 개의 성분으로 나누어져야 한다는 것을 보았다. 정상 제이만 효과는 몇 종류의 원소들에서 어떤 특수한 환경일 때에만 실제로 관측되고, 정상 제이만 효과로 나타나지 않는 경우가 더 많다. 넷, 여섯 또는 그보다 더 많은 성분들이 나타나며, 세 개의 성분으로 나누어지는 경우에도 그들 사이의 간격이 식 (6.43)에서의 예측과 일치하지 않는다. 식 (6.43)에서의 예측과 함께 몇몇 비정상 제이만 효과 모양을 그림 7.1에 나타내었다(물리학자 파울리는 1923년에 슬퍼 보인다는 비난을 받자, "비정상 제이만 효과를 생각하면서 어떻게 행복해 보이겠느냐?"라고 대꾸하였다).

스펙트럼선에서의 미세구조와 비정상 제이만 효과 둘 모두를 설명하기 위해 1925년에 네덜란드 대학원생 구드스미트(Samuel Goudsmit)와 울렌벡(George Uhlenbeck)이 다음과 같이 제안하였다.

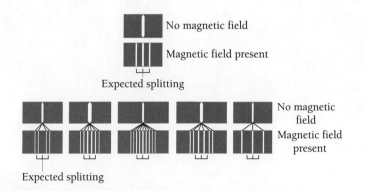

그림 7.1 여러 스펙트럼선에서의 정상 제이만 효과와 비정상적 제이만 효과

전자는 스핀이라 부르는 모든 전자에 대해 그 크기가 같은 고유 각운동량(intrinsic angular momentum)을 가진다. 이 각운동량과 관련있는 물리량은 자기모멘트이다.

구드스미트와 울렌벡이 마음속에 그렸던 것은 전자의 고전적 그림으로, 전자를 대전된 구가 회전축을 중심으로 회전하고 있는 것으로 생각하였다. 회전하면 각운동량을 가지게 되고, 전자는 음으로 대전되어 있으므로 각운동량 벡터 **S**와 방향이 반대인 자기모멘트 μ_S를 가진다. 전자스핀의 개념을 도입함으로써 미세구조와 비정상 제이만 효과뿐만 아니라 여러 다른 많은 원자 현상들도 성공적으로 설명할 수 있음이 밝혀졌다.

물론, 전자를 회전하고 있는 대전된 구로 생각하는 견해는 심한 반대에 부딪히게 되었다. 전자와 높은 에너지를 가진 또 다른 전자 사이의 산란 실험 결과에 의하면, 전자의 지름이 10^{-16} m보다 훨씬 작아서 전자가 거의 점 입자임이 밝혀졌다. 전자스핀과 같은 크기의 각운동량이 관측되려면, 전자와 같이 작은 입자는 구의 적도면에서의 속도가 빛의 속도보다 몇 배나 더 빨라지도록 회전해야 한다.

전자스핀의 개념이 일상생활로부터 얻은 모델로부터 설명할 수 없다고 해서 이 개념이 유효하지 못한 것은 아니다. 상대론이나 양자물리에서 이미 고전적 개념으로는 이상하게 보이는, 그러나 실험과는 일치하는 수많은 개념들을 도입해 왔다. 기본적인 특질로서의 전자스핀은 1929년에 디랙의 상대론적 양자역학의 전개로부터 확인되었다. 디랙은 자신의 이론으로부터 전자와 같은 질량과 전하를 가지는 입자는 구드스미트와 울렌벡이 제안한 전자에서와 같은 고유 각운동량과 자기모멘트를 가져야 한다는 것을 발견하였다.

양자수 s가 전자스핀의 각운동량을 기술한다. s가 가질 수 있는 값은 디랙의 이론으로부터 그리고 스펙트럼선의 데이터로부터 단지 $s = \frac{1}{2}$만 가질 수 있음이 밝혀졌다. 전자스핀에 의한 각운동량의 크기 S는 다음과 같이 스핀양자수 s로 표현된다.

스핀 각운동량
$$S = \sqrt{s(s+1)}\,\hbar = \frac{\sqrt{3}}{2}\hbar \tag{7.1}$$

위의 식은 궤도 각운동량의 크기 L을 궤도양자수 l로 나타내는 식인 $L = \sqrt{l(l+1)}\,\hbar$와 같은 형태를 가진다.

예제 7.1

전자를 중심을 지나는 회전축 주위로 돌고 있는 반지름 r이 $r = 5.00 \times 10^{-17}$ m인 공이라 생각하였을 때, 적도 속력 v를 구하라.

풀이

자전(spinning)하는 공의 각운동량은 $I\omega$이다. 여기서 I는 관성능률로서 $I = \frac{2}{5}mr^2$이고, 각속도 $\omega = v/r$이다. 식 (7.1)로부터 전자의 스핀 각운동량이 $S = (\sqrt{3}/2)\hbar$이므로

$$S = \frac{\sqrt{3}}{2}\hbar = I\omega = \left(\frac{2}{5}mr^2\right)\left(\frac{v}{r}\right) = \frac{2}{5}mvr$$

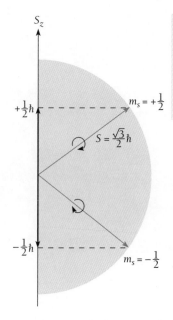

그림 7.2   스핀 각운동량 벡터가 가질 수 있는 두 가능한 방향은 '스핀 위(spin up)'($m_s = +\frac{1}{2}$)와 '스핀 아래(spin down)'($m_s = -\frac{1}{2}$)의 두 방향이다.

$$v = \left(\frac{5\sqrt{3}}{4}\right)\frac{\hbar}{mr} = \frac{(5\sqrt{3})(1.055 \times 10^{-34} \text{ J} \cdot \text{s})}{(4)(9.11 \times 10^{-31} \text{ kg})(5.00 \times 10^{-17} \text{ m})} = 5.01 \times 10^{12} \text{ m/s} = 1.67 \times 10^4 \ c$$

이다. 이 모델을 기초로 한 적도 속도는 광속도보다 10,000배나 빠르다. 물론 이는 불가능하다. 어떠한 고전적 전자 모델도 이 난관을 벗어날 수 없다.

전자스핀에 의한 공간 양자화는 스핀 자기양자수 m_s에 의하여 기술된다. 자기장 내에서의 궤도 각운동량 벡터는 $+l$부터 $-l$까지의 $2l + 1$개의 방향을 가질 수 있다는 것을 상기하자. 비슷하게 스핀 각운동량 벡터는 $2s + 1 = 2$가지의 방향을 가질 수 있으며, 그림 7.2에서와 같이 이 두 방향을 $m_s = +\frac{1}{2}$('spin up')과 $m_s = -\frac{1}{2}$('spin down')로 나타낼 수 있다. z 방향의 자기장 내에 있는 전자의 스핀 각운동량의 성분 S_z는 스핀 자기양자수에 의해 결정되며, 그 값은 다음과 같다.

스핀 각운동량의
z성분
$$S_z = m_s\hbar = \pm \frac{1}{2}\hbar \qquad (7.2)$$

6.10절에서 자기회전비율이 자기모멘트와 각운동량 사이의 비율이었음을 상기하자. 전자의 궤도운동에 의한 자기회전비율은 $-e/2m$이다. 전자스핀에 의한 자기회전비율은 전자 궤도운동에 의한 것의 2배와 거의 같다. 비율을 2로 택하면 전자의 스핀 자기모멘트 $\boldsymbol{\mu}_s$와 전자 스핀 각운동량 S 사이에는 다음과 같은 관계가 있다.

스핀 자기모멘트
$$\boldsymbol{\mu}_s = -\frac{e}{m}\text{S} \qquad (7.3)$$

그러므로 어떠한 축, 예를 들어 z축에 대하여 $\boldsymbol{\mu}_s$가 가질 수 있는 가능한 성분들은 다음과 같이 제한된다.

스핀 자기모멘트의
z성분
$$\mu_{sz} = \pm \frac{e\hbar}{2m} = \pm\mu_B \qquad (7.4)$$

여기서 μ_B는 보어 마그네톤(Bohr magneton)이다(9.274×10^{-24} J/T $= 5.788 \times 10^{-5}$ eV/T). 원자 이론에 전자스핀을 도입한다는 것은 원자 전자의 가능한 상태들을 기술하는 데 각각 n, l, m_l 그리고 m_s의 총 네 개의 양자수가 필요함을 의미하며, 이들에 대해 표 7.1에 나타내었다.

표 7.1   원자 전자의 양자수

이름	기호	가능한 값	결정하는 물리량
주	n	$1, 2, 3, \cdots$	Electron energy
궤도	l	$0, 1, 2, \cdots, n-1$	Orbital angular-momentum magnitude
자기	m_l	$-l, \cdots, 0, \cdots, +l$	Orbital angular-momentum direction
스핀 자기	m_s	$-\frac{1}{2}, +\frac{1}{2}$	Electron spin direction

7.2 배타원리

원자 전자 각각에 대한 다른 양자수 조합

정상 수소 원자에서의 전자는 가장 낮은 에너지 양자 상태에 있다. 좀 더 복잡한 원자들에서는 어떠할까? 우라늄 원자의 92개의 전자들은 모두 같은 양자 상태에 들어가 하나의 확률 구름에 채워져 있을까? 많은 증거들이 그렇지 않다는 것을 보여주고 있다.

이런 증거들 중 하나는 원자구조에 있어서 단지 전자수 한 개만의 차이를 가지는 원소들 사이에 화학적 성질이 매우 다르다는 점이다. 원자번호가 9, 10, 11인 원소들은 각각 화학적으로 활성인 할로겐 기체인 불소, 불활성 기체인 네온 그리고 알칼리 금속인 나트륨이 된다. 원자의 전자 구조가 원자 간의 상호작용을 결정하기 때문에 원자의 모든 전자들이 같은 양자 상태에 있다면, 원자번호가 조금 변한다고 해서 원소들의 화학적 성질이 이렇게 급격하게 변하지는 않을 것이다.

1925년에 파울리(Wolfgang Pauli)는 한 개 이상의 전자를 가지는 원자들의 전자 배치에 대한 기본적인 원리를 발견하였다. 그의 **배타원리**(exclusion principle)는 다음과 같다.

한 원자에서 같은 양자 상태에 두 개 이상의 전자들이 함께 존재할 수 없다. 각각의 전자들은 모두 다른 양자수 조합 n, l, m_l, m_s를 가져야 한다.

파울리는 원자 스펙트럼을 연구하여 배타원리를 이끌어 내었다. 원자의 스펙트럼으로부터 그 원자의 여러 상태들을 결정할 수 있으며, 또한 이 상태들의 양자수를 추정할 수 있다. 수소를 제외한 모든 원소의 스펙트럼에서 양자수의 특정한 조합으로 된 상태들 사이의 전이

볼프강 파울리(Wolfgang Pauli: 1900~1958)는 비엔나에서 태어나 19세에 특수 및 일반상대성이론의 상세한 설명을 준비하여 아인슈타인을 매료시켰으며, 이 설명은 오랫동안 이 분야의 기본이 되었다. 파울리는 1922년 뮌헨 대학에서 박사학위를 받았고, 1928년에 스위스 취리히에 있는 기술연구원(Institute of Technology)의 물리학 교수가 되기 전까지 괴팅겐과 코펜하겐 그리고 함부르크에서 얼마간 지냈다. 그는 1925년에 원자 내의 전자를 기술하기 위해서는 네 개의 양자수(그중 하나는 무엇인지 그때까지 알려지지 않은)가 필요하다는 것과 전자들은 어느 두 개도 같은 양자수 조합을 가질 수 없다는 것을 제안하였다. 이 배타원리(exclusion principle)는 원자 내 전자들의 배열 상태를 이해하는 데 잃어버린 고리 역할을 함이 판명되었다.

1925년 후반에 두 명의 젊은 네덜란드 물리학자 구드스미트와 울렌벡이 전자가 스핀하는 것처럼 보이는 고유 각운동량을 가지고 있음을 보였다. 파울리의 네 번째 양자수는 바로 스핀의 방향을 기술하는 양자수였던 것이었다. 미국 물리학자 크로니그(Ralph Kronig)가 몇 달 앞서 전자스핀에 대해 착안하고 이에 대해 파울리에게 말하였다. 그러나 파울리가 "이 아이디어를 웃어넘겼으므로" 크로니그는 자신의 연구 결과를 출판하지 않았다.

파울리는 1931년에 핵의 베타 붕괴 시 전자와 함께 중성이고 질량이 없는 입자가 함께 방출된다고 가정함으로써 외관상으로 잃어버린 에너지가 존재하던 문제를 해결하였다. 2년 후에 페르미(Fermi)는 그 자신이 중성미자(neutrino; 이탈리아어로 '미세한 중성'이라는 의미)라고 부른 이 입자(현재는 미세한 질량을 가지고 있다고 믿어지는)의 도움을 받아서 베타 붕괴에 대한 이론을 발전시켰다. 파울리는 전쟁 중에 미국에서 지냈으며, 1945년에 노벨상을 받았다.

에 해당하는 스펙트럼선들이 나타나지 않는다. 헬륨 원자에서, 예를 들면 두 개의 전자스핀들이 같은 방향이어서 총 스핀이 1이 되는 바닥상태로의 또는 이 바닥상태로부터의 전이가 나타나지 않는다. 그러나 스핀이 반대 방향이어서 총 스핀이 0이 되는 다른 바닥상태로의 또는 이 바닥상태로부터의 전이는 관측된다.

두 전자 모두가 동일한 $n = 1$, $l = 0$, $m_l = 0$, $m_s = \frac{1}{2}$을 가지는 원자 상태는 없다. 반면에, 한 전자는 $m_s = \frac{1}{2}$이고 다른 전자는 $m_s = -\frac{1}{2}$인 상태는 존재한다. 파울리는 관측되지 않는 모든 원자 상태들은 두 개 또는 그 이상의 전자들이 동시에 같은 양자수를 가지는 상태들이라는 것을 보였으며, 이에 대한 설명이 바로 배타원리이다.

슈테른-게를라흐(Stern-Gerlach) 실험

공간 양자화는 슈테른(Otto Stern)과 게를라흐(Walther Gerlach)에 의해 1921년에 처음으로 명백하게 증명되었다. 그들은 그림 7.3에서와 같이, 오븐에서 나온 중성인 은 원자 선속을 여러 슬릿을 통해 평행하게 한 후에 균일하지 않은 자기장 속으로 통과시켰다. 자기장을 통과한 후의 선속 모양을 사진 건판에 기록하였다.

정상상태 은 원자의 총 자기모멘트는 은 원자에 있는 전자들 중 단 한 개 전자의 스핀에 의해 결정된다. 균일한 자기장에서의 이러한 자기 쌍극자는 자기장 방향과 나란하게 배열하려는 토크만 느낀다. 그러나 균일하지 않은 자기장 내에서는 쌍극자의 각 '극(pole)'이 다른 크기의 힘을 받게 되므로 쌍극자에 미치는 합성력은 자기장에 대한 쌍극자의 방향에 따라 변하게 된다.

고전적으로는 원자 선속에서의 자기 쌍극자들이 모든 방향을 다 가질 것이므로 사진 건판에는 자기장이 전혀 없을 때 생기는 가는 선 대신에 넓은 흔적만 남길 것이다. 그러나 슈테른과 게를라흐는

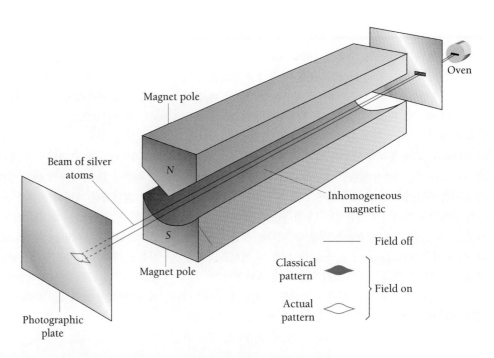

그림 7.3 슈테른-게를라흐 실험

공간 양자화로 허용되는 반대 방향의 두 스핀에 의해 자기장 안에서의 원자 선속이 뚜렷이 두 개로 분리되는 것을 발견하였다. ■

7.3 대칭 및 반대칭 파동함수

페르미온(fermion)과 보손(boson)

원자 구조를 결정하는 데 배타원리가 하는 역할을 탐구하기 전에 배타원리가 내포하고 있는 양자역학적인 의미를 살펴보는 것도 흥미롭다.

상호작용을 하지 않는 n개의 입자로 구성된 계의 완전한 파동함수 $\psi(1, 2, 3, \cdots, n)$는 각 입자들의 파동함수 $\psi(1), \psi(2), \psi(3), \cdots, \psi(n)$의 곱으로 표시할 수 있다. 즉,

$$\psi(1, 2, 3, \cdots, n) = \psi(1)\,\psi(2)\,\psi(3) \cdots \psi(n) \tag{7.5}$$

이다. 두 개의 동일 입자로 이루어진 계를 기술하는 데 쓰일 수 있는 파동함수의 종류를 알아보기 위하여 위의 결과를 이용하기로 하자.

한 입자는 양자 상태 a에 있고, 다른 입자는 상태 b에 있다고 하자. 입자가 동일하기 때문에 입자들이 서로 바뀌어서 앞의 입자가 상태 b에, 뒤의 입자가 상태 a에 있다고 해도 이 계의 확률 밀도 $|\psi|^2$은 바뀌지 않는다. 이것을 기호로 표시하면 다음과 같아야 한다.

$$|\psi|^2(1, 2) = |\psi|^2(2, 1) \tag{7.6}$$

그러므로 입자를 교환했을 때의 파동함수 $\psi(2, 1)$은 식 (7.6)을 만족하는 다음의 두 경우가 되어야 한다.

대칭 $$\psi(2, 1) = \psi(1, 2) \tag{7.7}$$

또는

반대칭 $$\psi(2, 1) = -\psi(1, 2) \tag{7.8}$$

어떤 계의 파동함수 자체는 측정할 수 있는 양이 아니므로 입자를 교환하였을 때 파동함수의 부호를 바꾸어도 좋다. 입자가 교환되어도 아무 영향을 받지 않는 파동함수를 **대칭**(symmetric)이라 하고, 입자를 바꾸었을 때 부호가 반대로 되는 파동함수를 **반대칭**(antisymmetric)이라 한다.

입자 1이 상태 a에, 입자 2가 상태 b에 있다고 하면, 이 계의 파동함수는 식 (7.5)에 의해

$$\psi_{\mathrm{I}} = \psi_a(1)\psi_b(2) \tag{7.9}$$

이다. 또 입자 2가 상태 a에, 입자 1이 상태 b에 있다고 하면 파동함수는

$$\psi_{\mathrm{II}} = \psi_a(2)\psi_b(1) \tag{7.10}$$

이다. 두 입자를 구별할 수 없으므로 어느 순간에 이 계를 기술하는 파동함수가 ψ_{I}인지 ψ_{II}인지 실제로 알 방법이 없다. 어느 순간 이 계가 ψ_{I}으로 기술될 확률은 ψ_{II}로 기술될 확률과 같다.

바꾸어 말하면, 이 계는 전체 시간의 절반 사이에는 ψ_{I}으로 기술될 수 있는 배열을 가지고, 나머지 절반 사이에는 ψ_{II}로 기술될 수 있는 배열에 머물고 있다고 할 수 있다. 그러므로 이 계를 정당하게 기술하기 위해서는 ψ_{I}과 ψ_{II}의 선형결합으로 기술해야 한다. 결합으로 대칭인 결합과 반대칭인 결합의 두 종류가 가능한데, 대칭인 결합은

대칭
$$\psi_S = \frac{1}{\sqrt{2}} [\psi_a(1)\psi_b(2) + \psi_a(2)\psi_b(1)] \tag{7.11}$$

이고, 반대칭인 결합은

반대칭
$$\psi_A = \frac{1}{\sqrt{2}} [\psi_a(1)\psi_b(2) - \psi_a(2)\psi_b(1)] \tag{7.12}$$

이다. $1/\sqrt{2}$은 ψ_S와 ψ_A를 규격화하기 위해 필요한 인수이다. 입자 1과 2를 교환하면 ψ_S는 변하지 않지만, ψ_A의 부호는 반대가 된다. ψ_S와 ψ_A 둘 다 식 (7.6)을 만족시킨다.

파동함수가 대칭인 계에 있는 입자들의 성질과 파동함수가 반대칭인 계에 있는 입자들의 성질 사이에는 많은 중요한 차이점들이 존재한다. 이들 중 가장 명백한 차이점은 대칭의 경우에는 입자 1과 2가 동시에 같은 상태, 즉 $a = b$인 상태에 있을 수 있다. 그러나 반대칭의 경우에 $a = b$라 하면,

$$\psi_A = \frac{1}{\sqrt{2}} [\psi_a(1)\psi_a(2) - \psi_a(2)\psi_a(1)] = 0$$

이 되어 두 입자가 같은 양자 상태에 존재할 수 없다. 파울리는 원자 내의 어떠한 두 전자도 같은 양자 상태에 존재할 수 없다는 사실을 발견하였던 것이다. 따라서 우리는 전자로 이루어진 계는 어떠한 전자 두 개를 교환하면 그 부호가 변하는 파동함수로 기술되어야 한다고 결론지을 수 있다.

페르미온(fermion)과 보손(boson)

$\frac{1}{2}$의 홀수배 스핀($\frac{1}{2}$, $\frac{3}{2}$, ···)을 가지는 모든 입자들은 이 입자들의 어느 한 쌍을 교환하였을 때 반대칭이 되는 파동함수를 가진다는 것이 여러 실험 결과에 의하여 밝혀졌다. 전자뿐만 아니라 양성자, 중성자 같은 입자들은 같은 계에 있을 때 배타원리를 따른다. 즉, 그들이 공통의 힘에 의해 움직일 때 이 계의 구성 입자들은 모두 다른 양자 상태에 있어야 한다. 스핀이 $\frac{1}{2}$의 홀수배인 입자들을 **페르미온**(fermion)이라 하는데, 이렇게 부르는 이유는 이러한 입자들의 계(금속에서의 자유 전자 같은)는 페르미(Fermi)와 디랙에 의해 발견된 통계 분포 법칙에 따르기 때문이며, 9장에서 좀 더 상세하게 배우게 될 것이다.

스핀이 0이거나 정수인 입자들은 이 입자들의 어느 한 쌍을 교환하였을 때 대칭인 파동함수를 가진다. 광자, α 입자, 헬륨 원자 등을 포함하는 이러한 입자들은 배타원리를 따르지 않는다. 스핀이 0 또는 정수인 입자들을 **보손**(boson)이라 하는데, 이 입자들의 계(공동 안의 광자 같은)가 보스(Bose)와 아인슈타인에 의해 발견된 통계 분포 법칙을 따르기 때문이다.

입자들의 파동함수가 대칭인지 반대칭인지를 알면 배타원리에 의한 것 이외에도 다른 많은 결과들을 알 수 있다. 입자들이 단순히 배타원리를 따르는지, 그렇지 않은지에 따라 구별하는 것보다 입자들의 파동함수의 성질에 따라 구별하는 것이 훨씬 유익한 이유가 여기에 있다.

7.4 주기율표

원소들의 체계화

러시아의 화학자 멘델레예프(Dmitri Mendeleev)는 1869년에 **주기율**(periodic law)을 체계화하였으며, 이를 현대적으로 표현하면 다음과 같다.

> 원소들을 원자번호 순으로 배열하면 비슷한 화학적·물리적 성질을 가진 원소들이 일정한 간격으로 되풀이되어 나타난다.

현대의 양자 이론은 그보다 훨씬 뒤에 나타났지만, 멘델레예프는 자신의 업적이 매우 중요하다는 것을 분명히 인식하고 있었고, 그 중요성은 실제로 판명되었다. 그가 언급했던 것처럼 "주기율은 스펙트럼 분석에 의해 새롭게 밝혀진 것과 함께, 낡았지만 오랫동안 희망을 유지하여온 노력, 즉 실험이 불가능하다면 적어도 정신적인 노력에 의해서라도 **기본물질**(primary matter)을 발견하려는 노력을 다시 부활시키는 데 큰 공헌을 해왔다."

주기율표(periodic table)는 원소들을 원자번호에 따라 배열한 일련의 가로줄로 되어 있고, 비슷한 성질을 가지는 원소들이 세로줄에 함께 묶이도록 배열되어 있다. 표 7.2는 간단한 형태의 주기율표이다.

비슷한 성질을 갖는 원소들은 표 7.2에서 나타난 바와 같이 세로줄로 묶여서 **족**(group)을 이룬다(그림 7.4). 1족은 수소와 알칼리 금속들인데, 알칼리 금속은 모두 부드럽고 낮은 녹는점을 가지며 화학적으로 활성이 매우 크다. 리튬(lithium), 나트륨(sodium), 칼륨(potassium)이 그 예이다. 수소는 물리적으로 금속이 아니지만, 화학적으로는 활성이 큰 금속과 같은 행동을 한다. 7족은 할로겐 원소로 구성되어 있는데, 이들은 기체 상태에서 이원자 분자가 되는 휘

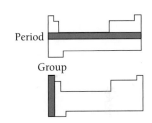

그림 7.4 주기율표에서 같은 족의 원소들은 유사한 성질을 가지고, 같은 주기의 원소들은 다른 성질을 갖는다.

드미트리 멘델레예프(Dmitri Mendeleev: 1834~1907)는 시베리아에서 나고 자랐으며, 모스크바로 갔다가 후에 화학을 공부하러 프랑스와 독일에 갔다. 1866년에 상트페테르부르크(St. Petersburg) 대학의 화학 교수가 되었고, 3년 후에는 초기판의 주기율표를 발간하였다. 그때는 아직 원자번호에 대한 개념이 알려져 있지 않았다. 멘델레예프는 그때까지 알려진 원소들(그 시대에는 단지 63개 원소만)이 주기율표상에서 특성에 따라 합당하게 자리를 차지할 수 있도록 약간의 원소들을 엄격한 원자질량의 순서로부터 벗어나게 하여야 하였고, 또 빈자리를 남겨두어야 하였다. 당시의 다른 화학자들도 같은 방향으로 생각하고 있었으나, 멘델레예프는 1871년에 한 걸음 더 나아가 이 빈자리는 아직까지 발견되지 않은 원자들의 것이라고 제안하였다. 그의 이러한 원소들의 특성에 대한 상세한 예견들이 원소들의 발견으로 충족됨에 따라 그는 유명해졌다. 19세기 말에 불활성 기체가 발견됨에 따라 주기율표는 다시 한 번 성공을 거두게 된다. 멘델레예프 자신은 이 여섯 원소들에 대해 인식하지는 못하고 있었으나, 표에서 완벽하게 새로운 족을 이룬다. 원자번호 101번인 원소는 그를 기려 멘델레븀(mendelevium)이라고 부른다.

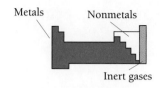

그림 7.5   대부분의 원소는 금속이다.

발성 비금속이다. 알칼리 금속처럼 할로겐은 화학적으로 활성이 크지만, 환원작용제로서보다는 산화작용제로서 큰 활성을 갖는다. 불소(fluorine), 염소(chlorine), 브롬(bromine) 그리고 요오드(iodine) 등이 그 예이다. 불소는 특별히 활성이 매우 커서 백금까지도 부식시킬 수 있다. 8족은 불활성 기체로 이루어져 있는데, 헬륨(helium), 네온(neon) 그리고 아르곤(argon)이 그 예들이다. 이름이 의미하는 것처럼 이들은 화학적으로 불활성이다. 이들은 실제로 다른 원소들과 어떤 화합물도 만들지 않으며, 원자들이 함께 묶여서 분자가 되지도 않는다.

표 7.2에서 가로줄을 **주기**(period)라 한다. 처음의 세 주기는 각 원소들이 아래의 보다 긴 주기의 원소들과 가장 밀접한 관련을 가지고 배열할 수 있도록 중간이 띄어져 있다. 대부분의 원소는 금속이다(그림 7.5). 각 주기를 가로질러 보면 변화의 속도가 크든 작든 처음에는 활성이 강한 금속, 그다음은 활성이 약한 금속, 활성이 약한 비금속 그리고 활성이 아주 큰 비금속, 마지막으로 불활성 기체 순으로 원소들의 성질이 변한다(그림 7.6). 각 세로줄 내에서도 일정하게 원소의 성질이 변하지만, 각 주기에서 나타나는 변화보다는 훨씬 덜 뚜렷하다. 예를 들면, 알칼리 금속 중에서 원자번호가 커지면 화학적 활성이 증가하고, 할로겐에서는 그 반대가 된다.

세 번째 주기 다음의 주기부터 2족과 3족 사이에서 **전이원소**(transition element) 계열들이 나타난다(그림 7.7). 전이원소들은 일반적으로 단단하고 부서지기 쉬운, 그리고 녹는점이 높은 화학적 성질이 상당히 닮은 금속들이다. 6주기에 있는 15개의 전이원소들의 성질은 구별이 불가능할 정도로 실질적으로 거의 같으며, 이들 원소들을 **란탄족** 원소[lanthanide elements 혹은 **희토류**(rare earth)]라 한다. 또 다른 밀접한 관련을 가진 금속들의 모임이 7주기에서도 나타나는데, 이들은 **악티늄족** 원소(actinide element)라 한다.

주기율은 원소들을 체계화하는 지식의 기본 바탕이 되었으므로 1세기가 넘도록 화학자에게는 없어서는 안 되는 법칙이었다. 어떠한 새로운 가정도 하지 않고 자연스럽게 주기율을 설명할 수 있다는 것은 원자에 대한 양자 이론의 또 하나의 성공 사례이다.

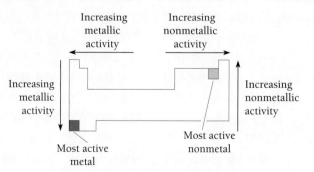

그림 7.6   주기율표에서 화학적 활성도가 변하는 모양

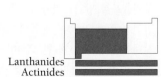

그림 7.7   전이원소는 금속이다.

표 7.2
주기율표

The number above the symbol of each element is its atomic number, and the number below its name is its average atomic mass. The elements whose atomic masses are given in parentheses do not occur in nature but have been created in nuclear reactions. The atomic mass in such a case is the mass number of the most long-lived radioisotope of the element. Elements with atomic numbers 110, 111, 112, 114, and 116 have also been created but not yet named.

Main group elements

Period	Group 1	2	3	4	5	6	7	8
1	1 H Hydrogen 1.008							2 He Helium 4.003
2	3 Li Lithium 6.941	4 Be Beryllium 9.012	5 B Boron 10.81	6 C Carbon 12.01	7 N Nitrogen 14.01	8 O Oxygen 16.00	9 F Fluorine 19.00	10 Ne Neon 20.18
3	11 Na Sodium 22.99	12 Mg Magnesium 24.31	13 Al Aluminium 26.98	14 Si Silicon 28.09	15 P Phosphorus 30.97	16 S Sulfur 32.07	17 Cl Chlorine 35.45	18 Ar Argon 39.95
4	19 K Potassium 39.10	20 Ca Calcium 40.08	31 Ga Gallium 69.72	32 Ge Germanium 72.59	33 As Arsenic 74.92	34 Se Selenium 78.96	35 Br Bromine 79.90	36 Kr Krypton 83.80
5	37 Rb Rubidium 85.47	38 Sr Strontium 87.62	49 In Indium 114.8	50 Sn Tin 118.7	51 Sb Antimony 121.9	52 Te Tellurium 127.6	53 I Iodine 126.9	54 Xe Xenon 131.8
6	55 Cs Cesium 132.9	56 Ba Barium 137.3	81 Tl Thallium 204.4	82 Pb Lead 207.2	83 Bi Bismuth 209.0	84 Po Polonium (209)	85 At Astatine (210)	86 Rn Radon (222)
7	87 Fr Francium (223)	88 Ra Radium 226.0						

Alkali metals (Group 1) · Halogens (Group 7) · Inert gases (Group 8)

Transition metals

Period	21 Sc	22 Ti	23 V	24 Cr	25 Mn	26 Fe	27 Co	28 Ni	29 Cu	30 Zn
4	Scandium 44.96	Titanium 47.88	Vanadium 50.94	Chromium 52.00	Manganese 54.94	Iron 55.8	Cobalt 58.93	Nickel 58.69	Copper 63.55	Zinc 65.39
5	39 Y Yttrium 88.91	40 Zr Zirconium 91.22	41 Nb Niobium 92.91	42 Mo Molybdenum 95.94	43 Tc Technetium (98)	44 Ru Ruthenium 101.1	45 Rh Rhodium 102.9	46 Pd Palladium 106.4	47 Ag Silver 107.9	48 Cd Cadmium 112.4
6	72 Hf Hafnium 178.5	73 Ta Tantalum 180.9	74 W Tungsten 183.9	75 Re Rhenium 186.2	76 Os Osmium 190.2	77 Ir Iridium 192.2	78 Pt Platinum 195.1	79 Au Gold 197.0	80 Hg Mercury 200.6	
7	104 Rf Rutherfordium (261)	105 Db Dubnium (262)	106 Sg Seaborgium (263)	107 Bh Nielsbohrium (262)	108 Hs Hassium (264)	109 Mt Meitnerium (266)				

Lanthanides (rare earths)

57 La	58 Ce	59 Pr	60 Nd	61 Pm	62 Sm	63 Eu	64 Gd	65 Tb	66 Dy	67 Ho	68 Er	69 Tm	70 Yb	71 Lu
Lanthanum 138.9	Cerium 140.1	Praseodymium 140.9	Neodymium 144.2	Promethium (145)	Samarium 150.4	Europium 152.0	Gadolinium 157.3	Terbium 158.9	Dysprosium 162.5	Holmium 184.9	Erbium 167.3	Thulium 168.9	Ytterbium 173.0	Lutetium 175.0

Actinides

89 Ac	90 Th	91 Pa	92 U	93 Np	94 Pu	95 Am	96 Cm	97 Bk	98 Cf	99 Es	100 Fm	101 Md	102 No	103 Lr
Actinium (227)	Thorium 232.0	Protactinium 231.0	Uranium 238.0	Neptunium (237)	Plutonium (244)	Americium (243)	Curium (247)	Berkelium (247)	Californium (251)	Einsteinium (252)	Fermium (257)	Mendelevium (260)	Nobelium (259)	Lawrencium (262)

(역자주: 원자번호 110~116의 원소들은 현재 모두 명명되었고, 원자번호 116이상의 원소들도 만들어지고 있다. 이에 흥미를 가진 독자는 최신 주기율표를 참고하기 바람)

7.5 원자 구조

전자껍질과 버금껍질

하나 이상의 전자를 가지는 원자의 전자 구조를 결정하는 데 두 가지 기본 원칙이 있다.

1. 입자들로 구성된 계는 계의 총 에너지가 최소일 때 안정하다.
2. 원자의 어떤 특정한 양자 상태에는 단 한 개만의 전자가 존재할 수 있다.

실제 원자에 이 원칙을 적용하기 전에 양자 상태에 따른 전자에너지의 변화를 살펴보자.

복잡한 원자 안에 있는 여러 전자들 사이에는 분명히 서로 간의 직접적인 상호작용이 있겠지만, 전자들은 일정한 평균 전기장의 영향을 받고 있다고 간단히 생각함으로써도 원자 구조에 대해 많은 이해를 할 수 있다. 주어진 전자에 미치는 유효 전기장은 해당 전자보다 핵에 더 가까이 있는 전자들로 인해 핵이 부분적으로 가려져 핵의 전하량이 Ze에서부터 일부분 줄어든 유효핵전하에 의한 전기장으로 근사할 수 있다(7.6절의 그림 7.9 참고).

동일한 주양자수 n을 가지는 전자들은 일반적으로(항상 그렇지는 않지만) 핵으로부터 대체로 같은 평균 거리에 떨어져 있다고 할 수 있다. 그러므로 이 전자들은 대체로 같은 크기의 전기장과 상호작용을 하며 비슷한 에너지를 가지게 된다. 관습적으로 이러한 전자들은 같은 원자 **껍질**(shell)을 채우고 있다고 표현한다. 껍질들은 다음과 같은 요령으로 대문자로 표기된다.

(7.13)

원자 껍질

$$n = 1 \quad 2 \quad 3 \quad 4 \quad 5 \cdots$$
$$\quad K \quad L \quad M \quad N \quad O \cdots$$

특정한 껍질 안에 있는 전자들의 에너지는 주양자수 n보다는 그 영향이 훨씬 작지만, 전자의 궤도양자수 l에도 어느 정도 관계된다. 복잡한 원자에서 한 주어진 전자에 대해 사이에 끼어든 껍질 전자들에 의한 핵 전체 전하의 가려짐 정도, 즉 차폐되는 정도는 그 전자의 확률-밀도 분포에 따라 달라진다. 작은 l 값을 가진 전자는 더 큰 l 값을 가진 전자에 비해 훨씬 덜 가려지는 위치인, 핵과 좀 더 가까운 위치에서 발견될 확률이 높다(그림 6.11). 이런 결과로 작은 l 값을 가진 전자의 총 에너지는 더 낮아진다(즉, 결합에너지가 커진다). 각각의 껍질에 있는 전자는 l이 커짐에 따라 에너지도 커진다. 이러한 효과를 그림 7.8에 나타내었는데, 가벼운 원소들에서의 전자 결합에너지를 원자번호의 함수로 나타낸 그림이다.

한 껍질 내에서 특정한 l 값을 가지는 전자들을 같은 **버금껍질**(subshell)을 차지한다고 말한다. 전자의 에너지는 m_l과 m_s에 대해 상대적으로 매우 적게 의존하므로 같은 버금껍질에 들어 있는 전자들은 거의 똑같은 에너지를 갖는다.

원자의 여러 버금껍질에 전자가 채워져 있음을 표시하는 데는 수소 원자의 여러 양자 상태에 대해 앞장에서 도입하였던 기호들이 사용된다. 표 6.2에서 지적한 바와 같이, 버금껍질들은 주양자수 n과 그 뒤에 궤도양자수 l의 값에 해당하는 문자를 써서 나타낸다. 문자의 오른쪽 위에 쓰인 첨자는 그 버금껍질 내에 들어 있는 전자의 수를 가리킨다. 예를 들어, 나트륨의 전자 배치는

$$1s^2 2s^2 2p^6 3s^1$$

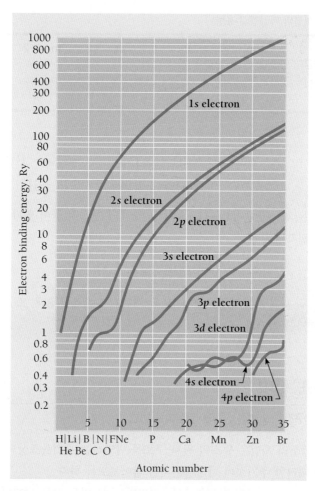

그림 7.8 뤼드베리 단위(rydberg unit)로 나타낸 전자의 속박에너지(1 Ry = 13.6 eV = 수소의 바닥상태 에너지)

이며, $1s(n = 1, l = 0)$와 $2s(n = 2, l = 0)$ 버금껍질에 각각 두 개의 전자가 들어 있고, $2p(n = 2, l = 1)$ 버금껍질에는 6개의 전자가 들어 있으며, $3s(n = 3, l = 0)$ 버금껍질에 한 개의 전자가 들어 있음을 의미한다.

껍질과 버금껍질의 용량

주어진 한 버금껍질에 들어갈 수 있는 전자의 수는 배타원리에 의해 제한받는다. 한 버금껍질은 특정한 주양자수 n과 궤도양자수 l에 의해 특정지어지는데, 여기에서 l은 $0, 1, 2, \cdots, (n - 1)$의 값만 가질 수 있다. 또한, $m_l = 0, \pm 1, \pm 2, \cdots, \pm l$이므로 자기양자수 m_l은 $2l + 1$개의 다른 값들을 가진다. 그리고 주어진 m_l에 대해 스핀 자기양자수 m_s는 두 개의 값 $+\frac{1}{2}$과 $-\frac{1}{2}$을 가진다. 그러므로 각각의 버금껍질에는 최대 $2(2l + 1)$개의 전자가 들어갈 수 있다(표 7.3 참조).

한 껍질이 가질 수 있는 전자의 최대 수는 그 껍질의 모든 채워진 버금껍질들이 가지고 있는 전자 수의 합과 같다.

표 7.3 $M(n = 3)$ 껍질의 버금껍질 용량

	$m_l = 0$	$m_l = -1$	$m_l = +1$	$m_l = -2$	$m_l = +2$	
$l = 0$:	↓↑					$\uparrow m_s = +\frac{1}{2}$
$l = 1$:	↓↑	↓↑	↓↑			$\downarrow m_s = -\frac{1}{2}$
$l = 2$:	↓↑	↓↑	↓↑	↓↑	↓↑	

$$N_{\max} = \sum_{l=0}^{l=n-1} 2(2l+1) = 2[1 + 3 + 5 + \cdots + \{2(n-1)+1\}]$$
$$= 2[1 + 3 + 5 + \cdots + 2n - 1]$$

이다. 대괄호 안에는 평균값이 $\frac{1}{2}[1 + (2n - 1)]$인 n개의 항들이 들어 있다. 그러므로 채워진 껍질에 들어 있는 전자의 수는

$$N_{\max} = (n)(2)(\tfrac{1}{2})[1 + (2n - 1)] = 2n^2 \tag{7.14}$$

이다. 그러므로 모두 채워진 K 껍질은 2개, 모두 채워진 L 껍질은 8개, 또 모두 채워진 M 껍질은 18개 등의 전자를 가진다.

7.6 주기율표 설명

원자의 전자 구조가 화학적 성질을 결정하는 방법

전자껍질 및 버금껍질의 개념은 원소의 원자 구조를 반영하는 주기율표상의 주기성과 완전히 일치한다. 어떻게 이러한 주기성이 나타나는지를 알아보도록 하자.

껍질이나 버금껍질에 할당된 가능한 모든 전자가 들어 있을 때를 **닫혔다**(closed)고 한다. 닫힌 s 버금껍질($l = 0$)에는 두 개의 전자로 채워지며, 닫힌 p 버금껍질($l = 1$)에는 6개, 닫힌 d 버금껍질($l = 2$)에는 10개의 전자 등으로 채워진다.

닫힌 버금껍질에 있는 전자들의 총 각운동량 및 총 스핀 각운동량은 0이며, 이들의 유효 전하 분포는 완벽하게 대칭적이다(6장의 연습문제 23을 보라). 닫힌 껍질에서의 전자들은 모두 강하게 결합되어 있다. 왜냐하면 안쪽에서 가리는 전자들의 음전하에 비해 핵의 양전하가 상대적으로 크기 때문이다(그림 7.9). 닫힌 껍질만의 원자는 쌍극자 모멘트를 가지지 않으므로 다른 전자들을 끌어당기지 않으며, 껍질 내의 전자를 쉽게 떼어낼 수도 없다. 이러한 원자들은 불활성 기체처럼 화학적으로 활성이 약하리라 예상되는데, 사실 불활성 기체는 모두 닫힌-껍질의 전자 배치나 그에 상응하는 배치를 갖는다는 것이 판명되었다. 원소들의 전자 배치를 보여주는 표 7.4를 보면 이 사실이 명백하다는 것을 알 수 있다.

1족의 알칼리 금속 원자는 모두 바깥 껍질에 한 개의 s 전자만 가진다. 이러한 전자는 핵으로부터 상대적으로 멀리 떨어져 있다. 또한, 바깥 껍질에서의 전자는 안쪽에 있는 모든 전자들에 의해 가려지므로 이 전자가 느끼는 유효 핵전하는 $+Ze$가 아니라 $+e$가 된다. 이러한 전자를 원자로부터 떼어내는 데에는 상대적으로 적은 일이 필요하며, 따라서 알칼리 금속은 쉽게 원자가 $+e$인 양이온이 된다.

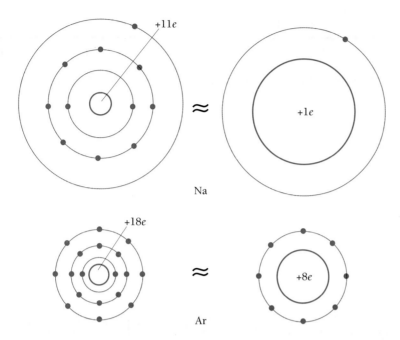

그림 7.9 나트륨과 아르곤 원자에서 전자 가려짐(혹은 차폐)의 도식적 설명. 이 투박한 모델에서의 Ar 원자의 외각전자는 Na 원자의 외각전자보다 8배나 더 큰 핵의 유효 전하 영향을 받는다. 따라서 Ar 원자의 크기는 Na보다 작고 이온화 에너지는 더 크다. 실제 원자에서는 각 전자의 확률 밀도 분포가 복잡한 형태로 겹쳐지므로 차폐되는 전하량은 다를 수 있지만, 그 기본 효과는 이 모델에서와 같다.

예제 7.2

리튬의 이온화 에너지는 5.39 eV이다. 이 값으로부터 리튬 원자의 바깥(2s) 전자에 작용하는 유효 전하를 구하라.

풀이

만약 핵의 유효 전하가 e 대신에 Ze라면, 식 (4.15)는

$$E_n = \frac{Z^2 E_1}{n^2}$$

이 된다. 여기에서의 n은 2s 전자이므로 2이고, 이온화 에너지는 $E_2 = -5.39$ eV라 하였다. 수소의 이온화 에너지가 $E_1 = -13.6$ eV이므로

$$Z = n\sqrt{\frac{E_2}{E_1}} = 2\sqrt{\frac{5.39\text{ eV}}{13.6\text{ eV}}} = 1.26$$

이다. 유효 전하는 e 대신에 $1.26e$이다. 왜냐하면 핵전하 $3e$가 두 1s 전자에 의해 $2e$만큼 완전히 가려지지 않았기 때문이다. 그림 6.11에서 볼 수 있는 것처럼 2s 전자를 1s 전자 안쪽에서 발견할 확률이 어느 정도 있다.

표 7.4 원소의 전자배열

	K	L		M			N				O				P			Q
	$1s$	$2s$	$2p$	$3s$	$3p$	$3d$	$4s$	$4p$	$4d$	$4f$	$5s$	$5p$	$5d$	$5f$	$6s$	$6p$	$6d$	$7s$
1 H	1																	
2 He	2	← Inert gas																
3 Li	2	1 ← Alkali metal																
4 Be	2	2																
5 B	2	2	1															
6 C	2	2	2															
7 N	2	2	3															
8 O	2	2	4															
9 F	2	2	5 ← Halogen															
10 Ne	2	2	6 ← Inert gas															
11 Na	2	2	6	1 ← Alkali metal														
12 Mg	2	2	6	2														
13 Al	2	2	6	2	1													
14 Si	2	2	6	2	2													
15 P	2	2	6	2	3													
16 S	2	2	6	2	4													
17 Cl	2	2	6	2	5 ← Halogen													
18 Ar	2	2	6	2	6 ← Inert gas													
19 K	2	2	6	2	6		1 ← Alkali metal											
20 Ca	2	2	6	2	6		2											
21 Sc	2	2	6	2	6	1	2											
22 Ti	2	2	6	2	6	2	2											
23 V	2	2	6	2	6	3	2											
24 Cr	2	2	6	2	6	5	1											
25 Mn	2	2	6	2	6	5	2											
26 Fe	2	2	6	2	6	6	2		Transition elements									
27 Co	2	2	6	2	6	7	2											
28 Ni	2	2	6	2	6	8	2											
29 Cu	2	2	6	2	6	10	1											
30 Zn	2	2	6	2	6	10	2											
31 Ga	2	2	6	2	6	10	2	1										
32 Ge	2	2	6	2	6	10	2	2										
33 As	2	2	6	2	6	10	2	3										
34 Se	2	2	6	2	6	10	2	4										
35 Br	2	2	6	2	6	10	2	5 ← Halogen										
36 Kr	2	2	6	2	6	10	2	6 ← Inert gas										
37 Rb	2	2	6	2	6	10	2	6			1 ← Alkali metal							
38 Sr	2	2	6	2	6	10	2	6			2							
39 Y	2	2	6	2	6	10	2	6	1		2							
40 Zr	2	2	6	2	6	10	2	6	2		2							
41 Nb	2	2	6	2	6	10	2	6	4		1							
42 Mo	2	2	6	2	6	10	2	6	5		1							
43 Tc	2	2	6	2	6	10	2	6	5		2	Transition elements						
44 Ru	2	2	6	2	6	10	2	6	7		1							
45 Rh	2	2	6	2	6	10	2	6	8		1							
46 Pd	2	2	6	2	6	10	2	6	10									
47 Ag	2	2	6	2	6	10	2	6	10		1							
48 Cd	2	2	6	2	6	10	2	6	10		2							
49 In	2	2	6	2	6	10	2	6	10		2	1						
50 Sn	2	2	6	2	6	10	2	6	10		2	2						
51 Sb	2	2	6	2	6	10	2	6	10		2	3						
52 Te	2	2	6	2	6	10	2	6	10		2	4						

표 7.4 (계속)

	K	L		M			N				O				P			Q
	1s	2s	2p	3s	3p	3d	4s	4p	4d	4f	5s	5p	5d	5f	6s	6p	6d	7s
53 I	2	2	6	2	6	10	2	6	10		2	5 ← Halogen						
54 Xe	2	2	6	2	6	10	2	6	10		2	6 ← Inert gas						
55 Cs	2	2	6	2	6	10	2	6	10		2	6			1 ← Alkali metal			
56 Ba	2	2	6	2	6	10	2	6	10		2	6			2			
57 La	2	2	6	2	6	10	2	6	10		2	6	1		2			
58 Ce	2	2	6	2	6	10	2	6	10	2	2	6			2			
59 Pr	2	2	6	2	6	10	2	6	10	3	2	6			2			
60 Nd	2	2	6	2	6	10	2	6	10	4	2	6			2			
61 Pm	2	2	6	2	6	10	2	6	10	5	2	6			2			
62 Sm	2	2	6	2	6	10	2	6	10	6	2	6			2			
63 Eu	2	2	6	2	6	10	2	6	10	7	2	6			2			
64 Gd	2	2	6	2	6	10	2	6	10	7	2	6	1		2			
65 Tb	2	2	6	2	6	10	2	6	10	9	2	6			2			
66 Dy	2	2	6	2	6	10	2	6	10	10	2	6			2			
67 Ho	2	2	6	2	6	10	2	6	10	11	2	6			2			
68 Er	2	2	6	2	6	10	2	6	10	12	2	6			2			
69 Tm	2	2	6	2	6	10	2	6	10	13	2	6			2			
70 Yb	2	2	6	2	6	10	2	6	10	14	2	6			2			
71 Lu	2	2	6	2	6	10	2	6	10	14	2	6	1		2			
72 Hf	2	2	6	2	6	10	2	6	10	14	2	6	2		2			
73 Ta	2	2	6	2	6	10	2	6	10	14	2	6	3		2			
74 W	2	2	6	2	6	10	2	6	10	14	2	6	4		2			
75 Re	2	2	6	2	6	10	2	6	10	14	2	6	5		2			
76 Os	2	2	6	2	6	10	2	6	10	14	2	6	6		2			
77 Ir	2	2	6	2	6	10	2	6	10	14	2	6	7		2			
78 Pt	2	2	6	2	6	10	2	6	10	14	2	6	9		1			
79 Au	2	2	6	2	6	10	2	6	10	14	2	6	10		1			
80 Hg	2	2	6	2	6	10	2	6	10	14	2	6	10		2			
81 Tl	2	2	6	2	6	10	2	6	10	14	2	6	10		2	1		
82 Pb	2	2	6	2	6	10	2	6	10	14	2	6	10		2	2		
83 Bi	2	2	6	2	6	10	2	6	10	14	2	6	10		2	3		
84 Po	2	2	6	2	6	10	2	6	10	14	2	6	10		2	4		
85 At	2	2	6	2	6	10	2	6	10	14	2	6	10		2	5 ← Halogen		
86 Rn	2	2	6	2	6	10	2	6	10	14	2	6	10		2	6 ← Inert gas		
87 Fr	2	2	6	2	6	10	2	6	10	14	2	6	10		2	6		1 ← Alkali metal
88 Ra	2	2	6	2	6	10	2	6	10	14	2	6	10		2	6		2
89 Ac	2	2	6	2	6	10	2	6	10	14	2	6	10		2	6	1	2
90 Th	2	2	6	2	6	10	2	6	10	14	2	6	10		2	6	2	2
91 Pa	2	2	6	2	6	10	2	6	10	14	2	6	10	2	2	6	1	2
92 U	2	2	6	2	6	10	2	6	10	14	2	6	10	3	2	6	1	2
93 Np	2	2	6	2	6	10	2	6	10	14	2	6	10	4	2	6	1	2
94 Pu	2	2	6	2	6	10	2	6	10	14	2	6	10	5	2	6	1	2
95 Am	2	2	6	2	6	10	2	6	10	14	2	6	10	6	2	6	1	2
96 Cm	2	2	6	2	6	10	2	6	10	14	2	6	10	7	2	6	1	2
97 Bk	2	2	6	2	6	10	2	6	10	14	2	6	10	8	2	6	1	2
98 Cf	2	2	6	2	6	10	2	6	10	14	2	6	10	10	2	6		2
99 Es	2	2	6	2	6	10	2	6	10	14	2	6	10	11	2	6		2
100 Fm	2	2	6	2	6	10	2	6	10	14	2	6	10	12	2	6		2
101 Md	2	2	6	2	6	10	2	6	10	14	2	6	10	13	2	6		2
102 No	2	2	6	2	6	10	2	6	10	14	2	6	10	14	2	6		2
103 Lr	2	2	6	2	6	10	2	6	10	14	2	6	10	14	2	6	1	2

Lanthanides (57–71), *Transition elements*, *Actinides* (89–103)

이온화 에너지

그림 7.10은 원소의 이온화 에너지가 원자번호에 따라 어떻게 변화하는가를 보여준다. 예측한 대로 불활성 기체는 가장 높은 이온화 에너지들을, 알칼리 금속은 가장 낮은 이온화 에너지들을 가진다. 원자가 커질수록 바깥쪽 전자의 위치는 핵으로부터 더 멀어지고, 전자를 붙잡아두려는 힘은 더 약해진다. 주기율의 주어진 어느 한 족에서 아래로 내려갈수록 이온화 에너지가 일반적으로 작아지는 이유가 여기에 있다. 어느 한 주어진 주기에서는 오른쪽으로 갈수록 이온화 에너지가 증가하는데, 이는 내부에서 차폐하는 전자들의 수는 일정한 데 비해 오른쪽으로 갈수록 핵의 전하가 점점 증가하기 때문이다. 예를 들면, 2주기에서 리튬 원자의 외각 전자는 유효 전하 $+e$에 의해 핵에 묶여 있지만 베릴륨(beryllium), 붕소, 탄소 등의 외각 전자들은 각각 $+2e$, $+3e$, $+4e$ 등의 유효 전하로 묶여 있다. 리튬의 이온화 에너지가 5.4 eV인 반면에, 주기의 맨 끝에 위치하는 네온(neon)의 이온화 에너지는 21.6 eV이다.

최외각의 전자를 잃어버리려는 경향이 있는 알칼리 금속과는 정반대로 할로겐 원자들은 핵의 전하가 불완전하게 차폐되어 있기 때문에 전자를 하나 더 얻어서 바깥 버금껍질을 완전하게 채우려는 경향이 있다. 따라서 할로겐 원소들은 쉽게 전하가 $-e$인 음이온이 된다. 위와 같은 이유들로부터 주기율표상 족의 구성 원소들 간에 가지는 유사성을 설명할 수 있다.

크기

엄밀히 말해 원자가 특정한 크기를 가진다고는 말할 수 없지만, 실용적인 관점에서 볼 때 밀집 구조(closed packed) 결정격자에서 관측된 원자들 간의 거리를 근거로 하여 원자가 거의 특정한 크기를 가진 것으로 근사할 수 있다. 그림 7.11에서 원자의 반지름이 원자번호에 따라

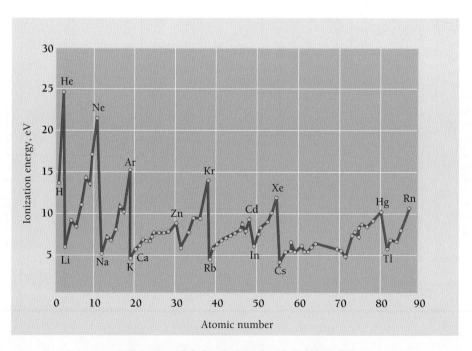

그림 7.10 원자번호에 따른 이온화 에너지의 변화

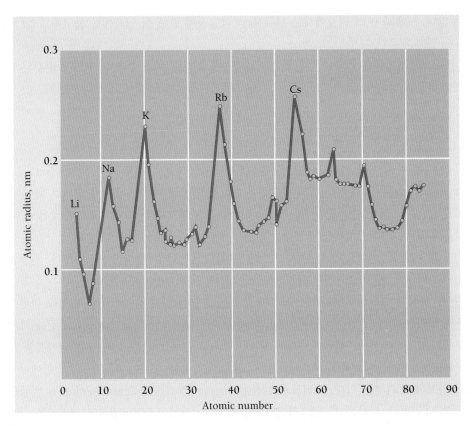

그림 7.11   원소들의 원자 반지름

어떻게 변화하는지를 보여주고 있다. 여기에서 나타나는 주기성은 이온화 에너지만큼 뚜렷하다. 이 주기성의 원인은 이온화 에너지의 경우와 비슷하여 핵의 전체 전하가 내부의 전자들에 의해 부분적으로 가려진다는 데 있다. 가려짐 정도, 즉 차폐 정도가 커질수록 외각 전자의 결합에너지는 작아지고, 핵으로부터 평균적으로 더 멀어진다.

그림 7.8의 결합에너지 곡선에 비추어 보면, 원자의 반지름이 비교적 크게 변하지 않고 작은 범위 내에서 변한다는 것이 그렇게 놀라운 일은 아니다. 그림에 의하면 차폐 당하지 않는 $1s$ 전자들의 결합에너지는 Z가 증가함에 따라 급격히 증가하지만, 원자의 크기를 결정하는 최외각 전자(최외각 전자의 확률 밀도 분포가 원자의 크기를 결정한다.)의 결합에너지는 작은 범위 내에서 변화하는 것을 알 수 있다. 90개 이상의 전자를 가진 무거운 원자들의 반지름도 수소 원자 반지름의 약 3배밖에 되지 않고, 심지어 크기가 가장 크다는 세슘(cesium) 원자도 그 반지름이 수소 원자 반지름의 4.4배밖에 되지 않는다.

전이원소

앞절에서 논의했던 전이원소들의 성질은 복잡한 원소에서 s 전자들이 d나 f 전자보다 훨씬 더 강하게 핵과 결합한다는 사실 때문에 나타난다(그림 7.8 참조). 이러한 효과를 보여주는 첫 번째 원소는 최외각 전자가 $3d$ 버금 상태 대신에 $4s$ 상태에 있는 칼륨(potassium)이다. 크롬이나 구리의 전자 배치에서 볼 수 있듯이 $3d$와 $4s$ 전자들의 결합에너지의 차이는 그렇게 크지는 않다. 크롬과 구리 원자에서는 모두 4s 버금껍질에 빈 곳이 있음에도 불구하고 3d 버금껍질을 먼저 채운다.

전자 버금껍질들을 채우려는 순서와 버금껍질을 최대로 채울 수 있는 전자들의 수는 일반적으로 다음과 같다.

$$1s^2 \quad 2s^2 \quad 2p^6 \quad 3s^2 \quad 3p^6 \quad 4s^2 \quad 3d^{10} \quad 4p^6 \quad 5s^2$$
$$4d^{10} \quad 5p^6 \quad 6s^2 \quad 4f^{14} \quad 5d^{10} \quad 6p^6 \quad 7s^2 \quad 6d^{10} \quad 5f^{14}$$

그림 7.12에 이 순서를 나타내었다. 란탄족(lanthanides) 원소 사이 혹은 악티늄(acti-nides) 원소 사이의 뚜렷한 화학적 성질의 유사성은 이러한 전자를 채우는 순서를 기초로 하여 쉽게 이해할 수 있다. 모든 란탄족 원소는 $5s^25p^66s^2$의 공통 배치와 완전히 채워지지 않은 4f 버금껍질을 가진다. 화학적 성질을 결정하는 것은 최외각 전자들로서, 추가되는 4f 전자들은 란탄족 원소의 화학적 성질에 거의 아무런 영향을 미치지 않는다. 비슷하게 모든 악티늄 원소들은 $6s^26p^67s^2$의 공통 배치를 가지며 단지 5f나 6d 전자들의 개수만 다를 뿐이다.

원자 전자의 결합에너지의 불규칙성이 무거운 불활성 기체들에서 바깥 껍질을 완전하게 채우지 못하는 이유가 된다. 헬륨($Z = 2$)과 네온($Z = 10$)은 각각 닫힌 K와 L 껍질을 가지지만, 아르곤($Z = 18$)은 M 껍질에 8개의 전자만 가지고 이 전자들은 3s와 3p 버금껍질을 완전히 채운다. 다음의 원소에서 3d 버금껍질이 채워지지 않는 이유는 4s 전자의 결합에너지가 3d 전자보다 크기 때문이다. 그러므로 칼륨(potassium)과 칼슘(calcium)에서는 4s 버금껍질이 먼저 채워진다. 다음의 무거운 전이원소들에서 순서대로 3d 버금껍질이 채워지는 중에도 4s 전자 한 개 또는 두 개가 여전히 화학적 활성을 준다. 크립톤(krypton: $Z = 36$)에 가서야

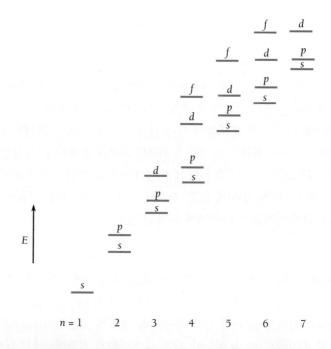

그림 7.12   원자의 양자 상태 순서. 실제 크기가 아님

표 7.5   원자번호 $Z = 5$부터 $Z = 10$까지 원소의 전자배열. p 전자들은 훈트 규칙에 의해 가능한 한 나란한 스핀들을 가진다.

Element	Atomic Number	Configuration	Spins of p Electrons		
Boron	5	$1s^2 2s^2 2p^1$	↑		
Carbon	6	$1s^2 2s^2 2p^2$	↑	↑	
Nitrogen	7	$1s^2 2s^2 2p^3$	↑	↑	↑
Oxygen	8	$1s^2 2s^2 2p^4$	↑↓	↑	↑
Fluorine	9	$1s^2 2s^2 2p^5$	↑↓	↑↓	↑
Neon	10	$1s^2 2s^2 2p^6$	↑↓	↑↓	↑↓

그다음 불활성 기체가 나타나는데, 이 이후부터도 비슷하게 $4s$와 $4p$ 버금껍질만 채워진 불완전한 바깥 껍질이 나타난다. 크립톤 다음 원소는 루비듐(rubidium: $Z = 37$)인데, $4d$와 $4f$ 버금껍질을 뛰어넘어 $5s$에 전자가 들어간다. 다음 불활성 기체는 크세논(xenon: $N = 54$)인데 $4d$, $5s$, $5p$ 버금껍질은 채워져 있지만, $5d$와 $5f$ 버금껍질은 물론 안쪽의 $4f$ 버금껍질까지도 비어 있다. 마지막 불활성 기체인 라돈(radon)까지 똑같은 형태가 반복된다.

훈트의 규칙

일반적으로 같은 버금껍질 안에 들어 있는 전자들은 가능한 한 짝을 이루지 않으려 한다(즉, 평행한 스핀들을 가지려 한다. 표 7.5 참조). 이 원리를 훈트의 규칙(Hund's rule)이라 한다. 철과 코발트, 니켈($Z = 26, 27, 28$)에서의 강자성(ferromagnetism)은 부분적으로 훈트의 규칙에 의한 것이다. 이들 원자는 부분적으로 $3d$ 버금껍질이 채워져 있는데, 이 버금껍질에서의 전자들이 쌍을 이루지 않기 때문에 스핀 자기모멘트가 서로 상쇄되지 않는다. 예를 들면, 철에서는 6개의 $3d$ 전자들 중 5개가 평행한 스핀을 가지기 때문에 각각의 철 원자는 결과적으로 큰 자기모멘트를 갖게 된다.

    원자 내의 전자들 사이의 상호척력(repulsion)이 훈트의 규칙을 나타나게 하는 원인이 된다. 이 척력 때문에 원자 내의 전자들이 서로 멀리 떨어져 있을수록 원자의 에너지는 작아진다. 같은 스핀을 갖는 전자들이 같은 버금껍질 속에 들어 있을 때 전자들은 서로 다른 m_l 값을 가져야 하고, 따라서 공간 분포가 서로 다른 파동함수로 기술된다. 그러므로 평행한 스핀을 갖는 전자들은 그들이 짝을 이루었을 때보다 공간적으로 분리되어 있게 되며, 더 낮은 에너지를 가지는 이러한 배열이 좀 더 안정된 상태가 된다.   ■

7.7   스핀-궤도 결합

각운동량은 자기적으로 연결된다.

스펙트럼선이 이중선으로 나눠지는 미세 구조는 **스핀-궤도 결합**(spin-orbit coupling)이라 불리는 전자의 스핀 각운동량과 궤도 각운동량 사이의 자기적 상호작용에 의해 나타난다.

    스핀-궤도 결합은 간단한 고전적 모델로도 이해할 수 있다. 핵 주위를 도는 전자는 자기장을 느끼게 되는데, 왜냐하면 전자 자신의 좌표계에서 보면 핵이 전자 주위를 돌기 때문

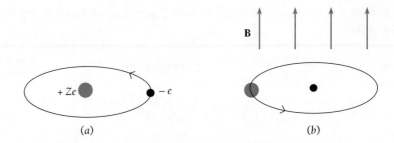

그림 7.13 (a) 핵이 정지해 있는 좌표계에서 바라볼 때 전자가 핵 주위를 돌고 있다. (b) 전자가 정지해 있는 좌표계에서 바라볼 때 핵이 전자 주위를 돌고 있다. 그 결과 전자가 느끼는 핵에 의한 자기장은 궤도면 위로 수직인 방향이다. 이 자기장과 전자스핀과의 상호작용에 의해 스핀-궤도 결합 현상이 일어난다.

이다(그림 7.13). 이 자기장은 전자 자신의 스핀 자기모멘트에 작용하여 내부 제이만 효과(internal Zeeman effect)를 일으키게 한다.

자기장 **B** 속에서 자기모멘트 $\boldsymbol{\mu}$인 자기 쌍극자가 가지는 퍼텐셜에너지는 이미 알고 있는 것처럼

$$U_m = -\mu B \cos \theta \tag{6.38}$$

이다. 여기서 θ는 $\boldsymbol{\mu}$와 **B** 사이의 각도이다. $\mu \cos \theta$는 **B**에 평행한 $\boldsymbol{\mu}$의 성분을 나타낸다. 전자의 스핀 자기모멘트의 경우에 이 성분은 $\mu_{sz} = \pm\mu_B$이다. 따라서

$$\mu \cos \theta = \pm\mu_B$$

이고, 따라서

스핀-궤도 결합 $$\qquad\qquad\qquad U_m = \pm\mu_B B \tag{7.15}$$

이다. 스핀 벡터 S의 방향에 따라 원자 전자의 에너지는 스핀-궤도 결합이 없을 때의 에너지보다 $\mu_B B$만큼 커지거나 작아질 것이다. 이 결과는 모든 양자 상태(궤도 각운동량이 없는 s 상태는 제외하고)를 두 개의 버금 상태로 갈라지게 한다.

s를 $s = \frac{1}{2}$만으로 지정하는 것은 이중선 미세 구조의 관측 사실과 일치한다. 왜냐하면 스핀이 없었다면 단일 상태여야 하는 상태들이 실제로는 이중 상태였고, 스핀 각운동량 벡터 S가 가질 수 있는 방향의 가짓수 $2s + 1 = 2$가 되어야 하기 때문이다. 즉, $2s + 1 = 2$의 결과로 $s = \frac{1}{2}$이다.

예제 7.3

보어 모델에서 $n = 2$인 상태는 $2p$ 상태에 해당한다는 것을 이용하여 수소 원자의 $2p$ 상태에 있는 전자의 자기에너지 U_m을 추정하라.

풀이

반지름이 r이고 전류 I가 흐르는 원형 철사 고리 중심에서의 자기장의 세기는

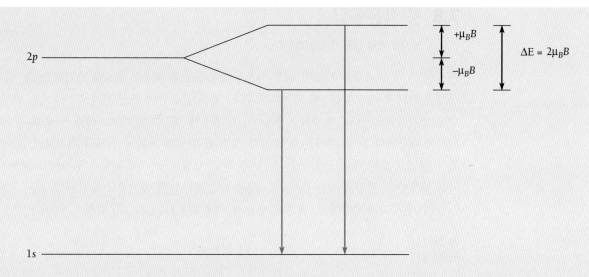

그림 7.14   궤도-스핀 결합으로 수소의 $2p$ 상태가 ΔE만큼 떨어져 있는 두 버금 상태로 갈라진다. 이 결과로 $2p \rightarrow 1s$ 전이선이 단일선이 아닌 이중선(가깝게 붙어 있는 두 선)으로 나타난다.

$$B = \frac{\mu_0 I}{2r}$$

이다. 돌고 있는 전자 자신은 전하 $+e$인 양성자, 즉 핵이 1초에 f번씩 자신의 주위를 회전하고 있다고 '보고' 있으므로 전자가 느끼는 자기장은

$$B = \frac{\mu_0 f e}{2r}$$

이다. $n = 2$일 때의 회전 진동수와 궤도 반지름은 식 (4.4)와 (4.14)로부터

$$f = \frac{v}{2\pi r} = 8.4 \times 10^{14}\ \text{s}^{-1}$$

$$r = n^2 a_0 = 4a_0 = 2.1 \times 10^{-10}\ \text{m}$$

이다. 그러므로 전자에 걸리는 자기장은

$$B = \frac{(4\pi \times 10^{-7}\ \text{T} \cdot \text{m/A})(8.4 \times 10^{14}\ \text{s}^{-1})(1.6 \times 10^{-19}\ \text{C})}{(2)(2.1 \times 10^{-10}\ \text{m})} = 0.40\ \text{T}$$

이며, 상당히 강한 자기장이다. 보어 마그네톤(Bohr magneton)의 값이 $\mu_B = e\hbar/2m = 9.27 \times 10^{-24}$ J/T이므로 전자의 자기에너지는

$$U_m = \mu_B B = 3.7 \times 10^{-24}\ \text{J} = 2.3 \times 10^{-5}\ \text{eV}$$

이다. 위의 버금준위와 아래 버금준위 사이의 에너지의 차이는 U_m의 2배로 4.6×10^{-5} eV이고, 관측된 값과 크게 차이가 나지 않는다(그림 7.14).

7.8 총 각운동량

크기와 방향 모두가 양자화된다.

원자 내의 각 전자들은 특정한 궤도 각운동량 **L**과 스핀 각운동량 **S**를 가지고 있고, 이 둘 모두가 원자의 총 각운동량 **J**에 기여한다. 먼저, 총 각운동량이 단일 전자로부터 오는 원자의 경우를 생각하기로 하자. 주기율표상에서 1족 원소에 해당하는 수소, 리튬, 나트륨 등이 이런 원자에 해당한다. 이들 원자는 닫힌 내부 껍질 바깥에 단 하나의 전자만 가지고 있고(내부 전자가 없는 수소는 제외), 배타원리는 내부 닫힌 껍질의 총 각운동량과 총 자기모멘트가 0이 됨을 보장한다. 이런 부류는 He$^+$, Be$^+$, Mg$^+$, B^{2+}, Al^{2+} 등의 이온들도 포함된다.

이런 원자와 이온들에서, 바깥 전자의 총 각운동량 **J**는 **L**과 **S**의 벡터 합이 된다.

**총 원자
각운동량**
$$\mathbf{J} = \mathbf{L} + \mathbf{S} \tag{7.16}$$

모든 각운동량처럼 **J**도 크기와 방향 모두가 양자화된다. **J**의 크기는

$$J = \sqrt{j(j+1)}\hbar \quad j = l + s = l \pm \tfrac{1}{2} \tag{7.17}$$

로 주어진다. 만약, $l = 0$이면 j는 단일 값 $\tfrac{1}{2}$을 가진다. **J**의 z 방향 성분 J_z는 아래와 같이 주어진다.

$$J_z = m_j \hbar \quad m_j = -j, -j+1, \cdots, j-1, j \tag{7.18}$$

J, **L**과 **S**가 동시에 양자화되어야 하므로 특정한 상대 방향만 가질 수 있다. 이는 일반적인 결론으로, 단일 전자의 원자인 경우에는 단 두 종류의 상대 방향만 가능하다. 하나의 방향은 $j = l + s$에 대응하는 방향으로 $J > L$이 되며, 또 다른 방향은 $j = l - s$에 대응하며 $J < L$이 된다. 그림 7.15에서 $l = 1$일 때의 **L**과 **S**가 결합해 **J**를 만드는 두 방법을 보여 주고 있다. 명백하게, 궤도와 스핀 각운동량 벡터는 절대로 서로 정확하게 나란하지도, 반대로 나란하지도 않으며 총 각운동량 벡터와도 마찬가지이다.

예제 7.4

$l = 1$에 해당하는 $j = \tfrac{3}{2}$과 $j = \tfrac{1}{2}$인 상태들에서 **J**의 가능한 방향들은 각각 무엇인가?

풀이

$j = \tfrac{3}{2}$ 상태에 대해서는 식 (7.18)로부터 $m_j = -\tfrac{3}{2}, -\tfrac{1}{2}, \tfrac{1}{2}, \tfrac{3}{2}$이며, $j = \tfrac{1}{2}$ 상태는 $m_j = -\tfrac{1}{2}, \tfrac{1}{2}$이다. 그림 7.16에 이들 j 값들에 대한 **J**의 z축에 대한 방향들이 나타나 있다.

각운동량 **L**과 **S**는 7.7절에서 본 바와 같이 자기적으로 서로 상호작용을 한다. 만약 외부 자기장이 없다면, 총 각운동량 **J**는 크기와 방향 모두가 보존되고, 내부 토크는 **L**과 **S**를 그들이 만든 **J** 방향의 주위로 세차운동(precession)을 하게 한다(그림 7.17). 그러나 만약 외부

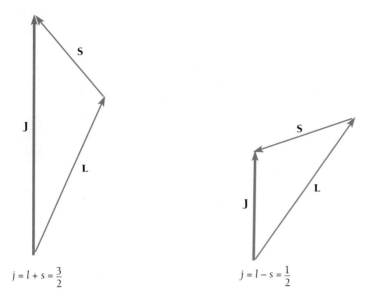

그림 7.15 $l = 1$, $s = \frac{1}{2}$일 때, **L**과 **S**가 합해져서 **J**를 만들 수 있는 두 가지 방법

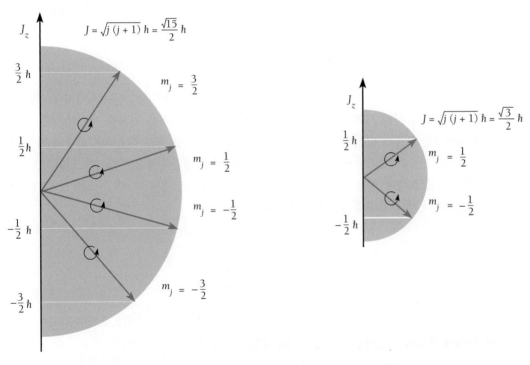

그림 7.16 궤도 각운동량 $l = 1$일 때의 총 각운동량의 공간 양자화

자기장 **B**가 있으면, **L**과 **S**가 **J** 주위로 그대로 계속하여 세차운동을 하는 동안 **J**는 **B** 주위로 세차운동을 한다. **B** 주위로의 **J**의 세차운동은 비정상 제이만 효과(anomalous Zeeman effect)를 나타낸다. 왜냐하면 **B**가 존재하는 곳에서의 **J**의 다른 방향들은 에너지에 약간의 차이를 주기 때문이다.

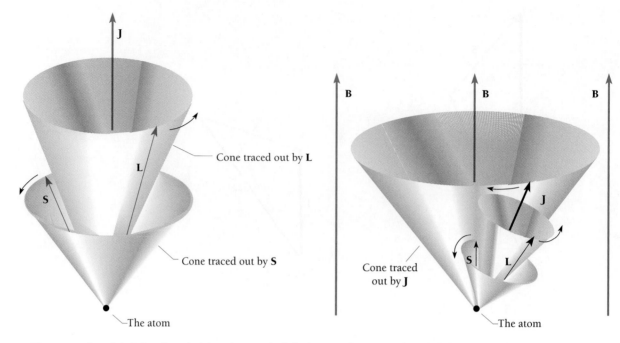

그림 7.17   궤도 각운동량 L과 스핀 각운동량 S는 J에 대해 세차운동을 한다.

그림 7.18   외부 자기장 B가 존재할 경우 총 각운동량 J는 B에 대해 세차운동을 한다.

LS 결합

한 개 이상의 전자들의 궤도 각운동량 및 스핀 각운동량이 원자의 총 각운동량 J에 기여할 때에도 J는 여전히 이들 개개 각운동량들의 벡터 합이 된다. 무거운 원자를 제외한 모든 원자에서 나타나는 보통의 방법은 개개 전자들의 각운동량들 L_i를 서로 결합하여 하나의 합성 각운동량 L을 만드는 것이다. 스핀 각운동량 S_i들도 서로 결합하여 하나의 S를 만든다. 그러면 궤도-스핀 효과에 의해 L과 S가 상호작용을 하여 J를 만든다. 이런 구조를 *LS* **결합**(*LS* coupling)이라 부르며, 요약하면 아래와 같다.

LS **결합**

$$\begin{aligned} \mathbf{L} &= \textstyle\sum \mathbf{L}_i \\ \mathbf{S} &= \textstyle\sum \mathbf{S}_i \\ \mathbf{J} &= \mathbf{L} + \mathbf{S} \end{aligned}$$ (7.19)

각운동량의 크기 L, S, J와 z 성분 L_z, S_z 그리고 J_z 모두는 일반적인 방법으로 양자화되어 있으며, 각각에 해당하는 양자수는 L, S, J, $\mathsf{M_L}$, $\mathsf{M_S}$, 그리고 $\mathsf{M_J}$이다. 그러므로

$$\begin{aligned} L &= \sqrt{\mathsf{L}(\mathsf{L}+1)}\,\hbar \\ L_z &= \mathsf{M_L}\hbar \\ S &= \sqrt{\mathsf{S}(\mathsf{S}+1)}\,\hbar \\ S_z &= \mathsf{M_S}\hbar \\ J &= \sqrt{\mathsf{J}(\mathsf{J}+1)}\,\hbar \\ J_z &= \mathsf{M_J}\hbar \end{aligned}$$ (7.20)

이다. L과 M_L 둘 모두는 항상 정수이거나 0이고, 다른 양자수들은 참여하는 전자의 수가 홀수이면 반정수(half-integral)이고, 짝수이면 정수이거나 0이다. 또, L > S이면 J는 2S + 1개의 값을, L < S이면 J는 2L + 1개의 값을 가질 수 있다.

예제 7.5

궤도양자수가 각각 $l_1 = 1$, $l_2 = 2$인 두 전자가 LS 결합에 의해 총 각운동량을 만든다. 총 각운동량 양자수 J가 가질 수 있는 값들을 구하여라.

풀이

그림 7.19(a)에서와 같이, 벡터 L_1과 L_2가 결합하여 식 (7.20)에 따라 양자화되어 단일 벡터 L이 되는 방법은 세 가지가 있다. L이 가질 수 있는 모든 값은 $|l_1 - l_2|$(여기서는 1)부터 $l_1 + l_2$까지이므로 이들은 각각 L = 1, 2, 3에 해당한다. 또, 스핀양자수는 항상 $s = \frac{1}{2}$이므로 그림 7.19(b)에서와 같이 $S_1 + S_2$가 결합하는 방법은 두 가지가 있고, S = 0과 S = 1이 여기에 해당한다.

벡터 합이 0이 아니면 L_1과 L_2는 결코 L과 정확하게 평행할 수 없을 뿐만 아니라, S_1과 S_2도 S에 평행할 수 없다는 것에 주의하라. J는 |L − S|와 L + S 사이의 어떤 값도 가질 수 있으므로 5개의 가능한 값들이 있으며, 이들은 J = 0, 1, 2, 3 그리고 4이다.

원자핵도 내부 각운동량과 자기모멘트를 가지며, 이들도 원자의 총 각운동량과 자기모멘트에 기여한다. 핵의 자기모멘트는 전자 자기모멘트의 $\sim 10^{-3}$ 정도이므로 핵에 의한 기여는 아주 작다. 이 기여로 인해 스펙트럼선에 **초미세 구조**(hyperfine structure)가 나타나며, 초미세 구조 성분들 사이의 간격은 일반적으로 $\sim 10^{-3}$ nm이다. 전형적인 미세 구조 간격과 비교하면 100배 정도 작다.

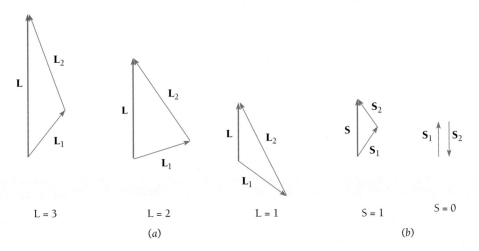

그림 7.19 $l_1 = 1$, $s_1 = \frac{1}{2}$이고 $l_2 = 2$, $s_2 = \frac{1}{2}$일 때, L_1과 L_2는 세 가지 방법으로 결합하여 L을 만들 수 있고, S를 만들기 위한 S_1과 S_2가 결합할 수 있는 방법은 두 가지가 있다.

항 기호

6.5절에서 개개의 궤도 각운동량 상태를 관례적으로 소문자로 표시하고, s는 $l = 0$에, p는 $l = 1$에, d는 $l = 2$ 등에 해당한다는 것을 보았다. 비슷한 방식으로 총 각운동량 양자수 L에 따른 원자 전체의 전자 상태를 나타내기 위해 아래와 같은 대문자를 사용한다.

$$L = 0 \quad 1 \quad 2 \quad 3 \quad 4 \quad 5 \quad 6 \cdots$$
$$\quad S \quad P \quad D \quad F \quad G \quad H \quad I \cdots$$

문자 왼쪽의 위 첨자(예로서 ^2P)는 상태의 **겹침수**(multiplicity)를 나타낸다. 겹침수는 L과 S가 가질 수 있는 가능한 방향의 개수를 나타내고, J가 가질 수 있는 값들의 개수와 같다. $L > S$인 일반적인 경우에 겹침수는 $2S + 1$인데, J가 $L + S$부터 0을 거쳐 $L - S$의 값을 가질 수 있기 때문이다. 그러므로 $S = 0$일 때 겹침수는 1이며[**단일항**(singlet) 상태], $J = L$이 된다. 또, $S = \frac{1}{2}$일 때 겹침수는 2이며[**이중항**(doublet) 상태], $J = L \pm \frac{1}{2}$이다. $S = 1$일 때 겹침수는 3이며[**삼중항**(triplet) 상태], $J = L + 1, L, L - 1$이다($S > L$인 경우 겹침수는 $2L + 1$로 주어진다). 총 각운동량 양자수 J는 문자의 오른쪽 밑 첨자로 쓴다. 예를 들어, $^2P_{3/2}$ 상태('이중항 상태 P 2분의 3'이라 읽는다)는 $S = \frac{1}{2}$, $L = 1$ 그리고 $J = \frac{3}{2}$인 전자 상태를 나타낸다. 역사적인 이유로 이러한 표시 방법을 **항 기호**(term symbols)라 한다.

각운동량이 하나의 최외각 전자에 의해 생기는 경우에는 이 전자의 주양자수 n을 앞에 쓴다. 그러므로 나트륨 원자의 바닥상태는 $3^2S_{1/2}$로 쓰는데, 이는 $n = 1$, $n = 2$의 닫힌 껍질 바깥에 있는 $n = 3$의 $l = 0$, $s = \frac{1}{2}$ 버금껍질에 전자가 있음을 의미한다. $L = 0$이기 때문에 J가 가질 수 있는 값이 실제로는 하나밖에 없지만, 겹침수의 일반적인 이 규칙을 고려하여 이중항 상태를 가리키는 첨자 2를 써서 관습적으로 $3^2S_{1/2}$로 나타낸다.

예제 7.6

나트륨 바닥상태의 항 기호는 $3^2S_{1/2}$이고, 첫 번째 들뜬상태는 $3^2P_{1/2}$이다. 이 두 경우에 대해 최외각 전자의 가능한 양자수 n, l, j 그리고 m_j를 나열하라.

풀이

$$3^2S_{1/2}: n = 3, l = 0, j = \tfrac{1}{2}, m_j = \pm\tfrac{1}{2}$$
$$3^2P_{1/2}: n = 3, l = 1, j = \tfrac{3}{2}, m_j = \pm\tfrac{1}{2}, \pm\tfrac{3}{2}$$
$$n = 3, l = 1, j = \tfrac{1}{2}, m_j = \pm\tfrac{1}{2}$$

예제 7.7

왜 $2^2P_{5/2}$ 상태는 존재할 수 없는가?

풀이

P 상태는 $L = 1$이고, J는 $J = L \pm \frac{1}{2}$만 가질 수 있으므로 $J = \frac{5}{2}$는 불가능하다.

7.9 X-선 스펙트럼

내부 껍질로의 전이에 의해 발생한다.

2장에서 빠른 전자들에 의해 충격을 받는 표적에서의 X-선 스펙트럼에서 표적물질의 특성을 나타내는 특정한 파장에서의 좁고 뾰족한 부분이 나타남을 배웠다. X-선 스펙트럼은 이 뾰족한 부분과 함께 연속적인 분포를 갖는 스펙트럼도 가지고 있으며, 이 연속적인 분포를 갖는 스펙트럼의 가장 낮은 파장은 충돌 전자에너지에 반비례한다(그림 2.16, 2.17 참고). 연속적인 X-선 스펙트럼은 광전 효과(photoelectric effect)의 반대 과정을 통해 나타나는 것으로, 전자의 운동에너지가 광자의 에너지 $h\nu$로 변환된 것이다. 반면에 선스펙트럼은 입사된 전자에 의해 교란된 원자 내에서의 전자 전이에 의해 나타나는 스펙트럼이다.

원자의 최외각 전자들의 전이에는 단지 몇 eV 정도의 에너지만 필요하며, 심지어 최외각 전자를 원자에서 떼어낼 때에도 최대로 24.6 eV(헬륨의 경우) 정도만 요구된다. 따라서 이러한 전이는 파장이 전자기 스펙트럼의 가시광선 부분이나 가시광선 부근에 위치하는 광자와 연결된다. 무거운 원소의 안쪽에 있는 전자의 경우에는 매우 다른데, 이는 안쪽에 있는 전자들은 그보다 더 안쪽에 끼어들어 있는 전자껍질이 적어서 핵의 전체 전하를 완전하게 차폐 당하지 않으므로 결과적으로 핵과 매우 강하게 결합되기 때문이다.

예를 들어, 나트륨의 경우 최외각 $3s$ 전자를 떼어내는 데는 5.13 eV밖에 필요하지 않지만, 같은 원자의 보다 안쪽에 있는 $2p$ 전자 하나를 떼어내는 데는 31 eV, $2s$ 전자 하나에 대해서는 63 eV 그리고 $1s$ 전자 하나를 떼어내는 데는 1,041 eV가 필요하다. 높은 광자 에너지가 필요하므로 원자의 안쪽 전자들이 관여하는 전이에 의해 X-선의 선스펙트럼이 나타난다.

그림 7.20은 무거운 원자의 에너지 준위를 그린 그림이다(눈금은 실제 크기를 나타내지 않음). 껍질들 사이의 에너지 차이에 비해 같은 껍질 내에서의 각운동량 상태에 의한 에너지 차이는 무시할 수 있을 만큼 작다. 에너지가 큰 전자가 충돌하여 원자의 K 껍질에 있는 전자 하나를 떼어내었을 때 어떤 일이 일어나게 될지 생각해 보자. 이때 K 껍질 전자는 원자 내의 채워지지 않은 더 높은 에너지 상태로 올라갈 수도 있을 것이나, 이에 필요한 에너지와 전자를 원자로부터 완전히 떼어내는 데 필요한 에너지 사이의 차이는 대수롭지 않다. 나트륨에서 이 차이는 0.2%밖에 되지 않으며, 더 무거운 원자에서는 이보다 더 작다.

K 껍질의 전자를 잃은 원자는 더 바깥쪽에 있는 껍질의 전자가 K 껍질의 '구멍(hole)'으로 떨어지면서 들떠있던 에너지의 대부분을 X-선 스펙트럼으로 내놓는다. 그림 7.20에서 나타낸 것처럼 한 원소의 X-선 스펙트럼에서 **K 계열**(K series) 선들은 $L, M, N, \cdots$ 준위에서 K 준위로의 전이에 의한 파장들로 구성된 선이다. 비슷하게 파장이 더 긴 **L 계열**(L series)은 L 전자가 원자로부터 떨어져 나갔을 때 생기며, **M 계열**(M series)은 M 전자가 떨어져 나갔을 때 생기는 등등이다. 그림 2.17의 몰리브덴의 X-선 스펙트럼에 나타나는 뾰족한 부분은 몰리브덴 K 계열의 K_α와 K_β 선이다.

한 원소의 K_α X-선의 주파수와 원자번호 Z 사이의 근사적인 관계를 얻는 것은 어렵지 않다. K_α 광자는 $L(n = 2)$ 상태에 있던 전자가 비어 있는 $K(n = 1)$ 상태로 전이할 때 방출된다. L 전자는 남아 있는 K 전자에 의한 차폐 효과에 의해 핵전하를 Ze 대신에 $(Z - 1)e$의 유효

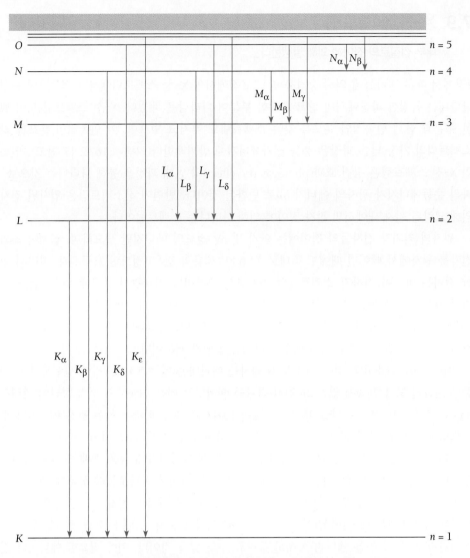

그림 7.20 X-선 스펙트럼의 원인

핵전하로 느낀다. 그러므로 식 (4.15)와 식 (4.16)에서 $n_i = 2$, $n_f = 1$로 하고 e^4를 $(Z - 1)^2 e^4$으로 대체하면, K_α 광자의 진동수를 구할 수 있다.

$$\nu = \frac{m(Z - 1)^2 e^4}{8\epsilon_0^2 h^3}\left(\frac{1}{n_f^2} - \frac{1}{n_i^2}\right) = cR(Z - 1)^2\left(\frac{1}{1^2} - \frac{1}{2^2}\right)$$

K_a X-선 $\qquad\qquad \nu = \dfrac{3cR(Z - 1)^2}{4}$ $\qquad\qquad\qquad\qquad\qquad\qquad$ (7.21)

여기에서 $R = me^4/8\epsilon_0^2 ch^3 = 1.097 \times 10^7 \text{ m}^{-1}$은 뤼드베리 상수(Rydberg constant)이다. $(Z - 1)$을 포함한 다음과 같은 공식으로 K_α X-선 광자에너지를 전자볼트(eV) 단위로 나타낼 수 있다.

헨리 모즐리(Henry G. J. Moseley: 1887~1915)는 영국의 남쪽 해안에 있는 웨이머스(Weymouth)에서 태어나 아버지가 해부학 교수로 근무한 옥스퍼드에서 물리를 공부하였다. 1910년 졸업 후에 모즐리는 맨체스터로 가서 러더퍼드와 일하며, X-선 분광학을 체계적으로 연구하였는데, 그는 후에 옥스퍼드에서 이 연구를 계속하였다. 그는 분광학 실험에서 얻은 자료로부터 한 원소의 X-선 파장과 그 원소의 원자번호 사이의 관계를 추론할 수 있었다. 이 관계로부터 그는 당시의 불명료한 원자번호 부여를 바르게 하고, 몇 개의 새로운 원소들을 예언할 수 있었다. 곧바로 모즐리는 자신의 발견과 보어의 원자 모델 사이에 중요한 연관이 있다는 것을 알아차렸다. 그때 제1차 세계대전이 발발하였고, 영국군에 징집되었다. 러더퍼드가 애를 써서 그가 과학에 관련된 일에 종사할 수 있도록 하려 했으나 실패하여 1915년에 튀르키예의 생각하기조차 싫은 재난의 다르다넬스(Dardanelles) 전투에 보내져 27세에 전사하였다.

$$E(K_\alpha) = (10.2 \text{ eV})(Z - 1)^2 \tag{7.22}$$

1913년과 1914년에 영국의 젊은 물리학자 모즐리(H. G. J. Moseley)는 2.6절에서 기술한 회절 방법으로 그때까지 알려진 대부분 원소들의 K_α 진동수를 측정함으로써 식 (7.21)를 증명하였다. 모즐리의 성과는 새로 만들어진 보어의 원자 모델을 지지했을 뿐만 아니라, 처음으로 한 원소의 원자번호를 실험적으로 결정할 수 있는 방법을 제공하였다. 그 결과 주기율표에서 원소들의 올바른 순서가 정해질 수 있었다. 원소들을 원자번호로 배열하는 방법은 그 전까지 사용하였던 원자의 질량으로 배열하는 방법과 항상 일치하지는 않는다. 본래의 원자번호는 원자들을 질량순으로 배열하였을 때 한 원소를 나타내는 단순한 숫자에 불과하였다. 예를 들면, $Z = 27$은 코발트, $Z = 28$은 니켈의 원자번호인데 각각의 원자량은 각각 58.93과

가운데 위쪽에 있는 원통인 에너지 분산형 X-선 분광기(EDX, EDS)는 그 왼쪽의 긴 원통인 투과 전자 현미경(TEM)에 많이 부착되어 있다. TEM은 작동할 때 빠른 전자빔을 시료를 향해 보내어 이미지를 얻어낸다. 일부 전자들은 시료를 구성하는 원자의 내부 전자들을 떼어내고, 그 빈자리를 바깥 전자들이 채울 때 시료에 들어 있는 원소들의 특성에 따라 다른 파장의 X-선을 내보낸다. EDX는 그 X-선 스펙트럼을 측정한다. 이렇게 하여 시료에 들어 있는 원소를 판명하고 그 조성비도 알아낼 수 있다.

58.71이다. 원자량 순서로 배열하는 것으로는 코발트와 니켈의 화학적 성질의 기본을 이해할 수 없다.

더욱이 모즐리는 자신의 실험 자료에 의거하여 $Z = 43, 61, 72, 75$에 해당하는 원소들이 빠져 있음을 발견하였으며, 이로부터 그때까지 발견되지 않은 원소의 존재를 제안하였고 후에 실제로 발견되었다. 처음 두 원소는 테크네튬(technetium)과 프로메튬(promethium)인데 여러 해가 지난 후에야 실험실에서 처음으로 만들어졌으며, 마지막 두 원소는 하프늄(hafnium)과 레늄(rhenium)인데 1920년대에 분리하였다.

예제 7.8

K_α X-선의 파장이 0.180 nm인 원소는 어떤 원소인가?

풀이

파장이 0.180 nm $= 1.80 \times 10^{-10}$ m에 해당하는 진동수는

$$\nu = \frac{c}{\lambda} = \frac{3.00 \times 10^8 \text{ m/s}}{1.80 \times 10^{-10} \text{ m}} = 1.67 \times 10^{18} \text{ Hz}$$

이다. 식 (7.21)로부터

$$Z - 1 = \sqrt{\frac{4}{3cR}} = \sqrt{\frac{(4)(1.67 \times 10^{18} \text{ Hz})}{(3)(3.00 \times 10^8 \text{ m/s})(1.097 \times 10^7 \text{ m}^{-1})}} = 26$$
$$Z = 27$$

을 얻는다. 원자번호가 27인 원소는 코발트이다.

오제(Auger)효과

안쪽 껍질의 전자를 잃은 원자는 X-선 광자를 방출하지 않고도 **오제효과**(Auger effect)에 의해 마찬가지로 들뜬 에너지를 잃을 수 있다. 이 효과는 프랑스 물리학자 오제(Pierre Auger)에 의해 발견되었는데, 바깥쪽 껍질에 있는 한 전자가 원자로부터 튀어나옴과 동시에 바깥쪽 껍질에 있던 또 다른 한 전자가 비어 있는 안쪽 껍질로 떨어지는 것이다. 그러므로 튀어나오는 전자가 광자 대신에 원자의 들뜬 에너지를 가지고 나온다(그림 7.21). 실제로는 광자가 원자 내에서 결코 나타나지 않지만, 오제 효과는 어떤 의미에서 내부 광전 효과를 나타낸다고 할 수 있다.

대부분의 원자에서 오제 효과는 X-선 방출과 비슷한 정도로 일어나지만, X-선이 물질로부터 방출되어 측정될 수 있는 것에 반하여 오제 효과로 나오는 전자는 일반적으로 그 물질에 흡수되어 버린다. 빠져나오는 오제 전자들은 물질의 표면 원자나 표면 바로 밑의 원자로부터 나온다. 원자의 에너지는 주변과의 화학결합에 의해 영향을 받으므로 오제 전자에너지는 관련 원자의 화학적 환경에 대한 정보를 제공한다. 오제 분광학은 표면 특성 연구, 특히 물질 위에 다른 물질의 박막을 증착시켜 만드는 반도체 소자 제작에 필요한 정보를 얻는 데 유용한 한 방법으로 알려져 있다.

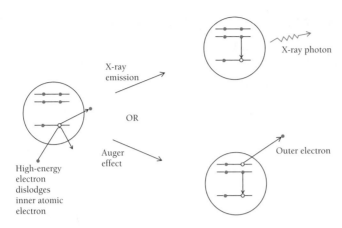

그림 7.21 안쪽 전자를 잃어버린 원자의 바깥 껍질 전자가 떨어져 그 빈 상태를 채울 때, 들뜬 에너지를 X-선이나 다른 바깥 전자가 가지고 나간다. 두 번째 과정을 오제효과라 부른다. ■

연습문제

7.1 전자스핀

1. 세기가 1.20 T인 균일한 자기장 안으로 전자빔이 입사한다. (*a*) 자기장과 평행한 스핀을 갖는 전자와 반대 방향으로 평행한 스핀을 갖는 전자들의 에너지 차이는 얼마인가? (*b*) 자기장과 평행한 방향을 갖는 전자의 스핀을 뒤집어서 반대 방향으로 평행하게 만들 수 있는 복사의 파장을 구하여라.

2. 전파 천문학자는 우리 은하로부터 21 cm 스펙트럼선을 방출하는 수소 구름을 관측할 수 있다. 21 cm 스펙트럼은 수소 원자 전자의 스핀이 양성자의 스핀과 평행한 상태와 반대로 평행한 상태 사이에서 뒤집힐 때 이 두 상태의 에너지 차이로부터 발생한다. 그 수소 원자에서 전자에 미치는 자기장의 세기는 얼마인가?

3. 스핀 각운동량 벡터 S의 방향과 *z*축 사이의 가능한 각들을 구하여라.

7.3 대칭 및 반대칭 파동함수

4. 극저온의 특정한 물질에서만 발생하는 초전도성에서 전자들은 물질의 결정 구조와의 상호작용에 의해 '쿠퍼쌍(Cooper pair)'으로 서로 연결되어 있다. 이 쿠퍼쌍은 배타원리를 따르지 않는다. 쿠퍼쌍의 어떠한 특성이 이러한 배타원리의 위배를 가능하게 한다고 생각하는가?

5. 양성자와 중성자는 전자와 마찬가지로 스핀-½ 입자이다. 보통의 헬륨 원자의 핵 $^4_2$He은 두 개의 양성자와 두 개의 중성자를 포함하고 있다. 다른 종류의 헬륨 원자의 핵($^3_2$He)은 두 개의 양성자와 하나의 중성자를 포함하고 있다. 액체 $^4_2$He과 액체 $^3_2$He의 성질은 서로 다르다. 그 이유는 한 종류의 헬륨 원자는 배타원리를 따르는 반면 다른 하나는 그렇지 않기 때문이다. 어느 것이 배타원리를 따르는 것이고, 어느 것이 따르지 않는 것일까? 그리고 그 이유는?

6. 3.6절과 5.8절에서 나온 것과 같은 형태의 1차원 상자의 너비가 1.00 nm이고 10개의 전자를 포함하고 있다고 하자. 이 전자들로 이루어진 계는 가능한 최소의 총 에너지를 가지고 있다. 이 계에 바닥상태(*n* = 1)에 있는 하나의 전자를 가능한 한 가장 낮은 에너지의 들뜬 상태로 들뜨게 만들 수 있는 광자가 가져야 하는 최소한의 에너지는 얼마인가?

7.6 주기율표 설명

7. 알칼리 금속의 원자 전자 구조는 할로겐 원자와 무엇이 다른가? 불활성 기체와는 어떻게 다른가?

8. 주기율표에서 같은 주기에 있는 원소들의 일반적인 성질에는 어떤 것들이 있는가? 같은 족에 있는 원소들에 대해서는 어떤 것들이 있는가?

9. *f* 버금껍질에는 몇 개의 전자가 들어갈 수 있는가?

10. (*a*) 전자가 1이라는 스핀을 가져서 −1, 0, +1의 스핀 상태를 가진다면, 주기율표는 어떻게 고쳐져야 할까? 전자를 페르미온이라 가정하고, 따라서 배타원리를 따른다고 하자. (물론 이는 잘못된 가정이다.) 이 가정을 따를 때 불활성 기체에 해당하는 원소는 어떤 것들일까? (*b*) 이런 전자는 실제로 보손(boson)이 된다. 그러면 불활성 기체에 해당하는 원소는 어떤 것들일까?

11. 어떤 원자가 주양자수가 $n = 6$에 해당하는 전자까지 포함할 수 있다면, 이 원자 안에는 몇 개의 전자가 존재할까?

12. 원자의 버금껍질은 $n + l$ 값이 증가하는 순서로 채워짐을 증명하라. 그리고 같은 $n + l$ 값일 때는 n 값이 증가하는 순서로 채워짐을 증명하여라.

13. Li, Na, K, Rb, Cs의 이온화 에너지는 각각 5.4, 5.1, 4.3, 4.2, 3.9 eV이다. 위의 원소들은 주기율표의 1족 원소이다. 원자번호가 높아질수록 이온화 에너지는 감소하는 것에 대해 설명하라.

14. 원자번호 20에서 29까지의 원소들의 이온화 에너지는 거의 비슷하다. 원소들의 다른 순차에서는 이온화 에너지가 매우 큰 변화를 보이는 반면에 여기에서는 거의 비슷한 이유는 무엇인가?

15. (a) 칼슘(Z = 20) 원자의 최외각 껍질에 존재하는 각각의 전자들에 영향을 미치는 유효 핵전하를 대략적으로 구하여라. 이러한 최외각 껍질에 존재하는 전자들이 원자로부터 떨어져 나가는 것이 상대적으로 쉬울 것인지 아니면 어려울 것인지에 대해 생각해 보아라. (b) (a)를 황(Z = 16) 원자에 대해서도 반복해 보아라.

16. 나트륨 원자의 최외각 전자에 영향을 미치는 유효 핵전하는 1.84 e이다. 이 값을 이용하여 나트륨의 이온화 에너지를 계산하여라.

17. Cl⁻ 이온보다 Cl 원자가 화학적으로 활성이 더 강한 이유는 무엇인가? Na⁺ 이온보다 Na 원자가 화학적으로 활성이 더 강한 이유는 무엇인가?

18. 원자번호들에 따른 원자 반지름의 변화에 대한 일반적인 경향을 그림 7.11을 보고 설명하여라.

19. 원자 쌍들 Li과 F, Li과 Na, F과 Cl, Na과 Si에서 크기가 더 큰 것들은 어떤 것들일까? 그리고 그 이유는 무엇인가?

20. 헬륨 원자의 핵은 두 개의 양성자와 두 개의 중성자로 이루어져 있다. 이 원자의 보어 모형에 따르면 두 개의 전자가 같은 궤도상에서 핵 주위를 돌고 있다고 한다. 다음의 제시된 방법을 따라 헬륨 원자 내에 있는 두 개의 전자의 평균 거리를 구하여라. (1) 전자들이 서로에 무관하게 바닥상태의 보어 궤도상에서 돈다고 가정하고 이온화 에너지를 계산하여라. (2) 계산된 이온화 에너지와 실제로 측정된 값 24.6 eV와의 차이를 사용하여 전자의 상호작용 에너지를 구하여라. (3) 이 상호작용 에너지가 전자 간의 척력에 의한 것으로 가정하고, 전자 간의 거리를 구하고, 이를 궤도 반지름과 비교하여 보아라.

21. 짝수 개의 전자를 가진 원자에서만 정상 제이만 효과가 관찰되는 이유는 무엇인가?

7.7 스핀-궤도 결합

22. 왜 수소 원자의 바닥상태는 스핀-궤도 결합에 의해 두 개의 버금 준위들로 분리되지 않는가?

23. 스핀-궤도 결합 효과 때문에 나트륨에서의 $3P \rightarrow 3S$ 전이(예전 터널에 설치되어 있던 노란빛을 내는 나트륨등이 작동하는 원리이다.) 선이 두 개의 선, 즉 $3P_{3/2} \rightarrow 3S_{1/2}$의 589.0 nm와 $3P_{1/2} \rightarrow 3S_{1/2}$의 589.6 nm로 나뉘진다. 이 파장들을 이용하여 나트륨의 최외각 전자들이 궤도운동을 함으로써 발생하는 유효 자기장을 계산하여라.

7.8 총 각운동량

24. 어떤 원자가 채워진 내부 껍질 바깥에 하나의 전자를 가지고 있다. 이 바깥에 있는 전자가 P 상태에 있을 때 원자가 가질 수 있는 총 각운동량 J는 얼마인가? 전자가 D 상태에 있다면 얼마가 되겠는가?

25. 단일 전자의 $j = \frac{5}{2}$라면, 어떤 l 값들이 가능한가?

26. (a) 각각 궤도양자수가 $l_1 = 1$이고 $l_2 = 3$인 두 개의 전자로 이루어진 계가 가질 수 있는 L 값들은 무엇인가? (b) 이때 계가 가질 수 있는 S 값들은 무엇인가? (c) 이때 계가 가질 수 있는 J 값들은 무엇인가?

27. $^1S_0$ 바닥상태를 가지는 원자의 버금껍질에 대해 무엇을 말할 수 있는가?

28. $^1S_0$, $^3P_2$, $^2D_{3/2}$, $^5F_5$, $^6H_{5/2}$ 상태들의 각각의 S, L, J 값을 찾아라.

29. 리튬 원자는 채워진 내부 껍질 바깥에 한 개의 2s 전자를 가지고 있다. 바닥상태는 $^2S_{1/2}$이다. (a) 다른 가능한 상태들이 있다면, 그 상태의 항 기호(term symbol)는 무엇인가? (b) 왜 $^2S_{1/2}$을 바닥상태라고 생각하는가?

30. 마그네슘 원자는 채워진 내부 껍질 바깥에 두 개의 3s 전자를 가지고 있다. 바닥상태를 항 기호로 나타내어라.

31. 알루미늄 원자는 채워진 내부 껍질 바깥에 두 개의 3s 전자와 한 개의 3p 전자를 가지고 있다. 바닥상태를 항 기호로 나타내어라.

32. 탄소 원자에서는 오직 두 개의 2p 전자만이 원자의 각운동량에 기여한다. 바닥상태는 $^3P_0$이다. 그리고 바닥상태 바로 위에 해당하는 4개의 들뜬상태들은 에너지가 증가하는 순서대로 $^3P_1$, $^3P_2$, $^1D_2$, $^1S_0$이다. (a) 앞에서 언급한 5개의 상태(바닥상태, 최초의 들뜬상태 4개)에 대한 각각의 L, S, J 값들을 써라. (b) 왜 $^3P_0$이 바닥상태가 되는가?

33. $2^2D_{3/2}$ 상태가 존재하는 것이 불가능한 이유는 무엇인가?

34. (a) 하나의 d 전자에 의해 총 각운동량이 결정되는 원자가 있다. 이 d 전자에 대해 양자수 j가 가질 수 있는 값들은? (b) 이 전자의 해당 각운동량들의 크기는 얼마인가? (c) 각 경우에 L 방향과 S 방향 사이의 각도는 얼마인가? (d) 이 원자의 항 기호는 무엇인가?

35. 한 개의 f 전자에 의해 총 각운동량이 결정되는 원자의 경우에 대해 연습문제 34번을 풀어라.

36. 그림 7.15에서 **L** 방향과 **S** 방향 사이의 각이 θ일 때, 다음과 같음을 보여라.

$$\cos\theta = \frac{j(j+1) - l(l+1) - s(s+1)}{2\sqrt{l(l+1)\,s(s+1)}}$$

37. LS 결합이 유효한 어떤 원자의 자기모멘트 $\boldsymbol{\mu}_J$의 크기는

$$\mu_J = \sqrt{J(J+1)}g_J\mu_B$$

이다. 여기서 $\mu_B = e\hbar/2m$는 Bohr magneton이고

$$g_J = 1 + \frac{J(J+1) - L(L+1) + S(S+1)}{2J(J+1)}$$

은 **란데 지 인자**(Landé g factor)이다. (a) 시간에 대해 평균을 내었을 때 $\boldsymbol{\mu}_L$과 $\boldsymbol{\mu}_S$의 성분 중 **J**에 평행한 성분만이 $\boldsymbol{\mu}_J$에 기여한다는 것으로부터 코사인 법칙을 이용하여 위 결과를 유도하라. (b) LS 결합이 보존되는 약한 자기장 **B** 안에 있는 LS 결합의 지배를 받는 원자를 고려하자. 어떤 주어진 **J** 값에 대해 몇 개의 버금 상태들이 존재하는가? 버금 상태들 사이의 에너지 차이는 얼마인가?

38. 염소의 바닥상태는 $^2P_{3/2}$이다. 자기모멘트를 구하라(위의 문제를 참조하라). 약한 자기장 내에서 바닥상태는 몇 개의 버금 상태들로 분리될까?

7.9 X-선 스펙트럼

39. 원자번호가 서로 이웃한 원소들의 광학적 스펙트럼은 현격히 다르지만 X-선 스펙트럼은 정성적으로 아주 유사하다. 이유는 무엇인가?

40. 파장이 0.144 nm인 K_α X-선 스펙트럼선을 가지는 원소는 어떤 것인가?

41. 알루미늄의 K_α X-선 스펙트럼선의 파장과 그 에너지를 구하라.

42. 원자번호 Z인 원자의 $M(n = 3)$ 전자가 느끼는 유효 전하는 약 $(Z - 7.4)e$이다. 이러한 원소의 L_α X-선 스펙트럼선의 주파수가 $5cR(Z - 7.4)^2/36$으로 주어짐을 보여라.

제8장 분자

적외선 분광기로 시료의 적외선 흡수를 파장함수로 측정하고 있다. 이로부터 시료에 있는 분자의 구조에 대한 정보를 얻는다.

지 구상에서 혹은 대기층의 하층 부분에서 원자가 원자 자체로 존재하는 일은 매우 드물며, 불활성 기체들만이 원자 형태로 존재한다. 모든 다른 원자들은 서로 결합하여 작게는 분자라고 부르는 원자들의 모임이나, 크게는 액체나 고체 같은 큰 모임으로 발견된다. 분자나 액체 그리고 고체 중 어떤 것은 전체가 같은 원소의 원자들로 이루어져 있으며, 또 다른 것들은 서로 다른 종류의 원소의 원자들로 구성되어 있기도 하다.

무엇이 원자들을 서로 결합하게 하는 것일까? 화학자들에게 근본적으로 중요한 이 질문은 이 문제에 대해 만족한 대답을 주지 못하면 원자에 대한 양자 이론이 올바른 것이 아닐 것이라고 믿고 있는 물리학자들에게도 똑같이 중요하다. 특별한 가정 없이도 화학적 결합을 설명할 수 있는 양자 이론의 능력은 한 번 더 양자역학적 접근방법이 강력함을 증명하고 있다.

8.1 분자 결합

전기력으로 원자들이 결합하여 분자를 형성한다.

분자는 그 자체로도 하나의 입자처럼 행동할 만큼 서로가 매우 강하게 결합된, 전기적으로 중성인 원자들의 모임이다.

한 종류의 분자는 항상 어떤 일정한 구성 성분과 구조를 가지고 있다. 예를 들어, 수소 분자는 항상 두 개의 수소 원자로 구성되며, 물 분자는 항상 한 개의 산소 원자와 두 개의 수소 원자로 구성된다. 어떤 분자에서 원자 한 개라도 어떤 방법으로든 제거되거나 더 결합되면, 다른 종류의 분자로 변하며 성질도 달라진다.

서로 떨어져 있어서 상호작용을 하지 않는 계로 있을 때보다 원자들이 서로 결합되어 있을 때 더 낮은 에너지를 가지기 때문에 분자가 존재한다. 원자들의 어떤 모임 사이의 상호작용이 원자들의 총 에너지를 감소시키면 분자가 이루어지고, 이 상호작용이 그들의 총 에너지를 증가시키면 원자들은 서로 밀어낸다.

원자 두 개를 서로 계속 가까워지게 하면 어떻게 되는지 생각해 보자. 최종적으로 세 가지 상황이 일어난다.

1. **공유 결합이 형성된다.** 두 원자에 의해 하나 혹은 그 이상의 전자쌍들이 공유된다. 이 전자들은 원자들 사이를 돌게 되는데, 다른 곳에서보다 두 원자들 사이에서 더 오랫동안 머물러 있게 되어 인력을 만들어낸다. 한 예로 수소 분자 H_2를 들 수 있는데, 전자들이 두 양성자에 동시에 속해 있다(그림 8.1). 전자들이 양성자들을 끌어당기는 인력이 양성자들 사이의 서로 밀어내려는 반발력보다 더 크면 원자들은 점점 더 가까워진다. 그러나 원자들이 너무 접근하면 양성자들 사이의 반발력이 더 우세해져서 분자는 안정하지 못하게 된다.

양성자 간의 거리가 7.42×10^{-11} m일 때 인력과 반발력이 균형을 이루며, 이때 H_2 분자의 총 에너지는 -4.5 eV이다. 그러므로 H_2 분자를 두 개의 H 원자로 분리하기 위해서는 4.5 eV의 일이 필요하다.

$$H_2 + 4.5\,eV \rightarrow H + H$$

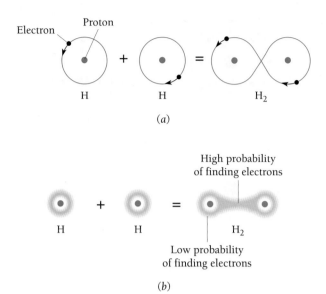

그림 8.1   (a) 수소 분자의 궤도 모델. (b) 수소 분자의 양자역학적 모델. 두 모델 모두에서 공유 전자는 핵 사이에서 평균적으로 좀 더 많은 시간을 보내게 되고, 이에 의해 원자끼리 끌어당기는 힘이 생긴다. 그러한 결합을 공유 결합이라고 한다.

이 값은 수소 원자의 결합에너지 13.6 eV와 비교된다.

$$H + 13.6\,eV \rightarrow p^+ + e^-$$

원자를 분리하는 것보다 분자를 분리하기가 더 쉽다는 일반적인 규칙의 한 예이기도 하다.

2. 이온 결합이 이루어진다. 한 개 또는 그 이상의 전자가 한 원자에서 다른 원자로 옮겨갈 수 있으며, 이 결과로 생긴 양이온과 음이온이 서로를 끌어당긴다. 이러한 한 예가 NaCl인 소금인데, 여기에서는 Na와 Cl 원자가 결합하는 것이 아니라 Na^+와 Cl^- 사이에 결합이 이루어진다(그림 8.2). 대부분의 이온 결합이 바로 분자를 만들지는 않는다. 소금의 결정은 나트륨(sodium)과 염소(chlorine) 이온의 집합체이다. 소금 결정이 어떤 특정한 구조로 배열되어 있기는 하지만, 하나의 Na^+ 이온과 하나의 Cl^- 이온이 짝을 이루어 만든 개개의 단독 소금 분자들의 모임으로 이루어지지는 않는다(그림 8.3). 소금은 어떤 모양이나 크기를 모두 가질 수 있다. 소금 결정은 항상 같은 수의 Na^+와 Cl^- 이온으로 이루어지므로 실험식인 NaCl은 그 구성 성분을 정확하게 표시하고 있고, 녹은 소금도 Na^+와 Cl^- 이온으로 구성되어 있다. 그러나 이온들이 결정이 아닌 분자를 이룰 수 있는 경우는 기체 상태로 존재할 때에만 가능하다. 이온 결합에 대해서는 10장에서 좀 더 깊이 논의할 것이다.

    H_2는 순수한 공유 결합을, NaCl은 순수한 이온 결합을 이룬다. 많은 분자들에서는 원자들이 전자들을 똑같지 않게 나누어 갖는 중간 형태의 결합이 일어난다. 그 한 예로 HCl 분자를 들 수 있는데, Cl 원자가 H 원자보다 공유 전자들을 더 강하게 끌어당긴다. 이온 결합을 공유 결합의 극단적인 경우라고도 생각할 수 있을 것이다.

3. 어떤 결합도 이루어지지 않는다. 두 원자의 전자 구조가 겹치기 시작하면 그들은 한 개의 단독

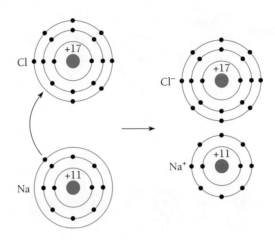

그림 8.2   이온 결합의 한 예. 전자를 나트륨 원자에서 염소 원자로 전달함으로써 나트륨과 염소는 화학적으로 결합한다. 결과적으로 형성된 두 이온은 전기적인 힘으로 서로를 이끈다.

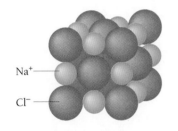

그림 8.3   소금(NaCl) 결정의 모델

계를 이룬다. 배타원리에 따르면, 이 단독 계의 어떤 전자들도 서로 같은 양자 상태에 존재할 수 없다. 만약 상호작용을 하는 전자들이 이 원리에 의해 서로 독립된 원자 상태의 전자로 있을 때보다 더 높은 에너지 상태로 옮겨가야 한다면, 이 계의 에너지는 독립된 원자들로 있을 때보다 더 높아져서 불안정해진다. 에너지를 증가시키지 않고도 배타원리를 만족시킬 수 있다고 해도 여러 전자들 사이에는 반발력이 작용하고 있을 것이다. 그러나 전자들 사이의 이러한 반발력은 결합 구조에 미치는 요소로서 배타원리의 영향보다는 훨씬 덜 중요하다.

8.2 전자의 공유

공유 결합의 구조

가장 단순한 분자계는 한 개의 전자가 두 개의 양성자를 결합하고 있는 수소 분자 이온 H_2^+이다. H_2^+에서의 결합을 상세하게 다루기 전에 두 개의 양성자가 한 개의 전자를 공유할 수 있는 일반적인 방법과 이러한 공유가 총 에너지를 낮아지게 하여 어떻게 안정한 계를 이루게 하는지 그 이유에 대해 생각해 보자.

5장에서 양자역학적인 장벽 통과 현상을 다루었다. 입자의 파동함수가 장벽 밖까지 퍼져 있으므로 장벽을 넘어서 튀어나올 만한 에너지가 없어도 상자 밖으로 입자가 '새어나올' 수 있다는 것을 알았다. 파동함수는 장벽이 무한히 강할 때에만 상자 안에 완전히 갇힌다.

양성자 주위의 전기장은 전자에게 상자와 같은 효과를 주므로 근접해 있는 두 양성자는 그들 사이에 벽이 있는 한 쌍의 상자에 해당한다(그림 8.4). 고전물리에서는 수소 원자의 전자가 원래 속해 있던 양성자와의 거리보다 더 먼 거리에 있는 이웃 양성자까지 자발적으로 뛰어넘어 옮겨갈 방법이 없다. 그러나 양자물리에서는 그렇게 될 방법이 존재한다. 한 상자에 갇혀 있는 전자가 벽을 통과하여 다른 상자로 옮겨갈 수 있는 어느 정도의 확률이 존재하며, 다른 상자에서 다시 장벽을 통과하여 되돌아올 확률도 똑같이 존재한다. 이러한 상황을 전자가 양성자들에 의해 공유되었다고 말하는 것으로 설명할 수 있다.

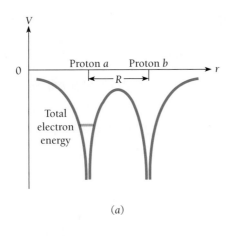

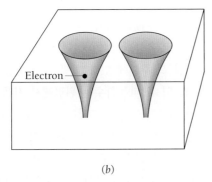

그림 8.4 (*a*) 두 이웃한 양성자 전기장에 의한 어떤 전자의 퍼텐셜에너지. 수소 원자에 있는 바닥상태 전자의 총 에너지를 나타내었다. (*b*) 두 이웃한 양성자는 양자역학적으로 장벽에 의해 분리된 상자 쌍에 대응된다.

전자가 두 양성자 사이의 높은 퍼텐셜에너지 영역, 즉 '벽'을 통과할 확률은 분명히 양성자들이 얼마나 떨어져 있는가에 강하게 의존한다. 양성자와 양성자 사이의 거리가 0.1 nm이면, 매 10^{-15}초에 한 번씩 전자가 한 양성자에서 다른 양성자로 옮겨갈 수 있다고 생각할 수 있다. 이러한 전자를 두 양성자에 의해 공유되었다고 생각하는 것은 합당할 것이다. 그러나 양성자와 양성자 사이의 거리가 1 nm가 되면 단지 1초에 평균 한 번씩 가로질러 이동할 수 있는데, 이 시간은 원자 크기에서 볼 때 사실상 무한대의 시간과 같다. 수소 원자의 1s 파동함수의 유효 반지름이 0.053 nm이므로 파동함수가 상당히 겹쳐진 원자들 사이에서만 전자 공유가 가능하다고 결론지을 수 있다.

두 양성자가 하나의 전자를 공유하고 있다고 하면, 이러한 계의 에너지가 하나의 수소 원자와 하나의 양성자로 서로 분리되어 있는 경우의 에너지보다 더 낮아지는 이유를 간단한 논의로부터 쉽게 설명할 수 있다. 불확정성 원리에 따르면, 입자가 있을 수 있는 영역이 좁으면 좁을수록 운동량이 커지고, 따라서 운동에너지도 커진다. 두 양성자에 의해 전자가 공유되어 있을 때가 하나의 양성자에 속해 있을 때보다 전자 위치의 제한을 덜 받으며, 이는 전자가 더 적은 운동에너지를 가짐을 의미한다. 그러므로 H_2^+에서 전자의 총 에너지는 $H + H^+$에서의 총 에너지보다 더 적다. H_2^+에서 양성자와 양성자 사이의 반발력의 크기가 너무 크지만 않다면, H_2^+는 안정함에 틀림없을 것이다.

8.3 H_2^+ 분자 이온

결합하려면 파동함수가 대칭이어야 한다.

H_2^+ 전자의 파동함수 ψ로부터 양성자들 사이의 거리인 R의 함수로 계의 에너지를 계산할 수 있으므로 그 파동함수 ψ를 알아내고자 한다. 만일 $E(R)$이 최솟값을 가진다면 결합이 존재할 수 있음을 알 수 있고, 결합에너지 그리고 양성자들 사이의 평형거리도 결정할 수 있다.

ψ에 대한 슈뢰딩거 방정식을 푸는 것은 길고도 복잡한 과정이므로 여기에서는 물리적 상황을 분명히 드러내기 위해 직관적인 접근방법을 사용하는 것이 좋겠다. 양성자 사이의 거리 R이 수소 원자의 가장 작은 보어 궤도 반지름인 a_0에 비하여 클 때, ψ가 어떻게 되는지를 예측하는 데서부터 시작하자. 이 경우에는 그림 8.5에서 볼 수 있듯이, 각 양성자 근처에서의 ψ는 수소 원자의 $1s$ 파동함수와 아주 비슷하여야 할 것이다. 양성자 a 주위의 $1s$ 파동함수를 ψ_a라 하고, 양성자 b 주위의 $1s$ 파동함수를 ψ_b라 하자.

우리는 $R = 0$, 즉 양성자들이 서로 융합되어 같이 있을 때 ψ가 어떻게 되는지도 알고 있다. 이 경우 전자는 전하가 $+2e$인 단일 핵 주위에 있다고 생각할 수 있으므로 He^+ 이온과 그 상황이 같다. 그림 8.5(e)와 같이 He^+의 $1s$ 파동함수는 원점에서 진폭이 더 클 뿐 H의 $1s$ 파동함수와 그 형태가 같다. R이 a_0와 비슷하면, ψ는 분명히 그림 8.5(d)에 그려진 파동함수와 비슷해질 것이다. 양성자들 사이 영역에서 전자를 발견할 확률이 증가하는데, 양성자들이 전자를 공유하는 것에 해당한다. 그러므로 평균적으로 양성자들 사이에 음전하가 더 많아지고, 따라서 양성자를 끌어당긴다. 이 인력이 양성자들 사이의 상호 반발력을 이겨낼 만큼 큰지는 조사해 보아야 한다.

그림 8.5에서는 a와 b를 바꾸어도 ψ에 아무런 영향을 미치지 않으므로 ψ_a와 ψ_b의 조합은 대칭적이다(7.3절 참조). 그러나 또한 그림 8.6처럼 ψ_a와 ψ_b가 **반대칭적**(antisymmetric)인 조합을 가질 수 있다고 생각할 수도 있다. 여기에서는 a와 b 사이에 $\psi = 0$인 마디(node)가 존재하므로 양성자들 사이에서 전자를 발견할 확률이 작아진다. 이제 평균적으로 양성자 사이에 음전하가 부족하게 되고, 이 결과로 양성자 사이의 반발력이 우세해진다. 반발력만으로는 결합을 일으킬 수 없다.

$R \to 0$일 때의 H_2^+의 반대칭 파동함수 ψ_A의 성질에 대한 흥미로운 문제를 살펴보자. $R = 0$일 때 ψ_A은 분명히 He^+의 $1s$ 파동함수가 되지는 않고, 대신에 원점에 마디가 있는 $2p$ 파동함수로 접근하여 간다[그림 8.6(e)]. He^+의 $1s$ 상태는 바닥상태이지만 $2p$ 상태는 들뜬상태이다. 그러므로 반대칭 상태의 H_2^+는 대칭 상태에 있을 때보다 에너지가 더 커야 하며, 파동함수의 모양으로부터 추론한 파동함수 ψ_A는 반발력을 가지고 파동함수 ψ_S는 인력을 가진다는 결과와 일치한다.

계의 에너지

앞서와 비슷한 논리를 따라 H_2^+ 계의 총 에너지가 R에 따라 어떻게 변화하는지에 대한 추정을 해보기로 하자. 먼저 대칭 상태를 생각하자. R이 크면 전자의 에너지 E_S는 수소 원자의 에너지인 -13.6 eV가 되어야 할 것이며,

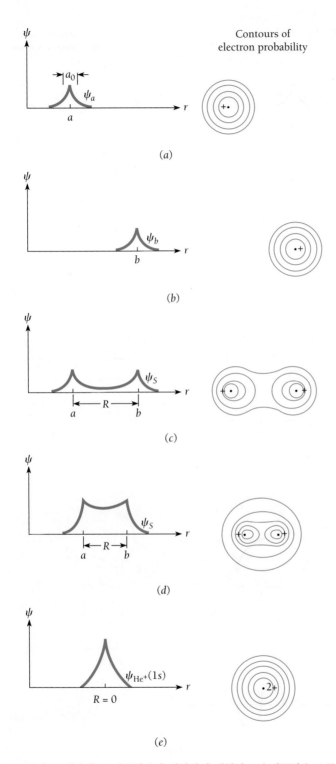

Contours of
electron probability

(a)

(b)

(c)

(d)

(e)

그림 8.5 (a)~(d) 두 수소 원자의 1s 파동함수가 결합하여 대칭인 H₂⁺ 파동함수 ψ_S를 형성한다. 전자가 양성자 바깥보다 양성자 사이에 있을 확률을 더 크게 가지게 됨으로써 결과적으로 안정한 H₂⁺ 분자 이온을 만든다. (e) 만약 두 양성자가 합하여지면 파동함수는 결과적으로 He⁺ 이온의 1s 파동함수와 같아야 할 것이다.

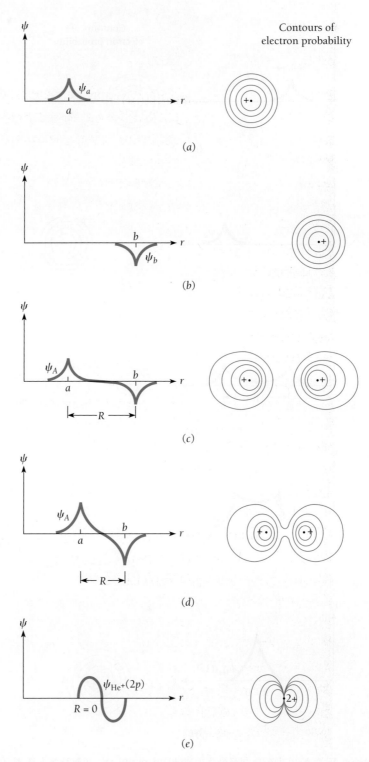

Contours of
electron probability

(a)

(b)

(c)

(d)

(e)

그림 8.6 (a)~(d) 두 수소 원자의 1s 파동함수가 결합하여 반대칭인 H_2^+ 파동함수 ψ_A를 형성한다. 이제는 전자가 양성자 바깥보다 양성자 사이에 있을 확률을 더 작게 가지게 됨으로써 안정한 H_2^+ 분자 이온이 만들어지지 않는다. (e) 만약 두 양성자가 합하여지면 결과적으로 파동함수는 He^+ 이온의 2p 파동함수와 같아야 할 것이며, 2p 상태의 He^+ 이온은 2s 상태보다 에너지를 더 가지게 된다.

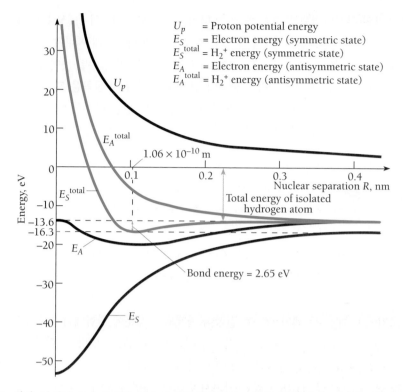

그림 8.7 대칭, 반대칭 상태에 대해 핵간 거리의 함수로서 H₂⁺의 전자에너지, 양성자 반발에너지, 그리고 총 에너지의 그림. 반대칭 상태에서는 총 에너지가 최솟값을 갖지 않는다.

$$U_p = \frac{e^2}{4\pi\epsilon_0 R} \tag{8.1}$$

인 양성자의 전기 퍼텐셜에너지 U_p는 $R \to \infty$가 됨에 따라 0으로 떨어진다[U_p는 양(+)의 양으로, 반발력에 해당한다]. $R \to 0$이 되면, $1/R$에 따라 $U_p \to \infty$가 된다. $R = 0$일 때의 전자에너지는 He⁺ 이온의 에너지와 같아야 할 것이며, 수소 원자 에너지의 Z^2배, 즉 4배와 같아야 할 것이다(4장의 연습문제 35를 보라. 단전자 원자에 대한 양자 이론으로부터 얻은 결과와 같다). 그러므로 $R = 0$일 때 $E_S = -54.4$ eV이다.

그림 8.7에 E_S와 U_p 둘 모두를 R의 함수로 나타내었다. E_S에 대한 곡선의 모양은 자세한 계산 없이 근사적으로 나타낼 수밖에 없으나, $R = 0$과 $R \to \infty$에서의 값은 알고 있다. U_p는 물론 식 (8.1)을 따른다.

이 계의 총 에너지 E_S^{total}은 전자에너지 E_S와 양성자 퍼텐셜에너지 U_p의 합이다. E_S^{total}은 명백히 최솟값을 가지며, 최솟값을 가진다는 것은 안정한 분자 상태를 가지는 것을 의미한다. 이 결과는 결합에너지가 2.65 eV이고 평형 간격 R이 0.106 nm인 H₂⁺에 대한 실험 데이터로부터 확인되었다. '결합에너지'는 H₂⁺를 H + H⁺로 분리하는 데 필요한 에너지를 의미한다. H₂⁺의 총 에너지는 수소 원자 에너지 −13.6 eV와 결합에너지 −2.65 eV를 더하여 모두 −16.3 eV이다.

반대칭 상태인 경우에도 $R = 0$일 때 전자에너지가 He⁺의 2p 상태 에너지 E_A와 같다는 것을 제외하고는 앞의 분석방법을 똑같이 쓸 수 있다. $R = 0$에서의 He^+의 $2p$ 상태 에너지는 Z^2/n^2에 비례한다. 그러므로 $Z = 2$, $n = 2$일 때 E_A는 수소 원자의 바닥상태 에너지 -13.6 eV와 똑같다. 또한, $R \to \infty$일 때에도 $E_A \to -13.6$ eV이므로 전자에너지가 상수일 것이라고도 생각할 수 있겠지만 실제로는 중간 거리에서 작은 굴곡이 생긴다. 그러나 이 굴곡은 그림 8.7에서와 같이 반대칭 상태의 총 에너지 곡선이 최솟값을 가질 수 있게 할 만큼 충분히 크지 않아서 이 상태에서는 결합이 이루어지지 않는다.

8.4 수소 분자

전자들의 스핀은 반대 방향이어야 한다.

H_2^+에서의 한 개의 전자와는 달리, H_2 분자는 두 개의 전자를 가지고 있다. 배타원리에 의하면 스핀이 반대 방향일 때에만 두 전자는 같은 **궤도**(orbital: 즉, 같은 파동함수 ψ_{nlm_l}로 기술된다.)에 있을 수 있다.

언뜻 보기에 H_2에는 두 개의 전자가 결합에 관계되기 때문에 결합에너지가 H_2^+의 2.65 eV에 비해 두 배인 5.3 eV를 가지고 보다 더 안정해야 할 것처럼 보인다. 그러나 H_2의 두 전자들 사이에는 H_2^+에서는 없는 서로 간의 반발력이 있으므로 H_2 궤도는 H_2^+ 궤도와 같지는 않다. 전자들 간의 반발력은 H_2의 결합을 약화시켜 실제 에너지 값이 5.3 eV가 아닌 4.5 eV가 되게 한다. 같은 이유로 H_2의 결합 거리는 미수정된 H_2^+ 파동함수를 써서 계산한 결합 거리보다 약간 긴 0.074 nm가 된다. 일반적인 결론인 H_2^+에서의 대칭 파동함수 ψ_S는 결합 상태를 이루고 반대칭 파동함수 ψ_A는 결합된 상태를 이루지 못한다는 결론은 H_2의 경우에도 그대로 성립한다.

7.3절에서 배타원리를 파동함수의 대칭성과 반대칭성으로부터 공식화하였으며, 전자들의 계는 항상 반대칭 파동함수로 기술된다는 결론을 얻었다(즉, 어떤 전자들의 짝을 서로 뒤바꿨을 때 부호가 바뀌는 파동함수에 의해 기술된다). 그러나 H_2의 결합 상태는 두 개의 전자가 대칭 파동함수 ψ_S로 기술되는 경우에 해당하는데, 이것은 위의 결론과 모순인 것처럼 보인다.

좀 더 자세히 살펴보면 아무런 모순도 없음을 알 수 있다. 두 개의 전자로 이루어진 계의 완전한 파동함수 $\Psi(1, 2)$는 전자들의 위치를 나타내는 공간 파동함수 $\psi(1, 2)$와 전자들의 스핀의 방향을 나타내는 스핀함수 $s(1, 2)$의 곱으로 나타내어진다.

$$\Psi(1, 2) = \psi(1, 2)\, s(1, 2)$$

배타원리는 입자를 바꾸었을 때 위치와 스핀 모두를 포함한 완전한 파동함수가 반대칭이 되어야 하는 조건을 요구할 뿐 $\psi(1, 2)$ 자체만 반대칭이 되는 것을 요구하지 않는다. 완전한 파동함수는 대칭 공간 파동함수 ψ_S와 반대칭 스핀함수 s_A의 곱, 혹은 반대칭 공간 파동함수 ψ_A와 대칭 스핀함수 s_S의 곱으로 만들어질 때 반대칭 파동함수 Ψ_A가 된다. 즉,

$$\Psi(1, 2) = \psi_S s_A \quad 및 \quad \Psi(1, 2) = \psi_A s_S$$

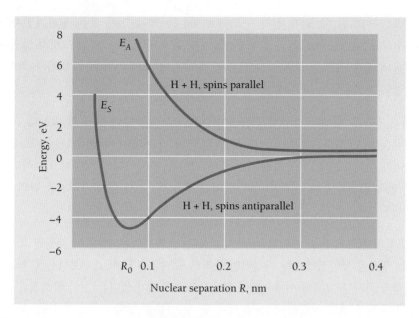

그림 8.8 전자의 스핀이 평행할 때와 반평행할 때, 핵간 거리의 함수로서 H + H의 에너지 변화

만 받아들여진다.

두 전자의 스핀이 평행할 때는 전자를 서로 바꾸어도 그 부호가 변하지 않으므로 스핀함수는 대칭이다. 그러므로 전자의 두 스핀이 평행할 때에는 공간 파동함수 ψ가 반대칭이 되어야 한다.

평행 스핀
$$\Psi(1, 2) = \psi_A s_S$$

다른 한편, 두 전자의 스핀이 반평행이면 전자들을 교환하였을 때 그 부호가 바뀌므로 스핀함수는 반대칭이다. 그러므로 반평행 스핀을 가지는 두 전자의 공간 파동함수는 대칭이어야 한다.

반평행 스핀
$$\Psi(1, 2) = \psi_S s_A$$

H_2 분자에 대한 슈뢰딩거 방정식은 정확한 해를 가지고 있지 않다. 사실, H_2^+ 분자만 정확한 해를 가지고 있고, 나머지 다른 분자들은 모두 근사적으로 취급하는 것만 가능하다. H_2 분자에 대한 상세한 분석 결과를 전자들이 평행한 스핀을 가지는 경우와 반평행한 스핀을 가지는 경우로 나누어 그림 8.8에 나타내었다. 두 곡선의 차이는 스핀이 평행할 때 주된 밀어내는 힘을 주는 배타원리에 의한 차이이다.

8.5 복잡한 분자들

분자들의 기하학적 구조는 그들 원자들의 외각 전자의 파동함수에 의존한다.

H_2 분자가 아닌 이원자 분자 혹은 다원자 분자의 공유 결합은 일반적으로 매우 복잡하다.

원자가 서로 가까워질 때 원자 전자 구조의 변화는 최외각 전자 혹은 **원자가전자**(valence electron)라 부르는 가장 바깥쪽의 전자껍질의 변화에만 국한된다. 만일 그렇지 않다면, 다원자 분자들의 공유 결합은 훨씬 더 복잡했을 것이다. 원자의 전자 구조 변화가 최외각 전자껍질에 국한되는 이유로는 다음의 두 가지를 들 수 있다.

1. 안쪽의 전자들은 더욱더 강하게 결합되어 있으므로 외부의 영향을 덜 받는데, 강하게 결합되는 이유는 이 전자들이 원래 속박되어 있는 핵에 더 가깝기 때문이기도 하고, 또 부분적으로는 사이에 끼어드는 전자가 훨씬 적어 핵의 전하가 덜 차단되기 때문이기도 하다.

2. 원자의 안쪽 껍질들이 아직 서로 멀리 떨어져 있을 때, 분자 내에서 원자들 간의 반발력이 벌써 우세해진다.

안쪽 껍질의 전자 상태로 전이할 때 생기는 X-선 스펙트럼은 원자가전자들만 화학 결합에 관계한다는 생각을 뒷받침해주는 직접적인 증거로 쓸 수 있다. 이 스펙트럼들은 원자들이 결합하여 어떻게 분자나 고체를 이루는가에 실제적으로 관계가 없다는 것이 밝혀졌다.

두 개의 수소 원자가 결합하여 H_2 분자가 될 수 있음을 알았고, 또 자연적으로 존재하는 수소 분자는 실제로 항상 두 개의 수소 원자로 이루어져 있다. 이제 배타원리에 의해 어떻게 He_2나 H_3 같은 분자는 존재하지 못하고, H_2O와 같은 분자들은 안정적으로 존재하는지를 살펴보자.

모든 헬륨 원자는 바닥상태에서 각각의 스핀을 가진 $1s$ 전자를 가지고 있다. 한 헬륨 원자가 다른 헬륨 원자와 전자를 주고받음으로써 서로 묶이려면 어느 순간 동안 각각의 원자들은 같은 스핀을 갖는 두 개의 전자를 동시에 가져야 한다. 즉, 한 원자가 스핀 up(↑↑)인 두 개의 전자를 가져야 하며, 다른 원자는 스핀 down(↓↓)인 두 전자를 가져야 한다. 물론 배타원리에 의해 한 원자에 두 개의 $1s$ 전자가 같은 스핀을 갖는 것이 금지되므로 헬륨 원자 사이에는 반발력이 작용할 것이 명백해진다. 그러므로 He_2 분자는 존재할 수 없다.

H_3의 경우에도 비슷한 논리가 성립한다. H_2 분자는 스핀의 방향이 반대인(↑↓) 두 개의 전자를 가지고 있다. 예를 들어 스핀 up의 전자를 가진 $1s$ 상태의 다른 H 원자가 접근하여 분자를 이룬다면, 이렇게 형성된 분자의 스핀들 중 두 개는 평행하게 되는데(↑↑↓), 세 전자 모두가 $1s$ 상태에 있다면 이런 배치는 불가능하다. H_3의 세 전자 중 하나라도 들뜬상태에 있다면 배타원리가 적용되지 않을 것이나 이러한 상태는 $1s$ 상태보다 에너지가 높기 때문에 H_3 구조는 $H_2 + H$보다 높은 에너지를 갖게 되고, 재빨리 $H_2 + H$로 붕괴된다.

분자 결합

공유 결합을 일으키는 두 원자 간의 상호작용에는 그림 6.12에서 보인 원자 단독으로 있을 때의 전자들의 확률−밀도 분포와는 조금 다른 모양의 분포가 이용되기도 한다. 그림 8.9에 결합 형성에 중요한 s 및 p 원자의 궤도 모양을 나타내었다. 그림은 전자를 특정한 확률, 예로서 90% 혹은 95%로 발견할 확률을 가지는 영역의 윤곽을 나타내는 $|\psi|^2 = |R\Theta\Phi|^2$이 상수인 값을 가지는 경계면을 그린 그림이다. 따라서 각각의 그림은 해당하는 경우의 $|\Theta\Phi|^2$을 나타낸 그림이 되며, 그림 6.11은 각 경우의 지름 방향의 분포를 나타낸 그림이다. 궤도의 돌출부에 파동함수 ψ의 부호를 나타내었다.

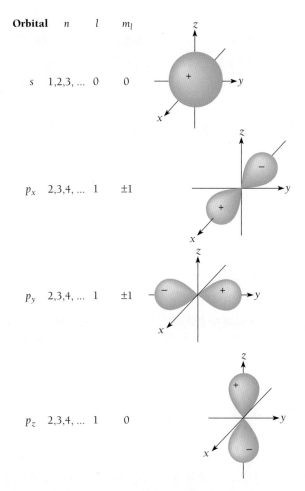

Orbital	n	l	m_l
s	1,2,3, ...	0	0
p_x	2,3,4, ...	1	±1
p_y	2,3,4, ...	1	±1
p_z	2,3,4, ...	1	0

그림 8.9 s와 p 궤도의 경계면 그림. 각각의 궤도들은 두 개의 전자를 '포함'할 수 있다. 도형 안 부분에서 전자를 발견할 확률이 높다. 각 돌출부에 파동함수의 부호를 표시하였다.

그림 8.9에서 s와 p_z 궤도는 수소 원자의 s와 $p(m_l = 0)$ 상태 파동함수와 동일하다. p_x와 p_y 궤도는 $p(m_l = +1)$와 $p(m_l = -1)$ 궤도의 선형 결합이 되고,

$$\psi_{p_x} = \frac{1}{\sqrt{2}}(\psi_{+1} + \psi_{-1}) \qquad \psi_{p_y} = \frac{1}{\sqrt{2}}(\psi_{+1} - \psi_{-1}) \qquad (8.2)$$

이며, $1/\sqrt{2}$은 파동함수의 규격화를 위한 인자이다. $m_l = +1$과 $m_l = -1$ 궤도가 같은 에너지를 가지고 있으므로 식 (8.2)에서 파동함수의 선형 결합 역시 슈뢰딩거 방정식의 해가 된다 (5.4절을 보라).

두 원자가 접근하면 궤도들이 겹치게 된다. 이 겹침 결과로 $|\psi|^2$이 두 원자 사이에서 증가하게 되면, 겹친 궤도는 결합된 분자 궤도를 만든다. 8.4절에서 두 수소 원자의 $1s$ 궤도가 합해져서 어떻게 결합 궤도 ψ_S를 만드는지에 대해 알아보았다. 분자 결합은 결합축을 z축으로 잡고, 이 축에 대한 각운동량 L에 따라 분류하여 그리스어로 나타낸다. σ(그리스어로, s에 해당)는 $L = 0$, π(그리스어로, p에 해당)는 $L = \hbar$에 각각 해당하는 등 알파벳 순서를 따른다.

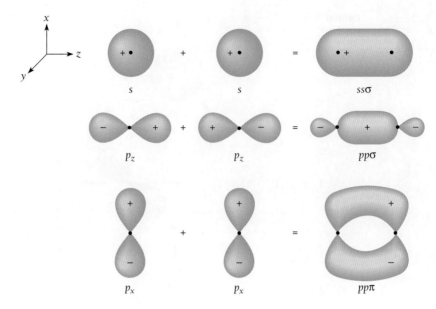

그림 8.10 $ss\sigma$, $pp\sigma$ 그리고 $pp\pi$ 분자 결합 궤도의 형성. 그림에서 나타낸 두 p_x 궤도가 만드는 것과 같은 방법으로, 두 p_y 궤도도 방위는 다르기는 하지만 같은 $pp\pi$ 분자 궤도를 만든다.

그림 8.10에 s와 p 원자 궤도로부터 σ와 π 결합 분자 궤도가 형성되는 것을 보여주고 있다. H_2의 ψ_S는 $ss\sigma$ 결합임이 명백하다. p_z 궤도는 돌출부가 결합축 방향을 향하고 있으므로 σ 분자 궤도를 형성하고, p_x와 p_y 궤도는 일반적으로 π 분자 궤도를 만든다.

결합하여 분자 궤도를 만든 원자 궤도들은 두 원자로 있을 때와는 다를 수 있다. 그 한 예가 물 분자 H_2O이다. O 원자의 $2p$ 궤도 중 하나는 두 개의 전자로 완전히 채워져 있지만, 나머지 두 $2p$ 궤도는 각각 전자 하나씩만으로 채워져 있어서 두 H 원자의 $1s$ 궤도와 각각 만날 수 있고, 따라서 $sp\sigma$ 결합을 이룬다(그림 8.11). H 원자핵(양성자) 사이의 서로 밀어내는 힘은 결합축 사이의 각을 90°에서 측정되는 값인 104.5°로 넓게 만든다.

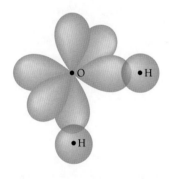

그림 8.11 물(H_2O) 분자의 형성. 겹침 부분은 $sp\sigma$ 공유 결합을 나타낸다. 결합 사이의 각은 104.5°이다.

하이브리드(혼성) 궤도

H_2O 분자의 모양을 설명하는 위와 같은 직설적인 방법은 메탄인 CH_4에서는 적용되지 않는다. 탄소 원자는 $2s$ 궤도에 두 개의 전자를, 그리고 두 $2p$ 궤도에 각각 하나씩의 전자를 가지고 있다. 따라서 탄소의 수소화합물로 두 $sp\sigma$ 결합 궤도를 가지고 결합각이 90°보다 약간 큰 CH_2를 예측할 수 있을 것이다. $2s$ 전자들은 결합에 전혀 관계하지 않아야 할 것이다. 그러나 CH_4가 존재하고, C—H 결합 모두가 서로 정확하게 동등한, 완전한 사면체 대칭 구조를 가지고 있다.

CH_4 문제(그리고 다른 많은 분자들의 문제)는 1928년에 폴링(Linus Pauling)에 의해 해결되었다. 그는 CH_4 분자에서 각각의 궤도에 기여하는 C 원자의 원자 궤도로 $2s$와 $2p$ 둘 모두의 선형 결합을 제안하였다. 만약에 에너지가 서로 같다면, $2s$와 $2p$ 파동함수는 같은 슈뢰딩거 방정식의 해가 될 것이나, 고립된 C 원자에서는 에너지가 같지 않다. 그러나 실제 CH_4

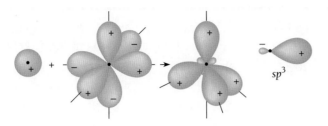

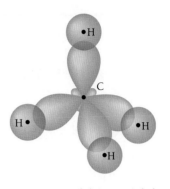

그림 8.12 sp^3 하이브리드에서, 같은 원자에서의 하나의 s 궤도와 세 개의 p 궤도가 결합되어 네 개의 sp^3 하이브리드 궤도를 만든다.

그림 8.13 메탄(CH_4) 분자의 결합에 sp^3 하이브리드 궤도들이 관여한다.

분자에서 C의 외각전자가 느끼는 전기장은 인접해 있는 H 원자핵의 영향을 받고, 이로 인해 $2s$와 $2p$ 사이의 에너지 차이가 없어질 수 있게 된다. s와 p 궤도의 혼합인 **하이브리드(혼성) 궤도**(hybrid orbital)는 그들이 만드는 결합에너지가 순수 궤도로 있을 때의 에너지보다 클 때 일어난다. CH_4에서 네 개의 하이브리드 궤도들은 하나의 $2s$와 세 개의 $2p$ 궤도들의 혼합으로 이루어져 있으며, 따라서 sp^3 하이브리드라 부른다(그림 8.12). 이런 하이브리드 궤도의 파동함수는 아래와 같다.

$$\psi_1 = \frac{1}{2}(\psi_s + \psi_{p_x} + \psi_{p_y} + \psi_{p_z}) \qquad \psi_3 = \frac{1}{2}(\psi_s + \psi_{p_x} - \psi_{p_y} - \psi_{p_z})$$

$$\psi_2 = \frac{1}{2}(\psi_s - \psi_{p_x} - \psi_{p_y} + \psi_{p_z}) \qquad \psi_4 = \frac{1}{2}(\psi_s - \psi_{p_x} + \psi_{p_y} - \psi_{p_z})$$

그림 8.13에서 이렇게 하여 형성된 CH_4 분자 구조를 보여주고 있다.

탄소 원자는 sp^3 이외에도 두 가지 다른 모양의 하이브리드 궤도를 가질 수 있다. sp^2 하이브리드에서, 하나의 바깥전자는 순수한 p 궤도에 그리고 나머지 세 전자들은 $\frac{1}{3}s$와 $\frac{2}{3}p$의 특성을 가지는 하이브리드 궤도에 있다. sp 하이브리드에서는 두 바깥전자는 순수한 p 궤도에, 나머지 두 전자는 $\frac{1}{2}s$와 $\frac{1}{2}p$의 특성을 가지는 하이브리드 궤도에 있다.

에틸렌, C_2H_4이 sp^2 하이브리드의 한 예로서, 두 C 원자들이 하나는 σ 결합, 또 하나는 π 결합인 두 결합으로 서로 결합되어 있다(그림 8.14). 에틸렌의 관습적인 구조식에서 이 두 결합을 보여주고 있다.

에틸렌(ethylene)

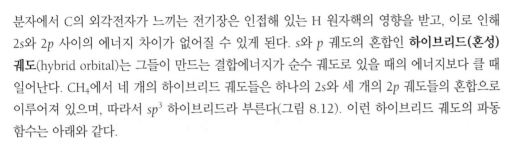

π 결합에서의 전자들은 분자 외부로 '노출'되어 있어서 에틸렌 혹은 에틸렌과 유사한 화합물들은 C 원자들 사이가 σ 결합만으로 되어 있는 화합물보다 화학적으로 훨씬 더 큰 반응성을 보인다.

벤젠, C_6H_6은 그림 8.15와 같이 납작한 육각형 고리 모양을 하고 있다. 탄소 하나당 세 개의 sp^2 궤도들은 탄소 원소 서로 간에 그리고 하나의 H 원자와 σ 결합을 이룬다. 이렇게 함으로써 각 탄소 원자에 $2p$ 전자가 하나씩 남게 된다. 이렇게 남은 총 여섯 개의 $2p$ 궤도들은 결라이너스 폴링(Linus Pauling: 1901~1994)은 오레곤주의 토박이로 캘리포니아 공과대학(Caltech)에서 박사 학위를 받고, 새로운 양자역학을 배우기 위해 독일에 있었던 1920년대 중반기를 제외하고는 계속 그곳에 남아 있었다. 양자역학을 화학에 응용한 선구자로서, 화학 결합을 상세하게 이해하게 하는 많은 핵심 개념들을 알아냈다. 그의 저서인 『화학 결합의 본질 (The nature of the Chemical Bond)』는 과학 역사상 가장 크게 영향을 끼친 저서 중의 하나가 되었다. 폴링은 또 분자생물학, 특히 단백질의 구조에서도 중요한 업적을 남겼다. X-선 회절로부터 단백질 분자가 가질 수 있는 모양으로 나선형 및 주름 잡힌 얇은 판 모양을 발견하였다. 유전병의 하나인 겸상 적혈구 빈혈 증(sickle cell anemia)이 유전적 결함으로 인해 잘못된 아미노산을 가지고 있는 헤모글로빈에 의한 '분자 질병'이라는 것을 인식한 사람이기도 하다. 폴링은 1954년에 노벨 화학상을 수상하였다.

1923년에 화학 수업에서 밀러(Ava Helen Miller)를 만났고, "만약 당신과 과학 중 어느 하나를 선택하라고 한다면 당신을 꼭 선택할지는 잘 모르겠다."라는 폴링의 입장에도 불구하고 밀러는 폴링과 결혼하였다. 그녀는 폴링을 연구실 바깥 세계로 이끌어 내었고, 그는 점점 정치적 활동에 더욱 적극적이 되었다. 그는 대학이나 자신에 대한 기록을 2,500쪽 이상 쌓은 FBI가 좋아하지 않는 저항운동으로 방사능 낙진을 수반하는 대기권 핵실험을 중지시키기 위해 투쟁하였다. 이곳들 이외에서는 그의 아이디어가 좋게 받아들여져서 핵실험금지조약으로 그리고 노벨 평화상 수상으로 나타났다. 그는 처음에 기존 의학계로부터 거부당하였으나 결국에 가서 그가 옳다고 판명된 건강을 위해 매일 비타민 C를 많이 복용해야 한다는 캠페인을 벌이기도 하였다. 암으로 93세에 사망하였으며, 비타민 C가 장수하는 데 도움이 되었음은 틀림없었을 것이다.

합하여 π 결합을 이루고, 고리 평면 아래와 위에서 연속적으로 분포한다. 이 여섯 개의 전자들은 원자의 특정 쌍들에 속하는 것이 아니고 전체로서 벤젠 분자에 속하여 있고, **비국소화** (delocalized)되어 있다. 그러므로 벤젠에 적합한 구조식은 아래와 같다.

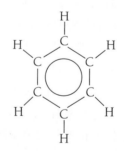

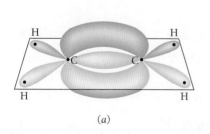 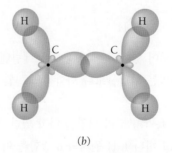 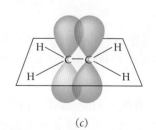
(a)   (b)   (c)

그림 8.14 (a) 에틸렌(C_2H_4) 분자. 모든 원자들은 종이 면에 수직인 평면 내에 있다. (b) 위에서 본 그림. C 원자들 사이에 σ 결합을 만드는 sp^2 하이브리드 궤도를 보여주고 있다. (c) 옆에서 본 그림. 순수한 p_x 궤도가 C 원자들 사이에 π 결합을 만들고 있는 것을 보여주고 있다.

도로시 호지킨(Dorothy Crowfoot Hodgkin: 1910~1994)은 10세 때 명반(황산알루미늄)과 황화구리 용액에서 용매인 물이 증발함에 따라 결정이 만들어지는 것을 보고 크게 매혹당하였다. 이후 결정에 대한 매혹은 그녀를 떠난 적이 없었다. 그 시대에 여성 과학자가 겪는 어려움에도 불구하고 옥스퍼드 대학에서 화학을 전공하였다. 그리고 학부 시절에 이미 연구논문을 발표할 수 있을 만큼 X-선 결정학에 정통하게 되었다. 이 실험방법은, 좁은 X-선 빔을 결정에 여러 각도로 보내고, 이때 생기는 간섭무늬로부터 결정에서의 원자 배치를 해석해 내는 것이다. 도로시 크로풋(Dorothy Crowfoot: 당시의 이름)은 X-선을 이용한 생물학적 분자에 대한 연구를 막 시작한 버널(J. D. Bernal)과 함께 일하기 위해 케임브리지 대학으로 옮겨갔다. 많은 생물학적 분자들은 알맞은 조건 아래에서 결정을 이루고, 결정 구조를 통하여 분자 자체의 구조를 추론할 수 있다. 특별히, 생물학적 기능이 분자 구조와 밀접한 관련을 맺고 있는 단백질 분자 구조는 매우 중요하다. 그녀와 버널은 단백질 분자의 하나인 소화 효소 펩신(digestive enzyme pepsin)의 원자 배치를 처음으로 알아내었다.

케임브리지에서 2년간의 열띤 시간을 보낸 후에 옥스퍼드로 돌아와서 호지킨(Thomas Hodgkin)과 결혼하고 활발한 연구생활을 계속하면서도 세 명의 자녀를 두었다. 그녀가 한 일 중 가장 중요한 일은 페니실린(성공적으로 해석을 마친 가장 복잡한 분자), 비타민 B_{12} 그리고 인슐린(일을 마무리 짓기 위해 연구를 계속하고 또 중지하고 하면서 35년간이 필요하였다)에 대한 일이었다. 그녀는 가장 간단한 분자를 제외하고는 매우 힘든 작업인 X-선 데이터 해석에 컴퓨터를 이용하기 시작한 선구자 중의 한 명이다. 그녀의 성취와 과학계에서의 지명도에도 불구하고 오랫동안 옥스퍼드에서 초라한 대접을 받았다. 즉, 매우 부실한 실험실 장비와 낮은 직위 그리고 외부 지원(주로 미국의 록펠러 재단으로부터)을 받을 수 있을 때까지 연구 중단에 대한 끊임없는 우려와 함께 남자 동료의 절반에 해당하는 보수밖에 받지 못하였다. 1964년에 여성으로는 세 번째로 화학 분야에서 노벨상을 받았다.

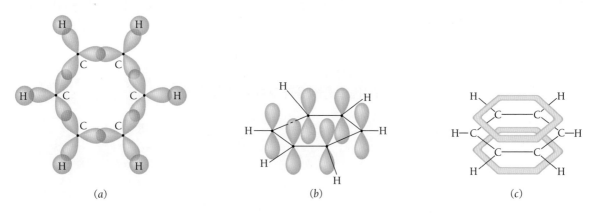

그림 8.15 벤젠 분자. (a) C 원자들 사이에서의 sp^2 하이브리드 궤도들의 겹침과 H 원자의 s 궤도와 sp^2 하이브리드 궤도의 겹침에 의해 σ 결합이 만들어진다. (b) 각 C 원자들은 전자 하나만 채워진 순수한 p_x 궤도를 가지고 있다. (c) 여섯 개의 p_x 궤도로 만들어진 π 분자 궤도 결합은 여섯 개의 비국소화된 전자들에 의해 분자 전체에 걸쳐 연속적으로 분포되어 있는 전자 확률을 가진다.

8.6 회전에너지 준위

분자의 회전 스펙트럼은 마이크로파 영역에 있다.

분자의 에너지 상태는 분자 전체의 회전, 구성 원자들 사이의 상대적인 진동, 그리고 전자 배치 상태의 변화 등에 의해 생긴다.

1. **회전 상태**(*rotational state*)들은 매우 작은 에너지 간격을 가지고 있으며(전형적으로 약

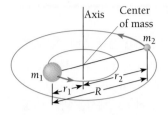

그림 8.16 이원자 분자는 질량 중심에 대해 회전할 수 있다.

10^{-3} eV), 이 상태들 사이의 전이에 의해 생기는 스펙트럼은 파장이 0.1 mm에서 1 cm에 이르는 마이크로파(microwave) 영역에 있다. 마이크로웨이브 오븐(전자레인지)의 동작원리는 마이크로파로부터 에너지가 물 분자의 회전운동으로 흡수되는 현상에 그 기초를 둔다.

2. **진동 상태**(*vibrational state*)들은 조금 더 큰 에너지 간격으로 떨어져 있으며(전형적으로 약 0.1 eV), 진동 스펙트럼은 파장이 1 μm에서 0.1 mm에 이르는 적외선 영역에 있다.

3. **분자의 전자 상태**(*molecular electronic state*)들은 가장 큰 에너지를 갖는데, 최외각 전자에너지 준위 사이의 전형적인 간격은 몇 eV 정도이며, 스펙트럼은 가시광선과 자외선 영역에 걸쳐 있다.

분자의 스펙트럼으로부터 결합거리, 힘 상수(force constant) 그리고 결합각 등을 포함한 그 분자의 자세한 구조를 알아낼 수 있다. 간단하게 하기 위하여 여기에서는 이원자 분자만 다루겠지만, 주된 개념은 더 복잡한 분자에도 마찬가지로 적용된다.

이원자 분자에서 가장 낮은 에너지 준위들은 분자의 질량 중심에 대한 회전으로부터 나온다. 그림 8.16에서와 같은 질량이 m_1과 m_2이고, 원자 사이의 거리가 R인 두 원자로 이루어진 분자를 생각하자. 질량 중심을 지나고 두 원자를 연결하는 선에 수직인 축에 대한 이 분자의 관성능률(moment of inertia)은 다음과 같다.

$$I = m_1 r_1^2 + m_2 r_2^2 \tag{8.3}$$

여기에서 r_1과 r_2는 각각 질량 중심으로부터 원자 1과 원자 2까지의 거리를 나타낸다. 질량 중심의 정의로부터

$$m_1 r_1 = m_2 r_2 \tag{8.4}$$

이다. 그러므로 관성능률을 다음과 같이 다시 쓸 수 있다.

관성능률
$$I = \frac{m_1 m_2}{m_1 + m_2}(r_1 + r_2)^2 = m' R^2 \tag{8.5}$$

여기서

환산질량
$$m' = \frac{m_1 m_2}{m_1 + m_2} \tag{8.6}$$

은 분자의 **환산질량**(reduced mass)이다. 식 (8.5)는 이원자 분자의 회전이 질량 m'를 가진 단일 입자가 거리 R만큼 떨어진 축 주위를 도는 회전과 동등하다는 것을 말해 준다.

ω를 분자의 각속도라고 하면 분자의 각운동량 $\mathbf{L}$의 크기는

$$L = I\omega \tag{8.7}$$

이다. 아는 바와 같이 각운동량은 그 특성상 항상 양자화되어 있다. **회전양자수**(rotational quantum number)를 J로 표시하면, 각운동량은

각운동량
$$L = \sqrt{J(J+1)}\,\hbar \qquad J = 0, 1, 2, 3, \cdots \tag{8.8}$$

이다. 분자의 회전에너지가 $\frac{1}{2}I\omega^2$이므로 회전에너지 준위는 다음과 같이 주어지게 된다.

$$E_J = \frac{1}{2}I\omega^2 = \frac{L^2}{2I}$$

회전에너지 준위
$$= \frac{J(J+1)\hbar^2}{2I} \tag{8.9}$$

결합축 방향으로의 회전

우리는 그림 8.16과 같은 이원자 분자의 결합축에 대해 수직인 축 주위로의 회전, 즉 빙글빙글 도는 회전만 고려하였다. 그렇다면 대칭축 자신의 주위로 도는 회전은 어떻게 되겠는가?

원자질량의 거의 대부분이 원자 반지름의 $\sim10^{-4}$밖에 되지 않는 핵에 모여 있으므로 핵의 회전 능률은 고려하지 않아도 된다. 그러므로 결합축에 대한 이원자 분자의 회전능률에 대한 기여는 주로 전자들로부터 오게 되고, 전자는 축에 대한 반지름이 결합거리 R의 절반 정도인 영역에 모여 있으며, 질량은 분자 총 질량의 $\frac{1}{4000}$ 정도밖에 되지 않는다. 허용되는 회전에너지 준위는 $1/I$에 비례하므로 대칭축에 대한 회전에너지는 빙글빙글 도는 회전에너지 E_J의 $\sim10^4$배가 되어야 할 것이다. 따라서 이원자 분자의 대칭축 주위의 회전 운동에너지는 최소한 몇 eV가 될 것이다. 결합에너지도 이 정도의 크기를 가지므로 대칭축 주위의 회전운동을 들뜨게 하는 어떤 외부 환경은 분자를 분리시키게 될 것이다. ∎

예제 8.1

일산화탄소(CO) 분자의 결합거리 R은 0.113 nm이고, ^{12}C와 ^{16}O 원자의 질량은 각각 1.99×10^{-26} kg 과 2.66×10^{-26} kg이다. CO 분자가 가장 낮은 회전 상태에 있을 때, (a) CO 분자의 에너지와 (b) 각 속력을 구하여라.

풀이

(a) CO 분자의 환산질량 m'은

$$m' = \frac{m_1 m_2}{m_1 + m_2} = \left[\frac{(1.99)(2.66)}{1.99 + 2.66}\right] \times 10^{-26} \text{ kg}$$
$$= 1.14 \times 10^{-26} \text{ kg}$$

이고, 관성능률 I는

$$I = m'R^2 = (1.14 \times 10^{-26} \text{ kg})(1.13 \times 10^{-10} \text{ m})^2$$
$$= 1.46 \times 10^{-46} \text{ kg} \cdot \text{m}^2$$

이다. 가장 낮은 회전에너지 준위는 $J = 1$일 때이므로 CO의 가장 낮은 회전에너지는

$$E_{J=1} = \frac{J(J+1)\hbar^2}{2I} = \frac{\hbar^2}{I} = \frac{(1.054 \times 10^{-34} \text{ J} \cdot \text{s})^2}{1.46 \times 10^{-46} \text{ kg} \cdot \text{m}^2}$$
$$= 7.61 \times 10^{-23} \text{ J} = 4.76 \times 10^{-4} \text{ eV}$$

이다. 이 에너지는 그렇게 큰 에너지가 아니며 상온, 즉 $kT \approx 2.6 \times 10^{-2}$ eV에서 시료에 있는 CO 분자의 거의 모두는 들뜬 회전 상태에 있게 된다.

(b) $J = 1$일 때 CO 분자의 회전 각속도는 다음과 같다.

$$\omega = \sqrt{\frac{2E}{I}} = \sqrt{\frac{(2)(7.61 \times 10^{-23}\,\text{J})}{1.46 \times 10^{-46}\,\text{kg} \cdot \text{m}^2}}$$

$$= 1.02 \times 10^{12}\,\text{rad/s}$$

회전 스펙트럼

회전 스펙트럼은 회전에너지 준위 사이의 전이로부터 나온다. 전기 쌍극자 모멘트를 갖는 분자들만 이러한 전이에서 전자기적 광자를 흡수하거나 방출할 수 있다. 이러한 이유로 H_2와 같은 비극성 이원자 분자나 CO_2(O ═ C ═ O)와 CH_4(그림 8.13)과 같은 대칭형의 다원자 분자에서는 회전 스펙트럼을 보이지 않는다. 그러나 충돌을 통하여 H_2, CO_2 그리고 CH_4 같은 분자에서도 회전 상태들 사이의 전이를 일으킬 수 있다.

영구 쌍극자 모멘트를 갖는 이원자 분자라 할지라도 회전 상태들 사이의 모든 전이가 복사를 일으키지는 않는다. 원자 스펙트럼에서와 같이, 특정한 선택 규칙(selection rule)이 회전 상태들 사이에 가능한 복사전이의 조건을 제한한다. 단단한(rigid) 이원자 분자에 대한 회전 전이의 선택 규칙은 다음과 같다.

선택 규칙 $\Delta J = \pm 1$ (8.10)

실제에 있어서 회전 스펙트럼은 항상 흡수 분광으로부터 측정하므로 양자수 J를 갖는 어떤 초기 상태에서 양자수가 $J + 1$인 그다음 높은 상태로 변화하는 모든 전이가 발견된다. 단단한(rigid) 분자의 경우, 흡수되는 광자의 진동수는

$$\nu_{J \to J+1} = \frac{\Delta E}{h} = \frac{E_{J+1} - E_J}{h}$$

회전 스펙트럼 $= \frac{\hbar}{2\pi I}(J + 1)$ (8.11)

이다. 여기서 I는 빙글빙글 도는 회전의 관성능률이다. 그러므로 단단한 분자의 스펙트럼은 그림 8.17과 같이 등간격의 선들로 구성되어 있다. 각 선들의 진동수는 측정 가능하며, 선들의 배열을 조사함으로써 각 선들에 해당하는 전이들을 확인할 수 있다. 이들 데이터로부터 분자의 관성능률을 쉽게 계산할 수 있다. 바꾸어 말하면, 어떤 특정 스펙트럼의 배열에서 가장 낮은 진동수를 갖는 선들을 기록하지 못한다 해도 임의의 연속된 두 선의 진동수를 이용하여 I를 결정할 수 있다.

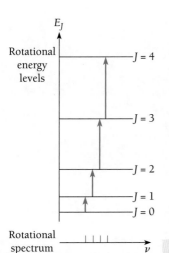

그림 8.17   분자 회전의 에너지 준위와 스펙트럼

예제 8.2

CO에서 $J = 0 \to J = 1$의 흡수선의 진동수는 1.15×10^{11} Hz이다. CO 분자의 결합거리는 얼마인가?

풀이

우선 식 (8.11)로부터 이 분자의 관성능률을 구한다.

$$I_{CO} = \frac{\hbar}{2\pi\nu}(J+1) = \frac{1.054 \times 10^{-34}\,J\cdot s}{(2\pi)(1.15 \times 10^{11}\,s^{-1})} = 1.46 \times 10^{-46}\,kg\cdot m^2$$

예제 8.1에서 CO 분자의 환산질량이 $m' = 1.14 \times 10^{-26}\,kg$임을 보았다. 식 (8.5)에서 $I = m'R^2$이므로

$$R_{CO} = \sqrt{\frac{I}{m'}} = \sqrt{\frac{1.46 \times 10^{-46}\,kg\cdot m^2}{1.14 \times 10^{-26}\,kg}} = 1.13 \times 10^{-10}\,m = 0.113\,nm$$

이다. 앞 예제에서 인용하였던 CO의 결합 거리는 이 방법에 의해 얻어진 값이다.

8.7 진동에너지 준위

분자는 많은 다른 진동 모드를 가질 수 있다.

분자가 충분히 들뜨게 되면 회전할 수 있을 뿐만 아니라 진동할 수도 있다. 그림 8.18에 핵간의 거리 R에 따른 이원자 분자의 퍼텐셜에너지의 변화를 나타내었다. 정상적인 분자 배치에 해당하는 퍼텐셜에너지의 최솟값 근처에서 이 곡선의 모양은 거의 포물선과 같다. 그러므로 이 영역에서

포물선 근사 $$U = U_0 + \frac{1}{2}k(R - R_0)^2 \tag{8.12}$$

이며, R_0는 분자의 평형 상태에서의 핵간 거리이다.

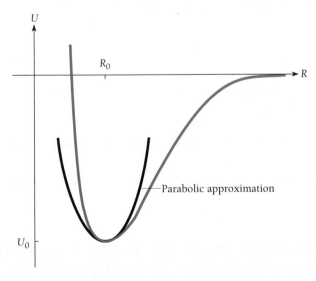

그림 8.18 핵간 거리의 함수로서 이원자 분자의 퍼텐셜에너지

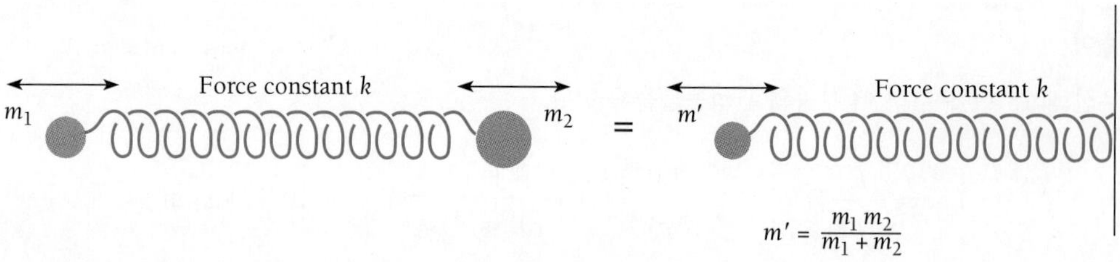

그림 8.19   두 물체 진동자는 같은 스프링 상수를 갖지만 질량은 환산질량 m'를 가진 보통의 조화진동자처럼 행동한다.

이러한 퍼텐셜에너지를 주는 원자 사이의 힘은 U를 미분하면 얻을 수 있다.

$$F = -\frac{dU}{dR} = -k(R - R_0) \tag{8.13}$$

이 힘은 압축되거나 늘어나 있는 용수철에서의 Hooke 법칙에서의 힘인 복원력과 같으므로 적당하게 들뜬 분자는 용수철에서와 같이 단순조화 진동을 할 수 있다.

고전적으로, 질량 m인 진동하는 물체의 진동수는 용수철의 힘 상수 k와 다음의 관계가 있다.

$$\nu_0 = \frac{1}{2\pi} \sqrt{\frac{k}{m}} \tag{8.14}$$

이원자 분자의 경우는 그림 8.19에서와 같이 질량 m_1인 물체와 m_2인 물체가 용수철에 의해 묶여 있는 상황으로, 위의 경우와는 약간 다르다. 외부의 힘이 없으면 계의 선운동량이 항상 일정하게 유지되므로 물체의 진동은 그들의 질량 중심의 운동에 영향을 미칠 수 없다. 이 때문에 m_1과 m_2는 질량 중심을 대칭점으로 하여 서로 반대 방향으로 앞뒤로 진동하며, 같은 시각에 각각 운동의 극점에 도달한다. 이런 두 물체로 이루어진 진동자의 진동수는 식 (8.14)의 m 대신 식 (8.6)의 환산질량 m'를 대입하여 얻을 수 있다.

두 물체 진동자 $$\nu_0 = \frac{1}{2\pi} \sqrt{\frac{k}{m'}} \tag{8.15}$$

조화진동자 문제를 양자역학적으로 풀면(5.11절 참조), 진동자가 가질 수 있는 에너지는 다음과 같은 값으로 제한된다.

조화진동자 $$E_\nu = (\nu + \tfrac{1}{2})h\nu_0 \tag{8.16}$$

여기서 ν는 **진동양자수**(vibrational quantum number)이며, 아래와 같은 값만 가질 수 있다.

진동양자수 $$\nu = 0, 1, 2, 3, \cdots$$

가장 낮은 진동 상태($\nu = 0$)의 에너지는 고전적인 값 0이 아니라 영점에너지(zero point energy) $\tfrac{1}{2}h\nu_0$를 가진다. 이 결과는 불확정성 원리의 결과와 일치한다. 만약 진동하는 물체가 게르하르트 헤르츠베르크(Gerhard Herzberg: 1904~1999)는 독일 함부르크에서 태어나 1928년에 다름슈타트 공과대학교(Technical University of Darmstadt)에서 박사학위를 받았다. 나치가 정권을 잡자 1935년에 독일을 떠나 캐나다로 가서 서스캐처원(Saskatchewan) 대학에 합류하였다. 1945년부터 1948년까지는 위스콘신주에 있는 여키스(Yerkes) 천문대에 있었고, 그 후 1969년 은퇴할 때까지 오타와에 있는 캐나다 국립연구원(Canada's National Research Council) 순수물리학부를 이끌었다. 헤르츠베르크는 분광학을 이용하여 분자의 구조를 밝히는 데 선구자로서의 역할을 하였고, 별, 성간 가스, 혜성과 타행성의 대기권으로부터 오는 스펙트럼을 분석하는 데 중요한 업적을 남겼다. 일반적인 제목을 가진 그의 저서 『분자 스펙트럼과 분자 구조(Molecular Spectra and Molecular Structure)』는 이 분야에서의 고전에 해당한다. 1971년 노벨 화학상을 받았다.

고정되어 있다면 위치의 불확정량은 $\Delta x = 0$이고, 따라서 운동량의 불확정량은 무한대가 되어야 한다. 그런데 $E = 0$인 물체는 무한대로 불확정한 운동량을 가질 수 없다. 식 (8.15)를 사용하여 이원자 분자의 진동에너지 준위를 다음과 같이 쓸 수 있다.

진동에너지 준위
$$E_v = (v + \tfrac{1}{2})\hbar \sqrt{\frac{k}{m'}} \qquad (8.17)$$

에너지가 증가할수록 퍼텐셜에너지 곡선을 포물선으로 근사하는 것은 점점 맞지 않게 되므로 높은 진동 상태에 있는 분자는 식 (8.16)을 따르지 않는다. 결과적으로 그림 8.20과 같이 높은 v 상태의 인접한 에너지 준위 사이의 간격은 낮은 v 상태의 간격보다 좁아진다. 또한

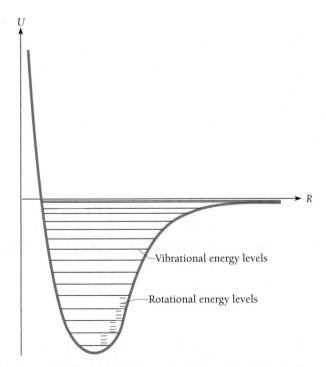

그림 8.20 핵간 거리의 함수로서 이원자 분자의 퍼텐셜에너지. 진동에너지 준위와 회전에너지 준위도 같이 보여주고 있다.

이 그림에는 회전 준위가 동시에 들뜸으로 해서 생기는 진동 준위의 미세 구조도 함께 보여주고 있다.

진동 스펙트럼

진동 준위 사이의 전이에 대한 선택 규칙은 조화진동자 근사에서

선택 규칙 $\qquad\qquad\qquad\qquad \Delta v = \pm 1 \qquad\qquad\qquad\qquad$ (8.18)

이다. 이 규칙은 이해하기 쉽다. 진동수 ν_0로 진동하는 쌍극자는 같은 진동수를 가지는 전자기 복사만 흡수하거나 방출할 수 있는데, 진동수 ν_0인 양자(quanta)의 에너지는 $h\nu_0$이다. 따라서 진동하고 있는 쌍극자는 $\Delta E = h\nu_0$만 흡수할 수 있으며, 이 경우 쌍극자의 에너지는 $(v+\frac{1}{2})h\nu_0$에서 $(v+\frac{1}{2}+1)h\nu_0$로 증가한다. 또한, $\Delta E = h\nu_0$만 방출할 수 있으며, 이 경우 쌍극자의 에너지는 $(v+\frac{1}{2})h\nu_0$에서 $(v+\frac{1}{2}-1)h\nu_0$로 감소한다. 따라서 선택 규칙은 $\Delta v = \pm 1$이다.

예제 8.3

액체 4염화탄소(carbon tetrachloride)에 CO가 녹아 있으면, 주파수 6.42×10^{13} Hz인 적외선 복사선이 흡수된다. 4염화탄소 자신은 이 주파수에서 투명하므로 흡수는 CO에 의한 것이다. (a) CO 분자에서 결합 힘 상수는 얼마인가? (b) 진동에너지 준위 사이의 간격은 얼마인가?

풀이

(a) CO 분자의 환산질량이 $m' = 1.14 \times 10^{-26}$ kg임을 알고 있다. 식 (8.15)로부터 $\nu_0 = (1/2\pi)\sqrt{k/m'}$이므로 힘 상수는

$$k = 4\pi^2\nu_0^2 m' = (4\pi^2)(6.42 \times 10^{13}\ \text{Hz})^2(1.14 \times 10^{-26}\ \text{kg})$$
$$= 1.86 \times 10^3\ \text{N/m}$$

이고, 약 10 lb/in이다.

(b) CO의 진동 준위 사이의 에너지 간격 ΔE는

$$\Delta E = E_{v+1} - E_v = h\nu_0 = (6.63 \times 10^{-34}\ \text{J} \cdot \text{s})(6.42 \times 10^{13}\ \text{Hz})$$
$$= 4.26 \times 10^{-20}\ \text{J} = 0.266\ \text{eV}$$

이다. 이 값은 회전에너지 준위 사이의 간격보다 상당히 넓다. 실온 시료의 ΔE는 $\Delta E > kT$이므로 대부분의 분자들은 실온에서 영점 에너지만 가지는 $v = 0$인 상태에 있다. 이 경우는 회전 상태 특성과 매우 다르다. 회전 상태 에너지는 매우 적으므로 실온에서 대부분의 분자들은 높은 회전 에너지 상태에 들떠 있다.

복잡한 분자는 많은 수의 다른 진동 모드들을 가지고 있을 것이다. 이 모드들 중 일부는 전체 분자가 관계하며(그림 8.21과 8.22), 나머지 모드('국소 모드')는 단지 몇몇 원자 그룹에만 관계하여 분자의 나머지 부분과는 거의 무관하게 독립적으로 진동한다. 예로 —OH 기

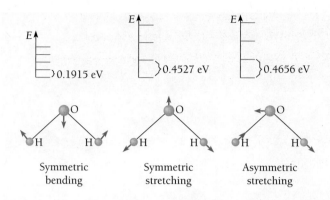

그림 8.21   물(H_2O) 분자의 기준 진동모드와 각 모드에서의 에너지 준위들. 물 분자를 휘게 하는 것보다 잡아당기는 데 더 많은 에너지가 필요하고, 일반적으로도 그렇다.

(group)는 특성 진동 진동수(characteristic vibrational frequency)로 1.1×10^{14} Hz를 가지며, —NH_2기는 1.0×10^{14} Hz를 가진다.

탄소-탄소 기의 특성 진동 진동수는 C 원자들 사이의 결합수에 의존한다. $\diagup C—C \diagdown$ 기는 약 3.3×10^{13} Hz로 진동하며, $\diagup C=C \diagdown$ 기는 5.0×10^{13} Hz로, 그리고 —$C \equiv C$— 기는 약 6.7×10^{13} Hz로 진동한다(예상했듯이, 탄소-탄소 결합의 수가 증가할수록 힘 상수 k가 커지므로 진동수가 높아진다). 위 모든 경우의 진동수는 특정한 분자에 크게 의존하지 않고, 분자 내에서 그 기의 위치에도 그렇게 의존하지 않으므로 진동 스펙트럼은 분자 구조를 결정하는 데 중요한 도구가 된다.

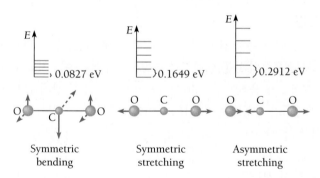

그림 8.22 CO_2 분자의 기준 진동모드와 각 모드에서의 에너지 준위들. 대칭 휨 모드(symmetric bending mode)는 서로 수직인 두 평면 내에서 각각 일어날 수 있다. 이 분자에서 O 원자는 음으로, C 원자는 양으로 대전되어 있다. 대칭 늘어남 모드(symmetric stretching mode)에서는 전체 전자 분포가 변하지 않으므로 광자를 흡수하는 것으로 대칭 늘어남 모드를 진동하게 할 수는 없다. 그러나 다른 모드들에서는 전자 분포가 변하며, 분자는 적절한 파장의 광자를 흡수한다(비대칭 늘어남 모드와 대칭 휨 모드에 의해 각각 4.26 μm와 15.00 μm의 광자가 흡수된다). 대기층의 CO_2 분자에 의한 지구에서 방사되는 적외선의 흡수는 온실효과(greenhouse effect)의 일부 이유가 된다(그림 9.8을 보라). 그리고 화석연료의 사용으로 인한 대기층 CO_2 분자의 증가는 현재도 진행 중인 지구 전체 온도 상승의 주요 원인으로 보인다. H_2O와 CH_4(메탄) 같은 다른 분자들도 온실효과에 일부 기여한다. 그러나 N_2나 O_2는 진동할 때 전체 전자 분포가 변하지 않아서 적외선을 흡수하지 못하므로 온실효과에 기여하지 않는다.

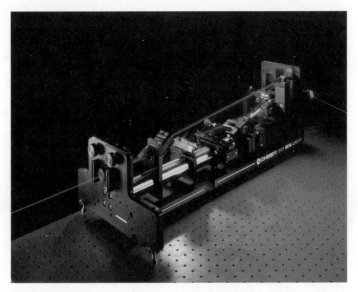

이 주파수 가변 색소 레이저는 전 가시광 스펙트럼 영역인 370 nm에서 900 nm까지의 빛을 방출한다. 500 kHz 정도까지의 매우 좁은 주파수 띠 폭을 가지고 있다.

예로 티오아세트산(thioacetic acid)을 들 수 있다. 그 구조는 CH_3CO—SH이거나 CH_3CS—OH 중의 하나라고 여겨진다. 티오아세트산의 적외선 흡수 스펙트럼에는 $\diagup C$=O와 —SH 기의 특성 진동수와 같은 진동수를 가지는 스펙트럼선들은 존재하지만, $\diagup C$=S이거나 —OH 기에 해당하는 선들은 존재하지 않는다. 그러므로 이 분자의 구조는 분명히 첫 번째 구조가 맞을 것이다.

진동-회전 스펙트럼

순수 진동 스펙트럼은 인접 분자 간의 상호작용으로 인해 회전운동이 억제 당하는 액체에서만 관측된다. 분자 회전운동의 들뜬 에너지가 진동운동의 들뜬 에너지보다 매우 적으므로 기체나 증기 중에서 자유롭게 움직이는 분자는 진동 상태가 어떻든 관계없이 거의 회전한다. 이런 분자들의 스펙트럼들은 진동 준위 사이의 전이에 해당하는 고립된 선들로 나타나지 않고, 진동 상태 내의 회전 상태들 사이, 그리고 다른 진동 상태의 회전 상태들 사이의 전이에 의한 매우 많은 수의 간격이 조밀한 밀집된 선들로 나타난다. 분해능이 충분하지 않은 분광계로 측정한 스펙트럼에서의 이 선들은 진동-회전 띠(vibration-rotation band)라 부르는 넓은 줄무늬 형태로 나타난다.

주파수 가변 색소 레이저

분자 스펙트럼에서의 극도로 밀집된 선들의 띠의 존재는 **주파수 가변 색소 레이저**(tunable dye laser) 작동을 가능하게 한다. 이러한 레이저에서는 유기 색소를 사용하는데 유기 색소 분자는 다른 레이저 빛에 의해 들뜬상태로 '펌핑'된다. 그런 다음에 색소는 넓은 방출 띠 안에서 형광을 내보낸다. 하나가 반투명한 마주보고 있는 두 거울 쌍을 이용하여 레이저 증폭을 원하는 파장 λ를 이 넓은 방출 띠 중에서 선정한다. 두 거울의 간격을 $\lambda/2$의 정수배가 되도록 조정한다. 4.9절에서 논의한 것처럼 갇혀진 레이저 빛은 정상파를 이루고, 그 일부가 반투명한 거울을 통해 빠져나온다. 이러한 종류의 색소 레이저는 거울 간격을 조정함으로써 100만분의 1 이상의 정밀도로 주파수를 조정할 수 있다.   ■

8.8 분자의 전자 스펙트럼

형광과 인광이 일어나는 방법

핵이 분자 질량의 거의 대부분을 차지하므로 분자의 회전에너지와 진동에너지는 분자의 원자핵들의 운동에 의한 것이다. 반면, 분자 내의 전자들은 바닥상태에서 더 높은 에너지 준위로 들뜰 수 있다. 이들 전자 준위 사이의 간격은 회전이나 진동 준위들 사이의 간격보다 훨씬 크다.

전자전이(electronic transition)로 인한 스펙트럼선은 가시광선 혹은 자외선 영역의 복사를 내보낸다. 각각의 전자 상태에 따라 회전 상태와 진동 상태들이 존재하므로 각각의 전이는 띠(band)라 불리는 조밀한 선들의 모음으로 나타난다(그림 8.23). 분자의 전자 배치의 변화는 항상 쌍극자 모멘트의 변화를 주므로 모든 분자들은 전자 스펙트럼을 나타낸다. 그러므로 H_2나 N_2와 같은 영구 쌍극자 모멘트가 없어 회전 스펙트럼이나 진동 스펙트럼을 나타내지 않는 동핵(homonuclear) 분자들조차 전자 스펙트럼은 가지고 있으며, 이 전자 스펙트럼에 나타나는 진동과 회전에 의한 미세 구조를 이용하여 관성능률과 힘 상수를 확정할 수 있다.

다원자 분자에서 전자 상태의 들뜸은 가끔 분자에 모양 변화를 가져오게 하는데, 분자의 모양 변화는 그 분자의 띠 스펙트럼에 나타나는 회전 미세 구조로부터 결정할 수 있다. 이런 분자 모양의 변화는 상태에 따라 전자 파동함수의 특성이 서로 다르고, 이 다른 특성은 다른 결합구조를 가지게 하는 데 그 원인이 있다. 예를 들면, 수산화베릴륨(beryllium hydride) BeH_2는 어떤 상태에서는 선형(H—Be—H)이고, 다른 상태에서는 굽은 형태(H—Be)이다.
$$|$$
$$H$$

형광

들뜬 전자 상태에 있는 분자는 에너지를 잃고 여러 가지 방법으로 바닥상태로 되돌아갈 수 있다. 물론 흡수한 광자의 진동수와 같은 진동수를 가지는 광자를 방출하며 단일 과정으로 바닥상태로 돌아갈 수도 있다. 또 다른 방법으로 **형광**(fluorescence)이 있다. 여기에서는 다른 분자와의 충돌로 인해 분자의 진동에너지의 일부를 잃어버리게 되어 들뜬 전자 상태의 진동

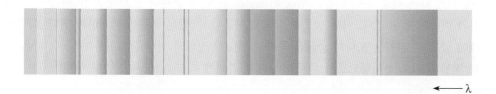

그림 8.23   PN(prophylenediamine)의 띠 스펙트럼 일부

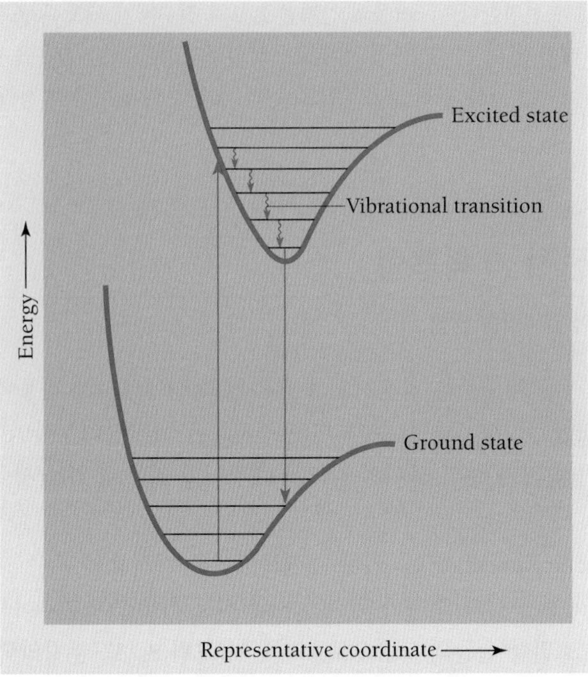

그림 8.24 형광의 기원. 방출되는 빛의 주파수는 흡수된 빛의 주파수보다 작다.

준위들 중 낮은 진동 준위에서부터 아래로 복사전이를 일으킨다(그림 8.24). 그러므로 형광 복사는 흡수된 복사의 진동수보다 낮은 진동수를 갖는다.

자외선에 의해 들띄워진 형광은 많은 곳에 이용할 수 있는데, 그 예로 광물이나 생화학 화합물을 알아내는 데 쓸 수 있다. 합성세제에 첨가되는 '형광증백제(brightener)'는 조명의 자외선을 흡수하여 푸른빛의 형광을 발하기도 한다. 수은 증기와 아르곤 같은 불활성 기체를 유리관에 채워 넣은 **형광등**(fluorescent lamp)에는 이 관을 통해 전류를 흐르게 할 때 자외선을 방출한다. 이 자외선에 의해 관의 안쪽에 발라 놓은 형광체라 부르는 형광 물질이 들뜨게 되고, 다시 가시광선을 방출한다. 이 과정은 백열전구에서처럼 전류에 의해 가열된 필라멘트가 빛을 내는 방법보다 훨씬 효율이 크다. 이 방식은 현재 백색 LED 조명에도 이용된다.

인광

분자 스펙트럼에서 총 스핀이 다른 전자 상태 사이의 복사전이는 금지된다. 그림 8.25는 단일항(singlet; 총 스핀양자수 $S = 0$) 바닥상태에 있는 분자가 광자를 흡수하여 들뜬 단일항 상태로 올라가는 상황을 보여주고 있다. 분자는 충돌을 통해 더 낮은 진동 준위로 복사 없는 전이를 하고 이 낮은 진동 준위는 들뜬 삼중항(triplet; $S = 1$) 상태의 진동 준위 중 하나와 그 에너지가 비슷해질 수 있다. 이때 삼중항 상태로 이동할 수 있는 확률이 존재하게 된다. 삼중항 상태에 있게 된 분자는 또다시 충돌을 통하여 단일항 상태와 만난 분기점을 지나 더 낮은 삼중항 진동 준위로 전이함으로써 삼중항 상태에 갇히게 되고, 결국은 삼중항 상태의 $\upsilon = 0$인 준위에 도달한다.

삼중항 상태에서 단일항 상태로의 복사전이는 선택 규칙에 의해 '금지(forbidden)'되는데,

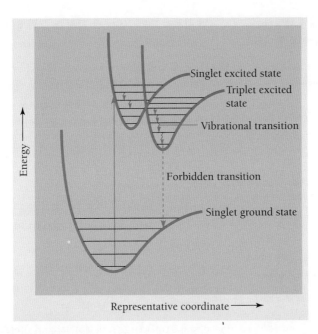

그림 8.25 인광의 기원. 마지막 전이는 전자 전이의 선택 규칙을 어기기 때문에 지연되어 일어난다.

이는 실제로 일어날 가능성이 전혀 없다는 것을 의미하는 것은 아니고, 그러한 전이가 일어날 확률이 아주 낮다는 것을 의미한다. 따라서 이러한 전이는 긴 반감기를 가지므로 처음 흡수가 이루어진 후 몇 분 혹은 심지어 몇 시간이 지난 후에야 **인광복사**(phosphorescent radiation)로 방출된다.

연습문제*

8.4 수소 분자

1. 수소 원자로부터 전자를 떼어내는 데 필요한 에너지는 13.6 eV 이지만, 수소 분자로부터 한 개의 전자를 떼어내는 데 필요한 에너지는 15.7 eV이다. 왜 분자로부터 떼어내는 데 필요한 에너지가 더 클까?

2. H_2^+ 분자 이온에서 두 양성자는 서로 0.106 nm만큼 떨어져 있고, H_2^+의 결합 에너지는 2.65 eV이다. 이만큼 떨어져 있는 양성자들이 위 크기의 결합 에너지를 갖기 위해서는 얼마만큼의 크기를 갖는 음전하가 이 양성자들 사이의 정중앙에 놓여야 할까?

3. 몇 도의 온도에서 수소 표본 안에 있는 분자들의 평균 운동에너지가 속박 에너지와 같아지는가?

8.6 회전에너지 준위

4. 마이크로파 통신 시스템은 대기 내에서 긴 거리 범위에서도 작동한다. 대상물에서 반사되는 마이크로파를 이용하여 선박이나 항공기의 위치를 파악하는 데 사용하는 레이더도 마찬가지로 긴 거리 범위에서 작동한다. 분자 회전 스펙트럼은 마이크로파의 영역 내에 있다. 대기를 구성하는 기체들이 마이크로파를 그렇게 많이 흡수하지 않는 이유는 무엇일까?

5. 분자가 회전하게 되면, 분자의 결합은 관성에 의해 늘어나게 된다. (지구의 적도 부분이 볼록한 이유와 같다.) 이렇게 늘어나는 것이 분자의 회전 스펙트럼에 어떠한 영향을 미치는가?

6. NO 내에서의 $J = 1 \rightarrow J = 2$와 $J = 2 \rightarrow J = 3$의 회전 흡수선의 진동수를 각각 구하여라. NO 분자는 1.65×10^{-46} kg·m^2의 관성 모멘트를 갖는다.

7. $J = 0 \rightarrow J = 1$ 회전 흡수선이 $^{12}C^{16}O$에서는 1.153×10^{11} Hz에서 일어나고, $^{?}C^{16}O$에서는 1.102×10^{11} Hz에서 일어난다. 알려지지 않은 탄소 동위원소의 질량수를 구하여라.

*원자질량은 부록에 있음.

8. H_2와 D_2 분자의 가장 낮은 4개의 회전에너지 상태에 해당하는 에너지들을 계산하라. 여기서 D는 중수소, 즉 ^2_1H 원자를 나타낸다.

9. HCl의 회전 스펙트럼은 다음과 같은 파장들을 포함한다.

$$12.03 \times 10^{-5} \text{ m}$$
$$9.60 \times 10^{-5} \text{ m}$$
$$8.04 \times 10^{-5} \text{ m}$$
$$6.89 \times 10^{-5} \text{ m}$$
$$6.04 \times 10^{-5} \text{ m}$$

관계되는 동위원소가 ^1H, ^{35}Cl이라면, HCl 분자에서 H 핵과 Cl 핵 사이의 거리는 얼마가 되겠는가?

10. HBr의 회전 스펙트럼선들은 서로 5.10×10^{11} Hz의 진동수만큼 떨어져 있다. HBr의 핵간 거리를 구하여라. (주의: Br 원자는 양성자보다 약 80배가량 무겁기 때문에 HBr 분자의 환산질량을 그냥 ^1H의 질량이라고 생각해도 별 문제가 없다.)

11. $^{200}Hg^{35}Cl$이 $J = 1$에서 $J = 0$으로의 전이가 일어날 때 4.4 cm의 광자를 방출한다. 이 분자에서 원자 간 거리는 얼마인가?

12. $^1H^{19}F$의 회전 흡수 스펙트럼에서 가장 낮은 진동수는 1.25×10^{12} Hz이다. 이 분자 내에서의 결합 길이를 구하여라.

13. 4.6절에서 n이 클 때, 초기 양자수 n에서 최종 양자수 $n-1$로 떨어질 때 수소 원자가 내놓는 복사의 진동수는 n번째 보어 궤도상에서 도는 전자의 고전적 회전 진동수와 같음을 살펴보았다. 이는 보어의 대응원리의 한 예라 할 수 있다. 이와 유사한 대응원리가 질량 중심을 중심으로 도는 이원자 분자에 대해서도 성립함을 보여라.

14. 에너지가 식 (8.9)에 의해 주어진 강체의 고전적인 회전진동수를 $J = J$와 $J = J + 1$일 때 계산하고, 이 상태들 사이의 전이에 해당하는 스펙트럼선의 진동수는 그 상태들의 회전진동수 사이에 있는 값임을 보여라.

8.7 진동에너지 준위

15. 수소의 동위원소인 중수소의 질량은 수소의 약 2배이다. H_2와 HD 중 어느 분자가 더 큰 영점에너지를 가지는가? 그리고 이는 두 분자의 결합 에너지에 어떻게 영향을 미치는가?

16. 분자가 진동에너지 값 0을 갖는 것이 가능한가? 회전에너지 값 0을 갖는 것은 가능한가?

17. $^1H^{19}F$ 분자의 힘 상수는 약 966 N/m이다. (a) 이 분자 진동의 진동수는 얼마인가? (b) $^1H^{19}F$ 내의 결합 길이는 약 0.92 nm이다. 0.92 nm 지점 주변에서의 핵간 거리와 퍼텐셜에너지 사이

의 관계에 대한 그래프를 그리고, 그림 8.20에서처럼 진동에너지(vibrational energy)를 나타내 보아라.

18. H_2 분자가 힘 상수 573 N/m인 조화진동자처럼 움직인다고 가정하자. (a) 이때 진동의 바닥상태와 첫 번째 들뜬상태의 에너지를 구하여라(eV 단위로 나타내어라). (b) 4.5 eV 해리에너지에 대략적으로 해당하는 진동양자수를 찾아라.

19. $^{23}Na^{35}Cl$의 가장 낮은 진동 상태와 바로 그 위 상태는 서로 0.063 eV만큼 떨어져 있다. 이 분자의 근사적인 힘 상수를 계산하라.

20. CO 분자의 바닥상태 진동들의 진폭을 구하여라. 이 진폭의 크기는 결합 길이의 몇 퍼센트가 되는가? 분자는 조화진동자처럼 진동한다고 가정하자.

21. $^1H^{35}Cl$에서 수소와 염소 원자 사이의 결합은 516 N/m의 힘 상수를 가진다. 상온에서 HCl 분자가 첫 번째 여기 진동 상태에서 진동할 가능성이 높아 보이는가?

22. 일정한 부피에서 수소 기체의 몰(mol) 비열을 관찰한 결과가 절대온도를 수평축으로 하는 그래프로 그림 8.26에 나타나 있다(온도는 로그 단위이다). 한 기체 분자에서 각각의 자유도(즉, 에너지를 점유하는 각각의 모드를 의미한다)가 기체의 비열에 기여하는 정도는 약 1 kcal/kmol · K이므로 아주 낮은 온도에서 수소 원자는 세 개의 자유도를 가진 병진운동만 가능하다는 것을 이 그래프를 통해 알 수 있다. 더 높은 온도에서는 비열이 5 kcal/kmol · K로 상승하고 이는 두 개의 자유도가 더 존재함을 의미한다. 이보다 더 높은 온도에서의 비열은 7 kcal/kmol · K가 되고 이는 다시 두 개의 자유도가 더 존재함을 나타낸다. 추가된 두 개의 자유도 쌍 중의 한 쌍은 H_2 분자의 대칭축에 수직한 두 개의 독립적인 축으로 도는 '회전'을 나타내고, 다른 한 쌍은 에너지 점유가 퍼텐셜 모드와 운동 모드에 속해 있는 '진동'을 나타낸다. (a) kT의 값이 H_2 분자가 가질 수 있는 최소 진동에너지, 그리고 최소 회전에너지의 값과 같아지는 각각의 온도를 계산하여 그림 8.26에 대한 위의 해석을 검증하여라. 여기서 H_2 내의 결합 힘 상수는 573 N/m이며, 두 H 원자는 서로 7.42×10^{-11} m만큼 떨어져 있다고 가정하자. (이러한 온도에서는 회전하거나 진동하는 분자들이 각각 반이다. 각각의 경우에서 어떤 분자들은 $J = 1$이나 $v = 1$보다 높은 상태에 있기도 하다.) (b) H_2 분자에서 두 개의 회전 자유도만 고려하는 이유를 보이기 위해 H_2 분자가 자신의 대칭축에 대한 회전에 대해 가질 수 있는 0이 아닌 최소 회전에너지와 kT 값이 같아지는 온도를 계산하여라. (c) $J = 1$과 $v = 1$의 상태에 있는 H_2 분자는 한 번 회전할 때 몇 번 진동하는가?

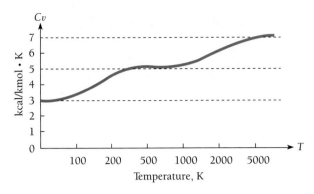

그림 8.26 일정한 부피에서 수소의 몰 비열

제9장 통계역학

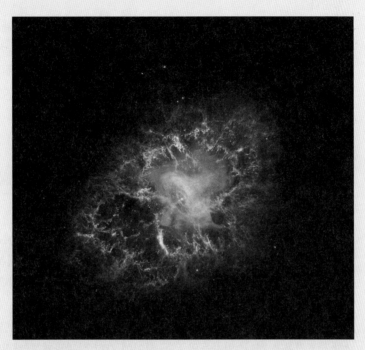

계성운(Crab Nebula)은 A. D. 1054년에 관측된 초신성의 폭발 결과이다. 이 폭발은 완전히 중성자만으로 이루어진 별을 남겨 놓았다고 믿어지고 있다. 중성자별을 이해하기 위해서는 통계역학이 필요하다.

물리학 분야 중의 하나인 **통계역학**(statistical mechanics)은 많은 입자들로 이루어진 계의 전체적인 행동과 그 계를 이루는 입자들 자체의 성질이 어떻게 관계되는가를 보여준다. 통계역학은 그 이름에서 알 수 있듯이 개개 입자들 사이의 상호작용이나 실제의 운동을 다루는 것이 아니라, 가장 일어날 가능성이 높은 것들이 무엇인지에 대해 다룬다. 통계역학은 어떤 계에서의 각 개별 입자의 행동을 알아내는 데는 도움이 될 수 없지만, 예를 들어 한 입자가 어떤 순간에 어느 정도의 에너지를 가질 수 있는지에 대한 확률 등을 알 수 있게 해준다.

물리 세계의 매우 많은 현상들은 수많은 입자로 이루어진 계에 의해 나타나므로 통계적 접근이 값지다는 것은 분명하다. 통계역학적인 논의의 일반성으로 인해 통계역학은 고전적인 계(주목할 만한 것으로는 기체 내의 분자들)와 양자역학적인 계[주목할 만한 것으로는 공동(cavity) 내의 광자나 금속 내의 자유전자들]에 똑같이 적용될 수 있으며, 이론물리학자들에게 이용되는 가장 강력한 방법 중의 하나이다.

9.1 통계적 분포

세 가지 다른 종류가 있다.

통계역학이 하는 일은 절대온도 T에서 열적 평형을 이루고 있는 N개의 입자들로 구성된 계의 총 에너지 E가 이들 구성 입자들에 어떻게 배분되는가에 대한 배분 방법들 중 그 확률이 가장 높은 배분 방법을 결정하는 일이다. 그러면 이로부터 얼마나 많은 입자들이 에너지 ϵ_1에, 에너지 ϵ_2에 있는지 등을 확정할 수 있다.

입자들은 서로 간에, 또 입자들을 담고 있는 벽과 열적 평형을 이룰 수 있을 만큼은 충분히 상호작용을 하나, 입자들의 운동 사이에 강한 상관관계를 가질 만큼은 아니라고 가정한다. 어느 한 에너지 ϵ에는 하나 이상의 입자 상태들이 대응될 수 있다. 만약 배타원리를 적용받지 않는 입자들이라면, 어느 한 상태에 하나 이상의 입자들이 존재할 수도 있을 것이다.

통계역학의 기본적인 전제는 허용되는 모든 가능한 상태들에 입자들이 배분되어 한 특정한 에너지 분포를 이룰 수 있는 배분 방법들의 수인 W가 크면 클수록 이런 분포가 될 가능성이 높아진다는 것이다. 에너지가 같은 상태들 사이에는 똑같은 확률로 입자들이 존재할 수 있다고 가정한다. 이 가정은 받아들여질 만하지만, 이에 대한 궁극적인 증명은(슈뢰딩거 방정식의 경우처럼) 이 가정에 의한 결과들이 실험과 일치하는지 여부를 검증하여 보아야 한다.

통계역학에서의 첫 번째 단계는, 고려하는 입자들의 종류에 따라 W의 일반적인 표현방법을 찾아내는 것이다. 계가 열적 평형에 있다는 것에 해당하는 가장 확률이 높은 분포는 계를 이루는 입자의 수 N이 고정되고[광자나 음파의 양자화인 **포논**(phonon)은 제외] 계의 총 에너지 E가 고정되어 있다는 조건 하에서 W가 최대화되는 분포이다. 이런 분포를 얻은 결과는 다음과 같은 형태를 가지는 에너지 ϵ을 가지는 입자들의 수를 나타내는 $n(\epsilon)$에 대한 표현이다.

에너지 ϵ을
가지는 입자의 수
$$n(\epsilon) = g(\epsilon)f(\epsilon) \qquad\qquad (9.1)$$

여기서　　$g(\epsilon)$ = 에너지 ϵ을 가지는 상태들의 수

　　　　　　　= 에너지 ϵ에 해당하는 통계적 가중치

　　　　$f(\epsilon)$ = 분포함수

　　　　　　　= 에너지 ϵ을 가지는 각 상태에 존재하는 입자들의 평균 개수

　　　　　　　= 에너지 ϵ을 가지는 각 상태에 대한 점유(occupancy) 확률

이다. 에너지의 분포가 불연속적이지 않고 연속적이라면 $g(\epsilon)$는 $g(\epsilon)\,d\epsilon$으로 바뀐다. $g(\epsilon)\,d\epsilon$은
에너지를 ϵ과 $\epsilon + d\epsilon$ 사이를 가지는 상태들의 수를 나타낸다.
　　세 가지 다른 종류의 입자들의 계를 고려해 보자.

1. 충분히 멀리 떨어져 있어서 구별 가능한 동일 입자들, 예를 들어 기체 내의 분자들이다.
양자역학적 용어로 말하면 입자들의 파동함수의 중첩이 무시될 수 있을 만큼 적은 경우이다.
이러한 입자들에는 **맥스웰-볼츠만 분포함수**(Maxwell-Boltzmann distribution function)가
적용된다.
2. 파동함수가 중첩되어 구별이 불가능하고 스핀이 0이거나 정수인 동일 입자들이다. 7장에
서 **보손**(boson)이라 불렸던 이러한 입자들은 배타원리를 따르지 않으며, **보스-아인슈타인 분
포함수**(Bose-Einstein distribution function)를 따른다. 광자가 이러한 유형에 해당되며, 흑체
복사의 스펙트럼을 설명하기 위해 보스-아인슈타인 통계를 사용할 것이다.

루트비히 볼츠만(Ludwig Boltzmann: 1844~1906)은 빈 (Vienna)에서 태어나 그곳에서 대학을 다녔다. 그 후 오스트리아와 독일의 여러 기관을 몇 년마다 옮겨 다니면서 강의를 하였으며, 실험 및 이론 연구를 수행하였다. 볼츠만은 물리뿐만 아니라 시, 음악 그리고 여행에도 흥미를 가졌다. 그는 미국을 세 번이나 방문하였는데, 그 당시로는 특이한 일이었다.

물리에 대한 볼츠만의 많은 기여 중에서 가장 중요한 것은 맥스웰과는 독립적으로 개발한 가스운동에 대한 이론과 그가 확고한 기초를 세운 통계역학의 개발이다. 가스 분자의 평균 에너지 식인 $\frac{3}{2}kT$에 나오는 k는 가스의 분자 분포에 대한 업적을 기려서 그의 이름이 붙었다. 1884년에는 그의 스승 중의 한 분이었던 슈테판(Josef Stefan)이 5년 전에 실험적으로 발견하였던 흑체의 복사율을 결정하는 $R = \sigma T^4$의 법칙을 열역학적 고려로부터 이끌어 내었다. 그의 주요 업적 중 하나는 열역학의 제2법칙을 질서와 무질서도의 관점에서 설명한 것이다. 한 계의 엔트로피와 그 계가 그 상태에 있을 확률을 연관지어주는 공식인 $S = k \log W$가 빈에 있는 그의 묘비에 새겨져 있다.

볼츠만은 물질의 원자 이론의 옹호자였는데, 이 이론은 그때까지 원자와 분자의 존재에 대한 증거가 간접적인 것밖에 없어서 19세기 후반까지도 논쟁거리로 남아 있었다. 믿지 않는 과학자들과의 논쟁으로 크게 마음이 상하고 말년에 천식, 두통 그리고 시력의 저하로 그의 정신이 쇠약해진 상태에서, 아인슈타인이 원자 이론의 정당성에 남아 있었던 의문을 납득시킬 브라운운동(brownian motion)에 대한 논문을 발표한 지 얼마 되지 않은 1906년에 자살을 하였다. 원자의 실체에 대한 의문을 표시하는 자에 대한 절망적인 심정을 볼츠만 혼자만 가지고 있었던 것은 아니다. 플랑크는 다음과 같은 극도의 비관론에 몰려 있었다. "새로운 과학적 진실은 반대자를 납득시켜 광명을 찾게 함으로써 승리하는 것이 아니고, 반대자가 언젠가는 죽고 새로운 과학에 익숙한 새로운 세대가 자라남으로써 승리한다."

3. 구별 불가능하고 스핀이 $\frac{1}{2}$의 홀수배($\frac{1}{2}$, $\frac{3}{2}$, $\frac{5}{2}$, …)인 동일 입자들이다. **페르미온**(fermion)이라 불리는 이러한 입자들은 배타원리를 지켜야 하며, **페르미-디랙 분포함수**(Fermi-Dirac distribution function)를 따른다. 전자가 이러한 유형에 속하며, 전기 전도도를 설명해 주는 금속 내의 자유전자들의 행동을 공부하기 위해 페르미-디랙 통계를 이용하겠다.

9.2 맥스웰-볼츠만 통계

기체 분자 같은 고전적 입자들이 이 통계를 따른다.

절대온도 T에 있는 입자계에서, 에너지 ϵ인 상태에 들어갈 수 있는 평균 입자수 $f_{MB}(\epsilon)$는 맥스웰-볼츠만(Maxwell-Boltzmann) 분포함수로부터 알 수 있다.

맥스웰-볼츠만
분포함수
$$f_{MB}(\epsilon) = Ae^{-\epsilon/kT} \tag{9.2}$$

A의 값은 계 안에 있는 입자의 수와 관계되며, 파동함수의 규격화 상수와 비슷한 역할을 한다. 아는 바와 같이, k는 볼츠만 상수이며, 그 값은

볼츠만 상수
$$k = 1.381 \times 10^{-23} \text{ J/K} = 8.617 \times 10^{-5} \text{ eV/K}$$

이다.

식 (9.1)과 (9.2)를 결합하면, 온도 T를 갖는 구별 가능한 동일한 입자들의 집합에서 에너지 ϵ을 가지는 입자의 수 $n(\epsilon)$은 다음과 같이 된다.

맥스웰-볼츠만
$$n(\epsilon) = Ag(\epsilon)e^{-\epsilon/kT} \tag{9.3}$$

예제 9.1

0°C, 1기압에서 1 m^{3}에 수소 원자가 약 2.7×10^{25}개 들어 있다. 첫 번째 들뜬상태($n = 2$)에 있는 원자들의 수를 0°C와 10,000°C에서 각각 구하라.

풀이

(a) 식 (9.3)의 상수 A는 두 상태에 있는 원자에 대해 모두 같으므로 $N = 1$과 $N = 2$ 상태에 있는 원자 수의 비는 다음과 같이 주어진다.

$$\frac{n(\epsilon_2)}{n(\epsilon_1)} = \frac{g(\epsilon_2)}{g(\epsilon_1)} e^{-(\epsilon_2 - \epsilon_1)/kT}$$

식 (7.14)로부터 양자수 n에 해당하는 가능한 상태들의 수는 $2n^2$임을 알 수 있었다. 그러므로 에너지가 ϵ_1인 상태의 수는 $g(\epsilon_1) = 2$이다. 1s 전자는 $l = 0$, $m_l = 0$이지만, m_s는 $+\frac{1}{2}$ 또는 $-\frac{1}{2}$이 될 수 있음을 나타낸다. 에너지가 ϵ_2인 상태의 수는 $g(\epsilon_2) = 8$이다. 2s($l = 0$) 전자는 $m_s = \pm\frac{1}{2}$일 수 있으며, 2p($l = 1$)

전자는 $m_l = 0, \pm 1$이고, 각각의 경우에 $m_s = \pm\frac{1}{2}$일 수 있다. 바닥상태의 에너지는 $\epsilon_1 = -13.6$ eV이므로 $\epsilon_2 = \epsilon_1/n^2 = -3.4$ eV이고, $\epsilon_2 - \epsilon_1 = 10.2$ eV이다. 여기서 $T = 0°C = 273$ K이므로

$$\frac{\epsilon_2 - \epsilon_1}{kT} = \frac{10.2 \text{ eV}}{(8.617 \times 10^{-5} \text{ eV/K})(273 \text{ K})} = 434$$

이다. 결과적으로

$$\frac{n(\epsilon_2)}{n(\epsilon_1)} = \left(\frac{8}{2}\right) e^{-434} = 1.3 \times 10^{-188}$$

이다. 그러므로 0°C에서는 원자 약 10^{188}개당 한 개가 첫 번째 들뜬상태에 있을 수 있다. 문제의 시료에서는 모든 원자가 바닥상태에 있다고 해도 좋을 것이다. (알려진 우주 내의 물질이 모두 수소 원자로 되어 있다면 그 수는 약 10^{78}개이다. 그러므로 우주 물질이 모두 0°C에 있다면 똑같은 결론이 성립된다.)

(b) $T = 10,000°C = 10,273$ K일 때

$$\frac{\epsilon_2 - \epsilon_1}{kT} = 11.5$$

이고,

$$\frac{n(\epsilon_2)}{n(\epsilon_1)} = \left(\frac{8}{2}\right) e^{-11.5} = 4.0 \times 10^{-5}$$

이다. 이제 들뜬상태에 있는 원자의 수는 약 10^{21}개로, 전체로 볼 때는 극히 일부분에 지나지 않지만 개수 자체로는 상당히 많은 수이다.

예제 9.2

단단한 이원자 분자의 회전 상태들을 차지하고 있는 상대적인 점유율(population)을 구하라.

풀이

이러한 분자의 경우 에너지 상태는 식 (8.9)로부터 회전 양자수 J로 다음과 같이 표현된다.

$$\epsilon_J = J(J + 1)\frac{\hbar^2}{2I}$$

특정한 J에 대하여 한 개 이상의 회전 상태들이 대응될 것이다. 왜냐하면 각운동량 L의 어느 정해진 방향으로의 성분 L_z는 $J\hbar$에서 0을 거쳐 $-J\hbar$까지의 $\hbar$의 정수배가 되는 임의의 값을 가질 수 있으므로 가능한 회전 상태들의 수는 $2J + 1$이 될 것이기 때문이다. L의 각기 다른 회전 방향들을 나타내는 이들 $2J + 1$은 각각 다른 양자 상태를 나타내므로

$$g(\epsilon) = 2J + 1$$

이다. $J = 0$ 상태에 있는 분자의 수를 n_0라 하면, 식 (9.3)의 규격화 상수 A는 바로 n_0가 된다. 따라서 $J = J$ 상태에 있는 수 n_J는

$$n_J = Ag(\epsilon)e^{-\epsilon/kT} = n_0(2J + 1)e^{-J(J+1)\hbar^2/2IkT}$$

가 된다.

예를 들어, 이 식으로부터 일산화탄소는 20°C에서 $J = 7$에 가장 많이 채워져 있다는 것을 알 수 있다. 분자 스펙트럼에서 회전 선들의 강도는 여러 회전 에너지 준위의 상대적인 점유율(population)에 비례한다.

9.3 이상기체에서의 분자의 에너지

평균값 $\frac{3}{2}kT$를 중심으로 변한다.

이제 이상기체 분자들 사이의 에너지 분포를 알아내는 데 맥스웰-볼츠만 통계를 적용해 보기로 하자. 기체 분자의 병진운동에서는 에너지의 양자화가 뚜렷하지 않고, 시료 내의 분자의 총수 N은 일반적으로 매우 크다. 그러므로 분자의 에너지가 ϵ_1, ϵ_2, ϵ_3, …와 같이 불연속이지 않고 연속적인 분포를 갖는다고 생각하는 것이 타당하다. 에너지가 ϵ과 $\epsilon + d\epsilon$ 사이에 있는 분자의 수를 $n(\epsilon)\, d\epsilon$이라 하면 식 (9.1)을 다음과 같이 다시 쓸 수 있다.

ϵ과 $\epsilon + d\epsilon$ 사이의
에너지를 갖는
분자의 개수

$$n(\epsilon)\, d\epsilon = [g(\epsilon)\, d\epsilon][f(\epsilon)] = Ag(\epsilon)e^{-\epsilon/kT}\, d\epsilon \qquad (9.4)$$

먼저 ϵ과 $\epsilon + d\epsilon$ 사이의 에너지를 갖는 상태들의 수 $g(\epsilon)\, d\epsilon$을 알아보자. 이것은 간접적인 방법이기는 하지만 다음과 같은 방법으로 얻는 것이 가장 쉽다. 에너지가 ϵ인 분자가 크기 p인 선운동량 $\mathbf{p}$를 가지고 있으면

$$p = \sqrt{2m\epsilon} = \sqrt{p_x^2 + p_y^2 + p_z^2}$$

이다. (같은 운동량의 크기 p를 주는) p_x, p_y, p_z의 모든 조합은 (같은 에너지 ϵ에서의) 각각 다른 운동 상태들을 나타낸다. 그림 9.1과 같이 좌표축이 p_x, p_y, p_z인 **운동량 공간**(momentum space)을 생각하자. 운동량의 크기가 p와 $p + dp$ 사이에 있는 상태들의 수 $g(p)\, dp$는 운동량

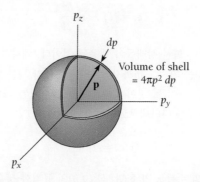

그림 9.1 운동량 공간에서 좌표는 p_x, p_y, p_z이다. 크기가 p와 $p + dp$ 사이의 운동량을 가지는 입자의 운동량 상태수는 반지름이 p이고 두께가 dp인 운동량 공간에서의 공 껍질의 부피에 비례한다.

공간에서 반지름이 p이고 두께가 dp인 공 껍질(spherical shell)의 부피 $4\pi p^2\, dp$에 비례한다. 그러므로

운동량 상태 수 $\qquad\qquad\qquad g(p)\, dp = Bp^2\, dp$ $\hfill$ (9.5)

이고 B는 상수이다. [여기에서의 함수 $g(p)$는 식 (9.4)의 $g(\epsilon)$와는 다른 함수이다.]

각각의 운동량의 크기 p는 하나의 에너지 ϵ에 각각 대응하므로 ϵ과 $\epsilon + d\epsilon$ 사이의 에너지 상태들의 수는 p와 $p + dp$ 사이에서의 운동량 상태들의 수 $g(p)\, dp$와 같다. 따라서

$$g(\epsilon)\, d\epsilon = Bp^2\, dp \hfill (9.6)$$

이다.

$$p^2 = 2m\epsilon \quad \text{및} \quad dp = \frac{m\, d\epsilon}{\sqrt{2m\epsilon}}$$

이므로 식 (9.6)은 다음과 같이 된다.

에너지 상태들의 수 $\qquad\qquad g(\epsilon)\, d\epsilon = \sqrt{2}m^{3/2}\, B\sqrt{\epsilon}\, d\epsilon$ $\hfill$ (9.7)

그러므로 ϵ과 $\epsilon + d\epsilon$ 사이의 에너지를 가지는 분자의 수 $n(\epsilon)\, d\epsilon$은

$$n(\epsilon)\, d\epsilon = C\sqrt{\epsilon}\, e^{-\epsilon/kT}\, d\epsilon \hfill (9.8)$$

이 된다. 여기서 $C(=\sqrt{2}m^{3/2}\, AB)$는 구해야 할 상수이다.

C를 구하기 위하여 분자의 총수가 N이라는 규격화 조건을 이용한다.

규격화 $\qquad\qquad N = \int_0^\infty n(\epsilon)\, d\epsilon = C\int_0^\infty \sqrt{\epsilon}\, e^{-\epsilon/kT}\, d\epsilon$ $\hfill$ (9.9)

정적분 표에서

$$\int_0^\infty \sqrt{x}\, e^{-ax}dx = \frac{1}{2a}\sqrt{\frac{\pi}{a}}$$

임을 찾을 수 있다. 여기에서 $a = 1/kT$이므로 결과는

$$N = \frac{C}{2}\sqrt{\pi}\,(kT)^{3/2}$$

$$C = \frac{2\pi N}{(\pi kT)^{3/2}} \hfill (9.10)$$

이고, 결국

분자 에너지 분포 $\qquad\qquad n(\epsilon)\, d\epsilon = \frac{2\pi N}{(\pi kT)^{3/2}}\sqrt{\epsilon}\, e^{-\epsilon/kT}\, d\epsilon$ $\hfill$ (9.11)

이 된다. 이 공식으로부터 절대온도가 T이고 N개의 분자가 있는 이상기체에서 ϵ과 $\epsilon + d\epsilon$ 사이의 에너지를 갖는 분자들의 수를 알 수 있다.

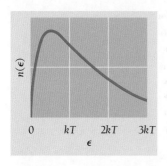

그림 9.2 이상기체 분자에 대한 맥스웰-볼츠만 에너지 분포. 평균 분자 에너지는 $\bar{\epsilon} = \frac{3}{2}kT$이다.

그림 9.2는 식 (9.11)을 kT에 대해 그린 그림이다. 이 곡선은 에너지의 최빈값(most probable), 즉 최대의 입자수를 가지는 에너지 값에 대해 대칭이 아닌데, 이는 ϵ의 하한은 $\epsilon = 0$이지만 상한은 원리적으로는 존재하지 않기 때문이다(kT보다 몇 배 정도 더 큰 에너지를 가지는 입자의 존재 가능성은 적지만).

분자의 평균 에너지

분자당 평균 에너지를 알아내기 위해 이 계의 총 내부 에너지부터 계산하기로 하자. 이를 위해 $n(\epsilon)\,d\epsilon$에 에너지 ϵ을 곱하고 이를 0에서부터 ∞까지의 모든 에너지에 대해 적분을 하면

$$E = \int_0^\infty \epsilon\, n(\epsilon)\, d\epsilon = \frac{2\pi N}{(\pi kT)^{3/2}} \int_0^\infty \epsilon^{3/2}\, e^{-\epsilon/kT}\, d\epsilon$$

이 된다. 정적분 표를 이용하면

$$\int_0^\infty x^{3/2}\, e^{-ax}\, dx = \frac{3}{4a^2} \sqrt{\frac{\pi}{a}}$$

이므로

기체 분자 N개의 총 에너지
$$E = \left[\frac{2\pi N}{(\pi kT)^{3/2}}\right]\left[\frac{3}{4}(kT)^2 \sqrt{\pi kT}\right] = \frac{3}{2}NkT \tag{9.12}$$

가 된다. 이상기체 분자 하나의 평균 에너지는 E/N이다. 즉,

분자 평균 에너지
$$\bar{\epsilon} = \frac{3}{2}kT \tag{9.13}$$

이며, 분자의 질량과 무관하다. 그러므로 주어진 온도에서 가벼운 분자는 무거운 분자보다 더 빠른 평균 속력을 가진다. 실온에서 $\bar{\epsilon}$의 값은 대략 0.04 eV, 즉 $\frac{1}{25}$ eV이다.

에너지 등분배 법칙

가스 분자 하나하나는 세 독립(즉, 서로 수직인) 방향으로의 운동에 대응하는 3개의 **자유도**(degree of freedom)를 가진다. 분자의 평균 운동에너지가 $\frac{3}{2}kT$이므로 각 자유도당 평균 에너지로 $\frac{1}{2}kT$를 배당할 수 있을 것이다. 즉, $\frac{1}{2}m\overline{v_x^2} = \frac{1}{2}m\overline{v_y^2} = \frac{1}{2}m\overline{v_z^2} = \frac{1}{2}kT$이다. 이러한 관계는 아주 일반적인 것이며, 에너지 **등분배 법칙**(equipartition theorem)이라 한다.

온도 T에 열적 평형을 이루고 있는 계의 일원인 고전적 물체의 자유도당 평균 에너지는 $\frac{1}{2}kT$이다.

자유도는 속도 성분에만 국한되는 것은 아니다. 특정 물체의 에너지를 나타내는 식에서 제곱으로 표시되는 변수들은 모두 하나의 자유도를 나타낸다. 그러므로 각속도의 성분 ω_i(관성능률 I_i가 수반된다는 전제 아래)도 하나의 자유도이다. 따라서 $\frac{1}{2}I_i\overline{\omega_i^2} = \frac{1}{2}kT$이다. 8.6절에서 기술한 단단한 이원자 분자같은 종류는 5개의 자유도를 가진다. x, y 및 z 방향의 3방향 운동과 대칭축에 수직인 축에 대한 2개의 회전운동이 이에 해당한다.

자유도는 퍼텐셜에너지가 $(\Delta s_i)^2$에 비례하는 물체의 각각의 변위 Δs_i에도 비슷하게 관련된다. 그

예로서, 1차원 조화진동자는 2개의 자유도를 가지는데, 그 하나는 운동에너지 $\frac{1}{2}mv_x^2$에, 나머지 하나는 퍼텐셜에너지 $\frac{1}{2}K(\Delta x)^2$에 대응되며, K는 힘 상수이다. 이에 따라 계가 열적 평형에 있는 각각의 진동자는 양자화를 무시할 수 있는 경우에 총 평균 에너지로 $2(\frac{1}{2}kT) = kT$를 가진다. 뒤에 가서 바로 볼 수 있듯이, 고체의 구성입자(원자, 이온 혹은 분자들)들은 첫 번째 근사로는 열적으로 고전적인 진동자들처럼 행동한다.

전자회로의 열적 요동('잡음') 같은 비역학적 계에서도 에너지 등분배 법칙이 성립한다. ∎

분자 속력분포

이상기체에서 분자의 속력분포는 식 (9.11)에

$$\epsilon = \frac{1}{2}mv^2 \qquad d\epsilon = mv\,dv$$

를 대입하여 얻을 수 있으며, v와 $v + dv$ 사이에 속력을 갖는 분자의 수는

분자의 속력분포
$$n(v)\,dv = 4\pi N\left(\frac{m}{2\pi kT}\right)^{3/2} v^2 e^{-mv^2/2kT}\,dv \tag{9.14}$$

를 얻는다. 1859년 맥스웰에 의해 처음으로 얻어진 이 공식을 그림 9.3에 나타내었다.

$\overline{\frac{1}{2}mv^2} = \frac{3}{2}kT$이므로 평균 에너지가 $\frac{3}{2}kT$인 분자의 속력은

RMS 속력
$$v_{\text{rms}} = \sqrt{\overline{v^2}} = \sqrt{\frac{3kT}{m}} \tag{9.15}$$

가 된다. 이 속력은 분자 속력 제곱의 평균값에 다시 제곱근을 취한 것으로, 제곱평균 제곱근 속력(root-mean-square speed)이라 하고 v_{rms}라 표기하며, 속력의 단순한 산술 평균값 $\bar{v}$와는 같지 않다. $\bar{v}$와 v_{rms} 사이의 관계는 특정 계에서 분자 속력이 만족하는 분포 법칙에 따라 달라진다. 맥스웰-볼츠만 분포에서는 rms 속력이 산술 평균 속력보다 약 9% 정도 더 크다.

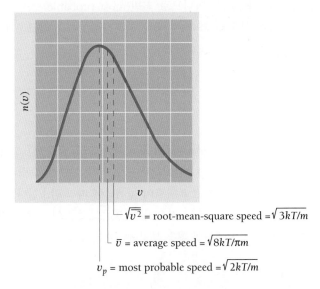

$\sqrt{\overline{v^2}}$ = root-mean-square speed = $\sqrt{3kT/m}$

$\bar{v}$ = average speed = $\sqrt{8kT/\pi m}$

v_p = most probable speed = $\sqrt{2kT/m}$

그림 9.3 맥스웰-볼츠만의 속력분포

예제 9.3

이상기체 분자의 rms 속력이 평균 속력보다 9% 정도 더 큰 것을 증명하라.

풀이

식 (9.14)는 N개의 분자를 포함하는 시료에서 속도 v와 $v + dv$ 사이에 있는 분자들의 개수를 나타낸다. 평균 속력 $\bar{v}$를 구하기 위해 $n(v)\,dv$에 v를 곱하고 이를 0에서부터 ∞까지 v의 모든 값으로 적분을 한 후에 N으로 나눈다.

$$\bar{v} = \frac{1}{N} \int_0^\infty v\, n(v)\, dv = 4\pi \left(\frac{m}{2\pi kT} \right)^{3/2} \int_0^\infty v^3 e^{-mv^2/2kT}\, dv$$

$a = m/2kT$이라 놓으면, 정적분 표에서

$$\int_0^\infty x^3 e^{-ax^2}\, dx = \frac{1}{2a^2}$$

이다. 그래서

$$\bar{v} = \left[4\pi \left(\frac{m}{2\pi kT} \right)^{3/2} \right] \left[\frac{1}{2} \left(\frac{2kT}{m} \right)^2 \right] = \sqrt{\frac{8kT}{\pi m}}$$

이다. $\bar{v}$를 식 (9.15)의 v_{rms}와 비교하면,

$$v_{\text{rms}} = \sqrt{\frac{3kT}{m}} = \sqrt{\frac{3\pi}{8}}\,\bar{v} \approx 1.09 v$$

가 됨을 보일 수 있다.

식 (9.14)의 속도분포가 대칭적이 아니므로 최빈(most probable) 속력 v_p는 $\bar{v}$나 v_{rms}보다 작다. 최빈 속력 v_p를 구하기 위해 $n(v)$의 v에 대한 미분값을 0이라 하고 v에 대해 풀면 된다. 그 결과는

최빈 속력 $$v_p = \sqrt{\frac{2kT}{m}}$$ (9.16)

이다.

기체에서 분자의 속력은 v_p의 양쪽에서 비교적 크게 변한다. 그림 9.4를 보면 73 K($-200°C$)일 때의 산소, 273 K($0°C$)일 때의 산소, 그리고 273 K일 때의 수소의 속력분포를 나타내었다. 최빈 속력은 온도가 높아짐에 따라 커지고 분자량이 늘어남에 따라 감소한다. 따라서 73 K의 산소의 속력은 273 K의 산소보다 전체적으로 작으며, 273 K의 수소의 속력은 같은 온도의 산소보다 전체적으로 크다. 물론, 273 K에서의 평균 분자에너지는 수소와 산소에서 동일하다.

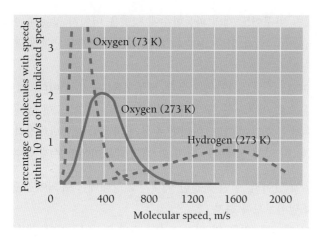

그림 9.4 73 K의 산소, 273 K의 산소, 그리고 273 K 수소에서의 분자 속력분포

예제 9.4

0°C 산소 분자의 rms 속력을 구하라.

풀이

산소 분자는 두 개의 산소 원자로 되어 있다. 산소 원자질량이 16.0 u이므로 O_2 분자의 질량은 32.0 u 이고, 이는

$$m = (32.0 \text{ u})(1.66 \times 10^{-27} \text{ kg/u}) = 5.31 \times 10^{-26} \text{ kg}$$

과 같다. 절대온도 273 K에서의 O_2 분자의 rms 속도는

$$v_{rms} = \sqrt{\frac{3kT}{m}} = \sqrt{\frac{3(1.38 \times 10^{-23} \text{ J/K})(273 \text{ K})}{5.31 \times 10^{-26} \text{ kg}}} = 461 \text{ m/s}$$

이고, 1000 mi/h보다 조금 더 빠르다.

9.4 양자 통계

보손(boson)과 페르미온(fermion)은 각각 다른 분포함수를 갖는다.

9.1절에서 언급하였던 것처럼 맥스웰-볼츠만 분포는 입자들의 파동함수가 중첩되지 않아 서로를 구별할 수 있는 동일 입자들로 이루어져 있는 계에 적용된다. 기체 내의 분자들은 이러한 특성을 가지므로 맥스웰-볼츠만 통계를 따른다. 파동함수가 상당한 정도로 중첩되면 입자를 셀 수는 있지만 서로 구별할 수는 없는 상황으로 바뀐다. 7.3절에서 구별할 수 없는 계를 양자역학적으로 다루었는데, 파동함수가 중첩되는 입자들의 계는 다음의 두 개의 범주로 나뉜다.

1. 스핀을 0 또는 정수로 가지는 입자들인 **보손**(boson)은 배타원리를 따르지 않으며, 임의의

입자들 쌍에서 서로를 바꾸어도 계의 파동함수에 영향을 미치지 않는다. 이러한 종류의 파동함수를 **대칭적**(symmetric)이라 한다. 보손은 계의 같은 한 양자 상태에 몇 개라도 들어가 있을 수 있다.

2. 스핀이 $\frac{1}{2}$의 홀수배($\frac{1}{2}$, $\frac{3}{2}$, $\frac{5}{2}$, ⋯)인 입자들은 **페르미온**(fermion)이다. 페르미온은 배타원리를 따르며, 페르미온으로 이루어진 계의 파동함수는 그들 중 어느 한 쌍에서 입자를 서로 바꾸었을 때 파동함수의 부호가 변한다. 이러한 종류의 파동함수를 **반대칭적**(antisymmetric)이라 한다. 계의 특정한 한 양자 상태에는 단지 한 개의 페르미온만 존재할 수 있다.

이제 이 두 경우에 있어서, 어떤 특정한 에너지 ϵ 상태에 점유되어 있을 확률인 $f(\epsilon)$가 어떤 차이를 보이는지 알아보도록 하자.

하나의 입자는 상태 a에, 다른 한 입자는 상태 b에 있는 두 개의 입자 1과 2로 이루어진 두 입자계를 생각하자. 만약 입자들이 구별 가능하다면, 상태가 점유될 가능성은 두 가지가 있으며, 이를 파동함수로 표현하면 다음과 같다.

$$\psi_1 = \psi_a(1)\psi_b(2) \tag{9.17}$$

$$\psi_{II} = \psi_a(2)\psi_b(1) \tag{9.18}$$

입자들이 구별 불가능하다면 입자 중의 어느 하나가 어느 상태에 들어가 있는지 알 수 없으므로 파동함수는 ψ_I과 ψ_{II}의 결합으로 쓰여야 하고, 두 점유 가능성이 같음을 나타낼 수 있어야 한다. 7.3절에서 보았듯이 입자들이 보손이면 그 계의 파동함수는 대칭 파동함수로 기술되어야 하고,

보손(boson) $$\psi_B = \frac{1}{\sqrt{2}}[\psi_a(1)\psi_b(2) + \psi_a(2)\psi_b(1)] \tag{9.19}$$

입자들이 페르미온이면 그 계는 반대칭 파동함수에 의해 기술된다.

페르미온(fermion) $$\psi_F = \frac{1}{\sqrt{2}}[\psi_a(1)\psi_b(2) - \psi_a(2)\psi_b(1)] \tag{9.20}$$

$1/\sqrt{2}$은 파동함수를 규격화하기 위한 인자이다.

이제 각각의 경우에서 두 입자 모두가 같은 상태 a에 있을 확률을 구하여 보자. 구별할 수 있는 입자의 경우 ψ_I과 ψ_{II}는 모두

$$\psi_M = \psi_a(1)\psi_a(2) \tag{9.21}$$

이며, 확률 밀도는

구별 가능한 입자 $$\psi_M^* \psi_M = \psi_a^*(1)\psi_a^*(2)\psi_a(1)\psi_a(2) \tag{9.22}$$

이다.

보손(boson)의 경우 파동함수는

$$\psi_B = \frac{1}{\sqrt{2}}[\psi_a(1)\psi_a(2) + \psi_a(1)\psi_a(2)] = \frac{2}{\sqrt{2}}\psi_a(1)\psi_a(2) = \sqrt{2}\psi_a(1)\psi_a(2) \tag{9.23}$$

이고, 확률 밀도는

보손(boson) $$\psi_B^* \psi_B = 2\psi_a^*(1)\psi_a^*(2)\psi_a(1)\psi_a(2) = 2\psi_M^* \psi_M \tag{9.24}$$

이 된다. 그러므로 두 개의 보손이 같은 상태를 점유할 확률은 두 개의 구별 가능한 입자의 경우보다 2배가 된다!

페르미온(fermion)의 경우 파동함수는

페르미온(fermion) $$\psi_F = \frac{1}{\sqrt{2}}[\psi_a(1)\psi_a(2) - \psi_a(1)\psi_a(2)] = 0 \tag{9.25}$$

이 된다. 즉, 두 개의 페르미온은 같은 상태를 점유할 수 없으며, 배타원리가 말하는 것과 같은 결과이다.

이들 결과를 일반화하여 많은 입자로 이루어진 계에 적용할 수 있다.

1. 보손으로 이루어진 계에서, 어떤 양자 상태에 한 입자가 존재하면 같은 상태에서 다른 입자가 발견될 확률을 높인다.
2. 페르미온으로 이루어진 계에서, 한 입자가 어떤 한 양자 상태에 존재하면 같은 상태에 다른 입자가 존재할 수 없게 한다.

보스-아인슈타인(Bose-Einstein)과 페르미-디랙(Fermi-Dirac) 분포함수

보손이 에너지 ϵ인 상태를 점유할 확률 $f(\epsilon)$는

보스-아인슈타인
분포함수 $$f_{BE}(\epsilon) = \frac{1}{e^\alpha e^{\epsilon/kT} - 1} \tag{9.26}$$

임이 알려져 있고, 페르미온의 경우에는

페르미-디랙
분포함수 $$f_{FD}(\epsilon) = \frac{1}{e^\alpha e^{\epsilon/kT} + 1} \tag{9.27}$$

임도 역시 알려져 있다. α는 계의 성질에 의존하는 양이며 T의 함수일 것이다. α의 값은 규격화 조건, 즉 $n(\epsilon) = g(\epsilon)f(\epsilon)$를 모든 에너지 상태들에 대해 합하였을 때 그 값이 계에 들어 있는 입자의 총 개수와 같다는 조건으로부터 구한다. 광자 가스처럼 입자 개수가 정해져 있지 않은 경우에는 α를 식 (9.26)과 식 (9.27)을 유도하면서 정의하였던 방법으로, $\alpha = 0$, $e^\alpha = 1$이다.

식 (9.26)의 분모의 −1은 복수의 보손 입자들이 한 에너지 상태에서 동시에 채워질 확률이 분자와 같이 구별 가능한 입자가 한 에너지 상태에서 동시에 채워질 확률보다 더 커진다는 것을 나타낸다. 식 (9.27)의 분모의 +1은 배타원리의 결과이며, α, ϵ, T가 어떤 값을 갖더라도 $f(\epsilon)$는 1을 넘을 수 없다. $\epsilon \gg kT$의 극한인 경우, 두 경우 모두에서 함수 $f(\epsilon)$는 맥스웰-볼츠만 통계인 식 (9.2)에 접근한다. 세 분포함수를 그림 9.5에 비교하여 나타내었다. 주어진 비율 ϵ/kT에서 보손의 $f_{BE}(\epsilon)$가 분자에 대한 $f_{MB}(\epsilon)$보다 항상 크며, 페르미온에 대한 $f_{FD}(\epsilon)$는 항상 $f_{MB}(\epsilon)$보다 작음을 분명히 보여준다.

그림 9.5 같은 α에서 세 분포 함수의 비교. 보스-아인슈타인 함수는 순수한 지수함수인 맥스웰-볼츠만 함수보다 항상 높고, 페르미-디랙 함수는 항상 낮다. 절대온도 T에서, 입자가 에너지 ϵ인 상태를 점유할 확률이 이 함수들에 의해 주어진다.

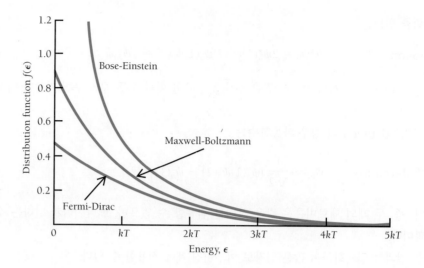

함수의 이름

1924년에 인도 물리학자 보스(S. N. Bose)는 개수가 보존되지 않는 구별 불가능한 광자로서의 빛에 대한 양자 이론으로부터 플랑크의 복사 공식을 유도하였다. 그의 연구논문은 영국의 손꼽히는 논문지로부터 게재를 거부당하였다. 그래서 그는 그 연구논문을 아인슈타인에게 보냈고, 아인슈타인은 이를 독일어로 번역하여 독일 논문지에 투고하여 출판되게 하였다. 아인슈타인이 보스의 취급법을 개수가 보존되는 물체 입자로까지 확장하였으므로 식 (9.26)에 이 두 사람 모두의 이름을 붙였다. 2년 후에 페르미와 디랙은 서로 독립적으로 파울리의 배타원리가 전자에 다른 통계를 주게 될 것이라는 것을 깨달았고, 따라서 식 (9.27)에 그들 두 사람의 이름이 붙었다. ■

식 (9.27)에서 $f_{FD}(\epsilon) = \frac{1}{2}$일 때의 에너지는

페르미 에너지
$$\epsilon_F = -\alpha kT \tag{9.28}$$

이다. **페르미 에너지**(Fermi energy)라 하는 이 에너지는 금속 내의 전자 기체에서와 같이 페르미온으로 이루어진 계에서 매우 중요한 양이 된다. ϵ_F를 이용하여 페르미-디랙 분포함수를 다시 표현하면 다음과 같다.

페르미-디랙
$$f_{FD}(\epsilon) = \frac{1}{e^{(\epsilon - \epsilon_F)/kT} + 1} \tag{9.29}$$

페르미 에너지의 중요성을 알기 위해 $T = 0$에서 페르미온으로 이루어진 계를 생각하고, 에너지가 ϵ_F보다 작거나 큰 상태들에 대한 점유도(occupancy)를 구해보자. 이를 구한 결과는 다음과 같다.

$$T = 0,\ \epsilon < \epsilon_F: \quad f_{FD}(\epsilon) = \frac{1}{e^{(\epsilon - \epsilon_F)/kT} + 1} = \frac{1}{e^{-\infty} + 1} = \frac{1}{0 + 1} = 1$$

$$T = 0,\ \epsilon > \epsilon_F: \quad f_{FD}(\epsilon) = \frac{1}{e^{(\epsilon - \epsilon_F)/kT} + 1} = \frac{1}{e^{\infty} + 1} = 0$$

그러므로 절대 영도에서는 ϵ_F까지의 에너지 상태가 모두 점유되어 있으며, ϵ_F보다 위는 어떠한 에너지 상태도 채워지지 않는다[그림 9.6(a)]. 어떤 계가 N개의 입자를 포함하고 있다면, N개의 입자를 $\epsilon = 0$에서부터 차츰 높은 에너지 상태들로 순서대로 채워 가면 이 계의 페르미 에너지 ϵ_F를 계산할 수 있다. 이렇게 하여 채워진 가장 높은 상태의 에너지가 $\epsilon = \epsilon_F$가 된다. 9.9절에서 금속 내의 전자들에 대하여 이 계산을 하겠다.

kT가 ϵ_F보다 작은 범위에서, 온도를 $T = 0$에서부터 점점 높여 가면 페르미온들은 그림 9.6(b)에서와 같이 ϵ_F 바로 아래의 상태를 떠나 ϵ_F 바로 위의 상태로 옮겨갈 것이다. 더 높은 온도에서는 가장 낮은 상태에 있는 페르미온들조차 더 높은 상태로 들뜨기 시작하기 때문에 $f_{FD}(0)$는 1보다 작아진다. 이런 상황에서는 $f_{FD}(\epsilon)$가 그림 9.6(c) 같은 모양을 가진다고 생각할 수 있으며, 그림 9.5에서의 가장 아래 곡선과 일치한다.

세 분포함수의 특성을 표 9.1에 요약하였다. 에너지를 ϵ으로 가지는 입자의 **실제 개수**(actual number) $n(\epsilon)$을 알기 위해서는 함수 $f(\epsilon)$에 이 에너지 상태들의 수 $g(\epsilon)$를 곱해야 한다는 것을 기억하자.

$$n(\epsilon) = g(\epsilon)f(\epsilon) \tag{9.1}$$

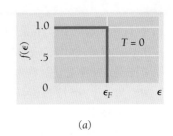

(a)

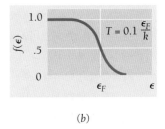

(b)

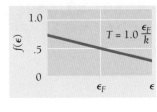

(c)

그림 9.6 세 가지의 다른 온도에서 페르미온에 대한 분포함수. (a) $T = 0$일 때, 페르미 에너지 ϵ_F까지의 모든 에너지 상태들이 점유된다. (b) 낮은 온도에서 약간의 페르미온이 ϵ_F의 바로 아래 에너지 상태에서 벗어나 ϵ_F의 바로 위 에너지 상태로 옮겨간다. (c) 더 높은 온도에서는 페르미온들이 ϵ_F보다 낮은 어떠한 에너지 상태에서도 벗어나 ϵ_F보다 높은 에너지 상태로 옮겨갈 것이다.

표 9.1 세가지 통계분포함수

	맥스웰-볼츠만 (Maxwell-Boltzmann)	보스-아인슈타인 (Bose-Einstein)	페르미-디랙 (Fermi-Dirac)
적용되는 계	동일, 구별 가능 입자	동일, 구별 불가능 입자이며 배타원리를 따르지 않는다.	동일, 구별 불가능 입자이며 배타원리를 따른다.
입자의 범주	고전적	보손	페르미온
입자의 성질	임의의 스핀; 입자들이 충분히 떨어져 있어서 파동함수의 중첩이 없음	스핀 0, 1, 2, $\cdots$; 파동함수는 입자의 교환에 대해 대칭임	스핀 $\frac{1}{2}, \frac{3}{2}, \frac{5}{2}, \cdots$; 파동함수는 입자의 교환에 대해 반대칭임
예	기체 분자	공동 내의 광자; 고체 내의 포논; 저온에서의 액체 헬륨	금속 내의 자유전자; 원자가 붕괴하는 별(백색왜성)에서의 전자
분포함수(온도 T일 때 에너지 ϵ 상태를 점유할 수 있는 입자의 개수)	$f_{MB}(\epsilon) = Ae^{-\epsilon/kT}$	$f_{BE}(\epsilon) = \dfrac{1}{e^{\alpha}e^{\epsilon/kT} - 1}$	$f_{FD}(\epsilon) = \dfrac{1}{e^{(\epsilon-\epsilon_F)/kT} + 1}$
분포의 성질	상태당 점유할 수 있는 입자수가 무제한	상태당 점유할 수 있는 입자수가 무제한; 낮은 에너지에서는 f_{MB}보다 많은 입자; 높은 에너지에서는 f_{MB}에 접근	상태상 단 1개 이상의 입자를 점유할 수 없음; 낮은 에너지에서는 f_{MB}보다 적은 입자; 높은 에너지에서는 f_{MB}에 접근

폴 디랙(Paul A. M. Dirac: 1902~1984)은 영국의 브리스틀(Bristol)에서 태어나 그곳에서 전기공학을 공부하였으나, 곧 수학과 물리학에 관심을 가져 1926년에 케임브리지에서 박사학위를 받았다. 하이젠베르크가 1925년에 발표한 양자역학에 관한 첫 논문을 읽고 나서 더욱 일반적인 이론을 만들어내었으며, 이듬해에는 파울리의 배타원리를 양자역학적 용어로 공식화시켰다. 그는 전자와 같은 파울리의 배타원리를 따르는 입자들의 통계적 성질에 대한 연구도 하였는데, 그보다 먼저 독립적으로 이 일을 한 페르미와 함께 그를 기려서 연구 결과를 페르미-디랙 통계라 부른다. 1928년에 디랙은 특수 상대성 이론을 양자역학에 접합시킴으로써 전자의 스핀과 자기모멘트를 계산 가능하게 하였을 뿐만 아니라 양으로 대전된 전자, 즉 양전자의 존재를 예언하였고, 이 양전자는 1932년 미국의 앤더슨(Carl Anderson)에 의해 발견되었다.

전하가 왜 양자화되는가를 설명하려는 노력 중, 1931년에 고립된 N극 혹은 S극인 **자기 홀극**(자기 단극; magnetic monopole)의 존재를 가정하여야 할 필요성을 발견하였다. 최근의 이론들은 우주의 출발점인 대폭발(Big Bang) 직후에 다량의 자기 홀극(자기 단극)이 생성되어야 함을 보여준다. 예측되는 자기 홀극(자기 단극)의 질량은 $\sim 10^{16}$ GeV/c^2($\sim 10^{-8}$ g!)이다. 1981년에 디랙은 "그 수학적인 아름다움 때문에 이론적인 관점에서 보면 자기 홀극(자기 단극)은 존재하여야 한다고 생각할 수 있다. 하지만 자기 홀극(자기 단극)을 발견하려는 수많은 시도에 아무도 성공하지 못하였다. 수학의 아름다움 자체만으로 자연에 대한 이론이 성립하기에는 불충분하다고 결론지을 수밖에 없다."라고 말하였다.

1932년에는 2세기 반 전에 뉴턴이 차지하였던 케임브리지 대학의 루카스(Lucasian) 교수가 되었고, 1933년에는 슈뢰딩거와 함께 노벨 물리학상을 수상하였다. 1969년에 따뜻한 기후를 쫓아 플로리다주로 옮긴 후에도 나머지 그의 일생 동안 물리학에 활발한 활동을 하였지만, 과학에서 흔한 것처럼 그는 젊은 시절의 눈부신 성과로 기억될 것이다.

보스-아인슈타인 응축

보통의 조건에서는 원자 가스에서의 각 독립 원자에 해당하는 파속(wave packet)의 크기가 원자 간의 평균 간격에 비교하여 충분히 작다. 따라서 원자는 독립적으로 움직이고, 구별 가능하다고 할 수 있다. 가스의 온도를 내리면, 불확정성 원리에 의해 운동량을 잃어감에 따라 파속의 크기가 커진다. 가스의 온도가 매우 낮아지면, 파속의 크기가 원자 사이의 간격보다 더 커지고, 따라서 파속들이 겹치게 된다. 만약 원자가 보손(boson)이라면 결국 모든 원자는 가능한 상태들 중 가장 낮은 상태에 있게 되고, 각각의 파속은 하나의 파속으로 융합된다. 이와 같은 **보스-아인슈타인 응축**(Bose-Einstein condensate)된 원자들은 거의 움직이지 않고, 구별 불가능하며, 하나의 초원자(superatom)를 이룬다.

이와 같은 응축은 아인슈타인이 1924년에 처음으로 이론을 세웠으나, 1995년이 될 때까지 누구도 실제로 구현할 수 없었다. 문제는 먼저 액체나 고체가 되기 전에 충분히 차가운 가스를 만드는 일이었다. 코넬(Eric Cornell), 와이먼(Carl Wieman)과 그들의 콜로라도 대학 동료들이 루비듐(Rb) 원자를 이용하여 그 일을 성취하였다. 먼저 원자의 온도를 내린 후 서로 교차하는 6개의 레이저 빔으로 원자를 포획하였다. 빛의 진동수를 조정하여 빔들 중 하나에 대해 반대로 움직이는 원자가 루비듐 원자의 도플러 편이(Doppler shift)된 흡수선 진동수들 중의 하나와 같은 진동수의 빛을 '볼' 수 있도록 한다. 따라서 원자는 자신으로 향하는 빛의 광자만 흡수한다. 이 흡수로 인해 원자는 느려지게 되며, 원자들 모임의 온도를 낮추어 주면서 원자들을 밀어 뜨거운 상자(chamber) 벽으로부터 원자를 밀어낸다. 원자들 모임을 더욱 차게 하기 위해 레이저를 끄고 빠른 원자들이 빠져나가는 동안 자기장이 느린 원자들을 붙잡아 두도록 한다. (이런 증발 냉각 방법은 일상생활에서도 친숙한 방법인데, 예를 들어 땀에서 빠른 액체 분자가 표면을 빠져나감에 따라 나머지 분자들의 평균 에너지가 줄어드는 것이 그 하나이다.) 마지막으로, 온도가 10^{-7} K, 즉 절대온도 위의 수천만분의 1도 정도로 내려갔을 때, 약

2,000개의 루비듐 원자가 10 μm 길이로 보스-아인슈타인 응축을 하였고 10초 동안 살아남았다.

이들의 성취 이후에 다른 연구진들에 의해 리튬(Li)과 나트륨(Na)에서 보스-아인슈타인 응축이 만들어졌다. 한 나트륨 응축에서는 500만 원자들이 응축되었으며, 150 μm 길이에 8 μm 너비를 가진 연필 모양이었고 20초 동안 존재하였다. 뒤에 가서 더 큰 응축이 만들어졌으며, 10^8개의 수소가 포함된 것이었다. 응축된 원자로부터 원자빔을 뽑아낼 수 있다는 것이 증명되었으며, 그 원자빔의 거동으로부터 모든 원자의 파동함수가 위상이 일치하는, 레이저빔에서의 결맞는 빛과 같이 행동하는 것이 확인되었다. 보스-아인슈타인 응축은 근본적인 그리고 응용적인 관점에서 몇 가지 매우 흥미 있는 점들을 가지고 있다. 여러 종류의 극히 정밀한 측정들을 가능하게 할 수 있을 것이라는 것이 그 한 예가 된다. ■

9.5 레일리-진스 공식

흑체복사의 고전적 접근

흑체복사에 대해서는 2.2절에서 간단하게 논의한 바 있다. 거기에서 흑체복사 스펙트럼을 설명하는 데 있어 자외선 파탄으로 나타나는 고전물리의 실패, 그리고 어떻게 플랑크의 에너지 양자화가 스펙트럼의 올바른 모양을 주는지에 대해 배웠다. 흑체복사의 기원이 이런 근본적인 문제들과 닿아 있으므로 좀 더 자세히 들여다 볼만한 가치가 있다.

그림 2.6에 두 온도에 대한 흑체복사 스펙트럼을 보여주고 있다. 이 스펙트럼을 설명하기 위해 레일리와 진스는 흑체를 온도 T에서 복사가 채워진 공동(cavity)으로 생각하는 것으로부터 시작하여 고전적인 계산을 하였다(그림 2.5). 공동의 벽을 완전 반사체로 가정하였으므로 복사는 그림 2.7에서와 같이 전자기파의 정상파가 되어 있어야 한다. 각 벽 위에서 정상파의 마디가 형성되기 위해서는 방향이야 어떻든 간에 벽과 벽 사이의 경로가 반파장의 정수(j)배가 되어야 할 것이다. 공동이 각 변의 길이가 L인 정육면체라면, 이 조건은 정상파의 x, y, z 방향에 대한 가능한 파장들이 각각 다음과 같아야 한다는 것을 의미한다.

$$j_x = \frac{2L}{\lambda} = 1, 2, 3, \cdots = x \text{ 방향으로의 반파장의 수}$$

$$j_y = \frac{2L}{\lambda} = 1, 2, 3, \cdots = y \text{ 방향으로의 반파장의 수} \qquad (9.30)$$

$$j_z = \frac{2L}{\lambda} = 1, 2, 3, \cdots = z \text{ 방향으로의 반파장의 수}$$

임의의 방향을 가지는 정상파가 벽에서 마디를 가지기 위해서는

정육면체 공동 내의 정상파 $\qquad j_x^2 + j_y^2 + j_z^2 = \left(\frac{2L}{\lambda}\right)^2 \qquad \begin{matrix} j_x = 0, 1, 2, \cdots \\ j_y = 0, 1, 2, \cdots \\ j_z = 0, 1, 2, \cdots \end{matrix} \qquad (9.31)$

가 되어야 하는 것이 옳다(물론 $j_x = j_y = j_z = 0$이면 파가 없음을 의미하지만, j 성분의 한 개나 두 개는 0이 될 수 있다).

파장이 λ와 $\lambda + d\lambda$ 사이에 있는 공동 내에서의 정상파 개수 $g(\lambda)\,d\lambda$를 세기 위해서는 그

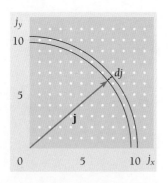

그림 9.7 j 공간에서의 각각의 점들은 있을 수 있는 하나의 정상파에 각각 대응된다.

구간의 파장을 주는 가능한 j_x, j_y, j_z 값들의 조합의 수를 세어야 한다. 좌표축이 j_x, j_y, j_z인 j-공간을 생각하자. 그림 9.7은 이러한 공간 중에서 j_x, j_y 평면의 일부를 나타낸 것이다. j-공간의 각각의 점은 가능한 조합의 j_x, j_y, j_z 값에 해당하며, 따라서 정상파 하나에 해당한다. $\mathbf{j}$를 원점으로부터 임의의 점 j_x, j_y, j_z에 이르는 벡터라 하면, 그 크기는

$$j = \sqrt{j_x^2 + j_y^2 + j_z^2} \qquad (9.32)$$

이다.

λ와 $\lambda + d\lambda$ 사이의 파장을 가진 정상파의 총 개수는 원점으로부터의 거리가 j와 $j + dj$ 사이에 있는 j 공간상에서의 점들의 개수와 같다. 반지름이 j이고 두께가 dj인 구 껍질(spherical shell)의 부피는 $4\pi j^2 \, dj$이다. 그러나 j 공간에서 관심이 있는 부분은 j_x, j_y, j_z가 모두 양의 값을 가지는 공의 $\frac{1}{8}$ 부분뿐이다. 또한, 이렇게 세어 나가는 각 정상파에는 서로 수직인 두 개의 편광 방향이 존재한다. 그러므로 공동 내에 있는 서로 독립적인 정상파의 총 개수는 아래와 같다.

정상파의 개수 $\qquad g(j) \, dj = (2)(\tfrac{1}{8})(4\pi j^2 \, dj) = \pi j^2 \, dj \qquad (9.33)$

공동 내의 정상파의 수를 j의 함수로서가 아니라 주파수 ν의 함수로 표현할 필요가 있다. 식 (9.31)과 (9.32)로부터

$$j = \frac{2L}{\lambda} = \frac{2L\nu}{c} \qquad dj = \frac{2L}{c} \, d\nu$$

이므로

정상파의 개수 $\qquad g(\nu) \, d\nu = \pi \left(\frac{2L\nu}{c} \right)^2 \frac{2L}{c} \, d\nu = \frac{8\pi L^3}{c^3} \nu^2 \, d\nu \qquad (9.34)$

이다. 공동의 부피가 L^3이므로 서로 독립적인 정상파의 단위 부피당 개수는

**공동 내의\
정상파의 밀도** $\qquad G(\nu) \, d\nu = \frac{1}{L^3} g(\nu) \, d\nu = \frac{8\pi \nu^2 \, d\nu}{c^3} \qquad (9.35)$

이다. 쉽게 유도하기 위해 정육면체의 공동을 사용하였지만, 결과식인 식 (9.35)는 공동의 모양과 무관하다. 진동수가 커질수록 파장이 더 짧아지고 가능한 정상파의 개수는 늘어나는데, 그러한 모양을 하고 있다.

다음 단계는 각 정상파당 평균 에너지를 구하는 것이다. 여기에서 양자물리와 고전물리 사이에 차이가 벌어진다. 이미 언급하였던 고전적인 에너지의 등분배 법칙을 따르면 온도 T에서 열적 평형을 이루고 있는 어떤 개체(entity)로 이루어진 계에서 각 개체의 각 자유도에 배당되는 평균 에너지는 $\tfrac{1}{2}kT$이다. 복사로 가득 찬 공동 내에서의 정상파는 평균 총 에너지로 $\bar{\epsilon} = kT$를 주는 두 개의 자유도를 가진다. 왜냐하면 각 파는 공동의 벽 안에 있는 한 진동자로부터 발생되기 때문이다. 이러한 진동자는 두 개의 자유도를 가지는데, 하나는 진동자의 운동에너지에, 나머지 하나는 진동자의 위치에너지에 해당된다. 그러므로 고전물리를 따르면 주파수 ν와 $\nu + d\nu$ 사이인 정상파가 공동 내에서 가지는 단위 부피당 에너지 $u(\nu) \, d\nu$는 다음과 같다.

레일리 경(The Lord Rayleigh: 1842~1919)는 영국의 부유한 가정에서 존 스트럿(John William Strutt)으로 태어났으며, 레일리 경이라는 칭호는 그의 아버지가 죽은 후에 상속받았다. 집에서 교육을 받은 후, 케임브리지 대학에서 뛰어난 학생이었으며, 미국에도 있었다. 돌아와서는 집에 연구실을 차렸고, 1879년 맥스웰의 사망 이후 캐번디시 연구소를 지도한 5년간을 제외하고는 이 연구실에서 실험과 이론 양 방면에 대해 연구를 수행하였다.

일생 동안 모든 파동의 행동에 관련된 연구를 하였고, 음향학 및 광학에 많은 기여를 하였다. 지진에 의해 발생되는 한 파동에 그의 이름이 붙기도 하였다. 1871년에는 태양의 짧은 파장에 대한 대기권의 우선적인 산란으로 하늘의 색깔이 푸른 이유를 설명하였다. 광학 기기의 분해능에 대한 공식화는 또 다른 그의 업적 중의 하나이다.

캐번디시 연구소에서는 맥스웰이 시작하였던 볼트(volt), 암페어(ampere) 그리고 옴(ohm)에 대한 표준화 작업을 완결시켰다. 집으로 돌아온 후에는 공기에서 만들어지는 질소의 농도가 질소를 포함하는 화합물에서 만들어지는 농도보다 매우 근소하게 더 크다는 것을 발견하였다. 화학자 램지(William Ramsay)와 함께 대기의 1% 정도를 차지하는, 그때까지는 알려져 있지 않았던 어떤 가스가 이런 불일치의 이유가 된다는 것을 보였다. 그 가스는 다른 물체와 반응하지 않았으므로 그리스어로 '불활성(inert)'이라는 의미를 가진 아르곤(argon) 가스로 명명하였다. 램지는 다른 불활성 기체들인 네온(neon)['새로운(new)'], 크립톤(krypton)['숨은(hidden)'] 그리고 제논(xenon)['이상한(strange)']을 발견하였다. 그는 또한 이미 30년 전에 태양의 스펙트럼 분석으로 알려진, 가장 가벼운 불활성 기체인 헬륨(helium)을 공기로부터 분리해 내었다. helios는 그리스어로 '태양'을 의미한다. 레일리와 램지는 아르곤에 대한 업적으로 1904년 노벨상을 수상하였다.

아마도 과학에 대한 레일리의 가장 큰 기여는 아르곤의 발견 후에 나온 실험과 맞지 않은 한 공식의 형태로 나타난 것일 것이다. 문제는 흑체복사 스펙트럼, 즉 흑체복사에서 파장에 따르는 상대적인 복사 세기를 설명하는 문제였다. 레일리는 이 스펙트럼의 모양을 계산하였다. 천문학자 진스(James Jeans)가 사소한 오류를 지적하였으므로 이 계산 결과는 레일리-진스 공식으로 알려져 있다. 그 공식은 19세기 말에 알려져 있는 물리 법칙을 직접적으로 따랐음에도 불구하고 레일리와 진스도 알아차렸던 것처럼 절망적으로 부정확한 공식이었다. (예를 들면, 그 공식은 흑체복사는 무한대의 비율로 에너지를 복사해야 한다는 것을 예측하고 있다.) 흑체복사에 대한 올바른 공식을 찾기 위한 노력은 플랑크와 아인슈타인으로 하여금 복사에 대한 양자 이론의 기초를 세우게 하였고, 이는 물리를 혁명적으로 바꾸는 이론이었다.

양자 이론과 바로 그 뒤를 이은 아인슈타인의 상대성 이론의 성공에도 불구하고 레일리는 결코 이 두 가지 새로운 이론을 받아들이지 않았고, 평생 동안 고전물리에 헌신하였다. 그는 1919년에 작고하였다.

레일리-진스 (Rayleigh-Jeans)의 공식

$$u(\nu)\,d\nu = \bar{\epsilon}G(\nu)\,d\nu = kT\,G(\nu)\,d\nu$$

$$= \frac{8\pi\nu^2 kT\,d\nu}{c^3} \tag{9.36}$$

흑체복사의 스펙트럼 에너지 밀도가 한계 없이 ν^2으로 증가하는 레일리-진스(Rayleigh-Jeans)의 공식은 틀렸음이 분명하다. 이 공식이 예측하는 스펙트럼 모양이 관측된 모양(그림 2.8)과 다를 뿐만 아니라, 식 (9.36)을 $\nu = 0$에서 $\nu = \infty$까지 적분을 하면 모든 온도에서 무한대의 총 평균 에너지 밀도를 준다. 이론과 관측 사이의 이런 불일치는 단번에 근본적인 문제임이 밝혀졌다. 이 불일치가 바로 1900년에 플랑크가 빛의 방출이 양자 현상일 때에만 흑체복사에 대한 올바른 공식을 얻을 수 있다는 것을 발견하게 만든 고전물리의 실패이다.

9.6 플랑크의 복사 법칙

광자 가스는 어떻게 행동하는가?

플랑크는 공동 벽에 있는 진동자들의 에너지가 $\epsilon_n = nh\nu$(여기서 n = 0, 1, 2, ⋯)로 제약된다고 가정할 수밖에 없다는 것을 발견하였다. 그런 후에 맥스웰-볼츠만 분포 법칙을 적용하여 에너지 ϵ_n을 가지는 진동자 수가 온도 T에서 $e^{-\epsilon_n/kT}$에 비례함을 이용하였다. 이 경우의 진동자당 평균 에너지(즉, 공동 내의 정상파당 평균 에너지)는 레일리-진스가 사용하였던 에너지-등분배 평균인 kT 대신에 아래와 같이 된다.

$$\bar{\epsilon} = \frac{h\nu}{e^{h\nu/kT} - 1}\tag{9.37}$$

이를 사용하면 실험과 일치하는 흑체복사에 대한 공식을 얻을 수 있다.

플랑크의
복사 공식
$$u(\nu)\,d\nu = \bar{\epsilon}G(\nu)\,d\nu = \frac{8\pi h}{c^3}\frac{\nu^3\,d\nu}{e^{h\nu/kT} - 1}\tag{9.38}$$

플랑크가 올바른 공식을 얻기는 하였지만, 오늘날의 시각으로 보면 그의 공식 유도에는 심각한 결함이 있다. 오늘날 우리는 공동 벽에 있는 진동자는 그 에너지로 $nh\nu$가 아닌 $\epsilon_n = (n + \frac{1}{2})h\nu$를 가짐을 알고 있다. 영점 에너지 $\frac{1}{2}h\nu$를 포함하여 맥스웰-볼츠만 통계를 적용하면 평균 에너지로 식 (9.37)을 주지 않는다. 올바른 방법은 공동 내의 전자기파를 광자 가스로 생각하고, 광자의 스핀이 1이므로 보스-아인슈타인 통계를 적용하는 것이다. 그러므로 각 에너지 상태 $\epsilon = h\nu$에 있는 평균 광자 수 $f(\nu)$는 식 (9.26)의 보스-아인슈타인 분포함수에 의해 주어진다.

식 (9.26)의 α 값은 고려하는 계의 총 입자 수에 관계되는 양이다. 기체 분자나 전자와는 달리 광자는 항상 생성되거나 소멸될 수 있으므로 공동 내의 수가 보존될 필요가 없다. 주어진 온도에서 공동 내의 총 복사에너지는 항상 일정해야 하지만, 이 에너지를 주는 광자들의 수는 변할 수 있다. 9.4절에서 언급한 것처럼 광자의 수가 보존되지 않는다는 것은 $\alpha = 0$을 의미한다. 따라서 광자에 대한 보스-아인슈타인 분포함수는

광자의 분포함수
$$f(\nu) = \frac{1}{e^{h\nu/kT} - 1}\tag{9.39}$$

이 된다.

공동 내에서 주파수 ν인 정상파의 단위 부피당 개수를 나타내는 식 (9.35)는 주파수 ν인 양자 상태의 수를 나타내는 데도 적합한데, 광자도 두 개의 편광 방향을 가지고 있기 때문이다. 광자의 두 편광 방향은 광자의 운동 방향에 대한 두 스핀 방향에 각각 해당한다. 따라서 공동 내의 광자의 에너지 밀도는

$$u(\nu)\,d\nu = h\nu G(\nu)f(\nu)\,d\nu = \frac{8\pi h}{c^3}\frac{\nu^3\,d\nu}{e^{h\nu/kT} - 1}$$

로서 식 (9.38)이 된다.

예제 9.5

1,000 K에서 열적 평형을 이루고 있을 때, 1.00 cm³ 안에 얼마나 많은 광자가 존재하는가? 또, 그들의 평균 에너지는 얼마인가?

풀이

(a) 단위 부피당 광자의 총수는

$$\frac{N}{V} = \int_0^\infty n(\nu)\, d\nu$$

로 주어진다. 여기서 $n(\nu)\, d\nu$는 주파수가 ν와 $\nu + d\nu$ 사이에 있는 광자의 단위 부피당 개수이다. 광자는 에너지로 $h\nu$를 가지므로

$$n(\nu)\, d\nu = \frac{u(\nu)\, d\nu}{h\nu}$$

이다. $u(\nu)\, d\nu$는 플랑크의 공식인 식 (9.38)로 주어진 에너지 밀도이다. 그러므로 부피 V 안에 들어 있는 총 광자 수는

$$N = V \int_0^\infty \frac{u(\nu)\, d\nu}{h\nu} = \frac{8\pi V}{c^3} \int_0^\infty \frac{\nu^2\, d\nu}{e^{h\nu/kT} - 1}$$

이다. $h\nu/kT = x$라고 두면, $\nu = kTx/h$이고 $d\nu = (kT/h)dx$이므로

$$N = 8\pi V \left(\frac{kT}{hc} \right)^3 \int_0^\infty \frac{x^2\, dx}{e^x - 1}$$

로 변환된다. 이 정적분의 적분표에서의 값은 2.404이다. V의 값으로 $V = 1.00\ \text{cm}^3 = 1.00 \times 10^{-6}\ \text{m}^3$을 그리고 다른 양들의 값을 대입하면 광자의 수는 다음과 같다.

$$N = 2.03 \times 10^{10}\ \text{광자}$$

(b) 광자의 평균 에너지 $\overline{\epsilon}$은 단위 부피당 총 에너지를 단위 부피당 광자의 개수로 나눈 값과 같다.

$$\overline{\epsilon} = \frac{\displaystyle\int_0^\infty u(\nu)\, d\nu}{\displaystyle\int_0^\infty n(\nu)\, d\nu} = \frac{aT^4}{N/V}$$

$a = 4\sigma/c$(이 절의 뒤에서 논의할 슈테판-볼츠만 법칙을 보라)이고, $N = (2.404)\,[8\pi V(kT/hc)^3]$이므로 다음과 같다.

$$\overline{\epsilon} = \frac{\sigma c^2 h^3 T}{(2.404)(2\pi k^3)} = 3.73 \times 10^{-20}\ \text{J} = 0.233\ \text{eV}$$

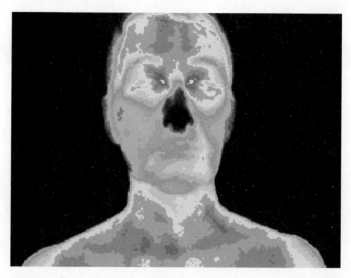

온도 기록계(thermograph)는 피부의 작은 부분에서 방출되는 적외선의 양을 측정하는 장치이며, 이 정보를 회색의 농도 혹은 다른 색깔로 그림처럼 보여주는 열상사진이다. 종양을 덮고 있는 피부는 다른 부분보다 온도가 높으며(아마도 증가된 혈류량이나 신진대사의 증가로 인하여), 열상사진은 흉부나 갑상선계의 암 같은 질병을 찾아내는 데 유용한 보조진단 방법이 된다. 피부 온도의 작은 차이는 복사율에 의미 있는 차이를 준다.

　응집 물질로 이루어진 모든 물체는 모든 온도에서 식 (9.38)에 따라 복사한다는 것을 기억해 두자. 물체가 복사하기 위해 눈에 보이는 가시광선 영역의 빛을 발할 수 있을 만큼 뜨거워질 필요는 없다. 예를 들어, 실온에서 물체가 방출하는 복사는 우리 눈에는 잘 보이지 않는 스펙트럼의 적외선 부분이다. 온실 내부가 바깥 공기보다 더 따뜻한 이유는 햇빛이 온실의 창을 통하여 안으로 들어올 수는 있지만 내부에서 방출하는 적외선 복사는 창을 통과하여 빠져나갈 수 없기 때문이다(그림 9.8).

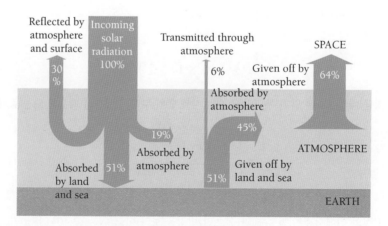

그림 9.8　지구의 대기가 가열되는 데는 온실효과가 중요한 영향을 미친다. 태양으로부터 지표면에 도달하는 짧은 파장의 가시광선은 긴 파장의 적외선으로 재방출되어 대기 중의 CO_2와 H_2O에 의해 흡수된다. 이는 지구의 대기가 위의 태양에 의해서가 아니라 주로 아래의 지구에 의해 가열된다는 것을 의미한다. 평균적으로, 지표면과 대기에서 우주로 방출되는 총 에너지는 지표면과 대기가 태양으로부터 받는 총 에너지와 동일하다.

빈의 변위법칙

주어진 온도에서의 흑체복사 스펙트럼에는 에너지 밀도가 최대가 되는 파장 λ_{max}에 하나의 재미있는 특징을 가지고 있다. λ_{max}를 찾기 위해서는 식 (9.38)을 파장의 함수 꼴로 바꾸고, $du(\lambda)/d\lambda = 0$이 되는 $\lambda = \lambda_{max}$를 찾으면 된다.

$$\frac{hc}{kT\lambda_{max}} = 4.965$$

를 얻는다. 좀 더 이용하기 쉬운 형태로 바꿔 쓰면 다음과 같다.

빈(Wien)의
변위법칙
$$\lambda_{max}T = \frac{hc}{4.965k} = 2.898 \times 10^{-3} \text{ m} \cdot \text{K} \tag{9.40}$$

식 (9.40)은 **빈의 변위법칙**(Wien's displacement law)으로 알려져 있다. 이 법칙은 그림 2.6에서와 같이 흑체 스펙트럼의 봉우리는 온도가 증가함에 따라 점점 짧은 파장(높은 주파수) 쪽으로 이동한다는 실험적인 사실을 정량적으로 설명해준다.

예제 9.6

대폭발(Big Bang)에 의한 복사는 우주의 팽창에 따라 긴 파장 쪽으로 도플러 이동(Doppler shift)을 일으켜 오늘날 2.7 K 흑체복사에 해당하는 스펙트럼을 가지고 있다. 이 복사의 에너지 밀도가 최대가 되는 파장을 구하라. 이 복사의 파장 영역은 어떤 영역에 속하는가?

풀이

식 (9.40)으로부터

$$\lambda_{max} = \frac{2.898 \times 10^{-3} \text{ m} \cdot \text{K}}{T} = \frac{2.898 \times 10^{-3} \text{ m} \cdot \text{K}}{2.7 \text{ K}} = 1.1 \times 10^{-3} \text{ m} = 1.1 \text{ mm}$$

이다. 이 파장은 마이크로파 영역에 속한다(그림 2.2를 보라). 이 복사는 1964년 하늘에서 오는 마이크로파를 조사하던 중에 처음으로 검출되었다.

슈테판-볼츠만의 법칙

식 (9.38)로부터 얻을 수 있는 또 다른 결과는 공동 내의 총 에너지 밀도 u에 대한 것이다. 모든 주파수에 대해 적분하여 에너지 밀도를 얻을 수 있다.

$$u = \int_0^\infty u(\nu)\, d\nu = \frac{8\pi^5 k^4}{15c^3 h^3}\, T^4 = aT^4$$

여기서 a는 보편적인 상수이다. 총 에너지 밀도는 공동 벽의 절대온도의 4제곱에 비례한다. 그러므로 어떤 물체가 단위 시간당, 단위 면적당 복사하는 에너지 R 역시 T^4에 비례한다고 기대할 수 있을 것이다. 이 결론을 **슈테판-볼츠만의 법칙**(Stefan-Boltzmann law)이라 한다.

슈테판-볼츠만
(Stefan-Boltzmann)의 법칙 $\qquad\qquad R = e\sigma T^4$ $\qquad\qquad$ (9.41)

슈테판의 상수(Stefan's constant)인 σ 값은 다음과 같다.

슈테판의 상수 $\qquad\qquad \sigma = \dfrac{ac}{4} = 5.670 \times 10^{-8} \text{ W/m}^2 \cdot \text{K}^4$

방출률(emissivity) e는 복사하는 표면의 성질에 관계되며, 0에서 1까지의 값을 가진다. 전혀 복사를 하지 않는 완전 반사체의 경우에는 0이고, 1은 흑체의 경우이다. 전형적인 e의 값으로 광택이 나는 강철의 경우에는 약 0.07, 산화구리나 황동은 0.6, 광택을 없앤 검은 페인트는 0.97 등이다.

예제 9.7

태양이 직접 머리 위에서 비칠 때 햇빛은 약 1.4 kW/m^2의 비율로 지구에 도달한다. 지구 궤도의 평균 반지름은 약 1.5×10^{11} m이고, 태양의 반지름은 7.0×10^8 m이다. 이것을 이용하여 태양이 흑체처럼 복사한다는 가정 아래(이것은 근사적으로 옳다) 태양의 표면 온도를 구하라.

풀이

먼저 태양이 복사하는 총 일률 P를 구하자. 반지름이 지구의 궤도 반지름과 같은 r_e인 공의 표면적은 $4\pi r_e^2$이다. 태양의 복사는 단위 면적당 $P/A = 1.4 \text{ kW/m}^2$의 비율로 이 공에 도달하므로

$$P = \left(\frac{P}{A}\right)(4\pi r_e^2) = (1.4 \times 10^3 \text{ W/m}^2)(4\pi)(1.5 \times 10^{11} \text{ m})^2 = 3.96 \times 10^{26} \text{ W}$$

이다. 태양의 복사율 R을 계산하자. 태양의 반지름을 r_s라 하면, 표면적은 $4\pi r_s^2$이고

$$R = \frac{\text{방출하는 일률}}{\text{표면적}} = \frac{P}{4\pi r_s^2} = \frac{3.96 \times 10^{26}\text{W}}{(4\pi)(7.0 \times 10^8 \text{ m})^2} = 6.43 \times 10^7 \text{ W/m}^2$$

이다. 흑체의 방출률은 $e = 1$이므로 식 (9.41)로부터 온도 T는

$$T = \left(\frac{R}{e\sigma}\right)^{1/4} = \left(\frac{6.43 \times 10^7 \text{ W/m}^2}{(1)(5.67 \times 10^{-8} \text{ W/m}^2 \cdot \text{K}^4)}\right)^{1/4} = 5.8 \times 10^3 \text{ K}$$

이다.

9.7 아인슈타인의 접근법
유도방출의 도입

4.9절에서 취급한 바 있는 복사의 유도방출은 레이저 뒤에 숨어 있는 기본 개념이다. 유도방출은 1917년에 아인슈타인이 도입하였고, 이를 사용하여 간단하고 우아한 방법으로 플랑크

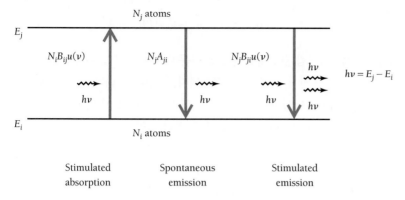

그림 9.9   원자에너지 상태 E_i와 E_j 사이에 전이가 일어나는 세 가지 방법. 자발방출에서는 광자가 원자로 부터 제멋대로의 방향으로 나간다. 유도방출에서는 광자들이 모두 입사 광자와 같은 위상을 가진 같은 위상으로 떠나가며, 모든 광자는 같은 방향으로 움직인다. 단위 시간 동안에 각각의 전이가 일어나는 원자 수를 그림에 표시하였다. $u(\nu)$는 진동수 ν인 광자의 밀도이며, A_{ji}, B_{ij} 그리고 B_{ji}는 원자 상태들의 특성에 따른 상수들이다.

의 복사 법칙을 이끌어 내었다. 원자물리로 알려지게 되는 이론과 함께 이 아이디어를 응용하였다면 1920년대에 이미 레이저가 발명될 수도 있었을 것이나, 어떠하던 간에 30여 년이 지날 때까지 아무도 서로를 연결시키지 못하였다.

한 특정한 원자에서 두 에너지 상태를 고려하여 그 중 낮은 상태를 i, 높은 상태를 j라 하자(그림 9.9). 원자가 만약 처음 i 상태에 있었다면, 진동수 ν가

$$\nu = \frac{E_j - E_i}{h} \tag{9.42}$$

인 광자를 흡수하여 j 상태로 올라갈 수 있을 것이다.

이제 에너지 밀도가 $u(\nu)$인 진동수 ν를 가진 빛과 함께 온도 T에서 열적 평형을 이루고 있는 상태 i에 있는 N_i개의 원자와 상태 j에 있는 N_j개의 원자들 모임을 생각하자. 상태 i에 있는 하나의 원자가 광자를 흡수할 확률은 에너지 밀도 $u(\nu)$에, 그리고 상태 i와 j의 특성에 따른 상수 B_{ij}에 비례한다. 따라서 단위 시간당 광자를 흡수하는 원자의 수 $N_{i \rightarrow j}$는 다음과 같이 주어진다.

광자를 흡수하는
원자의 수
$$N_{i \rightarrow j} = N_i B_{ij} u(\nu) \tag{9.43}$$

높은 상태 j에 있는 원자들은 진동수 ν의 광자를 자발적으로 방출하면서 i 상태로 내려오는 어떤 확률 A_{ji}를 가지고 있다. 우리는 또한 진동수 ν의 빛이 j 상태에 있는 원자와 상호작용을 하여 낮은 상태 i로의 전이를 유도할 수도 있다고 생각할 수 있다. 그러면 에너지 밀도 $u(\nu)$는 유도방출 확률이 $B_{ji}u(\nu)$가 됨을 의미하고, B_{ji}는 B_{ij} 그리고 A_{ji}와 마찬가지로 상태 i와 j의 특성에 따른다. N_j는 상태 j에 있는 원자의 개수이므로 단위 시간당 낮은 상태인 상태 i로 떨어지는 원자의 수는 다음과 같다.

광자를 방출하는
원자의 수

$$N_{j \to i} = N_j[A_{ji} + B_{ji}u(\nu)] \tag{9.44}$$

4.9절에서 논의한 것처럼 유도방출은 조화진동자와 고전적인 유사성을 가지고 있다. 물론, 고전물리는 원자 크기의 물리에서 잘 적용되지 않는다. 그러나 여기에서 유도방출이 꼭 일어난다고 가정하는 것은 아니고, 일어날 수도 있을 것이라고 가정하는 것이다. 만약 이 가정이 틀린 것으로 판명되면, $B_{ji} = 0$으로 놓으면 그만일 것이다.

계가 평형상태에 있으므로 단위 시간당 상태 i에서 j로 올라가는 원자의 수는 j에서 i로 떨어지는 원자의 수와 같다. 따라서

$$N_{i \to j} = N_{j \to i}$$

$$N_i B_{ij} u(\nu) = N_j[A_{ji} + B_{ji}u(\nu)]$$

이다. 두 번째 식의 양변을 $N_j B_{ji}$로 나누고 $u(\nu)$에 대해 풀면 아래와 같다.

$$\left(\frac{N_i}{N_j}\right)\left(\frac{B_{ij}}{B_{ji}}\right)u(\nu) = \frac{A_{ji}}{B_{ji}} + u(\nu)$$

$$u(\nu) = \frac{A_{ji}/B_{ji}}{\left(\dfrac{N_i}{N_j}\right)\left(\dfrac{B_{ij}}{B_{ji}}\right) - 1} \tag{9.45}$$

마지막으로, 식 (9.2)로부터 온도 T의 원자계 안에 있는 에너지 E_i와 E_j를 가진 원자의 수를 구하면 다음과 같다.

$$N_i = Ce^{-E_i/kT}$$

$$N_j = Ce^{-E_j/kT}$$

그러므로

$$\frac{N_i}{N_j} = e^{-(E_i - E_j)/kT} = e^{(E_j - E_i)/kT} = e^{h\nu/kT} \tag{9.46}$$

가 되고,

$$u(\nu) = \frac{A_{ji}/B_{ji}}{\left(\dfrac{B_{ij}}{B_{ji}}\right)e^{h\nu/kT} - 1} \tag{9.47}$$

가 된다. 이 식은 가능한 에너지가 E_i와 E_j인 원자와 온도 T에서 열적 평형을 이루고 있는 진동수 ν인 광자의 에너지 밀도를 주는 식이다. 만약,

$$B_{ij} = B_{ji} \tag{9.48}$$

와

$$\frac{A_{ji}}{B_{ji}} = \frac{8\pi h\nu^3}{c^3} \tag{9.49}$$

이면, 식 (9.47)은 플랑크의 복사 법칙인 식 (9.38)과 일치한다.

따라서 아래와 같은 결론을 얻을 수 있다.

1. 유도방출은 실제로 일어나며, 두 상태 사이의 유도방출 확률은 그 두 상태 사이의 흡수 확률과 같다.
2. 자발방출 확률과 유도방출 확률 사이의 비가 ν^3에 비례하므로 두 상태 사이의 에너지 차이가 벌어질수록 상대적으로 자발방출의 가능성이 급격하게 증가한다.
3. A_{ji}, B_{ij}, B_{ji}를 알기 위해서는 그중 하나만 알면 된다.

결론 3에 의하면, 자발방출의 과정이 흡수와 유도방출의 과정과 직접적인 관련을 가지고 있을 것이라는 것을 알 수 있다. 흡수와 유도방출은 원자와 전자기파 사이의 상호작용을 고려함으로써 고전적으로 이해할 수 있으나, 자발방출은 전자기파가 전혀 없음에도 불구하고 분명히 상응하는 상호작용이 있는 것처럼 일어난다. 이 역설은 양자 전자동역학(quantum electrodynamics) 이론으로 풀 수 있다. 6.9절에서 간단하게 기술한 것처럼 이 이론은 고전적으로는 $\mathbf{E} = \mathbf{B} = 0$이라 할지라도 $\mathbf{E}$와 $\mathbf{B}$에 '진공요동(vacuum fluctuation)'이 일어남을 보여준다. 조화진동자에서의 영점 에너지와 유사하게, 이 진공요동이 겉으로 보기에는 자발방출로 보이는 방출을 유도한다.

9.8 고체의 비열

고전물리는 다시 실패한다.

양자 통계역학을 사용하여야 설명이 가능한 현상은 흑체복사뿐만이 아니다. 또 다른 예로, 고체의 내부 에너지가 온도에 따라 어떻게 변하는지에 대한 것을 들 수 있다.

부피를 일정하게 유지하면서 1 kmol 고체의 온도를 1 K 높이는 데 필요한 에너지를 나타내는 고체의 몰 정적 비열(molar specific heat at constant volume) c_V를 생각하자. 고체의 정압 비열(specific heat at constant pressure) c_p는 정적 비열 c_V보다 3~5% 더 큰데, 내부 에너지의 변화와 함께 부피 변화에 필요한 일이 포함되기 때문이다.

고체의 내부 에너지는 구성 입자들인 원자, 이온 혹은 분자들의 진동에너지로 존재한다. 여기에서는 간편하게 하기 위해 모든 입자들을 원자로 생각하겠다. 이들 진동은 수직인 세 개의 축에 대한 성분들로 분해할 수 있으므로 원자를 세 개의 조화진동자라고 생각할 수 있을 것이다. 앞에서 논의하였던 것처럼 고전물리를 따르면 온도 T에서 열적 평형을 이루고 있는 계의 한 조화진동자는 평균 에너지 kT를 가진다. 이를 근거로 하면 고체 내의 각 분자는 $3kT$의 에너지를 가져야 한다는 것을 알 수 있다. 1 킬로몰(kilomole)의 고체는 아보가드로(Avogadro)의 수 N_0만큼의 원자를 가지고 있으므로 온도 T에서 총 내부 에너지 E는

고체의 고전적인
내부 에너지
$$E = 3N_0kT = 3RT \tag{9.50}$$

여야 한다. 여기서 R은

$$R = N_0 k = 8.31 \times 10^3 \text{ J/Kmol} \cdot \text{K} = 1.99 \text{ kcal/kmol} \cdot \text{K}$$

로 보편적인 기체 상수이다(n kilomole의 이상기체에서 $pV = nRT$임을 기억하자).

정적 비열을 E로 표현하면

정적 비열
$$c_V = \left(\frac{\partial E}{\partial T} \right)_V$$

이고, 따라서

**뒬롱-프티(Dulong-Petit)
의 법칙**
$$c_V = 3R = 5.97 \text{ kcal/kmol} \cdot \text{K} \tag{9.51}$$

가 된다. 1세기 전에 뒬롱(Dulong)과 프티(Petit)는 실온이나 그 이상 온도에서 대부분 고체의 c_V가 실제로 $\approx 3R$임을 발견하였으며, 그들을 기리기 위해 식 (9.51)을 **뒬롱-프티의 법칙**(Dulong-Petit law)이라 한다.

그러나 c_V의 값이 각각 c_V = 3.34, 3.85 그리고 1.46 kcal/kmol · K인 붕소(boron), 베릴륨(beryllium), 탄소(다이아몬드) 같은 가벼운 원소들에 대해서는 뒬롱-프티의 법칙이 잘 맞지 않는다. 더 나쁜 것은 모든 고체의 비열이 낮은 온도에서 급격하게 떨어져 T가 0 K에 접근함에 따라 0으로 접근한다는 사실이다. 그림 9.10에서 몇 가지 원소에 대해 c_V가 온도에 따라 어떻게 변화하는지를 보여주고 있다. 식 (9.51)을 유도해 내는 분석 방법에 분명한 오류가 있을 것이고, 그림 9.10의 곡선들 모두가 일반적인 같은 특성을 보이는 것으로 보아 그 오류는 어떤 근본적인 것임에 틀림없을 것이다..

아인슈타인의 공식

1907년 아인슈타인은 식 (9.51)을 유도해 내는 과정에서의 근본적인 결점은 고체 내의 진동자당 평균 에너지를 kT로 놓았다는 데 있음을 알아내었다. 이 결점은 흑체복사에 대한 레일리-진스의 공식을 틀리게 만든 것과 똑같은 것이다. 아인슈타인에 따르면 진동자가 진동수 ν를 가질 확률인 $f(\nu)$는 식 (9.39)인 $f(\nu) = 1/(e^{h\nu/kT} - 1)$로 주어진다. 그러므로 진동수 ν인 진동자의 평균 에너지는

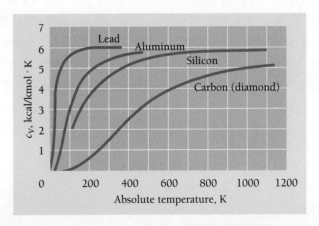

그림 9.10 몇 가지 원소에 대한 몰 정적 비열 c_V의 온도에 따른 변화

진동자당
평균 에너지

$$\overline{\epsilon} = h\nu f(\nu) = \frac{h\nu}{e^{h\nu/kT} - 1} \tag{9.52}$$

이며, $\overline{\epsilon} = kT$가 아니다. 그러므로 고체 1 kilomole의 총 내부 에너지는

고체의 내부 에너지

$$E = 3N_0\overline{\epsilon} = \frac{3N_0 h\nu}{e^{h\nu/kT} - 1} \tag{9.53}$$

가 되며, 고체의 몰 비열은 다음과 같다.

아인슈타인의
비열 공식

$$c_V = \left(\frac{\partial E}{\partial T}\right)_V = 3R\left(\frac{h\nu}{kT}\right)^2 \frac{e^{h\nu/kT}}{(e^{h\nu/kT} - 1)^2} \tag{9.54}$$

이 접근방법이 올바르다는 것을 즉시 알 수 있다. 높은 온도에서, 즉 $h\nu \ll kT$일 때는

$$e^x = 1 + x + \frac{x^2}{2!} + \frac{x^3}{3!} + \cdots$$

이므로

$$e^{h\nu/kT} \approx 1 + \frac{h\nu}{kT}$$

이다. 그러므로 식 (9.52)는 $\overline{\epsilon} \approx h\nu/(h\nu/kT) = kT$가 된다. 따라서 $c_V \approx 3R$이 되어 뒬롱-프티의 값과 일치하며, 그렇게 되어야 할 것이다. 높은 온도에서는 에너지들 사이의 간격 $h\nu$가 kT에 비해 훨씬 작으므로 ϵ은 실제적으로 연속적인 것처럼 되고, 따라서 고전물리가 잘 맞게 된다.

온도가 낮아질수록 식 (9.54)로 주어지는 c_V의 값은 점점 작아진다. 이와 같은 고전적인 결과에서 벗어나는 이유는 이제 가능한 에너지들 사이의 간격이 영점(zero-point) 에너지 이상의 에너지를 갖지 못하게 하는 kT에 비해 훨씬 커지기 때문이다. 특정한 고체의 고유 진동수(natural frequency) ν는 식 (9.54)와 T에 대한 c_V의 현상적인 곡선을 비교함으로써 결정할 수 있다. 알루미늄의 경우 $\nu = 6.4 \times 10^{12}$ Hz인데, 이 값은 다른 방법, 예를 들면 탄성률(elastic moduli)을 근거로 추정한 값과 일치한다.

이 분석에서 조화진동자의 영점 에너지가 포함되어 있지 않은 이유는 무엇일까? 조화진동자에 허용되는 에너지는 $(n + \frac{1}{2})h\nu$, $n = 0, 1, 2, \cdots$임을 알고 있다. 그러므로 고체의 각 진동자의 바닥상태 에너지, 즉 영점 에너지는 $\epsilon_0 = 0$이 아니라 $\epsilon_0 = \frac{1}{2}h\nu$이다. 그러나 영점 에너지는 고체의 몰 에너지에 온도와 무관한 $\epsilon_0 = (3N_0)(\frac{1}{2}h\nu)$인 상수항만 단순히 더하게 하는 효과를 주어서 c_V를 구하기 위해 편미분 $(\partial E/\partial T)_V$를 할 때 이 항은 사라진다.

디바이(Debye)의 이론

아 인슈타인의 공식이 $T \to 0$이 됨에 따라 $c_V \to 0$이 됨을 예측은 하고 있지만, 접근하는 방법이 데이터와 아주 정확히 맞는 것은 아니다. 낮은 온도에서 식 (9.54)의 부정확성은 디바이(Peter Debye)가 1912년에 이 문제를 다른 방법으로 고찰할 수 있도록 해 주었다. 아인슈타인의 모델에서는 각 원자가 바로 이웃해 있는 원자들과는 무관하게 고정된 진동수 ν로 독립적으로 진동한다고 생

각하였다. 디바이는 다른 극단으로 가서 고체를 연속적인 탄성체(elastic body)라고 생각하였다. 고체의 내부 에너지가 원자의 독립적인 진동에 의한 것이라기보다는 새로운 모델에 따른 탄성 정상파에 의한 것이라 생각하였다.

고체에서의 탄성파는 종파와 횡파의 두 가지 종류가 있으며, 진동수의 영역은 0에서부터 최댓값 ν_m까지 가진다(고체에서의 원자와 원자 사이의 거리가 가능한 파장의 하한이 되며, 따라서 가능한 진동수에 상한 값이 있다). 디바이는 1 kilomole의 고체 속에 들어 있는 정상파의 총 개수는 그 고체의 자유도인 $3N_0$와 같다고 가정하였다. 전자기파와 같이 이들 탄성파는 $h\nu$의 단위로 양자화된 에너지를 갖는다. 고체에서의 양자 소리에너지를 **포논**(phonon)이라 부르고, 음파가 탄성적 특성을 가지므로 포논은 음파의 속력으로 움직인다. 포논은 매우 일반적인 개념이며, 비열과 관계된 것 말고도 다른 수많은 곳에 응용성이 있다.

디바이는 최종적으로, 포논 가스는 광자 가스 혹은 열적 평형에 있는 조화진동자의 계와 똑같은 통계학적 행동을 하며, 따라서 각 정상파당 평균 에너지는 식 (9.52)에서 주어지는 것과 같다고 주장하였다. 이 모델에 의한 c_V의 공식은 모든 온도에서 T에 대한 c_V의 관측 곡선과 매우 잘 맞는다.

디바이는 네덜란드 사람으로 처음에는 독일에서, 그 후에는 코넬(Cornell) 대학교에서 물리와 화학 양쪽의 많은 관점에서 독창적인 일을 수행하였다. 한때 같이 일을 한 적이 있었던 하이젠베르크는 그를 게으르다고 평하였지만("나는 연구소의 일과 시간임에도 불구하고 그가 정원에서 일하고 장미에 물을 주는 것을 자주 볼 수 있었다."), 디바이는 250여 편의 논문을 발표하였고, 1936년에 노벨 화학상을 수상하였다.   ∎

9.9 금속 내의 자유전자

각 양자 상태에는 한 개 이상의 전자가 들어갈 수 없다.

고체의 비열에 관한 고전적 이론, 아인슈타인 이론, 그리고 디바이 이론이 이론의 한계 내에서 금속과 비금속 모두에 대해 모두 같은 정도로 잘 맞고 있는데, 이들 세 이론 모두가 금속 내 자유전자의 존재를 무시함에도 불구하고 잘 적용된다는 것은 이상한 일이다.

10장에서 다룰 것이지만, 전형적인 금속에서는 각 원자가 각각 한 개씩의 전자를 자유전자로 내놓아서 공통의 '전자 가스'를 만들므로 금속 1 kilomole에는 N_0개의 자유전자가 존재한다. 이들 자유전자가 이상기체에서의 분자들과 같은 행동을 한다면 각 전자는 평균적으로 $\frac{3}{2}kT$의 운동에너지를 가질 것이다. 그러면 이 전자들에 의한 금속의 kilomole당 내부 에너지는

$$E_e = \frac{3}{2}N_0 kT = \frac{3}{2}RT$$

가 된다. 그러므로 전자에 의한 몰 비열은 다음과 같이 될 것이다.

$$c_{Ve} = \left(\frac{\partial E_e}{\partial T}\right)_V = \frac{3}{2}R$$

따라서 금속의 총 비열은 고전적 분석이 맞을 정도로 높은 온도에서는

$$c_V = 3R + \frac{3}{2}R = \frac{9}{2}R$$

이 되어야 할 것이다. 그러나 물론 실제로는 높은 온도에서 뒬롱-프티의 값 $3R$을 가지며, 이러한 사실로부터 자유전자는 비열에 거의 기여하지 못한다고 결론지을 수 있다. 왜 그럴까?

금속에 비열을 주는 개체(entity)들의 특성을 잘 생각하면, 대답에 대한 단서를 얻을 수 있다. 아인슈타인 모델에서의 조화진동자나 데바이 모델에서의 포논은 모두 보손(boson)이므로 보스-아인슈타인 통계를 따르며, 특정한 양자 상태의 점유도에 상한 값이 존재하지 않는다. 그러나 전자는 페르미온(feromion)이므로 페르미-디랙 통계를 따르며, 각 양자 상태에 하나 이상의 전자가 점유될 수 없다. '높은' 온도에서는 보손 계나 페르미온 계 모두 각 자유도당 평균 에너지가 $\bar{\epsilon} = \frac{1}{2}kT$가 되는 맥스웰-볼츠만 통계에 접근해 가지만, 온도가 얼마나 높아야 고전적인 행동을 보이는 온도인지에 대해서는 두 계가 서로 같은 값일 필요가 없다.

식 (9.29)에 따르면, 페르미온 계에서 에너지 ϵ인 양자 상태의 평균 점유도를 나타내는 분포함수는

**상태당
평균 점유도**
$$f_{FD}(\epsilon) = \frac{1}{e^{(\epsilon - \epsilon_F)/kT} + 1} \tag{9.29}$$

이다. 또한 에너지가 ϵ과 $\epsilon + d\epsilon$ 사이에 있는 양자 상태들의 수를 나타내는 $g(\epsilon)\, d\epsilon$을 알 필요가 있다.

$g(\epsilon)\, d\epsilon$을 구하기 위해서는 9.5절에서 사용했던, 공동 내에서 파장이 λ인 정상파의 개수를 구하기 위한 방법과 똑같은 방법을 사용할 수 있다. 동일한 정상파에 대해 서로 무관한 두 개의 편광상태가 있듯이 전자의 경우에도 $m_s = +\frac{1}{2}$과 $m_s = -\frac{1}{2}$('up'과 'down')의 두 개의 가능한 스핀 상태가 있으므로 정확히 똑같은 방법을 쓸 수 있다.

앞에서 한 변의 길이가 L인 정육면체 공동에 있는 정상파의 총 개수는

$$g(j)\, dj = \pi j^2\, dj \tag{9.33}$$

임을 알았다. 여기서 $j = 2L/\lambda$이었다. 전자의 경우 λ는 전자의 드브로이 파장 $\lambda = h/p$에 해당한다. 금속 내의 전자는 비상대론적인 속도를 가져서 $p = \sqrt{2m\epsilon}$이므로

$$j = \frac{2L}{\lambda} = \frac{2Lp}{h} = \frac{2L\sqrt{2m\epsilon}}{h} \qquad dj = \frac{L}{h}\sqrt{\frac{2m}{\epsilon}}\, d\epsilon$$

이다. j와 dj에 대한 이들 표현을 식 (9.33)에 대입하면

$$g(\epsilon)\, d\epsilon = \frac{8\sqrt{2}\pi L^3 m^{3/2}}{h^3}\sqrt{\epsilon}\, d\epsilon$$

이다. 공동 내의 정상파의 경우와 같이 시료의 정확한 모양은 중요하지 않으므로 L^3 대신 V를 쓸 수 있으며, 따라서

전자 상태의 개수
$$g(\epsilon)\, d\epsilon = \frac{8\sqrt{2}\pi V m^{3/2}}{h^3}\sqrt{\epsilon}\, d\epsilon \tag{9.55}$$

이다.

페르미 에너지

마지막 단계로 페르미 에너지 ϵ_F를 계산해 보자. 9.4절에서 언급했듯이, ϵ_F는 $T = 0$에서 해당 금속의 에너지 상태들에 그 금속이 가지고 있는 N개의 자유전자를 에너지 $\epsilon = 0$에서부터 점점 증가시켜 가며 채워 넣음으로써 얻을 수 있다. 페르미 에너지의 정의에 의해 채워지는 에너지 중 가장 높은 에너지 $\epsilon = \epsilon_F$가 된다. 각 상태는 전자 한 개로 제한되므로 같은 에너지 ϵ을 가질 수 있는 전자의 수는 이 에너지를 가지는 상태들의 수와 같다. 그러므로

$$N = \int_0^{\epsilon_F} g(\epsilon)\, d\epsilon = \frac{8\sqrt{2}\pi V m^{3/2}}{h^3} \int_0^{\epsilon_F} \sqrt{\epsilon}\, d\epsilon = \frac{16\sqrt{2}\pi V m^{3/2}}{3h^3} \epsilon_F^{3/2}$$

이어서

페르미 에너지
$$\epsilon_F = \frac{h^2}{2m}\left(\frac{3N}{8\pi V}\right)^{2/3} \tag{9.56}$$

이다. N/V는 자유전자의 밀도이다.

예제 9.8

구리의 각 원자가 자유전자 한 개씩을 내놓아 전자 가스를 만든다는 가정 아래(표 7.4에 의하면 구리는 채워진 안쪽 껍질의 바깥에 한 개의 $4s$ 전자를 가지고 있으므로 이 가정은 타당하다), 구리의 페르미 에너지를 구하라. 구리의 밀도는 8.94×10^3 kg/m³이고 원자량은 63.5 u이다.

풀이

구리의 전자 밀도 N/V은 단위 부피당 구리 원자의 수와 같다. 1 u $= 1.66 \times 10^{-27}$ kg이므로

$$\frac{N}{V} = \frac{\text{원자 수}}{\text{m}^3} = \frac{\text{질량}/\text{m}^3}{\text{질량}/\text{원자}} = \frac{8.94 \times 10^3 \text{ kg/m}^3}{(63.5 \text{ u}) \times (1.66 \times 10^{-27} \text{ kg/u})}$$

$$= 8.48 \times 10^{28} \text{ 원자/m}^3 = 8.48 \times 10^{28} \text{ 전자/m}^3$$

이다. 그러므로 식 (9.56)으로부터 페르미 에너지는

$$\epsilon_F = \frac{(6.63 \times 10^{-34} \text{ J} \cdot \text{s})^2}{(2)(9.11 \times 10^{-31} \text{ kg/전자})} \left[\frac{(3)(8.48 \times 10^{28} \text{ 전자/m}^3)}{8\pi}\right]^{2/3}$$

$$= 1.13 \times 10^{-18} \text{ J} = 7.04 \text{ eV}$$

이다. 절대 영도, 즉 $T = 0$ K일 때 구리에는 에너지를 7.04 eV(대응하는 속력이 1.6×10^6 m/s!인)까지 가지는 전자가 있을 수 있다. 반면에 온도가 0 K인 이상기체에서의 모든 분자들은 0의 에너지를 가진다. 금속 내에 있는 전자 가스는 **축퇴**(degenerate)되어 있다고 말한다.

9.10 전자-에너지 분포

매우 높은 온도와 매우 낮은 온도를 제외하고 금속 내의 전자는 왜 금속의 비열에 기여하지 못하는가?

식 (9.29)와 (9.55)를 이용하여 전자 가스에서 ϵ과 $\epsilon + d\epsilon$ 사이의 에너지를 가지는 전자의 개수를 구할 수 있다.

$$n(\epsilon)\,d\epsilon = g(\epsilon)f(\epsilon)\,d\epsilon = \frac{(8\sqrt{2}\pi V m^{3/2}/h^3)\sqrt{\epsilon}\,d\epsilon}{e^{(\epsilon-\epsilon_F)/kT}+1} \tag{9.57}$$

식 (9.57)의 분자를 페르미 에너지 ϵ_F로 표현하면 아래와 같이 된다.

전자 에너지 분포
$$n(\epsilon)\,d\epsilon = \frac{(3N/2)\,\epsilon_F^{-3/2}\sqrt{\epsilon}\,d\epsilon}{e^{(\epsilon-\epsilon_F)/kT}+1} \tag{9.58}$$

$T = 0$ K, 300 K, 1200 K일 때의 결과를 그림 9.11에 나타내었다.

평균 전자 에너지를 0 K에서 결정하는 것은 흥미로운 일이다. 이를 위해 우선 0 K에서의 총 에너지 E_0

$$E_0 = \int_0^{\epsilon_F} \epsilon n(\epsilon)\,d\epsilon$$

을 구하자. $T = 0$ K일 때 모든 전자들은 페르미 에너지 ϵ_F보다 작거나 같은 에너지만을 갖기 때문에

$$e^{(\epsilon-\epsilon_F)/kT} = e^{-\infty} = 0$$

이라 할 수 있고, 따라서

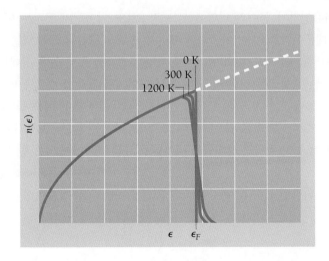

그림 9.11 몇몇 온도에서 금속에 있는 전자들의 에너지에 따른 분포

표 9.2   페르미 에너지

금속		페르미 에너지, eV
Lithium	Li	4.72
Sodium	Na	3.12
Aluminum	Al	11.8
Potassium	K	2.14
Cesium	Cs	1.53
Copper	Cu	7.04
Zinc	Zn	11.0
Silver	Ag	5.51
Gold	Au	5.54

$$E_0 = \frac{3N}{2} \epsilon_F^{-3/2} \int_0^{\epsilon_F} \epsilon^{3/2}\, d\epsilon = \frac{3}{5} N \epsilon_F$$

가 된다. 전자의 평균 에너지 $\bar{\epsilon}_0$는 총 에너지를 전자의 수 N으로 나눈 것과 같으므로 아래와 같다.

**$T = 0$에서
평균 전자 에너지**
$$\bar{\epsilon}_0 = \frac{3}{5} \epsilon_F \tag{9.59}$$

금속들의 페르미 에너지는 보통 수 eV이므로(표 9.2) 0 K에서 이들 금속 내에 있는 전자의 평균 에너지도 그 정도의 크기를 갖는다. 분자들의 평균 운동에너지가 1 eV일 때의 이상기체의 온도는 11,600 K에 해당된다. 만약 자유전자가 고전적으로 행동한다면, 0 K에서 실제로 가지고 있는 구리 전자 에너지 정도의 에너지를 가지기 위해서는 구리 시료의 온도가 약 50,000 K 정도 되어야 할 것이다!

금속 내의 자유전자가 금속의 비열에 어느 정도로도 기여하지 못하는 이유는 전자의 에너지 분포 특성 때문이다. 금속이 가열되면 에너지 분포의 제일 위쪽에 있는 전자들만, 즉 페르미 에너지로부터 약 kT 정도 내의 에너지를 가지는 전자들만 더 높은 상태로 들뜰 수 있다. 이보다 더 낮은 에너지를 갖는 전자들은 더 이상 에너지를 흡수할 수 없는데, 왜냐하면 이들 전자 상태보다 더 높은 에너지 상태가 이미 채워져 있기 때문이다. 예를 들면, ϵ_F보다 0.5 eV 더 낮은 에너지를 가진 전자들은 실온($kT = 0.025$ eV)에서는 물론 500 K($kT = 0.043$ eV)에서조차 이들보다 더 높이 채워진 상태들을 뛰어넘어 가장 가까이에 있는 빈 상태로 올라갈 수 없다.

상세한 계산에 의하면 금속 내 전자 가스의 비열은 다음과 같이 주어진다고 알려져 있다.

전자 비열
$$c_{Ve} = \frac{\pi^2}{2} \left(\frac{kT}{\epsilon_F} \right) R \tag{9.60}$$

표 9.2에 수록된 금속들의 경우, 실온에서의 kT/ϵ_F는 세슘의 0.016부터 알루미늄의 0.0021

까지의 값을 갖는다. 그러므로 R에 대한 계수는 고전적인 값 $\frac{3}{2}$보다 훨씬 작다. 넓은 온도 범위에서 원자에 의한 비열 c_V가 전자에 의한 비열보다 금속의 비열에 훨씬 크게 기여한다. 그러나 매우 낮은 온도에서는 c_V가 대략 T^3에 비례하는 반면 c_{Ve}는 T에 비례하므로 c_{Ve}에 의한 기여가 매우 중요해진다. 또한 매우 높은 온도에서 c_V는 약 $3R$에서 거의 변하지 않지만, c_{Ve}는 점점 증가하므로 총 비열에 대한 c_{Ve}의 기여가 관측 가능해진다.

9.11 죽어가는 별들

별들의 연료가 모두 소진된 후에는 어떤 일이 일어나는가?

금속만이 축퇴된 페르미온 가스로 이루어진 계가 아니고, 죽어가거나 죽은 많은 별들도 이 범주에 속한다.

백색왜성

우리의 은하에 있는 별들의 약 10%가 **백색왜성**(white dwarf)일 것이라 믿어지고 있는데, 백색왜성들은 본래 질량이 태양 질량의 약 8배보다 적었던 별들의 진화 단계 중 마지막 단계에 있는 별들이다. 별들의 에너지 원천인 핵반응의 연료를 다 써버린 후에 이런 별들은 불안정해지고 적색거성(red giant)으로 부풀어 오르며 결국에는 바깥 부분을 배출해 버린다. 나머지

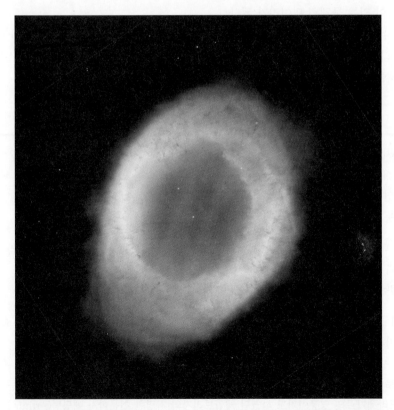

거문고자리(Constellation Lyra)의 고리 성운(ring nebula)은 중심부의 항성에서부터 바깥쪽으로 움직이는 기체들의 껍질이며, 백색왜성으로 진화되는 과정에 있다.

중심 부분은 차가워지며, 원자들이 붕괴되어 핵과 전자들이 아주 조밀하게 채워질 때까지 중력에 의해 수축된다. 전형적인 백색왜성의 질량은 태양 질량의 3분의 2 정도이며, 그 크기는 지구와 비슷하고, 백색왜성에서 한 주먹 정도의 물질은 지구에서 1톤이 넘을 것이다.

백색왜성으로 예상되는 별은 수축될수록 부피 V는 작아지고 전자들의 페르미 에너지 ϵ_F는 증가한다[식 (9.56) 참조]. ϵ_F가 kT를 넘어서면 전자들은 축퇴된 가스를 만든다. 전형적인 백색왜성의 페르미 에너지에 대한 믿을 만한 추정 값은 0.5 MeV이다. 핵은 전자보다 훨씬 무겁고 ϵ_F는 m에 반비례하므로 핵은 계속 고전적으로 행동한다.

별들의 핵반응이 끝난 후에 핵은 점점 식으며 중력의 영향으로 서로 뭉쳐진다. 그러나 전자들은 들어갈 수 있는 낮은 에너지 상태의 거의 대부분이 이미 채워져 있으므로 더 이상은 식을 수 없다. 이런 상황은 그림 9.6(b)에 해당한다. 별이 수축하면 할수록 전자 가스는 점점 더 뜨거워진다. 전자의 총 질량은 별 전체 질량의 매우 작은 부분만을 차지하고 있지만, 이 전자 가스들은 중력에 의한 수축을 멈추게 할 수 있을 만큼 충분한 압력을 만들어낸다. 그러므로 백색왜성의 크기는 원자핵들에 의해 안쪽으로 끌어당겨지는 중력과 전자 가스의 압력이 평형을 이룰 때의 크기로 결정된다.

백색왜성에서는 가장 높은 에너지를 가지고 있는 전자들만 복사를 할 수 있다. 왜냐하면 이들만이 아래에 비어 있는 떨어질 수 있는 상태들을 가지기 때문이다. ϵ_F보다 낮은 상태가 채워져 감에 따라 별들은 점점 어두워지고, 수십억 년 이내에 결국 모든 복사를 멈추게 된다. 이제 **흑색왜성**(black dwarf)이 되었으며, 전자들의 에너지가 페르미 준위 아래로 영원히 갇히게 되어 죽어 있는 물체의 덩어리가 된다.

수축하는 별들의 질량이 크면 클수록 별을 평형 상태로 유지하기 위한 전자의 압력이 더 커져야 한다. 별의 질량이 대략 $1.4M_{sun}$보다 더 크면, 중력이 너무 커져서 전자 가스는 여기에 대항할 수 없게 된다. 이와 같은 별들은 안정한 백색왜성이 될 수 없다.

찬드라세카르 한계

찬드라세카르(Subrahmanyan Chandrasekhar)는 19세였던 1930년에 대학원 장학금을 받아 고국 인도에서 영국 케임브리지로 가는 배 안에서 백색왜성의 질량 상한을 계산하였다. 백색왜성의 질량 상한인 $1.4M_{sun}$의 발견을 기려서 **찬드라세카르 한계**(Chandrasekhar limit)라 부른다. 이런 상한의 존재는 아래 2개의 관측 결과에 근거를 둔다.

1. 왜성의 내부 에너지와 중력 퍼텐셜에너지는 둘 모두 왜성의 반지름 R에 대해 $1/R$이라는 같은 형태로 변한다.
2. 내부 에너지는 왜성의 질량에 비례하나, 중력 퍼텐셜에너지는 M^2에 비례한다.

(2)에 의해 충분히 무거운 왜성은 안쪽으로 향하는 중력 압력이 지배적이고, (1)에 따라 R이 감소함으로써 전자 가스에 의한 압력으로도 중지시킬 수 없는 수축의 원인이 된다.

$M > 1.4M_{sun}$인 죽어가는 별은 무엇이 될까? 그 답은 오늘날 블랙홀(black hole)이라 불리는 총체적인 붕괴로 보인다. (현재는 중성자별이 백색왜성보다 더 무거우면서도 안정한 별이라는 것을 알고 있다.) 찬드라세카르의 영웅이기도 하였던 케임브리지의 저명한 천문학자 에딩턴(Arthur Eddington)

은 총체적인 붕괴에 대한 아이디어에 대해 공개적으로 터무니없고 수치심을 일으키는 조소를 하였다. 이는 뒤에 찬드라세카르가 특별히 우수한 경력을 쌓은 시카고 대학으로 옮겨간 이유 중의 하나였다. 백색왜성에 관한 업적으로 1983년에 노벨상을 받았다. ∎

중성자별

태양 질량보다 8배 이상 더 무거워서 백색왜성이 되는 진화과정을 밟기에는 너무 무거운 별들은 다른 운명을 가진다. 이런 별들의 거대한 질량은 연료를 다 써버린 후에 별들을 갑자기 붕괴하게 하며, 그 후에 격렬하게 폭발하게 한다. 이 폭발로 별의 대부분 질량은 우주 공간으로 흩어져 버린다. 이런 사건을 **초신성**(supernova)이 터졌다고 하며, 본래의 별이 가장 밝았을 때보다 수십억 배 더 밝다.

초신성이 폭발한 후에 남은 물체의 질량이 $1.4M_{sun}$보다 더 클 수 있을 것이다. 이런 별이 중력으로 수축해감에 따라 전자들은 점점 더 에너지가 커진다. 페르미 에너지가 대략 1.1 MeV가 될 때 전자들의 평균 에너지는 0.8 MeV가 되고, 전자가 양성자와 반응하여 중성자를 만드는 데 필요한 최소 에너지와 같은 값이 된다(중성자의 질량은 전자와 양성자의 질량을 합한 것보다 0.8 MeV에 해당하는 질량만큼 더 무겁다). 별의 밀도가 백색왜성의 밀도보다 20배 정도 더 클 때 이러한 일이 일어난다. 그런 후부터 대부분의 전자와 양성자가 없어질 때까지 중성자가 생성된다. 페르미온인 중성자는 마침내 축퇴된 가스를 이루게 되고, 중력에 의한 수축에 대항할 수 있는 압력을 만들어 별을 지탱한다.

중성자별(neutron star)은 반지름이 약 10~15 km이고 질량은 $1.4~3M_{sun}$이라고 생각된다(그림 9.12). 만약 지구가 이러한 큰 밀도를 가지려면, 지구의 크기가 큰 아파트와 비슷해져야 한다. **펄서**(pulsar)라고 부르는 별은 빠른 속도로 회전하는 중성자별이라고 믿어지고 있다. 대부분의 별들은 자기장을 가지고 있는데, 별이 중성자별로 수축해감에 따라 별 표면의 자기장은 거대하게 증가한다. 이 자기장은 별의 내부에 남아 있는 전자의 운동에 의해 생성되며, 전자들은 에너지를 잃을 수 없으므로(전자들은 모든 낮은 에너지 상태들이 채워진 축퇴된 가스로 되어 있다) 이 자기장은 우주의 나이와 비교될 만큼 긴 시간 동안 남아 있어야 한다.

펄서의 자기장은 빛과 라디오파 그리고 X-선을 복사하는 이온화된 가스를 가둔다. 자기축이 회전축과 나란하지 않다면, 지구에서의 천문학자와 같이 먼 곳에 있는 관측자들도 펄서(pulsar)의 스핀에 의해 일정한 간격으로 폭발하는 듯한 복사를 관측할 수 있을 것이다. 따라서 펄서는 회전하는 광선 빔으로 섬광을 발하는 등대와 비슷한 것이다.

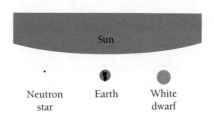

그림 9.12 백색왜성과 중성자별을 지구와 태양에 비교한 그림. 그러나 백색왜성과 중성자별은 모두 태양과 비슷한 질량을 가지고 있다.

1,000개 이상의 펄서가 발견되었고, 이들의 주기는 0.0016초와 4초 사이에 있다. 게성운 (Crab nebula)의 중심부에 있는 가장 잘 알려진 펄서의 주기는 0.033초이고, 이 주기는 펄서가 각운동량을 잃어 감에 따라 해마다 10^{-5}초의 비율로 늘어나고 있다.

중성자별의 발견

중성자가 발견된 지 2년 정도밖에 지나지 않았을 때, 천문학자 바데(Walter Baade)와 츠비키 (Fritz Zwicky)가 1934년도 논문에서 매우 무거운 별은 활동을 끝내고 생을 마치는 마지막 순간에 격렬한 폭발을 일으켜 하늘에 찬란하게 빛나는 초신성으로 나타날 것이라고 제안하였다. "우리는 초신성이 보통의 별이 주로 중성자로 구성되어 있는 중성자별로 진행되는 과정이라는 생각을 발전시켰다. 중성자별은 매우 작은 반지름과 극히 높은 밀도를 가지고 있을 것이고, (그리고 아마도) 이런 물체 중 가장 안정된 배치를 나타낼 것이다."

그런 뒤 수년 동안 일부 물리학자가 중성자별에 대한 이론을 발전시켜 오기는 하였지만, 1967년에 펄서(pulsar)가 발견될 때까지 중성자별의 존재는 확인되지 않았다. 그해에 여우 별자리 (constellation Vulpecula) 방향에 있는 파원으로부터 정확히 1.33730113초의 매우 일정한 주기를 가지는 유별난 라디오파 신호가 잡혔다. 그 당시 케임브리지 대학교의 대학원생이었던 벨(Jocelyn Bell) (지금은 Jocelyn Bell Burnell)에 의해 발견되었고, 이 발견으로 그녀의 지도교수가 노벨상을 받았다. 처음에는 펄서로부터 라디오파의 방출만 측정되었으나, 뒤에 가서 몇몇 펄서에서 가시광의 섬광도 검출되었고, 라디오파 신호와 동기되어 있었다.

펄서의 출력은 약 10^{26} W로 태양의 총 출력과 비교될 만하다. 이렇게 강한 에너지원이 펄서의 주기에 해당하는 수초 간격으로 켜졌다가 꺼지곤 하는 것은 불가능할 것이며 그 크기도 태양만큼 클 수 없다. 태양이 갑자기 복사를 중지한다고 해도 우리가 보는 태양의 각 부분까지의 거리가 같지 않기 때문에 보이는 빛이 끝나기 위해서는 복사가 끝난 후에도 2.3초의 간격이 필요할 것이다. 태양-크기의 펄서가 1초보다 짧은 주기로 자전할 수도 없을 것이다. 결론적으로, 그렇게 많은 에너지를 복사하기 위해 펄서는 별 정도의 질량을 가져야 할 것이나, 신호가 그렇게 빠르게 요동치기 위해서는 별보다 매우 작아야 할 것이다. 이와 같은 이유와 또 다른 이유들로 인해 펄서는 매우 빠르게 자전하는 중성자별임이 명백해 보인다. ■

블랙홀

질량이 $1.4M_{sun}$보다 작고 늙은 별은 백색왜성이 되고, 질량이 $1.4 \sim 3M_{sun}$인 별은 중성자별이 된다. 더 무거운 늙은 별들은 어떻게 될까? $M > \sim 3M_{sun}$이 되면 축퇴된 전자 가스는 물론 축퇴된 중성자 가스도 중력에 의한 수축을 더 이상 견뎌내지 못한다. 그러면 이러한 별들은 결국 공간상의 한 점이 될까? 그렇지 않을 것이다. $\Delta x \, \Delta p \geq \hbar / 2$라는 불확정성 원리로부터도 그렇게 되지 않을 것임을 알 수 있다. 불확정성 원리는 양성자의 전기장이 전자를 안쪽으로 끌어당김에도 불구하고 수소 원자가 어느 일정한 크기 이하로 붕괴되는 것을 막고 있다. 똑같은 원리가 안쪽으로 끌어당기는 중력에도 불구하고 무거운 늙은 별이 어느 크기 이하로 붕괴되는 것을 방지할 것이다. 혹은 어쩌면 중성자나 양성자를 이루고 있는 쿼크(quark; 13장)가 별이 어느 밀도에 도달하였을 때 더 이상 수축하지 못하게 안정화시키는 어떤 특별한 성질을 가지고 있을지도 모른다.

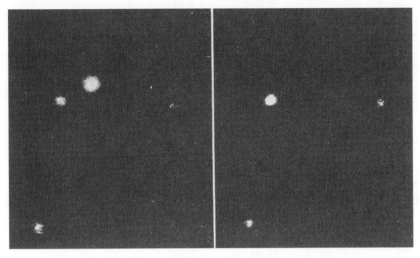

게성운(crab nebula)의 중심부에 있는 펄서(pulsar)는 초당 30회의 섬광을 내보내고 있으며, 회전하는 중성자별로 생각 된다. 이 사진은 펄서에서의 복사가 최대일 때와 최소일 때 찍은 사진이다. 성운 자체의 사진은 이 장이 시작하는 부분 에서 보여주었으며, 현재 10광년의 크기를 가지고 있고, 아직도 팽창하고 있는 중이다.

마지막 성질이 어떠하건 간에 $M > 3M_{sun}$인 늙은 별은 식 (2.30)의 슈바르츠실트 (Schwarzschild) 반지름 아래로 수축하고, 결국은 블랙홀(black hole)이 된다(2.9절). 블랙홀 은 중력장이 너무 커서 아무것도, 심지어 광자조차 사건 지평(event horizon)을 지나 빠져나 올 수 없기 때문에 더 이상의 정보를 얻어낼 수 없다.

무거운 별만 블랙홀이 되는 것은 아니다. 시간이 지남에 따라 백색왜성과 중성자별은 주 위의 우주 먼지와 가스를 더욱더 많이 끌어들인다. 충분한 질량을 끌어 모으면, 둘 모두 블랙 홀이 될 수 있을 것이다. 만약 우주가 충분히 오래 존재한다면 모든 것은 블랙홀 형태가 될 것 이다.

연습문제

9.2 맥스웰-볼츠만 통계

1. 원자 상태의 수소 기체에서 총 원자의 1/1,000이 $n = 2$인 에너 지 준위에 있으려면 온도는 몇 K여야 하는가?

2. 태양 대기의 온도는 5,000 K이다. 수소 원자가 이러한 대기 내에 있을 때, $n = 1, 2, 3, 4$의 각각의 에너지 준위에 있는 수소 원자들의 개수의 비율은 얼마인가? 각 준위의 겹침수를 반드시 고려하라.

3. 나트륨 원자의 $3^2P_{1/2}$ 에너지는 바닥상태인 $3^2S_{1/2}$보다 2.093 eV 만큼 더 높다. 1,200 K의 나트륨 기체에서 각각의 상태에 있는 원자 수의 비율은 어떻게 되는가?(예제 7.6을 보라)

4. H_2 분자의 진동 진동수는 1.32×10^{14} Hz이다. (a) 5,000 K에 서 $v = 0, 1, 2, 3, 4$인 진동 상태들의 상대적인 밀도는 얼마인가? (b) $v = 2$인 상태와 $v = 3$인 상태의 밀도가 같을 수 있는가? 같을 수 있다면 몇 K에서 일어나는가?

5. H_2 분자의 관성 모멘트는 4.64×10^{-48} kg · m²이다. (a) 300 K 에서 $J = 0, 1, 2, 3, 4$인 회전 상태들의 상대적인 밀도는 얼마인 가? (b) $J = 2$인 상태와 $J = 3$인 상태의 밀도가 같을 수 있는가? 같을 수 있다면 몇 K에서 일어나는가?

6. 어떤 4준위 레이저(4.9절)에서 레이저 전이의 마지막 상태는 바 닥상태보다 0.03 eV 높다. 외부의 영향이 없다면, 300 K에서 원 자가 레이저 전이의 마지막 상태에 있을 확률은 얼마인가? 이 온 도에서 레이저 증폭이 일어나기 위해 들떠야 할 원자의 최소 비 율은 얼마인가? 그 이유는 무엇인가? 100 K라면 어떻게 되겠는 가? 냉각시킬 때, 3준위 레이저에서도 같은 효과를 얻을 수 있겠 는가?

9.3 이상기체에서의 분자의 에너지

7. 속력이 각각 1.00 m/s와 3.00 m/s인 두 분자의 모임에서 $\bar{v}$와 v_{rms}를 구하여라.

8. 상온(20°C)에서의 분자당 평균 운동에너지는 수소 원자를 바닥 상태에서 첫 번째 들뜬 상태로 올라가게 하는 데 필요한 에너지보다 훨씬 작음을 보여라.

9. 수소 원자의 결합에너지와 기체 상태의 수소의 평균 분자 운동에너지가 같아지는 온도를 구하여라.

10. 온도가 20°C인 대기 내에서 열평형 상태에 있는 산소 분자의 드브로이 파장은 이 산소 분자의 지름보다 작음을 보여라. (산소 분자의 지름은 약 4×10^{-10} m이다.)

11. 500 K의 원자 수소 기체에 의해 방출되는 656.3 nm의 파장을 갖는 스펙트럼선의 도플러 효과에 의한 너비를 구하여라.

12. 이상기체의 최빈 속력(most probable speed)이 $\sqrt{2kT/m}$임을 보여라.

13. 이상기체의 $1/v$의 평균값이 $\sqrt{2m/\pi kT}$임을 보여라. 적분값 $\int_0^\infty v e^{-av^2}\,dv = 1/(2a)$를 이용하라.

14. 1초에 m^2당 10^{12}개의 중성자 선속이 핵 반응로에서 창을 통해 나온다. 이 중성자들이 $T = 300$ K에 해당하는 맥스웰-볼츠만 에너지 분포를 따른다면, 이 빔의 중성자 밀도는 얼마인가?

9.4 양자 통계

15. 같은 온도에서 고전적인 분자 기체, 보손 기체, 페르미온 기체 중 어느 것이 가장 큰 압력을 나타낼까? 어느 것이 가장 작은 압력을 나타내는가? 그 이유는 무엇인가?

16. 0 K에 있는 페르미온 계에서 페르미(Fermi) 에너지는 무엇을 의미하는가? $T > 0$ K일 때는 무엇을 의미하는가?

9.5 레일리-진스 공식

17. 한 모서리의 길이가 1 m인 정육면체 안의 공동에서 일어날 수 있는 정상파들 중 파장이 9.5~10.5 mm 사이에 있고 서로 독립인 것들의 개수는 얼마인가? 99.5~100.5 mm 사이의 파장을 가진 정상파의 개수는 몇 개인가?[힌트: 우선 $g(\lambda)\,d\lambda = 8\pi L^3\,d\lambda/\lambda^4$임을 보여라].

9.6 플랑크의 복사 법칙

18. 어떤 적색별과 백색별이 같은 비율로 에너지를 방출한다면, 그 별들의 크기는 같겠는가? 만약 그렇지 않다면 어느 별이 더 크겠는가?

19. 어떤 온도 기록계는 사람 피부의 작은 부분들에서 적외선의 방출률을 측정한다. 피부 온도의 작은 변화는 복사율의 큰 변화를 의미한다는 것을 보이려고 한다. 이를 위해 피부가 34°C에서 35°C로 변할 때 총 복사의 퍼센트 차이를 구하라.

20. 태양 흑점의 온도는 약 5,000 K이지만, 나머지 태양 표면의 온도가 5,800 K로 좀 더 뜨겁기 때문에 흑점은 어둡게 보인다. 같은 방출률(emissivity)을 갖는 표면의 온도가 5,000 K와 5,800 K일 때, 복사율을 비교하라.

21. 태양의 표면 온도가 지금보다 10% 낮다면 태양 에너지는 어떤 비율로 지구에 도달하겠는가? 예제 9.7의 값들을 참조하라.

22. 태양의 질량은 2.0×10^{30} kg이고, 반지름은 7.0×10^8 m이며, 표면 온도는 5.8×10^3 K이다. 태양이 복사를 통하여 질량의 1.0%를 잃으려면 몇 년의 시간이 흘러야 하는가?

23. 온도가 400°C인 물체가 있다. 온도가 몇 도일 때 이 물체는 에너지를 두 배 빠르게 복사하겠는가?

24. 지름이 5 cm이고 방출률이 0.3인 구리 공이 화로에서 400°C까지 가열된다. 이 구의 복사율은 얼마인가?

25. 내부의 온도가 700°C인 화로의 벽면에 나 있는 면적 10 cm^2인 구멍을 통해 나오는 복사의 복사율은 얼마가 될까?

26. 500°C의 물체는 눈에 보일까 말까 하는 정도의 빛을 낸다. 750°C의 물체는 체리같은 색을 띠게 된다. 어떤 흑체가 500°C에서 1.00 kW의 비율로 복사를 한다면 온도가 750°C일 때 이 흑체의 복사율은?

27. 온도가 500°C일 때 1.00 kW로 복사하는 흑체의 표면적을 구하여라. 이 흑체가 공이라면 반지름은 얼마가 되겠는가?

28. 컴퓨터에 사용되는 마이크로프로세서는 cm^2당 30 W의 비율로 열을 발산한다. 이 정도의 복사 휘도를 갖는 흑체의 온도는 얼마가 되겠는가? (마이크로프로세서는 자체 발산하는 열로부터의 손상을 피하기 위해 냉각 장치의 보호를 받는다.)

29. 태양을 6,000 K의 흑체로 생각하여 파장이 570~590 nm 사이에 있는 노란빛이 총 복사에서 차지하는 비율을 어림짐작하라.

30. 온도가 500°C인 흑체복사 스펙트럼의 피크 파장을 구하여라. 이 파장은 스펙트럼의 어느 부분에 해당하는가?

31. 시리우스 별(star Sirius)의 스펙트럼 중 가장 밝은 부분은 파장 290 nm 근처이다. 시리우스의 표면 온도는 얼마인가?

32. 공동으로부터의 복사 스펙트럼의 피크 파장이 3.00 μm이다. 공동 내부의 총 에너지 밀도를 구하여라.

33. 우리 은하 내에 있는 가스 구름은 1.0×10^{27} W의 비율로 복사한다. 이 복사는 파장 10 μm에서 최대 세기를 갖는다. 이 가스 구름이 공의 형태를 이루고 있고 흑체처럼 복사를 할 때, 지름과 표면 온도를 구하라.

34. (a) 예제 9.6에서 언급한 2.7 K 복사의 우주 내부의 에너지 밀도를 구하여라. (b) 모든 광자가 에너지 밀도가 최대가 되는 파장인 1.1 mm의 파장을 가지고 있다고 가정하여 이 복사 안에서

m³당 광자의 근사적 개수를 구하여라.

35. 1000 K에서 열적 평형을 이루고 있는 부피가 1.00 cm³인 복사의 정적 비열을 구하라.

9.10 전자-에너지 분포

36. 어떤 금속에서 자유전자가 페르미 통계를 따른다는 사실과 광전 효과가 사실상 온도와 무관하다는 사실 사이에는 무슨 연관성이 있는가?

37. $T = 0$에서의 자유전자 기체 내부의 중간(median) 에너지는 $\epsilon_F/2^{2/3} = 0.630\ \epsilon_F$와 같음을 보여라.

38. 구리의 페르미 에너지는 7.04 eV이다. 상온($kT = 0.025$ eV)에서 구리 자유전자의 대략적인 평균 에너지와 구리가 맥스웰-볼츠만 통계를 따를 때의 평균 에너지를 비교하라.

39. 은의 페르미 에너지는 5.51 eV이다. (a) 0 K에서 은의 자유전자의 평균 에너지는 얼마인가? (b) 이상기체에서 평균 분자 에너지가 이 값을 가지려면 온도가 몇 K가 되어야 하는가? (c) 이 에너지에 해당하는 전자의 속력은 얼마인가?

40. 구리의 페르미 에너지는 7.04 eV이다. (a) 근사적으로 구리 속의 자유전자의 몇 %가 상온에서 들뜬상태에 있는가? (b) 구리의 녹는점인 1083°C에서는 몇 %가 들뜬상태에 있는가?

41. 식 (9.29)를 사용하여 $T = 0$에서의 페르미온 계에서는 $\epsilon < \epsilon_F$의 모든 상태들은 점유되어 있고, $\epsilon > \epsilon_F$인 모든 상태들은 점유되어 있지 않음을 보여라.

42. 온도 T에서의 전자 기체가 ϵ_F의 페르미 에너지를 갖는다. (a) 어떤 에너지 ϵ에서 그 에너지의 상태가 점유되어 있을 확률이 5.00%가 되는가? (b) 어떤 에너지 값에서 그 에너지의 상태가 점유되어 있을 확률이 95.00%가 되는가? ϵ_F와 kT를 사용하여 답하라.

43. 에너지 $\epsilon_F + \Delta\epsilon$ 상태의 평균 점유도가 어떠한 온도에서도 f_1이라면, 에너지 $\epsilon_F - \Delta\epsilon$ 상태의 평균 점유도는 $f_2 = 1 - f_1$임을 보여라. (이것이 ϵ_F에 관해 그림 9.11에 나와 있는 곡선이 대칭성을 보이는 이유이다.)

44. 알루미늄의 밀도는 2.70 g/cm³이고, 원자량은 26.97 u이다. 알루미늄의 전자 구조는 표 7.4에 나와 있다(3s 전자와 3p 전자의 에너지 차이는 매우 작다). 알루미늄 내부에서의 전자의 질량은 0.97 m_e로 취급한다. 알루미늄의 페르미 에너지를 계산하라.

45. 아연의 밀도는 7.13 g/cm³이고, 원자량은 65.4 u이다. 아연의 전자 구조는 표 7.4에서 나와 있고, 아연 내부에서의 전자의 질량은 0.85 m_e로 취급한다. 아연의 페르미 에너지를 계산하라.

46. 식 (9.56)으로부터 구한 자유전자 밀도와 단위 부피당 납 원자의 개수를 비교하여 각 납 원자가 고체 상태의 납 내부에서 전자 기체에 기여하는 전자의 개수를 구하여라. 납의 밀도는 1.1×10^4 kg/m³이며 납 내부의 페르미 에너지는 9.4 eV이다.

47. 온도가 0 K인 1.00 g의 구리 표본에서 $\epsilon = \epsilon_F/2$일 때 eV당 전자 상태의 개수를 구하여라. 금속 내에서 전자 에너지 분포가 연속이라고 생각하는 것은 옳은가?

48. 20°C에서 구리의 비열은 0.0920 kcal/kg·°C이다. (a) 이 값을 J/kmol·K로 나타내어라. (b) 구리 원자당 하나의 자유전자가 있다고 가정하면, 전자 가스가 비열의 몇 %에 기여하는가? (하나의 구리 원자 안에는 하나의 자유전자가 있다고 가정)

49. $e^\alpha e^{\epsilon/kT} \gg 1$일 때, 보스-아인슈타인과 페르미-디랙 분포함수는 모두 맥스웰-볼츠만 함수로 귀착된다. $e^\alpha \gg 1$이면 kT 근처의 에너지에 대해서도 이 근사는 유효하다. 헬륨 원자는 스핀이 0이므로 보스-아인슈타인 통계를 따른다. 표준상태(온도가 20°C이고 대기압인 상태로, 어떤 기체의 1 kmol의 부피가 ≈ 22.4 m³인 때이다)에서 헬륨에 대해 $f(\epsilon) \approx 1/e^\alpha e^{\epsilon/kT} \approx Ae^{-\epsilon/kT}$임을 $A \ll 1$임을 보임으로써 검증하라. 식 (9.55)에서 8 대신에 4를 계수로 쓰는 $g(\epsilon)\,d\epsilon$을 사용하라. 이는 헬륨 원자는 전자당 두 개의 전자스핀 상태를 갖고 있지 않기 때문이다. 그리고 근사를 적용하여 규격화 조건 $\int_0^\infty n(\epsilon)\,d\epsilon = N$(여기서 N은 표본 내에 있는 원자의 총 개수)으로부터 A를 구하여라. (헬륨 1 kmol은 아보가드로 수 $N_0 = 6.02 \times 10^{26}$개 만큼의 원자를 포함한다. 헬륨의 원자량은 4.00 u이고, $\int_0^\infty \sqrt{xe^{-\alpha x}}\,dx = \sqrt{\pi/a}/2a$이다.)

50. 헬륨은 4.2 K 이하의 온도와 대기압에서 밀도가 145 kg/m³인 액체이다. 연습문제 49와 같은 방법을 이용하여 액체 헬륨에서 $A > 1$임을 보임으로써 맥스웰-볼츠만 통계가 만족되지 않음을 보여라.

51. 표준상태(연습문제 49 참조)에서 kT 근처의 에너지를 가지는 금속의 자유전자의 페르미-디랙 분포함수는 맥스웰-볼츠만 함수로 근사될 수 없다. 연습문제 49의 방법을 이용하여 이 사실을 증명하라. 즉, $f(\epsilon) \approx Ae^{-\epsilon/kT}$라 할 때, 구리에서 $A > 1$임을 보여라. 9.9절에서 계산하였듯이 $N/V = 8.48 \times 10^{28}$ 전자/m³이다. 여기서는 식 (9.55)가 바뀌지 않아야 한다는 것에 유의하라.

9.11 죽어가는 별들

52. 태양의 질량은 2.0×10^{30} kg이고, 반지름은 7.0×10^8 m이다. 태양이 10^7 K에서 완전히 이온화된 수소로 이루어졌다고 가정하자. (a) 태양 내의 양성자 기체와 전자 기체의 페르미 에너지를 각각 구하여라. (b) 각 가스에 대해 페르미 에너지를 kT와 비교하여 축퇴($kT \ll \epsilon_F$로, ϵ_F보다 큰 에너지를 가지는 입자들이 거의 없다)되어 있는지 비축퇴($kT \gg \epsilon_F$로, ϵ_F 아래의 에너지를 가지는 입자들이 거의 없으며, 고전적으로 행동한다)되어 있는지를 밝혀라.

53. 질량이 태양의 절반이고 반지름이 태양의 0.01배인 백색왜성을 고려하자. 백색왜성의 내부 온도는 10^7 K이고, 한 개의 핵당 6개의 전자가 존재하는 완전히 이온화된 탄소 원자(원자량은 12 u)로 이루어졌다고 가정하자. (a) 탄소 핵 기체와 전자 기체의 페르미 에너지를 각각 구하라. (b) 연습문제 52에서처럼 각 가스에 대해 페르미 에너지를 kT와 비교하여 축퇴되어 있는지 그렇지 않은지를 밝혀라.

54. 질량이 M, 반지름이 R인 균일한 밀도를 갖는 공의 중력 퍼텐셜 에너지는 $E_g = -\frac{3}{5} GM^2/R$이다. 페르미 에너지가 ϵ_F이고 N개의 전자를 포함하는 백색왜성을 고려하자. $kT \ll \epsilon_F$이기 때문에 식 (9.59)로부터 평균 전자 에너지는 $\frac{3}{5} \epsilon_F$이고 총 전자 에너지는 $E_e = \frac{3}{5} N\epsilon_F$이다. 핵의 에너지는 E_e에 비해 무시할 수 있을 정도로 작다. 따라서 별의 총 에너지는 $E = E_g + E_e$이다. (a) $dE/dR = 0$으로 놓고 R을 풀어 그 별의 평형 반지름을 계산하라. (b) 연습문제 53과 같이 질량이 태양의 절반이고 완전히 이온화된 탄소로 이루어진 별에 대해 R을 계산하라.

제10장 고체 상태

삼성 전자의 3차원 낸드 플래시 메모리 칩에서는 메모리 셀들을 수직으로 쌓아 용량을 증가시킨다. 양자 역학을 통해 고체를 이해하게 됨으로써 여러 물질의 특성을 이용할 수 있게 되었고, 이는 기술 혁신의 핵심이다..

고체는 원자나 분자, 이온들이 아주 근접하여 구성되는데, 이들을 서로 묶어 주는 힘의 성질에 따라 서로 다른 여러 종류의 특성들을 갖게 된다. 몇 개의 원자들을 결합시켜 분자를 이루게 할 수 있는 공유 결합은 또한 수많은 분자들을 결합시켜 고체가 되게 할 수 있다. 이외에도 고체에 응집력을 주는 것으로는 이온 결합, 판데르발스 결합, 금속 결합이 있는데, 이 고체들의 구성 요소는 각각 이온, 분자, 금속 원자들이다. 이들 결합들은 모두 전기적인 힘에 의한 것인데, 이들 사이의 중요한 차이점은 구성 요소의 외각 전자들이 분포되는 모양에 따른다. 우주의 아주 작은 부분만 고체 상태로 되어 있지만, 우리 주위의 물리 세계는 많은 부분을 고체가 차지하고 있고, 현대 기술의 많은 부분이 여러 고체 물질의 특성에 그 기초를 두고 있다.

10.1 결정과 비결정 고체

장거리 질서와 단거리 질서

대부분의 고체는 원자, 이온, 분자들이 결합하여 규칙적이고, 반복적인 3차원 구조를 이루고 있는 **결정체**(crystalline)이다. 이러한 **장거리 질서**(long-range order)의 존재는 결정을 규정하는 특성이다. 비교적 소수의 결정체만 단결정을 만들고, 결정체의 대부분은 많은 (crystallite 라고 불리기도 하는) 미세 결정들로 이루어져 있는 다결정체(polycrystalline)이다.

또 다른 종류의 고체들은 고체를 이루는 구성 입자들이 결정과 같이 뚜렷하게 일정한 배열을 이루지 않는다. 이들은 예외적으로 높은 점성에 의해 단단함을 갖는 과냉각 액체라고도 생각된다. 이러한 **비결정성**(amorphous; '형태가 없는') 고체의 예로는 유리, 피치(pitch) 그리고 많은 플라스틱을 들 수 있다.

그러나 비결정 고체도 구조상 **단거리 질서**(short-range order)를 보인다. 결정과 비결정 형태를 모두 가질 수 있는 삼산화붕소(boron trioxide: B_2O_3)에서 두 질서의 차이를 근사하게 드러내 보인다. 두 경우 모두에서 모든 붕소 원자(B)는 3개의 산소 원자(O)로 둘러싸여 있고, 이것이 단거리 질서가 있음을 나타낸다. B_2O_3 결정에서는 2차원적 표현으로 나타낸 그림 10.1에서와 같이 장거리 질서도 함께 나타난다. '유리질'의 물질인 비결정성 B_2O_3에는 이러한 장거리 질서에 의한 규칙성이 나타나지 않는다. 유리질 상태로부터의 결정화는 일어나기가 매우 어려워서 일반적으로는 잘 나타나지 않지만, 그 예가 완전히 없지는 않다. 유리를 물러지지 않을 정도로 가열하면 투명성이 없어지기도 하며, 가끔 극도로 오래된 유리 시료가 결정화되어 있음이 발견되기도 한다.

비결정성 고체와 액체의 유사점을 조사하면 물질의 이 두 상태를 보다 잘 이해할 수 있다. 예를 들어, 일반적으로 액체의 밀도는 대응하는 고체의 밀도와 거의 비슷한데, 이는 채워짐(packing)의 정도가 비슷하다는 것을 말해 준다. 이러한 추론은 이들 상태의 압축률(compressibility)에 의해서도 뒷받침된다. 더욱이 X-선 회절로부터 많은 액체들이 어느 순간마다 비결정성 고체의 구조와 아주 비슷한 명확한 단거리 구조를 가지는 것을 보여주고 있다. 단지 분자 무리의 구성이 액체에서는 계속해서 바뀌는 것이 비결정성 고체 구조와 다른 점이다. 액체의 단거리 질서의 뚜렷한 예는 녹는점 바로 위 온도의 물에서 잘 나타난다. 이 온도에

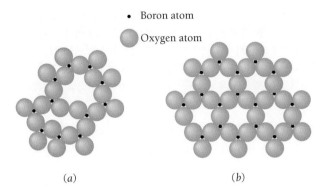

• Boron atom

○ Oxygen atom

(a)　　　(b)

10.1 B_2O_3의 2차원 표현. (a) 비결정 B_2O_3는 단거리 질서만 드러낸다. (b) 결정 B_2O_3는 장거리 질서도 같이 드러내 보여준다.

서의 물의 밀도는 이보다 더 높은 온도에서의 물의 밀도보다 더 작은데, 이는 H_2O 분자가 자유롭게 움직일 때보다 결정으로 묶여 있을 때가 공간을 덜 채우기 때문이다.

장거리 질서가 없기 때문에 비결정성 고체 결합의 세기는 일정하지 않다. 비결정성 고체를 가열하면 가장 약한 결합이 다른 결합보다 더 낮은 온도에서 먼저 끊어지므로 점차적으로 부드러워진다. 결정성 고체에서는 결합이 동시에 깨짐으로써 갑자기 그리고 일정한 온도에서 녹는다. 원자들의 크기가 매우 다른 금속들은 혼합하여 녹은 상태로부터 냉각시킬 때 질서 있는 결정구조를 만들지 못하게 하면 금속성 '유리질'이 만들어진다. 이런 금속 유리 중 하나의 밀도는 강철의 절반이지만 2배의 견고성을 가지고 있고, 단단하나 깨뜨리지 않고도 변형시킬 수 있다. 특별히 가열할 때 서서히 물러지므로 모양을 만들기가 쉽다.

결정 결함

이상적인 결정은 모든 원자들이 하나의 특정한 평형 위치를 가지고 있으며 규칙적으로 배열되어 있다. 실제의 결정은 결코 이상적이지 못하다. 없어진 원자, 위치에서 벗어난 원자, 가지런하지 않은 원자 줄 사이의 간격, 그리고 불순물의 존재 등에 의한 결정 구조에서의 결함은 그 결정의 물리적 성질에 상당한 영향을 미친다. 그러므로 변형력(stress)에 대한 고체의 반응은 구조 내의 결함의 성질 및 농도에 의해 많은 부분이 결정되고, 반도체에 대한 전기적 특성도 이와 마찬가지이다.

결정 결함 중 가장 단순한 부류는 **점 결함**(point defect)이다. 그림 10.2에서 점 결함의 기본적인 종류들을 보여주고 있다. 빈자리(vacancy)와 격자 사이의 낌(interstitial)은 모두 1 eV에서 2 eV 정도의 에너지에 의해 생길 수 있는 결함으로서 열적인 들뜸의 결과로 모든 결정에서 나타나며, 온도가 증가함에 따라 나타나는 빈도가 급격히 증가한다. 더 중요한 것은 입자를 쪼여줌으로써 생성되는 결함이다. 예를 들어, 핵 원자로에서의 에너지가 큰 중성자들은 원자들을 본래의 위치에서부터 쉽게 떼어낼 수 있다. 그 결과 포격을 받은 물체의 성질이 변하게 되는데, 예를 들어 대부분의 금속들은 훨씬 깨어지기 쉬워진다.

불순물 원자가 반도체의 전기적 특성에 미치는 영향은 이 장의 뒷부분에서 논의하겠지만 트랜지스터(transistor)와 같은 소자들을 작동시키는 기초가 된다.

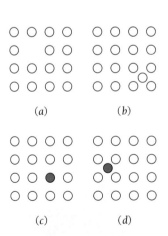

그림 **10.2** 결정에서의 점 결함. (a) 빈자리, (b) 틈새에 낌, (c) 대체된 불순물, (d) 틈새에 낀 불순물

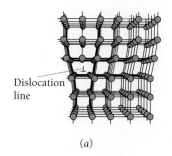

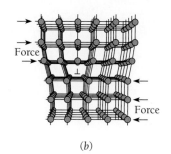

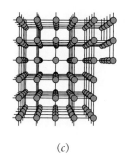

Dislocation
line

(a)

Force

Force

(b)

(c)

그림 10.3   결정에 변형력을 가하여 어긋나기가 구조상의 본래 위치로부터 벗어날 때, 영구적인 변형을 일으킨다. (a) 모서리 어긋나기를 가지고 있는 처음의 결정 구조. (b) 어긋나기는 어긋나기 아래층에 있는 원자들이 위층 원자와 한번에 한줄씩 결합을 바꿈으로써 오른쪽으로 이동한다. (c) 결정은 영구히 변형되었다. 이런 단계적 과정을 거치게 하는 데는 한 층의 원자 전부를 한꺼번에 다른 층에 대해 미끄러지게 하는 데 필요한 힘보다 훨씬 적은 힘을 필요로 한다. 그림에서 원자간의 결합은 선들로 표시되어 있다.

결정 결함의 한 유형인 **어긋나기**(dislocation)는 원자들의 배열 중 그들이 있어야 할 위치에서 한 줄이 벗어나는 것을 말한다. 어긋나기에는 두 가지 기본적인 종류가 있다. 그림 10.3 에 **모서리 어긋나기**(edge dislocation)를 나타내었는데, 하나의 층(여기서는 수직의 층) 중에서 일부의 원자들이 빠져나간 것으로 시각적으로 나타내었다. 모서리 어긋나기는 고체를 깨뜨리지 않고도 영구적인 변형을 줄 수 있게 하는 **유연성**(ductility)을 주게 된다. 금속은 이러한 유연성이 가장 큰 고체이다. 어긋나기의 다른 종류로 **나사형 어긋나기**(screw dislocation)가 있다. 그림 10.4에서 볼 수 있는 것과 같이, 이상적인 결정이 일부 잘리고, 잘려진 한 부분이 다른 부분으로부터 밀려난다. 그 명칭에서부터 알 수 있듯이 원자층들은 어긋난 부분을 중심으로 나사형으로 비틀린다. 결정에서 실제적으로 나타나는 어긋나기는 모서리 어긋나기와 나사형 어긋나기의 여러 조합으로 나타난다.

고체가 변형되면 결함이 증가한다. 결함의 수가 많아지고 서로가 얽히게 되면, 결국 서로가 다른 결함의 운동을 방해하게 되므로 물체의 변형이 어려워진다. 이러한 현상을 일 담금질(work hardening)이라 한다. 일 담금질된(work-hardened) 결정을 가열한 후 서서히 식히면(annealing) 무질서한 격자가 다시 규칙적인 것이 되려는 경향을 보이고, 이 결과로 더 유연해진다. 냉간압연(cold-rolling)에 의해 만들어진 강철봉이나 강철판이 열간압연(hot-rolling)에 의한 만들어진 강철봉이나 강철판보다 훨씬 더 단단하다.

10.2 이온 결정

반대 전하에 의한 인력이 안정한 결합을 만든다.

이온 결합은 이온화 에너지가 작아서 전자를 쉽게 잃을 수 있는 원자가 초과 전자를 받아들이려는 경향이 있는 원자와 상호작용할 때 일어난다. 앞의 원자는 뒤의 원자에게 전자를 주어 결국 각각 양이온과 음이온이 된다(그림 8.2). 이온 결정에서는 음이온과 양이온 사이의 인력이 같은 이온들 사이의 척력과 균형을 이루는 평형 배치에서 이 이온들이 서로 결합을 이룬다.

분자의 경우처럼 모든 종류의 결정들은 서로 잡아당기는 응집력에도 불구하고 배타원리의 작용에 의해 붕괴되지 않는다. 배타원리는 다른 원자들의 전자껍질이 서로 중첩되어 맞물리려면 더 높은 에너지 상태를 채울 것을 요구하기 때문이다.

일반적으로, 이온 결정에서의 각 이온들은 그 이온 주위에 가까이 접근할 수 있는 한도 내에서 가능한 한 많은 반대 부호를 가진 이온들로 둘러싸여 있다. 이렇게 함으로써 결정의 안정성이 최대가 된다. 그러므로 이온들의 상대적 크기가 이온 결정이 가지는 구조의 유형을 결정한다. 이온 결정에서 나타나는 구조의 일반적인 두 유형을 그림 10.5와 10.6에 나타내었다.

그림 10.4   나사형 어긋나기

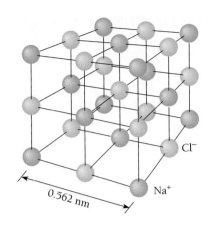

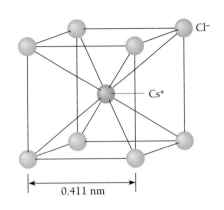

그림 10.5 NaCl 결정의 면심입방 구조. 배위 수(coordination number: 각 이온 주위에 가장 근접한 이웃 이온들의 수)는 6이다.

그림 10.6 CsCl 결정의 체심입방 구조. 배위 수는 8이다.

두 원자 사이의 이온 결합은 그들 중의 한 원자가 이온화 에너지가 작아서 양이온이 되려고 하고, 다른 하나는 **전자 친화도**(electron affinity)가 커서 음이온이 되려는 경향이 있을 때 이루어진다. 전자 친화도는 주어진 원소의 한 원자에 전자 한 개가 첨가될 때 방출되는 에너지를 말한다. 전자 친화도가 크면 클수록 원자가 음이온이 되려고 하는 경향이 커진다. 이온화 에너지가 5.14 eV인 나트륨(sodium)은 Na^+ 이온이 되려고 하고, 전자 친화도가 3.61 eV인 염소는 Cl^- 이온이 되려는 경향을 가진다. 안정한 NaCl 분자가 될 수 있는 조건은 단순히 이들이 이온 결합의 형태로 있을 때의 총 에너지가 두 원자로서 존재할 때의 총 에너지보다 작아야 한다는 것이다.

이온 결정의 **응집에너지**(cohesive energy)는 결정을 각각의 독립된 원자들로 조각내는 데 필요한 이온당 에너지이다. 응집에너지의 일부분은 이온들의 전기 퍼텐셜에너지 $U_{coulomb}$이다. NaCl 속의 Na^+를 생각해 보자. 그림 10.5로부터, 가장 가까운 곳에는 6개의 Cl^- 이온이 있는

소금의 전자현미경 사진. 어긋나기에 의해 결정의 입방구조가 종종 뒤죽박죽이 된다.

데, 각각 거리 r만큼 떨어져 있다. 그러므로 이 6개의 Cl^- 이온에 의한 Na^+ 이온의 퍼텐셜에 너지는

$$U_1 = -\frac{6e^2}{4\pi\epsilon_0 r}$$

이다. 다음으로 가까운 곳에는 12개의 Na^+ 이온이 있다. 한 변의 길이가 r인 정사각형의 대각선 길이가 $\sqrt{2}\,r$이므로 각 이온은 거리 $\sqrt{2}\,r$인 곳에 있다. 12개의 Na^+ 이온에 의한 Na^+의 퍼텐셜에너지는

$$U_2 = +\frac{12e^2}{4\pi\epsilon_0\sqrt{2}\,r}$$

이다. 크기가 무한대인 결정에 대해 모든 +이온과 −이온에 대하여 계속 더하면 그 결과는

$$U_{\text{coulomb}} = -\frac{e^2}{4\pi\epsilon_0 r}\left(6 - \frac{12}{\sqrt{2}} + \cdots\right) = -1.748\,\frac{e^2}{4\pi\epsilon_0 r}$$

이며, 혹은 일반적으로

쿨롱(Coulomb)에너지 $$U_{\text{coulomb}} = -\alpha\,\frac{e^2}{4\pi\epsilon_0 r} \qquad (10.1)$$

이다. 이 결과는 물론 Cl^- 이온의 퍼텐셜에너지에 대해서도 성립한다.

α를 결정의 **마델룽 상수**(Madelung constant)라고 부르며, 같은 구조를 갖는 결정에 대해서는 모두 같은 값을 갖는다. 다른 종류의 구조에 대해서도 비슷한 계산을 하여 마델룽 상수 값을 알아낼 수 있다. 예를 들어, 염화세슘(그림 10.6)과 같은 구조를 갖는 결정에 대해서는 α = 1.763이다. 간단한 결정 구조에 대한 마델룽 상수값은 1.6과 1.8 사이에 있다.

배타원리의 작용에 의한 반발력이 퍼텐셜에너지에 기여하는 정도는 다음과 같은 근사적인 형태를 가진다.

반발 에너지 $$U_{\text{repulsive}} = \frac{B}{r^n} \qquad (10.2)$$

$U_{\text{repulsive}}$의 부호는 양인데, 반발력을 의미한다. r^{-n}에 대한 의존은 핵간의 거리 r이 작아질수록 그 영향이 커지는 단거리 힘(short-range force)임을 의미한다. 그러므로 다른 모든 이온들과의 상호작용에 의한 각 이온의 총 퍼텐셜에너지는

$$U_{\text{total}} = U_{\text{coulomb}} + U_{\text{repulsive}} = -\frac{\alpha e^2}{4\pi\epsilon_0 r} + \frac{B}{r^n} \qquad (10.3)$$

이다.

B의 값을 어떻게 구할까? 이온들이 거리 r_0에서 평형을 이루고 있다고 하면, 정의에 의해 U는 여기에서 최소여야 한다. 그러므로 $r = r_0$에서 $dU/dr = 0$이다. 그러므로

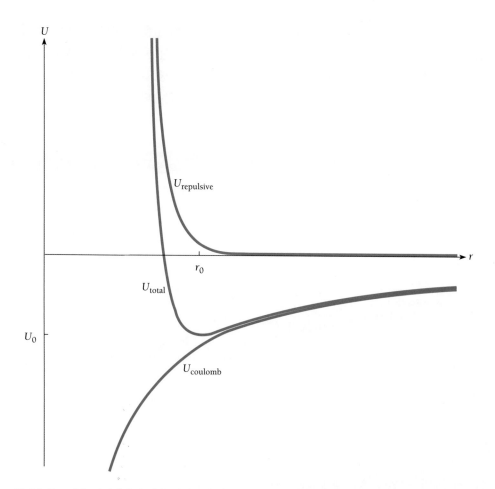

그림 10.7   이온 결정에서의 이온 간격 r에 따르는 이온적인 퍼텐셜에너지. U_{total}의 최솟값 U_0는 평형간격 r_0에서의 값이다.

$$\left(\frac{dU}{dr}\right)_{r=r_0} = \frac{\alpha e^2}{4\pi\epsilon_0 r_0^2} - \frac{nB}{r_0^{n+1}} = 0$$

$$B = \frac{\alpha e^2}{4\pi\epsilon_0 n}\, r_0^{n-1} \tag{10.4}$$

이다. 그러므로 평형 위치에서의 총 퍼텐셜에너지는 다음과 같다.

총 퍼텐셜에너지 $$U_0 = -\frac{\alpha e^2}{4\pi\epsilon_0 r_0}\left(1 - \frac{1}{n}\right) \tag{10.5}$$

이온 결정을 각 독립 이온으로 분리하는 데는 이온쌍당 이 정도의 에너지를 공급해 주어야 할 것이다(그림 10.7). 결정을 원자들로 분리하는 데 대응하는 응집에너지를 위해서는 전자가 Na 원자에서 Cl 원자로 옮겨가서 Na$^+$-Cl$^-$ 이온쌍을 만들 때 드는 에너지를 고려하여야 한다.

이온 결정의 압축률을 관측하면 지수 n을 알아낼 수 있다. 평균은 $n \approx 9$인데, 반발력이 r에 따라 아주 심하게 변한다는 것을 의미한다. 이온들은 '무르기'보다는 '단단'하므로 너무 조밀하게 채워지지 않으려는 경향이 강하다. 이온이 평형 위치에 있을 때 배타원리에 의해(같은 이온들에 의한 전기적인 반발과는 다르다.) 서로 간에 작용되는 반발력은 퍼텐셜에너지를 약 11% 정도 감소시킨다. n의 값을 정확하게 아는 것은 그렇게 중요하지는 않다. 만약 $n = 9$가 아니라 $n = 10$이라 해도 U_0는 약 1% 정도밖에 차이가 나지 않는다.

예제 10.1

NaCl 결정에서, 이온 사이의 평형 거리 r_0는 0.281 nm이다. NaCl의 응집에너지를 구하라.

풀이

$\alpha = 1.748$이고 $n \approx 9$이므로 이온쌍당 퍼텐셜에너지는

$$U_0 = -\frac{\alpha e^2}{4\pi\epsilon_0 r_0}\left(1 - \frac{1}{n}\right) = -\frac{(9 \times 10^9 \text{ N} \cdot \text{m}^2/\text{C}^2)(1.748)(1.60 \times 10^{-19} \text{ C})^2}{2.81 \times 10^{-10} \text{ m}}\left(1 - \frac{1}{9}\right)$$

$$= -1.27 \times 10^{-18} \text{ J} = -7.96 \text{ eV}$$

이다. 이 값의 절반인 -3.98 eV가 한 이온이 응집에너지에 기여하는 양이 된다.

전자 전달 에너지를 알 필요가 있는데, 이 에너지는 Na 원자의 이온화 에너지 $+5.14$ eV와 Cl 원자의 전자 친화도 -3.61 eV의 합으로서 $+1.53$ eV이다. 그러므로 이에 의해 각 원자당 응집에너지에 대한 기여도는 $+0.77$ eV이다. 따라서 원자당 총 응집에너지는

$$E_{\text{cohesive}} = (-3.98 + 0.77) \text{ eV} = -3.21 \text{ eV}$$

이고, 실험값인 -3.28 eV와 그렇게 많은 차이가 나지 않는다.

10.3 공유 결정

공유된 전자는 강한 결합을 이루게 한다.

공유 결정의 응집력은 인접한 원자들 간에 공유하고 있는 전자들 때문에 생긴다. 공유 결합에 참여하는 각 원자는 결합에 1개의 전자를 기여한다. 그림 10.8에서 하나의 탄소 원자가 네 개의 다른 원자들과 공유 결합으로 연결되어 있는 다이아몬드의 사면체 구조를 보여주고 있다.

탄소의 또 다른 결정 구조는 흑연이다. 흑연은 그림 10.9에서처럼 하나의 원자가 다른 세 원자들과 120°씩 벌어져서 공유 결합으로 연결된 육각형 그물을 이루고 있는 탄소 원자의 층들로 구성되어 있다. 각 원자는 하나의 전자를 각 결합에 참여시킨다. 이렇게 함으로써 각 탄소 원자당 하나의 외각 전자가 자유롭게 되어 전 그물에 걸쳐 순회한다. 이에 의해 흑연은 금속에 가까운 광택과 전기전도도를 보인다. 각각의 층들은 상당히 강하지만, 각 층들 상호간은 약한 판데르발스 힘(van der Waals force)으로 결합되어 있다(10.4절). 그러므로 각 층들은 엇갈려서 잘 미끄러지고 또 잘 벗겨져 나가기 때문에 흑연이 연필이나 윤활제에 유용하게 쓰이는 이유가 된다.

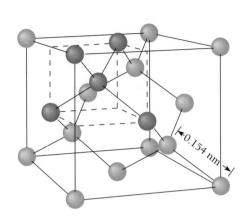

그림 10.8 다이아몬드의 사면체(tetrahedral) 구조. 배위수는 4이다.

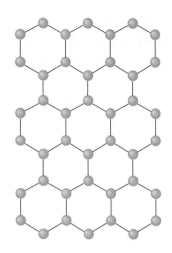

그림 10.9 흑연은 육각형의 탄소 원자층으로 이루어져 있고, 각각의 원자는 세 개의 다른 원자와 결합되어 있다. 각 층들은 약한 판데르발스 힘에 의해 결합되어 있다.

보통의 조건하에서는 흑연이 다이아몬드보다 안정하여 탄소를 결정화시키면 흑연만 얻을 수 있다. 흑연은 다이아몬드보다 밀도가 작으므로(2.25 g/cm³ 대 3.51 g/cm³) 다이아몬드를 얻기 위해서는 높은 압력이 필요하다. 천연의 다이아몬드는 압력이 매우 큰 깊은 지표 아래에서 생성된다. 다이아몬드를 합성하기 위해서는 용해된 코발트나 니켈에 흑연을 녹여서 그 혼합물을 약 1,600 K에서 약 60,000 기압으로 압축시킨다. 이렇게 얻은 합성다이아몬드는 지름이 약 1 mm보다 작으며 공업적으로 절단 또는 연마 기구에 널리 사용된다.

순수한 공유 결정의 종류는 수적으로 비교적 적다. 다이아몬드 이외에 실리콘, 게르마늄(germanium), 탄화규소(silicon carbide; SiC) 등을 그 예로 들 수 있고 이 모두는 다이아몬드와 같은 사면체 구조를 가지고 있다. SiC에서는 각 원자가 네 개의 다른 종류의 원자들로 둘러싸여 있다. 일반적으로 공유 결정의 응집에너지가 이온 결정보다 크다. 이 결과로 공유

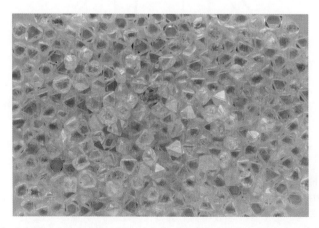

가공되지 않은 다이아몬드. 인접한 탄소 원소 사이의 공유 결합 세기가 다이아몬드를 단단하게 만든다.

결정은 단단하며(다이아몬드는 알려진 물질 중 가장 단단하며, SiC는 산업용 연마제이다.), 높은 녹는점을 가지고 있고, 보통의 모든 액체에 녹지 않는다. 공유 결정의 광학적 성질과 전기적 성질에 대해서는 뒤에 가서 논의한다.

벅키볼(buckyball)과 나노 튜브(nanotube)

예상하지 못한 탄소 모양이 1985년에 미국 텍사스주에 있는 라이스(Rice) 대학에서 우연히 발견되었다. 가장 일반적인 모양은 기하학적 구조가 축구공을 닮은 12개의 5각형과 20개의 6각형이 새장 구조로 배치되어 있는 60개의 탄소 원자들로 구성되어 있다(그림 10.10). 미국 건축가 풀러(R. Buckminster Fuller)의 측지선 돔(다각형 격자를 짜 맞춘 돔)형태가 이와 유사하여 그를 기려서 이 색다른 분자를 '버크민스터풀러렌(buckminsterfullerene)'이라고 명명하였고, 보통 짧게 **벅키볼** (buckyball)이라 한다.

안정하고 화학적으로 반응성이 없는 벅키볼은 실험실에서 흑연으로부터 제조할 수 있고, 보통의 그을음과 러시아에서 발견된 탄소가 많이 함유된 암석에도 소량이 존재한다. 풀러렌의 알려진 형태로는 처음의 C_{60}만이 아니라 C_{28}, C_{32}, C_{50}, C_{70} 그리고 더 큰 것도 만들어졌다. 풀러렌 분자들은 흑연에서 C 원자층들이 서로 붙잡혀 있는 것과 같이 판데르발스 결합으로 서로 붙잡혀 있다. 풀러렌과 파생물들이 발견된 이래로 그들은 놀랄 만한 특성들을 보여주고 있다. 예를 들면, C_{60}과 칼륨이 결합하여 K_3C_{60}을 만들고 저온에서 초전도체가 된다.

벅키볼의 사촌 격인 **탄소 나노 튜브**(carbon nanotube)는 말린 닭장 철사와 같은 아주 작은 6각형 탄소 원통으로 되어 있다. 육각형의 줄이 똑바른지 아니면 나선을 따라 감겨 있는지에 따라 나노 튜브는 전기전도체로, 또 반도체로 활용되고, 트랜지스터나 평판 디스플레이 같은 전자 응용성이 탐구되고 있다. 탄소 나노 튜브를 충분히 길게 만들 수만 있다면, 강철보다 10배나 강하고 6배나 가벼운 매우 강하면서도 유연한 섬유를 만들 수 있을 것이다. 이와 같은 섬유는 에폭시 수지를 강화하는 합성물로 이상적일 것이다. 나노 튜브는 쓸데없이 무거운 강철 용기로 만들어지고 있는, 수소를 저장하는 미래의 전기 자동차의 연료 전지로서도 유망하다.

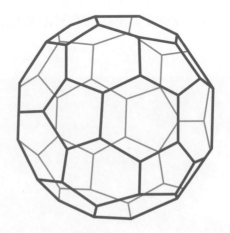

그림 10.10 벅키볼에서의 탄소들은 각 탄소가 세 개의 다른 탄소들과 결합한 새장 모양의 구조를 이룬다. 그림은 C_{60} 벅키볼이며, 60개의 탄소 원자로 되어 있다. 그림에서의 선은 탄소-탄소 결합을 나타낸다. 6각형, 5각형 패턴은 축구공의 솔기 모양과 매우 닮았다. 다른 벅키볼들은 다른 수의 탄소 원자들을 가지고 있다. ■

10.4 판데르발스 결합

약하지만 어디에나 존재한다.

모든 원자들과 분자들–심지어 헬륨이나 아르곤 같은 불활성 기체의 원자들까지도–은 **판데르발스 힘**(van der Waals force)에 의해 약하지만 서로를 끌어당기는 단거리 인력을 나타낸다. 실제 기체가 이상기체 법칙에서 벗어나는 것을 설명하기 위해 한 세기 전에 네덜란드 물리학자 판데르발스(Johannes van der Waals)가 힘을 제안하였다. 물론 이 힘의 실체에 대한 설명은 최근에서야 이루어진다.

판데르발스 힘에 의해 이온 결합, 공유 결합 혹은 금속 결합의 작용 없이도 기체가 액체로 응축하거나 액체가 고체로 얼어붙는다. 마찰, 표면장력, 점성, 접착(adhesion), 응집(cohesion) 등 크기를 갖는 물체의 친숙한 특성들은 모두 이 힘에 의한 것이다. 앞으로 곧 알게 되겠지만, r만큼 떨어져 있는 분자 사이의 판데르발스 인력은 r^{-7}에 비례하여 분자들이 서로 아주 가깝게 있을 때에만 중요해진다.

극성 분자(polar molecule)라 불리는 많은 분자들이 영구 전기 쌍극자 모멘트를 갖는다는 것에 주의하면서 설명을 시작해 보자. 한 예로, H_2O 분자에서 산소 원자 주위에 전자들이 더 많이 몰려 있기 때문에 분자의 산소가 있는 끝 쪽이 수소 원자들이 있는 끝 쪽보다 더욱 음으로 대전된다. 이와 같은 분자들은 그림 10.11에서와 같이 반대 부호의 전하쪽이 인접할 수 있도록 응집하려고 한다.

극성 분자는 영구 쌍극자 모멘트를 가지지 않는 분자들도 끌어당길 수 있다. 이 과정을 그림 10.12에 나타내었다. 극성 분자의 전기장에 의해 다른 분자의 전하 분포가 분리되고, 이로 인해 극성 분자의 쌍극자 모멘트와 방향이 같은 유도 쌍극자 모멘트가 생긴다. 결과적으로 이 두 분자 사이에 인력이 나타나게 된다. 이 효과는 자화되지 않은 쇳조각이 자석에 의해 끌어당겨지는 것과 같다.

극성 분자와 비극성 분자 사이에 작용하는 인력의 특성이 무엇에 의존하는지 살펴보도록 하자. 모멘트가 **p**인 쌍극자에서 거리 r만큼 떨어진 곳에서의 전기장 **E**는

쌍극자 전기장
$$\mathbf{E} = \frac{1}{4\pi\epsilon_0}\left[\frac{\mathbf{p}}{r^3} - \frac{3(\mathbf{p}\cdot\mathbf{r})}{r^5}\mathbf{r}\right] \tag{10.6}$$

로 주어진다. 벡터 계산에서 $\mathbf{p}\cdot\mathbf{r} = pr\cos\theta$라는 것을 기억하자. 여기서 θ는 **p**와 **r** 사이의 각도이다. 다른 한편 보통 때는 비극성인 분자는, 이 전기장 **E**에 의해, 크기가 **E**에 비례하고 방향은 동일한 전기 쌍극자 모멘트 **p′**가 유도된다. 그러므로

유도 모멘트
$$\mathbf{p}' = \alpha\mathbf{E} \tag{10.7}$$

이다.

여기서 α는 상수이며, 분자의 **편극률**(polarizability)이라 한다. 전기장 **E**의 영향을 받는 유도 쌍극자의 에너지는 다음과 같다.

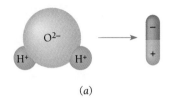

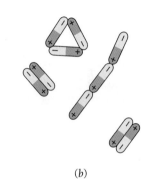

그림 10.11 (a) 물 분자는 극성 분자이다. 왜냐하면 H 원자가 붙어 있는 쪽 끝은 양으로 대전된 것처럼 행동하고, 반대쪽 끝은 음으로 대전된 것처럼 행동하기 때문이다. (b) 극성 분자는 서로를 끌어당긴다.

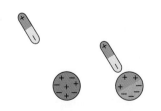

그림 10.12 극성 분자는 비극성의 분자를 끌어당긴다.

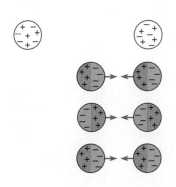

그림 10.13 비극성 분자의 전하 분포는 평균적으로는 대칭적이나, 순간순간 그 분포가 비대칭적이 된다. 이웃한 두 분자의 전하 분포 요동을 그림에 나타내었다. 이와 같은 요동으로 두 분자 사이에 $1/r^7$에 비례하는 인력이 생긴다. 여기서 r은 분자 간의 거리이다.

$$U = -\mathbf{p}' \cdot \mathbf{E} = -\alpha \mathbf{E} \cdot \mathbf{E}$$

$$= -\frac{\alpha}{(4\pi\epsilon_0)^2}\left(\frac{p^2}{r^6} - \frac{3p^2}{r^6}\cos^2\theta - \frac{3p^2}{r^6}\cos^2\theta + \frac{9p^2}{r^6}\cos^2\theta\right)$$

상호작용 에너지 $$= -\frac{\alpha}{(4\pi\epsilon_0)^2}(1 + 3\cos^2\theta)\frac{p^2}{r^6} \qquad (10.8)$$

따라서 이들 사이의 상호작용에 의해 생긴 두 분자의 퍼텐셜에너지는 음인데, 그들 사이의 힘이 인력이라는 것을 나타낸다. 또한 이 에너지는 r^{-6}에 비례한다. 힘 자체는 $-dU/dr$이므로 r^{-7}에 비례하는데, 이것은 분자 사이의 거리가 늘어남에 따라 급격히 감소한다는 것을 의미한다. 두 분자 사이의 거리를 두 배로 늘리면 이들 사이의 인력은 원래 값의 0.8%로 감소한다.

좀 더 주목할 만한 것으로는 두 개의 비극성 분자도 위와 같은 과정에 의해 서로를 끌어당길 수 있다는 것이다. 비극성 분자의 전자 분포는 **평균적으로** 대칭적이다. 그러나 전자들은 항상 움직이고, **어느 순간에는** 분자의 어느 한 부분에 전자를 더 많이 가지기도 한다. 극성 분자에서는 전하의 고정된 비대칭성이 있지만, 비극성 분자에는 계속하여 이동하는 비대칭성이 있다. 두 개의 비극성 분자가 충분히 가까워질 때, 분자들의 요동하는 전자 분포는 인접하는 부분이 항상 반대 부호를 가지도록 함께 이동하려는 경향이 있다(그림 10.13). 따라서 인력이 작용하게 된다.

판데르발스 힘은 모든 분자에서뿐만 아니라 모든 원자 사이에서도 나타나는데, 다른 것과는 전혀 상호작용하지 않는 희유가스(rare gas)의 원자들 사이에서도 생긴다. 만약 이 힘이 없다면 희유가스들은 액체나 고체로 응축할 수 없을 것이다. p^2(또는 p^2의 평균으로 영구 쌍극자 모멘트가 없는 경우에 적용하는 $\overline{p^2}$)의 값과 편극률 α는 대부분의 분자에서 서로 비슷한 값을 가진다. 이는 액체들의 밀도, 증발열 등 분자 간의 힘의 크기에 의존하는 성질들의 값이 크게 차이가 나지 않고 비슷한 값들을 가지는 이유 중의 일부가 된다.

판데르발스 힘은 이온 결합이나 공유 결합의 힘보다 훨씬 약하기 때문에 이 힘에 의해 만들어지는 분자 결정은 일반적으로 녹는점과 끓는점이 낮고 역학적으로도 강도가 약하다. 응집력이 약해서 고체 아르곤(녹는점이 $-189°C$)의 경우는 0.08 eV/원자밖에 되지 않고, 고체 수소(녹는점이 $-259°C$)의 경우는 0.01 eV/분자, 고체 메탄 CH_4(녹는점이 $-183°C$)의 경우는 0.1 eV/분자이다.

수소 결합

수소 결합(hydrogen bond)이라 부르는 특별히 강한 판데르발스 결합의 한 형태는 수소 원자를 포함하고 있는 어떤 분자에서 생긴다. 이러한 분자에서의 전자 분포는 무거운 원자의 전자 친화도에 의해 심하게 찌그러진다. 각각의 수소 원자는 사실상 수소 원자의 대부분의 음전하를 결합하는 원자에 주어버리고 잘 차폐되지 않은 양성자만 남겨 놓는다. 이 결과 국소화된 양전하를 가지는 분자를 만들고, 이 국소화된 양전자는 같은 종류의 다른 분자에서의 음전하 밀도가 큰 부분과 연결할 수 있게 된다. 여기에서 중요한 요소는 잘 차폐되어 있지 않은 양성자의 유효 크기가 매우 작아서, $1/r^2$에 의존하는 전기장이 큰 인력을 발휘하게 된다는 것이

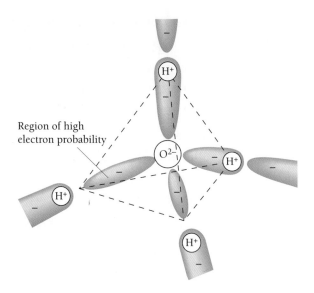

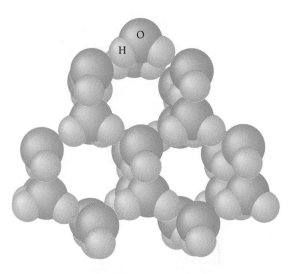

그림 10.14 H_2O에서 산소 원자 주변의 원자가전자 네 쌍(전자 6개는 산소 원자에서, 나머지 2개는 각 수소 원자에서 각각 하나씩 받는다.)이 우선적으로 네 구역을 차지하여 사면체 패턴을 형성한다. 각각의 H_2O 분자는 네 개의 다른 H_2O 분자와 수소 결합을 할 수 있다.

그림 10.15 얼음 결정의 구조. H_2O 분자의 열린 육각형 배열이 보인다. 물은 얼음보다 덜 규칙적이어서 분자들이 서로 더 가까워질 수 있다. 따라서 얼음의 밀도는 물보다 작고, 얼음이 물에 뜬다.

다. 수소 결합의 세기는 공유 결합에 비해 대체로 약 1/10배 정도나 된다.

H_2O에서 O 원자 주위의 전자들은 대칭적으로 분포되어 있지 않고, 큰 확률밀도를 갖는 영역이 따로 존재하므로 물 분자는 수소 결합을 이루려는 경향이 매우 크다. 이들 영역은 그림 10.14에서 볼 수 있는 것과 같이 밖으로 밀려나가 사면체의 꼭짓점을 만들어낸다. 이러한 꼭짓점들 중 두 곳에 수소가 있으며, 따라서 이 부분에서는 국소적으로 양전하를 띠게 되고, 나머지 다른 두 꼭짓점은 약간 더 퍼진 음전하를 띠게 된다.

그러므로 한 H_2O 분자는 다른 네 개의 H_2O 분자와 수소 결합을 할 수 있다. 이런 결합들 중 두 개는 가운데 있는 분자가 결합을 연결시켜 주는 양성자를 제공하고, 또 다른 두 개는 결

눈송이에서의 물 분자들은 수소 결합으로 서로 붙잡혀 있다.

합하여 붙어 있는 분자들이 양성자들을 제공한다. 액체 상태에서의 인접한 H_2O 분자 사이의 수소 결합은 열적 흔들림에 의해 계속적으로 깨어지고 또다시 결합되기도 하지만, 어떠한 순간마다 분자들은 명확한 무더기(cluster) 형태를 이루고 있다. 고체 상태에서 이 무더기들은 매우 크고 안정한 얼음 결정을 이룬다(그림 10.15). 다른 고체에서는 한 분자에 가장 가까이 있는 분자 수가 많게는 12개까지 있지만, 얼음에서는 4개의 분자밖에 없으므로 얼음은 극도로 열린 구조를 갖게 되고, 얼음의 밀도가 아주 작은 이유가 된다.

수소 결합은 생물학적 물질에서 폭넓게 일어난다. 아미노산을 연결시켜 단백질을 만드는 펩타이드(peptide) 결합은 수소 결합이며, 예로서 DNA의 이중 나선의 두 가닥을 결합시키는 결합도 수소 결합이다. DNA에서의 결합은 유전 정보를 신뢰성 있게 저장할 수 있을 만큼은 충분히 강하나, 궁극적으로 단백질에 그리고 영구적으로는 DNA의 복제에 정보를 복사하기 위해 일시적으로 가닥이 풀릴 만큼 충분히 약하다.

10.5 금속 결합

자유전자 가스는 금속의 특정적인 성질의 원인이 된다.

금속 원자의 원자가(바깥)전자들은 그림 7.10에서 보인 것처럼 매우 약하게 결합되어 있다. 이들 원자가 상호작용을 하여 금속이 될 때, 원자가전자들은 하나의 '가스'를 형성하고 금속 이온들 모임 사이를 상대적으로 자유롭게 움직인다. 전자 가스는 이온들을 결합시키는 역할을 하고, 또한 높은 전기전도도, 열전도도, 불투명성, 표면 광택 등 금속의 고유한 성질들을 나타나게 한다. 다른 고체들의 경우에서와 마찬가지로, 서로 결합되어 있을 때의 총 에너지가 원자들로 서로 떨어져 있을 때의 총 에너지보다 낮기 때문에 금속 원자들은 응집한다. 금속 결정에서 에너지가 감소되는 이유는 각각의 원자가전자가 고립된 개별 원자에 속해 있을 때보다 평균적으로 금속 내의 이 이온, 저 이온에 더 가깝게 존재하기 때문이다. 그러므로 전자의 퍼텐셜에너지는 원자에 있을 때보다 결정에 있을 때가 더 적다.

더 고려하여야 할 또 다른 요소가 있다. 금속 결정에서 전자의 퍼텐셜에너지는 감소하지만, 전자의 운동에너지는 증가한다. 금속 원자의 모든 원자가전자 에너지 준위는 이들 간의 상호 작용에 의해 모두 조금씩 변해서 존재하는 원자의 총 개수만큼이나 많은 수의 에너지 준위들로 분리된다. 에너지 준위들 사이의 간격이 매우 조밀하여 실질적으로 연속적인 **에너지 띠**(energy band)를 형성한다. 9장에서 논의한 것처럼 에너지띠에서의 자유전자는 페르미-디랙(Fermi-Dirac) 에너지 분포를 가지므로 0K에서 운동에너지는 0으로부터 최대로 페르미 에너지(Fermi energy)인 ϵ_F까지의 분포를 가진다. 예를 들어 구리의 페르미 에너지는 7.04 eV이고, 0 K에서 금속 구리 내의 자유전자의 평균 운동에너지는 4.22 eV이다.

전자 퍼텐셜에너지의 감소가 전자 KE의 증가량을 넘어설 때 결합이 이루어진다. 원자당 원자가전자의 수가 증가할수록 금속 결정 내 자유전자의 평균 KE는 증가하나, 퍼텐셜에너지는 같은 정도로 감소하지 않는다. 이러한 이유로 인해 거의 모든 금속 원소는 주기율표의 처음 3개의 족에서만 찾을 수 있다.

표 10.1 결정질 고체의 유형. 응집에너지는 원자(혹은 분자) 하나를 결정에서부터 떼어내는 데 필요한 일에 해당하고, 따라서 정해진 위치에 고정되어 있게 하는 결합의 강도를 나타낸다.

Type	Ionic	Covalent	Molecular	Metallic
Lattice	Negative ion / Positive ion	Shared electrons	Instantaneous charge separation in molecule	Metal ion / Electron gas
Bond	Electric attraction	Shared electrons	Van der Waals forces	Electron gas
Properties	Hard; high melting points; may be soluble in polar liquids such as water; electrical insulators (but conductors in solution)	Very hard; high melting points; insoluble in nearly all liquids; semiconductors (except diamond, which is an insulator)	Soft; low melting and boiling points; soluble in covalent liquids; electrical insulators	Ductile; metallic luster; high electrical and thermal conductivity
Example	Sodium chloride, NaCl $E_{cohesive} = 3.28$ eV/atom	Diamond, C $E_{cohesive} = 7.4$ eV/atom	Methane, CH_4 $E_{cohesive} = 0.1$ eV/molecule	Sodium, Na $E_{cohesive} = 1.1$ eV/atom

금속 수소

水 소는 다른 모든 원소들이 금속인 주기율표의 1족에 속해 있다. 수소는 예외로서, 기체 상태로 있을 때에는 그렇게 놀라운 일이 아니다. 그러나 냉각되어 액체나 고체 상태가 되어도 금속 (예를 들어, 좋은 전도체로서)처럼 행동하지 않는다. 그 이유는 대기압에서의 액체나 고체 수소는 모두 수소 분자 H_2로 이루어져 있고, 수소 분자는 전자를 단단하게 붙잡고 있어서 금속 원자 전자들에서와 같이 느슨해져서 거의 자유롭게 움직일 수 있는 전자를 가질 수 없다.

그러나 수백만 기압에 해당하는 매우 높은 압력에서의 수소는 전도하는 액체로 변한다. 압력이 하는 일은 수소 분자들을 가깝게 접근시켜 전자 파동함수를 겹치도록 하여 전자가 한 분자에서 다른 분자로 이동할 수 있도록 허용한다. 주로 수소로 이루어진 거대한 행성인 목성의 내부 압력은 명백하게 액체 금속 형태의 수소 핵심부를 가질 만큼 충분히 높다. 목성 핵심부에서의 전류는 자기장을 만들고, 용해된 철 핵심에서의 전류에 의한 지자기보다 약 20배나 더 강력하다.

언젠가는 금속 수소 고체가 만들어질 것으로 예상된다. 안정화에 도움을 줄 수 있는 다른 물질과 결합되면, 아마도 일상의 온도와 압력에서도 금속 수소 고체로 남아 있을 수 있을 것이다. 이런 금속 수소가 가질 수 있는 가능한 특성 중에는 초전도성과 역학적 강도를 갖고도 가벼운 성질이 포함된다. 고체 수소가 기체로 되면서 내놓는 에너지로 우주선을 추진시킬 수도 있을 것이고, 현재의 고체 연료보다 kg당 5배 이상의 추진력을 낼 것이다. 고체 수소는 보통의 수소보다 밀도가 매우 높으므로 수소 동위원소인 중수소, 삼중수소의 형태로 핵융합로의 매우 효율적인 연료가 될 수 있을 것이다. 이런 모든 것을 생각할 때 대체로 경이로운 기대를 가지게 된다. 그러나 어떻게 현실화할 수 있을지는 의문으로 남아 있다. ■

옴의 법칙

금속 도체의 양 끝에 전위차 V가 걸릴 때, 흐르는 전류 I는 대부분의 실험조건에서 V에 직접적으로 비례한다. **옴의 법칙**(Ohm's law)이라 부르는 이 경험적인 관계를 일반적으로 다음과 같이 표현한다.

옴의 법칙
$$I = \frac{V}{R}$$
(10.9)

여기서 R은 도체의 **저항**(resistance)으로 도체의 크기, 조성, 온도에는 의존하지만 V와는 무관하다. 옴의 법칙은 금속의 자유전자 모델에서 유도 가능하다.

금속 내의 자유전자는 기체 내의 분자들처럼 어떤 방향으로나 움직일 수 있으며, 계속하여 충돌하고 있다는 가정에서 시작한다. 여기서 충돌은 다른 전자와의 당구공 같은 충돌이 아니라, 전자 파동과 결정 구조의 불규칙성(irregularities) 사이의 산란을 의미하는데, 불규칙성이란 불순물 원자에 의한 결함이나 진동에 의해 원자가 순간적으로 평형 위치를 벗어나는 경우 등을 나타낸다. 특별한 상황을 제외하고는 완벽한 결정 구조 내의 원자들은 자유전자를 산란시킬 수 없다.

만약 λ를 자유전자의 충돌과 충돌 사이의 평균 자유 경로(mean free path)라 하면, 충돌 사이의 평균 시간 간격 τ는

충돌 시간(collision time)
$$\tau = \frac{\lambda}{v_F}$$
(10.10)

이다. v_F는 페르미 에너지에 해당하는 에너지를 가지는 전자의 속도를 나타내는 양인데, 에너지 분포의 가장 위쪽에 있는 전자만 가속될 수 있으므로(9.10절을 보라) ϵ_F에 의존한다. 이 시간 간격 τ는 걸어준 전기장 **E**와 실제적으로 무관한데, 전기장에 의해 변화되는 속도와 비교하여 v_F가 극도로 크기 때문이다. 예를 들어, 구리에서 $\epsilon_F = 7.04$ eV이고, 따라서

$$v_F = \sqrt{\frac{2\epsilon_F}{m}} = \sqrt{\frac{(2)(7.04 \text{ eV})(1.60 \times 10^{-19} \text{ J/eV})}{9.11 \times 10^{-31} \text{ kg}}} = 1.57 \times 10^6 \text{ m/s}$$

이나, 가해준 전기장에 의해 추가되는 **표류 속도**(drift velocity) v_d는 보통 1 mm/s보다 작다.

예제 10.2

단면적 $A = 1.0$ mm^{2}인 구리 전선에 1.0 A의 전류가 흐르고 있다. 이 구리 전선에서의 자유전자 표류 속도 v_d를 구하라. 구리 원자 하나당 하나의 자유전자를 전자 가스에 내놓는다고 가정하라.

풀이

전선은 단위 부피당 n개의 자유전자를 가지고 있다. 그림 10.16에서처럼 각 전자는 전하 e를 가지고 있고, 시간 t 동안 전선을 따라 $v_d t$만큼 움직인다. 부피 $Av_d t$에 들어 있는 자유전자의 개수는 $nAv_d t$이고, 이들 모두는 시간 t 동안에 한 단면적을 모두 지나간다. 따라서 시간 t 동안 단면적을 지나는 전하량은 $Q = nAev_d t$가 되고, 대응하는 전류는

$$I = \frac{Q}{t} = nAev_d$$

이다. 따라서 표류 속도는 다음과 같다.

$$v_d = \frac{I}{nAe}$$

예제 9.8로부터 구리에서 $n = N/V = 8.5 \times 10^{28}$ 전자/m^{3}을 알고 있고, 여기에서 $I = 1.0$ A 그리고 $A = 1.0$ mm$^2 = 1.0 \times 10^{-6}$ m^{2}로 주어졌으므로

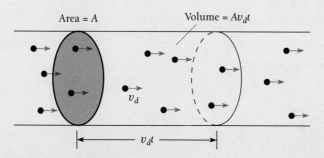

그림 10.16 시간 간격 t 동안 단면을 표류하여 통과하는 도선 안에서의 자유전자의 개수는 $nV = nAv_d t$이다. 여기서 n은 도선 안에 있는 자유전자 개수/m^{3}이다.

$$v_d = \frac{1.0\ \text{A}}{(8.5 \times 10^{28}\ \text{m}^{-3})(1.0 \times 10^{-6}\ \text{m}^2)(1.6 \times 10^{-19}\ \text{C})} = 7.4 \times 10^{-4}\ \text{m/s}$$

가 된다. 그러나 만약 자유전자가 이렇게 적은 표류 속도를 가진다면, 어떻게 하여 전기 기구에 스위치를 켠 후 몇 분 혹은 몇 시간 뒤가 아닌, 켜는 순간에 전류가 흐르게 되는가? 그 이유는 회로 양 끝에 전위차를 주면 매우 빠르게 회로에 전기장이 만들어지고, 모든 자유전자가 거의 동시에 표류를 시작하기 때문이다.

길이가 L인 도체의 양 끝에 전위차 V를 가해 주면 도체 내부에 세기가 $E = V/L$인 전기장이 생긴다. 이 전기장은 도체 내의 자유전자에 힘 eE를 가하고, 자유전자의 가속도는 다음과 같다.

$$a = \frac{F}{m} = \frac{eE}{m} \tag{10.11}$$

전자가 충돌할 때마다 임의의 방향으로 되튕기므로 평균적으로 보면 충돌 직후에는 전기장 $\mathbf{E}$에 평행한 운동 성분을 더 이상 갖지 않는다. 전기장 $\mathbf{E}$를 금속의 자유전자 가스에 가하면 자유전자의 빠르지만 무질서한 방향의 운동에 전기장에 의한 표류운동이 추가된다(그림 10.17). 따라서 표류 속도 v_d를 계산함에 있어서 페르미 속도 v_F로 움직이는 전자운동은 무시한다.

전자는 한 번의 충돌이 일어난 후 다음 충돌이 일어나기까지 어떤 시간 간격 Δt 동안 가속되고, 시간 간격 마지막까지 $\frac{1}{2}a\ \Delta t^2$만큼 움직인다. 많은 충돌을 겪은 후의 전자의 평균 변위는 $\overline{X} = \frac{1}{2}a\ \overline{\Delta t^2}$이 될 것이고, 여기에서 $\overline{\Delta t^2}$은 시간 간격 제곱의 평균이다. Δt가 변화하는 방식 때문에 $\overline{\Delta t^2} = 2\tau^2$이다. 따라서 $\overline{X} = a\tau^2$이며, 표류 속도는 $\overline{X}/\tau = a\tau$가 되어 아래와 같다.

표류 속도 $$v_d = a\tau = \left(\frac{eE}{m} \right)\left(\frac{\lambda}{v_F} \right) = \frac{eE\lambda}{mv_F} \tag{10.12}$$

예제 10.2에서 단면적이 A이고 자유전자 밀도가 n인 도체에 흐르는 전류 I는 다음과 같이 주어짐을 알아내었다.

$$I = nAev_d \tag{10.13}$$

식 (10.12)의 v_d를 사용하면,

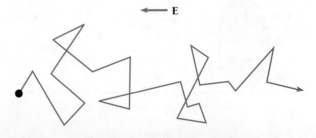

그림 10.17   전기장은 자유전자의 마구잡이식 움직임에 겹쳐진 대체적인 표류운동이 일어나게 한다. 전자들의 충돌 사이의 실제 궤도는 전기장에 의한 가속도에 의해 약간 휘어진다.

$$I = \frac{nAe^2E\lambda}{mv_F}$$

이다. 도체 내의 전기장은 $E = V/L$이므로

$$I = \left(\frac{ne^2\lambda}{mv_F}\right)\left(\frac{A}{L}\right)V \tag{10.14}$$

이다. 이 식은 다음과 같이 저항 R을 정의하면 옴의 법칙이다.

금속 도체의 저항
$$R = \left(\frac{mv_F}{ne^2\lambda}\right)\frac{L}{A} \tag{10.15}$$

괄호 안에 있는 양은 금속의 **비저항**(resistivity) ρ라 알려져 있는데, 주어진 온도에서 주어진 금속에 대해 상수이다.

비저항
$$\rho = \frac{mv_F}{ne^2\lambda} \tag{10.16}$$

예제 10.3

20°C에서 구리의 비저항은 $\rho = 1.72 \times 10^{-8}$ $\Omega \cdot$ m이다. 20°C에서, 구리의 자유전자들의 충돌 사이 평균 자유 경로 λ를 어림하라.

풀이

예제 9.8에서 구리의 자유전자 밀도가 $n = 8.48 \times 10^{28}$ m^{-3}, 이 장의 처음 절에서 구리의 페르미 속력이 $v_F = 1.57 \times 10^6$ m/s임을 알았다. λ에 대해 식 (10.16)을 풀면,

$$\lambda = \frac{mv_F}{ne^2\rho} = \frac{(9.11 \times 10^{-31}\,\text{kg})(1.57 \times 10^6\,\text{m/s})}{(8.48 \times 10^{28}\,\text{m}^{-3})(1.60 \times 10^{-19}\,\text{C})^2(1.72 \times 10^{-8}\,\Omega \cdot \text{m})}$$

$$= 3.83 \times 10^{-8}\,\text{m} = 38.3\,\text{nm}$$

가 된다. 고체 구리에서 이온들은 서로 0.26 nm 떨어져 있으므로 자유전자는 평균 약 150개의 이온들과 충돌하지 않고도 지나갈 수 있다.

금속 내에서 전기 저항을 주는 자유전자 파동의 산란은 구조의 결함과 진동에 의해 원자가 제 위치를 벗어나는 것의 둘 모두에 의해 생긴다. 구조 결함에 의한 불완전함은 온도에는 의존하지 않지만 금속의 순도와 만들어진 과정과는 관계가 있다. 냉간가공된 금속['인발 경화(hard drawn)'된 전선 같은]의 비저항은 담금질(annealing)을 하여 결함을 줄임으로써 낮출 수 있다. 반면에 온도가 높아짐에 따라 격자 진동의 진폭이 증가하므로 이에 의한 비저항은 온도가 높아짐에 따라 커진다. 따라서 금속의 비저항은 결함의 농도에 관계하는 ρ_i와 온도에 관계하는 ρ_t의 합, 즉 $\rho = \rho_i + \rho_t$로 이루어진다.

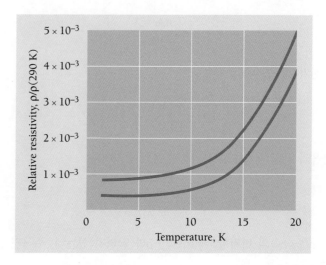

그림 10.18   저온에서의 두 개의 다른 나트륨 시료의 비저항. 비저항 값은 290 K에서의 비저항과 비교한 값이다.

그림 10.18은 두 나트륨 시료의 비저항이 온도에 따라 어떻게 변하는지를 보여주고 있다. 위쪽 곡선은 결함이 많은 시료에 해당하며, 비저항이 높은 쪽으로 이동해 있다. 매우 순수하고 결함이 거의 없는 시료의 ρ_i는 작고, 낮은 온도에서는 ρ_t 역시 작다. 예를 들어, 순수한 구리의 낮은 온도에서의 평균 자유 경로는 예제 10.3에서의 값보다 10^5배나 더 길어진다.

비데만–프란쯔 법칙

금속 전도에 대한 자유전자 모델은 J. J. 톰슨이 전자를 발견한 후 3년밖에 되지 않은 1900년에 드루드(Paul Drude)에 의해 제안되었고, 후에 로런츠(Hendrik Lorentz)에 의해 정교화되었다. 그때는 페르미-디랙 통계가 알려져 있지 않아서 드루드와 로런츠는 자유전자가 열평형에서 맥스웰-볼츠만 분포를 따른다고 가정하였다. 이 말은 식 (10.16)에서의 v_F가 전자의 rms 속도 v_{rms}로 대체됨을 의미한다. 이와 더불어, 드루드와 로런츠는 자유전자가 멀리 떨어져 있는 결함이 아닌 금속 이온과 충돌한다고 가정하였다. 최종적인 결과로, 저항 값이 측정한 값보다 10배나 더 큰 값을 보였다.

그럼에도 불구하고 올바른 옴(Ohm)의 법칙뿐만 아니라 **비데만–프란쯔(Wiedemann-Franz) 법칙**을 설명할 수 있었으므로 이 이론은 올바른 과정을 밟은 셈이라 할 수 있다. 비데만-프란쯔 법칙은 열전도도 및 전기전도도 사이의 비율 K/σ(여기서 $\sigma = 1/\rho$)가 모든 금속에서 동일하고, 단지 온도만의 함수임을 말해주는 실험법칙이다. 만약, 단면적이 A이고 두께가 Δx인 물질 평판의 양면 사이에 온도차가 ΔT라면, 열이 이 평판을 통과할 때 비율 $\Delta Q/\Delta t$는 다음과 같이 주어진다.

$$\frac{\Delta Q}{\Delta t} = -KA\frac{\Delta T}{\Delta x}$$

여기서 K는 열전도도이다. 드루드-로런츠 모델의 전자 가스에 고전적 기체 동역학을 응용하면,

$$K = \frac{knv_{rms}\lambda}{2}$$

이다. 식 (10.16)에서 v_F를 v_{rms}로 대체하면,

$$\sigma = \frac{1}{\rho} = \frac{ne^2\lambda}{mv_{rms}}$$

가 된다. 따라서 금속의 열과 전기 저항의 비는

$$\frac{K}{\sigma} = \left(\frac{knv_{rms}\lambda}{2}\right)\left(\frac{mv_{rms}}{ne^2\lambda}\right) = \frac{kmv_{rms}^2}{2e^2}$$

가 된다. 식 (9.15)에 의하면, $v_{rms}^2 = 3kT/m$이므로

$$\frac{K}{\sigma T} = \frac{3k^2}{2e^2} = 1.11 \times 10^{-8} \text{ W} \cdot \Omega/\text{K}^2$$

이다. 이 비율에는 전자밀도 n이나 평균 자유 경로 λ를 포함하지 않고 있다. 따라서 $K/\sigma T$는 모든 금속에서 같은 상수 값을 가져야 하는데, 이것이 바로 비데만-프란쯔 법칙이다. $K/\sigma T$ 값은 전자 속도가 맥스웰-볼츠만 분포를 바탕으로 하였으므로 정확하지 않다는 것을 염두에 두기 바란다. 페르미-디랙 통계를 사용하면, 그 결과는

$$\frac{K}{\sigma T} = \frac{\pi^2 k^2}{3e^2} = 2.45 \times 10^{-8} \text{ W} \cdot \Omega/\text{K}^2$$

이 되고, 실험에서 찾아낸 값과 상당히 일치한다. ■

10.6 고체의 띠 이론

고체의 에너지띠 구조는 고체가 도체 혹은 부도체 그리고 반도체인지를 결정한다.

고체에서 전류를 전도하는 능력만큼 크게 변하는 특성은 없다. 실온에서 좋은 도체인 구리의 비저항은 $\rho = 1.7 \times 10^{-8}$ $\Omega \cdot$ m이고, 좋은 부도체인 석영의 비저항은 $\rho = 7.5 \times 10^{17}$ $\Omega \cdot$ m로서 10의 25제곱 이상 더 크다. 고체에서 에너지띠의 존재는 이런 놀라울 만한 변화 폭의 이해를 가능하게 해 준다.

에너지띠가 어떻게 생기는지에 대해 생각할 때의 가장 간단한 방법은 개별적으로 존재하던 원자들이 점점 가까워져 고체를 이루게 될 때 원자들의 에너지 준위가 어떻게 되는지를 관찰하는 방법이다. 먼저 이 방법으로부터 시작하고 그 뒤에 에너지띠의 중요성에 대해 고찰하겠다.

금속뿐만 아니라, 모든 고체에서의 원자들은 서로 너무 가까워져서 원자가전자의 파동함수가 서로 겹친다. 8.3절에서 우리는 두 H 원자를 가까이 했을 때 일어나는 결과에 대해 살펴보았다. 개별 원자의 $1s$ 파동함수들이 결합하여 그 에너지가 서로 다른 그림 8.5와 그림 8.6에서 보이는 것과 같은 대칭 혹은 비대칭의 공동 파동함수를 형성하였다. 그림 8.7에는 고립된 H 원자에서의 $1s$ 에너지 준위로부터 E_A^{total}과 E_S^{total}로 표시되는 두 준위로 갈라지는 것을 핵간거리의 함수로 보여주고 있다.

펠릭스 블로흐(Felix Bloch: 1905~1983)는 스위스의 취리히에서 태어나 그곳에서 공학으로 학부과정을 마쳤다. 물리학으로 박사학위를 받기 위해 독일의 라이프치히(Leipzig)로 갔으며, 히틀러가 등장하기까지 그곳에 있었다. 1934년에는 스탠퍼드 대학의 교수로 임명되었으며, 원자탄 개발에 도움을 주면서 로스앨러모스에 있던 전쟁 중의 몇 년과 제네바에 있는 유럽의 핵물리·입자 물리연구센터인 CERN의 초대 소장으로 있던 1954년에서 1955년까지를 제외하고는 은퇴할 때까지 그곳에 남아 있었다.

블로흐는 1928년의 박사학위 논문에서 결정 구조의 주기적 퍼텐셜 속에서 움직이는 전자의 슈뢰딩거 방정식을 풀어서 허용된 띠와 금지된 띠가 어떻게 발생하는지를 보였다. 이는 원자들이 접근하여 고체를 만들 때 에너지 준위들이 어떻게 에너지띠가 되는지를 보였던 하이틀러(Walter Heitler)와 런던(Fritz London)의 앞선 연구와 함께 고체 이론의 개발에 있어서 아주 중요한 밑거름이 되었다. 후에 그는 고체와 액체 속에 있는 원자핵들의 자기적 특성에 대하여 연구하였는데, 아주 민감한 핵자기공명 분석 방법으로 이어졌다. 블로흐는 1952년에 핵자기 연구에 지대한 공헌을 한 하버드의 퍼셀(Edward Purcell)과 함께 노벨 물리학상을 수상하였다.

상호작용을 하는 원자의 수가 커지면, 그들 각각의 원자가(valence) 파동함수가 혼합하여 만드는 준위의 수들도 함께 커진다(그림 10.19). 고체에서는 에너지 준위가 존재하고 있는 원자의 수(예를 들면, 구리의 1 cm^{3}당 거의 10^{23}개)에 필적할 만큼 많은 준위들로 분리된다. 따라서 준위들이 매우 조밀하게 분포되어 실제상으로는 허용되는 에너지들의 연속적인 퍼짐으로 된 에너지띠를 형성한다. 고체의 에너지띠들, 그들 사이의 틈 간격, 에너지띠의 전자에 의해 채워진 정도는 고체의 전기적 특성을 규정지어줄 뿐만 아니라 고체의 다른 특성에도 중요한 관계를 가지고 있다.

도체

그림 10.20에서 나트륨 원자의 에너지 준위와 에너지띠를 보여주고 있다. 3s 준위가 띠로 넓어지는 첫 번째 점유된 준위가 된다. 더 낮은 2p 준위는 2p 파동함수가 3s 파동함수보다 핵에 훨씬 더 가까이 있으므로 핵간 거리가 훨씬 좁아질 때까지 퍼지지 않는다. 3s 띠의 평균 에너지는 처음에 감소하며, 원자 간의 힘이 인력임을 나타낸다. 나트륨 고체의 실제 핵간 거리는 3s 전자 평균 에너지의 최소에 해당하는 거리이다.

고체 내의 전자는 에너지띠 내에 들어 있는 에너지들만 가질 수 있다. 고체에서 여러 바깥 에너지띠는 그림 10.21(a)에서와 같이 서로 중첩될 수 있는데, 이 경우에는 원자가(valence)전자에 허용되는 에너지가 연속적인 분포를 이룬다. 다른 고체에서는 에너지띠들이 그림 10.21(b)와 같이 서로 중첩되지 않을 수 있으며, 이들 사이의 간격은 전자가 가질 수 없는 에너지를 나타낸다. 이러한 간격을 **금지된 띠**(forbidden band) 혹은 **띠 간격**(band gap)이라 한다.

그림 9.11에서 몇몇 온도에 대해 띠 안에서의 전자에너지 분포를 보여주고 있다. 0 K에서는 페르미 에너지 ϵ_F까지 띠 안의 모든 준위가 전자로 채워지고, ϵ_F보다 높은 에너지는 비어있다. 온도가 0 K보다 높아지면 ϵ_F보다 낮은 에너지를 가진 전자가 ϵ_F보다 더 높은 상태로 옮겨갈 수 있고, 이 경우의 페르미 에너지는 채워질 확률이 50%인 에너지 준위를 나타낸다.

나트륨 원자는 1개의 원자가전자를 가지고 있다. 각 $s(l = 0)$ 원자 준위는 $2(2l + 1) = 2$개씩의 전자를 갖고 있을 수 있으므로 N 원자들로 만들어지는 s 띠는 2N 전자를 가질 수 있다.

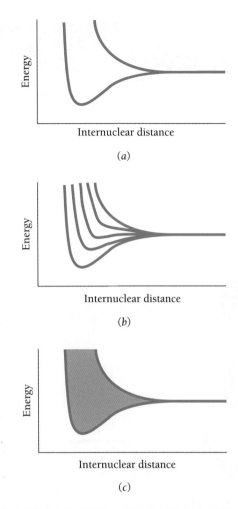

그림 10.19　나트륨 원자 바닥상태에서 채워진 준위들 중 가장 높은 준위는 3s 준위이다. (a) 나트륨 원자가 서로 접근함에 따라 전자 파동함수의 겹침에 의해 처음에는 같았던 3s 준위들이 두 준위로 갈라지게 된다. (b) 새로 생기는 준위들의 수는 상호작용을 하는 원자 수와 같다. 여기서는 5개이다. (c) 고체 나트륨과 같이 상호작용을 하는 원자 수가 매우 많아지면, 준위들의 간격이 매우 조밀한 에너지띠가 된다.

따라서 고체 나트륨에서의 3s 띠는 단지 절반만 채워지고(그림 10.22), 페르미 에너지 ϵ_F는 띠 중간에 위치하게 된다.

　　나트륨 고체 조각의 양 끝에 전위차를 걸어 주면, 3s 전자들은 원래의 에너지띠에 그대로 있으면서도 추가되는 에너지를 쉽게 받아들인다. 이 추가되는 에너지는 KE의 형태가 되어 전자들의 표류로 전류를 만들어낸다. 그러므로 나트륨은 좋은 전기 도체가 되며, 이와 같이 에너지띠가 단지 부분적으로만 채워져 있는 다른 고체 결정들도 도체가 된다.

　　마그네슘(magnesium) 원자는 채워진 3s 껍질을 가지고 있다. 만약 마그네슘 고체에서 3s 준위들이 단순히 3s 띠로 퍼진다면, 3s 띠 바로 위에 금지된 띠가 있게 된다[그림 10.21(b)]. 3s 전자들은 금지된 띠를 건너뛰어 그 위에 있는 비어 있는 띠로 뛰어오르기에 충분한 에너지를 얻기가 쉽지 않다. 그럼에도 불구하고 마그네슘은 금속이다. 실제로 일어나는 상황은 마그네슘 원자들이 서로 접근함에 따라 3p와 3s 띠가 중첩되어 그림 10.21(a)와 같은 구조를 갖는

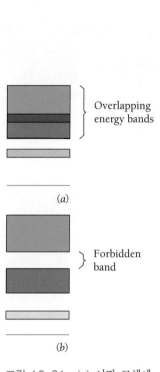

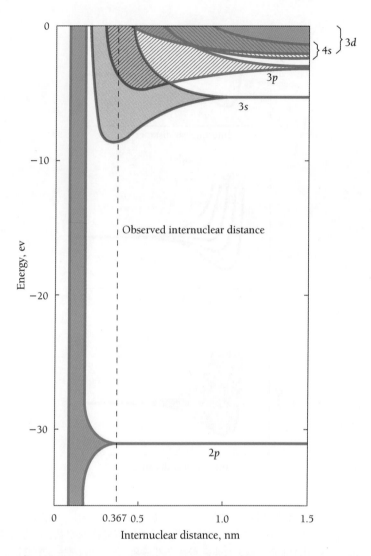

그림 10.20 핵간 거리가 줄어들면서 나트륨 원자의 에너지 준위들은 띠가 된다. 고체 나트륨에서 관찰된 핵간 거리는 0.367 nm이다.

그림 10.21 (a) 어떤 고체에서는 에너지띠가 서로 겹쳐져서 연속적인 띠를 형성한다. (b) 다른 고체에서는 금지된 띠가 서로 겹치지 않은 에너지띠를 분리시킨다.

다. $p(l = 1)$ 원자 준위는 $2(2l + 1) = 2(2 + 1) = 6$개의 전자들을 가질 수 있고, 따라서 N 원자들로 된 p 띠는 $6N$개의 전자를 가질 수 있다. $3s$ 띠의 $2N$ 전자들과 함께 마그네슘의 $3s + 3p$ 띠는 모두 $8N$개의 전자를 가질 수 있다. 마그네슘은 띠에 단지 $2N$ 전자만 있으므로 $1/4$만 채워져서 도체가 된다.

부도체

탄소 원자에서 $2p$ 껍질은 2개의 전자만 가지고 있다. p 껍질은 6개의 전자를 가질 수 있으므로 나트륨과 마찬가지로 탄소도 도체일 것으로 생각할 수 있다. 실제로 생기는 일은 탄소 원자들이 접근함에 따라 생성된 $2s$와 $2p$ 띠는 먼저 중첩되고(나트륨에서 $3s$와 $3p$ 띠가 그러하였듯이), 더 접근함에 따라 결합된 띠는 두 개의 띠로 분리된다(그림 10.23). 분리된 각 띠는 $4N$개의 전자들을 포함할 수 있다. 탄소 원자는 2개의 $2s$와 2개의 $2p$ 전자를 가지고 있기 때문에

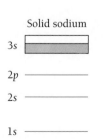

그림 10.22 고체 나트륨의 $3s$ 에너지띠는 절반만 전자들로 차 있다. 페르미(Fermi) 에너지 ϵ_F는 띠의 중간에 있다.

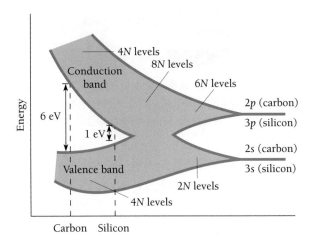

그림 10.23 탄소와 실리콘의 에너지띠의 기원. 탄소는 2s와 2p 준위, 그리고 실리콘에서는 3s와 3p 준위가 에너지띠로 펼쳐진다. 원자 간 거리가 좁아짐에 따라 처음에는 겹쳐지다가 다음에는 갈라져 나가는 두 개의 띠로 분리된다. 아래 띠는 원자가전자들로 채워지고, 위 전도띠는 비어 있다. 두 띠 사이의 에너지 간격은 원자 간 간격에 따라 달라지며, 실리콘에서보다는 탄소에서 그 간격이 더 크다.

다이아몬드에서의 4N 원자가전자들은 그림 10.24에서와 같이 낮은[혹은 **원자가**(valence)] 띠를 채운다. 원자가띠 위의 **전도띠**(conduction band)는 원자가띠와 6 eV의 금지된 띠로 분리되어 있으며 비어 있다. 여기에서는 페르미 에너지 ϵ_F가 원자가띠의 꼭대기에 위치한다. 다이아몬드에 있는 전자 하나가 거의 자유롭게 움직일 수 있는 전도띠로 올라가기 위해서는 최소한 6 eV의 추가 에너지가 공급되어야 한다. 상온에서 $kT = 0.025$ eV이므로 다이아몬드의 원자가전자들은 6 eV의 틈을 뛰어넘기에 충분한 열에너지를 가지지 못한다.

전기장으로도 다이아몬드에서 원자가전자에 6 eV의 에너지 증가분을 줄 수 없다. 왜냐하면 전자들은 결정 결함과 잦은 충돌을 하고, 충돌하는 동안 전기장으로부터 얻은 대부분의 에너지를 잃어버리기 때문이다. 전형적인 평균 자유 경로인 5×10^{-8} m에서 전자가 6 eV의 에너지를 얻기 위해서는 10^8 V/m 이상의 전기장이 필요하다. 이 전기장의 세기는 도체에서 전류를 흐르게 하는 데 필요한 전기장보다 수십억 배 더 세다. 따라서 다이아몬드는 매우 불량한 도체이고, 부도체로 분류된다.

반도체

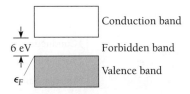

그림 10.24 다이아몬드의 에너지띠. 페르미(Fermi) 에너지는 차 있는 아래 에너지띠의 맨 꼭대기에 위치한다. 원자가띠에 있는 전자가 전도띠로 올라가기 위해 최소한 6 eV가 필요하므로 다이아몬드는 부도체이다.

그림 10.25   반도체에서는 원자가띠와 전도띠가 부도체에서보다 작은 간격에 의해 분리되어 있다. 여기에서는 원자가띠 꼭대기에 있는 적은 수의 전자들이 간격을 뛰어넘어 전도띠로 옮겨갈 수 있을 만큼 충분한 열에너지를 받을 수 있다. 그러므로 페르미 에너지는 띠 간격의 중간에 위치한다.

실리콘은 다이아몬드와 비슷한 결정 구조를 가지며, 다이아몬드에서처럼 채워진 원자가띠와 비어 있는 전도띠 사이에 띠 간격이 존재한다(그림 10.23 참조). 그러나 실리콘에서의 금지된 띠의 폭은 1 eV밖에 되지 않는다. 낮은 온도에서의 실리콘은 도체로서 다이아몬드보다 약간 더 좋은 정도이나, 실온에서는 약간의 원자가띠 전자들이 금지된 띠를 넘어 전도띠로 올라갈 수 있을 만한 에너지를 얻는다(그림 10.25). 전자의 수가 적기는 하지만 전기장이 가해지면 약간의 전류가 흐르도록 한다. 그러므로 실리콘의 비저항은 도체와 부도체의 중간쯤이다. 실리콘 및 이와 비슷한 띠 구조를 가지는 고체는 **반도체**(semiconductor)로 분류된다.

불순물이 들어 있는 반도체

소량의 불순물은 반도체의 비저항을 급격하게 바꿀 수 있다. 실리콘 결정에 적은 수의 비소(arsenic) 원자를 주입한다고 하자. 비소 원자는 최외각 껍질에 5개의 전자가 있으며, 실리콘 원자는 최외각 껍질에 4개의 전자가 있다(이들 껍질의 전자 배치는 각각 $4s^2 4p^3$과 $3s^2 3p^2$이다). 실리콘 결정에서 실리콘 원자 하나를 비소 원자로 바꾸어 놓으면 비소 원자의 전자 4개는 가장 가까이 있는 실리콘 원자들과 공유 결합하는 데 참가한다. 다섯 번째 전자는 매우 작은 에너지로도 떨어져 나와 결정 내를 거의 자유롭게 움직이며 돌아다닐 수 있다. 이 에너지 값은 실리콘의 경우 약 0.05 eV, 게르마늄의 경우는 약 0.01 eV이다.

그림 10.26에서와 같이, 실리콘 결정 내에서 불순물로 작용하는 비소는 전도띠 바로 아래에 에너지 준위를 만든다. 이러한 에너지 준위를 **주개준위**(donor level)라 하며, 이러한 반도체는 음전하(negative charge)에 의해 전류가 흐르므로 **n-형**(n-type) 반도체라 한다(그림 10.27). 전도띠 아래에 있는 주개준위는 페르미 에너지를 전도띠와 원자가띠 사이에 있는 금지된 띠의 중간에서부터 더 높은 위치로 올려놓는다.

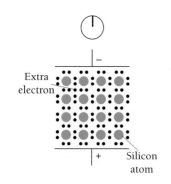
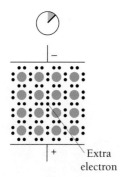
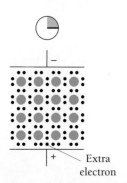

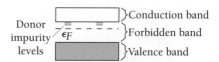

그림 10.27   n-형 반도체에서의 전자의 흐름

그림 10.26   실리콘 결정에 비소를 첨가하면 정상적으로는 금지된 띠 안에 주개(donor)준위를 만들고, n-형 반도체를 형성한다.

고체의 광학적 성질

고체의 광학적 성질은 그 고체의 에너지띠 구조와 밀접하게 연관되어 있다. 가시광선의 광자가 가지는 에너지는 1 eV에서 3 eV 정도이다. 금속에서의 자유전자는 원자가띠를 벗어나지 않고도 이 정도의 에너지를 쉽게 흡수할 수 있으며, 따라서 금속은 불투명하다. 금속의 광택 특성은 자유전자에 흡수된 빛의 재복사에 의한 것이다. 만약 금속 표면이 매끄럽다면, 이 재복사되는 빛은 원래 입사된 빛이 반사된 형태로 나타난다.

반면에 부도체 내의 원자가전자가 광자를 흡수하여 금지된 띠를 넘어 전도띠로 옮겨가려면 3 eV 이상의 광자에너지가 필요하다. 그러므로 부도체는 가시광선의 광자를 흡수할 수 없어서 투명하다. 물론 대부분의 부도체 시료는 투명하지 않게 보이는데, 이는 구조가 불규칙하여 빛이 산란되기 때문이다. 부도체는 자외선에 대해서는 불투명한데, 자외선의 주파수가 커서 전자들이 금지된 띠를 뛰어넘을 수 있을 만큼 충분한 에너지를 공급할 수 있기 때문이다.

반도체에서는 금지된 띠의 폭이 가시광선의 광자에너지와 거의 비슷하므로 일반적으로 가시광선에 대해서는 불투명하다. 하지만 주파수가 작아서 에너지가 더 작은 적외선은 흡수할 수 없으므로 적외선에 대해서는 투명하다. 이러한 이유로 반도체 게르마늄(germanium)으로 적외선 렌즈를 만들 수 있다. 적외선 렌즈를 가시광선으로 보면 불투명한 고체로 보인다. ■

이제 바꾸어서 실리콘 결정에 갈륨 원자를 넣어 주면 다른 효과가 나타난다. 갈륨 원자는 전자 배치가 $4s^24p^1$이므로 최외각 껍질에 3개의 전자를 가지고 있으며, 이러한 갈륨 원자가 들어가면 결정의 전자 구조에 **구멍**(hole)이라고 하는 빈자리(vacancy)가 생기게 된다. 전자가 빈자리인 구멍으로 들어가는 데는 상대적으로 작기는 하지만 에너지가 필요하다. 그러나 그렇게 되기만 하면 전자가 있던 원래 장소에 다시 구멍이 생기게 된다. 약간의 갈륨이 포함되어 있는 실리콘 결정의 양 끝에 전기장을 가해 주면 전자들은 구멍들을 계속 채워가며 양극으로 이동할 것이다(그림 10.28). 이 경우는 전류의 흐름을 편의상 구멍을 기준으로 기술하고, 구멍은 음극 쪽으로 움직여 가므로 마치 양전하(positive charge)와 같이 행동한다. 이러한 종류의 물질을 **p-형**(p-type) 반도체라 한다.

에너지띠 그림인 그림 10.29에서, 실리콘 내에서 결함으로 작용하는 갈륨은 **받개준위**(acceptor level)라고 하는 에너지 준위를 원자가띠 바로 위에 만들어 놓는 것을 볼 수 있다. 이들 준위를 채우는 전자는 원자가띠에 빈자리 하나, 즉 구멍 하나를 남겨 놓고 올라오는데, 이렇게 하여 전류가 흐를 수 있게 된다. p-형 반도체의 페르미 에너지는 금지된 띠의 중간보다 낮은 위치에 놓여 있다.

반도체에 불순물을 첨가하는 것을 **도핑**(doping)이라 한다. 비소와 마찬가지로 인, 비스무트, 안티몬은 5개의 원자가전자를 가지고 있으므로 실리콘과 게르마늄을 주개(donor) 불순

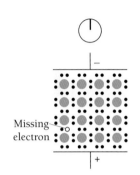
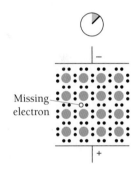
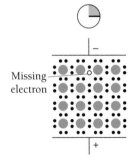

그림 10.28 p-형 반도체에서의 전류는 전자를 잃어버린 위치인 '구멍'의 운동에 의해 운반된다. 전자들이 구멍으로 들어옴에 따라 구멍은 음전극을 향하여 움직인다.

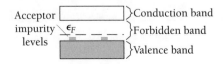

그림 10.29 실리콘 결정 내의 약간의 갈륨은 금지된 띠에 받개준위를 만들고, p-형 반도체가 되게 한다.

물로 도핑하는 데 쓸 수 있고, 따라서 n-형 반도체로 만든다. 비슷하게 갈륨과 같이 인듐, 탈륨(thallium)은 3개의 원자가전자를 가지고 있으므로 받개(acceptor) 불순물로 쓰일 수 있다. 불순물을 소량만 넣어도 반도체의 전도도에 극적인 변화를 줄 수 있다. 예를 들어, 게르마늄 10^9개당 한 개의 주개(donor) 불순물을 첨가하면 전기전도도는 거의 10^3배만큼 증가한다. 실리콘과 게르마늄만 실제로 응용되는 반도체 물질은 아니다. 다른 중요한 반도체의 종류로는 GaAs, GaP, InSb, 그리고 GaN와 같이 3가 원소와 5가 원소의 화합물들을 들 수 있다.

10.7 반도체 소자

미소전자공학(microelectronics) 산업에서는 p-n 접합의 성질을 이용한다.

대부분의 반도체 소자들의 작동은 p-형과 n-형 물질의 접합의 성질에 그 근거를 두고 있다. 이러한 접합은 여러 가지 방법으로 만들 수 있다. 집적회로(integrated circuit)를 생산하는 데 특별히 적용되는 방법은 기판(wafer)에 마스크로 도핑할 곳을 정하여 놓은 후에 이 부분에만 불순물 증기를 확산시키는 방법이다. 몇 mm 크기인 하나의 칩 속에 수백만 개의 저항, 축전기, 다이오드, 트랜지스터가 포함되는 회로를 만드는 과정의 일부에는 주개와 받개 불순물을 이용한 일련의 확산 단계들이 이용된다. 이 방법에서 한계를 주는 요소는 마스크를 통해 빛을 통과시켜 기판 표면의 포토레지스트 화합물을 굳히는 데 사용하는 빛의 파장이다(굳지 않은 부분의 포토레지스트는 씻어 버려서, 다음의 확산 단계를 위해 그 부분의 기판 표면이 노출되게 한다). 재래식 광학계로 사용할 수 있는 가장 짧은 파장은 193 nm(자외선)이다. 이보다 짧은 파장에서 렌즈를 만들기에 적당한 투명한 물질이 알려져 있지 않기 때문이다. 193 nm 의 빛으로는 작게는 130 nm까지의 구조를 만들 수는 있으나, 단위 칩당 더 많은 구성 요소가 필요한 전자 산업에서의 요구는 다른 기술에 의해 충족되어야 할 것이다. 이 목표를 위해

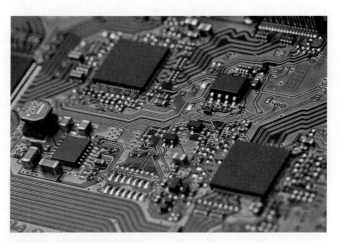

다양한 기능을 하는 여러 반도체 칩들이 회로 기판 위에서 연결되어 있다.

X-선, 전자 그리고 이온 빔에 대한 연구가 진행 중에 있고, 당장의 목표는 100 nm 간격으로 200만 개 이상의 회로 요소를 포함하는 칩을 만드는 것이다.[주]

접합 다이오드

p-n 접합의 특징적인 성질 중의 하나는 전류를 다른 방향보다 어느 한 방향으로 훨씬 더 쉽게 흐르게 할 수 있다는 것이다. 그림 10.30에 보이는 다이오드에서 왼쪽은 구멍(hole)의 운동에 의해 전도가 일어나는 *p*-형 영역이고, 오른쪽은 전자가 이동함으로써 전도가 일어나는 *n*-형 영역이다. 다음과 같은 3가지 경우를 생각할 수 있다.

1. **바이어스(bias) 없음**: 10.30(*a*)에 이 경우를 나타내었다. 열적 들뜸으로 *p*-영역의 원자가띠에 자발적으로 전자-구멍 쌍이 생긴다. 전자들 중 일부가 띠 간격(gap)을 뛰어넘을 만한 충분한 에너지를 가져 전도띠로 올라가고, *n* 영역으로 옮겨간다. 전자들은 *n* 영역에서 충돌에 의해 에너지를 잃는다. 동시에 *n* 영역의 일부 전자들은 에너지 언덕을 넘을 만한 충분한 에너지를 가지게 되어 *p* 영역으로 들어오게 되고, *p* 영역에서 구멍과 재결합한다. 열적 평형 상태에서는 이 두 과정이 똑같이 낮은 비율로 일어나므로 알짜 전류(net current)는 흐르지 않는다. 페르미 에너지는 *p* 영역과 *n* 영역에서 동일하다. 만약 그렇지 않다면 전자들은 ϵ_F가 같아질 때까지 낮은 에너지를 가진 비어 있는 에너지 상태로 흘러가게 된다.

2. **역방향(reverse) 바이어스**: 그림 10.30(*b*)와 같이 *p*쪽 끝은 음극, *n*쪽 끝은 양극이 되도록 다이오드(diode)의 양 끝에 외부 전압 *V*를 걸어준다. 접합 좌우의 에너지 차이는 (*a*)에서보다 *Ve*만큼 크며, 재결합 전류 i_r의 흐름을 방해한다. *p* 영역의 구멍은 왼쪽으로 옮겨가서 음극 단자에 쌓이게 되고, *n* 영역의 전자는 오른쪽으로 이동하여 양극 단자 쪽으로 가게 된다. 열적 들뜸에 의해 전자-구멍 쌍이 계속적으로 생성되기는 하지만 비교적 적은 수이기 때문에 가해준 전압이 커도 알짜 전류 $i_t - i_r$은 매우 작다(전통적인 전류 *I*는 +에서 −로 흐르며, 전자의 흐름 *i*와는 방향이 반대라는 것에 주의하자).

3. **순방향(forward) 바이어스**: 그림 10.30(*c*)와 같이 다이오드의 *p*쪽 끝은 양극, *n*쪽 끝은 음극이 되도록 외부 전압 *V*를 걸어준다. 이제 접합 좌우의 에너지 차이는 (*a*)에서보다 *Ve*만큼 작아진다. 전자가 넘어가야 할 에너지 언덕이 작아지기 때문에 재결합 전류 i_r의 흐름은 증가된다. 이러한 상황 아래에서는 양극 단자를 통해 전자가 계속 빠져나가므로 계속하여 구멍이 생겨나고, 음극 단자를 통해 새로운 전자가 계속 보급된다. 걸어준 전압의 영향으로 구멍은 오른쪽으로 이동하고, 전자는 왼쪽으로 이동한다. 구멍과 전자는 *p-n* 접합 근처에서 만나게 되어 그곳에서 재결합한다.

그러므로 *p-n* 접합을 통하여 한 방향으로는 전류가 쉽게 흐를 수 있지만 반대 방향으로는 전류가 거의 흐를 수 없다. 이러한 접합은 전기회로에서 이상적인 정류기(rectifier)를 만드는 데 사용할 수 있다. 걸어주는 전압이 커질수록 순방향으로 흐르는 전류도 커진다. 그림 10.31은 *p-n* 접합 정류기에서 *I*가 *V*에 대해 어떻게 변화하는지를 보여주는 그림이다.

역자주: 2024년 현재 EUV 등의 공정을 이용하여 이미 20 nm 이하 간격의 소자들이 생산되고 있다.

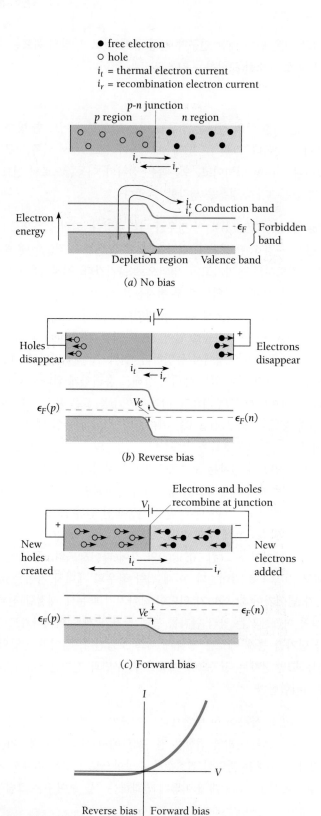

그림 10.30 반도체 다이오드의 작동

(a) 외부에서 전압을 걸어주지 않을 때는 오른쪽 방향의 열전자 전류는 왼쪽 방향의 재결합 전자 전류와 같아져 알짜(net) 전류가 존재하지 않는다. 이 두 전류 모두 약한 전류이다.

(b) 다이오드의 p 부분이 음극이 되도록 외부에서 전압을 걸어주면, 재결합 전류는 열전자 전류보다 작아진다. 그 결과 오른쪽 방향으로 아주 작은 알짜 전자 전류가 생기게 된다.

(c) 다이오드의 p 부분이 양극이 되도록 외부에서 전압을 걸어주면, 재결합 전류는 열전자 전류보다 매우 커져서 왼쪽 방향으로 아주 큰 알짜 전자 전류가 생기게 된다. 관례적으로 전류 방향은 전자 전류 방향과 반대이다.

그림 10.31 p-n 반도체 다이오드의 전압-전류 특성

광 다이오드

전자-구멍 쌍을 만들기 위해서는 에너지가 필요하며, 이 에너지는 전자와 구멍이 재결합할 때 다시 방출된다. 실리콘과 게르마늄에서는 재결합에너지가 결정에서 열로 흡수되며, 다른 특정한 일부 반도체, 예를 들어 갈륨 비소(gallium arsenide)에서는 재결합이 일어날 때 광자가 방출된다. 이것이 **발광 다이오드**[light-emitting diode(LED)]의 원리이다. LED에 그림 10.30(c)에서와 같이 순방향 바이어스를 걸면 전자와 구멍은 모두 p-n 접합 쪽으로 움직이며, 접합에서 만나 빛을 내며 재결합한다.

LED에서는 약한 전류를 사용하고, 광자는 자발방출로 발생된다. 전류가 높으면, 결핍 영역에서의 자발방출은 전자나 구멍이 도달하는 비율을 따르지 못해 상당한 밀도반전이 생긴다. 이는 레이저가 발생할 수 있는 조건으로서, 자발적으로 방출한 광자가 유도방출에 의한 광자 사태(avalanche)를 유발한다. **반도체 레이저**(semiconductor laser)에서는 p-n 접합의 양쪽 끝면을 평행하게 그리고 빛의 일부가 반사되게 만든다. 유도방출로 만들어진 결맞는 빛은 좁은 결핍 영역을 오가며 증폭되고, 끝면에서 바깥으로 나온다(그림 10.32).

실리콘 **태양전지**(solar cell)에서는 LED에서 일어나는 과정이 역으로 일어난다. 여기에서는 실리콘의 얇은(<1 μm) 바깥층을 통과한 광자가 p-n 접합이나 접합 근처에 도달하여 전자-구멍 쌍을 만든다. 전자는 전도띠로 올리고 원자가띠에 구멍을 남긴다. 결핍 영역을 가로지르는 전위차는 전자를 n 영역으로, 구멍을 p 영역으로 밀어내는 전기장을 만든다. 새로이 자유롭게 된 전자들은 외부 회로를 통해 n 영역에서 p 영역으로 흘러 들어가서 새롭게 생성된 구멍과 재결합한다. 이런 방법으로, 입

우주왕복선 디스커버리(Discovery)호로 쏘아 올려진 허블 우주 망원경. 망원경에 전력을 공급하는 두 장의 태양 전지판이 배치되어 있다.

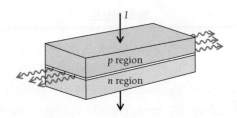

그림 10.32 반도체 레이저. 각 방향의 크기는 mm보다 작으며, 나오는 빛은 다른 모든 레이저에서와 마찬가지로 결맞는 빛이다. 빛이 나오는 p와 n 접합영역은 단지 몇 마이크로미터 두께밖에 되지 않는다.

사하는 광자에너지가 전기에너지로 변환된다. 이런 종류의 다이오드는 카메라에서의 조도계와 같은 광을 검출하는 소자로 널리 사용될 뿐만 아니라, 태양복사로부터 전기에너지를 생산한다.   ■

　　그림 10.30에서는 전하 운반자로 전자만 보여주었다. 물론 실제로 구멍에 대해서도 똑같은 논의를 전개할 수 있다. 단지 구멍은 양전하와 같이 행동하므로 구멍들에 의한 전류의 방향은 전자에 의한 전류의 방향과 정반대가 되고, 관례상의 전류에 그대로 합하여진다.

　　p 물질이 n 물질에 접합하면 그림 10.30(a)의 아랫부분에서 나타낸 것과 같이 예리한 경계면 대신에 **결핍 영역**(depletion region)이 생긴다. 이 영역에서는 n 물질의 주개준위에 있는 전자가 p 물질의 받개준위에 있는 구멍을 채우기 때문에 두 종류의 전하 운반자 수가 모두 아주 적어진다. 결핍 영역의 폭은 다이오드를 어떻게 만들었느냐에 정확히 의존하며, 전형적인 값은 약 10^{-6} m이다.

터널 다이오드

다이오드의 n 부분과 p 부분을 심하게 도핑하여 그림 10.33(a)와 같은 에너지띠 구조를 갖게 할 수 있다. 결핍 영역은 아주 좁아서 ~10^{-8} m 정도이며, n 전도띠의 하단 부분이 p 원자가띠의 상단 부분과 중첩되어 있다. 불순물의 농도가 커지면 주개준위는 n 전도띠의 바닥 부분에 흡수되고, 따라서 페르미 에너지가 위로 이동하여 띠 안으로 들어온다. 마찬가지로 받개준위는 p 원자가띠의 윗부분에 흡수되어 페르미 에너지가 원자가띠의 상단보다 낮아진다.

　　결핍 영역은 아주 좁아서 그 폭이 몇 전자 파장 정도밖에 되지 않는다. 따라서 5.9절에서 기술한 방법으로, 전자들은 금지된 띠를 '터널(tunnel)처럼 통과'할 수 있다. 이 때문에 이러한 다이오드를 **터널 다이오드**(tunnel diode)라 한다. 이 다이오드에 외부 전압이 걸리지 않으면, 전자들은 똑같은 수만큼 양방향으로 띠 간격을 가로질러서 터널링하여 통과하고, 페르미 에너지는 다이오드를 가로질러서 일정하다.

　　그림 10.33(b)는 다이오드에 작은 순방향 전압을 걸어주면 어떻게 되는지를 보여주고 있다. 이제 n 전도띠의 채워진 아랫부분의 바로 반대편에 p 원자가띠의 비어 있는 윗부분이 존재하므로 n에서 p로의 터널링만 일어난다. 이 결과로 왼쪽 방향으로 전자의 흐름이 생기게 되고, 관례상 오른쪽으로 전류가 흐르게 된다.

　　외부 전압이 점점 커지면, 그림 10.33(c)와 같이 두 띠는 더 이상 중첩할 수 없고 터널 전류는 멈추게 된다. 이때부터는 그림 10.30의 보통 접합 다이오드와 정확히 똑같이 행동한다. 그림 10.34는 터널 다이오드(tunnel diode)의 전압-전류 특성 곡선을 나타낸 것이다.

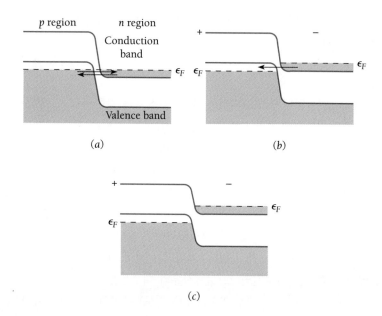

(a)   (b)

(c)

그림 10.33   터널 다이오드의 작동. (a) 바이어스가 없을 때, 전자는 p와 n 영역으로 양쪽에서 모두 터널링한다. (b) 작은 순방향 바이어스. 전자는 단지 n에서 p 영역으로만 터널링한다. (c) 좀 더 큰 순방향 바이어스. 이제는 p 영역의 원자가띠와 n 영역의 전도띠가 겹치지 않으므로 터널링이 일어날 수 없게 된다. 좀 더 높은 전압에서는 그림 10.30과 같이 보통의 다이오드처럼 행동한다.

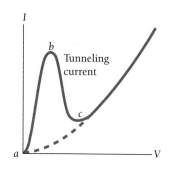

그림 10.34   터널 다이오드의 전압-전류 특성. 점 a, b, c는 각각 그림 10.33의 (a), (b), (c)의 경우에 해당한다. 점선은 그림 10.30에서의 보통의 접합 다이오드의 특성을 표시한 것이다.

그림 10.34의 점 a와 b 사이 또는 b와 c 사이에서는 전압 변화에 의해 전류가 매우 빠르게 바뀌므로 터널 다이오드의 중요성은 그 빠른 반응성에 있다. 보통의 다이오드와 트랜지스터의 반응 시간은 전하 운반자의 확산 속도에 의존하고, 이 속도는 느리다. 그러므로 이러한 소자들은 느리게 작동한다. 반면에, 터널 다이오드는 적당한 전압 변화에 대해 빠르게 반응하므로 높은 진동수 진동자나 컴퓨터의 빠른 스위치에 사용된다.

제너 다이오드

많은 반도체 다이오드에서는 그림 10.31과 같이 높은 전압에서도 역방향 전류가 거의 일정하여 변하지 않지만, 어떤 다이오드에서는 그림 10.35와 같이 특정한 전압에 도달하면 역방향 전류가 급격히 증가한다. 이러한 다이오드를 **제너 다이오드**(Zener diode)라 하며, 전압 조절 회로에 널리 쓰인다.

전류가 급격히 증가하는 데 기여하는 두 가지 메커니즘이 있다. 하나는 **사태증식**(avalanche multiplication)이라 하는데, 접합 근처에 있는 전자가 전기장에 의해 충분히 가속되어 이 전자와 충돌하는 원자를 이온화시켜 새로운 전자-구멍 쌍을 만드는 메커니즘이다. 새로 생긴 전자들은 이 과정을 다시 차례로 반복하여 다이오드에 전하 운반자의 홍수가 일어나게 한다.

다른 하나는 **제너 붕괴**(Zener breakdown)라 불리는데, 접합의 p 쪽의 원자가띠에 있는 전자들이 n 쪽의 전도띠로 터널링하는 것으로, 이 전자들이 먼저 p 쪽의 전도띠로 올라갈 만한 충분한 에너지를 가지지 않아도 일어나는 구조이다(이러한 터널링은 터널 다이오드에서 일어나는 것과 그 방향이 반대이다). 제너 붕괴는 심하게 도핑된 다이오드에 6 V 이하의 전압

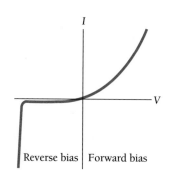

그림 10.35   제너 다이오드의 전압-전류 특성

을 가했을 때 나타난다. 가볍게 도핑된 다이오드에서는 필요한 전압이 더 높으며, 이때는 사태증식이 주 과정이 된다.

접합 트랜지스터

트랜지스터(transistor)는 알맞게 연결되었을 때 약한 신호를 강한 신호로 증폭시키는 반도체 소자이다. 그림 10.36은 *n-p-n* 접합 트랜지스터(junction transistor)를 나타내고 있는데, **베이스**(base)라 하는 *p*-형 영역이 **이미터**(emitter)와 **컬렉터**(collector)라 불리는 두 개의 *n*-형 영역 사이에 끼워져 있다(*p-n-p* 트랜지스터도 비슷한 방법으로 행동하는데, 전류가 전자가 아니라 구멍에 의해 흐른다는 것만 다르다). *n-p-n* 트랜지스터의 에너지띠 구조를 그림 10.37에 나타내었다.

트랜지스터에서 이미터-베이스 접합을 가로질러서는 순방향, 그리고 베이스-컬렉터 접합을 가로질러서는 역방향 바이어스가 걸린다. 이미터는 베이스보다 더 심하게 도핑되어 있으므로 이미터-베이스 접합을 가로질러 흐르는 전류의 대부분은 왼쪽에서 오른쪽으로 움직이는 전자에 의한 것이다. 베이스는 매우 얇고(1 μm 정도) 구멍의 농도가 매우 낮으므로 베이스에 들어온 대부분의 전자는 베이스를 통과하여 베이스-컬렉터 접합으로 확산되는데, 여기에서는 높은 양(+)의 전압이 전자를 컬렉터로 끌어당긴다. 그러므로 입력-회로 전류가 변화하면 출력-회로의 전류도 똑같은 모양으로 변화하나, 몇 퍼센트 정도 감소한다.

그림 10.36의 트랜지스터가 증폭할 수 있는 능력을 가지는 이유는 베이스-컬렉터 접합의 역방향 바이어스를 통해 입력 회로보다 출력 회로가 훨씬 더 높은 전압을 가지게 하기 때문이다. (전기적 일률) = (전류) × (전압)이므로 출력 신호의 일률은 입력 신호의 일률보다 훨씬 커질 수 있다.

전기장-효과 트랜지스터

접합 트랜지스터의 출현은 전자공학에 혁명을 일으켰지만, 어떤 응용 목적에서는 낮은 입력 임피던스(impedance)가 결점이 된다. 더욱이 이들을 한 집적회로에 많이 집어넣는 것이 어렵고, 상대적으로 많은 전력을 소모한다. **전기장-효과 트랜지스터**(field-effect transistor: FET)로 이러한 불리함을 극복할 수 있으므로 접합 트랜지스터보다 느리기는 하지만 오늘날 널리 사용된다.

그림 10.38과 같이 **n-채널**(n-channel) FET는 양 끝에 단자를 가진 *n*-형 물질의 토막과 이

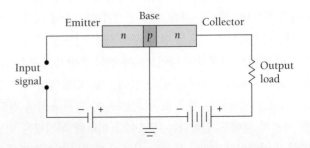

그림 10.36   간단한 접합 트랜지스터 증폭기

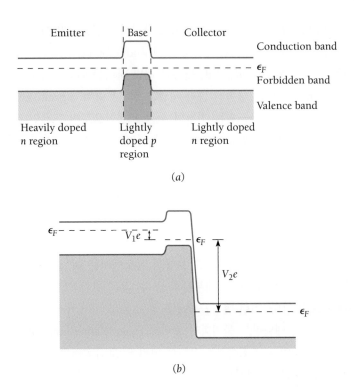

(a)

(b)

그림 10.37 (a) 배선되지 않은 n-p-n 트랜지스터. (b) 그림 10.36과 같은 배선으로 된 트랜지스터. 이미 터(emitter)와 베이스(base) 사이의 순방향 바이어스 V_1은 작고, 베이스와 컬렉터(collector) 사이의 역방향 바이어스 V_2는 크다. 베이스가 매우 얇기 때문에 전자들은 베이스에 있는 구멍과 재결합 없이 이미터에서 컬렉터로 옮겨갈 수 있다. 전자가 컬렉터에 도달하면 충돌에 의해 에너지를 잃고, 그런 후에는 $V_2 e$가 너무 높아서 베이스로 되돌아갈 수 없다.

토막의 한쪽 면 위에 p-형 물질의 얇은 조각을 붙여서 만드는데, 이 p-형 물질을 **게이트**(gate)라 한다. 그림과 같이 배선을 하면 전자들은 **소스**(source) 쪽에서 n-형 채널을 통해 **드레인**(drain) 쪽으로 이동한다. p-n 접합에 역방향 바이어스가 걸리게 하면, 그 결과로 접합 근처의 n 물질과 p 물질 모두에서 전하 운반자들이 없어진다[그림 10.30(b)를 보라]. 게이트에 걸리는 역전압이 높아질수록 결핍 영역은 점점 더 커지고, 전류를 흐르게 할 수 있는 전자의 수는 점점 줄어든 다. 그러므로 게이트 전압은 채널 전류를 조정한다. 역방향 바이어스에 의해 게이트 회로를 통 과하여 흐르는 전류는 아주 작아지므로 극단적으로 높은 입력 임피던스를 얻게 된다.

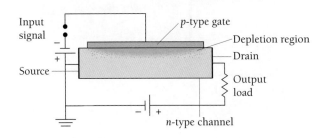

그림 10.38 전기장-효과 트랜지스터

더 높은 입력 임피던스(약 10^{15} Ω)를 가짐에도 불구하고 만들기가 아주 쉬운 특성을 가진 것으로 금속-산화물-반도체 FET(metal-oxide-semiconductor FET: MOSFET)를 들 수 있다. 반도체 게이트를 금속 필름으로 대체하고, 필름과 채널 사이를 이산화 실리콘의 부도체 층으로 분리시킨 FET이다. 그러므로 금속 필름과 채널은 전기용량적(capacitively)으로 연결되고, 이들 사이의 전위차가 채널에 유도되는 전하의 수를 조절함으로써 드레인 전류를 조절한다. MOSFET는 접합 트랜지스터 면적의 몇 퍼센트밖에 되지 않는 면적을 차지한다.

10.8 초전도성

저항이 전혀 없다. 단, 매우 낮은 온도에서만(현재까지는)

전기전도체가 가장 좋은 전도체라 하더라도 보통의 온도에서는 어느 정도 전자의 흐름에 저항한다. 그러나 매우 낮은 온도에서는 대부분의 금속, 많은 합금 그리고 약간의 화합물들이 전류를 자유롭게 흐르게 한다. 이런 현상을 **초전도성**(superconductivity)이라 부른다.

초전도성은 1911년에 네덜란드 물리학자 오너스(Heike Kamerlingh Onnes)에 의해 발견되었다. 그는 수은의 저항이 4.15 K까지는 온도에 따라 일반 금속처럼 감소하다가(그림 10.18을 보라.) T_c = 4.15 K에서는 측정기로는 감지하지 못할 정도로 영에 가깝게 급격히 떨어지는 것을 발견하였다(그림 10.39). 다른 초전도 원소의 **임계온도**(critical temperature) T_c는 0.1 K

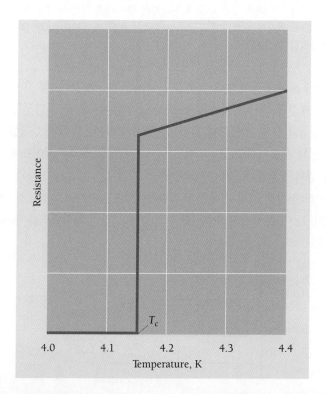

그림 10.39 저온에서의 수은의 저항. 임계온도 T_c = 4.15 K 이하에서 수은은 저항이 없는 초전도체가 된다.

보다 낮은 데서부터 10 K까지 다양하게 변한다. 뒤에 가서 보게 되겠지만, 구리나 은과 같이 일반적으로 좋은 금속은 냉각시켜도 초전도체가 되지 않는다는 것은 의미 있는 사실이다. 134 K에 이르는 가장 높은 임계온도는 어떤 세라믹 물질에서 발견되었다.

초전도체는 실제로 0의 저항을 가지고 있는가, 아니면 매우 작은 저항을 가지고 있는가? 이에 대해 알아보기 위해 초전도체 도선 고리에 전류를 흘려보내고, 어떤 경우에는 수년간에 걸쳐 이 전류에 의한 자기장 측정을 하였다. 전류의 감소가 발견되지 않았고, 따라서 초전도체는 실제로 저항을 전혀 가지지 않는다.

자기 효과

자기장의 존재는 **I-형 초전도체**(type I superconductor)의 임계온도가 그림 10.40에서처럼 감소하게 하는 원인이 된다. 만약 자기장이 물질과 온도에 의존하는 특정한 값인 임계값 B_c를 넘어서면 초전도성은 모두 사라진다. 이런 물질은 해당하는 곡선 아래에서의 T와 B에서만 초전도체가 되고, 곡선 위에서의 T와 B에서는 보통의 금속이 된다. 0 K에서 임계자기장 B_c는 최대가 된다.

표 10.2에 몇몇 I-형 초전도체에 대한 임계온도와 0 K로 외삽시킨 임계자기장 $B_c(0)$를 수록하였다. 임계자기장이 0.1 T보다 낮은 상당히 작은 값이어서 I-형 초전도체는 강한 자석의 코일로 사용할 수 없다.

초전도체는 완벽한 반자성(diamagnetic)이다. 어떤 경우에도 초전도체 안에는 자기장이 존재할 수 없다. 초전도체 시료를 임계자기장보다 낮은 자기장 안에 놓고 온도를 T_c 아래로 내리면, 자기장은 시료 내부로부터 쫓겨난다(그림 10.41). 어떤 일이 일어나는가 하면, 시료 표면에 나타난 전류에 의한 자기장이 본래의 내부 자기장을 정확하게 상쇄시킨다. 이러한

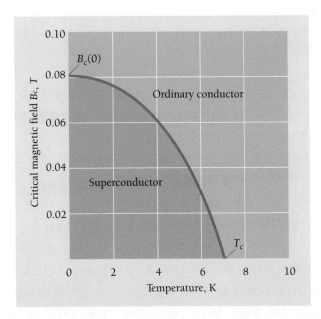

그림 10.40 온도에 따른 납의 임계자기장 B_c의 변화. 납은 곡선 아래에서는 초전도체이고, 곡선 위에서는 일반 금속이다.

표 10.2   몇몇 I-형 초전도체에서 임계온도와 임계자기장($T = 0$에서)

Superconductor	T_c, K	$B_c(0)$, T
Al	1.18	0.0105
Hg	4.15	0.0411
In	3.41	0.0281
Pb	7.19	0.0803
Sn	3.72	0.0305
Zn	0.85	0.0054

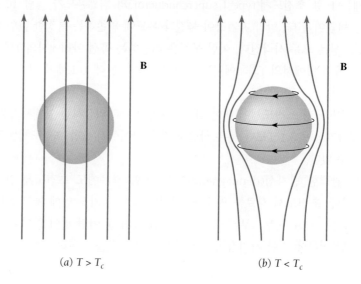

(a) $T > T_c$ (b) $T < T_c$

그림 10.41   마이스너 효과(Meissner effect). (a) 임계온도 T_c 이상에서는 걸어준 자기장이 초전도체 내부에도 존재할 수 있다. (b) 초전도체를 T_c 이하로 냉각시키면, 초전도체 내부로부터 자기장을 쫓아내는 효과를 주는 표면전류가 나타난다.

마이스너 효과(Meissner effect)는 일반 도체의 저항을 영으로 줄인다고 해도 일반 도체에서는 일어나지 않는 현상이다. 이 현상은 초전도체만 가지는 특성으로, 전류를 흘리는 능력 이외에 물질의 독특한 한 상태에 해당한다.

I-형 초전도체에는 보통 상태 그리고 초전도체 상태의 두 상태만 존재한다. 수십 년 뒤에 발견되었고 주로 합금인 **II-형 초전도체**(type II superconductor)는 두 상태 뿐만 아니라 중간 상태도 가지고 있다. 이런 물질은 두 종류의 임계자기장 B_{c1}과 B_{c2}를 가지고 있다(그림 10.42). B_{c1}보다 약한 외부 자기장이 가해질 때의 II-형 초전도체는 $B < B_c$일 때의 I-형 초전도체와 같은 행동을 한다. 즉, 내부에 자기장을 가지고 있지 않으면서 초전도를 한다. $B > B_{c2}$이면 II-형 초전도체는 보통 도체의 행동을 하고, 이 또한 I-형 초전도체와 같다. 그러나 인가되는 자기장이 B_{c1}과 B_{c2} 사이에 있으면, II-형 초전도체는 내부에 자기선속을 가지고 있으면서도 초전도를 하는 혼합 상태가 된다. 임계자기장 B_{c2}가 될 때까지 외부 자기장이 강하면 강할수록 더 많은 선속이 물질 내부를 지나간다.

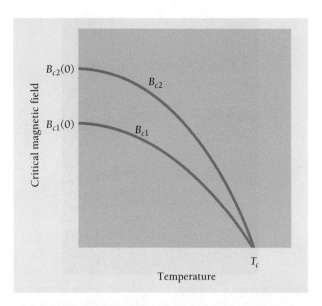

그림 10.42 온도에 따른 II-형 초전도체에서의 임계자기장 B_{c1}과 B_{c2}의 변화. B_{c1}과 B_{c2} 사이의 자기장에서는 초전도체이면서도 내부에 자기장을 가지는 혼합 상태가 된다.

표 10.3 몇몇 II-형 초전도체에서 임계온도와 위 임계자기장($T = 0$에서)

Superconductor	T_c, K	$B_{c2}(0)$, T
Nb_3Sn	18.0	24.5
Nb_3Ge	23.2	38
Nb_3Al	18.7	32.4
$Nb_3(AlGe)$	20.7	44
V_3Ge	14.8	2.08
V_3Si	16.9	2.35
PbMoS	14.4	6.0

II-형 초전도체는 보통 물질과 초전도체 물질의 필라멘트가 혼합된 것처럼 행동한다. 자기장은 보통 필라멘트에 존재하고, 초전도 필라멘트는 I-형 초전도체와 같은 반자성이고 저항이 없다. B_{c2}가 상당히 높을 수 있으므로(표 10.3) II-형 초전도체는 고자기장(20 T까지의) 자석을 만드는 데 사용되고, 이런 자석은 입자 가속기, 핵융합 반응로, MRI, 그리고 자기장이 추진력과 저항이 없는 띄움을 동시에 수행하는 실험용 **자기부상**(maglev; magnetic levitation) 열차에 응용되고 있다.

고온 초전도체

많은 노력에도 불구하고 1986년까지 임계온도가 27 K 이상인 초전도체는 알려져 있지 않았다. 같은 해에 스위스에서 일하고 있던 뮐러(Karl Alexander Müller)와 베드노르츠(Georg Bednorz)가 전에는 초전도체로 행동할 것이라고는 상상도 하기 힘들었던 어떤 종류의 세라믹 물질

자기부상. 액체질소로 냉각된 고온 초전도체 위에 작은 영구자석이 자유롭게 떠 있다. 영구자석의 자기장이 초전도체의 내부 자기장을 0으로 만드는 전류를 초전도체에 유도한다. 이 전류에 의한 초전도체 외부의 자기장이 영구자석을 되튕겨낸다.

에 대해 연구하고 있었다. 그들은 임계온도가 30 K인 란탄(Lanthanum), 바륨(Barium) 그리고 구리 (Copper) 산화물을 발견하였고, 그 후 곧바로 자신들의 접근방법을 확장하여 수은(Mercury), 바륨, 칼슘(Calcium) 그리고 구리 산화물로부터 임계온도가 높게는 134 K(−139℃)인 초전도체가 만들어 졌다(이 물질에 압력을 가하면 임계온도는 더 올라간다). 일상생활과 비교하면 아직도 매우 낮은 온도이기는 하지만, 초기 초전도체에 필요했던 액체헬륨과는 달리 이 온도는 가격이 싸고(우유보다 더 싼) 쉽게 구할 수 있는 액체질소의 끓는점인 77 K보다 더 높다.

새 초전도체는 모두 II-형이며, 일부는 높은 B_{C2} 값을 가지고 있다. 이런 세라믹 결정은 다른 금속 산화물 층 사이에 낀 구리 산화물 층을 포함하고 있다. 초전도는 보통 때에는 부도체였던 구리 산화 물에서 일어난다. 많은 연구에도 불구하고 전류가 흐르는 정확한 메커니즘은 아직까지 알려져 있지 않으며, 보통의 초전도체와는 다른 메커니즘임이 명백해 보인다.

지금까지는 몇 가지 문제가 이 새 초전도체를 널리 사용하는 데 방해가 되어 왔다. 예를 들면, 다른 세라믹 결정과 마찬가지로 부스러지기 쉽고, 전선 형태로 만들기 어렵고, 높은 전류를 흘릴 수 없으며, 상당한 기간이 지난 후에는 불안정해진다. 그러나 이런 어려움을 이겨 나가거나 피해 가는 방법들이 고안되고 있다. 그 하나는, 낟알 모양의 초전도체 물질을 은 튜브에 넣어서 이를 얇은 필라멘트 형태로 잡아당겨 늘리고 최종적으로 케이블이나 리본 형태로 묶는다. 전력 수송을 위해서는 초전도 케이블을 액체질소가 순환하는 단열 파이프에 넣는다. 이렇게 한 결과, 같은 정도의 전류를 흘리는 데 구리 케이블보다 싸게 먹히지는 않지만 훨씬 작고 가볍다. 이 때문에 도시에서 보편적인 상황인 꽉 찬 상태에 이른 케이블 덕트에서 구리 케이블을 이것으로 대체함으로써 전력 분배능력을 증가시키려는 응용에서 초전도 파이프는 매력적이다.

상온에서의 초전도물질은 기술 혁명을 일으킬 것이다. 덧붙여, 전력의 손실(미국에서 발전하는 전력에너지의 약 10%가 전선에서 열로 손실된다.)을 감소시킴으로써 세계적인 자원 고갈속도를 감소시킬 수 있을 것이다. 1986년 이후부터는 이런 물질이 더 이상 터무니없어 보이지 않는다.   ■

10.9   결합된 전자쌍

초전도성의 해답

BCS(Bardeen-Cooper-Schrieffer) 이론이 나온 1957년까지 초전도체의 기원은 하나의 수수께끼로 남아 있었다. 이론이 취해야 할 초기 힌트 중의 하나는 초전도 원소의 동위원소의 T_c가 원자질량이 증가하면 할수록 감소한다는 발견에서 나왔다. 그 예로서, 수은의 임계온도는 ^{199}Hg에서 4.161 K이나 ^{204}Hg에서는 단지 4.126 K밖에 되지 않았다. 이 **동위원소 효과**(isotope effect)는 초전도체에서 전류를 흘리는 전자가 이온 격자들과 독립적으로 움직이지 않고, (보통 도체의 저항이 전도 전류와 격자 결함 및 격자 진동과의 산란에 의해 생기는 것임을 상기할 때 생각될 수도 있는 것처럼) 대신에 어떻게든지 격자와 상호작용을 하면서 움직인다는 것을 제안하고 있다.

이 상호작용의 본성은 쿠퍼(Leon Cooper)가 전자들 사이의 쿨롱(coulomb) 척력에도 불구하고 어떻게 두 전자가 초전도체에서 하나의 결합된 상태를 만들 수 있는지를 보여주었을 때 명백해졌다. 전자가 격자를 통하여 움직일 때 전자 경로에 있는 양이온이 전자 쪽으로 조금 옮겨져서 격자가 약간 변형된다. 이 변형으로 양전하가 증가된 영역이 발생하고, 다른 전자 하나가 이렇게 분극된 영역으로 움직여 들어오면 양전하의 높은 농도에 의해 끌리게 된다. 이 끌림이 전자 간의 척력보다 세면, 전자는 변형된 격자를 매개체로 하여 실제적으로 연결되어 **쿠퍼쌍**(Cooper pair)을 이룬다.

전자-격자-전자 상호작용이 전자의 떨어져 있는 거리가 고정값을 가지게 하지는 않는다. 이론에 의하면, 실제로 전자들은 서로 반대 방향으로 움직이고 그들의 상관관계는 10^{-6} m까지 지속된다. **에너지 간격**(energy gap) E_g라 부르는 쿠퍼쌍의 결합에너지는 10^{-3} eV 정도이고, 초전도 현상이 왜 저온 현상인지를 말해 준다. 에너지 간격은 초전도체에 진동수 ν 마이크로파를 쏘아 보내서 측정한다. $h\nu \geq E_g$이면, 쿠퍼쌍이 쪼개지면서 강한 흡수가 일어난다.

BCS 이론은 0 K에서의 초전도체 에너지 간격과 임계온도 T_c 사이의 관계를 다음의 식으로 연결시켜 준다.

0 K에서 에너지 간격 $$E_g(0) = 3.53kT_c \tag{10.17}$$

식 (10.17)은 측정된 E_g와 T_c 값에 대해 꽤 잘 맞는다. 0 K 이상의 온도에서는 약간의 쿠퍼쌍들이 깨진다. 쿠퍼쌍이 깨져서 생성된 독립 전자들은 남아 있는 쿠퍼쌍들과 상호작용하여 에너지 간격을 감소시킨다(그림 10.43). 최종적으로, 임계온도 T_c에서는 에너지 간격이 사라지고, 더 이상 쿠퍼쌍이 존재하지 않으며, 물질도 더 이상 초전도하지 않는다.

쿠퍼쌍을 이루고 있는 두 전자의 스핀은 서로 반대여서 총 스핀 값이 0이 된다. 결과적으로, 초전도체에서의 전자쌍은 보손[boson; 스핀 $\frac{1}{2}$을 가지고, 페르미온(fermion)인 독립 전자와는 달리]이며, 같은 시간에 같은 양자 상태에 어떠한 수의 쌍들도 존재할 수 있다. 초전도체에 전류가 흐르지 않을 때, 쿠퍼쌍 전자들의 선 운동량은 크기가 같고 방향이 반대여서 합하여 0이 된다. 그러면 모든 쌍들은 같은 바닥상태에 있게 되고, 초전도 전체 크기의 거대한 시스템을 만든다. 단일 파동함수로 이 시스템을 기술할 수 있고, 이 시스템의 총 에너지는 페르

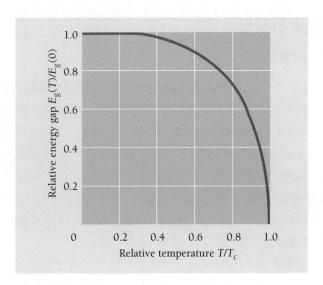

그림 10.43   온도에 따른 초전도 에너지 간격의 변화. 여기에서 $E_g(T)$는 온도 T에서의 에너지 간격이고, $E_g(0)$는 $T = 0$에서의 간격이며, T_c는 물질의 임계온도이다.

미 분포를 보이는 같은 수의 전자들의 총 에너지보다 적다.

초전도체에서의 전류는 하나의 구성단위로 작용하는 전자쌍들 전체 시스템에 영향을 미친다. 이제 모든 쌍들이 0이 아닌 운동량을 가진다. 이런 전류를 바꾼다는 것은 보통의 도체에서처럼 단지 독립된 전자 하나하나의 운동 상태를 바꾸는 것이 아니라, 모든 전자쌍 운동이 상관된 상태를 바꾸어야 한다는 것을 의미한다. 이런 변화에는 상대적으로 많은 에너지가 필요하므로 만약 교란 당하지 않고 보통의 도체에 저항을 주는 전자산란이 일어나지만 않는다면 전류는 무기한 지속된다.

큰 격자 진동 진폭을 가진 물질은 전자산란이 빈번히 일어나므로 일상의 온도에서는 단지 보통의 도체이기만 하다. 그러나 격자 변형이 쉽다는 것은 저온에서 더 센 쿠퍼쌍의 결합을

존 바딘(John Bardeen: 1908~1991)은 위스콘신 주의 매디슨(Madison)에서 태어나 위스콘신 대학에서 전기공학을 공부하고, 프린스턴에서 고체물리를 공부하였다. 몇몇 대학에서 일한 후에 제2차 세계대전 중에는 해군 병기 연구소에 있었으며, 1945년에는 벨전화연구소의 쇼클리(William Shockley) 반도체 연구팀에 합류하였다. 1948년에는 이 그룹에서 첫 트랜지스터를 만들었으며, 이 공적으로 1956년에 쇼클리, 바딘 그리고 또 다른 공동연구자인 브래튼(Walter Brattain)이 함께 노벨상을 받았다. 바딘은 뒤에 가서 "트랜지스터가 중요하다는 것은 알고 있었지만, 트랜지스터가 몰고 온 전자공학의 혁명에 대해서는 전혀 예측하지 못하였다."라고 말하였다.

1951년에 바딘은 벨연구소를 떠나 일리노이 주립대학으로 갔는데, 그곳에서 쿠퍼(Leon Cooper)와 슈리퍼(J. Robert Schrieffer)와 함께 초전도체 이론을 개발하였다. 앞서의 트랜지스터에 대한 일과 비교하면, "초전도성은 해결하기가 더욱 어려웠으며, 근본적으로 새로운 개념이 요구되었다."라고 말하였다. 이들의 이론에 의하면, 결정격자를 통한 상호작용에 의해 두 전자의 운동이 서로 상관을 가지게 되고, 이에 의해 결정 내를 완전히 자유롭게 돌아다닐 수 있는 전자쌍을 이룰 수 있게 된다. 바딘은 1972년에 이 이론으로 쿠퍼 그리고 슈리퍼와 함께 자신의 두 번째 노벨상을 수상하였고, 같은 분야에서 노벨상을 두 번 받은 첫 번째 사람이 되었다.

의미하고, 따라서 초전도체가 되기 쉽다. 구리나 은과 같은 좋은 도체들은 일상의 온도에서 작은 격자 진동을 가지며, 이들 격자들이 저온에서 쿠퍼쌍이 이루어지도록 중간 역할을 하지 못한다는 것을 의미하고, 초전도도 하지 않는다. 수은, 주석 그리고 납과 같은 금속은 큰 격자 진동을 가져서 일상 온도에서는 구리나 은에 비교해 좋지 않은 도체이나, 저온에서는 초전도체이다.

선속 양자화

그림 10.44에 전류가 흐르고 있는 단면적 A인 초전도체 고리를 보여주고 있다. 전류에 의한 세기가 $\Phi = BA$인 자기선속이 고리를 지나간다. 패러데이(Faraday)의 전자기 유도법칙에 의해 선속의 어떠한 변화도 이 선속 변화에 대항하도록 하는 고리 전류의 변화를 가져온다. 고리에 저항이 없으므로 선속의 변화는 완벽하게 상쇄된다. 따라서 선속 Φ는 영원히 갇히게 된다.

고리 안 쿠퍼쌍의 파동함수의 위상이 고리 둘레를 따라 연속이어야 하고, 이는 Φ가 양자화되도록 한다.

선속 양자화 $$\Phi = n\left(\frac{h}{2e}\right) = n\Phi_0 \qquad n = 1, 2, 3, \cdots \tag{10.18}$$

자기 선속의 양자는 아래의 값을 가진다.

선속 양자 $$\Phi_0 = \frac{h}{2e} = 2.068 \times 10^{-15} \, \text{T} \cdot \text{m}^2$$

조지프슨 접합

5장에서 공부한 것처럼 움직이는 입자의 파동적 성질은 고전물리에서는 꿰뚫을 수 없는 장벽을 터널링하여 지나가게 한다. 그래서 적기는 하지만 두 금속 사이에 있는 얇은 부도체 층을 측정 가능한 정도의 전자 흐름이 터널링하여 통과할 수 있다. 1962년에 케임브리지 대학의

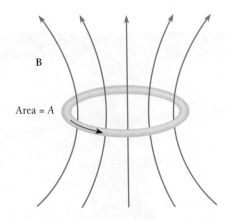

그림 10.44 초전도체 고리를 지나는 자기선속 $\Phi = BA$는 $\Phi = n\Phi_0$만 가질 수 있다. 여기서 Φ_0는 선속 양자이며, $n = 1, 2, 3, \cdots$이다. ∎

대학원생이었던 조지프슨(Brian Josephson)이 지금은 **조지프슨 접합**(Josephson junction)이
라 부르는 두 초전도체 사이의 얇은 부도체 층으로 된 접합을 쿠퍼쌍이 터널링하여 지나갈 수
있을 것이라고 예측하였다. 접합 양쪽에 있는 쿠퍼쌍의 파동함수는 각 독립 전자의 파동함수
가 그러하던 것과 똑같이 부도체 층을 지수 함수적으로 감소하는 진폭을 가지고 뚫고 들어간
다. 만약 층이 충분히 얇으면(실제로 2 nm 이하이면) 파동함수들은 중첩되어 결합하기 시작
한다. 이렇게 중첩으로 기술되는 쿠퍼쌍들은 접합을 통과할 수 있게 된다. 조지프슨은 이 업
적으로 인해 1975년도 노벨 물리학상을 공동 수상하였다.

　dc 조지프슨 효과(dc Josephson effect)에서 전압이 걸리지 않은 조지프슨 접합을 통하여
흐르는 전류는

dc 조지프슨 효과 $$I_J = I_{max} \sin \phi \qquad (10.19)$$

로 주어진다. 여기서 ϕ는 쿠퍼쌍 파동함수의 접합 양쪽 사이의 위상차이다. 최대 접합 전류인
I_{max}는 부도체 두께에 의존하는 상당히 작은 값이다. 예를 들면, Nb-NbO-Nb 접합에서 1 μA
에서 1 mA 사이의 값을 가진다.

　조지프슨 접합을 가로질러서 전압을 걸면, 위상차 ϕ는 시간에 따라 다음과 같은 비율로
증가한다.

ac 조지프슨 효과 $$\nu = \frac{d\phi}{dt} = \frac{2Ve}{h} \qquad (10.20)$$

이 결과로 I_J는 시간에 따라 삼각함수적으로 변하고, **ac 조지프슨 효과**(ac Josephson effect)를
보여준다. $2e/h$의 값은 483.5979 THz/volt이다. ν가 V에 비례하고 접합에서 방출되는 전자
기파의 진동수를 측정하는 등 정확하게 측정할 수 있으므로 ac 조지프슨 효과는 측정하려는
전압을 매우 정밀하게 결정할 수 있게 한다. 사실, 이 효과는 현대 volt 정의의 기초가 된다.
1 volt는 진동수 483.5979 THz의 진동을 만들어내는 조지프슨 접합을 가로지르는 전위차로
정의한다.

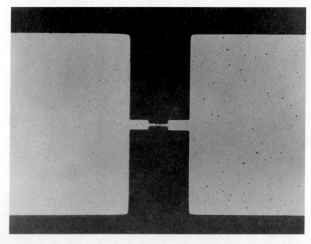

사진 중앙부에 있는 작은 직사각형 형태가 1.25 μm 너비의 조지프슨 접합이다.

조지프슨 접합은 **SQUID**(superconducting quantum interference device: 초전도 양자 간섭 기구)라고 부르는 매우 민감한 자기력계에 사용된다. SQUID는 구체적으로는 여러 종류가 있으나, 모두 조지프슨 접합을 가지고 있는 초전도체 고리에 흐르는 최대 전류가 고리를 지나가는 자기선속이 변함에 따라 주기적으로 변한다는 사실을 응용하는 것들이다. 주기성은 쿠퍼쌍의 파동함수가 관계되는 하나의 간섭효과로 설명된다. SQUID로는 10^{-21} T까지의 미세한 자기장의 변화를 측정할 수 있다. 이렇게 약한 자기장의 검출기능은 다른 응용들과 함께 뇌에서 발생하는 것과 같은 생물학적 전류에 의해 발생되는 자기장까지도 감지할 수 있게 한다.

연습문제

10.2 이온 결정

1. 나트륨 할로겐 화합물의 이온 간의 간격과 녹는점은 다음과 같다.

	NaF	NaCl	NaBr	NaI
이온 간 간격(nm)	0.23	0.28	0.29	0.32
녹는점(℃)	988	801	740	660

할로겐 원자번호를 가지고 위의 값들의 규칙적인 변화를 설명하라.

2. NaCl의 마델룽 상수를 급수로 나타낼 때 처음의 다섯 항이 다음과 같음을 보여라.

$$\alpha = 6 - \frac{12}{\sqrt{2}} + \frac{8}{\sqrt{3}} - \frac{6}{2} + \frac{24}{\sqrt{5}} - \cdots$$

3. (a) 칼륨의 이온화 에너지는 4.34 eV이고, 염소의 전자 친화도는 3.61 eV이다. KCl 구조의 마델룽 상수는 1.748이고, 서로 반대의 극성을 갖는 이온 사이의 거리는 0.314 nm이다. 이 자료들만 가지고 KCl의 응집에너지(cohesive energy)를 계산하라. (b) KCl의 관찰된 응집에너지는 이온쌍당 6.42 eV이다. 이 값과 (a)에서 계산된 값의 차이가 배타원리에 의한 반발에 기인한 것이라고 가정하고, 퍼텐셜에너지를 기술하는 식 Br^{-n}의 지수 n을 구하여라.

4. 연습문제 3을 LiCl에 대해 반복하여라. LiCl의 마델룽 상수는 1.748이고, 이온 간격은 0.257 nm이며, 관찰된 응집에너지는 이온쌍당 6.8 eV이다. 그리고 Li의 이온화 에너지는 5.4 eV이다.

10.4 판데르발스 결합

5. 어떤 기체가 다공질 마개를 통해 내부가 꽉 찬 용기에서 빈 용기로 천천히 옮겨갈 때 기체의 온도는 하강하게 되는데, 이를 **줄-톰슨**(**Joule-Thomson**) **효과**라고 한다. 이 확산은 단단한 용기 안에서 일어나므로 행하여지는 역학적 일은 없다. 분자들 사이에 작용하는 판데르발스 인력의 관점에서 줄-톰슨 효과를 설명하여 보라.

6. 판데르발스 힘에 의해 불활성 원자들은 저온에서 서로 뭉쳐져 고체가 될 수 있지만, 기체 상태에서 불활성 원자들이 분자 상태로 형성될 수는 없다. 그 이유는 무엇인가?

7. 이온 결합 결정과 공유 결합 결정의 응집에너지에 대해 각각 (a) 판데르발스 힘이 어떤 영향을 미치는가? (b) 이온과 원자가 평형 위치 주위로 행하는 영점 진동이 어떤 영향을 미치는가?

10.5 금속 결합

8. 수소 원자와 마찬가지로 리튬 원자는 최외각에 한 개의 단일 전자만 갖는다. 하지만 수소 원자가 두 개 모여 H_2 분자를 이루는 것과는 달리 Li 원자는 Li_2 분자를 이루기 위해 합쳐지지 않는다. 대신에 리튬은 결정격자를 이루는 각 원자들이 모여 금속이다. 그 이유는 무엇인가?

9. 금속 내부에서 자유로이 움직이는 전자의 기체는 모든 전자들을 포함하는가? 만약 전부를 포함하지 않는다면, 기체에 포함되는 전자는 어떤 것들인가?

10. 금의 밀도는 19.3×10^3 kg/m³이고, 원자량은 197 u이다. 그리고 페르미 에너지는 5.54 eV이며, 비저항은 2.04×10^{-8} Ω · m이다. 각각의 금 원자는 전자 기체에 하나의 전자만 기여한다는 가정 하에 금 내부에서 자유전자들의 충돌 사이의 평균 자유 거리(mean free path)를 금의 원자 간격 단위로 계산하라.

11. 은의 밀도는 10.5×10^3 kg/m³이고, 원자량은 108 u이다. 그리고 페르미 에너지는 5.51 eV이며, 각의 은 원자는 전자 기체에 하나의 전자만 기여한다. 전자의 평균 자유 거리는 원자 간격의 200배라고 가정하고 은의 비저항(resistivity)를 계산하라(20℃에서 실제 은의 비저항은 1.6×10^{-8} Ω · m이다).

10.6 고체의 띠 이론

12. 고체에서 특정 에너지 준위보다 에너지띠의 존재에 무게를 실어 주는 데 기초가 되는 물리학적 원리는 무엇인가?

13. 부도체와 반도체 띠 구조의 유사한 점과 상이한 점은 무엇인가?

14. 고체에 금속의 성질을 부여하는 띠 구조와 전자점유 상태의 조합 두 가지는 무엇인가?

15. (a) 왜 어떤 고체들은 가시광선에 대해 투명하고, 어떤 고체들은 불투명한가? (b) 실리콘에서 금지된 띠는 1.1 eV이고, 다이아몬드에서는 6 eV이다. 어떤 빛의 파장에서 이 두 물질이 투명한가?

16. 게르마늄에서 금지된 띠는 0.7 eV이고, 실리콘에서는 1.1 eV이다. (a) 극저온에서 실리콘과 게르마늄의 전도도를 어떻게 비교할 수 있는가? (b) 상온에서 실리콘과 게르마늄의 전도도를 어떻게 비교할 수 있는가?

17. (a) 게르마늄을 알루미늄으로 도핑하면 이는 n-type, p-type 둘 중의 어떤 반도체가 될 것인가? (b) 그 이유는 무엇인가?

10.9 결합된 전자쌍

18. 0 K에서 납의 실제 에너지 간격은 2.73×10^{-3} eV이다. (a) 이 에너지 간격에 대한 BCS 이론의 예측은 무엇인가? (b) 0 K에서 쿠퍼쌍을 깰 수 있는 복사파의 최소 진동수는 얼마인가? 이러한 복사는 전자기 스펙트럼의 어느 부분에 해당하는가?

19. 5.0 μV의 전압을 조지프슨 접합 양 끝에 걸어준다. 이때 접합이 방출하는 복사파의 진동수는 얼마인가?

20. 지름이 2.0 mm인 초전도 고리를 이용해 제작한 SQUID 자기계가 고리를 통과하는 선속의 변화가 5 선속 양자임을 표시하고 있다. 이에 해당하는 자기장의 변화는 얼마인가?

제11장 원자핵의 구조

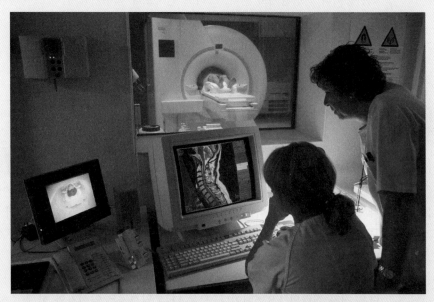

핵자기공명은 인체조직을 영상화하는 고해상도 기법의 기초가 된다. 스크린에 뒤쪽의 강력한 자기장 안에 놓여 있는, 컴퓨터로 구성된 사람 머리의 단면 사진이 보인다.

413

지금까지 원자핵은 단순히 원자 질량의 대부분을 차지하고, 전자들을 원자에 속박시키는 역할만 하는, 아주 작고 양전하를 가진 물질로만 생각해 왔다. 원자, 분자, 고체, 액체의 모든 주요 성질(질량은 제외하고)들은 핵의 작용이 아니라 원자에 속박된 전자들의 운동 형태에 따른 것이다. 그럼에도 불구하고 핵은 사물의 웅장한 구성 체계에서 가장 중요하다는 걸 알게 되었다. 무엇보다 여러 종류의 다른 원소가 존재할 수 있는 것은 핵들이 다양한 수의 전하를 가질 능력이 있기 때문이다. 또한, 거의 모든 자연의 과정에 포함되는 에너지는 핵반응이나 핵변환에서 온다. 그리고 원자로나 핵무기에서 나오는 핵에너지는 여러 형태로 우리의 생활에 영향을 미쳐 왔다.

11.1 원자핵의 구성

같은 원소의 원자핵은 같은 수의 양성자를 가지고 있으나 중성자는 다른 수를 가질 수 있다.

원자의 전자 구조는 핵의 구성이 밝혀지기 전에 이미 이해되었다. 그 이유는 핵의 구성 입자들을 서로 묶어 주는 힘이 핵이 전자를 구속하는 전자기적 힘보다 훨씬 더 크고, 따라서 핵 속에 무엇이 들어 있는지를 알아내기 위해 핵을 깨는 것이 매우 어렵기 때문이다. 광자를 방출하거나 흡수할 때, 혹은 화학 결합이 이루어지거나 깨어질 때 일어나는 것과 같이 원자 속의 전자 구조가 변하는 데는 겨우 몇 eV 정도의 에너지가 드나든다. 한편 핵 구조의 변화에는 이보다 백만 배 정도나 더 큰 MeV 정도의 에너지가 든다.

보통의 수소 원자는 핵으로 하나의 양성자를 가지고 있으며, 양성자의 전하는 $+e$이고 질량은 전자 질량의 1,836배이다. 모든 다른 원소들은 양성자와 함께 중성자를 핵으로 가지고 있다. 이름으로도 알 수 있듯이 중성자는 전하를 가지고 있지 않고, 질량은 양성자보다 약간 더 무겁다. 양성자와 중성자를 합하여 **핵자**(nucleon)라 부른다.

원소의 **원자번호**(atomic number)는 각 원소의 원자핵에 들어 있는 양성자의 수로서, 그 원소의 중성 원자에서의 전자 수와 같다. 따라서 수소의 원자번호는 1, 헬륨은 2, 리튬은 3, 그리고 우라늄의 원자번호는 92이다. 주어진 원소의 모든 핵들이 같은 수의 중성자를 가질 필요는 없다. 예를 들어 99.9% 이상의 수소핵은 하나의 양성자만 가지고 있으나, 아주 일부는 양성자와 함께 하나의 중성자를, 그리고 훨씬 더 드물게는 두 개의 중성자를 포함하고 있다(그림 11.1). 같은 원소지만 핵 속에 중성자의 수가 다른 것을 **동위원소**(isotope)라 한다.

수소의 동위원소인 **중수소**(deuterium)는 안정하나 **삼중수소**(tritium)는 방사성이며, 결국에는 헬륨의 동위원소로 변한다. 우주로부터 쏟아져 오는 우주선은 대기권에서의 핵반응을 통해 지구에 삼중수소를 계속 공급하고 있다. 지구에 항상 존재하는 자연적으로 발생한 삼중수소는 고작 2 kg밖에 되지 않는데, 거의 전부 다 대양에 존재한다. **중수**(heavy water)는 보통의 수소 원자 대신에 중수소 원자가 산소와 결합한 물이다.

핵종(nuclide)의 관습적인 기호는 $^A_Z X$ 같은 형식을 따른다.

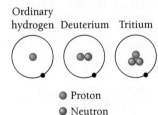

Ordinary hydrogen Deuterium Tritium

● Proton
● Neutron
● Electron

그림 11.1 수소의 동위원소들

제임스 채드윅(James Chadwick: 1891~1974)은 영국의 맨체스터 대학에서 공부하고 대학에 남아서 러더퍼드 밑에서 감마선 방출에 대해 연구했다. 독일에서 감마선에 대한 연구를 하고 있을 때 제1차 세계대전이 일어났고, 적국인으로 억류되었다. 전쟁 후, 케임브리지에서 러더퍼드와 합류하여 알파 입자 산란을 이용해서 원자번호가 핵의 전하량과 같다는 것을 보였다. 러더퍼드와 채드윅은 핵의 구성 성분으로서 전하가 없는 입자를 제안하였지만, 그것을 실험적으로 검출할 방법을 찾지 못했다.

1930년에 독일 물리학자 보테(W. Bothe)와 베커(H. Becker)가 폴로늄으로부터 나온 알파 입자로 베릴륨을 때릴 때, 납을 관통할 수 있는 전하가 없는 복사선이 방출된다는 것을 발견하였다(그림 11.2). 프랑스에서 연구하고 있던 이렌느(Irene Joliot-Curie)와 남편 프레데릭 졸리오퀴리(Frederic Joliot-Curie)는 1932년에 이 정체 모를 방사선이 파라핀 평판으로부터 에너지가 5.7 MeV 이상인 양성자를 튕겨낼 수 있다는 것을 발견하였다. 그들은 이 방사선이 감마선(X-선보다 에너지가 더 큰 광자)일 것이라고 가정하고, 양성자가 콤프턴 산란에 의해 수소가 많은 파라핀으로부터 두드려 방출된다는 생각을 기초로 해서, 감마선 광자의 에너지는 최소한 55 MeV 이상이라고 계산했다. 그러나 이 에너지는 베릴륨 핵과 상호작용하는 알파 입자에 의해 나올 수 있는 에너지보다 훨씬 크다.

채드윅은 양성자와 비슷한 질량을 가진 중성 입자가 관여한다는 대안을 제시했다. 같은 질량과 정면충돌을 하는 입자는 다른 입자에 자신의 운동에너지를 모두 전달할 수 있으므로 이 경우에는 5.7 MeV의 에너지만 필요하다. 다른 실험들로부터 그의 가설이 확인되었고, 중성자를 발견한 공로로 1935년에 노벨상을 받았다. [채드윅은 즉각적으로 중성자를 입자로 생각하지 않고 "작은 쌍극자 혹은 아마도 좀 더 그럴듯하게는, 전자에 묻혀 있는 양성자"라고 생각하였다. 중성자가 실제로 입자라는 생각은 러시아 물리학자 이와넹코(Dmitri Iwanenko)에 의해 처음으로 제안되었다.] 채드윅은 제2차 세계대전 중에 핵폭탄 개발에 참여한 영국 그룹을 이끌었다.

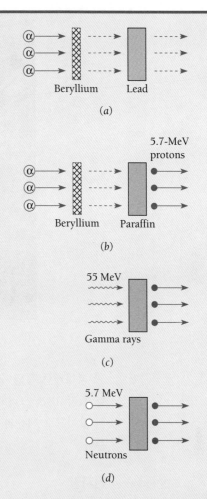

그림 11.2 (a) 얇은 베릴륨 판에 입사하는 알파 입자는 투과성이 아주 좋은 복사선을 방출하게 한다. (b) 이 방사선이 파라핀 평판을 때렸을 때 5.7 MeV에 달하는 양성자가 방출된다. (c) 이 복사선이 감마선이라면 에너지는 최소한 55 MeV 이상이어야 한다. (d) 만약 이 복사선이 양성자 질량과 거의 같은 질량을 가지는 중성 입자로 되어 있다면, 에너지는 5.7 MeV를 초과할 필요가 없다.

여기서 X = 원소의 화학 기호

          Z = 원소의 원자번호

             = 핵에서의 양성자 수

          A = 핵의 질량수

             = 핵에서의 핵자들의 수

반도체 결정의 구성을 연구하는 데 사용되는 질량분석기

따라서 보통의 수소는 $_1^1$H, 중수소는 $_1^2$H이며, 염소(Z = 17)의 두 동위원소는, 핵이 중성자를 각각 18개 그리고 20개 가지고 있는데, $_{17}^{35}$Cl과 $_{17}^{37}$Cl이다. 모든 원소들의 원자번호는 고유의 값이므로 핵종의 기호에서 종종 Z를 생략한다. 즉, $_{17}^{35}$Cl 대신에 ^{35}Cl('염소 35'로 읽음)라고 쓴다.

원자량

원자량은 핵만의 질량이 아닌 중성 원자의 질량을 말한다. 따라서 원자량에는 항상 Z개의 원자 전자들의 질량이 포함된다. 원자량은 원자 **질량 단위**(u)로 표기하며, 탄소 중 지구상에 가장 많이 존재하는 동위원소인 $_6^{12}$C 원자의 질량이 정확히 12 u가 되도록 정의한다. 원자 질량 단위의 값은

원자질량의 단위 $1 \text{ u} = 1.66054 \times 10^{-27} \text{ kg}$

이다. 이에 상당하는 에너지는 931.49 MeV이다. 표 11.1에 양성자, 중성자, 전자 그리고 $_1^1$H 원자의 질량을 MeV/c^2를 포함한 여러 단위로 나타내었다. MeV/c^2 단위의 장점은 질량에 해

표 11.1   여러 단위로 나타낸 몇 가지 질량들

입자	질량(kg)	질량(u)	질량(MeV/c^2)
양성자	1.6726×10^{-27}	1.007276	938.28
중성자	1.6750×10^{-27}	1.008665	939.57
전자	9.1095×10^{-31}	5.486×10^{-4}	0.511
수소 원자($_1^1$H)	1.6736×10^{-27}	1.007825	938.79

표 11.2　자연에서 발견되는 수소와 염소의 동위원소들

| 원소 | 원소의 성질 | | 동위원소의 성질 | | | | |
	원자번호	평균 원자량 u	핵 안의 양성자	핵 안의 중성자	질량수	원자량	상대 존재비 %
수소	1	1.008	1	0	1	1.008	99.985
			1	1	2	2.014	0.015
			1	2	3	3.016	매우 적음
염소	17	35.46	17	18	35	34.97	75.53
			17	20	37	36.97	24.47

당하는 에너지를 쉽게 알 수 있다는 데 있다. 예를 들면, 10 MeV/c^2는 단순히 $E = mc^2 = 10$ MeV이다.

　표 11.2에서 수소와 염소 동위원소들의 구성을 보여준다. 자연 상태의 염소는 약 4분의 3은 ^{35}Cl로, 4분의 1은 ^{37}Cl로 존재한다. 따라서 평균적인 원자량은 35.46 u가 되고 화학자들은 이 값을 사용한다(표 7.2를 보라). 원소의 화학적 성질은 원자 안에서 전자의 수와 배열에 의해 결정된다. 동위원소들은 거의 같은 전자 구조를 갖기 때문에, 염소의 두 동위원소가 같은 노란색을 갖는다든가, 질식할 것 같은 냄새를 풍긴다든가, 독약이나 표백제로서 같은 효과를 가진다든가, 금속과 결합하는 정도가 같다든가 하는 것들은 놀라운 일이 아니다. 끓는점과 어는점은 밀도가 그렇듯이 원자량과 관계가 있으므로, 두 동위원소들 사이에 약간 차이가 난다. 동위원소의 다른 물리적 특성들은 질량수에 따라 좀 더 극적으로 변할 수 있다. 예를 들어 삼중수소는 방사성이나 보통 수소와 중수소는 그렇지 않다.

<h2 style="text-align:center">핵 전자</h2>

표 11.2에서 알 수 있듯이, 핵종의 질량은 항상 수소 원자량의 정수배에 아주 가깝다. 중성자가 발견되기 전까지는 모든 핵들이 양성자와 일부 양성자의 양전하를 중성화시킬 만큼의 전자들로 구성되어 있다고 생각하는 경향이 있었다. 이 가정은, 특정한 방사성 핵들이 전자를 자발적으로 방출한다는 베타붕괴(beta decay)라고 부르는 현상을 보인다는 사실로부터 뒷받침되었다. 그러나 핵 속의 전자라는 생각에 반대하는 강력한 주장도 있었다.

1. 핵의 크기. 예제 3.7에서, 핵 크기의 상자 안에 전자가 구속되어 있기 위해서는 20 MeV 이상의 에너지를 가지고 있어야 한다는 것을 보았다. 그러나 베타붕괴에서 나오는 전자의 에너지는 2 혹은 3 MeV에 불과하므로 10분의 1에 불과하다. 비슷한 계산으로 양성자의 에너지는 최소 0.2 MeV 정도라야 하는데, 이는 전적으로 옳다.

2. 핵의 스핀. 양성자와 전자는 모두 스핀(즉, 스핀 양자수)이 $\frac{1}{2}$인 페르미온들이다. 따라서 양성자와 전자의 합이 짝수이면 핵은 0이거나 정수의 스핀을 가질 것이고, 합이 홀수이면 반정수($\frac{1}{2}$, $\frac{3}{2}$, $\frac{5}{2}$ 등등)의 스핀을 갖게 될 것이다. 그러나 실제로는 이런 예측이 맞지 않는다. 예를 들어 만약 중수소의 핵이 두 개의 양성자와 하나의 전자로 구성되어 있다면 핵 스핀은 $\frac{1}{2}$이거나

$\frac{3}{2}$이어야 하지만, 관측된 중수소 핵의 스핀은 1이다.

3. **자기모멘트.** 양성자의 자기모멘트(magnetic moment)는 전자의 그것에 비해 0.15%에 지나지 않는다. 만약 전자가 핵을 구성하는 부분이라면, 핵의 자기모멘트는 전자의 자기모멘트와 거의 같은 크기일 것이다. 그러나 관측된 핵의 자기모멘트는 전자가 아닌 양성자의 자기모멘트와 비슷하다.

4. **전자−핵 상호작용.** 핵의 구성 입자들을 서로 붙잡아두는 힘은 전형적으로 입자당 8 MeV 정도의 결합에너지를 준다. 만약 원자의 핵 내부에서 일부의 전자가 양성자와 이렇게 강하게 결합할 수 있다면, 왜 원자의 다른 일부 전자들은 핵의 외부에 남아 있을 수 있는가? 더욱이 빠른 전자가 핵에 의해 산란될 때 이들은 단지 전기적 힘만 작용받는 것으로 나타나지만, 빠른 양성자가 산란될 때에는 다른 힘도 작용하는 것으로 나타난다.

이 같은 어려움이 있었음에도 불구하고 핵 전자라는 가설은 1932년에 중성자가 발견될 때까지 전반적으로는 무시되지 않았다. 중성자 발견 1년 전에 출판된 핵물리에 대한 책을 집필할 때, 가모프(George Gamow)는 핵의 양성자−전자 모형을 받아들이기가 너무나 불편하여 핵의 전자를 취급하는 각 절마다 해골 모양을 표시하였다. 출판사가 이에 대해 항의하자, 가모프는 "책 자체가 틀림없이 초보 독자를 두렵게 할 것이나, 그 이상으로 독자를 겁주려는 의도는 아니었다."라고 반박하였고, 해골 모양 표시를 좀 더 덜 극적인 표시로 바꾸었다.   ■

11.2 원자핵의 몇 가지 특성

크기는 작으나, 원자핵은 각운동량과 자기모멘트를 가진다.

러더퍼드(Rutherford)의 산란 실험은 핵의 크기를 처음으로 추정했다. 4장에서 보았듯이, 이 실험에서 입사된 알파 입자는 표적이 되는 핵에 의해, 둘 사이의 거리가 약 10^{-14} m보다 큰 경우 쿨롱의 법칙에 따라 휘어진다. 이보다 가까운 거리에서는 알파 입자에 대해 핵이 점전하로 보이지 않으므로 더 이상 쿨롱의 법칙을 따르지 않는다.

러더퍼드 시대 이후 핵의 크기를 결정하기 위한 여러 실험이 있었는데, 여전히 입자의 산란이 가장 많이 쓰이는 방법이었다. 이런 실험에서는 빠른 속도의 전자와 중성자를 이용하는 것이 이상적이다. 왜냐하면 중성자는 핵과 핵력에 의해서만 상호작용하고, 전자는 전기력만으로 상호작용하기 때문이다. 따라서 전자의 산란은 핵의 전하 분포에 대한 정보를 알려주고, 중성자의 산란은 핵 물질의 분포에 대한 정보를 제공한다. 두 경우 모두 입자의 드브로이(de Broglie) 파장이 연구하고자 하는 핵의 반지름보다 작아야 한다. 핵의 부피는 핵이 포함하는 핵자의 수, 즉 질량수 A에 직접적으로 비례한다는 것이 밝혀졌다. 이는 핵자의 밀도가 모든 핵의 내부에서 거의 같다는 것을 의미한다.

핵의 반지름이 R이면 부피는 $\frac{4}{3}\pi R^3$이 되므로 R^3이 A에 비례하게 된다. 이 관계를 보통 다음과 같이 역으로 표현한다.

핵의 반지름
$$R = R_0 A^{1/3} \tag{11.1}$$

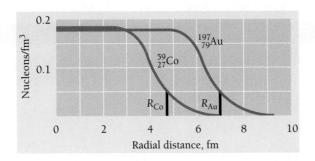

그림 11.3　중심으로부터의 거리에 대한 $^{59}_{27}$Co(코발트)와 $^{197}_{79}$Au(금) 핵의 핵자 밀도. $R = 1.2A^{1/3}$ fm로 주어지는 핵의 반지름 값도 표시하였다.

R_0의 값은

$$R_0 \approx 1.2 \times 10^{-15} \text{ m} \approx 1.2 \text{ fm}$$

이다. 그림 11.3에서 보인 것처럼 핵이 뚜렷한 경계를 갖지 않기 때문에 R_0의 값을 확정되지 않은 것으로 표시하였다. 그럼에도 불구하고 식 (11.1)에서의 R 값은 핵의 유효한 크기를 나타낸다. 전자 산란으로부터 얻은 R_0의 값은 이보다 다소 작은데, 이는 핵 물질과 핵의 전하가 똑같이 분포되어 있지 않다는 것을 의미한다.

　핵이 아주 작으므로 핵을 기술할 때는 **펨토미터**(femtometer; fm)를 길이의 단위로 쓰는데, 10^{-15} m와 같다. 펨토미터는 핵물리의 개척자인 엔리코 페르미(Enrico Fermi)를 기리는 의미로 **페르미**(fermi)라고도 한다. 식 (11.1)로부터 $^{12}_{6}$C 핵의 반지름은

$$R \approx (1.2)(12)^{1/3} \text{ fm} \approx 2.7 \text{ fm}$$

이다. 같은 방법으로 $^{107}_{47}$Ag 핵의 반지름은 5.7 fm이고, $^{238}_{92}$U 핵의 반지름은 7.4 fm이다.

예제 11.1

$^{12}_{6}$C 핵의 밀도를 구하라.

풀이

$^{12}_{6}$C의 원자질량은 12 u이다. 여섯 개 전자의 질량과 이 전자의 결합에너지를 무시하면, 핵의 밀도는

$$\rho = \frac{m}{\frac{4}{3}\pi R^3} = \frac{(12 \text{ u})(1.66 \times 10^{-27} \text{ kg/u})}{(\frac{4}{3}\pi)(2.7 \times 10^{-15} \text{ m})^3} = 2.4 \times 10^{17} \text{ kg/m}^3$$

이다. 1인치^3(약 16.4 cm^3) 속에 40억 톤이 들어 있는 셈이다! 이러한 양상은 모든 핵에 대해 거의 같다. 9.11절에서 중성자별의 존재에 대해 배운 바 있는데, 이 별은 압력이 매우 높아서 양성자와 전자가 융합되어 만든 중성자들로 구성된 원자들로 되어 있다. 이러한 중성자들의 모임은 안정한 상태로서 자유 중성자와 달리 방사성 붕괴를 하지 않는다. 중성자별의 밀도는 핵 물질의 밀도와 비슷하다. 중성자별은 태양의 1.4~3배에 해당하는 질량이 반지름 10 km 정도밖에 되지 않는 구 속에 밀집되어 있다.

예제 11.2

한 양성자의 중심이 다른 양성자 중심으로부터 2.4 fm 떨어져 있다. 이 양성자가 받는 전기적 척력을 구하라. 양성자는 양전하가 균일하게 분포된 구라고 가정하라. (실제로 양성자는 내부 구조를 가지고 있으며, 이에 대해서는 13장에서 공부할 것이다.)

풀이

균일하게 대전된 구 바깥의 모든 곳에서, 구는 구의 중심에 놓여 있는 점전하와 전기적으로 동등하다. 따라서

$$F = \frac{1}{4\pi\epsilon_0}\frac{e^2}{r^2} = \frac{(8.99 \times 10^9 \text{ N} \cdot \text{m}^2/\text{C}^2)(1.60 \times 10^{-19} \text{ C})^2}{(2.4 \times 10^{-15} \text{ m})^2} = 40 \text{ N}$$

이다. 이 값은 9파운드(약 4.1 kg)에 해당하며, 일상에서도 익숙한 정도의 힘이다. 그러나 질량이 2×19^{-27} kg밖에 되지 않는 입자에 작용하는 힘이다! 이런 척력을 이기고 양성자를 핵에 묶어 두는 인력은 분명히 매우 강해야 한다.

스핀과 자기모멘트

양성자와 중성자는 전자와 마찬가지로 스핀 양자수 $s = \frac{1}{2}$을 가지는 페르미온이다. 이는 이들이 스핀 각운동량 $\mathbf{S}$의 크기로

$$S = \sqrt{s(s+1)}\hbar = \sqrt{\frac{1}{2}\left(\frac{1}{2}+1\right)}\hbar = \frac{\sqrt{3}}{2}\hbar \tag{11.2}$$

를 가짐을 의미하며, 스핀 자기 양자수는 $m_s = \pm\frac{1}{2}$이다(그림 7.2 참조).

전자에서와 마찬가지로, 양성자와 중성자의 스핀도 자기모멘트와 연결되어 있다. 핵물리학에서는 자기모멘트를 **핵 마그네톤**(nuclear magneton; μ_N)으로 표기하고,

핵 마그네톤 $$\mu_N = \frac{e\hbar}{2m_p} = 5.051 \times 10^{-27} \text{ J/T} = 3.152 \times 10^{-8} \text{ eV/T} \tag{11.3}$$

이며, 여기서 m_p는 양성자 질량이다. 핵 마그네톤은 식 (6.42)의 보어 마그네톤(Bohr magneton)보다 양성자 질량과 전자 질량의 비만큼, 즉 1,836배 더 작다. 양성자와 중성자의 스핀 자기모멘트는 각 방향 성분으로

양성자 $$\mu_{pz} = \pm 2.793\,\mu_N$$

중성자 $$\mu_{nz} = \mp 1.913\,\mu_N$$

을 가진다. μ_{pz}와 μ_{nz}의 부호는 m_s가 $-\frac{1}{2}$ 또는 $+\frac{1}{2}$인가에 따라 두 가지 가능성이 있다. $\boldsymbol{\mu}_{pz}$와 스핀 $\mathbf{S}$가 같은 방향이기 때문에 μ_{pz}에서는 $\pm$ 부호로 쓰고, $\boldsymbol{\mu}_{nz}$와 스핀 $\mathbf{S}$가 반대 방향이므로 μ_{nz}에는 $\mp$ 부호를 사용하였다(그림 11.4).

언뜻 보기에는, 알짜 전하를 가지지 않은 중성자가 스핀 자기모멘트를 가지는 것이 이상

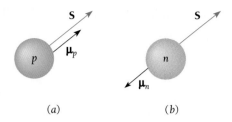

그림 11.4   (a) 양성자의 스핀 자기모멘트 $\boldsymbol{\mu}_p$는 양성자의 스핀 각운동량 S와 나란하다. (b) 중성자의 경우, $\boldsymbol{\mu}_n$은 S와 반대 방향이다.

해 보인다. 그러나 중성자가 같은 크기의 양전하와 음전하를 가지고 있다고 가정한다면, 알짜 전하가 없더라도 스핀 자기모멘트를 가질 수 있을 것이다. 13장에서 보게 될 것처럼, 이와 같은 생각은 실험적으로 뒷받침된다.

수소핵 ^1_1H는 양성자 하나로 되어 있고, 따라서 총 각운동량은 식 (11.2)로 주어진다. 더 복잡한 핵자들은 스핀 각운동량뿐 아니라 핵 내부의 운동에 의한 궤도 각운동량도 가진다. 이런 핵의 총 각운동량은 원자에서의 전자의 경우와 마찬가지로 스핀과 궤도 각운동량의 벡터 합으로 주어진다. 이에 대해서는 11.6절에서 좀 더 고찰할 것이다.

자기모멘트의 z 성분이 μ_z인 어떤 핵이 일정한 자기장 **B** 안에 놓여 있을 때, 이 핵의 자기 퍼텐셜에너지는

자기에너지
$$U_m = -\mu_z B \tag{11.4}$$

이다. 이 에너지는 $\boldsymbol{\mu}_z$가 **B**와 같은 방향이면 음, 반대 방향이면 양의 값을 가진다. 따라서 원자 속 전자의 상태들에 대한 제이만 효과와 같이, 자기장 안에서 핵의 각각의 각운동량 상태들은 성분들로 분리되어 나누어진다. 핵의 각운동량이 단일 양성자의 스핀에 의한 것일 때의 성분 분리를 그림 11.5에서 보여주고 있다. 이 준위들 사이의 에너지 차이는

$$\Delta E = 2\mu_{pz} B \tag{11.5}$$

이다. 양성자가 높은 에너지 (스핀–아래) 상태에서, 스핀이 뒤집혀서 낮은 에너지 (스핀–위) 상태가 될 때 이 정도 에너지를 가진 광자 하나를 방출할 것이다. 이 정도 에너지의 광자를 흡

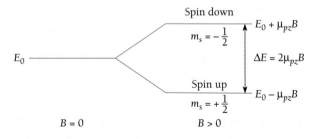

그림 11.5   자기장 안에서의 양성자의 에너지 준위는 스핀–위(spin-up; S_z가 **B**에 나란함)와 스핀–아래 (spin-down; S_z가 **B**에 반대 방향으로 나란함)의 두 버금준위들로 갈라진다.

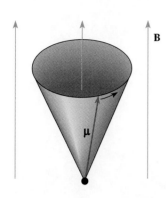

그림 11.6   핵의 자기모멘트 μ는 라모(Larmor) 진동수라 부르는, 자기장의 크기 B에 비례하는 진동수를 가지고 외부 자기장 $\mathbf{B}$ 주위로 세차운동을 한다.

수하여 낮은 에너지 상태에 있는 양성자가 높은 에너지 상태로 올라갈 수도 있다. 에너지 차이인 ΔE에 해당하는 광자의 진동수 ν_L은

양성자의 라모 진동수
$$\nu_L = \frac{\Delta E}{h} = \frac{2\mu_{pz}B}{h} \tag{11.6}$$

이고, 자기장 주위를 세차운동하는 자기 쌍극자의 세차운동 진동수와 같다(그림 11.6). 이 진동수에는 자기장 안에서의 전자 궤도운동으로부터 고전적으로 ν_L을 유도했던 조셉 라모 (Joseph Larmor)의 이름이 붙었다. 그의 결과는 어떠한 자기 쌍극자에도 일반화가 가능하다.

예제 11.3

(a) 자기장 $B = 1.000$ T(상당히 강한 자기장임)에서 양성자의 스핀-위(spin-up)와 스핀-아래(spin-down) 상태 사이의 에너지 차이를 구하라. (b) 이 자기장에서 양성자의 라모 진동수는 얼마인가?

풀이

(a) 에너지 차이는

$$\Delta E = 2\mu_{pz}B = (2)(2.793)(3.153 \times 10^{-8} \text{ eV/T})(1.000 \text{ T}) = 1.761 \times 10^{-7} \text{ eV}$$

이다. 만약 양성자 대신에 전자라면, ΔE는 이 값보다 상당히 더 클 것이다.

(b) 이 자기장에서 양성자의 라모 진동수는

$$\nu_L = \frac{\Delta E}{h} = \frac{1.761 \times 10^{-7} \text{ eV}}{4.136 \times 10^{-15} \text{ eV} \cdot \text{s}} = 4.258 \times 10^7 \text{ Hz} = 42.58 \text{ MHz}$$

이다. 그림 2.2를 보면 이 진동수에 해당하는 전자기파 복사는 마이크로파 스펙트럼의 아래쪽 끝에 위치한다.

핵자기공명

스핀 $\frac{1}{2}$인 핵을 가진 어떤 물질의 시료를 자기장 $\mathbf{B}$ 안에 놓아두었다고 생각하자. 대부분 핵들의 스핀은 $\mathbf{B}$와 나란하게(spin-up) 정렬하게 될 것이다(그림 11.5를 보라). 이 상태가 가장 낮은 에너지 상태이기 때문이다. 라모 진동수 ν_L을 가지는 전자기파를 이 시료에 가하면, 핵들은 딱 맞는 에너지를 흡수하여 스핀이 뒤집혀서 높은 에너지 상태(spin-down)가 될 것이다. 이 현상을 **핵자기공명**(nuclear magnetic resonance; NMR)이라 부르며, 실험적으로 핵의 자기모멘트를 결정하는 방법을 준다. 이런 방법의 하나로, 시료 근처에서 코일을 통해 고정된 진동수의 라디오파(rf) 복사를 시료에 가하면서 흡수되는 에너지가 최대가 될 때까지 B를 변화시킨다. 그러면 이 공명진동수가 자기장 B의 값에 해당하는 라모 진동수이고, 이로부터 μ를 계산할 수 있다. 다른 방법은 넓은 스펙트럼을 가진 rf 펄스를 가하고, 들뜬 핵이 낮은 에너지 상태로 되돌아오면서 시료가 내놓는 진동수(ν_L에 해당함)를 측정한다.

NMR의 응용

자기모멘트를 찾아내는 방법 외에도 NMR은 훨씬 더 유용하다는 것이 밝혀졌다. 핵 주위의 전자들은, 핵의 화학적 환경에 따라서 핵들을 외부 자기장으로부터 부분적으로 차폐시킨다. 들뜬 상태의 핵이 낮은 상태로 내려오는 데 걸리는 **이완시간**(relaxation time) 역시 이러한 환경에 의존한다. NMR의 이런 특성은 화학자들이 NMR 분광학을 사용하여 상세한 화학구조와 화학반응을 해명하는 데 도움을 준다. 예를 들면, CH_3, CH_2 그리고 OH기에 있는 수소 핵들은 같은 자기장 안에서 조금씩 다른 공명진동수를 가진다. 이 모든 진동수는 에탄올(ethanol)의 NMR 스펙트럼에서 세기의 비가 3 : 2 : 1이 되도록 나타난다. 에탄올 분자는 두 개의 C 원자, 6개의 H 원자 그리고 하나의 O 원자를 가지고 있음이 알려져 있고, 따라서 에탄올은 서로 연결된 위의 3가지 묶음들로 되어 있어야 할 것이다. 따라서 에탄올을 단순히 구성 원자들을 나열하는 C_2H_6O 표기법 대신에 CH_3CH_2OH로 표기하는 것이 더 좋을 것이다. CH_3기가 세 개의 H 원자를, CH_2가 두 개의 H 원자를, 그리고 OH가 한 개의 H 원자를 가지고 있으므로 세기의 비 3 : 2 : 1은 이렇게 생각하는 것이 옳다는 것을 확증시켜 준다. ^{13}C와 ^{32}P 같은 스핀-$\frac{1}{2}$인 다른 핵들의 NMR 스펙트럼도 화학자들에게 큰 도움이 되고 있다.

의학에서 NMR은 X-선 단층촬영(tomography)보다 더 높은 해상도를 가지는 영상 방법의 기초가 된다. 덧붙여서 X 선과는 달리 rf 전자기파는 양자 에너지가 너무 작아서 화학결합들에 영향을 주지 않고, 따라서 살아 있는 조직에 해를 끼치지 않으므로 NMR 영상이 더 안전하다. 어떻게 하느냐 하면, 특정 핵의 공명주파수가 자기장 내에서 그 핵의 위치에 의존하도록 비균질한 자기장을 사용한다. 인체는 주로 물(H_2O)로 되어 있으므로 일반적으로 양성자 NMR이 이용된다. 자기장 기울기(field gradient)의 방향을 변화시켜 인체의 얇은(3~4 mm) 박편에 들어 있는 양성자 밀도를 보여주는 영상을 컴퓨터로 구성할 수 있다. 각 부분의 완화 시간도 알 수 있는데, 병든 조직에서는 이 값이 달라지므로 유용하다. 의학에서는 환자들에게 '핵'이라는 용어에 대한 공포감을 주지 않기 위해 NMR 영상을 단순히 자기공명 영상(magnetic resonance imaging) 혹은 MRI라고 부른다. ■

11.3 안정한 원자핵

왜 중성자와 양성자의 어떤 특정 조합은 다른 조합들보다 더 안정한가?

중성자와 양성자의 조합 모두가 안정된 핵을 형성하지는 않는다. 일반적으로, 가벼운 핵($A < 20$)은 거의 같은 수의 양성자와 중성자를 갖지만, 무거운 핵의 경우 중성자의 몫이 점점 더 커진다. 이런 사실은 안정된 핵에 대한 N 대 Z의 그림인 그림 11.7로부터 분명히 알 수 있다.

N이 Z와 같아지려는 경향은 핵에 에너지 준위가 존재하는 데 기인한다. $\frac{1}{2}$의 스핀을 가지는 핵자들은 배타원리(exclusion principle)를 만족해야 한다. 그 결과 각각의 핵에너지 준위는 반대의 스핀을 가진 두 중성자와 반대의 스핀을 가진 두 양성자를 가질 수 있다. 핵의 각 에너지 준위는 차례로 채워지는데, 원자에서와 마찬가지로 에너지가 최소가 되는, 그래서 가장 안정된 배열이 되도록 한다. 따라서 붕소의 동위원소 $^{12}_{5}B$는 탄소의 동위원소 $^{12}_{6}C$보다 더 높은 에너지를 갖는데, 이는 붕소의 중성자 중 하나가 더 높은 에너지 준위에 있어야 하기 때문이며, 결국 $^{12}_{5}B$는 불안정하다(그림 11.8). 만약 핵반응에 의해 $^{12}_{5}B$가 생성되었다면, $^{12}_{5}B$ 핵

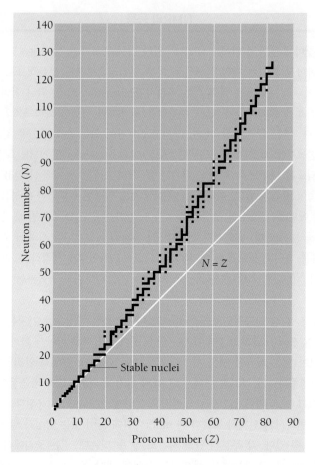

그림 11.7   안정한 핵종에 대한 중성자-양성자 그림. $Z = 43$ 혹은 61이거나 N이 19, 35, 39, 45, 61, 89, 115, 123일 때, 또는 $A = Z + N = 5$ 혹은 8에서는 안정한 핵이 존재하지 않는다. $Z > 83$, $N > 126$, 그리고 $A > 209$인 모든 핵들은 불안정하다.

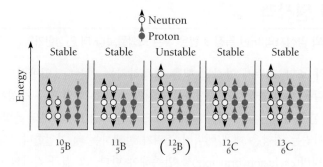

그림 11.8   붕소와 탄소의 몇몇 동위원소들의 에너지 준위에 대한 대략적인 그림. 배타원리에 의해 각각의 준위에는 다른 스핀을 가지는 두 개의 양성자와 역시 다른 스핀을 가지는 두 개의 중성자들만 채울 수 있다. 안정된 핵은 에너지가 최소가 되도록 배열된다.

은 베타붕괴를 통해 1초도 안 되어 안정한 $^{12}_{6}C$ 핵으로 변하게 된다.

앞의 논의는 내용 전체의 일부분에 지나지 않는다. 양성자는 양전하를 띠고 있으므로 전기적으로 서로를 밀어내려고 한다. 양성자가 10개나 그 이상인 경우, 핵 안에서 이러한 밀어내는 힘이 아주 커져서, 안정되기 위해서는 끌어당기는 힘만 주는 여분의 중성자가 필요하게 된다. 그래서 그림 11.7의 곡선은 Z가 커짐에 따라 $N = Z$ 선으로부터 점점 더 벗어난다. 가벼운 핵에서도 N이 Z보다 클 수는 있지만 작을 수는 없다($^1_1$H와 $^3_2$He은 제외). 예를 들면, $^{11}_5$B는 안정되어 있지만 $^{11}_6$C는 안정되지 않는다.

안정된 핵종의 60%는 Z와 N 둘 모두가 짝수이다. 이런 핵종을 '짝수–짝수(even-even)' 핵종이라고 한다. 안정한 핵종의 나머지 대부분은 짝수 Z, 홀수 N(짝수–홀수 핵종)이거나, 홀수 Z, 짝수 N(홀수-짝수 핵종)이고, 거의 같은 비율로 존재한다. 오로지 5개의 안정된 홀수–홀수 핵종만이 알려져 있는데, $^2_1$H, $^6_3$Li, $^{10}_5$Be, $^{14}_7$N 그리고 $^{180}_{73}$Ta이다. 핵의 존재 비율도 Z와 N이 짝수가 되는 경향을 따르는데, 이를테면 지구를 구성하고 있는 원자 8개 중 대략 하나 정도만 양성자가 홀수인 핵들로 되어 있다.

이러한 관찰 사실은 각각 반대 방향 스핀을 가지는 입자 두 개를 가질 수 있는 핵에너지 준위가 존재한다는 사실과 일치한다. 에너지 준위가 채워진 핵은, 일부만 채워진 핵보다 다른 핵자를 받아들이려는 경향이 덜해서 원소들의 구성에 관계되는 핵반응에 참여하는 정도가 약하다.

핵붕괴

핵력은 제한된 거리에서만 작용하므로 핵자들은 가장 가까운 것들과만 강하게 상호작용한다. 이런 효과를 핵력의 **포화**(saturation)라고 한다. 양성자의 쿨롱(Coulomb) 반발력은 핵 전체에 걸쳐 작용하기 때문에 큰 핵에서는 중성자의 능력으로도 붕괴를 막는 데에는 한계가 있다. 이러한 한계는 안정된 핵 중 가장 무거운 핵인 비스무트(bismuth)의 동위원소 $^{209}_{83}$Bi에서 잘 볼 수 있다. $Z > 83$ 이고 $A > 209$인 모든 핵은 $^4_2$He의 핵인 알파 입자를 하나 혹은 그 이상 내놓으면서 자발적으로 가벼운 핵으로 변환한다.

알파붕괴(α-decay)
$$^A_Z X \quad \rightarrow \quad ^{A-4}_{Z-2} Y \quad + \quad ^4_2 He$$
$$\text{부모핵} \quad \rightarrow \quad \text{딸핵} \quad + \quad \text{알파 입자}$$

알파 입자는 두 개의 양성자와 두 개의 중성자로 구성되어 있으므로, 알파붕괴는 원래 핵의 Z와 N을 각각 2씩 감소시킨다. 만약 결과로 나온 딸핵의 중성자/양성자 비가 안정된 핵의 비에 비해 너무 크거나 작아서 안정되지 못하면, 더 적당한 구성을 갖기 위해 베타붕괴를 할 것이다. 음 베타붕괴(negative beta decay)에서는 중성자가 양성자로 변환하고 전자를 내놓는다.

베타붕괴(β-decay)
$$n^0 \rightarrow p^+ + e^-$$

양 베타붕괴(positive beta decay)에서는 양성자가 중성자로 변환하며, 양전자(positron)를 방출한다.

양전자 방출
$$p^+ \rightarrow n^0 + e^+$$

따라서 음 베타붕괴는 중성자의 수를 감소시키고, 양 베타붕괴는 증가시키게 된다. 양전자 방출과 비교할 만한 과정으로, 핵의 가장 안쪽 껍질에 전자를 포획하는 과정이 있다. 이 포획된

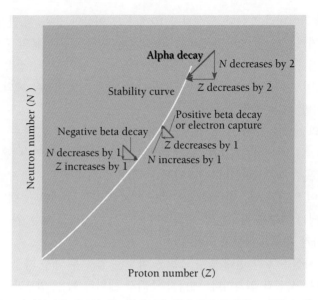

그림 11.9 알파붕괴와 베타붕괴는 불안정한 핵이 안정된 핵에 도달할 수 있도록 한다.

전자는 핵의 양성자에 흡수되어 양성자가 중성자로 변환한다.

전자 포획 $\qquad\qquad\qquad\qquad\qquad p^+ + e^- \rightarrow n^0$

그림 11.9는 알파, 베타붕괴를 통해 핵종이 어떻게 안정하게 되는가를 보여준다. 방사능에 대해서는 12장에서 더 자세히 다룰 것이며, 거기에서 새로운 입자인 중성미자(neutrino) 역시 베타붕괴와 전자 포획에 관여함을 알게 될 것이다.

11.4 결합에너지

원자핵을 묶는 데 쓰인, 없어진 에너지

수소의 동위원소인 중수소 ^2_1H는 핵 속에 양성자 외에도 중성자를 가지고 있다. 따라서 중수소 원자의 질량은 보통의 ^1_1H 수소 원자의 질량에 중성자의 질량을 더한 것이 될 것으로 예측할 수 있을 것이다.

^1_1H 원자의 질량	1.007825 u
+ 중성자의 질량	+1.008665 u
예상되는 ^2_1H 원자의 질량	2.016490 u

그러나 ^2_1H 원자의 측정된 질량은 2.014102 u에 불과하고, ^1_1H 원자와 중성자를 합한 질량보다 0.002388 u만큼 적다(그림 11.10).

떠오르는 생각은 이 '사라진' 질량이 자유 양성자와 중성자가 결합하여 ^2_1H 원자핵이 될 때 내놓는 에너지에 해당할 수 있다는 것이다. 사라진 질량에 해당하는 에너지는 다음과 같다.

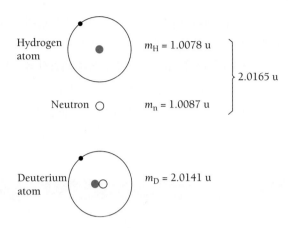

그림 11.10 중수소 원자($^2_1$H)의 질량은 수소 원자($^1_1$H)와 중성자 질량의 합보다 작다. 사라진 질량에 해당하는 에너지를 핵의 결합에너지라 부른다.

$$\Delta E = (0.002388 \text{ u})(931.49 \text{ MeV/u}) = 2.224 \text{ MeV}$$

사라진 질량에 대한 이러한 해석을 검증하기 위해 중수소핵을 양성자와 중성자로 깨뜨리는 데 필요한 에너지가 얼마나 되는가를 알아보는 실험을 할 수 있다. 필요한 에너지가 실제로 2.224 MeV임이 밝혀졌다(그림 11.11). $^2_1$H의 핵에 2.224 MeV보다 더 적은 에너지가 주어지면, 핵은 묶여 있는 상태 그대로 있게 된다. 2.224 MeV보다 더 큰 에너지가 주어질 경우에는 남는 에너지가 중성자와 양성자의 운동에너지로 전환되고, 중성자와 양성자는 서로 멀리 떨어져 날아간다.

중수소 원자만 구성 성분들의 질량의 합보다 더 작은 질량을 갖는 것이 아니고 **모든 원자**가 이와 같다. 핵의 사라진 질량에 해당하는 에너지를 핵의 **결합에너지**(binding energy)라고 한다. 결합에너지가 클수록 핵을 깨뜨리기 위해 더 큰 에너지가 공급되어야 한다.

$N = A - Z$개의 중성자를 가진 ^A_ZX 핵의 결합에너지 E_b는 MeV 단위로 다음과 같이 주어진다.

$$E_b = [Zm(^1_1\text{H}) + Nm(n) - m(^A_Z\text{X})](931.49 \text{ MeV/u}) \qquad (11.7)$$

여기서 $m(^1_1\text{H})$은 $^1_1$H의 원자질량, $m(n)$은 중성자 질량 그리고 $m(^A_Z\text{X})$은 ^A_ZX의 원자질량이다. 앞에서도 언급한 것처럼 이런 계산에서는 핵 질량 대신에 원자질량을 사용하였고, 전자들의 질량은 뺐다.

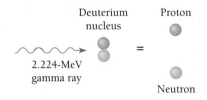

그림 11.11 중수소의 결합에너지는 2.224 MeV이다. 에너지가 2.224 MeV 혹은 그 이상인 감마선 광자는 중수소를 양성자와 중성자로 쪼갤 수 있다. 에너지가 2.224 MeV 이하인 감마선으로는 그렇게 할 수 없다.

핵의 결합에너지는 놀랄 만큼 크다. 안전한 핵들에서 이 값의 범위는 $^2_1$H(중수소)의 2.224 MeV에서 $^{209}_{83}$Bi(금속 비스무트의 동위원소)의 1,640 MeV까지이다. 이 결합에너지가 얼마나 큰지 보기 위해 좀 더 친숙한 kg당 kJ의 에너지 단위와 서로 비교할 수 있다. 이 단위로 하면, 대표적인 핵의 결합에너지는 8×10^{11} kJ/kg − 8천억 kJ/kg이다. 반면에 물을 끓이는 데 필요한 기화열은 단지 2,260 kJ/kg이고, 가솔린이 연소하여 발생하는 열조차 단지 4.7×10^4 kJ/kg이라서 1,700만 분의 1에 불과하다.

예제 11.4

네온의 동위원소 $^{20}_{10}$Ne의 결합에너지는 160.647 MeV이다. 원자질량을 구하라.

풀이

여기서는 $Z = 10$ 그리고 $N = 10$이므로 식 (11.7)로부터 아래와 같다.

$$m(^A_Z X) = [Zm(^1_1H) + Nm(n)] - \frac{E_b}{931.49 \text{ MeV/u}}$$

$$m(^{20}_{10}Ne) = [10(1.007825 \text{ u}) + 10(1.008665)] - \frac{160.647 \text{ MeV}}{931.49 \text{ MeV/u}} = 19.992 \text{ u}$$

핵자당 결합에너지

주어진 핵에서 **핵자당 결합에너지**(binding energy per nucleon)는 총 결합에너지를 핵자의 수로 나누어서 얻은 평균값이다. 따라서 $^2_1$H의 핵자당 결합에너지는 (2.2 MeV)/2 = 1.1 MeV/핵자이고, $^{209}_{83}$Bi의 경우는 (1,640 MeV)/209 = 7.8 MeV/핵자이다.

그림 11.12는 여러 원자핵에서의 핵자 수에 따른 핵자당 결합에너지를 나타낸 그림이다. 핵자당 결합에너지가 클수록 핵은 안정하다. 그래프에서 핵자의 수가 56일 때 그 값이 8.8 MeV/핵자로 최대치를 보인다. 총 56개의 양성자와 중성자를 갖는 핵은 철의 동위원소인 $^{56}_{26}$Fe이다. 핵으로부터 핵자를 떼어내는 데 필요한 에너지가 가장 크므로 이 핵이 모든 핵들 중에 가장 안정된 핵이다.

두 가지 중요한 결과를 그림 11.12로부터 알 수 있다. 첫째, 무거운 핵을 어떤 방법으로든 중간 크기의 두 개의 핵으로 나눈다면, 각각의 새로운 핵들은 원래의 핵이 갖는 핵자당 결합에너지보다 더 큰 핵자당 결합에너지를 갖는다. 이때 남는 에너지는 방출되고, 방출되는 에너지의 양은 매우 크다. 예를 들면, 만약 우라늄 핵 $^{235}_{92}$U가 두 개의 작은 핵들로 붕괴될 때, 핵자당 결합에너지의 차이는 약 0.8 MeV가 된다. 따라서 이때 나오는 총 에너지는 다음과 같다.

$$\left(0.8 \frac{\text{MeV}}{\text{핵자}}\right)(235 \text{ 핵자}) = 188 \text{ MeV}$$

원자 하나로부터 나오는데, 이만한 에너지라는 건 실로 엄청난 양이다. 알다시피 보통의 화학반응은 원자 내의 전자의 재배치에 의한 것으로, 반응하는 원자당 몇 전자볼트 정도의 에너지

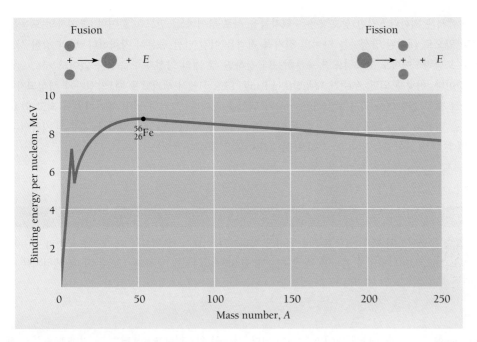

그림 11.12 질량수의 함수로서의 핵자당 결합에너지. $A = 4$에서의 봉우리는 예외적으로 안정한 헬륨핵이고, 이것이 곧 알파 입자다. 핵자당 결합에너지는 질량수가 56인 핵에서 최대이다. 이 핵이 가장 안정되어 있다. 두 가벼운 핵이 결합하여 보다 무거운 핵이 되는 과정을 융합이라고 부르며, 생성된 무거운 핵이 더 큰 결합에너지를 가지므로 에너지가 방출된다. 무거운 핵이 가벼운 두 개의 핵으로 쪼개질 때 그 과정을 분열이라 하고, 역시 생성된 핵들의 결합에너지가 더 커서 에너지가 방출된다.

만 나온다. **핵분열**(nuclear fission)이라 부르는 무거운 핵의 분열은 석탄이나 기름의 연소보다 단위 원자당 1억 배의 에너지를 더 내놓는다.

또 다른 주목할 만한 결론은 두 개의 가벼운 핵들이 융합하여 중간 크기의 새로운 핵이 될 때에도 더 큰 핵자당 결합에너지를 갖게 된다는 것이다. 예를 들면, 두 개의 $^2_1$H 중수소핵이 결합하여 $^4_2$He 헬륨핵이 될 때 23 MeV 이상의 에너지가 방출된다. 이런 과정을 **핵융합**(nuclear fusion)이라고 하며, 에너지를 얻는 아주 효과적인 방법이 된다. 사실, 핵융합은 태양과 다른 별들의 주된 에너지원이다.

그림 11.12는 과학의 모든 결과 중에서도 가장 중요한 결과라고 충분히 주장할 만하다. 결합에너지가 존재한다는 사실은 수소 원자핵인 양성자 하나보다 더 복잡한 핵도 안정될 수 있다는 것을 의미한다. 따라서 이러한 안정성은 여러 종류의 원소가 존재하는 걸 설명해주고, 우리 주위에서 볼 수 있는 (그리고 우리 자신을 포함하는) 많은 다양한 물질이 존재하는 걸 설명해준다. 곡선의 최고점이 중간에 있기 때문에, 직접적 혹은 간접적으로 우주의 진화를 일으키는 에너지를 설명할 수 있다. 이는 가벼운 핵들이 무거운 핵이 되는 핵융합으로부터 온다.

강한 상호작용

핵자들 사이의 단거리 인력은 **강한 상호작용**(strong interaction)에 의해 일어난다. [핵자들에 영향을 미치는 **약한 상호작용**(weak interaction)으로 불리는 또 다른 기본 상호작용은 12장 및

13장에서 논의한다.] 강한 상호작용은 핵자들을 서로 묶어 핵을 만드는 힘이며, 중성자의 도움을 받으면 양으로 대전된 양성자들 사이의 전기적 척력을 이길 만큼 충분히 강력하다. 만약 강한 상호작용이 조금만—아마도 1% 정도면 충분히—더 강하면 두 개의 양성자가 중성자 없이도 서로 달라붙을 것이다. 이렇게 되면, 우주가 대폭발(Big Bang; 13.8절)에서 생겨났을 때, 양성자가 생성되자마자 곧바로 모두 결합해서 양성자쌍(diproton)이 되었을 것이다. 그러면 별의 에너지원이 되고 화학 원소들을 만들어 내는 핵융합을 일으킬 독립된 양성자가 존재하지 않았을 것이다. 우주는 지금의 우주와 매우 다른 곳이었을 것이고, 우리도 존재하지 않을 것이다.   ■

예제 11.5

(a) 칼슘 동위원소의 핵 $^{42}_{20}$Ca으로부터 중성자 하나를 떼어내는 데 필요한 에너지를 구하라. (b) 이 동위원소 핵으로부터 양성자 하나를 떼어내는 데 필요한 에너지를 구하라. (c) 왜 이 두 에너지는 서로 다른가?

풀이

(a) $^{42}_{20}$Ca에서 중성자 하나를 없애면 $^{41}_{20}$Ca이 된다. 부록의 원자질량표로부터 $^{41}_{20}$Ca 질량과 중성자 질량의 합은

$$40.962278 \ u + 1.008665 \ u = 41.970943 \ u$$

이다. 이 질량과 $^{42}_{20}$Ca 질량과의 차이는 0.012321 u이다. 따라서 없어진 중성자의 결합에너지는 다음과 같다.

$$(0.012321 \ u)(931.49 \ MeV/u) = 11.48 \ MeV$$

(b) $^{42}_{20}$Ca에서 양성자 하나를 떼어내면 포타슘 동위원소 $^{41}_{19}$K가 된다. 비슷한 계산으로부터 없어진 양성자의 결합에너지는 10.27 MeV이다.

(c) 중성자에는 인력인 핵력만 작용하나, 양성자에는 결합에너지를 감소시키는 전기적 척력도 함께 작용하기 때문이다.

11.5 물방울 모형

결합에너지 곡선에 대한 하나의 간단한 설명

핵자들을 핵 속에 묶어서 안전하게 가두어 둘 수 있게 하는 단거리 힘은 지금까지 알려진 힘 중 가장 강한 힘이다. 유감스럽게도 핵력은 전자기력처럼 그렇게 잘 이해되지 못하고 있고, 핵의 구조에 대한 이론은 원자의 구조에 대한 이론과 비교할 때 완전하다고 할 수 없다. 그러나 핵력을 완전히 이해하지 못하고도 핵의 성질이나 행동의 특징을 설명할 수 있는 원자핵 모형을 고안해내는 데는 상당한 진전을 이루었다. 이번 절과 다음 절에서 이러한 모형들에 들어 있는 몇몇 개념을 조사해 보기로 하겠다.

핵자 서로 간에 작용하는 인력은 대단히 크지만, 이 힘이 작용하는 거리는 아주 짧다. 거

리가 약 3 fm에 이를 때까지 두 양성자 사이에 서로 잡아당기는 핵력은 그들 사이의 전기적 반발력보다 100배나 더 강하다. 양성자와 양성자, 양성자와 중성자, 중성자와 중성자 사이의 핵 상호작용들은 모두 똑같은 형태로 나타난다.

첫 번째 근사로, 핵 안에서 각 핵자들은 가장 가까운 핵자와만 상호작용을 한다고 생각한다. 이 상황은 결정 격자에서 거의 고정된 점을 중심으로 이상적인 진동을 하고 있는 고체 안의 원자나, 이상적으로는 고정된 분자 간의 거리를 유지한 채로 자유롭게 움직이는 액체 속의 분자의 상황과 같다. 그런데 고체에 비유한 경우를 계산해 보면, 평균 위치에 대한 핵자들의 진동이 너무나도 커서 원자핵이 안정할 수 없게 되므로 고체에 대한 비유는 생각하지 않기로 한다. 한편 액체에의 비유는 핵의 행동의 어떤 면을 이해하는 데는 아주 유용한 것으로 알려졌다. 이러한 비유는 1929년에 가모프가 처음으로 제안하였고, 1935년에 폰 바이재커(C. F. von Weizsäcker)가 더욱 자세하게 발전시켰다.

핵을 액체 방울이라고 보았을 때, 관측된 질량수에 따라 핵자당 결합에너지의 변화를 어떻게 설명할 수 있는지 보자. 우선 각각의 핵자-핵자의 결합에 관련되는 에너지를 U라고 가정하고 시작한다. 이 에너지는 인력에 관계되므로 실제로는 음의 값을 가지나, 편의상 결합에너지를 양의 값으로 생각하기 때문에 보통 양의 값으로 나타낸다.

각 결합에너지 U는 두 개의 핵자가 나누어 가지므로 핵자 하나는 핵자당 $\frac{1}{2}U$의 결합에너지를 가진다. 같은 크기의 공을 최소한의 부피로 모아놓았을 때, 안쪽의 공 하나는 12개의 다른 공과 접하게 된다(그림 11.13). 핵 속의 핵자들이 이런 모양이라고 가정하자. 핵 속의 핵자들이 같은 크기의 공들을 최소 부피가 되도록 차곡차곡 쌓은 것과 같은 모양으로 존재한다면, 안쪽에 있는 공들은 각각 12개의 다른 공들과 접하게 된다(그림 11.13). 따라서 핵의 내부에 있는 핵자들은 각각 $(12)(\frac{1}{2}U)$, 즉 $6U$의 결합에너지를 갖는다. 핵에 있는 A개의 핵자 모두가 내부에 위치한다고 가정하면 총 결합에너지는

그림 11.13 똑같은 공이 밀집되게 모여 있으면 안쪽에 있는 공 하나 하나는 12개의 다른 공들과 접해 있다.

$$E_v = 6\,AU \tag{11.8}$$

가 될 것이다. 식 (11.8)을 흔히,

부피 에너지 $$E_v = a_1 A \tag{11.9}$$

의 형태로 쓴다. 에너지 E_v를 핵의 **부피 에너지**(volume energy)라고 하며, 이는 A에 직접적으로 비례한다.

물론, 실제로는 모든 핵에 핵 표면에 있는 핵자들이 있을 것이고, 따라서 표면에 있는 핵자들은 12개보다 적은 수의 이웃들과 접촉할 것이다(그림 11.14). 이런 핵자들의 수는 핵의 표면적에 의존한다. 반지름 R인 핵은 $4\pi R^2 = 4\pi R_0^2 A^{2/3}$의 면적을 가지고 있다. 그러므로 결합의 수가 최대인 12보다 작은 결합의 수를 갖는 핵자의 수는 $A^{2/3}$에 비례하게 되고, 총 결합에너지를

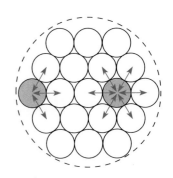

표면 에너지 $$E_s = -a_2 A^{2/3} \tag{11.10}$$

만큼 감소시킨다. 이 음의 에너지 E_s를 핵의 **표면 에너지**(surface energy)라고 한다. 가벼운 핵에서는 이 에너지가 가장 중요한데, 핵자들 중 대부분이 표면에 존재하기 때문이다. 자연계

그림 11.14 핵의 표면에 있는 핵자들은 안쪽에 있는 핵자보다 적은 수의 다른 핵자들과 상호작용을 하고, 이에 따라 결합에너지가 더 작아진다. 핵이 크면 클수록 표면에 있는 핵자들의 비율은 더 작아진다.

는 항상 퍼텐셜에너지가 최소가 되도록 변화해 가므로 핵은 최대의 결합에너지를 갖는 배치가 되도록 구성된다. 따라서 핵도 물방울에서와 같은 표면장력 효과를 나타낼 것이고, 공이 주어진 부피에서 가장 작은 표면적을 가지는 모양이므로 다른 효과가 없으면 핵은 공 모양을 이루게 될 것이다.

핵 내에서 양성자 각 쌍 사이의 전기적 반발력 또한 핵의 결합에너지를 감소시킨다. 핵의 **쿨롱 에너지** E_c는 Z개의 양성자를 무한대 거리에서 핵과 같은 크기의 공 속으로 뭉치게 하는 데 드는 일의 양과 같다. 거리 r만큼 떨어진 양성자 쌍의 퍼텐셜에너지는

$$V = -\frac{e^2}{4\pi\epsilon_0 r}$$

이다. $Z(Z-1)/2$개의 양성자 쌍이 있으므로

$$E_c = \frac{Z(Z-1)}{2} V = -\frac{Z(Z-1)e^2}{8\pi\epsilon_0}\left(\frac{1}{r}\right)_{av} \tag{11.11}$$

가 된다. 여기서 $(1/r)_{av}$는 $1/r$ 값을 모든 양성자 쌍들에 대해 평균한 값이다. 만약 양성자가 반지름 R인 핵 전체에 균일하게 분포하고 있다면 $(1/r)_{av}$는 $1/R$에 비례하게 되고, 따라서 $1/A^{1/3}$에 비례하여

쿨롱 에너지 $$E_c = -a_3\frac{Z(Z-1)}{A^{1/3}} \tag{11.12}$$

이다. 쿨롱 에너지는 핵의 안정성에 반하는 쪽으로 작용하므로 음의 값을 갖는다.

위와 같은 논의들이 물방울 모형만으로 알아낼 수 있는 전부이다. 이제 이 모형으로부터 나온 결과와 실제가 어떻게 비교되는지를 알아보자.

총 결합에너지 E_b는 부피, 표면 그리고 쿨롱 에너지의 합이 된다. 즉,

$$E_b = E_v + E_s + E_c = a_1 A - a_2 A^{2/3} - a_3\frac{Z(Z-1)}{A^{1/3}} \tag{11.13}$$

이다. 그러므로 핵자당 결합에너지는

$$\frac{E_b}{A} = a_1 - \frac{a_2}{A^{1/3}} - a_3\frac{Z(Z-1)}{A^{4/3}} \tag{11.14}$$

이 된다. 그림 11.15에서 식 (11.14)의 각 항들과 그들의 합인 E_b/A를 A에 대해 표시하였다. 각 항의 계수들은 E_b/A 곡선이 그림 11.12에 나타낸 핵자당 결합에너지의 실험값 곡선과 가능한 한 가까워지도록 선택하였다. 이론적인 곡선을 실험적인 곡선에 거의 일치할 수 있도록 맞출 수 있다는 사실은 핵과 물방울 사이의 유사성이 어느 정도 타당성이 있음을 의미한다.

공식의 수정
결합에너지 식인 식 (11.13)을, 단순한 물방울 모형으로는 설명할 수 없지만 핵의 에너지 준위를 주는 모형에 의해 설명될 수 있는 두 가지 효과를 고려함으로써 개선할 수 있다(다음 장에

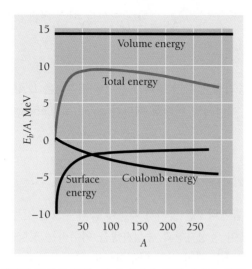

그림 11.15 핵자당 결합에너지는 부피 에너지, 표면 에너지, 쿨롱 에너지의 합이다.

서 이렇게 아주 다른 접근 방법들이 어떻게 조화될 수 있는지에 대해 알아볼 것이다). 이런 효과 중 하나는 핵 속에 있는 중성자의 수가 양성자의 수보다 많을 때 나타난다. 이 경우는 N과 Z의 수가 같을 때보다 더 높은 에너지 준위가 채워져야 함을 의미한다.

배타원리에 의해 각각 두 입자만 허용되는 중성자와 양성자의 가장 높은 에너지 준위가 그림 11.16과 같이 같은 간격 ϵ을 갖고 있다고 가정하자. 질량수 A는 변화시키지 않고 중성자 수를 늘리기 위해서는, 예를 들어 $N - Z = 8$을 만들려면 $N = Z$인 원래의 핵에서 $\frac{1}{2}(N - Z) = 4$개의 양성자가 중성자로 교체되어야 한다. 교체된 새로운 중성자들은 본래의 양성자 에너지보다 $2\epsilon = 4\epsilon/2$만큼 더 높은 에너지 준위까지 채우게 될 것이다. $\frac{1}{2}(N - Z)$개의 양성자들이 교체되는 일반적인 경우에는 각각 $\frac{1}{2}(N - Z)\epsilon/2$만큼의 에너지 증가를 가져오게 된다. 필요한 일의 전체 값은

$$\Delta E = (\text{새로운 중성자의 수}) \left(\frac{\text{에너지 증가}}{\text{새로운 중성자}} \right)$$

$$= \left[\frac{1}{2}(N - Z) \right] \left[\frac{1}{2}(N - Z)\frac{\epsilon}{2} \right] = \frac{\epsilon}{8}(N - Z)^2$$

이다. $N = A - Z$, $(N - Z)^2 = (A - 2Z)^2$이므로

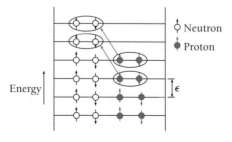

그림 11.16 $N = Z$인 핵에서 4개의 양성자를 4개의 중성자로 바꾸기 위해서는 (4)(4ϵ/2)만큼의 일을 해주어야 한다. 결과적으로 이 핵은 중성자의 개수가 양성자의 개수보다 8개가 더 많아진다.

$$\Delta E = \frac{\epsilon}{8}(A - 2Z)^2 \tag{11.15}$$

이 된다.

핵의 핵자들의 수가 증가함에 따라 에너지 준위의 간격 ϵ은 $1/A$에 비례하여 감소한다. 이는 N과 Z의 차이에 의한 에너지인 **비대칭 에너지**(asymmetry energy) E_a를 다음과 같이 표현하여야 함을 의미한다.

비대칭 에너지
$$E_a = -\Delta E = -a_4 \frac{(A - 2Z)^2}{A} \tag{11.16}$$

비대칭 에너지는 핵의 결합에너지를 줄이기 때문에 음의 부호를 갖는다.

마지막의 보정항은 핵이 양성자쌍과 중성자쌍을 이루려는 경향을 가진 것으로부터 생긴다(11.3절을 보라). 짝수–짝수 핵이 가장 안정하므로 그렇지 않은 경우보다 더 큰 결합에너지를 갖게 된다. 그러므로 $_2^4$He, $_6^{12}$C, $_8^{16}$O와 같은 핵들이 핵자당 결합에너지 곡선의 봉우리를 차지한다. 반대로 홀수–홀수 핵은 짝지어지지 않은 양성자와 중성자가 있기 때문에 비교적 작은 결합에너지를 갖는다. 짝수-짝수 핵의 경우 **짝 에너지**(pairing energy) E_p는 양의 값이고, 홀수–짝수, 짝수–홀수 핵은 0, 그리고 홀수–홀수 핵은 음의 값을 가지며, A에 따라$A^{-3/4}$로 변하는 것으로 보인다. 그러므로

짝 에너지
$$E_p = (\pm, 0)\frac{a_5}{A^{3/4}} \tag{11.17}$$

로 나타낼 수 있다.

원자번호 Z 그리고 질량수 A인 핵의 결합에너지에 대한 최종적인 표현은 1935년에 폰바이재커에 의해 처음으로 얻어졌는데,

준경험적
결합에너지
공식
$$E_b = a_1 A - a_2 A^{2/3} - a_3 \frac{Z(Z - 1)}{A^{1/3}}$$
$$- a_4 \frac{(A - 2Z)^2}{A} (\pm, 0)\frac{a_5}{A^{3/4}} \tag{11.18}$$

이다. 준경험적(semiempirical)이란 완전히 이론으로부터 유도한 것도 아니고, 실험 결과를 단순히 식으로 나타낸 것도 아닌, 이론적인 근거를 가진 식을 실험에 맞춰 구했다는 뜻이다. 이 식을 실험 결과와 잘 맞게 하는 계수들의 조합은 다음과 같다.

$$a_1 = 14.1 \text{ MeV} \qquad a_2 = 13.0 \text{ MeV} \qquad a_3 = 0.595 \text{ MeV}$$
$$a_4 = 19.0 \text{ MeV} \qquad a_5 = 33.5 \text{ MeV}$$

다른 값들의 조합도 가능하다. 식 (11.18)이 식 (11.13)보다 관측된 결합에너지들과 더 잘 맞는다. 이는 물방울 모형이 좋은 근사이기는 하지만, 핵을 설명하는 데 최종적이지는 않다는 것을 의미한다.

예제 11.6

아연(Zinc)의 동위원소 $^{64}_{30}$Zn의 원자질량은 63.929 u이다. 결합에너지를 식 (11.18)로 예측되는 값과 비교하라.

풀이

식 (11.7)로부터 $^{64}_{30}$Zn의 결합에너지는

$$E_b = [(30)(1.007825 \text{ u}) + (34)(1.008665 \text{ u}) - 63.929 \text{ u}](931.49 \text{ MeV/u}) = 559.1 \text{ MeV}$$

이다. 본문에서 주어진 계수들을 사용하면, 준경험적 결합에너지 공식으로는

$$E_b = (14.1 \text{ MeV})(64) - (13.0 \text{ MeV})(64)^{2/3} - \frac{(0.595 \text{ MeV})(30)(29)}{(64)^{1/3}}$$

$$- \frac{(19.0 \text{ MeV})(16)}{64} + \frac{33.5 \text{ MeV}}{(64)^{3/4}} = 561.7 \text{ MeV}$$

가 된다. $^{64}_{30}$Zn이 짝수–짝수 핵이므로 마지막 항의 부호로 양(+)을 사용하였다. 계산한 결합에너지 값과 측정값 사이의 차이는 0.5% 미만이다.

예제 11.7

동중핵(isobar)은 같은 질량수 A를 갖는 핵종들을 말한다. 주어진 A에 대해 가장 안정된 동중핵의 원자번호를 얻는 식을 유도하고, 이것을 이용하여 $A = 25$인 가장 안정된 동중핵을 찾아라.

풀이

가장 안정한 것에 해당하는 결합에너지 E_b가 최대가 되는 Z를 찾기 위해서는 $dE_b/dZ = 0$인 Z를 찾아야 한다. 식 (11.18)에서

$$\frac{dE_b}{dZ} = -\frac{a_3}{A^{1/3}}(2Z - 1) + \frac{4a_4}{A}(A - 2Z) = 0$$

$$Z = \frac{a_3 A^{-1/3} + 4a_4}{2a_3 A^{-1/3} + 8a_4 A^{-1}} = \frac{0.595 A^{-1/3} + 76}{1.19 A^{-1/3} + 152 A^{-1}}$$

$A = 25$일 때, 이 식에 의하면 $Z = 11.7$이다. 이로부터 $Z = 12$가 $A = 25$인 동중핵 중 가장 안정된 원자번호가 됨을 알 수 있다. 실제로, 이 핵은 $^{25}_{12}$Mg이며 $A = 25$의 동중핵 중에서 유일하게 안정된 핵이다. 또 다른 동중핵인 $^{25}_{11}$Na, $^{25}_{13}$Al은 둘 모두 방사성을 가진다.

11.6 껍질 모형

원자핵의 마법수

물방울 모형의 기본적인 가정은 핵 속에 있는 각 핵자가 액체 속의 분자와 같이 가장 가까운

이웃들과만 상호작용을 한다는 가정이다. 다른 극단에서, 핵자 각각이 다른 모든 핵자들에 의해 만들어진 전체 힘의 장과 주로 상호작용을 한다고 하는 가설도 크게 지지를 받고 있다. 후자의 상황은 원자 내의 전자의 경우와 비슷한데, 원자에서는 특정한 양자 상태들만 허용되고, 한 상태에는 페르미온인 전자가 두 개 이상 들어갈 수 없다. 핵자 역시 페르미온이기 때문에 원자의 성질이 Z에 따른 주기성을 갖는 것과 같이 몇몇 핵의 성질은 Z와 N에 따라 주기적으로 변한다.

원자 안의 전자는 주양자수(principal quantum number)에 의해 정해지는 '껍질(shells)'에 그들의 자리를 차지하고 있는 것으로 생각할 수 있다. 전자가 가장 바깥 껍질을 채우는 정도가 원자의 행동에 대한 중요한 성질들을 결정한다. 예를 들면, 2, 10, 18, 36, 54, 86개의 전자를 가진 원자들은 완전히 채워진 껍질들을 가지고 있다. 이러한 전자 구조는 높은 결합에너지를 갖고 아주 안정된 상태로서, 불활성 기체가 화학적으로 거의 반응하지 않는 이유다.

핵에서도 이와 같은 비슷한 효과가 관측된다. 2, 8, 20, 28, 50, 82 그리고 126개의 중성자나 양성자를 가진 핵은 비슷한 질량수를 갖는 다른 핵들보다 훨씬 더 풍부하게 지구상에 존재하는데, 이는 이 경우의 핵 구조가 더 안정하다는 것을 의미한다. 복잡한 핵은 가벼운 핵끼리 반응해서 형성되는데, 더 무거운 핵으로 진화하는 동안 비교적 불활성인 핵이 형성될 때마다 진화가 지연되므로 이런 핵들이 풍부하게 존재하게 되는 것이다.

다른 증거들도 **마법수**(magic number)라고 알려지기 시작한 수 2, 8, 20, 50, 82 그리고 126이 핵의 구조에서 중요한 의미가 있음을 가리킨다. 하나의 예는 핵의 전기 사중극자 모멘트의 관측 결과에서 보이는 패턴인데, 이는 원자핵의 전하 분포가 공 모양으로부터 얼마나 벗어났는가를 나타낸다. 공 모양의 핵은 전기 사중극자 모멘트를 갖지 않지만, 럭비공 모양의 핵은 양의 모멘트를 갖고, 서양호박 모양의 핵은 음의 모멘트를 갖는다. 마법수에 해당하는 N과 Z을 가진 핵들은 사중극자 모멘트가 0임이 밝혀졌고, 따라서 공 모양을 하고 있다. 반면 다른 핵들은 찌그러진 모양이다.

핵의 **껍질 모형**(shell model)은 전체적인 힘의 장 속에서의 핵자 운동을 통해 마법수의 존재와 핵의 특정한 성질들을 설명하고자 하는 시도에서 나왔다.

핵의 퍼텐셜에너지 함수는 정확한 형태가 알려져 있지 않기 때문에 원자의 경우와는 달리 적당한 함수 $U(r)$를 가정해야 한다. 그림 11.3의 핵 밀도 곡선을 근거로 하여 추측하면 모서

마리아 괴페르트메이어(Maria Goeppert-Mayer: 1906~1972)는 막스 보른(Max Born)의 아이들의 소아과 의사였던 사람의 딸로, 독일에서 태어나 보른의 지도 아래 괴팅겐에서 공부하였다. 보른은 "마리아는 나의 모든 과목을 대단한 근면성과 성실성으로 통과하면서도, 여전히 명랑하고도 재치있는 괴팅겐 사교계의 멤버였다. 파티를 좋아했고, 웃음과 춤 그리고 장난치기를 좋아했다. … 마리아는 양자역학에 대한 매우 우수한 학위논문으로 박사학위를 받은 후, 결정 이론에 대한 문제를 나와 함께 연구하고 있던 미국의 젊은이 조셉 메이어(Joseph Mayer)와 결혼했다. 두 사람은 미국에서 항상 함께 있으며 훌륭한 업적을 쌓았다."라고 회상하였다. 1948년에 시카고 대학에서 괴페르트메이어는, 1930년대 초에 발견된 이후 여전히 불가사의로 남아 있던 핵의 안정성의 주기성에 대한 문제를 다시 제기했고, 실험 결과와 일치하는 껍질 모형을 고안하였다. 옌센(J. H. D. Jensen)도 독일에서 비슷한 이론을 동시에 독립적으로 발표했는데, 이 업적으로 두 사람은 1963년에 노벨상을 수상했다.

리가 둥근 사각형 퍼텐셜 우물을 가정할 수 있다. 이런 종류의 퍼텐셜 우물 안에 있는 입자에 대한 슈뢰딩거 방정식을 풀면, 핵 안에서의 핵자에 대한 정상상태가 양자수 n, l, m_l로 특정지어진다는 것을 알 수 있다. 이 양자수들의 중요성은 원자 내 전자의 정상상태에서 이 양자수들이 갖는 중요성에 비할 만하다. 중성자와 양성자는 핵 안에서 각각 다른 에너지 상태를 갖는데, 왜냐하면 양성자는 핵전하(nuclear charge)를 통해서 핵력에 의해 상호작용할뿐 아니라 전기적으로도 상호작용을 하기 때문이다. 그러나 이러한 계산으로부터 얻어지는 에너지 준위 계열은 관측된 마법수의 차례와 일치하지 않는다. 다른 퍼텐셜에너지 함수, 예를 들면 조화진동자 같은 함수도 더 나은 결과를 제공하지 못한다. 무언가 핵심적인 그 무엇인가가 이런 분석 방법에서 빠져 있을 것이다.

마법수가 나타나는 방식

이 문제는 결국 1949년에 마리아 괴페르트메이어(Maria Goeppert-Mayer)와 옌센(J. H. D. Jensen)이 서로 독립적으로 해결하였다. 이들은 핵에서 스핀-궤도 상호작용에 의해 에너지 준위가 버금 준위들로 갈라지는 정도가, 같은 방식으로 원자에너지 준위가 갈라지는 크기보다 훨씬 더 크기 때문에, 스핀-궤도 상호작용을 반드시 포함시켜야 한다는 것을 깨달았다. 퍼텐셜에너지 함수는, 사각형 우물과 비슷하기만 하면 정확한 형태는 중요하지 않음이 밝혀졌다.

껍질 모형에서는 LS 결합이 매우 가벼운 핵에서만 성립한다고 가정한다. 이러한 핵에서는 정상적인 배치에서 l의 값이 충분히 작다. 이렇게 생각하면 7장에서 본 바와 같이, 각 입자의 고유 스핀 각운동량 S_i(중성자가 한 그룹이 되고, 양성자는 또 다른 그룹을 이룬다)들이 결합해서 총 스핀 각운동량 S가 된다. 각각의 궤도 각운동량 L_i들도 따로 결합해서 총 궤도 각운동량 L이 된다. 그리고나서 S와 L이 결합하여 그 크기가 $\sqrt{J(J+1)}\hbar$인 총 각운동량 J를 만든다.

중간의 결합 방식이 성립하는 과도적인 범위를 벗어난 더 무거운 핵에서는 jj **결합**(jj coupling) 방식을 보인다. 이 경우는 각 입자의 S_i와 L_i가 먼저 크기가 $\sqrt{j(j+1)}\hbar$인 J_i를 형성하고, 각각의 J_i가 결합하여 총 각운동량 J를 이룬다. 대부분의 핵에서는 jj 결합 방식이 성립한다.

스핀-궤도 상호작용에 적당한 세기를 가정하면, 핵자의 에너지 준위는 두 결합 방식 모두에 대해 그림 11.17에서 보이는 바와 같은 계열에 속하게 된다. 이들 준위들은 맨 앞에는 총 양자수 n을 쓰고, 각 입자의 l을 가리키는 문자를 보통의 방법(l = 0, 1, 2, 3, 4, … 에 따라 s, p, d, f, g, …를 쓰는)에 따라 쓴 다음, 여기에 j의 값을 아래에 덧붙여서 표시한다. J_i마다 $2j+1$개의 허용되는 방향이 있으므로, 스핀-궤도 상호작용은 주어진 j의 상태를 $2j+1$개의 하위 상태들로 분리시킨다. 별개의 껍질이라는 개념에 걸맞게, 떨어져 있는 준위들 사이에는 에너지 차이가 크다. 각각의 원자핵 껍질에 있을 수 있는 핵 상태들의 수는 에너지가 커지는 순서로 2, 6, 12, 8, 22, 32 그리고 44이다. 그러므로 핵에 중성자나 양성자가 2, 8, 20, 28, 50, 82 그리고 126개가 있을 때마다 껍질들이 채워진다.

껍질 모형으로 마법수 이외에도 몇 가지 핵의 다른 현상들을 설명할 수 있다. 첫 번째로, 반대 스핀을 갖는 두 개의 입자로 채워질 수 있는 에너지 버금준위의 존재는 11.3절에서 논의한 바와 같은 짝수 Z와 짝수 N인 핵이 많이 존재한다는 사실을 설명할 수 있다.

껍질 모형으로 또한 핵의 각운동량을 예측할 수 있다. 짝수-짝수 핵에서는 모든 양성자

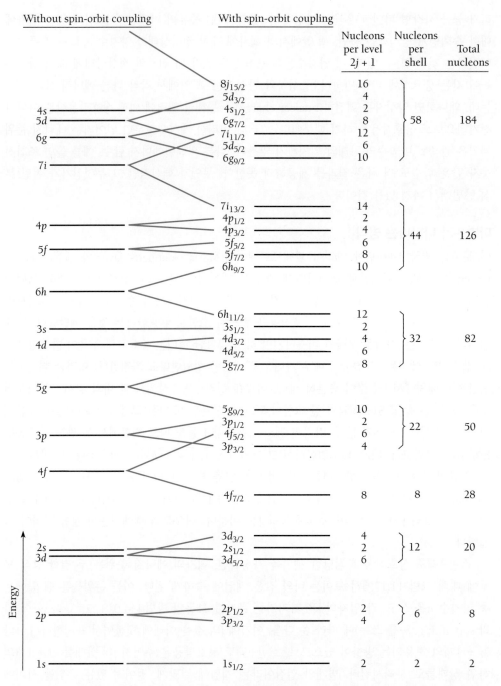

그림 11.17   껍질 모형에 따른 중성자와 양성자 에너지 준위 계열(실제 측도는 아님). 오른쪽 열에 있는 숫자는 이 계열을 근거로 하여 예측한 마법수에 해당하는 수이다.

와 중성자가 짝을 이루므로 서로의 스핀과 궤도 각운동량을 상쇄시킨다. 따라서 짝수-짝수 핵은 관측되는 바와 같이 핵의 각운동량이 0이 되어야 한다. 짝수-홀수 핵이나 홀수-짝수 핵에서는 하나의 '여분의' 핵자의 반정수 스핀이 나머지 핵자들에 의한 정수 각운동량과 결합 해서 반정수의 총 각운동량을 이룬다. 홀수-홀수 핵들은 각각 반정수의 스핀을 가지는 여분의 중성자 하나와 여분의 양성자 하나를 갖고 있기 때문에 전체적으로 정수의 총 각운동량을 만들어야 한다. 이런 예측들은 모두 실험적으로 확인되었다.

모형을 조화시키기

만약 핵 속의 핵자들이 아주 가까이 있으면서 서로 강하게 상호작용하여 핵을 물방울과 비슷하게 생각할 수 있다면, 어떻게 해서 동시에 이 똑같은 핵자들을 껍질 모형에서 요구하는 대로 전체적인 힘의 장 안에서 서로 독립적으로 움직이는 핵자들로 생각할 수 있겠는가? 물방울 핵에서 돌아다니는 핵자들은 분명히 서로 자주 충돌하기 때문에 앞의 두 관점은 서로 상충하는 것처럼 보인다.

그러나 좀 더 깊이 생각해 보면 서로 모순이 없다는 것을 알 수 있다. 핵의 바닥 상태에서, 중성자와 양성자는 배타원리를 만족하는 방법으로 에너지가 증가하는 순서에 따라 에너지 준위들을 채운다(그림 11.8을 보라). 충돌하는 경우, 한 핵자로부터 다른 핵자로 에너지가 전달되면서, 한 핵자는 에너지가 감소되는 상태가 되고, 다른 핵자는 에너지가 증가하는 상태가 된다. 그러나 낮은 에너지의 모든 상태들이 채워져 있기 때문에 이런 에너지 전달은 배타원리를 위배할 때만 가능하다. 같은 종류의 구별할 수 없는 두 개의 핵자들이 그들 각자의 에너지를 단순히 교환할 수도 있으나, 이러한 충돌은 계의 상태가 처음 상태와 똑같아지기 때문에 중요하지 않다. 본질적으로 배타원리는, 밀집되게 채워진 핵 내부에서조차 핵자-핵자 충돌을 일어나지 못하게 하며, 따라서 독립적인 입자로 핵 구조에 접근하는 방법을 정당화한다.

원자핵의 물방울 모형이나 껍질 모형은 둘 다, 매우 다른 방식으로 핵의 알려진 행동에 대해서 많은 것을 설명해 준다. 아게 보어(Aage Bohr, 닐스 보어의 아들)와 모텔슨(Ben Mottelson)의 **집합 모형**(collective model)은 이 두 모형의 특징을 조화롭게 결합했고 매우 성공적인 것으로 판명되었다. 집합 모형에서는 짝수-짝수 핵이 아닌 모든 핵들의 비구형성이나 회전하는 핵에 의해 생기는 원심력에 의한 변형 등도 고려한다. 이 이론을 자세하게 적용하면 감마선 분광법이나 그 밖의 방법으로 알 수 있는 들뜬 핵의 에너지 준위에 대한 간격도 설명할 수 있다.

안정성의 섬

1.3절에서 언급한 것처럼 강한 상호작용이 짧은 거리에만 적용된다는 사실은 가장 큰 안정한 핵은 비스무트 동위원소 $^{209}_{83}$Bi가 됨을 말해 준다. $Z > 83$ 그리고 $A > 209$인 모든 핵들은 안정한 배치가 될 때까지 방사성 붕괴를 한다. 그림 11.7의 안정된 핵들은 불안정성의 바다에서 존재하는 안정성의 반도라고 생각할 수 있다.

일반적으로, 안정성의 반도로부터 멀어질수록 핵은 더 빨리 붕괴한다. $^{209}_{83}$Bi보다 무거운 핵들은 크기가 커짐에 따라 반감기가 점점 더 짧아져서, $Z = 107$, 108 그리고 109에 이르면 밀리초밖에 되지 않는다(이런 초중량 핵들은 실험실에서 무거운 원자 표적에 작은 원자를 쏘아서 만든다). 마법수의 양성자나 중성자를 가진 핵들은 특별히 안정하므로, 초중량 핵들 중에서 상대적으로 안정한 섬이 존재하는가 하는 질문이 생긴다.

중성자의 경우, 그림 11.17에 의하면 $N = 126$ 다음의 마법수는 $N = 184$이다. 양성자의 경우에는 전기적 퍼텐셜에너지 때문에 복잡해지는데, 전기적 퍼텐셜에너지 Z가 커질 때 (전하와 무관한) 순수한 핵 퍼텐셜에너지와 비교하여 상대적으로 더 중요해진다. 전기 퍼텐셜은 l 이 낮은 양성자의 준위들에서 효과가 더 커지는데, 왜냐하면 이런 준위의 확률밀도가 밀집되어 있는 핵의 중심부에서 전기 퍼텐셜이 더 세기 때문이다(그림 6.8을 보라). 그 결과, 양성자 준위의 순서는 그림 11.17에서 보이는 것으로부터 달라져서 $Z = 126$ 대신에 $Z = 114$가 양성자의 마법수가 된다.

그러므로 $Z = 114$이고 $N = 184$인 핵은 이중으로 안정해야 할 것이다. 이 핵과 이 근처의 Z와 N을 가지는 핵들은 불안정성의 바다에서 안정성의 섬을 이루어서, 말하자면 그림 11.7의 안정성의 반도에서 북동쪽 끝이 되어야 할 것이다.

1998년에 러시아 물리학자들이 플루토늄 동위원소 $^{244}_{94}Pu$ 표적에 칼슘 동위원소 $^{48}_{20}Ca$의 빔을 쏘아 $Z = 114$ 그리고 $N = 175$인 핵을 창조하였다. 양성자의 개수는 마법수이고, 안정성 섬의 중심으로부터도 멀리 떨어져 있지 않은 이 핵의 반감기(시료의 절반이 붕괴하는 데 걸리는 시간. 12.2절을 보라)는 30.4초였다. 예상한 것처럼 이 반감기는 안정성의 섬 근처에 있으나 섬을 벗어나 있는 핵들의 반감기보다 매우 길다.

1966년에 안정성의 섬에 대한 아이디어가 처음으로 나왔을 때, $Z = 114$, $N = 184$인 핵은 수십억 년의 반감기를 가질 가능성이 있다고 생각하였다. 훗날의 계산에서는 100년 이하부터 수백만 년에 걸친 좀 더 조심성 있는 예측들을 내놓았다. 앞으로 이런 이중마법수의 핵이 만들어지면 알게 될 것이다. 그러는 동안에 캘리포니아에 있는 로렌스 버클리 국립연구소의 물리학자들은 $Z = 116$인 핵을 창조하기 위해 이 안정성의 섬을 지나서 항해하여 나가고자 고군분투하고 있다.[주]   ■

11.7 핵력을 설명하기 위한 메손 이론

입자의 교환으로 인력이나 반발력을 만들 수 있다.

8장에서 분자가 어떻게 인접 원자들 사이에 전자를 교환함으로써 결합하는지를 보았다. 핵의 성분인 핵자들 사이에 어떤 입자를 교환함으로써 서로 묶일 수 있는 비슷한 메커니즘이 핵 내에서 작동하는 게 가능한가?

이런 질문에 대한 첫 번째 진전은 1932년에 하이젠베르크가 핵자 사이에 전자와 양전자가 왔다 갔다 한다고 제안한 것이다. 예를 들면, 중성자는 전자 하나를 방출하여 양성자가 되고, 반면 양성자는 전자를 흡수하여 중성자가 된다는 것이다. 그러나 베타붕괴 결과를 바탕으로 한 계산에 따르면, 핵자에 의해 전자와 양전자를 교환해서 생기는 힘은 세기가 10^{14}만큼이나 작아서 핵 구조에 중요하지 않다는 게 밝혀졌다.

1935년에 일본 물리학자 유카와 히데키(Yukawa Hideki)는 질량이 전자와 핵자의 중간에 있는 입자가 핵력을 준다고 더 성공적인 제안을 했다. 오늘날 이 입자들을 **파이온**(pion)이라 부른다. 파이온은 전하를 띠거나(π^+, π^-) 중성(π^0)이고, 모두 합해서 **메손**(meson)이라고 하유카와 히데키(Yukawa Hideki: 1907~1981)는 일본의 교토에서 자랐고 그곳의 대학을 다녔다. 오사카에서 박사학위를 받고 교토로 돌아가 그곳에 계속 남아 있었다. 1930년대 초에 유카와는 양성자들 간의 척력에도 불구하고 무엇이 원자핵을 묶어 두는지에 대한 문제에 도전하였다. 그 상호작용은 극도로 강해야 하지만 제한된 범위 내에서 작용해야 한다. 유카와는 핵자들 사이에서 질량이 전자의 200배 정도가 되는 입자들의 교환을 기초로 해서 설명할 수 있음을 발견하였다. "중성자와 양성자가 받기 놀이를 할 수 있는 것일까?" 유카와가 논문을 발표한 다음 해인 1936년, 일찍이 양전자와 그 밖의 입자를 발견했던 칼 앤더슨(C. D. Anderson)이 우주선 속에서 유카와가 예측한 중간 정도의 질량을 가진 입자를 발견했다. 그렇지만 지금 뮤온이라 부르는 이 입자는 핵과 강한 상호작용을 하지 않는다. 이 수수께끼는 1947년까지 명확히 규명되지 않다가, 영국 물리학자 파웰(C. F. Powell)이 파이온을 발견하면서 해결되었는데, 파이온은 유카와가 예측한 성질들을 가지고 있으나 곧 붕괴해서 좀 더 긴 수명을 가진(그래서 검출이 좀 더 쉬운) 뮤온이 된다[파이온과 뮤온은 파웰에 의해 원래 π와 μ 중간자(메손; meson)로 불렸는데, 전해오는 말에 의하면 파웰의 타자기에 그리스어로 문자는 이 두 글자만 있었기 때문이라 한다]. 유카와는 일본인으로는 처음으로 1949년에 노벨상을 받았다.

는 입자의 한 부류 중의 하나이다. 파이온이란 말은 원래의 이름인 파이 메손(π meson)의 줄임말이다.

유카와의 이론에 의하면, 모든 핵자들은 계속해서 파이온을 내놓고 재흡수한다. 만약 다른 핵자가 근처에 있다면, 방출된 파이온은 원래의 핵자로 되돌아가는 대신에 다른 핵자로 이동할 수도 있다. 이 이동에 수반되는 운동량의 전달은 힘의 작용과 동등하다. 핵력은 아주 짧은 거리에서는 척력이 되고 그보다 핵자–핵자 거리가 멀 때는 인력이 된다. 만약 그렇지 않다면, 핵 속에서 핵자들이 한 덩어리로 뭉치게 될 것이다. 핵력에 대한 메손 이론의 강점 중의 하나는 이런 성질들을 모두 설명할 수 있다는 것이다. 어떻게 그렇게 되는지 간단히 설명할 방법은 없지만, 대충 비유하면 좀 덜 이상하게 만들 수 있다.

농구공을 주고받는 두 소년을 생각해 보자(그림 11.18). 각기 상대편에게 공을 던질 때 소

Repulsive force due to particle exchange

Attractive force due to particle exchange

그림 11.18 인력과 반발력은 둘 다 입자의 교환에 의해 생길 수 있다.

년들은 뒤로 밀려나게 되며, 자신에게로 던져진 공을 잡을 때 뒤 방향의 운동량이 다시 증가하게 된다. 따라서 이런 방법으로 농구공을 주고 받으면 소년들 간에 반발력과 같은 효과를 주게 된다. 하지만 만약 소년들이 서로 공을 뺏는다면 결과는 두 소년 사이에서 작용하는 인력과 같아진다.

여기서 근본적인 문제가 생긴다. 만약 핵자들이 계속하여 파이온을 방출하고 흡수한다면, 어째서 중성자나 양성자가 그들의 보통 질량과는 다른 질량으로는 결코 측정된 적이 없는가 하는 점이다. 답은 불확정성 원리에 기반을 두고 있다. 물리 법칙은 단지 측정 가능한 양에 관해서만 말하며, 불확정성 원리는 어떤 관련된 양들을 측정하는 데 있어서 이들의 정확성에 제한을 준다. 핵자가 질량의 변화 없이 파이온을 방출하는 일은, 그 자체로는 에너지 보존법칙을 명백히 위반하고 있지만, 질량의 변화가 있었는지 없었는지 모를 만큼 짧은 시간 내에 핵자가 이를 재흡수하거나 주위 핵자로부터 나온 다른 파이온을 흡수한다면 원리적으로 일어날 수 있다.

$$\Delta E \, \Delta t \geq \frac{\hbar}{2} \tag{3.26}$$

로부터, $\hbar/2\Delta E$를 넘지 않는 지속 시간 동안은 ΔE만큼의 에너지가 보존되지 않는 사건은 금지되지 않는다. 이런 조건으로부터 파이온의 질량을 예측할 수 있다.

파이온이 $v \sim c$의 속도(실제로는 물론 $v < c$)로 핵자 사이를 움직인다고 가정하자. 질량이 m_π인 파이온의 방출은 일시적으로 $\Delta E \sim m_\pi c^2$의 에너지 차이를 가져온다(파이온의 운동에너지는 무시했다). 그리고 $\Delta E \, \Delta t \sim \hbar$이다. 핵력이 미치는 최대 거리는 약 1.7 fm이고, 이 거리를 파이온이 움직이는 데 걸리는 시간(그림 11.19)은

$$\Delta t = \frac{r}{v} \sim \frac{r}{c}$$

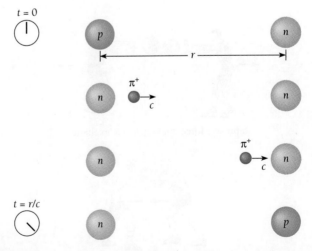

그림 11.19 불확정성 원리는 그 과정이 충분히 빨리 일어난다면, 에너지 보존을 깨지 않고도 파이온의 생성, 전달, 소멸이 일어나는 것을 허용한다. 이 그림에서는 양성자에 의해 방출된 양의 파이온이 중성자에 의해 흡수되어 그 결과 양성자는 중성자, 중성자는 양성자가 된다.

이므로

$$\Delta E \, \Delta t \sim \hbar$$

$$(m_\pi c^2)\left(\frac{r}{c}\right) \sim \hbar$$

$$m_\pi \sim \frac{\hbar}{rc} \qquad\qquad (11.19)$$

이며, 따라서 m_π값은 다음과 같다.

$$m_\pi \sim \frac{1.05 \times 10^{-34}\,\text{J}\cdot\text{s}}{(1.7 \times 10^{-15}\,\text{m})(3 \times 10^8\,\text{m/s})} \sim 2 \times 10^{-28}\,\text{kg}$$

이렇게 어림잡은 값은 전자의 질량 m_e의 약 220배 정도가 된다.

파이온의 발견

유카와의 제안이 있은 후 12년 만에 그가 예측한 성질을 가진 입자들이 실제로 발견되었다. 전하를 띤 파이온의 정지질량은 273 m_e이고, 중성 파이온의 질량은 264 m_e로 앞에서 예측한 값과 큰 차이가 없다.

자유로이 돌아다니는 파이온의 발견이 늦어진 데는 두 가지 이유가 있었다. 첫째, 파이온의 방출에 의해서도 핵자의 에너지가 보존되려면 핵자에 충분한 에너지가 주어져야 한다. 적어도 $m_\pi c^2$ 정도의 에너지인 약 140 MeV가 필요하다. 정지해 있는 핵자에 충돌을 통해 이만큼 큰 에너지를 가하기 위해서는 에너지뿐 아니라 운동량도 보존되어야 하므로 입사되는 입자는 $m_\pi c^2$보다 더 큰 운동에너지를 가져야 한다. 그러므로 수백 MeV의 운동에너지를 가진 입자여야만 파이온을 만들 수 있고, 자연계에서의 이러한 입자는 오직 우주선이 지구에 충돌해서 연쇄적으로 만들어지는 입자들 속에서만 발견된다. 따라서 파이온을 발견하기 위해서는 우주선의 상호작용을 연구하는 충분히 민감하고 정확한 방법이 개발될 때까지 기다려야 했다. 이후 고에너지 가속기가 가동되어 필요한 에너지를 줄 수 있게 되어, 이로부터 만들어지는 대량의 파이온들을 쉽게 연구할 수 있게 되었다.

파이온의 이론적 예측과 실험적 발견 사이에 지연이 있었던 두 번째 이유는 파이온의 불안정성에 있다. 전하를 띤 파이온의 평균 수명은 2.6×10^{-8}초, 중성 파이온의 평균 수명은 8.4×10^{-17}초밖에 되지 않는다. π^0의 수명은 아주 짧기 때문에 실제로 1950년까지도 그 존재가 입증되지 않았다. π^+, π^-, π^0의 붕괴 방법은 13장에서 다루겠다. 파이온보다 더 무거워서 전자 질량의 수천 배 이상 되는 메손들도 발견되었다. 이러한 메손에 의한 핵력은 식 (11.19)로부터 알 수 있듯이 파이온보다 더 짧은 거리로 제한된다.

가상광자

카와의 업적이 나오기 수년 전에, 또 다른 상호작용인 전자기력의 원인으로 입자 교환 방식이 제안되었다. 이 경우의 교환 입자는 광자인데, 질량이 없으므로 식 (11.19)에 의한 거리에 제한을 받지 않는다. 그러나 불확정성 원리를 깨지 않기 위해 두 전하 사이의 거리가 멀어질수록 그들 사이를 지나는 광자의 에너지는 작아진다(따라서 광자의 운동량이 적어지고 힘이 약해진다). 이런 이유로 인해 전기력은 거리에 따라 줄어들게 된다. 전하의 상호작용에서 교환되는 광자는 검출할 수 없기 때문에 이런 광자를 **가상광자**(virtual photon)라고 한다. 파이온의 경우에서와 같이, 광자들이 에너지 보존의 구속조건으로부터 풀려날 수 있을 정도의 충분한 에너지를 얻는다면 실제의 광자가 될 것이다.

광자를 전자기력의 매개체로 생각하는 것은 여러 가지 면에서 매력적인데, 특히 명백한 이유 하나는 전자기력이 순간적이 아니라 빛의 속도로 전달되는 이유를 설명할 수 있다는 점이다. 이 이론이 계속 발전해서 완성된 이론을 양자전기역학(Quantum Electrodynamics)이라고 부른다(6.9절을 보라). 양자전기역학의 결과는 광전효과, 콤프턴 효과, 쌍생성과 쌍소멸, 제동복사(bremsstrahlung) 그리고 들뜬 상태의 원자에서 광자 방출 등의 현상에 관한 실험 결과들과 믿을 수 없을 만큼 아주 정확하게 일치한다. 아쉽지만 이론의 세부적인 것들은 수학적으로 너무 복잡하여 여기에서 다루지 않는다. ∎

연습문제

11.1 원자핵의 구성

1. 다음 핵 각각의 중성자와 양성자의 수를 말하라.

$$^{6}_{3}\text{Li}, \, ^{22}_{10}\text{Ne}, \, ^{94}_{40}\text{Zr}, \, ^{180}_{72}\text{Hf}$$

2. 보통의 붕소는 동위원소인 $^{10}_{5}\text{B}$와 $^{11}_{5}\text{B}$의 혼합으로 이루어져 있고, 그 평균 원자량은 10.82 u이다. 각 동위원소는 보통의 붕소에 각각 몇 퍼센트씩 들어 있는가?

11.2 원자핵의 몇 가지 특성

3. 전자가 얼마만한 에너지를 가져야 $^{197}_{79}\text{Au}$ 핵의 반지름과 비교할 수 있을 만한 파장을 갖는가? (주의: 상대론적 계산이 필요하다.)

4. 원자의 원자번호가 증가함에 따라 핵의 크기가 커지고 안쪽의 전자가 핵에 더 가까워진다. $^{238}_{92}\text{U}$ 핵의 반지름과 가장 안쪽 보어 궤도의 반지름을 비교하여라.

5. 껍질 모형에 의하면 $Z = 110$이고, $A = 294$인 핵종의 수명은 아주 긴 것으로 여겨진다. 이 핵의 반지름을 계산하라.

6. $^{1}_{1}\text{H}$ 핵의 밀도가 원자 밀도보다 10^{14}배 이상 크다는 것을 보여라(원자의 반지름은 첫 번째 보어 궤도의 반지름과 같다고 가정한다).

7. 0.10 T인 자기장 내에 있는 양성자와 전자의 자기 퍼텐셜에너지(eV)를 비교하라.

8. 자기계(magnetometer) 중에는 양성자의 세차운동 원리로 제작된 것이 있다. 크기가 3.00×10^{-5} T인 지구 자기장 내에서 양성자의 라모 진동수는 얼마인가? 이러한 진동수를 갖는 전자기파는 전자기파의 스펙트럼 중에서 어느 부분에 해당되는가?

9. 서로 구별이 가능한 100만 개의 양성자로 이루어진 계가 1.00 T의 자기장 내에서 20℃ 온도로 열평형 상태에 있다. 높은 에너지의 스핀-다운 상태보다 낮은 에너지의 스핀-업 상태에 있는 양성자의 개수가 더 많다. (a) 평균적으로 얼마나 더 많을까? (b) 20 K의 온도에서 (a)의 계산을 반복하라. (c) 앞에서 얻은 결과는 라모 진동수에서 이 계가 전자기파를 흡수하는 강도에 대해 어떤 점을 시사하는가? (d) 이러한 계가 원리적으로 레이저의 기반이 될 수 있을까? 그렇지 않다면 그 이유는?

11.3 안정한 원자핵

10. 책 뒷부분의 부록에 모든 안정한 핵종들이 기재되어 있다. 이 중에 $Z > N$인 것들이 있는가? 왜 이러한 핵종들은 희귀하거나 아예 없을까?

11. 무엇이 안정한 핵의 크기에 한계를 주는가?

12. 다음 상황에서 핵의 원자번호와 질량수는 어떻게 될까? (a) 알파 입자를 방출할 때, (b) 전자를 방출할 때, (c) 양전자를 방출할 때, (d) 전자를 포획할 때.

13. $^{7}_{3}\text{Li}$과 $^{8}_{3}\text{Li}$ 중 어느 핵이 더 안정하겠는가? $^{13}_{6}\text{C}$와 $^{15}_{6}\text{C}$ 중에서는 어느 핵이 더 안정하겠는가?

14. $^{14}_{8}\text{O}$, $^{19}_{8}\text{O}$ 모두 베타붕괴를 한다. 이 중에서 양전자를 방출하는 것은 어떤 것인가? 전자를 방출하는 것은 어떤 것인가? 왜 그러

한가?

11.4 결합에너지

15. $^{20}_{10}$Ne와 $^{56}_{26}$Fe에서의 핵자당 결합에너지를 구하라.

16. $^{79}_{35}$Br와 $^{197}_{79}$Au에서의 핵자당 결합에너지를 구하라.

17. $^{4}_{2}$He으로부터 중성자 하나를 떼어내는 데 필요한 에너지를 구하고, 다음에는 거기서 양성자 한 개를 떼어내는 데 필요한 에너지를, 그리고 마지막으로 나머지 중성자와 양성자를 분리시키는 데 필요한 에너지를 구하라. 이 값들의 합과 2^{4}He의 결합에너지를 비교하라.

18. $^{24}_{12}$Mg의 결합에너지는 198.25 MeV이다. $^{24}_{12}$Mg의 질량수는 얼마인가?

19. 1.7 fm(핵력이 미치는 최대 범위) 떨어진 두 양성자의 퍼텐셜에너지의 크기가 $^{3}_{1}$H와 $^{3}_{2}$H의 결합에너지 차이를 설명하기 적당한 크기임을 보여라(차수만 맞으면 된다). 이 결과를 보았을 때 핵력이 전하에 따라 어떻게 변할 것으로 생각되는가?

20. 중성자는 자유 공간에서 붕괴하여 양성자와 전자가 된다. 핵 내에서 중성자가 붕괴하지 않기 위해 중성자가 핵에 기여하는 최소 결합에너지는 얼마가 되어야 하는가? 어떻게 이 결과를 안정된 핵에서 측정한 핵자당 결합에너지 값과 비교할 수 있는가?

11.5 물방울 모형

21. 준경험적인 결합에너지 공식을 사용하여 $^{40}_{20}$Ca의 결합에너지를 계산하라. 여기서 얻은 결과와 실제의 결합에너지와의 차이는 몇 퍼센트 정도 되는가?

22. $Z_1 = N_2$, $Z_2 = N_1$이고 질량수가 같은 두 핵에서 원자번호가 1만큼 차이가 나는 핵을 **거울 동중핵**(mirror isobar)이라 한다. 그 예로 $^{15}_{7}$N과 $^{15}_{8}$O를 들 수 있다. 식 (11.18)의 쿨롱 에너지 부분의 상수 a_3는, 하나는 홀수–짝수이며 다른 하나는 짝수–홀수인 (따라서 짝짓기 에너지는 0이 되는) 두 개의 거울 동중핵의 질량 차이로부터 구할 수 있다. (a) 거울 동중핵 쌍들 간의 질량 차이, 질량수 A, 원자번호 작은 쪽의 값 Z, 그리고 수소 원자와 중성자의 질량의 함수로 a_3에 대한 식을 유도하라. [**힌트**: 우선 $(A - 2Z)^2 = 1$임을 보여라.] (b) 동중핵인 $^{15}_{7}$N과 $^{15}_{8}$O의 경우에 대한 a_3 값을 구하여라.

23. 반지름 R인 구형의 핵에 균일하게 분포된 Z개의 양성자의 쿨롱 에너지는 다음과 같다.

$$E_C = \frac{3}{5} \frac{Z(Z-1)e^2}{4\pi\epsilon_0 R}$$

(a) 거울 동중핵 한 쌍 사이의 질량 차 ΔM이 순전히 $^{1}_{1}$H와 중성자의 질량차 Δm과 그들 간의 쿨롱 에너지 차이에 의해서 생긴다고 가정하고 R에 대한 식을 ΔM, Δm, Z로 나타내라. 여기서 Z는 양성자의 수가 더 적은 핵의 원자번호이다. (b) 이 식을 사용해서 거울 동중핵인 $^{15}_{7}$N과 $^{15}_{8}$O의 반지름을 구하라.

24. 연습문제 23의 E_C에 대한 식을 사용해서 식 (11.12)에 있는 a_3를 계산하라. 만약 이 결과가 본문에 나와 있는 0.60 MeV라는 값과 같지 않다면, 그 차이에 대한 이유를 생각해낼 수 있는가?

25. (a) ^{81}Kr, ^{82}Kr, ^{83}Kr로부터 중성자 하나를 떼어내는 데 필요한 에너지를 각각 구하라. (b) ^{82}Kr에 대한 값이 다른 것들과 큰 차이가 나는 이유는 무엇인가?

26. 물방울 모형에 의하면 $A = 75$인 동중핵들 중에서 어떤 동위원소가 가장 안정하겠는가?

27. 물방울 모형을 사용해서 거울 동중핵인 $^{127}_{52}$Te와 $^{127}_{53}$I 중에서 어떤 핵이 다른 핵으로 붕괴되는지를 알아보아라. 어떤 종류의 붕괴가 일어나는가?

11.6 껍질 모형

28. 핵의 **페르미 기체 모형**에 의하면 양성자와 중성자는 핵의 크기 정도의 상자 안에 있고, 배타원리가 허용하는 가장 낮은 양자 상태를 채우고 있다. 양성자와 중성자 모두 $\frac{1}{2}$의 스핀을 갖고 있으므로 이들은 모두 페르미온이고, 따라서 페르미–디랙 통계를 따른다. (a) $A = 2Z$라고 가정했을 때, 핵의 페르미 에너지에 대한 식을 구하라. 양성자와 중성자를 각각 따로 생각해야 한다는 점에 주의하라. (b) $R_0 = 1.2$ fm일 때 이러한 핵의 페르미 에너지는 얼마인가? (c) $A > 2Z$인 무거운 핵에서는 어떠한가? 이러한 조건이 각 입자에 대한 페르미 에너지에 어떤 영향을 미치겠는가?

29. 중수소를 단순화한 모형에서는 반지름이 2 fm이고, 깊이가 35 MeV인 사각형 우물 퍼텐셜에 중성자와 양성자가 있는 것으로 생각한다. 이 모형은 불확정성 원리와 모순이 없는가?

11.7 핵력을 설명하기 위한 중간자 이론

30. 판데르발스 힘은 아주 짧은 영역에 제한되어 있고, 거리의 제곱의 역수에 비례하지 않는다. 중간자와 비슷한 어떤 특정 입자의 교환이 이러한 힘에 원인이 된다고 말하는 사람은 없다. 왜 그러한가?

제12장 핵변환

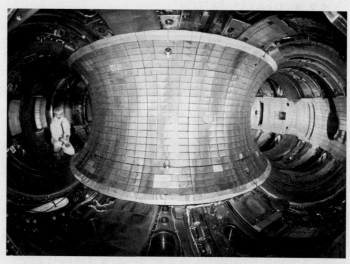

프린스턴 플라스마 물리 연구소(Princeton Plasma Physics Laboratory)에 있는 토카막(Tokamak) 핵융합 실험 반응로의 내부. 이 반응로는 1993년 12월에 강한 자기장으로 가두어진 중수소-삼중수소 플라스마로부터 4초 동안 6.2 MW의 핵융합 출력을 생산해냈다.

핵자들을 함께 묶어서 원자핵을 만드는 힘이 강력한데도 불구하고 많은 핵종들은 불안정하여 방사성 붕괴를 통해 자발적으로 다른 핵종으로 변한다. 그리고 모든 핵들은 핵자나 다른 핵들과 충돌하는 반응에 의해 변환될 수 있다. 사실 모든 복잡한 핵들은 맨 처음에 연속적인 핵반응에 의해, 몇몇은 대폭발(Big Bang) 후 처음 몇 분 안에 그리고 나머지는 별의 내부에서 만들어졌다. 이 장에서는 방사능과 핵반응에 대한 주요한 양상에 대해 다룬다.

12.1 방사성 붕괴

다섯 가지 종류가 있다.

1896년에 앙트완 베크렐(Antoine Becquerel)이 발견한 방사능만큼 핵물리학의 발전에 중요한 역할을 했던 단일 현상은 없을 것이다. 방사능은 다음의 세 가지 측면에서 고전물리학의 시각과 아주 다르다.

1. 핵이 알파붕괴나 베타붕괴를 하면, 원자번호 Z가 바뀌어서 다른 원소의 핵으로 변한다. 그러므로 연금술사가 그 과정을 알 수는 없었겠지만, 원소는 불변의 존재가 아니다.
2. 원자에서 나오는 복사선과는 달리, 방사성 붕괴에 의해 나오는 에너지는 외부적인 자극 없이 개개의 핵 내부로부터 오는 것이다. 어떻게 이런 현상이 일어날 수 있을까? 이 수수께끼는 아인슈타인이 질량과 에너지의 동등성을 제안하고 나서야 이해할 수 있게 되었다.
3. 방사성 붕괴는 우연의 법칙을 따르는 통계적인 과정이다. 어떤 특정한 핵의 붕괴에는 인과관계가 작용하는 게 아니라, 단위 시간당 일어나는 확률만 관련된다. 이러한 과정은 양자물리학의 체계에서는 자연스럽지만, 고전물리학으로는 설명할 수 없다.

어떤 원소가 방사능을 갖는다는 건 그 원소의 동위원소 하나 혹은 하나 이상이 방사능을 가진다는 뜻이다. 비록 이러한 동위원소를 인공적으로 만들 수 있고 생물학이나 의학 연구에서 '추적자'로도 유용하게 사용되고 있지만, 대부분의 원소는 자연상태에서는 방사성 동위원소를 갖고 있지 않다('추적자'로 쓰는 방법은 화합물에 방사선 핵종을 집어넣어 이 핵종으로부터 나오는 방사선을 관찰함으로써 살아 있는 유기체 내에서 이 화합물에 무슨 일이 일어나는가를 알아내는 것이다). 포타슘과 같은 다른 원소들은 몇 개의 안정된 동위원소와 몇 개의 방사성 동위원소를 갖는다. 우라늄 같은 소수의 원소들은 방사성 동위원소만을 갖고 있다.

선구적인 실험가들, 그중에서도 러더퍼드와 그의 동료들은 방사성 핵종으로부터 나오는 방사선을 세 가지 성분으로 구분할 수 있었다(그림 12.1과 12.2). 이러한 세 가지 성분을 알파, 베타, 감마라고 불렀는데, 이들은 점차로 각각 ^4_2He 핵, 전자 그리고 고에너지 광자로 판명되었다. 후에 양전자 방출과 전자 포획이 붕괴 방식의 목록에 추가되었다. 그림 12.3에 불안정한 핵이 붕괴할 수 있는 다섯 가지 방법과 각각의 불안전성에 대한 이유를 나타내었다[핵이 전자를 방출하거나 흡수할 때 방출되는 중성미자(neutrino)에 대해서는 12.5절에서 다루겠다]. 표 12.1에 여러 가지 붕괴를 수반하는 핵 변환의 예를 실었다.

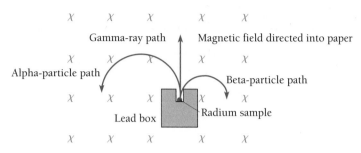

그림 12.1 라듐에서 나오는 방사선의 성질은 자기장을 이용해서 분석할 수 있다. 알파 입자는 왼쪽으로 휘기 때문에 양전하를 가짐을 알 수 있고, 베타 입자는 오른쪽으로 휘기 때문에 음전하를 가짐을 알 수 있으며, 마지막으로 γ-선은 휘지 않으므로 전하를 가지지 않음을 알 수 있다.

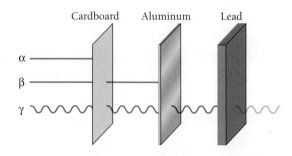

그림 12.2 방사성 물질에서 나온 α 입자는 두꺼운 종이에 의해 차단된다. β 입자는 종이카드를 투과하지만 알루미늄판에 의하여 차단된다. 그러나 두꺼운 납판에 의해서도 γ-선은 모두 차단되지 않는다.

앙트완 앙리 베크렐(Antoine-Henri Becquerel: 1852~1908)은 파리에서 태어나고 교육을 받았다. 그의 조부와 부친 그리고 아들도 물리학자였으며, 그들 모두 차례로 파리 자연사박물관의 교수를 지냈다. 그의 조부나 부친과 마찬가지로 그도 형광과 인광, 즉 특정 파장의 빛을 흡수한 물질이 그보다 낮은 진동수의 빛을 발하는 현상들을 연구하였다.

1895년에 뢴트겐이 어떤 적절한 물질에서 나오는 형광으로부터 X-선을 검출하였다. 1896년 초에 베크렐이 이에 대한 것을 알게 되어, 이의 역과정, 즉 강력한 빛으로 자극된 형광 물질이 X-선을 내놓는 과정이 왜 일어날 수 없는지에 대한 호기심을 가졌다. 그는 검정 종이로 싼 사진 건판 위에 형광을 내는 우라늄염을 올려놓았다. 이렇게 한 것을 햇빛에 노출시킨 후 건판을 형상하였을 때 그 건판은 실제로 부옇게 되어 있었다. 베크렐은 실험을 반복하려고 하였으나, 며칠 동안 구름이 해를 가렸다. 건판이 깨끗할 것을 기대하면서도 어떻게든 사진 건판을 현상했다. 그러나 놀랍게도 건판은 전과 같은 정도로 부옇게 되어 있었다. 곧바로 이 투과력 있는 복사선의 원인이 형광 염 안의 우라늄이라는 것을 확인했다. 그는 또한 이 방사선이 가스를 이온화하는 것과 그중 일부는 대전된 빠른 입자로 되어 있다는 것을 보일 수 있었다.

베크렐의 첫 발견은 우연이었지만, 그는 즉시 자신이 발견한 것의 중요성을 인지하였으며, 여생을 우라늄 방사능의 여러 양상을 탐구하는 데 바쳤다. 그는 1903년에 노벨 물리학상을 수상했다.

표 12.1 방사성 붕괴†

붕괴	변환	예
알파 붕괴	$^A_Z X \rightarrow\ ^{A-4}_{Z-2} Y + ^4_2 He$	$^{238}_{92} U \rightarrow\ ^{234}_{90} Th + ^4_2 He$
베타 붕괴	$^A_Z X \rightarrow\ ^A_{Z+1} Y + e^-$	$^{14}_6 C \rightarrow\ ^{14}_7 N + e^-$
양전자 방출	$^A_Z X \rightarrow\ ^A_{Z-1} Y + e^+$	$^{64}_{29} Cu \rightarrow\ ^{64}_{28} Ni + e^+$
전자 포획	$^A_Z X + e^- \rightarrow\ ^A_{Z-1} Y$	$^{64}_{29} Cu + e^- \rightarrow\ ^{64}_{28} Ni$
감마 붕괴	$^A_Z X^* \rightarrow\ ^A_Z X + \gamma$	$^{87}_{38} Sr^* \rightarrow\ ^{87}_{38} Sr + \gamma$

*는 들뜬 핵 상태를 가리키고 γ는 감마선 광자를 가리킨다.

예제 12.1

헬륨의 동위원소 $^6_2 He$는 불안정하다. 어떤 종류의 붕괴가 일어날 것으로 생각하는가?

풀이

가장 안정된 헬륨의 핵은 $^4_2 He$로서, 중성자와 양성자 모두 가장 낮은 에너지 상태에 있다(11.3절을 보라). $^4_2 He$는 두 개의 중성자를 갖고 있는 반면, $^6_2 He$는 네 개의 중성자를 가지고 있기 때문에 $^6_2 He$의 불안정성은 중성자의 초과분에 의해 생긴 것이다. 따라서 $^6_2 He$는 음 베타붕괴를 통해 안정한 중성자/양성자 비를 갖는 리튬의 동위원소 $^6_3 Li$가 될 것이라고 예상할 수 있다.

$$^6_2 He \rightarrow\ ^6_3 Li + e^-$$

사실 이것이 $^6_2 He$가 붕괴하는 방법이다.

방사능과 지구

지구의 지질학상의 역사의 원인이 되는 에너지의 대부분은 지구에 포함된 방사성 물질인 우라늄, 토륨, 포타슘의 붕괴에서 흔적을 찾을 수 있다. 지구는 아마도 45억 년 전에 태양 주위를 돌고 있던 금속 철과 규산염 광물질 등으로 이루어진 작은 물체들이 차가운 혼합체를 형성하면서 생겨났다고 믿어진다. 방사능에 의한 열이 초기 지구의 내부에 모였고, 곧 부분적인 용해가 일어났다. 중력으로 인해 철은 안쪽으로 이동하였고 오늘날 지구의 중심부를 형성했다. 지자기장은 이 중심부의 전류로부터 생긴 것이다. 가벼운 규산염은 위로 올라와 핵 주위로 지구 부피의 80%를 차지하는 딱딱한 맨틀을 형성하였다. 지금은 지구의 방사능 중 대부분이 맨틀의 상부와 지각(상대적으로 얇은 외부의 껍질)에 집중되어 있다. 여기서 생성된 열은 밖으로 빠져나가 지구를 다시 용해시킬 수 없게 되었다. 이러한 계속적인 열의 흐름은 지구 표면이 갈라지거나 산이 생성되거나 지진이 일어나는 등의 원인이 되는 큰 판을 움직일 수 있을 만큼 충분히 강력하다. ∎

방사능

어떤 방사성 핵종 시료의 **방사능**(activity)은 시료를 구성하는 원자의 핵이 붕괴하는 비율로 나타낸다. 만약 어떤 특정한 시간에 시료 내에 있는 핵의 수를 N이라고 한다면, 방사능 R은 다음과 같이 주어진다.

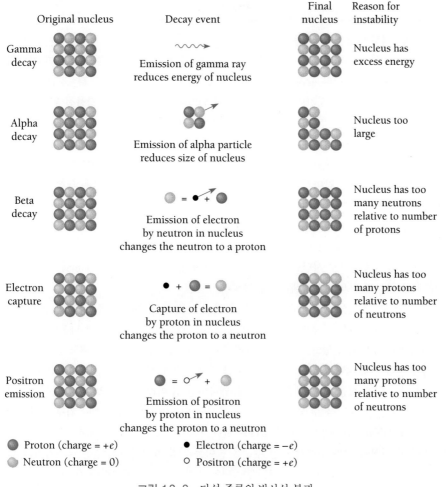

Original nucleus	Decay event	Final nucleus	Reason for instability

Gamma decay — Emission of gamma ray reduces energy of nucleus — Nucleus has excess energy

Alpha decay — Emission of alpha particle reduces size of nucleus — Nucleus too large

Beta decay — Emission of electron by neutron in nucleus changes the neutron to a proton — Nucleus has too many neutrons relative to number of protons

Electron capture — Capture of electron by proton in nucleus changes the proton to a neutron — Nucleus has too many protons relative to number of neutrons

Positron emission — Emission of positron by proton in nucleus changes the proton to a neutron — Nucleus has too many protons relative to number of neutrons

● Proton (charge = $+e$)   ● Electron (charge = $-e$)
● Neutron (charge = 0)   ○ Positron (charge = $+e$)

그림 12.3 다섯 종류의 방사성 붕괴

방사능
$$R = -\frac{dN}{dt} \tag{12.1}$$

음의 부호는 N은 항상 감소하므로, dN/dt이 본질적으로 음의 값을 갖기 때문에 R의 부호를 양으로 만들기 위한 것이다. 방사능의 SI 단위로 베크렐의 이름을 따서

$$1 \text{ becquerel} = 1 \text{ Bq} = 1 \text{ decay/s}$$

를 쓴다. 실제로 경험하는 방사능은 매우 높아서 megabecquerel (1 MBq = 10^6 Bq)이나 gigabecquerel (1 GBq = 10^9 Bq)이 더 적당한 경우가 많다.

방사능의 관습적인 단위는 **퀴리**(curie: Ci)인데, 라듐 $^{226}_{88}\text{Ra}$ 1 g의 방사능으로 정의된 단위이다. 측정 방법의 개선에 따라 정확한 curie의 값이 변하기 때문에 지금은 임의로 다음과 같이 정의한다.

$$1 \text{ curie} = 1 \text{ Ci} = 3.70 \times 10^{10} \text{ decays/s} = 37 \text{ GBq}$$

라듐 1 g의 방사능은 이보다 몇 퍼센트 정도 작다. 보통의 포타슘은 킬로그램당 0.7마이크로퀴리(1 μCi = 10^{-6} Ci) 정도의 방사능밖에 가지지 않는데, 이는 방사선 동위원소인 $^{40}_{19}\text{K}$가 조금밖에 포함되어 있지 않기 때문이다.

방사선 위험

방사성 핵종에서 나오는 여러 종류의 방사선은 방사선이 통과하는 물질을 이온화시킨다. X-선도 물질을 이온화시킨다. 모든 이온화 방사선(ionizing radiation)은, 비록 그 정도가 가벼워 후유증 없이 자연 치유가 가능하다 할지라도, 생체 조직에 해롭다. 방사선에 노출되는 것과 이 노출로 인한 위험 사이에는 보통 경과 시간이 있고, 때로는 몇 년이나 걸리기 때문에 방사선 위험을 과소평가하기 쉽다. 이러한 위험에는 암, 백혈병 그리고 어린이에게 신체적 기형과 정신적 장애를 유발하는 생식 세포 DNA의 변화가 포함된다.

방사선 조사량의 SI 단위는 **시버트**(sieverts, Sv)인데, 1 Sv는 어떤 방사선이건 간에, 몸의 생체조직 1 kg당 1 J의 X-선이나 감마선이 흡수되어 생기는 생물학적인 영향과 같은 영향을 주는 방사선의 양을 말한다. 방사선생물학자들 사이에도 방사선 노출과 암 발생 사이의 정확한 관계에 대해서는 이견이 있으나, 그 사이에 관계가 있다는 것만은 의문의 여지가 없다. 국제 방사선 보호 위원회(International Commission on Radiation Protection)는 평균적 위험인수를 0.05 Sv^{-1}로 어림잡고 있다. 이는 방사선으로 인해 암으로 사망할 확률이 1 Sv 노출에 대해 20분의 1이며, 1 mSv (1 mSv = 0.001 Sv)에 대해서는 20,000분의 1 등이 됨을 의미한다.

그림 12.4는 전 세계적으로 방사선 피폭의 주된 원천을 보여 준다. 가장 중요한 원인은 방사선 가스인 라돈(Rn)인데, 라돈은 우라늄의 붕괴에서 생기는 라듐(Ra)이 붕괴해서 나온다. 우라늄은 보통의 바위에 흔히 포함되어 있고, 특히 화강암에 많다. 따라서 색깔도 없고 냄새도 없는 라돈도 거의 모든 곳에 존재하는데, 일반적으로 그 양이 너무 적어서 건강에 해를 끼칠 정도는 아니다. 문제는 우라늄이 풍부한 지역에 집을 지을 때 일어나는데, 왜냐하면 집 아래의 지면으로부터 올라오는 라돈이 집안으로 들어오는 것을 막을 수 없기 때문이다. 조사에 의하면, 미국의 수백만 가구에 암의 위험을 무시하지 못할 정도로 라돈이 농축되어 있다고 한다. 라돈은 폐암의 원인으로서, 흡연 다음으로 두 번째다. 위험한 지역에 있는 집에서 라돈 수준을 줄이는 가장 효과적인 방법은 공기가 집안으로 들어오기 전에 지하층으로부터 팬으로 공기를 뽑아내어 대기 중으로 흩어버리는 것이다.

다른 자연스러운 방사선 조사량의 원인으로는 우주로부터의 우주선, 그리고 암석, 흙 및 건축 자재에 포함되어 있는 방사성 핵종들이 꼽힌다. 음식, 물, 그리고 인체 자체에도 포타슘이나 탄소 같은

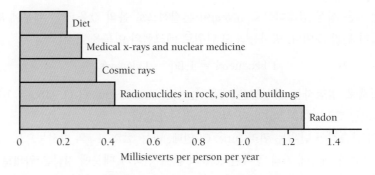

그림 12.4 전 세계적으로 평균을 낸 방사선 조사량의 주된 원인. 총 2.7 mSv이나, 실제 조사량은 큰 편차를 보인다. 예를 들어, 라돈의 밀도가 모든 곳에서 다 같지 않고, 어떤 사람은 다른 사람보다 훨씬 더 많은 의료용 방사선을 쪼이며, 우주선은 높은 지역에서 더 강하다는 것 등등이다(자주 비행기 여행을 하는 사람은 해수면에서의 조사량보다 2배, 높은 지역의 도시에서 사는 사람들은 5배 더 많은 조사량을 받을 수 있다). 핵발전소는 총 조사량의 0.1% 정도만 기여하나, 사고가 나면 사고 영향이 미치는 지역은 위험한 수준으로 올라갈 수도 있을 것이다.

원소에 소량의 방사성 핵종들이 포함되어 있다.

이온화 방사선을 유용하게 이용하는 여러 분야가 있다. 의료나 산업 분야에서 X-선이나 γ-선을 이용하는 것처럼 방사선을 직접적으로 이용하기도 한다. 그 밖의 많은 경우에 방사선은 원하지 않지만 불가피하게 부산물로 나오게 되는데, 특히 원자로를 작동할 때와 그 폐기물을 처리하는 경우에 그러하다. 많은 나라들에서 이온화 방사선과 관련된 직업에 종사하는 사람(세계적으로 약 900만 명 정도)들에게 허용되는 조사량의 한계를 1년에 20 mSv로 잡고 있다. 일반 대중의 경우, 자연 방사선이 아닌 방사선의 조사량 한계는 선택의 여지가 없기는 하지만, 1년에 1 mSv이다.

방사선이 관련될 때, 위험성과 유익함 사이의 균형을 잘 맞추는 일은 언제나 쉽지 않다. 특히 의료용 X선에 대해 그런 듯하다. 많은 경우 충분한 이유도 없이 X선 촬영을 하는데, 좋은 점보다 해로움이 더 크다. 유방암의 증후가 없는 젊은 여자들에게 유방암 검사를 위해 한 번씩 '일상적으로' X선 검사를 하는 것은 암으로 인한 전체적인 사망률을 줄이는 게 아니라 늘리고 있다고 일반적으로 믿어지고 있다. 특히, 임신 중인 여자에게 얼마 전까지만 해도 또 다른 '일상적인' 과정으로 X선 촬영을 하는 건 태어날 아이에게 암 발생의 가능성을 급격히 늘릴 수 있으므로 대단히 위험하다. 물론 의학에서 X선은 많은 가치 있는 곳에 응용되어왔다. 요점은 모든 방사선 노출에는 예상되는 위험을 넘어서는 명확한 정당성이 있어야 한다는 점이다. 현대 장비를 사용하는 일반적인 가슴 X선 촬영은, 옛날과 비교하면 매우 적은 양인 약 0.017 mSv의 방사선 조사량을 가진다. 그러나 CT를 이용한 가슴 스캔에는 상당히 많은 조사량인 8 mSv가 사용된다. 어린이에 대한 CT 스캔은 특별히 심각한 위험이 있으므로, 이에 맞추어서 심각하게 그 정당성 검증을 거쳐야 할 필요가 있다. ∎

12.2 반감기

점점 감소하지만, 항상 조금은 남아 있다.

방사성 시료의 방사능을 측정해 보면, 모든 경우에 있어서 방사능이 시간에 대해 지수함수적으로 감소한다. 그림 12.5는 전형적인 방사성 핵종의 방사능 R을 시간 t에 대해 나타낸 그래프이다. 언제부터 시작하든지와 상관없이 방사능이 5.00시간마다 시작할 때의 절반으로 줄어든다는 것에 주목하자. 따라서 이 핵종의 **반감기**(half-life) $T_{1/2}$은 5.00시간이다.

모든 방사성 핵종은 고유의 반감기를 갖는다. 어떤 핵의 반감기는 단 수백만 분의 1초에 불과하고, 다른 핵의 반감기는 수십억 년이다. 원자력발전소가 직면하는 가장 중요한 문제 중의 하나가 방사능 폐기물의 안전한 처리인데, 폐기물에 포함된 어떤 핵들은 긴 반감기를 갖기 때문이다.

그림 12.5에서 나타난 곡선에 따르면 방사능의 시간에 따른 변화는 다음의 식을 따르는데,

방사능 법칙
$$R = R_0 e^{-\lambda t} \tag{12.2}$$

여기서 **붕괴상수**(decay constant) λ는 방사성 핵종에 따라 각기 다른 값을 가진다. 붕괴상수 λ와 반감기 $T_{1/2}$ 사이의 관계는 알기 쉽다. 반감기의 정의에 따라 반감기가 경과하면, 즉 $t = T_{1/2}$일 때 방사능 R은 $\frac{1}{2}R_0$로 떨어진다. 그러므로

$$\tfrac{1}{2}R_0 = R_0 e^{-\lambda T_{1/2}}$$

$$e^{\lambda T_{1/2}} = 2$$

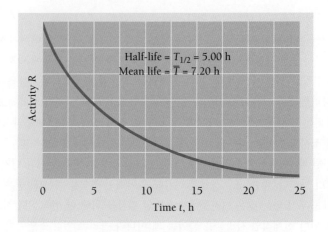

그림 12.5   방사성 핵종의 방사능은 시간에 따라 지수함수적으로 감소한다. 반감기는 처음의 방사능이 절반으로 줄어드는 시간이다. 방사성 핵종의 평균수명은 반감기의 1.44배이다[식 (12.7)].

이다. 이 식의 양변에 자연로그를 취하면

$$\lambda T_{1/2} = \ln 2$$

반감기 $$T_{1/2} = \frac{\ln 2}{\lambda} = \frac{0.693}{\lambda} \qquad (12.3)$$

이 된다. 따라서 반감기가 5.00시간인 방사성 핵종의 붕괴상수는

$$\lambda = \frac{0.693}{T_{1/2}} = \frac{0.693}{(5.00 \text{ h})(3600 \text{ s/h})} = 3.85 \times 10^{-5} \text{ s}^{-1}$$

이 된다. 붕괴상수가 크면 클수록 주어진 핵이 어떤 특정 시간 주기 동안에 붕괴할 확률이 높아진다.

식 (12.2)의 방사능 법칙은 주어진 핵종의 각 핵들의 붕괴가 단위 시간에 상수 λ인 확률로 일어난다는 가정을 따르고 있다. λ가 단위 시간당 확률이므로 $\lambda\, dt$는 dt 시간 동안에 핵이 붕괴할 확률이다. 만약 시료에 N개의 붕괴되지 않은 핵이 있다면 dt 시간에 붕괴되는 수 dN은 핵의 수 N에 각 핵이 dt 동안 붕괴할 확률인 $\lambda\, dt$를 곱한 것이다. 즉,

$$dN = -N\lambda\, dt \qquad (12.4)$$

이고, 여기서 음의 부호는 t가 증가함에 따라 N이 감소하는 것을 나타낸다.

식 (12.4)는 다음과 같이 쓸 수 있고

$$\frac{dN}{N} = -\lambda\, dt$$

각 변을 적분하면 다음과 같이 된다.

$$\int_{N_0}^{N} \frac{dN}{N} = -\lambda \int_{0}^{t} dt$$

$$\ln N - \ln N_0 = -\lambda t$$

방사성 붕괴 $$N = N_0 e^{-\lambda t}$$ (12.5)

이다. 이 식은 시간 t일 때 붕괴되지 않고 남아 있는 핵의 수 N을 핵종의 단위 시간당 붕괴 확률인 λ와 $t = 0$일 때 붕괴되지 않은 핵의 수 N_0로 나타낸 식이다.

그림 12.6은 반감기가 3.82일인 기체 라돈 $^{222}_{86}$Rn이 폴로늄 동위원소 $^{218}_{84}$Po로 알파붕괴하는 과정을 보여 준다. 처음에 밀폐된 용기에 1.00 mg의 라돈이 있었다면 3.82일이 지나면 0.50 mg이 남고, 7.64일이 지나면 0.25 mg이 남고 그런 식으로 계속된다.

방사성 붕괴가 식 (12.2)의 지수 법칙을 따른다는 것은 이 현상이 본질적으로 통계적이라는 것을 의미한다. 방사성 핵종 시료에 들어 있는 모든 핵은 어떤 붕괴 확률을 갖고 있지만,

예제 12.2

라돈 시료의 60.0%가 붕괴하는 데 걸리는 시간은 얼마인가?

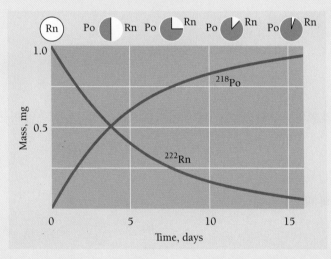

그림 12.6 ^{222}Rn에서 ^{218}Po로의 알파붕괴는 3.8일의 반감기를 가진다. 이 그래프에서 나타낸 붕괴되는 라돈 시료의 초기 질량은 1.0 mg이다.

풀이

식 (12.5)로부터

$$\frac{N}{N_0} = e^{-\lambda t} \qquad -\lambda t = \ln \frac{N}{N_0} \qquad \lambda t = \ln \frac{N_0}{N}$$

$$t = \frac{1}{\lambda} \ln \frac{N_0}{N}$$

여기서 $\lambda = 0.693/T_{1/2} = 0.693/3.82$ d(일)이고, $N = (1 - 0.600)\, N_0 = 0.400\, N_0$이므로

$$t = \frac{3.82 \text{ d}}{0.693} \ln \frac{1}{0.400} = 5.05 \text{ d}$$

가 된다.

어떤 핵이 특정 시간 내에 실제로 붕괴할 것인지 미리 알 수 있는 방법은 없다. 만약 시료가 충분히 커서 그 안에 충분히 많은 핵들이 들어 있다면 어떤 특정 시간 동안에 전체 핵 중에서 실제로 붕괴하는 핵의 비율은 개개의 핵이 붕괴할 확률과 대단히 가까운 값이 될 것이다.

어떤 방사성 동위원소가 5시간의 반감기를 갖는다고 한다면, 이는 이 동위원소의 모든 핵들이 매 5시간마다 붕괴할 확률이 50%라는 것을 의미한다. 이는 10시간 안에 붕괴할 확률이 100%라는 것을 뜻하지는 않는다. 핵은 앞의 사건을 기억하지 못하며, 단위 시간당 붕괴 확률은 핵이 실제로 붕괴될 때까지 항상 일정하다. 반감기가 5시간이라는 것은, 매 5시간마다 50%의 확률이므로 10시간 안에 붕괴할 확률은 75%이고, 15시간 안에는 87.5%, 20시간 안에는 93.75%임을 의미한다.

방사성 핵종의 반감기가 **평균수명**(mean lifetime) $\overline{T}$와 같지 않다는 것을 항상 염두에 두어야 한다. 핵종의 평균수명은 단위 시간당 붕괴 확률의 역수이다.

$$\overline{T} = \frac{1}{\lambda} \tag{12.6}$$

그러므로

평균수명
$$\overline{T} = \frac{1}{\lambda} = \frac{T_{1/2}}{0.693} = 1.44T_{1/2} \tag{12.7}$$

이다. $\overline{T}$는 $T_{1/2}$의 거의 1.5배가 된다. 반감기가 5.00시간인 방사성 핵종의 평균수명은

$$\overline{T} = 1.44T_{1/2} = (1.44)(5.00\text{ h}) = 7.20\text{ h}$$

이다.

방사성 시료의 방사능은

$$R = -\frac{dN}{dt}$$

으로 정의되므로 식 (12.5)로부터

$$R = \lambda N_0 e^{-\lambda t}$$

이다. 이 식은 R_0를 $R_0 = \lambda N_0$라고 놓으면, 방사능 법칙의 식 (12.2)와 일치한다. 혹은 일반적으로

방사능
$$R = \lambda N \tag{12.8}$$

으로 쓸 수 있다.

예제 12.3

원자질량이 222 u인 라돈, ^{222}Rn 1.00 mg의 방사능을 구하라.

풀이

라돈의 붕괴상수는

$$\lambda = \frac{0.693}{T_{1/2}} = \frac{0.693}{(3.8 \text{ d})(86{,}400 \text{ s/d})} = 2.11 \times 10^{-6} \text{ s}^{-1}$$

이다. ^{222}Rn 1.00 mg에 들어 있는 원자의 개수 N은

$$N = \frac{1.00 \times 10^{-6} \text{ kg}}{(222 \text{ u})(1.66 \times 10^{-27} \text{ kg/u})} = 2.71 \times 10^{18} \text{ 원자}$$

이다. 그러므로

$$R = \lambda N = (2.11 \times 10^{-6} \text{ s}^{-1})(2.71 \times 10^{18} \text{ 핵자})$$

$$= 5.72 \times 10^{12} \text{ decays/s} = 5.72 \text{ TBq} = 155 \text{ Ci}$$

예제 12.4

예제 12.3의 라돈 시료의 방사능은 1주일 후에 얼마인가?

풀이

시료의 방사능은 식 (12.2)로 감쇠한다. 여기에서 $R_0 = 155$ Ci이고,

$$\lambda t = (2.11 \times 10^{-6} \text{ s}^{-1})(7.00 \text{ d})(86{,}400 \text{ s/d}) = 1.28$$

이므로

$$R = R_0 e^{-\lambda t} = (155 \text{ Ci})e^{-1.28} = 43 \text{ Ci}$$

이다.

방사선 연대 측정

방사능을 이용해서 많은 지질학적 그리고 생물학적 표본들의 나이를 결정할 수 있다. 특정 방사성 핵종들의 붕괴는 환경과 무관하므로, 어떤 표본 속에 포함된 그 핵종과 그의 안정한 딸핵의 양에 대한 비율은 표본의 나이에 따라 달라진다. 딸핵이 많이 있을수록 표본은 오래된 것이다. 탄소의 베타─방사성 동위원소인 $^{14}_6$C 방사성 탄소(radiocarbon)를 이용해서 어떻게 한때는 생물이었던 물체의 연대를 측정하는지 알아보자.

우주선(cosmic ray)은 대부분이 양성자인 고에너지 입자들이다. 매 초당 10^{18}개가 지구에

도달한다. 우주선은 지구의 대기층에 들어올 때, 만나는 원자의 핵들과 충돌해서 2차 입자의 소나기를 만든다. 이러한 2차 입자들 중에서 중성자는 대기 중에 있는 질소 핵과 반응할 수 있고 양성자 하나를 방출하면서 방사성 탄소를 만든다.

방사선 탄소의 형성 $^{14}_{7}N + ^{1}_{0}n \rightarrow ^{14}_{6}C + ^{1}_{1}H$

이 양성자는 전자 하나와 만나서 수소 원자가 된다. 방사성 탄소는 중성자를 너무 많이 가지고 있으므로 안정되지 못하고 5,760년의 반감기로 $^{14}_{7}N$으로 베타 붕괴한다. 비록 방사성 탄소는 계속 붕괴하지만 우주선 충돌로 인해 일정하게 계속해서 다시 생겨난다. 현재 지구에는 전부 약 90톤 가량의 방사성 탄소가 분포해 있을 것이다.

방사성 탄소는 형성된 즉시 산소 분자와 결합하여 이산화탄소 분자가 된다. 녹색식물은 이산화탄소와 물을 흡수해서 광합성을 통해 탄수화물을 만들기 때문에, 모든 식물은 방사성 탄소를 어느 정도 갖게 된다. 동물들은 식물을 먹고, 따라서 동물 역시도 방사성을 띠게 된다. 방사성 탄소는 아주 효과적으로 섞이기 때문에 살아 있는 식물과 동물에서 보통의 탄소(^{12}C)에 대한 방사선 탄소의 비율은 모두 같다.

그러나 식물과 동물이 죽게 되면, 그들은 더 이상 방사성 탄소를 흡수하지 못하고, 몸속에 갖고 있던 방사성 탄소는 계속 붕괴해서 ^{14}N이 된다. 5,760년 후에는 총 탄소 함유량에 비해서 그들이 살아 있을 때 갖고 있던 방사성 탄소의 절반만 가지고 있게 되고, 11,520년 후에는 단지 4분의 1만 존재하게 된다. 그러므로 보통 탄소에 대한 방사성 탄소의 비율을 결정함으로써 유기체로부터 만들어진 고대의 물건과 유물의 나이를 산정할 수 있다. 이 멋진 방법으로 ^{14}C의 약 아홉 번의 반감기에 해당하는 50,000년 전 고대 문명의 미라, 목기, 옷, 가죽, 불을 땐 목탄과 기타 유물들의 연대를 측정할 수 있다.

예제 12.5

고대 거주지의 폐허로부터 얻은 나뭇조각에서 나뭇조각이 포함하고 있는 탄소 1 g당, 1분당 13개의 붕괴를 하는 ^{14}C 방사능을 얻었다. 살아 있는 나무의 ^{14}C 방사능은 16개이다. 나무가 죽은 때부터 나무 조각을 얻을 때까지 얼마나 지났는가?

풀이

최근까지 살아 있던 식물이나 동물로부터 얻은 일정 질량의 탄소의 방사능을 R_0라고 하고 연대를 측정하려는 시료로부터 얻은 같은 질량의 탄소의 방사능을 R이라고 한다면, 식 (12.2)로부터

$$R = R_0 e^{-\lambda t}$$

이다. 나이 t에 대해 풀면 다음과 같다.

$$e^{\lambda t} = \frac{R_0}{R} \qquad \lambda t = \ln \frac{R_0}{R} \qquad t = \frac{1}{\lambda} \ln \frac{R_0}{R}$$

식 (12.3)으로부터 방사성 탄소의 붕괴상수 λ는 $\lambda = 0.693/T_{1/2} = 0.693/5,760$ y(년)이다.

이때 $R_0/R = 16/13$이므로

$$t = \frac{1}{\lambda} \ln \frac{R_0}{R} = \frac{5760 \text{ y}}{0.693} \ln \frac{16}{13} = 1.7 \times 10^3 \text{ y}$$

이다.

방사성 탄소에 의한 연대 측정이 가능한 건 50,000년 정도까지로 제한되는 반면, 지구의 역사는 45억 년 정도로 거슬러 간다. 이에 따라 지질학자들은 암석의 나이를 측정하기 위해 반감기가 훨씬 긴 방사성 핵종들을 이용한다(표 12.2). 각 경우에 대해 특정한 암석 표본에서 발견되는 안정한 딸핵들은 모두 부모 핵들이 붕괴해서 생성된 것이라고 가정한다. 토륨(^{232}Th)이나 우라늄(^{238}U)은 ^{40}K나 ^{87}Rb와 같이 한 번에 붕괴하지는 않으나, 중간 생성물들의 반감기가 부모 핵 자신들의 반감기에 비해 아주 짧기 때문에 부모 핵만 고려한다.

만약 시료에서의 부모 핵종의 원자 수가 N이고 부모와 딸 원자 수의 합이 N$_0$라고 하면, 식 (12.5)로부터

지질학적인 나이 $$t = \frac{1}{\lambda} \ln \frac{N_0}{N}$$

가 된다. 시간 t의 정확한 의미는 암석의 성질에 달려 있다. 예를 들어 암석의 무기물이 결정화되는 시간일 수도 있고, 암석이 어느 온도 이하로 냉각되었던 가장 최근의 시간을 나타낼 수도 있다.

연대가 확정된 가장 오래된 암석은 그린란드에서 발견되었는데, 38억 년이 되었다고 여겨진다. 지구상의 암석뿐만 아니라 월석, 운석도 표 12.2의 방법에 의해 그 나이를 알 수 있다. 월석의 표본 중 어떤 것은 46억 년 전에 굳어진 것이 있는데, 이는 태양계가 형성된 직후에 해당한다. 달에서 발견된 가장 최근의 월석이 30억 년 된 것이기 때문에 달 표면이 일단 용해되었고, 그 후 얼마 동안 넓은 영역에 걸쳐 화산 폭발이 있었지만, 이러한 활동이 30억 년 전에 중지되었다고 추측할 수 있다. 분명 달 표면이 식은 이후 여러 형태로 작은 규모의 교란이 있었지만, 대부분은 운석과의 충돌이었던 걸로 여겨진다.

표 12.2 지질학적 연대 측정방법

방법	부모 학종	안정된 딸 핵종	반감기, 십억 년
포타슘-아르곤	^{40}K	^{40}Ar	1.3
루비듐-스트론튬	^{87}Rb	^{87}Sr	47
토륨-납	^{232}Th	^{208}Pb	13.9
우라늄-납	^{235}U	^{207}Pb	0.7
우라늄-납	^{238}U	^{206}Pb	4.5

1972년의 아폴로 16호 탐사 중에 달 표면에서 암석을 수집하고 있는 우주인 듀크 주니어(Charles M. Duke, Jr.). 이 암석의 나이를 방사선 측정법으로 정했다. 가장 나이가 적은 것이 30억 년이며, 따라서 화산 폭발 같은 불이 수반되는 활동은 그 시간에 끝났어야 하였을 것이다.

12.3 방사성 계열

마지막에 안정한 딸핵이 되는 네 가지 붕괴 계열

자연에서 발견되는 대부분의 방사성 핵종들은, 근본적으로 하나의 부모 핵으로부터 생성된 딸핵이 연쇄적으로 붕괴하는 **방사성 계열** 네 가지 중 하나에 속한다.

계열이 정확히 네 가지 존재하는 이유는 알파붕괴가 핵의 질량수를 4만큼 감소시킨다는 사실 때문이다. 따라서 질량수가 $A = 4n$ (n은 정수임)인 핵종은, 질량수가 줄어드는 방향의 같은 계열의 핵종으로 붕괴할 수 있다. 다른 세 계열은 질량수가 각각 $A = 4n + 1$, $4n + 2$, $4n + 3$에 해당한다. 각 계열에 속하는 핵종들 또한 계열 내의 다른 핵종으로 붕괴된다.

표 12.3에 이러한 네 종류의 방사성 계열을 보였다. 넵투늄의 반감기는 태양계의 나이에 비해 아주 짧으므로 이 계열에 속하는 핵종들은 오늘날 지구상에서 찾아볼 수 없다. 그러나 뒤에서 다시 설명하는 것처럼, 실험실에서 중성자를 다른 무거운 핵에 충돌시켜서 만들어질 수 있다. 그림 12.7에 우라늄 계열에 대해 부모 핵으로부터 안정된 마지막 핵종이 되도록 하

표 12.3   네 종류의 방사성 계열

질량수	계열	부모 핵	반감기, 년	안정된 최종 결과
$4n$	토륨	$^{232}_{90}$Th	1.39×10^{10}	$^{208}_{82}$Pb
$4n + 1$	넵투늄	$^{237}_{93}$Np	2.25×10^{6}	$^{209}_{83}$Bi
$4n + 2$	우라늄	$^{238}_{92}$U	4.47×10^{9}	$^{206}_{82}$Pb
$4n + 3$	악티늄	$^{235}_{92}$U	7.07×10^{8}	$^{207}_{82}$Pb

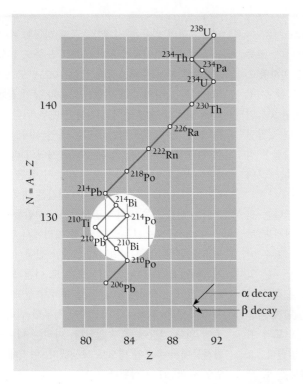

그림 12.7 우라늄 붕괴 계열($A = 4n + 2$). $^{214}_{83}\text{Bi}$의 붕괴는 알파방출 다음에 베타방출 또는 그 반대 순서도 가능하다.

는 알파붕괴와 베타붕괴의 순서를 나타냈다. 연쇄적으로 붕괴하다가 ^{214}Bi가 되면 알파 붕괴와 베타 붕괴 두 가지 모두 가능하므로 붕괴 과정이 갈라지게 된다. 알파붕괴를 하면 다음에 이어서 베타붕괴를 하게 되고, 베타붕괴를 했으면 이어서 알파붕괴를 하게 되므로 두 가지 붕괴 과정은 결국 모두 ^{210}Pb에 이르게 된다.

아주 많지는 않지만, 원자번호가 82보다 작으면서 알파선을 방사하는 핵종을 자연에서 찾을 수 있다.

각 붕괴 계열의 중간에서 나타나는 핵종들은 부모 핵종보다 훨씬 짧은 반감기를 갖는다. 그 결과로, 부모 핵 A가 N_A개 있는 시료에서 시작할 때, 한 주기가 지나면 차례로 나타나는 딸핵 B, C, $\cdots$들은 형성되는 비율과 같은 비율로 붕괴하는 평형상태에 도달하게 된다. 따라서 평형상태에서 방사능 R_A, R_B, R_C, $\cdots$는 모두 같으며, $R = \lambda N$이므로,

방사성 평형 $$N_A\lambda_A = N_B\lambda_B = N_C\lambda_C = \cdots \tag{12.9}$$

를 얻는다. 각 원자의 수 N_A, N_B, N_C, $\cdots$는 어미핵종의 붕괴상수 λ_A에 따라 지수함수적으로 감소하지만, 식 (12.9)는 어떤 시간에서도 성립한다. 한 계열에 속하는 어떤 핵종의 붕괴상수와 시료에서 차지하는 상대적인 존재 비율을 알면, 식 (12.9)에 따라 그 계열에 속하는 모든 핵종의 붕괴상수(혹은 반감기)를 결정할 수 있다.

마리 스클로도스카 퀴리(Marie Sklodowska Curie: 1867~
1934)는 러시아의 강점 중에 있던 폴란드에서 태어났다. 고등
학교를 마친 후 24세가 될 때까지 입주 가정교사로 일하였고,
겨우 연명할 만한 돈을 가지고 파리에서 과학 공부를 할 수 있
을 정도가 되었다. 1894년에 이미 저명한 물리학자이던 8년 연
상의 피에르 퀴리(Pierre Curie)와 결혼하였다. 1897년 첫딸인
이렌느(Irene, 그녀도 1935년에 노벨상을 받았다)를 출산한 직
후, 그녀의 학위 논문으로 새롭게 발견된 현상인 방사능—그녀
가 만든 말—에 대해 연구하기 시작했다.

그 전해에 베크렐이 우라늄이 신비한 방사선을 낸다는 것
을 발견하였다. 모든 알려진 원소들을 탐색한 후에 마리는 토
륨 역시 우라늄과 같은 일을 한다는 것을 알아내었다. 그 후 여
러 종류의 광물에 대해 방사능을 조사하였다. 그녀의 연구는 역
청 우라늄 광이 우라늄 함유량에 의한 것보다 훨씬 더 강한 방
사능을 가지고 있음을 보여 주었다. 마리와 피에르는 함께 처음
으로 폴로늄(polonium)을 확인하고, 그녀의 조국 폴란드의 이
름을 붙였으며, 다음으로 라듐 또한 방사능 원임을 밝혔다. 그
들이 가질 수 있는 한도의 초보적인 시설(자신들의 돈으로 장
만했어야 하였다)로, 1902년까지 몇 톤의 광석으로부터 10분

의 1그램의 라듐을 정제함으로써 성공할 수 있었다. 정신적인
노동과 마찬가지로 엄청난 육체적 노동도 필요한 과업이었다.

퀴리 부부는 베크렐과 함께 1903년도 노벨상을 수상했다.
피에르는 자신의 수상 연설을 다음과 같이 끝맺음했다. "어떤 사
람은 범죄자 손에 들어간 라듐이 매우 위험할 것이라고 상상할
수 있을 것이고, 또 어떤 사람은 자연의 비밀에 대한 배움으로부
터 인간이 어떤 것을 얻는지, 또 자연의 비밀에 대한 배움으로
부터 이익을 받을 준비가 되어 있는지, 혹은 이러한 지식이 해롭
지 않은지 물을 수 있다. …나는 인간은 새로운 발견으로부터 악
보다는 선을 얻을 것이라고 생각하는 사람들 중의 한 사람이다."

1906년 피에르는 파리의 한 거리에서 말이 끄는 짐차에 치
여 사망했다. 마리는 여전히 열악한 실험실에서 방사능 연구를
계속하였고, 1911년에 화학으로 또 다른 노벨상을 받았다. 그
녀는 과학적 경력이 거의 끝날 때까지 합당한 실험장비를 가지
지 못하였다. 피에르가 사망하기 전부터 퀴리 부부는 방사능 노
출에 의해 건강이 좋지 않았다. 마리는 나머지 여생 대부분을
방사능에서 유도된 병으로 고생했다. 여기에는 그녀의 사망 원
인인 백혈병도 포함된다.

예제 12.6

한 무기물 표본에서 우라늄 동위원소 ^{238}U와 ^{234}U 사이의 원자 비율이 1.8×10^4임이 발견되었다.
^{234}U의 반감기는 $T_{1/2}(234) = 2.5 \times 10^5$년이다. ^{238}U의 반감기를 구하라.

풀이

$T_{1/2} = 0.693/\lambda$이므로 식 (12.9)로부터

$$T_{1/2}(238) = \frac{N(238)}{N(234)} T_{1/2}(234)$$

$$= (1.8 \times 10^4)(2.5 \times 10^5 \text{ y}) = 4.5 \times 10^9 \text{ y}$$

가 된다. 이 방법은 측정하기 쉬운 반감기를 가진 방사성 핵종과 평형을 이루고 있는, 반감기가 매우
길거나 매우 짧은 핵종의 반감기를 알아내는 데 편리한 방법이다.

12.4 알파붕괴

고전물리학에서는 불가능하지만, 그럼에도 불구하고 일어난다.

핵자들 간의 인력은 매우 짧은 거리에서만 작용하므로 핵의 총 결합에너지는 핵이 포함하고

있는 핵자의 수인 질량수 A에 근사적으로 비례한다. 그러나 양성자들 사이에 작용하는 전기적인 척력은 적용되는 거리에 제한이 없으므로 핵을 파괴하려는 총 붕괴에너지는 거의 Z^2에 비례한다[식 (11.12)]. 210개 이상의 핵자를 가지고 있는 핵은, 너무 커서 이들을 서로 묶어주는 짧은 거리에서 작용하는 핵력이 양성자들 사이에 상호작용하는 척력과 균형을 이루기가 힘들게 된다. 알파붕괴는 이러한 상태에 있는 핵의 크기를 줄여 안정성을 증가시키기 위해 일어난다.

왜 양성자 하나나 $^3_2$He 핵 등이 아니라 알파 입자가 튀어나오는가? 그 답은 알파 입자의 결합에너지가 매우 크다는 데 있다. 핵으로부터 떨어져 나오기 위해서는 운동에너지를 가져야 하는데, 구성된 핵자들의 질량에 비교하여 알파 입자만이 이런 운동에너지를 가질 수 있을 만큼의 충분히 적은 질량을 가지고 있다.

이 점을 잘 보여주기 위해 방출되는 각 입자와 부모 핵, 딸핵의 질량으로부터, 여러 가지 입자가 무거운 핵에서 빠져나올 때 방출하는 에너지 Q를 계산해 볼 수 있다. 이 에너지는,

붕괴에너지
$$Q = (m_i - m_f - m_x)c^2 \tag{12.10}$$

여기서 m_i = 처음 핵의 질량

m_f = 마지막 핵의 질량

m_x = 입자의 질량

이다. 여기서 보면, 어떤 경우에 알파 입자의 방출은 에너지라는 면에서 가능하지만, 다른 붕괴 방식은 핵 외부로부터 에너지 공급이 필요하다는 것을 알 수 있다. 따라서 $^{232}_{92}$U의 알파붕괴에서는 5.4 MeV의 에너지를 방출하는 반면, 여기서 양성자를 나오게 하려면 6.1 MeV, $^3_2$He 핵이 나오게 하려면 9.6 MeV의 에너지가 필요하다. 알파붕괴에서 나오는 붕괴에너지의 측정값은 핵의 질량으로부터 계산한 값과 일치한다.

방출된 알파 입자의 운동에너지 KE_α가 붕괴에너지 Q와 완전히 같지는 않은데, 이는 운동량의 보존 때문에 알파 입자가 튀어나올 때 핵 자신도 약간의 운동에너지를 갖고 되튀기 때문이다. 운동량과 에너지 보존법칙으로부터 KE_α가 Q와 원래 핵의 질량수 A와 다음과 같은 관계를 갖는다는 것을 쉽게 보일 수 있다(연습문제 23을 보라).

알파 입자 에너지
$$KE_\alpha \approx \frac{A-4}{A} Q \tag{12.11}$$

알파 입자를 내놓는 핵의 질량수는 대부분 210을 넘기 때문에 붕괴에너지의 대부분은 알파 입자의 운동에너지가 된다.

예제 12.7

폴로늄 동위원소 $^{210}_{84}$Po는 불안정하고 5.30 MeV의 알파 입자를 내놓는다. $^{210}_{84}$Po의 원자량은 209.9829 u이고, $^4_2$He의 원자량은 4.0026 u이다. 딸핵을 찾고 그것의 원자량을 구하라.

풀이

(a) 딸핵은 $Z = 84 - 2 = 82$인 원자번호와 $A = 210 - 4 = 206$인 질량수를 가질 것이다. $Z = 82$는 납의 원자번호이므로, 딸핵종의 표기는 $^{206}_{82}Pb$이다.

(b) 알파 입자 에너지 5.30 MeV에 따르는 붕괴에너지는

$$Q = \frac{A}{A-4}KE_\alpha = \left(\frac{210}{210-4}\right)(5.30 \text{ MeV}) = 5.40 \text{ MeV}$$

이고, 이 Q 값에 대응하는 질량은

$$m_Q = \frac{5.40 \text{ MeV}}{931 \text{ MeV/u}} = 0.0058 \text{ u}$$

이다. 따라서 딸핵의 질량은 아래와 같다.

$$m_f = m_i - m_\alpha - m_Q = 209.9829 \text{ u} - 4.0026 \text{ u} - 0.0058 \text{ u} = 205.9745 \text{ u}$$

알파붕괴의 터널 이론

원리적으로는 무거운 핵이 알파붕괴에 의해 자발적으로 덩치를 줄일 수 있지만, 어떻게 알파 입자가 실제로 핵을 빠져나올 수 있는가 하는 문제가 남아 있다. 그림 12.8은 알파 입자의 퍼텐셜에너지 U를 무거운 핵의 중심으로부터 거리 r의 함수로 표시한 그림이다. 퍼텐셜 장벽의 높이는 약 25 MeV인데, 이 값은 무한히 먼 곳에서부터 핵에 근접하지만 인력이 미치는 범위

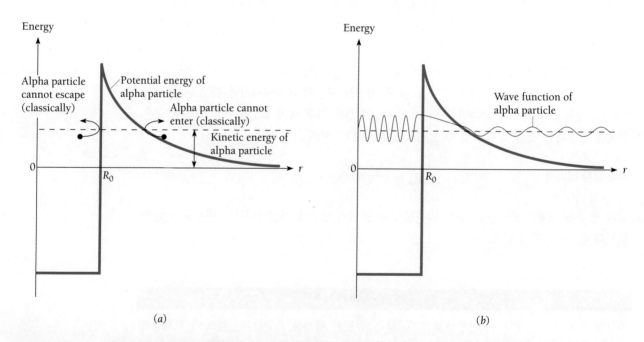

그림 12.8 (a) 고전물리학에서는 운동에너지가 핵 주위의 퍼텐셜에너지 높이보다 작은 알파 입자는 반지름이 R_0인 핵을 벗어나거나 들어갈 수 없다. (b) 양자역학에서는 이런 알파 입자는 장벽의 높이와 너비에 따라 지수함수적으로 감소하는 확률을 가지고 터널링해서 퍼텐셜 장벽을 뚫을 수 있다.

조지 가모프(George Gamow: 1904~1968)는 러시아에서 태어나고 교육을 받았다. 1928년 괴팅겐에서 알파붕괴 이론을 개발하면서 최초로 양자역학을 핵물리 분야에 적용하는 중요한 연구를 수행하였다. [콘돈(Edward U. Condon)과 거니(Ronald W. Gurney)도 가모프의 이론과 같은 결과를 거의 같은 시기에 독립적으로 얻었다.] 1929년에는 핵의 물방울 모형을 제안하였다. 그는 코펜하겐, 케임브리지와 레닌그라드에서 얼마간 지낸 뒤 1934년에 미국으로 건너가 초기에는 조지 워싱턴 대학에서, 나중에는 콜로라도 대학에서 자리를 잡았다. 1936년에 텔러(E. Teller)와 함께 베타붕괴의 페르미 이론을 확장하는 일을 했다. 그의 후기 연구의 대부분은 천체물리학, 그 중에서도 별의 진화에 관한 것이었는데, 열핵반응으로 수소 원자를 다 소모시킨 뒤에 별의 온도가 낮아지기보다는 오히려 증가함을 보였다. 가모프는 또한 우주의 기원[그의 학생이 대폭발(Big Bang)에서 오는 2.7 K의 배경 복사를 예측하였다]과 입자들의 형성에 관한 중요한 연구를 수행했다. 일반 대중을 위한 그의 저서는 많은 사람들이 현대물리학의 여러 개념들을 이해하는 데 큰 도움이 되었다.

바로 바깥인 위치까지 전기적 척력을 이기고 알파 입자를 가져오는 데 해 주어야 하는 일과 같은 값이다. 그러므로 우리는 이런 핵 안에 있는 알파 입자를 25 MeV의 에너지를 가져야 넘을 수 있는 벽을 가진 상자 속에 있다고 생각할 수 있을 것이다. 그러나 붕괴되어 나오는 알파 입자는 관련된 핵종에 따라 4~9 MeV 사이의 에너지를 가지고 있고, 튀어나오는 데 필요한 에너지보다는 16~21 MeV의 에너지가 더 작다.

고전적으로는 알파붕괴를 설명할 수 없지만, 양자역학으로는 간단하게 설명할 수 있다. 사실 1928년에 가모프 그리고 거니와 콘돈이 각각 독립적으로 개발한 알파붕괴 이론은 양자역학에 대한 특별히 돋보이는 확증으로서 찬사를 받았다.

이 장의 부록에서 알파 입자가 핵으로부터 빠져나오는 문제를 단순화시켜서 풀어도 실험 결과와 잘 맞는다는 걸 알게 될 것이다. 거니와 콘돈은 자신들의 논문에서 이에 대해 다음과 같이 말했다. "지금까지는 핵에 특별한 임의의 '불안정성'을 전제해야 했다. 그러나 다음에서 (핵의) 붕괴는 특별한 가설 없이 양자역학 법칙의 자연스러운 결과라는 점을 지적한다. … 핵 안에서 알파 입자가 자기 위치에서 튕겨 나오는 일은 폭발적으로 격렬한 현상으로 많이 표현되어 왔다. 그러나 위에서 묘사한 과정에 따르면 입자는 거의 알지 못하는 사이에 가만히 빠져나온다고 하는 편이 더 나을 것이다."

이 이론의 기본적인 개념은 다음과 같다.

1. 알파 입자는 무거운 핵 안에서 실체로서 존재할 수 있다.
2. 그런 입자는 항상 움직이고 있으며, 퍼텐셜 장벽에 둘러싸여 핵 속에 갇혀 있다.
3. 입자가 퍼텐셜 장벽에 충돌할 때마다 장벽을 통과할 가능성이(장벽의 높이에도 불구하고) 조금이지만 확실히 있다.

마지막 가정에 의하면, 단위 시간당 붕괴할 확률 λ는

붕괴상수
$$\lambda = \nu T \tag{12.12}$$

로 표시할 수 있다. 여기서 ν는 핵 안에 있는 알파 입자가 매초당 자신을 둘러싸고 있는 퍼텐셜 장벽과 충돌하는 수이고, T는 입자가 장벽을 뚫고 나갈 확률이다.

어떤 순간에도 한 개의 α 입자만 핵 속에 있으며, 이 입자가 핵의 지름을 따라 왕복운동을 한다고 생각하면,

충돌 빈도
$$\nu = \frac{v}{2R_0} \qquad\qquad (12.13)$$

이다. 여기서 v는 입자가 핵을 떠날 때의 속도이고, R_0는 핵의 반지름이다. v와 R_0의 전형적인 값은 각각 2×10^7 m/s와 10^{-14} m이므로

$$\nu \approx 10^{21} \text{ s}^{-1}$$

정도가 된다. 즉, 알파 입자는 1초당 10^{21}회 벽을 두드린다. 그러나 어떤 핵을 빠져나오려면 평균적으로 10^{10}년 정도 기다려야 할 수도 있다!

이 장의 부록에서 보듯이, 터널 이론에 의하면 붕괴상수 λ에 대한 식은 아래와 같다.

알파붕괴 상수
$$\log_{10} \lambda = \log_{10}\left(\frac{v}{2R_0}\right) + 1.29Z^{1/2}R_0^{1/2} - 1.72ZE^{-1/2} \qquad (12.14)$$

여기서 v는 m/s 단위로 α 입자의 속력이고, E는 MeV 단위로 α 입자의 에너지이며, R_0는 fermi 단위로 핵의 반지름이고, Z는 딸핵의 원자번호이다. 그림 12.9는 여러 α-방사성 핵종에 대해 $ZE^{-1/2}$에 대한 $\log_{10} \lambda$를 그린 그림이다. 실험 데이터에서 얻은 직선의 기울기는 붕괴상수의 모든 영역에 걸쳐 예상한 값인 −1.72이다. 직선의 위치로부터 핵의 반경 R_0를 알아낼 수 있다. 그 결과는 핵 산란 실험에서 얻은 값과 거의 비슷하다. 따라서 이 접근방법은 핵의 크기를 알 수 있는 또 다른 독립적인 방법이다.

식 (12.14)는 붕괴상수 λ, 즉 반감기가 알파 입자의 에너지 E에 따라 크게 변해야 한다는 것을 예측하고 있으며, 실제로도 그렇다. 가장 천천히 붕괴하는 것은 $^{232}_{90}$Th로서 반감기는 1.3×10^{10}년이고, 가장 빨리 붕괴하는 것은 $^{212}_{84}$Po로 반감기가 3.0×10^{-7}초다. 이와 같이 반감기가 10^{24}배나 되는데도 불구하고 $^{232}_{90}$Th이 붕괴할 때 알파 입자의 에너지(4.05 MeV)는 $^{212}_{84}$Po의 알파 입자 에너지(8.95 MeV)의 약 절반밖에 되지 않는다.

12.5 베타붕괴

중성미자는 왜 존재해야 하고 어떻게 발견되었는가?

알파붕괴와 마찬가지로, 베타붕괴도 핵이 구성을 변화시켜서 더욱 안정하게 되는 방법이다. 역시 알파붕괴처럼 베타붕괴도 수수께끼 같은 면이 있었으니 에너지, 선운동량 그리고 각운동량 보존 법칙 모두가 명백히 위배되는 걸로 보인다는 점이다.

1. 특정 핵종의 베타붕괴에서 나오는 전자들의 에너지 측정값은 0에서부터, 핵종에 따라서 정해지는 최대값 KE_{max}까지 **연속적**으로 변한다는 것이 알려졌다. 그림 12.10은 $^{210}_{83}$Bi의 베타붕괴에서 나오는 전자들의 에너지 스펙트럼을 보여 준다. 여기서 $\text{KE}_{max} = 1.17$ MeV이다. 붕괴해서 나오는 전자의 에너지 최대값은

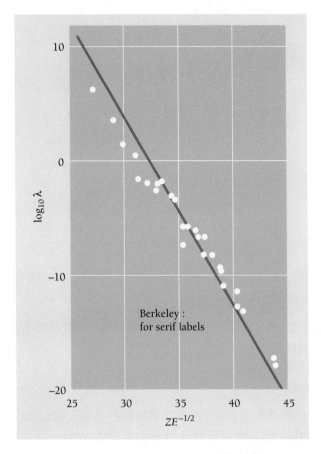

그림 12.9 알파붕괴 이론의 실제적 검증

$$E_{max} = mc^2 + \text{KE}_{max}$$

로, 부모 핵과 딸핵의 질량 차이에 해당하는 에너지이다. 그러나 KE_{max}의 에너지로 방출되는 전자는 매우 드물게 발견된다.

2. 방출되는 전자와 되튀는 핵의 방향을 관측하면, 선운동량이 보존되도록 정확하게 반대 방향을 가지는 경우가 거의 없다.

3. 중성자와 양성자 그리고 전자의 스핀은 모두 $\frac{1}{2}$이다. 베타붕괴에 단지 양성자가 되는 중성자와 전자만 관여한다면, 스핀(즉, 각운동량)이 보존되지 않는다.

1930년에 파울리는 "필사적인 해결 방법"을 제안하였다. 만약 베타붕괴에서 질량이 작거나 없고 스핀이 $\frac{1}{2}$인 중성의 입자가 전자와 함께 나온다면, 위에서 말한 문제들이 나타나지 않을 수 있다. 훗날 페르미가 **중성미자**(neutrino; '작고 중성인 입자')라고 부른 이 입자는 KE_{max}와 전자의 실제 KE와의 차이만큼의 에너지를 가지고 나갈 것이다(되튀는 핵의 KE는 무시해도 좋을만큼 작다). 중성미자의 운동량도 전자와 되튀는 딸핵의 운동량의 차이와 정확히 균형을 이룬다.

이후에 베타붕괴에는 두 종류의 중성미자가 관여된다는 것을 알게 되었는데, 이들은 중성

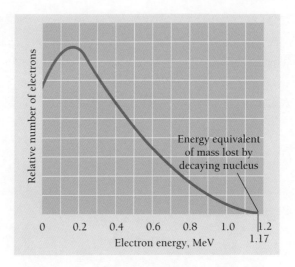

그림 12.10 $^{210}_{83}$Bi의 베타붕괴에 의한 전자의 에너지 스펙트럼

미자 자체(ν)와 **반중성미자**($\bar{\nu}$)이다. 이들의 차이점에 대해서는 13장에서 논의하겠다. 보통의 베타붕괴에서 방출되는 것은 반중성미자이다.

베타붕괴 $n \rightarrow p + e^- + \bar{\nu}$ (12.15)

중성미자라는 가정은 완전히 성공적인 것으로 밝혀졌다. 관측된 KE_{max} 값이 부모 핵-딸핵의 질량 차이로부터 계산된 값(실험 오차 범위 안에서)과 같았으므로 중성미자의 질량은 전자의 질량보다 아주 작을 것으로 예상된다. 중성미자의 질량은 현재 eV보다도 작다고 믿어지고 있다. 중성미자와 다른 물질과의 상호작용은 극히 미약하다. 전하와 질량도 없고, 본질적으로 광자처럼 전자기적인 성질도 갖지 않으므로, 중성미자는 아무런 방해도 받지 않고 어마어마한 양의 물질을 통과할 수 있다. 중성미자 하나는 상호작용을 하지 않고 평균적으로 100광년 두께의 철을 통과할 수 있다! 중성미자가 물질과 할 수 있는 유일한 상호작용은 역 베타붕괴라고 부르는 과정을 통해서인데, 이에 대해서는 곧 생각해 보겠다. 중성미자는 우주에 양성자보다 훨씬 많은 수가 있을 것으로 여겨지는데, 양성자 하나당 중성미자는 대략 십억 개 정도다.

양전자는 1932년에 발견되었고, 2년 후에는 어떤 핵에서 자발적으로 방출된다는 것도 알게 되었다. 양전자의 성질은 전자와 완전히 같으나, 다만 $-e$ 대신 $+e$의 전하를 지니고 있다. 양전자의 방출은 다음과 같이 핵의 양성자가 중성자, 양전자와 중성미자로 바뀌는 과정에 해당한다.

양전자 방출 $p \rightarrow n + e^+ + \nu$ (12.16)

중성자는 질량이 양성자보다 크므로 핵 밖에서도 음의 베타붕괴를 통하여 양성자로 변환되지만(반감기 = 10분 16초), 더 가벼운 양성자는 핵 안에서만 중성자로 변환될 수 있다. 양전자 방출은 질량수 A의 변화는 없고, 부모 핵보다 작은 값의 원자번호 Z를 가지는 딸핵을 생성한다.

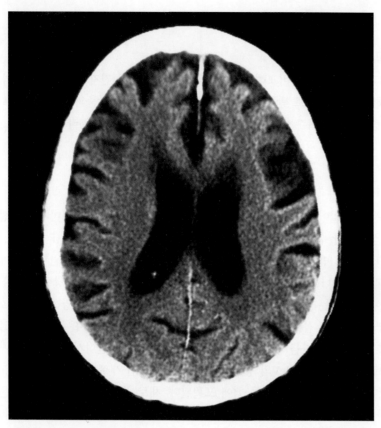

알츠하이머 환자 뇌의 양전자 방출 단층 촬영(PET; Positron Emission Tomography) 스캔. 밝은 영역일수록 신진대사 활동률이 더 높다. PET에서는 적당한 양전자−방출 방사능 핵종(이 사진에서는 산소 동위원소 ^{15}O)을 주사하여 환자의 몸 안을 순환하도록 한다. 양전자가 전자를 만나면 양전자가 방출되자마자 거의 즉시 일어나는 일이지만, 둘은 소멸된다. 이 소멸에 의해 발생하는 감마선 쌍들의 방향으로부터 소멸이 일어난 위치, 즉 양전자 방출 핵의 위치를 알아낼 수 있다. 이런 방법으로 몇 mm의 정확도를 가지는 방사성 핵종의 농축도를 만들 수 있다. 정상적인 두뇌에서 신진대사 활동이 만드는 PET 모양은 뇌의 양쪽 반구에서 비슷한 모양을 보인다. 그러나 이 사진에서는 불규칙한 모습이 보이는데, 이는 두뇌 조직이 변질되었음을 나타낸다.

    양전자 방출과 밀접한 관계가 있는 현상으로 전자포획이 있다. 전자포획에서는 핵이 가장 안쪽 궤도에 있는 원자의 전자 하나를 흡수하고, 이 결과로 핵의 양성자는 중성자가 되며 중성미자가 방출된다.

전자포획 $$p + e^- \rightarrow n + \nu$$ (12.17)

보통 흡수되는 전자는 K 껍질로부터 오며, 원자의 바깥쪽 궤도에 있는 전자 하나가 이 비어 있는 상태로 떨어질 때 X-선 광자를 방출한다. 이 광자의 파장은 원래의 원소가 아니라 딸 원소의 특성이 되며, 이를 기초로 하여 전자포획 과정임을 알아낼 수 있다.

    두 과정은 같은 핵변환을 주므로 전자포획은 양전자 방출과 경쟁하게 된다. 무거운 핵종들에서는 전자포획이 양전자 방출보다 더 잘 일어나는데, 왜냐하면 이런 핵종에서는 전자가 상대적으로 핵에 더 가까이 있게 되어 상호작용이 일어나기 쉽기 때문이다. 자연계에서 발견되는 불안정한 핵의 대부분이 큰 Z 값을 갖기 때문에 양전자 방출은 전자 방출이 확립되고 나서 수십 년이 지난 후에야 발견되었다.

역베타붕괴

식 (12.16)과 식 (12.17)을 비교해 보면, 핵의 양성자에 의한 전자포획은 양성자의 양전자 방출과 동등하다. 마찬가지로 반중성미자의 흡수는 중성미자의 방출과 동등하고, 그 반대도 마찬가지다. 중성미자의 흡수 반응을 **역베타붕괴**(inverse beta decays)라고 부른다.

역베타붕괴

$$p + \bar{\nu} \rightarrow n + e^+ \qquad (12.18a)$$

$$n + \nu \rightarrow p + e^- \qquad (12.18b)$$

역베타붕괴는 일어날 확률이 극히 낮다. 그래서 중성미자와 반중성미자가 그렇게 막대한 양의 물질을 통과할 수 있는 것이다. 그러나 확률이 0은 아니다. 레인스(F. Reines), 코원(C. L. Cowan), 그리고 그 밖의 사람들이 1953년부터 계속 실험을 수행해서 원자로 안에서 일어나는 베타붕괴로부터 나오는, 중성미자(실제로는 반중성미자)의 흐름 상당량을 검출했다. 카드뮴 화합물이 녹아있는 물탱크 안으로 들어오는 중성미자는 물속의 양성자와 상호작용한다. 탱크를 둘러싸고 γ-선 검출기가 설치되었다. 양성자가 중성미자를 흡수해서 식 (12.18a)에서와 같이 양전자와 중성자를 만들면 곧바로 양전자는 전자와 만나서 소멸된다. γ-선 검출기는 그 결과로 생기는 0.51 MeV의 광자쌍에 반응한다. 한편 새로 생긴 중성자는 용액 속을 떠돌다가 몇 마이크로초 후에 카드뮴 핵에 포획된다. 새로 생긴 무거운 카드뮴 핵은 3개 혹은 4개의 광자에 나뉘어진 약 8 MeV의 들뜬 에너지를 방출하는데, 이 광자들은 양전자-전자 소멸에 의하여 생긴 광자가 검출되고 나서 몇 마이크로초 후에 검출기에서 검출된다. 원리적으로, 광자가 이런 순서로 검출기에 도착한다는 건 식 (12.18a)의 반응이 일어났다는 확실한 신호이다. 불확실성을 없애기 위해 원자로를 교대로 켰다 껐다 하면서 실험이 수행되었고, 중성미자-포획이 일어나는 빈도가 예상대로 변화하는 것이 관측되었다. 이런 방법으로 중성미자라는 가설은 확인되었다.

약한 상호작용

핵자들을 서로 묶어놓아서 원자핵을 이루는 핵의 상호작용으로는 베타붕괴를 설명할 수 없다. 또 다른, 짧은 거리에만 작용하는 기본적인 상호작용인 **약한 상호작용**(weak interaction)이 그러한 역할을 한다는 게 밝혀졌다. 물질의 구조의 관점에서 본다면, 약한 상호작용이란 안정되지 못하는 중성자/양성자 비를 가진 핵에서 베타붕괴를 일으키기 위해서 존재하는 것처럼 보인다. 그러나 약한 상호작용은 또한 핵과 무관한 기본입자에도 영향을 주는데, 기본입자가 다른 입자로 변환하게 만들 수 있다. 이 힘을 '약한 상호작용'이라고 부르는 이유는, 짧은 거리에서 핵자에 작용하는 다른 힘인 핵력은 핵의 결합에너지가 높다는 데서 알 수 있듯이 극히 강하기 때문이다. 중력 상호작용은 약한 상호작용이 효과를 미치는 거리 내에서는 약한 상호작용보다 더 약하다.

이렇게 네 가지 기본적인 상호작용으로 원자에서 별들이 모인 은하까지, 물리적인 우주 전체의 구조와 행동을 설명할 수 있다. 작은 힘부터 커지는 순서대로 이들은 중력, 약한 핵력, 전자기력, 그리고 강한 핵력이다. 이들 상호작용과, 이들이 어떻게 서로 관련되고 우주의 기원과 진화와는 어떤 관련이 있는지에 대해서는 13장에서 논의한다. ■

12.6 감마붕괴

들뜬 원자처럼 들뜬 핵도 광자를 방출한다.

핵도 원자처럼 에너지가 바닥 상태보다 높은 상태에 있을 수 있다. 들뜬 핵은 그 핵의 기호 위에 별표를 붙여 표시하는데, 예를 들어 $^{87}_{38}\text{Sr}^*$와 같다. 들뜬 핵은 전이가 일어나는 초기와 마지막의 여러 상태들 사이의 에너지 차이에 해당하는 광자를 내놓으면서 바닥 상태로 돌아온다. 핵에서 방출되는 광자는 에너지가 몇 MeV나 되는데, 이런 광자를 전통적으로 γ-선이라고 부른다.

에너지 준위와 붕괴 방식 사이의 관계에 대한 간단한 예를 그림 12.11에 보였다. $^{27}_{12}\text{Mg}$가 베타붕괴를 통해 $^{27}_{13}\text{Al}$가 되는 과정이다. 이 붕괴의 반감기는 9.5분이고, $^{27}_{13}\text{Al}$의 두 들뜬상태 중에서 한 상태로 가게 된다. $^{27}_{13}\text{Al}^*$핵은 감마붕괴를 한 번이나 두 번 해서 바닥 상태가 된다.

또 다른 감마붕괴 방법으로, 어떤 경우에는 들뜬 핵이 들뜬상태 에너지를 그 핵을 둘러싼 궤도 전자에 내주고 바닥 상태로 돌아간다. 이 과정은 **내부 전환**(internal conversion)으로 알려져 있는데, 핵의 광자가 원자의 전자에 흡수되는 일종의 광전 효과로 생각할 수도 있지만, 들뜬상태의 에너지가 핵에서 전자로 직접 옮겨지는 것이라고 생각하는 것이 실험과 더 잘 일치한다. 방출되는 전자는 핵이 잃어버린 들뜬상태 에너지에서 원자에서 전자의 결합에너지를 뺀 값과 같은 운동에너지를 갖는다.

대부분의 들뜬 핵은 감마붕괴에 의해 대단히 짧은 반감기를 가지나, 어떤 핵은 몇 시간 동안이나 들뜬상태로 남아 있기도 한다. 준안정(metastable) 원자 상태에 비견된다. 긴 반감기를 가지는 들뜬 핵을 바닥 상태에 있는 같은 핵의 **이성질 핵**(isomer)이라고 한다. 들뜬 핵 $^{87}_{38}\text{Sr}^*$은 2.8시간의 반감기를 갖고 있으며, 따라서 $^{87}_{38}\text{Sr}$의 이성질 핵이다.

12.7 단면적

특정한 상호작용이 일어날 가능성의 척도

원자핵에 대해 알고 있는 것의 대부분은 높은 에너지를 가진 입자를 정지해 있는 표적 핵에

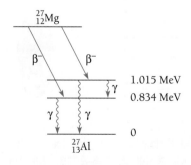

그림 12.11 $^{27}_{12}\text{Mg}$로부터 $^{27}_{13}\text{Al}^*$을 지나 $^{27}_{13}\text{Al}$로 붕괴에서의 연이은 베타방출과 감마방출

충돌시키는 실험으로부터 얻어졌다. 충돌하는 입자가 표적 입자와 특정 방법으로 상호작용을 할 확률을 나타내는 데 편리한 방법은 4장 부록에서 러더퍼드 산란 실험과 관련하여 도입하였던 **단면적**의 개념을 사용하는 것이다.

각 표적 입자가 그림 12.12와 같이, 들어오는 입자에 대해 단면적이라고 부르는 어떤 영역으로 보인다고 생각하자. 이 영역으로 들어오는 모든 입자는 표적 입자와 상호작용한다. 따라서 단면적이 클수록 상호작용을 할 가능성이 커진다. 표적 입자의 상호작용 단면적은 산란 과정의 성질에 따라, 그리고 들어오는 입자의 에너지에 따라 달라진다. 입자의 기하학적인 단면적보다 클 수도 있고 작을 수도 있다.

어떤 물질로 된 판의 면적이 A이고 두께가 dx라고 하자(그림 12.13). 이 물질이 단위 부피당 n개의 원자를 갖고 있다면, 부피가 $A\,dx$이기 때문에 판 전체에는 $nA\,dx$개의 핵이 있게 된다. 어떤 특정한 상호작용에 대해 각 핵의 단면적이 σ라면 이 판의 모든 핵에 대한 총 단면적은 $nA\sigma\,dx$다. 표적을 때리는 빔에 N개의 충돌 입자가 들어 있다고 하면, 판에 있는 핵과 상호작용을 하는 개수 dN은 아래와 같이 기술된다.

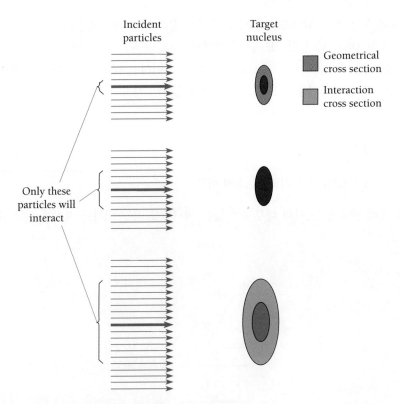

그림 12.12 단면적의 개념에 대한 기하학적 해석. 상호작용 단면적은 기하학적 단면적보다 작을 수도, 클 수도, 아니면 같을 수도 있다. 어떤 특정한 상호작용에 대한 핵의 단면적은 어떤 특정 입자가 그 핵에 입사할 때 상호작용이 일어날 확률을 표시하는 수학적인 방법이며, 여기에서의 그림은 이해에 도움을 주기 위한 시각화 이상은 아니다.

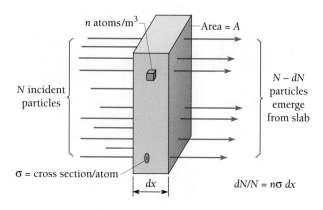

그림 12.13　단면적과 빔의 세기 사이의 관계

$$\frac{\text{상호작용을 하는 입자 수}}{\text{입사하는 입자 수}} = \frac{\text{총 단면적}}{\text{표적 면적}}$$

$$\frac{dN}{N} = \frac{nA\sigma\,dx}{A}$$

단면적　　　　　　　　　　　　　　　　$= n\sigma\,dx$　　　　　　　　　　　(12.19)

　　이제 같은 입자 빔이 유한한 두께 x를 가진 판에 충돌한다고 하자. 각 입자가 한 번만 상호작용을 한다고 가정하면, dN개의 입자는 판의 처음 두께 dx를 지나면서 입자 빔으로부터 제거된다고 생각할 수 있다. 그러므로 식 (12.19)에 음의 부호를 붙여

$$-\frac{dN}{N} = n\sigma\,dx$$

가 된다. 충돌하는 입자의 처음 개수를 N_0라고 하면

$$\int_{N_0}^{N} \frac{dN}{N} = -n\sigma \int_{0}^{x} dx$$

$$\ln N - \ln N_0 = -n\sigma x \qquad\qquad (12.20)$$

살아남은 입자들　　　　　　　　　　$N = N_0 e^{-n\sigma x}$

가 된다. 살아남은 입자 수 N은 판의 두께 x가 두꺼워짐에 따라 지수함수적으로 감소된다.

　　핵의 단면적 단위로는 관습적으로 **반**(barn)을 쓰는데,

$$1\text{ barn} = 1\text{ b} = 10^{-28}\text{ m}^2 = 100\text{ fm}^2$$

이다. 반은 SI 단위가 아니지만, 핵의 기하학적인 단면적과 비슷한 크기이므로 다루기에 편리하다. 이 이름은 맨해튼 프로젝트에 참가한 몇몇 과학자들이 자신들의 연구와 관련해서 만든 이름이다.

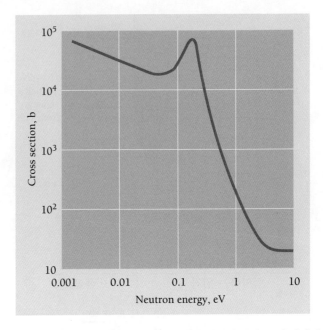

그림 12.14 ^{113}Cd$(n, \gamma)^{114}$Cd 반응의 단면적은 중성자의 에너지에 따라 크게 변한다. 이 반응에서는 중성자가 흡수되고 γ-선이 방출된다.

대부분의 핵반응에서 단면적은 충돌하는 입자의 에너지에 따라 달라진다. 그림 12.14는 $^{113}_{48}$Cd의 중성자포획 단면적이 중성자의 에너지에 따라 어떻게 변하는지를 보여 준다. 중성자의 흡수에 이어서 γ-선이 방출되는 이러한 반응은 보통 다음과 같이 간략하게 표현된다.

$$^{113}\text{Cd}(n, \gamma)^{114}\text{Cd}$$

0.176 eV에서의 좁은 피크는 ^{114}Cd 핵의 들뜬상태에 관계되는 공명 효과이다. 비록 ^{113}Cd 동위원소는 천연의 카드뮴 중에 단지 12%밖에 포함되어 있지 않지만, 속도가 느린 중성자에 대한 포획 단면적이 매우 커서 원자로의 제어봉으로 많이 사용된다.

예제 12.8

물질을 통과하면서 핵반응에 흡수되지 않은 중성자는 여러 차례 탄성 충돌을 하면서 가는 길에 있는 핵들에게 운동에너지의 일부를 전달하게 된다. 중성자는 금방 열평형에 도달하는데, 열평형에 있다는 말은 다음에 충돌할 때 에너지를 얻을 가능성과 잃을 가능성이 같다는 것을 의미한다. 상온에서 이러한 **열중성자**(thermal neutron)의 평균 에너지는 $\frac{3}{2}kT = 0.04$ eV이고, 최빈 에너지는 $kT = 0.025$ eV이다. 통상적으로 열중성자의 에너지로는 최빈 에너지 값이 사용된다.

열중성자의 포획에 대한 ^{113}Cd의 단면적은 2×10^4 b이고, 천연 카드뮴의 평균 원자량은 112 u이며, 밀도는 8.64 g/cm^3 = 8.64×10^3 kg/m^{3}이다. (*a*) 열중성자 입자 빔이 0.1 mm 두께의 얇은 카드뮴 판을 통과할 때 얼마만큼이 흡수되는가? (*b*) 열중성자 입자 빔의 99%가 흡수되려면 필요한 카드뮴의 두께는 얼마인가?

풀이

(a) ^{113}Cd는 천연 카드뮴 중에 12%가 포함되어 있으므로 1 m³당 ^{113}Cd 원자의 수는 다음과 같다.

$$n = (0.12) \left[\frac{8.64 \times 10^3 \text{ kg/m}^3}{(112 \text{ u/원자})(1.66 \times 10^{-27} \text{ kg/u})} \right]$$

$$= 5.58 \times 10^{27} \text{ 원자/m}^3$$

포획 단면적은 $\sigma = 2 \times 10^4 \text{ b} = 2 \times 10^{-24} \text{ m}^2$이므로

$$n\sigma = (5.58 \times 10^{27} \text{ m}^{-3})(2 \times 10^{-24} \text{ m}^2) = 1.12 \times 10^4 \text{ m}^{-1}$$

이다. 식 (12.20)으로부터 $N = N_0 e^{-n\sigma x}$이므로 들어오는 중성자가 흡수되는 비율은

$$\frac{N_0 - N}{N_0} = \frac{N_0 - N_0 e^{-n\sigma x}}{N_0} = 1 - e^{-n\sigma x}$$

이다. 여기서 $x = 0.1 \text{ mm} = 10^{-4} \text{ m}$이므로,

$$\frac{N_0 - N}{N_0} = 1 - e^{(-1.12 \times 10^4 \text{ m}^{-1})(10^{-4} \text{ m})} = 0.67$$

이 되어 입사 중성자의 $\frac{2}{3}$가 흡수된다.

(b) 1%의 입사 중성자만 카드뮴 박판을 통과하므로 $N = 0.01 \, N_0$이고

$$\frac{N}{N_0} = 0.01 = e^{-n\sigma x}$$

$$\ln 0.01 = -n\sigma x$$

$$x = \frac{-\ln 0.01}{n\sigma} = \frac{-\ln 0.01}{1.12 \times 10^4 \text{ m}^{-1}} = 4.1 \times 10^{-4} \text{ m} = 0.41 \text{ mm}$$

이다. 따라서 카드뮴은 열중성자의 흡수에 매우 효과적임을 알 수 있다.

    물질 안에서 입자의 평균 자유 경로(mean free path) λ란 입자가 상호작용을 일으키지 않고 물질 안에서 이동할 수 있는 평균거리를 말한다. $e^{-n\sigma x} dx$는 x에 있는 입자가 간격 dx 안에서 상호작용할 확률이므로 5.4절에서와 같은 이유로 다음과 같이 쓸 수 있다.

평균 자유 경로
$$\lambda = \frac{\int_0^\infty x e^{-n\sigma x} dx}{\int_0^\infty e^{-n\sigma x} dx} = \frac{1}{n\sigma} \tag{12.21}$$

예제 12.9

^{113}Cd 시료 안에서 열중성자의 평균 자유 경로를 구하라.

풀이

여기서 $n\sigma = 1.12 \times 10^4 \ \mathrm{m}^{-1}$이므로 평균 자유 경로는

$$\lambda = \frac{1}{n\sigma} = \frac{1}{1.12 \times 10^4 \, \mathrm{m}^{-1}} = 8.93 \times 10^{-5} \mathrm{m} = 0.0893 \ \mathrm{mm}$$

이다.

느린 중성자 단면적

중성자는 짧은 거리에서 작용하는 핵력으로만 핵과 상호작용을 하지만, 느린 중성자에 대한 핵 반응 단면적은 그 핵의 기하학적인 단면적보다 훨씬 더 클 수 있다. 예를 들면, ^{113}Cd의 기하학적인 단면적은 1.06 b이나, 열중성자 포획 단면적은 20,000 b나 된다.

움직이는 중성자의 파동적인 성질을 생각해 보면 이러한 차이가 그리 이상할 게 없다. 중성자가 느리게 움직일수록 드브로이 파장 λ가 커지고 중성자가 공간에 더 넓게 퍼져 있다고 생각해야 한다. 빠르게 움직여서 드브로이 파장이 표적 핵의 반지름 R보다 작은 중성자는 그 핵과 상호작용을 할 때 대체로 입자처럼 행동한다. 그러면 단면적은 대략 핵의 기하학적 크기가 되어 πR^2 정도이다. 더 작은 에너지를 가지는 중성자는 좀 더 파동처럼 행동하게 되고, 좀 더 넓은 면적에 걸쳐 상호작용을 한다. 후자의 경우라 하더라도 단면적이 완전히 πR^2(이 값은 열중성자의 경우 10^7 b을 넘는다)이 되는 경우는 매우 드물지만, 앞에서 보았듯이 느린 중성자의 핵반응의 경우 단면적은 πR^2을 훨씬 넘어선다. ∎

반응속도

들어오는 입자 빔에 의한 핵반응의 단면적을 알 때, 주어진 표적 물질의 시료에서 일어나는 핵반응의 $\Delta N / \Delta t$를 구할 수 있다. 면적 A, 두께 x이고 m^3당 n개의 원자로 이루어진 평판 모양 시료의 한 면에 입자 빔이 수직으로 충돌한다고 생각하자. 식 (12.20)으로부터

$$\frac{\Delta N}{\Delta t} = \frac{N_0 - N}{\Delta t} = \frac{N_0}{\Delta t}(1 - e^{-n\sigma x})$$

이다. 만약 평판이 충분히 얇아서 어느 핵의 단면적도 다른 핵의 단면적과 겹치지 않는다면, $n\sigma x \ll 1$이다. $y \ll 1$일 때 $e^{-y} = 1 - y$이므로 이 경우

$$\frac{\Delta N}{\Delta t} = \left(\frac{N_0}{\Delta t} \right) n\sigma x$$

가 된다. 빔의 선속 Φ는 단위 면적당, 단위 시간당 들어오는 입자의 개수이므로 $\Phi A = N_0 / \Delta t$는 단위 시간당 개수가 된다. Ax가 시료의 부피이므로 시료에 들어있는 총 원자 수는 $n' = nAx$이다. 따라서 반응속도는 아래와 같다.

반응속도
$$\frac{\Delta N}{\Delta t} = (\Phi A)(n\sigma x) = \Phi n'\sigma \qquad (12.22)$$

예제 12.10

자연 상태에서의 금은 모두 금 동위원소 $^{197}_{79}\text{Au}$로 되어 있고, 열중성자 포획 단면적은 99 b이다. $^{197}_{79}\text{Au}$가 중성자를 흡수하면, 2.69일의 반감기를 가지는 베타-방사성 $^{198}_{79}\text{Au}$를 만든다. 이 시료의 방사능이 200 μCi가 되기 위해서는 10.0 mg의 금이 선속이 2.00×10^{16} 중성자/m^2 s인 중성자에 얼마나 오랫동안 노출되어야 하는가? 중성자 빔을 쬐는 시간은 $^{198}_{79}\text{Au}$의 반감기보다 훨씬 짧아서 노출되는 동안 일어나는 붕괴는 무시할 수 있다고 가정한다.

풀이

$^{198}_{79}\text{Au}$의 붕괴상수는

$$\lambda = \frac{0.693}{(2.69 \text{ d})(86,400 \text{ s/d})} = 2.98 \times 10^{-6} \text{ s}^{-1}$$

이다. 필요한 방사능 $R = \Delta N \lambda = 200 \ \mu\text{Ci} = 2.00 \times 10^{-4}$ Ci는 $^{198}_{79}\text{Au}$ 원자의 수가

$$\Delta N = \frac{R}{\lambda} = \frac{(2.00 \times 10^{-4} \text{ Ci})(3.70 \times 10^{10} \text{ s}^{-1}/\text{Ci})}{2.98 \times 10^{-6} \text{ s}^{-1}} = 2.48 \times 10^{12} \text{ 원자}$$

가 되어야 함을 의미한다. 10.0 mg $= 1.00 \times 10^{-5}$ kg의 $^{197}_{79}\text{Au}$에 들어있는 원자의 개수는

$$n' = \frac{1.00 \times 10^{-5} \text{ kg}}{(197 \text{ u/원자})(1.66 \times 10^{-27} \text{ kg/u})} = 3.06 \times 10^{19} \text{ 원자}$$

이다. 식 (12.22)로부터

$$\Delta t = \frac{\Delta N}{\Phi n'\sigma} = \frac{2.48 \times 10^{12} \text{ 원자}}{(2.00 \times 10^{16} \text{ 중성자/m}^2 \cdot \text{s})(3.06 \times 10^{19} \text{ 원자})(99 \times 10^{-28} \text{ m}^2)}$$
$$= 409 \text{ s} = 6 \text{ min } 49 \text{ s}$$

를 얻는다. 가정한 바와 같이, $\Delta t \ll T_{1/2}$이다.

12.8 핵반응

많은 경우에 복합핵이 먼저 형성된다.

두 핵이 서로 가까이 접근하면, **핵반응**이 일어나서 새로운 핵들이 형성된다. 핵은 양전하로 대전되어 있어서 서로 밀어내기 때문에, 처음에 매우 빠르게 움직이고 있지 않았다면 반응이 일어날 수 있는 범위에까지 도달할 수 없다. 태양이나 다른 별 안에서는 내부 온도가 수백만 켈빈까지 올라가므로, 반응이 자주 일어날 만큼 충분히 높은 속력을 가진 핵들이 많이 존재한다. 사실 핵반응이 이런 온도를 유지하도록 에너지를 공급하고 있다.

실험실에서, 방사성 핵종에서 나오는 알파 입자나 여러 방법으로 가속시킨 양성자 혹은 무거운 핵을 이용하여 작은 규모의 핵반응을 일으키는 건 쉽다. 그러나 아직까지는 오직 한 가지 형태의 핵반응만이 지상에서 실제적 에너지원이 됨이 입증되었는데, 그것은 중성자를 때려서 일어나는 어떤 핵들의 핵분열이다.

많은 핵반응은 실제로 두 단계를 거친다. 먼저, 들어오는 입자가 표적 핵을 때리고 두 핵이 결합하여 **복합핵**이라고 부르는 새로운 핵을 형성한다. 복합핵의 원자량과 질량수는 각각 처음 입자들의 원자량과 질량수의 합이 된다. 이런 생각은 1936년에 보어가 제안하였다.

복합핵은 자신이 어떻게 형성되었는지 기억하지 못하는데, 왜냐하면 원래 어느 핵에 속해 있었는지와 관계없이 핵자들이 섞이고, 들어온 입자가 가져온 에너지도 핵자들 전체에 나누어지기 때문이다. 따라서 복합핵을 하나 생각하면 이 핵은 여러 가지 방법으로 형성될 수 있다. 이를 보이기 위해 그림 12.15에 복합핵 $^{14}_{7}N^*$을 만드는 여섯 가지 반응을 보였다(*는 들뜬상태를 나타낸다. 복합핵은 최소한 들어온 입자들 그 안에서의 결합에너지만큼은 반드시 들뜨게 된다). 복합핵은 10^{-16}초 정도의 수명을 가진다. 이 시간은 이러한 핵을 직접 관찰하기에는 너무 짧지만, 몇 MeV의 에너지를 가진 핵 입자가 핵을 통과하는 데 걸리는 시간인 10^{-21}초보다는 훨씬 더 길다.

복합핵은 들뜬 에너지에 따라 한 가지 또는 여러 가지 방법으로 붕괴한다. 예로서, 12 MeV의 들뜬 에너지를 갖는 $^{14}_{7}N^*$은 그림 12.15에 나타낸 4가지 방법 중 한 가지 방법으로 붕괴할 수 있다. $^{14}_{7}N^*$은 또한 단순히 에너지의 합이 12 MeV인 한 개 혹은 여러 개의 γ-선을 방출할 수도 있다. 그러나 이 복합핵은 삼중수소($^{3}_{1}H$)나 헬륨-3 ($^{3}_{2}He$) 입자를 방출하면서 붕괴할 수는 없다. 그 이유는 이들을 방출할 만큼 충분한 에너지를 가지고 있지 못하기 때문이다. 보통 특정 들뜬상태의 복합핵은 특별한 방법으로 붕괴하는 걸 선호한다.

복합핵의 형성과 붕괴에 대해, 11.5절에서 설명한 물방울 모형에 근거해서 흥미 있는 해

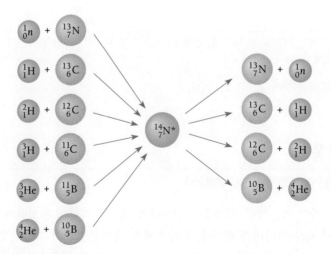

그림 12.15 생성물이 복합핵 $^{14}_{7}N^*$인 6가지 핵반응과, 들뜬 에너지가 12 MeV일 때 $^{14}_{7}N^*$이 붕괴하는 4가지 방법. 들뜬 에너지가 높으면 다른 붕괴 모드가 가능하고, 낮으면 일부만 가능하다. 이에 덧붙여서, $^{14}_{7}N^*$은 단순히 하나 혹은 하나 이상의 γ-선을 내면서 들뜬 에너지를 잃을 수 있다.

석을 할 수 있다. 이 모형에 따르면 들뜬 핵은 뜨거운 액체 방울에 해당하고, 방출되는 입자의 결합에너지는 액체 분자의 기화열에 해당한다. 이런 액체 방울은 결국 하나 또는 그 이상의 분자로 증발하면서 식어갈 것이다. 방울 안에서 에너지 분포가 무작위적으로 요동함에 따라 어느 한 특정 분자가 탈출하는 데 충분한 에너지를 얻을 때 증발이 일어난다. 이와 비슷하게, 복합핵은 특정 핵자나 핵자 덩어리가 핵을 떠날 수 있을 만큼 충분한 들뜬 에너지를 얻을 때까지 들뜬상태 그대로 지속된다. 복합핵이 형성되어 붕괴할 때까지 걸리는 시간 간격은 이러한 설명과 잘 일치한다.

공명

핵의 들뜬상태에 관한 정보는 방사성 붕괴에서처럼 핵반응을 통해서도 얻을 수 있다. 들뜬상태가 존재한다는 것은 그림 12.14의 중성자 포획 반응에서와 같이, 특정한 반응의 에너지에 대한 단면적 그래프의 피크를 통해 발견할 수 있다. 이러한 피크는 보통의 음파나 교류회로의 공명과 유사하므로 **공명**(resonance)이라 한다. 복합핵은 공급된 들뜬 에너지가 복합핵의 에너지 준위 중 하나의 값과 정확히 일치할 때, 들뜬 에너지가 다른 값일 때보다 더 쉽게 형성된다.

　　그림 12.14의 핵반응은 0.176 eV에서 폭(단면적이 최대값의 절반에 해당하는 에너지값 사이의 폭)이 $\Gamma = 0.115$ eV인 공명을 가진다. 이 공명은 감마선을 방출하며 붕괴하는 ^{114}Cd의 들뜬상태에 해당한다. 들뜬상태의 평균수명 τ는 다음 식과 같이 폭 Γ에 관계된다.

들뜬상태의 평균수명
$$\tau = \frac{\hbar}{\Gamma} \tag{12.23}$$

이 결과는 Γ를 이 상태의 들뜬에너지의 불확정성 ΔE에 대응시키고 τ를 그 상태가 붕괴되는 시간의 불확정성 Δt에 대응시키면, $\Delta E\,\Delta t \gg \hbar/2$의 형태인 불확정성 원리와 일치한다. 위의 반응의 경우에서 0.115 eV의 폭은 복합핵의 평균수명이 다음과 같음을 의미한다.

$$\tau = \frac{1.054 \times 10^{-34}\,\text{J}\cdot\text{s}}{(0.115\,\text{eV})(1.60 \times 10^{-19}\,\text{J/eV})} = 5.73 \times 10^{-15}\,\text{s}$$

질량중심 좌표계

실험실에서 일어나는 대부분의 핵반응은 움직이는 핵자나 핵이 정지해 있는 다른 핵자나 핵을 때리는 것이다. 이런 반응을 분석하는 일은, 충돌하는 입자들의 질량중심과 함께 움직이는 좌표계를 사용하면 매우 간단해진다.

　　질량중심에 있는 관측자에게는 입자들이 크기가 같고 방향이 반대인 운동량을 가진다(그림 12.16). 따라서 실험실에 있는 관측자에게, 질량이 m_A이고 속력이 v인 입자가 질량이 m_B인 멈춰있는 입자에 가까이 가는 것으로 보인다면, 질량중심의 속력 V는 다음의 조건으로 정의된다.

$$m_A(v - V) = m_B V$$

따라서

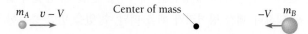

(a) Motion in the laboratory coordinate system before collision

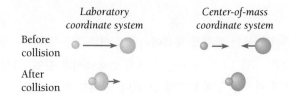

(b) Motion in the center-of-mass coordinate system
before collision

Laboratory
coordinate system   Center-of-mass
coordinate system

Before
collision

After
collision

(c) A completely inelastic collision as seen in laboratory and
center-of-mass coordinate systems

그림 12.16   실험실 좌표계와 질량중심 좌표계

질량중심 속도
$$V = \left(\frac{m_A}{m_A + m_B} \right) v \qquad (12.24)$$

대부분의 핵반응에서 $v \ll c$이므로 비상대론적으로 다루어도 충분하다.

실험실 좌표계에서의 총 운동에너지는 입사하는 입자의 운동에너지와 같다.

**실험실 좌표계에서의
운동에너지**
$$KE_{lab} = \tfrac{1}{2} m_A v^2 \qquad (12.25)$$

질량중심 좌표계에서는 두 입자 모두가 움직이므로 둘 다 총 운동에너지에 기여한다. 질량중심 좌표계에서의 운동에너지는 아래와 같다.

$$KE_{cm} = \tfrac{1}{2} m_A (v - V)^2 + \tfrac{1}{2} m_B V^2$$
$$= \tfrac{1}{2} m_A v^2 - \tfrac{1}{2}(m_A + m_B) V^2$$
$$= KE_{lab} - \tfrac{1}{2}(m_A + m_B) V^2$$

**CM에서의
운동에너지**
$$KE_{cm} = \left(\frac{m_B}{m_A + m_B} \right) KE_{lab} \qquad (12.26)$$

질량중심에 대한 입자들의 총 운동에너지는 실험실 좌표계에서의 총 운동에너지에서 질량중심의 운동에너지 $\tfrac{1}{2}(m_A + m_B)V^2$을 뺀 것과 같다. 따라서 KE_{cm}은 입자들의 상대운동의 운동에너지로 생각할 수 있다. 입자들이 충돌할 때, 운동량이 보존되면서도 생성되는 복합핵의 들뜬에너지로 전환될 수 있는 입자 운동에너지의 최대값은 KE_{cm}이고, KE_{lab}보다는 항상 적다.

핵반응

$$A + B \rightarrow C + D$$

의 Q 값은 A와 B의 정지에너지와 C와 D의 정지에너지의 차이로 정의한다.

핵반응의 Q 값 $$Q = (m_A + m_B - m_C - m_D)c^2 \tag{12.27}$$

만일 Q가 양수이면 핵반응에 의해 에너지가 방출된다. Q가 음수라면 $KE_{cm} + Q \geq 0$이 되도록 반응 입자들에 의해 충분한 질량중심 좌표계에서의 운동에너지 KE_{cm}이 공급되어야 한다.

예제 12.11

핵반응 $^{14}N(\alpha, p)^{17}O$를 일으키는 데 필요한 알파 입자의 최소 운동에너지를 실험실 좌표계에서 구하라. ^{14}N, ^4He, ^1H 그리고 ^{17}O의 질량은 각각 14.00307 u, 4.00260 u, 1.00783 u 그리고 16.99913 u 이다.

풀이

질량이 원자 질량 단위로 주어졌으므로, 반응물과 생성물 사이의 질량 차이를 같은 단위로 구한 후에 931.5 MeV/u를 곱하는 게 가장 쉬운 방법이다. 따라서

$$Q = (14.00307\ u + 4.00260\ u - 1.00783\ u - 16.99913\ u)(931.5\ \text{MeV/u}) = -1.20\ \text{MeV}$$

이다. 따라서 반응이 일어나기 위한 질량중심 좌표계에서의 최소 운동에너지 KE_{cm}은 1.20 MeV이다. 식 (12.26)에서 A를 알파 입자라 하면,

$$KE_{lab} = \left(\frac{m_A + m_B}{m_B}\right) KE_{cm} = \left(\frac{4.00260 + 14.00307}{14.00307}\right)(1.20\ \text{MeV}) = 1.54\ \text{MeV}$$

가 된다. 이 반응의 단면적은 또 다른 문제이다. 알파 입자와 ^{14}N 핵 둘 다 양전하로 대전되어 있어서 전기적으로 서로 밀어내므로 문턱 에너지인 1.20 MeV보다 위에서는 KE_{cm}이 커질수록 단면적이 더 커지고 반응이 더 잘 일어난다.

12.9 핵분열

나누어서 정복한다.

11.4절에서 본 바와 같이, 만약 큰 핵을 작은 핵들로 쪼갤 수 있다면 엄청난 결합에너지가 방출될 것이다. 그러나 핵을 쪼개기는 보통은 매우 어렵다. 따라서 필요한 일은 우리가 얻을 수 있는 에너지보다 크지 않은 에너지를 사용해서 핵을 부수는 방법을 찾는 일이다.

그 해답은 1938년 리제 마이트너(Lise Meitner)가 우라늄 동위원소 $^{235}_{92}U$의 핵이 중성자에 맞아서 핵분열을 일으킨다는 걸 알아냄으로써 얻어졌다. 핵분열은 중성자에 의한 충격으로 생기는 것은 아니다. 대신에 $^{235}_{92}U$ 핵이 중성자를 흡수하여 $^{236}_{92}U$가 되고, 새로운 핵은 매우 불안정해서 거의 즉시 두 조각으로 폭발하는 것이다(그림 12.17). 훗날 몇몇 다른 무거운 핵종들도 비슷한 과정을 거쳐 중성자에 의해 핵분열을 일으킬 수 있다는 게 밝혀졌다.

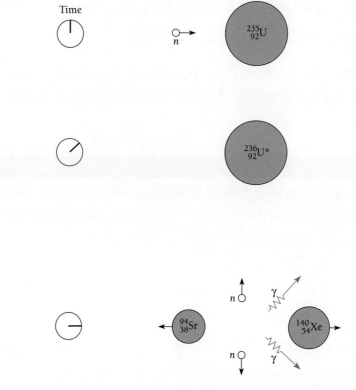

그림 12.17   핵분열에서 흡수된 중성자는 무거운 핵을 두 부분으로 쪼개지게 만든다. 이 과정에서 여러 개의 중성자와 γ-선이 방출된다. 여기에서의 작은 핵들은 $^{295}_{92}$U의 분열로 생성되는 대표적인 핵들이며, 둘 다 방사성을 가진다.

핵분열은 핵의 물방울 모형(11.5절)에 기반해서 이해할 수 있다. 물방울이 적절히 들뜨게 되면, 여러 가지 방법으로 진동할 수 있다. 간단한 경우 하나를 그림 12.18에 나타내었다. 물방울은 차례로 럭비공, 공, 넓적한 공, 공, 다시 럭비공 등등으로 계속 변해간다. 표면장력에 의한 복원력은 항상 물방울을 공 모양으로 되돌리려고 하지만, 움직이는 액체 분자의 관성으로 인해 공 모양을 지나쳐서 반대쪽 극단의 변형된 모양이 된다.

핵도 표면장력이 있는 것처럼 보이므로 들뜬상태가 되면 물방울처럼 진동할 수 있다. 핵은 또한 양성자들 사이의 전기적 반발력으로 인해서 부서지려는 힘도 받는다. 핵이 공 모양에서 변형될 때, 짧은 거리에 작용하는 복원력인 표면장력이 핵물질의 관성뿐만 아니라 먼 거리에까지 작용하는 척력에도 대항해야 한다. 변형되는 정도가 작으면 표면장력이 그렇게 작용할 수 있어서, 핵은 왔다 갔다 하며 진동하다가 점차 γ 붕괴로 들뜬 에너지를 잃게 된다.

Time ⟶

그림 12.18   물방울의 진동

그림 12.19 물방울 모델에 따른 핵분열

하지만 만약 변형된 정도가 너무 크면, 표면장력은 이제 멀리 떨어진 양성자 덩어리를 한데로 뭉치지 못하고, 결국 핵은 두 부분으로 갈라진다. 이런 핵분열의 개념을 그림 12.19에 나타내었다.

핵분열이 일어난 결과로 나온 새로운 핵들을 **핵분열 조각**(fission fragment)이라고 한다. 보통 핵분열 조각의 크기는 서로 다르다(그림 12.20). 무거운 핵은 가벼운 핵보다 중성자/양성자 비가 크기 때문에 핵분열 조각들은 중성자를 너무 많이 가지고 있다. 이런 과잉 중성자를 줄이기 위해 핵분열 조각은 형성되자마자 즉시 두 개나 세 개의 중성자를 방출하고, 이어

리제 마이트너(Lise Meitner: 1878~1968)는 빈의 법률가의 딸로, 퀴리 부부와 라듐에 관해 읽고서 과학에 흥미를 느끼기 시작했다. 1905년에 빈 대학에서 물리학으로 박사학위를 취득했으며, 빈 대학에서 박사 학위를 받은 두 번째 여성이 되었다. 리제는 베를린으로 가서 화학자 한(Otto Hahn)과 함께 방사능에 대한 연구를 시작했다. 그들의 상사인 교수가 실험실에 여성을 받아들이는 것을 거부하여 그들은 목공소에서 연구를 시작했다. 10년 후에 그녀는 교수, 학과장이 되었고, 한과 함께 새로운 원소인 프로탁티늄(protactinium: Pa)을 발견하였다.

1930년에 이탈리아 물리학자 페르미가 중성자로 무거운 핵을 때리면 다른 핵이 생성된다는 것을 발견하였다. 우라늄에는 어떤 일이 일어나는가 하는 것이 특별한 수수께끼였고, 마이트너와 한은 실험을 반복하면서 이에 대한 답을 찾으려고 노력하였다. 이즈음 독일의 유태인에 대한 박해가 시작되었으나, 유태인이었던 마이트너는 오스트리아 시민권으로 보호를 받았다. 1938년에 독일이 오스트리아를 합병하자 마이트너는 스웨덴으로 망명하였다. 그러나 한과 그들의 젊은 공동연구자 슈트라스만(Fritz Strassmann)과의 접촉은 계속 유지하고 있었다. 한과 슈트라스만은 중성자가 우라늄과 상호작용을 하여 라듐을 생성한다고 결론을 지었으나, 마이트너의 계산은 이것이 불가능하다는 걸 보였고, 그녀는 그들이 연구를 지속하도록 격려했다. 그들은 연구를 계속했고, 놀랍게도 실제로는 가벼운 원소인 바륨(barium)이 생성되는 것을 발견하였다. 마이트너는 중성자가 우라늄 핵들을 쪼개지게 한다고 추측하였고, 조카 프리시(Otto Frisch)와 함께 그들이 핵분열이라 이름 붙인 이론적 모형을 개발하였다.

1939년 1월에 한과 슈트라스만은 분열의 발견을 독일 학술지에 발표하였다. 마이트너가 유태인이었으므로 그녀의 기여를 모른체하는 것이 그들의 안전에 도움이 될 것이라고 생각하였다. 마이트너와 프리시는 뒤에 가서 그들 자신의 핵분열에 대한 논문을 영국 학술지에 게재하였으나, 너무 늦었다. 한은 수치스럽게도 업적을 전적으로 자신의 공적으로 주장했고, 수년 동안 그녀의 역할에 대한 감사의 표시를 한 번도 하지 않았다. 한은 단독으로 핵분열의 발견에 대한 업적으로 노벨 물리학상을 수상하였다. 불행하게도 마이트너는 올바른 평가를 볼 만큼 오래 살지 못하였다. 1997년에 임시로 이름 붙여진 원소 105인 하늄(hanium)을 러시아 핵 연구의 중심지인 두브나를 본따서 두브늄(dubnium)으로 변경할 때, 원자번호 109인 원소를 그녀의 명예를 기려서 마이트너륨(meitnerium)이라 부르게 되었다.

닐스 보어가 제2차 세계대전이 발발하기 직전인 1939년에 핵분열의 발견에 대한 소식을 미국에 전하자, 즉각적으로 군사적인 가능성이 인식되었다. 독일 물리학자들도 똑같은 결론에 도달해서 원자폭탄에 대한 연구가 시작되었을 것이라는 예상 아래, 미국에서 원자폭탄에 대한 프로그램이 진지하게 시작되었다. 원자폭탄 프로그램은 독일이 패퇴한 1945년에 성공을 거두어, 두 개의 원자폭탄이 히로시마와 나가사키 상공에서 폭발함으로써 일본과의 전쟁을 끝냈다. 뒤에 가서 독일의 원자폭탄에 관한 연구 및 노력은 매우 적었다는 것을 알게 되었다. 얼마 지나지 않아서 소련과 영국 그리고 프랑스가 핵무기를 개발하였고, 뒤에 가서 중국, 이스라엘, 남아프리카, 인도 그리고 파키스탄도 개발하였다.

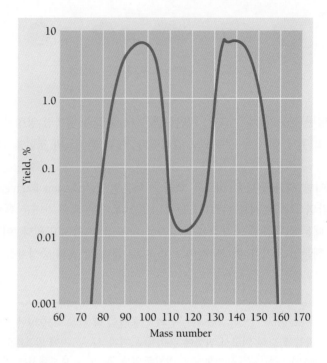

그림 12.20 $^{235}_{92}U$의 핵분열로 생긴 조각들의 질량수 분포

서 베타붕괴를 해서 중성자/양성자 비가 안정한 값이 되도록 한다. 전형적인 핵분열 반응은 다음과 같고, 그림 12.17에 나타내었다.

$$^{235}_{92}U + ^1_0n \rightarrow ^{236}_{92}U^* \rightarrow ^{140}_{54}Xe + ^{94}_{38}Sr + ^1_0n + ^1_0n$$

무거운 핵은 들뜬 에너지를 충분히(5 MeV 이상) 얻어서 격렬하게 진동할 때 핵분열을 한다. 몇몇 핵, 특히 ^{235}U는 중성자를 흡수하는 것만으로도 두 조각으로 분리될 수 있다. 다른 핵들, 특히 ^{238}U(자연 상태 우라늄의 99.3%를 차지하고, 나머지가 ^{235}U이다)는 핵분열을 하려면 중성자가 흡수될 때 잃는 결합에너지보다 더 큰 들뜬 에너지가 필요하다. 이러한 핵들은 약 1 MeV 이상의 운동에너지를 가진 빠른 중성자와의 반응에 의해서만 핵분열을 일으킨다.

핵분열은 핵이 들뜨고 나서, 중성자포획 이외의 다른 방법으로 일어날 수도 있는데, 예를 들어 γ-선이나 양성자로 때리는 방법이 있다. 어떤 핵종은 매우 불안정해서 자발적으로 핵분열을 하기도 하는데, 이 경우는 핵분열을 하기 전에 알파붕괴가 먼저 일어나기 쉽다.

핵분열에서 놀라운 면은 방출되는 에너지의 크기이다. 일찍이 보았듯이, 방출되는 에너지는 200 MeV 근처인데, 놀랍게도 단 하나의 원자에서 나오는 양인 것이다. 화학반응에서는 사건 당 단지 몇 eV 정도가 방출될 뿐이다. 핵분열에서 방출되는 에너지의 대부분은 핵분열 조각들의 운동에너지가 된다. ^{235}U의 핵분열의 경우, 에너지의 83%가 핵분열 조각의 운동에너지로 나타나고, 중성자들의 운동에너지로는 약 2.5%, 그리고 약 3.5%가 즉시 방출되는 감마선의 형태로 나타난다. 나머지 11%는 핵분열 조각이 계속해서 베타붕괴 및 γ 붕괴를 해서 방출된다.

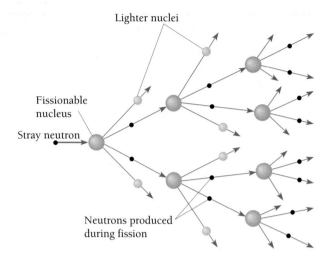

그림 12.21 연쇄반응의 개요도. 평균적으로 각각의 핵분열에서 나온 최소한 한 개 이상의 중성자가 다른 핵분열을 일으키면 그 반응은 자체적으로 유지된다. 핵분열 하나당 평균적으로 하나를 초과하는 중성자가 또 다른 핵분열을 일으키면 그 반응은 폭발적이 된다.

 핵분열이 발견되자 곧, 핵분열에 의해 중성자가 나오기 때문에 핵분열이 자체적으로 계속 일어날 가능성이 있다는 사실을 깨닫게 되었다(그림 12.21). 이러한 연쇄반응이 핵분열성 물질 덩어리에서 생길 수 있는 조건은 간단하다. 각 핵분열에서 나오는 중성자가 평균적으로 하나 이상이면 핵분열을 다시 일으킨다. 만약 핵분열을 일으키는 중성자 수가 너무 적으면, 반응은 점차로 감소하고 마침내 멈출 것이다. 또, 만약 핵분열당 정확히 한 개의 중성자만 또 다른 핵분열을 일으킨다면, 방출되는 에너지는 일정할 것이다[이것이 **원자로**(nuclear reactor)의 경우이다]. 그리고 만약 핵분열의 빈도가 증가하면, 에너지 방출은 아주 빠르게 증가해서 폭발이 일어나게 된다(이것이 **원자폭탄**의 경우이다). 이러한 경우들을 각각 **임계 이하**, **임계** 그리고 **임계초과**라고 한다. 만약 원자폭탄에서 각 핵분열당 2개의 중성자가 10^{-8}초 이내에 또 다른 핵분열을 유발한다면, 처음에 핵분열 하나로 시작한 연쇄반응은 10^{-6}초 이내에 2×10^{13} J의 에너지를 방출한다.

12.10 원자로

$E_0 = mc^2 + \$\$\$$

원자로는 매우 효과적인 에너지원이다. 하루에 1 g의 ^{235}U 핵분열로 약 1 MW의 에너지를 얻을 수 있는데, 재래식 발전소에서 1 MW의 출력을 얻으려면 매일 2.6톤의 석탄을 태워야 한다. 원자로에서 나오는 에너지는 열이 되고, 이 열은 냉각제인 액체나 기체로 옮겨진다. 뜨거워진 냉각제로 물을 끓이면, 여기서 나오는 수증기가 터빈을 돌려서 발전기, 배, 잠수함 등에 동력을 공급한다.

엔리코 페르미(Enrico Fermi: 1901~1954)는 로마에서 태어나 피사 대학에서 박사학위를 받았다. 새로운 양자역학 분야의 주역들과 함께 괴팅겐과 레이든에서 일한 후 이탈리아로 다시 돌아왔다. 1926년 로마 대학에서 전자와 같이 파울리의 배타원리를 만족하는 입자들의 통계역학에 대해 연구했다. 디랙도 얼마 후에 독립적으로 같은 결론을 얻었기 때문에 이 결과를 페르미-디랙 통계라고 부른다. 1933년에 약한 상호작용의 개념을 도입했고, 파울리의 새로운 가설인 중성미자(페르미가 이름 붙임)와 이 개념을 함께 사용하여 전자 에너지 스펙트럼과 붕괴 반감기를 설명할 수 있는 베타붕괴 이론을 개발했다.

1930년 후반에 페르미와 그의 동료 그룹은 중성자와 여러 원소를 때려서 인공적으로 방사성 핵종을 만들어 내는 일련의 실험들을 수행했다. 그들은 느린 중성자가 특별히 효율적임을 알아내었다. 이 결과들 중 몇몇은 초우라늄 원소의 형성을 제안하는 듯한 것도 있었다. 뒤에 가서 마이트너와 한에 의해 발견되었지만, 그들이 관측한 것이 사실은 핵분열이었다. 1938년에 페르미는 이 업적으로 노벨상을 받았으나, 무솔리니와 파시즘이 지배하는 이탈리아로 돌아가는 대신 미국으로 건너갔다. 원자폭탄 계획의 일환으로 페르미는 시카고 대학에서 최초의 원자로에 대한 설계와 건설을 지휘했다. 이 원자로는 핵분열이 발견되고 난 지 4년 만인 1942년 12월에 작동하기 시작하였다. 페르미는 연구를 다른 분야, 즉 고에너지 입자물리학의 분야로 바꾸었는데 거기서도 중대한 공헌을 하였다. 이론과 실험 물리의 두 분야에서 모두 정통한 근래에 보기 드문 물리학자였던 그는 1954년에 암으로 세상을 떠났다. 그가 죽고 나서 1년 후에 발견된 원자번호 100인 원소를 그의 이름을 기려서 페르뮴(fermium)이라고 부른다.

^{235}U가 한 번 핵분열할 때 평균 2.5개의 중성자가 방출되므로 자체적으로 연쇄반응이 일어나기 위해서는 매 분열당 1.5개 이하의 중성자는 잃어버려도 된다. 그러나 자연 상태의 우라늄에는 핵분열성 동위원소 ^{235}U가 0.7%만 포함되어 있다. 더 많이 들어있는 ^{238}U는 빠른 중성자를 쉽게 포획하기는 하나, 보통은 그 결과로 핵분열이 일어나지는 못한다. ^{238}U가 느린 중성자를 포획하는 단면적이 매우 적은 데 반해 ^{235}U의 느린 중성자에 의한 핵분열 단면적은 터무니없게 큰 582 b이나 된다. 따라서 핵분열에서 나오는 빠른 중성자를 감속시키면 ^{238}U이 쓸모없이 중성자를 흡수하는 걸 막아줌과 동시에 ^{235}U가 더욱 더 핵분열을 일으키도록 촉진시킨다.

핵분열에서 나오는 중성자를 감속시키기 위해, 원자로 안의 우라늄에 **감속제**를 섞는다. 감속제는 원자핵이 빠른 중성자와 충돌해서 중성자는 별로 흡수하지 않고 에너지만 흡수하는 물질이다. 움직이는 물체가 탄성 충돌을 할 때 잃는 에너지의 정확한 양은 상호작용의 세부적인 성질에 따라 다르지만, 일반적으로 두 물체의 질량이 같을 때 전달되는 에너지가 최대가 된다(그림 12.22). 질량 차이가 클수록 중성자를 감속시키는 데 필요한 충돌 횟수가 더 많이 필요하고, ^{238}U 핵에 포획될 위험이 있는 시간이 길어진다. 오늘날 대부분의 상용 원자로에서는 경수(보통의 물을 중수에 대비해서 부르는 이름)를 감속제와 냉각제 양쪽에 쓰고 있다. 물 분자는 분자 하나당 두 개의 수소 원자를 포함하고 있고, 수소 원자의 양성자 핵의 질량은 중성자 질량과 거의 같다. 따라서 경수는 효과적인 감속제이다.

하지만 양성자는 중성자를 흡수해서 ^{1}H$(n, \gamma)^{2}$H의 반응으로 중수소를 만들려는 경향이 있다. 그러므로 경수로는 연료로 자연 상태의 우라늄을 쓸 수 없고, ^{235}U의 함량을 약 3%로 증가시킨 **농축 우라늄**을 써야 한다. 농축 우라늄은 여러 가지 방법으로 만들 수 있다. 원래 모든 농축 우라늄은 헥사플루오라이드우라늄(UF$_6$) 기체를 2,000개의 침투성 장벽에 통과시키는 기체 확산법으로 만들어 왔다. ^{235}UF$_6$ 분자는 ^{238}UF$_6$보다 가볍기 때문에 각각의 장벽을 약

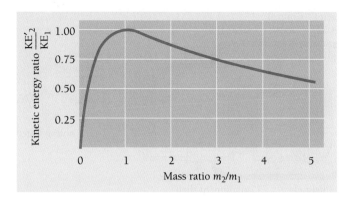

그림 12.22 질량이 m_1인 움직이는 물체와 질량이 m_2인 정지해 있는 물체 사이의 정면 탄성 충돌에서의 에너지 전달(연습문제 59를 보라.)

간 더 잘 확산해서 통과한다. 좀 더 최신 방법에서는 고속 기체 원심분리기를 이용한다. 다른 방법도 역시 가능하다.

경수 원자로의 연료는 길고 가는 튜브에 밀봉되어 있는 산화우라늄(UO_2) 펠릿이다. 느린 중성자를 잘 흡수하는 카드뮴(Cd) 혹은 붕소(B) 제어봉 막대는 연쇄반응 속도를 조정하기 위해 원자로의 노심 안으로 미끄러져 들어가거나 나올 수 있다. 가장 전형적인 형태의 원자로

미국 노스캐롤라이나의 코넬리우스에 있는 윌리엄 맥과이어 핵발전소의 1,129 MW 반응로 노심에 연료봉 막대가 장전되고 있다.

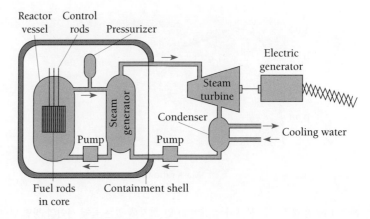

그림 12.23 가장 일반적인 형태의 핵발전소의 기본 설계도. 압력을 받고 있는 물은 감속제이면서 냉각제로 작용하고, 노심의 연료 막대에서 연쇄반응으로 발생한 열을 증기발생기로 전달한다. 그 결과로 만들어진 증기는 반응로에서의 사고로부터 외부를 보호하는 역할을 맡은 장벽으로서의 차폐벽을 지나 전기를 발생시키는 터빈으로 전달된다. 전형적인 발전소의 반응로 용기는 13.5 m의 높이와 4.4 m의 지름을 가지고 있고, 무게는 385톤이다. 여기에는 3.85 m의 길이와 9.5 mm의 지름을 가지는 50,952개의 연료봉에 약 90톤의 산화우라늄이 포함되어 있다. 그림에서와 같은 한 개의 증기발생기가 아니라 네 개의 증기발생기와 많은 수의 터빈 전기발생기가 사용된다.

에서는 노심의 연료 주변을 순환하는 물이 끓는 것을 방지하기 위하여 물의 압력을 약 155기압 정도로 높게 유지한다. 물은 감속제와 냉각제 두 가지 역할을 하는데, 열교환기를 통과해서 터빈을 돌리는 수증기를 만든다(그림 12.23). 이러한 원자로는 90톤의 UO_2를 가지고, 3,400 MW에서 작동해서 1,100 MW의 전력을 얻는다. 원자로의 연료는 함유한 ^{235}U를 소모함에 따라 몇 년마다 한 번씩 바꾸어 주어야 한다.

증식원자로

몇몇 핵분열을 하지 않는 핵종들도 중성자를 흡수하여 핵분열성 핵종으로 전환될 수 있다. 좋은 예로, ^{238}U는 빠른 중성자를 흡수해서 ^{239}U로 변환된다. 이 우라늄 동위원소는 24분의 반감기로 넵투늄의 동위원소인 $^{239}_{93}Np$로 베타붕괴하는데, $^{239}_{93}Np$ 역시 베타붕괴를 한다. ^{239}Np는 2.3일의 반감기로 플루토늄의 동위원소인 $^{239}_{94}Pu$로 붕괴하고, $^{239}_{94}Pu$는 알파붕괴를 하는데 반감기는 24,000년이다. 전체 과정을 그림 12.24에 나타냈다. 넵투늄과 플루토늄은 모두 **초우라늄원소**[주]로서 둘 다 반감기가 너무 짧아서, 지구가 생성된 45억 년 전에 존재했었다고 해도 지금까지 남아 있지 못할 것이므로 지상에서는 발견되지 않는다.

플루토늄 동위원소 ^{239}Pu는 핵분열성이어서 원자로의 연료나 핵무기로 쓰일 수 있다. 플루토늄은 우라늄과 화학적으로 다르기 때문에 자연상태의 우라늄에 훨씬 많이 포함되어 있는 ^{238}U로부터 ^{235}U를 분리하는 것보다 중성자를 쪼인 후 남아 있는 ^{238}U로부터 플루토늄을 분리하는 것이 더 쉽다.

증식원자로(breeder reactor)는 소모하는 ^{235}U보다 더 많은 플루토늄을 생산하도록 특별히 설계된 원자로이다. 증식형 원자로 이외에는 쓸모가 없는 ^{238}U는 핵분열이 가능한 ^{235}U보다

역자주: 우라늄보다 원자번호가 큰 원소

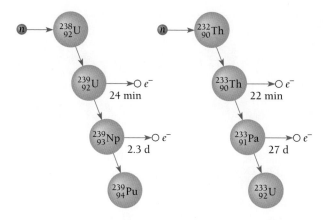

그림 12.24 ^{238}U와 ^{232}Th는 연료를 '재생산'하는 핵연료이다. 각각은 하나의 중성자를 흡수하고, 두 번의 베타붕괴를 거친 후에 핵분열이 가능한 핵이 된다. 이 변환은 ^{235}U 형태로 소모하는 핵연료의 양보다 더 많은 양의 핵연료를 ^{233}U나 ^{239}Pu의 형태로 생산해 내는 증식형 원자로의 기초가 된다.

140배나 더 풍부하므로 증식원자로를 광범위하게 사용한다는 것은 알려진 우라늄 매장량만으로도 앞으로 다가올 수 세기 동안의 원자로의 연료가 확보되었음을 의미한다. 플루토늄은 (보통의 원자로에 사용하는 저농축 우라늄과는 달리) 핵무기로도 사용될 수 있으므로 증식원자로를 널리 사용하면 핵무기를 제어하는 문제가 복잡하게 된다. 오늘날 몇 기의 증식원자로가 가동되고 있는데, 모두 미국 밖에 있다. 증식원자로는 매우 비싸다는 것이 입증되었고, 가동하는 데 심각한 문제점을 안고 있다.

실제로 플루토늄은 이미 중요한 핵연료이다. 연료봉을 교체하는 통상 3년의 연료 순환 과정이 끝날 때쯤에는 매우 많은 플루토늄이 연료에 포함된 ^{238}U로부터 생성되어 ^{235}U에서보다 ^{239}Pu에서 더 많은 핵분열이 발생한다.

핵의 세계?

1951년 미국 아이다호에서 최초로 원자력발전소에 의해 전기가 생산되었다. 오늘날 26개국의 400개가 넘는 원자로에서 약 20만 MW의 전력이 생산되는데, 이는 하루에 거의 1,000만 배럴 (barrel)의 석유에 해당된다. 프랑스, 벨기에 그리고 대만은 사용하는 전기의 절반 이상을 원자로에서 얻고, 다른 몇 나라가 근소한 차이로 그 뒤를 잇는다(그림 12.25). 미국에서는 핵에너지가 세계 평균보다 약간 높은 전력 생산의 21%를 차지하고 있고, 31개 주에 103개의 원자로를 가지고 있다. 핵 기술의 모든 성공에도 불구하고 1979년 이래 미국에서는 새로운 원자력발전소 건설이 계획되지 않고 있다. 왜일까?

1979년 3월, 펜실베니아의 스리마일 섬에 있는 원자로 중 하나가 냉각계통의 고장으로 가동 불능 상태가 되었고, 상당한 양의 방사성 물질이 누출되었다. 비록 원자로가 원자폭탄처럼 폭발하지는 않지만, 파손이 일어나서 수많은 사람들을 위험에 빠지게 할 수는 있다. 진짜 파국은 겨우 모면했지만, 스리마일 섬의 사고는 핵에너지에 수반되는 위험성이 현실적이라는 것을 명백하게 보여 주었다.

1979년 이후 새로운 원자로에는 이미 높은 비용에 더하여 더 강력한 안전장치를 건설해야만 했다. 여기에 더해 미국의 전기 수요는 예상만큼 빨리 증가하지 않았는데, 그 이유 중 하나는 에너지 절약을 위해 노력하게 되어서였고, 다른 이유로는 전기를 많이 쓰는 산업(철강, 자동차 및 화학품 같은)

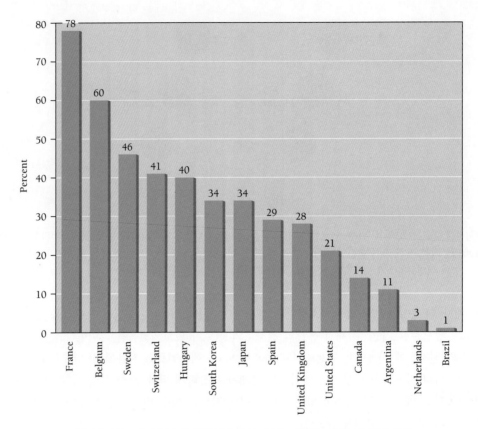

그림 12.25   여러 국가의 핵발전소에서 나오는 전력의 비율. 1997년 자료.

이 쇠퇴했기 때문이다. 그 결과, 새로운 원자로는 전보다 경제성이 덜하게 되었고, 이는 넓게 형성된 대중의 불편함과 함께 미국에서 핵에너지가 확대되는 걸 막았다.

다른 곳에서는 상황이 달랐다. 여전히 원자로는 풍부한 화석 연료원이 없는 여러 나라의 에너지 수요를 충족시키는 가장 좋은 방법으로 보였다. 1986년 4월, 지금은 우크라이나, 당시는 소련의 일부였던 체르노빌에서 1,000 MW 원자로가 파괴되는 심각한 사고가 일어났다. 이는 기술적인 원인으로 일어난 역사상 가장 최악의 환경 재해였으며, 소련 연방의 붕괴에도 영향을 미쳤다. 50톤이 넘는 방사성 물질이 유출되고, 바람을 타고 전 세계로 전해졌다. 누출된 방사선은 1945년에 히로시마와 나가사키의 원자폭탄에서 나온 방사선 총량의 거의 200배에 달했다. 한동안 유럽의 상당 지역에서 방사능 수준은 정상보다 훨씬 더 높이 올라갔으며, 25만 정도의 인구가 체르노빌 근처로부터 영원히 소개되었다. 원자로에서 일했던 사람들, 구호 활동에 나섰던 사람들 그리고 정화작업에 종사했던 많은 노동자가 방사선 노출로 사고 직후에 사망했으며, 수천 명이 병을 앓았다. 널리 퍼진 방사성 핵종의 오염, 특별히 식품과 물 공급의 오염으로 인해 영향을 받은 사람들에게 앞으로 수년 동안 암 발병이 높아질 것이다. 이미 천여 명의 특히 민감한 어린이들이 방사성 아이오다인 동위원소 [131]I를 섭취한 결과로 갑상선암에 걸렸다. 1986년에 체르노빌 근처에 살았던 4세 이하의 어린이들 중 3분의 1은 결국 갑상선암을 앓을 것으로 예상된다.

스리마일섬 사건 이후 미국에서 그랬던 것처럼 체르노빌 이후 유럽에서는 핵 프로그램의 안전에 대한 대중의 불안이 커져갔다. 이탈리아 같은 나라는 신규 원자로 계획을 포기했다. 다른 나라, 예를 들자면 프랑스는 체르노빌 사태에도 불구하고 핵 프로그램을 뒷받침하는 논리가 여전히 강해서 핵

프로그램을 계속하고 있다.

원자로 자체의 안정성 문제와는 별도로 원자로에서 나오는 핵폐기물을 어떻게 처리해야 하는가는 또 다른 논쟁거리이다. 사용한 연료봉에 남아 있는 우라늄과 플루토늄을 분리하는 과정을 거치고나서도 남아 있는 물질들은 여전히 높은 방사성을 가지고 있다. 비록 많은 방사능이 수개월 안에 없어지고 나머지 대부분은 수백 년 안에 없어지겠지만, 어떤 방사성 핵종들은 수백만 년의 반감기를 갖기도 한다. 아마도 현재 미국에는 사용이 끝난 핵연료 20,000톤 이상을 임시로 저장하고 있을 것이다(역시 안전하게 저장해야 할, 핵무기 제조과정에서 남은 막대한 양의 고준위 방사성 폐기물에 대해서는 언급하지 않는다). 핵폐기물을 지하 깊숙이 묻어버리는 것이 현재로서는 가장 좋은 장기적 처리 방법처럼 보인다. 폐기물을 묻기에 알맞는 장소가 어떠해야 한다고 규정하기는 쉽지만, 실제로 찾아내는 일은 쉽지 않다. 지진이 일어나지 않는 지질학적으로 안정된 곳, 사람들이 밀집된 곳에서 멀리 떨어진 곳, 뚫기는 쉽지만 열이나 방사선에 의해 잘 분해되지 않는 바위층, 그리고 오염이 될지도 모르는 지하수에서 먼 곳이어야 한다.

오늘날의 관점에서, 핵에너지는 과거에는 충분히 인정받지 못했던 중요한 장점들을 가지고 있다. 화석 연료가 연소할 때 나오는 대기오염을 만들지 않으며, 온실 효과로 전 지구적 온도 상승의 주범인 많은 양의 이산화탄소도 만들지 않는다. 화석 연료 가격이 상승하고 전력 수요가 증가함에 따라, 20년 이상 미루어졌지만 미국에도 새로운 원자로를 건설하게 될 것으로 보인다.[주] ■

12.11 별에서의 핵융합

태양과 별들은 어떻게 에너지를 얻는가?

여기 지구 위, 태양으로부터 1억 5천만 km 떨어져서, 지표면은 태양의 직사광선을 받아 1 m^{2}당 1.4 kW의 비율로 에너지를 얻는다. 매 초마다 태양에서 복사하는 에너지를 모두 합하면 4×10^{26} W의 엄청난 양이 된다. 그리고 태양은 이런 비율로 수십억 년 동안 에너지를 방출해 왔다. 이 에너지는 모두 어디에서 오는 것일까?

태양에서 근본적인 에너지 생산 과정은 수소 핵이 융합하여 헬륨 핵이 되는 과정이다. 이 핵융합은 두 가지 다른 반응 과정으로 일어날 수 있는데, 가장 일반적인 **양성자-양성자 순환**을 그림 12.26에 나타내었다. $_2^4$He 핵 하나가 만들어지는 동안 총 방출에너지는 24.7 MeV이다.

24.7 MeV는 4×10^{-12} J이므로 태양이 방출하는 일률 4×10^{26} W는 그림 12.26의 반응과정이 매 초당 10^{38}회 일어나야 함을 의미한다. 태양은 70%가 수소, 28%가 헬륨, 나머지 2%가 다른 원소로 구성되어 있으므로 현재의 비율로 수십억 년 동안 더 에너지를 생산하기에 충분할 만큼 많은 수소가 남아 있다. 결국에는 태양 중심부의 수소가 다 소모되고 아래에 설명할 다른 반응이 뒤따라서, 태양은 팽창하여 적색거성이 되고, 나중에는 사그라들어 백색왜성이 될 것이다.

스스로 지속되는 핵융합 반응은 극히 높은 온도와 밀도의 조건 아래에서만 일어날 수 있

역자주: 이 장의 내용은 이 책의 개정판이 나온 2000년대 초반의 관점에서 쓰여 있다. 오늘날은 원자력 발전보다 태양광과 풍력 등의 친환경 에너지가 훨씬 더 각광을 받고 있으며, 기술 발전이 가속화되어 현재는 폐기물 등의 문제를 제외하고도 친환경 에너지의 발전 단가가 오히려 원자력 발전보다 낮아진 상태다. 따라서 앞으로 원자력 발전소가 대규모로 지어질 가능성은 크지 않다.

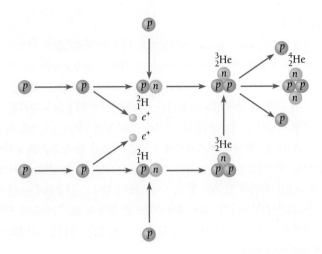

그림 12.26 양성자-양성자 순환 과정. 이 순환 과정은 태양이나 다소 온도가 낮은 별에서 일어나는 주된 핵반응 계열이다. 에너지는 각 단계에서 나온다. 결과적으로 네 개의 수소 원자가 결합하여 하나의 헬륨핵과 두 개의 양전자를 만든다. 중성미자 역시 생성되나 그림에서는 나타내지 않았다.

다. 높은 온도는, 맥스웰-볼츠만 분포의 꼬리 부분에 해당하는 높은 속도를 가진 몇몇 핵들이 서로 가까이 다가가서 전기 퍼텐셜에너지 장벽을 터널링하여 상호작용을 일으킬 만큼의 에너지를 가질 수 있도록 한다(전형적인 태양 내부 온도인 10^7 K에서 양성자의 평균 에너지는 약 1 keV인데, 장벽의 높이는 1 MeV로 1,000배 더 높다). 높은 밀도는 이러한 충돌이 많이 일어나게 한다. 양성자-양성자 과정과 그 밖의 다른 다단계 순환 과정을 위한 또 다른 조건으로 태양과 같이 큰 반응을 일으킬 수 있을 만큼의 질량이 필요하다. 이는 특정한 양성자가 처음 핵융합을 시작하는 데서부터 최종적으로 알파 입자로 합쳐지기까지 상당한 시간이 걸리기 때문이다.

　태양과 태양 질량의 1.5배 미만인 다른 별들에서는 주로 양성자-양성자 순환이 일어난다. 태양보다 더 무거워서 내부가 더 뜨거운 별들에서는 탄소 순환 과정이 주 에너지원이 된다. 이 순환 과정은 그림 12.27과 같이 진행된다. 또 다시 나타나는 최종 결과는 네 개의 양성자로부터 하나의 알파 입자와 두 개의 양전자가 만들어지고, 24.7 MeV가 방출되는 것이다. 처음의 $^{12}_6C$는 마지막에 다시 나타나므로 이 과정에서 일종의 촉매로 작용하는 셈이다. 이 두 순환 과정의 온도 의존성을 그림 12.28에 나타내었다.

한스 베테(Hans A. Bethe: 1906~2005)는 독일의 영토였다가 현재는 프랑스의 영토가 된 스트라스부르에서 태어났다. 프랑크푸르트와 뮌헨에서 물리학을 공부하고, 히틀러가 집권한 1933년까지 여러 독일 대학에서 가르쳤다. 2년간의 영국 생활 뒤에 미국으로 건너가서, 1937년부터 1975년 은퇴할 때까지 코넬 대학에서 물리학 교수로 지냈다. 공식적으로 은퇴한 후에도, 연구 및 공적인 일을 계속했다.

　베테의 많고 다양한 물리학 업적 중에서도 주목할 만한 것은 태양과 별들에 에너지를 공급하는 핵반응 과정을 설명하는 1938년의 업적이다. 이 업적으로 그는 1967년에 노벨상을 수상했다. 제2차 세계대전 중에는 원자폭탄을 개발하는 뉴멕시코 로스알라모스의 연구소에서 이론 물리학 분야의 책임자를 맡았다. 그는 핵에너지의 신봉자로서 "핵에너지는 전 세계적인 온난화 때문에 그 어느 때보다 더욱 필요하다."고 역설하였다. 베테는 영향력 있는 핵무기 감축의 옹호자이기도 했다.

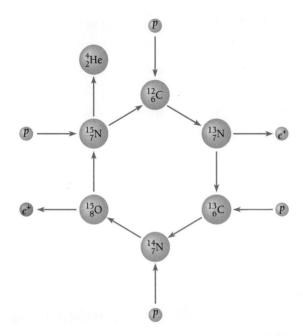

그림 12.27 탄소 순환 과정 역시 네 개의 수소 핵이 결합하여 에너지를 방출하고 하나의 헬륨 핵을 만든다. $^{12}_{6}C$ 핵은 반응 과정에서 결국은 변하지 않는다. 이 순환은 태양보다 뜨거운 별에서 일어난다.

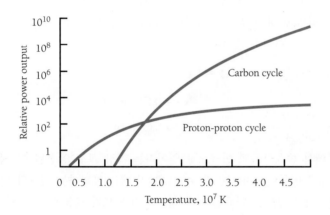

그림 12.28 탄소와 양성자–양성자 융합 순환 과정에서의 에너지 생산 비율이 별 내부 온도에 따라 어떻게 변하는가를 보여주는 그림. 두 과정의 생산 속도는 약 1.8×10^7 K에서 같다. 출력은 선형이 아님에 유의하라.

더 무거운 원소의 형성

헬륨을 만드는 핵융합 반응이 태양이나 다른 별들에서 일어나는 유일한 핵반응은 아니다. 별의 중심에 있는 수소가 모두 헬륨이 되면, 중력에 의해 수축하면서 중심을 압축해서, 중심의 온도를 헬륨이 핵융합을 시작하는 데 필요한 10^8 K까지 올린다. 이 과정은 3개의 알파 입자가 결합하여 탄소 핵이 되면서 7.5 MeV의 에너지를 내는 과정이다.

$$^{4}_{2}He + {}^{4}_{2}He \rightarrow {}^{8}_{4}Be + \gamma$$

$$^{4}_{2}He + {}^{8}_{4}Be \rightarrow {}^{12}_{6}C + \gamma$$

베릴륨 동위원소 ${}^{8}_{4}\text{Be}$는 불안정해서 단지 6.7×10^{-17} s의 반감기를 가지고 두 개의 알파 입자로 쪼개지고, 첫 반응이 끝나고 즉시 두 번째 반응이 일어난다. 이 연속적인 과정을 삼중 알파 반응(triple-alpha reaction)이라고 부른다.

가장 작은 별들은 수소 핵융합보다 더 진행해 갈 만큼 충분히 뜨거워질 수(10^7 K 이상) 없고, 헬륨 융합을 하려면 별이 태양 질량 정도를 가져야 한다. 그러나 더 무거운 별에서는 중심의 온도가 훨씬 더 높을 수 있고, 그러면 탄소가 관련된 핵융합 반응이 가능하다. 몇 가지 예로서

$${}^{4}_{2}\text{He} + {}^{12}_{6}\text{C} \rightarrow {}^{16}_{8}\text{O}$$

$${}^{12}_{6}\text{C} + {}^{12}_{6}\text{C} \rightarrow {}^{24}_{12}\text{Mg}$$

$${}^{12}_{6}\text{C} + {}^{12}_{6}\text{C} \rightarrow {}^{20}_{10}\text{Ne} + {}^{4}_{2}\text{He}$$

가 있다. 별이 무거울수록 별 중심의 최종적인 온도가 더 높고, 더 큰 원자핵까지 형성될 수 있다(반응하는 핵이 많은 양성자를 가져서 생기는 더 큰 전기적 척력을 이기기 위해 당연히 높은 온도가 필요하다). 태양보다 약 10배 이상 무거운 별에서는 철 동위원소 ${}^{56}_{26}\text{Fe}$를 생성하는 데까지 도달한다. 철은 핵자당 결합에너지가 가장 큰 핵이다(그림 11.12). 그러므로 다른 핵과 ${}^{56}_{26}\text{Fe}$ 핵이 반응하면 더 무거운 핵을 형성하는 것이 아니라 철 핵이 붕괴된다.

그러면 ${}^{56}_{26}\text{Fe}$보다 더 무거운 핵종은 어떻게 생겨났을까? 그 답은 연속된 중성자 흡수로부터 찾을 수 있다. 만약 중성자/양성자 비가 맞지 않으면 베타붕괴가 일어난다. 필요한 중성자는 다음과 같은 과정을 거쳐 방출된다.

$${}^{1}_{1}\text{H} + {}^{12}_{6}\text{C} \rightarrow {}^{13}_{7}\text{N} + \gamma$$

$${}^{13}_{7}\text{N} \rightarrow {}^{13}_{6}\text{C} + e^{+} + \nu$$

$${}^{4}_{2}\text{He} + {}^{13}_{6}\text{C} \rightarrow {}^{16}_{8}\text{O} + {}^{1}_{0}n$$

별들의 내부에서 중성자포획 반응으로 얻어지는 가장 크고 안정된 핵종은 ${}^{209}_{83}\text{Bi}$이며, 더 이상 무거운 핵들은 만들어지지 않는다. $A > 209$인 핵이 붕괴하는 것보다 더 빠르게 중성자를 포획하여 계속해서 반응을 일으킬 만큼 중성자의 밀도가 충분히 크지 않기 때문이다. 그러나 매우 무거운 별이 그 연료를 전부 써버리게 되면, 중심이 붕괴하여 격렬한 폭발을 일으키고, 이 폭발은 하늘에 초신성으로 나타난다. 붕괴하는 동안 중성자가 풍부하게 생성되는데, 일부는 중성자가 많은 핵이 충돌해서 알파 입자와 중성자로 분리되면서 생기고, 어떤 중성자는 핵반응 $e^{-} + p \rightarrow n + \nu$에 의해 생긴다. 막대한 중성자 선속은 매우 짧은 시간 동안만 지속되지만, 질량수가 대략 260에 이르는 핵들을 생성하기에 충분하다.

우리 은하 같은 은하계에서 1세기당 한두 번 일어나는 초신성 폭발은, 폭발한 별 질량의 많은 부분을 우주 공간으로 흩뿌린다. 이렇게 우주에 뿌려진 물질은 성간 물질이 된다. 새로운 별들(그리고 우리 지구처럼 거기에 딸린 행성들)은 이런 물질로부터 생기고, 그래서 초기 우주에서 생긴 수소나 헬륨뿐만 아니라, 모든 핵종 전체를 가지게 된다. 우리는 모두 별의 먼지로 만들어졌다.

삼중 알파 핵반응

$A = 5$ 혹은 $A = 8$이면서 충분히 안정한 핵이 존재하지 않으므로 양성자, 중성자 그리고 알파 입자가 연달아 합쳐져서 탄소 핵과, 그보다 더 높은 원자번호의 원소를 만드는 간단한 방법은 없다. 결국에는 내부가 충분히 뜨거운 별 안에서 세 개의 알파 입자가 상호작용하여 $^{12}_{6}C$ 핵을 만든다는 것이 명백해졌다. 그러나 이 과정에 대한 단면적(12.7절을 보라)이 너무 작아서 이런 반응은 큰 역할을 할 수 없을 것처럼 보였다. 1953년에 영국 천문학자 프레드 호일(Fred Hoyle)이 공명이 일어나면 삼중-알파 과정이 일어나는 정도를 크게 증가시킬 수 있을 것이라는 점을 발견했다. 호일의 계산에 의하면, 공명 상태는 $^{12}_{6}C$의 7.7 MeV 들뜬상태에 해당했다. 곧 실험을 통해 이런 들뜬상태가 실제로 일어나고 단면적을 10^{7}배 증가시킨다는 것이 증명되었다. 이로 인해 원소들의 기원을 이해하는 데 가장 큰 장애가 제거되었다. ∎

12.12 핵융합로

미래의 에너지원?

핵분열에서 얻어지는 에너지도 막대한데, 가벼운 핵이 무거운 핵을 만드는 핵융합은 시작 물질의 킬로그램당 더 많은 에너지를 방출한다. 핵융합이 지구에서 궁극적인 에너지원이 될 가능성이 있다. 핵융합은 안전하고 비교적 공해를 만들지 않으며, 바다로부터 무한정한 연료를 얻을 수 있다.

지구에서는, 반응 물질의 질량의 양이 매우 제한적이라서, 효과적인 핵융합 과정에 한 단계 이상의 과정이 관련될 수 없다. 결국 핵융합 원자로에 사용될 수 있는 두 가지 반응은 두 개의 중수소 핵이 결합하여 삼중수소 핵과 양성자가 되는 반응,

$$^{2}_{1}H + ^{2}_{1}H \rightarrow ^{3}_{1}H + ^{1}_{1}H + 4.0 \text{ MeV} \tag{12.28}$$

이나 $^{3}_{2}He$ 핵과 중성자가 되는 반응일 것이다.

$$^{2}_{1}H + ^{2}_{1}H \rightarrow ^{3}_{2}He + ^{1}_{0}n + 3.3 \text{ MeV} \tag{12.29}$$

이 두 가지 D-D(중수소-중수소) 반응은 거의 같은 확률로 일어난다. 이 반응의 가장 큰 장점은 중수소가 바닷물에 존재하고 추출하는 값이 싸게 든다는 점이다. 비록 바닷물에서 중수소의 양은 단지 33 g/m³밖에 되지 않지만, 세계 전체의 바닷물로 따지면 총 양은 약 10^{15}톤이나 된다. 핵융합을 통해 바닷물 1갤런(약 3.8리터)에 들어 있는 중수소로 600갤런의 휘발유가 연소하여 얻는 만큼의 에너지를 얻을 수 있다.

처음에는 핵융합 원자로로 중수소-삼중수소 혼합물을 쓰게 될 가능성이 크다. 왜냐하면 다음의 D-T(중수소-삼중수소) 반응

$$^{3}_{1}H + ^{2}_{1}H \rightarrow ^{4}_{2}He + ^{1}_{0}n + 17.6 \text{ MeV} \tag{12.30}$$

이 다른 반응보다 높은 핵출력을 보이고, 낮은 온도에서 일어나기 때문이다. 삼중수소는 바닷물에 너무 적어서 추출할 만큼의 경제성이 없지만, 리튬의 두 동위원소를 중성자로 때려서

만들 수 있다.

$$\,_3^6Li + \,_0^1n \rightarrow \,_1^3H + \,_2^4He \tag{12.31}$$

$$\,_3^7Li + \,_0^1n \rightarrow \,_1^3H + \,_2^4He + \,_0^1n \tag{12.32}$$

사실, 미래의 핵융합 원자로 계획에서는 필요한 삼중수소를 만들기 위해 핵융합 반응 중에 나오는 중성자를 흡수하도록 리튬으로 감싸는 방법도 고려하고 있다.

필요한 온도에서, 핵융합 원자로의 연료는 완전히 이온화된 기체인 **플라스마**의 형태일 것이다. 산출하는 에너지와 투입되는 에너지가 같을 때가 손익분기점이다. 더 어려운 목표(아마도 필요 없을지도 모르는)인 **점화**는 자체적으로 반응이 유지될 만큼 충분한 에너지가 생성될 때 일어난다.

성공적인 핵융합 원자로는 세 가지 기본 조건을 충족시켜야 한다.

1. 이온들 사이의 척력을 이기고 반응이 일어날 수 있는 가까운 거리까지 접근하는 데 필요한 속력을 가지는 이온의 수가 적절한 만큼이 되도록 플라스마 온도가 높아야 한다. 많은 이온들이 평균 속력보다 훨씬 높은 속력을 가지고 있고, 퍼텐셜 장벽에 대한 터널링 효과가 필요한 이온의 에너지를 줄인다는 것을 감안하면, D-T 플라스마를 점화하기 위한 최소 온도는 1억 K 정도여야 하고, 이는 '이온온도' $kT \sim 10$ keV에 해당한다.

2. 핵들 사이의 충돌이 빈번히 일어나도록 하기 위해 플라스마 밀도 n(이온/m^{3}으로)이 높아야 한다.

3. 반응하는 핵들이 충분히 긴 시간인 τ 동안 함께 플라스마로 남아 있어야 한다. 얼마나 오랫동안 남아 있어야 하는지는 플라스마 밀도와의 곱인 $n\tau$에 달려 있는데, 이 양은 속박특성 변수(confinement quality parameter)라고 한다. $kT \sim 10$ keV인 D-T 플라스마의 경우, 손익분기점이 되려면 대략 10^{20} s/m^3 이상이 되어야 하고, 점화를 위해서는 이보다 더 커야 한다(그림 12.29).

별의 내부를 제외하고 생각하면, 핵융합에 필요한 온도, 밀도, 속박시간을 다 만족하는 상황은 지금까지는 핵분열('원자') 폭탄이 폭발할 때에만 생겼다. 이러한 폭탄에 핵융합 반응에 들어가는 재료를 합치면, 훨씬 더 파괴적인 무기인 '수소'폭탄이 된다.

가두는 방법

현재까지 핵융합에너지의 방출을 제어하는 가장 유망한 접근법은 강력한 자기장으로 반응하는 플라스마를 가두는 방법이다. 러시아에서 설계된 **토카막** 기획에서는 자기장이 변형된 토러스(torus; 도넛 모양) 모양이다(그림 12.30). [러시아어로 토카막은 '토로이드 모양의 자기력 공간(toroidal magnetic chamber)'을 뜻한다.] 순수한 토로이드 모양 자기장의 자기력선은 휘어져 있으므로 이 자기력선 주위의 나선형 궤도로 움직이는 이온들은 자기장을 가로질러 날아가서 벗어나려고 한다. 이것을 막기 위해 자기력선이 토로이드 축 주위의 원을 뜻하는 폴로이드 모양의 자기장이 추가된다. 이러한 폴로이드 자기장은 토로이드 중심부에 있는 전자석의 자기장을 변화시켜서 생기는, 플라스마 자체의 전류에 의해 생성될 수 있다. 이 전류는

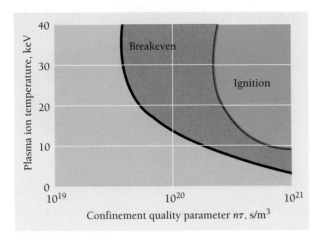

그림 12.29 핵융합 반응로에서의 손익분기점(입력 에너지와 출력 에너지가 같음)과 점화(자체 반응)조건. 현존하는 반응로는 손익분기점에 가깝게 가고 있다. 국제 열핵 실험반응로 계획은 이를 넘어서려는 게 목표다.

또한 플라스마를 가열시킨다. 일단 플라스마가 충분히 가열되면, 전류가 계속 흐르도록 거들어줄 필요가 거의 없다.

오늘날 가장 강력한 토카막은 30 keV의 플라스마 온도와 그리고 속박특성변수 $n\tau$ 값으로 2×10^{19} s/m³를 얻었으나, 손익분기점에는 다다르지 못했다. 손익분기점은 아마도, 현재 진

KSTAR (Korea Superconducting Tokamak Advanced Research)는 한국 대전에 있는 실험용 토카막 핵융합 반응로이다. 이 반응로는 처음으로 플라스마 이온온도 1억도 이상을 1.5초 유지하였으며, 고성능 모드의 플라스마를 90초 동안 유지했다. (그림: https://www.nfri.re.kr/kor/post/photo?clsf=photo02)

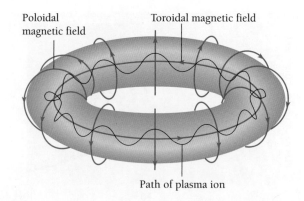

그림 12.30   토카막에서 토로이드 자기장과 폴로이드 자기장이 결합해서 플라스마를 가둔다.

행 중인 국제 열핵 실험로(International Thermonuclear Experimental Reactor: ITER)를 기다려야 할 것이다.

관성가둠(inertial confinement)이라고 하는 완전히 다른 과정은 강한 에너지의 빔을 모든 방향에서 쏘아서 중수소-삼중수소의 작은 덩어리를 가열하고, 압력을 가한다. 그 결과는 사실상 축소된 수소폭탄의 폭발 같은 것으로, 연속적인 폭발이 에너지의 흐름을 만든다. 만일 매 초당 10개의 0.1 mg 펠릿이 점화된다면, 평균 열 출력은 약 1 GW가 되고 175,000명이 사는 도시에서 쓰기에 충분한 300 MW 이상의 전기를 생산할 수 있다.

관성가둠을 수행하는데는 레이저 빔이 가장 주목받고 있지만, 전자 빔이나 양성자 빔도 가능성이 있다. 빔의 에너지는 연료 덩어리의 바깥층에 흡수되고 이를 바깥으로 날려버린다. 운동량 보존에 의해 내부로 향하는 충격파가 만들어져 덩어리의 나머지 부분의 밀도를 처음보다 10^4배 이상으로 압축하면서 핵융합 반응이 시작되기에 충분할 만큼 연료가 가열된다. 필요한 빔 에너지는, 아마도 미래에는 그렇지 않겠지만 현재의 레이저의 용량보다 훨씬 크다. 입자 빔은 필요한 에너지에 더 가깝지만, 매우 작은 연료 덩어리에 초점을 맞추기가 훨씬 어렵다. 연구가 계속되고 있으나, 정말로 작동하는 핵융합 원자로라는 목표에 자기장을 가두는 방법이 더 가까이 접근한 것으로 보인다.

ITER

획된 국제 열핵 실험 원자로(International Thermonuclear Experimental Reactor: ITER)는 실용적인 핵융합에너지가 실현되는 마지막 단계가 될 것으로 기대된다. ITER은 현재 일본 그리고 몇몇 유럽국가들로부터 후원을 받고 있다. 미국은 초기 설계와 비용 문제로 이 프로그램에서 물러섰고, 러시아도 여력이 없어서 철수하였다(몇몇 참여자는 제외하고). 새로 설계된 ITER은 중수소-삼중수소 반응을 통해 400 MW의 출력을 낼 것으로 기대되고 있는데 무게는 32,000톤, 비용은 30억 달러이고, 건설 기간은 10~15년이 될 것으로 예상한다. 초전도 자석(비용의 많은 부분을 차지함)이 반응 이온들을 큰 집 정도의 크기인 도넛 모양의 영역에 가두어 둘 것이다. 방출되는 에너지의 약 80%는 생성되는 중성자에 실려 나오며, 이 중성자는 원자로 챔버 주위를 둘러싼 튜브 속의 리튬 덩어리에 의해 흡수될 것이다. 순환하는 물이 발생한 열을 운반해 낼 것인데, 이 열이 상용 반응로에서 발전기에 연결된 터빈을 돌리는 데 이용될 열이다.

캘리포니아의 로렌스 리버모어 국립연구소에 있는 세계에서 가장 강력한 레이저는 관성밀폐 실험에 사용된다. 나노초 (10^{-9}초) 펄스당 60 kJ의 레이저 출력은 10개의 빔으로 나누어져 얇은 중수소–삼중수소 덩어리에 입사되어 핵융합 반응을 일으킨다.

    ITER이 계획한 대로 진행되고 있지만, 핵융합 프로그램에 부정적인 생각을 가진 사람들의 마음을 모두 바꿀 수 있을 것 같지는 않다. 핵융합 반응로는 확실히 어마어마하게 복잡하고 비싸며, 완벽하게 안전하지도 않다. 리튬은 극히 반응성이 높은 금속으로 물과 접촉하면 불이 나거나 폭발한다. 또한 리튬이 식 (12.31)과 식 (12.32)에 의한 반응으로 중성자를 흡수하면 방사성 삼중수소가 나온다. 따라서 사고가 나면 파국이 올 수도 있다. 물론 낙관론자들이 옳았다고 판명될 수도 있고, 그러면 핵융합은 미래에 가장 선호되는 에너지원이 될 것이다. 하지만 이렇게 되더라도 앞으로 수십 년 동안은 에너지 문제가 남아 있을 것이다. 핵분열 원자로는 확립된 기술을 사용하고 안전성을 높이는 방법을 채택한다. 그러나 스리마일섬과 체르노빌의 기억에 방사능 폐기물 처리에 관한 계속되는 의문이 더해져서 대중에게 드러나는 이미지에 계속 영향을 미칠 것이다. 그러는 동안 화석 연료는 고갈될 것이고, 화석 연료가 탈 때 나오는 많은 CO_2는 날씨와 기후에 영향을 줄 것이다. 태양전지나 풍력 터빈 같은 '깨끗한' 에너지원들은 에너지 수요에 아주 작은 부분만 충당할 것이다(환영은 받겠지만). 세계를 위한 의미 있고 널리 받아들여질 만한 에너지 전략은 분명하지 않다.[주]   ■

역자주: 앞에서 언급한대로 태양광과 풍력 등은 기술 발전에 힘입어 예상보다 훨씬 많은 에너지를 공급하게 될 것으로 보인다. 물론 에너지 수요는 더욱 늘어날 것이고, 에너지 문제가 완전하게 해결되지는 못할 것이다. 핵융합은 여전히 의미 있는 가능성으로 남아있다.

부록

알파붕괴에 대한 이론

5.10절에서 터널 효과를 논의할 때, 운동에너지 E인 입자 빔이 높이 U의 직사각형 퍼텐셜 장벽으로 들어오는 것을 생각했다. 이때 높이 U는 운동에너지 E보다 크다. 장벽을 통과하는 입자의 수와 장벽에 도달하는 입자 수의 비인 투과 확률은 근사적으로

근사적인 투과 확률
$$T = e^{-2k_2 L} \tag{5.60}$$

로 주어짐을 알았다. 여기서 L은 장벽의 폭이고, k_2는

장벽 안에서의 파수
$$k_2 = \frac{\sqrt{2m(U - E)}}{\hbar} \tag{5.61}$$

이다. 식 (5.60)은 직사각형 퍼텐셜 장벽인 경우에 대해서 유도되었으나, 핵 속에 있는 알파 입자는 그림 12.8 및 12.31과 같은 높이가 변하는 장벽 안에 있다. 식 (5.60)을 핵의 알파 입자에 적용하는 것이 이제 우리가 해야 할 일이다.

첫 단계로, 식 (5.60)을 아래 모양으로 다시 쓰고,

$$\ln T = -2k_2 L \tag{12.33}$$

이를 다시 다음과 같은 적분 형태로 표현한다.

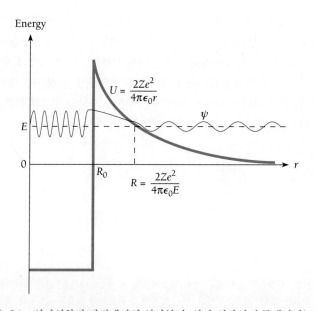

그림 12.31   양자역학적 관점에서의 알파붕괴. 알파 입자의 운동에너지는 E이다.

$$\ln T = -2\int_0^L k_2(r)\,dr = -2\int_{R_0}^R k_2(r)\,dr \tag{12.34}$$

여기서 R_0는 핵의 반지름이고, R은 핵의 중심에서 $U = E$가 되는 지점까지의 거리이다. $r >$ R에서는 운동에너지 E가 퍼텐셜에너지 U보다 크므로 일단 R을 지나면 알파 입자는 핵으로부터 영원히 벗어날 것이다.

전하가 Ze인 핵의 중심에서부터 r만큼 떨어진 곳에서 알파 입자의 전기적 퍼텐셜에너지는

$$U(r) = \frac{2Ze^2}{4\pi\epsilon_0 r}$$

으로 주어진다. 여기에서의 Ze는 핵의 전하로부터 알파 입자의 전하 $2e$를 뺀 값이다.

따라서

$$k_2 = \frac{\sqrt{2m(U-E)}}{\hbar} = \left(\frac{2m}{\hbar^2}\right)^{1/2}\left(\frac{2Ze^2}{4\pi\epsilon_0 r} - E\right)^{1/2}$$

이 된다. $r = R$에서 $U = E$이므로

$$E = \frac{2Ze^2}{4\pi\epsilon_0 R} \tag{12.35}$$

이며, 따라서 k_2를 다음과 같이 쓸 수 있다.

$$k_2 = \left(\frac{2mE}{\hbar^2}\right)^{1/2}\left(\frac{R}{r} - 1\right)^{1/2} \tag{12.36}$$

그러므로

$$\begin{aligned}\ln T &= -2\int_{R_0}^R k_2(r)\,dr \\ &= -2\left(\frac{2mE}{\hbar^2}\right)^{1/2}\int_{R_0}^R\left(\frac{R}{r}-1\right)^{1/2}dr \\ &= -2\left(\frac{2mE}{\hbar^2}\right)^{1/2}R\left[\cos^{-1}\left(\frac{R_0}{R}\right)^{1/2} - \left(\frac{R_0}{R}\right)^{1/2}\left(1 - \frac{R_0}{R}\right)^{1/2}\right]\end{aligned} \tag{12.37}$$

이 된다.

퍼텐셜 장벽이 상대적으로 넓어서 $R \gg R_0$이므로

$$\cos^{-1}\left(\frac{R_0}{R}\right)^{1/2} \approx \frac{\pi}{2} - \left(\frac{R_0}{R}\right)^{1/2}$$

$$\left(1 - \frac{R_0}{R}\right)^{1/2} \approx 1$$

로 근사된다. 이로부터 다음과 같은 결과를 얻는다.

$$\ln T = -2\left(\frac{2mE}{\hbar^2}\right)^{1/2} R\left[\frac{\pi}{2} - 2\left(\frac{R_0}{R}\right)^{1/2}\right]$$

식 (12.35)로부터

$$R = \frac{2Ze^2}{4\pi\epsilon_0 E}$$

이고, 따라서

$$\ln T = \frac{4e}{\hbar}\left(\frac{m}{\pi\epsilon_0}\right)^{1/2} Z^{1/2} R_0^{1/2} - \frac{e^2}{\hbar\epsilon_0}\left(\frac{m}{2}\right)^{1/2} ZE^{-1/2} \tag{12.38}$$

이 된다.

식 (12.38)에 있는 여러 가지 상수의 값들을 대입하면

$$\ln T = 2.97Z^{1/2}R_0^{1/2} - 3.95ZE^{-1/2} \tag{12.39}$$

이 된다. 여기서 E(알파 입자의 운동에너지)는 MeV 단위로, R_0(핵의 반지름)은 Fermi (1 fm = 10^{-15} m) 단위로 나타내며, Z는 핵의 원자번호에서 알파 입자의 원자번호를 뺀 값이다.

$$\log_{10} A = (\log_{10} e)(\ln A) = 0.4343 \ln A$$

이므로

$$\log_{10} T = 1.29Z^{1/2}R_0^{1/2} - 1.72ZE^{-1/2} \tag{12.40}$$

이다. 식 (12.12)와 (12.13)으로부터 붕괴상수는

$$\lambda = \nu T = \frac{v}{2R_0} T$$

로 주어진다. 여기서 v는 알파 입자 속도이다. 양변에 로그를 취하고 투과 확률 T를 대입하면

알파붕괴 상수 $$\log_{10}\lambda = \log_{10}\left(\frac{v}{2R_0}\right) + 1.29Z^{1/2}R_0^{1/2} - 1.72ZE^{-1/2} \tag{12.14}$$

이 된다. 이 식을 12.4절에서 인용하였고, 그림 12.9에 나타내었다.

연습문제

12.2 반감기

1. 삼중수소($_1^3$H)는 베타붕괴에 대해 12.5년의 반감기를 갖는다. 25년 후 붕괴되지 않은 삼중수소 시료의 비율은 얼마가 되겠는가?

2. 상온에서의 열중성자는 0.025 eV의 에너지를 가질 확률이 가장 높다. 0.025 eV의 중성자 빔의 절반이 붕괴되는 거리는? 중성자의 반감기는 10.3분이다.

3. ^{38}Cl의 어떤 특정 핵이 1.00 s 내에 베타붕괴할 확률을 구하라. ^{38}Cl의 반감기는 37.2분이다.

4. 어떤 방사성 핵종의 방사능은 10일이 지나면 원래의 15%로 줄어든다. 반감기를 구하라.

5. ^{24}Na의 반감기는 15시간이다. 이 핵종의 80%가 붕괴하는 데 걸리는 시간은 얼마인가?

6. 방사성 핵종 ^{24}Na는 15시간의 반감기를 가지고 베타붕괴한다. 0.0500 μCi의 ^{24}Na를 포함하고 있는 용액이 사람의 혈관 속으로 주입되었다. 4.50시간 후 사람의 혈액 시료의 방사능을 측정하였더니 8.00 pCi/cm^{3}였다. 사람 몸속에 흐르는 혈액은 몇 리터인가?

7. ^{226}Ra 1 g은 1 Ci에 가까운 양의 방사능을 갖는다. ^{226}Ra의 반감기를 구하라.

8. ^{214}Pb의 1밀리퀴리(1/1000퀴리)의 질량은 3.0×10^{-14} kg이다. ^{214}Pb의 붕괴상수를 구하라.

9. $_{92}^{238}$U의 알파붕괴에 대한 반감기는 4.5×10^9년이다. ^{238}U 1.0 g의 방사능을 구하라.

10. 이 책의 부록에 기재되어 있는 자료를 이용해서 12.1절 마지막에 언급한 내용, 즉 보통의 포타슘의 방사능은 함유된 ^{40}K로 인해 kg당 약 0.7 μCi 정도 된다는 것을 검증하라.

11. 알파 입자를 내놓는 ^{210}Po의 반감기는 138일이다. 10 mCi의 방사선원이 되려면 필요한 ^{210}Po의 질량은 얼마인가?

12. ^{210}Po ($T_{1/2}$ = 138일)에 의해 방출되는 알파 입자의 에너지는 5.30 MeV이다. (a) 에너지의 전환 효율이 8%일 때, 1.00 W 출력의 열전자 전지를 구동하는 데 필요한 ^{210}Po의 질량은 얼마인가? (b) 1년 후에는 출력이 얼마가 되겠는가?

13. 미지의 방사성 핵종의 방사능 R을 1시간 간격으로 측정하였다. 그 결과는 MBq 단위로 80.5, 36.2, 16.3, 7.3, 3.3이었다. 다음의 방법으로 이 핵종의 반감기를 구하라. 우선 $\ln(R/R_0) = -\lambda t$임을 보이고, t에 대한 $\ln(R/R_0)$의 그래프를 그린 다음 이 곡선으로부터 λ를 구하라. 마지막으로 λ로부터 $T_{1/2}$을 계산하라.

14. 미지의 방사성 핵종의 방사능을 매일 측정한다. 그 결과, MBq 단위로 32.1, 27.2, 23.0, 19.5, 16.5의 값을 얻었다. 이 핵종의 반감기를 구하라.

15. 어떤 암석의 표본이 ^{206}Pb 1.00 mg과 ^{238}U 4.00 mg을 포함하고 있다. ^{238}U의 반감기는 4.47×10^9년이다. 이 암석은 형성된 지 얼마나 되었는가?

16. 예제 12.5에서 현재 생물체의 방사성 탄소의 방사능은 그들이 함유하고 있는 탄소 물질 1그램당 1분에 16회 붕괴한다고 하였다. 이 수치로부터 대기 중의 CO_2에 있는 ^{14}C와 ^{12}C의 비율을 구하라.

17. 고대의 야영장에서 발견된 숯의 방사성 탄소의 방사능은 현재 쓰이는 숯의 방사능의 0.18배이다. 이 모닥불은 얼마나 오래전에 피워진 것인가?

18. 자연 상태의 토륨은 반감기가 1.4×10^{10}인 알파-방사성 동위원소 ^{232}Th로만 이루어져 있다. 만약 35억 년 전에 굳어진 것으로 밝혀진 암석 시료가 오늘날 0.100퍼센트의 ^{232}Th를 포함하고 있다고 하면, 암석이 굳어질 당시에 이 표본은 이 핵종을 몇 퍼센트나 포함하고 있었을까?

19. 이 장에서 논의했듯이, 가장 무거운 핵종들은 아마도 초신성이 폭발할 때 생겨서 은하의 물질로 분포되고, 이로부터 나중에 생긴 별(그리고 이 별에 딸린 행성들)이 형성되었다고 생각된다. 지금 지구상에 존재하는 ^{235}U와 ^{238}U가 이런 식으로, 같은 초신성 폭발에서 같은 양만큼 생성되었다는 가정하에 이들이 생성된 지 얼마나 오래되었는지를 계산하라. 현재 이 두 동위원소는 전체 U의 0.7%와 99.3%를 각각 차지하고 있으며, 반감기는 각각 7.0×10^8년, 4.5×10^9년이다.

12.3 방사성 계열

20. ^{238}U로부터 시작하는 우라늄 붕괴 계열에서 ^{214}Bi는 19.9분의 반감기를 가지고 ^{214}Po로 베타붕괴한다. 이어서 ^{214}Po는 163 μs의 반감기를 가지고 ^{210}Pb로 알파붕괴하고, ^{210}Pb는 22.3년의 반감기를 가지고 베타붕괴한다. 이 세 개의 핵종이 1.00 g의 ^{210}Pb을 포함한 광물 표본 내에서 방사성 평형에 있다면, 이 표본에 들어있는 ^{214}Bi와 ^{214}Po의 질량은 각각 얼마인가?

21. 방사성 핵종 $_{92}^{238}$U가 연속적으로 8개의 알파 입자와 6개의 전자를 방출해서 납 동위원소로 붕괴된다. 납 동위원소의 기호는 무엇인가? 방출되는 총 에너지는 얼마인가?

12.4 알파붕괴

22. 방사성 핵종 ^{232}U는 ^{228}Th로 알파붕괴한다. (a) 붕괴할 때 나오

는 에너지를 구하라. (b) ^{232}U가 중성자 하나를 방출하면서 ^{231}U로 붕괴하는 것이 가능한가? (c) ^{232}U가 양성자 하나를 방출하면서 ^{231}Pa로 붕괴하는 것이 가능한가? ^{231}U와 ^{231}Pa의 원자질량은 각각 231.036270 u와 231.035880 u이다.

23. 질량수가 A인 핵이 붕괴하는 과정에서 나오는 알파 입자의 운동에너지에 대해 식 (12.11) $KE_\alpha = (A - 4)Q/A$를 유도하라. 알파 입자의 질량과 딸핵의 질량 비율 M_α/M_d가 약 $\approx 4/(A - 4)$라고 가정하라.

24. ^{226}Ra의 알파붕괴에서 나오는 에너지는 4.87 MeV이다. (a) 딸핵 종을 밝혀라. (b) 알파 입자의 에너지와 딸 원자의 되튐 에너지를 구하라. (c) 만약 알파 입자가 핵 내에서 (b)에서 구한 에너지를 갖는다면, 알파 입자의 드브로이 파장은 몇 개가 핵 안에 들어맞는가? (d) 1초에 몇 번이나 알파 입자가 핵 경계를 때리는가?

12.5 베타붕괴

25. 양전자 방출은 에너지 스펙트럼의 모양만 제외하면 모든 면에서 전자 방출과 닮아 있다. 전자 방출의 경우 낮은 에너지의 전자가 많이 방출되지만, 양성자 방출에서는 낮은 에너지의 양전자는 거의 방출되지 않는다. 그래서 베타붕괴에서의 평균적인 전자 에너지가 약 $0.3\ KE_{max}$가 되는 데 반해 양전자의 평균 에너지는 $0.4\ KE_{max}$이다. 이러한 차이에 대해 간단한 이유를 제시할 수 있는가?

26. 다음의 경우에 어미핵의 원자질량이 딸핵의 원자질량보다 얼마만큼 반드시 더 커야 하는가? (a) 전자가 방출될 때, (b) 양전자가 방출될 때, (c) 전자가 포획될 때

27. ^{7}Be는 불안정하며 전자포획에 의해 ^{7}Li로 붕괴한다. 양전자 방출에 의한 붕괴가 일어나지 않는 이유는 무엇인가?

28. 전자의 방출, 양전자의 방출 그리고 전자포획에 의해 ^{64}Cu가 베타붕괴하는 것이 에너지의 관점에서는 가능함을 보여라. 그리고 위의 각 경우에 방출되는 에너지를 각각 구하라.

29. 문제 28을 ^{80}Br에 대해 풀어라.

30. ^{12}B의 베타붕괴에서 나오는 전자의 최대 에너지를 계산하라.

31. 역베타붕괴 $p + \bar{\nu} \rightarrow n + e^+$가 일어나는 데 필요한 최소 반중성미자 에너지를 구하라.

32. $\nu + {}^{37}\text{Cl} \rightarrow {}^{37}\text{Ar} + e^-$의 반응을 일으키는 데 필요한 중성미자의 에너지를 구하라. 위의 반응을 이용하여 데이비스의 실험에서 태양 중성미자를 검출한다.

12.6 감마붕괴

33. 그림 11.17을 보고 ^{89}Y의 39번째 양성자의 바닥 상태와 가장 낮은 들뜬상태를 결정하라. 이 결과와 더불어 6.9절에서 밝힌 것

처럼 각운동량이 매우 다른 상태들 사이의 방사 전이는 매우 힘들다는 사실을 이용하여 ^{89}Y의 이성질 현상(isomerism)을 설명하라.

34. 들뜬 핵이 γ-선 광자를 방출할 때 들뜬 에너지의 일부는 되튀는 핵의 운동에너지로 가게 된다. (a) 200 u의 질량을 가진 원자핵이 2 MeV의 γ-선을 내놓을 때, 되튐 에너지와 광자 에너지의 비를 구하라. (b) 핵의 들뜬상태는 대략 10^{-14}초 정도 지속된다. 들뜬상태의 에너지의 불확정성에 해당하는 양과 핵의 되튐 에너지를 비교하라(2장의 연습문제 53을 보면 뫼스바우어 효과가 어떻게 핵의 되튐을 최소화할 수 있는지 알 수 있다).

12.7 단면적

35. 서로 비교되는 중성자 유도 핵반응과 양성자 유도 핵반응에 대한 단면적은 대략적으로 그림 12.32의 양상을 띠는 에너지에 따라 변한다. 에너지가 증가함에 따라 양성자의 단면적은 증가하는 반면에 중성자의 단면적은 감소하는 이유는 무엇인가?

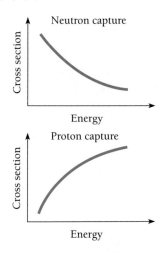

그림 12.32 중성자 포획과 양성자 포획에 대한 단면적은 입자의 에너지에 따라 다르게 변한다.

36. 어떤 흡수판의 두께가 입사하는 어떤 입자 빔의 평균 자유 거리와 정확히 같다. 몇 퍼센트의 입자들이 이 판으로부터 방출되겠는가?

37. 열중성자에 대한 ^{59}Co의 포획 단면적은 37 b이다. (a) 몇 퍼센트의 열중성자 빔이 두께가 1.0 mm인 ^{59}Co 판을 통과하겠는가? ^{59}Co의 밀도는 8.9×10^3 kg/m^{3}이다. (b) ^{59}Co에서 열중성자의 평균 자유 거리는?

38. 중성미자와 물질의 상호작용에 대한 단면적은 약 $\sim 10^{-47}$ m^{2}이다. 7.8×10^3 kg/m^{3}의 밀도를 갖고, 원자질량은 55.9 u인 고체 상태의 철 내부에서 중성미자들의 평균 자유 경로를 구하라. 답을 광년(자유 공간에서 1년 동안 빛이 이동하는 거리)으로 기술해라.

39. 붕소 동위원소 ^{10}B가 (n, α) 반응에서 중성자(중성자는 들어오고, 알파 입자는 나가고)를 포획했는데, 열중성자에 대한 단면적이 4.0×10^3 b이었다. ^{10}B의 밀도는 2.2×10^3 kg/m^{3}이다. 열중성자 빔의 99%를 흡수하기 위해 ^{10}B의 두께는 얼마가 되어야 하는가?

40. 고체 상태의 알루미늄 내부에 m^{3}당 약 6×10^{28}개의 원자가 있다. 0.5 MeV의 중성자 빔이 두께가 0.1 mm인 알루미늄 호일에 입사하고 있다. 알루미늄 내에서 이 정도 크기의 에너지를 가진 중성자의 포획 단면적이 2×10^{-31} m^{2}라고 한다면, 입사하는 중성자 중에서 포획되는 것의 비율은 얼마나 될까?

41. 자연 상태의 코발트는 열중성자 포획에 대한 단면적이 37 b인 동위원소 ^{59}Co로만 이루어져 있다. ^{59}Co가 하나의 중성자를 흡수하면, 반감기가 5.27년인 감마-방사성 물질인 ^{60}Co가 된다. 10.0 g의 코발트 시료가 10시간 동안 5.00×10^{17} 중성자/m$^2 \cdot$ s의 열중성자 선속에 노출된다면 이후 이 시료의 방사능은 얼마가 될까?

42. 자연 상태의 소듐은 열중성자 포획에 대한 단면적이 0.53 b인 동위원소 ^{23}Na로만 이루어져 있다. ^{23}Na가 하나의 중성자를 흡수하면 반감기가 15.0시간인 베타-방사성 물질인 ^{24}Na가 된다. 소듐을 함유하고 있는 물질의 시료가 1시간 동안 2.0×10^{18} 중성자/m$^2 \cdot$ s의 열-중성자 선속에 노출되었다. 이후 이 시료의 방사능은 5.0 μCi가 되었다. 이 시료에는 얼마만큼의 소듐이 포함되어 있었는가?[이것은 매우 민감한 기술인 중성자 방사화 분석법(neutron activation analysis)의 한 예이다.]

12.8 핵반응

43. 다음의 핵반응들을 완성시켜라.

$$^6_3\text{Li} + ? \rightarrow {}^7_4\text{Be} + {}^1_0n$$

$$^{35}_{17}\text{Cl} + ? \rightarrow {}^{32}_{16}\text{S} + {}^4_2\text{He}$$

$$^9_4\text{Be} + {}^4_2\text{He} \rightarrow 3\,{}^4_2\text{He} + ?$$

$$^{79}_{35}\text{Br} + {}^2_1\text{H} \rightarrow ? + 2\,{}^1_0n$$

44. 다음의 반응을 일으키기 위해 실험실 계 내에서 중성자가 가져야 할 최소 에너지는?

$$^1_0n + {}^{16}_8\text{O} + 2.20 \text{ MeV} \rightarrow {}^{13}_6\text{C} + {}^4_2\text{He}$$

45. 다음의 반응을 일으키기 위해 실험실 계 내에서 양성자가 가져야 할 최소 에너지는?

$$p + d + 2.22 \text{ MeV} \rightarrow p + p + n$$

46. ^{15}N $(p, n)^{15}$O의 반응을 일으키기 위해 실험실 계 내에서 양성자가 가져야 할 최소 에너지는 얼마인가?

47. 5 MeV의 알파 입자가 정지해 있는 $^{16}_8$O 표적에 부딪혔다. 이 계의 질량중심 속력과 질량중심에 대한 입자들의 상대적인 운동에너지를 구하라.

48. 열중성자는 문제 39번의 반응을 유도한다. 알파 입자의 운동에너지를 구하라.

49. 알파 입자가 정지해 있는 핵과 탄성 충돌을 한 후, 원래 궤도에서 60도만큼 벌어진 각도로 계속 나아가고 있다. 충돌 후 핵은 이 방향과 30도의 각도를 이루며 되튕겼다. 이 핵의 질량수는 얼마인가?

50. 중성자는 폴로늄 동위원소 ^{210}Po의 붕괴에서 나오는 5.30 MeV의 에너지(실험실 계에서의 에너지)를 갖는 알파 입자가 ^{9}Be핵에 입사할 때 일어나는 $^9_4$Be $(\alpha, n)^{12}_6$C 반응을 이용하여 발견되었다(그림 11.2를 보라). 질량중심 계에서 이 반응에 쓰일 수 있는 에너지는 얼마나 되는가?

51. (a) 질량이 m_A이고 운동에너지가 KE$_A$인 입자가 정지해 있는 질량이 m_B인 핵을 때려서 질량이 m_C인 복합핵을 만들어 냈다. m_A, m_C, KE$_A$ 그리고 반응의 Q 값으로 이 복합핵의 들뜬 에너지를 나타내라($|Q| \ll mc^2$). (b) ^{16}O는 16.2 MeV의 에너지에서 들뜬 상태가 된다. 양성자가 정지해 있는 ^{15}N 핵과의 반응을 통해 이러한 들뜬상태에 있는 ^{16}O를 만들어 내는 데 필요한 양성자의 운동에너지는?

52. (a) 실험실 계에서 양성자가 $^{65}_{29}$Cu와 반응해서 $^{65}_{30}$Zn과 하나의 중성자를 만들어 내기 위해 가져야 할 최소 운동에너지를 구하라. (b) 양성자가 $^{65}_{29}$Cu 핵과 접촉하기 위해 가져야 할 최소 운동에너지를 구하라. (c) (b)에서 구한 에너지가 (a)에서 구한 에너지보다 더 크다고 하면, (a)의 에너지를 가진 양성자가 $^{65}_{29}$Cu와 반응할 수 있는 방법이 있는가?

12.9 핵분열

53. 분열이 일어날 때는 여러 개의 중성자들이 방출되고, 분열된 조각들은 베타 방사성을 띤다. 그 이유는 무엇인가?

54. ^{235}U은 분열이 일어날 때 약 0.1%의 질량을 잃어버린다. (a) 1 kg의 ^{235}U가 분열할 때 나오는 에너지는? (b) 1톤의 TNT가 폭발하면 4 GJ의 에너지를 내놓는다. 1 kg의 ^{235}U를 포함하고 있는 폭탄의 파괴력에 필적하려면, 얼마만큼의 TNT가 필요한가?

55. 그림 12.17의 분열 직후, 분열 파편 핵들이 구형이고 서로 접촉하고 있다고 가정한다. 이 계의 퍼텐셜에너지는 얼마인가?

56. 식 (11.18)의 반경험적 결합에너지 공식을 사용하여 ^{238}U 핵이 두 개의 동일한 파편으로 분리될 경우 내놓을 에너지를 계산하라.

12.10 원자로

57. 반응로가 일반적인 물을 감속제로 사용한다면 원자로에서 사용할 수 있는 연료에는 어떠한 제약이 있어야 하는가? 왜 상황이 감속제로 중수를 사용하는 반응로의 경우와 다른가?

58. (a) 1.0 GW 출력 수준으로 작동하는 핵반응로에서 하루에 손실되는 질량은 얼마나 되는가? (b) 한 번의 분열마다 200 MeV의 에너지가 나온다면, 이 정도 수준의 출력에 도달하기 위해서는 초당 몇 회의 분열을 해야 하는가?

59. 질량이 m_1이고 운동에너지가 KE_1인 입자가 정지해 있는 질량 m_2인 입자와 정면으로 충돌한다. 충돌 후 이 두 입자는 서로 멀어지며, 질량 m_2인 입자는 KE_2'의 운동에너지를 갖는다. (a) 운동량 보존법칙과 운동에너지 보존을 사용해서 비상대론적인 계산을 통해 $KE_2'/KE_1 = 4(m_2/m_1)/(1 + m_2/m_1)^2$임을 보여라. 그림 12.22는 이에 대한 그래프이다. (b) 중성자는 양성자와 정면 충돌할 때, 초기 KE의 몇 퍼센트를 잃는가? 중수소와 충돌할 때는 몇 퍼센트를 잃는가? ^{12}C와 충돌할 때는 몇 퍼센트를 잃는가? 또 ^{238}U 핵과 충돌할 때는 몇 퍼센트를 잃는가(보통 물, 중수 그리고 흑연의 형태로 존재하는 탄소는 모두 핵반응로의 감속제로 사용되고 있다)?

12.11 별에서의 핵융합

60. 무거운 별은 나이가 많이 들면 아래의 반응을 통해 자신들의 에너지를 일부 충당한다.

$$^4_2He + {}^{12}_6C \rightarrow {}^{16}_8O$$

위 반응에서는 얼마만큼의 에너지가 나오는가?

61. 태양보다 더 뜨거운 별이 자신의 에너지를 얻는 탄소 순환 내에서의 초기 반응은 아래와 같다.

$$^1_1H + {}^{12}_6C \rightarrow {}^{13}_7N + \gamma$$

양성자가 $^{12}_6$C와 접촉하기 위해 가져야 하는 최소 에너지를 구하라.

62. 그림 12.27에서 탄소 순환의 각 단계에서 나오는 에너지를 각각 구하고 이들을 모두 더해서 총 에너지를 구하라. 반응하는 입자의 운동에너지는 반응의 Q 값에 비해 작기 때문에 무시해도 된다(힌트: 전자를 잘 보아라!).

12.12 핵융합로

63. 중수소 핵 간의 전기적 척력은 거리가 약 ~5 fm 정도일 때 최대가 된다. (a) 플라스마 내의 중수소 핵이 이 퍼텐셜 장벽을 넘어서는 데 충분한 평균 에너지를 갖게 되는 온도를 구하라. (b) 중수소 핵 간의 융합 반응은 이보다 한참 낮은 온도에서 일어날 수 있다. 이에 대한 두 개의 이유를 생각해 볼 수 있는가?

64. 바닷물 1.0 kg에 존재하는 중수소 간의 반응 $^2_1H + {}^2_1H$에서 나올 수 있는 융합에너지는 47 MJ/kg의 열을 내놓는 가솔린 연소의 약 600배가 됨을 보여라. 바닷물에 존재하는 수소의 질량 중, 약 0.015%가 중수소이다.

제13장 기본입자

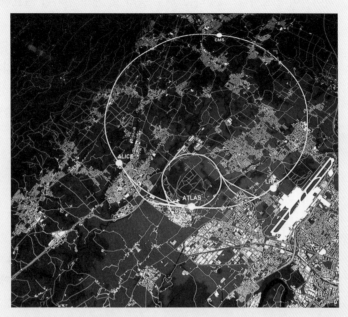

스위스 제네바, 2017년 3월 18일 : CERN의 LHC 가속기

역자주: 이 장의 내용 중에는 이 책이 처음 쓰인 1960년대의 한계를 보이는 서술이 남아 있다. 그래서 새로운 결과는 추가하고, 잘못된 서술은 수정하거나 역주를 달아서 보충했으며, 필요한 경우에는 다시 쓰기도 했다.

보통의 물질은 양성자, 중성자, 전자로 이루어져 있고 언뜻 보기에는 이 입자들만으로 우리를 둘러싼 우주의 구조를 설명하는 데 충분한 것처럼 보인다. 그러나 모든 원자핵이 안정되어 있는 것은 아니고, 베타붕괴가 일어나려면 중성미자가 반드시 필요하다. 중성미자가 없다면 별이 빛나는 에너지를 주고 수소보다 무거운 원소를 만드는 핵반응 과정이 일어날 수 없다. 또한 11.7절에서 논의한 바와 같이, 전하를 띤 입자들 사이의 전자기적 상호작용에는 그 전달자로서 광자가 필요하며, 특히 핵자 간의 핵 상호작용에는 같은 목적으로 파이온이 필요하다. 그렇다고 해도 불과 몇 개의 입자만 필요한 것처럼 보이고, 이들 입자들은 모두 그 역할이 분명히 정해진 것처럼 보인다.

그러나 상황이 그렇게 간단하지만은 않다. 수백 개의 다른 '기본' 입자로 보이는 입자들이 발견되었는데, 이들은 모두 우주선 및 가속기 실험에서 다른 입자들의 고에너지 충돌로 생성된 후에 곧 붕괴한다. 이 입자 중에서 어떤 것들(렙톤)은 다른 것에 비해 더 기본적이고, 다른 것(하드론)은 아직 분리하여 검출하지 못한(아마도 영원히 검출할 수 없을) 쿼크라고 하는 좀 더 생소한 입자들로 구성되어 있다.

13.1 상호작용과 입자들

무엇이 무엇에 영향을 미친다.

우리가 이미 잘 알고 있는 네 가지 상호작용—강한 · 전자기적 · 약한 · 중력적 상호작용—만으로, 원자와 핵에서부터 별들의 은하까지 모든 크기의 스케일에서, 우주의 모든 물리적 과정과 구조를 설명하는 데 충분하다는 것을 알게 되었다. 이러한 상호작용들의 기본적 성질을 표 13.1에 나타냈다.

기본적인 상호작용이 무엇인가 하는 질문의 답은 시간이 지나면서 변해 왔다. 오래전에는 강한 및 약한 상호작용은 알지도 못했고, 물체를 지구로 끌어당기는 지구 중력과 행성을 태양 주위의 궤도에 잡아두는 중력이 같은 것인지조차 분명하지 않았다. 뉴턴의 위대한 업적 중 하나는 지구 중력과 천체 중력이 서로 같다는 것을 보인 것이다. 또 다른 주목할 만한 통일은 맥스웰에 의해 이루어졌는데, 그는 전기력과 자기력 둘 모두 전하를 띤 입자들 사이의 하나의

표 13.1   네 종류의 기본 상호작용. 중력자는 아직 실험으로 검출되지 않았다.

상호작용	작용하는 입자	작용 범위	상대적 크기	교환하는 입자	우주에서의 역할
강한 상호작용	쿼크 하드론	$\sim10^{-15}$ m	1	글루온	쿼크를 하드론 안에 묶어둔다. 핵자를 묶어서 핵을 만든다.
전자기 상호작용	전하를 띤 입자	∞	$\sim10^{-2}$	광자	원자, 분자, 고체, 액체의 구조를 만든다.
약한 상호작용	쿼크와 렙톤	$\sim10^{-18}$ m	$\sim10^{-5}$	W와 Z 보손	입자의 맛깔을 바꾼다.
중력	모든 입자	∞	$\sim10^{-39}$	중력자	물질을 모아서 행성, 별, 은하를 만든다.

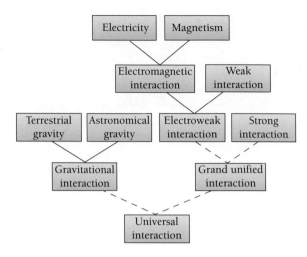

그림 13.1 물리학의 목표 중 하나는 물리 입자 사이의 모든 상호작용을 통일할 수 있는 하나의 이론적 체계를 얻는 것이다. 많은 진전이 이루어졌지만 아직까지 완성되지 않았다.

상호작용으로 귀착됨을 보였다.

앞으로 보게 되겠지만, 전자기 상호작용과 약한 상호작용은 하나의 전자기−약 작용의 두 가지 다른 표현임을 알게 되었다. 아직 자세한 관계는 명백하지 않지만, 강한 상호작용과도 연결을 가졌을 것으로 보인다. 자연이 어떻게 작동하는지에 대한 이해의 마지막 단계는 중력을 포함하는 하나의 큰 그림이 될 것이며, '모든 것의 이론(Theory of Everything)' 같은 이론이 불가능하지 않다는 강력한 힌트들이 있다(그림 13.1).

상호작용들의 상대적인 세기의 차이는 10^{39}에 걸쳐 펼쳐져 있고, 작용들이 영향을 미치는 거리도 매우 다르다. 가까이 있는 핵자들 사이에서의 강한 핵력은 그들 사이의 중력을 압도하지만, 그들이 1 mm 정도만 떨어져 있어도 반대의 결과가 된다. 원자의 구조는 전자기적 상호작용의 성질에 의해 결정되지만, 핵의 구조는 강한 상호작용의 성질에 의해 결정된다. 보통의 물질은 전기적으로 중성이며, 강한 상호작용 및 약한 상호작용은 작용 거리가 매우 제한된다. 따라서 중력 상호작용은 작은 스케일에서는 전혀 중요하지 않지만 큰 스케일에서는 지배적이 된다. 물질의 구조에서 약력의 역할은 중성자/양성자 비가 적당하지 않은 핵이 베타붕괴를 해서 조정하도록 하는 작은 섭동 정도이다.

상호작용들의 세기가 다른 값을 가지면, 우주는 매우 달랐을 것이다. 예를 들어, 11.4절에서 언급한 것처럼 만약 강한 상호작용의 세기가 약간만 더 강했으면, 우주는 쌍양성자(diproton)들로 채워졌을 것이고, 별에 에너지를 주고 화학 원소들을 만들어내는 핵융합 반응이 일어나지 않았을 것이다. 만약 강한 상호작용이 약했다면, 양성자는 중성자와 결합할 수 없고, 헬륨과 더 무거운 원소로 가는 발열성(exothermic) 핵융합이 일어날 수 없을 것이다. 중력 상호작용도 비슷한 균형상태에 있다. 만약 중력이 더 강했다면, 별의 내부가 더 뜨거워서 핵융합 반응이 더욱 자주 일어났을 것이고, 따라서 별은 더 빨리 타버렸을 것이다. 아마도 그들의 행성에서 생명체가 진화되는 것보다 더 빨리 타버렸을 수도 있다. 한편, 상당히 약한 중력에서는 처음부터 물질이 별들로 응집하지도 못하였을 것이다. '모든 것의 이론'의 목표 중 하나는 왜 기본 상호작용들과 상호작용의 영향을 받는 입자들이 지금과 같은 특성을 가지는지를 이해하는 것이다.

렙톤과 하드론

물질에 해당하는 기본입자는 렙톤과 쿼크의 두 종류로 나눌 수 있다. 이들은 모두 페르미온이며, 적어도 현재까지 우리가 알기로는 내부 구조가 없고 공간에서 크기도 갖지 않는 점 입자다. 강한 상호작용을 하면 쿼크, 하지 않으면 렙톤이다.

렙톤(lepton: 그리스어로 '가벼운 입자'라는 뜻)은 강한 상호작용을 하지 않으므로 전자기 상호작용(전하가 있는 렙톤의 경우), 약한 상호작용, 그리고 중력 상호작용을 한다. 지금까지 나온 입자 중에서 전자와 중성미자가 렙톤이고, 1.4절에서 언급한 뮤온도 렙톤이다. 그 밖에 세 가지의 렙톤이 더 있다.

하드론(hadron: 그리스어로 '강한 입자', '단단한 입자'라는 뜻)은 쿼크가 강한 상호작용을 통해서 결합한 입자이다. 따라서 그 자체도 또다시 강한 상호작용을 하며, 전자기 상호작용(전하가 있는 하드론의 경우), 약한 상호작용, 그리고 중력 상호작용도 한다. 하드론끼리의 강한 상호작용은 예전에는 11.7절에서 기술한 것처럼 중간자를 교환함으로써 전달된다고 설명했지만, 그러한 이론은 특정한 상황에서만 성립하는 유효이론이며, 좀 더 근본적인 원리는 쿼크의 상호작용이다. 쿼크로 이루어진 입자이므로 하드론은 기본입자가 아니며, 따라서 크기가 무한히 작은 점이 아니라 일정한 크기를 가지고 있는 입자이다. 하드론의 크기는 하드론의 종류에 따라 다르지만, 대략 1 fm (10^{-15} m)와 비슷한 스케일이다.

양성자나 중성자와 같이 세 개의 **쿼크**로 구성되어 있는 하드론을 **바리온**(baryon: 그리스어로 '무거운 입자'라는 뜻)이라 부르고, 파이온과 같이 두 개의 쿼크(정확히는 쿼크−반쿼크)로 이루어진 하드론은 **메손**(meson: 그리스어로 '중간의 입자'라는 뜻)이라고 부른다. 쿼크는 스핀이 1/2인 페르미온이므로 바리온은 페르미온이고 메손은 보손이다.[주] 하지만 최근에는 쿼크 네 개나 다섯 개로 이루어진 하드론도 발견되고 있다. 우리가 자연에서 보는 현상과는 달리 쿼크는 전하를 $\pm\frac{1}{3}e$ 혹은 $\pm\frac{2}{3}e$로 가지고 있는데, 쿼크가 결합한 하드론의 전하는 항상 전자 전하의 크기인 e의 정수배가 된다. 쿼크로 이루어져 있으므로 하드론은 내부에 구조를 가진다. 하지만 이 구조는 이론적으로나 실험적으로나 연구하기가 극히 어렵다. 한편 쿼크는 하드론 외부에서 관측되지 않는다. 쿼크가 존재한다는 것은 조금 다른 방식으로 이해해야 한다. 이는 뒤에서 살펴보기로 한다.

역자주: 이런 이름은 전자와 양성자를 물질의 기초로 생각하던 시절의 관점으로 지어진 것이다. 전자는 가벼운 입자(=렙톤)이고 양성자는 무거운 입자(=바리온)이다. 그래서 파이온을 처음 예측했을 때 '중간 질량의 입자'라는 뜻으로 메손(=중간 입자)이라고 부른 것이다. 이들 입자들은, 렙톤과 바리온은 페르미온이고 메손은 보손이므로 성격도 뚜렷이 다르다. 그래서 이후에 새로 발견된 입자들은 입자들의 성질에 따라 분류해서 각각 렙톤, 메손, 바리온이라고 부른다. 그런데 점점 무거운 입자들이 발견되면서, 양성자보다도 무거운 렙톤과 메손도 발견되었고, 그래서 렙톤, 메손, 바리온이라는 이름은 더 이상 질량과는 무관하다.

표 13.2   렙톤. 모두 강한 상호작용에 의해서는 영향을 받지 않으며, 모두 페르미온이다. 중성미자는 전하가 없고 질량은 알려져 있지 않으나 몇 eV/c^2를 넘지 않는 것으로 보인다.

렙톤	기호	반입자	질량, MeV/c^2	평균 수명, s	스핀
전자	e^-	e^+	0.511	안정됨	$\frac{1}{2}$
전자 중성미자	ν_e	$\bar{\nu}_e$	매우 작음	안정됨	$\frac{1}{2}$
뮤온	μ^-	μ^+	106	2.2×10^{-6}	$\frac{1}{2}$
μ-중성미자	ν_μ	$\bar{\nu}_\mu$	매우 작음	안정됨	$\frac{1}{2}$
타우	τ^-	τ^+	1777	2.9×10^{-23}	$\frac{1}{2}$
τ-중성미자	ν_τ	$\bar{\nu}_\tau$	매우 작음	안정됨	$\frac{1}{2}$

13.2 렙톤

핵력의 영향을 받지 않는 기본입자

표 13.2에 알려진 렙톤 6개와 그들의 반입자를 보였다. 12장에서 토의한 베타붕괴에 관련된 중성미자는 전자와 관련되어 있으므로 그들을 나타내는 정확한 기호는 ν_e이다.

전자는 이론적으로 제대로 이해할 수 있었던 첫 번째 기본입자이다. 전자를 이해하기 위한 이론인 양자전기역학은 1928년에 디랙(Paul A. M. Dirac)이 제안한 이론으로부터 시작한다. 디랙이 한 일은 전자기장 안에 있는 전하를 띤 입자의, 상대론적으로 올바른 파동 방정식을 구한 것이다. 측정된 전자의 질량과 전하량을 이 식의 해에 대입했을 때, 전자의 고유 각운동량이 $\frac{1}{2}\hbar$이고(즉, 스핀이 $\frac{1}{2}\hbar$) 자기모멘트가 $e\hbar/2m$, 즉 1 보어 마그네톤이 된다는 것을 알게 되었다. 이러한 예측은 실험과 잘 맞았으므로 디랙 이론이 옳다는 강력한 증거가 되었다.

디랙의 이론에서 예상하지 못한 결과 중의 하나는, 이론이 전자가 양의 에너지뿐만 아니라 음의 에너지를 가져야 한다고 요구한다는 점이었다. 즉, 총 에너지에 대한 상대론적 공식

$$E = \sqrt{m^2c^4 + p^2c^2}$$

을 전자에 적용하면, 음과 양의 제곱근 둘 다 맞는 해가 된다. 그러나 $E = -\infty$까지 가는 음의 에너지 상태가 가능하다면, 무엇 때문에 우주 속의 모든 전자들이 음의 에너지 상태로 떨어지지 않는가? 안정된 원자가 존재한다는 사실 자체가 전자들이 그런 운명에 처하지 않는다는 증거이다.

디랙은 자신의 이론을 구해내기 위해, 보통의 경우에는 모든 음의 에너지 상태들이 전자로 채워져 있다고 제안했다. 그렇다면 파울리의 배타원리에 의해 전자들은 음의 에너지 상태로 빠지지 않는다. 그러나 이렇게 음의 에너지 상태의 바다에 채워져 있는 한 전자에 에너지가 $h\nu > 2mc^2$인 광자가 흡수되면, 이 전자는 음의 에너지 바다로부터 튀어나와서 양의 에너지를 가진 전자가 된다(그림 13.2). 이 과정은 반도체 에너지띠에서의 구멍처럼 음의 에너지 전자 바다에 구멍 하나를 남겨 놓게 되고,[주] 이 구멍은 양전하를 가진 입자, 즉 양전자처럼

역자주: 사실 반도체에서의 구멍(hole)이라는 개념이 디랙의 이 이론에서 가져온 것이다.

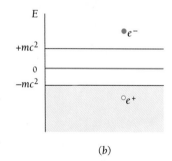

그림 13.2   전자-양전자 쌍생성. (a) 에너지 $h\nu > 2mc^2 (> 1.02\ MeV$)인 광자가 음-에너지 전자에 의해 흡수되고, 이는 전자에 양의 에너지를 준다. (b) 그 결과 음-에너지 바다에 만들어진 구멍은 양전하를 가진 전자처럼 행동한다.

반물질

원자들이 반양성자, 반중성자 그리고 양전자들로 구성되지 말라는 법은 없어 보인다. 이런 **반물질**(antimatter)은 정확히 보통의 물질과 같은 행동을 할 것이다. 만약 반물질로 된 은하가 있다면, 그들의 스펙트럼은 물질로 된 별들의 은하 스펙트럼과 다르지 않을 것이다. 한 은하의 반물질이 다른 은하의 물질과 접촉하지 않는 이상, 이 두 은하를 구분할 방법은 없다. 두 우주가 만나면, 막대한 에너지를 내놓는 상호 소멸이 일어날 것이다(우표 한 장의 반물질과 우표가 만나서 소멸하면 우주왕복선을 궤도에 올려놓을 만한 에너지가 나올 것이다). 그러나 이런 사건이 만들어 낼 것으로 생각되는 특정 에너지를 가지는 감마선이 관측된 적이 없고, 우주에서부터 지구에 도달하는 우주선으로부터 반입자가 확인된 적도 없다. 우리 우주는 오로지 보통의 물질들로 구성되어 있는 것처럼 보인다.[주]   ∎

행동한다. 이 결과가 2.8절에서 공부한, 광자가 전자−양전자 쌍으로 물질화되는 과정인 $\gamma \rightarrow e^- + e^+$이다.

디랙이 자신의 이론을 발전시켰을 때, 양전자는 알려지지 않았었고, 양성자의 전하가 전자의 전하와 정확히 크기가 같고 부호만 반대이므로, 질량은 비록 크게 다르지만, 처음에는 양성자가 전자에 대응하는 양전하를 가진 짝이라고 생각하기도 했다. 결국, 1932년에 칼 앤더슨(Carl Anderson)이 우주선과 대기권의 원자핵 간의 충돌에 의한 2차 입자들 속에서 의심의 여지가 없는 양전자를 검출해 내었다.

양전자는 전자의 **반입자**이다. 다른 기본입자들 역시 모두 반입자를 가지고 있다. 중성 파이온 같은 입자는 자신이 자신의 반입자이다. 반입자는 입자와 정확히 같은 질량과 스핀을 가지며, 전하를 포함한 고유의 양자 수는 입자와 크기는 같고 부호는 반대이다. 스핀과 자기모멘트 사이에 정렬되거나 반대 방향으로 정렬되는 관계도 입자와 반대이다. 입자와 반입자의 수명은 대체로 같지만, 특정한 붕괴과정을 포함하게 되면 달라질 수 있다.

중성미자와 반중성미자

중성미자 ν와 반중성미자 $\bar{\nu}$ 사이의 차이는 특히 재미있다. 중성미자의 스핀 방향은 진행 방향에 대해 반대 방향이다. 즉, 뒤에서 보면 그림 13.3에서와 같이 반시계 방향으로 회전하는 것과 동등하다. 반면에, 반중성미자의 스핀은 운동 방향과 같은 방향이다. 즉, 뒤에서 보면 시계 방향으로 돈다. 따라서 중성미자는 공간에서 왼손나사처럼 움직이고, 반중성미자는 오른손나사처럼 움직인다.

1956년 이전까지는 중성미자가 왼손(left-handed)일 수도, 오른손(right-handed)일 수도 있을 것이라고 일반적으로 여겨지고 있었다. 이 말은 스핀의 방향만 제외하면 아무런 구별이 없으므로 중성미자와 반중성미자는 똑같다는 의미이다. 이러한 생각은 뉴턴과 동시대 인물로

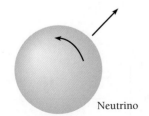

Neutrino

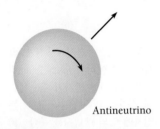

Antineutrino

그림 13.3 중성미자와 반중성미자는 스핀 방향이 반대이다.

역자주: 현재는 우주선 속에서 반입자를 관측한다. 이 반입자는 엄청난 고에너지 반응이 일어날 때 전자−양전자나 양성자−반양성자 쌍생성이 일어나서 만들어진 것이며 반물질로 만들어진 우주에서 온 것은 아니다. 그러므로 우리 우주가 여전히 보통의 물질로만 이루어진 것으로 보인다는 결론에는 변함이 없다. 한편 실험실에서 반양성자와 양전자로 만들어진 반수소(anti-hydrogen) 원자를 만드는 데도 성공했으며 현재 이 반수소 원자의 성질을 측정하는 실험도 진행 중이다. 물론 현재까지 관측된 바에 따르면 반수소 원자의 성질은 수소와 완전히 같다.

서 미적분학의 또 다른 창시자인 라이프니츠까지 거슬러 올라간다. 그의 논의는 다음과 같이 전개된다. 우리가 어떤 물체나 물리적인 과정을 직접 관찰할 때와 거울을 통해 관찰할 때, 이상적으로는 어느 쪽을 직접 보고 있고 어느 쪽을 거울에서의 반사로 보고 있는지를 구별할 수 없다. 정의에 의하면, 물리적인 실재를 구별한다는 것은 다른 점을 알 수 있어야 하며, 그렇지 않다면 구별한다는 건 의미가 없다. 바로 본 것과 거울을 통해 본 것의 유일한 차이점은 오른손 성질과 왼손 성질을 바꾼 것뿐이고, 따라서 모든 물체나 물리적인 과정은 오른쪽과 왼쪽이 같은 확률로 일어나야 한다.

이 타당해 보이는 원칙은 실제로 강한 상호작용과 전자기적 상호작용에서 실험적으로 입증되었다. 그러나 1956년까지 중성미자에 이 원칙이 적용되는지는 실제로 검증해 본 적이 없었다. 그해에 리(Tsung Dao Lee)와 양(Chen Ning Yang)은 중성미자와 반중성미자가 서로 다른 방향성을 갖는다면 몇 가지 중요한 이론적 모순들이 해결될 것이라고 제안하였다. 하지만 그렇다면 두 입자는 서로가 거울에 반사된 것이 될 수 없으며, 따라서 중성미자에 관한 한 거울을 통해 본 물리적 현상은 존재하지 않는다. 그들의 제안이 있은 후 바로 행해진 실험은 중성미자와 반중성미자는 구별될 수 있고, 각각 좌향성과 우향성의 스핀을 가지고 있는 것을 명백히 보여 주었다.

다른 렙톤들

뮤온(muon) μ, 그리고 이와 연관된 중성미자 ν_μ는 전하를 띤 파이온의 붕괴에서 처음 발견되었다.

전하를 띤 파이온의 붕괴 $\pi^+ \rightarrow \mu^+ + \nu_\mu$ $\pi^- \rightarrow \mu^- + \bar{\nu}_\mu$ (13.1)

파이온은 11.7절에서 핵자 사이의 강한 핵력과 관련지어 이를 전달하는 입자로서 논의한 바 있다. 파이온의 질량은 전자와 양성자의 중간 정도이며, 불안정하여 $\pi^\pm$인 경우에 2.6×10^{-8}초의 평균수명을 가진다. 중성 파이온의 평균수명은 8.4×10^{-17}초이고, 두 개의 감마선으로 붕괴한다.

중성 파이온의 붕괴 $\pi^0 \rightarrow \gamma + \gamma$ (13.2)

파이온이 붕괴할 때 관련되는 중성미자는 베타붕괴에 관련된 중성미자와는 다르다. 다른 종류의 중성미자가 존재한다는 것은 1962년에 입증되었다. 높은 에너지의 양성자를 금속의 표적에 때리면 파이온이 대단히 많이 만들어졌다. 이렇게 생성된 파이온의 붕괴로부터 나온 중성미자를 추적할 수 있는 역반응에서는 뮤온만 나오고, 전자는 나오지 않았다. 그러므로 이러한 중성미자는 베타붕괴에 관련된 중성미자와는 어떻든 다른 것이어야 한다.

양전하를 가진 뮤온과 음의 전하를 가진 뮤온은 같은 질량 106 MeV/c^2 (207 m_e), 그리고 같은 스핀 $\frac{1}{2}$을 가진다. 모두 2.2×10^{-6}초의 비교적 긴 수명을 가지고 양전자, 그리고 전자와 중성미자-반중성미자로 붕괴한다.

뮤온 붕괴 $\mu^+ \rightarrow e^+ + \nu_e + \bar{\nu}_\mu$ $\mu^- \rightarrow e^- + \nu_\mu + \bar{\nu}_e$ (13.3)

전자와 같이 양전하 상태의 뮤온이 뮤온의 반입자이다. 중성의 뮤온은 존재하지 않는다.

뮤온은 상대적으로 느리게 붕괴하고, 다른 렙톤과 마찬가지로 강한 상호작용의 영향을 받지 않기 때문에 상당히 많은 양의 물질을 쉽게 투과한다. 뮤온은 해수면 기준으로 우주선의 2차 입자들 가운데 대단히 많은 부분을 차지한다. 뮤온의 수명은 충분히 길어서 때때로 원자에서의 전자를 일시적으로 대체하여 뮤온 원자를 만들 수 있다(예제 4.7을 보라).

렙톤의 마지막 쌍은 1975년에 발견된 **타우**(tau) τ이며, 2000년에 실험적으로 그 존재가 확인된 타우 중성미자 ν_τ와 연결되어 있다. 타우 입자의 질량은 양성자의 두 배에 가까운 1,777 MeV/c^2이고, 평균수명은 매우 짧아서 2.9×10^{-23} s이다. 모든 타우 입자는 해당하는 중성미자들과 함께 전자, 뮤온 그리고 파이온 등으로 붕괴한다.

태양 중성미자의 수수께끼

막대한 수의 중성미자가 태양과 다른 별들의 내부에서 일어나는 핵반응으로 만들어지고, 이런 중성미자들은 우주 전체를 자유롭게 날아다닐 수 있다. 이런 반응에서 나오는 에너지의 몇 퍼센트 정도를 중성미자가 가지고 나온다.

태양의 경우, 광도의 관측값에 따르면 중성미자가 1초당 약 2×10^{38}개가 생성되고, 이에 따라 1초 동안 지구 표면 1 cm^{2}에 600억 개 이상의 중성미자가 통과하게 된다. 이 중성미자들 중 가장 에너지가 큰 중성미자를 검출하기 위해 데이비스(Raymond Davis Jr.)가 사우스다코타의 지하 1.5 km에 있는 한 금 폐광에 검출기를 설치했다. 지하에 검출기를 설치한 이유는 우주선의 간섭을 피하기 위해서였다. 검출기에는 600톤의 드라이클리닝 용액인 과염화에틸렌 C$_2$Cl$_4$가 포함되어, 아래의 반응

$$\nu_e + {}^{37}_{17}\text{Cl} \rightarrow {}^{37}_{18}\text{Ar} + e^-$$

을 통해 중성미자를 찾고자 했다. 아르곤 동위원소 ${}^{37}_{18}$Ar은 용해된 가스 형태로 액체에 그대로 남아 있으며, 분리해서 확인할 수 있다.

18년 동안 관측한 결과, 태양 내부에 대한 믿을만한 이론적 모델로부터 예측한 것에 비해 약 4분의 1 정도의 중성미자 반응만 측정되었다(하루에 1건 이하). 이 불일치는 측정과 계산의 오차범위를 훨씬 넘어서는 것이었다. 더 낮은 에너지의 중성미자에 적용되는 방법을 사용한 최신의 연구에 따르면 불일치 정도가 작았지만, 여전히 이론과 큰 차이를 보였다. 별들이 어떻게 에너지를 생성하는가 하는 이론이나 중성미자가 어떻게 만들어지고 또 우주를 어떻게 날아다니며 물질과 어떻게 반응하는가 하는 이론이 다른 실험 결과와는 잘 맞긴 하지만, 어떤 심각한 잘못이 있는 것으로 보였다.

전자 중성미자와 함께 뮤온과 타우 중성미자가 존재한다는 데 근거를 두고 태양 중성미자를 설명할 수 있는 하나의 이론이 있다. 만약 중성미자가 질량(아주 작아도 된다)을 가지고 있다면, 한 유형[혹은 **맛깔**(flavor)]의 중성미자가 생성된 후에 그 맛깔과 다른 맛깔 사이, 혹은 아마도 다른 맛깔 둘 모두의 사이에서 진동을 할 수 있다.[주] 태양은 전자 중성미자만 방출하는데, 만약 그들 중 일부가 지구에 도달할 때 다른 맛깔을 가지고 있다면 지구상에서 검출되는 전자 중성미자의 수는 예측한 값보다 작을 것이다. 각 맛깔의 중성미자를 서로 다른 개체로 생각하지 말고, 파동이 다른 속력으로 움직이는 질량 상태들의 혼합으로 생각해야 한다. 파동은 서로 간섭을 일으키고, 시간이 지남에 따라 관

역자주: 여기서 진동은 입자 자체가 진동한다는 뜻이 아니라 전자–뮤온–타우라는 맛깔이 계속 바뀌며 진동한다는 뜻이다.

측될 가능성은 여러 맛깔 사이에서 요동한다.

이 가설은 1998년에 일본의 수퍼 카미오칸데(Super Kamiokande) 실험에서 확인되었다. 이 실험은 검출기로 들어오는 중성미자와, 물탱크에 담긴 50,000톤의 물 분자의 핵 사이의 반응의 흔적에서 나오는 체렌코프 복사(1.5절을 보라)를 관찰하는 실험이다. 실험 결과는 정말로 뮤온 중성미자(지구 대기 속에서 우주선의 파이온과 뮤온의 붕괴에서 만들어지는)가 타우 중성미자로, 또 타우 중성미자로부터 뮤온 중성미자로 변형되는 것으로 나타났다. 그 외의 여러 실험에서 전자 중성미자 역시 다른 맛깔들로 진동하는 것이 확인되었다. 태양에서 만들어진 전자 중성미자 역시 태양 내부의 높은 밀도까지 고려하면 지구상에서 관측되는 정도로 줄어든다는 것도 확인되었다. 이로써 태양 중성미자의 수수께끼는 더 이상 수수께끼로 여기지 않게 되었으며, 중성미자가 실제로 질량을 가진다는 결론을 내리게 되었다. 이로써 70년 전의 오래된 질문에 해답을 얻었다. ∎

13.3 하드론

강한 상호작용을 하는 입자들

하드론은 렙톤과 달리 강한 상호작용의 영향을 받는다. 표 13.3에 가장 긴 수명을 가지는 하드론의 목록을 실었다. 앞서 말했듯이 **메손**은 보손이고 쿼크와 반쿼크로 구성되어 있으며, **바리온**은 페르미온이고, 세 개의 쿼크로 구성되어 있다. 하드론의 목록 중 π^0와 η^0, 그리고 η' 등은 자신이 자신의 반입자이다. 전하를 띤 파이온들은 전하가 반대고, 다른 특성들은 모두 같아서, 각자는 서로의 반입자이다.

가장 가벼운 바리온은 양성자인데, 자유로운 상태에서 유일하게 안정된 것으로 여겨지는 하드론이다. 대통일 이론에 따르면 양성자도 붕괴하게 되지만, 그 수명은 현재의 실험에서 얻어진 하한값 10^{32}년보다 더 길어야 한다. 이런 의미에서 양성자의 궁극적인 안정성은 해결되지 않는 문제이다(비교를 위해 우주의 나이는 10^{10}년이 조금 넘는다). 중성자는 비록 핵 안에서는 안정하지만, 자유로운 상태에서는 평균수명 14분 40초를 가지고 양성자 하나, 전자 하나 그리고 반중성미자 하나로 베타붕괴한다.

핵자 이외의 모든 바리온은 10^{-9}초 이하의 수명으로 여러 방법으로 붕괴하지만, 마지막은 항상 양성자 혹은 중성자가 된다. 예를 들면, Ω^- 바리온이 붕괴하는 한 과정은 다음 순서를 따른다.

$$\Omega^- \rightarrow \Xi^0 + \pi^-$$
$$\searrow \Lambda^0 + \pi^0$$
$$\searrow p^+ + \pi^-$$

Ξ^0와 Λ^0가 Ω^- 다음으로 가벼운 바리온이고, π^-와 π^0 중간자는 앞에서 보인 대로 붕괴하므로 Ω^-가 붕괴하고 난 마지막 결과는 양성자 하나에 두 개의 전자, 네 개의 중성미자 그리고 두 개의 광자가 된다.

표 13.3   몇몇 하드론과 그들의 성질. 기호 S는 13.4절에서 논의한 기묘수를 나타낸다. 반입자들의 기묘수는 아래에 나타낸 수의 반대 부호를 가진다.

분류	입자	기호	반입자	질량, MeV/c^2	평균 수명, s	스핀	S
메손	파이온	π^+	π^-	140	2.6×10^{-8}		
		π^0	자기 자신	135	8.7×10^{-17}	0	0
		π^-	π^+	140	2.6×10^{-8}		
	케이온	K^+	K^-	494	1.2×10^{-8}		
		K^0_S	$\overline{K^0_S}$	498	8.9×10^{-11}	0	+1
		K^0_L	$\overline{K^0_L}$	498	5.2×10^{-8}		
	에타	η^0	자기 자신	549	5×10^{-19}	0	0
		η'	자기 자신	958	2.2×10^{-21}		
바리온	핵자 { 양성자	p	$\overline{p}$	938.3	안정됨	$\frac{1}{2}$	0
	중성자	n	$\overline{n}$	939.6	889		
	람다	Λ^0	$\overline{\Lambda^0}$	1116	2.6×10^{-10}	$\frac{1}{2}$	-1
	시그마	Σ^+	$\overline{\Sigma^-}$	1189	8.0×10^{-11}		
		Σ^0	$\overline{\Sigma^0}$	1193	6×10^{-20}	$\frac{1}{2}$	-1
		Σ^-	$\overline{\Sigma^+}$	1197	1.5×10^{-10}		
	크시	Ξ^0	$\overline{\Xi^0}$	1315	2.9×10^{-10}	$\frac{1}{2}$	-2
		Ξ^-	$\overline{\Xi^+}$	1321	1.6×10^{-10}		
	오메가	Ω^-	Ω^+	1672	8.2×10^{-11}	$\frac{3}{2}$	-3

공명 입자

표 13.3에 있는 입자들 대부분은 충분히 오래 살아서, 독립된 입자로서 관측할 수 있을 만큼의 거리를 날아가고, 이 입자들의 붕괴 모드를 여러 장치를 이용해서 관측할 수 있다. 많은 실험적 증거들은 또한 수명이 약 10^{-23}초 정도인 여러 하드론들이 존재한다는 것을 가리키고 있다. 이렇게 극히 짧은 순간에만 존재하는 입자들이 있다는 생각에 어떤 의미가 있는가? 실제로 10^{-23}초를 어떻게 측정할 수 있는가?

극단적으로 짧은 수명을 가진 입자들은 빛의 속도로 움직인다 해도 ~10^{-23}초 동안에 하드론의 크기에 해당하는 거리인 ~3×10^{-15} m밖에 움직이지 못하기 때문에, 입자가 만들어지고 붕괴하는 걸 기록해서 검출할 수는 없다. 그 대신에 이런 입자들은 오래 사는 입자들(그래서 측정하기 쉬운 입자들)과의 상호작용에서 공명 상태로 나타난다. 원자에서의 공명 상태는 에너지 준위로 나타난다. 4.8절에서 우리는 프랑크-헤르츠 실험에 대해 설명했는데, 그 실험은 전자가 어떤 특정 에너지들에서만 원자와 비탄성 충돌을 일으킨다는 것을 보여주어서 원자의 에너지 준위가 있음을 입증했었다.

특정한 들뜬상태에 있는 원자는 바닥 상태나 다른 들뜬상태에 있는 원자와 같지 않다. 하지만, 그러한 들뜬상태의 원자를 어떤 특별한 종류의 원자인 것처럼 말하지는 않는데, 그 이유는 단지 들뜬상태를 일으키는 전자기적 상호작용을 매우 잘 이해하고 있기 때문이다. 기본입자의 경우에는 상황이 좀 다르다. 그들을 제어하는 약한 상호작용과 강한 상호작용은 더욱더 복잡하고 아직도 진정으로 이해되지 못했기 때문이다.

CERN의 Large Hadron Collider (LHC)의 가속기 부분 중의 하나. 이곳에서 양성자와 이온들이 변화하는 전기장에 의해 가속된다. 입자들을 집속하고, 원 궤도를 유지시키기 위해 자기장이 사용된다. 입자는 가속되어 에너지를 얻는 동안 수백만 번의 궤도운동을 한다.

기본입자에서는 공명 상태와 무엇이 관련되는지 알아보자. 어떤 실험을 한다고 하자. 예를 들어 높은 에너지의 π^+ 중간자로 양성자를 때리는 실험이다. 어떤 특정 반응을 생각한다. 예를 들어 다음과 같은 반응이다.

$$\pi^+ + p \rightarrow \pi^+ + p + \pi^+ + \pi^- + \pi^0$$

π^+와 양성자 사이의 상호작용의 결과로 세 개의 새로운 파이온들이 생성된다. 이런 각각의 반응들에서 새로 생성된 중간자들의 총 에너지는 각각의 정지에너지와 그들의 질량중심에 대한 운동에너지들의 합에 해당한다.

만약, 각각의 충돌에서 새로운 중간자들의 총 에너지에 대한 사건 발생 빈도수의 그래프를 그리면, 그림 13.4와 같은 그래프를 얻는다. 분명히 중간자의 총 에너지가 783 MeV인 곳에 강한 경향성을 보이며, 549 MeV에서도 약하지만 어떤 경향을 볼 수 있다. 이럴 때 우리는 549 MeV 그리고 783 MeV에서 반응이 공명을 일으킨다고 말하며, 혹은 같은 의미로 이 반응은 질량이 549 MeV/c^2 혹은 783 MeV/c^2인 중간입자가 생성되었다가 세 개의 파이온으로 붕괴되는 과정을 통해 일어난다고 할 수도 있다.

그림 13.4로부터 각각 η와 ω 중간자로 알려진 이들 전하를 갖지 않은 중간입자들의 평균수명도 예측할 수 있다. 12장에서 사용한 다음 식에서

평균수명 $\tau = \dfrac{\hbar}{\Gamma}$ (12.23)

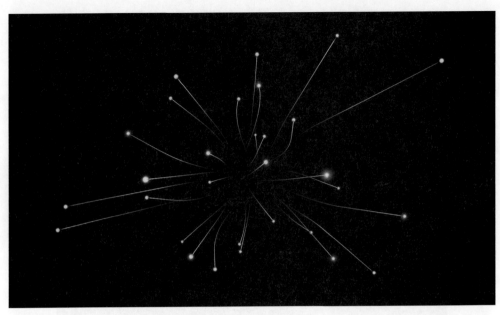

하드론 충돌 결과의 3차원 일러스트. 많은 종류의 입자들이 생성되고, 이들의 특성과 붕괴 과정은 거대한 검출기로 연구할 수 있다.

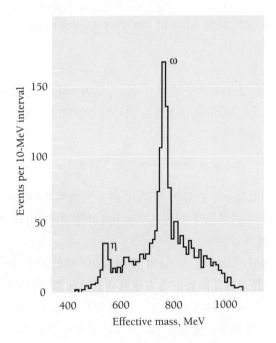

그림 13.4 $\pi^+ + p \rightarrow \pi^+ + p + \pi^+ + \pi^- + \pi^0$ 반응에서 공명 상태는 549 MeV/c^2과 783 MeV/c^2의 유효질량에서 일어난다. 유효질량은 질량중심 좌표계에서 새로 생성된 세 파이온의, 질량에너지를 포함한 총 에너지를 의미한다.

핵의 들뜬상태의 평균수명 τ와 공명 피크의 절반 높이 위치의 폭 Γ를 관계지었다. 이 식을 적용하면 η 중간자는 5×10^{-19}초, ω 중간자는 약 7×10^{-25}초의 평균수명을 가진다.

13.4 입자의 양자수

혼돈으로 보이는 데서 질서 찾기

수백 개나 되는 입자들과 공명 입자들 사이의 상호작용과 붕괴 방법들은 외견상 당황스러울 정도로 혼란스럽다. 이 상황에 질서를 가져올 좋은 방법은 각각의 입자에 특정 양자수들을 부여하고, 특정한 반응 과정에서 어떤 양자수가 보존되고 어떤 양자수가 변하는지를 정하는 일이다. 우리는 이미 이런 양자수들 중에서 두 개의 양자수에 익숙한데, 바로 입자의 전하와 스핀을 나타내는 수들이다. 이 양자수들은 항상 보존된다. 이 절에서는 기본입자들의 행동을 이해하는 데 도움을 주는 것으로 판명된 다른 양자수 몇 가지에 대해 살펴본다.

바리온 수와 렙톤 수

양자수 중 한 세트는 바리온과, 렙톤의 세 가족(family)을 특징짓는 데 사용된다. **바리온 수**(baryon number) $B = 1$은 모든 바리온에, $B = -1$은 모든 반-바리온에 주어지고 다른 모든 입자는 $B = 0$이다. **렙톤 수**(lepton number) $L_e = 1$은 전자와 전자중성미자에, $L_e = -1$은 그들의 반입자에 주어진다. 이외의 다른 모든 입자는 $L_e = 0$이다. 비슷하게, 렙톤 수 $L_\mu = 1$은 뮤온과 μ-중성미자에, 렙톤 수 $L_\tau = 1$은 타우 렙톤과 타우중성미자에 부여된다.

이들 양자수가 중요한 이유는, 어떤 종류든 관계없이 모든 반응에서 B, L_e, L_μ, L_τ의 총합이 각각 독립적으로 보존되기 때문이다. 즉 입자를 +로, 반입자를 -로 계산하면 바리온의 개수와 렙톤 각각의 개수는 결코 변하지 않는다.

입자 수가 보존되는 한 예로서 다음과 같은 $B = 1$, $L_e = 0$인 중성자의 붕괴를 보자.

중성자 붕괴
$$n^0 \rightarrow p^+ + e^- + \bar{\nu}_e$$

L_e:	0	0	+1	-1
B:	+1	+1	0	0

이것이 에너지와 바리온 수 B를 동시에 보존하면서 중성자가 붕괴할 수 있는 유일한 방법이

예제 13.1

파이온붕괴, 뮤온붕괴, 그리고 쌍생성에서 렙톤 수 L_e와 L_μ가 보존됨을 보여라.

풀이

파이온붕괴
$$\pi^- \rightarrow \mu^- + \bar{\nu}_\mu$$

L_μ:	0	+1	-1

뮤온붕괴
$$\mu^- \rightarrow e^- + \nu_\mu + \bar{\nu}_e$$

L_e:	0	+1	0	-1
L_μ:	+1	0	+1	0

쌍생성
$$\gamma \rightarrow e^- + e^+$$

L_e:	0	+1	-1

다. 분명해 보이는 양성자의 안정성도 이러한 양들을 보존하여야 할 필요성에 의한 결과라고 할 수 있다. 양성자보다 더 작은 질량의 바리온이 없으므로 양성자는 붕괴할 수 없다.

기묘수

바리온 수와 렙톤 수를 도입했어도 입자들의 세계에는 여전히 설명할 수 없는, 불확실한 개개의 현상들이 남아 있었다. 특히 너무나 이상하게 행동해서 '기묘한 입자(strange particles)'라고 부르게 된 몇몇 입자가 발견되었다. 예를 들면, 그 입자들은 항상 쌍으로만 생성되고 특정한 방법으로만 붕괴하는데, 기존의 보존법칙들을 모두 만족한다 해도 다른 방법으로는 붕괴하지 않는다. 이러한 관찰 결과를 명백하게 설명하기 위해 겔만(M. Gell-Mann)과 니시지마(K. Nishijima)가 독립적으로 새로운 양자수인 **기묘수**(strangeness number) S를 도입했다. 표 13.3에 각 입자에 부여된 기묘수가 표기되어 있다.

강한 상호작용과 전자기 상호작용에 의해 매개되는 모든 과정에서 기묘수 S는 보존된다. 이 보존법칙의 결과로 $S \neq 0$인 입자는 하나만 만들어지지 못하고 여러 개가 생겨나게 된다. 다음과 같은 양성자-양성자 충돌의 결과를 보면 그러한 예를 볼 수 있다.

$$p^+ + p^+ \rightarrow \Lambda^0 + K^0 + p^+ + \pi^+$$
$$S: \quad 0 \quad\quad 0 \quad\quad -1 \quad +1 \quad\quad 0 \quad\quad 0$$

한편으로, 약한 상호작용을 매개로 하는 사건에서는 S가 변할 수 있다. 약한 상호작용을 통한 붕괴는 상대적으로 느리게 일어나는데, 강한 상호작용에 의한 붕괴과정(공명 입자에서와 같은)보다 수십억 배 이상 느리다. 약한 상호작용에 의한 붕괴에서도 S가 ±1보다 더 많이 변하지는 않는다. 따라서 Ξ^- 바리온은 다음과 같이 붕괴할 수는 없고

$$\Xi^- \rightarrow n^0 + \pi$$
$$S: \quad -2 \quad\quad 0 \quad\quad 0$$

다음과 같은 두 단계를 거쳐 붕괴한다.

$$\Xi^- \rightarrow \Lambda^0 + \pi^- \quad\quad\quad \Lambda^0 \rightarrow n^0 + \pi^0$$
$$S: \quad -2 \quad\quad -1 \quad\, 0 \quad\quad\quad\quad -1 \quad\quad 0 \quad\quad 0$$

에미 뇌테르(Emmy Noether: 1882~1935)는 독일에서 태어났고, 아버지와 남동생도 수학자였던 수학자 가정에서 성장했다. 주로 대수학 분야에서 이루어진 수학적인 업적은 명석하고 독창적이었으며, 그녀가 발표한 논문과 교육은 상당한 영향력을 가졌다. 그녀가 1919년에 몸담게 된, 뛰어난 수학연구센터를 보유한 괴팅겐 대학(University of Göttingen)의 분위기는 여성에게 적대적이었으므로 그녀는 그곳에서 직위를 얻는 것이 어렵다는 것을 알았다. 위대한 수학자 힐베르트(David Hilbert)가 "지원자의 성별이 왜 그녀의 사강사 임용 여부에 대한 논쟁거리가 되어야 하는지 알 수 없다. 어쨌든 간에 여기는 목욕탕이 아니다."라고 항의했으나 소용이 없었다. 에미는 1933년에 나치즘이 득세하자 독일을 떠나 미국으로 갔고, 프린스턴 고등연구소(Institute for Advanced Study)에서 얼마간 지낸 후 브린 마르(Bryn Mawr)에서 교수가 되었다. 병에 걸린 후 그녀가 받은 수술은 성공적인 것처럼 보였으나, 수술 후 합병증으로 53세의 나이로 세상을 떠났다. 당시에도 그녀는 아이디어와 에너지가 넘쳤었다.

대칭성과 보존법칙

2 0세기 초에 독일 수학자 에미 뇌테르(Emmy Noether)는 다음과 같은 놀랄만한 원리를 발견했다.

> 모든 보존법칙은 자연에 존재하는 대칭성에 대응된다.

'대칭성'은 무엇을 의미하는가? 일반적으로 어떤 작용을 한 후에도 무언가가 변하지 않으면 특정 종류의 대칭성이 존재하는 것이다. 양초는 수직축 주위로 회전하더라도 모양과 그 밖의 특성이 변하지 않으므로 수직축에 대하여 대칭성을 갖는다. 또한 거울에서의 반사에 대해서도 대칭이다.

가장 간단한 대칭 작용은 공간에서의 평행이동으로, 이 대칭성은 물리법칙이 우리가 어디에 좌표계의 원점을 잡았는가에 대해 관계가 없다는 걸 의미한다. 뇌테르는 자연을 기술할 때 공간에서의 평행이동에 대한 불변성은 선운동량이 보존된다는 것으로 귀결됨을 보였다. 또 다른 간단한 대칭 작용은 시간의 평행이동으로, 물리법칙이 $t = 0$을 어떻게 잡는 것과는 무관함을 의미하며 이 불변성의 결과로 에너지 보존이 성립한다. 공간에서 회전에 대한 불변성은 물리법칙이 이 법칙을 기술하는 좌표계의 방향을 어떻게 잡는가와 무관함을 의미하며, 이 결과로 각운동량 보존이 성립한다.

전하의 보존은 게이지 변환과 연관되고, 게이지 변환은 전자기의 스칼라 및 벡터 퍼텐셜 V와 A의 영점을 옮기는 변환을 의미한다(전자기학 이론을 좀 더 엄밀하게 다룰 때는 전자기장을 E와 B 대신에 퍼텐셜 V와 A로 기술하며, 이 두 표현은 $E = -\nabla V - \partial A/\partial t$와 $B = \nabla \times A$의 벡터 식으로 관련지어진다). E와 B가 퍼텐셜들의 미분으로 나타나므로 게이지 변환은 E와 B에 아무런 영향을 주지 않으며, 이 불변성이 전하 보존을 가져온다.

하나의 계에서 똑같은 입자를 교환하는 일은 계의 파동함수의 특성이 보존되는 대칭 작용의 한 형태이다. 이 교환에 대해 파동함수가 대칭적일 수 있는데, 이 경우 입자들은 배타원리를 따르지 않으며, 계는 보스-아인슈타인 통계를 따른다. 혹은 교환에 의해 파동함수가 반대칭일 수 있는데, 이 경우에 입자들은 배타원리를 따르게 되고, 계는 페르미-디랙 통계를 따르게 된다. **통계의 보존**(혹은 파동함수의 대칭성이나 반대칭성의 보존)은 고립된 계에서 일어나는 어떤 과정도 계의 통계적 행동을 바꿀 수 없음을 의미한다. 보스-아인슈타인 통계적 성질을 나타내는 계가 자발적으로 페르미-디랙 통계적 성질을 나타내도록 변하지 않으며, 그 역도 성립한다. 이 보존법칙은 핵물리에서도 적용되는데, 홀수 핵자(홀수 질량수 A)를 가지는 핵들은 페르미-디랙 통계를 따르고, 짝수 A는 보스-아인슈타인 통계를 따른다는 것이 알려졌다. 통계의 보존은, 그러므로 핵반응이 지켜야 할 또 다른 조건이다.

위에서 언급한 것보다 더 미묘하고 추상적인 대칭성은 바리온 수와 렙톤 수 그리고 기묘도와 같은 양들의 보존과 관련된 대칭성들이다. 이들 대칭성은 기본입자의 최신 이론, 특히 하드론의 쿼크 모형으로 이끌어주는 생각에 중요한 역할을 했다. ■

팔정도

표 13.3에서, 구성 멤버들의 질량은 비슷하지만 전하는 서로 다른 하드론들의 집단을 볼 수 있다. 이런 집단을 다중항이라 하는데, **다중항**을 이루는 구성 멤버들은 하나의 기본적인 개체가 다른 전하 상태를 나타내는 것이라고 생각하는 것이 자연스럽다.

팔정도(eightfold way)라고 부르는 하드론의 분류 시스템이, 표 13.3에 보인 상대적으로 안정한 하드론들뿐 아니라 수명이 짧은 공명 입자들까지 다루기 위해 머레이 겔만과 유발 네만

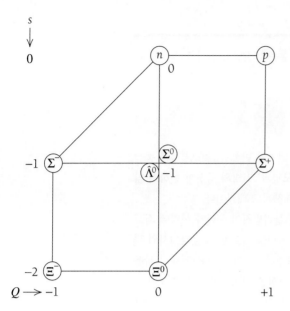

그림 13.5   전하 Q (e 단위)에 대한 기묘수 S로 그린 스핀 $\frac{1}{2}$인 바리온 초다중항

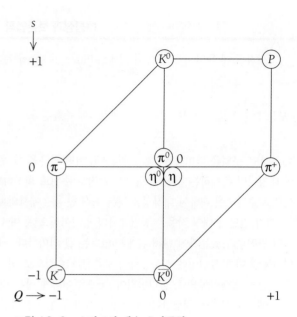

그림 13.6   스핀 0인 메손 초다중항

(Yuval Ne'mann)에 의해 각각 독립적으로 제안되었다. 이 구도는 스핀 값은 같으나 전하와 기묘도가 서로 다른 멤버로 다중항을 모아서 초다중항을 만든다. 그림 13.5와 13.6에서 보는 두 개의 초다중항은 각각 스핀 $\frac{1}{2}$인 바리온들과 스핀 0인 메손들로 이루어져 있는데, 강한 상호작용에 의한 붕괴에 대해 안정되어 있다. 그림 13.7의 초다중항은 스핀 $\frac{3}{2}$인 바리온으로 구성되어 있는데, Ω^-를 제외하면 모두 공명 입자들이다. Ω^-는 이 초다중항이 만들어졌을 당시에는 알려져 있지 않았지만, 나중에 발견되어서 이 분류방법이 타당하다는 것을 확인해 주었다.

각 초다중항의 입자들은 입자들의 차이를 보여 주는 아무런 상호작용이 없다면 모두 같을 것이다. 그림 13.8은 이러한 생각이 그림 13.5의 바리온 초다중항에 어떻게 적용되는가를 보여 준다. 강한 상호작용은 기본적인 바리온 상태를 네 개의 성분 Ξ, Σ, Λ, 그리고 N(핵자)으로 나누고, 전자기적 상호작용은 여기에 더해 Ξ, Λ과 N 성분들을 분리해서 다중항으로 만든다. 강한 상호작용이 전자기적 상호작용보다 훨씬 세기 때문에 다중항 사이의 질량 차이는 다중항 구성 입자들 사이의 질량 차이보다 크다. 따라서 p와 n의 질량 차이는 1.3 MeV밖에 되지 않지만, Λ의 질량과는 176 MeV이나 떨어져 있다.

13.5 쿼크

하드론의 궁극적인 구성 요소

왜 그림 13.5, 13.6 그리고 13.7에서 보인 것과 같은 특정한 하드론들의 모임만 나타나고 다른 모임은 존재하지 않는가를 설명하려고 노력한 결과 1963년에 겔만과 츠바이크(George Zweig)가 독립적으로, 모든 바리온들은 3개의 좀 더 기본적인 입자들로 구성되어 있다고 제

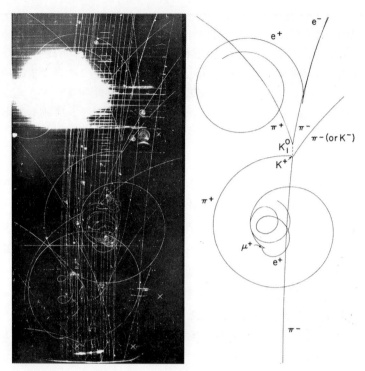

π^- 메손이 양성자(수소 원자핵)와 상호작용하는 액체 수소 거품상자 사진. K^+ 메손, 점선으로 표시된 중성 메손, 음의 메손과 중성자 하나가 만들어짐을 보여주고 있다.(중성이나 전하를 띠지 않은 입자들은 궤적을 남기지 않는다.) 사진은 미국 에너지성의 협조를 받음.

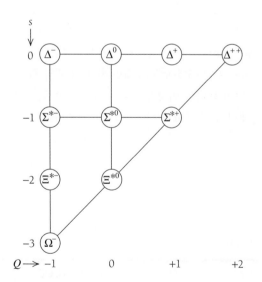

그림 13.7 스핀 $\frac{3}{2}$이고 수명이 짧은 공명 입자(Ω^-는 제외)들로 구성된 바리온 초다중항. 여기에서의 Ξ^*와 Σ^* 입자는 표 13.3에서 나타낸 것보다 무겁고 다른 스핀을 가진다. 화살표는 팔중법에 따르는 가능한 변환을 나타낸다. Ω^- 입자는 이 그림으로부터 예측되었다.

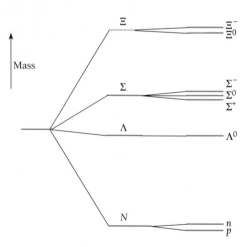

그림 13.8 그림 13.5에서 보인 바리온 초다중항의 기원

머레이 겔만(Murray Gell-Mann: 1929~2019)은 뉴욕에서 태어났으며, 15세에 예일대학에 입학하였다. 1951년 M.I.T.에서 박사학위를 받은 후 프린스턴 고등연구소와 시카고 대학에서 연구하였고, 칼텍(Cal. Tech.)의 교수가 되었다. 1953년에 겔만은 기묘수와 어떤 특정 상호작용에서의 기묘수의 보존을 도입해서 입자들의 성질을 이해하는 데 기여했다. 1961년에 하드론들을 분류하는 방법을 체계화하여 Ω^- 입자를 예측하였고, 이 입자는 이후에 발견되었다. 2년 후 겔만은 쿼크의 개념을 창안하였고, 강한 상호작용의 지배를 받는 입자들의 궁극적인 실체를 구성하였다. 1969년에 노벨 물리학상을 받았다.

안했다. 겔만은 이 입자들을 제임스 조이스(James Joyce)의 소설『피네간의 경야(*Finnegan's Wake*)』에 나오는 "three quarks for Muster Mark"라는 구절에서 따서 **쿼크**라고 불렀다. 겔만과 츠바이크가 제안한 원래의 세 쿼크를 **업** 쿼크(기호 u), **다운** 쿼크(기호 d) 그리고 **기묘** 쿼크(기호 s)라고 불렀다. u와 d 쿼크의 기묘수는 $S = 0$이고, s 쿼크는 $S = -1$이다(표 13.4).

바리온($B = 1$)이 3개의 쿼크로 구성되어 있으므로 쿼크의 바리온 수는 $B = \frac{1}{3}$이어야 하고, 반바리온($B = -1$)은 3개의 반쿼크로 만들어졌으므로 반쿼크의 바리온 수는 $B = -\frac{1}{3}$이어야 한다. 메손은 $B = 0$이므로 쿼크 하나와 반쿼크 하나로 이루어져 있다. 쿼크의 스핀은 모두 $\frac{1}{2}$인데, 이는 관측된 바리온의 스핀들이 반정수이고 메손의 스핀은 0 또는 정수라는 사실을 설명해 준다.

하드론의 전하가 0 혹은 $\pm e$의 정수배 값을 가지기 위해서는, 여러 쿼크들은 표 13.4에서 보인 것처럼 분수의 전하를 가져야 한다. 자연에서의 어떠한 입자들도 분수의 전하를 가지고 있지 않다는 사실 때문에 처음에 쿼크 가설을 받아들이기가 힘들었으나, 곧 증거들이 압도적임이 입증되었다. 쿼크의 실재를 가리키는 가장 직접적인 실험은 고에너지(즉, 짧은 파장) 전자와 양성자의 산란 실험으로, 실제로 양성자 내부에 전하가 세 개의 점 모양으로 집중되어있음이 드러났다. 쿼크는 렙톤과 마찬가지로, 내부 구조를 가지지 않는 본질적인 점입자라는 의미에서 기본적인 존재로 생각된다. 그림 13.9는 그림 13.5에 보인 하드론들 내부의 쿼크 성분들을 나타내고 있고, 표 13.5는 여러 하드론들의 특성이 어떻게 그들을 구성하고 있는 쿼크들의 특성으로부터 나올 수 있는지에 대해 자세히 보여 주고 있다. 그림 13.10은 핵자와 반핵자들의 쿼크 모형을 그림으로 나타낸 것이다.

표 13.4   쿼크. 모두 스핀 $\frac{1}{2}$을 가지고 바리온 수는 $B = \frac{1}{3}$이다. 반쿼크의 전하는 아래에서 보인 전하의 반대 부호이고, 바리온 수는 $B = -\frac{1}{3}$이다. 기묘 반쿼크는 기묘수가 $S = 1$이다.

쿼크	기호	질량, GeV/c^2	전하, e	기묘도
업	u	0.3	$+\frac{2}{3}$	0
다운	d	0.3	$-\frac{1}{3}$	0
기묘	s	0.5	$-\frac{1}{3}$	-1
참	c	1.5	$+\frac{2}{3}$	0
톱	t	174	$+\frac{2}{3}$	0
보텀	b	4.3	$-\frac{1}{3}$	0

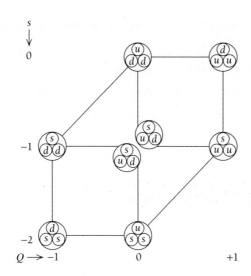

그림 13.9   그림 13.5에서 보인 스핀 $\frac{1}{2}$인 바리온의 쿼크 구성

표 13.5   쿼크 모델에 따른 하드론의 구성

하드론	쿼크 성분	바리온 수	전하, e	스핀	기묘도
π^+	$u\bar{d}$	$\frac{1}{3} - \frac{1}{3} = 0$	$+\frac{2}{3} + \frac{1}{3} = +1$	$\uparrow\downarrow = 0$	$0 + 0 = 0$
K^+	$u\bar{s}$	$\frac{1}{3} - \frac{1}{3} = 0$	$+\frac{2}{3} + \frac{1}{3} = +1$	$\uparrow\downarrow = 0$	$0 + 1 = +1$
p^+	uud	$\frac{1}{3} + \frac{1}{3} + \frac{1}{3} = +1$	$+\frac{2}{3} + \frac{2}{3} - \frac{1}{3} = +1$	$\uparrow\uparrow\downarrow = \frac{1}{2}$	$0 + 0 + 0 = 0$
n^0	ddu	$\frac{1}{3} + \frac{1}{3} + \frac{1}{3} = +1$	$-\frac{1}{3} - \frac{1}{3} + \frac{2}{3} = 0$	$\downarrow\downarrow\uparrow = \frac{1}{2}$	$0 + 0 + 0 = 0$
Ω^-	sss	$\frac{1}{3} + \frac{1}{3} + \frac{1}{3} = +1$	$-\frac{1}{3} - \frac{1}{3} - \frac{1}{3} = -1$	$\uparrow\uparrow\uparrow = \frac{3}{2}$	$-1 - 1 - 1 = -3$

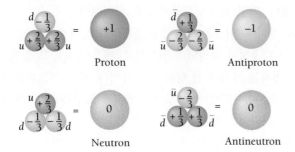

그림 13.10   양성자, 반양성자, 중성자 그리고 반중성자의 쿼크 모형. 전하 단위는 e이다.

색깔

바리온이 쿼크로 이루어져 있다는 생각과 관련된 심각한 문제는, 어떤 입자에는 같은 종류의 쿼크가 2개 또는 3개씩 들어있기 때문에 배타원리에 어긋난다는 사실이다(예를 들면, 양성자에는 2개의 u 쿼크가 있고, Ω^- 바리온에는 3개의 s 쿼크가 있다). 쿼크는 $\frac{1}{2}$ 스핀을 가지는 페르미온이기 때문에 배타원리를 만족해야 한다. 이 문제를 해결하기 위해, 쿼크와 반쿼크는 총 여섯 가지 다른 방식으로 나타나는 추가적인 어떤 성질을 가지고 있을 것이라고 제안되었다.

이는 전하가 양전하와 음전하라 부르는 두 가지 다른 방식으로 나타나는 성질인 것과 같다. 쿼크의 경우에 이런 성질이 '색깔(color)'이라는 이름으로 알려졌고, 그 세 가지 가능한 색을 빨강, 초록, 그리고 파랑이라고 부르게 되었다. 반쿼크의 색은 반빨강, 반초록, 반파랑이다.

색깔 이론에 따르면, 바리온에 있는 3개의 쿼크들은 모두 다른 색깔을 가졌으며, 다른 모든 상태가 똑같은 2개나 3개의 쿼크가 모두 다른 상태에 있게 되어 배타원리를 만족시키게 된다. 색깔을 이렇게 조합한 상태는 빨강, 초록 그리고 파랑 빛이 결합해서 만든 백색의 빛과 유사하다(그러나 쿼크의 색깔과 실제의 색깔 사이에 이런 은유적인 수준 이상의 관련은 없다). 비슷하게, 반바리온은 반빨강, 반초록, 반파랑의 쿼크로 이루어져 있다. 메손은 어떤 색깔의 쿼크와 그에 대응하는 반대 색깔의 반쿼크로 구성되어 색깔을 상쇄시키는 효과를 가져온다. 결과는 다음과 같다.

> 하드론과 반하드론은 색깔이 없다.

쿼크의 색깔이라는 성질은 하드론 내에서는 매우 중요하지만, 바깥 세계에서는 결코 직접 관측할 수 없는 성질이다.

쿼크 색깔의 개념은 그저 배타원리의 문제를 해결하는 방법 이상이다. 한 가지를 들어 보면, 중성 파이온이 왜 관측된 수명을 가지는지를 설명할 수 있는 열쇠가 된다. 더 깊은 수준에서는, 전자기적 상호작용이 전하에 기초를 두듯이 강한 상호작용은 쿼크 색깔에 근거한다.

맛깔

쿼크에는 세 가지 색깔이 관여할 뿐 아니라, 원래의 세 개의 u, d 및 s라는 세 가지 종류에 더해서 새로운 다양성[혹은 맛깔(flavor)]이 체계에 추가되어야 한다는 것이 밝혀졌다. 표 13.4를 보라. 이 새로운 맛깔들 가운데 첫 번째로, **참** 쿼크(charm quark) c가 렙톤 쌍의 존재로부터 유추되어 제안되었다. 만일 쿼크가 렙톤과 같은 의미에서의 기본입자라면, 이들도 역시 쌍으로 되어 있어야 할 것이다. 이것은 그다지 논쟁거리라고 여겨지지 않을 수도 있지만, 물리학에서 다양한 종류의 대칭성이 증명되어 있으므로, 매우 중요하고 실제로 충분히 합리적이다. 참 쿼크는 $+\frac{2}{3}e$의 전하를 가지며 참 양자수는 +1이다. 다른 쿼크들은 0 참 양자수를 가진다. 참 쿼크는 특정 하드론이 붕괴할 가능성에 명백하게 영향을 주며, 참 쿼크를 포함하는 참 바리온과 c와 $\bar{c}$ 쿼크를 포함하는 메손이 모두 발견되었다.

놀랍게도, 보통 물질의 모든 성질들은 오직 2개의 렙톤, 즉 전자와 그와 연관된 중성미자, 그리고 u와 d의 2개의 쿼크만으로 이해할 수 있으며, 이들은 표 13.6의 첫 번째 세대에 해당한다.

두 번째 세대인 2개의 렙톤과 2개의 쿼크—뮤온과 그의 중성미자, 참 쿼크와 기묘 쿼크—는 높은 에너지의 충돌 실험에서 생성된 불안정한 입자들과 공명 입자들의 대부분을 이루며, 이들 모두 첫 번째 세대의 입자들로 붕괴한다. 세 번째 세대에서, 렙톤은 질량이 양성자의 거의 두 배로 1.74 GeV인 타우 렙톤과 그에 해당하는 중성미자로 이루어져 있다. 쿼크는 **톱**(top)과 **보톰**(bottom)으로 불린다. 둘 다 매우 무거워서 양성자 질량의 몇 배나 되고, 이들을 포함하는 하드론들은 가장 높은 에너지의 사건들에서만 생성된다. 보톰 쿼크의 존재는 1977

표 13.6 쿼크와 렙톤, 그리고 그들에 작용하는 상호작용들. 보통 물질은 첫 번째 세대로만 이루어져 있다. 모든 쿼크와 렙톤에는 반쿼크와 반렙톤이 있다.

		쿼크		렙톤	
세대	첫 번째	업 u	다운 d	전자 e	전자 중성미자 ν_e
	두 번째	참 c	스트레인지 s	뮤온 μ	뮤온 중성미자 ν_μ
	세 번째	톱 t	보톰 b	타우 τ	타우 중성미자 ν_τ
전하	전기	$+\frac{2}{3}$	$-\frac{1}{3}$	-1	0
	색깔	빨강 초록 파랑		색깔 없음	
상호작용	색깔				
	전자기				
	약한 상호작용				

년에 확인되었고, 톱 쿼크는 1995년에야 확인되었다.

그 이상의 세대가 있을 것인가? 아닌 것 같다. 렙톤과 쿼크의 세대수에 민감한 실험은 정확히 3세대만 있음을 명백하게 나타내고 있다.

쿼크 가둠

하드론의 쿼크 모형이 매우 설득력이 있음에도 불구하고, 그리고 1963년 이래 탐색이 계속되어 왔지만, 쿼크를 따로 분리시키지는 못했다. 쿼크에 대한 현재 상황은 중성미자가 제안되고 난 후 25년 동안 있었던 상황과 비슷한 것 같다. 중성미자가 실재한다는 것은 풍부한 간접적인 증거들에 의해 뒷받침되었지만, 중성미자의 근본적인 특성의 어떤 면이 검출되는 걸 막고 있었다. 하지만 정말로 똑같지는 않다. 중성미자를 찾기 어려웠던 것은 오로지 중성미자와 물질의 상호작용이 매우 약하기 때문이었다. 반면 쿼크의 경우는, 색깔에 작용하는 힘의 근본적인 면이 쿼크가 하드론 바깥에서 독립적으로 존재하지 못하도록 하는 듯하다. 사실상, 자유로이 돌아다니는 쿼크를 검출한다면, **양자색역학**(Quantum Chromodynamics)이라고 부르는 쿼크와 그 행동을 기술하는 이론이 잘못 된 것일 것이다..

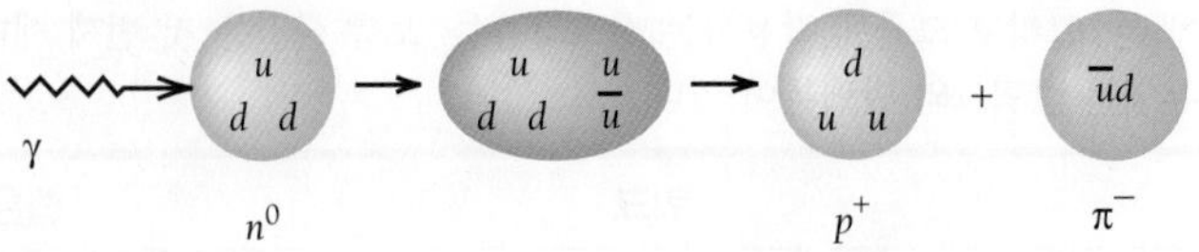

그림 13.11 하드론에 아무리 많은 에너지가 주어지더라도 개개의 쿼크는 절대로 나오지 않는다. 여기서는 중성자에 광자에 의한 에너지가 주어지며, 그 결과로 중성자 내부에 쿼크-반쿼크 쌍이 생성된다. 여러 쿼크들은 양성자와 음 파이온으로 재배열된다.

쿼크 가둠에 대한 설명은, 쿼크들이 용수철에 연결되어 있는 것처럼 원래의 간격에서 멀어질수록 두 쿼크 사이의 인력이 커진다는 아이디어로부터 시작한다. 이렇다는 말은 쿼크들 사이의 간격을 증가시키려면 더욱더 많은 에너지가 필요하다는 의미다. 그러나 충분한 에너지가 주어지면 쿼크가 하드론에서 다른 쿼크의 영향으로부터 벗어나는 대신에, 초과되는 에너지가 쿼크-반쿼크 쌍을 만들어낸다. 그러면 메손이 되어 하드론에서 벗어나게 된다. 이 효과를 그림으로 보이기 위해 그림 13.11에서 강력한 감마선 광자가 중성자(udd로 구성)와 충돌해서 $u\bar{u}$ 쿼크-반쿼크 쌍을 만들 때 무슨 일이 생기는지를 보였다. 쿼크들 $udd + u\bar{u}$는 다시 재배열되어 양성자(duu) 하나와 음전하를 띤 파이온($\bar{u}d$) 하나가 된다. 하드론의 반응은 아래와 같다.

$$\gamma + n^0 \rightarrow p^+ + \pi^-$$

물리학에는 쿼크 가둠처럼 분리될 수 없는 것을 보여주는 또 다른 예가 있다. 자석의 남·북극 역시 서로에게 무관하게 각각 존재할 수는 없다. 만약 자석을 둘로 나누면, N극과 S극이 따로 따로 존재하는 것이 아니라 N극과 S극으로 이루어진 보통의 자석 두 개를 가지게 된다.

13.6 보손 장

상호작용의 전달자들

11.7절에서 본 것처럼 두 입자 서로 간의 힘은 둘 사이에 다른 입자들을 주고받음으로써 전달되는 것으로 생각할 수 있다. 이 개념은 근본적인 상호작용 모두에 적용할 수 있다. 교환되는 입자들의 목록이 표 13.1에 실려 있는데, 이들은 모두 보손이다. 중력자는 중력장을 전달하는 입자이다. 중력자는 질량이 없고 안정되어야 하며, 스핀이 2이고 빛의 속력으로 움직인다. 질량이 0이라는 것은 중력의 범위에 한계가 없다는 것으로부터 추측할 수 있다. 만일 에너지가 보존된다면, 불확정성 원리에 의해 힘이 미치는 범위는 교환되는 입자의 질량에 반비례해야 한다(식 11.19를 보라). 따라서 중력자의 질량이 0일 때에만 중력 상호작용이 무한한 범위를 가질 수 있다. 물질과 **중력자**의 상호작용은 매우 미약해서 검출하기가 극히 어렵다. 중력자의 존재를 긍정하거나 부정하는 확실한 실험적 증거는 아직까지 없다.

약한 상호작용을 전달하는 입자는 두 종류가 있다. 하나를 W 보손이라고 하는데 스핀이 1이고, $\pm e$의 전하를 가지며, 베타붕괴에 관련된다. 질량은 양성자의 약 85배다. 다른 하나는 Z 보손이라고 부르는데, 스핀은 역시 1이지만 전기적으로 중성이고 W보다 무겁다($97 m_p$). Z

셸던 글래쇼(Sheldon Lee Glashow: 1932~)는 뉴욕에서 자랐고, 1958년 하버드대학에서 박사학위를 받았으며, 현재 하버드대학 물리학과 교수로 재직 중이다. 글래쇼는 양자전기역학의 개척자 중 한 사람인 슈윙거(Julian Schwinger)의 제자였는데, 슈윙거는 약한 상호작용과 그것의 전자기적 상호작용과의 연결 가능성에 대해 관심을 가졌다. 1961년에 글래쇼는 이들 상호작용을 통일하기 위한 올바른 방법으로 입증된 첫 번째 단계를 연구했고, 1967년 스티븐 와인버그와 압두스 살람이 각각 독립적으로 연구해서 마침내 완성되었다. 세 사람은 전자기약작용 이론에 대한 기여로 1979년 노벨상을 받았고, 1983년 제네바의 CERN에서 약한 상호작용에서 예견되었던 W와 Z '전달자'가 실험적으로 관측됨에 따라 이론이 최종적으로 확인되었다. 1970년 글래쇼와 두 명의 동료는 참 쿼크의 존재를 제시하였고, 몇 년 후에 참 쿼크와 반참 쿼크를 포함한 입자들이 발견되었다. 이들의 이론에 양자색역학을 함께 쓴 것을 오늘날 표준모형이라고 부르며, 이 모형은 현재까지 알려진 실험 결과를 거의 모두 다 정확하게 설명하고 있다. 1974년에 글래쇼와 죠자이(Howard Georgi)는 강한 상호작용과 약전기 상호작용을 통일하는 대통일 이론의 첫 번째 이론적 모형을 제시하기도 했다.

의 효과는 전자기 상호작용과 매우 비슷하지만 크기가 작기 때문에, 알아보기가 쉽지 않다. W와 Z 보손의 질량이 매우 크기 때문에, 약한 상호작용이 일어나는 범위는 매우 짧다. 둘 모두 $\sim 10^{-25}$초에 붕괴된다. W 보손은 베타붕괴 등의 관측된 약한 상호작용을 설명할 때 자연스럽게 나타나는 전달 입자로서 오래전부터 제안되었다. 반면 Z 보손은 관측 결과로부터 유추된 것이 아니며, 약한 상호작용과 전자기력을 통일하는 이론에서 고려되기 시작했다. 따라서 Z 보손이 발견되었다는 사실은 통일 이론이 옳다는 것을 확인하는 데 중요한 역할을 했다.

약한 상호작용과 전자기적 상호작용 사이의 관련성은 1960년 초 글래쇼(Sheldon Glashow), 그리고 1960년대 중반에 와인버그(Steven Weinberg)와 살람(Abdus Salam)에 의

Compact Muon Solenoid (CMS)는 CERN의 LHC 가속기에 설치된 다목적 검출기이다. 이 검출기는 힉스 보손을 포함한 표준 모형의 연구에서부터 덧차원 혹은 암흑 물질을 이루는 입자들을 찾는 데 이르는 많은 물리 실험에 이용된다.

해 각각 독립적으로 개발되었다. 글래쇼는 약한 상호작용과 전자기적 상호작용을 포괄하는 대칭성을 제안하고 그 결과로 Z 보손이 존재해야 함을 제안했다. 이 이론의 미묘한 부분은 전자기력을 전달하는 광자는 질량이 없지만 약한 상호작용을 전달하는 입자는 질량을 가져야 한다는 점이다. 와인버그와 살람은 자발적인 대칭성 깨짐이라고 하는 난해한 과정을 통해, 글래쇼가 제안한 이론에 나타나는 힘을 전달하는 입자 4개 성분 중 3개에 해당하는 부분이 질량을 얻어서 $W^{\pm}$와 Z 입자들이 되고, 질량이 없는 성분 하나는 광자에 해당한다는 것을 보였다. 이로서 전체 상호작용 중에서 $W^{\pm}$와 Z 보손들이 관계하는 부분은 약한 상호작용이 되고 광자가 매개하는 부분은 전자기 상호작용에 해당한다. 이때 W와 Z 보손의 질량은 입자의 고유한 속성이 아니라 이 입자가 점유하게 된 상태의 속성으로 볼 수 있는데, 이러한 관점이 자발적인 대칭성 깨짐의 결과다. 광자는 질량이 없는 상태를 유지하므로 전체 상호작용 중 전자기적 상호작용의 범위는 무한대를 그대로 유지한다.

하드론들이 쿼크로 이루어져 있으므로 하드론들 사이의 강한 상호작용은 궁극적으로 쿼크들 사이의 상호작용으로부터 나와야 한다. 이런 상호작용을 만들어내기 위해 쿼크가 교환하는 입자들을 **글루온**(gluon)이라 하는데, 8개의 글루온이 존재해야 할 것으로 요구되었다. 글루온은 질량이 없고 빛의 속도로 움직이며, 각각의 글루온은 색깔과 반색깔을 운반한다. 쿼크가 글루온을 방출하거나 흡수하게 되면 쿼크의 색깔이 변하게 된다. 예를 들면, 파랑 쿼크가 파랑-반빨강 글루온을 방출하면 빨강 쿼크가 되고, 빨강 쿼크가 이 글루온을 흡수하면 파랑 쿼크가 된다. 색깔을 가지고 있으므로 글루온은 자기 자신과 스스로 상호작용을 할 수 있어서, '글루볼(gluball)'이라고 부르는 독립된 입자를 형성할 수 있다. 그러나 아직 글루볼에 대한 탐색은 결실을 얻지 못하고 있다.

13.7 표준 모형 그리고 그 너머

모든 것을 통합한다.

쿼크가 어떻게 서로 상호작용을 하는가에 대한 이론을 양자색역학이라고 한다. 이는 전하를 띤 입자들이 어떻게 상호작용하는지를 기술하는 이론으로서 매우 잘 정립된 양자전기역학을 모델로 해서 만들어진 이론으로, 전기적 전하(electric charge) 대신에 색깔 전하(color charge)를 다루기 때문에 붙여진 이름이다. 다만 글루온 자체가 색깔을 가지고 있으므로 쿼크와 글루온을 기술하는 양자색역학은 양자전기역학보다 훨씬 복잡한 수학적 구조를 가지고 있다. 양자색역학을 통해 쿼크가 어떻게 하드론에 특성을 부여하는지에 설명할 수 있고, 고에너지 입자 실험에서 관측되는 여러 효과들을 예측하고 있다.

강한 상호작용 이론을 전자기약작용 이론에 결합해서 기본입자의 전체적인 상을 그리고, 10^{-18} m까지의 물질 구조를 기술하도록 한 이론을 **표준 모형**(standard model)이라고 부른다. 이 이론은 지금까지 알려진 물질의 구성요소 전부인 6개의 렙톤, 6개의 쿼크, 그리고 그들의 행동을 규정하는 4가지 힘 중 3가지의 힘을 포함하고 있다. 이름에서 느낄 수 있듯이 표준 모형은 엄청난 성공을 거두었고, 이 이론에 기여한 사람들은 여러 해에 걸쳐 무려 20개 이상의 노벨상을 받았다.

힉스 보손[주]

톤과 쿼크의 표준 모형이 수학적으로 모순이 없기 위해서는, 약한 상호작용의 자발적인 대칭성 깨짐을 위해 스코틀랜드 물리학자 피터 힉스(Peter Higgs) 등이 개발한 힉스 메커니즘(Higgs Mechanism)이라는 이론적 방법을 적용해야 한다. 이 이론에서는 힉스 장(Higgs field)이라 부르는 양자 장이 공간의 모든 곳에 존재해서 우주의 상태를 정해주게 된다. 한편 입자들은 힉스 장과 상호작용함으로써 질량을 얻는다. 상호작용이 강할수록 질량이 커지기 때문에, 힉스와의 상호작용은 움직이는 입자가 일종의 점성을 느끼는 것과 비슷한 효과를 준다. 이렇게 점성에 의해서 끌리는 효과는 질량을 정의하는 방법인 관성으로 나타난다. 앞에서 W와 Z 보손의 질량을 입자가 원래부터 가지고 있는 속성이 아니라 입자가 점유하게 된 상태의 속성이라고 했는데, 바로 이런 의미이다.

다른 장과 마찬가지로 힉스 장의 효과는 **힉스 보손**(Higgs boson)이라고 부르는 새로운 입자로 나타난다. 힉스 보손이 존재한다면 힉스 메커니즘이 작동하고 있다는 직접적인 증거이며, 결국 표준 모형이 옳다는 것을 확인하는 중요한 단계이다. 힉스 보손의 질량은 표준 모형으로 예측할 수 없지만, 힉스 보손의 질량과 상호작용을 아는 것은 표준 모형을 마무리 짓도록 해 준다. 지난 수 십년 동안 힉스 보손 찾는 일은 더욱 강력한 입자가속기를 건설하는 가장 중요한 동기 중 하나였다. 21세기에 들어서 미국 시카고 근교의 페르미 국립연구소가 운영하는 테바트론(Tevatron)이 그러한 역할을 수행해 왔고, 2010년부터는 스위스의 CERN에 있는 둘레 27 km의 LHC (Large Hadron Collider)가 세계 최대의 가속기로서 새로운 현상을 탐색해 왔다. 테바트론은 가장 무거운 쿼크인 톱 쿼크를 발견했으나 힉스 보손을 발견하지는 못했다. 테바트론보다 4배 이상 높은 에너지에서 가동되기 시작한 LHC는 2012년에 마침내 힉스 보손을 발견하는 데 성공했다. 힉스 보손의 질량은 약 125 GeV/c^2이며 스핀은 0이다. 이후 힉스 보손의 여러 성질이 측정되고 있는데, 현재까지 표준모형의 예측과 잘 맞는 것으로 보인다. 힉스 보손의 발견에 따라 힉스 메커니즘을 제안한 피터 힉스와, 힉스보다 조금 먼저 같은 이론을 제안한 네덜란드의 엥글레르(François Englert)가 2013년에 노벨 물리학상을 수상했다. ■

그러나 표준 모형이 최종 이론이 되기에는 너무나 많은 미해결 부분들이 남아 있다. 우선 중요한 요소들을 임의적으로 넣어야 했다. 렙톤과 쿼크의 질량 같은 18개의 기본적인 물리량들은 이 모형이 알려주는 게 아니라, 우리가 값을 측정해야 한다. 사실, 렙톤과 쿼크에 3세대가 있다는 핵심적인 사실도 이론이 아니라 실험으로 알게 된 것이다. 앞에서 파이온의 교환으로 매개된다고 했던, 핵자를 핵에 묶어두는 강력은 사실 글루온의 교환으로 매개되는, 핵자 안에서의 쿼크 사이의 색깔 힘(color force)이 겉으로 드러난 모습이다. 그러나 아무도 쿼크 사이에 작용하는 색깔 힘으로부터 하드론 사이에 작용하는 강한 힘의 세부 사항들을 유도해 내지 못하고 있다.

다음 단계는 전자기약작용과 색깔의 상호작용을, 렙톤과 쿼크 사이의 정확한 관계를 드러내 주는 하나의 **대통일 이론**(grand unified theory: GUT)으로 엮어내는 일이다. 여러 이론 중에서 타당한 GUT는 한 렙톤인 전자와, 쿼크들의 한 복합체인 양성자가 왜 정확히 같은 크기의 전하량을 가지는지를 설명할 수 있어야 할 것이다. 그러한 설명을 해주기 위해 제안된

역자주: 이 코너는 전체적으로 새로 썼다.

GUT는 렙톤-쿼크 상호작용이 존재할 것을 필요로 하는데, 그러면 그러한 상호작용에 의해 양성자도 결국에는 $10^{30} \sim 10^{33}$년의 반감기로 붕괴하게 되며, 이는 현재의 물질이 본질적으로 불안정함을 의미한다. 앞에서 언급한 것처럼 현재까지의 실험 결과는 양성자 반감기가 적어도 10^{32}년 이상일 것이라고 말하고 있으므로 양성자의 궁극적인 안정성에 대한 질문은 아직 답할 수 없다.

GUT를 탐구하면서, **초대칭성**(supersymmetry)이라 불리는, 새로운 대칭성 원리가 주목을 받게 되었다. 만약 우주가 초대칭성을 가진다면, 모든 입자는 스핀이 자신의 스핀과 $\frac{1}{2}$만큼 다른 초대칭 짝을 가져야 하는데, 우리가 알고 있는 입자들의 초대칭 짝을 초입자(sparticle)이라 부른다. 즉 모든 페르미온들은 보손과 짝을 이루어야 하고, 모든 보손들은 또한 페르미온과 짝을 이루어야 한다. 페르미온인 렙톤과 쿼크의 초대칭 짝을 초렙톤(slepton)과 초쿼크(squark)라고 부르며, 보손인 γ, $W^{\pm}$, 그리고 글루온의 초상대를 포티노(photino), 위노(wino) 그리고 글루이노(gluino)라고 부른다. 현 단계에서 초대칭의 두 가지 눈에 띄는 모습은 첫째, 표준 모형에서 개별적인 이론들을 더욱 만족할 만한 전체적인 이론으로 통합한 것이고, 둘째, 많은 탐색 노력에도 불구하고 LHC를 비롯한 입자가속기에서 초입자가 전혀 발견되지 않았다는 점이다 (새로운 입자들에 이름을 붙이는 재미는 제외한다). 초입자는 너무 무거워서 현재의 가속기에서는 만들어질 수 없고, 더 높은 에너지의 미래의 가속기에서 만들어질지도 모른다. 그리고 지금까지는 아무런 징조가 없지만, 13.9절에서 논의할 우주의 '사라진(missing)' 질량이 초입자로 구성되어 있다고 생각할 수도 있다.

오랫동안 지속된 주제면서, 현대 물리학에서 가장 기본적인 문제들 중 하나는 중력이 다른 기본 상호작용과 어떻게 연결되어 있는가 하는 것이다. 일반 상대성 이론은 시공간의 성질을 통해서 중력을 설명했고, 일반 상대성 이론의 결과들은 여러 실험을 통해 입증되어 왔다. 그러나 일반 상대성 이론은 표준 모형이나 GUT와는 달리 양자역학적인 이론이 아니다. 그래서 지금의 형태로는 매우 작은 스케일에는 적용할 수 없다.

끈 이론의 지지자들은, **끈 이론**이 구원이 되어 궁극적인 '모든 것의 이론(Theory of Everything)'의 기초가 될 것이라고 믿는다. 이 이론에서는 렙톤, 쿼크 그리고 보손 장은 4차원 (x, y, z, t) 시공간에서 한 점이 아니라 10차원 공간에서의 진동하는 끈의 고리이다. 각 입자 형태들은 10^{-35} m로 추측되는 크기라서 우리에게는 점 입자로만 보이는, 끈 고리의 다른 진동 모드로 표현된다. 우리는 추가된 6차원을 눈치채지 못한다. 왜냐하면, 2차원 면(종이 한 장과 같은)을 단단히 말면 1차원 선이 되듯이, 6차원은 어쨌든 '말려' 있기 때문이다. 끈 이론은 수학적으로 매우 난해한데, GUT의 주요 특징을 포함하고 있으며, 특히 초대칭을 포함한다.

새로운 숨은 공간 차원이 존재할 수 있다는 생각은 1919년까지 거슬러 올라간다. 당시 폴란드 수학자 칼루차(Theodor Kaluza)는 차원을 추가해서 보통 공간의 모든 점에 구조를 줌으로써, 전자기학을 포함하도록 일반 상대성 이론을 성공적으로 확장했다. 칼루차의 제안은 스웨덴 물리학자 클라인(Oskar Klein)에 의해 더욱 발전되었으나, 전자의 전하와 질량 사이의 비율 같은, 이론의 결론 중 일부가 측정과 맞지 않았다. 양자역학의 출현과 함께 일어난 1920년대 물리학의 격동으로 인해 칼루차-클라인의 생각은 희미하게 잊혀졌다가 새로 태어나 반세기 이상이 지난 후 시작된 끈 이론으로 확장되었다.

끈 이론에는 많은 매력적인 요소들이 있는데, 특히 일반 상대성 이론이 자연스러운 방법으로 포함된다는 점이 그렇다. 끈 이론에 대한 많은 연구들이 수행되고 있고, 그 결과에 의해 많은 물리학자들로 하여금 끈 이론이 '모든 것의 이론'에 이르는 길을 나타낸다고 믿도록 북돋우고 있다. 그러나 현재까지 끈 이론에 의한 예측은 실험 결과로 직접 확인될 수는 없다. 따라서 10차원의 미세한 끈 고리가 실제로 존재하고, 그 진동이 우리 주위의 세상을 만들고 있는지를 알아볼 길은 아직까지 없다.

13.8 우주의 역사

폭발로 시작되었다.

우주가 균일하게 팽창한다는 게 관측되었다는 사실은, 약 130억 년 전에 에너지 밀도와 시공간의 곡률이 무한대인 시공간의 특이점으로부터 대폭발(Big Bang)이 시작되었음을 가리킨다. 중력에 대한 양자역학적 이론이 없으므로, 대폭발 직후에 대해서는 아무것도 말할 수 없다. 그러나 폭발 후 10^{-43}초가 지난 후에는 강한 상호작용, 전자기 상호작용 그리고 약한 상호작용을 하나로 묶는 이론으로부터 불완전하기는 하지만, 무엇이 일어났는지에 대한 개괄적인 모습을 그려볼 수 있다.

대폭발로부터 나온 최초의 작고 밀도가 높고 뜨거운 물질과 복사의 불덩어리가 팽창함에 따라, 우주는 냉각되면서 특정한 온도들에서 일련의 변화를 겪는다. 이것은 온도가 내려가서 증기가 냉각되면서 물이 되었다가 얼음이 되는 것과 유사하다. 그림 13.12는 시간에 대한 온도(실제로는 kT) 그래프에 우주의 각기 다른 상태를 보여준다. 둘 모두 로그(log) 눈금이며, kT 단위는 전자볼트이고, 10^{-4} eV는 ~1 K에 해당한다.

플랑크 길이와 시간

일반 상대성 이론에는 두 가지 기본 상수가 나타난다. 중력상수 G와 빛의 속력 c이다. 비슷하게, 플랑크 상수 h는 양자역학에서의 기본 상수이다. G와 c 그리고 h를 결합하면 **플랑크 길이**(Plank length) λ_P라 불리는 '자연스러운' 길이 단위에 이르게 되고, 아래와 같이 주어진다.

플랑크 길이
$$\lambda_P = \sqrt{\frac{Gh}{c^3}} = 4.05 \times 10^{-35} \text{ m}$$

플랑크 길이는 중요한 의미가 있다. 왜냐하면 이보다 짧은 거리에서는 불확정성 원리에 의한 양자역학적 요동이 일반 상대성 이론의 핵심인 공간의 매끄러운 기하를 깨뜨리기 때문이다. 더 큰 길이 스케일에서는 양자역학과 일반 상대성 이론 모두 물리적 실체의 서로 다른 면들을 잘 기술한다. 그러나 λ_P보다 작은 길이에서는 두 이론 모두 성립하지 않아서, 이런 작은 규모의 영역에서는 우리가 구조나 사건들에 관해 아무 것도 알 수 없다.

무언가가 λ_P를 빛의 속도로 지나는 데 필요한 시간을 **플랑크 시간**(planck time) t_P라고 하고 다음과 같이 주어진다.

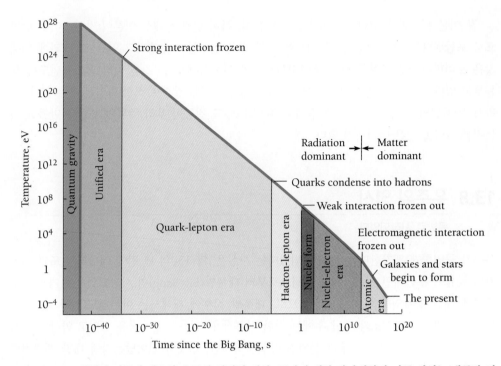

그림 13.12   현재의 이론에 기초한 우주의 열적인 역사. 중력에 대한 양자역학적 이론 없이는 대폭발 직후부터 10^{-43}초까지의 우주의 상태에 대해서는 아무런 언급도 할 수 없다.

플랑크 시간

$$t_P = \frac{\lambda_P}{c} = \sqrt{\frac{Gh}{c^5}} = 1.35 \times 10^{-43} \text{ s}$$

t_P보다 짧은 시간 간격의 시간을 취급하기 위해서는 다시 양자 이론과 일반 상대성 이론을 통합한 이론이 있어야 한다. 이런 목적에 적합한 이론은 아직 없다. 이런 이론을 가지고 있지 않다는 것은 오늘날 우리가 대폭발이 일어난 직후부터 10^{-43}초가 흐를 때까지의 우주가 어떠하였는가에 대해 생각해 볼 방법을 아예 가지고 있지 않음을 의미한다.   ∎

　　10^{-43}초부터 10^{-35}초까지 우주는 10^{28} eV에서 10^{23} eV로 냉각되었다. 이처럼 높은 에너지에서는 강한 상호작용, 전자기 상호작용 그리고 약한 상호작용이 극히 무거운 보손 장의 입자인 X 보손에 의해 매개되는 하나의 상호작용으로 합쳐져 있었다. 쿼크와 렙톤도 서로 구분할 수 없다. 그러나 그러나 10^{-35}초에서는 입자들의 에너지가 낮아져서 X 보손이 더 이상 생성될 수 없게 되었고, 강한 상호작용이 전자기약작용과 분리되었다. 이 시간에 우주의 크기는 대략 밀리미터 정도이고, 쿼크와 렙톤은 이제 서로 별개가 되었다. 이 시간까지는 물질과 반물질의 양이 같았으나, 게이지 보손들의 붕괴가 대칭적이지 않았기 때문에 그 결과로 물질이 반물질보다 약간, 아마도 300억 분의 1 정도 더 많아지게 되었다. 시간이 지남에 따라 물질과 반물질은 서로 소멸해서 우주는 물질만 포함하게 되었다.

　　10^{-35}초에서 10^{-10}초까지 우주는 강한 상호작용, 전자기약작용 그리고 중력에 의해 지배되는 쿼크와 렙톤의 빽빽한 죽으로 이루어져 있었다. 10^{-10}초에 우주는 더 식어서 전자기약작용이 오늘날 우리가 보는 대로의 전자기 부분과 약력 부분으로 분리된다. 입자들이 충돌할

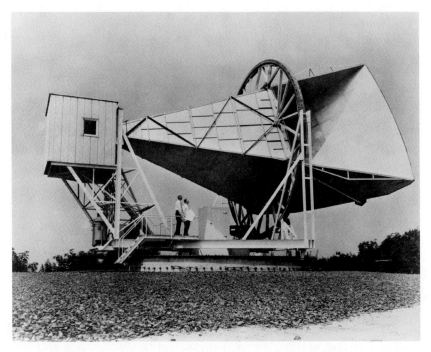

우주 팽창의 초기에 나타난 것으로 생각되는 전파가 펜지아스(Arno Penzias)와 윌슨(Robert Wilson)에 의하여 처음으로 검출되었다. 그들은 뉴저지의 홀름델에 있는 15 m 길이의 안테나에 부착된 민감한 감지기를 사용하였다. (NASA 협조)

때의 에너지가 더 이상 약전자기 상호작용의 특성인 자유로운 W와 Z 보손을 생성할 만큼 높지 않으므로 이들 입자들은 앞서 통일된 상호작용에서의 X 보손이 그랬던 것처럼 사라지게 된다.

10^{-6}초 부근에서 쿼크가 하드론으로 뭉쳤다. 약 1초경에는 중성미자의 에너지가 충분히 낮아져서 하드론–렙톤 죽과 상호작용을 할 수 없게 되었다. 이를 약한 상호작용이 '얼어붙었다'고 한다. 중성미자와 반중성미자는 우주에 계속 남아 있지만, 우주의 진화에 더이상 참여하지 않게 되었다. 이때부터 양성자는 역베타붕괴에 의해 중성자로 바뀔 수 없고, 자유 중성자는 여전히 베타붕괴를 해서 양성자가 될 수 있다. 그러나 붕괴하기 전에 많은 중성자들이 헬륨 핵으로 합쳐지는 핵반응이 시작되었다. 핵의 합성은 약 $T = 5$분에 멈추었는데, 이론에 의하면 그때의 총 질량에 대한 헬륨 질량의 비는 23%와 24% 사이에 있어야 하고, 이 값은 오늘날 우주의 대부분에서의 값과 같다. 이보다 헬륨의 비율이 적은 별이나 은하, 혹은 가스구름은 발견된 적이 없다. 물론, 별의 세대에 와서는 핵반응의 결과로 헬륨 함유량이 증가한다. 측정하기 쉬운 태양의 바깥 껍질에서는 헬륨의 비가 28%에 가깝다. 불완전한 ^{4}He의 합성으로 인해 분명히 ^{2}H와 ^{3}He도 처음부터 약간은 남아 있었고 리튬도 조금 생성되었지만, 5분이 지난 후에 우주의 주된 구성물은 ^{1}H와 ^{4}He였다.

대폭발 이후 5분에서 약 10만 년까지 우주는 수소와 헬륨 원자핵들과 전자들로 이루어진 플라스마로 구성되어 복사선과 열평형을 이루고 있었다. 그러다가 일단 온도가 수소 이온화 에너지인 13.6 eV 이하로 내려가자, 수소 원자가 형성되어 더 이상 깨어지지 않게 되었다. 이제 물질과 복사가 분리되었고, 우주는 투명해졌다. 이전에 강한 상호작용과 약한 상호작용이 그랬던 것처럼 전자기적 상호작용이 얼어붙었다. 광자는 입자−반입자 쌍으로 물질화될 만한 에너지를 갖지 못했고, 중성 원자들로 이루어진 우주에서는 가속된 이온에 의해 생성되는 제동복사도 없었다.

남아 있던 복사선은 우주가 팽창함에 따라 계속 퍼져 나가면서 점점 더 긴 파장 쪽으로 도플러 이동을 하게 된다. 현재의 관측자가 남아 있는 복사선을 관측한다면 복사선이 모든 방향에서 같은 세기로 올 것으로 예상할 것이다. 또한 현재의 우주의 온도인 2.7 K에서의 흑체복사와 같은 스펙트럼을 가질 것이다. 이러한 복사선은 지상과 인공위성에서 마이크로파를 측정해서 실제로 발견되었다. 따라서 우리는 현재 대폭발 우주론을 강력하게 지지하는 3개의 관측 결과를 가지고 있다.

1. 우주의 균일한 팽창
2. 우주에서의 수소와 헬륨의 상대 존재 비
3. 우주 배경복사

일단 물질과 복사가 분리되고 나면, 중력이 우주의 진화에 주된 영향을 미친다. 밀도 요동(요동의 존재는 1992년에 발견된 2.7 K 복사 바다에서의 '잔물결', 즉 작은 불규칙성이 관측되어 확인되었다)은 밤하늘을 수놓는 은하와 별들을 형성하게 하였다. 초기의 초신성 폭발은 헬륨보다 더 무거운 여러 종류의 원소들을 분출하였고, 이들은 뒤에 가서 다른 별들이나 별에 딸린 행성에 혼합되어 들어갔다. 이 행성 중 적어도 하나에서, 그리고 아마도 다른 많은 행성에서도 생명체가 발생해서 현재의 우리에 이르렀다.

13.9 미래

"나의 시작에 나의 끝이 있다."(*T. S. Eliot*, Four Quartets)

우주는 계속해서 영원히 팽창할까? 이 물음의 답은 우주에 얼마나 많은 물질이 있는지, 그리고 얼마나 빨리 팽창하는지에 달려 있다. 3가지 가능성이 있다.

1. 만약 우주의 평균밀도 ρ가 어떤 임계밀도 ρ_c보다 적으면 우주는 **열려**(open) 있고, 정지하지 않고 계속 팽창한다(그림 13.13). 임계밀도 ρ_c는 팽창률의 함수이다. 결국에는 새로운 은하나 별들이 더 이상 생성되지 않고, 이미 존재하고 있던 것들은 백색왜성, 중성자별 그리고 블랙홀로 끝날 것이다. 얼음의 죽음이다.
2. ρ가 ρ_c보다 크면 우주는 **닫혀**(closed) 있고, 조만간에 중력이 팽창을 멈추게 할 것이다. 그러면 우주는 수축하기 시작한다. 사건의 진행은 대폭발 이후에 일어났던 일들이 반대 순서로 일어나서, 궁극적으로는 대 붕괴(Big Crunch)가 일어날 것이다. 불의 죽음이다. 그리고 그 후엔 또 다른 대폭발? 그렇다면, 우주는 순환할 것이다, 시작과 끝도 없이.
3. 만약 $\rho = \rho_c$이면 팽창을 계속하면서 팽창률은 점점 줄어들지만, 우주는 수축하지는 않을 것이다. 이런 경우에, 공간의 기하학 때문에 우주는 **평평**하다고 한다(그림 13.14). 만약 $\rho <$

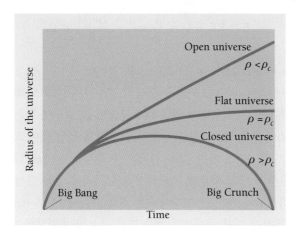

그림 13.13 일반 상대성 이론 방정식에 따른 세 가지 우주 모형. ρ는 우주의 평균 밀도이고, ρ_c는 임계밀도로 9×10^{-27} kg/m^{3}에 가까운 값인데, 단위 m^{3}당 약 5개의 수소 원자가 있는 것에 해당한다.

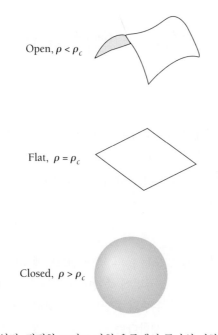

그림 13.14 열린, 평평한 그리고 닫힌 우주에서 공간의 기하학의 2차원 표현

ρ_c이면 공간은 음으로 휘어져 있으며, 2차원에서 보면 말안장의 표면에 해당한다. 만약 $\rho > \rho_c$이면 공간은 양으로 휘어져 있으며, 2차원에서 보면 공의 표면과 같다. 하지만 이 모든 경우에, 시공간은 모두 휘어져 있다(1장 10절).

임계밀도 ρ_c의 값을 구하기 위해, 지구의 탈출 속도를 구하는 것과 같은 방법으로 시작한다. 질량 m인 우주선이 질량이 M이고 반지름이 R인 지구 표면에 있을 때 중력 퍼텐셜에너지는 $U = -GmM/R$(음의 퍼텐셜에너지는 인력에 대응된다)이다. 우주선이 지구를 영원히 떠나기 위해서는 총 에너지 E가 0이 되도록 하는 최소한의 운동에너지 $\frac{1}{2}mv^2$을 가져야 한다.

$$E = \text{KE} + U = \frac{1}{2}mv^2 - \frac{GmM}{R} = 0 \tag{13.9}$$

이로부터 탈출 속도 $v = \sqrt{2GM/R} = 11.2$ km/s를 얻는다.

이제 중심이 지구에 있는, 반지름 R인 구 모양의 우주의 부피를 생각하자. 만약 우주 안의 물질의 분포가 균일하다면, 오로지 부피 안쪽의 질량만이 그 표면에 있는 은하의 운동에 영향을 준다. 충분히 큰 스케일에서는 물질의 분포가 균일하게 보일 것이므로 이 가정은 타당하다. 부피 안 물질의 밀도를 ρ라고 하면, 부피 안에는 총 질량 $M = \frac{4}{3}\pi R^3 \rho$이 있다. 허블의 법칙 (1.11절)에 의하면, 우주의 팽창 때문에 지구에서 R의 거리에 있는 은하의 바깥 방향의 속도는 R에 비례한다. 따라서 $v = HR$이고, 여기서 H는 **허블상수**(Hubble's parameter)이다. 은하의 질량을 m이라 하고, 은하가 다시 돌아오지 않을 만큼 충분한 속력으로 움직인다면, 식 (13.9)로부터

$$\frac{1}{2}mv^2 = \frac{GmM}{R}$$

$$\frac{1}{2}m(HR)^2 = \frac{Gm}{R}\left(\frac{4}{3}\pi R^3 \rho_c\right)$$

임계밀도 $$\rho_c = \frac{3H^2}{8\pi G} \tag{13.10}$$

을 얻는다. 평평한 우주의 임계밀도는 허블변수 H에만 의존하는데, H의 정확한 값은 아직 잘 알려져 있지 않다. 적당한 H의 값은 100만 광년당 21 km/s인 것처럼 보이고, 이에 따라 $\rho_c = 8.9 \times 10^{-27}$ kg/m³가 된다. 수소 원자의 질량이 1.67×10^{-27} kg이므로 임계밀도는 m³당 약 5.3개의 수소 원자가 있는 셈이다.

암흑물질

우주에서 빛을 내는 물질의 실제 밀도는 ρ_c의 몇 퍼센트밖에 되지 않는다. 우주에서의 복사에 해당하는 질량을 더해도 밀도는 조금밖에 증가하지 않는다. 그러나 우리가 하늘에서 보는 별과 은하와 같은 빛을 내는 물질만 우주의 물질인가? 분명히 아니다. 매우 강한 증거가 많은 양의 **암흑물질**(dark matter) 역시 존재한다는 걸 가리키고 있다. 사실 암흑물질은 엄청나게 많아서, 적어도 우주 총 질량의 90%가 빛을 내지 않는다. 예를 들어, 나선은하의 바깥쪽 별들의 회전속도는 예상보다 훨씬 빠른데, 이는 눈에 보이지 않는 물질로 된 공 모양의 배경물질(halo)이 각 은하 외부를 둘러싸고 있어야만 한다는 것을 시사한다. 비슷하게, 은하성단에 있는 각 은하들의 움직임은 중력장이 은하에서 눈에 보이는 물질들의 중력장보다 약 10배나 더 크다는 것을 의미한다. 이 외에도 다른 관측들이 우주에서의 암흑물질이 훨씬 더 많다는 생각을 옹호하고 있다.

무엇이 암흑물질일 수 있는가? 가장 명백한 후보는 여러 알려진 형태를 가진 보통 물질들로서, 별이 되기 위해 핵융합 반응을 일으킬 수 없을 만큼 작은 행성과 같은 덩어리들로부터, 다 타버린 백색왜성, 블랙홀 등이다. 여기에서의 걸림돌은, 이들이 암흑물질이 될 만큼 많이 존재한다면 벌써 관측되었어야 한다는 것이다. 우리가 이미 알고 있는 것에 근거한 다른 가능

성으로는 공간에 가득 찬 중성미자의 바다(m³당 1억 개 이상)가 있다. 중성미자도 질량이 있는 것으로 보이지만, 너무 작아서 암흑물질 전체를 설명하기에는 어림도 없다. 사실 중성미자가 암흑물질이었다면, 우주는 지금의 모습으로 진화하지 못했을 것이다. 예를 들어 은하들은, 지금보다 훨씬 더 젊어야 할 것이다. 따라서 중성미자는 답의 일부일 수는 있지만, 단지 일부에 그친다.

모두 차가운 암흑물질로 분류되는 다른 가능성들에 대해서는 아무런 제약도 없다. '차갑다(cold)'는 말은 관여하는 입자들이 상대적으로 느리게 움직인다는 걸 의미한다. 말하자면 뜨거운(hot) 암흑물질인 중성미자와 비교해서이다. 차가운 암흑물질의 주된 두 종류가 제안되었는데, **윔프**(WIMP)와 **액시온**(axion)이다. 윔프(약하게 상호작용하는 무거운 입자)는 우주 초기 순간의 흔적인 가설적인 입자이다. 하나의 예는, 기본입자의 초대칭성 이론에서 예측되는 입자 중 하나인 포티노이다. 포티노는 안정된 입자고, 양성자의 질량인 0.938 GeV/c^2보다 훨씬 더 큰 10~10^3 GeV/c^2 사이의 질량을 가질 것이라고 예상된다. 액시온은 약하게 상호작용하는 보손으로, 표준 모형의 중대한 어려움을 해결하기 위해 도입된 장에 연관된 입자이다. 물리학자들이 윔프와 액시온을 실험적으로 찾고 있지만 아직까지는 성공적이지 못하다.

은하에서 별의 운동이나 은하성단 내의 은하의 운동을 설명하는 데 필요한 암흑물질들은 우주 총 밀도를 약 $0.1\rho_c$ 정도 상승시킨다. 그러나 더 많은 암흑물질이 있을 수도 있다. 1980년에 미국 물리학자 구스(Alan Guth)는 대폭발의 10^{-35}초 후에 하나의 통일된 상호작용이 강한 상호작용과 전자기약작용으로 분리되는 것을 계기로 해서 우주가 아주 급속한 팽창을 겪었다고 제안했다. 이 팽창을 하는 동안 우주는 10^{-30}초 사이에 양성자보다 작은 크기에서 오렌지 크기 정도로 부풀어 올랐다(그림 13.15). 이 **급팽창 우주**(inflationary universe)는 이전 대폭발에서의

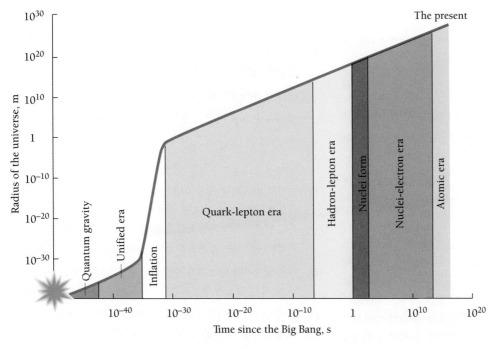

그림 13.15   급팽창 우주

몇 가지 골치 아픈 문제들을 자동적으로 다룰 수 있었고, 이에 대한 기본 개념이 널리 받아들여졌다. 구스의 결론 중 하나는 우주에서 물질의 밀도가 정확하게 임계밀도 ρ_c와 같아야 한다는 것이다. 만약 급팽창 시나리오가 옳다면, 우주는 완전히 평평해야 할 뿐만 아니라 물질의 90%가 아닌 아마도 95%가 암흑물질일 것이다. 암흑물질의 본성을 알아내는 것은 명백히 미해결의 과학 문제들 중에서도 가장 기본적인 문제 중의 하나이다.

연습문제

13.2 렙톤

1. 한 광자와 다른 광자와의 상호작용은, 각 광자가 자유 공간에서 잠시 '가상의(virtual)' 전자-양전자 쌍이 될 수 있고, 각 쌍들은 전자기적으로 상호작용할 수 있다는 가정을 통해 이해할 수 있다. (a) 만일 $h\nu \ll 2mc^2$이라면 불확정성 원리가 허용하는 가상의 전자-양전자 쌍이 존재할 수 있는 시간은 얼마인가? 여기서 m은 전자의 질량이다. (b) 만일 $h\nu > 2mc^2$이라면, 실제의 쌍생성에서 핵의 역할을 설명하기 위해 가상의 전자-양전자 쌍의 개념을 사용할 수 있겠는가? 에너지와 운동량 보존에 대한 핵의 역할은 고려하지 않는다고 하자.

2. τ^+ 렙톤은 아래에 나와 있는 방식들로 붕괴가 가능하다.

$$\tau^+ \rightarrow e^+ + \nu_e + \bar{\nu}_\tau$$
$$\tau^+ \rightarrow \mu^+ + \nu_\mu + \bar{\nu}_\tau$$
$$\tau^+ \rightarrow \pi^+ + \bar{\nu}_\tau$$

τ^+가 파이온으로 붕괴할 때 단 하나의 중성미자만 방출되는 이유는 무엇인가?

13.3 하드론

3. $\Sigma^0 \rightarrow \Lambda^0 + \gamma$의 붕괴에서 나오는 광자의 에너지를 구하라.

4. 정지해 있는 중성 파이온의 붕괴에서 생성되는 γ-선 광자 각각의 에너지를 구하라. 왜 그들의 에너지가 같아야 하는가?

5. 광자가 전자와 충돌하고 $\gamma + e^- \rightarrow e^- + e^+ + e^-$의 과정을 거쳐 전자-양전자 쌍을 만들어 낼 때 필요한 광자의 최소 에너지는 $4m_ec^2$임을 보여라. m_e는 전자의 질량이다.

6. π^0 메손은 전하도 없고 자기모멘트도 없기 때문에 어떻게 이것이 전자기적 양자인 광자쌍으로 붕괴될 수 있는지에 대해 이해하기 어렵다. 이 과정을 설명하는 하나의 방법은 π^0가 처음에는 '가상의' 하전자-반하전자 쌍이 되었다가 이 쌍을 이루는 입자들이 전자기적으로 상호작용하여 전체 에너지가 π^0의 질량 에너지가 되는 두 광자를 생성한다고 가정하는 것이다. 불확정성 원리가 허용하는 가상의 핵자-반핵자 쌍이 존재하는 시간은 얼마인가?

이 시간은 위의 과정을 관측하기에 충분한가?

7. 운동에너지의 크기가 정지에너지와 같은 중성 파이온이 날아가는 동안 붕괴한다. 만약 두 γ-선 광자의 에너지가 같다고 할 때, 이 두 γ-선 광자 사이의 각을 구하라.

13.4 입자의 양자수

8. 자유 중성자가 전자와 양전자로 붕괴하지 않는 이유는 무엇인가? 양성자-반양성자 쌍으로 붕괴하지 않는 이유는 무엇인가?

9. 다음의 반응 중에 일어날 수 있는 것은? 일어날 수 없는 반응들은 어떤 보존법칙을 위반하는지 말하라.

(a) $\Lambda^0 \rightarrow \pi^+ + \pi^-$

(b) $\pi^- + p \rightarrow n + \pi^0$

(c) $\pi^+ + p \rightarrow \pi^+ + p + \pi^- + \pi^0$

(d) $\gamma + n \rightarrow \pi^- + p$

10. 다음의 반응 중에서 일어날 수 있는 것들은? 일어날 수 없는 반응들에 위배되는 보존법칙을 말하라.

(a) $p + p \rightarrow n + p + \pi^+$

(b) $p + p \rightarrow p + \Lambda^0 + \Sigma^+$

(c) $e^+ + e^+ \rightarrow \mu^+ + \pi^-$

(d) $p + p \rightarrow p + \pi^+ + K^0 + \Lambda^0$

11. 물질의 지속적인 생성 이론(천문학 관측 결과와 일치하지 않는 것으로 판명된)에 따르면, 우주의 진화는 자유 공간에서의 중성자와 반중성자의 자발적인 출현에서 그 자취를 찾을 수 있다. 이 과정이 위반하는 보존법칙(들)은 무엇인가?

12. 빠른 양성자와 중성자가 충돌해서 중성자 하나와 Σ^0 하나, 그리고 또 다른 입자가 생성되었다. 이 또 다른 입자는 무엇인가?

13. μ^-이 양성자 하나와 충돌해서 중성자 하나와 또 다른 입자 하나가 생성된다. 이 다른 입자는 무엇인가?

14. 양의 파이온 하나가 양성자와 충돌해서, 두 개의 양성자와 다른 입자 하나가 생성된다. 이 다른 입자는 무엇인가?

15. 음의 케이온(kaon) 하나가 양성자 하나와 충돌해서, 양의 케이온 하나와 또 다른 어떤 입자가 생성된다. 어떤 입자는 무엇인가?

16. 입자의 하이퍼차지(hypercharge) Y는 이 입자의 기묘수와 바리온 수의 합으로 정의된다: $Y = S + B$. 표 13.3으로부터 각 하드론 그룹의 하이퍼차지 Y는 그 그룹의 구성 입자들의 평균 전하(e 단위)의 두 배임을 확인하라.

13.5 쿼크

17. 왜 하드론 안에 들어있는 쿼크들은 다른 색깔을 가져야 하는가? 만일 그들의 스핀이 $\frac{1}{2}$이 아니고 0 또는 1이더라도 그들은 다른 색을 가져야 하는가?

18. Λ 입자는 u 쿼크, d 쿼크, s 쿼크로 구성된다. 이 입자의 전하는 얼마인가?

19. Σ 그룹의 구성원 중 하나는 두 개의 u 쿼크와 하나의 s 쿼크로 구성된다. 이 구성원의 전하는 얼마인가?

20. 어떤 쿼크가 음의 파이온을 만드는가? 또 어떤 쿼크가 Ξ^- 하이 퍼론을 만드는가?

21. 표 13.3에 있는 입자 중 어떤 것이 쿼크 구성 uus에 해당하는가?

22. 어떤 한 종류의 D 메손은 하나의 c와 하나의 $\bar{u}$ 쿼크로 이루어져 있다. 이 메손의 스핀은 얼마인가? 전하는 얼마인가? 바리온 수는 얼마인가? 기묘수는 얼마인가? 참 수는 얼마인가?

13.6 기본 상호작용

23. 모든 공명 입자들은 매우 짧은 수명을 갖는다. 이것이 왜 그들이 하드론임을 의미하는가?

24. 중력 상호작용은 모든 상호작용들 중에 가장 약하지만, 중력만이 태양 주위를 도는 행성의 운동과 은하의 중심을 도는 은하별들의 운동을 지배한다. 왜 그런가?

25. 태양 에너지의 대부분을 공급하는 양성자–양성자 순환 과정의 초기 반응은 아래와 같다.

$$ {}_1^1H + {}_1^1H \rightarrow {}_1^2H + e^+ + \nu $$

이 반응은 두 가지 이유로 인해 태양에서는 비교적 자주 일어나지 않는데, 그 이유 중의 하나는 그들이 반응할 수 있을 만큼 충분히 가까이 가기 위해 넘어야 하는 쿨롱 '장벽'이 있다는 것이다. 다른 하나의 이유는 무엇인가?

26. 약한 상호작용의 '전달자'는 질량이 80.4 GeV/c^2인 $W^\pm$와 질량이 91.2 GeV/c^2인 Z^0이다. 11.7절의 방법을 사용하여 약한 상호작용의 작용 범위에 대한 근사적인 값을 구하라.

13.9 미래

27. 그림 1.8은 팽창하는 우주를 비유하기 위한 팽창하는 풍선의 모습이다. 풍선이 팽창하더라도 점들 간의 각도는 일정하다(풍선의 중심에 대해서 측정했을 때). (a) 임의의 두 점 사이의 거리를 s라 한다면, 후퇴 속도 ds/dt는 s에 비례함을 보여라. 이는 이 상황에서 허블의 법칙에 해당한다. (b) 팽창하는 풍선에 대한 허블 상수 H를 구하라. H 값은 일정해야 하는가?

부록 원자질량

정한 모든 핵종 및 불안정한 핵종 일부에 대한 중성 원자들의 질량과 자연에서 발견되는 핵들의 조성비, 그리고 표에 실려 있는 방사성 핵종의 반감기를 수록하였다. 이외에도 다른 많은 방사성 핵종들이 알려져 있다.

Z	Element	Symbol	A	Atomic Mass, u	Relative Abundance, %	Half-Life
0	Neutron	n	1	1.008 665		10.6 min
1	Hydrogen	H	1	1.007 825	99.985	
			2	2.014 102	0.015	
			3	3.016 050		12.3 y
2	Helium	He	3	3.016 029	0.0001	
			4	4.002 603	99.9999	
			6	6.018 891		805 ms
3	Lithium	Li	6	6.015 123	7.5	
			7	7.016 004	92.5	
			8	8.022 487		844 ms
4	Beryllium	Be	7	7.016 930		53.3 d
			8	8.005 305		6.7×10^{-17} s
			9	9.012 182	100	
			10	10.013 535		1.6×10^6 y
5	Boron	B	10	10.012 938	20	
			11	11.009 305	80	
			12	12.014 353		20.4 ms
6	Carbon	C	10	10.016 858		19.3 s
			11	11.011 433		20.3 min
			12	12.000 000	98.89	
			13	13.003 355	1.11	
			14	14.003 242		5760 y
			15	15.010 599		2.45 s
7	Nitrogen	N	12	12.018 613		11.0 ms
			13	13.005 739		9.97 min
			14	14.003 074	99.63	
			15	15.000 109	0.37	
			16	16.006 099		7.10 s
			17	17.008 449		4.17 s
8	Oxygen	O	14	14.008 597		70.5 s
			15	15.003 065		122 s
			16	15.994 915	99.758	
			17	16.999 131	0.038	
			18	17.999 159	0.204	
			19	19.003 576		26.8 s

Z	Element	Symbol	A	Atomic Mass, u	Relative Abundance, %	Half-Life
9	Fluorine	F	17	17.002 095		64.5 s
			18	18.000 937		109.8 min
			19	18.998 403	100	
			20	19.999 982		11.0 s
			21	20.999 949		4.33 s
10	Neon	Ne	18	18.005 710		1.67 s
			19	19.001 880		17.2 s
			20	19.992 439	90.51	
			21	20.993 845	0.57	
			22	21.991 384	9.22	
			23	22.994 466		37.5 s
			24	23.993 613		3.38 min
11	Sodium	Na	22	21.994 435		2.60 y
			23	22.989 770	100	
			24	23.990 963		15.0 h
12	Magnesium	Mg	23	22.994 127		11.3 s
			24	23.985 045	78.99	
			25	24.985 839	10.00	
			26	25.982 595	11.01	
13	Aluminum	Al	27	26.981 541	100	
14	Silicon	Si	28	27.976 928	92.23	
			29	28.976 496	4.67	
			30	29.973 772	3.10	
15	Phosphorus	P	30	29.978 310		2.50 min
			31	30.973 763	100	
16	Sulfur	S	32	31.972 072	95.02	
			33	32.971 459	0.75	
			34	33.967 868	4.21	
			35	34.969 032		87.2 d
			36	35.967 079	0.017	
17	Chlorine	Cl	35	34.968 853	75.77	
			36	35.968 307		3.01×10^5 y
			37	36.965 903	24.23	
18	Argon	Ar	36	35.967 546	0.337	
			37	36.966 776		34.8 d
			38	37.962 732	0.063	
			39	38.964 315		269 y
			40	39.962 383	99.60	
19	Potassium	K	39	38.963 708	93.26	
			40	39.963 999	0.01	1.28×10^9 y
			41	40.961 825	6.73	
20	Calcium	Ca	40	39.962 591	96.94	
			41	40.962 278		1.3×10^5 y
			42	41.958 622	0.647	
			43	42.958 770	0.135	
			44	43.955 485	2.09	

Z	Element	Symbol	A	Atomic Mass, u	Relative Abundance, %	Half-Life
			45	44.956 189		163 d
			46	45.953 689	0.0035	
			47	46.954 543		4.5 d
			48	47.952 532	0.187	
21	Scandium	Sc	45	44.955 914	100	
22	Titanium	Ti	46	45.952 633	8.25	
			47	46.951 765	7.45	
			48	47.947 947	73.7	
			49	48.947 871	5.4	
			50	49.944 786	5.2	
23	Vanadium	V	48	47.952 257		16 d
			50	49.947 161	0.25	$\sim 10^{17}$ y
			51	50.943 962	99.75	
24	Chromium	Cr	48	47.954 033		21.6 h
			50	49.946 046	4.35	
			52	51.940 510	83.79	
			53	52.940 651	9.50	
			54	53.938 882	2.36	
25	Manganese	Mn	54	53.940 360		312.5 d
			55	54.938 046	100	
26	Iron	Fe	54	53.939 612	5.8	
			56	55.934 939	91.8	
			57	56.935 396	2.1	
			58	57.933 278	0.3	
			59	58.934 878		44.6 d
27	Cobalt	Co	58	57.935 755		70.8 d
			59	58.933 198	100	
			60	59.933 820		5.3 y
28	Nickel	Ni	58	57.935 347	68.3	
			60	59.930 789	26.1	
			61	60.931 059	1.1	
			62	61.928 346	3.6	
			64	63.927 968	0.9	
29	Copper	Cu	63	62.929 599	69.2	
			64	63.929 766		12.7 h
			65	64.927 792	30.8	
30	Zinc	Zn	64	63.929 145	48.6	
			65	64.929 244		244 d
			66	65.926 035	27.9	
			67	66.927 129	4.1	
			68	67.924 846	18.8	
			70	69.925 325	0.6	
31	Gallium	Ga	69	68.925 581	60.1	
			71	70.924 701	39.9	
32	Germanium	Ge	70	69.924 250	20.5	
			72	71.922 080	27.4	

Z	Element	Symbol	A	Atomic Mass, u	Relative Abundance, %	Half-Life
			73	72.923 464	7.8	
			74	73.921 179	36.5	
			76	75.921 403	7.8	
33	Arsenic	As	74	73.923 930		17.8 d
			75	74.921 596	100	
34	Selenium	Se	74	73.922 477	0.9	
			76	75.919 207	9.0	
			77	76.919 908	7.6	
			78	77.917 304	23.5	
			80	79.916 520	49.8	
			82	81.916 709	9.2	
35	Bromine	Br	79	78.918 336	50.7	
			80	79.918 528		17.7 min
			81	80.916 290	49.3	
36	Krypton	Kr	78	77.920 397	0.35	
			80	79.916 375	2.25	
			81	80.916 578		2.1×10^5 y
			82	81.913 483	11.6	
			83	82.914 134	11.5	
			84	83.911 506	57.0	
			86	85.910 614	17.3	
37	Rubidium	Rb	85	84.911 800	72.2	
			87	86.909 184	27.8	4.9×10^{10} y
38	Strontium	Sr	84	83.913 428	0.6	
			86	85.909 273	9.8	
			87	86.908 890	7.0	
			88	87.905 625	82.6	
39	Yttrium	Y	89	88.905 856	100	
40	Zirconium	Zr	90	89.904 708	51.5	
			91	90.905 644	11.2	
			92	91.905 039	17.1	
			94	93.906 319	17.4	
			96	95.908 272	2.8	
41	Niobium	Nb	93	92.906 378	100	
42	Molybdenum	Mo	92	91.906 809	14.8	
			94	93.905 086	9.3	
			95	94.905 838	15.9	
			96	95.904 675	16.7	
			97	96.906 018	9.6	
			98	97.905 405	24.1	
			100	99.907 473	9.6	
43	Technetium	Tc	99	98.906 252		2.1×10^5 y
44	Ruthenium	Ru	96	95.907 596	5.5	
			98	97.905 287	1.9	
			99	98.905 937	12.7	
			100	99.904 217	12.6	

Z	Element	Symbol	A	Atomic Mass, u	Relative Abundance, %	Half-Life
			101	100.905 581	17.0	
			102	101.904 347	31.6	
			104	103.905 422	18.7	
45	Rhodium	Rh	103	102.905 503	100	
46	Palladium	Pd	102	101.905 609	1.0	
			104	103.904 026	11.0	
			105	104.905 075	22.2	
			106	105.903 475	27.3	
			108	107.903 894	26.7	
			110	109.905 169	11.8	
47	Silver	Ag	107	106.905 095	51.8	
			108	107.905 956		2.41 min
			109	108.904 754	48.2	
48	Cadmium	Cd	106	105.906 461	1.3	
			108	107.904 186	0.9	
			110	109.903 007	12.5	
			111	110.904 182	12.8	
			112	111.902 761	24.1	
			113	112.904 401	12.2	9×10^{15} y
			114	113.903 361	28.7	
			116	115.904 758	7.5	
49	Indium	In	113	112.904 056	4.3	
			115	114.903 875	95.7	5×10^{14} y
50	Tin	Sn	112	111.904 823	1.0	
			114	113.902 781	0.7	
			115	114.903 344	0.4	
			116	115.901 743	14.7	
			117	116.902 954	7.7	
			118	117.901 607	24.3	
			119	118.903 310	8.6	
			120	119.902 199	32.4	
			122	121.903 440	4.6	
			124	123.905 271	5.6	
51	Antimony	Sb	121	120.903 824	57.3	
			123	122.904 222	42.7	
52	Tellerium	Te	120	119.904 021	0.1	
			122	121.903 055	2.5	
			123	122.904 278	0.9	$\sim 1.2 \times 10^{13}$ y
			124	123.902 825	4.6	
			125	124.904 435	7.0	
			126	125.903 310	18.7	
			127	126.905 222		9.4 h
			128	127.904 464	31.7	
			130	129.906 229	34.5	
53	Iodine	I	127	126.904 477	100	
			131	130.906 119		8.0 d
54	Xenon	Xe	124	123.906 12	0.1	
			126	125.904 281	0.1	

Z	Element	Symbol	A	Atomic Mass, u	Relative Abundance, %	Half-Life
			128	127.903 531	1.9	
			129	128.904 780	26.4	
			130	129.903 509	4.1	
			131	130.905 076	21.2	
			132	131.904 148	26.9	
			134	133.905 395	10.4	
			136	135.907 219	8.9	
55	Cesium	Cs	133	132.905 433	100	
56	Barium	Ba	130	129.906 277	0.1	
			132	131.905 042	0.1	
			134	133.904 490	2.4	
			135	134.905 668	6.6	
			136	135.904 556	7.9	
			137	136.905 816	11.2	
			138	137.905 236	71.7	
57	Lanthanum	La	138	137.907 114	0.1	1×10^{11} y
			139	138.906 355	99.9	
58	Cerium	Ce	136	135.907 14	0.2	
			138	137.905 996	0.2	
			140	139.905 442	88.5	
			142	141.909 249	11.1	5×10^{16} y
59	Praseodymium	Pr	141	140.907 657	100	
60	Neodymium	Nd	142	141.907 731	27.2	
			143	142.909 823	12.2	
			144	143.910 096	23.8	2.1×10^{15} y
			145	144.912 582	8.3	$> 10^{17}$ y
			146	145.913 126	17.2	
			148	147.916 901	5.7	
			150	149.920 900	5.6	
61	Promethium	Pm	147	146.915 148		2.6 yr
62	Samarium	Sm	144	143.912 009	3.1	
			147	146.914 907	15.1	1.1×10^{11} y
			148	147.914 832	11.3	8×10^{15} y
			149	148.917 193	13.9	$> 10^{16}$ y
			150	149.917 285	7.4	
			152	151.919 741	26.7	
			154	153.922 218	22.6	
63	Europium	Eu	151	150.919 860	47.9	
			153	152.921 243	52.1	
64	Gadolinium	Gd	152	151.919 803	0.2	1.1×10^{14} y
			154	153.920 876	2.1	
			155	154.922 629	14.8	
			156	155.922 130	20.6	
			157	156.923 967	15.7	
			158	157.924 111	24.8	
			160	159.927 061	21.8	
65	Terbium	Tb	159	158.925 350	100	

Z	Element	Symbol	A	Atomic Mass, u	Relative Abundance, %	Half-Life
66	Dysprosium	Dy	156	155.924 287	0.1	$> 1 \times 10^{18}$ y
			158	157.924 412	0.1	
			160	159.925 203	2.3	
			161	160.926 939	19.0	
			162	161.926 805	25.5	
			163	162.928 737	24.9	
			164	163.929 183	28.1	
67	Holmium	Ho	165	164.930 332	100	
68	Erbium	Er	162	161.928 787	0.1	
			164	163.929 211	1.6	
			166	165.930 305	33.4	
			167	166.932 061	22.9	
			168	167.932 383	27.1	
			170	169.935 476	14.9	
69	Thulium	Tm	169	168.934 225	100	
70	Ytterbium	Yb	168	167.933 908	0.1	
			170	169.934 774	3.2	
			171	170.936 338	14.4	
			172	171.936 393	21.9	
			173	172.938 222	16.2	
			174	173.938 873	31.6	
			176	175.942 576	12.6	
71	Lutetium	Lu	175	174.940 785	97.4	
			176	175.942 694	2.6	2.9×10^{10} y
72	Hafnium	Hf	174	173.940 065	0.2	2.0×10^{15} y
			176	175.941 420	5.2	
			177	176.943 233	18.6	
			178	177.943 710	27.1	
			179	178.945 827	13.7	
			180	179.946 561	35.2	
73	Tantalum	Ta	180	179.947 489	0.01	$> 1.6 \times 10^{13}$ y
			181	180.948 014	99.99	
74	Tungsten	W	180	179.946 727	0.1	
			182	181.948 225	26.3	
			183	182.950 245	14.3	
			184	183.950 953	30.7	
			186	185.954 377	28.6	
75	Rhenium	Re	185	184.952 977	37.4	
			187	186.955 765	62.6	5×10^{10} y
76	Osmium	Os	184	183.952 514	0.02	
			186	185.953 852	1.6	2×10^{15} y
			187	186.955 762	1.6	
			188	187.955 850	13.3	
			189	188.958 156	16.1	
			190	189.958 455	26.4	
			192	191.961 487	41.0	
77	Iridium	Ir	191	190.960 603	37.3	
			193	192.962 942	62.7	

Z	Element	Symbol	A	Atomic Mass, u	Relative Abundance, %	Half-Life
78	Platinum	Pt	190	189.959 937	0.01	6.1×10^{11} y
			192	191.961 049	0.79	
			194	193.962 679	32.9	
			195	194.964 785	33.8	
			196	195.964 947	25.3	
			198	197.967 879	7.2	
79	Gold	Au	197	196.966 560	100	
80	Mercury	Hg	196	195.965 812	0.2	
			198	197.966 760	10.0	
			199	198.968 269	16.8	
			200	199.968 316	23.1	
			201	200.970 293	13.2	
			202	201.970 632	29.8	
			204	203.973 481	6.9	
81	Thallium	Tl	203	202.972 336	29.5	
			205	204.974 410	70.5	
82	Lead	Pb	204	203.973 037	1.4	1.4×10^{17} y
			206	205.974 455	24.1	
			207	206.975 885	22.1	
			208	207.976 641	52.4	
			210	209.984 178		22.3 y
			214	213.999 764		26.8 min
83	Bismuth	Bi	209	208.980 388	100	
			212	211.991 267		60.6 min
84	Polonium	Po	210	209.982 876		138 d
			214	213.995 191		0.16 ms
			216	216.001 790		0.15 s
			218	218.008 930		3.05 min
85	Astatine	At	218	218.008 607		1.3 s
86	Radon	Rn	220	220.011 401		56 s
			222	222.017 574		3.824 d
87	Francium	Fr	223	223.019 73		22 min
88	Radium	Ra	226	226.025 406		1.60×10^3 y
89	Actinium	Ac	227	227.027 751		21.8 y
90	Thorium	Th	228	228.028 750		1.9 y
			230	230.033 131		7.7×10^4 y
			232	232.038 054	100	1.4×10^{10} y
			233	233.041 580		22.2 min
91	Protactinium	Pa	233	233.040 244		27 d
92	Uranium	U	232	232.037 168		72 y
			233	233.039 629		1.6×10^5 y
			234	234.040 947		2.4×10^5 y
			235	235.043 925	0.72	7.04×10^8 y
			238	238.050 786	99.28	4.47×10^9 y

Z	Element	Symbol	A	Atomic Mass, u	Relative Abundance, %	Half-Life
93	Neptunium	Np	237	237.048 169		2.14×10^6 y
			239	239.052 932		2.4 d
94	Plutonium	Pu	239	239.052 158		2.4×10^4 y
			240	240.053 809		6.6×10^3 y
95	Americium	Am	243	243.061 374		7.7×10^3 y
96	Curium	Cm	247	247.070 349		1.6×10^7 y
97	Berkelium	Bk	247	247.070 300		1.4×10^3 y
98	Californium	Cf	251	251.079 581		900 y
99	Einsteinium	Es	252	252.082 82		472 d
100	Fermium	Fm	257	257.095 103		100.5 d
101	Mendelevium	Md	258	258.098 57		56 d
102	Nobelium	No	259	259.100 941		58 m
103	Lawrencium	Lr	260	260.105 36		3.0 m
104	Rutherfordium	Rf	261	261.108 69		1.1 m
105	Dubnium	Db	262	262.114 370		0.7 m
106	Seaborgium	Sg	263	263.118 218		0.9 s
107	Nielsbohrium	Bh	262	262.123 120		115 ms
108	Hassium	Hs	264	264.128 630		0.08 ms
109	Meitnerium	Mt	266	266.137 830		3.4 ms

Elements with atomic numbers 110, 111, 112, 114, and 116 have been created in nuclear reactions but not yet named.

홀수 문제 정답

제1장

1. 더 쉽게 알아볼 수 있다.

3. 1.97 ms

5. (a) $\theta' = \tan^{-1} \dfrac{\sin\theta \sqrt{1 - v^2/c^2}}{\cos\theta + v/c}$

   (b) $v \rightarrow c$이면, $\tan\theta' \rightarrow 0$, $\theta' \rightarrow 0$이 된다. 이 경우에 창을 통해 별을 볼 때, $v = 0$일 때 보이는 것보다 더 앞쪽으로 보인다는 것을 의미한다.

7. (a) 0.800c; 0.988c (b) 0.900c; 0.988c

9. 6 ft; 2.6 ft

11. 3.32×10^{-8} s

13. 14°

15. 그렇지 않다. 우주선에 탄 관찰자가 지구 위에 있는 관찰자보다 시간 간격을 더 길게 느끼기 때문이다.

17. (a) 3.93 s (b) B에게는 A의 시계가 느리게 간다.

19. 2.6×10^8 m/s

21. 5.0 y

23. $\mathbf{p} = m\mathbf{v}$라고 한다면, 하나의 관성계에서 운동량이 보존되는 어떤 사건은 이 관성계에 대해 상대적으로 움직이는 다른 관성계에 있는 사람에게는 운동량이 보존되지 않는다. 따라서 이렇게 정의된 운동량은 물리에서 그렇게 유용한 양이 되지 못한다..

27. 6.0×10^{-11}

29. $(\sqrt{3}/2)c$

31. 1.88×10^8 m/s; 1.64×10^8 m/s

33. 0.9989c

35. 0.294 MeV

39. $\sim 10^{19}$ eV; $\sim 10^5$ y

41. 0.383 MeV/c

43. 885 keV/c

45. 0.963c; 3.372 GeV/c

47. 874 MeV/c^2; 0.36c

49. (a) 3.73 GeV/c^2 (b) 4.23 GeV

51. 578 nm

53. 1.34×10^4 m/s

제2장

1. 관측하기가 더 어렵다.

3. KE_{max}는 ν에서 문턱 주파수 ν_0만큼 뺀 값에 비례한다.

5. 1.77 eV

7. 1.72×10^{30} 광자/s

9. (a) 4.2×10^{21} 광자/m^2 (b) 4.0×10^{26} W; 1.2×10^{45} 광자/s

   (c) 1.4×10^{13} 광자/m^3

11. 180 nm

13. 539 nm; 3.9 eV

15. 0.48 μA

17. 6.64×10^{-34} J · s; 3.0 eV

19. 정지해 있는 전자 기준계에서의 광자 운동량은 전자의 최종 운동량 p와 같아야 한다. 이 광자의 에너지는 pc이나 전자의 최종 운동에너지는 $\sqrt{p^2c^2 + m^2c^4} - mc^2 \neq pc$이므로 두 에너지가 서로 같지 않다. 따라서 운동량과 에너지가 동시에 보존되는 과정은 불가능하다.

21. 2.4×10^{18} Hz; X-선

23. 2.9°

25. 5.0×10^{18} Hz

27. $\lambda_C = 5.8 \times 10^{-8}$ nm $\ll 0.1$ nm

29. 1.5 pm

31. 2.4×10^{19} Hz

33. 64°

37. 335 keV

39. 0.821 pm

43. (b) $2.3/\mu$

45. 8.9 mm

47. 11 cm

49. 0.015 mm

51. 1.06 pm

53. (a) 1.9×10^{-3} eV (b) 1.8×10^{-25} eV (c) 3.5×10^{18} Hz; 7.6 kHz

55. (a) $v_e = \sqrt{2GM/R}$ (b) $R = 2GM/c^2$

제3장

1. 운동량은 같다. 입자의 총 에너지는 광자 에너지보다 크다. 입자의 운동에너지는 광자 에너지보다 작다.

3. 3.3×10^{-29} m

5. 4.7% 너무 높음

7. 0.0103 eV; 상대론 계산은 필요없음

9. 5.0 μV

13. 전자가 더 긴 파장을 갖는다. 두 입자는 모두 같은 위상과 군속도를 갖는다.

17. $v_p/2$

19. $1.16c$; $0.863c$

21. (b) $v_p = 1.00085c$; $v_g = 0.99915c$

23. 자유전자의 에너지를 증가시키면 운동량도 증가하게 되고, 따라서 de Broglie 파장은 짧아지게

된다. 그러므로 산란각 θ는 작아지게 된다.

25. (a) 외부: 4.36×10^6 m/s, 내부: 5.30×10^6 m/s   (b) 외부: 0.167 nm, 내부: 0.137 nm

27. $2.05n^2$ MeV; 2.05 MeV

29. 45.3 fm

31. 고체 내부의 각 원자들이 공간적으로 한정되어 있어야 한다. 그렇지 않은 원자의 조합은 고체라고 할 수 없을 것이다. 그러므로 각 원자의 위치의 불확정성은 유한하므로 운동량과 에너지는 0이 될 수 없다. 이상 기체의 분자는 공간적인 제약이 없으므로 위치에 대한 불확정성은 무한하다고 할 수 있으며, 운동량과 에너지는 0이라는 값을 가질 수 있다.

33. 3.1%

35. 1.44×10^{-13} m

37. (a) 24 m; 752 파동   (b) 12.5 MHz

제4장

1. 원자 내부의 대부분은 빈 공간이다.

3. 1.14×10^{-13} m

5. 1.46 μm

7. 총 에너지에서 음의 값은 전자가 핵에 구속되어 있음을 의미한다. 전자의 운동에너지는 양의 값을 갖는다.

11. 2.6×10^{74}

13. 이렇게 계산되는 Δp는 궤도상에 있는 전자 선운동량의 절반이다.

15. 도플러 효과는 방출되는 빛의 진동수를 높은 쪽과 낮은 쪽 양쪽으로 이동시키기 때문에 정지해 있는 원자의 스펙트럼보다 무질서한 운동을 하는 원자의 스펙트럼이 더 넓어진다.

17. 91.2 nm

19. 92.1 nm; 자외선

21. 12.1 V

23. 91.13 nm

25. $n = \sqrt{\lambda R/(\lambda R - 1)}$; $n_i = 3$

27. (a) $E_i - E_f = h\nu(1 + h\nu/2Mc^2)$ (b) KE/$h\nu = 1.0 \times 10^{-9}$, 따라서 이러한 효과는 원자 방출에서 무시될 수 있다.

29. $f_n/\nu = (2n^2 + 4n + 2)/(2n^2 + n)$이고 이는 1보다 큰 값이다.
$f_{n+1}/\nu = 2n^2/(2n^2 + 3n + 1)$은 1보다 작은 값이다.

31. 0.653 nm; X-선

33. 0.238 nm

35. (a) $E_n = -(m'Z^2e^4/8\epsilon_0^2 h^2)(1/n^2)$

(b)
```
              H                  He+
n = ∞ _____ E = 0
n = 4 _____      n = 8 _____
n = 3 _____      n = 6 _____
                     n = 5 _____
n = 2 _____      n = 4 _____ 에너지 :rgy
                     n = 3 _____      ↑
n = 1 _____      n = 2 _____      |
```

(c) 2.28×10^{-8} m

37. 3.49×10^{18} 이온

39. 작은 θ 값은 큰 충돌 파라미터를 의미하며, 이 경우에는 표적이 되는 원자의 전체 핵전하 중 일부가 전자들에 의해 부분적으로 가려진다.

41. $10°$

43. 0.84

45. 힌트: $f(\geq 60°, \leq 90°)/f(\geq 90°) = [f(\geq 60°) - f(\geq 90°)]/f(\geq 90°)$이다. 여기서 $f(\geq \theta)$는 $\cot^2 \theta/2$에 비례한다.

47. $0.87''$

제5장

1. b는 이중의 값을 가진다. c의 도함수에 불연속인 지점이 존재한다. d는 무한대로 발산한다; f는 불연속이다.

3. a와 b는 불연속이고 $\pi/2$, $3\pi/2$, $5\pi/2$, $\cdots$에서 무한대가 된다. c는 x가 $\pm\infty$로 가면 무한대가 된다.

5. (a) $\sqrt{8/3\pi}$　(b) 0.462

7. 규격화가 불가능하다. 따라서 이는 실제 입자를 표현하지 못한다. 하지만 이러한 파동을 중첩하여 파군을 만들 수 있고, 이 파군의 양 끝에서 $\psi \to 0$이라면 규격화가 가능하다. 이러한 파군은 실제 입자를 나타낼 수 있게 된다.

13. $x = 0$ 근처에서는 입자가 더 큰 운동에너지를 가지며, 따라서 더 큰 운동량을 갖게 된다. 따라서 ψ의 파장은 더 짧아진다. 이 지역에서는 입자의 속력이 크기 때문에 입자를 발견하기가 어렵다. 그러므로 ψ의 진폭은 $x = L$의 근처보다 $x = 0$ 근처에서 더 작다.

17. $L^2/3 - L^2/2n^2\pi^2$

19. $1/n$

21. $(2/L)^{3/2}$

23. $(n_x^2 + n_y^2 + n_z^2)(\pi^2\hbar^2/2mL^2)$; $E_{3D} = 3E_{1D}$

25. 0.95 eV

27. 조화진동자 수의 에너지는 0이 될 수 없다. 왜냐하면 이는 한 특정한 위치에 정지해 있다는 것을 의미하기 때문이다. 불확정성 원리에 의하면 위치가 명확하다는 것은 운동량의 불확정성이 무한대(따라서 에너지도 무한대)임을 의미한다.

31. 두 상태 모두 $\langle x \rangle = 0$이고 $\langle x^2 \rangle = E/k$이다.

33. (a) 2.07×10^{-15} eV; 없음　(b) 1.48×10^{28}

37. (a) 영역 II에서 입자를 반사시킬 그 무엇인가가 없다. 따라서 왼쪽으로 움직이는 파동은 없다. (b) 힌트: $x = 0$에서 $\psi_\mathrm{I} = \psi_\mathrm{II}$, $d\psi_\mathrm{I}/dx = d\psi_\mathrm{II}/dx$인 경계조건을 사용하라. (c) 투과 전류/입사 전류 $= T = \frac{8}{9}$이다. 따라서 투과 전류는 $\frac{8}{9}$ mA $= 0.889$ mA이고 반사 전류는 $\frac{1}{9}$ mA $= 0.111$ mA이다.

제6장

1. 원자 전자는 세 방향으로 자유로이 움직일 수 있다. 따라서 3차원 상자 내의 입자의 경우와 마찬가지로 이 원자 전자의 움직임을 기술하는 데는 세 개의 양자수가 필요하다.

7. Bohr 모형: $L = mvr = \hbar$, 양자론: $L = 0$

9. $L = 0$일 때만 같다. 그렇지 않으면 L_z는 항상 L보다 작기 때문이다.

11. $0, \pm1, \pm2, \pm3, \pm4$

13. 29%, 18%, 13%

15. **힌트**: r에 대해 $dP/dr = 0$를 풀어라.

17. $9a_0$

19. 1.85

21. (a) 68%   (b) 24%

31. 1.34 T

제7장

1. (a) 1.39×10^{-4} eV   (b) 8.93 mm

3. $54.7°$; $125.3°$

5. $^4_2$He 원자는 스핀 $\frac{1}{2}$인 입자를 짝수 개 포함하고 있다. 따라서 스핀들이 쌍을 이루어 0이 되거나 정수가 된다. 이러한 원자는 배타원리를 따르지 않는다. $^3_2$He 원자는 스핀이 $\frac{1}{2}$인 입자를 홀수 개 포함하고 있다. 따라서 알짜 스핀으로 $\frac{1}{2}, \frac{3}{2}, \frac{5}{2}$를 가지게 되고, 이들은 배타원리를 만족시켜야 한다.

7. 알칼리 금속 원자는 채워진 내부 껍질 바깥에 하나의 전자를 가지고 있다. 할로겐 원자는 바깥 껍질을 채우기 위해 한 개의 전자가 부족하고, 불활성 기체들은 채워진 바깥 껍질을 갖는다.

9. 14

11. 182

13. 이 원자들의 최외각 전자들은 나열한 순서대로 핵과의 거리가 점점 멀어지고, 따라서 핵과의 결합이 점점 약해진다.

15. (a) $+2e$, 상대적으로 쉽다.   (b) $+6e$, 상대적으로 어렵다.

17. Cl$^-$ 이온은 채워진 껍질들을 갖는다. 반면 Cl 원자는 껍질을 채우기 위해 전자 한 개가 모자라며, 또 상대적으로 허술하게 가려진 핵전하는 다른 원자로부터 전자를 끌어와 껍질을 채우려는 경향을 띠게 한다. Na$^+$ 이온은 닫힌 껍질을 갖고 있다. 반면, Na 원자는 화학반응을 통해 다른 원자에 상대적으로 쉽게 옮겨가 붙을 수 있는 한 개의 외각 전자를 가지고 있다.

19. 바깥 전자에 작용하는 Li의 유효 핵전하가 F의 유효 핵전하보다 작기 때문에 Li 원자가 F 원자보다 크다. Na 원자는 전자껍질을 하나 더 가지고 있기 때문에 Li 원자보다 크다. Cl 원자는 전자 껍질이 하나 더 있기 때문에 F 원자보다 크다. Na 원자는 유효 핵전하가 Si 원자보다 작기 때문에 Si 원자보다 크다.

21. 전자가 짝수 개로 존재할 때만 모든 전자들이 서로 반대의 스핀을 갖는 것들끼리 쌍을 이루어 알짜 스핀은 0이 되는 것이 가능하고, 이렇게 될 때에만 비정상 Zeeman 효과가 나타나지 않는다.

23. 18.5 T

25. 2, 3

27. 모든 버금껍질들이 채워져 있다.

29. (a) 다른 허용된 상태들이 존재하지 않는다.   (b) 이 상태에서 최소의 가능한 L과 J 값을 갖기 때문이다. 따라서 이 상태가 유일한 바닥상태이다.

31. $^2P_{1/2}$

33. $L < n$이기 때문에 $n = 2$일 때 $D(L = 2)$ 상태는 존재할 수 없다.

35. (a) $\frac{5}{2}, \frac{7}{2}$　(b) $\sqrt{35}\,\hbar/2$, $\sqrt{63}\,\hbar/2$　(c) $60°$, $132°$　(d) $^2F_{5/2}$, $^2F_{7/2}$

37. $2J + 1$; $\Delta E = g_J \mu_B B$

39. X-선 스펙트럼을 나타나게 하는 전이는 모든 원소에서 동일하다. 왜냐하면 이러한 전이는 내부의 채워진 껍질에 있는 전자만 관여하기 때문이다. 그렇지만 광학적 스펙트럼은 최외각 전자들의 가능한 상태들과 이들 사이에 허용된 전이에 의존하기 때문에 원자번호가 다르면 서로 다르게 나타난다.

41. 1.47 keV; 0.844 nm

제8장

1. 분자가 되어 있을 때, 두 개의 양성자에 의한 추가적인 인력이 두 개의 전자 사이의 상호 척력보다 커져 결합하는 에너지가 증가하기 때문이다.

3. 3.5×10^4 K

5. 분자에서의 결합 길이의 증가는 관성 모멘트를 증가시키고, 따라서 회전 스펙트럼 내의 진동수를 작아지게 만든다. 게다가 양자수 J가 클수록 회전은 더 빨리지고, 원심력에 의한 찌그러짐이 더 커지기 때문에 스펙트럼선은 더 이상 균등한 간격으로 나타날 수 없게 된다.

7. 13

9. 0.129 nm

11. 0.22 nm

15. HD가 더 큰 환산질량을 갖기 때문에 더 작은 진동 진동수를 갖게 되고, 더 작은 영점 에너지를 갖게 된다. 따라서 영점 에너지가 분자를 분리하는 데 기여하는 정도가 더 작기 때문에 HD는 더 큰 결합 에너지를 갖게 된다.

17. (a) 1.24×10^{14} Hz

19. 2.1×10^2 N/m

21. $E_1 - E_0 \gg kT$이기 때문에 가능성이 그렇게 높지는 않다.

제9장

1. 1.43×10^4 K

3. 4.86×10^{-9}

5. (a) 1(정의에 의해); 1.68:0.882:0.218:0.0277　(b) 같을 수 있다; 1.55×10^3 K

7. 2.00 m/s; 2.24 m/s

9. 1.05×10^5 K

11. 15.4 pm

13. $(1/v)_{\text{av}} = (1/N) \int_0^\infty (1/v)n(v)\,dv$.

15. 페르미온 기체가 가장 큰 압력을 가할 것이다. 왜냐하면 페르미 분포가 다른 두 분포들보다 고에너지 입자에서 더 큰 비율을 차지하기 때문이다. 다른 두 분포에 비해 보즈 분포가 저에너지 입자에서 더 큰 비율을 차지하기 때문에 보존 기체는 가장 낮은 압력을 나타낼 것이다.

17. 2.5×10^6; 2.5×10^2

19. 1.3%

21. 0.92 kW/m^2
23. 527°C
25. 51 W
27. 494 cm^2; 6.27 cm
29. 2.5%
31. 1.0×10^4 K
33. 2.9×10^2 K; 8.9×10^{11} m
35. 3.03×10^{-12} J/K
39. (a) 3.31 eV　(b) 2.56×10^4 K　(c) 1.08×10^6 m/s
45. 11 eV
47. 1.43×10^{21}개/eV; 그렇다
49. 20°C에서, $A = (Nh^3/V)(2\pi m_{\text{He}}kT)^{-3/2} = 3.56 \times 10^{-6}$, 그래서 $A \ll 1$
51. 20°C에서, $A = (Nh^3/2V)(2\pi m_e kT)^{-3/2} = 3.50 \times 10^{+3}$, 그래서 $A \gg 1$
53. (a) 1.78 eV; 128 keV　(b) $kT = 862$ eV이다. 따라서 핵 기체는 축퇴되어 있지 않으나 전자 기체는 축퇴되어 있다.

제10장

1. 할로겐 이온의 원자번호 Z가 커질수록 그 크기도 커진다. 따라서 이온 간 간격도 Z에 따라 증가된다. 그리고 이온 간 간격이 커질수록 응집에너지는 작아지므로 녹는점이 낮아진다.
3. (a) 7.29 eV (b) 9.26
5. 기체의 팽창으로 분자 사이에 작용하는 van der Waals 인력에 반대 방향으로 해 준 일은 기체의 열손실로부터 제공된다.
7. (a) van der Waals 힘은 인력이므로 응집에너지를 증가시킨다.　(b) 영점 진동은 원자가전자가 아닌 고체 전체에 걸쳐 나타나는 에너지를 점유하는 모드를 나타내므로 응집에너지를 감소시킨다.
9. 금속 원자의 바깥 껍질에 있는 전자들만 자유전자 '기체'의 요소가 된다.
11. 1.64×10^{-8} Ω · m
13. 두 경우 모두 금지된 띠가 위에 있는 전도 띠와 아래의 채워진 원자가 띠 사이에 있어서 두 띠를 분리시킨다. 반도체 내에서의 띠 간격은 부도체 내에서의 띠 간격보다 작다. 이 띠 간격은 충분히 작아서 몇몇 원자가전자들은 이 간격을 뛰어넘어 전도 띠로 옮겨갈 수 있을 만큼의 충분한 열에너지를 가진다.
15. (a) 가시광선의 광자는 1.7~3.5 eV의 에너지를 갖는다. 금속에서는 이정도 에너지는 자유전자가 원자가 띠를 벗어나는 일 없이도 흡수할 수 있다. 그러므로 금속은 불투명하다. 부도체와 일부 반도체 내의 금지된 띠는 너무 넓어서 원자가전자가 ~3 eV 이상의 에너지를 흡수해야 이 간격을 뛰어넘을 수 있다. 따라서 가시광선 대부분을 흡수하지 못하고, 부도체나 일부 반도체는 투명하다. 금지된 띠가 ~2 eV보다 작은 반도체는 2 eV보다 높은 에너지의 가시광선 대부분을 흡수, 불투명하다.
    (b) 실리콘, ≥ 1,130 nm; 다이아몬드, ≥ 207 nm
17. (a) p-type　(b) 알루미늄 원자는 바깥 껍질에 3개의 전자를 갖고, 게르마늄은 4개의 전자를 갖는다. 알루미늄 원자 하나를 게르마늄 원자 하나로 대체하면 구멍(hole)이 생기게 된다. 따라서 p-type의 반도체가 된다.

19. 2.4 GHz

제11장

 1. 3*n*, 3*p*; 12*n*, 10*p*; 54*n*, 40*p*; 108*n*, 72*p*

 3. 177 MeV

 5. 7.9 fm

 7. 전자: 5.8×10^{-6} eV; 양성자: 8.8×10^{-9} eV

 9. (*a*) 3.5   (*b*) 51   (*c*) 밀도가 거의 같으므로 유도방출은 유도흡수와 거의 같을 것이다. 따라서 알짜 흡수는 매우 적을 것이다. 계의 온도가 높으면 높을수록 흡수는 적어진다.   (*d*) 이 계는 2준위 계이기 때문에 레이저의 기반 물질로 사용할 수 없다.

11. 강한 핵 상호작용의 한계 범위

13. $^{7}_{3}$Li; $^{13}_{6}$C

15. 8.03 MeV; 8.79 MeV

17. 20.6 MeV; 5.5 MeV; 2.2 MeV; 앞의 값들의 합과 $^{4}_{2}$He의 결합에너지는 둘 다 28.3 MeV로 같다.

19. $U = 0.85$ MeV이고, $\Delta E_b = 0.76$ MeV이다. 두 값이 서로 비슷하기 때문에 핵력은 전하에 거의 무관할 것이다.

21. 계산 값 347.95 MeV; 실제의 값 342.05 MeV. 실제의 값은 계산 값보다 1.7% 정도만 더 작다.

23. (*a*) $R = 3Ze^2/10\pi\epsilon_0 (\Delta M + \Delta m)c^2$ (*b*) 3.42 fm

25. (*a*) 7.88 MeV; 10.95 MeV; 7.46 MeV   (*b*) 중성자는 서로 쌍을 이루려는 성질이 있기 때문에 ^{82}Kr에서 중성자를 떼어내는 데 더 많은 에너지가 필요하다.

27. $^{127}_{53}$I는 안정하다. $^{127}_{52}$Te는 음의 베타붕괴를 한다.

29. 모순이 없다. $\Delta x = 2$ fm일 때의 Δp에 해당하는 핵자의 운동에너지는 1.3 MeV이고, 이는 깊이가 35 MeV인 퍼텐셜 우물과 모순되지 않는다.

제12장

 1. 1/4

 3. 3.10×10^{-4}

 5. 34.8시간

 7. 1.6×10^3 y

 9. 1.23×10^4 Bq

11. 2.22×10^{-9} kg

13. 52분

15. 1.64×10^9 y

17. 1.4×10^4 y

19. 5.9×10^9 y

21. $^{206}_{82}$Pb; 48.64 MeV

25. 핵을 떠난 전자는 양의 핵전하에 이끌리므로 에너지가 줄어들게 된다. 반면, 핵을 떠나는 양전자는 핵전하에 의해 밀려남으로써 바깥 방향으로 가속된다.

27. 가능한 에너지가 $2m_e c^2$ 이하이기 때문이다.

29. 2.01 MeV; 0.85 MeV; 1.87 MeV

31. 1.80 MeV

33. ^{89}Y의 39번째 양성자는 정상적으로 $p_{1/2}$ 상태에 있고, 그다음 높은 상태는 $g_{9/2}$이다. 그러므로 이들 사이의 복사 전이의 확률은 낮다.

35. 중성자가 잡힐 가능성은 얼마나 오랫동안 중성자가 어떤 핵 가까이 있을 수 있느냐에 달려 있고, 이는 중성자의 속력에 반비례한다. 그러므로 중성자 단면적은 E가 증가함에 따라 감소한다. 양성자의 단면적은 양의 핵전하에 의한 반발력 때문에 낮은 에너지에 더 작다.

37. (a) 71%   (b) 3.0 mm

39. 0.087 mm

41. 0.766 Ci

43. $^2_1$H; $^1_1$H; ^1_0n; $^{79}_{36}$Kr

45. 3.33 MeV

47. 3.1×10^6 m/s; 4 MeV

49. 4

51. $E^* = Q + \text{KE}_A (1 - m_A/m_C)$; 4.34 MeV

53. 안정한 상태를 만족시키는 중성자/양성자의 비율은 A가 감소함에 따라 같이 감소한다. 그러므로 분열이 일어날 때, 과도한 중성자들이 존재하게 되는 것이다. 이 과도한 중성자들 중에서 직접 방출되는 것도 있고, 그렇지 않은 과도한 중성자들은 분열 파편 내에서 베타붕괴에 의해 양성자로 변한다.

55. 253 MeV

57. 보통의 물속에 존재하는 $^1_1$H의 핵은 양성자이고, 쉽사리 중성자를 포획하여 $^2_1$H(중수소)가 된다. 이렇게 포획된 중성자들은 반응로에서 일어나는 연쇄반응에 아무런 영향을 미칠 수 없기 때문에 일반적인 물을 감속제로 사용하는 반응로는 제 기능을 다하기 위해 분열 가능한 우라늄 동위원소인 ^{235}U를 많이 포함하고 있는 농축 우라늄을 필요로 한다. 중수소 핵은 양성자보다 중성자를 포획하려는 경향이 작으므로 중수를 사용하는 반응로는 보통의 우라늄을 연료로 사용할 수 있다.

59. (b) ~100%; 89%; 29%; 1.7%

61. 2.37 MeV

63. (a) 2.2×10^9 K

(b) (a)에서 구한 온도는 평균 중양성자 에너지에 해당한다. 하지만 많은 중양성자들이 평균치보다 높은 에너지를 가지고 있다. 또한, 장벽을 뚫는 양자역학적 터널링이 있으므로 고전적으로 서로 뭉치려는 에너지가 부족함에도 불구하고 중양성자의 반응이 가능해지는 것이다.

제13장

1. (a) 3.22×10^{-22} s

(b) 핵의 강한 전기장이 전자와 양전자가 재결합하여 광자가 되는 것을 불가능하게 하도록 서로 멀리 떼어놓는다.

3. 74.5 MeV

7. 60°(힌트: KE에 대한 상대론적인 표현을 사용하여 p_p를 구하여라.)

9. (a) B가 보존되지 않는다.   (b) 일어날 수 있다.   (c) 전하가 보존되지 않는다.   (d) 일어날 수 있다.

11. 에너지 보존법칙

13. ν_μ(뮤 중성미자)

15. 음의 크시(xi) 입자, Ξ^-

17. 배타원리를 만족하기 위해서이다; 아니다.

19. $+e$

21. Σ^+

23. 강한 상호작용에 의해서만 그러한 빠른 붕괴가 가능하기 때문이다.

25. 양전자와 중성미자가 방출되기 때문에 약한 상호작용이 관여한다. 이는 강한 상호작용보다 훨씬 약하기 때문에 광자가 양성자 Coulomb 장벽을 뛰어넘을 수 있을 정도로 많은 에너지를 가지고 있다 하더라도 반응이 일어날 확률은 아주 작다.

27. (a) 풍선의 반지름을 r이라 하면, $ds/dt = (1/r)(dr/dt)s$로 쓸 수 있다. 여기서 r과 dr/dt는 풍선의 어느 지점에서나 어떠한 시간에서도 그 값이 같다.

(b) $H = (1/r)(dr/dt)$. H는 dr/dt가 r에 비례할 때에만 일정할 것이다. 그렇지 않다면 일정하지 않을 것이다.

앞으로의 공부를 위한 참고문헌

현 재 시중에는 현대물리의 여러 분야에서 다양한 수준의 훌륭한 책들이 많이 나와있으며, 그중에는 비록 수십 년 전에 쓰여졌지만 아직도 오늘날의 학생들에게 말할 가치가 많은 것들도 있다. 다음의 목록은 이 책과 같은 수준에서 같은 내용을 다른 관점에서 바라보거나 아예 이 책보다 수준 자체가 더 높거나 낮은 것, 그리고 어떤 특정한 주제에 대해 이 책보다 더 완성도가 높은 설명을 제공하고 있는 책들을 열거하고 있다. 대학 도서관을 이용하는 사람이라면 어떤 특정한 부분에서 이 책보다 훨씬 나은 내용을 담고 있는 다른 책들을 쉽게 찾을 수 있을 것이다.

다음의 책들 외에는 두 개의 잡지인 월간 *Scientific American*과 영국 주간지 *New Scientist*를 통해 현대물리에 관한 새로운 소식과 해설논문을 자주 접할 수 있을 것이다. 이 잡지들이 최신 연구를 주로 다루고 있긴 하지만, 주기적으로 역사적인 사실과 과학자들의 전기에 대한 내용에 또한 지면을 할애하고 있다. *Scientific American*의 기사는 주로 실제로 연구에 몸담고 있는 사람들이 쓰기 때문에 권위가 있고, *New Scientist*의 기사들은 과학기자들이 쓰는 경우가 더 많기 때문에 호기심에 치우친 경우가 종종 있다. 이 두 잡지는 수학을 쓰지 않고 있으며, 과거에 발간된 많은 호들에도 현대물리를 공부하는 학생들이 한 번 읽어볼 만한 가치가 있는 기사들을 담고 있다.

일반

Other texts at a level comparable with that of this book with similar coverage are:

J. Bernstein, P. M. Fishbane, and S. G. Gasiorowicz. 2000. *Modern Physics*. Upper Saddle River, N.J.: Prentice-Hall.

K. S. Krane. 1996. *Modern Physics*, 2nd ed. New York: Wiley.

R. A. Serway, C. J. Moses, and C. A. Moger. 1997. *Modern Physics*, 2nd ed. Fort Worth: Saunders.

S. T. Thornton and A. Rex. 2000. *Modern Physics for Scientists and Engineers*, 2nd ed. Fort Worth: Saunders.

P. A. Tipler and R. A. Llewellen. 1999. *Modern Physics*, 3rd ed. New York: Freeman.

Three books that give more detail on many of the discussions in this book are:

A. Beiser. 1969. *Perspectives of Modern Physics*, New York: McGraw-Hill.

R. Eisberg and R. Resnick. 1985. *Quantum Physics of Atoms, Molecules, Solids, and Particles*, 2nd ed. New York: Wiley.

F. K. Richtmyer, E. H. Kennard, and J. N. Cooper. 1969. *Introduction to Modern Physics*, 6th ed. New York: McGraw-Hill.

상대론

A. P. French. 1968. *Special Relativity*. New York: Norton.

R. Resnick. 1968. *Introduction to Special Relativity*. New York: Wiley.

E. F. Taylor and J. A. Wheeler. 1992. *Spacetime Physics*, 2nd ed. New York: Freeman.

파동과 입자

D. Bohm. 1951. *Quantum Theory*. Englewood Cliffs, N.J.: Prentice-Hall.

R. P. Feynman, R. B. Leighton, and M. Sands. 1965. *The Feynman Lectures on Physics*, Vol. 3. Reading, Mass.: Addison-Wesley.

R. Resnick and D. Halliday. 1992. *Basic Concepts in Relativity and Early Quantum Theory*. New York: Macmillan.

W. H. Wichman. 1971. *Quantum Physics*. New York: McGraw-Hill.

양자역학

J. Baggott. 1992. *The Meaning of Quantum Theory*. New York: Oxford University Press.

S. Brandt and H. D. Dahmen. 2001. *Picture Book of Quantum Mechanics*, 3rd ed. New York: Springer-Verlag.

A. P. French and E. F. Taylor. 1979. *An Introduction to Quantum Physics*. New York: Norton.

D. J. Griffiths. 1995. *Introduction to Quantum Mechanics*. Upper Saddle River, N.J.: Prentice-Hall.

M. Morrison. 1990. *Understanding Quantum Physics*. Upper Saddle River, N.J.: Prentice-Hall.

L. Pauling and E.B. Wilson. 1935. *Introduction to Quantum Mechanics*. New York: McGraw-Hill.

다 전자 원자

G. Herzberg. 1944. *Atomic Spectra and Atomic Structure*. New York: Dover.

H. Semat and J. R. Albright. 1972. *Introduction to Atomic and Nuclear Physics*. New York: Holt, Rinehart and Winston.

H. E. White. 1934. *Introduction to Atomic Spectra*. New York: McGraw-Hill.

분자

G. M. Barrow. 1962. *Introduction to Molecular Spectra*. New York: McGraw-Hill.

G. Hertzberg. 1950. *Molecular Spectra and Molecular Structure*. New York: Van Nostrand.

L. Pauling. 1967. *The Nature of the Chemical Bond*, 3rd ed. Ithaca: Cornell University Press.

통계역학

R. Bowley and M. Sanchez. 1996. *Introductory Statistical Mechanics*. New York: Oxford University Press.

C. Kittel and H. Kroemer. 1995. *Thermal Physics*. New York: Freeman.

고체

C. Kittel. 1996. *Introduction to Solid State Physics*, 7th ed. New York: Wiley.

M. N. Rudden and J. Wilson. 1993. *Elements of Solid State Physics*, 2nd ed. New York: John Wiley & Sons, Inc.

J. Singh. 1999. *Modern Physics for Engineers*. New York: Wiley.

S. M. Sze. 1981. *Physics of Semiconductor Devices*, 2nd ed. New York: Wiley.

핵 물리

M. Harwit. 1998. *Astrophysical Concepts*, 3rd ed. New York: Springer-Verlag.

I. Kaplan. 1962. *Nuclear Physics. Reading*, Mass.: Addison-Wesley.

K. Krane. 1987. *Introductory Nuclear Physics*. New York: Wiley.

M. R. Wehr, J. A. Richards, and T. W. Adair. 1984. *Physics of the Atom*, 4th ed. Reading, Mass.: Addison-Wesley.

소립자 및 우주론

J. Allday. 1998. *Quarks, Leptons, and the Big Bang*. Philadelphia: Institute of Physics Publishers.

B. Greene. 2000. *The Elegant Universe*. New York: W. W. Norton & Co., Inc.

D. Griffiths. 1991. *Introduction to Elementary Particles*. Upper Saddle River, N.J.: Prentice-Hall.

A. Liddle. 1999. *Introduction to Modern Cosmology*. New York: Wiley.

S. Weinberg. 1992. *Dreams of a Final Theory*. New York: Pantheon.

찾아보기

Credits

Physical Constants and Conversion Factors

Atomic mass unit	u	1.66054×10^{-27} kg
		931.49 MeV/c^2
Avogadro's number	N_0	6.022×10^{26} kmol^{-1}
Bohr magneton	μ_B	9.274×10^{-24} J/T
		5.788×10^{-5} eV/T
Bohr radius	a_0	5.292×10^{-11} m
Boltzmann's constant	k	1.381×10^{-23} J/K
		8.617×10^{-5} eV/K
Compton wavelength of electron	λc	2.426×10^{-12} m
Electron charge	e	1.602×10^{-19} C
Electron rest mass	m_e	9.1095×10^{-31} kg
		5.486×10^{-4} u
		0.5110 MeV/c^2
Electronvolt	eV	1.602×10^{-19} J
	eV/c	5.344×10^{-28} kg $\cdot$ m/s
	eV/c^2	1.783×10^{-30} kg
Hydrogen atom, ground-state energy	E_1	-2.179×10^{-18} J
		-13.61 eV
rest mass	m_H	1.6736×10^{-27} kg
		1.007825 u
		938.79 MeV/c^2
Joule	J	6.242×10^{18} eV
Kelvin	K	°C + 273.15
Neutron rest mass	m_n	1.6750×10^{-27} kg
		1.008665 u
		939.57 MeV/c^2
Nuclear magneton	μ_N	5.051×10^{-27} J/T
		3.152×10^{-8} eV/T
Permeability of free space	μ_0	$4\pi \times 10^{-7}$ T $\cdot$ m/A
Permittivity of free space	$_0$	8.854×10^{-12} C^2/N $\cdot$ m^2
	$1/4\pi _0$	8.988×10^{9} N $\cdot$ m^2/C^2
Planck's constant	h	6.626×10^{-34} J $\cdot$ s
		4.136×10^{-15} eV $\cdot$ s
	$\hbar = h/2\pi$	1.055×10^{-34} J $\cdot$ s
		6.582×10^{-16} eV $\cdot$ s
Proton rest mass	m_p	1.6726×10^{-27} kg
		1.007276 u
		938.28 MeV/c^2
Rydberg constant	R	1.097×10^{7} m^{-1}
Speed of light in free space	c	2.998×10^{8} m/s
Stefan's constant	σ	5.670×10^{-8} W/m^2 $\cdot$ K^4

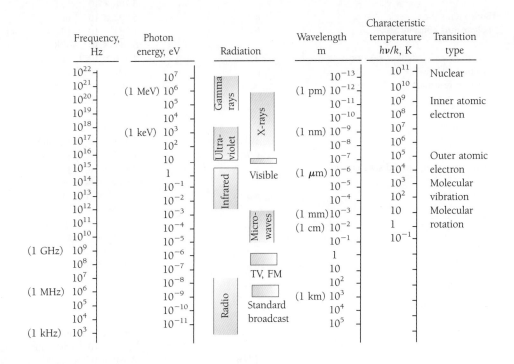

The Greek Alphabet

Alpha	A	α	Iota	I	ι	Rho	P	ρ
Beta	B	β	Kappa	K	κ	Sigma	Σ	σ
Gamma	Γ	γ	Lambda	Λ	λ	Tau	T	τ
Delta	Δ	δ	Mu	M	μ	Upsilon	Y	υ
Epsilon	E	ϵ	Nu	N	ν	Phi	Φ	ϕ
Zeta	Z	ζ	Xi	Ξ	ξ	Chi	X	χ
Eta	H	η	Omicron	O	o	Psi	Ψ	ψ
Theta	Θ	θ	Pi	Π	π	Omega	Ω	ω

Multipliers for SI Units

a	atto-	10^{-18}	da	deka-	10^{1}
f	femto-	10^{-15}	h	hecto-	10^{2}
p	pico-	10^{-12}	k	kilo-	10^{3}
n	nano-	10^{-9}	M	mega-	10^{6}
μ	micro-	10^{-6}	G	giga-	10^{9}
m	milli-	10^{-3}	T	tera-	10^{12}
c	centi-	10^{-2}	P	peta-	10^{15}
d	deci-	10^{-1}	E	exa-	10^{18}

Quantum Numbers of an Atomic Electron

Name	Symbol	Possible Values	Quantity Determined
Principal	n	$1, 2, 3, \ldots$	Electron energy
Orbital	l	$0, 1, 2, \ldots, n-1$	Orbital angular momentum magnitude
Magnetic	m_l	$-l, \ldots, 0, \ldots, +l$	Orbital angular momentum direction
Spin magnetic	m_s	$-\frac{1}{2}, +\frac{1}{2}$	Electron spin direction

ATOMIC SHELLS: $\quad n = 1 \quad\quad 2 \quad 3 \quad 4 \quad 5 \ldots$

$\quad\quad\quad\quad\quad\quad\quad K \quad\quad L \quad M \quad N \quad O \ldots$

ANGULAR MOMENTUM STATES: $\quad l = 0 \quad 1 \quad 2 \quad 3 \quad 4 \quad 5 \ldots$

$\quad\quad\quad\quad\quad\quad\quad\quad\quad\quad\quad s \quad p \quad d \quad f \quad g \quad h \ldots$